BROCKHAUS · DIE BIBLIOTHEK

MENSCH · NATUR · TECHNIK · BAND 2

BROCKHAUS

DIE BIBLIOTHEK

MENSCH · NATUR · TECHNIK

DIE WELTGESCHICHTE

KUNST UND KULTUR

LÄNDER UND STÄDTE

GRZIMEKS ENZYKLOPÄDIE
SÄUGETIERE

MENSCH · NATUR · TECHNIK

BAND 1

Vom Urknall zum Menschen

BAND 2

Der Mensch

BAND 3

Lebensraum Erde

BAND 4

Technik im Alltag

BAND 5

Forschung und Schlüsseltechnologien

BAND 6

Die Zukunft unseres Planeten

MENSCH · NATUR · TECHNIK · BAND 2

Der Mensch

Herausgegeben von der Brockhaus-Redaktion

F.A. BROCKHAUS
Leipzig · Mannheim

Redaktionelle Leitung: Dr. Dieter Geiß, Dr. Joachim Weiß

Redaktion:
    Dr. Stephan Ballenweg
    Dipl.-Bibl. Torsten Beck
    Dipl.-Geogr. Rüdiger Caspari
    Vera Buller
    Dr. Roswitha Grassl
    Dr. Andrea Klein
    Dr. Erika Retzlaff
    Dr. Uschi Schling-Brodersen
    Martin Steurer M.A.
    Christa-Maria Storck M.A.
    Dipl.-Ing. Birgit Strackenbrock

Freie Mitarbeit:
    Eva Beate Bode, Heidelberg
    Silke Garotti, Mittenaar
    Dr. Sigrun Niemitz, Berlin
    Dr. Hilmar Schiller, Frankfurt am Main

Herstellung: Jutta Herboth

Typographische Beratung: Friedrich Forssman, Kassel, und Manfred Neussl, München

Konzeption Infografiken: Norbert Wessel, Mannheim

Infografiken:
    Adrian Cornford, Reinheim
    Joachim Knappe, Hamburg
    Otto Nehren, Ladenburg
    neueTypografik, Kiel
    Quadrat Design, Kiel
    Christian Schura, Mannheim
    Scientific Design, Neustadt/Weinstraße
    Christiane & Michael von Solodkoff, Neckargemünd

Die Deutsche Bibliothek – CIP-Einheitsaufnahme

Brockhaus · Die Bibliothek
    hrsg. von der Brockhaus-Redaktion.
    Leipzig; Mannheim: Brockhaus

Mensch, Natur, Technik
ISBN 3-7653-7000-2
Bd. 2. Der Mensch
    [red. Leitung: Dieter Geiß; Joachim Weiß]. – 1999
ISBN 3-7653-7011-8

Das Wort BROCKHAUS ist für den Verlag
Bibliographisches Institut & F. A. Brockhaus AG
als Marke geschützt.

Das Werk einschließlich aller seiner Teile ist urheberrechtlich geschützt. Jede Verwertung außerhalb der engen Grenzen des Urheberrechtsgesetzes ist ohne Zustimmung des Verlags unzulässig und strafbar. Das gilt insbesondere für Vervielfältigungen, Übersetzungen, Mikroverfilmungen und die Speicherung und Verarbeitung in elektronischen Systemen.

Das Werk wurde in neuer Rechtschreibung verfasst.

Alle Rechte vorbehalten
Nachdruck auch auszugsweise verboten
© F. A. Brockhaus GmbH, Leipzig · Mannheim 1999
Satz: Bibliographisches Institut & F. A. Brockhaus AG,
Mannheim (PageOne Siemens Nixdorf)
Papier: 120 g/m² holzfreies, alterungsbeständiges, chlorfrei gebleichtes
Offsetpapier der Papierfabrik Aconda Paper S.A., Spanien
Druck: ColorDruck GmbH, Leimen
Bindearbeit: Großbuchbinderei Sigloch, Künzelsau
Printed in Germany
ISBN für das Gesamtwerk: 3-7653-7000-2
ISBN für Band 2: 3-7653-7011-8

Die Autorinnen und Autoren dieses Bandes

Prof. Dr. Volker Beeh
Germanistisches Seminar der
Heinrich-Heine-Universität Düsseldorf

Prof. Dr. Hellmuth Benesch
emeritierter Professor für Psychologie
Johannes-Gutenberg-Universität Mainz

Jörg Blumtritt
Max-Planck-Institut für Verhaltensphysiologie
Andechs

Prof. Dr. Christoph von Campenhausen
Institut für Zoologie
Johannes-Gutenberg-Universität Mainz

Dr. Thomas Mohrs
Lehrstuhl für Philosophie
Universität Passau

Prof. Dr. Carsten Niemitz
Leiter der Abteilung Anthropologie und Humanbiologie
im Institut für Zoologie
Freie Universität Berlin

PD Dr. Annette Scheunpflug
Fachbereich Pädagogik
Universität der Bundeswehr Hamburg

Prof. Dr. Wulf Schiefenhövel
Max-Planck-Institut für Verhaltensphysiologie
Andechs

Dr. Sabine Schiefenhövel-Barthel
Ärztin für Gynäkologie und Geburtshilfe
Eschborn

Prof. Dr. Eckart Voland
Zentrum für Philosophie und Grundlagen der Wissenschaft
Justus-Liebig-Universität Gießen

Prof. Dr. Dr. Gerhard Vollmer
Geschäftsführender Direktor des Seminars für Philosophie
Technische Universität Carolo-Wilhelmina Braunschweig

Inhalt

Was ist der Mensch? 14

I. Das menschliche Leben – zwischen Werden und Vergehen .. 22

1. Sexualität und Schwangerschaft 24
   Sexualität beim Menschen – Partnerschaft für den Nachwuchs 24 · Der Beginn menschlichen Lebens 29 · Die Entwicklung des Embryos 33
2. Geburt 41
   Aufrechter Gang und großes Gehirn – Probleme für das Geborenwerden 41 · Gebären – früher und heute 43
3. Frühe Kindheit und Pubertät 52
   Physische und psychische Veränderungen für Mutter und Kind 52 · Unser Umgang mit Säuglingen – verstehen wir sie richtig? 56 · Die Pubertät – Zeit zwischen Kindheit und Erwachsensein 61
4. Gesundheit und Krankheit 68
   Gesundheit und Krankheit – eine bisweilen schwierige Zuordnung 68 · Neue Lebensweisen, neue Krankheiten 69 · Subjektives Erleben von Krankheit 72
5. Altern und Tod 76
   Krankheiten im Alter – der Preis steigender Lebenserwartung 77 · Seneszenz – Wie funktioniert das Altern? 81 · Psychologie und Soziologie des Alterns 84 · Euthanasie – Hilfe zum würdigen Sterben oder Tötung? 87 · Das Ende des Lebens – Sterben und Tod 88

II. Der menschliche Körper 92

1. Gestalt, Statik und Bewegung 94
   Symmetrien und Asymmetrien des Körpers 95 · Statik und Motorik 99 · Muskellehre und Sport 110
2. Der Mensch, ein offenes System im dynamischen Gleichgewicht 115
   Der Mensch braucht ausgewogene Kost 115 · Das dynamische Gleichgewicht der Ernährung 118 · Nährstoffe 120 · Notwendig in kleinen Mengen – Vitamine und Elektrolyte 126 · Aufschließen und Bereitstellen: die Verdauung 135 · Das dynamische Gleichgewicht des Appetits 140
3. Organisation – Steuern und Regeln 146
   Der Wärmehaushalt – Beispiel für Regelkreise im Körper 146 · Erdanziehung und Regulationen im Körper 152 · Die Niere: Teil eines gigantischen Regelwerks 154 · Regulation des Blutdrucks 161 · Der Körper hütet seine Integrität 164
4. Schutz und Abwehr 170
   Alarm im Körper 170 · Unser größtes Organ – die Haut 172 · Das Immunsystem – intelligenter Widerstand 176 · Wenn sich das Immunsystem »vertut« 182 · Infektionen durch Bakterien und Viren 185 · Drogen und Gifte 194 · Krebserkrankungen 198

III. Wahrnehmen, Erkennen, Empfinden 202

1. Der Mensch und seine Wahrnehmungen 204
   Die scheinbare Unzulänglichkeit menschlicher Sinnesorgane 205 · Wahrnehmungstheorien 208
2. Allgemeine Biologie der Wahrnehmung 214
   Die Grundbegriffe der Neurobiologie 214 · Die Sinne – qualitativ und quantitativ 221 · Wahrnehmungen sind Konstanzleistungen 226
3. Hören 232
   Wissenswertes über akustische Reize 234 · Das Hörorgan – Bau und Arbeitsweise 241 · Vom Ohr zum Großhirn 252
4. Statoorgane und Bogengänge – Sinnesorgane ohne eigene Empfindung 257
   Worauf reagieren diese Sinnesorgane und wie sind sie gebaut? 258 · Wie sich Stato- und Bogengangorgane bei der Wahrnehmung bemerkbar machen 262
5. Somatosensorik – Wahrnehmung durch Sinneszellen der Haut und des Körperinnern 267
   Parallele Verarbeitung in den somatosensorischen Sinnesbahnen 268 · Tastwahrnehmungen 273 · Schmerz 278 · Die Wahrnehmung der Gliederstellung 282
6. Chemorezeption – Schmecken und Riechen 285
   Allgemeine Biologie der Chemorezeption 285 · Riechen 286 · Schmecken 290
7. Sehen – Die Umgebung wird im Auge abgebildet 294
   Die Optik des Auges 294 · Die Abbildung im Auge ist ein perspektivisches Bild 300
8. Auge und Gehirn 306
   Die Sehbahn vom Auge zum Gehirn 306 · Parallele Erregungsverarbeitung im Auge und im Gehirn 315
9. Farbensehen 322
   Die Ordnung der Farbempfindungen 322 · Von den Farbmischungen zur trichromatischen Theorie 325 · Die Farbenblindheiten und die Genetik des Farbensehens 330 · Die Wahrnehmung von Farben 336

IV. Lernen und Denken 340

1. Psychophysiologische Grundlagen geistiger Prozesse 342
   Psychophysiologische Forschung 343 · Hirntätigkeit und geistige Leistung 347 · Psychophysiologie des Bewusstseins 351
2. Gedächtnis 356
   Funktionen des Gedächtnisses 356 · Zeitliche Stufen des Gedächtnisses 359 · Gedächtnistraining 362 · Das Entfallen und Vergessen 366
3. Lernen 370
   Lerntheorien 370 · Lernverhalten 375 · Verbesserungen beim Lernen 378 · Lernstörungen 380
4. Denken 382
   Denktheorien 382 · Sprache und Denken 385 · Kognitive Stile 388 · Intelligenz 391 · Mentalstörungen 394

5. Problemlösen 397
   Denkhandeln 397 · Kreativität 400 · Metakognition 402 · Umgehen mit Informationen 408 · Künstliche Intelligenz 410
6. Vom Unbewussten zum Überbewussten 415
   Dimensionen psychischer Erfahrung 415 · Veränderte Bewusstseinszustände 418 · Tiefenpsychologische Systeme 425

V. Kommunikation und Sprache 430

1. Kommunikation – eine Einführung 433
   Die Grundlagen der Kommunikationstheorien 434 · Die Evolution der Kommunikation 436
2. Nonverbale Kommunikation 444
   Kommunikation durch Duftstoffe 444 · Kommunikation durch Berührung 447 · Kommunikation durch akustische Signale 449 · Sichtbare Signale zur Kommunikation 450 · Einige mimische Aktionseinheiten 459 · Kommunikation und soziale Interaktion 467
3. Zeichen 473
   Funktionen von Zeichen 473 · Zeichen und Kultur 476 · Ausblick 486
4. Die Vielfalt der Sprache 489
   Sprachliche Varietäten 490 · Sprachfamilien und Sprachstämme 496
5. Der Aufbau der Sprache 503
   Grundzüge der Sprache 503 · Phonetik und Phonologie 508 · Die Schrift 514 · Das Wort in seiner lexikalischen und grammatischen Dimension 517 · Die Syntax 528 · Semantik 534 · Pragmatik 539

VI. Das Verhalten des Menschen 548

1. Menschliches Verhalten im Spannungsfeld von Natur und Kultur 550
   Zweck und Mechanismus – zwei Suchbilder der Verhaltensforschung 553 · Altes Erbe – moderne Umwelt: Das Problem von »Steinzeitgenen« in der Industriegesellschaft 559
2. Auf der Suche nach den Ursprüngen des typisch Menschlichen 562
   Sprechen 563 · Verstehen 571 · Lernen 582 · Lehren 586
   Zukunftsbewältigung: Über die spontane Vernunft hinausdenken 589
3. Geschichte und Gesellschaft, Kooperation und Konkurrenz 591
   Konkurrenz innerhalb von Lebensgemeinschaften: Das Streben nach kulturellem Erfolg 591 · Konkurrenz mit anderen: Fremdenhass und Krieg 596 · Was Lebensgemeinschaften zusammenhält: Kooperation und Altruismus 604 · Vom Sein zum Sollen 611
4. Geschlecht und Geschlechtlichkeit, Liebe, Sex und Ehe 616
   Geschlechtsunterschiede im Verhalten – Erbe oder Umwelt? 616 · Zweigeschlechtlichkeit und »sexuelle Selektion« 620 · Sexualität: Zwischen Liebe und Ausbeutung 628 · Ehe – Konflikt und Kooperation zwischen den Geschlechtern 647
   Was, wenn die Soziobiologen Recht haben? 654

5. Fortpflanzung zwischen Kindersegen und Kinderfluch,
zwischen Manipulation und Opportunismus 656
Menschen sind Reproduktionsstrategen 657 · Warum Eltern einige ihrer Kinder mehr lieben als andere 660 · Söhne oder Töchter? Wen lieben Eltern mehr? 670 · Ausblick 678

Das kopernikanische Prinzip – Folgerungen
für unser Welt- und Menschenbild 680

Register 686
Literaturhinweise 696
Bildquellenverzeichnis 703

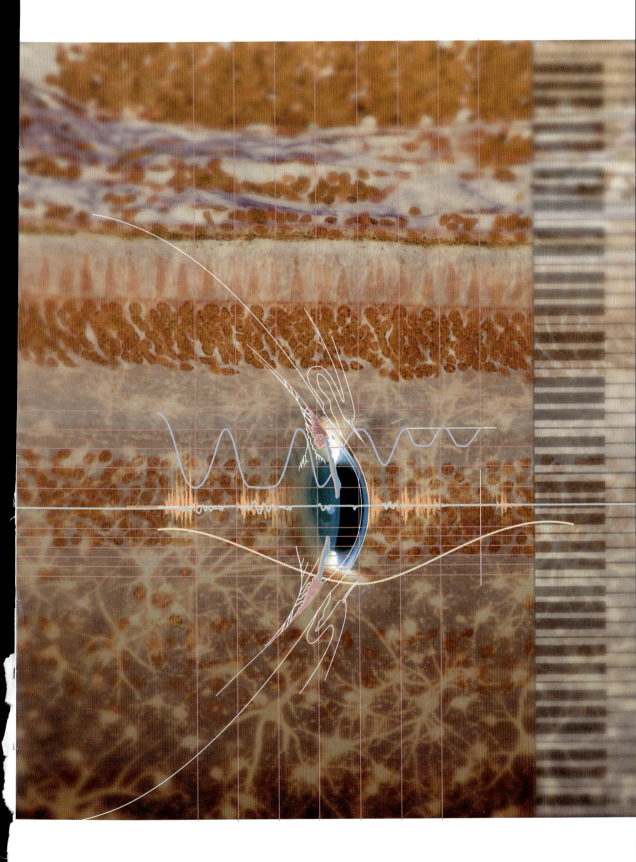

Was ist der Mensch?

»Die Frage aller Fragen für die Menschheit – das Problem, das allen anderen zugrunde liegt und von tieferem Interesse ist als jedes andere – ist die Bestimmung der Stellung des Menschen in der Natur und seiner Beziehungen zum gesamten Kosmos. Woher kommen wir? Wo liegen die Grenzen unserer Macht über die Natur und wo die Grenzen ihrer Macht über uns? Welcher Zukunft gehen wir entgegen? Das sind die Probleme, die sich jedem, der in diese Welt geboren wird, immer wieder neu und mit unvermindertem Gewicht stellen.« (Thomas Henry Huxley, Darwins »Bulldogge«, in seinem 1863 erschienenen Buch »Evidence as to Man's Place in Nature«.)

Menschliches, allzu Menschliches

Man mag es kritisch »egozentrisch« nennen oder lobend »verantwortungsbewusst« oder ganz neutral »selbstreferenziell« – Tatsache ist, dass der Mensch sich schon immer am meisten für sich selbst interessiert hat. Er steht im Mittelpunkt der Philosophie, er ist Thema der Anthropologie, und ausschließlich mit ihm und seinen Leistungen beschäftigen sich – wie ihr Name schon sagt – die Humanwissenschaften. Dabei kann man sich dem widmen, was den Menschen mit anderen Lebewesen verbindet, aber auch dem, was ihn von allen anderen unterscheidet, was aber alle Menschen gemeinsam haben, und schließlich dem, wodurch Menschen sich voneinander unterscheiden – bis hin zu der nur scheinbar paradoxen Feststellung, alle Menschen hätten eben das miteinander gemeinsam, dass sie alle voneinander verschieden seien.

Manche meinen, nicht »Was ist der Mensch?« solle man fragen, sondern »Wer ist der Mensch?«. Das Personsein des Menschen werde dadurch von vornherein stärker betont. Aber das wird natürlich auch durch das »Was?« nicht ausgeschlossen. Andererseits ist der Mensch ja nicht nur Person.

Auf die Frage nach dem Humanum, nach dem typisch Menschlichen, hat es verschiedene Antworten gegeben. Viele von ihnen versuchen, ein einziges Merkmal als charakteristisch herauszuarbeiten, und lassen sich deshalb auch kurz und treffend zusammenfassen, wie etwa in der Bestimmung des Menschen als Homo sapiens, als Vernunftwesen. Solche Charakterisierungen sind in der nachfolgenden Tabelle zusammengestellt. Die wichtigsten werden im Anschluss noch genauer erläutert. Natürlich ist es nicht möglich, alle Aspekte in gleicher Ausführlichkeit zu behandeln.

Gibt es das Wesen des Menschen?

Bei all diesen Charakterisierungen sind wir versucht zu fragen, was der Mensch denn nun *eigentlich* sei. Haben uns die vielen Merkmale nicht nur neue Unübersichtlichkeit gebracht? Allein die Vielzahl zeigt, dass keines der Merkmale ganz überzeugen, keines allein genügen kann. Entweder finden sich Vorstufen bei Tieren oder Ausnahmen bei Menschen (oder beides), oder die Charakterisierung trifft doch nicht das Wesentliche. Offenbar gibt es nicht ein entscheidendes Merkmal.

Warum ist es so schwierig, das Wesen des Menschen ausfindig zu machen? Dieses Problem hat man nicht nur, wenn und weil es um den Menschen geht; es ist viel allgemeiner. Auch bei anderen Dingen ist es schwierig, die Frage nach ihrem Wesen zu beantworten. Niemand kennt das Wesen des Lichtes, das Wesen der Vererbung, das Wesen des Denkens. Zwar haben viele Philosophen – Platon, Aristoteles, Plotin, die Mystiker, Immanuel Kant, Georg Wilhelm Friedrich Hegel, Edmund Husserl, Martin Heidegger, um nur einige zu nennen – nach dem Wesen der Dinge gesucht; in allgemein zustimmungsfähiger Weise gefunden haben sie es nicht. Andere haben deshalb den Wesensbegriff selbst einer Kritik unterzogen: Friedrich Nietzsche etwa, Ernst Mach, Bertrand Russell, Karl Popper. Stellvertretend soll Popper zitiert werden, der die Suche nach dem Wesen als Essenzialismus kritisiert. Nach Popper »müssen wir ›Was-ist?‹-Fragen aufgeben: Fragen, die danach fragen, was ein Ding ist, was seine wesentliche Eigenschaft oder Beschaffenheit ist. Denn wir müssen die für den Essenzialismus charakteristische Ansicht aufgeben, nach der es einen wesentlichen Bestandteil, eine inhärente Beschaffenheit oder ein innewohnendes Prinzip in jedem Ding gibt (ähnlich wie den Weingeist im Wein), die ›Natur‹ des Dinges, die es begründet oder erklärt, dass es ist, was es ist, und sich daher auf seine besondere Weise verhält. Diese animistische Anschauung erklärt nichts« (Karl Popper, Objektive Erkenntnis, 1973).

Wenn diese Kritiker Recht haben, dann ist es sinnlos, nach dem Wesen des Menschen zu suchen. Das schließt nicht aus, dass man sich nach Merkmalen umsieht, die dem Menschen allein zukommen, auch wenn sie nicht gerade sein »Wesen« ausmachen. Solche Merkmale können wir tatsächlich angeben: Werkzeugherstellung mithilfe von Werkzeugen; die Fähigkeit zu vernünftigem Denken, insbesondere Planen in die Zukunft; das Schaffen von Symbolen; Erwerb und Gebrauch einer argumentativen Sprache mit Logik, Grammatik und Doppelstruktur; Selbstobjektivierung, Metaphysik, Religion, Sinnsuche; Handel, Geld, Kapital; Werte, moralische Normen, Gesetze.

Zu vielen weiteren Merkmalen, die man früher zum »Wesen« des Menschen gerechnet, zumindest aber dem Menschen allein zugeschrieben hat, wurden inzwischen Vorstufen bei Tieren gefunden: aufrechter Gang, Bewusstsein und – bei Schimpansen, Bonobos und Orang-Utans – sogar Selbstbewusstsein, Werkzeuggebrauch und Werkzeugherstellung, Symbolgebrauch, Sprache als Verständigungsmittel, Täuschung, Neugier, Spiel und Humor, Arbeitsteilung, Altruismus im soziobiologischen Sinne. Gerade zu solchen Vorstufen sind in den letzten Jahrzehnten viele Entdeckungen gemacht worden. In den folgenden Beiträgen kommen sie immer wieder zur Sprache.

Dass es solche Vorstufen bei Tieren gibt, ist angesichts der stammesgeschichtlichen Wurzeln des Menschen kein Wunder. Zu unserem heutigen Menschenbild gehört deshalb unser Wissen um diese Herkunft: Die biologische Anthropologie, die nichts anderes als eine evolutionäre Anthropologie sein kann, bildet die Grundlage für die gesamte Anthropologie, und auch die kühnste philosophische Deutung des Menschen darf dieser Grundlage nicht widersprechen.

Der Mensch als Ergebnis der Evolution

In seinem Hauptwerk zur Evolutionsbiologie »Der Ursprung der Arten« von 1859 erwähnt Charles Darwin den Menschen nur mit einem einzigen Satz: »Viel Licht wird fallen auf den Ursprung des Menschen und seine Geschichte.« Zweifellos ist er zu diesem Zeitpunkt durchaus schon überzeugt, dass auch der Mensch aus dem Tierreich hervorgegangen ist. Aber erst zwölf Jahre später veröffentlicht er sein Buch »Die Abstammung des Menschen«. Offenbar will er sich nicht zu viele Gegner auf einmal schaffen. Denn natürlich weiß er, dass viele seine Evolutionstheorie kritisieren und dass noch mehr den evolutiven Ursprung des Menschen ablehnen werden. Seine Vorsicht nützt jedoch wenig; nicht nur seine Anhänger, auch seine Kritiker spüren natürlich sofort, dass man den Menschen von diesem umfassenden Evolutionsgeschehen nicht ausnehmen kann, und beziehen diese Folgerung in ihre Kritik ein. Und auch mit Veröffentlichungen kommen ihm andere zuvor: Schon 1863 trägt Thomas Henry Huxley »Zeugnisse für die Stellung des Menschen in der Natur« zusammen, und bald erscheinen zu diesem Thema zahlreiche weitere Schriften in England (Charles Lyell: »Geological evidences of the antiquity of man«, 1863) und in Deutschland (Ernst Haeckel: »Über die Entwicklungstheorie Darwins«, Vortrag 1863; Carl Vogt: »Vorlesungen über den Menschen, seine Stellung in der Schöpfung und in der Geschichte der Erde«, 1863; Friedrich Rolle: »Der Mensch, seine Abstammung und Gesittung ...«, 1866).

Die Aufzählung in der Tabelle beginnt mit Bezeichnungen aus der biologischen Anthropologie: Homo habilis, Homo erectus, Homo sapiens. Sie beziehen sich auf fossile Funde und auf Entwicklungsstufen des Menschen und haben somit eine etwas andere Funktion als die übrigen Charakterisierungen, die von Philosophen und Schriftstellern stammen und eher individuelle Einschätzungen des heutigen Menschen wiedergeben.

Die biologische Anthropologie lässt heute keinen Zweifel mehr daran, dass der Mensch – wie alle anderen Lebewesen auch – evolutiv entstanden ist. Zwar sind längst nicht alle Details geklärt. Neue Funde machen immer noch neue Datierungen und gelegentlich sogar neue Stammbäume erforderlich, und über manches sind die Anthropologen sehr unterschiedlicher Ansicht. Doch sollten diese Lücken und Kontroversen über eines nicht hinwegtäuschen: Handelte es sich um irgendeine andere höhere Art oder Gattung, so wären wir mit der augenblicklichen Fundsituation durchaus zufrieden. Aber weil wir eben auf uns selbst besonders neugierig sind und weil die Evolution des Menschen besonders schnell erfolgt ist, sind die verbliebenen Lücken für uns besonders schmerzlich.

Am Anfang der Entwicklung zum heutigen Menschen steht der Homo habilis. Er ist die erste Form, die wir als Homo bezeichnen. Die seit 1960 in Ostafrika gefundenen Habilis-Fossilien stammen aus der Zeit vor 2,3 bis 1,6 Millionen Jahren. Der Homo habilis war wohl der Erste, der Steine planmäßig bearbeitete und als Werkzeuge einsetzte. Es ist kein Wunder, dass gerade diese Fähigkeit am Anfang der Menschheit steht, ist doch der Werkzeuggebrauch eines der wichtigsten Merkmale des Menschen überhaupt. Das kommt ja auch in der Bezeichnung Homo faber zum Ausdruck.

Aus dem Spektrum des Homo habilis ging der Homo erectus hervor. Er war der erste Mensch, der über Afrika hinauskam; er gelangte sogar bis nach China (Pekingmensch) und Java, starb dort allerdings wieder aus. Den archaischen Homo sapiens datiert man in Afrika, wo er entstand, auf

Das Humanum (Homo, der Mensch)

lateinische Bezeichnung	deutsche Übersetzung	Merkmal	eingeführt von (sinngemäß auch bei)
Homo habilis	geschickt	Geschicklichkeit, insbesondere beim Fertigen und Verwenden von Werkzeugen	Richard Leakey 1964
Homo erectus	aufrecht	aufrechter Gang, Zweibeinigkeit (Bipedie)	Eugène Dubois 1892
Homo sapiens	verständig, einsichtsvoll	Verstand, Vernunft, bis zum Homo sapiens sapiens, Vernunftwesen (animal rationale = zóon lógon échon), animal rationabile = der Vernunft (immerhin) fähig	Carl von Linné 1760 (Aristoteles, Cicero, Kant 1798)
Homo insipiens	unwissend	Ungewissheit	Ortega y Gasset
Homo demens	verrückt	einziges Wesen mit Wahnideen	Edgar Morin 1975 (Konrad Lorenz)
Homo inermis	wehrlos	Mensch als Mängelwesen, schutzlos, instinktverlassen	J. F. Blumenbach 1779 (J. G. Herder 1784–1791, Arnold Gehlen 1940)
Homo faber	Handwerker, Schmied	Schaffen und Gestalten, Herstellung und Gebrauch von Werkzeugen	Benjamin Franklin, Karl Marx, Kenneth P. Oakley 1949, Max Frisch 1957
Homo creator	Schöpfer	Schöpfertum und Kreativität	Michael Landmann 1955, Wilhelm Mühlmann 1962
Homo pictor	Bildner	Künstler, ästhetische Gestaltung	Hans Jonas 1961
Homo aestheticus	wahrnehmend (kunstsinnig)	Schönheitsempfinden, Geschmack, Kunstschaffen und Kunstgenuss	Ellen Dissanayahe 1992
animal symbolicum		Herstellung, Deutung und Gebrauch von Symbolen	Ernst Cassirer 1944
Homo loquens	sprechend	Sprache	(J. G. Herder 1772) J. F. Blumenbach 1779
Homo loquax	geschwätzig	überflüssiges Reden	Henri Bergson 1943
Homo grammaticus		Grammatik verwendend, doppelte Gliederung der Sprache (durch Wörter und Sätze)	Frank Palmer 1971
Homo mendax	Lügner	Fähigkeit, bewusst die Unwahrheit zu sagen	
Homo ludens	spielend	Spiel	(Friedrich Schiller 1795) Johan Huizinga 1938

600 000 bis 400 000, in Ostasien auf 300 000 bis 200 000 Jahre vor heute. Neben den anatomischen Merkmalen, die als einzige unmittelbar an den Knochenfunden abgelesen werden können, zeichnen ihn auch besondere Fähigkeiten aus, die in Werkzeugen, Brandspuren, Schmuck, Malereien, Gräberformen und Grabbeigaben bleibenden Niederschlag gefunden haben. Als vorwiegend »geistige« Fähigkeiten sind sie letztlich Leistungen eines immer besser arbeitenden Gehirns.

Allerdings hält sogar die Biologie es für nötig, den »modernen« Menschen, der seit etwa 40 000 Jahren existiert, gegenüber der Art Homo sapiens noch einmal als Unterart Homo sapiens sapiens auszuzeichnen. Man kann über dieses Eigenlob beliebig viele ironische, sarkastische oder zynische Bemerkungen machen, bis hin zu der Feststellung, der Mensch sei keineswegs »sapiens«, sondern das dümmste Tier überhaupt, weil er sehenden Auges in den Untergang renne, ihn sogar herbeiführe. So kommt es ja auch zu den tadelnden Bezeichnungen Homo insipiens oder Homo demens. Aber wenn es so etwas wie sapientia (Einsicht, Verstand, Weisheit) überhaupt gibt, dann ist sie natürlich auch einer Steigerung fähig; insofern ist an dieser Einstufung nichts auszusetzen.

Den Menschen als *Vernunftwesen* zu charakterisieren, ist spätestens seit Aristoteles üblich. Allerdings liefert diese Bezeichnung keine scharfe Abgrenzung. Einerseits ist der Vernunftbegriff schwer zu definieren, andererseits zeigen auch Tiere Vernunftleistungen, und schließlich zeigen

Das Humanum (Homo, der Mensch)

lateinische Bezeichnung	deutsche Übersetzung	Merkmal	eingeführt von (sinngemäß auch bei)
Homo imitans	nachahmend	Fähigkeit, ein breites Verhaltensspektrum nachahmend zu übernehmen (als Grundlage für Tradition und Kulturbildung)	Andrew Meltzoff 1988, Jürgen Lethmate 1992
Homo discens	lernend	Fähigkeit und Notwendigkeit, bis ins hohe Alter zu lernen und belehrt zu werden	Heinrich Roth, Theodor Wilhelm
Homo educandus	erziehungsbedürftig	Fähigkeit und Bedürftigkeit, erzogen zu werden	Heinrich Roth 1966
Homo investigans	forschend	lebenslange Neugier, Wissenschaft und Forschung	Werner Luck 1976
Homo ridens	lachend	Lachen, Witz, Humor	G. B. Milner 1969
Homo excentricus		Fähigkeit zu objektivieren, über sich selbst nachzudenken	Helmuth Plessner 1928
Homo metaphysicus		Metaphysik, Jenseits, Transzendenz	Arthur Schopenhauer 1819
Homo divinans	ahnend	Magisches, Geheimnisvolles, Göttliches erahnend	
Homo religiosus	religiös, fromm	Religion, Gott, »das betende Tier«	Alister Hardy
Homo viator	Pilger	unterwegs zu Gott	Gabriel Marcel 1945
Homo patiens	leidend	Erleiden und Deuten von Krankheit	Victor Frankl 1988
Homo laborans	arbeitend	Arbeit, Arbeitsteilung, Spezialisierung	(Karl Marx) Theodor Litt 1948
Homo oeconomicus	wirtschaftend	Kosten-Nutzen-Rechner, Wirtschaft, Geld	(Adam Smith 1776)
Homo politicus	sozial, politisch	Normen, Recht, Gesetz, Institutionen, geselliges Wesen (zóon politikón, animal sociale)	Aristoteles
Homo sociologicus		Menschenbild der Sozialwissenschaften	Ralf Dahrendorf

Nicht aufgenommen sind einige Bezeichnungen, die wenig Verbreitung gefunden haben: Homo absconditus: verborgen, unergründlich (in Analogie zum deus absconditus, zum verborgenen Gott; nach Plessner); Homo academicus (eher ironisch: Verhalten von Hochschulangehörigen; nach Pierre Bourdieu); Homo ambitiosus: ehrgeizig (hier vor allem: nach Anerkennung und persönlicher Auszeichnung strebend; nach Wilhelm Gerloff); Homo humanus: menschlich (gemeint ist wahre Menschlichkeit, Humanität als Aufgabe, als Lebens- und Erziehungsziel; etwa Konrad Lorenz 1963, Fritz Hartmann 1973); Homo natura (der Mensch als Naturwesen; nach Friedrich Nietzsche; so charakterisiert auch Ludwig Binswanger Sigmund Freuds Menschenbild); Homo necans: mordend (der Mensch als Mörder; Walter Burkert; siehe aber Vogel 1989); Homo oecologicus (der Mensch angesichts der ökologischen Krise; nach Eckhard Meinberg); Homo prodigus: verschwenderisch (verschwenderischer Umgang mit Vorräten aller Art).

nicht alle Wesen Vernunft, die wir durchaus als Menschen ansehen: Embryos, Neugeborene, Bewusstlose, Geisteskranke. Es wäre deshalb fatal, wenn wir etwa die *Menschen*rechte nur Wesen mit Vernunft zubilligen wollten. Es gibt also durchaus Gründe, den Menschen mit Immanuel Kant nicht als Animal rationale, sondern »nur« als Animal rationabile zu kennzeichnen: Sind wir schon nicht alle – und vor allem nicht immer – vernünftig, so gehören wir doch zu einer Art, deren Vertreter wenigstens *zur Vernunft fähig* (= rationabile) sind und zumindest gelegentlich vernünftig denken und handeln. Die Kritik, die in dieser Kennzeichnung steckt, müssen wir dann wohl akzeptieren. Solche Kritik kann auch drastischer ausfallen. So bezeichnete im 20. Jahrhundert Arthur Koestler den Menschen als »Irrläufer der Evolution«, was wiederum Hubert Markl bewogen haben mag, ihn korrigierend einen »Volltreffer der Evolution« zu nennen.

Die Evolution ist nie zu Ende

Gelegentlich wird Kritik auch dadurch zum Ausdruck gebracht, dass der heutige Mensch als Übergangsform dargestellt wird. Man kann das bildlich ausdrücken wie Friedrich Nietzsche: »Der Mensch ist ein Seil, geknüpft zwischen Tier und Übermensch – ein Seil über einem Abgrunde.« Oder evolutiv wie Konrad Lorenz: »Das lang gesuchte Zwischenglied zwischen dem Tiere und dem wahrhaft humanen Menschen – *sind wir!*« Richtig ist auf jeden Fall, dass die Evolution nicht beim heutigen Menschen, ja überhaupt nicht beim Menschen stehen bleiben wird. Die Evolution des Menschen wird weitergehen, und irgendwann wird es keine Menschen mehr geben.

Wie wird diese künftige Evolution verlaufen? Wird es eine Höherentwicklung geben? Würden wir diese Entwicklung aus heutiger Sicht begrüßen? Wird sich unsere Erkenntnisfähigkeit verbessern? Werden die Menschen lernen, friedlich zusammenzuleben? Werden sie die Probleme, die sie bedrängen, lösen? Und wann wird es keine Menschen mehr geben? Werden sie von einer überlegenen Form abgelöst, oder gehen sie in einer Katastrophe zugrunde? Handelt es sich um eine hausgemachte oder um eine Naturkatastrophe? Auf keine dieser Fragen gibt es heute eine begründete Antwort. Noch weniger wissen wir, was wir heute tun könnten oder sollten, um den Fortbestand der Menschheit langfristig zu sichern.

Aber diese ferne Zukunft spielt für unser Handeln auch gar keine Rolle. Phylogenetische Veränderungen benötigen viele Generationen, bei einer Generationsdauer von rund zwanzig Jahren also viele Jahrtausende. Die Probleme, die uns heute auf den Nägeln brennen, sind für uns viel wichtiger als jene, die unsere fernen Nachkommen in ferner Zukunft haben werden. Auf eine genetisch bedingte Verbesserung unserer Erkenntnisfähigkeit oder unseres Sozialverhaltens sollten wir deshalb gar nicht erst setzen. Größere oder besser vernetzte Gehirne werden wir so schnell nicht bekommen; leben und überleben müssen wir mit dem, was wir haben.

Kulturelle Fortschritte sind dadurch nicht ausgeschlossen. Schließlich hat es solche gegeben, und zwar in Zeiträumen, in denen sich *biologisch-genetisch* nicht viel geändert haben kann. Wenn wir zwischen den alten Sumerern oder den alten Griechen und uns große Unterschiede finden, so sind diese nicht auf genetische Unterschiede zurückzuführen. Vielmehr bieten die *kulturellen* Bedingungen, die jemand zu seiner Zeit und in seiner Umgebung vorfindet, mehr oder weniger Chancen, sein genetisches Potential, seine Anlagen, seine Begabung zu nutzen. Aristoteles, 2000 Jahre später geboren, wäre vielleicht ein Leibniz geworden, Euklid ein Hilbert, Archimedes ein Gauß, Alexander ein Napoleon und der sagenhafte Gilgamesch aus dem Zweistromland am Ende Astronaut. Solche Zuordnungen sind natürlich recht willkürlich; sie sollten aber klarmachen, worauf es ankommt: Auch bei unverändertem Erbgut sind wir zu kulturellen Entwicklungen fähig, und allem Anschein nach sind wir darauf auch angewiesen.

Der Mensch – ein Mängelwesen?

Im Allgemeinen fühlen wir uns dem Tier, den Tieren, allen Tieren unzweifelhaft überlegen. Dem widerspricht Arnold Gehlen, ein viel gelesener und viel zitierter Anthropologe. Er charakterisiert den Menschen als *Mängelwesen*, als ein Wesen, dem im Vergleich zu den Tieren viele Fähigkeiten abgehen. Diese Charakterisierung ist nicht neu; sie geht mindestens auf Johann Friedrich Blumenbach zurück. Blumenbach hat dafür die Bezeichnung Homo inermis geprägt, die vor allem die Wehrlosigkeit des Menschen ausdrücken soll (lateinisch arma, Waffen). Auch Johann Gottfried Herder betont, »dass der Mensch den Thieren an Stärke und Sicherheit des Instinkts weit nachstehe«.

Zu dieser Einschätzung fallen einem auch leicht Beispiele ein: Der Löwe ist stärker als der Mensch, der Adler sieht besser, der Hund riecht besser, die Fledermaus hört besser. Der Mensch hat kein schützendes Fell, keine Krallen, keine Reißzähne, kein Gift; er kann nicht im Wasser oder unter der Erde leben, er ist nicht besonders schnell, auch nicht sehr ausdauernd, er kann nicht besonders gut klettern, und fliegen kann er überhaupt nicht.

Lässt sich wirklich zu jeder Fähigkeit des Menschen ein Tier nennen, das ihm hierin überlegen ist? Natürlich nicht! Einiges kann er ja doch besser: Er kann in die Zukunft planen, er kann denken, sprechen, musizieren. Solche Fähigkeiten nennen wir geistige Fähigkeiten. Nach Blumenbach oder Gehlen ist der Mensch also nur in körperlicher Hinsicht ein Mängelwesen; seine überragenden geistigen Fähigkeiten sollen seine körperlichen Mängel ja gerade ausgleichen. Sie allein wären dafür verantwortlich, dass er den Tieren doch gewachsen, letztlich sogar überlegen ist.

Ist der Mensch aber wenigstens in körperlicher Hinsicht ein Mängelwesen? Hiergegen erheben vor allem die Verhaltensforscher Einwände. So schreibt Konrad Lorenz: »Wollte der Mensch die ganze Klasse der Säugetiere zu einem sportlichen Wettkampf herausfordern, der auf Vielseitigkeit ausgerichtet ist und beispielsweise aus den Aufgaben besteht, 30 km weit zu marschieren, 15 m weit und 5 m tief unter Wasser zu schwimmen, dabei ein paar Gegenstände gezielt heraufzuholen und anschließend einige Meter an einem Seil emporzuklettern, was jeder durchschnittliche Mann kann, so findet sich kein einziges Säugetier, das ihm diese drei Dinge nachzumachen imstande ist« (Konrad Lorenz, Die Rückseite des Spiegels, 1973).

Ähnlich äußert er sich auch an anderen Stellen, und sein Schüler Irenäus Eibl-Eibesfeldt zitiert ihn gerne. Selbst wenn es also wahr sein sollte, dass es zu jeder körperlich bedingten Fähigkeit des Menschen ein Tier gibt, das dem Menschen in dieser Hinsicht überlegen ist, so ist er doch bei geschicktem Einsatz seiner kombinierten Fähigkeiten jedem Tier überlegen. Dieses einfache Beispiel zeigt, dass die Deutung des Menschen als Mängelwesen einseitig, wenn nicht sogar verfehlt ist. Der Mensch ist ein vielseitiges Wesen, so vielseitig, dass er sich unter vielen verschiedenen Bedingungen zurechtfindet. Das zeichnet ihn aus, und das macht ihn zum Kosmopoliten, zum Weltbürger. So ist es nur scheinbar paradox, wenn Konrad Lorenz wiederholt vermerkt, der Mensch sei spezialisiert auf das Nicht-Spezialisiertsein. Und so könnte man ihn ohne weiteres auch als Homo multiplex bezeichnen, als das vielseitige Wesen.

Der schaffende Mensch

Die Charakterisierung des Menschen als Homo faber hat eine lange Geschichte. Oft wird sie mit dem Menschen als *Vernunft*wesen in Beziehung gebracht. Schon der altgriechische Philosoph Anaxagoras soll gesagt haben, der Mensch sei das verständigste Wesen, *weil* er Hände habe. Dass der Mensch auch Verstand hat, wird hier also keineswegs bestritten, aber er verdankt diesen Verstand, das Denken, die Theorie, eben auch dem freien Gebrauch seiner Hände; das Machen, das Handeln, die Praxis gelten hier als zeitlich und sachlich vorrangig.

Für Evolutionsbiologie und Verhaltensforschung spielt der aufrechte Gang eine wichtige Rolle: Die Hand-Freiheit gibt dem Menschen Handlungs-Freiheit. Und die Rückkopplung zwischen Hand, Auge und Gehirn verbessert die Leistung aller drei Komponenten: Feinmotorik, optische Kontrolle und das Be-Greifen. So wird das, was der Mensch mit den Händen machen kann, zum Humanmerkmal. Schon Benjamin Franklin meint, der Mensch sei ein »tool-making animal«; der Sache nach nimmt er den Homo faber damit bereits im 18. Jahrhundert vorweg.

Im 19. Jahrhundert betonen vor allem Karl Marx, Arthur Schopenhauer und Friedrich Nietzsche den Vorrang des Homo faber vor allen seinen anderen Eigenschaften. Nach Marx wird der Mensch im Werk seiner Hände sich seiner selbst bewusst, seiner selbst gewiss. Als Gegenbegriff zu Homo sapiens wird Homo faber dann im 20. Jahrhundert von Henri Bergson verwendet, der ihn propagiert, und von Max Scheler, der ihn kritisiert.

Allgemeingut wird er jedoch erst durch das bekannte Buch des Schriftstellers Max Frisch, das ja auch erfolgreich verfilmt worden ist. Die Hauptperson darin, der Ingenieur Walter Faber, muss entsetzt feststellen, dass sich im Privatleben nicht alles so »machen« und »regeln« lässt wie die mit den Maschinen in seinem Beruf. Eine ganz andere Absicht verfolgt Franz Lämmli, der ebenfalls ein Buch mit dem Titel »Homo faber« schrieb. Der Altphilologe schildert die Einstellung zur Technik bei Griechen und Römern, insbesondere bei Hesiod, den Sophisten, bei Platon, Vergil und Lukrez. Einige der Probleme, die uns heute zu schaffen machen, werden bei diesen Autoren schon vorausgeahnt, etwa, dass alles, was brauchbar ist, auch missbraucht werden kann, dass der Schmied, lateinisch faber, auch Schwerter schmiedet oder dass sich die besten Absichten in ihr Gegenteil verkehren können.

Der Mensch als Sprachwesen

Johann Gottfried Herder fragte: »Was fehlt dem menschenähnlichsten Wesen, dem Affen, dass er ein Mensch ward?«, und nach Herder fehlt ihm natürlich die Sprache. Dass die Wortsprache ein Merkmal ist, das uns Menschen besonders auszeichnet, daran kann gar kein Zweifel bestehen, und es ist auch schon früh betont worden.

Trotzdem kann es sich lohnen, der Evolution der Sprache nachzugehen und bei Tieren nach Vorstufen zu suchen. Einfach ist das nicht: Kein Tier besitzt eine Wortsprache, und alle lebenden Sprachen sind gleichermaßen kompliziert, primitive Zwischenstufen gibt es nicht (mehr). Die Pariser Société de Linguistique hat deshalb 1866 den Beschluss gefasst, keine Arbeiten mehr anzunehmen, die sich mit dem Ursprung der Sprache befassen. Inzwischen ist es aber schon fast wieder Mode geworden, über den Ursprung der Sprache nachzudenken, und Buchtitel wie »Das erste Wort« sind keine Seltenheit. Die fruchtbarste Methode dabei ist wohl das Studium des Spracherwerbs bei Kindern.

Die Feststellung, dass auch Tiere miteinander kommunizieren, insbesondere dass sie Informationen austauschen, hat dazu geführt, von Bienensprache oder von Sprache bei Affen zu sprechen. Deshalb wird es nötig, das Besondere der *menschlichen* Sprache genauer herauszuarbeiten. Man kann dazu ihre Funktionen analysieren: Sie dient dem Ausdruck von Gefühlen, dem Appell (etwa als Hilferuf), der Darstellung, der Mitteilung; doch ist, wie Karl Popper betont, erst das Argumentieren ausschließlich dem Menschen vorbehalten. Wir könnten dem das Fragen oder das Erzählen von Witzen hinzufügen. Auch die Fähigkeit zu zweifeln beruht auf der Sprache. Sie hat zur Bezeichnung Homo scepticus geführt, die aber wenig Verbreitung gefunden hat.

Da die Sprache so viele Funktionen hat, ist es kein Wunder, dass sie auch missbraucht werden kann. Ein Beispiel dafür haben wir schon beim Homo demens kennen gelernt. Henri Bergson diagnostiziert noch eine zweite Fehlentwicklung: den Homo loquax, den Schwätzer. Gemeint ist damit allerdings nicht jemand, der einfach zu viel redet, sondern jemand, der immer nur über seine eigenen Gedanken und Worte nachdenkt und spricht. Er stellt ihn dem Homo sapiens gegenüber, der die Welt denkend erfasst, und zugleich dem Homo faber, der sie gestaltend verändert.

Den Menschen über das Lügen, etwa als Homo mendax, charakterisieren zu wollen, muss heute als verfehlt gelten. Täuschung und Selbstbetrug sind schon bei Tieren so häufig und so raffiniert, dass Volker Sommer dem »Lob der Lüge« ein ganzes Buch gewidmet hat.

Das Gemeinschaftswesen

Dass der Mensch von Natur aus ein geselliges Wesen sei, meint schon Aristoteles: »Diejenige Beschaffenheit, welche ein jeder Gegenstand erreicht hat, wenn seine Entwicklung vollendet ist, eben diese nennen wir die Natur desselben, wie z.B. die des Menschen, des Rosses, des Hauses. [...] Hiernach ist denn klar, dass der Staat zu den naturgemäßen Gebilden gehört und dass der Mensch von Natur ein nach der staatlichen Gemeinschaft strebendes Wesen (zóon politikón) ist« (Aristoteles, Politik). Selbst Aristoteles spricht von einer Entwicklung. Aber wie sah diese Entwicklung aus? Lebten die Menschen zunächst isoliert beziehungsweise in kleinsten Verbänden? Oder begannen sie gerade umgekehrt in einer Großgemeinschaft, in einer Art Ameisenstaat, der dann allmählich zerfiel?

Für den Staatsphilosophen Thomas Hobbes ist der Urzustand, in dem die Menschen lebten und miteinander umgingen, ein wilder, unzivilisierter, kampferfüllter. »Homo homini lupus«, der Mensch (ist gegenüber) dem Menschen ein Wolf, so charakterisiert Hobbes mit Bezug auf die menschliche Natur den Anfangszustand, aus dem sich menschliche Gemeinschaften, gesetzlich geordnete soziale Gebilde, insbesondere aber Staaten, erst allmählich entwickelt hätten. Jedenfalls kann man sich einen solchen Anfangszustand denken, um die Notwendigkeit von Gesetzen und sozialen Institutionen zu begründen.

Für den französischen Aufklärer Jean-Jacques Rousseau ist der Urzustand der Menschheit dagegen friedlich, geradezu paradiesisch. Kampf und Streit, wie wir sie kennen, haben sich erst später entwickelt; sie sind eine späte, eine Zivilisationserscheinung. »Zurück zur Natur!« muss deshalb der Rat lauten, wenn die Menschen besser miteinander auskommen wollen und sollen. Und so haben denn auch viele Rousseau interpretiert. Man kann sich fragen, ob Hobbes, Rousseau und andere Denker den von ihnen beschriebenen Urzustand als real, als historisch, als Rekonstruktion tatsächlicher Verhältnisse verstanden wissen wollten oder nur als fiktiv, als Konstruktion, als Szenario. Wie immer sie es gemeint haben – für Philosophen, Staatsrechtler und Aufklärer ist es nicht unerheblich, wie der Urzustand *tatsächlich* war, wie die Frühmenschen wirklich lebten, welches Erbe sie uns also mitgegeben haben und wozu wir »von Natur aus« neigen.

Diese Frage kann die Humanethologie heute beantworten. Sie schöpft ihr Wissen aus mehreren Quellen: Man beobachtet Menschenaffen, deutet paläoanthropologische und archäologische Funde, studiert Stammeskulturen (früher »Naturvölker« genannt), untersucht menschliches Sozialverhalten. Alle Befunde weisen darauf hin, dass der Mensch an ein Leben in Kleingruppen angepasst ist. Die Kleingruppe oder Horde umfasst höchstens hundert Mitglieder, die einem alle persönlich bekannt sind. Altruistisches Verhalten beschränkt sich dann auf die Mitglieder dieser Gruppe, mit denen man verwandt ist oder von denen man wenigstens Gegenleistungen erwarten kann.

Aristoteles hat also Recht, wenn er den Menschen als Gemeinschaftswesen sieht; er hat aber Unrecht, wenn er den antiken Stadtstaat als die naturgemäße Organisationsform betrachtet. (Den modernen Großstaat hatte natürlich nicht einmal Aristoteles im Auge.) Eine Menschheit, die in Frieden leben will, kann sich also nicht allein auf ihr natürliches Verhaltensinventar verlassen. Religiöse, moralische und ethische Forderungen beziehen sich deshalb auf immer größere Einheiten: meistens auf die gesamte Menschheit, manchmal darüber hinaus auf alle fühlenden Wesen, auf alle Lebewesen, auf die Biosphäre oder auf die gesamte Natur.

Die klassische Verhaltensforschung (Konrad Lorenz, Irenäus Eibl-Eibesfeldt) ist davon ausgegangen, dass Lebewesen sich in aller Regel *arterhaltend* verhalten. Wenn wir Menschen das nicht tun, etwa wenn wir Kriege führen, dann ist das eine Entartungserscheinung, pathologisch, ein Zivilisationsschaden. Die allgemein-ethische Forderung, wir sollten etwas für die Menschheit als Ganzes tun, bedeutet dann also – ganz im Sinne Rousseaus: »Zurück zur Natur!«

Die noch recht junge Soziobiologie (Richard Hamilton, Edward Wilson, Richard Dawkins) widerspricht. Organismen verhalten sich nicht art-, sondern *generhaltend:* Sie sorgen dafür, dass ihre Gene auch in der nächsten Generation angemessen vertreten sind. Verhalten, das anderen nützt, dem Individuum aber schadet, ist auf einen engen Adressatenkreis beschränkt. Menschen bilden da keine Ausnahme. Die allgemein-ethische Forderung, wir sollten etwas für die Menschheit als Ganzes tun, bedeutet dann also: »Weg von der Natur!« Einfach ist das offenbar nicht.

Forderungen aufstellen ist leicht; darin sind wir alle Meister. Forderungen begründen ist schon schwieriger; das ist eine Aufgabe für Theologen, Philosophen, Juristen und Wissenschaftler. Forderungen befolgen ist offenbar am schwierigsten. In einer aufgeklärten Gesellschaft, als die wir uns doch verstehen, werden jene Forderungen am ehesten befolgt, die am besten begründet sind. Sachinformation, wie sie in den folgenden Kapiteln geboten wird, ist nicht nur für sich interessant; sie kann auch dazu beitragen, Forderungen besser zu begründen. Und vielleicht hilft sie ja auch, begründete Forderungen in die Tat umzusetzen!

G. Vollmer

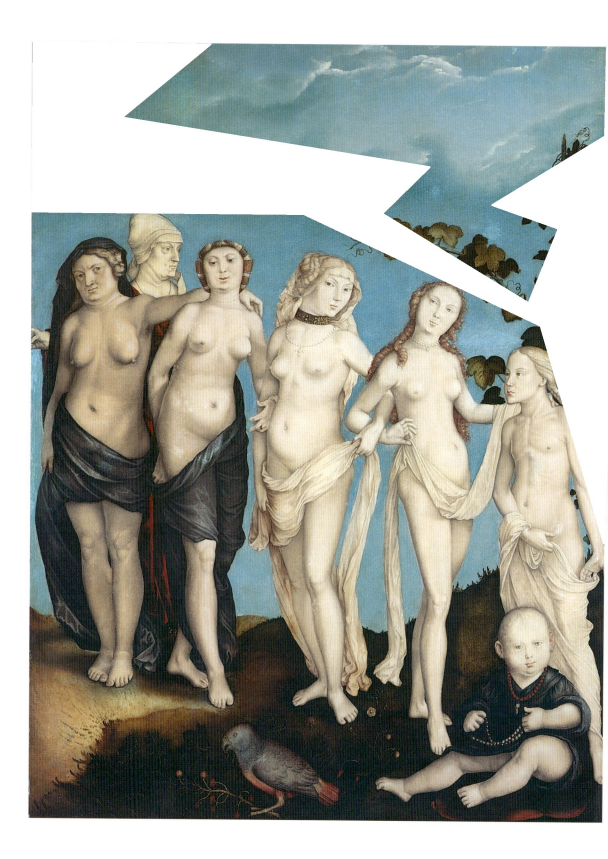

Das menschliche Leben – zwischen Werden und Vergehen

Alle Lebewesen pflanzen sich fort. Heute lernen Kinder bereits, wie das beim Menschen geschieht – jedenfalls in den Grundzügen. Wie schwer es ist, ein Kind zu bekommen, haben wir erst in den letzten Jahren richtig wahrgenommen. So haben etwa 20 Prozent aller Paare in Deutschland Schwierigkeiten, ein Kind zu zeugen. Das erklärt unter anderem den Siegeszug der Reproduktionsmedizin, also der vielen künstlichen Methoden der Befruchtung, mit deren Hilfe versucht wird, eine Schwangerschaft dort eintreten zu lassen, wo sie unter natürlichen Bedingungen nicht möglich wäre. Ein beträchtlicher Teil dieser Medizin ist in den Industrienationen heute auf solche Personen ausgerichtet, deren Kinderwunsch trotz aller Kenntnis über die biologischen Voraussetzungen des betreffenden Paares und entsprechender Bemühungen nicht in Erfüllung geht.

Inzwischen existieren viele Möglichkeiten, Kinder zu erzeugen, die sonst nicht zu leben begonnen hätten. Beispielsweise kann man den Eisprung hormonell stimulieren oder Sperma in die Gebärmutter einbringen, wenn der Zeitpunkt für eine Befruchtung am günstigsten ist. Eine weitere Möglichkeit ist die Gewinnung von Spermien aus dem Hoden des Mannes, sogar von nicht lebensfähigen einzelnen Vorformen, die dann unter dem Mikroskop mit haarfeinen Glasinstrumenten durch die Hülle des Eies injiziert werden. Eizellen können durch Spülung des Bauchraumes gewonnen werden, worauf eine Befruchtung im Reagenzglas mit nachfolgender Einpflanzung des sich erfolgreich vermehrenden Zellhaufens in die Gebärmutter einer Frau, bisweilen einer Leihmutter, erfolgen kann. Einige dieser Möglichkeiten werden weiter unten noch näher besprochen.

Warum ist es offenbar doch so schwer, neues menschliches Leben entstehen zu lassen? Untersuchungen aus einigen Ländern lassen darauf schließen, dass die Anzahl gesunder Spermien pro Ejakulat im Vergleich zu früheren Jahrzehnten stark abgenommen hat. Verschiedene Faktoren können eine Rolle spielen, etwa die Tatsache, dass Rückstände weiblicher Hormone, von Millionen Frauen als Antibabypille eingenommen, ins Trinkwasser gelangen und von Männern aufgenommen werden. Als Ursache für die abnehmende männliche Fruchtbarkeit werden auch östrogenähnliche chemische Verbindungen diskutiert, die als Abbauprodukte von Pflanzenschutzmitteln entstehen. Unsere moderne Welt mit ihren vielfältigen Eingriffen in bisher natürlich ablaufende Lebensvorgänge erzeugt Probleme, die es zuvor nicht gab, stellt aber zum Teil auch neue Lösungen zur Verfügung.

W. SCHIEFENHÖVEL UND S. SCHIEFENHÖVEL-BARTHEL

Zwischen Werden und Vergehen – das Leben beginnt mit der Zeugung und endet mit dem Tod. In jedem Lebensabschnitt sind Menschen mit vielfältigen physischen und psychischen Veränderungen, Anforderungen und Problemen konfrontiert. Sie sind »ins Leben eingebettet« oder wenden sich im Alter bereits ab, wie die allegorische Darstellung »Die sieben Lebensalter des Weibes« von Hans Baldung, genannt Grien, zeigt (1544; Leipzig, Museum der bildenden Künste).

Sexualität und Schwangerschaft

Warum sind überhaupt Frau und Mann notwendig und warum ist die Sexualität als Magnet und Motor der Fortpflanzung so wirksam? In der Natur gibt es auch andere Lösungen für das Problem, Nachkommen zu zeugen: Die ungeschlechtliche Vermehrung, die Jungfernzeugung, der Hermaphroditismus (die Vereinigung männlicher und weiblicher Fortpflanzungsorgane in einem Körper) und andere Formen der Reproduktion. Dieses interessante Feld kann hier nicht weiter behandelt werden. Wir können aber feststellen: In der Evolution hat sich ab einer bestimmten Entwicklungsstufe die geschlechtliche Vermehrung durchgesetzt; ein männlicher und ein weiblicher Organismus vereinigen sich, woraus ein neuer Organismus entsteht, dessen Genom, das heißt alle genetisch festgelegten Bauanleitungen, zur Hälfte von der Mutter und zur Hälfte vom Vater stammt.

Im Bereich des Lebendigen gibt es keinen wichtigeren Imperativ, als neues Leben zu erzeugen. Das ist bei Tieren und Pflanzen wie Bakterien der Fall. Sexuelles Verhalten dient primär diesem Prinzip. Bei den meisten Tieren sind die Suche nach einem geeigneten Anderen, das Werben um einen solchen potentiellen Partner und die vielfältigen Formen des eigentlichen sexuellen Verhaltens durch genetisch vermittelte Programme ziemlich starr festgelegt. Ähnlich festgelegt ist auch der Zeitpunkt der Kopulation. Im Tierreich erfolgt sie fast immer dann, wenn tatsächlich neues Leben gezeugt werden könnte. Außerhalb dieser Perioden sind vor allem weibliche Tiere selten bereit und in der Lage, die Kopulation mit einem Männchen zuzulassen.

Sexualität beim Menschen – Partnerschaft für den Nachwuchs

Die Sexualität des Menschen ist prinzipiell anders. Evolutionsbiologen sehen die menschliche Sexualität als einen geschickten Kniff der Evolution, Frau und Mann dauerhaft aneinander zu binden. Die menschlichen Jungen bedürfen einer besonders langen und sehr aufopferungsvollen Aufzucht, bis sie selbst das Erwachsenenalter mit etwa 16 bis 20 Jahren erreichen. Wenn Mutter und Vater sich die Aufzucht des Nachwuchses teilen, gelingt sie am besten. Sonst hätte sich für den Menschen weltweit das durchgesetzt, was wir bei vielen Tieren finden: Der Vater zeugt das Kind, und die Mutter ist zuständig für alles, was danach kommt. Doch auch in der menschlichen Partnerschaft tragen Frauen die weitaus größere reproduktive Last: Schwangerschaft, Geburt, Stillen und die Fürsorge für den Säugling und das heranwachsende Kind sind biologisch belastende, zum Teil gefährliche und psychologisch-emotional fordernde Vorgänge. Kurz, Frauen investieren in allen Kulturen im Durchschnitt mehr in ihre Kinder als Männer.

Zu einer »glücklichen Familie« gehören in der Idealvorstellung nach wie vor Kinder. Heute kann mithilfe der modernen Reproduktionsmedizin, insbesondere der künstlichen Befruchtung, vielen Paaren geholfen werden, deren Kinderwunsch aus unterschiedlichen Gründen auf »natürlichem Weg« nicht in Erfüllung geht.

Dennoch, die meisten Männer beteiligen sich am Großziehen der Kinder, obwohl sie ein ganz spezifisches Problem mit der Reproduktion haben: Sie können sich nie hundertprozentig sicher sein, ob das Kind, für das sie sorgen, wirklich ihr eigenes ist. Heute kann man durch genetische Fingerabdrücke genau feststellen, wer mit wem verwandt ist und ob ein bestimmter Mann der Vater eines bestimmten Kindes sein kann oder nicht. Untersuchungen in einigen europäischen Ländern erlauben die Schätzung, dass innerhalb einer Spanne von wenigen bis zu etwa 20 Prozent die Kinder nicht von den Männern gezeugt wurden, die als Ehemänner oder Partner glauben, der Vater zu sein. »Pater semper incertus.« Wer der Vater ist, ist immer unsicher, so haben die Römer diesen Sachverhalt ausgedrückt. Männer leben also seit jeher mit dem Risiko, ihre emotionale und materielle Zuwendung einem Kind zukommen zu lassen, das möglicherweise nicht von ihnen stammt, also statt der Hälfte ihrer Erbanlagen keinerlei genetische Verwandtschaft mit ihnen hat. Frauen dagegen wissen immer, dass sie die biologischen Mütter ihrer Kinder sind.

Gesellschaftliche und biologische Gegebenheiten zwischen Frauen und Männern in drei verschiedenen Kulturen

	Eipo im Hochland von Neuguinea	Trobriander auf einer Insel im Westpazifik	Deutsche in Zentraleuropa
Erbfolge, z. B. Weitergabe des Familiennamens	nach der väterlichen Linie	nach der mütterlichen Linie oder nach beiden Linien	früher nach der väterlichen Linie, heute potentiell nach beiden Linien
Polygynie	potentiell	nur für Häuptlinge	nicht offiziell
Nachtschlaf	getrennt	meist gemeinsam	meist gemeinsam
Heirat erlaubt nur außerhalb der	Sippe	Sippe	Sippe (Cousinenheirat z. T. erlaubt)
biologische Vaterschaft	bekannt	bekannt	bekannt
erste Menstruation	um 17 Jahre	um 16 Jahre	unter 12 Jahre
Verhütung	nur periodische Enthaltsamkeit, fruchtbare Tage unbekannt	nur periodische Enthaltsamkeit, fruchtbare Tage unbekannt	verschiedene Methoden, fruchtbare Tage bekannt
Tabu für Geschlechtsverkehr	ja, z. B. nach der Geburt (2–3 Jahre)	ja, z. B. nach der Geburt (1–2 Jahre)	nein
Geburt	nur Frauen anwesend	nur Frauen anwesend	professionelle Umgebung, Vater des Kindes oft anwesend
Kindesmord	eher Mädchen	kein	selten

Kriterien der Partnerwahl

Organismus und Psyche der Frauen stellen praktisch immer mehr für das Kind bereit als jene ihrer Partner. Schon die Eizelle ist ungleich größer als ein Spermium. Männer und Frauen haben daher, so die Folgerung, bei Sexualität und Fortpflanzung etwas unterschiedliche Interessen. Ehe oder eheähnliche Partnerschaft sind so gesehen ein Kompromiss, den beide zum gemeinsamen Vorteil schließen. Wie alle Kompromisse ist ein solches Bündnis eine Annäherung an einen optimalen Zustand, keine ideale Lösung.

Frauen und Männer haben nach Kulturen vergleichenden Untersuchungen in der Tat etwas unterschiedliche Präferenzen. Frauen bevorzugen (und das ist eine statistische Aussage, es kann also durchaus auch individuelle Gegenbeispiele geben) überall Männer, die etwas älter sind als sie selbst, Männer, die sich in sozialen und ökonomischen Positionen befinden, die erwarten lassen, dass es der Familie gut gehen, dass Mutter und Kinder günstige Chancen haben werden, sodass die Nachkommen dieser Partnerschaft selbst wieder Nachkommen haben können. Auf der anderen Seite bevorzugen die Männer Frauen, die jünger sind als sie und durch ihre Schönheit und damit signalisierte Gesundheit sowie ihre sozialen, geistigen und psychischen Eigenschaften erwarten lassen, dass sie gesunde Kinder bekommen und ihnen eine einfühlsame, liebevolle Mutter sein werden. Der Einzelne muss sich dieser bevorzugten Suchbilder gar nicht bewusst sein. Die Biopsychologie geht davon aus, dass viele der zugrunde liegenden Steuerungsmechanismen unbewusst ablaufen.

Lange Zeit galt eine Paarung von Angesicht zu Angesicht als eine menschliche Errungenschaft. Doch vollziehen auch die Bonobos den Geschlechtsverkehr von vorne. Ihre Genitalien sind für diese Position, im Gegensatz zu den Schimpansen, angepasst. Junge Bonobos fangen schon früh mit Sexspielen an.

Sexualität beim Menschen ist also die Anziehungskraft, die bewirkt, dass zwei eigentlich so ungleiche Wesen wie Frauen und Männer über einen möglichst langen Zeitraum, idealerweise bis zum Erwachsenwerden ihrer Kinder, oft auch darüber hinaus, zusammenbleiben. Frauen und Männer sind erotisch auf sehr vielfältige Weise stimulierbar und haben ein ähnlich großes Interesse am Sex. Dass Frauen dieses Interesse in ähnlicher Weise permanent spüren wie Männer, ist eine besonders wichtige Voraussetzung für die typisch menschliche Sexualität. Mit Ausnahme der Zeit der Menstruation, der späten Schwangerschaft und einer gewissen Zeit nach der Geburt ist für beide die Verlockung, mit ihrem Partner zusammen zu sein, in den meisten Kulturen ähnlich groß und zeitlich ähnlich durchgängig präsent. Sexuelles Verhalten ist also beim Menschen weitgehend von der Fortpflanzung abgekoppelt. Erotik, Geschlechtsverkehr und die durch das gemeinsame intime Erleben erzeugte Bindung sind ganz entscheidende Faktoren, die neben den primären Antrieb, Nachkommen zu erzeugen, getreten sind.

Ein Blick auf unsere nächsten Verwandten

Nur bei einer Art in der gesamten Tierwelt wird die Sexualität noch universeller, noch unabhängiger von der Fortpflanzung eingesetzt als bei uns: bei den Bonobos. Bei diesen Tieren kopulieren Weibchen mit Weibchen, Männchen mit Männchen, Junge mit Alten, Alte mit Jungen in einer Häufigkeit und Vielfalt, die unsere bisweilen als übersexualisiert bezeichnete menschliche Gesellschaft regelrecht prüde aussehen lässt. Das sexuelle Verhalten minimiert bei dieser Art soziale Spannungen und festigt den Gruppenzusammenhalt. Die meisten sexuellen Handlungen in den Gruppen der Bonobos führen demzufolge nicht zur Befruchtung. Die »richtigen«

Schimpansen haben dagegen ein anderes sexuelles System: Weibchen und Männchen kopulieren ebenfalls ohne festgelegte Partnerschaft, aber eigentlich immer in Zusammenhang mit der Fortpflanzung. Bei Gorillas kontrolliert ein mächtiges Männchen, der »Silberrücken«, einen Harem von Weibchen. Bei den Orang-Utans treffen sich anscheinend Weibchen und Männchen nur zum Zweck der Kopulation; ansonsten leben sie mehr oder weniger getrennt. Bei den fünf am höchsten entwickelten Primaten, einschließlich dem Menschen, gibt es also fünf sehr unterschiedliche Sexualsysteme. Jede Art hat im Verlauf der Evolution ihre spezifische Lösung für das Erzeugen von Nachkommen und der Sorge um sie gefunden.

Sexuelle Eifersucht und Scham

In allen Kulturen hüten Frauen und Männer eifersüchtig ihre sexuellen und Fortpflanzungspartner. Bekanntermeise gibt es einige Ausnahmen wie Partnertausch, doch weltweit betrachtet und in den Dimensionen unserer eigenen Gesellschaft spielen solche Verhaltensweisen eine sehr geringe Rolle. Bisweilen wird von Völkern berichtet, in denen es keinerlei sexuelle Eifersucht gegeben habe oder gebe. Nach neuen ethnologischen Forschungen kann man aber davon ausgehen, dass solche Darstellungen auf einer ungenügenden Faktensammlung beruhen und daher unrichtig sind. Die Polynesier werden in der Literatur häufig als Menschen beschrieben, bei denen es weder sexuelle Scham noch sexuelle Eifersuchtsreaktionen gegeben habe. In der Südsee reagiert man aber auf einen »Seitensprung« des Ehepartners oder der Ehepartnerin ähnlich verletzt wie bei uns. So unterschiedlich, wie man meinen möchte, sind die Kulturen im Hinblick auf die Sexualität also nicht.

Sexuelle Scham ist in der Tat ein universelles Phänomen, und der Geschlechtsverkehr findet nirgendwo, bis auf sehr seltene Ausnahmen, in aller Öffentlichkeit statt. Dieser intimste aller Akte ist bio-

Sexuelle Eifersucht scheint ein universelles Phänomen zu sein, auch bei den in dieser Hinsicht als freizügig geltenden Polynesiern. Das hat offenbar auch Paul Gauguin festgestellt, der lange Jahre auf Tahiti gelebt hat. Einem seiner Bilder hat er den Titel »Oh, du bist eifersüchtig?« gegeben (1892; Moskau, Puschkin Museum).

Bei den Menschen ist das Interesse an Sex nahezu immer präsent. Erotik, Geschlechtsverkehr und intimes Erleben dienen neben der Fortpflanzung dem Vergnügen und der Festigung einer Bindung.

psychisch offenbar so gesteuert, dass wir die Intimität, die Abgeschiedenheit von den anderen suchen und im Normalfall nicht wünschen, dass es Zeugen dabei gibt. Doch warum das, warum nicht die Kopulation auf dem Dorfplatz? Evolutionsbiologen erklären das so: Bereits bei manchen Affenarten gibt es die Tendenz, dass ein Weibchen und ein Männchen eine relativ feste Bindung zueinander aufbauen. Das heißt, sie suchen die Nähe des anderen, teilen Nahrung und verstehen sich offenbar insgesamt gut. Aus dieser Beziehung ergibt sich häufig ein sexuelles Verhältnis. Wenn, so die Vermutung, die »Verliebtheit« der beiden und ihre sexuellen Akte in der Gruppe stattfänden, wäre die Chance groß, dass ein mächtiges Alpha-Männchen die Zweisamkeit durch einen Angriff stören würde. Auch hochrangige Weibchen könnten das tun. Solche Interventionen kommen in der Tat oft vor, einschließlich regelrechter Bestrafung der Betroffenen.

Sexuelle Beziehungen zwischen Frauen und Männern in drei verschiedenen Kulturen

	Eipo im Hochland von Neuguinea	Trobriander auf einer Insel im Westpazifik	Deutsche in Zentraleuropa
vorehelicher Sex	möglich (ab ca. 17 bei Frauen, ab ca. 20 bei Männern)	die Regel (ab ca. 16 bei Frauen, ab ca. 18 bei Männern)	die Regel (ab ca. 13 Jahren bei Frauen, ab ca. 15 Jahren bei Männern), aber teilweise gegen christliche Norm
Sex in	intimer Abgeschiedenheit, meist außerhalb des Hauses/Dorfes	intimer Abgeschiedenheit, meist im Haus/Dorf	intimer Abgeschiedenheit, meist im Haus, aber auch an anderen Orten (Natur, Auto)
Sex im	Liegen (Frau unten, Mann oben)	Sitzen (Mann unten, Frau oben)	Liegen (oft Frau unten, Mann oben) und in anderen Stellungen
Verhalten beim Sex	leidenschaftlich (Einbeziehen des ganzen Körpers)	weniger leidenschaftlich (weitgehend nur genitaler Kontakt)	leidenschaftlich als Ideal
oraler Sex	nein	kaum	öfter, gelegentlich anal
weiblicher Orgasmus	bekannt und vermutlich unproblematisch	bekannt und vermutlich unproblematisch	weniger problematisch als vor einer Generation
sexuelle Eifersucht	ja	ja	ja
Geschlechtsverkehr mit wechselnden Partnern	nein	bei Jugendlichen möglich, sonst nicht	selten
Furcht der Männer vor weiblicher Sexualität	groß	gering bis keine	gering bis keine
Furcht der Frauen vor männlicher Sexualität	teilweise	teilweise	teilweise, bei wenigen Frauen Ablehnung der Penetration
außereheliche Affären	v.a. von Frauen initiiert; gegen die gesellschaftliche Norm	von Männern und Frauen initiiert; gegen die gesellschaftliche Norm	von Männern und Frauen initiiert; weitgehend gegen die Norm, aber toleriert
Prostitution	nein	beginnend	etabliert
Verhalten von Männern und Frauen in der Öffentlichkeit	prüde	kokett	z.T. offen erotisch oder sexuell
homosexuelle Praktiken	keine oder wenige	keine	unterschiedliche

In der Abgeschiedenheit hätten die beiden eine größere Chance, ungestört zu bleiben. Eine solche Präferenz für Intimität käme vor allem den Weibchen zugute, die ihre Partnerwahl unbeeinflusster von einem oder mehreren dominanten Männchen treffen könnten. Die menschliche Sexualität ist das Ergebnis unserer langen Stammesgeschichte und gleichzeitig eine ganz spezifische Lösung der Frage »Wie finde ich einen Partner, eine Partnerin, mit dem/der ich Kinder haben möchte?«.

Der Beginn menschlichen Lebens

Jedes neugeborene Mädchen kommt mit etwa zwei Millionen Eizellen auf die Welt. In den beidseits angelegten Eierstöcken (Ovarien), die in den Industrieländern im Alter von elf bis dreizehn Jahren funktionsfähig werden und daher noch unausgereift sind, befindet sich schon das gesamte reproduktive Potential dieses weiblichen Menschen. Bei neugeborenen Jungen werden die Spermien erst im Verlauf der Pubertät gebildet. In den Eierstöcken der Mädchen gehen in den ersten Lebensjahren bereits sehr viele Eizellen zugrunde, sodass mit etwa sieben Jahren nur noch ungefähr 300 000 vorhanden sind. Hier erkennt man mit welchem Sicherheitspotential die Biologie der Lebewesen ausgestattet ist.

Weiblicher und männlicher Anteil – Eizellen und Spermien

Die Eizelle mit der sie umgebenden schützenden Flüssigkeit wird Follikel oder Eibläschen genannt. Zu Beginn eines jeden normalen Menstruationszyklus reifen zunächst mehrere Follikel heran, von denen jedoch meist nur eines bis zum Eisprung überlebt, die anderen gehen zugrunde. Auch hier findet sich wieder das Prinzip der »Verschwendung«. Da biologische Organismen aber unter einem hohen Kosten-Nutzen-Druck stehen, müssen wir davon ausgehen, dass die »verschwenderische« Bereitstellung einen Sinn hat und notwendig ist. Möglicherweise wird aus den verschiedenen heranreifenden Follikeln nur der tauglichste zur vollen Reifung zugelassen. Man könnte sich auch vorstellen, dass von den nicht zum Zuge kommenden Follikeln unterstützende Funktionen für den erfolgreichen Konkurrenten ausgehen.

Ist der Follikel ausgereift, kommt es zum Eisprung: Der Follikel platzt und die darin befindliche Eizelle wird aus dem Eierstock ausgestoßen und von den krakenartigen Enden eines der beiden Eileiter aufgefangen. Im schützenden Kanal des Eileiters wird die Eizelle von sich bewegenden Flimmerhärchen langsam in Richtung Gebärmutter gerollt, also den Spermien entgegenbewegt.

Bei der Spermienproduktion des Mannes ist die verschwenderische Überproduktion noch deutlicher. Pro Milliliter Sperma werden im Normalfall zwanzig Millionen Spermien produziert, aber nur einem von ihnen

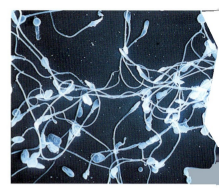

Beim Samenerguss werden etwa 100 Millionen Spermien im oberen Teil der Scheide und am Eingang des Gebärmutterhalses deponiert. In diesem rasterelektronmikroskopischen Foto sind die **Spermien** 1000fach vergrößert.

Bei Frauen, denen durch eine Operation zum Beispiel auf der rechten Seite der Eileiter, jedoch nicht der Eierstock entfernt wurde und die auf der linken Seite zwar einen intakten Eileiter, aber keinen Eierstock mehr haben, kann der linke, gesunde Eileiter wie ein Greifarm übergreifen, um aus dem rechten Eierstock die Eizelle in Empfang zu nehmen.

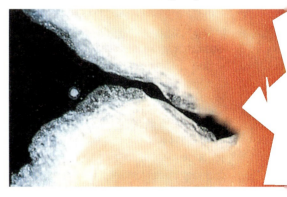

Nach dem **Eisprung** wird das 0,12 bis 0,15 mm große Ei vom trichterförmigen Ende des Eileiters aufgefangen.

Verantwortlich für das **Scheidenmilieu** sind Lactobazillen. Sie besiedeln die gesunde Scheide und vergären Milchsäure. Das so entstehende saure Milieu ist wichtig zur Abwehr von schädlichen Bakterien, die ständig aus der Außenwelt in die Scheide eindringen. Der typisch weißliche, leicht säuerlich, aber nicht unangenehm riechende Ausfluss, über den besonders junge Frauen häufig klagen, ist also Ausdruck einer noch intakten Scheidenflora und eine biologisch organisierte natürliche Scheidenspülung.

wird es gelingen, die reife Eizelle zu befruchten. Allerdings benötigt das Siegerspermium die anderen: Nur im Pulk gelingt der Aufstieg aus dem sauren, für die Spermien gefährlichen Scheidenmilieu durch die Gebärmutter in den Eileiter. Ein einzelnes Spermium würde schon zu Beginn dieser Marathonstrecke zugrunde gehen. Bei der Ejakulation werden bis zu 100 Millionen Spermien im oberen Teil der Scheide (Vagina) und am Eingang des Gebärmutterhalses deponiert.

Obwohl die Spermien eines Ejakulats in der Lage sind, das saure Scheidenmilieu für circa 30 Minuten abzupuffern, sterben etwa 99 Prozent von ihnen bereits in der Scheide ab. Nur jene überleben, die schnell in die Einbuchtung des Gebärmutterhalskanals gelangen. Spermien können, wenn sie erst einmal in die weniger bedrohlichen Zonen jenseits der Scheide aufgestiegen sind, im Organismus der Frau vier bis sechs Tage leben; das reife Ei dagegen ist nur 12 bis 24

DER MENSTRUATIONSZYKLUS

Die normale Menstruationsperiode vom ersten Tag einer Periodenblutung bis zum ersten Tag der darauf folgenden Periode ist die Zykluslänge. Am häufigsten ist eine 28-tägige Periode, doch kann die Zykluslänge auch deutlich kürzer oder länger sein. Beim Menschen findet der Eisprung immer 14 Tage vor der kommenden Menstruationsblutung statt: Bei einer Zykluslänge von 28 Tagen am 14. Tag, bei einer Zykluslänge von 32 Tagen am 18. Tag und bei einer Zykluslänge von 24 Tagen am 10. Tag. Bei Perioden von mehr als 28 Tagen verlängert sich also immer die Phase vor dem Eisprung, während die Phase danach mit 14 Tagen jeweils konstant bleibt, vorausgesetzt, die hormonale Steuerung ist normal. Die Bildung jeder Eizelle und des sie umgebenden Follikels wird durch ein kompliziertes Zusammenspiel der Hormonzentren im Gehirn und im Eierstock der Frau kontrolliert.

Hormone der Hypophyse bewirken über eine vermehrte Östrogenbildung in den Eierstöcken die Reifung des Eifollikels über den Primär-, Sekundär- und Tertiärfollikel zum sprungbereiten Graaf-Follikel. Durch den Einfluss des Östrogens wird zudem während der Proliferationsphase die Gebärmutterschleimhaut aufgebaut. Zum Eisprung kommt es durch eine gesteigerte Ausschüttung des luteinisierenden Hormons (LH) und des follikelstimulierenden Hormons (FSH). Der gesprungene Follikel wandelt sich zum Gelbkörper um, der nun vermehrt das Gelbkörperhormon Progesteron produziert, worauf die Drüsenzellen der Gebärmutterschleimhaut in der Sekretionsphase reichlich Sekret bilden. Auch sprießen viele Blutgefäße in die Gebärmutterschleimhaut ein. Sie ist nun zur Aufnahme eines befruchteten Eies bereit. Bleibt das Ei unbefruchtet, geht der Gelbkörper zugrunde und die Schleimhaut wird mit der Monatsblutung ausgestoßen.

In der Abbildung sind in der Mitte die zyklischen Vorgänge in der Gebärmutterschleimhaut sowie Zeitpunkt und Dauer der Monatsblutung (M) dargestellt. Oben ist die Entwicklung des Follikels zu sehen, unten der Verlauf der morgendlichen Körpertemperatur, deren Schwankungen ihre Ursache in den Veränderungen der Hormonproduktion haben.

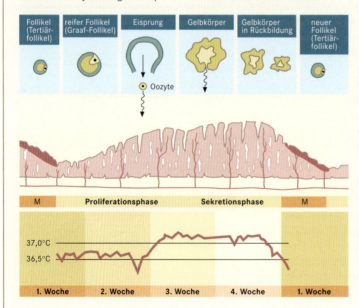

Stunden befruchtungsfähig, das heißt, die fruchtbaren Tage im Zyklus einer Frau reichen von vier bis sechs Tagen vor dem Eisprung bis zu einem, höchstens zwei Tagen nach dem Eisprung.

Der lange Weg zum Ziel

Der Weg der Spermien durch die Gebärmutter und von dort in die langen Eileiter ist ungleich länger und strapaziöser als der der Eizelle, denn die Spermien müssen sich aus eigener Kraft bewegen. Wie bereits besprochen, sind Männer und Frauen prinzipiell immer paarungsbereit. Bei Frauen ist die Libido, das heißt ihr sexuelles Interesse, vor allem kurz vor und nach der Periode für etliche Tage bis um den Zeitpunkt des Eisprungs erhöht. Während des Eisprungs ist der aus dem Muttermund der Gebärmutter fließende klare, flüssige Schleim von besonderer Beschaffenheit. Er verliert dann seinen sauren und damit für die Spermien gefährlichen Charakter und wandelt sich zu einer leicht alkalischen Flüssigkeit. Damit wird den Spermien das Eindringen in den Gebärmutterhalskanal erleichtert. Außerdem ist der Muttermund zum Zeitpunkt des Eisprungs mehr als sonst geöffnet, was den Aufstieg der Spermien begünstigt. Im Gebärmutterhalskanal verändert sich die Spermienhülle (es erfolgt die Kapazitation), sodass das Spermium besser der Eizelle entgegenschwimmen kann.

Der Spermientransport zur Eizelle gliedert sich in eine schnelle und eine langsame Phase. Bereits fünf Minuten nach dem Geschlechtsverkehr befinden sich die ersten Spermien im Eileiter. Vermutlich ist das rhythmische Zusammenziehen von Scheide, Gebärmutter und Eileiter für den schnellen Aufstieg der Spermien mitverantwortlich. Diese rhythmischen Bewegungen sind typischer Bestandteil des weiblichen Orgasmus, der offenbar eine für die Empfängnis förderliche Wirkung hat, aber nicht unbedingt notwendig ist. Auch ohne einen Orgasmus kommt es zu einem relativ schnellen Spermientransport. Diese langsamere Phase des Aufstiegs der Spermien beruht auf ihrer Eigenbewegung. Sie besiedeln die Drüsen des Gebärmutterhalskanals und steigen von dort in kleinen Portionen in etwa vier bis sieben Stunden zum Eileiter auf.

Im Gebärmutterhalskanal können die Spermien mehrere Tage überleben und befruchtungsfähig bleiben. Daher entstehen die meisten unerwünschten Schwangerschaften durch einen Beischlaf etliche Tage vor dem Eisprung, also zu einem Zeitpunkt, zu dem die Frauen eine maximale Libido haben. Auch an dieser Tatsache lässt sich erkennen, dass die Steuerung der äußerst komplexen biologischen und psychologischen Faktoren, die zu einer Empfängnis führen können, besonders sinnreich angelegt ist. Frau und Mann, die in unserer Kultur im Normalfall grundsätzlich über die fruchtbaren und unfruchtbaren Tage der Frau informiert sind, wägen sich im

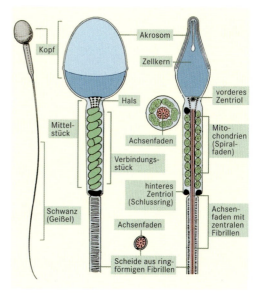

Die Schemazeichnung (links) und der Längsschnitt in Vorder- (Mitte) und Seitenansicht (rechts) zeigen die einzelnen Teile des 0,05–0,06 mm langen **Spermiums:** den Kopf mit dem das Erbmaterial tragenden Zellkern, das Mittelstück, aus dessen Zentriolen nach der Befruchtung der Teilungsapparat für die erste Furchungsteilung hervorgeht, und den Schwanz, der zur Fortbewegung dient.

Die **Kapazitation** ist die abschließende Reifung der Spermien im weiblichen Genitaltrakt und dauert einige Stunden. Dabei werden vor allem Proteine entfernt, die sich während der Spermienreifung in den Nebenhoden auf das Spermium aufgelagert haben. Ohne die Kapazitation kann es nicht zur akrosomalen Reaktion kommen.

Bei der **akrosomalen Reaktion,** die kurz vor der Befruchtung stattfindet, verändern sich zunächst die Eigenschaften der Membran im vorderen (akrosomalen) Bereich des Spermiums. Durch die entstandenen Poren werden Enzyme freigesetzt, die die Hüllmembran der Eizelle teilweise auflösen. Das Spermium kann in die Hüllschicht um die Eizelle vordringen. Die akrosomale Reaktion kann nur nach der Kapazitation im Gebärmutterhalskanal stattfinden.

Glauben, dass der Eisprung ja noch weit weg und eine Befruchtung daher nicht möglich sei.

Die Spermien durchschwimmen die gesamte Gebärmutterhöhle und biegen dann in einen der Eileiter ein. Nur auf einer Seite wartet das Ei auf sie. Löst sich die Eizelle vom linken Eierstock, wird sie in der Regel auch über den linken Eileiter in Richtung Gebärmutter weitergeleitet.

Am Ziel: Die Befruchtung

Das Zusammentreffen der Eizelle mit dem Spermium, die eigentliche Befruchtung, findet im Eileiter statt. Das Spermium »dockt« nach der akrosomalen Reaktion zunächst an Zellen einer äußeren Hüllschicht »an«, die vom Follikel stammen. Nach dem Andocken durchdringt das Spermium die Schutzhüllen, überwindet anschließend einen spaltartigen Zwischenraum, um dann endlich in die Eizelle vordringen zu können. Die Verschmelzung der beiden Zellmembranen von Spermium und Eizelle ist die eigentliche Befruchtung (Fertilisation). Sobald das zuerst angekommene Spermium die äußeren Hüllschichten der Eizelle durchdrungen hat, ist das Ei in der Regel für alle weiteren Spermien gesperrt, da sich die Hülle verändert und kein anderes Spermium mehr eindringen kann. Unreife oder gealterte Eizellen werden oft von mehreren Spermien befruchtet. Es entstehen Zwillinge oder Mehrlinge, die jedoch nicht lebensfähig sind und meist im dritten Schwangerschaftsmonat sterben.

In seltenen Fällen reifen mehrere Eizellen gleichzeitig heran, die dann auch zur selben Zeit »springen«. Diese können bei dem großen Angebot an Spermien alle befruchtet werden und sich gegebenenfalls auch einnisten. Die neun Monate später geborenen Mehrlinge sind aber nicht näher miteinander verwandt als normale Geschwister. Die Ursache für solch einen mehrfachen Eisprung liegt zum einen in einer ererbten Veranlagung, zum anderen spielt auch das Alter der Mutter eine Rolle. Bei älteren Schwangeren (wie sie zunehmend in den europäischen Ländern vorkommen) sind vermehrt doppelte oder gar dreifache Eisprünge zu beobachten. Nach einer Hormonbehandlung, der sich Frauen wegen eines bisher nicht erfüllten Kinderwunsches unterziehen, kommt es häufig zu einer Überstimulation der Eierstöcke mit mehrfachen Eisprüngen und damit nicht selten zu Mehrlingsgeburten. Die 1998 in den USA geborenen Achtlinge sind der bisherige »Weltrekord«. Unter natürlichen Umständen könnte eine solche Schwangerschaft niemals vorkommen. Die Rate der höhergradigen Mehrlingsschwangerschaften, also Drillinge, Vierlinge und darüber hinaus, ist auch durch häufigere künstliche Befruchtungen dramatisch gesteigert worden. Ohne ein äußerst entwickeltes System der Medizin wären solche Mehrlinge weder entstanden noch wären sie überlebensfähig.

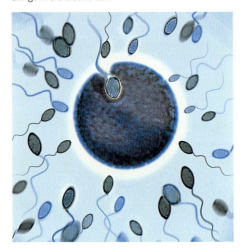

Ein Spermium hat es geschafft und dringt in die Eizelle ein.

Die Entwicklung des Embryos

Nach der Befruchtung, die etwa sechs bis zwölf Stunden nach dem Eisprung stattfindet, laufen die Reifungsprozesse in der aktivierten Eizelle auf Hochtouren. Der einfache (haploide) Chromosomensatz des so genannten männlichen Vorkerns vereinigt sich mit dem des weiblichen; es entsteht der doppelte (diploide) Chromosomensatz. Die befruchtete Eizelle, die Zygote, beginnt sich zu teilen und gleichzeitig zu furchen. Es entsteht ein Zweizeller, dann ein Vierzeller, ein Achtzeller usw., da sich jede gerade neu entstan-

ZWILLINGE

Der Mensch ist eigentlich ein Lebewesen mit einer typischen Einlingsschwangerschaft. Doch kommt auf etwa 85 Geburten eine Zwillingsgeburt. Etwa 70 Prozent aller Zwillinge sind zweieiig, 30 Prozent

eineiig. Drillings- oder Mehrlingsgeburten (Drillinge einmal auf etwa 6400 Geburten, Vierlinge einmal auf etwa 512000 Geburten) sind wesentlich seltener. In traditionalen Kulturen, in denen keine Fertignahrung zur Verfügung steht, kann es für eine Mutter von Zwillingen sehr schwierig sein, ihre beiden Kinder gut zu versorgen. Nicht nur das Stillen von zwei hungrigen Säuglingen ist für sie problematisch, sondern generell die Versorgung der Babys. In den meisten Fällen unterstützen die Großeltern und andere Familienmitglieder die Mutter, die Zwillinge durchzubringen. Bisweilen helfen auch Frauen aus der Nachbarschaft, die selbst Säuglinge haben, als Ammen aus.
In der Evolution zum Menschen scheint sich aber trotz der Probleme, die Zwillinge mit sich bringen, die Anlage einer Zwillingsschwangerschaft soweit »gelohnt« zu haben, dass diese genetische Veranlagung nicht ganz aus dem menschlichen Erbgut verschwunden ist.

Zweieiige Zwillinge sind zufällig zum gleichen Zeitpunkt geborene Geschwister. Sie nisten sich getrennt in zwei Fruchthöhlen in der Gebärmutter ein, ihre Plazenten können jedoch miteinander verschmelzen. Demgegenüber sind eineiige Zwillinge genetisch identisch. Sie tragen das gleiche Erbmaterial, da sie aus einer von einem Spermium befruchteten Eizelle entstehen.
Während der ganz frühen Embryonalentwicklung wird der Embryoblast in zwei Embryonalanlagen geteilt, aus denen sich zwei Embryonen entwickeln. Abhängig vom Zeitpunkt dieser Teilung besitzen die beiden Embryonen einen gemeinsamen Mutterkuchen (bestehend aus dem kindlichen Teil, dem Chorion, und dem mütterlichen Teil, der Dezidua) und zwei getrennte (oben links) oder eine gemeinsame Fruchthöhle (oben rechts). Der letztere Fall ist wegen der Möglichkeit, dass die beiden Embryonen sich aneinander verhaken, wesentlich risikoreicher für die spätere Geburt.
Es kann aber auch vorkommen, dass jeder der beiden Embryonen ein eigenes Chorion hat, das von einer eigenen Dezidua umgeben ist (unten links), sodass zwei völlig getrennte Mutterkuchen vorliegen. Die Dezidua kann auch beiden Embryonen gemeinsam sein, doch besitzt jedes Embryo ein eigenes Chorion (unten rechts).

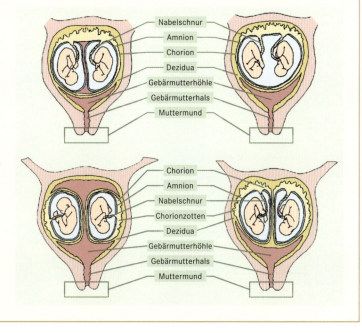

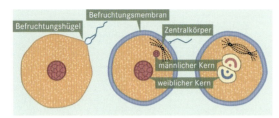

Der Befruchtungsvorgang umfasst folgende Einzelschritte: Nachdem das Spermium sich an die Eizelle angeheftet und die Eihülle lokal aufgelöst hat (akrosomale Reaktion), wölbt ihm die Eizelle einen Befruchtungshügel entgegen. Unmittelbar nach dem Eindringen des Spermiums bildet die Eizelle eine Befruchtungsmembran zur Abwehr weiterer Samenzellen aus. Aus dem Mittelstück des Spermiums bildet sich der Zentralkörper für die erste Furchungsteilung. Dann erfolgt die eigentliche **Befruchtung**, die Verschmelzung beider Vorkerne zur Zygote.

Bei einer **künstlichen Befruchtung** wird der ganz junge Embryo aus dem »Reagenzglas« im 2-Zellen- oder 4-Zellen-Stadium (bis ins 32-Zellen-Stadium) in die Gebärmutter eingepflanzt, nachdem diese durch Hormongaben auf den Embryo vorbereitet wurde.

Die **Tubenwanderung** dauert mehrere Tage. Sie beginnt mit der Aufnahme der noch unbefruchteten Eizelle in den Eileiter. Nach der Befruchtung durchläuft die Zygote verschiedene Furchungsstadien, die hier zur besseren Darstellung stark vergrößert sind: Aus dem Zweizeller entsteht über ein Vierzellen- und Achtzellenstadium schließlich ein Sechzehnzellenstadium, die Morula, und daraus die Blastozyste. Die Tubenwanderung endet mit der beginnenden Einnistung der Blastozyste in die Gebärmutterschleimhaut.

dene Zelle wieder teilt. Die Zahl der neuen Zellen nimmt so exponentiell zu. Während der Furchungsteilungen wird die Zygote über den bereits beschriebenen Mechanismus der nach abwärts schlagenden Flimmerhärchen in die Gebärmutter transportiert. Die Wanderung durch den Eileiter dauert 48 bis 72 Stunden.

Auf dem Weg in die Gebärmutter hat sich die Zygote so oft geteilt, dass sie unter dem Mikroskop wie ein rundes Häufchen voller Trauben aussieht und daher Morula genannt wird. Sie entwickelt sich zur Blastozyste, die aus zwei Teilen besteht, dem Embryoblasten – aus dem der Embryo selbst sich entwickelt – und dem Trophoblasten – der der Ernährung des Embryos dient und sich später zum Mutterkuchen ausbildet. Der Trophoblast wächst zunächst viel stärker als der Embryoblast. Das ist auch ausgesprochen sinnvoll, da zunächst die Ernährungsbasis gesichert sein muss, bevor ein weiteres Wachstum des Embryos stattfinden kann. Im Zentrum der Blastozyste liegt eine Höhle, aus der sich in der Folge der Fruchtsack entwickelt. Bis zu diesem Zeitpunkt ist bereits eine Woche seit der Befruchtung vergangen. Sie stand unter dem Motto »Tubenwanderung«, denn einen großen Teil dieser Zeit verbrachte der junge Embryo in der Tube, dem Eileiter. Eine Frau mit einem normalen 28-tägigen Menstruationszyklus, bei der der Eisprung genau in der Mitte, am 14. Zyklustag stattfindet, ist nun am 21. Tag ihres Zyklus angekommen.

Manche Frauen ahnen, dass sie schwanger geworden sind. Genau wissen können sie es nicht, da die Periode erst in einer weiteren Woche zu erwarten ist. Möglicherweise sind manche Frauen aber in der Lage, die sich bereits jetzt abspielenden, wenn auch noch sehr geringfügigen Veränderungen in ihrem Körper wahrzunehmen. Selbst mit einem modernen Schwangerschaftstest, der das Schwangerschaftshormon HCG (human chorion gonadotropin) im Harn nachweist, ist die Schwangerschaft jetzt noch nicht objektiv festzustellen. Die bedeutungsvollen Prozesse, die sich bisher abgespielt haben, haben also zu diesem Zeitpunkt noch keine messbare Auswirkung.

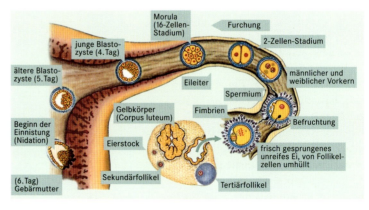

Der Embryo nistet sich ein

In der zweiten Woche nach der Befruchtung gräbt sich der junge Embryo in die Gebärmutterschleimhaut ein. Sie muss zuvor mithilfe des im Eierstock gebildeten Gelbkörperhormons Progesteron gut vorbereitet sein. Wenn dieser Vorgang nicht ausreichend gut funktioniert, kann die Gebärmutterschleimhaut in der Sekretionsphase nicht hoch genug aufgebaut werden und enthält dann auch zu wenige Drüsen, sodass der Embryo keine idealen Bedingungen vorfindet. Er kann sich nicht einnisten, wird ausgestoßen und es kommt zu einer eventuell leicht verspäteten und verstärkten Periodenblutung. Die betreffende Frau hat in den meisten Fällen von dieser ganz frühen Fehlgeburt nichts wahrgenommen.

Die Funktion des Eierstocks ist also keinesfalls in dem Moment vorüber, in dem eine reife Eizelle ihn beim Eisprung verlassen hat. Aus der Follikelhülle bildet sich nach dem Eisprung der Gelbkörper. Sein Name rührt von der gelben Farbe her. Er ist der Produktionsort des wichtigen Schwangerschaftshormons Progesteron. Der Eierstock ist also eine »Hormonfabrik«, die Gebärmutter eines der »Erfolgsorgane«, auf die dieses Hormon einwirkt. Der Eierstock produziert aber nur in ganz enger und sehr komplizierter Rückkopplung mit den Steuerungsorganen im Gehirn (insbesondere in der Hypophyse) seine Botenstoffe, die Hormone. Stressbelastung mit Ausschüttung von entsprechenden Stresshormonen oder Störungen der Schilddrüsenfunktion stören die sehr sensible Gelbkörperphase. Der Organismus der Frau verfügt also bereits kurz nach der Befruchtung über eine biologisch sinnvolle Steuerung, in Situationen anhaltenden Stresses eine Schwangerschaft abzubrechen. Von den frühen Stadien der Embryonalentwicklung wird ein außerordentlich großer Anteil ohne jeden Eingriff von außen vom Körper der Frau ausgestoßen. So wird sichergestellt, dass jene Embryonen, die in der Gebärmutter heranreifen, nach Möglichkeit keine biologischen Schädigungen aufweisen. Allerdings funktioniert der biologische Kontrollmechanismus nicht mit hundertprozentiger Sicherheit: Einige spezifische Fehler, wie Abweichungen im Chromosomensatz (zum Beispiel die Trisomie 21, die zum Down-Syndrom führt), werden nicht unbedingt als Fehlanlagen erkannt.

Bei der Einnistung ist der Embryo 0,1–0,2 mm groß und 7–12 Tage alt. Etwa am 12. Tag nach der Befruchtung nimmt er Kontakt mit dem mütterlichen Kreislauf auf. Dabei kann es zu einer leichten Blutung kommen. Sie wird Einnistungs- oder Implantationsblutung genannt und fällt praktisch genau auf den Zeitpunkt der erwarteten Menstruationsblutung. In solchen Fällen können Frauen annehmen, dass sie nicht schwanger seien, da es schließlich eine Blutung gegeben hat. Wenn dann bei einem späteren Besuch in einer Frauenarztpraxis die Einnistungsblutung als vermeintlich letzte

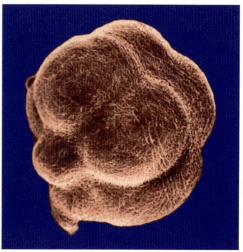

Wenige Stunden nach der Befruchtung ist schon ein Mehrzellenstadium erreicht.

22 **Chromosomen** des Menschen sind normalerweise als Paar vorhanden. Dazu kommen die Geschlechtschromosomen, zwei X-Chromosomen bei Frauen, ein X- und ein Y-Chromosom bei Männern. Alle Zellen des Körpers enthalten also 46 Chromosomen. Nur in den Geschlechtszellen ist jeweils nur ein Chromosomensatz vorhanden, sodass dort 22 Chromosomen sowie ein X- oder ein Y-Chromosom vorliegen.

Die **Dauer der Schwangerschaft** und das **Alter des Embryos** wird unterschiedlich berechnet. Zur Berechnung der Schwangerschaftsdauer nimmt man den 1. Tag der letzten Menstruation als Beginn. Wenn das Alter des Embryos bestimmt werden soll, geht man dagegen vom Zeitpunkt des Eisprungs aus. Die Schwangerschaftsdauer (280 Tage) muss also um 14 Tage verkürzt werden: 280 Tage – 14 Tage = 266 Tage = 38 Wochen = 9 Kalendermonate. Zur Berechnung des Geburtstermins wird meist die Naegele-Regel angewendet: 1. Tag der letzten Regel + 1 Jahr – 3 Kalendermonate + 7 Tage = Tag X der Geburt, zum Beispiel letzte Periode: 5. 9. 1997, errechneter Entbindungstermin: 12. 6. 1998

Periodenblutung angegeben wird, kommt es zu einer falschen Berechnung des Beginns der Schwangerschaft und damit auch des Geburtstermins. Mithilfe einer Ultraschallsonde, die in die Scheide eingeführt wird, kann man selbst sehr kleine Embryonen genau ausmessen und aus der Größe dann ihr Alter bestimmen. Ein absolut genaues Ergebnis kann der Frauenarzt jedoch auch mit dieser neuen Form der Diagnostik nicht erzielen, da die Lage des Embryos in der Gebärmutter mehr oder weniger günstig für die Ausmessung sein kann.

Die gesamte Schwangerschaft dauert im Schnitt, gerechnet ab dem 1. Tag der letzten Menstruationsblutung, 280 Tage = 10 · 28 Tage = 10 Mondmonate = 40 Wochen. Wie alle Prozesse in der Biologie unterliegt die Schwangerschaftsdauer aber natürlich deutlichen

SCHWANGERSCHAFTSVORSORGE

Bei der Kontrolle des Körpergewichts kann eine übermäßige Zunahme ein Hinweis auf Wassereinlagerungen (Ödeme) sein, die ihrerseits ein Warnsignal sein können, z. B. für eine Gestose (früher Schwangerschaftsvergiftung genannt) mit der Gefahr einer Präklampsie (eine schwere, bisweilen tödliche Kreislaufstörung aufgrund von Gefäßverengungen). Eine zu geringe Gewichtszunahme kann auf ein unzureichendes Wachstum des Kindes hindeuten. Bei der Untersuchung der Beine und Arme achtet der Arzt auf Wassereinlagerungen und Krampfadern. Sie können unter Umständen zu einer Thrombosegefährdung führen. Leicht erweiterte Venen sind in der Schwangerschaft recht häufig, ohne Krankheitswert und bilden sich nach der Geburt zurück.

Der Blutdruck sollte 140/90 mm Hg nicht nach oben und 100/60 nicht nach unten dauerhaft überschreiten. Im letzten Fall wächst die Gefahr einer Minderversorgung des Kindes, da die Funktion des Mutterkuchens auch vom mütterlichen Kreislauf abhängt. Die Untersuchung des Blutes gibt Aufschluss über eine eventuelle Blutarmut (Anämie), die Zugehörigkeit zu den Blut- und Rhesusfaktorgruppen sowie über bestehende Schutzwirkungen früher durchgemachter Krankheiten. Bei der Untersuchung des Harns lässt sich eine Infektion in den harnableitenden Wegen oder eine Störung der Nieren und des Stoffwechsels (z. B. Diabetes) erkennen.

Die Untersuchung der Scheide gibt einen Überblick über die Größe der Gebärmutter und die Weite des Geburtskanals. Der Arzt kann so auch feststellen, ob die Scheide infiziert ist. Beim Abtasten des Bauches ermittelt der Arzt die

Ausdehnung der Gebärmutter (so genannter Fundusstand), die Auskunft über die regelgerechte Entwicklung des Kindes geben kann, und die Lage des Kindes.

Chromosomenanomalien wie die Trisomie 21 kann der Arzt mit verschiedenen Methoden aufspüren. Beim Triple-Test berechnet er aus drei im Blut messbaren Schwangerschaftshormonen, aus dem mütterlichen Gewicht und nach Kenntnis des Schwangerschaftsalters das individuelle statistische Risiko. Das Testergebnis lässt nur eine Risikoabschätzung zu, ergibt aber keine genaue Diagnose. Häufig zeigen die Werte ein zu hohes Risiko an. Mit hundertprozentiger Sicherheit lässt sich diese Chromosomenstörung mithilfe der Chorionzottenbiopsie bzw. der Amniozentese erkennen. Bei der Chorionzottenbiopsie werden kindliche Zellen aus dem Mutterkuchen gewonnen, bei der Amniozentese geschieht das über eine Fruchtwasserentnahme. Für beide Untersuchungen ist eine Punktion durch die Bauchdecke der Mutter erforderlich. Beide sind nicht ganz ungefährlich: Eine Chorionzottenbiopsie führt in 3–7 Prozent der Fälle zu einer Fehlgeburt, bei der Amniozentese ist die Rate 0,5 Prozent.

Mit modernen Ultraschallgeräten kann man schon in der 12. Schwangerschaftswoche einen guten Eindruck vom Fetus gewinnen und schwere Fehlbildungen des Gehirns und der Extremitäten erkennen. Auch gibt die Ausmessung der Nackenfalte einen Hinweis auf das Vorliegen einer Trisomie 21. In der 22. Schwangerschaftswoche kann man mit Ultraschall alle wichtigen Organe des Fetus sehen, das Geschlecht erkennen, nach Hinweisen für einen offenen Rücken suchen und viele Herzfehler ausschließen.

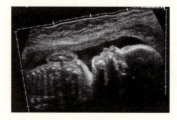

Schwankungen. Deshalb ist die Berechnung selbst bei korrekten Angaben (vor allem für die letzte Periode) nur eine Schätzung. Häufig gibt es auch Verwirrung, weil die 10 Mondmonate mit den 9 Kalendermonaten verwechselt werden. Deshalb hat es sich eingebürgert, nicht mehr von Schwangerschaftsmonaten, sondern von der Schwangerschaftswoche zu sprechen.

Die ersten Organe entstehen

Zurück zum Embryoblast, der sich gerade in sein »Nest« in der Gebärmutterschleimhaut abgesenkt hat. Er sieht in diesem Stadium scheibenförmig aus und wird daher Keimscheibe genannt. Diese besteht aus dem Ektoderm und dem Entoderm, das heißt einer äußeren und einer inneren Schicht. Später kommt noch ein drittes Keimblatt hinzu, das zwischen Ekto- und Entoderm liegende Mesoderm. Auch in dieser Phase bleibt der Embryoblast im Wachstum immer noch stark hinter dem Trophoblasten zurück.

In der 3. Embryonalwoche, also der 5. Woche seit der letzten Regelblutung, haben die meisten Frauen das Ausbleiben der Menstruation bemerkt. Zu diesem Zeitpunkt entsteht die Fruchtblase mit ihren zwei Eihäuten, dem innen liegenden Amnion und dem außen liegenden Chorion. Die Fruchtblase ist mit Fruchtwasser gefüllt, das von den Eihäuten gebildet wird. Der Trophoblast ist nun so stark gewachsen, dass er nicht nur die Fruchthöhle gebildet hat, sondern auch die sich an einer Seite entwickelnde Plazenta, den Mutterkuchen. Der Embryo selbst ragt als winziges Gebilde über einen Haftstiel in die Höhle hinein. In der 4. Embryonalwoche, also in der 6. Schwangerschaftswoche, bildet sich der dem Amnion von außen anliegende Dottersack, der ähnlich aussieht wie das Hühnereiweiß und daher auch seinen Namen hat. Er dient der Ernährung des Embryoblasten, solange der Mutterkuchen noch nicht funktionsfähig ist. Mit Ultraschallgeräten kann man zu diesem Zeitpunkt meist problemlos die Fruchthöhle, manchmal sogar bereits den Dottersack nachweisen. Über dieses bildgebende Verfahren ist der Embryo selbst aber meist erst ab der 7. Schwangerschaftswoche zu sehen.

Bereits etwa 21–23 Tage nach der Befruchtung, beginnt das embryonale Herz zu schlagen. Dieses Wunderwerk der Evolution arbeitet besser als jeder vom Menschen erfundene Motor: In einem 80 Jahre währenden Leben wird es über drei Milliarden Mal schlagen. Bis weit über den Zeitpunkt der Geburt hinaus schlägt das Herz des Kindes 120- bis 160-mal pro Minute, das heißt fast doppelt so schnell wie das Herz eines Erwachsenen. Die Schwangeren können etwa ab der 14./15. Schwangerschaftswoche den galoppartigen Rhythmus der Herztöne ihres Kindes über Ultraschall hören.

Zurück zum 21.–23. Tag im Leben des Embryos. Bis zu diesem Zeitpunkt ist das neu entstehende Leben gegenüber von außen ein-

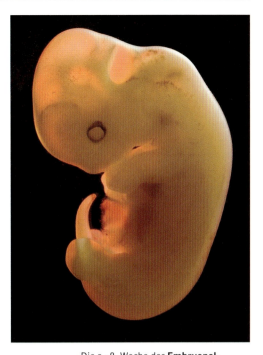

Die 5.–8. Woche der **Embryonalentwicklung** ist die Zeit der Organbildung. In dieser Zeit ist der Embryo besonders empfindlich gegenüber schädigenden Einflüssen. Nach sechs Wochen lässt sich die dunklere Masse des Herzens und der Leber erkennen, die Fingerstrahlen werden sichtbar, das Auge ist pigmentiert. Der Embryo ist jetzt ca. 1,1–1,5 cm groß.

Aus den drei **Keimblättern** entwickeln sich alle Organe des Körpers: Aus dem Ektoderm das Nervensystem, die Sinnesorgane und die Haut, aus dem Entoderm die innere Auskleidung des gesamten Magen-Darm-Traktes, also vom Mund bis zum After, und aus dem Mesoderm schließlich das Unterhautfettgewebe, die Muskulatur, die Wirbelsäule, die Niere, die Geschlechtsorgane, das Bauchfell und der schichtenartige Aufbau der Darmwand.

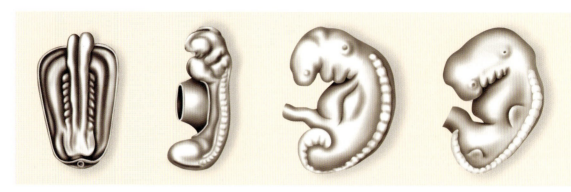

Eine besonders gefährliche Infektionskrankheit in der Schwangerschaft sind die **Röteln.** Je nachdem, in welcher Phase der Organbildung die Schwangere eine Infektion durchmacht, kommt es zu charakteristischen Schäden des Kindes. Durch Infektionen um die 4.–5. Embryonalwoche entstehen Fehlbildungen der Augen, Taubheit ist der Ausdruck einer Infektion um die 7. Embryonalwoche und Herzfehlbildungen sowie fehlerhafte Ausbildungen des zentralen Nervensystems sind typisch für eine Infektion zwischen der 5. und 10. Schwangerschaftswoche.

wirkenden Schädigungen (Strahlen, Chemikalien, Medikamente, Alkohol, Nikotin, Infektionen) noch sehr unempfindlich und widerstandsfähig. Möglicherweise ist das Folge einer sinnvollen biologischen Steuerung. Die Schwangeren können ja zu diesem Zeitpunkt höchstens ahnen, dass sie schwanger sind und stellen sich daher noch nicht in ihrer Lebensführung auf die Schwangerschaft ein. Bis zu diesem Zeitpunkt gilt das »Alles-oder-nichts-Gesetz«. Entweder die Schädigung ist so groß, dass es sofort zum Absterben des Embryos und damit zu einer Fehlgeburt kommt, oder der schädliche Einfluss ist relativ gering und die embryonale Entwicklung geht völlig ungestört weiter. Erst wenn die Organbildung, zwischen dem Ende der 4. und dem Anfang der 5. Embryonalwoche, also um die 7. Schwangerschaftswoche, beginnt, reagiert der Embryo ausgesprochen sensibel auf von außen auf ihn einwirkende Faktoren. Nun bildet sich jeden Tag eine neue Struktur, ergeben sich wichtige neue Stufen in der Ausbildung der Körperorgane.

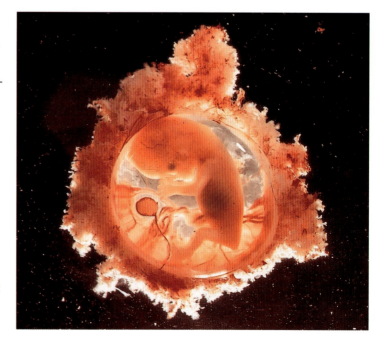

Am Übergang von der Embryonal- zur Fetalentwicklung Ende des 3. Monats ist der **Embryo** etwa 7 cm lang und 20 g schwer und unverwechselbar ein Mensch.

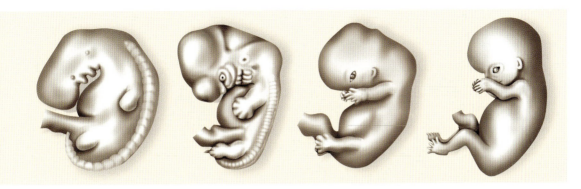

Ein Embryo kann durch sein Alter, seine Größe oder durch die Angabe eines definierten Entwicklungsstadiums charakterisiert werden. Das Alter von Embryonen wird in Tagen bzw. Epochen berechnet. Die Längenangaben beziehen sich auf die Länge zwischen Scheitel und Steiß. Außerdem teilten verschiedene Forscher die Embryonalperiode des Menschen in 23 Entwicklungsstadien, die **Carnegie-Stadien**, ein, die auf den Untersuchungsexemplaren der Carnegie-Sammlung aufbauen. In der Grafik sind von links nach rechts folgende Carnegie-Stadien dargestellt: *Stadium 10:* 22.–23. Tag, 2–3,5 mm, Herz pulsiert; *Stadium 11:* 23.–26. Tag, 2,5–4,5 mm, Augenbläschen, Kiemenbögen; *Stadium 12:* 26.–27. Tag, 3–5 mm, Armknospen, Ohrgrübchen; *Stadium 13:* 28.–31. Tag, 4–6 mm, Beinknospen, flossenähnliche Armknospen; *Stadium 14:* 31.–35. Tag, 5–7 mm, Augenbecher; *Stadium 17:* 42.–44. Tag, 11–14 mm, Fingerstrahlen, Ohrfalten; *Stadium 20:* 51.–53. Tag, 18–22 mm, Finger werden sichtbar, Zehenfurchen; *Stadium 23:* 56.–60. Tag, 27–31 mm, Kopf stärker gerundet, Extremitäten verlängert.

Sechs bis sieben Wochen nach der letzten Menstruationsblutung ist die Schwangere ziemlich sicher, dass eine Empfängnis eingetreten ist. Ihre Brüste spannen und sie fühlt sich viel müder als sonst. Viele Frauen können jetzt plötzlich den Geruch von Nikotin, Parfüms, von Fleisch oder anderen Speisen nicht mehr ertragen. Manche von ihnen führen zu Hause einen Schwangerschaftstest durch, der in wenigen Minuten anhand des im Harn vorhandenen Schwangerschaftshormons HCG die erfolgte Befruchtung bestätigt.

Ab der 4. Embryonalwoche entwickelt sich auch die Körperform des Embryos, das heißt, aus dem scheibenartigen Embryoblasten wird ein rundliches, raupenartiges Gebilde. Das so genannte Neuralrohr schließt sich; bleibt der Verschluss aus, entstehen Fehlbildungen im Rückenmarksbereich oder im Gehirn (offener Rücken oder Spina bifida). Der Embryo faltet sich vom Dottersack ab. Am Anfang der 4. Embryonalwoche beträgt die Länge des Embryos circa 2 mm, gegen Ende dieser Woche bereits 5 mm. Der Durchmesser der Fruchtblase vergrößert sich von 2 auf 3,5 cm. Der Embryo schwimmt nun in der Fruchthöhle. Über die vom Amnion bedeckte Nabelschnur ist der Embryo mit dem Mutterkuchen verbunden, der sich aus dem Trophoblasten entwickelt. Von der 5. Embryonalwoche bis zur 8. Woche, das heißt in der 7.–10. Schwangerschaftswoche, bilden sich die Organe aus. Dies geschieht in Stadien, die nach ihrem Beschreiber Carnegie-Stadien genannt werden.

Ab dem 4. Monat wird das Ungeborene Fetus genannt. Nach der Organbildung muss er nun vorwiegend wachsen und reifen und die Muskulatur aufbauen. Der im Fruchtwasser bestehende, mit der Schwerelosigkeit vergleichbare Zustand erleichtert das. Etwa ab der 21. Schwangerschaftswoche spüren Erstgebärende erste Bewegun-

Durch die hoch entwickelte **Ultraschalldiagnostik** und neue Methoden (Fotografien bzw. Videoaufnahmen durch Endoskopkameras) wird zunehmend klar, dass der Fetus in der Gebärmutter bereits sehr früh viele Bewegungen und Reaktionen ausführt und viele Einflüsse der Mutter (Bewegungen, Sprechen, Stimmungen, körperliche und seelische Belastungen) auf das ungeborene Kind einwirken. Auch aus dieser Perspektive ist es angeraten, als Schwangere ein möglichst normales, von Störungen und Schadstoffen (Nikotin, Alkohol) freies Leben zu führen.

FEHLGEBURTEN

Eine Fehlgeburt (Abort) ist definiert als die Geburt eines toten Fetus mit einem Geburtsgewicht von unter 1000 Gramm. Die Ärzte unterscheiden frühe Fehlgeburten bis zum Ende der 12. Schwangerschaftswoche und späte Fehlgeburten ab der 13. Schwangerschaftswoche. Die Häufigkeit erkennbarer spontaner

Alter der Frauen (in Jahren)	Wahrscheinlichkeit einer Fehlgeburt in der 8. Woche
25 – 29	10 %
30 – 34	15,5 %
über 35	20 %

Fehlgeburten liegt zwischen 10 und 20 Prozent. Rechnet man jene Fehlgeburten ein, die von den Frauen gar nicht als solche erkannt werden, ist die Rate mit 30-50 Prozent jedoch wesentlich höher. Zu den meisten spontanen Fehlgeburten kommt es zwischen der 6. und 8. Schwangerschaftswoche. Die Gefahr einer Fehlgeburt nimmt sowohl mit dem mütterlichen Alter als auch mit jeder vorangegangenen Fehlgeburt zu.

Frühe Fehlgeburten müssen immer als eine Möglichkeit des weiblichen Organismus gesehen werden, eine fehlgebildete Schwangerschaft schnellstmöglich zu beenden. Die biologische Steuerung hat hier ein enges Kontrolltor errichtet, das nur ein gesunder Embryo durchschreiten kann – allerdings gibt es, wie zum Beispiel bei der Trisomie 21, Ausnahmen. Bei frühen spontanen Aborten ist der genetische Defekt meist so groß, dass er mit dem Leben nicht vereinbar wäre. Auch zahlreiche Infektionen können zu Fehlgeburten in unterschiedlichen Schwangerschaftswochen führen, z. B. Toxoplasmose, Chlamydien, Herpes, Röteln und Windpocken. Ebenso können Erkrankungen der Mutter wie Diabetes oder Störungen der Schilddrüsenfunktion das Fehlgeburtsrisiko erhöhen. Als weitere

Zahl der vorangegangenen Fehlgeburten	Gesamtrate der Fehlgeburten
0	8 %
1	10,3 %
2	20,6 %

Ursache kommt der Kontakt mit Chemikalien infrage (z. B. Schwermetalle, Formaldehyd, organische Lösungsmittel, Dioxin oder Insektizide). Auch regelmäßiger Alkoholkonsum erhöht die Abortrate, wobei zur Erhöhung des Fehlgeburtenrisikos schon ein Drink am Tag ausreicht. Das Risiko potenziert sich, wenn gleichzeitig geraucht wird.

Normalerweise reagiert das Immunsystem des Menschen auf Fremdproteine mit allergischen oder Abstoßungsreaktionen. Warum der Embryo vom mütterlichen Organismus toleriert wird, obwohl er zur Hälfte genetisch von der Mutter verschieden ist, ist nicht genau bekannt. Frauen, die mit Beginn der Schwangerschaft diese Immuntoleranz nicht entwickeln, erleiden ebenfalls gehäuft Fehlgeburten. Natürlich können auch die seltenen angeborenen Fehlbildungen der Gebärmutter (doppelkammerige Gebärmutter) zu Aborten führen. Klinisch äußern sich Fehlgeburten durch Blutungen, die zunächst schwach sind und dann stärker werden. Dazu kommen später wehenartige Unterbauchschmerzen.

Pränatalmedizin: Im Zuge der modernen Entwicklungen in der Geburtshilfe wird der Embryo bzw. Fetus als potentieller Patient betrachtet. Bisher sind allerdings erst einige wenige Erkrankungen bereits im Mutterleib behandelbar. Dazu gehören der Blutaustausch bei bestehender Unverträglichkeit der Rhesusfaktoren zwischen Mutter und Kind oder die Gabe eines Medikaments beim so genannten adrenogenitalen Syndrom (einer starken Vermännlichung weiblicher Feten als Folge einer Hormonstörung oder Hormongabe bei der Mutter).

gen des Kindes, Mehrfachgebärende schon ab der 18., manchmal sogar schon ab der 16. Woche. Der Fetus nimmt schon am Leben teil: Viele Ungeborene hören zum Beispiel gerne klassische Musik und erschrecken sich bei lauten Geräuschen. Vom Glucksen des Darms und dem Pulsieren der Aorta wird der Fetus in den Schlaf gewiegt. Alle Geräusche dringen durch das Fruchtwasser gedämpft zu ihm vor.

Je weiter die Schwangerschaft fortschreitet, umso größer wird das Gewicht und der Bauchumfang der Schwangeren. Trotz der körperlichen Ausnahmesituation sind die meisten Frauen auch bei widrigen Lebensumständen psychisch stabil. In den letzten Wochen der Schwangerschaft haben viele Frauen aber kleinere und größere gesundheitliche Probleme, zum Beispiel Sodbrennen, Rückenschmerzen, Wassereinlagerungen in den Beinen, Krampfadern, Vorwehen, Schlaflosigkeit und Schmerzen durch recht heftige Tritte des Babys. Sie alle führen am Ende der Tragzeit dazu, dass die Schwangere trotz der oft bestehenden Angst vor der Geburt diese geradezu herbeisehnt.

S. Schiefenhövel-Barthel und W. Schiefenhövel

Geburt

Die Geburt eines Kindes hat die Menschen schon immer fasziniert: »Die Geburt ist immer ein Wunder«, so hat es Kees Naaktgeboren, ein holländischer Biologe, ausgedrückt. Individuelles neues Leben entsteht aus der Verschmelzung mikroskopisch kleiner elterlicher Anlagen und gelangt als ausgetragenes, mehrere Kilogramm schweres Kind am Ende der Schwangerschaft unter heftigen Wehen durch den engen Geburtskanal ans Licht der Welt.

Aufrechter Gang und großes Gehirn – Probleme für das Geborenwerden

Zwei wesentliche biologische Besonderheiten kennzeichnen die menschliche Geburt, die im Vergleich zu Tieren, auch zu den uns so nahe stehenden Menschenaffen, stark erschwert ist: das große Gehirn und das im Verhältnis dazu recht enge Becken.

Der große Kopf

Künstler aus allen Epochen und Kulturen waren und sind vom »Geborenwerden« fasziniert. Beispiel für die ungezählten Darstellungen der Niederkunft Mariens und der Geburt des Jesuskindes ist das Gemälde »Die Geburt Christi« von Joseph Heintz (1599; Basel, Kunstmuseum).

Offenbar gab es in der Evolution des Menschen keine andere Möglichkeit, als schon die Neugeborenen mit einem großen Gehirn zur Welt kommen zu lassen. Wenn der menschliche Fetus länger im Körper der Mutter ausreifen würde, passte sein Kopf nicht mehr durch den Geburtskanal. Der Ausweg war, Menschenkinder noch recht unreif ans Licht der Welt kommen zu lassen. Der Freiburger Biologe Adolf Portmann hat den Menschen folgerichtig als »physiologische Frühgeburt« bezeichnet, als ein Lebewesen, das zwar zu früh geboren wird, das aber an diesen Zustand angepasst ist.

Wir Menschen werden zu einem Zeitpunkt geboren, an dem der kindliche Schädel noch schnell wächst. Wäre unsere Schwangerschaftsdauer länger als neun Monate, würden die Neugeborenen mit ihrem Kopf gar nicht mehr durch den Geburtskanal passen. Die Evolution hat quasi die Notbremse gezogen. Da die Menschen sich im Allgemeinen sehr aufmerksam um ihre Neugeborenen kümmern, wird die körperliche Unreife durch Fürsorge wettgemacht. Die in unserer Spezies besonders lange Abhängigkeit der Kleinkinder und Kinder von den Eltern hat zudem einen großen Vorteil: Sie können so über einen sehr langen Zeitraum all das intensiv aufnehmen, was in ihrer Umgebung geschieht. Sie lernen mehr als andere Lebewesen.

Die Frauenstatuetten aus der Steinzeit, wie diese aus einer Höhle bei Lespugue im Pyrenäenvorland, stellen vermutlich künstlerisch überhöhte Symbole weiblicher Fruchtbarkeit dar. Mit derart grotesk verdickten Hüften wären solche Frauen bei der Beschaffung der täglichen Nahrung normal gestalteten Geschlechtsgenossinnen unterlegen gewesen. Es ist unwahrscheinlich, dass vor 30 000 Jahren einige Frauen von der täglich notwendigen Arbeit ausgenommen gewesen wären – jedenfalls ist das bei heute noch als Jäger und Sammler lebenden Gruppen nicht zu beobachten.

Fruchtbarkeit, Schwangerschaft und Geburt haben Künstler zu allen Zeiten inspiriert. Auch an dieser, etwa 30 000–20 000 Jahre alten, knapp 5 cm hohen Frauenstatuette aus Kostjonki I (Südosteuropa) ist der vorgewölbte Bauch einer Schwangeren zu erkennen.

Das Wort für **Hebamme** ist im Französischen »sage femme«, weise Frau; »Heb-Amme« bedeutet im Deutschen, dass die Geburtsbetreuerin die Gebärende (vielleicht auch das Kind beim Austritt aus dem Geburtskanal) gehalten (süddeutsch: gehoben) hat.

Der aufrechte Gang des Menschen führte zu einer deutlichen Veränderung des **Beckens,** wie ein Vergleich zwischen Schimpansen und Mensch zeigt. Das menschliche Becken ist breiter und nicht so hoch wie das hier proportional zu groß gezeichnete Becken des Schimpansen. Während der Schwangerschaft lockern sich unter hormonalem Einfluss die ansonsten straffen Bänder im Kreuzbein, das Gewebe der Schambeinfuge wird umgebaut, wodurch eine Erweiterung des Beckens eintritt und der Durchtritt des Fötus beim Geburtsvorgang erleichtert wird.

Das enge menschliche Becken

Der zweite die menschliche Geburt erschwerende Faktor, ist das enge Becken. Warum sind in der Evolution nicht Frauen mit sehr breiten Becken entstanden? Wenn man seinen Lebensunterhalt in der Natur erwerben muss, mit hohem körperlichem Einsatz, unter Zurücklegen langer Wege mit schweren Traglasten, sind breite Hüften unpraktisch. Neben der natürlichen Selektion, die die Lebewesen an die tatsächlichen Gegebenheiten einer bestimmten Umwelt anpasst, spielt in der Evolution die so genannte sexuelle Selektion eine wichtige Rolle. Anscheinend haben die paläolithischen Männer eher Frauen mit normalen Körperproportionen bevorzugt.

Das im Vergleich zum Kopfdurchmesser des Kindes enge menschliche Becken ist eine Folge der permanenten Zweibeinigkeit, in die sich vor etlichen Millionen Jahren unsere Australopithecinen-Vorfahren in Afrika begeben haben. Den vielen Vorteilen dieser »Erfindung« – die Hände wurden von den Aufgaben der Fortbewegung (außer beim Klettern) befreit – stehen große Nachteile für das Gebären gegenüber. Das knöcherne Becken musste bei den neuen Zweibeinern viel stabiler sein als bei den bewährten Vierbeinermodellen, da es nun das ganze Körpergewicht trug, weil der Schultergürtel für diese Funktion ausfiel. Daher ist unser Becken besonders kräftig und starr konstruiert, damit es alle statischen und dynamischen Drücke beim Stehen, Gehen, Laufen und Springen aushalten kann. Doch nicht nur der knöcherne Anteil des Beckens ist besonders ausgebildet, sondern auch der muskuläre Beckenboden ist dick und straff, da er den gesamten Inhalt der Bauchhöhle tragen muss.

Beide Faktoren wurden damit zum zweiten Handikap bei der Geburt. Wir Menschen haben also mit einem im Tierreich einmalig schwierigen Geburtsvorgang für unsere typisch menschlichen Eigenschaften, den aufrechten Gang und das große Gehirn, gezahlt. Für Menschenfrauen sind Geburten daher stets ein bis an die Grenze ihrer physischen und psychischen Möglichkeiten gehender Vorgang. Deshalb ist es auch äußerst wahrscheinlich, dass sie seit Anbeginn der Menschheit mit Hilfestellung geboren haben. Die Hebamme ist also, im Gegensatz zu anders lautenden Formulierungen, der älteste Beruf der Welt.

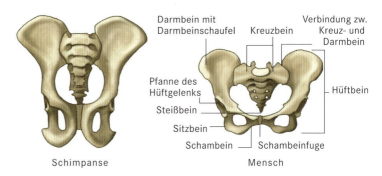

In vielen traditionalen Kulturen werden die Mädchen durch Beobachten einer Geburt auf ihre spätere Rolle vorbereitet, wie hier bei den Eipo auf Neuguinea.

Gebären – früher und heute

Unter den Lebensbedingungen, die über die längste Zeit der menschlichen Geschichte geherrscht haben, war eine besondere Vorbereitung auf die Geburt nicht erforderlich. Durch die tägliche Arbeit waren Frauen körperlich gut trainiert, und auch die Voraussetzungen für die geistige und seelische Vorbereitung waren wohl meist günstig, weil Frauen in der Mutterschaft eine Erfüllung ihres Lebens sahen. Oft waren sie vermutlich schon als Mädchen oder junge Frauen Zeuginnen der Geburt bei Verwandten, wie es in vielen traditionalen Kulturen der Fall ist. Daher hatten sie eine gute Vorstellung davon, was sie erwartete. Auch die kulturellen Traditionen, die insbesondere von den Hebammen weitergegeben wurden, trugen dazu bei, dass das Gebären erleichtert wurde.

In den Industrienationen wurden in den letzten Jahrzehnten eigene Formen der Geburtsvorbereitung entwickelt, die darauf ausgerichtet sind, die körperlichen und seelischen Voraussetzungen für das Gebären so günstig wie möglich zu gestalten. Mittlerweile hat sich eingebürgert, dass viele Partner der Schwangeren an den Kursen teilnehmen und so (etwa bei gemeinsamen Atem- und Pressübungen) ihre Verbundenheit ausdrücken. – Aus kulturhistorischer Sicht ist diese starke Einbeziehung der Männer sehr ungewöhnlich.

Evolutionäre Angepasstheit und einfühlsame Betreuung

Wie mag die Geburtsbegleiterin zu Urzeiten die Kreißende unterstützt haben? Wie hat sich die Gebärende selbst verhalten? Wie wurde sichergestellt, dass Mutter und Kind möglichst keinen Schaden erlitten? Wir Menschen haben uns, trotz der Errungenschaften der technischen Zivilisation, in unserer körperlichen, geistigen und seelischen Grundausstattung in den letzten Zehntausenden von Jahren nicht verändert. Daher erscheint es sinnvoll, sich jene Weisen des Gebärens zu vergegenwärtigen, die für den längsten Teil der Menschheitsgeschichte typisch waren und daher eine Art Grundmodell der Geburt darstellen.

In den westlichen Industrienationen sind die Möglichkeiten, sich durch Beobachten fremder Geburten auf die eigene vorzubereiten, rar. Stattdessen werden für die Schwangere und ihren Partner **Geburtsvorbereitungskurse** angeboten. Dort werden unter anderem medizinische und psychologische Informationen geliefert, Gymnastik, Entspannung und spezielle Atemtechniken eingeübt, der Kreißsaal besichtigt, um so die Schwangere und ihren Partner auf die Geburt vorzubereiten und Ängste abbauen zu helfen. Das Zusammensein mit anderen Schwangeren ermöglicht zudem den Erfahrungsaustausch und die Kooperation – in der Anonymität der Städte sonst nicht so einfach zu realisieren.

Manche Eipo-Frauen bevorzugen für die Geburt eine asymmetrische vertikale Körperhaltung, bei der sie sich mit einem Arm abstützen. Doch nehmen auch die Eipo-Frauen am häufigsten eine **vertikale Gebärposition** ein.

Das **Gebären** wird in vielen Sprachen mit Umschreibungen bezeichnet: »zur Welt bringen«, sagen wir im Deutschen, »dar a luz« heißt es im Spanischen und »dare alla luce« im Italienischen (wörtlich »dem Licht geben«). Im Englischen sagen Frauen »I had my baby in the xy clinic«. Umschweifender kann man es kaum ausdrücken, der eigentliche Vorgang der Geburt bleibt hier gänzlich unerwähnt.
Im Deutschen hat sich der Ausdruck »Entbindung« eingebürgert. Auch diese Umschreibung geht am Kern des Geborenwerdens vorbei, denn das Abbinden und Durchtrennen der Nabelschnur ist der unwichtigste Teil der Geburt. Er könnte sogar unterbleiben, ohne dass das Kind Schaden nähme. Wenn eine Frau sagt: »Ich habe in der Frauenklinik entbunden«, benutzt sie diesen Ausdruck sogar inhaltlich falsch, denn entbunden hat sie ja die Hebamme oder der Arzt.

In vielen traditionalen Kulturen und solchen, die noch keine Umstellungen ihrer Geburtsmethoden vorgenommen haben, bevorzugen die Kreißenden vertikale Körperhaltungen: Knien, Sitzen, Stehen, Hocken und der Wechsel zwischen diesen Positionen sind typisch. Die Rückenlage ist sehr ungünstig für die Geburtsmechanik und -physiologie, wurde aber dennoch mit der Entwicklung der modernen Medizin und der Übernahme der bis dahin durch Hebammen geleiteten Geburtshilfe durch Ärzte eingeführt. Die Rückenlage ist für den Geburtshelfer ergonomisch günstiger, weil er seine Untersuchungen und Eingriffe in bequemer Arbeitshaltung ausführen kann. In vielen entwickelten Ländern vollzieht sich derzeit ein Umdenken. Oft haben die Gebärenden die Möglichkeit, jene Position zu wählen, in der sie sich am besten fühlen.

Mit dem Einräumen von Wahlmöglichkeiten wird ein wichtiges Prinzip wieder entdeckt. Die biologischen Regelmechanismen, die die normale Geburt steuern, sind das Produkt einer langen Evolution und damit so optimal angepasst, wie es natürliche Systeme meistens sind. Wäre das Gebären mit einer zu hohen Sterblichkeitsrate verbunden gewesen, hätte das das Weiterleben der Frühmenschen gefährdet oder unmöglich gemacht, denn die Geburt ist eine biologische »Flaschenhals-Situation«: Geht dabei etwas schief, stehen gleich zwei Leben auf dem Spiel. Offenbar ist also die anatomische, physiologische, emotionale und kognitive Eignung der Menschenfrauen für das Gebären so perfekt wie andere biologische Systeme auch.

Diese evolutionsbiologische Sicht des Gebärens drückt aus, dass die Gebärende selbst durch ihr Verhalten dazu beitragen kann, dass der Geburtsvorgang so unproblematisch wie möglich abläuft. Wenn sie das Gefühl hat, dass es besser ist, herumzugehen, sich hinzusetzen, niederzuhocken, die Knie-Ellenbogen-Position oder einen anderen Vierfüßlerstand einzunehmen oder sich auf die Seite oder den

Rücken zu legen, dann sind diese Verhaltensänderungen mit großer Wahrscheinlichkeit für die Geburtsmechanik und -physiologie förderlich. Entscheidend ist, dass die Kreißende möglichst frei unter den verschiedenen Optionen wählen kann.

Ein weiterer wichtiger Faktor, der die Geburt begünstigt, ist natürlich die einfühlsame Betreuung der Gebärenden. In traditionalen Kulturen sind es meist geburtserfahrene Frauen, die die Geburtsleitung übernehmen, entweder die Mütter oder Schwiegermütter der Gebärenden selbst oder Spezialistinnen, denen man besonders vertraut. Diese Frauen betreuen die Kreißende von Beginn der Geburt an, etwa mit dem Einsetzen regelmäßiger Wehen oder dem Platzen der Fruchtblase, bis zur Geburt des Kindes und der Ausstoßung des Mutterkuchens. In unserer Kultur waren ebenfalls lange Zeit eine Hebamme oder weibliche Familienmitglieder für die Entbindung zuständig. Erst seit etwa 250 Jahren sind auch Ärzte bei einer Geburt anwesend.

Unter Schmerzen sollst du dein Kind gebären

Mit dieser Verwünschung wurden im 1. Buch Moses 3,16 Eva und alle ihre Nachkommen für den ihr zugeschriebenen Sündenfall bestraft. In der Tat ist die Geburt ein schmerzhafter Vorgang. Und das ist biologisch notwendigerweise so. Das Bibelzitat gibt also einen Tatbestand wieder, der zu allen Zeiten Teil des Geburtsgeschehens beim Menschen war.

Die Wahrnehmung ihrer Schmerzen beziehungsweise die Belastung ihres eigenen Körpers ist für die Gebärende ein entscheidendes Element, um auf die Vorgänge in ihrem Körper sinnvoll reagieren zu können. Geburtsschmerzen sind also wesentliche Stellglieder in dem Regelkreis, der zu einer normal ablaufenden Geburt führt. Allerdings kann sich bei starken Schmerzen und starker Angst ein Teufelskreis entwickeln, der dann sehr ungünstige Auswirkungen hat.

In der Geburtshilfe hat man stets nach Wegen gesucht, die Geburtsschmerzen zu beseitigen oder wenigstens zu reduzieren. Mitte des 19. Jahrhunderts wurden die Gebärenden mit Chloroform betäubt, um 1900 war die Anwendung von Kokain in Mode und bereits 1901 wurde die erste Spinalanästhesie durchgeführt. In den letzten Jahren haben sich verschiedene Techniken der Schmerzausschaltung durchgesetzt, bei denen die Gebärende bei vollem Bewusstsein bleibt und nur die Schmerzleitung aus dem betroffenen Gebiet des Unterleibs zum Gehirn (wo der Schmerz überhaupt erst wahrgenommen wird) unterbrochen wird. Beispiele sind die Pudendusanästhesie und die Periduralanästhesie. Bei der Pudendusanästhesie wird der die Schmerzen leitende Nerv durch ein lokal wirkendes Mittel ausgeschaltet. Die Periduralanästhesie wird vor allem bei sehr schmerzhaften Wehen, bei langer Geburtsdauer und bei einem geplanten Kaiserschnitt durchgeführt. Im Bereich der unteren Lendenwirbelsäule spritzt der Arzt mithilfe eines Katheters ein Betäubungsmittel in den Raum, der die Rückenmarkshäute umgibt. Im Idealfall

---

Das Wort **Gebären** leitet sich aus dem althochdeutschen Wort »beran« für tragen (vergleiche Bahre, eine Vorrichtung zum Tragen einer Person) ab. »Ge-bären« bedeutet »zu Ende tragen«, also die Zeit der Schwangerschaft durch die Geburt beenden.

Beim Einsetzen der Wehen waren die Frauen früher und in traditionalen Kulturen auch heute noch selten allein. Auch diese Gebärende (Statuette von Bali) wird von zwei Helferinnen gestützt, während sie im Sitzen entbindet.

Bei einer **Spinalanästhesie** wird das schmerzbekämpfende Mittel in den Rückenmarkskanal eingespritzt, wodurch nur die untere Körperhälfte betäubt wird, Patientin oder Patient aber bei Bewusstsein bleiben. Die den Körper stark belastende Allgemeinnarkose erübrigt sich dadurch.

Den möglichen Kreislauf von **Angst, Spannung und Schmerzen,** der zu Störungen bei der Geburt führen kann, stellt das Diagramm dar: Eine Geburt ist immer mit Schmerzen verbunden. Ist die Gebärende in der Lage, sich auf ihre Körperwahrnehmung und ihre Instinkte zu verlassen, wählt sie automatisch eine für die Geburt günstige Position, welche die Schmerzen in einem erträglichen Maße halten und die Geburt beschleunigen. Problematisch wird es, wenn sich bei starken Schmerzen oder bei massiver Angst ein Teufelskreis entwickelt, der über Verspannung zu mehr Schmerzen, stärkerer Angst und größerer Verspannung führt. Bei verzögerter Geburt oder starken Schmerzen werden Schmerzmittel gegeben, während Psychopharmaka die Angst vermindern sollen.

Beim »total fetal monitoring«, der totalen Überwachung der Lebensfunktionen des Kindes, werden u. a. die kindliche Herztätigkeit und die Wehentätigkeit der Gebärmutter aufgezeichnet. Ärzte und Hebammen können sich mithilfe eines Monitors über die Herzton-Wehen-Kurven informieren und gefährliche Situationen wie lang andauerndes Absinken der kindlichen Herztöne erkennen. Die Herztöne des Kindes werden zunächst durch ein Mikrofon auf dem Bauch der Mutter verfolgt, bei verzögertem Geburtsfortschritt auch mithilfe einer Elektrode, die in die Kopfhaut des Kindes gedreht wird. Die Aufzeichnung wird Cardiotokogramm (CTG; von griechisch cardia, Herz und tokos, die Wehe) genannt.

---

kann man das Mittel so dosieren, dass die Wehenschmerzen kaum spürbar sind, jedoch das Pressgefühl erhalten bleibt.

Damit sich der Muttermund, der sich wesentlich stärker erweitern muss als alle anderen Abschnitte des Geburtskanals, besser dehnen kann, sind krampflösende Mittel (zum Beispiel Buscopan) in Gebrauch. Starke Schmerzmittel wie Dolantin oder Beruhigungsmittel wie Valium werden heute kaum noch eingesetzt. Weiterhin werden homöopathische Mittel gegeben oder die Akupunktur angewendet. Wenn auch davon ausgegangen werden kann, dass bei vielen Gebärenden die biologische Steuerung des Geburtsgeschehens natürlicherweise funktioniert, so ist es doch gut, in manchen Fällen den Teufelskreis Schmerz – Angst – Verspannung – mehr Schmerzen und weitere Verzögerung der Geburt durchbrechen zu können. Die Frage ist, ob routinemäßig geschehen sollte, was im Einzelfall sinnvoll erscheinen kann.

Gebären heute: technisch überwacht, sanft oder beides?

Wohl noch nie in der Geschichte der Menschheit, die naturgemäß immer auch eine Geschichte des Gebärens war, konnte die schwangere Frau zwischen so vielen verschiedenen Weisen des Gebärens wählen wie heute in den Industriegesellschaften. Dieser Pluralismus ist entstanden, weil die Frauen selbst, die Hebammen und die Ärzteschaft neue Entwicklungen in Gang gesetzt beziehungsweise auf sie reagiert haben. In den nordamerikanischen und den mitteleuropäischen Ländern wurde das Gebären in diesem Jahrhundert immer mehr in die Krankenhäuser verlegt. »Jede Geburt gehört in die Klinik!«, war ein Standardsatz in der Ausbildung der jungen Ärztinnen und Ärzte. Durch vermehrten technischen Aufwand bei den Geburten sank die geburtsbedingte Sterblichkeit von Kindern und Müttern deutlich ab.

Die technische Überwachung machte aber bis zur Entwicklung von drahtlosen Geräten die Rückenlage der Gebärenden notwendig. In Rückenlage geht die Geburt langsamer voran, da die oben erwähnten Selbststeuerungsmechanismen nicht zum Tragen kommen. Außerdem wird der Wehenschmerz stärker empfunden als bei einer vertikalen Körperhaltung. So war die Geburt zwar bestens überwacht, aber länger, schmerzhafter und erschöpfender für die Gebärende, was wiederum die Rate der Geburtsbeschleunigung durch Zange, Saugglocke oder Kaiserschnitt erhöhte.

Die Gegenströmung zu dieser stark technisierten Geburtsmedizin begann in den 1970er-Jahren. Der französische Arzt und Philosoph Frédéric Leboyer erhob die Forderung, den Geburtsvorgang für Mutter und Kind so stressfrei wie möglich zu gestalten. Die so genannte »sanfte Geburt« hat sich allerdings nur sehr bedingt durchgesetzt. Dass Frauen in nahezu allen Kliniken recht bald nach der

Geburt ihr Kind auf den Bauch oder in den Arm gelegt bekommen, ist eine der deutlichsten Auswirkungen von Leboyers Vorstellungen. Wirklich »sanft« kann die Geburt aus den beschriebenen evolutionsbiologischen Gründen nicht sein. Das Gebären eines Kindes erfordert immer die Mobilisierung der physischen und psychischen Leistungsreserven der Frauen.

Ein geeigneterer Begriff für das, was Leboyer formulierte, ist »natürliche Geburt«. Im Idealfall einigen sich Schwangere, Hebamme und Ärztin oder Arzt darauf, der biologischen Selbststeuerung der Geburt so viel Raum wie möglich zuzugestehen, das heißt, möglichst wenig von außen einzugreifen und dem Geburtsvorgang Ruhe und Zeit zu geben. Das bedingt bei allen Beteiligten die Überzeugung, dass Frauen grundsätzlich bestens für das Gebären von Kindern ausgestattet sind. Die moderne Geburtsmedizin ist aber vor allem Anwalt des Kindes und bemüht sich, geburtsbedingte Schäden von ihm fern zu halten. Um beiden Zielvorstellungen gerecht zu werden, bedarf es meist des Kompromisses. Die Bedingungen auszuloten, nach Möglichkeit schon vor der »schweren Stunde«, ist Sinn der im Rahmen der Geburtsvorbereitung stattfindenden Gespräche.

Heute stehen den Kreißenden in etlichen Kliniken Möglichkeiten zur Verfügung, vertikale Positionen einzunehmen, zum Beispiel der Maia-Hocker oder das Geburtsrad. Die zunächst befürchteten Nachteile des lang anhaltenden Sitzens (zum Beispiel Rückstau des Blutes durch leichtes Abklemmen der Venen und damit Schwellung des Damms) haben sich als nicht schwerwiegend herausgestellt. Vermutlich ist es aber günstig, die Körperposition während der Geburt mehrfach zu verändern. Vertikale Positionen bieten etliche Vorteile gegenüber der Rückenlage:

1) Das Atemvolumen der Gebärenden ist größer, weil die schwere Gebärmutter den Brustraum nicht so stark einengt. 2) Der Druck auf den Bauchabschnitt der großen Hohlvene und der Aorta wird vermieden, dadurch ergibt sich eine verbesserte Herz-Kreislauf-Situation – in der Rückenlage kann vor allem die Hohlvene zusammengedrückt werden. 3) Das kindliche Köpfchen kann besser in den Beckeneingang eintreten. 4) Die Schwerkraft kann sich, vor allem in den Wehenpausen, auswirken. 5) Die Sensomotorik unseres Körpers schaltet bei Rückenlage eher auf Passivität, in der Vertikalen eher auf Aktivität. 6) Die Kreißende kann die Bauchpresse, die als Hilfsmuskulatur in der Austreibungsphase besonders wichtig ist, viel besser einsetzen als in der Rückenlage. Besonders effizient wirkt die Bauchpresse, wenn die beiden knöchernen Stabilisationsringe, Beckengürtel und Schultergürtel fixiert sind: Die Gebärende stemmt sich gegen den Fußboden und hält sich am Griff einer Stange, Strebe oder an einem von oben kommenden

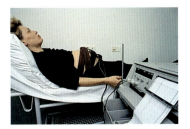

Eine Möglichkeit zur Überwachung von fortgeschrittener Schwangerschaft und Geburt bietet die Herztonwehenschreibung, auch CTG (Cardiotokographie) genannt. Mit einem Gürtel werden Druckaufnehmer auf dem Bauch der Mutter befestigt, die zum einen die kindlichen Herztöne und zum anderen Häufigkeit, Länge und Stärke der Wehen messen und diese an ein Aufzeichnungsgerät weiterleiten.

Im Mittelalter war in Europa eine Entbindung aufrecht auf einem Gebärstuhl sitzend weit verbreitet. Im Sitzen geht die Geburt meist leichter. Erst vor etwa 250 Jahren wurde diese Haltung zugunsten der Rückenlage verdrängt.

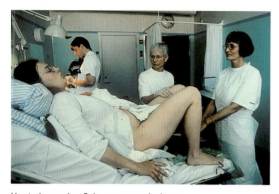

Heute kann eine Schwangere zwischen zahlreichen Entbindungsmöglichkeiten wählen: Haus- oder **Klinikgeburt**, ambulante Geburt, Hebammenzimmer, Geburtshäuser usw. Bei unerwarteten Komplikationen bieten die technischen und medizinischen Möglichkeiten einer Klinik deutliche Vorteile.

Tau fest. Das ist eine Gebärposition, die man in vielen Kulturen vorfindet.

Seit einiger Zeit findet die so genannte Wassergeburt zunehmend Anhänger. Die Kreißende ist bei dieser Methode vor allem entspannter, was sich günstig auf die Geburt auswirkt. Das Neugeborene kann nicht ertrinken, wie man befürchten könnte, da es sich ja auch in der Gebärmutter in einem Flüssigkeitsmedium, dem Fruchtwasser, befindet. Der so genannte Tauchreflex, der den Säugling auch in die Lage versetzt, sich tauchend unter Wasser zu bewegen, ohne Wasser einzuatmen, schützt ihn. Ob man die entspannende Wirkung des Liegens in warmem Wasser bis zum Austritt des Kindes ausdehnen oder das Kind, wie es bei anderen Landbewohnern auch der Fall ist, gleich in die Luftatmosphäre gebären sollte, werden zukünftige Erfahrungen zeigen.

Beschleunigung der Geburt – von der Zange bis zum Kaiserschnitt

Probleme während der Geburt betreffen vor allem das Wohlergehen des Kindes. Gefährdungen der Mutter sind viel seltener. Bei befürchteten Komplikationen sollten die Geburtshelfer die Geburt so bald wie möglich beenden, um etwaigen Schaden abzuwenden. Daher wurden in der Geburtshilfe Europas verschiedene Hilfsmittel entwickelt.

Die älteste Methode ist das Anwenden von speziell geformten Zangen, mit deren Hilfe man den kindlichen Kopf fassen, im Geburtskanal drehen und nach außen ziehen kann. Heute ist die Anwendung von Zangen bei einer Geburt selten geworden. Sie wurden vor allem durch die Saugglocke abgelöst. Dabei wird ein der Form des kindlichen Kopfes angepasster Saugnapf aufgesetzt, der mittels maschinell erzeugten Unterdrucks so fest haftet, dass man das Kind in die erforderliche Lage drehen und schließlich aus dem Geburtskanal herausziehen kann.

Wenn sich Probleme in der letzten Phase des Tiefertretens des kindlichen Kopfes ergeben, wird in vielen Kliniken häufig ein so genannter Scheidendammschnitt (eine Episiotomie) durchgeführt. Der Arzt durchtrennt mit einer Schere das Gewebe zwischen Scheide und Damm, um so Platz für den Austritt des Kopfes zu gewinnen und zu verhindern, dass es zu unkontrollierten Rissen kommt. Im Extremfall können Einrisse der Blase und des Enddarms auftreten, die aber bei einer abwartenden, nicht forcierenden Geburtsleitung selten sind. Von den beiden üblichen Schnittrichtungen hat sich ein gerader Schnitt von der hinteren Begrenzung der Scheide Richtung After als der günstigste herausgestellt. Der Schnitt wird nach der Geburt chirurgisch vernäht. Der Nachteil des Dammschnitts besteht vor allem darin, dass die Frau in den Wochen und Monaten nach der Entbindung Schmerzen haben kann und vor allem beim Geschlechtsverkehr beeinträchtigt ist. Während in vielen

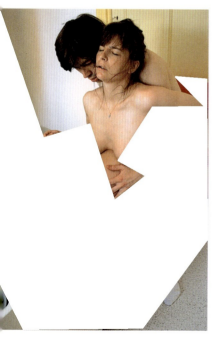

Die Vor- und Nachteile von Haus- und Klinikgeburt werden nach wie vor kontrovers diskutiert. Die Vorteile einer **Hausgeburt** liegen sicher in der für die Gebärenden angenehmen und bekannten Umgebung, die als sehr entspannend empfunden werden kann.

Kliniken Scheidendammschnitte nahezu routinemäßig ausgeführt werden, warten manche Geburtshelfer eher ab und verzichten oft auf den Schnitt. Es gibt Hinweise darauf, dass kleinere und mittlere Risse (die entlang der Zellgrenzen geschehen) besser heilen als mit der Schere erzeugte glatte Schnitte.

Der ausgeprägteste Eingriff in das natürliche Geburtsgeschehen ist der Kaiserschnitt (Sectio caesarea). Dabei werden, meistens in Allgemeinnarkose, zunehmend aber mithilfe der Periduralanästhesie, Schnitte durch die Haut, die Bauchmuskulatur und Bindegewebshüllen, das Bauchfell und die Wand der Gebärmutter geführt, sodass das Kind dann aus den Fruchthüllen genommen werden kann. Derzeit findet eine neue Kaiserschnittmethode Beachtung, bei der der Arzt das Gewebe weniger durchschneidet, sondern so weit wie möglich auseinander dehnt; anschließend verzichtet er darauf, einige der durchtrennten Schichten mit Nähten zu verschließen. Der natürliche Wundheilverlauf erzeugt offenbar sehr gute funktionale Ergebnisse und weniger Schmerzen.

In vielen US-amerikanischen Kliniken werden Kaiserschnitte in 30 Prozent aller Fälle durchgeführt. Es ist keinesfalls erwiesen, dass eine so hohe Rate an Kaiserschnitten medizinisch wirklich notwendig ist. In Deutschland liegt sie mit 15 Prozent deutlich niedriger. Bei der Risikoabwägung ist auch zu bedenken, dass der Kaiserschnitt eine Operation darstellt, bei der in 1,5 bis 2 von tausend Fällen die Frau stirbt. Das Risiko einer Gebärenden, bei der Operation zu sterben, ist um ein Vielfaches höher als bei einer normalen Geburt. Allerdings muss man berücksichtigen, dass ohne die Durchführung von Kaiserschnitten einige Kinder die Geburt nicht überleben würden.

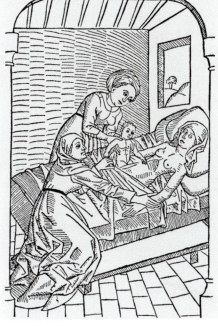

Bei Risikogeburten (Frühgeburten/Mehrlingsgeburten), drohenden Gefahren für Mutter und Kind, oder wenn andere Geburtshindernisse vorliegen (zum Beispiel zu enges Becken der Mutter), wird ein **Kaiserschnitt** durchgeführt. Der Kaiserschnitt gehört zu den ältesten chirurgischen Eingriffen, hier dargestellt auf einem Holzschnitt aus dem 15. Jahrhundert.

Klinikgeburt oder Hausgeburt – die Geburtshilfe ist im steten Wandel

Klinikgeburt und Hausgeburt sind die beiden extremen Pole der Gebärmöglichkeiten. Daher sind die Auseinandersetzungen zwischen den jeweiligen Befürwortern entsprechend scharf. Ein Teil der ärztlichen Geburtshelfer wendet sich vehement gegen

Nach dem Zweiten Weltkrieg wurde die Diskussion Haus- oder Klinikgeburt eindeutig zugunsten der Geburt in der Klinik entschieden. Hausgeburten machten nur noch einen geringen Prozentsatz aus. Durch vermehrten technischen Aufwand bei der Geburt sank auch die geburtsbedingte **Sterblichkeit** von Kindern und Müttern deutlich ab.

I. Das menschliche Leben – zwischen Werden und Vergehen

Zu Beginn des 19. Jahrhunderts wurde der **Gebärstuhl** in Deutschland mehr und mehr verdrängt. Zu dieser Zeit gab es etwa 60 verschiedene Modelle, z. B. diesen Gebärstuhl aus dem Hallertau in Bayern. Inzwischen sind moderne Gebärstühle wieder in Gebrauch.

die Geburt zu Hause, und es hat sogar Bestrebungen gegeben, solchen Frauen das Sorgerecht für ihre Kinder zu entziehen, weil sie angeblich unfähig seien, die Risiken für das Leben ihrer Nachkommen richtig einzuschätzen. Vollkommen unbestritten ist, dass in einer gut eingerichteten Klinik ernste Gefahren für Kind und Mutter, die bisweilen recht rasch eintreten können, am besten beherrschbar sind. Allerdings zeigen neuere Studien, dass Hausgeburten nicht gefährlicher sind als Geburten in den besten Krankenhäusern, obwohl sich bei manchen Müttern, die in ihren eigenen vier Wänden gebären, schon vor der Geburt gewisse Risiken abzeichneten.

Die Hausgeburt hat eine Reihe unbestreitbarer Vorteile. So kann die vertraute eigene Wohnung einen günstigen Einfluss auf den Geburtsvorgang haben, die psychosoziale Einbettung kann ideal sein, die Geburt wird durchgängig von einer Hebamme betreut und es sind in der Regel mehr individuelle Wahlmöglichkeiten gegeben als in einer Klinik. In Holland vervollkommnete man die Hausgeburtshilfe so erfolgreich, dass die Sterblichkeit ebenso niedrig war wie in Ländern mit fast ausschließlicher Klinikgeburtshilfe. Vor etwa 30 Jahren kam jedes zweite holländische Kind unter geschulter Betreuung einer Hebamme zu Hause zur Welt. In den letzten Jahrzehnten hat sich aber auch dort ein klarer Trend zur Klinikgeburt abgezeich-

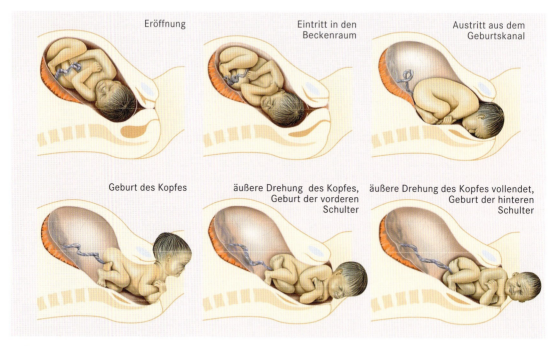

Die **Eröffnungsperiode** (9–15 Stunden bei Erstgebärenden, 7–11 Stunden bei Mehrgebärenden) beginnt mit Einsetzen geburtswirksamer Wehen und endet mit der vollständigen Erweiterung des Muttermundes. Zu diesem Zeitpunkt empfindet die Gebärende die stärksten Schmerzen. Dann beginnt die **Austreibungsperiode** (2–3 Stunden bei Erstgebärenden, $1/2$–1 Stunde bei Mehrgebärenden), in der sich der kindliche Kopf dreht und austritt. In dieser Phase besteht für das Kind die größte Belastung und damit die stärkste Gefährdung. Die Geburt endet mit der **Nachgeburt** (10–20 Minuten), in der der Mutterkuchen, die Nabelschnur und die Eihäute ausgestoßen werden.

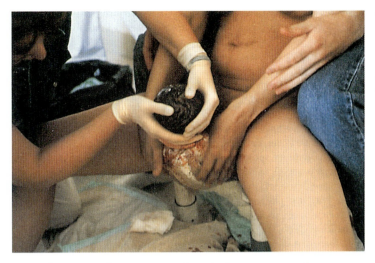

Die Endphase der Geburt ist zugleich die anstrengendste. Unter Presswehen tritt das Kind aus dem mütterlichen Geburtskanal aus. Bei normaler Lage wird zunächst der Kopf geboren. Da dieser im Vergleich zum übrigen Körper des Kindes besonders groß und wenig verformbar ist, geht danach die Geburt der Schultern und des restlichen Körpers im Allgemeinen unproblematisch vonstatten.

net, sodass nur mehr 30 Prozent der Kinder zu Hause geboren werden. In Deutschland betrug die Rate der Hausgeburten im Jahre 1992 nur 0,8 Prozent.

Alternativ zu der Haus- oder der Klinikgeburt können Frauen zunehmend in Geburtshäusern gebären, die eine familiäre, wenig von Technik bestimmte Atmosphäre anstreben, oder sie führen die Geburt zunehmend zwar in Krankenhäusern, aber ambulant durch, das heißt, Mutter und Kind verlassen die Klinik einige Stunden nach der Geburt.

Alle Lösungen für die Niederkunft haben Vor- und Nachteile. Den Frauen und ihren Partnern oder Familien wird Gelegenheit gegeben, die ihnen am ehesten gemäße Lösung zu wählen. Da in Deutschland derzeit sehr niedrige Geburtenraten bestehen und die Vertreter der unterschiedlichen geburtshilflichen Lösungen um die Schwangeren konkurrieren, haben Letztere, sozusagen als Verbraucherinnen, ein großes Mitspracherecht.

In der Geburtshilfe vollziehen sich ständig kleine und größere Wandlungen. Vieles, was vor einigen Jahren üblich war, wird heute anders gehandhabt. Das gilt beispielsweise für die künstliche Einleitung der Geburt, die heute – anders als noch vor einigen Jahren – nur noch in bestimmten Ausnahmefällen praktiziert wird, etwa bei Übertragung des Kindes.

Die Geburt ist heute für Mutter und Kind so sicher wie nie zuvor. Dieser Fortschritt wurde vor allem auch durch die stark angestiegene Überlebensrate für besonders gefährdete Neugeborene (insbesondere sehr kleine Frühgeborene) erreicht. – Eine der zukünftigen Aufgaben der Geburtshilfe wird es sein zu prüfen, ob dasselbe Ausmaß an Sicherheit mit weniger Eingriffen in den natürlichen Gebärvorgang und unter weiterer Berücksichtigung des Wunsches der Frauen nach einer möglichst autarken Geburt erreicht werden kann.

W. Schiefenhövel und S. Schiefenhövel-Barthel

Geboren werden = Trauma?
Dass der normale Geburtsvorgang ein äußerst belastender, traumatisierender Vorgang für das Kind sei, unter dem es zeit seines Lebens leide, wird unter anderem von einigen Richtungen der Psychotherapie angenommen. Man müsse dieses Geburtstrauma in entsprechenden Therapien erneut durchleben und damit überwinden.
Aus evolutionärer Sicht ist das eher nicht erforderlich. Vermutlich ist der ohne Zweifel für das Kind belastende Vorgang biologisch sehr gut abgesichert. Bei normal geborenen Kindern kann man bereits wenige Minuten nach der Geburt eine völlige Erholung ihrer vitalen Funktionen feststellen. Neugeborene sind gerade nicht länger traumatisiert, apathisch und in ihren Fähigkeiten eingeschränkt, im Gegenteil, sie haben in der Regel die Augen sehr bald offen und wenden sich aufmerksam ihrer Umwelt zu, die sie bald schon gut erkennen und bewerten können (etwa den typischen Körpergeruch ihrer Mutter). Es wäre sehr unpraktisch, wenn Kinder ihr Leben lang am »Trauma« ihrer Geburt leiden müssten. – Auch in dieser Hinsicht ist es also sinnvoll, die evolutionsbiologischen Gegebenheiten im Auge zu behalten und Interpretationen aus der Erwachsenensicht mit Vorsicht anzustellen.

Frühe Kindheit und Pubertät

Beim Menschen wie auch bei anderen Säugetieren ist die Kindheit die Zeit des weitaus intensivsten Lernens. So ist es nicht verwunderlich, dass die Kindheit des Menschen besonders lang ist. Wir sind dasjenige Wesen, das unvergleichlich viel mehr lernt als andere Tiere. Wie schon im ersten Kapitel dargelegt, dient die beim Menschen hoch entwickelte und bedeutsame Sexualität vor allem der Bindung zwischen Frau und Mann. Eine dauerhafte Beziehung ermöglicht eine kontinuierliche Zuwendung beider Eltern und ihrer Angehörigen gegenüber dem Kind, sodass es in einer emotional möglichst wenig belasteten Grundsituation all die Dinge aufnehmen und die Fähigkeiten erlernen kann, die für das spätere Leben in der jeweiligen Kultur wichtig sind.

Physische und psychische Veränderungen für Mutter und Kind

Wie schon bei der Betrachtung des Gebärens soll auch hier aus der Perspektive der Evolutionsbiologie verständlich gemacht werden, was es für unsere Spezies bedeutet, ein Kind geboren zu haben. Dabei können allerdings längst nicht alle Phasen der Kindheit behandelt werden.

Normalerweise kümmert sich die Mutter liebevoll um ihr Kind. Doch kommt es auch vor, dass Mütter ihre gerade geborenen Kinder aussetzen. Moses, der in einem wasserdichten Körbchen auf dem Nil schwamm, und die in unseren Städten immer wieder aufgefundenen Neugeborenen sind ein Beleg dafür. In den Klöstern vergangener Jahrhunderte gab es eine allgemein bekannte Öffnung in der Mauer, vor der man ein Kind ablegen konnte. Mithilfe einer eigens hierfür bestimmten Glocke konnte man kundtun, dass an der Mauer ein hilfloses Neugeborenes darauf wartete, von den Nonnen aufgenommen und aufgezogen zu werden.

Der erste Kontakt

Die Nabelschnur, die neun Monate lang die alles entscheidende Lebenspipeline war, verliert wenige Minuten nach Austritt des Kindes ihre Funktion. Sie hört auf zu pulsieren. Das Kind wird nun nicht mehr mit mütterlichem Sauerstoff und mit Nährstoffen versorgt. Wo man die Nabelschnur abbindet, ob am Kind oder am mutterseits gelegenen Stumpf, ist unterschiedlich. Bei uns wird an beiden Stellen eine Unterbindung angelegt, da man in der modernen Geburtshilfe meist sehr rasch die Nabelschnur durchtrennt. Dann ist es notwendig, zuvor Unterbindungen auszuführen, weil es sonst, vor allem beim Kind, zum Blutverlust kommt. In anderen Kulturen wird

Die Haut der reifen Neugeborenen ist mit einer cremigen Schicht, der **Käseschmiere,** bedeckt. Sie besteht aus Talgdrüsensekret, Hautzellen, unreifen Haaren und Cholesterin und erleichtert das Gleiten des Ungeborenen durch das Becken. Das Fehlen der Käseschmiere spricht für eine Übertragung.

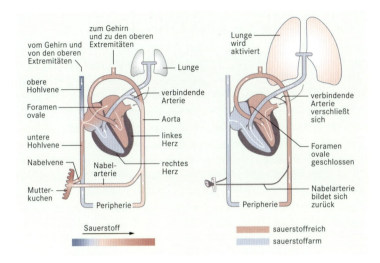

Nach der Geburt finden enorme Veränderungen für das Baby statt, es muss sich an ein Leben außerhalb der Gebärmutter anpassen. Am wichtigsten ist die Umstellung vom fetalen Kreislauf, bei dem – unter Umgehung der Lungen – das Blut durch die Nabelschnur hin- und herfließt, auf die Lungenatmung beim Neugeborenen. Mit dem ersten tiefen Atemzug, gegebenenfalls dem ersten Schrei, entfalten sich infolge von Druckveränderungen die Lungen; die Lungenatmung beginnt. Voraussetzung ist eine ausreichende Lungenreifung, die bei Frühgeborenen oftmals noch nicht erreicht ist. Durch den Druckanstieg im linken Vorhof schließt sich auch das Foramen ovale zwischen den beiden Herzkammern, sodass das sauerstoffreiche und das sauerstoffarme Blut sich nicht mehr miteinander vermischen können.

dagegen viel später abgenabelt, oft erst nach dem Erscheinen des Mutterkuchens. Man kann mit dem Durchtrennen der Nabelschnur lange warten, ohne dass das einen schädlichen Effekt auf das Kind hätte. Das Ausstoßen der Nachgeburt dauert etwa 10–20 Minuten. Dieser Zeitraum ist ausreichend, um die Nabelschnurgefäße völlig aus dem Kreislauf des Kindes abzuschalten, daher verliert das Neugeborene in der Regel auch kein Blut aus der Nabelwunde, wenn jetzt erst abgenabelt wird.

Auch andere Teile des Kreislaufsystems des Neugeborenen werden umgestaltet. Da die Lunge in der Fetalzeit außer Betrieb war, floss das von der Mutter mit Sauerstoff beladene Blut direkt von der rechten in die linke Herzkammer; dieses Loch, das Foramen ovale, schließt sich nun in Sekundenschnelle. Auch für den Anschluss des Lungenkreislaufs sind entscheidende Änderungen erforderlich. Mit dem Einsetzen der eigenen Atmung und nach der Abnabelung hat das Kind seine eigene Existenz begonnen. Spätestens

Nach dem Stress einer Geburt für Mutter und Kind brauchen beide Zeit füreinander. Dieser erste Kontakt ist besonders wichtig für die neu entstehende Bindung.

In den Industrienationen wird wesentlich kürzer gestillt als in traditionalen Kulturen. In Deutschland beginnen etwa 95 Prozent der Wöchnerinnen mit dem Stillen, nach drei Monaten sind es noch 30 Prozent, nach 6 Monaten nur noch 10 Prozent. Gründe hierfür sind unter anderem die Berufstätigkeit der Mutter, die Sorge, dass Schadstoffe aus der Muttermilch das Kind schädigen könnten, die Sorge um die Figur und die Verfügbarkeit von Kunstmilch. Die Vorteile des Stillens für die Gesundheit der Säuglinge (z. B. Schutzstoffe gegen Erkrankungen, weniger Allergien, besserer Schutz gegen Stoffwechselerkrankungen) sind allerdings beachtlich, sodass stillende Mütter nach einigen Monaten die Vor- und Nachteile des Abstillens gut abwägen sollten.

jetzt nimmt die Mutter das Neugeborene auf. Meist wird es zuvor gereinigt, denn sein Körper ist mit Blut und vor allem mit der so genannten Käseschmiere bedeckt, die eine Schutzwirkung für die Haut des Kindes hat. In vielen Kulturen wird, wie bei uns, das Kind gewaschen oder gebadet, in anderen wird der Belag nur abgewischt.

Trotz der großen Belastung durch die Geburt sind die meisten Mütter in der Lage, sich um ihr Kind zu kümmern, es zu sich zu nehmen und zum ersten Mal anzulegen. Auch dieser Zeitpunkt ist zwischen den Kulturen sehr unterschiedlich: In manchen wird sofort angelegt, in anderen erst nach etwa 24 Stunden. Biologisch günstig ist es, nicht länger als ein paar Stunden damit zu warten, da die Neugeborenen dann schon ihren Bedarf nach Flüssigkeit und Kalorien durch Leckbewegungen signalisieren. Früher galt bei uns die Vormilch, das Kolostrum, als »schlechte« als unfertige, falsche Milch. Die Vormilch ist aber im Gegenteil ein wichtiger erster Nahrungs- und Schutzstoff, den die Mutter ihrem Kind überträgt. Sie ist reich an Proteinen, Mineralien und mütterlichen Antikörpern gegen Infektionskrankheiten.

Stillen – Nähe und »sichere Basis«

Stillen ist nicht nur ein Übertragen von Nahrung (das steht in unserer Tradition meist im Vordergrund und wird oft zeitlich geregelt), sondern hat auch bedeutsame psychische Wirkungen auf das Kind, die gut mit dem Begriff »Trostsaugen« beschrieben werden. Wenn man Neugeborenen und Säuglingen ungehinderten Zugang zur Brust lässt, suchen sie diese Quelle der Nahrung und Geborgenheit sehr oft und in meist sehr kurzen Intervallen auf. Dazu bedarf es der engen Nähe zwischen Mutter und Kind, die für unsere Art (wie für die Menschenaffen) ganz typisch ist. Mehr als die Hälfte des Tages verbringen Säuglinge, zum Beispiel in Melanesien, in Körperkontakt mit der Mutter und (in geringerem Maße) mit anderen Bezugspersonen.

Unter den Lebensbedingungen unserer Kultur können sich Frauen nicht darauf verlassen, dass das Stillen (auch das vom Kind gesteuerte Stillen) durch Wirkung des Stillhormons Prolaktin auf die Eierstöcke über viele Monate zur Unfruchtbarkeit führt. Das liegt an der reichhaltigen Ernährung, die den Müttern hier zur Verfügung steht. Auch wird der Körper von stillenden Müttern bei uns kaum durch schwere Krankheiten so belastet, dass die Milchproduktion darunter leidet, wie es in vielen Entwicklungsländern der Fall ist.

Oft unbekannt ist die Auswirkung des Stillens nach Bedarf auf die Sexualfunktionen der Mutter: Die Schleimhaut in der Scheide kann sich unter der Wirkung von Prolaktin umbauen, und die Libido kann deutlich abnehmen. Viele stillende Mütter verspüren daher ein deutlich geringeres Bedürfnis nach Geschlechtsverkehr – für sie meist

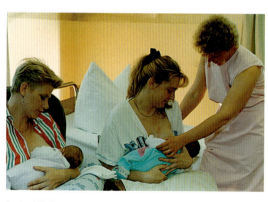

In der Klinik geben Hebammen den **Wöchnerinnen** vielfache Hilfestellung: bei der Pflege der Neugeborenen, bei auftretenden Problemen oder wie hier beim Anlegen an die Brust und Stillen.

weniger ein Problem als für die Männer. Biologisch gesehen sind diese Mechanismen sinnvoll, denn eine schnell folgende zweite Schwangerschaft war unter den Lebensbedingungen unserer Vorfahrinnen problematisch. Zwei Babys unterschiedlichen Alters konnten wohl nur die wenigsten Mütter stillen und versorgen.

Der »Baby-Blues« – eine kulturabhängige Wochenbettdepression

Sobald das Neugeborene nach der Geburt zum ersten Mal an der Brust saugt, sind bei fast allen Müttern die Schmerzen und Mühen der Geburt schon vergessen. Die während der Geburt vom Körper produzierten Schmerzmittel (Endorphine) bewirken nach der Geburt im Normalfall für etliche Stunden eine euphorische Stimmungslage. Doch am zweiten Tag (bis etwa zum zehnten Tag) nach der Geburt beginnt bei der Hälfte der Mütter in den nordamerikanischen und europäischen Industrienationen eine Stimmungsstörung, die wir mit dem Begriff »Heultage« bezeichnen, im Englischen spricht man etwas beschönigender von »Baby-Blues« oder »Maternity-Blues«. Diese Stimmungsstörung nach der Geburt zeigt sich in Weinen, Traurigkeit, dem Gefühl der Hilflosigkeit, Verwirrtheit, Sorge, Appetitlosigkeit, Schlaflosigkeit und anderen Symptomen. Etwas später und mit schwereren Symptomen tritt in 10 bis 15 Prozent der Fälle die Wochenbettdepression auf.

In den medizinischen Lehrbüchern werden diese psychischen Störungen der Mütter im Wochenbett mit den vielen Veränderungen in ihrem Körper erklärt: Das Gleichgewicht zwischen verschiedenen Hormonsystemen muss sich nach Schwangerschaft und Geburt neu einstellen. In den letzten Jahren allerdings ist fraglich geworden, ob diese medizinische Erklärung ausreichend ist. Aus evolutionsbiologischer Sicht wäre es eine sehr schlechte Lösung, dass eine Mutter genau dann in Traurigkeit und Verwirrtheit verfällt, wenn sie ihr neues Kind versorgen muss und eine Bindung zu ihm aufbauen sollte. Und in der Tat, in anderen Kulturen ist der Baby-Blues auch viel seltener als bei uns. Es scheint also, dass wir die sich neu ausbildende physiologische Balance durch kulturelle Störfaktoren belasten, sodass es so häufig zu den depressiven Verstimmungen im Wochenbett kommt.

Neue Forschungen zeigen, dass verschiedene Elemente dabei bedeutsam sind. So empfinden die meisten Frauen die Situation in der Klinik als zu hektisch, vor allem bei einer Unterbringung im Mehrbettzimmer. Interessant ist, dass in praktisch allen Kulturen traditionellerweise während des Wochenbetts Mutter und Kind ganz abgeschirmt und in enger Zweisamkeit zusammen leben, sodass sich beide in größtmöglicher Ruhe aufeinander einstellen können. Bei der Entstehung der psychischen Störungen im Wochenbett kann

Nach der Geburt, manchmal unmittelbar danach, manchmal etwas später, beginnen die Neugeborenen die Brust der Mutter zu suchen und zu saugen. Durch das Saugen wird im Körper der Mutter das Hormon Prolaktin ausgeschüttet, das die Milchproduktion anregt. Das **Stillen** der Babys bedeutet enge körperliche Nähe für Mutter und Kind, aber auch die Versorgung mit der besten Babynahrung: Muttermilch ist nämlich dem Nährstoffbedarf des Kindes optimal angepasst und bietet zusätzlichen Schutz vor Infektionen und Allergien.

Viele Ratgeberbücher empfehlen, das Baby alle vier Stunden zu stillen. In der Tat bilden Babys schon nach einigen Wochen (manche allerdings erst später) so genannte ultradiane Rhythmen aus, deren Intervalle zum Beispiel vier oder sechs Stunden betragen können. Die circadiane (circa 24 Stunden betragende) Rhythmik entwickelt sich erst später. Die Nahrungs- und Trostbedürfnisse von Säuglingen lassen sich jedoch nicht in ein Schema pressen. Daher ist das **Stillen** nach Bedarf eine biologisch günstige Lösung.

> Das **Schlafbedürfnis von Säuglingen** bis zum Alter von drei Monaten wird in unseren Lehr- und Ratgeberbüchern mit 15–17 Stunden angegeben. Messungen bei deutschen Babys ergaben aber eine Schlafzeit zwischen 12,9 und 16,4 Stunden (Mittelwert um 15 Stunden), also eine Stunde weniger als bisher angenommen. In der Trobriander-Kultur, in der keine strikten Bettzeiten für Kinder gelten, beträgt die gemessene Schlaf-/Ruhezeit sogar nur 11,6 Stunden. Das Schlafbedürfnis der Säuglinge hängt offenbar auch von der jeweiligen Kultur ab.

auch eine Rolle spielen, dass die Neugeborenen bei uns meist nicht ständig bei der Mutter sind (die sich zum Teil durch deren ständige Präsenz überfordert fühlt) und dass diese (von der Mutter möglicherweise begrüßte) Trennung dazu beiträgt, dass eine Art unbewusster Trauerreaktion einsetzt.

Wichtig ist es, die psychische und soziale Situation der Mütter zu verbessern. Sie leiden auch darunter, dass ihre neue Rolle (vor allem beim ersten Kind) schlecht definiert ist, dass sie ihren Beruf vorläufig aufgeben müssen oder wollen und dass der Partner nur bedingt zur Unterstützung beitragen kann. In einer Mehrgenerationenfamilie lassen sich die Erfordernisse der Babybetreuung viel einfacher lösen. Bei uns müssen meist neue Formen wie Müttergruppen oder Stillberaterinnen gefunden werden.

Unser Umgang mit Säuglingen – verstehen wir sie richtig?

In vielen Kulturen ist die Verwendung von Wiege, Laufstall und Kinderbett unbekannt. Stattdessen trägt man die Säuglinge am eigenen Körper, meist im Hüftsitz oder auf der Schulter. Bernhard Hassenstein hat den menschlichen Säugling als »Tragling« bezeichnet. Das entspricht den Befunden bei den Menschenaffen, wo man von »Klammerling« sprechen könnte. In der Tat werden Menschenkinder auch überall dort, wo keine technischen Hilfsmittel wie Kinderwagen entwickelt wurden, getragen.

Das Tragen des Säuglings hat zur Folge, dass die Beine gespreizt werden, wodurch die Ausbildung der Hüftpfanne günstig beeinflusst wird. Sie ist bei Neugeborenen im Vergleich zu anderen Gelenken merkwürdig unfertig. Bei einigen Kindern ist das Pfannendach zu steil (mehr als 25 Prozent), sodass es zum Verrutschen des Oberschenkelkopfs nach oben kommen kann. Solche teilweisen oder vollständigen Hüftverrenkungen haben schwere Folgen, die sich bis in das späte Erwachsenenalter auswirken können. Aufwendige Operationen, bei denen künstliche Hüftgelenke eingesetzt werden, sind dann ein therapeutischer Ausweg.

> In vielen Kulturen werden die Säuglinge eng am Körper getragen: im Hüftsitz, auf dem Rücken oder der Schulter. Der Säugling wird dann als **Tragling** bezeichnet. Insbesondere der Hüftsitz findet auch bei uns zunehmend Anhänger. Um Säuglinge über längere Strecken transportieren zu können, werden sie in vielen Kulturen vorher eng gewickelt. Eine spezielle Form des Wickelns ist das »Fatschen« (von lateinisch fascis, das Bündel). Dabei wird der Säugling mit eng zusammengepressten Beinen und meist an den Körper angelegten Armen in etliche Lagen von Tüchern fest eingewickelt, sodass er mit Rumpf und Gliedmaßen praktisch keinerlei Bewegung ausführen kann. In den indianischen Kulturen Nordamerikas war diese Technik ebenso verbreitet wie in Europa. Indianerkinder wurden meist auf ein Wickelbrett gewickelt, das man verhältnismäßig einfach transportieren und bei Bedarf ablegen oder in einen Baum hängen konnte.

Das **Schreien von Kindern** kann viele Bedeutungen und Inhalte haben. Es kann Unwohlsein, zum Beispiel Angst vorm Alleinsein, bedeuten oder Bedürfnisse wie Hunger oder Durst signalisieren. Je nach »Erziehungsstil« oder Kulturkreis reagieren Eltern bzw. Bezugspersonen sehr unterschiedlich darauf.

Signale des Säuglings

In unserer Kultur existierte zumindest bis in die 1970er-Jahre hinein eine Tendenz, Signale der Säuglinge nicht unmittelbar zu beantworten. »Man darf die Kinder nicht so verzärteln«, »Die müssen sich an Regeln gewöhnen« oder »Schreien ist gut für die Lungen« sind bisweilen gehörte Äußerungen. Wir gehen teilweise noch immer davon aus, dass der Säugling am Erfolg lernt, dass er durch Wimmern, Weinen oder Schreien die Mutter und andere Betreuungspersonen manipulieren kann und dass er dieses schnell entdeckte Instrument dementsprechend geschickt und permanent einsetzt. Da wir aber Kinder haben möchten, welche die Eltern auch mal in Ruhe lassen und die möglichst bald unabhängig sein sollen, zögern wir unsere Beantwortung der kindlichen Signale oft hinaus und gehen auch nur bedingt auf deren offensichtliche Wünsche ein, lassen sie beispielsweise nicht im elterlichen Bett schlafen, sondern sorgen durch Schlafliedchen und andere Zeremonien dafür, dass sie im Kinderzimmer alleine ein- und möglichst durchschlafen.

Andere Kulturen haben ein anderes Bild von der Bedeutung kindlicher Signale. Für sie sind Laute des Unwohlseins Anlass, sich sofort um das Kind zu kümmern und im Normalfall durch Bieten der Brust das »Stillen« zu bewirken. Diese Haltung ist mit der biologischen Sicht gut vereinbar. Signale entwickeln sich bei Lebewesen aus gutem Grund, da so Bedürfnisse gezeigt werden. Werden sie prompt, widerspruchsfrei und angepasst beantwortet, bildet sich bei dem Sender der Signale, also beim Säugling, das Vertrauen heraus: Meine Zeichen werden verstanden. Resultate der Bindungsforschung haben ergeben, dass so die sichere Basis des Urvertrauens entsteht. Solche Kinder

Obwohl die Betreuung der Säuglinge und Kleinkinder auch heute noch weitgehend von den Müttern geleistet wird, versuchen die Väter sich intensiver als früher üblich daran zu beteiligen und schon früh eine Vertrauensbasis zu ihrem Kind zu finden. Viele Väter nehmen heute an Geburtsvorbereitungskursen teil, begleiten die Geburt und übernehmen danach Pflichten bei der Pflege und Fürsorge des Säuglings und heranwachsenden Kindes.

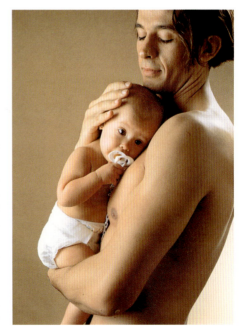

haben ein entspannteres Verhältnis zu ihrer Mutter und anderen Betreuungspersonen und können sich später auch besser lösen als die Kinder, die nicht die Möglichkeit hatten, solch ein solides Urvertrauen aufzubauen.

Warum haben Säuglinge überhaupt das Verlangen, vor allem bei ihrer Mutter zu sein, warum fordern sie die durch das Signal des Weinens und subtile mimisch-gestische Zeichen regulierte Nähe zur Bezugsperson? Wahrscheinlich ist der evolutionsbiologische Grund für die ausgeprägte Orientierung des Kindes auf die Mutter und andere Bezugspersonen das Erfordernis, dass es sehr vielfältig betreut werden muss: Füttern, Stillen, Schützen und Wärmen erfüllen ja nicht alle Bedürfnisse. Die Ausbildung des erwähnten Urvertrauens, die Vermittlung weiterer emotionaler sowie sozialer und intellektueller Reize sind ebenfalls wichtig. Sie lassen sich vor allem dann reibungslos und ohne großen Aufwand vermitteln, wenn die körperliche Nähe der Bezugspersonen gegeben ist, wenn das Kind nicht im Bettchen, Wippstuhl, Laufstall oder Kinderzimmer von den Erwachsenen getrennt ist.

Solange Säuglinge als typische »Traglinge« bei der Mutter oder bei anderen Betreuern sind, befinden sie sich da, wo das wirkliche Leben ist. Hier wirkt sich dann auch die »Drehscheibe Kind« aus, die dazu führt, dass Säuglinge und Kleinkinder Adressaten äußerst vielfältiger sozialer Kontaktaufnahmen sind, die ihrerseits eben gerade jene Vielfalt von Reizen bieten, die für die Ausbildung aller körper-

---

DER MENSCH, DAS KINDLICHE WESEN – DAS PRINZIP DER NEOTENIE

Die sexuelle Reifung und generell das Erwachsenwerden setzen beim Menschen im Vergleich zu anderen Säugetieren besonders spät ein. Diese sehr lange Beibehaltung kindlicher Züge ist generell für den Menschen kennzeichnend und wird als Neotenie (griechisch neos = neu, lateinisch tenere = halten), also als Festhalten von Merkmalen des sehr jungen Lebewesens, bezeichnet.

So bestehen zwischen dem Aussehen des Gesichtes und dem Verhalten eines Schimpansen- oder Bonobokindes und eines Menschenkindes viel geringere Unterschiede als zwischen erwachsenen Menschenaffen und erwachsenen Menschen. Alle Säugetierkinder tollen spielend herum, nur der Mensch tut das auch im Alter noch, etwa bei Spiel, Tanz und Sport.

Menschen bleiben im Alter auch die typisch kindliche Neugierde und die Lernfähigkeit erhalten. In manchen Bevölkerungen, vor allem in Asien, ist die körperliche Neotenie besonders augenfällig: Menschen, die von schwerer Krankheit verschont blieben, sieht man ihre 70 oder 80 Jahre kaum an, ihre Gesichter sind wesentlich jugendlicher als die vergleichbar alter Europäer.

Möglicherweise hat in der Entwicklung zum modernen Menschen das Prinzip der Neotenie eine große Rolle gespielt. Denn typisch menschliche Eigenschaften wie lange Kindheit, lange erhaltene Neugier, Lernfähigkeit und spielerische Auseinandersetzung mit der Umwelt hätten quasi durch ein einziges Kommando, »Bleibe so lange wie möglich jung!«, erreicht werden können, also ohne dass jedes einzelne physische und geistig-seelische Merkmal einer eigenen Entwicklungsanweisung bedurft hätte. – Fest steht, dass wir eine sehr jugendliche Spezies sind, der Blick in das Gesicht eines erwachsenen Menschenaffen und in den Spiegel (falls der Leser die Lebensmitte schon erreicht hat) zeigt das sehr deutlich.

lichen, mentalen und psychischen Fähigkeiten des Kindes so wesentlich sind. Diese archetypischen Muster der frühkindlichen Sozialisation erfordern Nähe zwischen dem Säugling und den anderen. Im abgetrennten Kinderzimmer ist sie häufig nicht gegeben.

Babys: kompetente Kommunikationspartner

Lange war man der Meinung, dass Neugeborene und Säuglinge außer Trinken, Ausscheiden und Schlafen kaum eigenständige Verhaltensleistungen erbringen könnten. Mittlerweile ist klar, dass Babys ihre Mutter und andere Bezugspersonen vielfältig beeinflussen können. Dazu gehören nicht nur die schon erwähnten Signale des Unwohlseins, sondern vor allem die mindestens ebenso wirksamen Signale, mit denen sie Zufriedenheit, Geborgenheit, Interesse und Überraschung ausdrücken.

Wenn Erwachsene sich spontan Säuglingen nähern und mit ihnen Kontakt aufnehmen, wird ihre Mimik langsamer, betonter und öfter wiederholt. Die Sprache verändert sich besonders stark: Sie rutscht eine Oktave höher und wird zur »Babysprache« oder »Ammensprache«. Bisweilen macht man sich über diese auffällige Sprechweise lustig, und in manchen Ländern versucht man gar, die Babysprache zu verhindern, weil man meint, dass die Kinder dann später nicht richtig sprechen lernen. Genau das Gegenteil ist jedoch der Fall. Säuglinge, die so sprachliche und mimische Signale in der ihnen gemäßen Form erhalten, können die Stufenleiter der Kompetenzen müheloser hinaufklettern als jene, mit denen Erwachsene nur Erwachsenensprache gesprochen haben. Die biologischen Anpassungsvorgänge an die Erfordernisse der optimalen Betreuung und Stimulation von Säuglingen erstrecken sich also bis auf unser sprachliches Verhalten und zeigen, wie unbewusst viele dieser Vorgänge ablaufen und wie sinnvoll sie dennoch sind.

Ein weiteres Beispiel für die Verschränkung von Biologie und Kultur ist die starke Wirkung, die das von Konrad Lorenz erstmals beschriebene **Kindchenschema** auf uns hat. Die besonderen Proportionen des kindlichen Kopfes und seine rundlichen Formen lösen unweigerlich Betreuungsverlangen aus. Auch das Verhalten des Säuglings trägt zum Appellcharakter bei. Man möchte Säuglinge am liebsten anfassen oder auf den Arm nehmen. Die Spielzeug- und Werbeindustrie weiß das (intuitiv) seit langem. Die Walt-Disney-Figuren sind besonders erfolgreiche Attrappen des Kindchenschemas.

Lernen – vielfältig und komplex

Wie fantastisch Säuglinge und Kleinkinder an ihr zukünftiges Leben in einer komplexen Gemeinschaft aus sprechenden Wesen angepasst sind, wird einem dann bewusst, wenn man sich vergegenwärtigt, was ein so kleines Gehirn alles lernen muss. So muss es seine Muttersprache mit den enorm komplizierten Einzelheiten des Wortschatzes und der Grammatik erlernen, bei zweisprachigen Eltern oder Umgebungen sogar eine zweite Sprache. Dazu kommt das Wissen um die physische Umwelt und, vor allem, um die sehr vielfältigen sozialen Beziehungen, die das Kind in seiner Umgebung erlebt. Menschenkinder sind (im Gegensatz zu Menschenaffenkindern) enorm gut in der Lage, aus Begebenheiten, die sich mit anderen Personen ereignen, richtige Schlüsse zu ziehen. Wenn sie sehen, wie ein größeres Kind oder ein Erwachsener ein Problem löst, können sie die richtige Lösung aus der Beobachtung nachvollziehen. Bei all diesen erstaunlichen Lernvorgängen spielen emotionale Bewertungen, wie sie auch noch im Erwachsenenalter vorgenommen werden müssen, eine zentrale Rolle.

Zwei Verhaltensbereiche sind beim menschlichen Säugling von Geburt an entwickelt: die Nahrungsaufnahme und das frühkindliche Kontaktbedürfnis. Später treten nacheinander andere Verhaltensbereiche hinzu. Sie entwickeln sich langsam und verdrängen keinesfalls die vorangegangenen Entwicklungsphasen komplett, doch werden neue Prioritäten gesetzt. Alle Bereiche zusammen zeigen die fortschreitende Entwicklung vom Säugling über die verschiedenen Lebensstufen bis zum Erwachsenen.

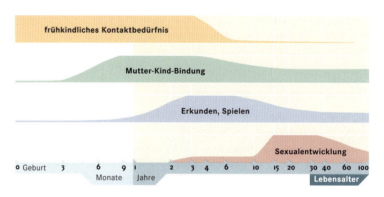

Kleinkinder und wir selbst können nur schlecht etwas in unserer Erinnerung abspeichern, wenn es nicht vorher emotional bewertet wurde. Erinnern, Finden intelligenter Lösungen und emotionales Einordnen sind also eng miteinander verknüpfte Prozesse, die zum Teil im limbischen System des Gehirns stattfinden. Daher ist es kein Wunder, dass Kinder immer dann besonders gut lernen, wenn das zu Lernende ihnen in einer emotional ansprechenden Weise begegnet – Langweiliges lernt man schlecht. Leider ist in unseren Schulen der Unterricht oft stark formalisiert. Der Lernstoff ist meist weit von der Lebenswirklichkeit entfernt und wird nicht in den Zusammenhang eingeordnet. Zudem ist die emotionale Situation meist nicht geeignet, den Lernstoff als Erinnerungen im limbischen System einzugraben. Es wundert daher nicht, dass Kinder in Kulturen, in denen es keinerlei Schule gibt, über ganz erstaunlich präzises und reichhaltiges Wissen verfügen. Sie haben es sich im Zusammensein mit Erwachsenen, Jugendlichen oder anderen Kindern in Situationen erworben, in denen es ihnen und den »Lehrern« Freude bereitete, einen komplizierten Zusammenhang zu verstehen beziehungsweise zu vermitteln. In der modernen Gesellschaft kann man aber nicht darauf vertrauen, dass alle Kinder ausreichend häufig in solch ideale Lernsituationen kommen. So müssen denn die oft verzweifelten Lehrerinnen und Lehrer viel Geduld aufbringen, um den Kindern den Unter-

Motorische und seelisch-geistige Entwicklung eines durchschnittlichen Kindes		
Alter	**motorische Entwicklung**	**seelisch-geistige Entwicklung**
1 Monat	dreht den Kopf	verfolgt Licht mit den Augen, reagiert auf Ansprache
3 Monate	hält frei den Kopf	fixiert das Gegenüber, lächelt
6 Monate	sitzt mit Unterstützung	greift nach vorgehaltenen Gegenständen
9 Monate	sitzt frei, steht mit Unterstützung	sagt »da-da« und macht »winke-winke«
12 Monate	steht frei, läuft mit Unterstützung	
18 Monate	läuft frei	spricht bis zu 10 Wörtern, ist teilweise selbstständig
2 Jahre	rennt und steigt Treppen	spricht 3-Wort-Sätze, baut aus Würfeln einen Turm
3 Jahre	kann Dreirad fahren	kennt seinen Namen, isst selbstständig, hilft beim Ankleiden
4 Jahre		benennt Farben, putzt sich die Zähne, spielt kooperativ mit anderen Kindern
5 Jahre		fragt nach Wortbedeutungen, zählt bis 10, kleidet sich selbstständig an und aus

schied zwischen Fichten und Tannen beizubringen, mit dem Erfolg, dass ihre Schützlinge prompt beide verwechseln, wenn sie den wirklichen Bäumen zum ersten Mal im Wald begegnen.

Die soziale Entwicklung des Kindes

Neben der eben beschriebenen eng miteinander verknüpften geistigen und emotionalen Entwicklung durchläuft ein Kind auch einen sozialen Reifungsprozess. Dazu gehört das Erlernen angemessener Verhaltensweisen, das Übernehmen anerkannter sozialer Rollen und die Entwicklung einer sozialen Einstellung Mitmenschen gegenüber. Das Elternhaus, heute auch die Kindertagesstätten, Kindergärten und Schulen bilden die Grundlagen für die Entwicklung sozialer Fertigkeiten. Etwa ab dem 10. Lebensjahr kann das Kind seine Gefühle an die Anforderungen der Gruppe anpassen.

Aber schon ein bis drei Jahre später ist diese Anpassung an die Normen der Erwachsenen oft völlig »out«. Mit dem Eintritt in die Pubertät, diese schwierige Sturm-und-Drang-Zeit, beginnt für die Kinder ein meist schmerzlicher, aber notwendiger Abnabelungsprozess, in dessen Folge zunächst das bisher Erlernte vehement infrage gestellt wird. Mit dem Ende der Pubertät ist aus dem Kind ein Erwachsener geworden, der seinen eigenen Lebensweg finden muss.

Die Kindheit ist für viele eine unbeschwerte Phase ihres Lebens.

Die Pubertät – Zeit zwischen Kindheit und Erwachsensein

Der Eintritt ins Erwachsensein, der in einem längeren Prozess mit der Pubertät beginnt, findet beim Menschen vergleichsweise spät statt. Menschen haben eine sehr lange Kindheit und Jugend und beginnen spät mit der Fortpflanzung, haben dann aber eine lange Spanne der Fruchtbarkeit zur Verfügung, weil sie ein hohes Alter erreichen können. So beträgt die fruchtbare Spanne bei Frauen 30–35 Jahre, bei Männern ist sie deutlich länger.

Erste Menstruation – erste Ejakulation

Der zeitliche Verlauf der körperlichen Veränderungen in der Pubertät variiert stark und hängt von genetischen Faktoren und von den umgebenden Lebensbedingungen ab. In den hoch entwickelten Industrieländern liegt der Zeitpunkt der Menarche heute knapp unter 12 Jahren. Vor drei Generationen, also um 1900, trat die Menarche wesentlich später ein, etwa um das 15. Lebensjahr. Der weibliche Körper verfügt offenbar über einen sehr sinnvollen und flexiblen Steuerungsmechanismus für den Beginn der Fortpflanzungsfähigkeit. Ihn kann man wie folgt beschreiben: Wenn die Lebensbedingungen sehr gut sind, ausreichend Nahrung zur Verfügung steht und keine langen Abwehrkämpfe gegen schwächende Krankheiten geführt werden müssen, ist die Situation günstig, das erste Kind zu bekommen, ist das aber nicht der Fall, ist es besser, die-

Menarche von lateinisch mensis = der Monat und griechisch arche = der Anfang, die erste Menstruation

In einigen Kulturen Afrikas bemisst sich die Höhe des Brautpreises daran, wie wohlgerundet ein Mädchen ist. Daran ist die Erwartung geknüpft, dass bald nach der Heirat das erste Kind geboren wird.

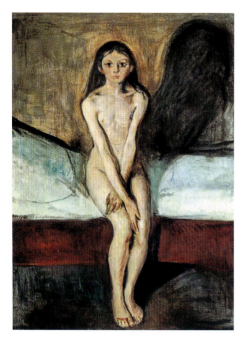

Mit großer Sensibilität malte Edvard Munch sein Bild »Pubertät« (1895; Oslo, Nasjonalgalleriet).

Die Bezeichnung **Östrogen** stammt aus dem Griechischen; oistros = Bremse, Stechfliege, und davon abgeleitet: Verhalten, als wäre man von einer Bremse gestochen, also Leidenschaft, Brunft

Der Eintritt ins Erwachsenenleben beginnt beim Menschen relativ spät mit der **Pubertät.** In den Industrienationen liegt das Eintrittsalter bei Mädchen bei etwa 12 Jahren, bei Jungen circa 1–1½ Jahre später. 12-jährige Mädchen wirken oft schon reifer als die Jungen gleichen Alters.
Die Pubertät ist begleitet von starken körperlichen (Ausbildung der primären und sekundären Geschlechtsmerkmale) und psychischen Veränderungen (Loslösung vom Elternhaus, Suchen neuer Werte und der eigenen Stellung). Die Pubertät ist meist eine emotional schwierige und konfliktreiche Zeit für Kinder und Eltern.

sen Zeitpunkt später eintreten zu lassen. Einer der Faktoren, die den Eintritt der Menarche steuern, ist die Dicke des Unterhautfettgewebes – ein Zeichen für die gute Verfügbarkeit von hochwertiger Nahrung. Unabhängig von den Lebensbedingungen, tritt die Pubertät bei den Jungen etwa 1½ bis 2 Jahre später ein als bei den Mädchen.

Die Ausprägung der Geschlechtsmerkmale – biologische Veränderungen bei Mädchen und Jungen

In der Pubertät werden die typischen Kennzeichen der primären Geschlechtsmerkmale akzentuiert und die sekundären Geschlechtsmerkmale herausgebildet. Bei Mädchen ist im Allgemeinen das Wachstum der Brust das erste Zeichen der beginnenden Pubertät. Die Brustwarzen beginnen sich zu vergrößern und bald darauf bildet sich in der Nähe der Brustwarzen das erste typische weibliche Brustdrüsengewebe. In dieser Phase erscheinen normalerweise auch die ersten Schamhaare, und es setzt ein deutlicher Wachstumsschub ein. Die Produktion des weiblichen Sexualhormons Östrogen in den Eierstöcken läuft nun auf Hochtouren, was wiederum zu einer Anlagerung von Fettgewebe im Bereich der Hüfte führt. So entsteht nach und nach die typische weibliche Silhouette, die in den meisten Kulturen auch das weibliche Schönheitsideal darstellt.

Der Kehlkopf unterliegt auch bei den Mädchen einem Umbau, sodass die Stimme die Charakteristika erwachsener Frauen annimmt, doch ist dieser Wechsel weit weniger ausgeprägt als bei Jungen, die oft einen regelrechten »Stimmbruch« haben. Auch im Körper der Mädchen wird nun Testosteron (eigentlich das typische männliche Sexualhormon) gebildet, das im weiblichen Geschlecht die Aufgabe hat, das Wachstum anzuschieben und die sekundäre Behaarung in der Genitalgegend und in den Achselhöhlen zu bewirken. Die erste Menstruation ist dann der deutlich wahrnehmbare Schlusspunkt der Pubertät, wenn auch die eigentliche Reproduktionsfähigkeit noch

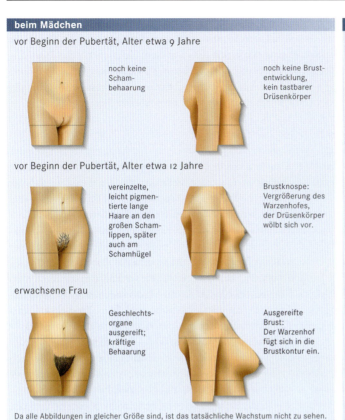

einige Monate bis längstens zwei Jahre auf sich warten lassen kann, da sich stabile Menstruationszyklen nach der Menarche erst im Laufe der Zeit etablieren.

Bei Jungen lässt sich der Beginn der Pubertät normalerweise daran erkennen, dass Hoden und Hodensack sich vergrößern und die Haut des Hodensacks sich stark faltet und eine rötliche Färbung annimmt. In dieser Phase erscheint im Regelfall auch die erste Schambehaarung, die sich in ihrer vollen Ausprägung erst etliche Jahre später in eine Richtung Nabel ziehende Haarlinie verlängert und so die typisch männliche Konfiguration aufweist. Die Genitalbehaarung der Frauen bildet hingegen typischerweise ein mehr oder weniger gut definiertes Dreieck mit oben liegender Basis.

Etwa ein Jahr nach den ersten Pubertätszeichen beginnt beim Jungen normalerweise eine Phase deutlichen Längenwachstums, und zwar in einer Wachstumsrate, die zuvor nur im Alter von etwa zwei Jahren aufgetreten war. Mädchen beginnen im Gegensatz dazu ihre Pubertät oft mit einem Längenschub. Nun, mit etwa 13 Jahren, beginnt der Penis ebenfalls zu wachsen, ebenso die Prostata und die anderen Drüsen, die später erforderlich sein werden, um ein befruchtungsfähiges Ejakulat zu produzieren. Die erste Ejakulation erfolgt mit etwa 14 Jahren. Ob Jungen bald nach Auftreten der ersten Ejakulation bereits zeugungsfähig sind oder nicht, ist derzeit noch nicht

Zu den **körperlichen Veränderungen** in der Pubertät gehören neben der Ausprägung der primären und sekundären Geschlechtsmerkmale auch der Wandel der Körpergestalt insgesamt. Beim Mädchen entwickeln sich ein breites Becken, schmale Schultern und Brüste, beim Jungen ein schmaleres Becken, breite Schultern, Bartwuchs und tiefe Stimme, bei beiden die Scham- und Körperbehaarung. Mit Abschluss der Pubertät ist die volle Geschlechtsreife sowie die weibliche bzw. männliche Gestalt erreicht.

Der Beginn (und vermutlich auch der Verlauf) der **Pubertät** wird vom Hypothalamus im Gehirn gesteuert. Dort ist das Zentrum, in dem viele elementare Mechanismen geschaltet werden und vor allem auch die Verknüpfung psychosozialer, emotionaler und physiologischer Wirkpfade erfolgt.

bekannt. Allerdings ist der zeitliche Ablauf dieser Reifungsvorgänge individuell sehr unterschiedlich und auch (ähnlich wie die Menarche bei den Mädchen) stark von den Lebensbedingungen wie Nahrung und Krankheit abhängig. In der letzten Phase der männlichen Pubertät, etwa zwei Jahre nach Auftreten der ersten Schambehaarung, beginnen Haare unter den Achseln, an anderen Stellen des Körpers, zum Beispiel auf der Brust, und auch als Barthaare zu sprießen. Auch in dieser Region des erwachsen werdenden Körpers ist eine bestimmte Reihenfolge der Ereignisse zu beobachten: Erst erscheint der Bartflaum an den Ecken der Oberlippe, dann breitet er sich auf die gesamte Oberlippe aus, anschließend auf den Wangen, dann in der Mittellinie unterhalb der Unterlippe und schließlich in Richtung seitliches und unteres Kinn. Auch an diesen Details kann man erkennen, wie präzise normalerweise die Reifungsvorgänge genetisch gesteuert sind; das trifft natürlich auch für die nicht sichtbaren Vorgänge im Innern des Körpers von Mädchen und Jungen zu.

Bei Jungen benötigt der Gesamtprozess der Pubertät etwa zwei bis maximal fünf Jahre, bei Mädchen etwa eineinhalb bis maximal sechs Jahre. Eine Reihe von Störungen kann dazu führen, dass die sexuelle Reifung entweder viel zu früh, zu spät oder gar nicht einsetzt. Die früheste wissenschaftlich dokumentierte normale Schwangerschaft wurde per Kaiserschnitt beendet, als das betreffende Mädchen fünf Jahre und acht Monate alt war; das Neugeborene war gesund. Erbliche Faktoren, Hormon- und Stoffwechselstörungen sowie Umgebungsfaktoren tragen zu (glücklicherweise selten derart drastischen) Beschleunigungen oder Verzögerungen des Eintritts der Reife bei.

Loslösen und Unabhängigsein – die psychischen Veränderungen in der Pubertät

Die Pubertät ist eine subjektiv sehr deutlich wahrgenommene Phase der Veränderung. In vielen Fällen bilden sich Mitesser und als Folge davon die typischen Aknepickel der Heranwachsenden. Jungen leiden wegen der höheren Freisetzung des männlichen Sexualhormons Testosteron hierunter mehr als Mädchen. Meistens sind die Jugendlichen dadurch emotional belastet, gerade weil sie in dieser Zeit besonders kritisch sich selbst gegenüber sind.

Eine besonders lästige Begleiterscheinung der Pubertät ist das Auftreten von **Pickeln** oder **Akne**. Durch Verstopfung der Talgdrüsen an den Haaren bzw. der feinen Behaarung der Haut kommt es zur Ansammlung von Horn und Fett, es entstehen Mitesser. Eingewanderte Keime führen schließlich zur Entzündung, es bilden sich kleine eiterhaltige Abszesse. Besonders gefährdet sind das Gesicht und die talgdrüsenreichen Bezirke an Rücken und Brust. Ursache ist die Veränderung der Geschlechtshormone, insbesondere das Überwiegen männlicher Hormone. Im Allgemeinen klingt die Akne mit Erreichen der vollen geschlechtlichen Reife ab.

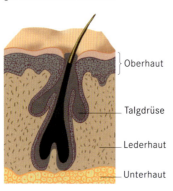
Oberhaut
Talgdrüse
Lederhaut
Unterhaut

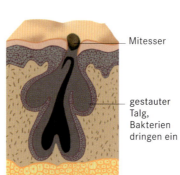
Mitesser
gestauter Talg, Bakterien dringen ein

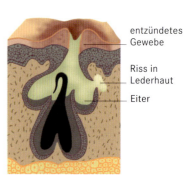
entzündetes Gewebe
Riss in Lederhaut
Eiter

Bedingt durch ihre psychische und mentale Verfassung sind mehr oder weniger deutliche Zeichen der – manchmal krisenhaften – Veränderungen zu bemerken. Dazu gehören die für die Eltern oft schmerzhafte Loslösung von den Gebräuchen und Normen, die für die Elterngeneration insgesamt und spezifisch für das jeweilige Elternpaar Orientierungscharakter hatten. Psychobiologisch ist das keineswegs überraschend, denn der junge Mensch befindet sich nun seitens seiner Psyche und seiner Gedankenwelt in einem Prozess der Vorbereitung auf ein weitgehend selbst gestaltetes Leben. Dafür ist ein großes Maß an Unabhängigkeit erforderlich; sie wird durch die verschiedenen Entwicklungsschritte im Heranwachsenden auch biologisch vorbereitet.

Das Einsetzen der Reife ist nicht nur ein biologisches Phänomen, sondern besonders ein geistig-psychisches. Daher ist die so genannte säkulare Vorverlegung der Pubertät (das Menarchealter liegt wie erwähnt in einigen Ländern Europas inzwischen unter 12 Jahren) ein Vorgang, der evolutionär wohl kaum vorgesehen war. Mädchen werden heute also viel früher geschlechtsreif, aber ihre geistige, seelische und soziale Entwicklung kann mit dem Sturmschritt der körperlichen Reifung gar nicht mithalten. Dreizehnjährige sind in aller Regel den Anforderungen des Mutterseins nicht gewachsen. Die Frage, wie es zu einer solchen biologischen Anomalie in den modernen Industriegesellschaften kommen konnte, kann hier nur gestreift werden. Offenbar hat es in der langen Geschichte der Entstehung des Menschen, in der unsere körperlichen, geistigen und seelischen Eigenschaften herausgebildet und im genetischen Code verankert wurden, keine Phase gegeben, in der die Ernährung so überoptimal und den Körper belastende Krankheiten so selten waren wie heute. Die Konstruktion des menschlichen Organismus wurde in der evolutionär relevanten Umwelt der letzten paar Millionen Jahre geformt, angepasst an die damaligen Lebensbedingungen. Möglicherweise spielen für die so unbiologische Vorverlegung der Reife auch andere Faktoren eine Rolle, zum Beispiel die durch künstliches Licht veränderten chronobiologischen Bedingungen und intensive psychische und mentale Reize, wie sie für das Fernsehen und andere Elemente unserer reizerfüllten modernen Welt typisch sind.

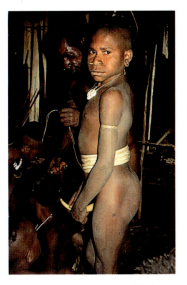

Bei den Eipo in Neuguinea erhält der Junge eine Peniskalebasse als äußeres Zeichen seines »Mannseins«.

An die Pubertät schließt sich die Adoleszenz an, die biologisch als die Zeit zwischen dem Abschluss der Pubertät und dem Erreichen der maximalen Körperlänge definiert wird. Bei Mädchen ist das (wieder mit großen individuellen Abweichungen) etwa um das 16., bei Jungen um das 18. Lebensjahr der Fall. Das ist auch das Alter, in dem in vielen Kulturen junge Frauen und Männer wichtige eigene Entscheidungen wie die Aufnahme von Geschlechtsverkehr oder die Frage einer Heirat selber treffen können.

Initiationsriten

In allen Gesellschaften besteht eine auffällige Tendenz, die an sich mehr oder weniger kontinuierliche Reifung von Mädchen und Jungen in Abschnitte zu unterteilen und den Übergang von einem

Das Durchbohren verschiedener Körperteile ist in vielen Kulturen üblich. Es kann Teil eines Initiationsritus sein und zeigt die Zugehörigkeit zu einem Stamm an. Der Eipo (links) trägt einen Nasenstab, das Yanomami-Mädchen (rechts) trägt einen Nasenstab und Stäbe durch die Lippen.

Weitere **Riten** markieren den Lebensweg vieler Menschen, unter anderem die Hochzeit und die verschiedenen Hochzeitsjubiläen. Am Ende stehen die Riten, die den Abschied vom Leben begleiten, die Letzte Ölung in der katholischen Kirche, Bräuche der Totenwache und andere Totenriten.

Das **Piercen** gilt bei Jugendlichen wie Kleidung und Haarmode auch als äußeres Zeichen der Zugehörigkeit zu einer bestimmten Subkultur, als Zeichen der Loslösung vom Elternhaus, eigener Orientierung und Bestimmung.

Stadium in das andere mit oft religiös bedeutsamen Zeremonien zu feiern. Auch in unserer eigenen Tradition sind derartige Übergangs- oder Initiationsriten verbreitet. Die Taufe ist in vom Christentum geprägten Kulturen der erste Ritus im Lebensgang eines Menschen; im Judentum und im Islam tritt bei den Jungen die Beschneidung an diese Stelle. Bisweilen wird der erste Kindergartentag, oft der erste Schultag gefeiert, Letzterer mit der Schultüte. Dieses Prinzip des Beschenktwerdens ist, neben der lebensgeschichtlichen und der religiösen Bedeutung der Initiationsriten, ein wiederkehrendes Motiv auch in den meisten der folgenden Zeremonien. Die erste Kommunion ist für die katholischen Kinder ein solcher wichtiger Einschnitt. Für die protestantischen Kinder wird mit etwa 14 Jahren die Konfirmation gefeiert, bei den Katholiken entspricht dem ein zweiter Initiationsritus, die Firmung. Beide Riten markieren das Erreichen einer neuen Lebensphase.

In anderen Kulturen finden sich entsprechende Bräuche. Die Zeremonien sind für Jungen meistens zahlreicher und ausgeprägter (wie im Fall der Beschneidung) als für Mädchen. Möglicherweise hängt das (neben einer in den meisten Gesellschaften feststellbaren Bevorzugung männlicher Nachkommen) mit der größeren Gefährdung der Jungen durch Krankheiten und einer höheren Sterblichkeit zusammen. In den Papua-Gesellschaften des Hochlands von Neuguinea sagen die Einheimischen: »Die Jungen müssen wir aus den Händen ihrer Mütter nehmen und sie durch die Initiation zu richtigen Männern machen. Bei den Mädchen braucht man sich diese Mühe nicht machen, sie wachsen von allein zu Frauen heran.«

In einigen Kulturen sind aber auch Initiationsriten für Mädchen üblich, die oft zeitlich und inhaltlich mit der Menarche zusammenfallen. In manchen islamischen Ländern Afrikas ist die aus unserer Sicht grausame Sitte nach wie vor verbreitet, Mädchen in diesem Alter nicht nur in einer weiblichen Beschneidung die Klitoris zu entfernen, sondern auch einen großen Teil der kleinen Schamlippen wegzuschneiden und die so entstandene große Wunde so weit zusammenzunähen, dass nur mehr ein kleiner Ausgang für Urin und Menstrualblut bleibt. Frauenrechtlerinnen aus verschiedenen Ländern haben sich immer wieder gegen die Beibehaltung dieser Sitte ausgesprochen, doch selbst gut ausgebildete junge Frauen entscheiden sich für die verstümmelnde Operation, weil sie sich sonst nicht als vollwertige Mitglieder ihrer Gesellschaft fühlen würden.

In der früheren DDR hatte sich, entsprechend der antireligiösen Ausrichtung des Staates, eine Ersatzinitiation ausgebildet: Die Kinder gingen statt zur ersten Kommunion oder zur Konfirmation zur Jugendweihe. Interessanterweise hat diese säkulare Version des Initiationsritus das politische System überlebt. Nach wie vor entscheiden sich viele Eltern und Kinder in den neuen Bundesländern für diese Form der Reifefeier. Das psychologische Bedürfnis nach einem solchen Fest, einer Zäsur im Leben des Kindes und der Familie, ist offenbar sehr groß und unabhängig von der jeweiligen politischen oder religiösen Umgebung.

In den letzten Jahrzehnten haben Jugendliche ihre eigenen Initiationsriten erfunden und weiterentwickelt. Dazu gehören die verschiedenen Haar- und Kleidermoden, die Einnahme von Drogen wie Ecstasy oder das so genannte Piercen. Diese Sitte des Durchbohrens verschiedener Körperteile ist in vielen Kulturen verbreitet und ist oft, aber nicht notwendigerweise, mit Initiationsriten verknüpft. Der so ausgestattete junge Mensch zeigt in seinem Äußeren deutlich sichtbar an, zu welchem Stamm (in unserer modernen Gesellschaft: zu welcher Subkultur) er gehört. Das Bedürfnis nach einem solchen am Körper erkennbaren Bekenntnis ist offenbar so groß, dass die Jugendlichen neue Zeichen und Rituale erfinden, wenn ihnen die alten nicht mehr passend erscheinen. So zeigt sich auch in den Reaktionen der jungen Menschen auf ihre Position im Zwischenreich der biologischen Stadien und sozialen Rollen, dass wir von starken biopsychischen Motiven bewegt werden.

S. SCHIEFENHÖVEL-BARTHEL UND W. SCHIEFENHÖVEL

Die körperliche und geistige Reifung von Mädchen und Jungen wird von unterschiedlichen Initiationsriten begleitet. Für die protestantischen Kinder wird beispielsweise mit etwa 14 Jahren die Konfirmation gefeiert.

Gesundheit und Krankheit

Auch gegen Ende des 20. Jahrhunderts nimmt das Thema Krankheit eine bedeutende Stelle in unserem Alltag ein. Menschen machen sich Sorgen um ihren Körper. Ihnen ist bewusst, dass sein Funktionieren gestört werden kann. Daher nutzen sie eine ganze Reihe unterschiedlicher diagnostischer und therapeutischer Möglichkeiten. In Deutschland bietet sich hierzu ein breites Spektrum an: Hausmedizin, das entwickelte akademische Medizinsystem, Heilpraktiker, andere staatlich zugelassene paramedizinische Anlaufstellen und ein nach wie vor existierendes informelles Netz an Heilkundigen, vom Knochen einrichtenden Schäfer bis zur Gebetsheilerin.

Doch was ist eigentlich Gesundheit, was ist Krankheit? Die Antwort scheint einfach: Gesundheit ist die Abwesenheit von Krankheit. So einfach ist es aber nicht.

Gesundheit oder Krankheit – eine bisweilen schwierige Zuordnung

Unser Körperinneres wimmelt von Kleinstlebewesen. Einige dieser Mitbewohner brauchen wir, andere stören die Funktion unserer Organe. Menschen in tropischen Zonen, wie die Eipo im Bergland von West-Neuguinea, haben unter Umständen in ihrem Darm drei verschiedene Arten von Würmern; aus medizinischer Sicht eindeutig ein pathologischer Befund. Alle drei Arten können in der Tat Krankheiten verursachen. Der größte Teil der Bergpapua ist aber klinisch symptomfrei, obwohl man unter dem Mikroskop Wurmeier in ihrem Stuhl findet. Sie sind vital, trotz sehr knapper Ernährung leistungsfähig und offensichtlich meist glücklich, also offenbar unbeeinflusst von der Existenz der Parasiten in ihrem Inneren.

In diesen und anderen Fällen herrscht ein Gleichgewicht zwischen jenen Kräften des Körpers, die die Schädlinge in Schach halten, und den Parasiten, deren Gefährlichkeit unter anderem von ihrer Art und ihrer Anzahl abhängt. Besteht ein solches Kräftegleichgewicht, sind wir trotz dieser Schädigungsmöglichkeit gesund. Es ist also nicht das absolute Fehlen von Erregern, nicht das völlige Fehlen von Krankheit, das uns zu Gesunden macht; Gesundheit ist vielmehr ein Zustand, in dem unsere immunologischen und sonstigen biologischen Kräfte in der Lage sind, die Belastung durch schädigende Einflüsse jeder Art so stark zu unterdrücken, dass der Betroffene nichts davon merkt. Dabei spielen natürlich auch die psychologischen Bewertungssysteme eine Rolle, die von Individuum zu Individuum und von Kultur zu Kultur unterschiedlich sein können.

Das Paradox, dass man als Gesunder krank und als Kranker gesund sein kann, hat in der Weltgesundheitsorganisation WHO dazu geführt, dass man von »illness« als der subjektiv empfundenen Befindlichkeit und »disease« als dem objektiv festgestellten medizini-

Bei den Bergpapua in Neuguinea werden regelmäßig Wurmeier im Kot gefunden ohne das Auftreten klinischer Symptone bei den Betroffenen. Hier abgebildet ist ein **Hundespulwurm,** der durch oralen Kontakt mit Hundekot vom Hund auf den Menschen übertragen wird. Betroffen sind vor allem Kinder. Die Larve wandert durch den Körper und zerstört verschiedene Gewebe: die Leber kann sich vergrößern, die Lunge und die Augen können sich entzünden. Weitere Symptome sind Fieber, Durchfall und Muskelschmerzen – oder aber nichts von alledem, wenn die Körperkräfte in der Lage sind, die Schädlinge »in Schach zu halten«.

schen Befund spricht. Beide müssen nicht unbedingt übereinstimmen. In den Industriegesellschaften gibt es viele Patienten, die im Röntgenbild schwere Veränderungen an der Wirbelsäule haben, aber beschwerdefrei sind. Andere leiden stark unter »Hexenschuss«, Bandscheibensymptomen und Ischiasschmerzen, doch weisen ihre Röntgenaufnahmen einen weitgehend normalen Befund auf. Nicht nur in Neuguinea, auch bei uns kann man nicht immer eine eindeutige Grenze zwischen Gesundheit und Krankheit ziehen.

Aus evolutionsbiologischer Sicht sind alle Lebewesen Produkte eines sehr strengen Selektionsprozesses, in dessen Verlauf sie Schutz- und Reparaturmechanismen gegen verschiedenste Störungen der Physiologie und gegen Krankheiten entwickelt haben, insbesondere gegen solche, die durch häufig vorkommende Erreger verursacht werden. Wenn das Überleben des Einzelnen bis zur mehrfachen Elternschaft nicht in ausreichend vielen Fällen gesichert gewesen wäre, gäbe es unsere Spezies nicht mehr. Auch unser Körper besitzt also vielfältige Fähigkeiten, seine Lebensfunktionen und sein generelles Wohlbefinden aufrechtzuerhalten.

Neue Lebensweisen, neue Krankheiten

Bluthochdruck, Herzinfarkt und Schlaganfall – Probleme der »zivilisierten« Welt

In Europa steigt der Blutdruck mit zunehmendem Alter an. Diese Tatsache hat sich so weit im Alltagswissen verfestigt, dass wir gewöhnlich als Faustregel sagen: Alter plus hundert ergibt den oberen (systolischen) Blutdruckwert, gemessen in Millimeter Quecksilbersäule (Hg). Allerdings sähen die Ärzte bei älteren Patienten lieber einen systolischen Wert von 130 oder 140 mm Hg. Der untere (diastolische) Wert steigt in Europa statistisch ebenfalls mit dem Alter an und erreicht oft krankhafte Werte über 100 mm Hg. Bluthochdruck ist eine unserer klassischen Volkserkrankungen, die vielfach auch schon jüngere Patienten beeinträchtigt und stark gefährdet. Personen mit zu hohem Blutdruck sind weit mehr als andere in Gefahr, sekundäre Risiken zu entwickeln, von denen der Herzinfarkt und der Schlaganfall die beiden akutesten und folgenschwersten sind. Herz-Kreislauf-Erkrankungen sind die Krankheitsursache Nummer eins in den industrialisierten Ländern der Welt.

Wie steht es mit dem Blutdruck in traditionalen Kulturen? Ärztliche Untersuchungen bei den Eipo und den Trobriandern in den letzten beiden Jahrzehnten zeigen ein zunächst überraschendes Bild: Niemand von ihnen leidet unter Bluthochdruck. Auch im Alter bleiben die Werte auf einem niedrigen Niveau, das heißt im Schnitt um 110–120 zu 70–60 mm Hg. Selbst dort, wo schon seit etwa 100 Jahren ein gewisses Maß an Außenkontakt und damit Akkulturation besteht, bleibt der Blutdruck meist auf den für junge Menschen typischen Werten stehen und steigt im Alter kaum an. Das spricht dafür, dass die Arterien der Menschen in diesen Kulturen elastisch bleiben.

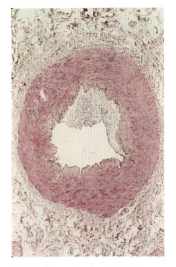

Eine in den westlichen Industrienationen – unter anderem infolge von fettreicher Ernährung und hohem Blutdruck – häufig auftretende Erkrankung ist die **Arteriosklerose;** zunächst lagert sich – wie hier als grauer Plaque auf dem lichtmikroskopischen Bild zu erkennen, Fett an der Innenseite der Gefäßwände ab. An diesen Stellen lagern sich weitere Stoffe, zum Beispiel Calcium, an. Die Arterienwände verhärten sich, verkalken und verstopfen zum Teil so weit, dass das Körpergewebe nicht mehr ausreichend mit Blut versorgt werden kann. Folgeerkrankungen können Herzinfarkt und Schlaganfall sein.

Akkulturation: Die Übernahme fremder geistiger und materieller Kulturgüter durch Einzelne oder Gruppen.

TRADITIONALES WISSEN – RÄTSEL UND GEFAHR

Viele bekannte Medikamente haben ihren Ursprung in dem pharmakologischen Fundus traditionaler Kulturen, inklusive unserer eigenen. Beispielsweise wären ohne das Pflanzengift Curare die moderne Anästhesie und die Chirurgie nicht

möglich. Das Wissen um die Wirkstoffe in Pflanzen, etwa der abgebildeten Tollkirsche und der Herbstzeitlosen, und Pilzen wurde in den meisten Kulturen mündlich von Generation zu Generation weitergegeben. Anscheinend geschah das ohne Verlust oder Verfälschung, dafür mit gelegentlichen Ergänzungen.

Wie konnte der Mensch ein derart umfangreiches und detailliertes Wissen vor dem Zeitalter der Chemie und Pharmakologie erwerben? Wie viele Pflanzenarten den Angehörigen bestimmter Kulturen in den verschiedenen ökologischen Zonen der Erde zugänglich sind, ist nicht bekannt, doch ist ihre Zahl sicherlich sehr hoch. Es ist undenkbar, dass unsere Vorfahren alle möglichen pflanzlichen oder anderen Substanzen auf eventuelle gute oder schädliche Effekte hin testeten. Das Wissen über die Natur ist also sehr wahrscheinlich nicht einfach durch Versuch und Irrtum entstanden. Möglicherweise resultiert es aus den spezifischen neurobiologischen Wahrnehmungsmechanismen und der Lernfähigkeit frühzeitlicher Menschen, denn sonst hätte es viel zu lang gedauert, diese aktiven Prinzipien zu entdecken.

Vermutlich gibt es bestimmte Such- und Bewertungsmechanismen im Gehirn von Tieren, insbesondere in dem von Säugetieren, die auf einer sehr entwickelten Wahrnehmungsfähigkeit für pflanzliche Inhaltsstoffe sowie der Fähigkeit beruhen, pharmakologische Erfahrungen abrufbar im Gedächtnis zu speichern. Möglicherweise ist die Area postrema an der Basis des Stammhirns eines der Elemente dieses Systems, das uns hilft, die richtige Nahrung und die richtigen Heilmittel zu finden.

Pflanze		Region	Substanz	Verwendung
Calarbohnen	Physostigma venosum	W-Afrika	Physostigmin	erhöht Aktivität des Parasympathikus
Tollkirsche	Atropa belladonna	Europa	Atropin	steigert die Herzfrequenz
Bilsenkraut	Hyoscyamus niger	Eurasien	Hyoscyamin	steigert die Herzfrequenz
Meerträubel	Ephedra sinica	China	Ephedrin	erhöht Aktivität des Sympathikus
Rauwolfia	Rauvolfia sp.	Indien	Reserpin	hemmt den Sympathikus
Fingerhut	Digitalis sp.	Europa	Digitoxin	Herzglycosid
Strophantus	Strophantus sp.	Afrika	Strophantin	Herzglycosid
Brechnuss	Strychnos sp.	S-Amerika	Curare	zur Erschlaffung der Muskeln
Kokastrauch	Erythroxylum coca	S-Amerika	Kokain	als lokales Betäubungsmittel
Mohn	Papaver somniferum	Europa	Morphin	schmerzstillend
			Codein	gegen Husten
			Papaverin	krampflösend
	Catharanthus roseus	Afrika, M-Amerika	Vinblastin, Vinchristin	gegen Krebs
Herbstzeitlose	Colchicum autumnale	Eurasien	Colchicin	gegen Gicht, Krebs
Ipecacuanha	Cephaelis ipecacuanha	S-Amerika	Emetin	gegen Amöbenruhr
Chinarindenbaum	Cinchona sp.	S-Amerika	Chinin	gegen Malaria

Daher ist es auch nicht überraschend, dass die Folgeerscheinungen des Bluthochdrucks – Herzinfarkt und Schlaganfall – ausbleiben. Herzinfarkte sind in der Tat in den abgelegenen Regionen Neuguineas entweder völlig unbekannt oder extrem selten. Dagegen steigen in der Hauptstadt Papua Neuguineas, Port Moresby, wo etliche Menschen einen europäischen Lebensstil mit sitzenden Berufen, überkalorischer Ernährung und wenig körperlicher Bewegung pflegen, die Herz-Kreislauf-Erkrankungen, einschließlich des Herzinfarkts, steil an. Das Fehlen dieser Krankheiten in den beiden traditionalen Kulturen ist also nicht genetisch zu erklären. Es bedarf nur eines Wechsels der Lebensweise, und in derselben Generation tauchen plötzlich die gesundheitlichen Gefährdungen der modernen Gesellschaften auf.

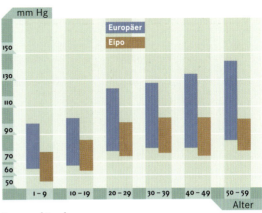

In Europa steigt der Blutdruck mit zunehmendem Alter im Durchschnitt deutlich an. Dadurch steigt die Gefahr sekundärer Risiken wie Herzinfarkt oder Schlaganfall. Ganz anders ist die Situation in traditionalen Kulturen mit herkömmlichem Lebensstil wie bei den Eipo in Neuguinea. Ein Wechsel der Lebensweise führt jedoch auch bei Angehörigen solcher Gesellschaften zu den für Europa bekannten Gesundheitsrisiken. Bluthochdruck und seine Folgeerkrankungen sind also in hohem Maße bedingt durch unsere Lebensweise.

Die entgleiste Stressphysiologie

Wie kann man sich diese gravierenden Unterschiede (die noch weitere Bereiche betreffen, etwa Diabetes oder Allergien) erklären? Die Erhöhung des Blutdrucks hat mit vielen Einzelfaktoren zu tun, in erster Linie mit der Ernährung, körperlicher Aktivität und der Belastung durch »Stress«. Stress ist die normale Anpassung des Körpers an eine als Belastung oder Bedrohung empfundene Situation. Durch die Ausschüttung von Adrenalin erhöht sich der Blutdruck, was die körperliche Leistungsfähigkeit in dem Augenblick verbessert. Der Körper wird in die Lage versetzt, anzugreifen oder zu fliehen. Während einer solchen »fight-flight response« (Angriffoder Fluchtreaktion) werden durch Adrenalin zusammen mit anderen Hormonen auch viele andere physiologische Vorgänge geregelt. Beispielsweise läuft die Blutgerinnung schneller ab, sodass bei einer Verletzung weniger Blut durch eine offene Wunde verloren geht.

Die Stressphysiologie ist ein Erbe unserer stammesgeschichtlichen Vergangenheit, die wir mit den Tieren teilen. Wenn man nur die Verhältnisse in den Industriegesellschaften anschaut, könnte man zu dem Schluss kommen, dass bei uns Menschen die Stressphysiologie entgleist ist, denn viele von uns haben eine Art Dauer-Adrenalin-Zustand mit den beschriebenen Folgen für das Herz-Kreislauf-System. Die Evolutionsbiologie lehrt uns dagegen, mit solchen Vermutungen eher vorsichtig zu sein: Tiere und Menschen sind wie erwähnt im Prinzip sehr gut an die Erfordernisse des Lebens angepasst.

Wenn also beim Menschen die Stressphysiologie nicht generell fehlkonstruiert ist, warum leiden wir dann so unter ihr? Einige Faktoren bieten sich zur Erklärung an: 1) Biologische Zeitgeber wurden durch künstliche ersetzt. 2) Die Ernährung ist von selbst erzeugten, weitgehend naturbelassenen auf weitgehend verarbeitete und veränderte Produkte umgestellt. 3) Das Ausmaß an physischer Arbeit ist stark gesunken, der biologisch adäquaten Angriffs- oder Fluchtreaktion können wir nur gebremst nachgeben. Es kommt zu einer »bio-

Neue Lebensformen, veränderte Lebens- und Arbeitsbedingungen, hohe Ansprüche an den Lebensstandard und die (eigene) Leistung haben das Leben in den letzten Jahrzehnten entscheidend verändert. Stress, und zwar negativer, krank machender Stress, scheint in unserer Gesellschaft ein Zeichen unserer Zeit zu sein. Überall sind gehetzte Menschen zu finden: bei der Arbeit, in den Straßen, beim Einkaufen usw. – oft ist nicht einmal mehr die Freizeit frei von Stress.

Viele gestresste Büromenschen nutzen die Mittagspause nicht zum Essen, sondern um Kraft für die Seele zu tanken: Verschiedene Entspannungs- und Meditationstechniken, die in Kursen erlernt werden können, lassen sich auch am Arbeitsplatz ausüben. Allerdings sollte sichergestellt sein, dass zumindest für eine halbe Stunde weder gesprächige Kollegen noch klingelnde Telefone stören.

logischen Frustration«: Die bereitgestellten Catecholamine, zum Beispiel Adrenalin, werden nicht durch physische Aktion verbraucht.

4) Die Sozialisationsbedingungen in den ersten Lebensjahren haben sich verändert: Die Signale der Säuglinge und Kleinkinder werden weniger prompt und optimal beantwortet, sodass ihnen ein höheres Maß an Frustration zugemutet wird. Das hat wahrscheinlich psychosomatische Folgen auch im Erwachsenenalter. 5) Die Integration des Einzelnen in eine funktionierende, emotional schützende Gemeinschaft (in traditionalen Gesellschaften in erster Linie die Verwandtschaft) bereitet zunehmende Schwierigkeiten, das soziale Netz wird löchriger. 6) Wir sind weniger direkt mit den existenziellen Lebenserfahrungen Geburt, Schmerz, Krankheit und Tod konfrontiert und daher hilfloser, wenn sie eintreten.

7) Im Zuge einer »Entritualisierung« haben wir in Lebenskrisen weniger Zugriff auf sozioreligiöse Zeremonien als Teil eines welterklärenden Systems, wodurch Schwierigkeiten bei der kognitiven und emotionalen Bewältigung auftreten. 8) Durch die technischen Fortschritte, gerade auch bei den Kommunikationsmöglichkeiten, haben sich Arbeitstempo und die Menge der gleichzeitig zu erledigenden Aufgaben erhöht. 9) Die zeitliche Planung lässt dem Einzelnen wenig Spielraum. Feste Termine belasten uns vermutlich auch deswegen, weil wir eingegangenen Verpflichtungen zwar nachkommen wollen, es aber wegen Überlastung kaum können. Der zeitliche und psychosoziale Druck potenziert sich.

Subjektives Erleben von Krankheit

Warum gerade ich? Warum hat ausgerechnet mich der Krebs erwischt, warum ist mein Herz kaputt und nicht das von denen, die genauso rauchen, genauso fett essen wie ich? Warum liege ich auf dieser Station, wo praktisch keiner lebend herauskommt, draußen aber geht das Leben weiter, fröhlich und laut, während ich hier im Krankenzimmer leise sterben muss? Den meisten Menschen fällt es schwer, das Ende ihrer eigenen Existenz zu akzeptieren. Die Endlichkeit menschlichen Lebens ist uns zwar im Prinzip bewusst, warum es uns aber zu einem bestimmten Zeitpunkt trifft, können wir kaum verstehen und verkraften, noch dazu, wo wir noch so viele Pläne hatten, so vieles unerledigt geblieben ist, und wo doch so viele andere so viel älter sind als man selbst.

Krankheit als Strafe

In traditionalen Kulturen besteht ein sehr enger Zusammenhang zwischen Normenbruch und Verlust der Gesundheit. Verletzt jemand dort eine jener Regeln, die meist mittels religiöser Vorschriften das soziale Leben strukturieren, ist er oder sie in großer Gefahr, von außermenschlichen Mächten bestraft zu werden, die nach Auffassung der Einheimischen durch Senden von Krankheit und Unglück Leid und Tod bewirken. In diesen Kulturen sind also Recht und Gesundheit eng gekoppelt.

Die Auffassung, dass Krankheit Strafe für Fehlverhalten ist, war auch in Europa verbreitet: »Gott wird dich an dem Organ strafen, an dem du gesündigt hast!«, war etwa eine solche Meinung, und auch die Reaktion mancher Kreise in der katholischen Kirche auf das Ausbrechen von Aids und seine (in den nördlichen Ländern bestehende) weitgehende Beschränkung vor allem auf männliche Homosexuelle und Suchtkranke mit intravenöser Drogenzufuhr zeigt eine solche Tendenz, Krankheit als Vergeltung für Sünde anzusehen.

Das Konzept eines Gottes als rächende Instanz, als derjenige, der Leben nimmt, um sicherzustellen, dass seine Gebote eingehalten werden, scheint aber zumindest in Deutschland zurzeit nicht sehr verbreitet zu sein. Das Grundprinzip der Erlösungsreligionen (zum Beispiel Christentum und Islam) besteht jedoch darin, dass nicht im Diesseits, sondern im Jenseits abgerechnet, das heißt belohnt oder bestraft wird. Damit haben Krankheit und Unglück als Sanktionen für Fehlverhalten ihre metaphysisch begründete verhaltensregelnde Funktion verloren, die sie sehr wahrscheinlich in allen prähistorischen und derzeit noch anzutreffenden animistischen Kulturen hatten und haben. An die Stelle der strafenden außermenschlichen Mächte sind innermenschliche, soziale Faktoren getreten. »Ich hab so viel Stress, das macht mich ganz krank!«, so oder ähnlich lauten die häufigsten Erklärungen der Patienten. Es erscheint nicht ausgeschlossen, dass das diffuse Konzept »Stress« als generelle Lebenslast an die Stelle der nicht recht fassbaren sanktionierenden Mächte getreten ist.

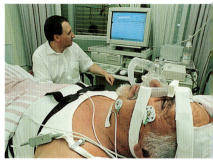

Die Fortschritte der modernen Medizin sind beachtlich. Durch neue Erkenntnisse, Techniken und Medikamente können früher lebensbedrohliche Krankheiten heute geheilt, das Leben der Patienten oftmals verlängert werden. Trotzdem hat auch die heutige Medizin ihre Grenzen, denkt man zum Beispiel an Aids, ihre Nachteile, zum Beispiel das vermehrte Auftreten resistenter Bakterien.

Das Intrusionskonzept: Eine Krankheit dringt in den Körper ein, also muss sie entfernt werden

In vielen Kulturen besteht folgende Grundvorstellung über die Entstehung von Krankheiten: Ein körperfremdes Etwas ist in das Innere des menschlichen Körpers eingedrungen und verursacht dort die Störung. Häufig werden dafür stofflich gedachte, wenn auch bisweilen zunächst unsichtbare Objekte, wie Pfeilspitzen oder Steine, und manchmal geistige Prinzipien verantwortlich gemacht. Kranke, gleichgültig ob sie in einer westlichen Großstadt oder auf einem Atoll Melanesiens leben, haben ein offenbar universelles Kausalbedürfnis. Für den Leidenden bietet das Konzept der Intrusion eine willkommene, weil sinnfällige und sozial akzeptable Lösung. In sein Inneres ist etwas eingedrungen, es führt zu Schmerz, Schwellung und Störung der Funktion. Logische Folge dieser Intrusionstheorie ist der Versuch, den Kranken durch die Vertreibung des krank machenden Agens zu heilen.

In traditionalen Kulturen verlassen sich die Kranken auf die Heilkünste und -erfahrungen bestimmter Stammesmitglieder wie hier bei den Jivaro-Indios. Die **Medizinmänner** und **-frauen** behandeln ihre Patienten mit »natürlichen Medikamenten«; sie nutzen zum Beispiel die Heilkräfte bestimmter Pflanzen. Während früher diese Art der Behandlung von der Schulmedizin weitgehend abgelehnt wurde, gibt es heute vermehrt Bemühungen, die traditionellen Heilmittel aufzuspüren und ihre Wirkmechanismen zu verstehen.

I. Das menschliche Leben – zwischen Werden und Vergehen

Im August 1890 kündigte **Robert Koch** auf dem 10. Internationalen Medizinischen Kongress in Berlin die Entdeckung eines Heilmittels gegen Tuberkulose, das »Tuberkulin«, an. Da die Tuberkulose im 19. Jahrhundert die wichtigste Todesursache war, griffen Ärzte und Patienten die Ankündigung begeistert auf, besonders weil die Therapie so einfach schien, wie diese Karikatur aus dem »Kladderadatsch« deutlich macht: Robert Koch rückt als Koch den »Tuberkulosebacillen« mit seiner Tuberkulinsuppe zu Leibe. Leider erwiesen sich die Erwartungen bald als übertrieben.

Die Intrusionstheorie, menschheitsgeschichtlich vermutlich sehr alt und möglicherweise in allen Kulturen verbreitet, befindet sich damit am Schnittpunkt »religiöser« und »naturwissenschaftlicher« Krankheitsvorstellungen. Somit ist sie auch nicht gänzlich unvereinbar mit unseren modernen Vorstellungen, etwa der mikrobiellen Pathogenese, der Existenz von »Steinen« im Gangsystem der Galle oder des Urins, der Notwendigkeit, eiternde Zähne zu ziehen oder durch Geschwüre oder bösartige Tumore geschädigte Organteile zu entfernen. In jedem Medizinsystem hat die Entfernung eines Fremdkörpers oder kranken Gewebes einen suggestiven Effekt auf den Kranken. So wird sein Leiden fassbar. Es kann etwas gegen den schmerzhaften und gefährlichen Zustand unternommen werden. Der Patient ist der Macht der Krankheit, ihrer Tendenz zu ständiger Verschlimmerung und Tod nicht weiter schutzlos ausgeliefert. Diese veränderte Selbstwahrnehmung kann zur Heilung beitragen.

Moderne Medizin – alte Siegeszüge und neue Niederlagen

Mit der Entdeckung der bakteriellen Erreger durch Antony van Leeuwenhoek im Jahr 1683, dem Siegeszug der naturwissenschaftlichen Medizin durch Ärzte wie Rudolf Virchow und Robert Koch und mit mittlerweile immer verfeinerten Methoden änderte sich die Sicht dessen, was Krankheit im Kern ist. Erfolgreiches ärztliches Handeln bestand in dieser Epoche darin, die in den Körper eingedrungenen Erreger zu erkennen, zu bekämpfen, abzutöten und damit zum Verschwinden zu bringen. Für Infektionskrankheiten und andere körperliche Störungen gilt das natürlich immer noch.

1981 wurde Aids als Virusinfektionskrankheit zum ersten Mal beschrieben. Seitdem hat sich die Erkrankung weltweit außerordentlich rasch ausgebreitet. Wohl infolge massiver Aufklärungskampagnen durch verschiedene Organisationen und Aufnahme des Themas in die sexualpädagogischen Lehrpläne der Bundesländer (geschützter Geschlechtsverkehr mit Kondomen, stärkere Kontrolle von Blutkonserven, Benutzung sauberer Injektionsbestecke) ist die Zahl der HIV-Infizierten in Deutschland in den letzten Jahren deutlich zurückgegangen. Auch die Zahl der an Aids verstorbenen Personen – nicht jeder HIV-Infizierte entwickelt die Krankheit – ist im Verhältnis zu den Infektionen deutlich geringer geworden. Zwar gibt es nach wie vor keine ursächliche Therapie gegen Aids und keine Impfung, doch hat die Medizin heute therapeutische Möglichkeiten, das Leben von Aidskranken deutlich zu verlängern.

Im Fall bakterienbedingter Krankheiten ist das der modernen Medizin im Prinzip außerordentlich erfolgreich gelungen, denn Penicillin (entdeckt 1928 von Alexander Fleming) und seine Antibiotikaverwandten sowie die Sulfonamide (entdeckt 1935 von Gerhard Domagk) und ihre Abkömmlinge waren bisher fast immer sehr wirksam. Die Warnzeichen sind jedoch nicht zu übersehen: Einige Erreger haben sich inzwischen durch genetische Veränderungen (Mutationen) so gewandelt haben, dass sie dem Angriff fast aller existenten Antibiotika standhalten können; sie sind resistent geworden. Wenn es nicht gelingt, das Wettrennen zwischen der Entwicklung neuer Antibiotika und immer neuen Resistenzbildungen zu gewinnen, etwa durch Einführung eines ganz neuen Bekämpfungsprinzips, werden wir in der Zukunft von Bakterienvarianten weit mehr bedroht sein, als wir es jetzt schon sind.

Auch gegen die meisten Viren sind wir nicht mehr so machtlos wie in der Zeit vor der modernen Medizin. Mit einer aktiven Impfung kann man einige Erkrankungen, insbesondere die typischen virusbedingten Kinderkrankheiten und auch die teilweise sehr gefährlichen Formen der Leberentzündung (Hepatitis B, sie wird auch durch den Geschlechtsverkehr übertragen und breitet sich weltweit schnell aus) im Zaum halten. Allerdings haben wir bislang kein Mittel gegen besonders bedrohliche Viren, zum Beispiel gegen das Aids auslösende HI-Virus. Auf den letzten internationalen HIV-Tagungen waren die Hoffnungen auf einen schnellen Durchbruch bei der Therapie und Prophylaxe dieser Seuche nicht sehr groß.

Das Bild des Kausalgefüges der Entstehung von Krankheiten und die sich daraus ergebende Strategie der Behandlung war, wie es für die jetzt zu Ende gehende Epoche der Naturwissenschaften generell gilt, meist eindimensional: ein Erreger, eine Ursache, eine Krankheit, ein befallenes Organ oder Organsystem, eine gebündelte Therapie. Erst ab 1980 setzte sich langsam eine neue Sichtweise durch, die zuvor von den meisten naturwissenschaftlich ausgerichteten Medizinern als unbewiesene Spekulation verkannt worden war. Es konnte gezeigt werden, dass ganz verschiedene Organsysteme miteinander in Wechselwirkung stehen, dass zum Beispiel psychische Einflüsse definierte physische Folgen haben können. Dieses Konzept fasst man unter den Begriffen »Psychoimmunologie« beziehungsweise »Psychoneuroendokrinoimmunologie« zusammen.

Aufgabe der Medizin des nächsten Jahrtausends wird es sein, die komplexen, bisher erst ansatzweise verstandenen Wechselwirkungen jener Funktionssysteme zu verstehen, zu beschreiben und für die Prophylaxe und Therapie nutzbar zu machen, damit Gesundheit erhalten bleibt.

W. Schiefenhövel und S. Schiefenhövel-Barthel

Gegen viele verschiedene **Antibiotika** resistent sind die Eitererreger *Staphylococcus aureus* und *Pseudomonas*, die in roher Milch vorkommenden *enterohämolysierenden Escherichia coli* (EHEC), die zu schweren Infektionen des Darms und akutem Nierenversagen führen können, *Klebsiellen*, die Lungenentzündung bewirken können und *Clostridien*, die unter anderem Botulismus (Lebensmittelvergiftung) hervorrufen können. Alle diese Bakterien lassen sich nur mit dem Mittel Vancomycin bekämpfen.

HIV ist die Abkürzung für englisch **h**uman **i**mmunodeficiency **v**irus (humaner Immunschwächevirus).

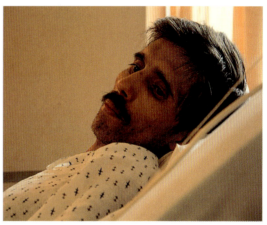

Nach der Ansteckung mit dem HI-Virus dauert es durchschnittlich 6 Monate bis 8 Jahre, ehe sichtbare Krankheitserscheinungen auftreten. Aids führt zu einer schweren Störung oder zum Zusammenbruch der körpereigenen Abwehrkräfte, sodass selbst harmlose Infektionen oder Tumore tödlich sein können. Aidskranke finden Unterstützung bei den vielerorts eingerichteten Aidshilfen, deren Ziel es ist, den von Aids Betroffenen trotz der Infektion ein möglichst selbst bestimmtes Leben zu ermöglichen. Für Kranke, die das Endstadium der Krankheit erreicht haben und niemanden zu ihrer Pflege haben, wurden Hospize eingerichtet, in denen den Schwerkranken ein Sterben unter menschenwürdigen Bedingungen ermöglicht werden soll.

Altern und Tod

Wir Menschen setzen uns geistig und emotional intensiv mit dem Älterwerden auseinander. In allen Kulturen ist der Verlust der körperlichen Spannkraft Thema von Alltagsgesprächen und findet Eingang in Märchen und anderen Überlieferungen. In unserer eigenen Tradition gibt es Wunsch- und Wundervorstellungen, die das Ideal der ewigen Jugend oder das Wiedererreichen jugendlichen Aussehens und jugendlicher Fähigkeiten zum Inhalt haben. Der »Jungbrunnen« ist eine solche mythisch verklärte Utopie.

Der **Jungbrunnen** war ein in der mittelalterlichen Literatur, in Schwank und Volksschauspiel verbreitetes Motiv von einem Brunnen, dessen Wasser eine Verjüngung bewirkt. Im Spätmittelalter und der Renaissance wurde der Jungbrunnen ein beliebtes Bildthema; besonders bekannt ist das Gemälde »Der Jungbrunnen« von Lucas Cranach d. Ä. (1546; Berlin, Gemäldegalerie).

Das mit dem Altwerden unerbittlich verknüpfte Sterbenmüssen ist in den Überlieferungen der Kulturen noch tiefer verankert. Nahezu überall findet sich die Vorstellung des ewigen Lebens oder der Wiedergeburt. Offensichtlich fällt es uns schwer (der boomende Gesundheitsmarkt und Lifestyle-Drogen wie das Potenzmittel Viagra belegen es), uns mit dem allmählichen Schwinden und dem letztlich völligen Versiegen der Lebenskraft abzufinden. Doch warum können wir eigentlich nicht ewig im Augenblick verweilen? Warum hört die Reifung nicht da auf, wo, wie man sagt, das Leben am schönsten ist: in der Jugend oder um die Mitte unserer gezählten Jahre?

Altern und Tod sind unverzichtbarer Bestandteil des Lebens, so wie die Aufeinanderfolge der Generationen ein unverrückbares Prinzip der Evolution ist. Es musste in diesem seit Jahrmillionen währenden Prozess sichergestellt werden, dass auf eine Elterngeneration stets eine der Nachkommen folgte, denn nur so war gewährleistet, dass eventuell aufgetretene Mutationen sich durchsetzen konnten – in einer von den Alten geräumten ökologischen Nische. Die Ressourcen waren und sind stets begrenzt, die Eltern müssen den Jungen Platz machen. Diese biologische Notwendigkeit wird durch verschiedene Mechanismen gesteuert.

Die **Lebenserwartung** ist die Zahl der Jahre, die ein Individuum eines bestimmten Alters noch zu leben hat. Dieser Wert ist ein statistischer Durchschnittswert. Die statistische Lebenserwartung für Neugeborene hängt neben dem allgemeinen Gesundheitszustand der Bevölkerung stark von der Säuglings- und Kindersterblichkeit ab. Je höher daher die Lebenserwartung eines Neugeborenen ist, desto besser ist der »Gesundheitszustand« einer Bevölkerung. Der kontinuierliche Anstieg der Lebenserwartung in den letzten Jahren ist aber auch auf eine verringerte Alterssterblichkeit zurückzuführen.

Krankheiten im Alter – der Preis steigender Lebenserwartung

In diesem Jahrhundert sind zum ersten Mal die Sterblichkeitsraten älterer Menschen deutlich gesunken. Entscheidende Zugewinne an Lebensjahren werden nur noch dann möglich sein, wenn das durchschnittliche Lebensalter noch weiter ansteigt – was vermutlich nur sehr langsam, wenn überhaupt eintreten wird. In den ehemals kommunistischen Ländern ist die Lebenserwartung in den letzten Jahren zurückgegangen. Darin spiegelt sich eine für weite Bevölkerungskreise schlechter gewordene ökonomische Situation und der Verlust der zuvor erlebten beruflichen Kontinuität und persönlichen Existenzsicherung wider. Menschen tendieren dazu, in solchen subjektiv als besonders belastend empfundenen Krisensituationen zu Alkohol, Nikotin, anderen Drogen und gesundheitsgefährdenden Verhaltensweisen Zuflucht zu nehmen.

Die statistische Lebenserwartung eines heute geborenen Mädchens beträgt in Deutschland und in vergleichbaren Ländern fast 80 Jahre, die eines neugeborenen Jungen etwa 7 Jahre weniger. Aus diesen Zahlen wird klar, dass wir derzeit in den meisten Ländern Zentraleuropas und Nordamerikas unter Bedingungen leben, die wohl nie in der langen Menschheitsgeschichte der Gesundheit insgesamt so förderlich waren.

Seit 1965 ist die Lebenserwartung der Frauen noch stärker gestiegen als die der Männer, obwohl sich auch bei diesen seit den frühen 1980er-Jahren eine positive Tendenz erkennen lässt. Die Lebenserwartung ist eng an den Lebensstil gekoppelt. Deshalb gehen hier auch Unterschiede im Risikoverhalten bei Männern und Frauen ein. Risikoverhalten (zum Beispiel exzessives Alkoholtrinken) wird bei und von Männern gefördert und gefordert. Zudem erleiden Männer mehr Unfälle, Herz-Kreislauf- und Krebserkrankungen. Diese geschlechtsspezifischen Unterschiede haben dafür gesorgt, dass sich die Lebenserwartung in den letzten 100 Jahren noch deutlicher zugunsten der Frauen verschoben hat.

Durch die Industrialisierung kam es anfänglich zu Problemen für die Gesundheit der Menschen, etwa zu einer Zunahme der Rachitis bei Säuglingen durch fehlendes Sonnenlicht und Schäden durch zu belastende Arbeit. Letztlich brachte sie aber einen höheren Lebensstandard mit sich. Dabei spielten vor allem die ausreichende und qualitativ hochwertige Ernährung, gesündere Arbeitsplätze, helle, warme Wohnungen, die verbesserte Hygiene, Impfungen, Medikamente, Antibiotika sowie moderne operative Techniken und Antisepsis eine Rolle. Ideal wäre es, wenn es gelänge, die Segnungen der Zivilisation mit jenen der ursprünglichen Lebensführung zu verbinden. Ansätze dazu finden sich in verschiedenen Reform- und Alternativbewegungen.

Unsere wesentlich längere Lebensdauer bezahlen wir aber mit mehr und neuen Krankheiten, vor allem den Zivilisationskrankheiten, und bedingt durch unsere Familienstruktur droht uns im Alter zunehmende Vereinsamung. Kleinfamilien in zu kleinen Wohnun-

Die mittlere Lebenserwartung des Menschen

Jahr	Lebenserwartung
1750	30 Jahre
1850	37 Jahre
1900	45 Jahre
1950	65 Jahre
1975	72 Jahre
1997	79 Jahre (Frauen)
	72 Jahre (Männer)

Im Zeitalter der Industrialisierung kam es infolge veränderter Lebensbedingungen (zu wenig Sonnenlicht, Vitamin-D-Mangel durch unausgewogene Ernährung) gehäuft zur Rachitiserkrankung bei Säuglingen und Kleinkindern. Bei Rachitis sind Calcium- und Phosphatstoffwechsel gestört, was zu Veränderungen am Knochensystem führt, wie unter anderem zu Auftreibungen an den Knochen-Knorpel-Grenzen, zum Beispiel der Rippen, oder zur Erweiterung der unteren Brustkorböffnung, wie bei diesem rachitischen Kind aus dem 19. Jahrhundert (Holzstich nach einer Fotografie aus Anna Fischer-Dückelmann »Die Frau als Hausärztin«). Durch vorbeugende Vitamingabe während des Säuglingsalters ist die Rachitis in den Industrieländern heute selten geworden.

gen können und wollen oft die pflegebedürftigen Alten nicht zu sich nehmen. Dazu kommt die räumliche Trennung zwischen den Generationen, die früher längst nicht so ausgeprägt war. Der heutige Arbeitsmarkt erfordert Flexibilität und Mobilität. Kinder und Enkelkinder wohnen oft weit weg von den Großeltern. Selbst wenn häufiges gegenseitiges Besuchen und Betreuen möglich wäre, unterbleibt es oft, weil die Jungen und die Alten unterschiedliche Interessen haben.

AUS DER BEVÖLKERUNGSPYRAMIDE WIRD EIN PILZ

Unser Leben währt heute länger als je zuvor. In Deutschland beträgt die statistische Lebenserwartung einer heute 50-jährigen Frau 79 Jahre, die eines ebenso alten Mannes 72 Jahre.

Jahr	Anteil der über 65-Jährigen an der Bevölkerung (in %)
1950	9,4
1970	13,2
1986	15,2
1996	15,7 = 12,86 Mio

Nach dem 50. Lebensjahr haben die Menschen heute also noch mehr als ein Drittel ihres Lebens vor sich.

1850 betrug die durchschnittliche Lebenserwartung der mitteleuropäischen Bevölkerung 40 Jahre. Der Anstieg vollzog sich parallel zum Grad der Industrialisierung. Gerade Frauen, die früher oft bei Geburten und im Kindbett starben, haben heute eine dreimal so hohe Lebenserwartung wie noch vor 100 Jahren. Damals waren die Frauen mit 40 durch die häufigen Schwangerschaften bei gleichzeitig schlechter Ernährung meist ausgezehrt. Viele Babys erreichten das 5. Lebensjahr nicht, weniger als die Hälfte der Kinder erreichte das Erwachsenenalter. Von frühester Kindheit an gehörte der Tod zum Leben dazu. Auch die jüngeren Erwachsenen ereilte oft schnell und überraschend der Tod durch Wundinfektion nach teils banalen Verletzungen, durch Tuberkulose und andere Infektionskrankheiten, durch Unfälle oder im Krieg.

Die Altersverteilung einer Bevölkerung stellen Wissenschaftler in so genannten Bevölkerungspyramiden dar. In Deutschland wie in anderen westlichen Industrieländern war die Altersverteilung der Bevölkerung zu Beginn des 20. Jahrhunderts (hier 1910) pyramidenförmig. Heute ist sie in den westlichen Ländern durch die verringerten Geburtenraten und die längere Lebenserwartung pilzförmig geworden. In Deutschland gleicht die Bevölkerungspyramide von 1996 wegen der Gefallenen des 2. Weltkrieges und der Geburtenausfälle während des 1. und 2. Weltkrieges eher einem Tannenbaum.

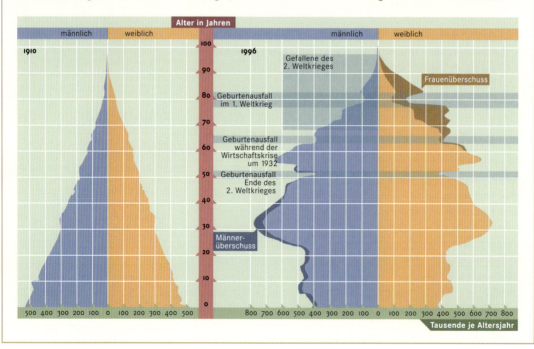

Die Wechseljahre – vielfältige Veränderungen bei Frauen

Im Jahr 1900 erlebten nur 60 Prozent der Frauen die Menopause, heute sind es 95 Prozent. Wenn keine Hormonpräparate eingenommen werden, verbringen Frauen heute ein Drittel ihres Lebens in einem für die Zeit nach der Menopause typischen Hormonmangelzustand. Der statistisch durchschnittliche Beginn der »Wechseljahre« mit 47 Jahren hat sich in der historischen Entwicklung kaum verschoben. Die eigentliche Menopause ist definiert als die letzte Periodenblutung. Sie ist ein Zeichen für das Ende der fruchtbaren Phase im Leben der Frau und findet durchschnittlich mit 51 Jahren statt. Zu Beginn der Wechseljahre sind die zum Zeitpunkt der Pubertät vorhandenen circa 300 000 Eizellen weitgehend verbraucht oder gealtert. Der monatliche Eisprung findet nicht mehr statt und wenn doch, tritt er verfrüht oder verzögert auf, was häufige Blutungsstörungen zur Folge hat. Die Eierstöcke lassen sich immer weniger durch die intensive Ausschüttung des in der Hypophyse gebildeten follikelstimulierenden Hormons (FSH) anregen. Dadurch kommt es nach und nach zum Östrogenmangel im Blut. Die Produktion der männlichen Hormone, die in den Eierstöcken der Frau in geringen Mengen gebildet werden, endet erst Jahre später. Durch den Östrogenmangel entstehen vielfältige vegetative und psychische Symptome. Die Beschwerden dauern etwa 5 Jahre, die Zeitspanne kann von 1 Jahr bis zu 15 Jahren variieren. Die Symptome gehen mit organischen Veränderungen einher.

Frauen, die sich auf die Wechseljahre einstellen können, schaffen eher eine Neuorientierung durch einen beruflichen Wiedereinstieg oder Aufstieg und sehen durchaus auch positive Aspekte der Wechseljahre wie die Sicherheit, dass keine ungewollte Schwangerschaft mehr eintreten kann oder den Ausfall der Menstruation. Durch den Wegfall der direkten persönlichen Fürsorge für kleine Kinder mit dem zeitintensiven und fordernden Einsatz bleibt wieder mehr Zeit für den Partner sowie für eigene Interessen und Hobbys.

Wenn der Alterungsprozess als psychisch stark belastend empfunden wird oder mit stark ausgeprägten Beschwerden einhergeht, stehen die negativen Aspekte der Wechseljahre im Vordergrund: Verlust der Fruchtbarkeit und der biologischen Attraktivität, Trennung vom Partner, Ehekrise oder Scheidung, Pflegebedürftigkeit der eigenen Eltern. Wenn die ganze Fürsorge nur den jetzt erwachsenen Kindern galt und diese das Haus verlassen haben, kann das Gefühl des »leeren Nestes« eine Lebenskrise mit mangelnder Orientierung und starker Frustration durch die fehlende Aufgabe hervorrufen und die Entstehung depressiver Verstimmungen fördern.

Für die eben beschriebenen Frauen ist eine Therapie mit Östrogenen (und bei vorhandener Gebärmutter auch mit Gestagenen)

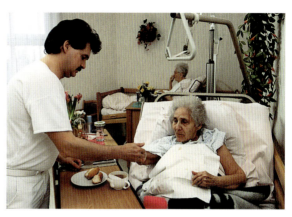

In Deutschland gelten etwa 1,7 Millionen Bürger als pflegebedürftig. Viele von ihnen leben aufgrund veränderter Lebensformen im Alter nicht mehr in ihrer Familie, sondern werden in Pflegeheimen betreut, häufig im Zweibettzimmern. Intimität und Rückzugsmöglichkeiten gehen so verloren, worauf die alten Menschen häufig mit Apathie und Depression reagieren.

Das follikelstimulierende Hormon (FSH) gehört zu den **Gonadotropinen.** Diese Steuerhormone für die Eierstöcke bzw. Hoden werden in der Hypophyse unter dem Einfluss eines weiteren übergeordneten Regulationshormones gebildet. FSH ist zum Beispiel verantwortlich für das Wachstum der Follikel im Eierstock. Das zweite Gonadotropin ist das luteinisierende Hormon (LH), das beispielsweise den Eisprung auslöst. FSH und LH sind unbedingt notwendig für die Produktion von Östrogenen und Gestagenen im Eierstock und von Testosteron und Androstendion im Hoden.

Durch **Östrogenmangel** kommt es bei Frauen zu Blutungsstörungen, Scheidentrockenheit, Zunahme des Knochenabbaus und daraus folgender Osteoporose, verschlechterter Durchblutung der Herzkranzgefäße mit steigendem Risiko eines Herzinfarkts, Veränderungen im Zuckerstoffwechsel mit erhöhtem Diabetes-Risiko, Gewichtszunahme und einer schlechteren Vernetzung der Gehirnzellen, die bei einer genetischen Vorbelastung ein erhöhtes Risiko für die Alzheimer-Krankheit mit sich bringt.

wichtig und notwendig, weil dadurch die Beschwerden verringert werden, die Lebensqualität steigt und die Alterungsprozesse aufgehalten werden. Die vielfältigen positiven Effekte der Östrogene überwiegen bei weitem gegenüber den nachteiligen Wirkungen, von denen das leicht erhöhte Brustkrebsrisiko am bekanntesten ist. Daher gehört für viele Frauen in und nach der Menopause heute eine Hormonersatztherapie zum täglichen Leben.

Neuerdings beschäftigt man sich auch mit den Alterungsvorgängen beim Mann. Man spricht vom »passageren Hormontief« und analog zur Menopause von der »Andropause«, obwohl sich die Alterungsprozesse beim Mann nicht mit einem so tiefen Einschnitt vollziehen wie bei der Frau, sondern eher stufenweise. Möglicherweise wird schon in 10–15 Jahren auch bei Männern eine auf sie abgestimmte spezielle Hormontherapie üblich, die auch bei ihnen zu einer weiteren Zunahme der Lebenserwartung beitragen könnte.

Knochenabbau und Osteoporose

Eine altersbedingte Krankheit ist die Osteoporose, die besonders Frauen nach der Menopause durch den Östrogenmangel betrifft. Doch fangen die Abbauvorgänge der Knochen im Körper schon in jüngeren Jahren an. Bis etwa zum 25. Lebensjahr wird Knochen aufgebaut und schon mit dem 25.–30. Lebensjahr ist man auf dem Gipfel der Knochenmasse angekommen.

Die Geschwindigkeit des Knochenabbaus ist von Mensch zu Mensch verschieden. Mit Beginn des Östrogenmangels in der Zeit der Wechseljahre wird bei Frauen der Knochenabbau deutlich beschleunigt, da der Knochenstoffwechsel auch von der Anwesenheit von Östrogenen abhängig ist. Jeder der alt genug wird, kann an Osteoporose erkranken. Bei möglichen negativen Zusatzfaktoren wie schlechte Ausgangsknochenmasse, Übergewicht, Bewegungsmangel oder die Gabe bestimmer Medikamente über längere Zeit (zum Beispiel Cortison oder Heparin) kann sich schon 10 Jahre nach der Menopause eine ausgeprägte Knochenentkalkung mit Verlust der für die Stabilität des Knochens wichtigen Knochenbälkchen entwickeln.

Vergleicht man den Knochen mit seinen Knochenbälkchen mit der Balkenkonstruktion eines Fachwerkhauses, dann ist bei einer Osteoporose die ganze Balkenkonstruktion durch Fehlen bestimmter Balken instabil und das Haus einsturzgefährdet. Überschreitet der Knochenabbau ein bestimmtes Maß, werden die Knochen brüchig. Bei alten Menschen bricht oft schon nach einem banalen Sturz am ehesten der Oberschenkelhalsknochen. Früher kam das oft einem Todesurteil gleich. Durch moderne Operationsmethoden konnte die

Mit 25–30 Jahren beginnt der altersbedingte Abbau der Knochen, mit etwa 70 Jahren hat jeder Mensch etwa ein Drittel seiner Knochenmasse verloren. Erst wenn das alters- und geschlechtsspezifische Maß der natürlichen Rückbildung überschritten wird und bei kleinster Belastung vermehrt Knochenbrüche auftreten, ist jemand osteoporosekrank. Besonders häufig sind Oberschenkelhalsbrüche. Hier zu sehen ist ein Oberschenkelkopf mit starker **Osteoporose**, mit verschmälerten Knochenbälkchen und Knorpeldefekt.

Sterblichkeit stark gesenkt werden. Trotzdem sterben nach einem Oberschenkelhalsbruch 20 Prozent der Patienten im ersten Jahr nach der Operation und 20 Prozent bleiben dauerhaft pflegebedürftig. Mit einer Änderung des Lebensstils, durch ausreichende Calciumzufuhr, häufigere und tägliche Bewegung, vorsorgliche Gaben von Vitamin D sowie mit einer Hormonersatztherapie bei Frauen lässt sich der Knochenabbau deutlich aufhalten oder verlangsamen.

Die Alzheimer-Krankheit

In Deutschland leben mehr als 12 Millionen Menschen, die älter sind als 65 Jahre. Von ihnen leiden nach neueren Schätzungen bis zu 1,2 Millionen an der Alzheimer-Krankheit. Zu den Symptomen gehören Gedächtnisverlust, Verlust der Sprachfähigkeit und des Urteilsvermögens, weitgehende Veränderungen der Persönlichkeit sowie ausgeprägte Stimmungsschwankungen. Zuerst leidet das Wortgedächtnis, später auch das visuelle Gedächtnis und noch später setzt der Verlust des räumlichen Vorstellungsvermögens ein. Im ersten Krankheitsstadium bereitet es dem Erkrankten noch keine Probleme, bekannte Gegenstände und Personen richtig zu benennen oder beim Reden die richtigen Worte zu verwenden. Deshalb merken meistens weder die Patienten noch die Angehörigen etwas von der beginnenden Krankheit. Jedoch können sich die Patienten nur mit Mühe erinnern, ob sie ein bestimmtes Wort kürzlich gelesen oder ein bestimmtes Foto schon einmal gesehen haben.

Die Ursachen der Alzheimer-Krankheit liegen noch im Dunkeln, doch geht man von mehreren Ursachen aus. Zu den Risikofaktoren gehört auf jeden Fall eine familiäre Vorbelastung. Durch molekularbiologische Untersuchungen kann man bei Angehörigen von Betroffenen feststellen, ob sie ein bestimmtes Gen in besonderer Ausprägung haben oder nicht und damit ein ererbtes, stark erhöhtes Risiko haben, an Alzheimer zu erkranken. Für solche Genträger ist Vorbeugung und eine Frühtherapie besonders wichtig, denn mit geeigneten Maßnahmen kann der Beginn der Erkrankung um 10 Jahre nach hinten verschoben werden. Wer sich mit Lernübungen fit hält oder im Beruf immer wieder dazulernen muss, erkrankt seltener. Für Frauen nach den Wechseljahren ist wahrscheinlich die Hormonersatztherapie mit Östrogenen und Gestagenen eine Möglichkeit der Vorbeugung.

Seneszenz – Wie funktioniert das Altern?

Eine Hypothese der Seneszenz (von lateinisch senex = bejahrt, alt, greis), also der Alterungsprozesse bei Mensch und Tier, besagt: Individuen müssen im Durchschnitt nur so lange leben, dass die Wahrscheinlichkeit für das Zeugen, Gebären und erfolgreiche Aufziehen eigener Kinder ausreichend groß ist. Wenn nun Altern und Tod entweder fest einprogrammierte Vorgänge der Organismen oder unvermeidbare Nebenprodukte der Stoffwechselvorgänge und damit ebenfalls Elemente der Evolution sind, wie werden sie dann bewirkt?

Geriatrie = Altersmedizin: Unser Wissen über die Phase der »Multimorbidität« (also das gleichzeitige Vorliegen mehrerer Krankheiten, z. B. raucherbedingte chronische Bronchitis, Bluthochdruck, grüner Star (Glaukom), Diabetes oder Parkinson-Krankheit) und Pflegebedürftigkeit, die man zusammengenommen auch das vierte Lebensalter nennt, ist gering. Insgesamt bestehen noch wesentliche Defizite in der Altersforschung, die sich erst in den letzten Jahrzehnten entwickelt hat. Ziel dieser Forschungsrichtung sind gesunde und unabhängige ältere Menschen, die ihre physischen und kognitiven Fähigkeiten so lange wie möglich aufrechterhalten. Ein Motto der WHO ist: »Hohe Lebenserwartung, frei von Behinderung.« Doch die Zahl der zu Betreuenden steigt, vor allem derjenigen, die durch mobile Dienste ambulant, also nicht in Heimen, betreut werden müssen.

Es ist zu befürchten, dass die zukünftige **Knochenmasse** der heutigen Jugendlichen schlechter sein wird als selbst die der Nachkriegsgeneration. Viele junge Leute ernähren sich heute ungesund. Anstatt calciumreich zu essen, nehmen sie viel Phosphat mit der Nahrung zu sich. Phosphat ist der Gegenspieler des Calciums und ein »Knochenräuber«. So sind eine Cola und ein Hamburger mit Schmelzkäse ein phosphathaltiges Menü ohne Wert für den Knochen. Dazu kommen häufig die mangelnde Bewegung und unzureichende sportliche Betätigung sowie Übergewicht schon bei Kindern, wodurch sich weitere ungünstige Folgen für das knöcherne Gerüst des Körpers ergeben.

Das menschliche Leben verläuft in Stufen und hat mit 50 Jahren seinen Höhepunkt erreicht – zumindest in dieser Darstellung aus dem Neuruppiner Bilderbogen von 1888.

Fünf Hypothesen zum Altern

Die erste Hypothese über das Altern besagt, dass es nicht nur biologische Mechanismen gibt, um das Leben zu zeugen, zu gebären und zu schützen, sondern auch Mechanismen, um es wieder untergehen zu lassen. Nach neueren Erkenntnissen, die diese Annahme stützen, besteht der Prozess des Alterns vor allem darin, dass die ständig in unserem Körper ablaufenden Reparaturvorgänge, die kleine Fehler beim Aufbau von Zellen oder beim Bekämpfen von feindlichen Eindringlingen korrigieren, im Laufe der Zeit weniger gut funktionieren. Diese komplizierten Vorgänge werden von so genannten Reparaturgenen überwacht, welche die Fehler korrigieren, die bei der Umsetzung der Erbinformation auftreten. Da die Reparaturgene aber, so die Hypothese, selbst einer Alterung unterliegen, werden immer mehr fehlerhafte Genprodukte gebildet. Das entspricht dem, was wir selbst beobachten: Je älter wir werden, desto mehr fehlerhafte Zellen werden gebildet, die ihre normale Funktion nicht mehr oder nicht mehr so gut wie in der Jugend erfüllen können: Altersflecken entstehen, die Muskeln bilden sich zurück, das Knochenskelett wird brüchiger, Libido, Potenz und Spermaproduktion lassen auch beim Manne nach, obwohl er keine eigentlichen »Wechseljahre« hat. Die Anhäufung dieser kleinen Fehler führt dann zu dem, was wir das »Altern« nennen. Die Mediziner gehen davon aus, dass praktisch jeder Krebs bekommt, wenn er nur alt genug wird. So verdoppelt sich das Krebsrisiko nach dem 25. Lebensjahr alle fünf Jahre. Mehr als die Hälfte der Krebsfälle tritt bei Personen nach dem 65. Lebensjahr auf. Auch hinter dieser Erkenntnis steckt das eben beschriebene Prinzip.

Eine zweite Hypothese beruht auf Hinweisen, dass die Zahl der maximal möglichen Verdoppelungsvorgänge in den Zellen begrenzt ist. So können Fibroblasten (das sind die für das Bindegewebe typischen Zellen) nur etwa 50 solcher Vorgänge leisten, überraschenderweise auch, wenn sie unter Laborbedingungen nicht dem »Stress« der Belastungen im Körper ausgesetzt waren. Die neue Vorstellung, dass es eine Obergrenze für die Anzahl von Teilungen gibt, die eine Zelle durchlaufen kann, ähnelt jener Hypothese, die besagt, dass es eine Obergrenze für die während eines Lebens möglichen Stoffwechselprozesse insgesamt gebe. So leben Mäuse, die einen wesentlich höheren Grundumsatz als Menschen haben und bei denen folglich alle Stoffwechselprozesse sehr viel rascher ablaufen, nur etwa drei Jahre.

Eine weitere Überlegung geht davon aus, dass das Schicksal der Zellen beziehungsweise ihrer Chromosomen von den Telomeren abhängt, die sich an den beiden Enden des Chromosoms befinden und nicht mit der verletzlichen Genlast beladen sind. Bei einigen Zelltypen werden die Telomere im Verlauf der Zeit immer kürzer,

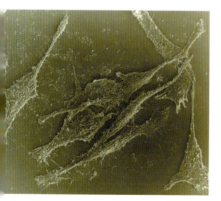

Eine Hypothese zur Frage, wieso wir altern, geht davon aus, dass die Zahl der möglichen Teilungen der Zellen begrenzt ist. So stellen **Fibroblasten**, die Bildungszellen des Bindegewebes, ihre Zellteilungen nach etwa 50 Verdopplungen ein.

können also die gentragenden Teile nicht mehr so gut schützen. Bei anderen Zelltypen wiederum, zum Beispiel bei den Spermien, die ja ihre Teilungsfähigkeit lebenslang beibehalten, bleiben die Telomere gleich lang oder werden mit dem Alter sogar länger.

Telomere von griechisch telos = das Ende und meros = der Teil, der Abschnitt.

Jedoch altern und sterben auch solche Zellen, die sich gar nicht teilen, wie die Herzmuskelzellen und die Zellen des zentralen Nervensystems. Dafür müssen andere als die bisher beschriebenen Mechanismen verantwortlich sein. Eine Seneszenzhypothese, die mehrere Befunde gleichzeitig zu erklären vermag, ist die Hypothese von der Wirkung der freien Radikale. Demnach bilden sich bei den ständig ablaufenden Stoffwechselvorgängen zunehmend mehr freie, negativ geladene Sauerstoffmoleküle, die sich aggressiv auf unterschiedliche Strukturen stürzen: Auf die Zellmembranen, auf lebenswichtige Enzyme und auf die Erbsubstanz selbst, die insbesondere in den Mitochondrien leicht angreifbar ist. Die durch die freien Radikale, also durch die Oxidation von Zellstrukturen, verursachten Schäden nehmen nach dieser Theorie im Laufe der Zeit zu und können offenbar nicht mehr ausreichend in Schach gehalten werden. Hohe Gaben der Vitamine A, C und E sollen einen Schutz dagegen bieten. Auch Hormonen wie Östrogenen, dem Wachstumshormon Somatotropin und Melatonin, der Substanz, die unsere innere Uhr regelt, schreibt man einen »anti-aging effect« zu.

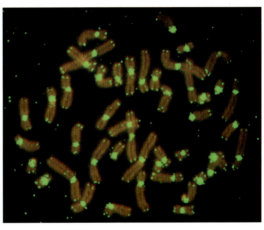

Eine weitere Hypothese zum Altern beruht auf Beobachtungen an alternden Zellen in Zellkulturen. Hier treten besondere molekulare Veränderungen an den Chromosomenenden, den **Telomeren**, auf, die selbst keine Gene tragen. Bei einigen Zelltypen werden die Telomere mit zunehmendem Alter immer kürzer, ihre Schutzfunktion für die gentragenden Chromosomenabschnitte verringert sich.

Eine fünfte Hypothese versucht die verschiedenen Hypothesen zu vereinen: Wahrscheinlich ist das Altern nicht nur durch einen, sondern durch mehrere Faktoren verursacht; einige von ihnen belasten den Körper von außen (zum Beispiel Krankheiten), andere bewirken den Alterungsprozess von innen.

Zusammenfassend kann man sagen, dass jede Zelle ein Programm zum Teilen und Vermehren, aber auch ein Programm zum »Selbstmord« (der Apoptose) in sich trägt. Äußere Umstände, die Hormonsubstitution, die Belastung mit freien Radikalen und andere Faktoren entscheiden letzten Endes über das Schicksal der jeweiligen Zelle.

Wie groß ist unsere Lebensspanne?

Ist mithilfe der modernen Medizin das allmähliche Nachlassen der Vitalität zu verhindern oder wenigstens hinauszuschieben? Kann man statt wie bisher durchschnittlich 80 auch 150 Jahre oder mehr leben? Derartige Wünsche werden vermutlich noch für lange Zeit, vielleicht für immer, unerfüllbar bleiben. Bei einer historischen Betrachtung humanbiologischer Tatbestände fällt auf, dass sich das erreichbare Höchstalter des Menschen nicht geändert hat, jedenfalls nicht in jenen Zeiten, über die wir halbwegs verlässliche Aufzeichnungen besitzen. 100 Jahre oder etwas darüber haben wohl zu allen Zeiten einige Menschen gelebt. Der einzige Unterschied zu früher ist, dass heute wesentlich mehr Menschen ein solches Alter erreichen, also in die Nähe der biologischen Grenze unserer Lebensdauer vordringen. Mit anderen Worten: Selbst unsere in vieler Hinsicht so erfolgreiche Medizin hat es nicht vermocht, die obere Lebensgrenze hinauszuschieben; die moderne Medizin erhält nur einen viel größeren Prozentsatz von Menschen so lange am Leben, bis sie an die unweigerliche Grenze stoßen.

Fachleute nehmen an, dass das unter optimalen Bedingungen erreichbare Lebensalter bei 120 Jahren liegt. So alt (oder fast so alt) werden nur ganz wenige Menschen. Allerdings gibt es auch Forscher, die meinen, gesunde Greisinnen und Greise von 400 Jahren seien keine Utopie. Doch auch eine Obergrenze von 120 Jahren ist im Grunde schon eine recht optimistische Schätzung. Wenn wir Glück und von unseren Eltern Gene für Langlebigkeit mitbekommen haben, werden wir bei halbwegs guter Gesundheit 80 Jahre alt, einige wenige können ihren Freunden, ohne etwas zu verschütten, die Sektgläser zur Feier ihres hundertsten Geburtstags füllen; und auch bei jenen Völkern (zum Beispiel im Kaukasus), wo die Menschen bei guter Gesundheit sehr lange leben, gibt es nur wenige Personen, die die Grenze von 120 Jahren erreichen, wenn man zuverlässige Geburtsdaten (die meist fehlen) zugrunde legt.

Möglicherweise haben wir den Gipfel der Langlebigkeit auch schon hinter uns. Denn den seit Urzeiten wirksamen Belastungen durch Mikroorganismen, den in der natürlichen Umwelt allenthalben vorkommenden Giften und der kosmischen und terrestrischen Strahlung fügen wir laufend neue, menschengemachte Belastungen hinzu. Es könnte daher sein, dass diese selbst erzeugten Probleme unsere Seneszenz schneller vorantreiben, als die Fortschritte der modernen Medizin sie hinauszuschieben vermögen.

Psychologie und Soziologie des Alters

Die Biologie des Alterns ist von Abbauprozessen bestimmt, doch durch den Zugewinn an Lebenserfahrung und -weisheit im Alter können vor allem die durch Denken, Fühlen und Handeln bestimmten Verhaltensbereiche positiver empfunden werden als in jungen Jahren. Der Alterungsprozess ist auch kulturhistorisch determiniert, das heißt, verschiedene Kulturen und Epochen bestimmen in jeweils unterschiedlicher Weise das äußere Bild des älteren Menschen und auch dessen innere Befindlichkeit. Vor ein, zwei Generationen wirkten Menschen, die die 60 überschritten hatten, durch Kleidung und Verhalten viel älter als dieselbe Altersgruppe heute. Auch die Interessen älterer Menschen haben sich stark gewandelt; dazu beigetragen hat ihre größere finanzielle Unabhängigkeit, die ihnen zum Beispiel Reisen ermöglicht, und die vielfältigen Angebote, die den Älteren heute zur Verfügung stehen, zum Beispiel Seniorenuniversitäten oder Sport.

In der ersten Phase des Alterns (50–65 Jahre) ist eine Anpassung an die nachlassende geistige und körperliche Leistungsfähigkeit

Immer wieder gibt es Menschen, die besonders alt werden. Dieser Mann ist über 110 Jahre alt. Warum manche Menschen ein so hohes Alter erreichen, ist nicht geklärt.

Das **Alter** kann auch generell eine Phase der Erfüllung sein, wenn die körperlichen Funktionen bis auf kleinere Einbußen weitgehend intakt sind. Neue Forschungen zeigen, dass geistige Leistungen, etwa die Merkfähigkeit, im Alter nicht automatisch stark abnehmen müssen. Erfreulicherweise gibt es eine große Anzahl alter Menschen, die uns durch ihre geistige Frische und Klarheit in Erstaunen versetzen und die es mit Jüngeren durchaus aufnehmen können. Verschiedene Untersuchungen zeigen, dass geistige Leistungen länger erhalten bleiben, wenn diese weiter beansprucht und geübt werden.

Mit steigender Lebenserwartung hat sich die Vorstellung der Gesellschaft vom Älterwerden bzw. Ältersein geändert, aber auch die Einstellung und das Verhalten der Alten selbst, was beispielsweise in der Kleidung oder der Art der Freizeitgestaltung deutlich wird. Noch vor zwei Generationen wirkten Menschen im Rentenalter viel älter und gesetzter als heute.

möglich. Man kann lernen, mit den sich einstellenden Schwächen vernünftig und geschickt umzugehen. In der zweiten Phase (bis 75 Jahre) muss man lernen, sich zu beschränken, denn es geht alles langsamer. Kommen Krankheiten hinzu, kann der Alterungsvorgang rascher fortschreiten. Daher ist es für ältere Menschen so wichtig, Krankheiten durch Früherkennung zu verhindern. Neben den ärztlichen Maßnahmen kann eine Beratung über den Lebensstil die Lebensqualität verbessern.

Die evolutionäre Rolle der Großmutter

In der Evolution kommt es darauf an, die Gene der Elterngeneration an die Kinder weiterzugeben. Beim Menschen ist, wie bereits besprochen, die Phase der Abhängigkeit der Kinder und Jugendlichen von den Eltern ungewöhnlich lang. Aus evolutionsbiologischer Sicht ist das erklärlich, denn Kinder haben im Normalfall frühestens zwischen 15 und 20 Jahren erstmals eigene Kinder, die einen Weitertransport der Großelterngene sicherstellen. Demnach sollte ein Menschenleben bis ungefähr um die vierzig dauern. In der Tat tut es das auch in vielen Gesellschaften, in denen die Gesundheitsbedingungen nicht gut sind. Das statistisch zu erwartende Alter in unserer derzeitigen Bevölkerung liegt aber bei fast 80 Jahren und ist damit doppelt so hoch. Diese Tatsache lässt sich damit erklären, dass der Organismus eine gewisse Reservevitalität haben muss, um die verschiedenen Angriffe auf seine Gesundheit zu überstehen.

Solche Überlegungen stehen auch im Einklang mit dem Faktum, dass Frauen bis weit jenseits ihrer eigenen Reproduktionsfähigkeit leben können, und in fast allen Gesellschaften älter werden als die Männer derselben Generation. Männer werden Opfer ihrer auf mehr Risiko ausgelegten Natur. Ebenso sterben in bewaffneten Auseinandersetzungen mehr Männer als Frauen, doch auch ohne diese Art von Risiken sind Frauen das langlebigere Geschlecht – ihr Organismus ist

Eine Großmutter kann ihre Kinder bei der Erziehung entlasten und dabei ihrem Enkel viel von ihrer Lebenserfahrung vermitteln.

im Normalfall und nicht zuletzt durch die typisch weibliche Verteilung von Hormonen besser geschützt.

So kommt es nur bei den Menschen dazu, dass die Phase der weiblichen Reproduktionsfähigkeit, bezogen auf die Gesamtlebenszeit, relativ kurz ist. Wenn man Erstere mit 30 Jahren ansetzt (zwischen 16 und 46), dann ergibt sich, selbst wenn die Lebensdauer nur 60 Jahre beträgt, ein Quotient von 1 : 2, das heißt die Hälfte ihres Lebens verbringen Frauen außerhalb der Phase, in der sie Kinder gebären können. Selbst bei unseren nächsten Verwandten im Tierreich gibt es bestenfalls Ansätze zu einer solchen biologisch vorgegebenen Regelung. Welchen Nutzen könnte sie haben?

Die Antwort der modernen Evolutionsbiologie besagt, dass es offenbar eine bessere Strategie war, die nach knapp 50 Jahren noch im Eierstock vorhandenen Eier, die durch kosmische Strahlung und andere schädliche Faktoren beeinträchtigt sein können, nicht zur Befruchtung kommen zu lassen. Dafür wurde den nicht mehr fortpflanzungsfähigen Frauen eine neue Rolle in der Reproduktion zugewiesen. Ihre Aufgabe bestand jetzt darin, ihren eigenen Töchtern und Söhnen zu helfen, deren Kinder großzuziehen, denn die Enkel tragen immerhin 25 Prozent der Gene der Großmutter in sich. Das ist nach Meinung der Wissenschaftler ein ausreichender Grund, sich intensiv um die Enkelgeneration zu kümmern. Und so geschieht es ja in der Tat auch in den meisten Kulturen der Welt. Die Evolution hat also die Rolle der Großmutter besonders belohnt. Entwicklungen in den Industriegesellschaften haben allerdings inzwischen dazu geführt, dass Frauen jenseits der Menopause weitgehend ein unabhängiges Leben führen und nicht mehr so häufig am Großziehen ihrer Enkel beteiligt sind.

Noch vor 100 Jahren war das Leben in einer Großfamilie weit verbreitet. Aufgrund geänderter Lebensbedingungen ist die Lebenserwartung heute zwar deutlich gestiegen, sodass häufig drei Generationen und mehr einer Familie gleichzeitig leben, doch treten Großeltern und Urgroßeltern viel seltener in Erscheinung. Die einzelnen Generationen leben getrennt, haben ihr eigenes Lebensumfeld, mit zum Teil deutlichen Nachteilen: Die Alten vereinsamen häufiger, die Kinder und Jugendlichen werden nicht mehr so unmittelbar wie früher mit Altern, Tod, Verlust und Schmerz konfrontiert.

Die Fortschritte der Zeit – für die Alten Segen und Fluch zugleich

Aufgrund unserer höheren Lebenserwartung erreichen die Eltern eine Lebensphase ohne elterliche Pflichten, wenn sie selber noch nicht alt sind. Freizeitaktivitäten, ein neuer Anfang im Beruf oder aber die Pflege der Eltern und Großeltern können jetzt eine große Rolle spielen. Wenn das letzte Kind volljährig wurde, hatten Mütter vor 100 Jahren kaum noch 10 Jahre zu leben. Heute sind es an die 30 Jahre, das heißt eine Generationsspanne. Daher überlappen sich oft drei Generationen, es kommt zu einer so genannten vertikalen oder intergenerationellen Ausdehnung der Verwandtschaft. Noch nie hat es so viele Großeltern und Urgroßeltern gegeben wie heute, doch treten sie in den Familien auch aufgrund veränderter Lebens- und Wohnbedingungen viel weniger in Erscheinung als früher. Das führt dazu, dass viele Menschen im Alter vereinsamen.

Ein weiteres Problem ist der Umgang unserer Gesellschaft mit alten Menschen, insbesondere deren Wertschätzung. Die Einstellungen gegenüber Alten werden von unseren männlich geprägten Machtstrukturen mit ihrer Betonung auf Individualismus, Leistung, Autonomie und Kontrolle genährt und aufrechterhalten. Alte Menschen haben trotz ihrer Erfahrung und Lebensweisheit keine gewichtige Stimme (mehr?) in der Gesellschaft. Daher sind Schwierigkeiten in der Findung der persönlichen und gesellschaftlichen Identität bei ihnen oft vorprogrammiert. Vor allem bei Männern über 80 steigt die Neigung zum Selbstmord im Alter stark an. Wie schon besprochen leiden viele alte Menschen unter ihrer Hilflosigkeit, insbesondere dann, wenn sie permanent bettlägerig und auf fremde Hilfe angewiesen sind. Der Wunsch, bald in Frieden sterben zu können, ist dann nicht selten.

Euthanasie – Hilfe zum würdigen Sterben oder Tötung?

Die griechischen Philosophen Sokrates und Plato sowie die Stoiker hielten es für moralisch gerechtfertigt, einen Menschen mit seinem Einverständnis zu töten, um ihn von Leiden zu befreien. Das Christentum verbot dagegen die Euthanasie als einen dem Menschen nicht zustehenden Eingriff in das Leben und darüber hinaus als eine Zuwiderhandlung gegen das Verbot, Menschen zu töten.

In den westlichen Ländern hat die Diskussion um die Sterbehilfe in den letzten Jahren stark zugenommen. Das liegt vor allem an der weit fortgeschrittenen medizinischen Technologie, die inzwischen Personen am Leben erhalten kann, die früher längst gestorben wären. Relativ häufig können Patienten unter Einsatz modernster Intensivmedizin über viele Monate in einem Schwebezustand zwischen Leben und Tod gehalten werden. Die Patienten, die beispielsweise aufgrund schwerer Hirnschäden nach einem Unfall in tiefem Koma liegen, zeigen außer Hirnfunktionen und basalen Stoffwechselleistungen keine Lebensäußerungen mehr. Oft versuchen Angehörige mit den Ärzten zu besprechen, ob es keine Möglichkeit gibt, die lebenserhaltenden Maschinen abzustellen.

Doch kommen in einigen Fällen die betroffenen Patienten aus ihrer tiefen Bewusstlosigkeit und der Abhängigkeit von den lebenserhaltenden Apparaten heraus, und manche sind später vergleichsweise wenig geschädigt, sodass sie fortan ihr Leben meistern können. Solche Fälle, in denen gezeigt werden konnte, dass man die Hoffnung nie aufgeben soll, sind eines der Argumente gegen die Euthanasie. Doch nach aller ärztlichen Erfahrung ist bei vielen kranken Menschen im letzten Stadium keine Umkehr des Sterbeprozesses mehr möglich. Soll es dann erlaubt sein, diesen Menschen auf eigenen Wunsch ein Mittel zu geben, das sie möglichst sanft von ihrem Leiden erlöst? Von den europäischen Ländern sind die Niederlande am weitesten in der Entwicklung zu einer solchen Sterbehilfe mit Einwilligung der Betroffenen, obwohl auch nach dortigen Gesetzen solch ärztliches Handeln eigentlich strafbar wäre.

Noch problematischer ist es, wenn der Patient sich nicht mehr selbst äußern kann oder nur der Wunsch eines nächsten Angehörigen existiert, unnötiges Leiden nicht zu verlängern. Niemand kann mit letzter Sicherheit feststellen, ob der Patient tatsächlich in der gegebenen Situation eine aktive Sterbehilfe haben möchte. Hier besteht immer die Möglichkeit, Missbrauch zu treiben und gegen das Interesse des Patienten zu handeln. Daher ist es besonders wichtig, für den eigenen Fall sehr klare und besonders hinterlegte Anweisungen zu geben, wenn man eine passive (Abstellen von lebenserhaltenden Apparaten oder die Nicht-Gabe von wichtigen lebensverlängernden Medikamenten) oder aktive (zum Beispiel Spritzen eines Mittels, das zum sicheren Tod führt) Sterbehilfe wünscht.

Während unter Fachleuten und in der Bevölkerung über diese Formen der vom Betroffenen gewünschten Euthanasie keine Einigkeit herrscht, besteht heute in den westlichen Gesellschaften eine einhellige Ablehnung der aufgezwungenen »Euthanasie«, wie sie in der Zeit des Nationalsozialismus durchgeführt wurde. Dabei war nicht das Wohl des Individuums entscheidend, sondern man beseitigte ungewollte Menschen unter dem Deckmantel des Allgemeinwohls. Einige Kritiker der Euthanasiebestrebungen warnen, dass ein Aufweichen der bisher noch bestehenden Gesetze zum Schutz jeden Lebens die Grenze von der gewünschten zur aufgezwungenen Sterbehilfe verwischen könnte.

Das Ende des Lebens – Sterben und Tod

Für das Ende des Lebens hat das unerbittliche Wirken von Mutation und Selektion keine so sinnreichen Anpassungen hervorgebracht wie für den Lebensbeginn. Denn die für das Sterben günstigen körperlichen, emotionalen oder kognitiven Eigenschaften wären bestenfalls dann auf spätere Generationen übertragen worden, wenn sie auch schon in früheren Phasen des Lebens wirksam gewesen wären, also zu Zeiten, in denen sie auch noch der Fortpflanzung hätten dienen können. Ein Sterbender pflanzt sich jedoch nicht mehr fort. Daher liegt auf Eigenschaften, mit denen man den herannahenden Tod psychisch gut bewältigt, kein Selektionsdruck. Mit anderen Worten: Die Art und Weise des Sterbens ist selektionsneutral. Das ist vermutlich ein Grund dafür, dass viele Menschen so sehr darunter leiden, sterben zu müssen. Da uns demnach die Biologie und die evolutionäre Psychologie beim Sterben im Stich lassen, müssen wir Menschen zur Bewältigung der Angst vor dem Tod bei den Sinn stiftenden Angeboten der jeweiligen kulturellen Traditionen Zuflucht nehmen. Die Tröstungen der Religion können wesentlich dazu beitragen, vor allem müssen wir aber eigene Strategien für den Umgang mit dieser schwersten Bedrohung des Ich entwickeln.

Fünf Phasen des Sterbens

Wie kann man seinen Frieden damit machen, für immer Abschied vom Leben nehmen zu müssen? Die Psychiaterin Elisabeth Kübler-Ross ist die bekannteste unter jenen, die sich mit der

Die Thematik des menschlichen Altwerdens spielte schon in der griechischen und lateinischen Philosophie eine große Rolle und erreichte im späten Mittelalter in einer sehr intensiven Beschäftigung mit dem Tod und dem Zerfall des menschlichen Körpers einen Höhepunkt. Aus dieser Zeit stammt auch die Ermahnung »memento mori«, denke daran, dass du sterben musst. Der Holzschnitt »Der Greis« ist Teil der »Todesbilder« von Hans Holbein dem Jüngeren, die zwischen 1523 und 1526 enstanden.

Psychologie des Sterbens beschäftigt haben. Sie schildert fünf Sterbephasen, die sich aus Gesprächen mit über 200 Sterbenden herauskristallisierten.

Die erste Phase ist gekennzeichnet durch Nicht-wahrhaben-Wollen und Isolierung. Der Betroffene bestreitet die Tatsache des bevorstehenden Todes, und er lehnt Informationen, welche diese Tatsache erhärten, ab. In dieser Phase, die am Beginn des Sterbeprozesses steht, ist die typische Reaktion auf die Mitteilung einer bösartigen oder gar unheilbaren Erkrankung: »Ich doch nicht, das ist ja gar nicht möglich.« Das Verleugnen hat eine wichtige Funktion: Es schützt den Betroffenen vor der überwältigenden Erkenntnis, in absehbarer Zeit sterben zu müssen; es trägt damit zur Bewahrung der psychischen Funktionsfähigkeit des Betroffenen bei und verschafft ihm die Zeit, andere, weniger radikale Strategien der psychischen Abwehr einzusetzen.

In der zweiten Phase herrschen Zorn und Auflehnung vor. Der Betroffene hadert mit seinem Schicksal und wendet sich voller Aggression gegen die Gesunden. Er ist wütend darüber, dass ihm all das Schöne, das das Leben bietet, genommen wird, während es anderen erhalten bleibt. Da er sich vom Schicksal ungerecht behandelt fühlt, reagiert er mit Zorn, Wut und Neid. So kommt es zu Kritik und Nörgeleien an allen Personen in der Umgebung des Kranken.

Die bildende Kunst hat sich zu allen Zeiten mit den Themen Tod und Trauer auseinander gesetzt. Der Tod eines nahe stehenden Menschen bedeutet für die Überlebenden zunächst eine Bedrohung der eigenen psychischen Stabilität. Vor allem für Kinder kann der frühe Tod der Eltern ein traumatisches Erlebnis sein (Edvard Munch »Die tote Mutter«, 1895; Bremen, Kunsthalle).

Charakteristisch für die dritte, vergleichsweise kurze Phase ist das Verhandeln mit dem Schicksal. Die lebensbedrohende Perspektive wird nun nicht mehr grundsätzlich bestritten. Der Betroffene versucht vielmehr, unter den gegebenen Umständen das Beste zu erreichen. So versucht er durch Wohlverhalten, zum Beispiel Spenden oder das Versprechen, bestimmte Fehler abzulegen, einen Aufschub des Krankheitsverlaufs zu bewirken. Er hegt die Hoffnung, für Wohlverhalten – welches er etwa Gott als »Handelspartner« anbietet – mit Schmerzfreiheit und einem Aufschub des Unvermeidlichen belohnt zu werden.

In der vierten Phase dominiert die Depression. Durch körperliche Symptome, medizinisch-diagnostische Untersuchungen und durch Behandlungsmaßnahmen sind der eigene Zustand und die fatale Zukunftsperspektive immer unabweisbarer geworden. Vielfach wird die Depression durch einen verschlechterten Gesundheitszustand verstärkt. Kennzeichnend für die fünfte und letzte Phase ist die Zustimmung. Der Sterbende sieht seinem Ende mit mehr oder weniger ruhiger Erwartung entgegen. Er ist müde, meist körperlich sehr geschwächt und hat das Bedürfnis, oft und in kurzen Intervallen zu dö-

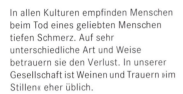

In allen Kulturen empfinden Menschen beim Tod eines geliebten Menschen tiefen Schmerz. Auf sehr unterschiedliche Art und Weise betrauern sie den Verlust. In unserer Gesellschaft ist Weinen und Trauern »im Stillen« eher üblich.

sen und zu schlafen. Diese Phase der Einwilligung ist nach Kübler-Ross jedoch nicht mit einem glücklichen Zustand gleichzusetzen; sie ist vielmehr nahezu frei von Gefühlen. Der Schmerz scheint vergangen, der Kampf scheint vorbei, nun kommt die Zeit der »letzten Ruhe vor der langen Reise«.

Die berechtigte Kritik an der Phasenlehre des Sterbens richtet sich gegen einen für alle Menschen gleichartigen, uniformen und unidirektionalen Ablauf des Erlebens und Verhaltens. Sieht man von diesem Kritikpunkt ab, so bietet die Phasenlehre des Sterbens wertvolle Anhaltspunkte dafür, welche Reaktionsformen bei der Auseinandersetzung mit dem nahe bevorstehenden Tod auftreten können.

Totenklage und Trauer

In den Religionen, die für ihre Gläubigen einen Erlösungsgedanken bereithalten, wie im Christentum, im Islam und in gewisser Hinsicht auch in den fernöstlichen Religionen, geht der Tote in eine neue, als angenehm charakterisierte Existenz über. Das gilt allerdings nur dann, wenn er sich im Leben einigermaßen an die Regeln und Gebote gehalten hat. Besonders ausgeprägt ist diese Zuversicht im Christentum, in welchem die Erde oft als ein »Jammertal« bezeichnet wurde. Aus dieser Sicht ist unverständlich, warum die Angehörigen eines guten Christen bei seinem Tode um ihn weinen. Trotzdem empfinden die Menschen in allen Kulturen beim Tod einer geliebten Person tiefen Schmerz. Ganz offenbar haben unsere Tränen, hat unsere Verzweiflung nichts mit dem künftigen Schicksal des Toten zu tun, sondern mit uns selbst. Wir trauern aus egoistischen Motiven, weil wir einen Verlust erlitten haben. Das ist keineswegs ein Tatbestand, dessen wir uns schämen müssten. Unsere Betroffenheit und unser Schmerz verraten uns etwas über unsere menschliche Natur: Die enge Bindung zu einer geliebten Person ist für uns so elementar wichtig, dass wir auf ihren Verlust mit tiefer Trauer reagieren.

Eine Eipo-Frau trauert um ihren gerade verstorbenen Sohn.

Die Trauerreaktion ist eine psychobiologisch gesteuerte Antwort unseres Organismus. Daher reagieren alle Menschen auf die seelische Erschütterung, die durch den Tod eines geliebten Menschen ausgelöst wird, mit vergleichbaren physiologischen und psychologischen Reaktionen. Nicht nur der Inhalt der Klagelieder aus den verschiedenen Kulturen ist sehr ähnlich, ähnlich sind auch die musikalische Struktur und die melodische Gestalt der Klagelieder. Die Totenklagen vieler Völker haben einen absteigenden, den sinkenden Lebensmut repräsentierenden Melodieverlauf und einen vom betonten Atemholen des heftig Weinenden geprägten Duktus.

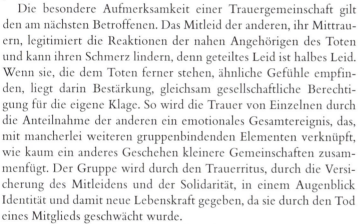

In anderen Kulturen ist es üblich, im Rahmen der **Totenklage** dem Trauernden die Möglichkeit zu geben, seine Gefühle so weit und intensiv wie möglich auszuleben. Danach fängt die Gemeinschaft die Trauernden durch verstärkte Zuwendung auf. Diese Art Gemeinschaftstrauer erscheint uns eher fremd, hat sich aber in vielen traditionalen Kulturen bewährt.

Die besondere Aufmerksamkeit einer Trauergemeinschaft gilt den am nächsten Betroffenen. Das Mitleid der anderen, ihr Mittrauern, legitimiert die Reaktionen der nahen Angehörigen des Toten und kann ihren Schmerz lindern, denn geteiltes Leid ist halbes Leid. Wenn sie, die dem Toten ferner stehen, ähnliche Gefühle empfinden, liegt darin Bestärkung, gleichsam gesellschaftliche Berechtigung für die eigene Klage. So wird die Trauer von Einzelnen durch die Anteilnahme der anderen ein emotionales Gesamtereignis, das, mit mancherlei weiteren gruppenbindenden Elementen verknüpft, wie kaum ein anderes Geschehen kleinere Gemeinschaften zusammenfügt. Der Gruppe wird durch den Trauerritus, durch die Versicherung des Mitleidens und der Solidarität, in einem Augenblick Identität und damit neue Lebenskraft gegeben, da sie durch den Tod eines Mitglieds geschwächt wurde.

Kann man jemanden vor den Folgen der Trauer, vor der Traurigkeit, der Depression schützen, indem man ihn noch weiter in die Trauer hineinstößt? Auf uns wirkt das zunächst fremd und paradox. Denn hierzulande versuchen die Menschen eher, sich am Grabe »zusammenzureißen«. Wie in anderer Hinsicht auch, haben wir Europäer in der derzeitigen Phase unserer Kulturgeschichte ein eher distanziertes Verhältnis zu den elementaren Lebensvorgängen Geburt, Krankheit, Sterben und Tod. Dabei ist es vermutlich gut, dem Trauernden durch Mittrauern und Mitgefühl die Möglichkeit zu geben, seine Gefühle so weit wie möglich auszuleben und der natürlichen Regung des Verzweifeltseins, des Schmerzempfindens nachzugeben. Wenn das geschehen ist, fängt die Gemeinschaft den des Weiterlebens Überdrüssigen und den von chronischer Depression und Schwächung des Immunsystems Bedrohten durch verstärkte Zuwendung auf. In diesen beiden Elementen, dem Mitweinen und dem einfühlsamen Herausführen aus der Trauer, steckt, wie man aus Kenntnis der psychoneuroimmunologischen Zusammenhänge neuerdings abschätzen kann, ein Stück Weisheit traditionaler Kulturen.

W. Schiefenhövel und S. Schiefenhövel-Barthel

Der Tod als medizinische Definition: Wenn mittels des Elektroencephalogramms (EEG) die für das lebende Großhirn typischen elektrischen Entladungen nicht mehr festgestellt werden können und darüber hinaus auch im Stammhirn keine Reflexe mehr ausgelöst werden können und die Blutzirkulation im Gehirn zum Stillstand gekommen ist, gilt das unter Ärzten als das sicherste Zeichen, dass der Tod eingetreten ist. Hirntodkriterien haben seit den 1960er-Jahren das zuvor gültige Kriterium des Herztodes abgelöst, bei dem der Stillstand von Herzschlag und Atmung für eine Toterklärung ausreichte. Der elektrophysiologische Hirntod hat neben der medizinischen auch eine wichtige juristische Bedeutung: In Deutschland und in anderen Ländern darf der Arzt, wenn eine zuvor abgefasste schriftliche Erklärung des Patienten selbst oder die Einwilligung seiner nächsten Angehörigen vorliegt, dem Körper der für tot erklärten Person Organe zur Transplantation entnehmen.

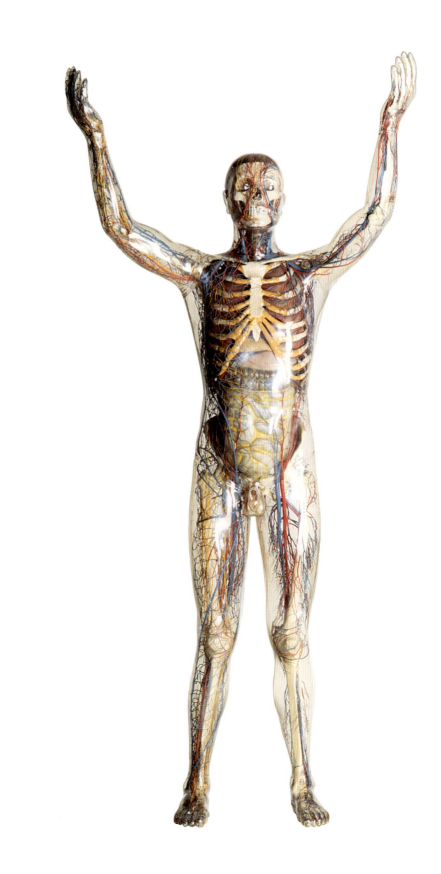

Der menschliche Körper

Der Versuch, die Gestalt des menschlichen Körpers so genau wie möglich zu beschreiben, offenbart die nur schwer fassbare Komplexität der Anatomie des Menschen. Das gilt für eine ganzheitliche Anatomie der Organe und Organsysteme bis hinab zu elektronenmikroskopischen Maßstäben. Die ursprünglich nur beschriebenen Strukturen unseres Körpers darüber hinaus auch funktionell zu betrachten, eröffnete eine weitere Kategorie dieser Komplexität. Beispielsweise würden unsere Gene, im molekularen Code aufgeschrieben, etwa 1000 dicke Lexikonbände füllen. Hierbei handelt es sich jedoch lediglich um den molekularen »Text« mit den Anweisungen, nicht jedoch um die Beschreibung dessen, was anschließend in der Lebensrealität in welcher Weise funktioniert. Wahrscheinlich müsste jener Text um ein Vielfaches länger sein.

Längst ist man über die fast euphorische Phase der Biologie des Menschen hinaus, in der man meinte, wenn man nur lang genug forschen würde, wären bald alle Fragen der Wissenschaft beantwortet und es gäbe nichts mehr zu entdecken. Mit dem zunehmenden Einblick in die Gestalten und die Funktionen besonders der unsichtbar kleinen Strukturen in den Zellen und Zellkernen sind solche Meinungen allmählich verstummt. Vielmehr stellen wir immer deutlicher fest, dass die zunehmende Fülle des Wissens über unseren Körper zu einer immens steigenden Anzahl von Fragen führt.

Außer der Epoche machenden Erfindung des Elektronenmikroskops durch Erich Ruska vor gut 60 Jahren sind an dieser Entwicklung viele weitere neue Methoden beteiligt. So werden heute etliche Forschungsaufgaben mit feinsten Sensoren, mit neuer Geräte- und Materialtechnik sowie mit einem enormen Aufwand für die elektronische Datenverarbeitung angegangen. Dadurch finden inzwischen die Zusammenhänge vieler fundamentaler Funktionen zum Teil viel grundsätzlichere Erklärungen als vor nur zehn Jahren, als fast alle heute relevanten Problemstellungen der biologischen Forschung über den Menschen zumindest im Detail noch im Dunkeln lagen.

Die Entwicklung des Wissens über unsere Spezies erlebt heute das scheinbare Paradox, dass immer spezialisiertere Forschung mit immer winzigeren Problembereichen allmählich ein immer vollständigeres, über die Schranken der Disziplinen hinweg integratives Bild des Menschen und von Prozessen des Lebens ganz allgemein vermittelt. Eine Entschleierung der vielen Geheimnisse hat jedoch nicht zu einer Ernüchterung geführt. Eher nimmt das Staunen über die Logik dieser Vielfalt zu. C. NIEMITZ

Den Körper des Menschen und seine innere Anatomie plastisch darzustellen, war schon lange das Ziel der Anatomen. Da die Präparation von Leichen lange Zeit unbefriedigend war, entwickelte man nachgebaute Modelle. Zur Eröffnung des Deutschen Hygiene-Museums in Dresden wurde im Jahr 1930 der erste **gläserne Mensch** ausgestellt. Die durchsichtige Hülle bestand aus dem Kunststoff Cellon. Das Modell war damals eine Sensation und zog viele Millionen Besucher an. Der erste gläserne Mensch wurde bei der Bombardierung von Dresden im Februar 1945 zerstört. Der abgebildete gläserne Mann entstand 1962.

Gestalt, Statik und Bewegung

Zwischen Gestalt, Statik und Bewegungen eines Körpers besteht in der Evolution eine enge Wechselwirkung. Grundlage aller Körperbewegungen ist der Grundbauplan des Menschen mit seiner bilateralsymmetrischen Anlage, das heißt, rechte und linke Körperhälfte sind zueinander spiegelsymmetrisch, sowie der ungleichmäßigen, so genannten heteromeren Segmentierung. Die Ebene, die den menschlichen Körper in zwei annähernd gleiche Hälften teilt, wird als mediansagittale Ebene bezeichnet. Sie führt vorn entlang dem Nasenrücken, über die Mitte des Brustbeins und durch den Bauchnabel bis zur Schambeinfuge des Beckens sowie entlang der Wirbelsäule.

HÄNDIGKEIT UND DOMINANZ DER HIRNHÄLFTE

Ein Bezirk der linken Hemisphäre des Großhirns steuert bei etwa 90 Prozent der Menschen die Sprache. Etwa der gleiche Prozentsatz nutzt beim Schreiben die von der linken Hemisphäre gesteuerte rechte Hand. Gleichzeitig sind Funktionen der räumlichen Beziehungen und der Wiedererkennung von Gesichtern häufiger in der rechten Hirnhälfte lokalisiert. Die linke Seite ist für Feinmanipulation sowie für besonders schnelle und fein koordinierte Handlungen zuständig, die rechte Hemisphäre unter anderem für die allgemeine Körperhaltung. Solche Phänomene struktureller und funktioneller Asymmetrie bezeichnet man als Lateralität.

In Geschicklichkeitsversuchen waren Rechtshänder nicht nur feinmanipulatorisch, sondern auch zeitlich im Vorteil. Ihre linke Hemisphäre arbeitete nicht nur genauer, sondern auch schneller. Bei Rechtshändern wurden in der linken Hemisphäre größere motorische Areale für die Steuerung der Hände und Finger gefunden sowie ein größeres Areal des Schläfenlappens (Planum temporale), der das Wernicke-Areal zum Verstehen von Sprache umfasst. Es gibt also eine anatomisch oder physiologisch nachweisbare funktionelle Asymmetrie des menschlichen Gehirns.

Händigkeit ist weltweit verbreitet. Überall gibt es etwa fünf Prozent Linkshänder. Linkshändige Eltern haben durchschnittlich mehr linkshändige Kinder als ohne eine genetische Abhängigkeit des Phänomens zu erwarten wäre. Gäbe es ein rezessives Gen für Linkshändigkeit, müssten linkshändige Eltern reinerbig sein und daher ausschließlich linkshändige Kinder haben. Doch nur etwa 50 Prozent der Kinder zweier linkshändiger Eltern sind ebenfalls Linkshänder. Diese Beobachtung führte zu einer Theorie, nach der ein dominantes Gen existiert, das zur Rechtshändigkeit und der Sprachdominanz der linken Hirnhemisphäre führt. Ein Linkshänder erhält es von einem seiner beiden Eltern. Das rezessive Gen

vom anderen Elternteil hingegen bevorzugt keine Seite für die Ausbildung irgendeiner Hirndominanz oder Händigkeit. Die genetische Steuerung wäre mit der obigen Beobachtung vereinbar. Diejenigen, welche das dominante Gen nicht tragen, wären also für das rezessive Gen reinerbig. Bei den Trägern dieser Gene wäre die Wahrscheinlichkeit etwa gleich, Rechts- oder Linkshänder zu werden und die Sprache mit der linken oder rechten Hemisphäre zu steuern.

Die bisherigen Ergebnisse erklären noch nicht die stark unterschiedlich ausgeprägten Händigkeiten. Auch wurde noch nicht geklärt, warum besonders extrem rechts- oder linkshändige Kinder häufiger Probleme beim Lesen haben als Kinder mit weniger starker Händigkeit.

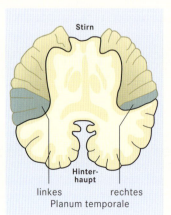

linkes Planum temporale — rechtes
Stirn
Hinterhaupt

Symmetrien und Asymmetrien des Körpers

In der Stammesgeschichte entstanden alle inneren Organe bilateralsymmetrisch, entweder als paarige Anlagen oder als unpaare, in sich selbst symmetrische Organe mit rechter und linker Hälfte. Einzige Ausnahme ist nach heutigem Kenntnisstand das Herz, das sich bei allen Wirbeltieren aus einer Gefäßschleife bildet. In jüngster Zeit bei Hühner- und Mäuseembryonen entdeckte Asymmetriegene könnten hierfür auch beim Menschen eine Rolle spielen. Trotzdem leiten sich alle asymmetrisch gelegenen oder ausgeformten Organe von symmetrisch paarigen Anlagen ab oder sie werden von einer mittigen Anlage aus auf eine Körperseite verlagert. So ist die links gelegene Körperhauptschlagader, die Aorta, stammesgeschichtlich ein Umbauprodukt der Arterie des linken vierten Kiemenbogens. Während der rechte Ast dieser ursprünglich paarigen Anlage beim Menschen nicht mehr existiert, wird er links in Form der Aorta verwirklicht. Das ebenfalls zunächst paarig angelegte Brustbein ist eine frühe Verschmelzung der beiden embryonalen Brustleisten. Leber, Milz und Bauchspeicheldrüse wurden ursprünglich in der mediansagittalen Ebene unpaar und in sich selbst symmetrisch angelegt und erst später verlagert. Ihre asymmetrische Lage und Gestalt stellt sich in der Entwicklung des Menschen schon derart früh ein, dass sie fälschlich für ursprünglich asymmetrisch gehalten werden könnten.

Symmetrien der Nervensysteme und der Geschlechtsorgane

Wie stark das Prinzip der Bilateralsymmetrie den Aufbau unseres Körpers bestimmt, erkennt man zum Beispiel an der Entwicklung des Nervensystems und der menschlichen Fortpflanzungsorgane. Das Zentralnervensystem wird als unpaare Längsrinne entlang der Rückenseite des Embryos angelegt. Diese Neuralrinne, die ein Teil der Außenhaut des frühen Embryos, das Neuroektoderm, ist, verlagert sich allmählich in die Tiefe, wobei sich die oberen Kanten der Rinne nähern und schließlich verwachsen. Es bildet sich das Neuralrohr, das sich vom übrigen Ektoderm löst und in die Tiefe sinkt. Das gesamte zentrale und periphere Nervensystem entsteht so zunächst völlig symmetrisch auf der linken und rechten Körperseite. Beim erwachsenen Menschen sind die beiden Großhirnhälften paarig, die beiden hinteren Beinnerven (Ischiasnerven) sowie der Augennerv und die Netzhaut, die rechts und links paarig-symmetrische Differenzierungen der an sich unpaaren Zwischenhirnanlage sind. Einzelne Asymmetrien im Zentralnervensystem, wie die des Nervus vagus (Vagus-Nerv oder Parasympathikus) oder die Linksdominanz der Sprachregion in der Großhirnrinde, bleiben seltene Ausnahmen.

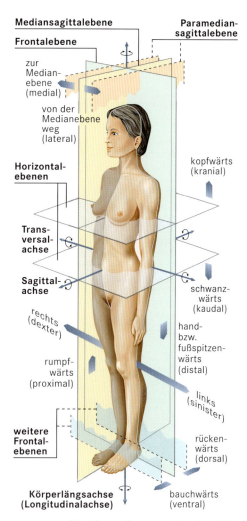

Die **Achsen, Ebenen** und **Lagebezeichnungen** am menschlichen Körper.

Die **Kiemenbögen** sind paarige, knorpelige oder verknöcherte Spangen, die die Kiemen der im Wasser lebenden Wirbeltiere, vor allem der Fische, stützen. Bei den Landwirbeltieren hat sich Lage, Gestalt und Funktion der Kiemenbögen stark verändert. Die Gehörknöchelchen, der Kieferknochen und das Zungenbein leiten sich zum Beispiel von Kiemenbögen ab.

Die ursprünglich paarigen Verhältnisse bei den Ausscheidungs- und Fortpflanzungsorganen sind noch bei **Kängurus** realisiert, die zu den Beuteltieren gehören. Deren wissenschaftliche Bezeichnung Didelphia (zweischeidige Tiere) rührt vom Besitz zweier Scheiden her.

Das **Zentralnervensystem des Menschen** entsteht beim frühen Embryo durch die Einsenkung und Abschnürung der Außenhaut des Rückens. Im Querschnitt sind zwei Stadien dargestellt. Links ist die Neuralrinne noch ganz offen, rechts schließt sie sich zum Neuralrohr. Der Pfeil (unten) deutet die Verschlussrichtung des am späteren Kopfende noch offenen Neuralrohres an. Die in der Tiefe darunter gelegene Rückensaite ist ein Stäbchen aus prallem Gewebe und verleiht dem Embryo die Stabilität seiner Gestalt.

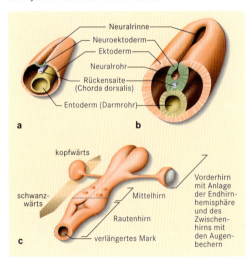

Bei **Punktionen des Spinalkanals**, etwa bei Verdacht auf Hirnhautentzündung (Meningitis), sticht der Arzt zwischen dem dritten und vierten Lendenwirbel ein, da er dort das Rückenmark nicht mehr treffen kann. Da die Nervenwurzeln viel Zwischenraum bieten, sind Verletzungen der einzelnen Nervenstränge selten.

Die Ausscheidungs- und Fortpflanzungsorgane sind paarig oder leiten sich von paarigen Anlagen ab. Auch die in der Mediansagittalebene gelegenen unpaaren Organe, wie Gebärmutter oder Penis des Menschen, waren ursprünglich paarig und werden embryonal auch noch so angelegt. Bei der Verschmelzung zu einem mittig gelegenen Organ bleibt die Bilateralsymmetrie des Körpers aber erhalten. Jedoch zeigen sich auch geringfügige Asymmetrien: Der rechte Hoden hängt meist etwas tiefer als der linke, weil auch die rechte Niere meist eine etwas tiefere Position einnimmt als die linke, da beide Organe in ihrer Entwicklung eng verknüpft sind.

Die Segmentierung des Nervensystems

Die Segmentierung des Körpers hat unter anderem eine nervliche Grundlage. Außer den 12 Hirnnerven verfügt der Mensch über 31 segmentale Paare von Rückenmarknerven (Spinalnerven), welche die ihnen zugeordneten Segmente der Muskeln (Myotome) und jene der Haut (Dermatome) versorgen. Die Segmente des Rückenmarks entsprechen jedoch nicht immer den anatomisch benachbarten Wirbeln. So müssen die Wurzeln der Spinalnerven von ihrem Rückenmarkssegment ausgehend ab dem mittleren Brustbereich nach unten immer weiter absteigen, um den Austritt in dem ihnen zugehörigen Wirbelsegment zu finden. Das liegt an dem größeren Wachstum der Wirbelsäule, die sich gegenüber dem Zentralnervensystem mehr in die Länge streckt. Dieser relative Aufstieg des Rückenmarks gegenüber den Wirbelsegmenten stellt sich erst im Laufe des Heranwachsens ein. So endet das Rückenmark mit seinen letzten, für die Steißbeinregion zuständigen Abgängen von Spinalnerven in der Höhe des ersten Lendenwirbels (L1). Ab dem zweiten Lendenwirbel befindet sich also kein Rückenmark mehr im Wirbelkanal, obwohl die das gesamte Zentralnervensystem umgebende harte Hirnhaut noch viel weiter nach unten reicht und erst in Höhe des zweiten oder dritten Wirbelelements des Kreuzbeins endet. In dem mit Hirn-Rückenmarks-Flüssigkeit gefüllten Raum hängen die langen Wurzeln der Spinalnerven als so genannter Pferdeschwanz frei herab, durchaus vergleichbar mit einem im Wasser frei aufgehängten Bündel von 16 dünnen, von einer glatten Hülle überzogenen Spaghetti.

In der Praxis hat es sich eingebürgert, die segmentalen Nervenareale der Haut nach den Austrittsstellen der zugehörigen Nerven aus dem Wirbelkanal zu bezeichnen und nicht nach den oft sehr viel höher gelegenen Segmenten im Rückenmark. Nur im Halsbereich stimmen die Segmente der Wirbel etwa mit den Bereichen des Rückenmarks überein. Für die Diagnostik ist diese Zuordnung jedoch wichtig, weil sich beispielsweise sensorische Ausfälle in der Körperperipherie einem genauen Ort im Rückenmark zuordnen lassen.

Die Dermatome

Würden die Dermatome des Rumpfes auf die Haut aufgemalt, ergäben sie eine Art Zebrastreifung. Auf den Armen und Beinen sind die Verhältnisse dagegen komplizierter und lassen zum Teil Rückschlüsse auf embryonale Entwicklungen oder stammesgeschichtliche Herkunft zu. Während die Dermatome eines Beines vom Lendensegment 2 (L 2) bis zum Kreuzbeinsegment 2 (S 2) reichen, wird die Steißbeinregion des Gesäßes weiter unten im Rückenmark von den Kreuzbeinsegmenten S 3 und S 4 versorgt.

Der Grund hierfür liegt mehrere Hundert Millionen Jahre zurück und ist am menschlichen Embryo zu beobachten. Beim Erwachsenen befinden sich die Geschlechtsorgane recht genau auf der Hälfte der Körperhöhe. Dagegen sind beim Embryo nicht die Füße das Körperende, sondern der noch vorhandene Schwanz. In diesem Stadium wachsen beim Embryo die Knospen für die späteren Hintergliedmaßen davor aus der seitlichen Rumpfwand heraus. Das erklärt die Versorgung der Beindermatome aus dem Lendenbereich, während im Steißbeinbereich die Haut von den weiter hinten gelegenen Kreuzbeinsegmenten versorgt wird.

Die Anordnung der Dermatome im Bein- und Gesäßbereich erklärt auch, warum sich der Gefühlsbereich für die äußeren Fortpflanzungsorgane ganz am Ende des auf die Großhirnrinde projizierten Körpers befindet. Ursprünglich »gehörten« die Segmente des inzwischen fehlenden Schwanzes noch hinter die Geschlechts-

Der **segmentale Aufbau des Körpers** lässt sich nur an wenigen Merkmalen der Körpermuskulatur erkennen, zum Beispiel an den vier Abschnitten des geraden Bauchmuskels (Musculus rectus abdominis) bei diesem Bodybuilder.

HIRNNERVEN

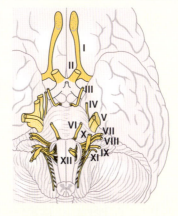

Die zwölf Hirnnerven entspringen bei den höheren Wirbeltieren alle paarig im Gehirn. Sie werden mit den römischen Ziffern I bis XII gekennzeichnet, die sich auf die Reihenfolge ihres Austritts aus dem Gehirn von vorne nach hinten beziehen.

Die Hirnnerven lassen sich in drei Gruppen einteilen: Zu den Sinnesnerven zählen der Riechnerv (I, Nervus olfactorius), der Sehnerv (II, Nervus opticus) sowie der Hör- und Gleichgewichtsnerv (VIII, Nervus statoacusticus), wobei die ersten beiden keine echten Nerven sind, da sie ein Fortsatz der Riechsinneszellen in der Nasenschleimhaut bzw. ein Fasertrakt des Gehirns sind. Motorische Nerven sind der Augenmuskelnerv (III, Nervus oculomotorius), der Rollnerv (IV, Nervus trochlearis) und der seitliche Augenmuskelnerv (VI, Nervus abducens), die verschiedene, für die Augenbewegung nötige Muskeln innervieren, sowie der Zungenmuskelnerv (XII, Nervus hypoglossus), der die zungeneigne Muskulatur versorgt.

Die übrigen Hirnnerven enthalten motorische und sensible, teilweise auch parasympathische Fasern. Der Drillingsnerv (V, Nervus trigeminus) versorgt mit seinen sensiblen Fasern Gesicht, Zähne und Zunge und mit seinen motorischen die Kaumuskulatur. Der Gesichtsnerv (VII, Nervus facialis) innerviert mit parasympathischen Fasern Drüsen im Kopf, motorisch die Mimikmuskulatur und sensorisch die Geschmacksknospen. Der Zungen-Schlundnerv (IX, Nervus glossopharyngeus) versorgt mit motorischen und sensiblen Fasern den Rachenraum und innerviert mit parasympathischen Fasern die Speicheldrüsen. Der Eingeweidenerv (X, Nervus vagus) innerviert neben einigen Bezirken im Kopf- und Halsbereich sämtliche Eingeweide und ist der stärkste parasympathische Nerv. Der Beinnerv (XI, Nervus accessorius) schließlich zieht zu einigen Beinmuskeln.

Die Versorgungsgebiete der Haut mit den zugehörigen Nerven, die **Dermatome,** sind bilateralsymmetrisch. Ihre segmentale Anordnung ist auf dem Bauch (links) und auf dem Rücken (rechts) leichter erkennbar als an den Extremitäten. Da beim Embryo die Beinanlagen seitlich aus dem Rumpf herausknospen, während die Kreuzbein- und Schwanzsegmente erst dahinter folgen, werden die Dermatomsegmente der Beine beim Erwachsenen von höheren Rückenmarkssegmenten versorgt als die Steißregion.

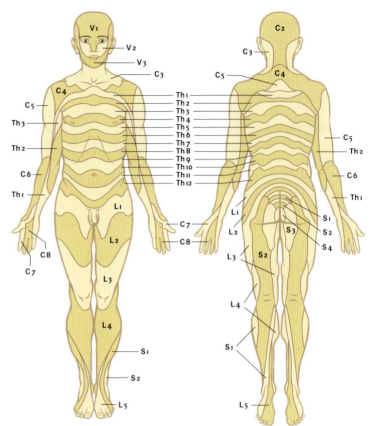

Die segmentale Zuordnung der inneren Organe zeigt sich auch in den Überempfindlichkeitszonen der Haut, den **Head-Zonen.** Die sensible Versorgung von Leber und Galle durch den aus dem vierten Halssegment (C4) stammenden Zwerchfellnerven zum Beispiel bewirkt, dass Krankheiten dieser Organe zu Schmerzen oder Überempfindlichkeiten im rechten Dermatom C4 an der Schulter führen können. Solche Projektionen sind für einen Arzt von großem diagnostischen Wert.

organe. So gelangte das Projektionsfeld der Geschlechtsorgane an den Schluss, während sich die Hintergliedmaßen entsprechend ihrer segmentalen Versorgung dazwischen einordneten. Die Großhirnrinde ist zwar stammesgeschichtlich sehr viel jünger als der Erwerb von Gliedmaßen für eine Fortbewegung auf dem trockenen Land, die Anordnung zeigt aber die mitprägende Funktion der grundlegenden segmentalen Rückenmarksorganisation bei der Ausbildung der neueren Hirnrindenregionen.

Die so genannten Head-Zonen spiegeln die Asymmetrien einiger Eingeweideorgane auf der Außenhaut des Körpers wider. Bei ihnen handelt es sich um Bereiche der Haut, deren Nervenversorgung jeweils einem Rückenmarkssegment zugeordnet ist. Schmerzempfindungen, die von inneren Organen ausgehen, können so auf die entsprechenden Hautfelder übertragen werden. So entspringen die sympathischen Fasern des Magens dem 7. und 8. Brustsegment (Th 7 und Th 8). Bei Krankheiten des Magens kann das zur Überempfindlichkeit der Haut in den entsprechenden Dermatomen Th 7 und Th 8 führen. Herzbeschwerden können sich bei einer Angina Pectoris oder einem Herzinfarkt im linken Schulter-Arm-Bereich bemerkbar machen und Nierenkrankheiten in der Leistengegend.

Statik und Motorik

Zwei Größen bestimmen maßgeblich den Aufbau des Stützapparates oder passiven Bewegungsapparates des Menschen: die Schwerkraft der Erde und die Massenträgheit seiner eigenen Körperteile. Die den Körper aufrecht haltenden und bewegenden Muskeln leisten auch in Ruhe ständig Arbeit gegen die Beschleunigung durch die Massenanziehung der Erde. Für den Menschen ist es genauso wichtig, alle Lebensfunktionen unter dem unentrinnbaren Einfluss der Schwerkraft mit möglichst geringem Energieaufwand aufrechtzuerhalten, wie Sauerstoff zu atmen und genügend Wasser zu trinken.

Bestandteile und Funktion des Stützapparates

Die drei wesentlichen Bauelemente des passiven Bewegungsapparates sind die Knochen, Gelenke und Bänder. Obwohl Sehnen natürlich passiv sind, übertragen sie die durch Muskeln erzeugten Kräfte und bilden mit ihnen den aktiven Bewegungsapparat. Knochen müssen einerseits die bei Stützfunktionen auftretenden Druckkräfte aushalten, andererseits den enormen, von den Muskeln erzeugten Zugkräften widerstehen und diese übertragen. Hierbei gewährleisten die unter Druckbeanspruchung stehenden Gelenke möglichst reibungsarme Bewegungen zwischen den beteiligten Knochenelementen. Das ermöglichen besonders druckfeste milchig transparente Gelenkknorpel, die als Überzug die Gelenkköpfe und die Gelenkpfannen auskleiden. Ernährt und geschmiert wird dieser durchscheinende Knorpel durch einen dünnen Flüssigkeitsfilm der Gelenkflüssigkeit. Die Bänder hingegen begrenzen das Ausmaß des Bewegungsumfanges in den Gelenken.

Die maximalen Druckbelastungen der Knochensubstanz liegen bei etwa 120 N/mm². Die Druckfestigkeit des Knochengewebes ist vom Mineralisationsgrad der Knochensubstanz abhängig, die Widerstandsfähigkeit gegen Zug hingegen maßgeblich von der Dichte und Beschaffenheit der Kollagenfasern im Knochen. Bei den Röhrenknochen der Extremitäten liegt die Zugfestigkeit bei etwa 80 N/mm², und damit nur um etwa 20 Prozent unter jener von Sehnengewebe, deren Kollagensubstanz eine maximale Reißfestigkeit von etwa 95 bis 100 N/mm² besitzt. Kollagen hat damit etwa die Zugfestigkeit eines Stahls mittlerer Qualität. Da die Zugfestigkeit etwa um ein Drittel niedriger ist als jene gegen Druckbeanspruchung, zerreißt bei einem Knochenbruch (Fraktur) das Knochengewebe auf der zugbeanspruchten, äußeren Seite des Knochens.

Das Skelett

Wie alle anderen Säugetiere auch, besitzt der Mensch ein Innenskelett in Form eines Knochengerüstes oder Gebeins. Das menschliche Skelett besitzt nach üblicher Zählweise 202 bis etwa 208 Knochen. Hinzu kommen noch einige Knochen, die nicht dem Stützapparat angehören.

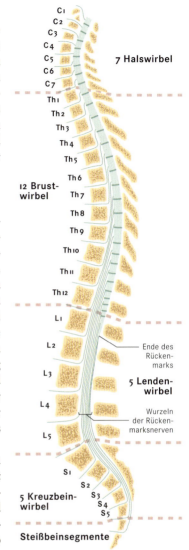

Die **Wirbelsäule** setzt sich aus 7 Halswirbeln (Cervikalwirbel, C_1 bis C_7), 12 Brustwirbeln (Thorakalwirbel, Th_1 bis Th_{12}), 5 Lendenwirbeln (Lumbalwirbel, L_1 bis L_5), dem Kreuzbein (Os sacrum mit den Segmenten S_1 bis S_5) und den bis zu drei Steißbeinsegmenten zusammen. Durch ein unterschiedliches Längenwachstum »rutscht« das Rückenmark im Kanal der Wirbelsäule höher. Die unteren Segmente im Kreuz- und Steißbeinbereich haben daher Rückenmarkswurzeln, die länger sind als ein Drittel der Wirbelsäule. Im Halsbereich müssen die Wurzeln der Rückenmarksnerven dagegen etwas aufsteigen.

Nicht Teil des Skeletts, da sie keine Stützfunktion besitzen, gleichwohl aber Knochen des Kopfbereiches sind die drei **Mittelohrknochen** (Hammer, Amboss und Steigbügel). Gleiches gilt für das Zungenbein.

Das Wort »Bein« leitet sich von einem germanischen Wort mit der Bedeutung »Knochen« ab. Ableitungen sind zum Beispiel Elfenbein = Elfenknochen, beinhart = knochenhart und Beinhaus = ein Haus für Gebeine, also Knochen. Das englische Wort für Knochen ist »bone«.

Die Bälkchenstruktur des als Spongiosa bezeichneten Schwammknochens eines menschlichen Oberschenkelhalses (oben) ist nach den Spannungslinien der mechanischen Belastung ausgerichtet. Solche **Trajektorien** werden genauso in der Stahlarchitektur von Brücken realisiert, wie in der von Gustave Eiffel konstruierten Eisenbahnbrücke über den Lot im südfranzösischen Cahors (unten).

Der Schädel besteht normalerweise aus 18, manchmal aber auch aus 21, selten noch mehr einzelnen Knochen. Bei manchen Menschen bleibt das paarig angelegte Stirnbein auch im Erwachsenenalter geteilt. Gelegentlich kommen einzelne oder mehrere so genannte Inkabeine vor. Diese Knocheninseln, vornehmlich im Scheitelbein- und Hinterhauptsbeinbereich, gehören zwar eigentlich zu den benachbarten Elementen, können aber zum Beispiel bei Grabungen als isolierte Knochen gefunden werden.

Die Wirbelsäule besteht meist aus 26 bis 29 Wirbelknochen, einschließlich des Kreuzbeins, das aus 5 Wirbeln zu einem Knochen verschmolzen ist, sowie 0 bis etwa 3 freien Steißbeinwirbeln. Auf beiden Körperhälften gibt es je 12 Rippen sowie ein Brustbein (Sternum), 32 Knochen der oberen Gliedmaßen (Schultergürtel, Arm und Hand), einschließlich der üblicherweise mitgezählten Erbsenbeine in der Handwurzel, und 31 Knochen der unteren Gliedmaßen (Beckengürtel, Bein und Fuß), einschließlich der üblicherweise mit aufgeführten Kniescheiben.

Außer dem Erbsenbein und der Kniescheibe kommen noch auf jeder Körperseite etwa 8 bis 9, also 16 bis 18 weitere so genannte Sesambeine hinzu, davon 8 alleine an den Händen: 2 am Daumen, 1 am Zeigefinger und 1 am kleinen Finger. Als knöcherne Bestandteile von Sehnen haben sie, mit Ausnahme der Kniescheibe, normalerweise keine unmittelbare Beteiligung an Gelenken. Sie gehören im engeren Sinne nicht zum Skelett. Wenn man sie als knöcherne Elemente, wie auch Kniescheibe und Erbsenbein, mitzählt, besitzt der Mensch je nach Zählweise also rund 202 bis 229 einzelne Knochen.

Bei dieser Aufzählung ist jedoch noch zu berücksichtigen, dass eine ganze Reihe von Skelettteilen erst im Laufe des Heranwachsens knöchern verschmelzen und sich eigentlich aus mehreren Einzelknochen zusammensetzen. So besteht etwa das Brustbein bis ins Erwachsenenalter oft aus drei knorpelig verbundenen Anteilen, sodass die Anzahl der Knochen je nach Auffassung und anatomischen Varianten mit 202 bis sogar rund 232 angegeben werden könnte. Aber auch hierbei sind kleine, manchmal bei völlig gesunden Menschen als natürliche Variante auftretende Knochen nicht mitgezählt, wie zum Beispiel die beiden kleinen Ossa suprasternalia, für die es wohl gar keinen deutschen Namen gibt, und die sich, ihrer wissenschaftlichen Bezeichnung gemäß, zuweilen am oberen Ende des Brustbeins befinden. Auch überzählige Rippen kommen gelegentlich vor. Wie man auch immer zählt, dürfte es wohl kaum einen gesunden Menschen geben, der über 240 Knochen besitzt.

Der Mensch, ein aufrecht gehendes Tier

Der Mensch ist nicht nur der einzige normalerweise aufrecht stehende und gehende Vertreter der Primaten, sondern auch aller Säugetiere. Während das zweifüßige (bipede) Springen von Kängurus völlig andere Funktionsabläufe erfordert, sind die nächsten biped gehenden Verwandten des Menschen die Vögel, zum Bei-

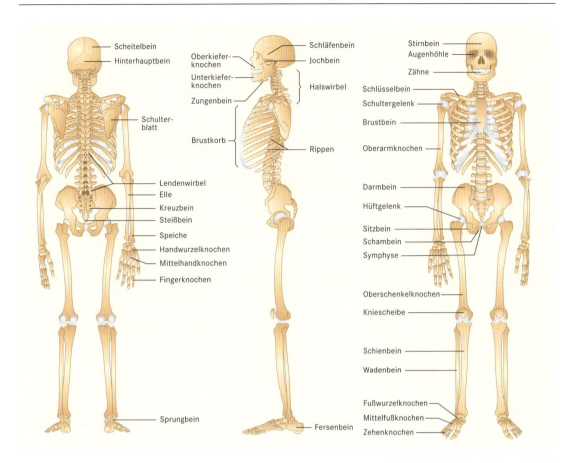

Das **Skelett des Menschen** von hinten (links), von der Seite (Mitte) und von vorne (rechts).

spiel Strauße oder Störche. Mit dieser einzigartigen Stellung innerhalb der Säugetiere gehen eine ganze Reihe funktionell-anatomischer Besonderheiten des Menschen einher. Besonders betreffen sie die Wirbelsäule und die unteren Extremitäten, also den Beckengürtel, der den unteren Gliedmaßen zugehört, sowie Beine und Füße.

Statik des Achsenskeletts

Je nach Anzahl der freien Elemente des Steißbeins hat unser Achsenskelett, die Wirbelsäule, meist 26 bis 29 einzelne Knochen. Wegen der Verschmelzungen von fünf Wirbeln im Kreuzbeinbereich besteht sie aber in der Regel aus 32 Wirbelsegmenten. Die stammesgeschichtlichen und embryonalen Mitten der Segmente bilden die Bandscheiben, während die Segmentgrenzen durch die Mitte der Wirbelkörper ziehen. Da die Wirbelsäule trotz ihrer tragenden Funktionen alle notwendigen Rumpfbewegungen erlauben muss, ist sie nicht nur selbst kompliziert gebaut, sondern verfügt auch über einen ausgeklügelten Halte- und Bewegungsapparat. Am beweglichsten ist die Wirbelsäule im Bereich der Halswirbel, gefolgt von den Lendenwirbeln. Im Vergleich hierzu ist die Beweglichkeit dazwischen, im Abschnitt des Brustkorbs, stark eingeschränkt. Im verknöcherten Kreuzbein sind keine Bewegungen der Wirbel ge-

Der aufrecht gehende Mensch ist der am wenigsten spezialisierte Fortbewegungstyp. Ein junger erwachsener Mensch kann ohne spezielles Training folgende sieben Leistungen vollbringen: 25 Kilometer an einem Tag gehen, 150 Meter schnell sprinten, 1500 Meter im Dauerlauf zurücklegen, einen hohen Baum erklettern, mit Anlauf über einen 3 Meter breiten Graben springen, 2 Meter tief tauchen und 200 Meter weit zügig schwimmen. Diese Kombination an Fortbewegungsleistungen kann kein anderes Säugetier und auch kein anderer Primat erbringen.

geneinander möglich. Beim Steißbein können etwaige, nicht knöchern verschmolzene Wirbelreste passiv etwas bewegt werden, was aber nur beim Geburtsvorgang eine gewisse Bedeutung hat.

Die Querschnittsflächen der Wirbelkörper und die dazwischen gelagerten Bandscheiben werden mit zunehmender statischer Belas-

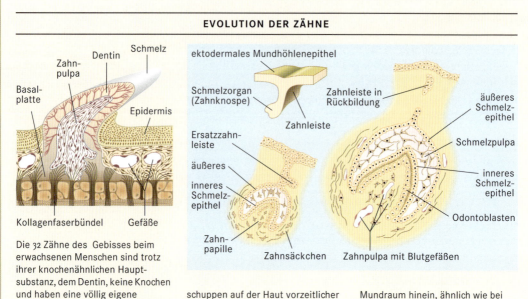

EVOLUTION DER ZÄHNE

Die 32 Zähne des Gebisses beim erwachsenen Menschen sind trotz ihrer knochenähnlichen Hauptsubstanz, dem Dentin, keine Knochen und haben eine völlig eigene stammesgeschichtliche Herkunft. Sie leiten sich von den Placoidschuppen auf der Haut vorzeitlicher Haie und Rochen her. Die Außenhaut der Wirbeltiere reicht weit in den Mundraum hinein, ähnlich wie bei »eingezogenen Lippen«. Bei Haien haben sich aus solchen Schuppen im Mundraum die Haifischzähne entwickelt.

Bei einem embryonalen menschlichen Unterkiefer senkt sich wie oben dargestellt die Haut ein und bildet zunächst eine Zahnknospe und später eine glockenförmige Anlage des Milchzahns. Die Glockeninnenseite wird vom Schmelzepithel gebildet. Es regt im weiteren Verlauf der Entwicklung die Anlagerung und Ausdifferenzierung von Zahnbein bildenden Zellen (Odontoblasten) an, sodass der entstehende, extrem harte Zahnschmelz und das Zahnbein eng verbunden sind. Schon beim Embryo wird der später sich entwickelnde Dauerzahn angelegt. Als winziges Epithelglöckchen verbringt er viele Jahre in einer Warteposition. Placoidschuppen und Zahn haben beide eine Schuppen- bzw. Zahnhöhle, die Pulpahöhle, die mit Blutgefäßen und Nerven versorgt wird. Sie ist das wichtigste Merkmal der gemeinsamen stammesgeschichtlichen Herkunft.

tung vom Kopf-Hals-Bereich bis zum Ende der freien Wirbelsäule am Übergang zum Kreuzbein immer größer. Da die Druckbelastung im Kreuzbeinbereich auf den Beckengürtel und die Beine übergeht, sind die Wirbel des Kreuz- und Steißbeins wieder kleiner.

Die Bandscheiben bestehen aus dichtem Faserknorpel und fungieren als gallertgefüllte Kissen, die besonders außen ein kollagener Faserring umschließt. Die Scheibe wird von einem ringförmigen Band wie ein Fass durch seine Bandeisen gefesselt und trägt daher ihren Namen. Durch den Binnendruck in den Bandscheiben, besonders bei Verkantungen der Wirbelkörper, kann dieser Faserring platzen, wobei das gallertige Kissen sich vorstülpt oder gar austritt. Solche Verkantungen sind wegen der natürlichen Krümmungen der Wirbelsäule ohnehin in geringem Maße vorhanden. Bei starken Bewegungen unter Belastung können sie kritisch werden. Wenn ein solcher Vorfall einer Bandscheibe auf der dem Rückenmark zugewandten Seite geschieht, kann die das Rückenmark umgebende harte Rückenmarkshaut eingedrückt und das Rückenmark selbst gequetscht werden. Das kann zu Schmerzen oder zu Lähmungen in den Versorgungsgebieten der von diesem Abschnitt aus absteigenden Spinalnerven führen.

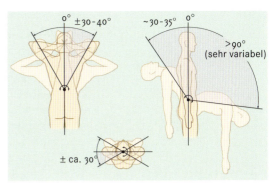

Die **Bewegungsumfänge der Wirbelsäule** in den drei Raumachsen: Die Drehungen um die Körperlängsachse erlauben Torsionen in der Schulter mit einem Bewegungsumfang von circa 30° in beide Richtungen. Die seitlichen Rumpfbeugen um die Sagittalachse gestatten Bewegungen von ± 30° bis 40°. Individuell besonders unterschiedlich ist die Beweglichkeit um die Transversalachse. Beim Rundrücken beträgt sie meist etwa 100° bis 110° oder auch mehr, bei der Bildung des Hohlkreuzes werden meist etwa 30° bis 35° erreicht.

Wirbelsäule und aufrechter Gang

Von der Seite gesehen, besitzt die menschliche Wirbelsäule eine doppelt s-förmige Krümmung. Auf eine Krümmung nach vorn im Halsabschnitt folgt ein Rundrücken der Brustwirbelsäule, der sich ein Hohlrücken des Lendenwirbelabschnitts anschließt. Unmittelbar darunter sind Kreuzbein und Steißbein wieder im Sinne eines Rundrückens gekrümmt. Bei den nah verwandten Menschenaffenarten fehlt insbesondere der Hohlrücken in der Lendenregion. Früher nahm man an, dass der menschliche Hohlrücken eine stammesgeschichtlich erworbene Anpassung an die aufrechte Haltung des Menschen sei. Sie ist jedoch kaum das Ergebnis erblicher Veränderungen und funktioneller Selektion, sondern wird – zumindest maßgeblich – durch die veränderten auf die Wirbelsäule einwirkenden Kräfte beim Gehenlernen des Kleinkindes passiv erzwungen.

Schematische Aufsicht auf **Wirbel** aus den Bereichen Hals, Brust und Lende (von links). Die druckbelastete Fläche der Wirbelkörper nimmt entsprechend der Gewichts- und Muskelkraft von oben nach unten zu.

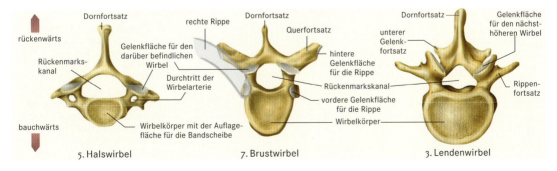

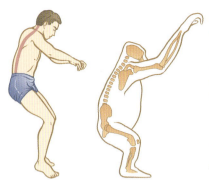

Die **Wirbelsäule** eines Menschen nimmt im Weltraum ohne Einwirkung der Schwerkraft eine ähnliche Form an wie beim Gorilla.

Die häufigste angeborene dauerhafte Verkrümmung der **Wirbelsäule** ist der Schiefbuckel. Ebenfalls erblich bedingt ist die vornehmlich bei Männern und erst in fortgeschrittenem Alter sich ausprägende Bechterew-Krankheit, bei der sich die Wirbelsäule fortschreitend zu einem Rundrücken derart nach vorne krümmt und sich dabei knöchern verfestigt, dass die Betroffenen manchmal kaum noch den Kopf genügend heben können, um nach vorne zu schauen.

Die **Wirbelsäule** eines Gorillas (links) hat keine doppelt s-förmig gekrümmte Form wie die des Menschen (rechts), sondern im Lendenbereich annähernd einen Rundbogen. Beim Menschen hängt die Form der Wirbelsäule von der Belastung durch die Schwerkraft ab.

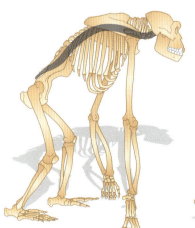
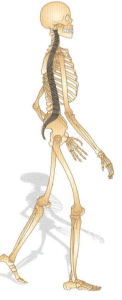

Diese Behauptung wird durch die Feststellung belegt, dass zum aufrechten Gang und Tanz abgerichtete Japanische Rotgesichtsmakaken nach einiger Zeit eine solche Doppelkrümmung entwickeln. Zwei Beobachtungen am Menschen erhärten die Hypothese weiter. Von Geburt an stark behinderte, immer bettlägrige Menschen entwickeln keinen Hohlrücken. Noch schlagender ist die Feststellung, dass bei Astronauten unter Bedingungen der Mikrogravitation, ohne die senkrechte Belastung durch das Körpergewicht, die Lendenwirbelsäule nicht gekrümmt bleibt; sie nimmt spontan eine Form ähnlich jener der nächstverwandten Menschenaffen an. Die menschliche Wirbelsäule hat also die Anpassung an den aufrechten Gang genetisch noch gar nicht vollzogen. Auf einer solchen erblichen Fixierung der Gestalt besteht auch kaum ein Selektionsdruck, da sich die Doppelkrümmung passiv und bei der Aufrichtung des Kleinkindes quasi von selbst einstellt. Möglicherweise könnten die fehlenden oder noch sehr geringfügigen Anpassungen des Achsenskeletts an den aufrechten Gang in Verbindung mit einem heute durchschnittlich höheren Sterbealter einer der Gründe für die außerordentliche Häufigkeit von Verschleißkrankheiten der Wirbelsäule sein.

Die Statik des Körpers beim Tragen von Lasten

Beim Tragen von Lasten, beispielsweise einem Koffer, muss die Zugkraft, die von einem Gewicht ausgehend von den Fingern der tragenden Hand übernommen wird, auf die Sohle vom Fuß des Standbeines und so auf den Erdboden übertragen werden. Das Gewicht (1) lastet als Druckkraft auf den Beugeseiten der Finger (2). Dieser die Finger aufbiegenden Kraft wirken die kurzen Beugemuskeln in der Hand und vor allem die lange Beugemuskulatur am Unterarm (3) durch ihren Zug entgegen. Diese Muskeln entspringen an den Unterarmknochen und der dortigen Zwischenknochenmembran (4) sowie am unteren Ende des Oberarmknochens (6). Die Strukturen des Unterarms gelangen alle unter Zug, auch die Bänder des Ellenbogengelenks (5). Das Gewicht zieht daher zunächst auch am Unterarmknochen. Letzterer findet aber ein Widerlager gegen den Muskelzug im Ellenbogengelenk selbst, womit der Oberarmknochen schließlich auch Druck aufnimmt. Insbesondere der Deltamuskel (7) übernimmt nun das Gewicht. Sein Zug presst den oberen Gelenkkopf des Oberarmknochens gegen die Gelenkpfanne des Schulterblattes (8), das so die Zugbeanspruchung an den absteigenden Teil des Trapezmuskels (9) übergibt. Er verhindert, von den oberen Halswirbeln und dem Hinterhauptsbein entspringend, ein Absinken des Schultergürtels. Der Trapezmuskel überträgt die Kraft auf den Schädel (10) und verleiht ihm einen Zug in den Nacken sowie den einer Seitwärtsneigung. Dieser Bewegung wird durch stabilisierende Aktivität der Halsmuskulatur der Gegenseite entgegengewirkt (11). Zur Erhaltung des Gleichgewichts muss der Arm der Gegenseite je nach Gewicht des Koffers mehr oder weniger angehoben werden (12). Das Gewicht des Koffers hängt also letztlich am Hinterhaupt und an dem Nacken der Person.

Gleichzeitig wirken diese Zugkräfte nach einer Umlenkung auf die Halswirbelsäule (13) als Druckbelastung, eine Beanspruchung, die sich zunächst kontinuierlich bis zum Kreuzbein als Drucklast überträgt (14). Der seitlich am Körper aufgehängte Koffer übt ein Drehmoment auf die Wirbelsäule im Sinne einer seitlichen Rumpfneigung aus (15). Insbesondere die aufrichtende Muskulatur des Rückens auf der anderen Körperseite (16) verhindert ein Umkippen des Rumpfes zur Seite. Vor allem die äußeren Muskelstränge des Wirbelsäulenaufrichters (Musculus erector spinae), des Darmbein-Rippen-Muskels (Musculus iliocostalis) und des langen Rückenmuskels (Musculus longissimus dorsi) halten die Wirbelsäule stabil. Diese Muskeln sind in Längsrichtung der Wirbelsäule verspannt und üben bei Kontraktion daher einen starken Druck auf die Wirbelsäule und damit auch auf die Bandscheiben aus (17). Das Gewicht des Koffers lastet inzwischen quantitativ genau auf dem Promontorium (18), der letzten Bandscheibe der Lendenwirbelsäule, und wird von ihr dem Kreuzbein (19) übergeben. Letzteres ist mit den Kreuzbein-Darmbein-Bändern am Beckengürtel aufgehängt, sodass nun die Gewichtskraft von den Beckenknochen, vornehmlich wieder als Zug- und Biegebeanspruchung aufgenommen wird (20).

Da der Kopf des Oberschenkelknochens das Becken seitlich davon im Hüftgelenk unterstützt (21), bewirkt das Gewicht des Koffers im Kreuzbein ein seitliches Kippmoment des Beckens (22). Zwischen der Rückseite der Darmbeinschaufel und dem großen Rollhügel verlaufen der mittlere und der kleine Gesäßmuskel (Musculus gluteus medius und minimus) (23). Sie halten das Becken und damit alle weiteren, sonst in labilem Gleichgewicht darüber befindlichen Körperteile zu deren Stabilisierung fest. Der Zug dieser beiden Muskeln bewirkt eine kräftige zusätzliche Druckkomponente auf das Hüftgelenk (21).

Von nun an wechseln die Zugleistungen der Beinmuskulatur und die Druckbeanspruchungen in den Knochen und Gelenken einander ab. Die Streckmuskulatur des Ober- und Unterschenkels (24, 27), bewirkt eine Kompression sowohl im Oberschenkelknochen (25) und im Schienbein (28) als auch im Kniegelenk (26). Sie wirkt hierdurch als Drucklast auf das obere Sprunggelenk (29) und spannt den Längsbogen des Fußes (30), weil dieser vornehmlich auf der Ferse und vorne im Bereich der Grundgelenke der Zehen aufliegt. Der Druck wirkt nun auf das Fußsohlengewebe. Die Drucklast auf der Fußsohlenhaut wird letztlich durch Zugverspannung des Fußbogens und durch die Zugbelastung auf den Wänden der unter Druck stehenden

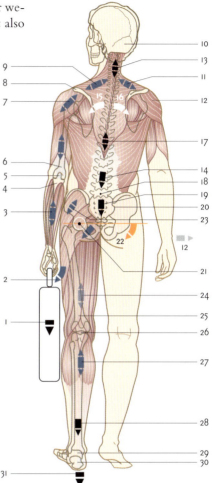

Die **Zug-** und **Druckbelastungen** der beteiligten anatomischen Strukturen beim Tragen eines Gewichtes. Blaue Pfeile zeigen einen Zug, schwarze einen Druck. Die gekrümmten Pfeile deuten seitliche Kippmomente im Kopf-, Wirbelsäulen- und Beckenbereich an. Die Ziffern geben die anatomischen Erläuterungen im Text an.

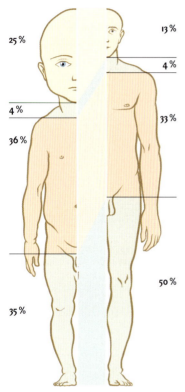

Die **Beine des Neugeborenen** sind mit etwa 33 % der Körperlänge recht kurz. Im Alter von 4 Jahren beträgt die relative Beinlänge etwa 42 %, mit 10 Jahren etwa 48 %, bis sie schließlich beim Erwachsenen mit etwa 50 % ihren Endwert erreicht.

Zellen des Sohlengewebes (31) aufgenommen. Als Gegenkraft zu dieser im Körper auftretenden Kraft kann man nun die Gewichtskraft auf der Unterlage einer Waage messen, welche die Summe aus dem Koffer- und dem Körpergewicht anzeigt.

In dem Beispiel findet über 15-mal eine Überleitung von einer Zug- auf eine Druckbelastung und umgekehrt statt. Alle durch die Last und den Muskelzug erzeugten Dreh- und Kippmomente befinden sich an den Gelenken meist in labilem oder instabilem Zustand. Daher ist es umso erstaunlicher, dass die Muskeln, vornehmlich durch Haltereflexe gesteuert, genau in jenem Maß in Aktion treten, wie es für die Herstellung des Gleichgewichts notwendig ist. Wegen des labilen Gleichgewichts und der fast reibungslos arbeitenden Gelenke müssen alle muskulären Kräfte so eingestellt werden, dass die Summe aller inneren und äußeren Kräfte die Wirkungen des Gewichts exakt kompensieren. Das ist eine ungeheure Mess- und Einstellungsleistung, zumal das Beispiel sehr vereinfachend beschrieben wurde und hierbei mehrere Hundert anatomische Strukturen gleichzeitig betroffen sind.

Noch komplizierter sind die Mess- und Steuerfunktionen aller natürlich über Reflexe ablaufenden Bewegungen der Wirbelsäule beim schnellen Lauf. Als Besonderheit kommen hier die starken Drehmomente durch die seitlich schwingenden Massen der Gliedmaßen hinzu.

Grundlagen zur Anatomie des Beines

Ein Bein des Menschen wiegt durchschnittlich etwa 18–19 Prozent vom Gesamtgewicht des Körpers. Als Stützorgan des Individuums ist es damit etwa dreimal so schwer wie der Arm, der nur 6–7 Prozent der Körpermasse ausmacht. Es besitzt die größten Muskeln, den als Strecker des Hüftgelenkes wirkenden großen Gesäßmuskel (Musculus gluteus maximus) und den im Hüftgelenk beugenden und gleichzeitig im Kniegelenk streckenden vierköpfigen Oberschenkelmuskel (Musculus quadriceps femoris).

Die Körperproportionen eines Menschen und insbesondere die relative Länge seiner Beine ändern sich mit seiner körperlichen Entwicklung erheblich. Gemessen an der Höhe der Schambeinfuge, misst das Bein beim Neugeborenen nur wenig mehr als ein Drittel der Körperlänge, beim Erwachsenen dagegen ziemlich genau 50 Prozent. Auch die Gestalt des Beins ändert sich mit dem Lebensalter. Neugeborene besitzen nicht nur die für sie typischen und völlig normalen O-Beine, sondern auch ihre Hüft- und Kniegelenke sind gebeugt; die krummen Beinchen des Säuglings sind durch die Gestalt des Skeletts in diesem Alter bedingt.

Beim Erwachsenen verläuft die den Körper stützende Traglinie, von der Mitte des Oberschenkelkopfes ausgehend, hinter der Kniescheibe und dann entlang des Schienbeins zum oberen Sprunggelenk. Durch den Oberschenkelhals wird der Schaft des Oberschenkelknochens zur Seite verlagert: Er nähert sich zum Knie hin der Traglinie und bildet im Knie von vorn oder hinten gesehen einen

Winkel, das so genannte physiologische X-Bein. Wegen der größeren Breite des weiblichen Beckens stehen auch die Gelenkpfannen für den Schenkelkopf etwas weiter auseinander. Daher ist das physiologische X-Bein bei Frauen ausgeprägter als bei Männern. Bei beiden Geschlechtern berühren sich beim geraden Stand normalerweise die Knie. Insbesondere bei jüngeren Frauen werden die Muskelkonturen des Beins durch das reichlichere und recht gleichmäßig verteilte Unterhautfettgewebe geebnet. Beim Mann berühren sich im Stand der zentrale Oberschenkelbereich und die Knie. Dazwischen befindet sich meist eine etwa handtellerhohe und fingerbreite Spalte, die nach dem Schneidermuskel benannte Sartoriusspalte, die bei vielen schlanken Frauen enger ist oder fehlt; bei ihnen liegen die Oberschenkel im Stand oft enger zusammen oder berühren sich.

Die Statik des Beckengürtels und des Hüftgelenks

Für die Funktionen des aufrechten Gangs haben die drei Knochen des Beckens, Darmbein, Schambein und Sitzbein, weitgehende Veränderungen erfahren. Beim Erwachsenen bilden diese knöchern verschmolzenen Elemente als rechter und linker Beckenknochen zusammen mit dem Kreuzbein einen knöchernen Ring, den Beckengürtel, der an drei Stellen durch nur sehr geringfügig bewegliche Gelenke unterbrochen ist. Bauchseitig befindet sich die Fuge der Schambeinsymphyse, ein sehr straffes, faserknorpeliges Gelenk, während auf der Rückenseite die beiden Darmbeinanteile des Beckenknochens im Darmbein-Kreuzbein-Gelenk mit Letzterem verbunden sind. Dieses Gelenk besteht aus kurzen, sehr dichten und festen Fasern und ist darüber hinaus durch die außerordentlich starken Kreuzbein-Darmbein-Bänder fixiert.

Der Gewichtsdruck des auf dem Becken lastenden Körpers wird über diese beiden Gelenke auf den Beckenring übertragen. Anatomen verglichen früher das Kreuzbein mit dem Schlussstein eines Gewölbes. Doch ist das Kreuzbein nicht von oben keilartig den beiden Darmbeinschaufeln aufgepropft, sondern hängt, mindestens teilweise, in dem eben erwähnten Band- und Faserapparat. So erzeugt es also weniger einen Druck, als dass es an seiner Aufhängung zieht. Wieder ist hier ein allgemeines Prinzip der biomechanischen Statik realisiert: Alle Druckbelastungen im Körper werden letztlich in Zug umgewandelt und von den kollagenen Bändern aufgefangen.

Das Hüftgelenk des Menschen ist als Anpassung an die aufrechte Haltung geringfügig überstreckbar. Daher liegt der Körperschwerpunkt auf der Standbeinseite etwas hinter der Mitte des Hüftgelenks. Während der Mensch bei gebeugtem Hüftgelenk nur mit ständiger Anspannung der das Gelenk streckenden Gesäßmuskulatur stehen könnte, bewirkt das Körpergewicht diese Streckung beziehungsweise die gestreckte Haltung nun »von allein«. Wie fast in allen Fällen, begrenzen auch hier kollagene Bänder die

Das **physiologische X-Bein** des Menschen: Die Traglinie des Körpers (rot) führt durch den Kopf des Oberschenkelknochens, die Mitte des Kniegelenks und die beiden Sprunggelenke. Die Längsachse des Schenkelhalses (grün) weist nach außen, sodass der Schaft (blau) des Oberschenkelknochens einen Winkel von etwa 5° zu jenem des Schienbeins bildet. Das ist eine wichtige Anpassung an den aufrechten Gang des Menschen.

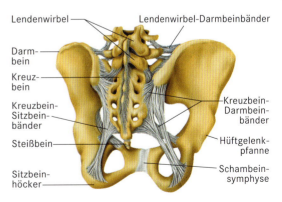

Das **menschliche Becken** von hinten mit den starken Bändern, welche die Verbindung zur unteren Wirbelsäule herstellen.

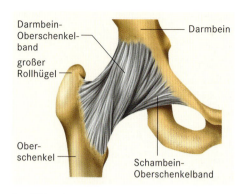

Das **Hüftgelenk** ist durch starke Bänder mit dem Becken verbunden.

weitere Überstreckung: Das Darmbein-Oberschenkel-Band (Ligamentum iliofemorale) windet sich als Teil der Gelenkkapsel des Hüftgelenks, von der vorderen Seite des Darmbeins kommend, vorne dergestalt um den Schenkelhals, dass es bei einer Hüftgelenksbeugung lose ist und bei der Streckung des Gelenks eine weitere Überstreckung verhindert. Daher kann man sich mit vorgeschobener Hüfte bequem und ohne viel Muskelarbeit auf sein Standbein stellen. Die herausragende statische Funktion des Iliofemoral-Bandes wird auch in seiner Stärke deutlich: Mit über vier Millimetern Dicke ist es das stärkste Band des menschlichen Körpers.

Statik und Dynamik des Kniegelenks

Die wichtigsten Funktionen des Knies sind seine tragende Funktion beim Stand sowie seine Beugung und Streckung beim Gang und Lauf. Steht ein Mensch auf beiden oder, was häufiger vorkommt, auf nur einem Bein, hat er normalerweise das belastete Knie »durchgedrückt«. Der umgangssprachliche Ausdruck beschreibt eine geringfügige Überstreckung des Gelenks, meist um 5° oder etwas weniger, bis zu einem fühlbaren Anschlag. Der Anschlag entspricht einer Straffung der Kollateralbänder auf der Innen- und Außenseite des Gelenks, welche Oberschenkelknochen und Schienbein gegeneinander unbeweglich verbinden, als wäre das Kniegelenk versteift. Diese straffe Verbindung erlaubt in dieser Stellung keinerlei Bewegungen zwischen Oberschenkelknochen und Schienbein.

Wenn man im Stand ein Bein völlig entlastet, kann man den großen Rollhügel (Trochanter major) des Oberschenkelknochens am Spielbein etwa in Höhe des Handgelenks des hängenden Arms leicht finden und ergreifen. Rotiert man nun die Fußspitze des gestreckten Spielbeins nach innen oder nach außen, stellt man fest, dass sich nicht nur der Unterschenkel dreht, sondern auch das Hüftgelenk: Der Rollhügel an der Hüfte macht die Drehung genauso mit wie die Fußspitze, weil das Knie gleichsam physiologisch versteift ist.

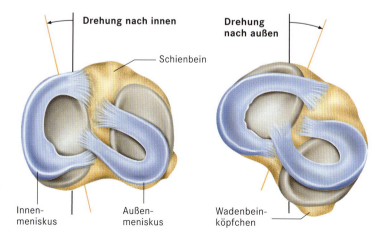

Durch die Drehung des Schienbeins werden die **Menisken** (hier von oben), besonders der äußere, durch die darin eingebetteten Gelenkrollen des Oberschenkels verformt.

Bei gebeugtem Knie hat das Gelenk eine völlig andere Mechanik. Die Gelenkrollen des Oberschenkelknochens haben in gebeugter Stellung einen kleinen und in gestreckter Stellung einen großen Radius. Dadurch bekommt das Gelenk in der Beugung Spiel, weil die es fesselnden Kollateralbänder für einen straffen Sitz zu lang sind. Auf einem Stuhl sitzend, kann man bei gebeugtem Knie die Fußspitze einwärts und auswärts drehen, da das Schienbein diese Bewegung als Drehung entlang seiner Längsachse im relativ lockeren Kniegelenk vollführt. Es braucht sie nicht, wie in der Streckung, auf den Oberschenkel zu übertragen. Das Gelenkplateau des Schienbeines auf der Innenseite des Knies rutscht durch den Zug der Oberschenkelmuskulatur bei einer Innenrotation der Fußspitze auf der unbewegten Gelenkrolle des Oberschenkels nach hinten auf die Hüfte zu. Durch eine Drehung des Oberschenkels wird bei gestrecktem Knie die Fußspitze nach innen beziehungsweise nach außen geführt.

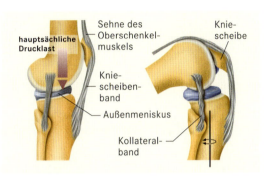

Die **Gelenkköpfe des Oberschenkelknochens** im Kniegelenk haben in Seitenansicht einen spiraligen Verlauf. Der Bewegungsradius ist in gestreckter Position groß, in gebeugter Haltung dagegen klein. Dadurch werden die in der Beugung lockeren Kollateralbänder bei Streckung des Kniegelenkes straff gespannt.

Bei allen Bewegungen im Kniegelenk sind die halbmondförmigen Zwischenknorpel (Menisken) funktionell beteiligt. Es handelt sich um zwei in Aufsicht c-förmige, im Querschnitt keilförmige Faserknorpel, die sich den Gelenkrollen des Oberschenkels dicht anschmiegen und auf dem Schienbeinplateau flach aufliegen. Sie wirken als verschiebbare, elastische Polster und machen den Ablauf der Bewegungen im Kniegelenk gleichmäßiger. Bei der Streckung wirken sie als allmählich zunehmende Bremse. Insgesamt nehmen sie als elastische Puffer einen Teil des Binnendrucks im Kniegelenk auf.

Während das äußere Kollateralband an der Knieaußenseite von der Gelenkrolle des Oberschenkelknochens zum Köpfchen des Wadenbeines frei durch ein Fettpolster zieht, ist das Kollateralband auf der Knieinnenseite fest mit der Gelenkkapsel verwachsen. Die Kapsel entsendet ihrerseits Kollagenfasern in den Innenmeniskus. Rund 94 % der Meniskusverletzungen betreffen den Innenmeniskus, nur 6 % den Außenmeniskus. Durch die enge Verbindung der drei beteiligten Strukturen kommt es außerdem, besonders bei Sportlern, häufig zu gemeinsamen Verletzungen des Innenbandes mit dem Innenmeniskus, natürlich unter Beteiligung der Gelenkkapsel. Außenband und Außenmeniskus sind dagegen nur selten gemeinsam betroffen.

Eine wichtige Funktion im Kniegelenk erfüllen die beiden Kreuzbänder. Sie laufen in einem breiten Spalt, von den beiden Gelenkrollen des Oberschenkelknochens ausgehend, zu dem Areal zwischen den beiden Gelenkflächen des Schienbeins. Sie liegen innerhalb der Gelenkkapsel und, wie der Name andeutet, überkreuzen sich. Die Kreuzbänder tragen zu einer effektiven Stabilisierung des Gelenks in verschiedenen Stellungen bei. Sind sie gerissen, kann man bei gebeugtem Knie das Schienbein im Kniegelenk wie in einer Schublade vor- und zurückschieben. Häufiger als das hintere reißt das vordere Kreuzband; meist zerreißt jedoch nicht das Band selbst, sondern es kommt zu einem Ausriss der Verankerung des Bandes aus dem Schienbein.

Statik des Fußes

Am stärksten unterscheidet sich der Mensch von den Menschenaffen in der funktionellen Anatomie seines Gehirns und seines Fußes. Die Proportionen des menschlichen Fußes sind zugunsten einer über den Großzehenballen und die Großzehe abrollbaren Fußsohle verschoben. Die Zehen sind außerordentlich kurz. Im Gegensatz zu den Menschenaffen sind alle fünf Zehen parallel orientiert; die Großzehe ist nicht zangenartig den anderen Zehen gegenübergestellt. Ein Oppositionsgriff, wie bei der Hand durch den gegenüberliegenden Daumen, ist mit dem Fuß des Menschen nicht möglich.

Stattdessen hat der Fuß in der Evolution eine fälschlich als Fußgewölbe bezeichnete statische Struktur erworben. Der korrekt als Längsbogen des Fußes bezeichnete Aufbau besteht aus den knöchernen Bauelementen der Fußwurzel und des Mittelfußes, mit den Auflagepunkten an der Ferse und im Bereich der Zehengrundgelenke. Als nicht knöcherne Anteile treten kurze Muskelzüge und ein den Bogen verspannender Bandapparat in Längsrichtung des Fußes hinzu. Hervorzuheben sind hier das lange Fußsohlenband und die Sehnenplatte des Fußes, die so genannte Plantaraponeurose, zwei derbe Platten oder Stränge aus kollagenen Fasern, die in zwei Etagen vom Fersenknochen zu den Mittelfußknochen reichen. Sie verleihen dem Bogen maßgeblich seine Stabilität. Geben sie nach, sinken die Knochen des Fußbogens unter dem Druck des Körpergewichtes ab und bilden einen Plattfuß. Weit über den Fuß hinaus reichen die Verspannungselemente des Querbogens, den im Bereich des Würfelbeins und der Keilbeine kurze Bänder und Sehnen halten.

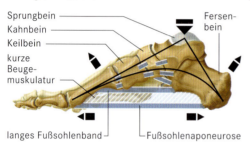

Das **Skelett des rechten Fußes** von innen gesehen. Die Statik des menschlichen Fußes entspricht der einer federnden Bogenkonstruktion. Sie ist kein Gewölbe, das sich durch sein Eigengewicht stabilisiert: Die Gewichtslast würde ein Einsinken der Fußwurzel und des Mittelfußes bewirken; dabei müsste der Fuß durch ein Aufbiegen der Wölbung länger werden (Pfeile). Die Stabilisierung des Längsbogens erfolgt durch zugaufnehmende Strukturen: das lange Fußsohlenband, die Sehnenplatte des Fußes und die kurze Beugemuskulatur sowie einige straffe, kurze Bänder auf der Sohlenseite der beteiligten Knochen.

Muskellehre und Sport

Die Bewegungen der willkürlichen Muskulatur oder Skelettmuskulatur sind prinzipiell dem Willen des Menschen unterworfen. Der Mensch steuert aber nicht den Tonus, also das Ausmaß der Anspannung, und die Dauer der Arbeit einzelner Muskeln, die er in der Regel auch gar nicht kennt, sondern er initiiert eine beabsichtigte Bewegung. Diese wird dann von seinem Gehirn in Form koordinierter Programme von Muskelaktivitäten und über verschiedene Nervenimpulse durch die Muskeln realisiert. Die willkürliche Anspannung eines Muskels ist die Ausnahme, der überwiegende Teil der Willkürbewegungen besteht aus unbewusst gesteuerten Abläufen in Gehirn, Nerven und Muskeln. Mit dieser Einschränkung muss der Begriff der willkürlichen Muskulatur verstanden werden.

Grundlagen des Muskelbaus

Die Muskeln sind wegen des Proteins Myoglobin rot gefärbt. Der darin enthaltene eisenhaltige Farbstoff ist dem roten Blutfarbstoff Häm chemisch nahe verwandt. Physiologisch unterscheidet

Myoglobin besteht aus dem Globin-Protein und einem Porphin-Molekül. Wie das Häm im Hämoglobin ist Myoglobin aus vier miteinander verbundenen Pyrrolringen aufgebaut und hat in der Mitte ein Eisenatom gebunden.

man so genannte »weiße« und »rote« Muskelfasern. Die hellere, rosa gefärbte Muskulatur enthält relativ wenig Myoglobin und mehr, jedoch nur elektronenoptisch sichtbare Strukturen zur schnellen Freisetzung und Wiederaufnahme der bei der Muskelkontraktion und Erschlaffung umgesetzten Substanzen, insbesondere der Calciumionen. Daher sind helle Fasern zu schnelleren Kontraktionen befähigt. »Rote« Fasern sind hingegen langsamer, aber ausdauernder, weil sie pro Zeiteinheit energiesparender arbeiten. Das Zwerchfell ist ein solcher langsamer, myoglobinreicher und daher rotbrauner Muskel. Insbesondere die Muskulatur der Arme und Beine ist in begrenztem Umfang auf kräftige Haltearbeit oder schnelle, explosive Kontraktionen trainierbar. Es gibt also nicht nur alle Zwischenstufen zwischen »weißen« und »roten« Muskeln, sondern dies kann in begrenztem Maße durch spezifische Beanspruchungen beziehungsweise durch Training beeinflusst werden.

Eine Sonderform der quer gestreiften Muskulatur ist die **Herzmuskulatur.** Ihre Muskelfasern sind dünner als die der quer gestreiften Muskulatur und sie sind durch Verbindungsfasern zu einem Netzwerk verbunden. Wie die glatte Muskulatur ist die Herzmuskulatur nicht willkürlich aktivierbar. Die Erregung der einzelnen Zellen, die zur Kontraktion führt, geht vom Sinusknoten und den Atrioventrikularknoten aus, und wird von Sympathikus und Parasympathikus lediglich moduliert.

Die Skelettmuskulatur wird nach ihrem Erscheinungsbild im lichtmikroskopischen Präparat und ihrem molekularen Aufbau als quer gestreifte Muskulatur bezeichnet. Die Querstreifung ist durch eine serielle Anordnung der Sakromere, der Bauelemente der einzelnen Muskelfasern, verursacht. Die Bewegung der Moleküle Aktin und Myosin innnerhalb der Sakromere führt zur Kontraktion eines Muskels. Von der Skelettmuskulatur unterscheidet sich die

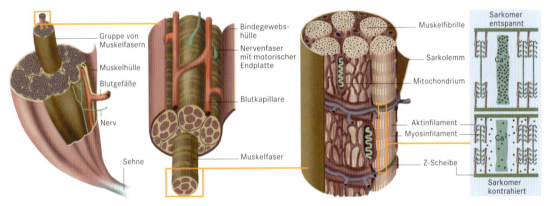

Ein quer gestreifter Muskel besteht aus parallel laufenden Gruppen von Muskelfasern, die jeweils von einer Bindegewebshülle umgeben sind. Eine einzelne Muskelfaser ist aus Hunderten von Muskelfibrillen aufgebaut, die wiederum aus vielen aufeinander folgenden Sarkomeren bestehen. Die geordnete Abfolge der Sarkomere ruft die Querstreifung der Muskeln hervor. An den Z-Scheiben, die jeweils ein Sarkomer begrenzen, sind die Aktinfilamente befestigt, die aus einer Kette kugelförmiger Aktinmoleküle, fadenförmiger Tropomyosinmoleküle und einzelnen Troponinmolekülen bestehen. Zwischen den Aktinfilamenten liegen die Myosinfilamente. Sie sind aus je 150 Myosinmolekülen aufgebaut, wobei jedes Molekül einen »Schaft«, einen »Hals« und einen »Kopf« besitzt. Die Schäfte sind miteinander verbunden und bilden das eigentliche Filament, während die Köpfe seitlich herausragen.
Bei einer Muskelerregung, pflanzt sich das Nervensignal von der äußeren Bindegewebshülle über das T-System, ein ringförmig um die Muskelfibrillen verlaufendes Kanalsystem, in das innere der Muskelfaser fort. Aus dem sarkoplasmatischen Reticulum, einem parallel zu den Muskelfibrillen verlaufenden Kanalsystem, werden daraufhin Calciumionen ausgeschüttet, die zu den Troponinmolekülen wandern und an sie binden. Diese verändern ihre Form und drängen die Tropomyosinmoleküle aus ihrer Position, sodass Bindungsstellen an den Aktinfilamenten für die Myosinköpfe freigelegt werden. Bindet das Myosin an ein benachbartes Aktin, klappt der Myosinkopf um und die Aktinfilamente ziehen etwa 10 Nanometer an dem Myosinfilament vorbei, wodurch sich das Sarkomer und der gesamte Muskel verkürzt. Erhöht sich dagegen nur die Muskelspannung, ohne dass sich die Muskellänge nennenswert ändert, dehnt sich der Hals des Myosinmoleküls.

glatte Muskulatur, die die Muskelwandungen des Darms, des Atemtraktes, der Gefäße, des Harntraktes und der Gebärmutter bildet. Aus glatter Muskulatur besteht auch der Ciliar- und der Pupillenmuskel im Auge und die Haarbalgmuskeln. Die glatte Muskulatur ist vom vegetativen Nervensystem innerviert und arbeitet daher unwillkürlich. In der glatten Muskulatur sind die Aktin- und Myosinmoleküle weniger geordnet als in der quer gestreiften Muskulatur. Glatte Muskelzellen haben ein höheres Kontraktionsvermögen als quer gestreifte Muskelzellen und sind nicht so leicht ermüdbar. Ihre Kontraktionskraft und -geschwindigkeit ist jedoch geringer.

Sport – Funktionen und körperliche Auswirkungen

Sportliche Betätigungen haben einen hohen gesellschaftlichen Stellenwert und tragen zur Gesundheit der Bevölkerung bei. Der Sport hat für jeden Einzelnen einen hohen Freizeitwert und ist wichtig für das individuelle Wohlbefinden. Positive Aspekte des Sports sind seine soziale Funktion durch die Integration von Gleichgesinnten, vor allem in Vereinen, seine pädagogischen Funktionen in der Jugendarbeit oder die Bildung und Festigung von Teamgeist. Als psychische Funktionen des Sports sind die Hebung des Selbstwertgefühls durch das Erreichen einer Leistung oder durch die Anerkennung in einer Mannschaft positiv zu werten. Soziale Funktionen sind aber auch das Imponierverhalten oder das verhaltensbiologisch so genannte Paradieren, beispielsweise bei Skifahrern als »Pistenhirsch« oder »schickes Skihaserl«.

Die wohl wichtigste, weil erwünschte und angestrebte Wirkung des Sports auf den Körper ist die Ertüchtigung. Je vielfältiger die Bewegungen beim Sport sind, desto allgemeiner sind die Trainingswirkung und der Trainingserfolg. Bei vielen Ballspiel- und Laufsportarten zum Beispiel wird der gesamte Bewegungsapparat sowie das Atem- und das Herz-Kreislauf-System gefördert.

Durch ein gezieltes Training nimmt die Muskelmasse zu, werden die beteiligten Knochen und Sehnen verstärkt. Aufgrund hormoneller Prozesse geschieht das bei Männern in größerem Maße als bei Frauen. Wiederholte körperliche Belastung führt auch zu einer Zunahme des maximalen Atemzugvolumens, der so genannten Vitalkapazität, und über jenes zu einem erhöhten Atemminutenvolumen. Das ermöglicht eine erhöhte Bereitstellung von Sauerstoff für den Körper. Trainierte Personen haben ein etwas größeres Herz, das sich den aktuellen Bedürfnissen der Sauerstoffversorgung durch den Kreislauf besser anpasst. In Ruhe schlägt es langsamer, fördert bei jedem Herzschlag mehr Blut (Schlagvolumen) und bewältigt während der Belastung ein höheres Herzminutenvolumen. Vor allem kehrt es nach Abschluss einer körperlichen Anstrengung schneller wieder zu seinen Ruhewerten zurück. Daher ist diese Zeitspanne vom Ende einer körperlichen Anstrengung bei hoher Pulsfrequenz bis zum Wiedererreichen des Ruhepulses ein gutes Kriterium für den Trainingszustand einer Person.

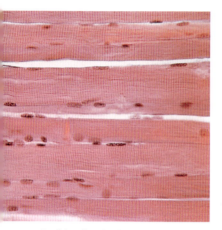

Im lichtmikroskopisches Bild eines **quer gestreiften Muskels** sind die dunkelroten Streifen der Myosinfilamente zu sehen. Nur undeutlich zu erkennen sind die dazwischenliegenden weißen Z-Scheiben. Die linsenförmigen Strukturen sind Mitochondrien.

Eine erhöhte Lebenserwartung durch sportliche Betätigung ließ sich bisher nicht nachweisen. Für eine größere Widerstandskraft sportlich aktiver Menschen gegenüber verschiedenen Krankheiten gibt es bisher ebenfalls keine verlässlichen Belege. Jedoch wird durch sportliche Betätigung eine höhere körperliche Belastungsfähigkeit erreicht. Erkrankungen der Wirbelsäule einschließlich der Bandscheiben sind bei Sportlern nicht häufiger als in der übrigen Bevölkerung. Das trifft sogar auf Leistungssportler wie Geräteturner und Gewichtheber zu. Da die Krankheitsrate bei ihnen gleich oder sogar niedriger als bei der Durchschnittsbevölkerung liegt, könnte eine Trainingsbelastung also eventuell eine Schutzfunktion erfüllen und die Anfälligkeit für Krankheiten senken.

Eine erhöhte Belastbarkeit von Sportlern gegenüber Stress ist ebenfalls nachgewiesen. Sie ist eine direkte Folge der vielen Bewegung, durch die die verschiedenen Stresshormone abgebaut werden. Körperliche Betätigung führt zudem im Gehirn zur Biosynthese geringer Mengen eines Opiats, das gewissermaßen als biologischer Stimmungsaufheller fungiert. Weil seine Produktion im Körper selbst abläuft, wird er als Endorphin bezeichnet. Die Synthese des β-Endorphins zum Beispiel findet im Hypothalamus statt. Einerseits wirkt es über den Hypophysenvorderlappen auf den Hormonhaushalt des Körpers, andererseits vermag es über die langen Fortsätze der hypothalamischen Nervenzellen auf weite Bereiche des Gehirns selbst einzuwirken.

Die extrem hohe β-Endorphinproduktion kann beispielsweise bei den Teilnehmern von Marathonläufen, relativ unabhängig vom Erschöpfungsgrad, die gute Stimmung bei hoher Kilometerzahl und beim Zieldurchlauf verursachen. Die körpereigenen morphiumähnlichen Substanzen verleihen dem Läufer eine höhere Durchhaltekraft und dämpfen etwaige Schmerzempfindungen. Dieser Effekt ermöglicht dem Läufer oft, trotz einer Verletzung, zum Beispiel blutig gelaufener Blasen, eine enorm lange Strecke zu bewältigen. Andererseits besteht die Gefahr, dass Verschleißverletzungen, insbesondere der Gelenke, wegen der Schmerzunempfindlichkeit während des Laufs Vorschub geleistet wird. Die regelmäßige Endorphinproduktion über einen längeren Zeitraum hinweg kann gelegentlich auch zu einer suchtartigen Abhängigkeit von der sportlichen Betätigung führen. Intensive Jogger zum Beispiel sind machmal auf die Produktion ihrer Endorphine angewiesen. Neben dem Krankheitswert der Sucht birgt die sportliche Betätigung in solchen Fällen zusätzlich die Gefahr nachfolgender Erkrankungen des Bewegungsapparats. Diese Tatsachen dürfen die wesentliche Funktion der Endorphine nicht entwerten; sie sind ein ganz wichtiges Moment der Bewegungsfreude beim Sport.

Häufige und typische Sportverletzungen

Die häufigsten Sportverletzungen sind Schürfwunden und andere Verletzungen der Haut, die in Statistiken jedoch nicht eingehen, obwohl sie wegen der Gefahr von Tetanus (Wundstarr-

---

Der Sport gehört statistisch zu den gefährlichsten Tätigkeiten überhaupt. Bei einer groß angelegten Studie wurde festgestellt, dass etwa 40% aller Unfälle nicht beruflich bedingt waren. Bei 250 000 registrierten Freizeitunfällen geschahen 82 000 (33%) bei Sport und Spiel, 42 000 bei Verkehrsunfällen (17%) und 40 000 im Haushalt (16%). Die außerhalb von Schulen erhobenen Sportunfälle in Deutschland verursachen mit etwa zwei Milliarden Mark pro Jahr derzeit trotzdem nur etwa 1% der Ausgaben der deutschen Krankenversicherer.

Der Sieger des Hanse-Marathons, der Brasilianer Nivaldo Filho, läuft unter den Anfeuerungsrufen der Zuschauer zum Ziel.

Arthrosen, also langwierige, im Alter nicht ausheilende, sondern sich allmählich verschlimmernde Erkrankungen der Gelenke, treten insbesondere bei Fußballern und Springern und allen, die Kampfsportarten treiben, auf. Fast alle langjährig Aktiven sind im höheren Alter von Arthrosen der Knie- oder Sprunggelenke betroffen. Arthrosen lassen sich wahrscheinlich auf Verletzungen der betroffenen Gelenke zurückführen. Dagegen haben ältere, langjährig als Langstreckenläufer und Radfahrer aktive Leistungssportler eine unterdurchschnittliche Häufigkeit von Hüftgelenks- und Kniearthrosen – einer der wenigen Fälle nachgewiesener, erniedrigter Anfälligkeit für eine Krankheit durch das Treiben von Sport.

Der ehemalige Fußballprofi Axel Kruse von Hertha BSC Berlin liegt verletzt am Boden. Wegen seiner Knieprobleme musste Kruse seine Karriere vorzeitig beenden.

Besonders gravierende Sportverletzungen sind die bei Boxern relativ häufig zu beobachtenden bleibenden Hirnschäden. Sie zeigen oft sehr verschiedenartige Wirkungen, zu denen die Parkinson-Krankheit oder Sprachstörungen zählen sowie eine allgemein nachlassende Leistung des Gehirns. Als typische Folge dieses Kampfsports hat sie die klinische Bezeichnung **Boxerdemenz** erhalten.

krampf) unbedingt eines Impfschutzes bedürfen. Relativ unfallträchtig ist das Fußballspielen. Rund 60 Prozent aller Sportunfälle in Deutschland entfallen allein auf diese Sportart.

Das Verletzungsrisiko ist für Sport treibende Männer in vielen Sportarten höher als für Frauen. Auch sterben mehr Männer als Frauen beim Sport. So betrafen 96 Prozent der in Deutschland registrierten Todesfälle im Vereinssport Männer, nur 4 Prozent der Sportunfallopfer waren dagegen Frauen. Fast drei Viertel aller Todesfälle wurden durch Herz-Kreislauf-Ursachen bedingt. Bei den Männern geschahen tödliche Sportunfälle am häufigsten beim Fußball, mit großem Abstand gefolgt von Tennis und Radfahren, während bei den Frauen Reiten und Kanufahren die ersten Plätze einnahmen. Um das Risiko besser abwägen zu können, muss man jedoch beachten, dass 30-mal so viel Männer beim Fußball starben wie Frauen beim Reiten.

Einen beachtlichen Stellenwert im Freizeitsport nimmt das Skifahren ein. In den letzten 30 Jahren hat sich die Anzahl von Skiunfällen verglichen mit der auf Skiern verbrachten Zeit erheblich verringert. Das ist vor allem auf die bessere Ausrüstung sowie auf größere Erfahrung der Freizeitsportler zurückzuführen. Bei den Leistungssportlern scheint die Verletzungshäufigkeit jedoch wieder zuzunehmen. Mit dem Willen zur Leistung steigt wohl auch bei gut trainierten und gut vorbereiteten Personen die Bereitschaft zum Risiko.

Insgesamt liefert die Unfallstatistik zu niedrige Zahlen, weil sehr viele Sportler ihre Verletzungen wie Muskelfaserrisse und Verstauchungen von Fingergelenken oft nach dem Besuch des Hausarztes in Eigenbehandlung kurieren. Auch viele Langzeitschäden durch sportliche Betätigung entziehen sich einer statistischen Erfassung.

Bei den unterschiedlichen, für eine Sportart typischen Belastungen kommt es auch zu statistisch gehäuften, spezifischen Verletzungen, von denen chronische Dauerfolgen zu unterscheiden sind. Bänderrisse sind die häufigste Verletzungsart; Knochenbrüche geschehen nur halb so häufig, dicht gefolgt von Verstauchungen. So treten Ausrissbrüche an Wirbelfortsätzen gehäuft bei Fechtern, Geräteturnern, Gewichthebern, Kugelstoßern, Speerwerfern, Ringern und Ruderern auf. Die Achillessehne reißt besonders oft bei Basketball- und Volleyballspielern, Läufern, Ringern, Skiläufern, Springern und Tennisspielern, während die lange Sehne des Bizepsmuskels am Oberarm bei Geräteturnern, Gewichthebern, Ringern, Ruderern und Speerwerfern häufiger als bei anderen Sportlern reißt. Beinbrüche sind bei Skifahrern besonders häufig. Verletzungen der Hand und des Knies treten vor allem bei Radfahrern auf, die auch häufig Schlüsselbein- und Unterarmbrüche – besonders der Speiche – erleiden. Bei Reitern sind Schlüsselbeinbrüche sowie Verletzungen der Wirbelsäule und des Kopfes häufig. Boxer haben oft Brüche des Daumengrundgelenks und des Zeigefingers.

C. NIEMITZ

Der Mensch, ein offenes System im dynamischen Gleichgewicht

Wie jeder lebende Organismus benötigt auch der Mensch Energie zur Aufrechterhaltung aller Lebensprozesse. Diese Energie dient letztlich zwei Zielen: der Erhaltung seines Körpers und dessen Lebens. Voraussetzungen hierfür sind die Aufnahme von Nahrung, das Erschließen ihres Energiegehaltes und schließlich die Abgabe der nicht nutzbaren Reststoffe. Auch für den Wasserhaushalt und die Atmung sind eine ständige Zufuhr und Abgabe von Stoffen bei andauernd gleich bleibender Grundfunktion charakteristisch. Der Zustand des Körpers soll sich dabei möglichst nicht verändern. Wasserhaushalt, Sauerstoffgehalt, Temperatur und der Energiegehalt des Körpers, die gleich bleibende Konzentration von Salzen oder Proteinen im Blut – all dies unterliegt dem dynamischen Gleichgewicht von Zufuhr und Abgabe. Während beim Wasserhaushalt die Zufuhr von Trinkwasser und die äquivalente Abgabe von Wasser im Harn und Schweiß noch relativ leicht nachvollziehbar sind, ist die Energiezufuhr in Form einer Tafel Schokolade und ihre Abgabe im dynamischen Gleichgewicht weniger offensichtlich. Sie äußert sich beispielsweise in der Arbeit eines Muskels, in einem Heizbeitrag zum Erhalt der Körpertemperatur oder in der Energie zur Erzeugung eines Schweißtropfens, um den Körper abzukühlen – oder auch in der Produktion eines Gedankens, denn auch diesen gibt es nicht ohne energetischen Aufwand.

Panta rhei, »alles fließt«, war schon eine Erkenntnis zur Zeit des klassischen Griechenlands. In diesem Ausdruck steckt die tiefe Erkenntnis des scheinbaren Paradoxons, dass alles in der Welt und somit auch der Mensch durch Aufnahme und Abgabe an jedem Tag die selben Grundzüge seines Wesens und Lebens behält, aber immer wieder in nicht gleich bleibenden Zusammensetzungen existiert. Jeder Mensch ist an jedem neuen Tag gleichzeitig derselbe und trotzdem ein täglich neuer Mensch. »Alles fließt« bedeutet, auf den Menschen bezogen, in der modernen, naturwissenschaftlich geprägten Auffassung, dass der gesunde Mensch ein offenes System im dynamischen Gleichgewicht ist.

Der Mensch braucht ausgewogene Kost

Da die Weichteile des Magen-Darm-Traktes nach dem Tod eines Individuums nicht erhalten bleiben, liegen mit Ausnahme des Kauapparates keine fossilen Dokumente über die Ernährung unserer Vorfahren vor. Daher muss eine Herleitung der Ernährungsgewohnheiten mit einem Vergleich mit heute lebenden Menschenaffen beginnen. Die dem Menschen nächstverwandten Primaten sind entweder reine Vegetarier wie der Gorilla oder Mischesser mit vornehmlich vegetarischer Lebensweise wie die Schimpansen und

Das Überangebot von Fleisch in unserer Gesellschaft bringt neben ökologischen Gefahren auch gesundheitliche Probleme mit sich. Übergewicht und Gefäßerkrankungen bis hin zum Herzinfarkt sind zum Teil durch solche Fehlernährungen bedingt.

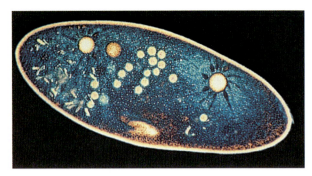
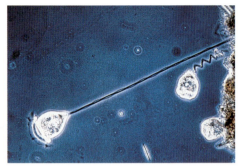

Zu den bekanntesten **Wimperntierchen** gehören die Pantoffeltierchen aus der Gattung Paramecium (links) und das Glockentierchen aus der Gattung Epistylis (rechts). Diese beiden Organismen kommen allerdings nicht im Blinddarm des Gorillas vor.

Der Unterkiefer eines Menschen und eines Gorillas von oben und von der Seite. Auffällig sind die großen Eckzähne und die größeren Mahlzähne beim Gorilla.

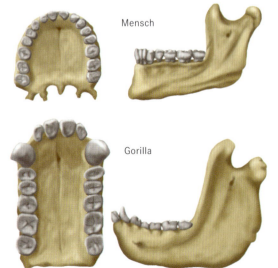

Bonobos. Für ihre jeweilige Lebensweise haben sich diese Tiere jeweils deutlich angepasst. Im Gegensatz zum Menschen besitzen die vegetarisch lebenden Gorillas in ihrem Blinddarm spezielle einzellige Wimperntierchen (Ciliaten), die ein Cellulose spaltendes Enzym, die Cellulase, produzieren. Mithilfe dieser Cellulase können die Ciliaten die Zellwände des holzigen Pflanzenmaterials spalten und so den Zellinhalt als Nahrung erschließen. Ebenfalls wichtig ist aber auch die Verdauung der sich stark vermehrenden Ciliaten selbst, die gewissermaßen in Kultur genommen werden und dann selbst als Nahrung dienen. Dem Menschen fehlen alle diese Einrichtungen völlig, sodass eine Herkunft von rein vegetarischen Vorfahren sehr unwahrscheinlich ist. Vielmehr ist anzunehmen, dass die Gorillas die ausschließlich vegetarische Lebensweise auf ihrem stammesgeschichtlichen Eigenweg neu erworben haben.

Stammesgeschichte menschlicher Ernährung

Dass der Mensch von Natur aus kein Vegetarier ist, belegen auch einige Daten seines Darmtraktes. So haben vegetarisch lebende Huftiere eine Darmlänge vom Zwölf- bis Zwanzigfachen der Körperlänge, bei Hunden und Katzen liegt dieses Verhältnis beim Vier- bis Sechsfachen, während der menschliche Darm knapp die fünffache Länge der Körperhöhe ausmacht. Auf einen Vierfüßer bezogen würde er etwa den Faktor acht erreichen, also in der Mitte zwischen den Fleisch- und den Pflanzenfressern einzuordnen sein.

Auch das Verhältnis der Oberflächen des Darms im Vergleich zu jener des Körpers ist aufschlussreich. Bei den Huftieren ist die Oberfläche der Darmwand rund zweieinhalb- bis dreimal so groß wie jene des Körpers, während bei den Fleisch fressenden Raubtieren die Darmwandfläche nur etwas mehr als die halbe Körperfläche ausmacht. Beim Menschen macht die Fläche des Magen-Darm-Trakts 80 Prozent der Körperaußenfläche aus. Nach solchen und anderen Daten ist der Mensch aus anatomischer und stammesgeschichtlicher Sicht zweifelsfrei ein Mischesser.

Die Zähne und Kieferknochen von Menschenaffen sowie fossil erhaltene Gebisse unserer möglichen Vorfahren lassen Vergleiche und Interpretationen zu. Der Gorilla und die beiden Schimpansenarten besitzen größere Mahlzähne (Molaren) als der heutige Mensch. Bei unseren Vorfahren gehen große Molaren in massiveren Kiefern mit kleineren Schneidezähnen einher und umgekehrt. Die frühen Hominiden unterscheiden sich deutlich von Schimpansen durch kleinere Eckzähne, hatten aber relativ große Schneidezähne. Auch die Strukturen des Zahnschmelzes geben Hinweise auf die Lebensweise unserer biologischen Vorläufer. Beide Schimpansenarten und der Gorilla haben dünnere Schmelzschichten als fossile Hominiden und der Mensch. Dafür ist ihr Zahnrelief mit stärkeren Höckern eher zum Zerschneiden des Pflanzenmaterials geeignet.

Die Nahrung der Jäger und Sammler

Bis vor wenigen Jahren wurde die Bedeutung der Großwildjagd für unsere hominiden Vorfahren wahrscheinlich überschätzt. In quantitativer Hinsicht spielte sie in der Vorgeschichte, ebenso wie heute, eine außerordentlich untergeordnete Rolle. Das betrifft wahrscheinlich die frühesten Hominiden wie den modernen Menschen. Aus der europäischen Altsteinzeit, die vor 10 000 Jahren endete, haben wir besonders aus den Knochenfunden in der Halbhöhle von La Vache (Pyrenäen) sehr genaue Kenntnisse über den Speiseplan unserer damaligen Vorfahren gewonnen. Am häufigsten auf der Speisekarte standen Schneehühner und Schneehasen, zu bestimmten Jahreszeiten auch die kleinen Kälber von Steinböcken. Während in der prähistorischen Kunst jener Zeit vor allem große Huftiere die Wände von Felsheiligtümern schmücken, wurden vornehmlich ganz andere und vor allem kleinere Tiere gegessen.

Die Nahrung des Menschen bestand, bei allen in ihrer Nahrungsbeschaffung stark von der Natur abhängigen Gesellschaften, zu einem sehr großen, oft zum größten Anteil aus gesammelter Nahrung. Das trifft aber nicht nur auf Pflanzennahrung zu, sondern interessanterweise auch auf die Versorgung mit kostbaren tierischen Proteinen. Kleintiere wie Landschnecken, Heuschrecken und Frösche trugen erheblich zur Ernährung bei.

In fast allen Kulturen der Welt ernähren sich die Menschen vorwiegend vegetarisch. Eine Ausnahme sind die Inuit (Eskimos), denen Nahrungspflanzen kaum zur Verfügung stehen. Es gibt jedoch keine völlig vegetarische Gesellschaft, sodass die Anpassung des Menschen an eine Mischnahrung als hinreichend belegt gelten kann. Stammesgeschichtlich bedeutsam ist vielleicht auch die Abhängigkeit des Menschen von Meerestieren und insbesondere vom Jod. An praktisch allen wichtigen Fundorten von fossilen Frühmenschen bis hin zur noch relativ nahen Altsteinzeit findet man Schalen von Wassertieren, Fischwirbel und andere auf Nahrung aus dem Wasser hinweisende Spuren. Wie heute auch siedelten die Menschen zu allen Zeiten bevorzugt in Wassernähe.

In der Höhle La Vache zeigen 70 % aller Malereien Bisons, Auerochsen und Pferde. Ähnlich hoch ist die Menge der gefunden Gravuren auf Knochen oder Kleinskulpturen mit Abbildungen dieser Tiere (Bisons und Pferde zusammen 54 %), doch spielen auch Rentiere (16 %) sowie Steinböcke und Gämsen (12 %) eine erhebliche Rolle. Die Hauptmasse aller Knochenfunde machen dagegen Schneehühner und kleine Steinbockkälber aus. Sie weisen Bearbeitungsspuren auf, die eindeutig auf eine Nutzung als Nahrung schließen lassen. Die Funde legen nahe, dass die Großwildjagd in der letzten Eiszeit nicht die vorherrschende Art der Fleischversorgung war.

Der auf einem Knochen eingravierte Kopf eines Steinbocks stammt aus der Zeit des Magdalénien vor etwa 13 000 Jahren und wurde in der Höhle La Vache in den französischen Pyrenäen gefunden.

Das dynamische Gleichgewicht der Ernährung

Der gesunde erwachsene Körper befindet sich energetisch und stofflich in einem dynamischen Gleichgewicht: Die Bilanz zugeführter und abgegebener Energien über den Zeitraum mehrerer Tage oder Wochen hinweg liegt nah bei null und pendelt um diesen Wert. Exakt null kann diese Bilanz nur beim Durchgang vom positiven in den negativen Bereich oder umgekehrt gemessen werden. In einem solchen angenähert dynamischen Gleichgewicht befinden sich erwachsene Personen, die nicht zu- oder abnehmen. Die Menge energiehaltiger Substanzen des Körpers bleibt also annähernd gleich.

Die Einnahme einer Mahlzeit bedeutet in der Regel eine erhebliche Aufnahme an energiehaltigen Substanzen (in der Größenordnung von knapp 3 500 Kilojoule [kJ]). Ihre vollständige energetische Umsetzung nimmt mindestens etwas mehr als einen Tag in Anspruch, kann aber auch ohne weiteres mehrere Wochen dauern.

Das **Joule** (J) ist die offizielle Einheit der Energie, der Arbeit und der Wärmemenge. Die Umrechnung in die früher übliche Einheit Kalorien lautet J = cal · 0,42.

Sauerstoff und Fluor, zwei Extreme der Umsatzdynamik

Im Gegensatz zum *energetischen Gleichgewicht* besitzt das *stoffliche* eine Dynamik sowohl in kleineren als auch in größeren Zeiträumen. Die Periodenlängen für annähernd ausgeglichene Bilanzen von Stoffen hängen wesentlich von der Gesamtstoffmenge und der Umsatzgeschwindigkeit für das jeweilige Element ab. Das Element mit der kürzesten Zeitspanne für eine ausgeglichene Stoffbilanz ist der Sauerstoff (O_2). Insbesondere bei körperlicher Arbeit, zum Beispiel beim Tauchen, meldet der Körper die negativ unausgeglichene Sauerstoffbilanz mit schnell zunehmender Intensität als Drang zum Luftholen, was daher zutreffender als »Sauerstoffholen« bezeichnet werden müsste. Ein einziger kräftiger Atemzug stellt in der Regel in etwa das Gleichgewicht wieder her: Die Sauerstoffbilanz wird sofort wieder ausgeglichen.

Die Nutzung des bei einem Atemzug angebotenen Sauerstoffs hängt aber auch vom Bedarf des Körpers ab. Mit einem Liter Atemluft werden etwa 170 ml Sauerstoff eingeatmet. Ohne Arbeitsbelastung nutzt der Körper hiervon nur etwa 40 ml, doch steigert er die Entnahme bei erhöhtem Bedarf. Je nach Körpergröße, Lebensalter und körperlicher Belastung atmet ein Mensch an durchschnittlichen Tagen rund 15 000 bis 20 000 Liter Atemluft ein und aus. Hieraus entnimmt er als Tagesbedarf etwa 750 bis 1 200 Liter Sauerstoff.

Zahnschmelz ist die härteste Substanz im menschlichen Körper. Er besteht aus etwa senkrecht zur Zahnoberfläche stehenden Prismen aus Hydroxylapatit.

Sauerstoff reichert sich im Blut durch forciertes Atmen über eine oder mehrere Minuten an, zum Beispiel beim Aufblasen einer Luftmatratze. Bei einer solchen Hyperventilation wird der Sauerstoff weniger ausgeschöpft, sodass die ausgeatmete Luft einen höheren Anteil an verbliebenem Restsauerstoff enthält. Trotzdem führt eine forcierte Atmung mit erhöhter Sauerstoffsättigung im Blut gelegentlich zu bald einsetzendem Unwohlsein und Schwindel. Da die Betroffenen einfach mit dem forcierten Atmen aufhören können, ist das jedoch nur eine vorübergehende Erscheinung. Eine übermäßige Anreicherung von Sauerstoff auf Dauer wäre für den Organismus giftig. Über viele Atemzüge hinweg gemittelt ist die Bilanz des aufgenommenen, umgesetzten und abgegebenen Sauerstoffs schon im kurzen Zeitraum von wenigen Minuten in der Regel recht genau ausgeglichen.

Ganz anders verhält es sich bei langsam und in minimalen Mengen umgesetzten Substanzen, beispielsweise bei Fluor. Die Hauptmenge des Fluors im menschlichen Körper ist in dem vornehmlich aus fluoriertem Hydroxylapatit bestehenden Zahnschmelz gespeichert. Früher wurde angenommen, dass der Stoffumsatz im Zahnschmelz praktisch null sei. Da man aber durch das Angebot einer organischen Fluorverbindung in Zahnpasta einem Fluormangel im Zahnschmelz zum Teil entgegenwirken kann, muss ein gewisser Stoffumsatz gegeben sein. Wegen des außerordentlich langsamen Umsatzes von Fluor in der Knochensubstanz und den Zähnen ist dieses Element kaum zu bilanzieren.

> Zur Gesunderhaltung der Zähne wird in den USA und einigen europäischen Ländern das Trinkwasser mit Fluor versetzt (etwa 1 mg chemisch gebundenes Fluor pro Liter). Da Fluor jedoch auch giftig ist, bleibt diese Methode umstritten. Bei zu starken Fluorgaben kommt es zu kreidigen, stumpfen und fleckigen Zähnen.

Die biologische Halbwertszeit

Die Ernährung dient dem Erhalt des dynamischen Gleichgewichtes. Bei erwachsenen Personen mit stabilem Gewicht lassen sich keine messbaren Differenzen zwischen Auf- und Abbau von Substanzen oder Geweben beobachten, sondern lediglich ein Austausch. Die hierbei notwendigen Prozesse bezeichnet man als Stoffwechsel (Metabolismus). Hierbei wird zwischen dem Betriebsstoffwechsel, welcher der Aufrechterhaltung vor allem der Energie wandelnden Stoffwechselprozesse dient, und dem Baustoffwechsel unterschieden, mit dem die Synthese- und Abbauleistungen körpereigener Substanzen gemeint sind.

Mit dem Austausch von Elementen und Substanzen in Form molekularer Verbindungen ist der Begriff der biologischen Halbwertszeit eng verbunden. Sie bezeichnet diejenige Zeitspanne, in der eine dem Körper zugeführte Substanz zur Hälfte auf natürlichem Wege (Harn, Stuhl) ausgeschieden wurde. Manche Stoffe werden im Körper im Laufe von Stoffwechselprozessen gespalten und dienen als Grundbausteine anderer körpereigener Substanzen. In diesem Fall entspricht die biologische Halbwertszeit auch der Periode, in der beispielsweise eine giftige Substanz zur Hälfte in ungiftige Spaltprodukte umgebaut wurde. Die biologische Halbwertszeit bei Medikamenten umfasst die Zeitspanne, nach der die Hälfte der Wirksubstanz ausgeschieden wurde beziehungsweise dem Körper noch zur Verfügung steht.

> Eine 70 kg schwere erwachsene Person hat im Verlauf ihrer Kindheit und Jugend an jedem Tag rund 10 g und damit im Jahr durchschnittlich etwa 3,5 kg zugenommen. Eine Ausnahme ist das erste Lebensjahr, in dem ein Mensch in der Regel sein Geburtsgewicht auf fast 10 kg knapp verdreifacht. Der in der Körpermasse gespeicherte Energiegehalt nimmt entsprechend täglich um knapp 200 Kilojoule zu; wegen der geringen Effizienz des anabolen Stoffwechsels ist hierfür eine tägliche Energieaufnahme von 1500 bis 2000 Kilojoule für den Aufbau der Körpersubstanzen beim Wachstum nötig.

Betriebsstoffwechsel und Baustoffwechsel

Mit der Nahrung aufgenommene Fette und Kohlenhydrate werden im Betriebsstoffwechsel unter Freisetzung von Energie vornehmlich in die Endprodukte Kohlendioxid (CO_2) und Was-

> Die Ausdrücke **Kohlenhydrate** und **Kohlendioxid** werden im allgemeinen Sprachgebrauch falsch benutzt. Korrekt wäre für Kohlenhydrate der Begriff Kohlenstoffhydrate und für Kohlendioxid die Bezeichnung Kohlenstoffdioxid.

Der Gang ins Fitnessstudio ist eine von vielen Möglichkeiten, seinen Körper zu trainieren, um so seinen Kreislauf in Schwung zu halten sowie Muskeln und Knochen aufzubauen.

Der **katabole** und der **anabole Stoffwechsel** werden genetisch und enzymatisch auf völlig anderen Wegen gesteuert; es handelt sich also nicht lediglich um Umkehrungen der gleichen Prozesse.

Butter ist eine der offensichtlichsten Möglichkeiten, Fette zu sich zu nehmen. Butter besteht zu 82,3 % aus Milchfetten, 15,3 % Wasser, 0,7 % Proteine und 0,7 % Lactose.

ser (H_2O) gespalten. Bei der Zufuhr überschüssiger Nahrung hingegen werden die Fette und die Kohlenhydrate im Baustoffwechsel zu spezifischem körpereigenem Speicherfett aufgebaut und in den Fettgeweben deponiert. Für die Kohlenhydrate gilt, dass zuvor jedoch der Glykogenvorrat in der Leber – wenn nötig – aufgefüllt wird. Diese »tierische Stärke« ist ein ausgezeichneter, schnell verfügbarer Energiespeicher des Körpers. Seine Kapazität ist jedoch viel geringer als jene des Fettgewebes. Aufgenommene Proteine (Eiweiße) können ebenfalls nur in geringem Umfang gespeichert werden, da der Körper für die Proteine kein nennenswertes Depot hat.

Als Ausdruck einer positiven Energiebilanz ist die Anlage von Reserven in Form von Speicherfett durch den Baustoffwechsel eine Art des aufbauenden Stoffwechsels (Anabolismus). Beim Training führt die körperliche Anstrengung oftmals zu gesteigertem Appetit. Der beim Training eingetretene Verlust wird also meist überkompensiert. Dieses Energieangebot führt im Falle körperlicher Schwerarbeit aber nicht zur Fettsynthese, sondern, als weitere Form des anabolen Stoffwechsels, vorrangig zum Aufbau von Knochensubstanz und körpereigenen Proteinen, vor allem der Muskeln, Sehnen und Bänder sowie des Kollagens.

Eine negative Stoffwechselbilanz führt zur Abnahme der Körpermasse (Katabolismus). Sie kann zum Beispiel Folge einer verringerten Nahrungszufuhr sein. Katabole Prozesse können aber auch krankhaft sein, so beim Krebs, bei dem ein Abbau von Körpermasse einschließlich der Proteine im Vordergrund steht. Kennzeichnend ist hierbei die Freisetzung des Stickstoffs, der ein wesentlicher Bestandteil der aus Aminosäuren bestehenden Proteine ist. Bei Verdacht auf Krebs ist daher eine negative Stickstoffbilanz oft wegweisend.

Nährstoffe

Als Nährstoffe werden die drei energiereichen Stoffgruppen der Proteine, Fette und Kohlenhydrate in der Nahrung bezeichnet. Die erste Stoffgruppe der Proteine macht einen erheblichen Teil unseres eigenen Körpers aus. In der Nahrung stammen sie zur Hälfte aus Fleisch und anderen tierischen Produkten, während die Kohlenhydrate (Stärke, Zucker, Glykogen) hauptsächlich aus pflanzlicher Nahrung stammen. Für die Energieversorgung können Kohlenhydrate und Fette durch einen biochemischen Umbau im Körper einander ersetzen, doch muss der Körper dafür einen gewissen Energieverlust in Kauf nehmen. Der Kohlenhydratanteil der Nahrung darf nicht unter 10 Prozent fallen, da sonst Stoffwechselstörungen auftreten. Fett hingegen ist – wenn für die Zufuhr fettlöslicher Vitamine und essentieller Fettsäuren gesorgt ist – völlig entbehrlich. Die Proteine können ebenfalls zur Energiebereitstellung dienen. Die Ernährung soll jedoch nicht lediglich den Energiebedarf decken. Vielmehr ist der physiologische Wert von Nahrungsquellen und ihrem Substanzgehalt nach verschiedenen Kriterien zu unterteilen.

Neben dem Energiegehalt, dem so genannten kalorischen Wert (Brennwert) der Nahrung, ist der Gehalt an vom Körper nicht synthetisierbaren, essentiellen Substanzen wichtig, beispielsweise der von Vitaminen. Ein dritter, erheblicher Gesichtspunkt für den Wert der Nahrung sind die darin enthaltenen Wirkstoffe, wie die Spurenelemente. Besonders wichtig sind hier Calcium, Eisen und Jod. An-

Zusammensetzung und Energiegehalt einiger Nahrungsmittel

	Proteine (Gewichts-%)	Fette (Gewichts-%)	Kohlenhydrate (Gewichts-%)	Wasser (Gewichts-%)	Energiegehalt (kJ / 100g)
Pflanzliche Nahrungsmittel					
Äpfel	<1	–	15	85	180
Bananen	1	–	24	73	395
Grüne Bohnen	3	<1	6	90	130
Gurken	<1	–	1	96	5
Karotten	1	<1	8	89	100
Kartoffeln	2	<1	19	77	320
Kohl	2	–	4	92	70
Nüsse	17	61	8	7	2750
Pilze (Champignons)	5	<1	2	89	115
Reis	7	1	78	12	1370
Spinat	2	–	2	92	60
Zwetschgen	1	–	15	82	200
Sonstiges					
Bier	<1	–	5	94	210
Brötchen	7	1	56	35	990
Roggenmischbrot	5	1	55	37	940
Vollkornbrot	8	1	48	40	870
Fruchtsaft	<1	–	10	90	170
Honig	<1	–	79	20	1240
Margarine	<1	80	<1	19	2960
Vollmilchschokolade	20	26	34	5	1820
Tierische Nahrungsmittel					
Gänsefleisch	13	44	–	42	1880
Hühnerfleisch	22	12	–	66	805
Rindfleisch	20	14	–	65	650
Schweinefleisch	17	27	–	56	1310
fetter Speck	5	83	–	9	3190
feine Leberwurst	11	33	1	54	1570
Eier	13	10	1	76	640
Butter	<1	83	<1	16	3210
Joghurt mit Früchten	3	2	17	78	440
Käse	24	24	3	48	1380
Vollmilch	3	3	5	88	250
Muttermilch	2	3	7	88	240

Ein Wert in Gewichtsprozenten gibt bei einer Gesamtmenge von 100 g je Probe den Gewichtsanteil des Inhaltsstoffes in Gramm an, z.B. enthalten 100 g Bananen 24 g Kohlenhydrate. Die Gehalte können recht stark schwanken, insbesondere bei aufbereiteten Nahrungsmitteln. Die Energiebeträge liegen zum Teil niedriger als der rechnerische Energiegehalt aller in der Nahrung enthaltenen Substanzen. Die angegebenen Werte bezeichnen die durchschnittlich vom Körper nutzbare Energie. Die Summe der Nährstoffanteile ergibt meistens weniger als 100 %; der Rest besteht vornehmlich aus Mineralien.
< 1: nicht zu vernachlässigende Menge unter 1 %. – : 0 % oder vernachlässigbar gering.

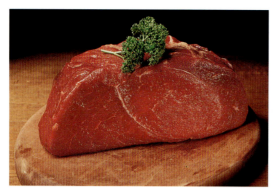

Fleisch und **Getreide** gehören für viele Menschen beinahe täglich zur Ernährung. Fleisch enthält etwa 21,5 % Proteine, 2–5 % Kollagene und 75 % Wasser, wobei fettreiches Fleisch weniger Wasser enthält als fettarmes.

Daneben finden sich in Fleisch Fette, Mineralstoffe, vor allem Eisen, und die Vitamine B_1, B_2, B_{12}, D und E. Die Inhaltsstoffe im Getreide schwanken je nach Getreideart. Im Durchschnitt enthält ein ausgereiftes Getreidekorn etwa 12 % Wasser, 11 % Proteine, 2 % Fette, 70 % Stärke, 2,5 % Ballaststoffe sowie Mineralstoffe (vor allem Kalium, Phosphat und Eisen) und Vitamine (insbesondere B_1, B_2, B_6, E und Nicotinsäure).

Die **chemischen Elemente** werden international einheitlich mit Buchstaben abgekürzt, die sich auf den jeweiligen griechischen oder lateinischen Namen beziehen.
Wasserstoff: H von Hydrogenium
Kohlenstoff: C von Carboneum
Stickstoff: N von Nitrogenium
Sauerstoff: O von Oxygenium

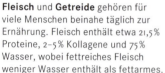

Aminosäuren haben alle dieselbe Grundstruktur: An dem zweiten Kohlenstoffatom ist eine Carboxylgruppe (-COOH), eine Aminogruppe (-NH$_2$) und ein Wasserstoffatom gebunden. Die vierte Bindungsstelle des Kohlenstoffs ist dann bei den 20 Aminosäuren von unterschiedlichen Restgruppen besetzt. Im Bild sind die Aminosäuren Lysin und Phenylalanin zu sehen.

dere Spurenelemente sind ebenfalls lebensnotwendig, werden in der Regel aber in ausreichender Menge mit der Nahrung aufgenommen. Weiterhin für den Körper notwendig sind die Mineralstoffe Kalium und Natrium. Schließlich sind noch die Verdaulichkeit und der physiologische Nutzungsgrad von Bedeutung.

Proteine, universelle Bausteine des Körpers

Die Proteine bestehen aus Aminosäuren, die zu unterschiedlich langen Ketten verbunden (polymerisiert) sind. Im menschlichen Körper wie in allen anderen Organismen gibt es 20 verschiedene Aminosäuren als Bausteine von Peptiden und Proteinen. Hierbei klassifiziert man Oligopeptide mit bis zu 10 Aminosäuren und Polypeptide mit einer Kette von mehr als 10 Aminosäuren. Sind mehr als 100 Aminosäuren polymerisiert, bezeichnet man das Molekül als Protein. Die Hälfte der Aminosäuren kann der Organismus selbst synthetisieren; die übrigen 10 aber muss der Mensch für den Aufbau körpereigener Proteine mit der Nahrung aufnehmen. Diese Notwendigkeit drückt sich in der Bezeichnung essentielle Aminosäuren aus.

Alle Aminosäuren dienen nicht nur als Kettenglieder zum Aufbau unzähliger Proteine, sondern auch zur Synthese von Neurotransmittern, den Schaltsubstanzen der Nervenzellen, zum Beispiel Acetylcholin und Noradrenalin. Ferner benötigt sie der Körper zur Synthese von Glykoproteinen, bei denen Zuckermoleküle mit den Aminosäuren verbunden sind. Glykoproteine gehören zum Beispiel zu den wichtigsten Grundsubstanzen aller Knorpelgewebe des Körpers.

Kohlenhydrate, die »schnelle Energie«

Die Kohlenhydrate sind Hydrate des Kohlenstoffs. Sie haben mit 17,2 kJ/g (Kilojoule pro Gramm) den gleichen Brennwert, also den gleichen Energiegehalt für den Körper, wie die Proteine. Kohlenhydrate liegen in einfacher Form als Monosaccharide vor, als Disaccharide, das heißt als Doppelmolekül aus zwei Einfachzuckern, oder als Polysaccharide, einem Polymerisat aus vielen solchen Einheiten. Der im Haushalt übliche »Zucker« (Saccharose) ist ein Disaccharid aus einem Glucose- und einem Fructosemolekül. Ein weiteres wichtiges Disaccharid ist die Lactose in der Muttermilch, die aus je einem Anteil Galactose und Glucose besteht. Disaccharide vereinigen eine gute Löslichkeit im Wasser der Körperflüssigkeiten mit günstigen osmotischen Eigenschaften, die im Vergleich mit Monosacchariden nur den halben Wert betragen.

Als Nahrungsquelle dient vor allem das besonders in Kartoffeln, Getreide und Reis enthaltene Polysaccharid Stärke, das eine der wichtigsten, wenn nicht die wichtigste Energiequelle der Menschheit ist. Stärke und alle übrigen Kohlenhydrate werden entweder direkt zur Energienutzung verbrannt oder als Reserveenergie in der Leber in Form von Glykogen gespeichert. Neben ihrer Energie liefernden Funktion werden sie aber auch, nach biochemischem Umbau im Körper, zum Beispiel als Desoxyzucker, für die Synthese von Nucleinsäuren, die Träger der genetischen Information sind, benötigt.

Auch Cellulose, der Hauptbestandteil der Zellwände aller Pflanzen, ist ein Polysaccharid. Um die pflanzliche Nahrung zu erschließen, muss der Mensch die Zellen mechanisch, zum Beispiel durch gutes Kauen, öffnen. Auch beim Garen von Gemüsen durch das Kochen werden die Zellverbände gelockert, was die Erschließung erleichtert. Die Energie der Cellulose selbst ist für den Menschen jedoch nicht nutzbar, da er nicht über das für die Aufspaltung der Cellulose nötige Enzym Cellulase verfügt. Obwohl Kost ohne Ballaststoffe oft symptomlos vertragen wird, wirken sich unverdauliche pflanzliche Gewebepartikel günstig aus, da sie besonders bei hartem Stuhl einer Verstopfung entgegenwirken. An Pflanzenfasern reiche Kost wirkt fördernd auf die Darmmotorik (Peristaltik). Daher wird eine Mindestmenge von gut 30 Gramm pro Tag an Ballaststoffen empfohlen.

Brennstoff aus eigener Herstellung

Bei kohlenhydratarmer Nahrung oder Hunger können Kohlenhydrate in der Gluconeogenese vom Körper selbst aus Proteinen synthetisiert werden. Das ist schon deshalb zwingend notwendig, weil das Gehirn seine Energie nur aus der Verbrennung von Glucose (Traubenzucker) bezieht. Es darf daher nicht nur von der relativ unsicheren Versorgung mit Kohlenhydraten durch die Nahrung abhängig sein. Die Bereitstellung von Glucose aus dem Glykogenspeicher der Leber und durch die Gluconeogenese sind überlebenswichtige Mechanismen der Energieversorgung des Gehirns. Ganz ähnlich wie das Gehirn sind die roten Blutkörperchen (Erythrozyten) von Glucose als einzigem Energiespender abhängig.

Der **osmotische Wert** ist ein Maß für die Wasserbindungskraft der gelösten Stoffe innerhalb und außerhalb der Zellen. Damit ist er für die Verteilung des Wassers in den Zellen und Organen des Körpers von großer Bedeutung.

Saccharose und **Lactose** sind neben Maltose die beiden am häufigsten vorkommenden Disaccharide. Die beiden Ringe der jeweiligen Zuckermoleküle sind sesselförmig, was durch die Darstellungsform der Strukturformel angedeutet werden soll.

Der **Brennwert** der Kohlenhydrate wird von den in der Nahrung häufigen Substanzen nur von Ethanol in alkoholischen Getränken mit 29,7 kJ/g und den Fetten mit 38,9 kJ/g übertroffen. Ethanol hat einen fast doppelt so hohen Brennwert wie reine Glucose. Ein nicht unerheblicher, aber wegen der Komplexität der verursachenden Faktoren nicht zu quantifizierender Prozentsatz der Fettleibigkeit (Adipositas) in Deutschland geht, auch bei Überlagerungen mit anderen Fehlernährungen, auf übermäßigen Alkoholkonsum zurück.

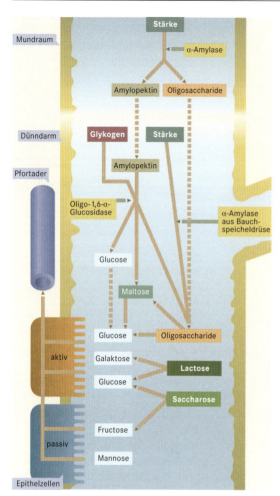

Kohlenhydrate werden im Mund und im Zwölffingerdarm abgebaut. Glykogen und Stärke werden zunächst in der Mitte des Darms zu Amylopektin und anderen Oligosacchariden, später in die Disaccharide Saccharose, Lactose und Maltose aufgespalten. An der Darmwand werden sie in verschiedene Monosaccharide gespalten, die dann durch einen aktiven, Energie verbrauchenden Transportmechanismus oder passiv von den Epithelzellen resorbiert werden und in die Pfortader gelangen.

Der Glykogenspeicher in der Leber arbeitet auch für alle übrigen Organe. Bei lang dauernden Extrembelastungen kann er bis zur Erschöpfung leer gebrannt werden. So reicht er beim Marathonlauf in vielen Fällen etwa bis Kilometer 35. Danach muss der Körper auf den Lipidstoffwechsel (Fettstoffwechsel) umstellen; für ausreichend Glucose zur Versorgung des Zentralnervensystems und der roten Blutkörperchen hat die Natur beim gesunden Läufer jedoch gesorgt. Jedenfalls ist es für einen Marathonläufer vorteilhaft, am Abend vor dem Lauf ihren Glykogenspeicher durch eine Extraration Kohlenhydrate, beispielsweise mit einer großen Portion Spaghetti, randvoll aufzufüllen.

Für die biologischen Funktionen der verschiedenen Kohlenhydrate ist ihre unterschiedliche Wasserlöslichkeit wichtig. Die Einfachzucker und Oligosaccharide mit bis zu zwölf Monosaccharidbausteinen sind wasserlöslich; Stärke ebenso wie Glykogen ist nur kolloidal löslich, das heißt, sie bildet keine dünnflüssige, wässrige Lösung, sondern eine, die eher einem Tischlerleim ähnelt. Daher kann sie als Speicherstoff dienen, denn in wässrig dünner Lösung würde sie davonschwimmen. Vor allem aber ist sie osmotisch praktisch unwirksam: Ohne die Fixierung in der Kette des Speicherglykogens hätte der Körper einen untragbar hohen Blutzuckerspiegel mit viel zu vielen kleinen Zuckermolekülen, die zum Zusammenbruch des Wasserhaushalts im Körper führen würden; in der Kette in kolloidaler Lösung ist diese Gefahr gebannt. Völlig wasserunlöslich ist die Cellulose, die auch unverdaulich ist und deren Energiegehalt vom menschlichen Körper im Gegensatz zum Gorilla oder zu den Huftieren nicht genutzt werden kann.

Die Fette

Die Fette sind mit einem mehr als doppelt so hohen biologischen Brennwert (38,9 kJ/g) wie Kohlenhydrate oder Proteine eine konzentriertere und gewichtssparende Depotmöglichkeit großer Energiemengen. Die rund 15 Kilogramm Fett im normalgewichtigen Körper benötigen im stark wasserhaltigen Gewebe gut 17 Liter Raum. Würde der Körper dieselbe Energiemenge in Form von Glykogen speichern, benötigte er hierfür etwa 34 Kilogramm Glykogen; hinzu kämen aber pro Gramm Glykogen noch fast 10 Milliliter Lösungswasser, also rund 330 Liter. Statt 17 Liter Speichervolumen wären beim Kohlenhydratspeicher also rund 360 Liter Körpervolumen nur für diesen Zweck notwendig.

Chemisch betrachtet sind Fette die Fettsäureester des Glycerins. Es gibt Mono-, Di- und Triglyceride, wobei bei Letzteren drei Fettsäuren mit dem Glycerin verestert sind. Fast alles Depotfett im Körper liegt in Form von Triglyceriden vor. Die Fettsäuren bestehen meist aus einer geraden Anzahl von meist 16 oder 18 Kohlenstoffatomen, die kettenförmig verknüpft sind. Bei den gesättigten Fettsäuren sind die C-Atome durch Einfachbindungen verknüpft. Sie dienen vornehmlich als Bestandteile des Speicherfettes; ihre Hauptvertreter sind Palmitinsäure, benannt nach ihrem Vorkommen unter anderem im Kokosfett, Stearinsäure und Oleinsäure.

Ungesättigte Fettsäuren haben eine oder mehrere Doppelbindungen zwischen benachbarten C-Atomen. Bei den mehrfach ungesättigten Fettsäuren sind die Doppelbindungen nicht konjugiert, das heißt, sie wechseln sich nicht mit Einfachbindungen ab, sondern liegen weiter auseinander. Solche mehrfach ungesättigten Fettsäuren kann der Körper selbst nicht synthetisieren; es sind die wichtigen essentiellen Fettsäuren. Die beiden wichtigsten sind Linolsäure (C-18, 2-fach ungesättigt) und Linolensäure (C-18, 3-fach ungesättigt). Sie kommen vornehmlich in Pflanzenfetten vor, beispielsweise in Nüssen, in Margarine und, wie die Namen andeuten, im Leinöl.

Vor allem diese essentiellen Fettsäuren dienen weniger dem Energiestoffwechsel, sondern in der Hauptsache dem Baustoffwechsel zur Synthese von Lipiden, aus denen die biologischen Membranen aufgebaut sind. Zu ihnen zählen die Phosphoglyceride, die Sphingolipide und das Cholesterin. Aus Cholesterin werden die Steroidhormone (Corticoide, männliche und weibliche Geschlechtshormone) und das für den Knochenaufbau so wichtige Vitamin D gebildet. Auch die Gallensäuren werden zu den Lipiden gezählt. Allen Lipiden gemeinsam ist ihre Löslichkeit in organischen Lösungsmitteln und ihr hydrophobes (Wasser abstoßendes) Wesen.

Triglyceride setzen sich aus einem Glycerin und drei Fettsäuren zusammen. Über die am Ende einer jeden Fettsäure befindlichen Carboxylgruppe (-COOH) ist die Fettsäure durch eine so genannte Esterbindung mit dem Glycerin verbunden.

Die Zufuhr überschüssiger Energie in der Nahrung, die bei uns oftmals zu **Übergewicht** (Fettleibigkeit) führt, ist nicht zuletzt ein Problem der versteckten Fette, die in der Nahrung oft nicht sichtbar sind, aber einen erheblichen Anteil vieler Nahrungsmittel ausmachen. Daher empfiehlt sich für eine ausgewogene Kost, die Verkäufer nach dem Fettgehalt von Nahrungsmitteln zu fragen oder ihn auf den Verpackungen nachzulesen. Für den Hersteller besteht eine Deklarationspflicht.

Cholesterin

Pro Tag wird in der Leber etwa 1 g Cholesterin synthetisiert. Da in pflanzlicher Nahrung kein Cholesterin enthalten ist, wird diese Substanz ansonsten ausschließlich mit tierischen Produkten aufgenommen, und zwar meist weniger als ein Gramm pro Tag. Exzessive Cholesterinaufnahme mit der Nahrung ist wegen der beschränkten Kapazität des Darmes zur Resorption kaum möglich. Außerdem besteht eine Rückkopplung, sodass bei ausreichender Cholesterinzufuhr mit der Nahrung in der Leber weniger körpereigenes gebildet wird. Jedoch ist eine erhöhte Cholesterinzufuhr in begrenztem Maße mit fettem Fleisch (gesättigte Fettsäuren) und insbesondere mit Eigelb möglich, während ungesättigte Fettsäuren zu einer Senkung des Cholesterinspiegels im Blut führen. Ein erhöhter Spiegel (Hypercholesterinämie) ist also meist die Folge einer Kombination nahrungs- und stoffwechselbedingter Faktoren. Sie wird mit der Bildung von Atherosklerose (umgangssprachlich auch Arte-

Ob an der Bratwurstbude oder im Schnellimbiss – viele Menschen nehmen zu häufig fettes, cholesterinreiches und damit auf die Dauer ungesundes Essen zu sich.

Durchschnittswerte für den täglichen Umsatz und Bedarf an Proteinen, Kohlenhydraten und Fetten

	Tagesbedarf	Mangelfolgen	Überdosierungsfolgen	Depots im Körper
Proteine	0,8 g/kg Körpergewicht; bei vegetarischer Ernährung mehr	Infektanfälligkeit, Apathie, Wachstums- und Entwicklungsstörungen, Muskelschwäche, Hungerödem	Übergewicht; Fäulnisprozesse im Darm, eventuell Gicht	kurzfristig: 40–50 g, davon ca. 5 g aus Blut und Leber, ca. 40–45 g aus den Muskeln; längerfristig Abbau v. a. in den Muskeln
Fette: gesättigte und einfach ungesättigte Fettsäuren	ca. 40–57 g (ca. 17–20 % des Energiebedarfes)	Untergewicht, nachlassende Leistungsfähigkeit, Mangel an fettlöslichen Vitaminen	Übergewicht; erhöhte Blutfettwerte und Blutcholesterinwerte	Speicherfettgewebe
Fette: essentielle Fettsäuren	ca. 20–28 g (ca. 8–10 % des Energiebedarfes)	Stoffwechselstörungen, Hautveränderungen, Blutharn	gesteigerter Vitamin-E-Bedarf	Speicherfettgewebe
Kohlenhydrate	mindestens 100 g (als Glucose für das Gehirn); bei Gluconeogenese ca. 200 g Protein	Stoffwechselstörungen, Untergewicht, verminderte Leistungsfähigkeit, Blutunterzuckerung	Fettleibigkeit, Gärung im Darm	300–400 g in Form von Glykogen in der Leber

Die Angaben beziehen sich auf einen Tagesenergiebedarf von ca. 9 000 bis 10 500 kJ bei Frauen und 9 500 bis 11 000 kJ bei Männern. Die Werte sind recht niedrig angesetzt und müssen bei mittlerer körperlicher Arbeit bereits um ca. 15 % angehoben werden.

riosklerose) in Zusammenhang gebracht, da in solchen Verkalkungszentren, den so genannten Atheromen, besonders viel Cholesterinkristalle gefunden werden.

Auch andere gefäßbedingte lebensbedrohliche Ereignisse korrelieren mit einem hohem Blutspiegel des Cholesterins in der Vorgeschichte, so der Schlaganfall und der Herzinfarkt. Während ein gewisses Risiko bei Hypercholesterinämie besteht, wird eine Gefährdung durch Cholesterin in der Nahrung meist wohl überschätzt: Eine maßvolle Einnahme von fettem Fleisch und Eiern (speziell Eigelb) und die Beachtung eines guten Anteils pflanzlicher Kost (auch zur Zufuhr von Ballaststoffen) sind für die Verhinderung eines Cholesterinrisikos ausreichend.

Notwendig in kleinen Mengen – Vitamine und Elektrolyte

Wie die essentiellen Aminosäuren und mehrfach ungesättigten Fettsäuren auch, sind Vitamine und Elektrolyte lebenswichtige Bestandteile der Nahrung. Im Gegensatz zu den beiden erstgenannten Stoffgruppen gehen sie aber nicht in den Baustoffwechsel ein und spielen für die Energiegewinnung keine Rolle. Bei allen drei Substanzgruppen handelt es sich, im Gegensatz zu lebensnotwendigen Spurenelementen, um organische Substanzen.

Die Vitamine

Menschen haben die Fähigkeit, Vitamine selbst herzustellen, verloren. Sie sind daher auf die Hilfe von Darmbakterien angewiesen, die bestimmte Vitamine synthetisieren können, oder müs-

Coenzyme sind Stoffe, die an Enzymreaktionen beteiligt sind; sie sind bei diesen Reaktionen die eigentlichen Überträger zum Beispiel von Elektronen oder Molekülen. Das Enzym selbst bleibt als Katalysator der Reaktion dabei unverändert.

sen Vitamine mit der Nahrung aufnehmen. Ein großer Teil der Vitamine ist Bestandteil von Coenzymen, die im Betriebsstoffwechsel benötigt werden. Manche der Coenzyme haben sehr komplexe, vielfältige Wirkungen, sodass auch die Funktionen der Vitamine in verschiedenste Lebensprozesse eingreifen.

Die Benennung der Vitamine mit Buchstaben hat historische Gründe. Die nach der Aufgabe dieses Klassifizierungssystems gefundenen Vitamine werden mit ihrem chemischen Namen bezeichnet. Zunächst seien hier die fettlöslichen (A, D, E, K) und im Anschluss daran die wasserlöslichen Vitamine (C, B_1, B_2, B_6, B_{12}, Biotin, Folsäure, Pantothensäure) besprochen.

Vitamin A (Retinol) ist eine Vorstufe von Retinal, welches Bestandteil der lichtempfindlichen Rezeptoren der Netzhaut (Retina) des Auges ist. Mangel an Vitamin A zeigt sich daher zuerst als Nachtblindheit, später kann eine Verhornung der Augen hinzukommen. Weiterhin hat man festgestellt, dass junge Tiere Vitamin A zum Wachstum benötigen.

Der Körper nimmt nicht das spezifische Retinol, sondern eine Vorstufe (Provitamin), das β-Carotin auf, dass als leuchtend orangefarbene Substanz, wie der Name andeutet, unter anderem in Karotten vorkommt. Zur Resorption des mit der Nahrung aufgenommenen Carotins im Darm ist die Anwesenheit von Fetten und Gallensäuren nötig. Deswegen ist es sinnvoll, beispielsweise Karotten mit etwas fetthaltiger Nahrung zu verzehren, da nur so das Vitamin A wirksam gelöst aufgenommen werden kann.

Krankhafte Erscheinungen durch übermäßige Vitamin-A-Zufuhr über die Nahrung sind selten. So ist beispielsweise eine leichte orangebraune Färbung der Haut von Babys, die mit viel Karottenbrei gefüttert wurden, recht häufig und normalerweise ungefährlich. Hypervitaminosen sind jedoch von einigen fettlöslichen Vitaminen

Viel **Obst** und **Gemüse** zu essen, ist immer noch die beste Gewähr für eine ausreichende Versorgung mit Vitaminen.

bekannt und in der Regel eine Folge einer Überdosierug von Vitaminpräparaten. So ist Vitamin A gefährlich für den Embryo und sollte während einer Schwangerschaft nicht therapeutisch eingesetzt werden. Auch bei Polarforschern, die die äußerst Vitamin-A-haltige Leber von Eisbären gegessen hatten, soll es Vitamin-A-Vergiftungen gegeben haben.

Die *Vitamine D_1, D_2* und *D_3* haben ihre chemische Bezeichnung Calciferol daher, dass sie kalzifizierende (lateinisch »kalk-« beziehungsweise »knochen-machende«), lipidartige Substanz sind. Chemisch sind sie mit dem Cholesterin verwandt, aus dem sie im Körper bei genügender Einstrahlung von UV-Licht synthetisiert werden. Obwohl es sich im engen Sinne bei den Calciferolen gar nicht um Vitamine handelt, kommt es wegen der im Körper vorhandenen nur geringen Depotmengen bei einseitiger Mangel- oder Fehlernährung oder bei mangelnder Sonneneinstrahlung immer wieder zur D-Hypovitaminose, der Rachitis. So war in Deutschland während der Zeit nach dem Zweiten Weltkrieg Rachitis eine häufige Krankheit, besonders bei Kindern, die oft zu bleibenden Schäden führte. Vitamin-D-Präparate werden heute meist synthetisch hergestellt, da mit Ausnahme des Lebertrans, der meist aus Dorschleber hergestellt wurde, die meisten Lebensmittel kein Vitamin D enthalten. Wegen möglicher schwerer Folgen unsachgemäßer Vitamin-D-Gabe muss eine gegebenenfalls notwendige Therapie immer von einem Arzt überwacht werden.

Vitamin E, das Tocopherol, ist eine die Zellmembranen schützende Substanz, welche die Oxidation der ungesättigten Fettsäureanteile dieser Zellbausteine verhindert. Daher wird es bei erhöhtem Nahrungsangebot solcher Fettsäuren vermehrt benötigt. Im Körper entsteht es hauptsächlich aus 7-Dehydro-Cholesterin, was auch die membranwirksame Bedeutung beider Substanzen verdeutlicht.

Vitamin K bezeichnet zwei auf dem Naphthochinon basierende Substanzen. Sie sind zwar essentiell, doch praktisch immer verfügbar. K-Hypovitaminosen treten jedoch indirekt auf, wenn die Resorption im Darm wegen fehlender Gallenfarbstoffe ausbleibt oder wenn wegen Störungen der Naphthochinon produzierenden Darmflora eine Unterversorgung stattfindet. Beim Säugling jedoch ist diese Darmflora noch nicht voll etabliert; eine Vitamin-K-Vorsorge kann Blutungsneigungen gegebenenfalls vorbeugen. Naphthochinon ist in der Leber zur Biosynthese eines Blutgerinnungsfaktors notwendig. Daher werden zur Verringerung der Blutgerinnungsneigung (Thrombosen beziehungsweise Embolien) so genannte Vitamin-K-Antagonisten eingesetzt. Diese mit dem Cumarin verwandten Stoffe kommen in bestimmten Kleesorten vor und können Blutungskrankheiten bei Kühen auslösen; auch in Rosskastanien sind sie zu finden.

Vitamin B_1 oder Thiamin ist vorrangig im Energiestoffwechsel der Nervenzellen notwendig. Seine Hypo- oder Avitaminose ist die Beriberi-Krankheit. Ihren singhalesischen Namen bekam sie, nachdem in Asien nach Einführung moderner Verarbeitungsmethoden viele

Vitaminbedarf des Menschen

Vitamin	Tagesbedarf	Mangelerscheinungen	Nahrungsquellen	Depots im Körper
A	ca. 1 mg (entspricht 1,7–2,2 mg Provitamin A = β-Carotin)	Nachtblindheit, Verhornungsstörungen der Haut, Schleimhautveränderungen, Versiegen der Tränendrüsen, Wachstumsstörungen, Störungen sexueller Funktionen	Leber, Karotten, viele Gemüse	für über 1 Jahr in der Leber
B_1 (w)	1–1,5 mg (bei Alkoholkonsum mehr)	Beriberi, Polyneuritis, Herzschwäche, Depression, Krämpfe und Lähmungen	Vollkornbrot, Schweinefleisch	ca. 10 mg in Leber, Gehirn, Herz
B_2 (w)	1,5–2 mg	Einstellen des Wachstums, Schleimhautveränderungen, Blutbildveränderungen (Anämie)	Vollkornbrot, Fisch, Milch, Käse usw.	ca. 10 mg in Leber, Muskulatur
B_6 (w)	2–2,5 mg	Polyneuritis, Hautveränderungen, Krämpfe	Vollkornbrot, Hülsenfrüchte, Fisch, Fleisch, Milch	ca. 100 mg in Muskel, Gehirn, Leber
B_{12} (w)	4–6 µg	krankes Blutbild (perniziöse Anämie)	tierische Nahrungsmittel, v. a. Leber	2–3 mg, vornehmlich in der Leber
C (w)	60–80 mg, bei Rauchern 50 % mehr, auch bei Infektionskrankheiten erhöhter Bedarf	Skorbut (Erkrankungen der Bindegewebe), Infektanfälligkeit, seelische Erkrankungen	Zitrusfrüchte, Paprika, Hagebutten, Tomaten	ca. 1,5 g in verschiedenen Organen, z. B. Gehirn, Leber, Nieren
D_1, D_2, D_3 (f)	Synthese von D_3 bei UV-Licht möglich, daher nur bei Mangel an Sonnenlicht: 5 µg, Kinder und Schwangere 10 µg	Rachitis (Stoffwechselstörungen beim Knochenwachstum, Knochenverkrümmungen)	Fisch, Leber, Milch, Eigelb	geringfügige Depots in Leber, Darm, Nebennieren, Nieren und Knochen
E (f)	10–12 µg	Durchlässigkeitsveränderungen der Gefäßwände, Blutschäden bei Neugeborenen	besonders in pflanzlichen Ölen	wenige Gramm in Leber, Gebärmutter, Fettgewebe, Nebennieren
K (f)	da von Darmflora produziert: nur bei Neugeborenen 1- bis 3-mal prophylaktisch (1 mg), bei Störungen der Darmflora oder bei fehlenden Gallenstoffen	Störungen der Blutgerinnung, Blutungsneigung (Hämorrhagie)	Leber, grünes Gemüse, aber auch Darmflora	geringfügige Depots in Leber und Milz
Nicotinsäure (w)	15–20 mg	Pellagra (durch Licht verursachte Hautkrankheiten), Fehlempfindungen	Fisch, Fleisch, Milch	ca. 140–160 mg in der Leber
Panthotensäure (w)	7–10 mg; teilweise auch von der Darmflora gebildet	Abgespanntheit, zentralnervöse Krämpfe	in fast allen Nahrungsmitteln	ca. 50 mg, in Nieren und Nebennieren, Leber und Gehirn
Biotin (w)	wie Vitamin K, daher nur bei Störungen der Darmflora (0,2–0,4 mg)	Hautveränderungen (Dermatitis)	Leber, Soja, Eigelb, aber auch Darmflora	nur ca. 0,4 mg in Leber und Nieren
Folsäure (w)	Produktion zum Teil durch die Darmflora; 0,4 mg, Schwangere 0,8 mg	krankes Blutbild, v. a. Abnahme von weißen Blutkörperchen und Thrombozyten; in der Schwangerschaft für Fetus wichtig (Neuralrohrdefekte)	Vollkornbrot, Soja, Gemüse, Fleisch, Milch	10–15 mg in der Leber

f: fettlösliche Vitamine; w: wasserlösliche Vitamine

Menschen nur noch geschälten Reis verzehrten und gehäuft die schon vorher bekannten Symptome bei B_1-Mangel – Nervenlähmungen und Störungen der Herzfunktion – aufwiesen. Das vollständige Reiskorn mit Schale ist jedoch die dortige Hauptquelle des Vitamins B_1. Eine generalisierte Nervenentzündung bei Trinkern, die so genannte alkoholische Polyneuritis, ist eine der Sekundärfolgen des B_1-Mangels.

Vitamin B_2 (Riboflavin) ist als Bestandteil von Coenzymen der Atmungskette im Energiestoffwechsel unentbehrlich. Zu den Symptomen der B_2-Hypovitaminose gehören Veränderungen der Schleimhäute im Mund, im Magen-Darm-Trakt und Entzündungen der Bindehaut in den Augen. Beim Mangel an *Vitamin B_6* (Pyridoxin) hingegen stehen Nervenentzündungen sowie Veränderungen der Haut im Vordergrund. Seine biologische Funktion ist die von Coenzymen bei der Übertragung von Aminogruppen im Proteinstoffwechsel.

Trotz des großen Speichers in der Leber und einem täglichen Bedarf von nur 4 bis 6 µg ist das *Vitamin B_{12}* (Cobalamin oder Cyanocobalamin) von besonderer Bedeutung. Es ist als Coenzym, insbesondere bei der Bildung der roten Blutkörperchen, wichtig. Im Darm wird Cobalamin von der Darmflora gebildet, oft jedoch nicht in genügender Menge. Mithilfe des »intrinsic factor«, einem im Magen gebildeteten Glykoprotein, kann es aus dem Darm ins Blut passieren. Seine Hypovitaminose wurde früher als perniziöse Anämie (lateinisch für gefährliche Blutarmut) bezeichnet, bei der zu wenige und durch ihre verzögerten Zellteilungen zu große rote Blutkörperchen zu beobachten sind.

Vitamin C (Ascorbinsäure) wird bei Energie übertragenden molekularen Funktionen und zur Bildung des Kollagens benötigt. Ferner ist Vitamin C bei der Resorption des Eisens aus dem Darm notwendig sowie bei der Synthese des Adrenalins im Nebennierenmark und der Synthese von Hormonen der Nebennierenrinde, den Corticosteroiden, aber auch im Aminosäurestoffwechsel.

Das Hauptsymptom der Vitamin C-Hypovitaminose, der Skorbut, ist eine krankhafte Bindegewebsschwäche, bei der unter anderem der Zahnhalteapparat betroffen ist. Ferner sind Abgespanntheit und Anfälligkeit gegenüber Infektionen zu beobachten. Die Vitamin-C-Hypovitaminose ist heute selten geworden. Lose Mengen von Ascorbinsäure sind recht preiswert; die Einnahme von etwa dem Zehnfachen des Tagesbedarfes beeinflusst den Verlauf von Erkältungskrankheiten günstig und stärkt die Immunabwehr.

Nicotinsäure (auch Nicotinamid oder Niacinamid) wirkt als Coenzym im Abbaustoffwechsel. Mangelerscheinungen sind in Form von Pellagra (»rauer Haut«) bekannt. Dabei kommt es zu Hautentzündungen, Fehlpigmentierungen der Haut, Durchfall und Störungen des Zentralnervensystems. Eine Unterversorgung mit *Pantothensäure,* früher unter der Bezeichnung Vitamin B_3 geführt, ist sehr selten. Schon die Silbe »pan« (griechisch »all«) im chemischen Namen deutet auf sein Vorkommen in fast allen Nahrungsmitteln hin. Die

Chemisch ist **Vitamin B_{12}** mit dem roten Blutfarbstoff Häm, den Cytochromen und den Chlorophyllen der Pflanzen verwandt. Alle diese Moleküle haben ein Porphyrin als Grundgerüst. Im Gegensatz zum Häm enthält es jedoch nicht Eisen als Zentralatom in der Mitte des Moleküls, sondern das im menschlichen Körper sonst außerordentlich seltene Kobalt. Daher stammt auch der chemische Name Cyanocobalamin, da es ein blaues, kobalthaltiges Amin ist.

Pantothensäure wird als Baustein des Coenzyms A benötigt, das im Energiestoffwechsel von zentraler Bedeutung ist. Auch beim früher als Vitamin H bezeichneten *Biotin,* das zu einem erheblichen Teil ebenfalls von der Darmflora gebildet wird, kommen Mangelsymptome kaum vor. Anders verhält es sich mit der *Folsäure,* die besondere Funktionen bei der Synthese von Nucleinsäuren erfüllt sowie bei der Herstellung von Membranlipiden und dem Abbau von Aminosäuren eine Rolle spielt. Von Bedeutung sind hier ebenfalls die Vitamin-Antagonisten, zum Beispiel das zur Chemotherapie von Tumoren eingesetzte Methotrexat. Es blockiert einen Schritt in der Biosynthese der Erbsubstanzen DNA und RNA, sodass es die Zellteilungen in den wachsenden Tumoren verhindert.

Das **Scharbockskraut** (Ranunculus ficaria) ist in Deutschland eine häufige, im zeitigen Frühjahr blühende Pflanze. Es verdankt seinen Namen der Tatsache, dass sich in seinen verdickten Wurzeln viel Ascorbinsäure befindet, die früher gegen den spätwinterlichen Vitamin-C-Mangel und die daraus resultierende Krankheit, den Scharbock (heute Skorbut), gute Dienste leistete. Scharbock bedeutet so viel wie Geschwür. Der chemische Name Ascorbinsäure beschreibt ihre Wirkung: A-Scorbin enthält die griechische Verneinung und den Krankheitsnamen, er bedeutet also: die Substanz gegen Geschwüre.

Intrazelluläre und extrazelluläre Elektrolyte

Eine ganze Reihe von Atomen und Molekülen kommen im Körper gelöst und in elektrisch geladener Form vor. Sie werden als Elektrolyte (von griechisch lysein = lösen oder auflösen) bezeichnet. Zu den positiv geladenen Elektrolyten oder Kationen zählen Kalium (K^+; die Ladung wird als hochgestellter Index als »plus« oder »minus« angegeben), Natrium (Na^+), Calcium (Ca^{2+}) und Magnesium (Mg^{2+}); die wichtigsten negativ geladenen Elektrolyte oder Anionen sind Chlorid (Cl^-), Phosphat (im Blut als HPO_4^{2-}), Carbonat (HCO_3^-) sowie die Proteine, die als so genannte Polyanionen etwa acht bis zehn negative Elementarladungen tragen und daher analog auch als Proteinat bezeichnet werden ($Protein^{n-}$). Ferner spielen auch organische Säuren (Carboxylate) und das Sulfat (SO_4^{2-}) eine nicht unerhebliche Rolle.

Im Inneren der Körperzellen und im extrazellulären Raum des Körpers gleichen sich die positiven und negativen Ladungen jeweils aus. Die Ladungsträger bestehen im Zellinneren jedoch zum Teil aus anderen Ionen als extrazellulär oder kommen in jeweils verschiedenen Konzentrationen vor. Vier wichtige Fakten können die osmotischen Druckverhältnisse erklären. Zum einen sind die molaren Konzentrationen inner- und außerhalb der Zellen gleich und betragen etwa 287 Millimol pro Liter (mmol/l). Durch die Zellmembran hindurch ist also die molare Konzentration ausgeglichen. Zum Zweiten sind die positiven und negativen elektrochemischen Äquivalente im extrazellulären und intrazellulären Raum jeweils ausgeglichen; jedes der beiden Kompartimente hat eine Gesamtladung von etwa null. Drittens liegen die molaren Konzentrationen außen mit ±153 niedriger als in der Zelle, wo sie ±198 betragen. Während die kleinen Ionen die Zellmembranen relativ leicht durchdringen können, ist dies für die großen Proteinmoleküle nicht möglich. Jedes Ion trägt jedoch gewissermaßen eine Wolke von Wassermolekülen, seine so genannte Hydratationshülle. Daher ziehen die Proteinate recht viel Hydratationswasser in die Zelle hinein, das ihr ihren osmotischen Druck und damit ihre pralle Gestalt verleiht.

Die Elemente im Körper

Element, Wertigkeit als Ion	Bedeutung in folgender biologischer Funktion	Transportform im Körper	täglicher Bedarf in der Nahrung	Vorkommen in Nahrungsmittel
Natrium (Na^+)	Regulation des Wasserhaushalts, Enzymregulation, Nervenleitung, Muskelkontraktion, zur Aufnahme und Rückgewinnung von Glucose, Aminosäuren usw.	häufigstes freies Kation: im Blut 140 mmol/l	2–3 g (bei hoher Schweißabgabe, Durchfall oder Erbrechen mehr)	in gemischter Kost
Kalium (K^+)	Regulation des Wasserhaushalts, Enzymregulation (aktivierend), Nervenleitung, Muskelkontraktion, (besonders beim Herz)	freies Kation; ca. 4 mmol/l	~3 g, (bei Durchfall, harntreibenden und Abführmitteln mehr); mehr bei starker Schweißproduktion und Magersucht	in gemischter Kost, besonders in Bananen und Trockenaprikosen
Calcium (Ca^{2+})	Knochenaufbau, Nervenleitung, Energiebereitstellung (Glykogenolyse) in Leber und Muskel	als Calciumphosphat und Calciumcarbonat gebunden, als freies Kation, ca. 1,5 mmol/l	0,75–0,8 g; Schwangere und Stillende ~1,5–2 g; Frauen nach der Menopause ~1,5 g, in höherem Alter wegen schlechterer Resorption in beiden Geschlechtern sowie bei Kaffee-, Nikotin- und Alkoholgenuss mehr	Milchprodukte, Mehl, Kohl (Oxalsäure in Rhabarber, Spinat und Schokolade binden viel Calcium); auch Cola-Getränke (phosphathaltig) können die Aufnahme erschweren
Magnesium (Mg^{2+})	Partnerion zu Phosphatgruppen, besonders in Energie übertragenden Systemen, ca. 300 Mg abhängige Enzyme; hemmt Thrombozytenaggregation; dämpft Muskel- und Nervenpotentiale; gegen Krämpfe.	meist als Phosphat oder in komplexen Verbindungen	0,3–0,4 g	in gemischter Kost, als Bestandteil des Chlorophylls in allen grünen Gemüsen
Phosphor (Phosphat, HPO_4^{2-})	Knochenaufbau, in roten Blutkörperchen, in Energie übertragenden Substanzen (ATP, NADP usw.), Nucleinsäuren, Phospholipide	als Phosphat	0,8–1 g (als Phosphat ~3,7 g)	Weizenkeime, Käse, Kakao, Linsen, Getreide
Chlor (Chlorid, Cl^-)	Partneranion von Na^+ und K^+ und damit im Elektrolythaushalt	als freies Chloridion, gut 100 mmol/l	3–5 g, mehr bei hoher Schweißabgabe, Durchfall oder Erbrechen	in gemischter Kost
Schwefel (S^{2-})	In Mucopolysacchariden (zum Aufbau von Knorpel), als Stabilisator (Schwefelbrücken) in Nucleinsäuren oder Proteinen (Hornsubstanz der Fingernägel usw.), auch zur Synthese von Vitamin B_1 und Insulin	als Endprodukt des Stoffwechsels liegt es meistens gebunden vor; in geringen Mengen auch als Sulfat, ca. 0,5 mmol/l	keine Angaben, da in jeglicher Kost genügend vorhanden	in gemischter Kost; aber auch als Sulfit oder SO_2 z. B. in Trockenobst

Die Elemente im Körper

Element, Wertigkeit als Ion	Bedeutung in folgender biologischer Funktion	Transportform im Körper	täglicher Bedarf in der Nahrung	Vorkommen in Nahrungsmittel
Eisen Fe^{2+} (Fe^{3+}) elementar	Baustein des roten Blutfarbstoffes Häm und des Sauerstoffspeichermoleküls Myoglobin der Muskeln, Redoxenzyme	Proteinkomplex Mucosatransferrin; in roten Blutkörperchen, aus denen es wieder aufbereitet wird	1–1,5 mg, wegen geringer Aufnahme im Darm 10–15fache Aufnahme nötig: Frauen 12 mg (während der Monatsblutung 18 mg), während der Schwangerschaft mehr; Männer 10–12 mg; Vegetarier benötigen erheblich mehr, v. a. Frauen	Leber, Blutwurst, Spinat
Fluor (F^-) elementar	vornehmlich im Zahnschmelz (Kariesprophylaxe)	als freies Anion, jedoch in sehr geringen Mengen	ca. 1 mg	Meeresfische, Leber, Butter, Walnuss; für Zähne in Zahnpasta
Jod (J^-) elementar	in Schilddrüsenhormonen Trijod-(T_3) und Tetrajod-Tyronin (T_4)	im thyroxinbindenden Protein	0,15–0,2 mg, während der Schwangerschaft mehr	Meeresfische, Trinkwasser, Meersalz
Cobalt (Co^{3+}) elementar	Zentralatom des Vitamin B_{12} (Cobalamin)	im Vitamin B_{12}	keine Angaben, siehe Vitamin B_{12}	
Kupfer (Cu^{2+}) elementar	in Enzymen, Eisenstoffwechsel, Blut- und Pigmentbildung, Bildung von Bindegewebsproteinen	zu etwa 90% als Coeruloplasmin	2–5 mg	in gemischter Kost
Zink (Zn^{2+}) elementar	in etwa 70 Enzymen; zur Stabilisierung von Proteinen; in der Speicherform des Insulins in der Bauchspeicheldrüse; wichtig für die körperliche und geistige prä- und postnatale Entwicklung	in Proteinkomplexen	15 mg; Schwangere und Stillende mehr (physiologischer Bedarf geringer, aber Resorption bei Erwachsenen ~10%).	in gemischter Kost, in Käse, Fleisch, Nüssen, Brot; phytinreiche Kost (Hafer, Bohnen, Vollkornbrot) blockiert Resorption
Chrom (Cr) elementar		sehr gering	50–250 µg; Zucker erhöht den Bedarf	Vollkornbrot, Bohnen, Leber, Käse
Mangan (Mn) elementar	zur Aktivierung von Enzymen	sehr gering	2–5 mg	in gemischter Kost
Zinn (Sn) elementar	im Gastrin zur Bildung von Magensäure		1,5–3,5 mg	
Molybdän (Mb) elementar	in Redoxenzymen (z. B. Xanthinoxidase)	sehr gering	täglicher Umsatz ca. 70–100 µg	in Hülsenfrüchten, Weizenkeimen, Gemüse, Innereien
Selen (Se)	in Enzymen, in Membranen von roten Blutkörperchen	sehr gering	0,050–0,0 mg	
Nickel (Ni) elementar	Aminosäurestoffwechsel, Glykolyse, Hormonstoffwechsel		täglicher Umsatz ca. 100–900 µg	
Vanadium (V) elementar	Blutzuckersenkung	sehr gering	0,006–0,17 mg	Soja-, Mais und Sonnenblumenöl

Ungefährer Grundumsatz in Abhängigkeit vom Alter		
Alter (Jahre)	♀[kJ]	♂[kJ]
5–7	4200	4600
8–10	5400	5450
11–13	6300	6700
14–17	6800	8000
18–40	6400	7600
dann allmählich abnehmend bis etwa:		
70–80	5800	6700

Wichtiger noch ist die Funktion der Energie zehrenden Natrium-Kalium-Pumpe, welche die Natrium-Kationen aus dem Zellinneren heraushält, stattdessen aber Kalium-Kationen dort anreichert. Auch Magnesium trägt in den Zellen erheblich zu den Konzentrationsverhältnissen bei. Unter den Anionen herrschen im extrazellulären Raum Chlorid und Carbonat vor, während innerhalb der Zellen die Phosphate dominieren. Beim elektrochemischen Äquivalent rangieren die Proteinate schon an zweiter Stelle, fast gleichauf gefolgt von den organischen Säuren (Aminosäuren, Lactat = Milchsäure, Pyruvat = Brenztraubensäure usw.) und den Sulfaten. Carbonate tragen nur zu einem kleinen Teil zu den osmotischen Verhältnissen in den Zellen bei.

Die Grafik gibt einen Überblick über den **Verdauungstrakt des Menschen.** Rechts ist die durchschnittliche Verweildauer der Nahrung in dem jeweiligen Organ angegeben.

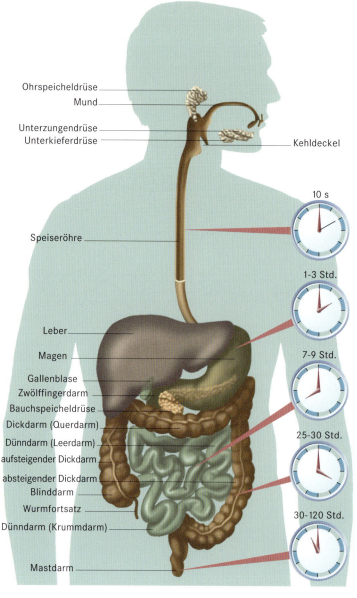

Aufschließen und Bereitstellen: die Verdauung

Die Verdauung von Nahrungsstoffen ist in erster Linie ein hochkomplizierter Trennungsvorgang. Um den Körper mit Wasser, Energie und anderen für alle Lebensprozesse notwendigen Stoffen zu versorgen, muss die zugeführte Nahrung zerkleinert und gewissermaßen chemisch zubereitet werden. Nach der Aufnahme in den verschiedenen Abschnitten des Darmtraktes folgt die Auslieferung in spezifischen Transportformen und auf unterschiedlichen Wegen. Alle diese Vorgänge selbst kosten erhebliche Energie.

Nachdem die Nahrung im Mund zerkleinert und eingespeichelt wurde, bildet der Magen die zweite Etappe. Speichel enthält das Enzym α-Amylase zur Spaltung von Kohlenhydraten, ein Vorgang, der im Magen fortgesetzt wird, und Schleimstoffe (Muzine), die die Nahrung schluckfähig machen. Im Magen wird die Nahrung zermahlen und mit Magensaft versehen und ein Teil der Nahrung enzymatisch aufbereitet. Der Magensaft enthält Enzyme (Pepsine), Schleim (Muzine), Salzsäure (HCl), den so genannten Intrinsic Factor und das Glykoprotein Gastroferrin, welches Eisen bindet. Schließlich wird der durch die Salzsäure weitgehend keimfrei gemachte Nahrungsbrei portioniert an den Zwölffingerdarm weitergeleitet. Diese vielen Funktionen bedürfen natürlich ständiger Regulationen und Rückkopplungen.

Funktionen des Magens

Die so genannten Hauptzellen der Magenwand bilden Protein fällende Enzyme, vor allem das Pepsinogen, das nach seiner Freisetzung zum aktiven Enzym Pepsin umgewandelt wird. Es spaltet große Proteine in kleinere Polypeptide, stellt also immer noch recht lange Ketten von Aminosäuren her. Das zweite Enzym, Gastricin, fällt insbesondere das Kasein, ein Protein der Milch, aus.

Zwei andere Zelltypen, die Belegzellen, erzeugen die Salzsäure (Chlorwasserstoff, HCl), die dissoziiert (aufgespalten) als H^+ und Cl^- vorliegt. Während die H^+-Ionen aus einer der beiden Zellen stammen, liefern die anderen das Cl^-. Noch beim Ausschleusen der Substanzen aus den Zellen liegt unmittelbar an deren Oberfläche der säureneutrale pH-Wert 7 vor, während sich unmittelbar benachbart bereits mit pH 1,5 die starke, aggressive Wirkung der Salzsäure voll entfaltet. Dieser niedrige pH-Wert wird aber durch den Speisebrei auf einen pH-Wert von 1,8 bis 4,0 abgepuffert. Neben diesem Schutz vor Selbstverdauung besteht ein zweiter Mechanismus in einer fortwährend gebildeten Schleimschicht. Dieser Schleim enthält pufferndes Bicarbonat (HCO_3^-) in recht hoher Konzentration, sodass er durch die Salzsäure nur langsam angegriffen werden kann.

Die Belegzellen sondern außerdem den Intrinsic Factor und das R-Protein ab, welche die Aufnahme von Vitamin B_{12} durch den Kör-

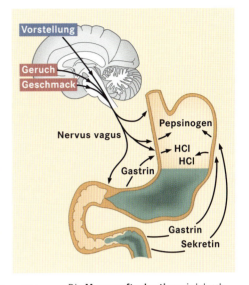

Die **Magensaftsekretion** wird durch verschiedene Mechanismen reguliert. Durch die Vorstellung, den Geruch oder den Geschmack von Nahrung wird die Ausschüttung von Pepsinogen und Salzsäure (HCl) direkt über den Nervus vagus oder indirekt über das Hormon Gastrin angeregt. Ist die Nahrung im Magen angelangt, wird aufgrund der Dehnung des Magens über lokale Reflexe oder der Freisetzung von Gastrin mehr Salzsäure freigesetzt. Tritt ein nichtsaurer Speisebrei in den Zwölffingerdarm über, wird über Gastrin die Sekretion von Salzsäure gesteigert, ist der Speisebrei dagegen sauer, wird sie über das Hormon Sekretin gehemmt, die Sekretion von Pepsinogen dagegen gesteigert.

Gallensteine entstehen durch einen Cholesterinüberschuss, einen verminderten Gallensäuregehalt, bei Entzündungen des Gallensystems oder bei einer krankhaft gesteigerten Bildung des Gallenfarbstoffs Bilirubin. Gallensteine bilden sich v. a. bei Menschen mit Übergewicht, Diabetes und einer Leberzirrhose.

Die Bezeichnung **Cholecystokinin** leitet sich von griechischen Wortstämmen her: »chol« für Galle, »zyst« für Blase und »kinin« für einen Stoff, der mit einer Bewegung in Beziehung steht. Es ist also der körpereigene Stoff, welcher die Gallenblase bewegt.

Bei einem Stau in der **Galle** wird das Blut durch die Gallenfarbstoffe gefärbt. Es kommt zu einer charakteristischen Verfärbung der weißen Lederhaut im Auge, der Gelbsucht. Gleichzeitig können wegen der fehlenden Gallenfarbstoffe (etwa Bilirubin und Biliverdin) im Darm die Fette von den Lipasen nicht verdaut werden. Die Folge sind übel riechende Fettstühle.

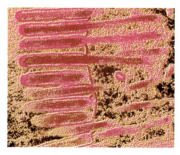

Diese Falschfarbenaufnahme zeigt bei einer 26 000fachen Vergrößerung in Rot die **Mikrovilli im Zwölffingerdarm**.

per ermöglichen. Auch hierbei erkennt man die aufwendigen Investitionen, die der Körper zur Aufrechterhaltung eines dynamischen Gleichgewichts im Körper leisten muss, in diesem Beispiel für ein einziges Vitamin.

Darüber hinaus spielen noch die Hormone des Magens eine wichtige Rolle, vor allem das Gastrin, das die Zellen nahe des Magenausgangs erzeugen und an das Blut abgeben. Es hat mehrere Wirkungen gleichzeitig und regt unter anderem die Abgabe von Salzsäure und die Bewegungen der Magenwand an. Seine verschiedenen Wirkungen sind es wohl, die im Verlauf der Evolution solch effiziente Wirkmechanismen auf hormonellem anstatt auf nervösem Wege entstehen ließen, obwohl die Zielorte so nah beieinander liegen. Trotzdem spielen auch psychisch-nervale Einflüsse eine Rolle. Der Geruch, der Geschmack oder der Anblick eines guten Essens kann ebenso wie Glucosemangel im Gehirn die Magensaft- oder Speichelsekretion auslösen. Verantwortlich hierfür ist der Nervus vagus.

Was haben Hormone mit der Galle zu tun?

Auch die Schleimhautzellen des Dünndarms erzeugen mehrere Hormone, Enzyme, Proteine und Immunglobuline. Wie kompliziert und gleichzeitig wirkungsvoll die Mechanismen beziehungsweise Chemismen verknüpft sind, zeigen die beiden ausgewählten Beispiele des Sekretins und des Cholecystokinins. Das Sekretin ist wieder multifunktional: Es hemmt die Freisetzung von Magensäure, steigert die Sekretion von Pepsinogen, stimuliert den Muskel des Magenpförtners, sodass weitere Nahrung länger im Magen verbleibt, und senkt gleichzeitig die Muskeltätigkeit im Dünndarm selbst. Seinen Namen hat es jedoch von einer weiteren, zuerst entdeckten und dominierenden Wirkung: Es regt die Bauchspeicheldrüse zur Abgabe ihrer Darmsekrete an.

Doch wirkt es auch als übergeordnetes »Hormonregulationshormon«. Solche so genannten Hormonkaskaden sind häufig, werden aber meist nicht autonom von den betroffenen Organen, sondern zentral über das Gehirn und dessen neurohormonelle Steuerungen kontrolliert. Sekretin steuert ein weiteres Hormonorgan, die Inselorgane in der Bauchspeicheldrüse und damit die Ausschüttung des Hormons Insulin in das Blut. Gleichzeitig bewirkt Cholecystokinin eine Erhöhung der Enzymkonzentration im Sekret der Bauchspeicheldrüse. Die Hormone vermitteln so eine regulatorische Vorbereitung des Körpers auf bald anflutende Kohlenhydrate und helfen hierdurch, den Blutzuckerspiegel wirksam zu kontrollieren.

Während fettreiche Nahrung im Magen länger verweilt und dort auch praktisch nicht aufbereitet werden kann, ist der Dünndarm auf das Eintreffen öl- oder fettartiger Stoffe gut vorbereitet. Denn die Gallenfarbstoffe, welche die Fettsubstanzen emulgieren, wurden als Folge der Wirkung des Cholecystokinins in den Dünndarm vor deren Eintreffen bereits ausgeschüttet. Die Fett spaltenden Lipasen der Bauchspeicheldrüse können ohne die Gallenfarbstoffe Fette kaum angreifen. Neben konzentrierten Fetten selbst führen auch stark ölhaltige Nahrungsstoffe, wie Erdnüsse, oder fettähnliche Nährstoffe, wie zum Beispiel Eidotter, zu besonders starker Ausschüttung von Cholecystokinin. Bei Gallensteinen können daher besonders gekochte Eier oder Spiegeleier sowie Erdnüsse starke Gallenkoliken auslösen. Hierbei handelt es sich um schmerzhafte Kontraktionen der Gallengangmuskulatur bei dem Versuch, den hinderlichen Gallenstein abzutreiben.

Viel Umsatz bei scharfer Auswahl

Der Dünndarm ist natürlich nicht nur Hormonorgan und Emulgierort für Fette, sondern der wichtigste Ort der Spaltung und Aufnahme von Nährstoffen durch den Körper. Er setzt sich aus drei sehr unterschiedlich langen Abschnitten zusammen. Der erste ist der Zwölffingerdarm (Duodenum) mit einer Länge von 15 bis 20 Zentimetern. Darauf folgen der Leerdarm (Jejunum) und der Krummdarm (Ileum) mit jeweils etwa anderthalb Metern Länge. Die Darmwand ist durch eine außerordentliche Oberflächenvergrößerung gekennzeichnet, gewissermaßen in drei »Etagen«.

Die ersten beiden »Etagen«, die so genannten Kerckring-Falten mit vielen ihnen aufgesetzten Zotten, werden in der »dritten Etage« durch die Mikrovilli ergänzt, die im Lichtmikroskop nur noch als schmaler so genannter Bürstensaum sichtbar sind. Hierbei handelt es sich um eine Unzahl winziger Ausstülpungen der Zellmembran der dem Darmlumen zugewandten Zellen. Oft sind es über zweitausend solcher Mikrovilli pro Zelle. Auf diese Weise besitzt der Dünndarm etwa hundert Quadratmeter an verdauungsaktiver Oberfläche.

Die Enzyme des Dünndarmepithels, die über die Mikrovilli ausgeschieden werden, spalten die Kohlenhydrate und Peptide in die

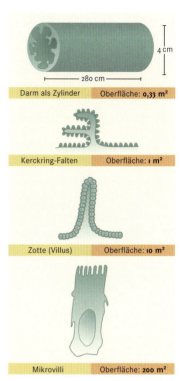

Der **Dünndarm** ist etwa 280 cm lang und hat einen Durchmesser von 4 cm. Seine Oberfläche ist durch die Kerckring-Falten, die einzelnen Darmzotten und die Mikrovilli stark vergrößert, sodass die Nahrung effizient aufgenommen werden kann.

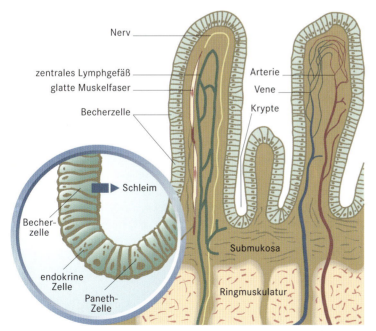

In der **Darmwand** befinden sich verschiedene Zelltypen. Über die ganze Darmwand verteilt sind die Schleim produzierenden Becherzellen. Nur zwischen den Darmzotten in den so genannten Krypten sind die Paneth-Zellen zu finden, die den Darmsaft produzieren, und endokrine Zellen, die verschiedene Hormone ausscheiden.

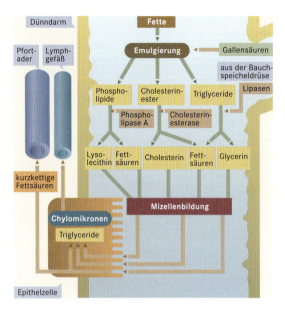

Die verschiedenen **Fette** werden nach der Emulgierung durch die Gallensäuren zu den freien Fettsäuren, Cholesterin, Glycerin und Lysolecithin aufgespalten. Da die Spaltprodukte schlecht wasserlöslich sind, werden sie in Mizellen aufgenommen, die ursprünglich nur aus Gallensäuren bestehen. An den Epithelzellen des Dünndarms lösen sich die Mizellen auf und die Inhaltsstoffe treten in das Cytoplasma der Zelle über. Während einige kurzkettige Fettsäuren direkt in das Blut diffundieren, werden andere zusammen mit den langkettigen Fettsäuren und Glycerin zu neuen Triglyceriden aufgebaut. Mit den ebenfalls neu synthetisierten Cholesterinestern und Phospholipiden werden sie von einer Proteinhülle umgeben und gelangen als Chylomikronen in die Lymphbahnen.

kleinen, aufnahmefähigen Monosaccharide und Aminosäuren. Für die Aufnahme der Nährstoffe gibt es je nach Substanz verschiedene Mechanismen. Einige Stoffe dringen von selbst durch Diffusion in die Darmzellen ein, wenn sie entsprechend durch die Verdauung vorbereitet wurden und ihre Moleküle klein genug sind. Für Glucose, Aminosäuren und für Salze, die in gelöstem Zustand als Ionen oder Elektrolyte bezeichnet werden, fungieren jeweils besondere Transportsysteme. Diese benötigen Energie, die für die Aufnahme der Stoffe investiert werden muss.

Das Fließband für die Fette

Die aus Triglyceriden, also einem Glycerinanteil und drei Fettsäureestern pro Fettmolekül, bestehenden und in Monoglyceride und freie Fettsäuren zerlegten Fette können unmittelbar in die Darmepithelzellen diffundieren, benötigen zur Aufnahme in den Körper zunächst also keine Energie. Bereits in den Zellen werden sie wieder resynthetisiert; die Fettsäuren der aufgenommenen und unter Energieaufwand wieder hergestellten Fette sind also streng genommen gar nicht körpereigen. Noch klarer wird das bei der Pinozytose, der Aufnahme ganzer Tröpfchen von Nahrungsfetten. Auch andere kleine Partikel werden so in den Körper aufgenommen. Die Fette werden in den Darmzellen mit einem Proteinmantel umschlossen. Es entstehen verschieden große Fett-Eiweiß-Tröpfchen oder Lipoproteine, die als Chylomikronen in das Lymphsystem und von dort dem venösen Teil des Blutkreislaufes zugeleitet werden. Sinn dieser Stoffkombination ist die Notwendigkeit, die fettigen Substanzen in den wässrigen Lösungen Blut und Lymphe transportabel zu machen. Nach unterschiedlichen Umstrukturierungen in verschiedenen Teilen des Körpers werden die Lipoproteine gemäß ihrer Dichte in die VLD-Lipoproteine mit sehr geringer Dichte, die LD-Lipoproteine mit geringer Dichte, die ID-Lipoproteine mit mittlerer Dichte und die HD-Lipoproteine mit höherer Dichte unterschieden. Diese Einteilung hat sich für viele ihrer Stoffwechseleigenschaften und für eine Reihe pathologischer Gesichtspunkte bei der Entstehung insbesondere von Gefäßerkrankungen bewährt.

Die überwiegende Zahl der aufgenommenen Stoffe wird jedoch nicht der Lymphbahn, sondern dem Blut zugeführt und erreicht über die Darmvenen die Pfortader der Leber. Dort werden die meisten Nährstoffe weiter verarbeitet. Auch der Dünndarm ist also ein in seinen Wirkungsweisen unglaublich komplizierter Apparat zur Aufrechterhaltung des offenen Systems im dynamischen Gleichgewicht. Sensoren, Aktivierungen und Rückkopplungen sowie Hormonkaskaden und eine Fülle Energie verbrauchender Auslese- und Transportfunktionen sind hierfür nötig, die alle sinnvoll, das heißt funktionsgerecht, ineinander greifen müssen.

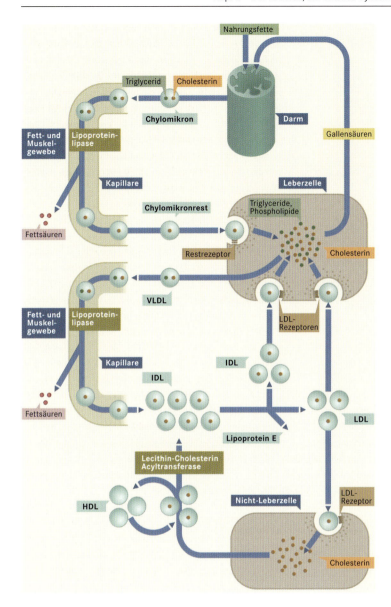

Der Fettstoffwechsel im Menschen:
Die Chylomikronen, die Triglyceride und Cholesterin enthalten, gelangen über die Lymphbahn ins Blut. Im Fett- und im Muskelgewebe werden die Triglyceride gespalten und die Fettsäuren dort abgelagert. Der Chylomikronrest bindet an spezielle Rezeptoren von Leberzellen. Anschließend wird das Cholesterin in die Leberzellen eingeschleust und dort entweder in Gallensäuren umgewandelt oder zusammen mit Triglyceriden und Phospholipiden in Form von VLD-Lipoproteinen (VLD = very low density) wieder in den Kreislauf eingeschleust.

Wie bei den Chylomikronen nimmt das Fett- und Muskelgewebe die abgespaltenen Fettsäuren aus den VLD-Lipoproteinen auf, wodurch die ID-Lipoproteine (ID = intermediate density) entstehen. Ein Teil der ID-Lipoproteine bindet an Rezeptoren für LD-Lipoproteine (LD = low density) von Leberzellen, ein anderer Teil wandelt sich durch enzymatische Prozesse unter Abspaltung des Lipoproteins E in LD-Lipoproteine um. Diese binden sowohl an LD-Lipoprotein-Rezeptoren von Leberzellen als auch von Nicht-Leberzellen.

In der Leber blockiert das von den ID- und LD-Lipoproteinen freigesetzte Cholesterin die Neusynthese von Cholesterin und fördert die Bildung von Cholesterinestern, sodass der Cholesterinspiegel im Blut sinkt. HD-Lipoproteine (HD = high density) können Cholesterin aus Nicht-Leberzellen aufnehmen, in Cholesterinester umwandeln und auf ID-Lipoproteine übertragen.

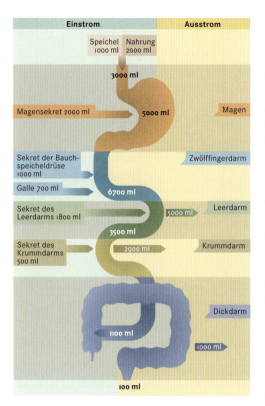

Ein Mensch nimmt täglich etwa zwei Liter Wasser mit der Nahrung auf. Rund sieben Liter Flüssigkeit werden in den verschiedenen Abschnitten des Verdauungstraktes abgegeben. Da der überwiegende Teil des Wassers jedoch im Dünndarm und im Dickdarm wieder resorbiert wird, verlassen den Körper über den Stuhl nur etwa 100 Milliliter Wasser.

Flüssigkeitshaushalt und Dickdarm

Eindrucksvoll sind in diesem Zusammenhang auch die Mengen des Wasserumsatzes. Speichel, Magensaft und der Bauchspeichel machen täglich eine Menge von über fünf Litern aus. Zusammen mit dem Wasser aus Getränken und stark wasserhaltiger Nahrung wie Obst und Gemüse bewältigt der Darm des Menschen einen Wasserumsatz von etwa fünf bis zehn Litern Wasser pro Tag. In den meisten Darmabschnitten liegt der Nahrungsbrei als wasserdünne Aufschwemmung vor. Bei extremem Durchfall erlebt der Kranke diese wässrige Konsistenz des Darminhaltes, wenn der Stuhl abgeht, ohne vorher eingedickt worden zu sein.

Der Wasserentzug von fast einem gefüllten Wassereimer pro Tag aus dem Nahrungsbrei ist eine besondere physiologische Leistung des Dickdarms. Mit der enormen Wasseraufnahme durch die Dickdarmwand werden unter anderem auch elektrolytisch wirksame Substanzen für den Körper zurückgewonnen. Daher stehen zwei Gefahren bei Durchfallerkrankungen im Vordergrund – der Flüssigkeitsverlust selbst, die so genannte Dehydratation und den Verlust von Elektrolyten. Bei heftigen Durchfallerkrankungen, wie der Cholera, kann neben dem Wasser- auch der Elektrolythaushalt des Körpers zusammenbrechen. Durch die stark beschleunigte Darmpassage kommt es zwar auch zu einem erheblichen Nahrungsentzug, doch ist dieser zweitrangig, weil man in viel kürzerer Zeit an Wassermangel oder dem Entzug von Elektrolyten sterben kann, als zu verhungern.

Das dynamische Gleichgewicht des Appetits

Die häufigsten Ursachen für eine gestörte Energie- oder Stoffbilanz sind die beiden alltäglichen Antagonisten: das Eintreten von Hunger nach einigen Stunden ohne Nahrungszufuhr einerseits und die Aufnahme von zeitweilig ausreichender oder gelegentlich auch übermäßiger Nahrung andererseits. Während Vorgänge wie die Nahrungsaufnahme in Intervallen ablaufen, gehen die meisten Lebensprozesse sehr konstant weiter. Eine große Auswahl von Konstanthaltungen im Körper werden unter dem Begriff der Homöostase zusammengefasst.

Wie entsteht Hunger?

Im Hypothalamus werden die vorhandenen Energiemengen mit Sollwerten verglichen. Daraufhin wird der Appetit entsprechend eingestellt und über ihn die Nahrungsaufnahme gesteuert. In zwei Kerngebieten des Hypothalamus scheinen die Empfindungen für »hungrig« oder »satt« übrigens getrennt voneinander erzeugt zu werden. Schon der erste Schritt zur Feststellung der Mengen an vorhandenen Energien ist kompliziert und bedarf einer ganzen Reihe unterschiedlicher Sensoren zur Registrierung der Istwerte: Magen und Darm melden dem Hypothalamus Füllungszustände und die Anflutung verschiedener Substanzkategorien über Hormone und auf nervösem Wege über Reflexbahnen. So wirken die vom Magen gebildeten Hormone zur Steuerung der Dünndarmaktivität und jene der Bauchspeicheldrüse über die Blutbahn auch auf diese Bereiche des Gehirns.

Darüber hinaus wird dem Hypothalamus der Füllungszustand des Fettspeichers über das aus dem Fettgewebe selbst stammende Hormon Leptin gemeldet. Die Konzentration anderer energiereicher Stoffe wie der Glucose wird im Hypothalamus direkt gemessen und bedarf keines Botenstoffes. So entsteht bei Unterzuckerung im Blut der Appetit unmittelbar auf diesem Wege. Der Abgleich mit bestehenden Sollwerten führt bei einer Differenz, also bei einem Korrekturbedarf, zu den Gefühlen der Sattheit oder des Appetits, die ihrerseits schließlich die entsprechenden Handlungen steuern.

Noch komplizierter ist die Regelung der offenen Energie- und Stoffkreisläufe, da der eben geschilderte Mechanismus seinerseits ein offenes Regelsystem ist. Beispielsweise können Sexual-, Wachstums- und Schwangerschaftshormone oder auch psychische Einflüsse erheblich in das System der »Appetitregler« eingreifen.

Fasten oder Hungern

Wird für eine gewisse Zeit keine Nahrung aufgenommen, steigert der Körper nicht nur den Drang, etwas zu essen, sondern mobilisiert auch die körpereigenen Reserven. Wenn der Blutzuckerspiegel für den Körper messbar sinkt, stellt die Leber zunächst durch Spaltung des dort gespeicherten Glykogens dem Blut für einige Stunden genügend Glucose zur Verfügung. Bei längerem Fasten greift der Körper schnell auch auf Proteine und ihre Bausteine,

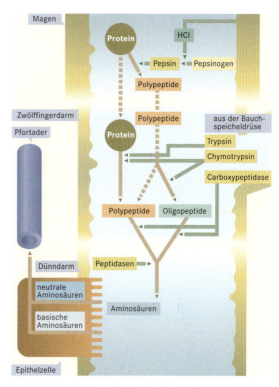

Der Abbau der **Proteine** beginnt zwar schon durch das Pepsin im Magen, doch baut dieses Enzym nur 10–15% der Proteine ab. Erst im Zwölffingerdarm und im Dünndarm werden durch die Enzyme der Bauchspeicheldrüse die meisten Proteine verdaut. Die basischen und die neutral reagierenden Aminosäuren werden durch zwei verschiedene Zelltypen im Dünndarm resorbiert.

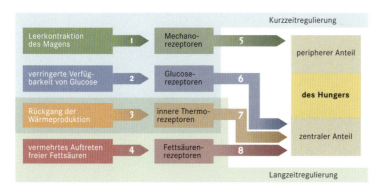

Das **Hungergefühl** wird durch Kurzzeit- und durch Langzeiteffekte reguliert. Wenn Mechanorezeptoren die Kontraktion des leeren Magens registrieren, entsteht ebenso ein Hungergefühl wie bei Glucosemangel im Blut, den Glucoserezeptoren im Hypothalamus feststellen. Thermorezeptoren im Inneren des Körpers dienen als Fühler für die Wärmeproduktion. Sinkt sie aufgrund von Nahrungsmangel, kommt es ebenfalls zum Hungergefühl. Hierbei spielen kurz- und langfristige Effekte eine Rolle. Bei Nahrungsmangel über einen längeren Zeitraum werden die Fettdepots im Körper abgebaut, sodass vermehrt freie Fettsäuren auftreten. Der Anstieg des Fettsäurespiegels im Körper dient als Hungersignal.

Grundumsatz und kalorischer Bedarf bei verschieden schwerer körperlicher Arbeit

Tätigkeit	Verbrauch in Kilojoule (kJ)
Unterernährung (hypokalorische Diät)	
Schlankheitskur	6 300 kJ
Normalernährung (Erhaltungsdiät, isokalorische Diät)	
Wolkengucker, Träumer	7 800 kJ
Weibliches Model, Poet	8 400 kJ
Büroschläfer	9 300 kJ
Bürokrat, Rentner	10 000 kJ
Funktionär, Versicherungsvertreter, Hochzeitsreisende	11 000 kJ
Wanderer, Fernlastwagenfahrer, Student vor dem Examen, Professor während (!) des Semesters, Schwangere	12 000 kJ
Briefträger, Schlagzeuger, stillende Mutter	13 000 kJ
Gartenarbeiter, Grundschullehrerin beim Klassenausflug	14 000 kJ
Werftarbeiter, Autoschlosser, Maurer	15 000 kJ
Showcatcher, Berufsfußballer	17 000 kJ
Zehnkämpfer auf Medaillenkurs	21 000 kJ
Überernährung (hyperkalorische Diät)	
beim Großen Fressen oder in Brueghels Schlaraffenland	19 000 kJ

die Aminosäuren, zurück, da der Körper aus den glucogenen Aminosäuren auf dem Weg der Gluconeogenese Zucker synthetisieren kann. Dies geschieht zwar unter erheblicher Einbuße der ursprünglich vorhandenen Energie (Ab- und Aufbau sind energetisch nicht kostenfrei), doch gelingt es dem Körper, seinen Blutzuckerspiegel in etwa aufrecht zu erhalten, was in erster Linie für die Versorgung des Gehirns und der roten Blutkörperchen wichtig ist. Nach einigen Tagen des Fastens gewährleistet der jetzt einsetzende Fettabbau die Aufrechterhaltung des Blutzuckerspiegels, da auch aus den Fettsäuren die Gluconeogenese erfolgen kann.

Sowohl Proteine als auch Fette können also zum Aufbau körpereigener Glucose herangezogen werden. Im Vordergrund steht beim

Im »Schlaraffenland« leben heute viele Menschen in den westlichen Industrienationen – mit nicht zu übersehenden Folgen für die Gesundheit und den Bauchumfang (Pieter Brueghel der Ältere, 1567, Alte Pinakothek, München).

Fasten aber der Abbau der Fette, deren Energie mit fast 40 Kilojoule pro Gramm vor allem in den Triglyceriden gespeichert ist. Die hohe spezifische Energiekapazität von Fett kann in Ausnahmesituationen ebenso lebensrettend sein, wie sie sich bei Schlankheitskuren als hinderlich erweist. Bei 7500 Kilojoule an täglichem Umsatz eines fastenden, erwachsenen Menschen reichen 35 Kilogramm Übergewicht ein volles halbes Jahr ohne jegliche andere Zufuhr zur Deckung des nötigen Energiebedarfs.

Die Fettsäuren aus dem Speicherfettgewebe vor allem in der Unterhaut werden im Blut an das Protein Albumin gebunden und somit transportfähig gemacht. Vornehmlich in der Leber und dort in den Mitochondrien, den »Kraftwerken der Zellen«, werden von den langen, aus Ketten von Kohlenstoffatomen bestehenden Fettsäuren immer zwei dieser C-Atome abgetrennt. Sie werden mit einem Coenzym gekoppelt, wodurch »aktivierte Essigsäure«, das Acetyl-CoA, entsteht. Acetyl-CoA ist eines der wichtigsten »biochemischen Kleinbriketts«, denn auch zum Beispiel der Glucoseabbau führt über dieses Molekül. Acetyl-CoA ist nun das »Kleinbrikett«, mit dem der Zitronensäurezyklus in den Mitochondrien betrieben wird. Dieser Zyklus wiederum ist quasi der Apparat, mit dem der Organismus vor allem eine energiereiche, überall einlösbare »Universalwährung« herstellt, das Adenosintriphosphat oder ATP. Praktisch überall im Körper, wo Energie benötigt wird, wird ATP eingesetzt.

Von Bier und Törtchen und vom Zu- und Abnehmen

Wenn wir zu viel Süßigkeiten zu uns nehmen, erfolgt der Zuckerabbau über das Pyruvat bis hin zum Acetyl-CoA, das genau wie jenes aus dem Fettabbau den Zitronensäurezyklus antreibt und zur Bildung von ATP führt. Ausgehend vom Acetyl-CoA ist der Fettabbauvorgang aber unter Energieeinsatz umkehrbar. Verfügt der Körper also über einen genügend hohen Blutzuckerspiegel und genügend Glykogen in der Leber, benutzt er den Zucker zur Anlage einer Energiereserve in Form von Fett.

Während bei Törtchen das vorherrschende Kohlenhydrat als Rohrzucker vorliegt, ist es beim Bier die Galaktose, die es so nahrhaft macht und ausgehend vom Acetyl-CoA die Fettsynthese ankurbelt. Hinzu kommt, dass auch der Alkohol des Bieres einen hohen Brennwert hat und über das Acetyl-CoA ebenfalls recht viel zur Fettsynthese beitragen kann. Die Energieverwertung von im Überfluss zugeführten Proteinen verläuft im Prinzip gleich, da die Aminosäuren der Proteine einen ähnlich hohen Brennwert wie Zucker haben. Auch bei ihnen führt der Abbau letztlich zum Acetyl-CoA, das entweder im Zitronensäurezyklus »verheizt« oder durch Aufbau von Fett »gespart« werden kann.

Adenosintriphosphat (ATP) ist die wichtigste Energie speichernde Substanz im Körper. Fast überall, wo durch katabole Stoffwechselprozesse Energie gewonnen wird, wird sie in Form von ATP gespeichert. ATP besteht aus der Base Adenin, dem Zuckermolekül Ribose und drei Phosphatgruppen, die über energiereiche Bindungen miteinander verkoppelt sind. Wird eine Phosphatgruppe abgespalten, entstehen Adenosindiphosphat (ADP) und freies Phosphat (P_i). Die frei werdende Energie steht bei anabolen Prozessen zur Verfügung. ATP fungiert damit als eine Art »Zellakku«.

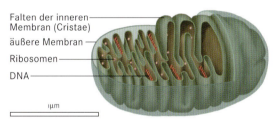

Falten der inneren Membran (Cristae)
äußere Membran
Ribosomen
DNA

1μm

Ein **Mitochondrium** ist von zwei Membranen umhüllt, wobei die innere vielfach gefaltet ist. Mitochondrien haben ihre eigene DNA und daher auch Ribosomen für die Proteinbiosynthese. Sie werden nur von den Müttern auf ihre Kinder vererbt.
Unten ein elektronenmikroskopisches Foto eines **Mitochondriums**.

Beim Prozess des Hungers wird dagegen nicht nur auf die Energiereserven des Speicherfettes zurückgegriffen. Der Körper hat zwar im Blut kaum Energiereserven in Form von verfügbaren Aminosäuren, doch werden diese Bausteine der Proteine beim Fasten sofort aus den

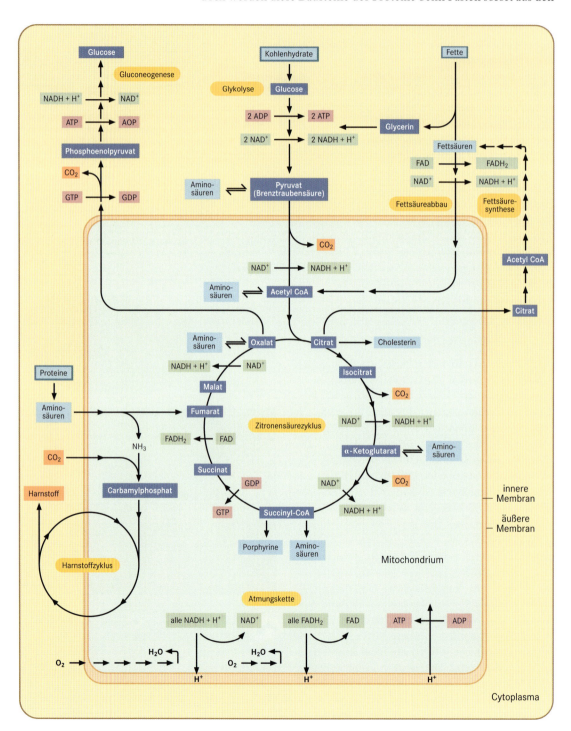

Geweben mobilisiert und zur Energiegewinnung verheizt. Obwohl kein Energiespeicher in Form von Proteinen speziell angelegt wird, greifen katabole Abbauprozesse auch auf die Bausubstanzen des Körpers über und damit auch auf die Proteine, insbesondere auf jene der Muskeln. Hierbei handelt es sich um eine Art der Selbstverdauung, weil der Stoffwechsel des hungernden Menschen seinen Energiebedarf auch durch Abbau solcher eigenen Proteine zu decken sucht. Nur so kann ein Mensch »bis auf die Knochen« abmagern.

Die wenigen Aminosäuren und Proteine im Blut haben normalerweise genügend osmotische Wirkung, um ausreichend Wasser zu binden. Diese wichtige Funktion für die Verteilung des Wassers, also für den körperinneren Wasserhaushalt, ist bei extremem Hunger gestört. Wenn der abgemagerte Körper die notwendige Konzentration an Aminosäuren und Proteinen im Blut nicht mehr aufrechterhalten kann, sinkt der osmotische Druck in den Blutgefäßen. Das Blutplasma kann das Wasser nicht im notwendigen Ausmaß binden, sodass es sich besonders in der Nähe von Gelenken im Gewebe ansammelt. Diese Hungerödeme sind ein Hauptsymptom für einen lebensbedrohlichen Hungerzustand. Wird Nahrung wieder in ausreichendem Maß zugeführt, gewährleistet der anabole Stoffwechsel zunächst die angemessene Wiederherstellung des Muskelapparates sowie der Bänder und Sehnen, bevor überschüssige Energie wieder zur Anlage eines Fettdepots dienen kann.

In dem offenen System, das der menschliche Körper darstellt, können sich die drei wichtigsten Stoffklassen, die Kohlenhydrate, die Proteine und ihre Bausteine, die Aminosäuren, sowie die Fette bei der Energiegewinnung gegenseitig ersetzen. Kohlenhydrate und Proteine können zu Speicherfett umgebaut werden. Andererseits können Fette und Proteine in der Gluconeogenese zur Kohlenhydratsynthese herangezogen werden. Lediglich der Aufbau von Proteinen aus den beiden anderen Stoffklassen ist unmöglich, weil zehn der zwanzig notwendigen Aminosäuren essentiell sind und mit der Nahrung aufgenommen werden müssen. Alle eben zusammenfassend genannten Prozesse werden im offenen System unseres Körpers je nach Bedarf und rückkoppelnd einander angepasst. C. NIEMITZ

Während Menschen mit Übergewicht aus anderen als rein energetischen Gründen nicht ohne weiteres ein halbes Jahr hungern können, sind andere warmblütige Lebewesen hierzu in der Lage. So leben beispielsweise die Küken der **Königspinguine,** nachdem sie im Polarsommer ausreichend gefüttert wurden, bis zur Rückkehr ihrer Eltern über ein halbes Jahr lang in den Eisstürmen der Polarnacht ausschließlich von ihren Fettreserven.

Die Abbildung fasst die wichtigsten **Stoffwechselwege in einer menschlichen Zelle** mit den wichtigsten Ausgangs-, Zwischen- und Endprodukten zusammen. Wesentliche Stoffwechselvorgänge laufen im Cytoplasma, der Grundsubstanz einer Zelle, und in den Mitochondrien ab. Zentrum des Stoffwechselgeschehens ist der Zitronensäurezyklus. Auf ihn laufen viele Abbauvorgänge zu und von ihm gehen viele Aufbauvorgänge aus. Die Glykolyse der Kohlenhydrate und der Abbau der Fette endet im Acetyl-CoA, das in den Zitronensäurezyklus eingeschleust wird. Von Citrat geht die Fett- und die Cholesterinsynthese aus, von Succinyl-CoA die Synthese der Porphyrine und von Oxalat die Gluconeogenese. Verschiedene Moleküle im Zitronensäurezyklus sowie Pyruvat und Acetyl-CoA sind Ausgangspunkt der Aminosäuresynthese und Endpunkt des Aminosäureabbaus. Das Abfallprodukt des Aminosäureabbaus Ammoniak (NH_3) verbindet sich mit Kohlendioxid (CO_2) zum Molekül Carbamylphosphat, das im Harnstoffzyklus zum Harnstoff umgebaut wird.

Bei der Glykolyse und im Zitronensäurezyklus werden die energiereichen Verbindungen ATP und GTP (Adenosin- und Guanosintriphosphat) gebildet, die in energiezehrenden Aufbauvorgängen wieder verbraucht werden. Während der Glykolyse, des Fettsäureabbaus und des Zitronensäurezyklus entstehen Nicotinamid-Adenindinucleotid (NADH + H^+) und Flavin-Adenindinucleotid ($FADH_2$), zwei Moleküle, die Protonen (H^+) gebunden haben. Die Protonen werden in die Atmungskette eingeschleust und unter Verbrauch von Sauerstoff durch die innere Membran der Mitochondrien gepumpt. Beim Zurückströmen entsteht das überall im Körper für Energie verbrauchende Vorgänge nutzbare ATP.

Organisation – Steuern und Regeln

Fast alle Lebensfunktionen des menschlichen Körpers bedürfen einer außerordentlich feinen Abstimmung, sowohl mit der Außenwelt als auch im Körper selbst. Hunger und Durst sowie deren Befriedigung gehören als Grundlage vieler weiterer Leistungen des Stoffaustausches ebenso zu den fundamentalen Regelfunktionen wie die Steuerung von Wach- und Schlafphasen.

Würden diese Regelleistungen nicht alle aufs Feinste abgestimmt funktionieren, so würden alle Körperfunktionen gewissermaßen entgleisen. Die Natur hat jedoch viele selbstregulierende und bei Fehlregulationen kompensierend wirkende Systeme parat, sodass ein solcher »Totalausfall« praktisch undenkbar ist.

Der Wärmehaushalt – Beispiel für Regelkreise im Körper

Die **infraroten Strahlen,** welche die warmblütigen Säugetiere abstrahlen, heben sie besonders in der kühlen Nacht von ihrer Umgebung ab. Mithilfe von Infrarotsensoren lassen sich nachtaktive Säugetiere daher gut beobachten. Auch mögliche Einbrecher strahlen infrarote Strahlen ab. Entsprechende Sensoren werden daher als Einbruchssicherungen eingesetzt.

Der Körper verliert bei den meisten Temperaturen ständig Wärmeenergie an seine Umgebung. Zum einen strahlt der warme Körper infrarote Wärmestrahlen ab, zum anderen erwärmt er an seiner Oberfläche die kältere Luft, die nach Anwärmung nach oben steigt und wieder durch kalte Luft ersetzt wird. Bei sehr kalter Umgebungstemperatur kann auch der Wärmeverlust über die Atmung erheblich werden. Wenn in einem kalten Winter die Außentemperatur $-20\,°$Celsius beträgt, wird die eingeatmete Luft bei jedem Zug um etwa $55°$ angewärmt, denn in den Lungenbläschen herrscht immer Körpertemperatur.

Die Grundprinzipien eines Regelkreises

Um die Körpertemperatur konstant zu halten, benötigt der Organismus ein ausgeklügeltes System von Regelmechanismen. Bevor im Einzelnen auf Besonderheiten eingegangen werden kann, sollen die Elemente solcher Regelkreise am Beispiel des Wärmehaushaltes beschrieben werden. Der Wärmehaushalt eignet sich hierfür besonders, da der Mensch als gleichwarmes Lebewesen bemüht ist, die Temperatur in seinem Körperinnern bei etwa $37\,°C$ zu halten. Dazu muss er seine Wärmeabgabe mit der Aufnahme und der Herstellung von Wärme abgleichen.

Folgende Instanzen sind Teil eines jeden Regelkreises:

Störgrößen: Zu hohe und niedrige Umgebungstemperatur stören die Körpertemperatur durch Abstrahlung von innen oder durch Überhitzung von außen. Schwere körperliche Arbeit, zum Beispiel intensive sportliche Betätigung, liefert überschüssige Restwärme bei der Umsetzung der Stoffwechselenergie von innen.

Fühler: Temperaturmesser befinden sich wahrscheinlich überall im Körper. Wärmefühler sind besonders außen in der Haut, im Rückenmark und im Hypothalamus des Zwischenhirns, dem Steuerzentrum der Temperaturregulation, lokalisiert. Ein Fieberthermometer weiß nicht, was Fieber ist, es gibt nur einen Wert an, den die

Die Wärmestrahlen, die jeder Körper abgibt, kann man mithilfe eines Thermographen sichtbar machen. Das sich ergebende **Wärmebild** zeigt rot die Zonen der größten Wärmeabgabe, blau die der niedrigsten.

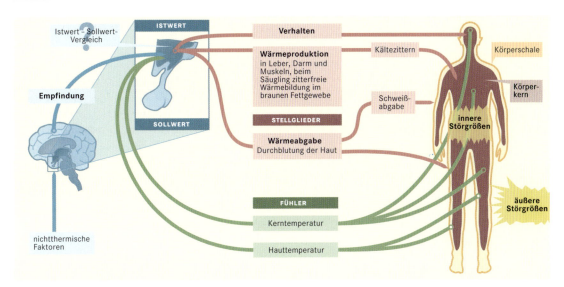

Krankenschwester oder die Mutter interpretiert. Im Körper aber gibt es Sensoren, die »eher kalt« und »eher warm« messen, sodass deren jeweilige hohe Aktivität bereits eine Vorbewertung im Sinne von »zu kalt« oder »zu warm« sein könnte. Trotzdem melden diese Sensoren zunächst nur eine Zahlengröße, den

Istwert: Im Hypothalamus werden die Istwert-Meldungen aus allen Bereichen des Körpers gesammelt; besonders wichtig scheint auch der Messfühler für die Temperatur im Hypothalamus selber zu sein. In einem letztlich nicht ganz geklärten Rechenmodus wird aus den vielen Eingängen hier wahrscheinlich ein »gewogener Durchschnittswert« gebildet. Der Istwert entspricht also einem rechnerisch modifizierten Temperaturwert.

Sollwert, Komparator und Stellgröße: Der im Hypothalamus gespeicherte Sollwert ist aber nicht konstant, sondern unterliegt ebenfalls körperlichen Bedürfnissen und wird mehrfach stündlich nachgeregelt. Im Komparator werden der aktuelle Istwert mit dem aktuellen Sollwert verglichen. Stimmen beide Werte überein, braucht der Körper nicht zu reagieren. Ergibt sich beim Vergleich eine Differenz, errechnet die Stellgröße Orte und Intensitäten der zu ergreifenden Maßnahmen durch die

Stellglieder: Unter anderem die bei Kälte zitternden Muskeln tragen dazu bei, einen neuen, »richtigen« Istwert einzustellen. Mit ihrer Zitterbewegung erzeugen sie Restwärme, die von den Fühlern wieder gemessen und im Sinne einer rückkoppelnden Messung weitergeleitet wird.

Die weitaus meisten Regelleistungen des Körpers bedürfen einer negativen Rückkopplung. Das bedeutet, dass die Maßnahme des Körpers gegen einen als regulierungsbedürftig bewerteten Zustand nicht zu stark überschießen darf und sich in noch funktionstüchtigen Bereichen selbst wieder abbremsen muss. Da also auch die Reaktion auf den falschen Istwert »angemessen« sein muss, also einer messen-

Zur **Regulation der Körperwärme** registrieren Thermorezeptoren die Temperatur der Haut und des Körperkerns und leiten die Werte an den Hypothalamus weiter. Dort werden die eingegangenen Werte mit einem Sollwert verglichen. Ist die Körpertemperatur zu hoch, kann sie durch Schweißabgabe und eine stärkere Durchblutung der Haut verringert werden, ist sie zu niedrig, kann sie durch ein entsprechendes Verhalten oder durch Kältezittern der Muskeln (bei Säuglingen auch durch die Wärmebildung im braunen Fettgewebe) erhöht werden.

den Bewertung unterliegt, gehen viel mehr Faktoren in die Reaktion ein, als das einfache Schema nahe legt.

Positive Rückkopplungen kommen im menschlichen Körper zwar gelegentlich vor, bedürfen aber einer »Bremse von außen«. Ein Beispiel hierfür ist die lawinenartig ablaufende Depolarisation der Nervenzellen, der Nervenimpuls. Ihr Beginn steigert die Durchlässigkeit der Zellmembran für Natriumionen (Na$^+$), sodass der Natriumeinstrom in die Zelle zur Depolarisation führt. Noch während des explosionsartig verlaufenden Natriumeinstroms wird ein Kaliumausstrom aus der Zelle nach einem ähnlichen Prinzip eingeleitet, und die Durchlässigkeit der Membran für Natriumionen wird ebenso schnell herabgesetzt, wie sie vorher gesteigert worden war.

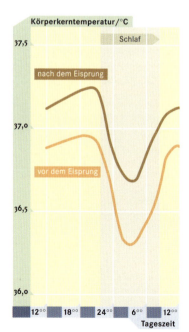

Eine **positive Rückkoppelung** am Beispiel einer Depolarisation einer Nervenfaser.

In der Technik wird ein Sollwert meist sehr einfach eingestellt und ist dann »bis auf weiteres« im Sinne des Wortes maßgebend: Der Wasserwerker stellt den Pegelüberlauf auf eine bestimmte Höhe ein, und ohne eine erneute Einstellung bleibt der Sollwert gleich. Im Körper jedoch unterliegt der Sollwert in den meisten Fällen einer eigenen, oft in mehrfacher Hinsicht bestimmten Regulation. Gleichzeitig ist diese Sonderform des Sollwerts auch ein Schwellenwert, denn nur wenn er überschritten wird, beginnt ein regulierendes Geschehen abzulaufen, während unter diesem Wert nichts geschieht. Solche Schwellenregulungen sind im Körper häufig.

Eine Sollwertverstellung der Körpertemperatur geschieht zum Beispiel bei Infektionen im Fieber. Der Sollwert für die Körperkerntemperatur, also im Bauch oder im Gehirn, liegt am frühen Abend um fast ein Grad Celsius höher als im Tiefschlaf etwa in der Mitte der zweiten Nachthälfte. Bei Frauen liegt der Sollwert der Temperatur im Körperkern im Verlauf des Monatszyklus nach dem Eisprung meist um 0,3 bis 0,5 Grad höher als davor. Beide Sollwertverstellungen werden getrennt voneinander reguliert, und alle diese Regelungen überlappen natürlich. Darüber hinaus bestimmen noch viele andere Einflüsse mit, welche Temperatur der Körper als seinen im aktuellen Zustand besten Wert, den Sollwert, berechnet.

Temperaturmessungen im Körper

Die Wärmeproduktion im Körper findet vornehmlich durch den Energiestoffwechsel statt. Die angenehmste Art der Wärmeproduktion ist also sicherlich ein schönes Essen. Der Darm und insbesondere die Leber sind dann die »Heizkörper« des Organismus. Aber überall, wo Energie im Körper umgesetzt wird, entsteht auch ein großer Betrag an Restwärme, weil der biochemische Stoffumsatz nur einen Wirkungsgrad von einem Viertel bis einem Drittel der eingesetzten Energie hat. Während der Energieumsatz beispielsweise des Gehirns oder der Nieren in etwa konstant ist, können die Muskeln bei starker Arbeit enorme Wärme als »Ko-Produkt« der körperlichen Leistungen erbringen. Joggen bei leichtem Frost zum

Die **Körpertemperatur** schwankt im Tagesverlauf um 37°Celsius. Bei Frauen steigt sie nach dem Eisprung generell um 0,3 bis 0,5°Celsius.

Beispiel, wirft nach einer Aufwärmphase jedenfalls eher Glatteis- oder Atemprobleme auf als eine Unterkühlung des Körpers.

Damit die Körperkerntemperatur konstant gehalten werden kann, muss der Körper zügig auf die Kältereize der Thermorezeptoren in der Haut reagieren. Sie melden diese an den Hypothalamus, der daraufhin eine Sollwertverstellung vornimmt. Obwohl die Kerntemperatur noch gar nicht betroffen ist, ermittelt der Komparator im Hypothalamus nun eine Istwert/Sollwert-Differenz und leitet vorbeugende Maßnahmen ein. Über sympathische Nervenreize wird die Haut weniger durchblutet und gibt daher weniger Wärme ab. Außerdem beginnt zunächst die Kaumuskulatur zu zittern, bis über die Arm- und Schultermuskeln hinabsteigend der ganze Körper zittert und mit dieser Muskelarbeit Wärme produziert.

Konstanthaltung durch Verstellung vieler Sollwerte

Geht man in kalt empfundenes Wasser, klappert man anfangs mit den Zähnen. Kaum fängt man an zu schwimmen, hört das Klappern jedoch sehr schnell auf. Mit dem Beginn der stärkeren Muskelarbeit wird dem Komparator mitgeteilt, in welchem Maße demnächst Wärme durch Muskelarbeit zu erwarten ist. Daraufhin errechnet er einen neuen Sollwert und leitet aufgrund der Messungen differenzierte Reaktionen ein. Sie bewirken zwar eine weiterhin weniger stark durchblutete Haut, aber eine Einstellung des unnötig gewordenen Zitterns. Außerdem werden verschiedene Körperpartien unterschiedlich geregelt: Während die Haut an Armen und Beinen beim Schwimmen deutlich abkühlt, behält die Kerntemperatur weiterhin ihren Normalwert von etwa 37°Celsius bei. Viele verschiedene Sollwerte werden also gleichzeitig zentral für unterschiedliche Körperteile differenziert berechnet und einzeln geregelt.

Leistet ein Mensch bei mittleren oder höheren Temperaturen zusätzlich noch starke Muskelarbeit oder ist anderen Hitzebelastungen ausgesetzt, werden Kühlmaßnahmen eingeleitet. Dies geschieht ebenfalls über Sollwertverstellungen, deren Stellglieder die Blutgefäße in der Peripherie sind. Die sprichwörtlichen »roten Ohren« sind ein Zeichen für die starke Durchblutung der Körperoberfläche. Die Haut wird warm und kann so mehr Wärmeenergie pro Zeiteinheit abgeben. Auch wird, wieder über Steuerungen durch den Hypothalamus, die Schweißsekretion angeregt. Die Verdunstungsenergie für die Trocknung des Schweißes entstammt der warmen Haut, also aus dem Blut des Körpers; mit dem Kreislauf des Blutes führt dies zu einer recht effektiven Abkühlung des gesamten Organismus.

In den feuchtheißen, tropischen Klimaten tropft uns der Schweiß von der Nase, weil er in der feuchten Luft fast nicht trocknet und uns daher auch kaum kühlt. Der fehlende Kühleffekt führt seinerseits zu einer vermehrten Schweißabgabe, allerdings erst recht ohne viel

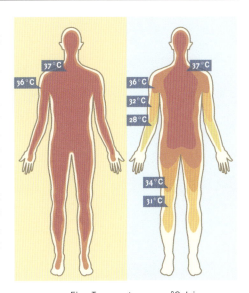

Eine Temperatur von 37°Celsius herrscht bei einer warmen Umgebungstemperatur fast im ganzen Körper (links). Sinkt die Umgebungstemperatur, wird nur im Körperkern die hohe Temperatur gehalten (rechts).

Durch die Bildung von **Schweiß** reguliert der Körper bei einer hohen Umgebungstemperatur oder bei körperlicher Tätigkeit seine Temperatur.

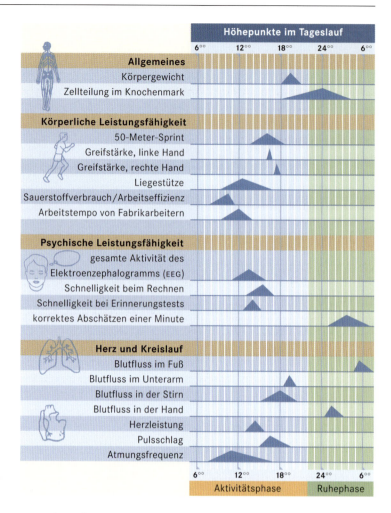

Verschiedene Funktionen des Körpers unterliegen unterschiedlichen **circadianen Rhythmen.**

Aussicht auf Erfolg. Daher belastet uns die Luftfeuchte im »Treibhausklima« solcher Länder mehr als das Thermometer oftmals vermuten lässt.

Da die Einstellung des Sollwerts für die Temperatur im Körper nicht immer konstant ist, seien hier zwei weitere Regulationstypen thematisch angeschnitten, die Tagesrhythmen oder circadianen Rhythmen sowie die Regulierungen im Monatsverlauf. Sie unterliegen erst 1998 entdeckten Zeitgenen oder clock-Genen. Darüber hinaus gibt es noch jahreszeitliche Regelungen, die den Jahresverlauf widerspiegeln und damit circaannuell ablaufen. Mit weit über hundert im Tagesverlauf schwankenden physiologischen Größen sind die circadianen Rhythmen beim Menschen weitaus am häufigsten. Ob Augeninnendruck, Cortisol-Konzentration im Blut, Konzentrationsfähigkeit oder Harnproduktion – die verschiedensten geregelten Abläufe sind abhängig von der Tageszeit. Viele von ihnen überlappen nicht über die zufällig gleiche Uhrzeit, sondern wirken, wie im oben angeführten Beispiel, zwangsläufig mitbestimmend in solchen so genannten interferierenden Regelkreisen.

Nerven oder Hormone?

Das Gehirn steuert und regelt alle Vorgänge sowohl im Körper als auch die Umweltbeziehungen des Organismus. In einfache Reflexe wird das Gehirn jedoch nur eingeschaltet, wenn jene nicht auf der nächstniedrigeren »Instanzenebene«, dem Rückenmark, bewältigt werden können. Hierfür verfügt der Körper über ein außerordentlich bewährtes, hierarchisch arbeitendes Reaktionssystem.

Die ersten drei Grundentscheidungen heißen bei fast allen Sinnesmeldungen, auf die der Körper möglicherweise reagieren muss: 1) Soll der Körper reagieren oder nicht? 2) Wenn ja: Muss es ganz schnell gehen, oder hat es etwas Zeit – zur Einleitung weiterer Maßnahmen oder zur Feststellung, ob es denn wirklich so schlimm ist und bleibt? (Verbrenne ich mir gerade meine Fingerspitze an der Herdplatte? Oder: Werde ich an diesem warmen Tag allmählich durstig?) 3) Muss der Reaktionsbefehl – oder die Befehle – an ein bestimmtes Organ gehen oder an den ganzen Körper? (Wird das Eintreffen eines Fremdkörpers vor dem Auge festgestellt und ist ein Lidschlag nötig? Oder: Beim monatelangen Training muss ich Calcium aus dem Blut entnehmen und in die Knochen einbauen.)

Beide Vorgaben sind im Gehirn funktionell repräsentiert; die Reaktionswege liegen als sofort einsetzende Notfallprogramme vor

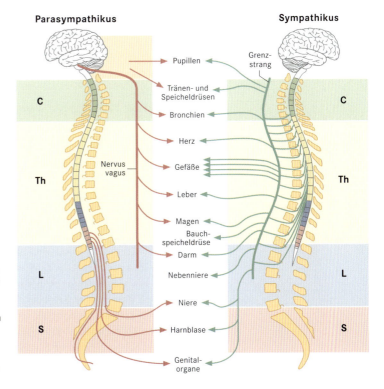

Der wichtigste Teil des **Parasympathikus** ist der Nervus vagus, von dem die meisten Organe innerviert werden. Teil des Parasympathikus sind auch die Hirnnerven III, IV und IX sowie Fasern, die aus dem Sakralmark zur Niere, zur Harnblase sowie zu den Genitalorganen ziehen. Die Fasern des **Sympathikus** entstammen dagegen dem unteren Halsmark, dem Brustmark und dem oberen Lendenmark. Sie werden im so genannten Grenzstrang umgeschaltet.

oder als langsam arbeitendes Programm für den »Normalfall«. Das Gehirn ist jedoch nicht nur die Entscheidungszentrale über den jeweiligen Einsatz auf dem Nervenwege, sondern es reagiert auch selbst, entweder auf *neuronalem Weg* durch unterschiedliche Reflexebenen oder Nachdenken, oder auf *hormonalem Weg* durch dosierte Bereitstellung und Ausschüttung der übergeordneten Steuerhormone.

Der neuronale Weg ist schnell und erreicht ganz spezifische Zielorte. Der hormonelle Weg geht dagegen langsamer, am schnellsten in einigen Sekunden. Er unterrichtet aber sehr zuverlässig und lang anhaltend, mindestens über einige Minuten, jede einzelne Körperzelle über nötige Beteiligungen an Reaktionen. Hierzu wären bei einer ähnlichen Reaktion auf dem Nervenwege unverhältnismäßig aufwendige Nervenprogamme nötig. Daher stellt sich im Gehirn immer die Frage, nach welcher der beiden Reaktionspläne vorzugehen ist. Die Entscheidung fällt der Hypothalamus im Zwischenhirn. Er steuert die vegetativen Nervenzentren, das sympathische und das parasympathische Nervensystem und kann so beispielsweise praktisch verzögerungsfrei über den Sympathikus eine Erhöhung des Blutdrucks bewirken. In einem anderen Fall aktiviert er nicht das Nerven-, sondern das endokrine System und veranlasst den Hypophysenhinterlappen, Hormone freizusetzen.

Erdanziehung und Regulationen im Körper

Der Körper ist ständig der Schwerkraft durch die Erdanziehung der Erdmasse ausgesetzt. Alle damit zusammenhängenden Regulationsmechanismen des Körpers laufen dermaßen automatisch und in aller Regel fehlerfrei ab, dass wir mit diesem Problem praktisch nie konfrontiert werden und es deshalb auch übersehen.

Als in der Evolution der Wirbeltiere unsere Vorfahren vor gut 400 Millionen Jahren vom Wasser an das trockene Land gingen, war die für den Körperbau wichtigste Umstellung neben der Luft als Atemmedium statt des Wassers und der Austrocknung des Körpers an der Luft auch der fehlende Auftrieb des Wassers, also das Körpergewicht in der Umgebungsluft.

Wo ist oben, und wie bleibt das so?

Wo oben ist, melden die Gleichgewichtsorgane im Innenohr. Wenn man eine aufrechte Haltung eingenommen hat, muss sie der Körper durch unablässige Kontrolle und durch rückkoppelnde Einstellungen mittels Haltereflexen im Wortsinne aufrechterhalten. Wenn man das Bewusstsein verliert, bleibt oft der Gesichtssinn länger erhalten als der Gleichgewichtssinn. Deshalb bemerkt man eine Lageveränderung erst, wenn sich die Umgebung zu bewegen scheint. Da aber die Meldung des Lagesinnes im Innenohr vom Gehirn nicht interpretiert wird, scheint der Raum in dem man steht umzustürzen. Intellektuell ist man also nicht in der Lage, die ungewohnte Situation zu meistern. Ohne die automatischen Reflexe stürzt man bei noch vollem Bewusstsein hin; man bemerkt seinen eigenen Sturz zu spät und kann mit dem zu langsam arbeitenden »Nachdenksystem« nicht schnell und wirksam genug reagieren.

Im gesunden Körper halten die Reflexe die Beingelenke und den Körper ständig muskulär aufrecht. Einer der vielen Haltereflexe, die die aufrechte Körperhaltung mitsteuern und mitregeln, ist der Patellarsehnenreflex (Kniesehnenreflex). Bei gebeugtem Knie und locker baumelndem Unterschenkel klopft der Arzt mit einem Reflexhämmerchen auf die Sehne unterhalb der Kniescheibe. Unmittelbar danach zuckt der Unterschenkel bei funktionierendem Reflex kurz etwas nach vorne. Mit dem leichten Klopfen auf die Sehne hat der Arzt für ein paar Hundertstel Sekunden eine leichte Delle in die Sehne geschlagen, was diese etwas verkürzt. In den Muskeln oberhalb der Kniescheibe befinden sich feine Dehnungssensoren, die Muskelspindeln, welche die Verkürzung an das Rückenmark melden. Da gleichzeitig kein »Befehl« des Gehirns in Form eines Bewegungsprogramms vorliegt, aufgrund dessen eine Dehnung dieses Ausmaßes im Rahmen anderer Körperbewegungen zu erwarten wäre, läuft der Reflex ab. Denn in der Regel sind alle vom Körper nicht selbst eingeleiteten Bewegungen für diesen eher unfallträchtig oder sonst wie schädlich.

Der Patellarsehnenreflex ist ein Eigenreflex, das heißt, der Muskel, an dem gezupft wurde, zieht nun selbst gegen diesen Zug. In der alltäglichen Situation ist das ein Beitrag, die aufrechte Haltung zu bewahren und nicht umzustürzen. Daher dürfen Eigenreflexe auch nicht ermüdbar sein. Die einfache und doch sehr wirksame Erleichterung der konstant aufrechten Haltung durch viele solcher Reflexe braucht nicht einmal ans Gehirn gemeldet zu werden. Solche einfachen Entscheidungen und Handlungen muss die »untere Instanz«, also das Rückenmark, selbst bewältigen.

Da in einer Raumstation die **Gravitation** nahe null ist, schweben die Astronauten durch das Innere. Ihr Körper muss sich den Gegebenheiten erst anpassen, sodass viele Astronauten am Beginn eines Raumflugs unter der Weltraumkrankheit mit Schwindelgefühl und Erbrechen leiden.

Das Modell der flüssigkeitsgefüllten Säule

Der Mensch ist ein flüssigkeitsgefüllter, gekammerter Körper. Wenn ein Mensch aufrecht steht, herrscht in den Beinen und Füßen der zusätzliche Gewichtsdruck oder hydrostatische Druck der darüber befindlichen Körperflüssigkeiten. Er ist eine Wirkung der Erdanziehung. Etwa in Höhe des Zwerchfells ändert sich im Liegen oder Stehen kaum etwas an den Werten. In Kopfhöhe »zieht« das Gewicht des Blutes jedoch nach unten und vermindert den Druck in den Blutgefäßen.

So kann man beim plötzlichen Aufstehen den kurzfristigen Blutverlust aus dem Kopfbereich als schnell vorübergehenden Schwindel

Bei **fehlender Gravitation** reichert sich beim Astronauten wegen der ständig zum Kopf gepumpten Flüssigkeit Wasser in seinem Gesicht bzw. seinem Kopf an.

Bei längerer Bettlägerigkeit kann der **orthostatische Reflex** Schaden nehmen und schwer wieder in Gang kommen. Für eine gut funktionierende Blutdruckregulation wird daher in Krankenhäusern darauf geachtet, dass Patienten oft schon früh nach einem Eingriff wieder aufstehen und wenigstens ein paar Schritte gehen.

erleben, weil das Blut besonders in den dehnungsfähigen Venen der Beine »versackt«. Normalerweise stellt der orthostatische Reflex in wenigen Sekunden die notwendigen Blutdruckverhältnisse in dem hierfür empfindlichsten Organ, dem Gehirn, wieder her. Dehnungsrezeptoren in verschiedenen Partien der beteiligten Gefäße melden die Druckänderung und leiten damit den Regulationsreflex ein.

Regulation des hydrostatischen Drucks

Eine Folge des Erwerbs des aufrechten Ganges durch die frühen Hominiden vor 4,5 bis 5 Millionen Jahren war, dass wir Menschen nun die physikalischen Folgen der körperhohen Flüssigkeitssäule physiologisch bewältigen müssen. Die dauernde und genügende Durchblutung des Gehirns ist dabei eine absolute Notwendigkeit. Das war jedoch wahrscheinlich eher ein relativ geringes Problem, weil das Gehirn von vier großen Arterien mit Blut versorgt wird. Der mit der Aufrichtung des Körpers gleichzeitig ansteigende Flüssigkeitsdruck im unteren Bein- und Fußbereich stellte wohl ein größeres Problem dar. Allein durch den Lagewechsel strömt beim Aufstehen etwa ein halber Liter Blut zusätzlich in die Beine. Bei gesunden Menschen sorgt eine Art kombinierte Muskel- und Gewebepumpe dafür, die Flüssigkeit immer nach oben zu massieren und zu transportieren, sodass sie auch im Stand gleichmäßig verteilt ist.

Die Aktivität der Muskulatur in den Venenwänden ist auch abhängig von der Temperatur: Bei größerer Wärme soll mehr Blut zur Abkühlung durch die hautnahen Gefäße fließen. Im Rahmen des erhöhten Blutflusses weiten sich bei Hitze alle Venen und das venöse, zum Herzen zurückfließende Blut wird nicht mit genügender Leistungsfähigkeit aus der Peripherie des Körpers abgepumpt. Da durch den Flüssigkeitsdruck in den Venen etwas mehr Flüssigkeit als gewöhnlich in das Gewebe hinausgetreten ist, wird nun die normale Rückkehr in die Blutgefäße erschwert. Daher haben besonders ältere Menschen mit nicht mehr so leistungsstarkem Herzen an heißen Tagen am ehesten Probleme mit dem Flüssigkeitsstau in den Beinen.

Druck in den Arterien

kPa	mmHg
11,2	85
13,3	100
16	120
18,5	140
25	190

Druck in den Venen

kPa	mmHg
−1,33	−10
0	0
0,73	6
2,94	22
5,7	43
12,6	95

Der **Blutdruck** ist in den Arterien und Venen im Kopf am niedrigsten und in den Füßen am höchsten.

Die Niere: Teil eines gigantischen Regelwerks

Die Niere ist eines der wichtigsten Organe des Körpers: Es reguliert das Volumen der Körperflüssigkeit, die Konzentration von Salzen und anderen gelösten Substanzen sowie den pH-Wert der Körperflüssigkeit. Sie sorgt auch für die Ausscheidung giftiger und unnützer Stoffe und ist darüber hinaus an der Regulation des Blutdrucks beteiligt.

Durst und Exkretion – der Wasserhaushalt

Der Körper benötigt Wasser als Grundlage aller Lebensfunktionen. Alles Wasser nimmt der Mensch durch den Mund auf: er trinkt und nimmt wasserhaltige Nahrung zu sich. Wasser entsteht außerdem als Spaltprodukt bei der Verdauung von Nährstoffen. Der Organismus verliert Wasser hauptsächlich über den Harn. In Abhängigkeit vom Wärmehaushalt gibt die Haut Schweiß in sehr unterschiedlicher Menge ab. Ferner verliert der Körper Wasser im Dampf der Atemluft sowie eine kleine Menge mit dem Stuhl.

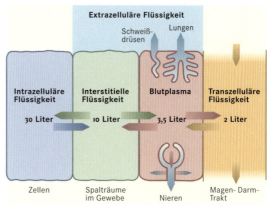

Die Wasserzufuhr wird, meist unbewusst, über den Durst geregelt. Das im Hypothalamus befindliche Durstzentrum reagiert zur Aufrechterhaltung des Wasserhaushalts auf die Meldungen zweier Messfühler. Der erste misst hier die Konzentration von Ionen im Blut, zumeist in Form gelöster Salze. Wie auch experimentell belegt wurde, führt eine erhöhte Ionenkonzentration im Hypothalamus zum Durst. Injizierte man jedoch Versuchstieren gelöste Salze in der im Körper normal vorkommenden Konzentration, also eine isotonische Lösung, wurden sie nicht durstig.

Sensoren in der Wand des linken Vorhofs im Herzen fungieren als der zweite Messfühler. Sie reagieren auf Dehnung, messen also die Wandspannung und geben so ein Maß für das Volumen der Körperflüssigkeit, speziell des Blutes, an. Eine Abnahme des so indirekt bestimmten Volumens kann an allgemeinem Wasserverlust liegen, der so genannten Dehydratation; aber auch ein plötzlicher, stärkerer Blutverlust, beispielsweise eine Blutspende, verursacht mittels dieser Drucksensoren oft ein Durstgefühl.

Umgekehrt führt die Zufuhr erheblicher isotoner Flüssigkeitsmengen zur Ausscheidung von Wasser über die Niere. Gleichzeitig wird über die Ermittlung der Konzentration im Hypothalamus die Ausscheidung der dann überschüssigen Salze angeregt. Die Regelung über eine gleichzeitige Messung durch Chemorezeptoren (Konzentrationsfühler im Gehirn) und Barorezeptoren (Dehnungsfühler im Herzen) ist also sinnvoll und notwendig.

Das Trinken größerer Flüssigkeitsmengen bewirkt über den Weg der Volumenregulation schon nach weniger als einer halben Stunde eine deutliche Zunahme der Harnproduktion, der Diurese. Bei schneller Aufnahme von einem Liter Wasser gelangt diese Menge in etwa zwei Stunden zur Harnblase. Nimmt man anschließend keine Flüssigkeiten mehr zu sich und beschränkt die Wasserzufuhr mit der Nahrung auf die geringstmögliche Menge, so beträgt die Tagesharnmenge nur etwa 0,3 bis 0,5 Liter (Antidiurese), wobei die Konzentration gelöster Stoffe im Harn ansteigt.

Ein normalgewichtiger Körper enthält ungefähr **45 Liter Wasser.** Davon liegen etwa 30 Liter in den Zellen vor, 10 Liter in den Spalträumen im Gewebe, 3,5 Liter im Blutplasma und 2 Liter im Magen-Darm-Trakt. Zwischen den vier Bereichen findet ein ständiger Austausch von Flüssigkeiten statt. Der Körper nimmt Wasser über die Nahrung auf und gibt es über die Schweißdrüsen, die Lungen, den Harn und den Stuhl wieder ab.

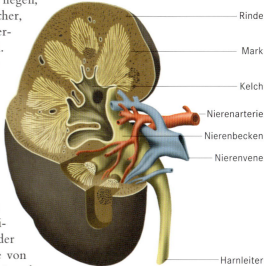

Eine aufgeschnittene linke **Niere** von hinten.

Einige Grunddaten zur Exkretion

Die Nieren bestehen aus rund 1,7 Millionen Exkretionseinheiten, winzigen kugelförmigen Kapseln, die zusammen mit den Harnkanälchen ein Geschlinge aus sehr feinen Blutgefäßen, den Haargefäßen enthalten. Diese Einheit aus Harnkapsel mit Haargefäßen und dem daran anschließenden Harnkanälchen ist das Nephron. Im Nephron wird das einlaufende Blut gefiltert, wobei wertvolle Bestandteile des Blutes zurückgehalten und Wasser mit seinen gelösten Bestandteilen als Primärharn in die Harnkanälchen abgegeben werden. Während in den Harnkapseln pro Tag knapp 150 Liter Primärharn ausfiltriert werden, wird er in den anschließenden Harnkanälchen auf komplizierte Weise zum fertigen Harn weiterverarbeitet.

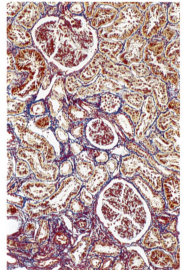 

In diesen beiden lichtmikroskopischen Aufnahmen ist links die **Nierenrinde** mit einigen Bowmann-Kapseln und Harnkanälchen zu sehen und rechts das **Nierenmark** mit einigen Sammelrohren.

Vor allem Wasser, Glucose, Aminosäuren und Bicarbonat werden rückresorbiert. Die durchschnittliche Menge des täglich produzierten Harns beträgt etwa 1,3 bis 1,6 Liter, also etwa ein Prozent des zunächst filtrierten Primärharns. Mit dem Harn werden ungefähr 60 bis 75 Gramm fester Stoffe in gelöster Form ausgeschieden. Zu den auch ihrer Menge nach wichtigsten organischen Bestandteilen gehört der Harnstoff. Er entsteht im Körper aus einem Abbauprodukt des Proteinstoffwechsels, Ammoniak (NH_3), und Bicarbonat (HCO_3^-).

Mit knapp 1,5 Gramm täglicher Exkretion ist Kreatin die zweithäufigste organische Substanz. Kreatin ist notwendig zur Energiebereitstellung bei anaerober, also sauerstofffreier Muskeltätigkeit, bei plötzlich erhöhter Leistung oder für den Reserveeinsatz, sowohl bei Körperbewegungen als auch für die Arbeit des Herzens. Ferner fällt täglich noch etwa knapp ein Gramm Harnsäure an sowie eine ähnlich geringe Menge an Hippursäure.

Bei Wassertieren ist die Energie verbrauchende **Harnstoffsynthese** nicht nötig, da das beim Proteinabbau entstehende giftige Ammoniak sich äußerst leicht in Wasser löst und den Körper verlassen kann, bevor es eine giftig wirksame Konzentration erreicht. Bei Landtieren musste in der Evolution ein Weg zur Entgiftung des Ammoniums gefunden werden. Hierzu eignet sich die Synthese des ungiftigen Harnstoffs.

Harn enthält nur wasserlösliche Substanzen, also keine Fette. Normalerweise ist im Harn kein Protein und kein Zucker zu finden;

diese beiden Stoffgruppen sind als Bausteinsubstanzen und aus energetischen Aspekten auch zu kostbar, um auf sie einfach zu verzichten. Natrium- und Chloridionen werden in ihrer Menge durch die Niere fein reguliert und sind in ihrer Konzentration im Harn daher variabel. Fast alle anderen Stoffe werden im Harn gegenüber der Konzentration im Blut angereichert, Kalium zum Beispiel um mehr als das Zehnfache, Harnstoff etwa um Faktor sechzig.

Ein geniales Prinzip

Die beiden Nieren sind die am stärksten durchbluteten Organe des Körpers und erhalten pro Gramm Organgewicht mit drei bis vier Milliliter pro Minute sogar siebenmal soviel Blut wie das Gehirn. Für ihre lebenswichtigen und vielfältigen Aufgaben benötigen die Nieren viel Energie, im Mittel rund 500 Joule (J) pro Tag (250 J bis etwa 750 J), das sind knapp ein Zehntel des gesamten Grundumsatzes des Körpers. Die drei Funktionsweisen der Nieren sind hierbei energetisch sehr unterschiedlich anspruchsvoll:

1) Die Filtration wird vom Blutdruck bewirkt und kostet praktisch keine zusätzliche Energie. 2) Die Rückresorption von Wasser und Natrium, aber auch von einigen anderen Substanzen, die mit dem Primärharn in großen Mengen in die Harnkanälchen übergetreten waren, ist die energetisch aufwendigste Funktion der Niere. Bei der von Tag zu Tag variierenden Kochsalzbelastung ist die Natriumrückresorption der weitaus bestimmende Faktor für den Energieverbrauch der Nieren (vergleiche hierzu auch den Säure-Basen- und den Elektrolythaushalt). 3) Hinzu kommt noch ein kleiner Energiebetrag durch die Sekretion einiger harnpflichtiger Substanzen.

Diese geniale Dreiteilung der Nierenfunktionen bot in der Evolution die einzige Überlebensmöglichkeit: Im Primärharn befinden sich praktisch alle wasserlöslichen Stoffe aus dem Blut, die ausgeschieden werden sollen. Auch wenn es Energie kostet, ist es für den Körper dennoch unumgänglich und übrigens auch einfacher, all jene Stoffe zurückzutransportieren, die er noch weiterhin benötigt, als für jede einzelne oder neue Substanz einen weiteren Erkennungs- und Ausscheidungsmechanismus bereitzuhalten. Bei Wanderungen von Menschenpopulationen in andere Vegetationsgebiete oder bei der Neuevolution von Pflanzen, die für den Körper bis dahin unbekannte Inhaltsstoffe bilden, braucht die Niere nun keine weiteren Exkretionsmechanismen zusätzlich zu entwickeln. So ist unser Exkretionssystem auch auf in der Evolution in Zukunft entstehende Stoffe jetzt schon vorbereitet.

ADH – das Hormon, das Wasser spart

Die Menge des ausgeschiedenen Harns wird in erster Linie durch das antidiuretische Hormon ADH reguliert. Aufgrund der Messwerte der Konzentrationsfühler im Hypothalamus und der

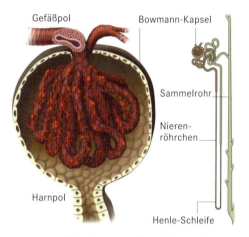

Eine **Bowmann-Kapsel** ist von einer vielfach verzweigten Kapillare erfüllt. Durch den Blutdruck wird das Blut zwischen den Zellen aus der Kapillare herausgepresst, wobei alle Zellen und große Moleküle zurückbleiben. Das so entstandene Filtrat fließt anschließend durch das Nierenröhrchen, das in seinem unteren Abschnitt Henle-Schleife genannt wird. Viele Nierenröhrchen münden in das Sammelrohr, das sich mit anderen Sammelrohren schließlich zum Harnleiter vereinigt.

Ohne den Exkretionsmechanismus aus Filtration und Rückresorption wären auch die meisten synthetischen **Medikamente** nicht anwendbar und würden sich im Körper anreichern.

Dehnungsfühler im Herzen wird es nach Verrechnung mit den Sollwerten im so genannten Nucleus supraopticus des Hypothalamus in unmittelbarer Nähe des Durstzentrums gebildet. Die Regulation verläuft dann nach einem Hemmungsprinzip. Nach Aufnahme des getrunkenen Wassers aus dem Darm ist das Blutvolumen vergrößert. Daraufhin wird nach der äußerst empfindlichen Messung und einem Soll-/Istwert-Vergleich des Volumens die ADH-Ausschüttung gehemmt; die antidiuretische, also ausscheidungshemmende Wirkung des ADH auf die Niere bleibt aus, und die Ausscheidung von Harn nimmt zu.

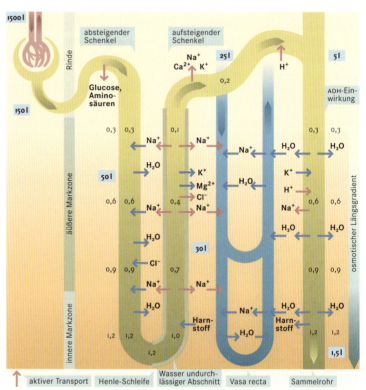

Vom Filtrat in der Bowmann-Kapsel bis zum fertigen Harn verringert sich die Flüssigkeitsmenge dramatisch. Währenddessen verändern sich ständig die Zusammensetzung und die Konzentration der gelösten Stoffe. Wichtig zur Herstellung eines konzentrierten Harns ist das so genannte Gegenstromprinzip, das in den Nieren Anwendung findet: Der Harn in der Henle-Schleife und im Sammelrohr sowie das Blut in den Vasa recta haben eine entgegengesetzte Strömungsrichtung. Kleine Konzentrierungseffekte durch Diffusion und aktiven Transport führen in Verbindung mit der Strömung zu einem Anstieg der Konzentration der gelösten Stoffe entlang der Schleife. Wichtigster Effekt ist der aktive Transport von Natriumionen aus dem aufsteigenden Schenkel der Henle-Schleife in den extrazellulären Raum. Da der aufsteigende Schenkel wasserundurchlässig ist, steigt die Konzentration der Natriumionen im extrazellulären Raum, wodurch Wasser – dem osmotischen Gefälle folgend – aus dem absteigenden Schenkel austritt. Der osmotische Längsgradient besteht infolge des Wasserstroms auch im extrazellulären Raum und im Sammelrohr. Am Beginn des Sammelrohrs wird je nach den Erfordernissen das Hormon ADH freigesetzt, sodass ein konzentrierter oder ein weniger konzentrierter Harn gebildet wird.

Um seine Wirkung zu entfalten, wird das ADH über einen nervösen Trakt zum Hinterlappen der Hypophyse (Hirnanhangsdrüse) transportiert. ADH ist ein Neurohormon, das dort gespeichert und bei Bedarf an das Blut abgegeben wird. Es ist im Blut nur einige Minuten aktiv, da es sehr schnell chemisch in unwirksame Produkte umgebaut wird. Auch diese Abbaugeschwindigkeit ist ihrerseits Teil der Regulation.

Die ausscheidungshemmende Wirkung erzielt das ADH durch eine gesteigerte Rückgewinnung des reichlichen Primärharns in den Sammelrohren der Niere, in die der schon etwas konzentriertere Primärharn aus den Harnkanälchen mündet, sodass die Menge des in die Blase abgegebenen Harns sinkt. ADH gehört zu jenen Hormonen, die ihre Wirkung in geringsten Konzentrationen entfalten. Bereits zwei Milliardstel Gramm ($2 \cdot 10^{-9}$ g) in der Blutbahn verursachen eine erhebliche Verminderung der Harnproduktion durch die Niere. Wird beispielsweise durch einen Tumor in der Hypophyse zu viel ADH bereitgestellt, sinkt die Harnbildung dramatisch bei gleichzeitiger Wasseransammlung in den Geweben.

Ebenfalls vom Hypothalamus ausgehend gibt es auch nervöse Regulierungswege über das sympathische und das parasympathische Nervensystem. Eine Ausschaltung beider Nerveneinflüsse führt zu vermehrter Harnbildung mit niedrigen Konzentrationen. Die harnmindernde parasympathische Wirkung wird im Tagesverlauf auch dadurch deutlich, dass bei hoher parasympathischer Aktivität (das heißt einem hohen Tonus des Nervus vagus) während des Nachtschlafes weniger Harn gebildet wird als tagsüber.

Der Elektrolythaushalt – das Beispiel Natrium

Die im Körper vorhandene Natriummenge ist jener der Natriumkonzentration im Blut etwa proportional; je mehr Natrium im Körper vorhanden ist, desto mehr Wasser werden die Natriumionen an sich binden, womit das Volumen in den Blutgefäßen zunimmt. Bei zu hohem Wasservolumen im Körper wirken die Regulationsmechanismen harntreibend, womit gegebenenfalls auch viel Natrium ausgeschwemmt wird. Dabei ist erstaunlich, wie fein abgestimmt diese Regulation arbeitet, denn über 99 Prozent des Natriums im Primärharn werden wieder ins Blut zurücktransportiert. Erst innerhalb des kleinen Bereichs von nur einem Prozent geschieht die maßgebliche Regulation. Die Regulation des Salzhaushalts erfolgt ebenfalls hormonell über ein in der Nebennierenrinde gebildetes Mineralcorticoid, das Aldosteron. Aldosteron hemmt die Ausscheidung von Natrium und damit auch die von Wasser.

Eine übermäßige Steigerung der Salzzufuhr verursacht also deren Eliminierung durch die Niere. Hierfür ist eine bestimmte Harnmenge nötig, sodass die Salzabgabe ebenfalls eine gewisse Diurese und damit wieder Durst erzeugt. Im Meerwasser ist übrigens mehr Natrium enthalten als der Körper an Wasser zu dessen Ausscheidung benötigt. Deshalb verursacht das Trinken von Meerwasser mehr Durst als es stillt. Der Durst nach Aufnahme von salziger Kost entsteht also erstens durch die Konzentrationssteigerung selber und zweitens durch den Wasserverlust, der mit der Konzentrationsregulierung zwangsläufig einhergeht.

Der Säure-Basen-Haushalt

Reines Wasser ist weder eine Säure noch eine Base: Es ist neutral und hat einen pH-Wert von 7,0. Der pH-Wert selbst gibt die Konzentration der Wasserstoffionen (H$^+$-Ionen, Protonen) an. Blut und die Gewebeflüssigkeit sind leicht alkalisch oder basisch, mit einem pH-Wert von recht genau 7,40. Die Enzyme des Körpers und andere Proteine arbeiten oft nur in sehr genau eingestellten pH-Bereichen. Auch die Zellstruktur und die Durchlässigkeit von Zellmembranen sind von einem genauen Säure-Basen-Gleichgewicht abhängig. Die meisten Säuren entstehen im Körper durch den Abbau

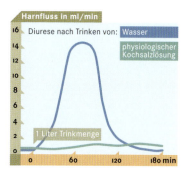

Versuchspersonen mussten entweder einen Liter Wasser oder einen Liter physiologischer Kochsalzlösung (deren Salzkonzentration der des Körpers entspricht) trinken. Das Wasser bewirkte einen erhöhten Harnfluss, da die Freisetzung des ADH gehemmt wurde. In weniger als drei Stunden wurde der Wasserüberschuss ausgeschieden. Die physiologische Kochsalzlösung hat dagegen keinen Einfluss auf das ADH, sodass die Ausscheidung der aufgenommenen Flüssigkeitsmenge sehr viel länger dauerte.

Tägliche Ausscheidung der wichtigsten Kationen und Anionen durch die Niere

Kationen	(g)	Anionen	(g)
Natrium Na$^+$	6	Chlorid Cl$^-$	9
Kalium K$^+$	3	Phosphat PO$_4^{2-}$	4,5
Calcium Ca^{2+}	0,5	Sulfat SO$_4^{2-}$	2,5
Magnesium Mg^{2+}	0,5		
Ammonium NH$_4^+$	0,5–1		

pH-Wert: Der pH-Wert ist der negative dekadische Logarithmus der Wasserstoffionenkonzentration (H$^+$-Ionen-Konzentration). Je höher die Konzentration der H$^+$-Ionen ist, desto niedriger ist der Wert und desto saurer ist die Lösung. Säuren haben pH-Werte von unter 7. Bei alkalischen Lösungen oder auch Basen überwiegen die Hydroxidionen (OH$^-$-Ionen). Je höher ihre Konzentration, desto höher ist der pH-Wert über 7 und desto basischer ist die Flüssigkeit.

organischer Substanzen. Hauptabbauprodukt ist das Kohlendioxid (CO_2). Zusammen mit dem Körperwasser bildet es ein Puffersystem im Blut: Kohlendioxid und Wasser dissoziieren zu Wasserstoffionen (H^+) und Bicarbonat (HCO_3^-, das nicht sauer reagierende Salz der Kohlensäure). Aufgabe des Puffersystems ist es, Wasserstoffionen abzufangen, damit der pH-Wert des Blutes nicht sinkt, also nicht zu sauer wird. Sind also zu viele H^+-Ionen im Blut, binden sie an Bicarbonat und es entstehen Kohlendioxid und Wasser. Kohlendioxid wiederum wird von der Lunge abgeatmet, während das Wasser zurückbleibt. Die Lunge ist also eines der wesentlichen Stellglieder im Säure-Basen-Haushalt.

Nahrungsproteine liefern neben vielen anderen Spaltprodukten auch Schwefel- und Phosphorsäure (H_2SO_4 und H_3PO_4). Ferner entsteht bei kräftiger Muskelarbeit Lactat (Milchsäure). Für die Abgabe solcher Säuren ist allein die Niere zuständig. Der Regelmechanismus der Niere für den Säurehaushalt arbeitet im Wesentlichen nach einem Austauschprinzip. In den Harnkanälchen, in der Nähe der filtrierenden Harnkapseln, werden Natriumionen aus dem Primärharn in die Wandzellen des Harnkanälchens zurückresorbiert.

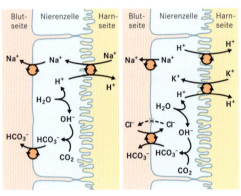

In den Epithelzellen der Nierenröhrchen die nahe der Bowmann-Kapsel liegen (links) entsteht aus Kohlendioxid und Hydroxidionen (OH^-) Bicarbonat, das unter Energieaufwand dem Blut zugeführt wird und dort Ansäuerungen abpuffern kann. Die Protonen (H^+) aus der Wasserspaltung gelangen in den Harn, wobei im Gegenzug als Ladungsausgleich Natrium (Na^+) in die Epithelzellen gepumpt wird. Natrium wird wiederum unter Energieaufwand ins Blut befördert.
In den Epithelzellen der Nierenröhrchen fern der Bowmann-Kapsel (rechts) gelangen Säuren (H^+) durch aktive Sekretion oder im Austausch gegen Kaliumionen (K^+) in den Harn. Für Bicarbonat gibt es einen Austausch mit Chloridionen (Cl^-). Die Chloridionen können über einen so genannten Chloridkanal wieder ins Blut diffundieren. Mit dem aktiv ins Blut gepumpten Natrium erhöht sich die Kochsalzkonzentration des Blutes.

Natriumionen werden im Zahlenverhältnis 1:1 gegen Wasserstoffionen ausgetauscht. Die elektrische Ladungsbilanz bleibt unverändert, während die den sauren Charakter besitzenden H^+-Ionen in den Harnkanal eliminiert werden. Die H^+-Ionen stammen nicht direkt aus einer dissoziierten Säure, sondern wurden in der Zelle durch eine enzymatische Spaltung von Wassermolekülen gewonnen: $H_2O \rightarrow H^+ + OH^-$. Das zurückbleibende Hydroxidion OH^- kann mit Kohlendioxid CO_2 zu HCO_3^- reagieren. Durch die Ausscheidung von H^+ in das Harnkanälchen wird der pH-Wert dort von dem leicht alkalischen pH 7,4 (der Wert des Plasmas), zu einem pH von 6,6 etwas niedriger. Reagiert die Körperflüssigkeit bereits etwas sauer, liegt eine so genannte Azidose vor und der Austauschmechanismus wird intensiviert.

In weiteren Abschnitten des Harnkanälchens existieren Protonenpumpen ohne einen Natriumaustausch, die daher Energie verbrauchen. Auch hier stammt das H^+ aus der Spaltung eines Wassermoleküls. Das HCO_3^- wird ebenfalls aktiv rückresorbiert und ins Blut transportiert und kann dort Säuren puffern, indem es einen Teil der H^+-Ionen bindet und somit neutralisiert. Im Sammelrohr der Harnkanälchen kann mit diesem Mechanismus der pH-Wert des Harns bei Bedarf auf einen recht sauren Minimalwert von nur 4,5 abgesenkt werden, ein sehr wirksames Mittel gegen angesäuertes Blut.

Die wichtigste Quelle alkalischer Substanzen ist der vegetarische Teil unserer Nahrung, wobei Fruchtsäuren abgebaut und ihr Säureanteil als CO_2 über die Lunge abgeatmet werden: Es entstehen alkalische Kalium- und Natriumverbindungen, zum Beispiel Soda, die den Blut-pH-Wert über 7,4 anheben können. Ein zu hoher pH-Wert des Blutes kann auch durch Abatmung von zu viel Kohlendioxid entstehen, die so genannte respiratorische Alkalose, oder beispielsweise durch einen ungewöhnlich hohen Verlust von Säuren bei Krankheiten oder Vergiftungen, die mit Erbrechen einhergehen. Hierbei kann der Körper unter Umständen große Mengen an Säuren verlieren. Die bei zu alkalischen pH-Werten des Blutes regulierenden Mechanismen der Niere können den Harn über den Neutralwert pH 7,0 bis auf maximal etwa pH 8,2 erhöhen und hierdurch den pH-Wert im Blut von 7,4 wieder herstellen.

Regulation des Blutdrucks

Die Tätigkeit des Herzens erzeugt im Gefäßsystem des strömenden Blutes einen Druck, der in den herznahen Schlagadern am größten ist, mit dem Umlauf des Blutes sinkt und kurz vor der Einmündung des venösen Blutes in das Herz nahe null ist. An der Regulation des Blutdrucks sind verschiedene Systeme beteiligt.

Blutdruckregulation durch die Niere

Die Niere ist auch ein Hormonorgan zur Regulation des Blutdrucks im Körper. Sie »mischt« sich in die Regulation des Blutdrucks »ein«, weil sie für ihre eigenen Aufgaben den Filtrationsdruck zur Herstellung des Primärharns unbedingt benötigt. Bei normalem arteriellem Blutdruck von etwa 10,7 bis 16 kPa (Kilopascal) und in einem recht weiten Bereich darüber reguliert die Niere den Filtrationsdruck in den Kapillaren (Haargefäßen) der Harnkapseln selbst und hält ihn dort mit Werten um 6,5 kPa (~ 50 mm Hg) ziemlich konstant. In den sonstigen Geweben des Körpers liegt der Kapillardruck mit durchschnittlich 3,3 kPa (~ 25 mm Hg) viel niedriger.

Sinkt der Blutdruck in den Arterien der Niere unter einen Schwellenwert ab (alle Werte darüber lösen keine Reaktion aus, entsprechen also einem Sollwert), schaltet sich die Niere mit der Bildung von blutdruckregulierenden Hormonen in diese Regelleistung des Körpers ein. Messfühler in jeder Harnkapsel an den zuleitenden, arteriellen Blutgefäßen registrieren den Druckabfall. Die Blutgefäße geben bei zu niedrigem Druck das Enzym Renin in das Blut ab. Aus einer von der Leber produzierten Vorstufe, dem Angiotensinogen, wird mithilfe des Renins über eine Zwischenstufe hauptsächlich in der Lunge das Angiotensin II (Angio = von griechisch: Gefäß; tensio von lateinisch: Spannung) gebildet. Dieses Peptid verursacht eine Blutdrucksteigerung im ganzen Körper durch die Kontraktion der glatten Muskelzellen in den kleinen Arterien, die sich verengen und so den Fließwiderstand und damit den Blutdruck erhöhen.

Angiotensin II wirkt außerdem als übergeordnetes Hormon, indem es die Nebennierenrinde dazu veranlasst, das Hormon Aldosteron auszuschütten. Aldosteron wirkt seinerseits in der Niere, indem es die Wasserrückgewinnung aus dem Primärharn und die Natrium-

Eine **künstliche Niere** ersetzt bei vielen Menschen eine nicht mehr funktionierende Niere. Bei chronisch Nierenkranken ist etwa dreimal die Woche eine Blutwäsche erforderlich.

Das **Pascal** ist die offizielle Einheit für den Druck. Zur Ermittlung des Blutdrucks ist aber bis heute noch die Messung in Millimeter Quecksilber (mm Hg) üblich. 1 mm Hg entspricht 133 Pa; daher lauten die genannten Blutdruckwerte von 16 bzw. 10,7 kPa in mm Hg 120 bzw. 80.

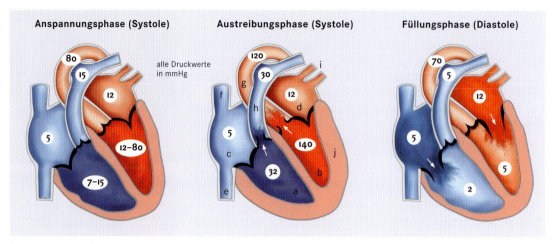

Die mittleren **Druckverhältnisse** in den verschiedenen Herzräumen bei Systole und Diastole: In der Anspannungsphase der Systole (links) sind die Herzklappen zur Lungenarterie (h) und zur linken Herzkammer (b) noch geschlossen, während sie sich in der Austreibungsphase der Systole (Mitte) öffnen und das Blut in die Aorta (g) und die Lungenarterie gepumpt wird. In der Füllungsphase der Diastole (rechts) strömt das Blut aus dem rechten Vorhof (c), wo sich das Blut aus der oberen (f) und der unteren (e) Hohlvene sammelt, in die rechte Herzkammer (a). Gleichzeitig gelangt das Blut aus dem Lungenkreislauf über die Lungenvenen (i) und den linken Vorhof (d) in die linke Herzkammer. Während der Systole ist der Herzmuskel (j) angespannt, während der Diastole dagegen entspannt.

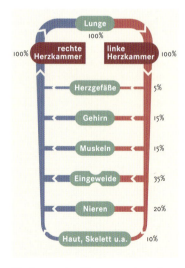

Die Organe des Körpers werden mit sehr unterschiedlichen Mengen Blut versorgt.

rückgewinnung steigert. Beide Rückresorptionen zusammen erhöhen das Volumen des Blutplasmas und den Blutdruck: Eine größere Blutmenge macht die Gefäße praller.

Eine Unterversorgung der Niere mit Blut, beispielsweise bei Arteriosklerose durch eine die Nierenarterie verengende »Verkalkung«, führt zu erhöhtem Blutdruck, weil die Niere sich ihren für die Filtration nötigen Blutdruck durch die beiden eben geschilderten Mechanismen vom Körper über den Druck des Gesamtkreislaufs »besorgt«. Dabei normalisiert sich der Blutdruck in der Niere zwar, vor der Verengung, also im ganzen übrigen Körper, herrscht dann aber der Nierenhochdruck oder renale Hochdruck.

Blutdruckregulation über die Elastizität der Arterien

Nicht nur der Salzhaushalt und das allgemeine Flüssigkeitsvolumen im Körper und seine Verteilung regulieren den Blutdruck, sondern auch ein rückgekoppeltes System im Blutkreislauf selbst. Die dehnungs- und druckaufnehmenden Sensoren des Blutkreislaufs befinden sich in der Aorta, also der Körperhauptschlagader in unmittelbarer Nähe des Herzens. Der zweite, mindestens ebenso wichtige Barorezeptor (Druckaufnehmer) ist ein linsengroßes Körperchen an der Aufzweigung der beiden Halsschlagadern jeweils seitlich oberhalb des Kehlkopfes. In diesen beiden Blutgefäßen »pulsiert« der Blutdruck, da das Blut in Ruhe in nur drei Zehntelsekunden aus dem Herzen in die gummiartig elastischen Arterien hineingespritzt wird. Die Gefäße werden unter steigender Wandspannung gewissermaßen »blitzschnell aufgeblasen«. Das geschieht schneller, als das Blut in die Abflussadern entweichen kann. In der folgenden etwa halben Sekunde ziehen sich die blutgefüllten Arterien zusammen und quetschen das Blut, das wegen der zum Herzen hin geschlossenen Ventile nicht zurückströmen kann, in Fließrichtung weiter in die kleineren Arterien.

Die Messfühler sind also keine simplen Sensoren, die wie ein Fieberthermometer einen einfachen Istwert melden, sondern sie müssen sich an den ständig wechselnden Druck anpassen und trotzdem korrekt messen. Um das zu erreichen, misst ein Teil der Druckrezeptoren den Druck, während ein anderer Teil an schnelle Messwertänderungen angepasst ist und Druckveränderungen angibt. Ferner spricht eine große Anzahl von Sensoren auf unterschiedlichen Druck an. Je mehr von ihnen einen Wert melden, desto höher ist der Druck. Durch diese verschiedenen, aufeinander abgestimmten sensorischen Systeme ist gewährleistet, dass den Blutdruckzentren im Gehirn ein vollständiges Bild des Druckes und der Druckabläufe innerhalb der Dauer eines Herzschlags zugeleitet wird.

Regulation im zentralen Nervensystem

Die Regelzentren im Stammhirn unterliegen ebenfalls komplizierten Sollwerteinstellungen. Erkennen die Zentren, dass eine neue Einstellung notwendig ist, reagieren sie mit einer Hemmung entweder des sympathischen oder des parasympathischen Systems. Wird ein zu hoher Blutdruck festgestellt, werden die sympathischen Erregungen angemessen unterdrückt, die für die Einstellungsreaktion einer Blutdrucksteigerung notwendig wären, und nur das parasympathische System über den Nervus vagus wird aktiviert: Arterien und Venen werden weit gestellt. Der arterielle Fließwiderstand wird nun gering, sodass sich hoher Druck nicht aufbauen kann; in den Venen kann durch Erweiterung ein stattliches Volumen »versacken«, dass dem Herzen nicht zur Verfügung steht: Der Blutdruck sinkt.

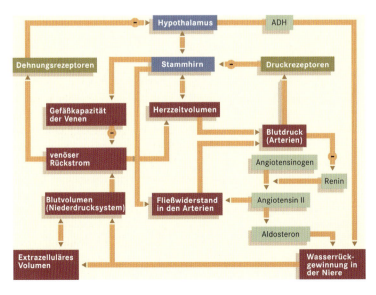

Die **Regulation des Blutdrucks** erfolgt durch kurz-, mittel-, und langfristige Mechanismen. Die Meldungen der Dehnungs- und der Druckrezeptoren führen zu einer schnellen Veränderung des Blutdrucks. Ein Blutdruckabfall über mehrere Minuten aktiviert das Renin-Angiotensin-System, das unter anderem für einen erhöhten Fließwiderstand in den Arterien sorgt. Die langfristige Blutdruckregulation beruht vor allem auf einer Anpassung des extrazellulären Flüssigkeitsvolumens über die Niere. Auf sie wirken ADH sowie über Renin und Angiotensin II das Hormon Aldosteron ein.

Umgekehrt wird bei zu niedrigem Blutdruck der Parasympathikus gehemmt. Die nun wirksame sympathische Erregung bewirkt am Herzen eine leichte Steigerung des Pulses, vor allem aber steigen Schlagvolumen und Herzkraft an. Die sympathischen Fasernetze entlang der Blutgefäße erregen gleichzeitig die Gefäßwandmuskulatur und die kleinen Arterien verengen sich. Das Herz pumpt verstärkt gegen diesen Fließwiderstand an, und der Blutdruck steigt. Bei entsprechend starkem Reiz ziehen sich auch die Venen etwas zusammen; sie »entspeichern« die venöse Blutreserve und stellen dem Herzen mehr Blut zur Verfügung.

Äußere Einflüsse können auf dieses Regelsystem ebenfalls einwirken. Der in der Selbstverteidigung gelehrte »Handkantenschlag« an den Hals ist ein Schlag auf die Drucksensoren in der Halsschlagader. Auch wenn man die Rezeptoren nicht genau trifft, erzeugt die Druckwelle über das Gewebe kurzfristig lokal einen zu hohen Druckwert. Die Rezeptoren melden einen viel zu hohen Blutdruck als »falschen Alarm«, worauf die Regler im Stammhirn eine drastische Blutdrucksenkung veranlassen. Da diese Absenkung des Blutdrucks aber von normalen Werten ausgeht, kann sein Abfall zu Schwindel oder gar Bewusstlosigkeit, in seltenen (Un-)Fällen auch zum Tod des Betroffenen führen.

Der Körper hütet seine Integrität

Eines der wichtigsten Sinnesorgane zum Schutz des Körpers ist die Haut. Gegen Hitze und Kälte und viele verletzende Einflüsse reagieren Sinneszellen der Haut warnend oder durch Auslösung eines Fluchtreflexes. Freie Nervenendigungen, also Endigungen ohne ein spezifisches, noch so kleines eigenes Sinnesorgan, lösen eine Schmerzempfindung aus und damit eine Meldung der Schmerzursache. Wie ein Frühwarnsystem ragen diese freien Schmerzpunkte bis in die unteren Schichten der Oberhaut hinauf. Auch wenn eine Abschürfung oder eine offene Blase nicht blutet und die Keimzellschicht der Oberhaut nicht betroffen ist, kann die betroffene Stelle bei Berührung schon schmerzhaft brennen.

»Großer Bahnhof« um eine kleine Wunde

Trotz warnender Sinneseindrücke ist der Schutz des Körpers durch Vorsorge natürlich nicht perfekt. Kleine Verletzungen der Haut sind fast alltäglich. Wundverschluss und Wundheilung gehören zu den elementaren Mechanismen des Körpers zur Wiederherstellung seiner Integrität. Die Eigenschaften des Blutes sind in geradezu faszinierender Weise auf eine solche Situation eingestellt und auch die schier unzähligen Zellen der beteiligten Gewebe verhalten sich derart zweckmäßig, als »wüssten« sie alle, was zum Wohle des Körpers zu tun sei.

Die Blutgerinnung läuft als eine Kaskade von Aktivierungsereignissen ab, die schließlich zum Blutpfropf und damit zum Schorf führen. Der Schorf muss nicht nur die Wunde nach außen schließen,

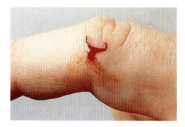

Eine **blutende Wunde** hat man sich schnell zugezogen. Damit sich die Wunde wieder verschließt, werden komplizierte Mechanismen in Gang gesetzt.

sondern auch für den Verschluss der verletzten Hautgefäße sorgen, da die Wunde auch unter dem Schorf nicht weiter nach innen bluten darf. Der erste Schritt bei der Blutgerinnung ist die Aggregation von Thrombozyten (Blutplättchen). Thrombozyten sind Bruchstücke der größten Zellen des Knochenmarks, der Megakaryozyten. Eine solche Zelle entlässt bei ihrem Zerfall rund 500 Thrombozyten.

Bei der Entstehung der Wunde werden auch kleine Blutgefäße verletzt. Im freigelegten Gewebe befindet sich zwischen den Zellen ein fädiges Bindegewebsprotein, das Kollagen, an dem sich die Thrombozyten anlagern. Durch die Anlagerung an dieses Protein werden die zunächst fladenförmigen, nur zwei Mikrometer (zwei Tausendstelmillimeter) großen Thrombozyten aktiviert. Sie sondern bald Stoffe zur Anlockung weiterer Thrombozyten ab. Außerdem verändern sie ihre Form: Sie bilden lange Zellfortsätze aus, werden klebrig und verhaken sich ineinander. Während dieser Phase geben die Thrombozyten weitere Stoffe ab, die im Verlauf des Wundverschlusses unabdingbar sind. So entlassen sie Substanzen mit starker Wirkung auf die Muskulatur in den kleinen Blutgefäßen, besonders das Serotonin, welches die Durchlässigkeit der Kapillaren für Blut stark verringert. Zu den aggregationsfördernden Stoffen, die die Thrombozyten abgeben, gehört unter anderen das Fibrinogen, das für die Blutgerinnung notwendig ist. Die Thrombozyten setzen darüber hinaus Moleküle frei, die zu einer gegenseitigen Verklebung, der Zelladhäsion, führen. Dieses Fibronektin wird bei verschiedenen Funktionen im Körper benutzt, wenn bestimmte Zellen sich nicht nur sammeln sollen, sondern auch zusammenbleiben müssen, so auch bei bestimmten Immunzellen. Außerdem werden noch verschiedene Wachstumsfaktoren für die Fibroblasten, die noch undifferenzierten Bindegewebszellen, sezerniert.

Aber damit immer noch nicht genug. Die Thrombozyten bilden noch weitere Wirkstoffe, von denen der so genannte PAF (englisch: platelet activating factor = aktivierender Faktor für Blutplättchen) und das Thromboxan A_2 wohl am bedeutsamsten sind. Thromboxan unterstützt die Wirkung des Serotonins und hilft, die blutenden Kapillaren auf muskulärem Wege zu verengen oder zu verschließen. Der PAF lockt bestimmte Fresszellen (Phagozyten) des Immunsystems an und aktiviert sie. Die aktivierten Fresszellen nehmen Fremdkörper und Zelltrümmer auf und beginnen PAF selbst herzustellen. Es lockt weitere Thrombozyten und Immunzellen an und ist damit eine wichtige entzündungsauslösende Substanz.

Durch diese vielfältigen und gleichzeitig organisierten Vorgänge entsteht in weniger als einer Minute eine Ansammlung miteinander

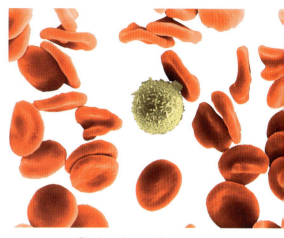

Blut besteht zu 44 Prozent aus **roten Blutkörperchen.** Die scheibenförmigen Zellen haben keinen Zellkern und enthalten vor allem das Protein Hämoglobin. An dessen eisenhaltigen Farbstoffanteil Häm bindet der Sauerstoff in der Lunge und wird von dort zum Zielorgan transportiert, wo er sich vom Häm löst. Kohlendioxid bindet im Gegenzug an das Häm und gelangt im roten Blutkörperchen zur Lunge. Zwischen den roten Blutkörperchen ist auch ein weißes Blutkörperchen zu sehen.

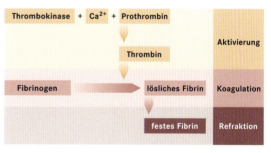

Das stark vereinfachte Schema zur **Blutgerinnung** beschreibt drei Phasen: zunächst die Aktivierung des Thrombins, dann die Bildung des löslichen Fibrins (Koagulation) und schließlich das Zusammenziehen (Refraktion) des lockeren Fibrinnetzes zum festen Thrombus.

Das elektronenmikroskopische Bild zeigt die frühe Phase einer **Thrombusbildung.**

Weil die Wissenschaftler früher viele der bei der Blutgerinnung wichtigen Substanzen noch nicht kannten, werden in der Regel auch noch heute die mitwirkenden Stoffe als **Faktoren** bezeichnet und mit römischen Buchstaben belegt.

Das Zusammenspiel der im Text genannten Faktoren, Enzyme und Proteine bei der Blutgerinnung. Neben den genannten Anteilen gibt es für die Feinregulierung dieses Mechanismus noch weitere Faktoren.

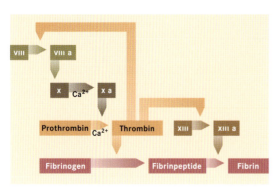

verklebter Thrombozyten. In der normalen Blutungszeit von zwei bis vier Minuten sind mit schier unglaublicher Koordination die Thrombozyten zu einem so genannten weißen Thrombus angewachsen, die Blutgefäße sind verschlossen und die Immunzellen wurden »zur Weitermeldung« und als Fresszellen aktiviert. Darüber hinaus sind die bindegewebsbildenden Zellen für ihre Funktionen der notwendigen Umstrukturierungen an dieser einzurichtenden »Baustelle« aktiviert, und außerdem wurde die Blutgerinnung durch Bereitstellung von Wirksubstanzen in Gang gebracht.

Vom Thrombus zum Schorf

Die eingeleitete Blutgerinnung führt zur Bildung des Wirkstoffes Thrombin, dem so genannten Faktor II a (a für aktiviert) aus seiner inaktiven Vorstufe, dem Prothrombin, also dem Faktor II. Das Thrombin regt nun seinerseits die Aggregation weiterer Thrombozyten an. Vor allem soll es zur fädigen Vernetzung des weißen Thrombus kommen. Zur Umwandlung von Prothrombin zu Thrombin ist der Faktor X a notwendig, der unter Beteiligung des Faktors VIII a in eine funktionsfähige Form überführt wird. Der Faktor VIII fehlt bei den Männern, die an der häufigeren Form der Bluterkrankheit (Hämophilie A) leiden. Das veranschaulicht eindrucksvoll, wie sehr molekulare Mechanismen des Körpers auch an verborgenen Stellen lebenswichtige Funktionen von fundamentaler Bedeutung wahrnehmen können.

Thrombin ist ein Enzym, welches kleine Proteinbruchstücke, die Fibrinopeptide, aus Fibrinogen herauslöst. Das Fibrinogen wird für solche Fälle im Blut bereitgehalten. Diese Proteinbruchstücke polymerisieren, ähnlich einem Kunststoff zum vernetzten Fibrin. Hierzu ist der Faktor XIII notwendig, der vom Thrombin im gleichen Zeitraum zu Faktor XIII a aktiviert wird. Das Fibrinnetz verklebt nun mit den Thrombozyten des weißen Thrombus, wobei wieder das Fibronektin die Verankerung maßgeblich mitbesorgt. Gleichzeitig verfangen sich rote Blutkörperchen in dem Fibrinnetz, wodurch der rote Thrombus entsteht.

Befinden sich Thromben als Blutgerinnsel in den Blutgefäßen, kann der Körper sie durch Spaltung des Fibrins in kleinere Bruchstücke wieder auflösen. Diese Fibrinolyse steht im strömenden Blut mit der ebenfalls ständig ablaufenden Fibrinbildung in einem dynamischen Gleichgewicht. Bei bestimmten Formen der Blutungsneigung kann man therapeutisch »blutverdickende« Medikamente verabreichen, die das Gleichgewicht zur Thrombenbildung hin verschieben. Umgekehrt besteht bei einem zur Fibrinbildung hin verschobenen Ungleichgewicht mit Gefahr einer Thrombose die Möglichkeit, fibrinolytische Substanzen dem Blut zuzuführen und so das Blut dünnflüssiger zu machen. Natürlich bedürfen solche Eingriffe in das biologische Gleichgewicht einer sorgfältigen Überwachung, weil zu viel des Guten immer die Gefahr des entgegengesetzten Leidens in sich birgt.

Thrombin aktiviert zusätzlich Molekülsysteme innerhalb der Thrombozyten, die die Bewegungen von Zellen ermöglichen und ganz ähnlich auch in jedem Muskel vorkommen. Dieses Aktin-Myosin-System kontrahiert sich in den beteiligten Thrombozyten: Sie ziehen das gesamte Fibrinnetz und damit den roten Thrombus zusammen. Letztlich führt diese Zusammenziehung in Verbindung mit der Verfestigung des Thrombus zum Schorf zu einem von innen gesteuerten Wundverschluss nach außen. Das an der Luft trocknende und damit noch weiter aushärtende Blut nimmt schließlich die bekannte, fast schwarze Farbe an.

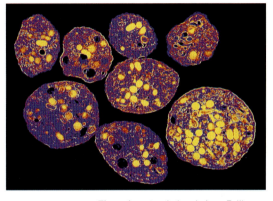

Thrombozyten haben keinen Zellkern. Im menschlichen Blut befinden sich pro Milliliter ungefähr 150 000–300 000 von ihnen. Sie werden im Knochenmark gebildet und nach 5–11 Tagen in der Leber oder der Milz abgebaut.

Keine Heilung ohne Entzündung

Kaum hat man sich eine Verwundung zugezogen, hat sich das Wundgebiet bereits entzündet. Eine Entzündung ist Voraussetzung für die Heilung und damit notwendig. Auslöser hierfür können aber auch Bakterien oder Viren, Gifte, Hitze oder Elektrizität sein. Entzündungen sind immer durch vier Kennzeichen charakterisiert: Schmerz, Rötung, Erwärmung und Schwellung.

Das Reaktionsgewebe ist fast ausschließlich das Bindegewebe mit den dazugehörenden Gefäßen. Die Aktivierung des Abwehrsystems beginnt damit, dass so genannte Mastzellen Histamin freisetzen. Histamin beeinflusst die Kapillaren, die nun langsamer durchströmt werden und deren Wände durchlässiger werden. Durch die Wände treten jetzt weiße Blutkörperchen (Leukozyten) und plasmatische Flüssigkeit in das Bindegewebe aus, manchmal auch rote Blutkörperchen. Auch Schmerz- und Fieberstoffe werden freigesetzt. Die

Ein **basophiler Granulozyt** (links) und ein **eosinophiler Granulozyt** (rechts), aufgenommen mit einem Falschfarbenelektronenmikroskop. Die eosinophilen Granulozyten treten vermehrt bei allergischen Vorgängen und parasitären Erkrankungen auf, die basophilen Granulozyten bei Entzündungen und anderen Krankheiten. Sie enthalten Histamin und andere pharmakologisch aktive Stoffe. Die Bezeichnungen »basophil« und »eosinophil« gehen auf die unterschiedliche Färbbarkeit der beiden Granulozyten zurück.

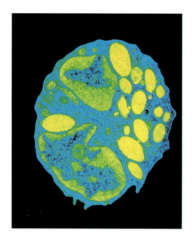
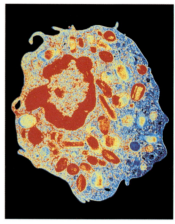

Fieberstoffe wirken auf die Temperaturregulation im Stammhirn ein, sodass sich die Körpertemperatur erhöht.

Die angelockten verschiedenen Typen der weißen Blutkörperchen (Lymphozyten, Granulozyten und Makrophagen) sind immunkompetente Zellen, das heißt, sie erkennen Bakterien und Schmutzpartikel als fremd und zerstören sie durch Aufnahme und, wenn möglich, durch Verdauung. Die Erwärmung ist eine Begleiterscheinung der Rötung und gleichsam ein »lokales Fieber«. Sie wird durch die Ausschüttung gefäßerweiternder Stoffe aus bereits eingetroffenen Fresszellen bewirkt, sodass mehr Blut und damit noch mehr Immunzellen den Entzündungsort erreichen.

Angelockt durch Entzündungsstoffe im Gewebe, treten vornehmlich die Granulozyten durch feine Spalten zwischen den Zellen der Blutgefäßwände hinaus in den Raum des umgebenden Gewebes. Dieser Übertritt wird erleichtert durch die gefäßerweiternden Substanzen, unter anderem Histamin, welche die Gefässwandzellen sozusagen weitmaschiger machen. Hierdurch kommt es ebenfalls zum vermehrten Austritt von Flüssigkeit sowie mitgeführten Proteinen aus dem Blutplasma. Es entsteht eine wasser- und proteinreiche Schwellung, das Ödem.

Die Wundheilung

In der Folgezeit kommt es zum Wachstum vorhandener und zum Einsprossen vermehrter Blutgefäße. Ein kompliziertes Arrangement von regulierenden Substanzen sorgt nicht nur für Wachstum und Gestaltgebung der Gefäßwände, sondern auch für die Ausbildung von deren Muskulatur. Ferner werden angelockte undifferenzierte Bindegewebszellen, die Fibroblasten, durch bestimmte Hormone aus den Wandzellen der Gefäße und den Thrombozyten zu Zellteilungen angeregt. Sie differenzieren sich allmählich zu den Bindegewebszellen, den fertigen Fibrozyten und scheiden Bausteine für spätere Kollagenfasern ab. Letztere entstehen außerhalb der Zellen durch Polymerisation. Lymphozyten versuchen so, den Schmerzherd gegen die Umgebung abzugrenzen. Bei vollständiger

Abgrenzung bildet sich ein Abszess, der von einer faserigen Bindegewebskapsel eingeschlossen ist. Der austretende Eiter setzt sich zusammen aus von den Lymphozyten aufgelösten Erregern, zugrunde gegangenen Lymphozyten und zerstörtem körpereigenem Gewebe.

Das wachsende, gut durchblutete Bindegewebe, das inzwischen auch frei von Bakterien und Zelltrümmern ist, schließt allmählich die Wunde unter dem Schorf von seinen Rändern her, wobei das kollagene Fasergerüst offenbar vielen der beteiligten Zellen zur Orientierung dient. Die Keimzellschicht der Oberhaut führt vermehrt Zellteilungen durch und dehnt sich ebenfalls flächig aus. Wichtig ist, dass sich auch wieder die ihr unterliegende, kollagene Basalmembran neu bildet und die Oberhaut, die Epidermis, mithilfe von Kollagenfasern in tiefer gelegenen Schichten verankert. Schon bei recht kleinen Wunden entdifferenzieren sich die Zellen der Keimzellschicht aus der Oberhaut während dieser Wachstumsphase, das heißt, sie nehmen wieder einen eher embryonalen Zustand ein. Normalerweise werden diese Zellen zu den austrocknenden und letztlich abschilfernden toten Keratozyten der Hornschicht der Epidermis.

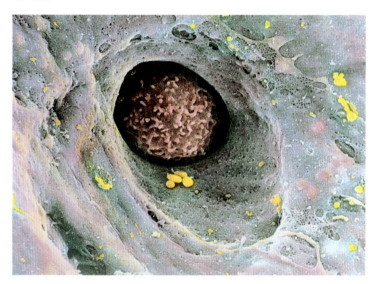

Fresszellen (Makrophagen) bewegen sich frei im Gewebe oder patrouillieren als **Monozyten** in den Blutgefäßen. Im Gegensatz zu den Granulozyten, die nur wenige Tage leben, haben die Fresszellen eine Lebensdauer von einigen Monaten.

Die Entdifferenzierung während dieser Phase ist zwingend notwendig: Wenn im Wundgebiet beispielsweise Schweißdrüsen aus der Oberhaut durch Einstülpung in die Tiefe neu gebildet werden müssen, ändern die basalen Zellen ihr Zellteilungs- und Wachstumsprogramm und wachsen als Schlauch in die Tiefe, indem sie die Basalmembran handschuhfingerförmig vor sich herschieben und sich zu einer Schweißdrüse ausdifferenzieren. Aus bereits differenzierten Hornhautzellen hätte sich eine Schweißdrüse, eine kleine Haaranlage oder eine Talgdrüse nicht mehr ausbilden können. Sobald sich die Oberhaut durchgängig geschlossen hat, wird der Schorf locker und fällt schließlich ab.

C. Niemitz

Schutz und Abwehr

Eine Grundleistung des tierischen und damit auch des menschlichen Lebens ist es, sich vor allen ungünstigen und bedrohlichen Einflüssen zu schützen. Ein bedeutender Teil unserer Sinne sowie das Rückenmark und das Gehirn sind für die Aufrechterhaltung unserer Lebensfunktionen bestens eingerichtet. Die Abgrenzung des Körpers gegenüber seiner Umwelt ist vielleicht die grundlegendste dieser Schutzfunktionen. Denn hier wird die Integrität des Organismus selbst bestimmt und zeitlebens aufrechterhalten.

Der Körper verfügt über eine hochleistungsfähige und ökonomische Hierarchie des Schutzes und der Abwehr. Aus der näheren oder weiteren Umgebung melden und erkennen Sinnesorgane und Gehirn potentielle Gefahren und versetzen uns in die Lage, gefährliche Situationen zu vermeiden, zu fliehen oder ihnen gegebenenfalls auch offensiv zu begegnen. Das bedeutet im Alltag fast nie Kampf; aktive Entscheidungen und Handlungen der Gefahrenabwehr bestehen fast immer aus solch harmlosen Routinetätigkeiten wie dem Drehen am Steuerrad des Wagens, um mit dem Fahrzeug dem Straßenverlauf zu folgen.

Die zweite Instanz nach den Sinnesorganen, um Gefahren zu vermeiden, ist die Körperoberfläche. Sie verhindert Verletzungen oder das Eindringen von Keimen. Erst im Körper, gleichsam an der dritten Bastion, findet die unmittelbarste und gewissermaßen ernsteste Auseinandersetzung mit Gefahren aus der Umwelt statt. Dies ist schlicht und einfach dadurch definiert, dass fast alles, was nicht körpereigen ist, dort auch nicht hingehört und nach seiner Erkennung als potentiell gefährlich bekämpft wird.

Alarm im Körper

Wann immer mögliche oder wirkliche Gefahren wahrgenommen oder auch nur vermutet werden, aktiviert der Körper ein Alarmsystem. Diese Aktivierungsreaktion ist stammesgeschichtlich alt und sorgt dafür, dass der Organismus alle seine zur Verfügung stehenden Abwehrmechanismen auf eine möglicherweise bevorstehende Flucht oder einen Kampf in vielfältiger Weise vorbereitet.

Stress

In unserer modernen Welt reden wir vom Stress, wenn ein Mensch akuten oder andauernden Belastungen seines Körpers oder vor allem seiner Seele ausgesetzt ist. Das aus dem Englischen stammende Wort heißt dort auch nichts anderes als Belastung oder Beanspruchung. Als medizinischer Fachbegriff wurde er 1936 von Hans Seyle geprägt, der den Stress an seinem Reaktionsmuster, eben der Stressreaktion, definierte. Die Auslöser des Stresses werden als Stressoren bezeichnet, bei denen es sich um den Körper gefährdende Umwelteinflüsse, wie Hitze oder Kälte, handeln kann oder auch um psychische Belastungen, wie sie im Familien- oder Berufsleben, in der Schule oder sonst wo auftreten können. Schwerwiegende Stressoren sind Trauerfälle, Scheidungen, Degradierungen, Prüfungen, Terminnot und andere Formen von Unzulänglichkeitsgefühlen, aber auch Hochzeiten und Beförderungen.

Im Tierreich wirkt auch eine erhöhte Populationsdichte, verbunden mit einer Verknappung von Ressourcen, als Stressor. Er ist Auslöser, auf den bei ständiger Anwesenheit von Artgenossen und zur Erhaltung der Art mit Intoleranz bis hin zum Kampf und zur Vertreibung adäquat reagiert wird. Insofern ist die Stressreaktion eine in der Stammesgeschichte erworbene Notwendigkeit. Auch im Spiel oder in Wettkampfsituationen kommt es zu ähnlichen Bereitstellungen von körperlichen und geistigen Energien. Diese werden aber anders erlebt und als Eustress bezeichnet.

Die Stressreaktion wird über einfache oder sehr komplexe Sinneseindrücke ausgelöst. Sie beginnt im limbischen System des Gehirns, in dem vornehmlich grundlegende Verhaltensprogramme des Schlaf-Wach-Rhythmus, der Ernährung und des Fortpflanzungsverhaltens sowie Emotionen erzeugt werden. Alarmreaktionen können in all diesen Bereichen notwendig sein. Vom limbischen System aus werden spezifisch aktivierende Reize an den Hypothalamus geleitet. Im Hypothalamus nimmt also auch der hormonelle Reaktionsweg der Stressreaktion seinen Anfang.

Eines der Symptome der Stressreaktion ist eine **Verminderung der Schmerzempfindlichkeit,** die auch dem Eustress eigen ist. Eine verbürgte Episode mag das verdeutlichen: Ein Wettkampfläufer, der oft barfuß gelaufen war, hatte einen Wettkampf auf einer Schlackenbahn mit scharfem Schlackenschutt zu bestreiten, dessen Abrieb man gehend nicht fühlt. Nach dem 10 000-m-Lauf bemerkte er erst im Ziel am durchsickernden Blut zwischen seinen Zehen, dass er sich die Haut der Fußballen nicht nur blutig gelaufen, sondern völlig abgerieben hatte. Ähnliches ist von Rennpferden bekannt, die mit schwersten Hufverletzungen ein Rennen zu Ende laufen.

Wenn Stressbekämpfung Zeit hat

Auf spezifische Weise durch das limbische System stimuliert, schüttet der Hypothalamus als Reizantwort das Corticotropin auslösende Hormon (englisch abgekürzt CRH) aus. Dieses Hormon wirkt auf den an der Hirnbasis unmittelbar darunter liegenden Vorderlappen der Hypophyse, die ihrerseits das adrenocorticotrope Hormon ACTH an das Blut abgibt. ACTH wirkt auf das Gewebe der Nebennierenrinde ein und löst dort eine vermehrte Produktion und Ausschüttung von Hormonen aus. Diese Glucocorticoide – das wichtigste ist das Cortisol (bekannter unter dem Namen Cortison) – wirken auf verschiedenste Weise durch eine sehr allgemeine Steigerung der Widerstandsfähigkeit. Sie haben unter anderem entzündungshemmende und antiallergische Wirkung und wirken daher sehr generell auf das Immunsystem ein.

Täglich produzieren die Nebennierenrinden 20 bis 30 Milligramm Cortisol. Ein genügend hoher Glucocorticoidspiegel im Blut wirkt hemmend auf den Hypothalamus zurück, der dann weniger Auslöserstoffe produziert. Diese Rückkopplung funktioniert aber, biologisch außerordentlich sinnvoll, erst mit etwa zwei Wochen Verzögerung, sodass eine kurzfristige Gabe von Cortisol, beispielsweise als Spritze für therapeutische Zwecke, nicht zu einer negativen Beeinflussung der körpereigenen Synthese führt; der Hypothalamus

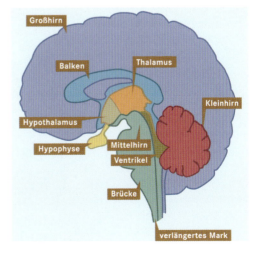

Der **Hypothalamus** im unteren Teil des Zwischenhirns ist das Koordinationszentrum des vegetativen Nervensystems und die Schaltstelle zwischen ihm, dem Zentralnervensystem und dem Hormonsystem (direkt oder über die Hypophyse).

ignoriert sie gewissermaßen. Die biologische Halbwertszeit des Cortisols beträgt etwa 90 Minuten, das heißt, nach anderthalb Stunden wurde bereits die Hälfte des frei im Blut vorhandenen Cortisols durch die Niere ausgeschieden.

Cortisol ist lebenswichtig. Ein stetiger Mangel, wie er bei bestimmten Nebennierenerkrankungen auftreten kann (Addison-Krankheit), führt unweigerlich zum Tod. Wird es aus therapeutischen Gründen, zum Beispiel zur Unterdrückung von Immunreaktionen oder chronischen Entzündungen, langfristig gegeben, kann es ebenfalls zu schweren Schädigungen führen. Cortisol wirkt erst nach dem Eindringen in die Zielzellen und dort erst im Zellkern, indem es die Genaktivität beeinflusst.

Die »Notfallreaktion«

Der andere Weg der Stressreaktion geht ebenfalls vom Hypothalamus aus. Über eine von ihm ausgelöste höhere Aktivität des Sympathikus kommt es im Nebennierenmark zur erhöhten Ausschüttung der Hormone Adrenalin und Noradrenalin, die zur Stoffklasse der Catecholamine gehören. Auch ohne einen besonderen Reiz werden beide Stoffe ständig in winzigen Mengen an das Blut abgegeben. Bei einer plötzlichen Stimulation wirkt der erhöhte Tonus des Sympathikus sehr schnell mit dem angestiegenen Spiegel der Catecholamine im Blut als »Notfallreaktion« zusammen. Die wohl wichtigste und unmittelbarste Wirkung ist die Bereitstellung von Energie durch Freisetzung von Blutzucker aus den Glykogenreserven der Leber und von Fett durch die Lipolyse aus dem Speicherfett des Körpers. Andere Wirkungen zum Beispiel auf das Herz-Kreislauf-System und die Atmung vervollständigen die leistungssteigernde Wirkung.

Noradrenalin und Adrenalin sind im Blut in einem Verhältnis von 4:1 bis etwa 1:1 vorhanden. Beim Eustress, bei körperlicher Arbeit oder Arbeitsbereitschaft im Spiel oder in aggressiven Situationen überwiegt das Noradrenalin deutlich, während plötzliche Angst das Verhältnis zugunsten des Adrenalins verschiebt. Da die Synthese von Adrenalin über Noradrenalin als Vorstufe geht, hat die Umwandlungsrate zum Adrenalin einen wichtigen Einfluss auf seine Konzentration. Auf die Zielorgane wirken die beiden Catecholamine über drei Typen von Rezeptoren, die ein ausgeklügeltes Reaktionssystem für die jeweils notwendigen Einstellungen bilden.

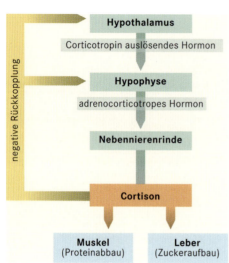

Die Ausschüttung von **Cortison** in der Nebennierenrinde wird vom Hypothalamus über die Hypophyse gesteuert. Negative Rückkopplungen zwischen Cortison und der Hypophyse bzw. dem Hypothalamus regulieren die Menge des ausgeschütteten Cortisons.

Unser größtes Organ – die Haut

Die Haut ist mit 1,5 bis 1,8 m² unser größtes und mit etwa 16 Prozent des Körpergewichts bei normalgewichtigen Menschen auch unser schwerstes Organ. Sie gewährleistet den Schutz vor mechanischen Einflüssen. Die äußerste Schicht der Haut ist die Oberhaut, die aus der mehrschichtigen Hornhaut aufgebaut ist, unter der die Lederhaut und darunter schließlich die Unterhaut liegt. Die Hornhaut besteht aus abgestorbenen, wasserarmen Zellen, die reich an der Hornsubstanz Keratin sind, einem druck- und zugfesten Protein. Sie ist an den verschiedenen Körperteilen, abhängig von der mechanischen Beanspruchung, sehr unterschiedlich dick. An besonders geschützten Körperpartien, zum Beispiel der Bauchhaut, ist sie nur wenige hundertstel Millimeter dünn und erreicht in der Fersenregion der Fußsohle mit etwa drei Millimetern ihre größte Stärke.

An den meisten Körperpartien ist die Oberhaut durch winzige Fältchen in kleine Felder eingeteilt. Diese Felderhaut ist am ganzen Körper, allerdings sehr unterschiedlich stark, behaart. Sonderfälle sind lediglich die Lippen und kleine Bereiche der Haut an den Fortpflanzungsorganen, so an der Spitze des Penis und der Klitoris. In weiten Bereichen der Oberfläche übernehmen die Haare des weitgehend nackt erscheinenden menschlichen Körpers jedoch keine mechanischen Funktionen mehr. Nur auf dem Kopf können die Haare die darunter liegenden Hautschichten vor mechanischen und anderen Einflüssen schützen.

An den Handinnenseiten und an der Fußsohle besitzt die Haut so genannte Papillarleisten. Die Muster dieser Leistenhaut entsprechen in etwa dem statistischen Auftreten von Richtungen und Stärken der auf die Hautoberfläche einwirkenden Kräfte. Durch die mechanische Beanspruchung werden die obersten Schichten der Hornhaut allmählich abgerieben. Die abgeschilferten toten Zellen müssen daher ständig durch Zellteilungen in der Keimschicht der Oberhaut ersetzt werden. Diese Zellmauser dauert etwa einen Monat.

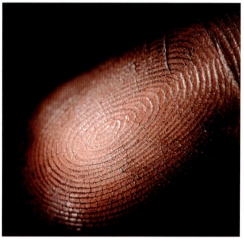

Die **Papillar- oder Hautleisten** finden sich an der Oberfläche der Haut nicht nur an den Händen und Fingern, sondern auch an den Füßen und Zehen. Da das Relief der Papillarleisten an den Fingern bei jeder Person individuell verschieden ist, kann man mithilfe eines Fingerabdrucks jeden Menschen identifizieren.

Mechanische Schutzfunktionen der Oberhaut

Bei stereotyper Belastung, etwa bei ungewohnter, harter Handarbeit oder drückenden Schuhen, kann in der Stachelzellschicht der Oberhaut Wasser zwischen die Zellen austreten. Eine Blase ist die Folge. Während die Schicht der Keimzellen in der Regel unversehrt bleibt und durch Zellteilungen gesunde Haut nachliefern kann, bildet das Wasser der Blase zwischen den Zellen der Oberhaut eine gewisse Zeit lang ein schützendes Druckpolster. Lässt die Überbeanspruchung nach, kann das Wasser der Blase langsam wieder resorbiert werden, und die ausgetrocknete Blase wächst in den kommenden gut drei Wochen langsam aus. Ohne die Blase würden die Keimschicht und die darunter liegenden Schichten leichter geschädigt.

Erst bei tiefer greifenden Verletzungen der Haut kann es zu Blutblasen kommen. Die Schicht der teilungsaktiven Basalzellen sitzt fest verankert der so genannten Basalmembran auf, welche die Oberhaut (Epidermis) von der Lederhaut (Dermis) trennt. Sie muss in starkem Maße stoffdurchlässig sein, schon allein um die Ernährung der Keimschicht in der Oberhaut zu gewährleisten, die überall frei von Blutgefäßen ist. Die Basalmembran besteht zum größten Teil aus kollagenen, zugfesten Fasern, die für eine feste Verknüpfung der Oberhaut mit der Lederhaut sorgen.

Das zellige Gewebe und das Gerüst von extrazellulären Fasern geben der Lederhaut ihre Stabilität und stellen beim Nachlassen einwirkender Kräfte die glatte, entspannte Hautoberfläche wieder her. Wichtig sind auch die in der Unterhaut (Subcutis) eingelagerten Fettpolster. Neben ihren Funktionen als Energiespeicher und zur Wärmeisolation, nehmen sie an besonders beanspruchten Stellen als so genanntes Baufett auch äußeren Druck auf und schützen so den Körper.

Die **Haut** ist aus der Ober-, Leder- und Unterhaut aufgebaut. Eingelagert sind Schweiß- und Talgdrüsen und die Haarbälge.

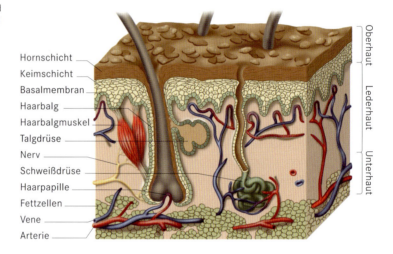

Beim Fetus wachsen die Drüsen, aus der Oberhaut ausknospend, in die Tiefe der Lederhaut und schieben dabei die Basalmembran vor sich her. Alle Schläuche der geknäulten Schweißdrüsen sind daher von einer dünnen Schicht aus Kollagenfasern umgeben. Die Talgdrüsen differenzieren sich fast ausnahmslos an der Seite jeweils einer Haarwurzel. Ursprünglich gehört wahrscheinlich jede Talgdrüse zu einer embryonalen Haaranlage.

Eine hochwirksame Barriere

Zwar ist unsere Haut beileibe kein Panzer, aber sie verhindert einen zu großen und unkontrollierten Stoffaustausch mit der Umwelt. Eine wichtige Funktion ist der Verdunstungsschutz. Wenn ein Mensch große Hautareale durch eine großflächige Verbrennung verloren hat, kann das lebensbedrohlich werden. Die eigentliche Todesursache liegt in einem solchen Fall an dem Wasserverlust, verbunden mit dem Verlust von Proteinen und lebensnotwendigen Salzen über die auslaufende Körperflüssigkeit.

Die gesunde Haut verfügt über einen den Körper schützenden Film von Feuchtigkeit und Fett, den außer bei erhöhter Umgebungstemperatur nicht oder kaum wahrnehmbaren Schweiß und den Talg. Beide entstammen speziellen Drüsen, den Talgdrüsen und den Schweißdrüsen, die in der Lederhaut liegen. Diese sauren Sekrete bieten einen gewissen Schutz gegen Bakterien, da sie mit einem pH-Wert von vier bis sechs den Säureschutzmantel der Körperoberfläche bilden. Wie wichtig und effektiv dieser Infektionsschutz ist, erkennt man daran, dass sich an Stellen, wo der Säureschutzmantel fehlt (beispielsweise in der behaarten Achselhöhle), ein Schweißdrüsenabszess bilden kann.

Für Wasser ist die Haut praktisch undurchlässig. Nur an den Händen und den Fußsohlen quillt die Hornhaut nach einer gewissen Einwirkungszeit, aber selbst stundenlanges Schwimmen führt zu keinem nennenswerten Wasseraustausch zwischen dem Körper und dem Umgebungswasser. Weder die abgestorbenen Zellen selbst noch der Raum zwischen ihnen steht hierfür zur Verfügung.

Mit ihrer Undurchlässigkeit schützt die Haut auch gegen chemische Einflüsse. Gegenüber Säuren und Laugen in Konzentrationen, wie sie in der Natur häufig vorkommen, bietet die Haut einen hervorragenden Schutz. Gegen technisch hergestellte konzentrierte Säuren und Laugen bietet die Haut dagegen keinen Schutz mehr, wobei Laugen noch gefährlicher sind als Säuren. Wenn auch in geringem Maße, so ist Haut für Fette und auch für andere fettlösliche Stoffe etwas durchlässig. Hautcremes und medizinische Salben können nur deshalb ihre Wirkung erzielen wie leider auch fettlösliche Insektizide, bei denen es gelegentlich über Hauteinwirkungen zu tödlich verlaufenden Unfällen kommen kann.

Kühlaggregat und Wärmedecke

Einen weiteren Schutz bietet die Haut bei der Regulierung der Körpertemperatur. Haut ist ein denkbar schlechter Wärmeleiter. Darüber hinaus wird die Wärmeabgabe bei Kälte auch durch eine verminderte Hautdurchblutung erreicht, was sich in einer Blässe der Haut bemerkbar macht. Hierfür ist die Haut das wichtigste Organ. Eine weitere, jedoch kaum mehr wirksame Schutzfunktion ist jene der Aufrichtung der Körperhaare bei Unterkühlung. Sie vermag bei Felltieren den isolierenden Luftraum im Pelz zu vergrößern, während die Gänsehaut beim Menschen eine weitgehend zwecklose stammesgeschichtliche Reminiszenz an unsere haarige Vorfahrenschaft ist.

Zusätzlich isoliert die Fettschicht der Unterhaut vor Wärmeverlust. Wie bei anderen, weit außerhalb der Norm liegenden, überstarken Reizen auch, wird bei lang andauernder, gefährlich starker Unterkühlung nicht mehr die Empfindungsqualität »Kälte«, sondern die Qualität »Schmerz« vom Gehirn generiert. Bei in der Regel langsam einwirkenden Gefahren wie einem Kältereiz genügt es, wenn der Körper ihn erst bei unmittelbarer Einwirkung erkennt. Bevor kaltes Wasser dem Körper gefährlich wird, spüren wir einen starken Drang, das Wasser zu verlassen.

Das Hautorgan schützt uns auch vor Überhitzung des Körpers bei starker körperlicher Muskelarbeit und Hitze. Das ist an dünnen Hautpartien durch eine reflektorisch verstärkte Durchblutung der Lederhaut und somit gesteigerte Wärmeabgabe möglich. Darüberhinaus werden die Schweißdrüsen aktiviert, wobei die Verdunstung des Wassers im Schweiß zur Kühlung des Körpers führt. Hierbei haushaltet der Körper sehr mit seinen im Körperinnern vorhandenen Salzen. Im Gegensatz zur landläufigen Meinung ist Schweiß nämlich salzarm. Der salzige Geschmack der Schweißtropfen entsteht erst, wenn ein Teil der Flüssigkeit verdunstet ist und der

---

Eine **Empfindung** wie Kälte oder Schmerz wird dem Gehirn in Form bestimmter Nervenimpulse zugesandt. Entscheidend ist nicht nur, welche Nerven »senden«, sondern auch wie viel Impulse pro Sekunde in den zugeordneten Hirnteilen eintreffen. Die Empfindung selbst, ihre Qualität und Intensität, zum Beispiel sanfte Druckempfindung oder panisch stechender Schmerz, sind Syntheseleistungen des Gehirns.

Wenn man sich lange Jahre ständig einer intensiven Sonnenstrahlung aussetzt, altert die Haut frühzeitig und wird faltig.

Komplexion ist in der Anthropologie die zusammenfassende Bezeichnung für die Augen-, Haar- und Hautfarbe eines Menschen.

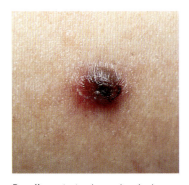

Basaliome treten besonders in der Gesichtshaut älterer Menschen auf, die ständig starker Sonneneinstrahlung ausgesetzt waren. – Selten bilden sie Metastasen.

Schweiß daher eindickt. Bei extremen Sportleistungen ist der Wasserverlust des Körpers höher als der Salzverlust, für deren Ersatz in aller Regel ganz normale Nahrung und Getränke völlig ausreichen.

Die Haut als Sonnenschirm

Schließlich schützt die Haut den Körper auch vor eintreffender Strahlung. Während die infrarote, langwellige Wärmestrahlung der Sonne meist als angenehm empfunden wird und die Wärmeproduktion des Körpers auch tatsächlich entlasten kann, ist der kurzwellige, ultraviolette Anteil der Sonnenstrahlung nicht immer von Vorteil. Auf der Haut wirkt er in gewissem Umfang keimreduzierend, in der Haut kann er jedoch die Zellen der Keimschicht schädigen. Bei anhaltend intensiver Sonnenstrahlung schützt sich die Haut durch vermehrte Bildung von Melanin-Pigmenten. Sonnenbräune hat also eine Schutzfunktion.

Die Strahlung regt die Basalzellen der Oberhaut außerdem zu häufigeren Zellteilungen an. Die sonnengebräunte Haut ist daher dicker und weniger durchlässig für die Strahlung und somit gegen hierdurch verursachte Verbrennungen besser geschützt. Eine Begleiterscheinung ist zwangsläufig die Zunahme von Falten.

Ein Nachteil der starken Bestrahlung ist, dass ausgerechnet die Pigmentzellen (Melanozyten), welche die Haut vor zu starker Einstrahlung schützen, durch den ultravioletten Anteil des Sonnenlichts in ihrer Erbsubstanz geschädigt werden können. Diese mutagene Wirkung der Sonnenstrahlung kann zum schwarzen Hautkrebs oder Melanom führen. Für diese besonders aggressive Form des Krebses, die auch heute noch oft tödlich verläuft, sind besonders hellhäutige Menschen und Menschen rötlicher Komplexion, beispielsweise sommersprossige Menschen, veranlagt. Eltern solcher Kinder sollten besonders darauf achten, dass jene keinen starken Sonnenbrand erleiden, denn dieser erhöht im Erwachsenenalter das Melanomrisiko erheblich. Die ursprüngliche Bevölkerung in Ländern mit starker Sonneneinstrahlung ist zum Schutz vor Strahlenschäden dunkelhäutig, in Afrika und Südindien ebenso wie in Australien und anderen sonnenreichen Ländern.

Das Immunsystem – intelligenter Widerstand

Zahlreiche Krankheitserreger, vor allem Bakterien und Viren, gelangen ständig in den menschlichen Körper. Unser Immunsystem verhindert in den meisten Fällen sehr wirkungsvoll den Ausbruch einer Erkrankung. Dabei bedient es sich sowohl unspezifischer, ganz allgemeiner Immunantworten als auch spezifischer, auf »Erfahrungen« von Immunzellen beruhender Reaktionen, die zur Bildung eines »Zellgedächtnisses« beitragen können.

Der Aufbau des Immunsystems

Das menschliche Immunsystem umfasst die primären Lymphorgane, die Thymusdrüse und das rote Knochenmark sowie die sekundären Lymphorgane wie Milz, Gaumen- und Rachenmandeln, den Wurmfortsatz des Blinddarmes und zahlreiche, in die Lymphbahnen eingeschaltete Lymphknoten, in denen die so genannten Antikörper gebildet werden.

Wesentliche Teile der Immunantworten auf ein auslösendes Antigen übernehmen die weißen Blutkörperchen. Etwa 25 Prozent von ihnen sind die Lymphzellen oder Lymphozyten, die man in B- und T-Lymphozyten unterteilt. Sie sind die zelluläre Grundlage des Immunsystems. Die Gesamtzahl der Lymphozyten schätzt man auf ein bis zwei Billionen Zellen. Ihre gesamte Zellmasse entspricht in etwa der des Gehirns oder der Leber.

Die im Knochenmark reifenden B-Lymphozyten erzeugen die Antikörper und geben diese an die Lymphe und das Blut ab. B-Lymphozyten wandern auch in die sekundären Lymphorgane, besonders in die Lymphknoten, ein oder kreisen »auf der Suche« nach Fremdmolekülen im Blutstrom.

Die T-Lymphozyten besiedeln nach ihrer Entstehung im Knochenmark während der Kindheit und Jugend die Thymusdrüse, wo sie ausreifen und »lernen«, Oberflächen, denen sie begegnen, als körpereigen oder fremd zu unterscheiden. Auch diese Zellen wandern im Körper umher. T-Lymphozyten können keine Antikörper bilden. Sie besitzen an der Oberfläche ihrer Zellmembran eine Art »Erkennungsmoleküle«, so genannte Rezeptoren, mit Spezifität für je ein Antigen an ihrer Oberfläche, welches sie jedoch nur in gebundener Form erkennen können.

Nach ihren Aufgaben unterteilt man die T-Lymphozyten in verschiedene Arten. Die drei wichtigsten sind T-Helferzellen, T-Unterdrückerzellen und cytotoxische T-Zellen. T-Helferzellen stimulieren die B-Lymphozyten zur Bildung von Antikörpern, T-Unterdrückerzellen hemmen die Teilung der B-Lymphozyten und die Bildung von cytotoxischen T-Zellen und können so eine Immunantwort beenden oder eine zu stark ausfallende Reaktion begrenzen. Cytotoxische T-Zellen erkennen und vernichten Zellen, die von Viren befallen sind sowie körperfremde und eigene entartete Zellen. Sie sind damit beispielsweise bei der Kontrolle von Krebserkrankungen durch den Körper von wesentlicher Bedeutung.

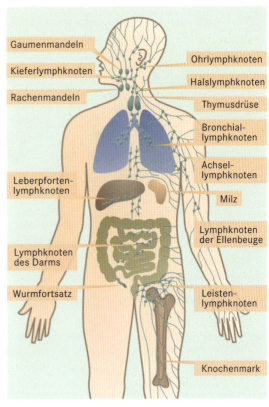

Das **Immunsystem des Menschen** mit den primären und den sekundären Lymphorganen sowie den wichtigsten Lymphbahnen.

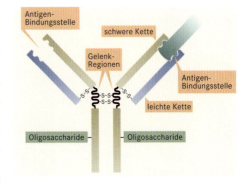

Ein typischer **Antikörper** ist aus zwei leichten und zwei schweren Aminosäurekette aufgebaut. Die Ketten sind durch Schwefelbrücken miteinander verbunden. Am unteren Ende der schweren Ketten binden Oligosaccharide.

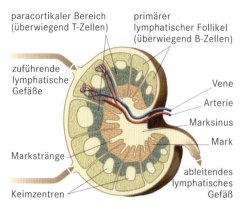

Die etwa 0,2–2 cm großen **Lymphknoten** sind in die Lymphbahnen eingebaut und dienen als Filter- und Entgiftungsstationen für die Lymphe. Die durchfließende Lymphe wird dort von abgestorbenen oder geschädigten Lymphozyten, Bakterien und anderen Abfallstoffen befreit. Die in der Lymphe befindlichen Antigene prägen zudem noch unfertige Lymphozyten. Die entstandenen B- und T-Lymphozyten werden mit der Lymphe aus den Lymphknoten ausgeschwemmt. Schließlich sind die Lymphknoten auch der Bildungsort von Antikörpern.

An Immunreaktionen sind auch noch Mastzellen beteiligt, die bei Entzündungsreaktionen mitwirken, ferner natürliche Killerzellen, die ebenfalls zu den weißen Blutkörperchen gehören. Diese erkennen Fremdorganismen auch in ungebundener Form und vernichten diese genauso wie veränderte körpereigene Zellen (zum Beispiel Krebszellen).

Die unspezifischen Immunreaktionen

Wie bereits erwähnt, unterscheidet man bei den Immunreaktionen zwischen unspezifischen und spezifischen Antworten. Unspezifische Abwehrmechanismen werden auch ganz allgemein als Resistenz bezeichnet. Sie sind angeboren und funktionieren auch, wenn der Organismus zuvor noch nie einem Krankheitserreger ausgesetzt war. Hierzu gehören Sekretbildungen wie Tränenflüssigkeit, Speichel und Nasensekret, die durch ihre schleimige Konsistenz Mikroorganismen und Fremdkörper einhüllen, sodass sie zusammen mit diesen Ausscheidungen aus dem Körper entfernt werden können. Außerdem befindet sich in einigen dieser Substanzen das Enzym Lysozym, welches die Zellwände eindringender Bakterien auflösen kann. Weitere Enzyme befinden sich im Blutserum und sind hier in komplizierter Weise zum Komplementsystem zusammengeschlossen. Dieses zerstört die Membranen von Mikroorganismen, spaltet fremde Proteine und regt Fresszellen (Phagozyten) zur Vernichtung schädlicher Substanzen an. Der Name dieses Systems leitet sich aus dem Englischen ab und stammt daher, dass es die Immunreaktionen unterstützt (complement = Ergänzung).

Eine wesentliche Proteingruppe bei der Verteidigung des Körpers gegen virale Infektionen sind die Interferone. Sie werden wenige Stunden nach Eindringen der Viren in den Organismus gebildet und hemmen deren Vermehrungsfähigkeit. Außerdem steigern sie die

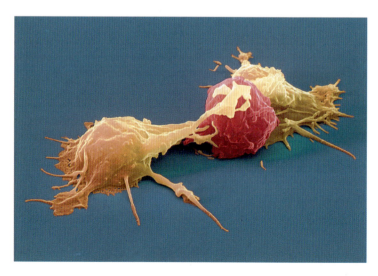

Natürliche Killerzellen sind an unspezifischen Abwehrvorgängen beteiligt. Sie töten Tumorzellen, von Viren infizierte Zellen, einige Bakterien und mit Antikörpern besetzte Zellen ab.

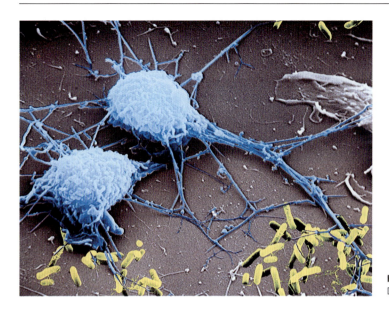

Fresszellen attackieren das Darmbakterium Escherichia coli.

Aktivität von Fresszellen. Gentechnisch hergestellte Interferone werden zur Behandlung von Virus- und Tumorerkrankungen eingesetzt.

Letztlich unterliegen alle eingedrungenen Bakterien und Viren einem als Phagozytose bezeichneten Vorgang, bei dem das Fremdmolekül oder Fremdpartikel von bestimmten, dafür vorgesehenen weißen Blutkörperchen, wie Makrophagen oder Granulozyten, aufgenommen und verdaut wird. Die Überreste dieser Zellen können dann im Eiter ausgeschieden werden.

Spezifische Abwehrmechanismen

Spezifische Abwehrsysteme gewinnen ihre Wirksamkeit erst durch die Auseinandersetzung mit dem Fremdkörper. Daraus folgt, dass der Körper diese Form der Immunantwort erst im Laufe seines Lebens »erlernen« muss; man spricht dann von erworbener Immunität. Das spezifische Immunsystem erkennt fremde Moleküle mit hoher Präzision und entfernt sie aus dem Körper. Daraus ergibt sich, dass eine enorme Vielfalt an möglichen Immunantworten zur Verfügung steht. Im Laufe einer Infektion entwickelt sich ein immunologisches Gedächtnis; so ist der Körper in der Lage, beim nächsten Kontakt mit demselben Auslöser früher und wirkungsvoller zu reagieren. Das Immunsystem muss »lernen«, zwischen körpereigenen und körperfremden Molekülen zu unterscheiden.

Die maßgeblichen Werkzeuge zur Ausübung spezifischer Immunantworten sind die B- und die T-Lymphozyten. Ihre Reaktionen laufen als so genannte Antigen-Antikörper-Reaktionen ab. Viele Fremdmoleküle können als Antigene wirken, wobei nicht das gesamte Antigen erkannt wird, sondern nur bestimmte Atomanordnungen an seiner Oberfläche. Zu deren Erkennung sind außer manchen Zellen auch die Antikörper befähigt. Diese werden von den

Der Begriff **Antigen** hat nichts mit dem Begriff des Gens zu tun, sondern leitet sich von dem Ausdruck »Antisomato-gen« ab, was so viel bedeutet wie »gegen den Körper wirkend«.

B-Lymphozyten gebildet, die etwa 10 Prozent des gesamten Lymphozytenbestandes ausmachen. Bei den Antikörpern handelt es sich um bestimmte Proteine, die präziser auch als Immunglobuline bezeichnet werden, und die man in verschiedene Klassen einteilt.

Die häufigsten und am besten bekannten sind die Immunglobuline der G-Klasse. Sie bilden etwa 75 bis 80 Prozent der frei im Organismus zirkulierenden Antikörper. Für jedes Antigen, mit dem der Organismus sich im Laufe seines Lebens möglicherweise auseinander setzen muss, steht ein passender Antikörper zur Verfügung. Jede Antikörper produzierende Zelle bildet nur eine bestimmte Sorte von Antikörpern. Wissenschaftler schätzen die Zahl der verschiedenen Antikörper, die einem ausgewachsenen menschlichen Organismus zur Verfügung stehen, auf mehrere Milliarden.

Immunabwehr in drei Etappen

Gelangt ein Antigen erstmals in den Körper, läuft die Immunreaktion in drei Phasen ab. In der ersten Phase muss das Antigen erkannt, gebunden und einem T-Lymphozyten präsentiert werden. Dieser wird dadurch aktiviert und zur Teilung angeregt. T-Helferzellen lösen bei denjenigen B-Lymphozyten Teilungen aus, die zum Antigen passende Antikörper bilden können. In der zweiten Phase kommt es zu einer starken Vermehrung dieser B-Lymphozyten und dadurch zu einer erhöhten Antikörperproduktion. Dieser Anstieg der Lymphozytenzahl ist als Lymphknotenschwellung in der Nähe eines Infektionsherdes zu tasten. In der dritten Phase bildet sich der Immunkomplex, bestehend aus dem Antigen und dem Antikörper. Teilweise verliert das Antigen bereits durch diese Bindung seine schädigende Wirkung. Der Immunkomplex kann nun das Komplementsystem aktivieren und von diesem abgebaut werden.

Sind nur noch wenige oder keine Antigene mehr vorhanden, schalten sich die T-Unterdrückerzellen ein und stoppen die Immunreaktion, da diese sonst auf Dauer dem Körper Schaden zufügen würde. Es käme zu einer heftigen Entzündung, in deren Verlauf Teile des Gewebes zerstört werden könnten. Jedoch bleiben Gedächtniszellen im Körper zurück, die sich bei einem erneuten Zusammentreffen mit dem Antigen an dieses »erinnern« und sofort entsprechend reagieren können. Bei einer wiederholten Infektion mit demselben Erreger kommt es dann oft gar nicht mehr zu einer Erkrankung. Das gilt für einige Kinderkrankheiten wie Masern, Mumps, Röteln oder Windpocken, für die oft eine lebenslange Immunität erworben wird. Dieser jahrzehntelang anhaltenden Immunität verdanken die Kinderkrankheiten auch ihre eigentlich irreführende Bezeichnung. Erwachsene erkranken eben nur deshalb seltener, weil sie als Kinder bereits immun wurden.

Zellvermittelte Immunantworten

Neben den beschriebenen Antigen-Antikörper-Reaktionen können Antigene auch T-Lymphozyten zur Vermehrung und Aktivierung veranlassen, wobei spezifische T-Effektorzellen entste-

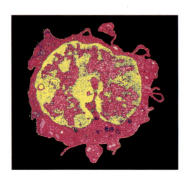

Lymphozyten entstehen in den Stammzellen des Knochenmarks. Die zukünftigen **T-Lymphozyten** reifen zunächst in der Thymusdrüse und abschließend in den Lymphknoten heran. Die T-Lymphozyten können sich weiter in T-Helferzellen, T-Unterdrückerzellen und cytotoxische T-Zellen differenzieren. Diese Zelltypen unterscheiden sich in bestimmten Komponenten ihrer Zellmembran.

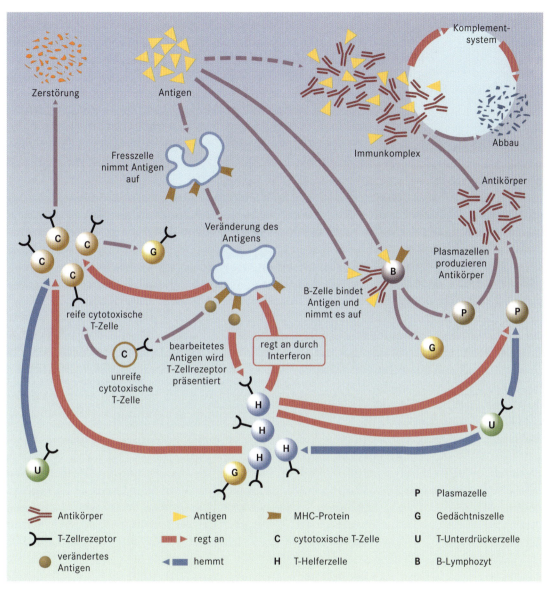

hen. Die T-Lymphozyten tragen auf ihrer Membran den zum Antigen passenden Rezeptor. Hierbei handelt es sich um eine spezifische Molekülformation, die sich genau in die Oberfläche des Antigens einfügt. Nur diejenigen Zellen, bei denen Antigen und Rezeptor zusammenpassen, werden zur Vermehrung angeregt. Den T-Lymphozyten muss das Antigen allerdings von auf diese Aufgabe spezialisierten antigenpräsentierenden Zellen dargeboten werden. An dieser Form der Immunantwort sind cytotoxische T-Zellen, T-Helfer- und T-Unterdrückerzellen beteiligt. Wie bereits bei der Antigen-Antikörper-Reaktion beschrieben, arbeiten T-Helfer- und T-Unterdrückerzellen an beiden Formen von Abwehrreaktionen mit.

Die **antigenspezifische Immunreaktion** ist sehr komplex und vielfach vernetzt. Diese vereinfachte Darstellung zeigt die wichtigsten Reaktionen.

Tierhaare und **Blütenpollen** sind wichtige Allergieauslöser. Oft bleibt es nicht bei einem relativ harmlosen Heuschnupfen.

Bei der zellvermittelten Antwort können die cytotoxischen T-Zellen zusammen mit den Helferzellen die Erreger mit als fremd erkannten Molekülen abtöten. Die Helferzellen bewirken durch die Ausschüttung von Cytokinen, einer Art »Hormon des Immunsystems«, die Aktivierung der cytotoxischen T-Zellen. Als Fremdstrukturen werden Oberflächenmoleküle von Tumorzellen, Bakterien oder auch Zellen von Gewebetransplantaten angesehen. Die cytotoxischen T-Zellen lagern sich an die Fremdzellen mit den reizauslösenden Antigenen an und lösen deren Zellmembran auf. Auch hier führen die T-Unterdrückerzellen ein Ende der Immunantwort herbei, und auch bei dieser Immunantwort kommt es zur Bildung von Gedächtniszellen.

Wenn sich das Immunsystem »vertut«

Das Immunsystem ist so kompliziert, dass sich Teile von ihm manchmal gegen den eigenen Körper wenden. Die Gefahr von Allergien und Autoimmunkrankheiten ist der Preis, den der Organismus für seine Fähigkeit zur Abwehr zahlen muss.

Allergische Reaktionen

Bei allergischen Reaktionen reagiert das Immunsystem auf einen Reiz in ungeeigneter oder übermäßiger Weise. Es greift für den Körper an sich harmlose Substanzen an, mit schwerwiegenden Folgen für den betroffenen Organismus. Mindestens zwanzig Prozent der Bevölkerung der westlichen Industrienationen leiden unter al-

Eine **Allergie** entsteht in zwei Schritten. In der ersten Phase dringt ein Antigen in den Körper ein, wird von einer Fresszelle aufgenommen und verändert, und so den T-Helferzellen präsentiert, die dann B-Lymphozyten zur Produktion von Antikörpern anregen. Kommt es zu einem zweiten Kontakt mit dem Antigen, bindet es an die im ersten Schritt gebildeten Antikörper, die an Mastzellen gebunden sind. Die Mastzellen schütten Mediatoren aus, zum Beispiel Histamin, Serotonin und Prostaglandine, die zu den allergischen Symptomen führen.

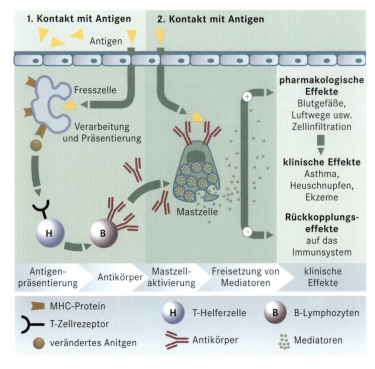

lergischen Reaktionen. Die meisten Überempfindlichkeitsreaktionen werden von normalerweise harmlosen Antigenen wie Blütenpollen, Staub, Tierhaaren, Erdbeeren oder Fischproteinen ausgelöst und verursachen dann die uns allen bekannten allergischen Reaktionen wie Heuschnupfen oder Hautausschläge.

Vermutlich bildeten sich allergische Reaktionen in der Evolution ursprünglich als Waffe gegen Parasiten aus. Da wir uns heute jedoch kaum noch mit Parasiten auseinander zu setzen haben, sucht sich dieser nun unbeschäftigte Teil unseres Immunsystems möglicherweise ein neues Ziel. Diese Theorie wird durch Befunde gestützt, nach denen Allergien in Industriestaaten wesentlich häufiger anzutreffen sind als in Entwicklungsländern. Das kann jedoch nur als Hinweis und keinesfalls als schlüssiger Beweis gelten. Da die meisten Allergien gegen Naturstoffe gerichtet sind, ist andererseits die Vermutung wohl falsch, die vielen synthetisch hergestellten Stoffe unserer modernen Welt seien möglicherweise an der Zunahme von Allergien schuld.

Eine allergische Reaktion gliedert sich in drei Stadien: Während der Sensibilisierung kommt es zum ersten Zusammentreffen mit dem künftigen Allergen. Diese Phase verläuft in der Regel zwar symptomlos, dient aber der Vorbereitung auf eine Reaktion. Von Fresszellen werden den T-Lymphozyten Teile des Allergens präsentiert, was diese zur Stimulierung von B-Lymphozyten anregt. Sie produzieren daraufhin Antikörper, die sich an Mastzellen anheften. In der anschließenden zweiten Phase, der Mastzellenaktivierung, kommt es zu einem neuen Kontakt mit dem Allergen, das sich an die vorbereiteten Antikörper anheftet. Von den Mastzellen werden nun Stoffe ausgeschüttet, die die allergischen Symptome verursachen. In dem dritten Stadium anhaltender Aktivität veranlassen die von den Mastzellen ausgeschütteten Stoffe Immunzellen, aus dem Blut ins Gewebe überzutreten. Dort kommt es wieder zur Ausschüttung von Substanzen, die die Immunreaktion aufrechterhalten und damit letztlich zu Gewebsschädigungen führen können.

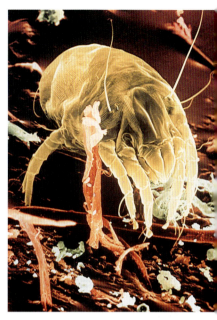

Eine **Hausstaubmilbe** umgeben von Staub und Hautschuppen.

Auch an der hochdramatischen Form einer allergischen Reaktion, der anaphylaktischen Reaktion, sind Mastzellen in starkem Maße beteiligt. Nach der Anlagerung von Antikörpern schütten sie explosionsartig Histamin und Serotonin aus. Diese Stoffe stimulieren die Kontraktion bestimmter Bereiche der glatten Muskulatur und erhöhen die Durchlässigkeit von Gefäßwänden kleiner Adern. Hierdurch haben die Abwehrzellen aus dem Blut einen besseren Zugang zu den Entzündungsherden. Zieht sich die Bronchialmuskulatur zu stark zusammen, kann es jedoch zur Atemnot kommen, wogegen eine zu starke Erweiterung der Blutgefäße beim anaphylaktischen Schock einen dramatischen Blutdruckabfall bedingen kann: Das Blut »versackt« in der Peripherie. Die Symptome können vari-

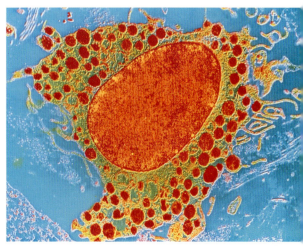

Eine **Mastzelle** setzt während einer allergischen Reaktion ihre Wirkstoffe frei.

ieren, treten jedoch in der Regel innerhalb weniger Minuten auf und können im schlimmsten Fall zum Tode führen, wobei die Haupttodesursache das Kreislaufversagen als Folge des starken Blutdruckabfalles ist. Als weitere Symptome können angeschwollene Stimmbänder, Hautausschläge und starker Juckreiz auftreten.

Autoimmunerkrankungen

Bei den Autoimmunerkrankungen werden Antikörper gegen körpereigenes Gewebe gebildet. Das Immunsystem vermag hier nicht mehr fehlerfrei zwischen »selbst« und »fremd« zu unterscheiden. Es greift Zellen des eigenen Körpers an und kann damit lebensbedrohende Zustände auslösen. Unter Autoimmunkrankheiten leiden in Europa und Nordamerika immerhin etwa fünf Prozent der erwachsenen Bevölkerung. Frauen sind mit einem Anteil von zwei Dritteln wesentlich häufiger betroffen. Warum Autoimmunkrankheiten entstehen können, ist bis heute noch weitgehend unbekannt. Es existiert lediglich eine Theorie, nach der diese Leiden von Erregern ausgelöst werden könnten, die fähig sind, ihre Proteinmoleküle denen des Wirtsorganismus nachzubauen. Attackiert das Immunsystem nun diese Erreger, »lernt« es im Laufe dieser Abwehrreaktion fälschlicherweise, auch ähnliche körpereigene Komponenten als schädlich anzusehen und daher anzugreifen.

Bei einer bestimmten Form der Zuckerkrankheit, die überwiegend bei Jugendlichen auftritt, werden die insulinproduzierenden Inselzellen der Bauchspeicheldrüse als körperfremd angesehen und abgebaut. Weitere Beispiele bekannter Autoimmunerkrankungen sind die multiple Sklerose und der Formenkreis der rheumatischen Krankheiten. Bei solchen Erkrankungen gelangen T-Lymphozyten, die nicht zwischen »selbst« und »fremd« richtig unterscheiden können und daher eigentlich in der Thymusdrüse ausgesondert werden sollten, in den Körper und greifen nun das Gewebe der jeweils von dem Krankheitsschub betroffenen Organe an.

Allergien und Autoimmunerkrankungen können mit Glucocorticoiden behandelt werden. Diese Hormone der Nebennierenrinde, besonders das Cortisol, heilen nicht die Krankheit, sondern unterdrücken die Entzündung, was die Betroffenen oft als große Erleichterung erleben. Eine Gabe von Glucocorticoiden hemmt jedoch auch die Produktion von Antikörpern ganz allgemein und vermindert so die immunologische Abwehrbereitschaft. Daher bedarf eine Behandlung mit Glucocorticoiden einer ständigen ärztlichen Kontrolle. Autoimmunerkrankungen lassen sich auch durch Botenstoffe des Immunsystems behandeln, welche die Abwehrreaktionen drosseln können, oder mithilfe molekularer Köder, die den Angriff von Immunzellen umlenken können. Weiterhin kann man Antikörper einsetzen, die in der Lage sind, stimulierende Botenstoffe des Immunsystems zu blockieren.

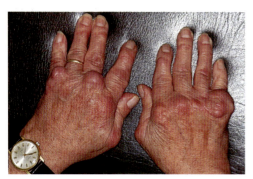

Gelenkrheuma ist eine oft schubartig verlaufende Erkrankung, bei der die Innenschicht von Gelenkkapseln der Gelenke, Sehnenscheiden und Schleimbeutel chronisch entzündet sind. Langfristig kommt es zu Knorpel- und Knochenzerstörungen, welche die Bewegung der Gelenke stark einschränken und zu Verformung führen, wie bei der abgebildeten Hand zu sehen ist.

Die Glucocorticoide sind umgangssprachlich zusammenfassend als **Cortison** bekannt. Cortison ist aber nur die Vorstufe von Cortisol und in geringeren Mengen im Körper vorhanden. Für die medizinische Therapie werden das geringfügig abgewandelte und dadurch wirksamere Prednisolon (aus Cortisol) und Prednison (aus Cortison) verwendet.

Infektionen durch Bakterien und Viren

Krankheiten haben viele verschiedene Ursachen. Zu den wichtigsten Krankheitserregern des Menschen, deren Eindringen in den Körper das Immunsystem aktiviert, gehören die Bakterien und die Viren.

Bakterien

Bakterien sind die kleinsten Lebewesen mit einer Größe zwischen 0,2 und 5 Mikrometern. Sie besitzen keinen echten Zellkern, sondern lediglich so genannte Kernäquivalente, in denen sich ihre Erbsubstanz befindet. Sie vermehren sich in der Regel asexuell durch Zellteilung; sexuelle Prozesse kommen jedoch bei einigen Bakterien vor. Manche Bakterien können Endosporen bilden.

Die Gruppe der Bakterien umfasst etwa 12 000 verschiedene Arten. Bakterien kommen in kugeligen, stäbchenförmigen und schraubig gekrümmten Formen vor. Unter Zuhilfenahme von Geißeln sind manche von ihnen beweglich. Sie gehören zur normalen und notwendigen lebenden Umwelt und sind überall zu finden. Beim gesunden Menschen bilden sie die Darmflora und besiedeln praktisch alle Körperoberflächen. Viele sind also keine Krankheitserreger oder können nur unter bestimmten Voraussetzungen gesundheits-

> Unter für sie ungünstigen Lebensbedingungen kann sich eine Bakterienzelle in eine **Endospore** umwandeln und so überdauern. Sie sind dickwandig, mit einem hohen Reservestoff- und niedrigen Wassergehalt, und haben eine hohe Hitzeresistenz, sodass sie selbst stundenlanges Kochen überleben, während normale Bakterienzellen durch zehnminütiges Kochen bei 80 °C absterben.

HELIOBACTER PYLORI - DER ERREGER DES MAGENGESCHWÜRS

Das Bakterium Heliobacter pylori ist eine noch relativ neue Entdeckung der Bakteriologen und hat die Behandlung einiger recht häufiger Magen-Darm-Erkrankungen des Menschen bereits revolutioniert. Es wurde zuerst 1983 aus der Magenschleimhaut isoliert und erhielt seinen wissenschaftlichen Namen 1989. Die Heliobacter-pylori-Infektion gilt heute, mit mehr als einer Milliarde Infizierter weltweit, als eine der häufigsten Infektionskrankheiten. In Deutschland sind schätzungsweise 40 Prozent der Bevölkerung Bakterienträger.

Der Befall mit diesem Erreger führt zur Entzündung der Magenschleimhaut (Gastritis), woraus sich Magen- und Zwölffingerdarmgeschwüre sowie im weiteren Verlauf auch bösartige Magentumore entwickeln können. Praktisch alle Zwölffingerdarmgeschwüre entstehen infolge einer Heliobacter-Infektion; bei den Magengeschwüren beträgt der Anteil, der auf diese Infektion zurückzuführen ist, immerhin noch 70 Prozent.

Außerdem erhöht dieser Erreger das Risiko, an Magenkrebs zu erkranken, um das Sechsfache. Seit der Entdeckung dieses Bakteriums werden Geschwüre des Magens und des Zwölffingerdarmes sehr erfolgreich mit Antibiotika behandelt, und eine solche Therapie wird jetzt auch für den Magenkrebs diskutiert.

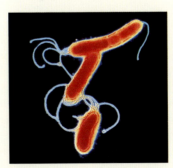

Das Besondere an Heliobacter pylori ist seine Fähigkeit, eine für Mikroorganismen feindliche Umwelt zu besiedeln, da die Magensäure sonst praktisch vor allen anderen Krankheitserregern schützt. Das Bakterium verfügt über ein Enzym, welches diese Säure kurzfristig neutralisieren kann, bis es in den weniger sauren Magenschleim eingedrungen ist. Außerdem verfügt es über ein Geißelbündel, eine Art Antriebsmotor, mit dem es sich im zähen Magenschleim mit großer Geschwindigkeit bewegen und sich gut an den Zellen der Magenschleimhaut verankern kann. Die in der Magenschleimhaut etablierten Bakterien setzen Gifte frei, die Zellen zur Produktion entzündungsfördernder Stoffe veranlassen. Hieraus entsteht nun allmählich das Geschwür. An das Leben in diesem Entzündungsbereich ist das Bakterium angepasst.

Warum nicht alle Infizierten außer der Gastritis auch Folgekrankheiten entwickeln, ist bis heute unklar. Auch ist noch rätselhaft, wie die Infektion übertragen wird. Am wahrscheinlichsten erscheint eine direkte Übertragung von Mensch zu Mensch, vorzugsweise in der Kindheit.

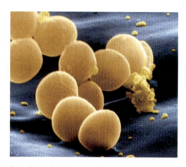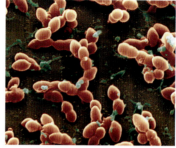

Staphylokokken (links) verursachen Lebensmittelvergiftungen, die mit Übelkeit, Erbrechen und Durchfall verbunden sind, sowie eitrige Abszesse. **Pneumokokken** (Mitte) kommen natürlicherweise an der Schleimhaut in den oberen Atemwegen vor. Bei einer Immunschwäche können sie sich auf Bronchien, Lungen sowie Stirn- und Kieferhöhle ausbreiten und Lungen-, Mittelohr- und Hirnhautentzündungen hervorrufen. **Vibrio cholerae** (rechts) ist der Erreger der Cholera. Er produziert ein Gift, das zu starken Durchfällen mit hohem Flüssigkeits- und Elektrolytverlust führt.

schädlich oder gefährlich werden. Für die Aufrechterhaltung ihrer Lebensfunktionen sind sie auf Feuchtigkeit und organische Substanzen angewiesen.

Zu oftmals harmlos verlaufenden bakteriellen Infekten ohne einen echten Krankheitswert zählen kleine eitrige Prozesse, beispielsweise nach minimalen Verletzungen, während Furunkulose oder Akne, die unter Narbenbildung abheilen, echte und zum Teil ernste bakterielle Krankheiten der Haut sind. Schwere Erkrankungen des menschlichen Organismus, die durch Bakterien verursacht und übertragen werden, sind beispielsweise Tuberkulose, Cholera, Tetanus (Wundstarrkrampf), Pest und Diphtherie.

Viren

Das Virus (nicht: der Virus!) ist kein lebender Organismus, sondern ein winziges, nicht zelluläres Partikel, das jedoch über eine organisierte Struktur verfügt. Seine Größe liegt zwischen 20 und 250 Nanometern (millionstel Millimeter) und ist erst im Elektronenmikroskop sichtbar. Damit entsprechen etwa die Größenordnungen der kleinsten Bakterien jenen der größten Viren. Der Größenunterschied der kleinsten Viren und der größten Bakterien ist größer als jener zwischen dem kleinsten Säugetier, der Etruskischen Zwergspitzmaus, und einem Afrikanischen Elefanten.

Viren bestehen aus einem oder mehreren Nukleinsäuremolekülen, die von einer Proteinhülle umgeben sind; eine Proteinkapsel umschließt die Erbsubstanz. Beide Anteile sind »artspezifisch«. Viren leben nicht: Sie verfügen über keinerlei Stoffwechsel, ernähren sich also nicht und wachsen auch nicht. Zudem können sie sich nicht selbst fortpflanzen oder vermehren. Gleichwohl unterliegen sie, wie lebende Organismen auch, der Evolution, das heißt, ihr Erbmaterial ist im Laufe der Zeit ungerichteten Veränderungen unterworfen, die ihrer Funktionalität entsprechend gerichtet ausgelesen werden.

Da zur Fortpflanzung und Vermehrung Energie benötigt wird und Viren über keinen eigenen Stoffwechsel verfügen, können sie diese Energie nicht selbst bereitstellen. Auch können sie die hierfür nötigen Bausubstanzen nicht selbst synthetisieren. Deshalb können sie sich nicht selbstständig vermehren, sondern sind dazu auf die Hilfe eines Wirtsorganismus angewiesen. Die Wirtszellen gehen bei dieser ihnen aufgezwungenen Hilfeleistung meist zugrunde. Hierin

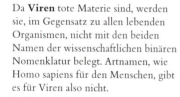

Da **Viren** tote Materie sind, werden sie, im Gegensatz zu allen lebenden Organismen, nicht mit den beiden Namen der wissenschaftlichen binären Nomenklatur belegt. Artnamen, wie Homo sapiens für den Menschen, gibt es für Viren also nicht.

besteht der Krankheitswert vieler Viren als Erreger. Sie verursachen beispielsweise Grippe, spinale Kinderlähmung, Masern oder auch die Immunschwäche Aids.

Aids

Die vom HI-Virus ausgelöste Immunschwächekrankheit Aids, ist das erste Mal Anfang der 1980er-Jahre aufgetreten. Inzwischen rechnen Mediziner für das Jahr 2000 mit weltweit 40 bis 110 Millionen HIV-Infizierten. Das würde durchschnittlich einer Neuinfektion alle 15 Sekunden entsprechen. Das HIV ist weltweit das bestuntersuchte Virus überhaupt. Es gibt viele verschiedene Stämme, die unterschiedlich gefährlich sind. Seine Größe beträgt ein zehntausendstel Millimeter. Das HIV gehört zur Gruppe der Retroviren, das heißt, seine Erbsubstanz besteht nicht aus dem üblichen Erbmaterial DNA, sondern aus RNA, die nach dem Eindringen des Virus in eine Wirtszelle zunächst in DNA »umgeschrieben« werden muss. Das Enzym hierfür, die »reverse Transkriptase«, bringt das Virus mit.

Das Virus ist so gefährlich, weil es bevorzugt Zellen des Immunsystems befällt, die so genannten T-Helferzellen: Der Verbrecher besetzt gewissermaßen eine der Polizeistationen. Wenn eine Immunantwort ausgelöst wird, die durch die im Blut zirkulierenden Antikörper festgestellt werden kann, hat sich die Erkrankung im Körper bereits festgesetzt. Sind im Körper solche Antikörper vorhanden, ist dieser Mensch HIV-positiv.

Die ersten klinischen Anzeichen der Immunantwort gleichen einer Grippe. Bei einer solchen Antwort auf die Infektion werden jedoch einige Viren übersehen, die sich dann im Körper langsam weitervermehren und oft erst nach bis zu zehn Jahren massive Symptome auslösen können. Bei seiner Vermehrung tötet das Virus die T-Helferzellen ab, wobei deren Zahl auf ein Zehntel ihres Ausgangswertes sinken kann. Darüber hinaus bringt das HIV andere Immunzellen dazu, die T-Helferzellen anzugreifen und deren programmierten Zelltod (Apoptose) auszulösen. Von dieser Zerstörung sind insbesondere die Lymphknoten als wichtige Zentren der Abwehr-

HI-Viren knospen auf dieser elektronenmikroskopischen Falschfarbenaufnahme gerade aus einem T-Lymphozyten aus und erhalten ihre hier grüne Virenmembran.

Aids ist die englische Abkürzung für »aquired immune deficiency syndrome« und wird im Deutschen als erworbenes Immunschwächesyndrom bezeichnet. Die Erkrankung wird von dem HIV (englisch: human immunodeficiency virus) ausgelöst.

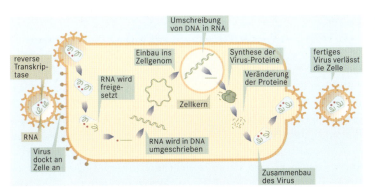

Der **Vermehrungszyklus** des HI-Virus.

Azidothymidin (AZT) ist ein Nukleotidanalogon: Nukleotide (DNA-Bausteine) wurden leicht verändert, damit sie anstelle der natürlichen Nukleotide in die virale Erbsubstanz eingebaut werden und dadurch die Vermehrung des Virus hemmen. Die Körperzellen können keine neue HI-Viren bilden und andere Körperzellen werden nicht mehr mit HIV infiziert. Da aber immer wieder resistente Virenstämme entstehen können, wirkt AZT, als Einzelsubstanz gegeben, nur für etwa 8–20 Monate. AZT ist bisher das einzige Medikament, welches über die Blut-Hirn-Schranke in die Gehirnflüssigkeit gelangt und somit das Gehirn vor den HI-Viren schützt.
Protease-Hemmer behindern ein viruseigenes Protein, welches für den Aufbau der Virushülle verantwortlich ist. Somit können keine neuen Viren mehr die Zellen verlassen.

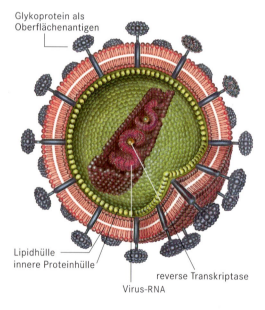

Die Zeichnung zeigt den grundsätzlichen Aufbau eines **HI-Virus**. Die Oberflächenantigene des Virus sind sehr variabel und unterliegen ständigen Mutationen, was ein Grund dafür ist, dass bisher eine dauerhaft wirksame Behandlung gegen Aids nicht möglich ist.

reaktionen betroffen. Der Patient stirbt letztlich nicht an der HIV-Infektion selbst, sondern an Begleitinfektionen, da der Körper nicht mehr über wirksame Abwehrmechanismen verfügt.

Die erfolgreiche Vermehrung des Virus liegt auch an der ungenauen Arbeit des Enzyms, welches die RNA in die DNA »umschreibt«. Gelegentliche Mutationen sind die Folge, aus denen mit der Zeit neue Virusvarianten mit jeweils veränderten Oberflächenstrukturen entstehen, die die Immunzellen immer wieder in die Irre führen. Eine wirksame Therapie gegen Aids gibt es zurzeit noch nicht. Bislang sind nur lebensverlängernde Medikamente wie Azidothymidin oder die Protease-Hemmer auf dem Markt. Auch eine Impfung ist derzeit trotz intensiver Forschung noch nicht in Sicht.

Antibiotika

Antibiotika eignen sich als Arzneimittel gegen bakterielle Infektionen, da sie in den Stoffwechsel von Bakterienzellen eingreifen, aber menschliche Zellen nicht beeinträchtigen. Die Substanzen wirken auf das Erbmaterial der Bakterienzellen ein, indem sie es schädigen oder seine Weitergabe blockieren (zum Beispiel Tetracycline), während andere bei den Bakterien den Aufbau der Zellwände hemmen (zum Beispiel Penicillin) oder die Zellmembranen verändern (zum Beispiel Streptomycin). In jedem Fall können die Bakterien sich nicht mehr vermehren oder hören auf zu wachsen und sterben schließlich ab.

Doch es drohen Gefahren, wenn diese medizinischen Wunderwaffen allzu unkritisch eingesetzt werden. Siebzig Jahre nach Entdeckung des Penicillins ist es in manchen Anwendungsfällen nahezu wirkungslos geworden. Bekämpft man schon kleinste Infekte regelmäßig mit Antibiotika, züchtet man unerwünschte Resistenzen innerhalb der Bakterienstämme, da es immer einige Bakterien gibt, die gegen das verabreichte Antibiotikum widerstandsfähig sind. Diesen verschafft man so einen Wachstumsvorteil gegenüber den beeinflussbaren Stämmen. Bei einer erneuten Infektion wird dann das Antibiotikum nicht mehr wirksam sein.

Derselbe Effekt kann sich einstellen, wenn man ein verordnetes Antibiotikum zu früh nach dem Verschwinden der Symptome absetzt. Der resistentere Teil der zu bekämpfenden Bakterien überlebt die Behandlung. Eine zu geringe Dosierung hat die gleiche, unter Umständen verheerende Wirkung. Die erworbene Unempfindlichkeit gegenüber dem Medikament besteht in einer Veränderung des Erbgutes der Erreger. Sie wird oftmals an die nachfolgenden Generationen von Bakterien weitergegeben. Bakterien »lernen« nicht nur, medizinische Waffen zu entschärfen, sie geben diese Fähigkeit weiter und tauschen Resisten-

Chronik der HIV-Therapie

1987	Azidothymidin wird als erstes Medikament erfolgreich zur Therapie der HIV-Infektion eingesetzt.
1991	Einführung von zwei weiteren Nukleotidanaloga.
1995	Einführung von Kombinationstherapien, bei denen zwei Nukleotidanaloga eingesetzt werden.
1996	Einführung der Protease-Hemmer. Die Viruslast eines Patienten wird bestimmbar. Dadurch können die Medikamente besser auf den Bedarf des Patienten abgestimmt werden
1997	Die kombinierte Therapie mit drei Medikamenten wird eingeführt.
1998	Zwei Protease-Hemmer können in Softgelkapseln verabreicht werden. So soll die tatsächlich vom Körper aufgenommene und zur Verfügung stehende Medikamentenmenge erhöht werden. Diese so genannte Bioverfügbarkeit ist ansonsten bei beiden Protease-Hemmern relativ schlecht.

Die Standardtherapie bei Aids besteht zurzeit in einer Dreiertherapie aus zwei Nukleotidanaloga und einem Protease-Hemmer. Die Therapie muss lebenslang erfolgen und kostet 3000 bis 5000 DM pro Monat. Eine Heilung ist immer noch nicht in Sicht.

zen sogar über Artgrenzen hinweg aus. Manche Stämme, beispielsweise von Tuberkuloseerregern, haben regelrechte Multiresistenzen erworben, für die es teilweise kein wirksames Medikament gibt.

Ein Einsatz von Antibiotika funktioniert nicht gegen Viren, denn Viren kann man nicht abtöten, weil sie ja nicht leben. Daher steht die medikamentöse Behandlung viraler Erkrankungen, trotz der intensiven Forschungen zur Bekämpfung der Viruskrankheit Aids, immer noch am Anfang. Zurzeit gibt es kein einziges Medikament zur Routinebehandlung einer viralen Krankheit. Die einzige Möglichkeit der Behandlung oder der Vorsorge gegen krankheitserregende Viren ist die Aktivierung des Immunsystems durch Impfungen.

Schutzimpfungen

Übersteht ein Mensch eine Infektionskrankheit, ist er für eine gewisse Zeit und manchmal lebenslang gegen diese Krankheit immun. Die während der Krankheit erworbenen Gedächtniszellen schützen ihn gegen einen erneuten Ausbruch der Erkrankung. Auf dieser Tatsache beruht das Impfprinzip.

Für die erste Schutzimpfung gegen Pocken im Jahr 1796 nutzte Edward Jenner die Erreger der Kuhpocken, eine den menschlichen Pocken verwandte Krankheit, die beim Menschen nur um die Infektionsstelle milde, pockenartige Symptome auslöst. Das Immunsystem kann aber zwischen beiden Viren, die auch im elektronenmikroskopischen Bild völlig gleich aussehen, nicht unterscheiden und erzeugt somit eine Immunität gegen beide Viren, die so genannte Kreuzresistenz.

Es gibt eine aktive und eine passive Form der Immunisierung. Bei der aktiven Immunisierung regt man den Körper zur Bildung von Antikörpern an, indem man ihm das Antigen in abgeschwächter beziehungsweise in harmloser Form präsentiert, wie es Jenner mit den Erregern der Kuhpocken tat. Es löst zwar keine Krankheit aus, wird aber als fremd erkannt und führt zu einer Immunreaktion. Trifft der Körper nun auf den echten Krankheitserreger, ist er bereits vorbe-

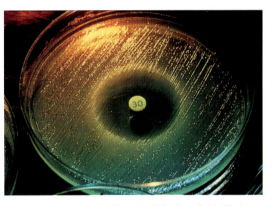

Durch das Antibiotikum Penicillin ist das Wachstum eines Bakterienstamms auf einer Agarplatte gehemmt.

Das Bild zeigt **Edward Jenner** bei einer Impfung gegen Pocken mithilfe von Rinderpockenlymphe.

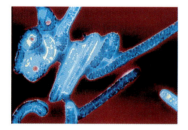

Das **Ebola-Virus** (benannt nach dem Fluss Ebola im Kongobecken) gehört zu den Fadenviren und enthält wie das HI-Virus als genetisches Material RNA. Von dem Virus sind drei Stämme bekannt, von denen zwei für den Menschen sehr gefährlich sind. Über die Hälfte der Personen, die bei Ebola-Epidemien mit diesen Stämmen infiziert wurden, sind gestorben. Das Virus löst ein epidemisch-hämorrhagisches Fieber aus, das durch Kopf- und Gliederschmerzen, Erbrechen und innere Blutungen gekennzeichnet ist. Der natürliche Wirt des Ebola-Virus ist unbekannt. Das Ebola-Virus ist eng mit dem Marburg-Virus verwandt, durch das 1967 in einer pharmazeutischen Firma in Marburg nach einem Kontakt mit Gewebe der Grünen Meerkatze 32 Personen starben.

reitet und kann viel wirkungsvoller reagieren und den Erreger unschädlich machen. Da Gedächtniszellen sehr langlebig sind, wirkt eine aktive Schutzimpfung mehrere Jahre.

Bei der passiven Immunisierung lässt man die Antikörper von einem anderen Lebewesen produzieren, in der Regel durch eine für das Tier harmlose Infektion, und impft dem Menschen so gewonnenes Tierserum mit den darin enthaltenen Antikörpern. Durch diese fertigen Antikörper wird der Organismus im Kampf gegen die Infektion unterstützt. Diese Art der Impfung wirkt nur relativ kurze Zeit und wird meistens nach einer möglicherweise erfolgten Infektion oder auch zur Behandlung nach dem Ausbruch einer Erkrankung eingesetzt. Ist jemand bei einem Spaziergang von einem tollwütigen Fuchs gebissen worden, kann man ihn mit einer passiven Impfung in den ersten Tagen nach dem Biss vor dem Ausbruch dieser sonst immer tödlich verlaufenden Krankheit sicher bewahren.

Bei einer Wiederholungsimpfung kann es jedoch zu schweren Abwehrreaktionen kommen, wenn gegen Komponenten des Immunserums des Spendertieres Antikörper gebildet wurden. Das menschliche Immunsystem erkennt nicht nur die zur Anwendung gegen eine Krankheit verabreichten Moleküle, sondern auch die Serumproteine des Tieres als fremd. Daher muss in diesem Fall das Serum einer anderen Tierart verwendet werden.

Epidemien und Seuchen gestern und heute

Mit der Einführung der Pockenimpfung glaubte man, ein wirksames Mittel in der Hand zu haben, um die Menschen ein für alle Mal von Infektionskrankheiten zu befreien. Bei den Pocken war dieser Optimismus gerechtfertigt, wenn es auch fast 200 Jahre dauerte, bis sie restlos ausgerottet waren. 1977 wurde in Somalia der letzte Pockenfall registriert. Doch schon wenige Jahre später wurde der Glaube an einen Sieg über die Infektionskrankheiten und damit über weltweite Seuchen durch das Auftreten der Immunschwächekrankheit Aids nachhaltig erschüttert.

Die Infektionskrankheiten übertragenden Viren oder Mikroorganismen sind mit der Entwicklungsgeschichte des Menschen eng verbunden, und stets wurde jede besiegte Krankheit durch eine neue oder eine wiederkehrende ersetzt. Mit der vor etwa 10 000 Jahren einsetzenden Agrarrevolution entstanden die Infektionskrankheiten, wie wir sie heute kennen. Der Anbau von Pflanzen war verbunden mit einer Bevölkerungszunahme, die die Erschließung neuer Nahrungsquellen notwendig machte. Man begann, die erschöpften Böden mit tierischen und menschlichen Fäkalien zu düngen und schuf sowohl hierdurch als auch durch engere Formen der Siedlungsweisen ideale Lebensbedingungen für viele Mikroorganismen. Die typischen und häufigen Infektionskrankheiten sind also zum großen Teil biologische Folgen menschlicher Kultur.

Epidemien vormals unbekannter Krankheiten, zum Beispiel Masern, Mumps, Grippe, Scharlach, Typhus, Fleckfieber und Beulen-

Erst 1880 erkannten Robert Koch und Louis Pasteur, dass die Mikroorganismen für viele Erkrankungen des Menschen verantwortlich sind. Paul Ehrlich entwickelte mit dem Salversan das erste chemische Medikament gegen eine Infektionskrankheit, die Syphilis.

Einige Infektionskrankheiten des Menschen

Infektionskrankheit	Erreger	Übertragung	Inkubationszeit	Symptome	Komplikationen
Masern	Masernvirus	Tröpfcheninfektion	9–15 Tage	grippeähnliches Vorstadium, rote Flecken, hohes Fieber	Mittelohr-, Hirnhaut-, Lungenentzündung
Scharlach	Streptokokken	Tröpfcheninfektion	2–7 Tage	Erbrechen, hohes Fieber, Kopf- und Leibschmerzen, Schluckbeschwerden, Himbeerzunge	Mittelohrentzündung, rheumatisches Fieber, Nieren-, Herzmuskelentzündung
Diphtherie	Corynebakterium	Tröpfchen-, Schmierinfektion	2–5 Tage	mäßiges Fieber, Bauchschmerzen, Schluckbeschwerden, Erbrechen	Schäden an Herz, Kreislauf und Nervensystem, Lähmungen
Tetanus	Tetanusbakterium	über Hautverletzungen	4–30 Tage	Kopfschmerzen, steife Nacken- und Kaumuskulatur, Krampfanfälle	Letalität etwa 40%
Typhus	Salmonellen	verunreinigtes Trinkwasser oder verunreinigte Lebensmittel	1–4 Wochen	Fieber, Apathie, Schwindel, Bewusstseinstrübung, Milzschwellung	Darmblutung, Darmdurchbruch, Hirnhautentzündung
Cholera	Vibrio cholerae	verunreinigtes Trinkwasser oder verunreinigte Lebensmittel	1–5 Tage	Durchfall, Leibschmerzen	Kreislaufversagen, Sepsis, Hauteiterungen
Kinderlähmung	Polioviren	Tröpfchen-, Schmierinfektion	4–10 Tage	grippeähnlich, Kopfschmerzen, Muskelschwäche	Atemlähmung, bleibende Lähmungen
Virusschnupfen	Rhinovirus	Tröpfcheninfektion	1–4 Tage	Nasensekretion, Kratzen im Rachen, Behinderung der Atmung	bakterielle Sekundärinfektion, z.B. Mittelohrentzündung
Grippe	Influenzaviren	Tröpfcheninfektion	1–2 Tage	Frösteln, Kopfschmerzen, Husten, Fieber, Muskelschmerz, Schnupfen	Sekundärinfektion, z.B. Lungen-, Hirnhaut-, Herzmuskelentzündung
Mumps	Mumpsvirus	Tröpfcheninfektion	18–21 Tage	Kopf-, Nacken-, Ohrenschmerzen, Anschwellen der Ohrspeicheldrüse	Hirnhaut-, Bauchspeicheldrüsenentzündung
Röteln	Rötelvirus	durch Speichel, Harn, Blut	11–21 Tage	Husten, Mandelkatarrh, Fieber, Ausschlag	Fruchtschäden im 2. und 3. Schwangerschaftsmonat

MALARIA – EINE UNBESIEGTE GEISSEL DER MENSCHHEIT

Die Malaria ist die häufigste Infektionskrankheit der Welt. Jedes Jahr kommt es zu 300–500 Millionen Neuerkrankungen und etwa eine Million Menschen fallen der Erkrankung zum Opfer. Ihr Name entstammt der empfundenen Beziehung der Krankheit mit Sümpfen und Hitze und bedeutet »schlechte Luft«.

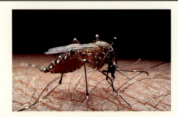

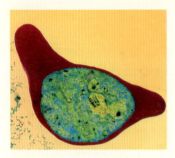

Die Erreger der Malaria sind vier Stämme des Sporentierchens der Gattung Plasmodium. Todesfälle gehen auf das Konto der von Plasmodium falciparum ausgelösten Malaria tropica. Plasmodium vivax, Plasmodium malariae und Plasmodium ovale lösen die Formen Malaria tertiana und quartana aus, die relativ glimpflich verlaufen. Überträger der Malaria sind in allen Fällen weibliche Stechmücken der Gattung Anopheles. Besonders die Malaria tropica ist immer schwieriger zu behandeln, da bereits viele Untergruppen von Plasmodium falciparum gegen die gebräuchlichen Malariamittel resistent sind.

Plasmodien haben einen außerordentlich komplizierten Lebenszyklus. Da dieser sich nach einem Mückenstich überwiegend im Inneren ihrer Wirtszellen abspielt, sind sie für die menschliche Abwehr kaum angreifbar:

Sticht eine infizierte Mücke einen Menschen, überträgt sie mit ihrem Speichel die asexuellen Formen der Plasmodien, die sich dann in der Leber einnisten. In der Leber vermehren sich die Erreger in mehreren Zyklen, schwärmen dann ins Blut aus und befallen dort die roten Blutkörperchen, in denen sie sich weiter vermehren. Brechen die Erreger aus den roten Blutkörperchen aus, befallen sie neue und entwickeln sich nach mehrfacher Wiederholung dieses Vorgangs zu geschlechtlichen Formen, die während des Fieberanfalls frei im Blut schwimmen. Diese Formen nimmt die Anopheles-Mücke mit einem Stich auf.

Die geschlechtsreifen Plasmodien entwickeln sich im Mückenmagen weiter, wo es zur Befruchtung kommt. Die befruchtete Eizelle dringt in die Magenwand der Mücke ein, wo die beweglichen, asexuellen Formen heranreifen. Wenn die Zellen der Magenwand aufbrechen, gelangen die asexuellen Formen mit dem »Blutstrom« der Mücke in deren Speicheldrüsen, wo sie sich festsetzen. Mit einem erneuten Stich hat sich der Kreislauf geschlossen.

In den 1950er-Jahren erzielte man große Erfolge bei der Malariabekämpfung durch das Insektizid DDT und durch Chloroquin als Medikament gegen die Plasmodien. Sie entwickelten jedoch Resistenzen, zuerst gegen DDT, Anfang der 1960er-Jahre auch gegen Chloroquin. Heute muss man für die Behandlung mancher Plasmodieninfektionen auf Mittel mit zum Teil erheblichen Nebenwirkungen zurückgreifen.

Bis gegen Ende des 2. Weltkriegs war die Malaria auch in Deutschland ein Problem. Endemische Malariagebiete waren unter anderem Schleswig-Holstein und Niedersachsen. Allerdings hatten wir es stets nur mit den weniger gefährlichen Malariaerregern zu tun. Der Erreger der Malaria tropica kam in Deutschland nie vor, da er für seinen Lebenszyklus mindestens 20°C an 22 bis 23 aufeinander folgenden Tagen benötigt. Italien, die Türkei und Griechenland waren jedoch von alters her als Malariagebiete bekannt.

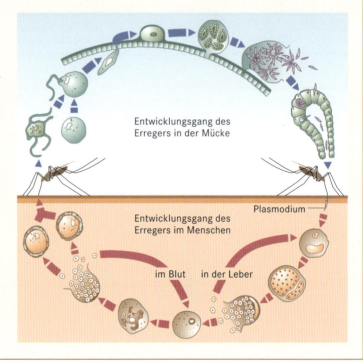

pest, traten vor allem im Zusammenhang mit der Verstädterung auf. Zu solchen Massenerkrankungen kann es immer nur dann kommen, wenn die Bevölkerungsdichte hoch genug ist, um die Übertragung von Erregern zu ermöglichen, und wenn die Anzahl groß genug ist, um ständig neue potentielle Opfer bereitzustellen.

Die Pocken wurden von den Hunnen nach Europa eingeschleppt. Nach ihrer Ausbreitung in den Jahren 166–180 nach Christus hat dieses Virus hier mindestens vier Millionen Todesopfer gefordert. Auch die Auslöschung der Azteken und die starke Dezimierung der anderen Indianer Nordamerikas führt man im Anschluss an kriegerische Ereignisse letztlich auf Pockenepidemien zurück.

Das Auftreten der Pest ist erstmals um das Jahr 430 vor Christus dokumentiert. Zwischen 1347 und 1352 breitete sich die Seuche von Konstantinopel über den Mittelmeerraum nach West- und Mitteleuropa aus und tötete etwa ein Drittel der europäischen Bevölkerung. Der Auslöser dieser Erkrankung ist das Stäbchenbakterium Yersinia pestis, dessen Wirt der Floh ist, von dem aus es auf Nagetiere (vornehmlich Ratten) und auch auf den Menschen übertragen werden kann. Auch heute ist die Pest noch nicht endgültig besiegt. Kleinere Epidemien flackern immer wieder auf, zum Beispiel vor einigen Jahren in China und in neuester Zeit in Kasachstan.

Die von vielen Menschen für recht harmlos angesehene Grippe tötete allein in diesem Jahrhundert mehr Menschen, als in beiden Weltkriegen zusammen ums Leben kamen. 1918 forderte allein die so genannte Spanische Grippe in nur sechs Monaten weltweit zwanzig bis dreißig Millionen Opfer.

Heute haben sich durch die weltweite Mobilität, durch geänderte Sexualpraktiken, moderne Medizintechnik und durch die Umweltzerstörung neue Wege für die Ausbreitung von Infektionskrankheiten gebildet. Jede radikale Veränderung der Umwelt und des Lebensstils bringt die natürliche Balance im Zusammenleben auch mit den Mikroorganismen ins Wanken. Auf diese Tatsache ist die neue Welle von Infektionskrankheiten zurückzuführen, mit denen wir uns heute auseinander setzen müssen. Hierzu gehört beispielsweise die Lyme-Krankheit, eine mit dem Zecken-Rückfallfieber und der Syphilis verwandte Krankheit, die 1975 nach einer Epidemie in Connecticut beschrieben wurde und besonders für das Zentralnervensystem gefährlich ist. Nur ein Jahr später brach eine vom Ebola-Virus ausgelöste Krankheit in Afrika aus, die zusammen mit Aids und Tollwut zu den tödlichsten Krankheiten gehört. An der Legionärskrankheit, die ebenfalls 1976 in Philadelphia zum ersten Mal beobachtet wurde, erkranken pro Jahr 50000 Menschen allein in den USA. Der Erreger dieser schweren Lungenkrankheit, Legionella pneumophila, wird über Warmwasser- und Klimaanlagen besonders

Anfang des 17. Jahrhunderts kam eine **Schutzbekleidung für Pestärzte** auf. Sie bestand aus einem Gewand aus dicht gewebten, luftundurchlässigen Stoffen und einer etwa 15 Zentimeter langen Maske in der Form eines Schnabels. In sie wurden Riechstoffe gefüllt, welche die Atemluft von den Pestgiften reinigen sollten. Ergänzend setzten die Ärzte eine Brille aus Kristallgläsern auf, die vor der vermuteten Ansteckung durch Blickkontakte schützen sollte.

Schon vor 500 Millionen Jahren, als sich höhere Organismen von niederen Lebensformen abzusetzen begannen, gab es Infektionen. Zum Beispiel konnten Forscher an pflanzlichen Fossilien Pilzinfektionen nachweisen und in 250 Millionen Jahre alten Dinosaurierknochen Zeichen von bakteriellen Infektionen finden.

Das Wüten der **Pest** haben viele Maler auf ihren Bildern dargestellt. Das abgebildete Gemälde »Die Pest von Asdod« malte Nicolas Poussin (hier in einer Kopie von Angelo Caroselli) 1631 vor dem Hintergrund zeitgenössischer Pestepidemien in Italien. Das Geschehen wird in verschiedenen Szenen geschildert. Ein Mann im Vordergrund hält sich die Nase zu, um nicht das, wie damals vermutet wurde, durch die Luft verbreitete »Miasma«, den krankheitsauslösenden Stoff, einzuatmen. Daneben sind bei einer Säulentrommel trauernde und verzweifelte Menschen zu sehen, im Vordergrund liegt eine tote Frau mit ihrem toten Kind und im Hintergrund werden Leichen weggetragen. An verschiedenen Stellen des Gemäldes sind Ratten zu sehen. Offensichtlich war den Menschen schon damals bewusst, dass Ratten mit der Ausbreitung der Pest zusammenhängen.

in Hotels und Krankenhäusern verbreitet. 1981 folgte dann Aids. Neue Formen der Hepatitis gehören auch zu den neu entstandenen oder neu beschriebenen Infektionskrankheiten. Die frühere Hoffnung eines Sieges über Infektionskrankheiten war verfrüht oder gar gänzlich verfehlt.

Drogen und Gifte

Während sich der Körper beim Eindringen von Mikroorganismen (eingeschränkt bei Viren) mit lebenden Organismen auseinander setzen muss, sind Drogen und Gifte nur Moleküle oder gar Atome, die aber trotzdem die Gesundheit schädigen können.

Drogen

Der Begriff der Drogen hat in der Vergangenheit eine fundamentale Wandlung erfahren, von der arzneiähnlichen Definition hin zum Suchtgift. Eine Drogenabhängigkeit liegt bei seelischen oder bei körperlichen Symptomen vor, die beim Ausbleiben der Einnahme einer Substanz eintreten. Oft aber sind beide Symptomkomplexe miteinander gekoppelt. Das Wort Sucht wird meist nicht mehr gebraucht; man spricht eher von Abhängigkeit oder von Abhängigkeitskrankheit, zum Beispiel von der Alkoholkrankheit. Die Entzugserscheinungen sind oftmals der Drogenwirkung entgegengesetzt: Beispielsweise treten beim Entzug von Schlafmitteln bei körperlicher Abhängigkeit Erregungszustände ein oder Schmerzen beim Entzug des stark schmerzhemmenden Morphins.

In der Gesellschaft mehr oder weniger akzeptierte Drogen sind Alkohol und Nikotin. Die Einnahme anderer Drogen, zum Beispiel Heroin, Schlafmittel (Barbiturate), Kokain, Amphetamine und Cannabis (Haschisch), ist nur streng kontrolliert möglich oder illegal.

Etwa 4% der deutschen Bevölkerung, also über drei Millionen Menschen, sind alkoholabhängig; weitere 4% betreiben zumindest Alkoholmissbrauch. 30 000 bis 40 000 Personen sterben in Deutschland jedes Jahr an den Auswirkungen der Droge. Die wirtschaftlichen Schäden, nicht nur durch Unfälle und für medizinische Behandlungen, sondern auch durch Arbeitszeit- und Produktionseinbußen, betragen wahrscheinlich über zehn Milliarden Mark jährlich.

Bei der Drogeneinnahme bestehen zwei hauptsächliche Gefahren, zum einen die grundlegende Störung oder Zerstörung der Persönlichkeit, wie sie besonders eindrücklich bei der Alkoholkrankheit auftritt, zum anderen durch die direkte Giftwirkung der Substanz, etwa beim »goldenen Schuss« nach einer Überdosis Heroin oder beim unmittelbaren Tod durch eine Alkoholvergiftung. Bezüglich dieser beiden Gesichtspunkte ist Cannabis kaum als echte Droge zu bezeichnen.

Nicht zu unterschätzen sind sekundäre, erst allmählich einsetzende Drogenschäden, die nicht selten zum Tode führen. Beim Alkohol sind das schwere Folgen der Nervenvergiftungen, schwere Leberschäden und innere Verblutungen oder Tod durch Krebs im Verdauungstrakt. Ob Cannabis eine »Einsteigerdroge« ist, zum Beispiel

Ethanol   Methanol

Bei dem im Volksmund vereinfachend Alkohol genannten Stoff handelt es sich um Ethanol (auch Äthanol geschrieben). Seine chemische Formel lautet C_2H_5OH. Das giftige Methanol hat die Formel CH_3OH.

ALKOHOL – KEIN RETTER IN DER NOT

Alkohol ist eine Gesellschaftsdroge: Kein Fest, kaum ein fröhlicher Abend im Freundeskreis findet ohne das gemeinsame Trinken alkoholischer Getränke statt. Während die anregende, leicht enthemmende Wirkung geringer Mengen der Substanz dazu geführt hat, dass unsere Kultur ohne Wein, Sekt und Bier undenkbar geworden ist, besteht für die Betroffenen, abgesehen von Verkehrsunfällen, die Gefahr der unter Umständen schleichend zunehmenden Abhängigkeit von einem »guten Schluck«. Erstes Symptom der Abhängigkeit ist fatalerweise in den meisten Fällen der Realitätsverlust mit Verkennung eben dieser Abhängigkeit.

Übermäßiger Alkoholkonsum für längere Zeit führt über die psychische Krankheit der Abhängigkeit hinaus zu einer fehlerhaften Einschätzung der Lebensrealität. Die Betroffenen werden am Arbeitsplatz und im sozialen Umfeld zu einer Belastung für ihre Mitmenschen, die oft zur Vereinsamung führt. Neben vielen anderen möglichen Problemen tritt auch die zunehmende Unzuverlässigkeit auf.

Körperliche Symptome sind eine allgemeine Nervenentzündung mit Bewegungs- und Sehproblemen. Die ständig mit dem Gift belastete Leber wird geschädigt und vernarbt schließlich zunehmend. Diese Leberzirrhose nimmt meist zu, bis das aus dem Darmgebiet der Leber zufließende Blut wegen der Vernarbungen nicht mehr genügend durchfließen kann und sich staut. Folgen sind unter anderem Krampfadern um den Bauchnabel der Person. Außerdem verursacht der Stau des Blutes in den Venen des Bauchraumes den Austritt von proteinhaltigem Blutplasma aus den kleinsten venösen Blutgefäßchen in die Bauchhöhle. Diese Bauchwassersucht muss nicht das Ende für den Alkoholkranken bedeuten. Das Blut fließt auf dem Weg zum Herzen auch durch Venen entlang der Speiseröhre. Dort bildet es oft Krampfadern, die sich in die Speiseröhre vorwölben. Platzen die Krampfadern, kommt es, insbesondere während der Trunkenheit, zu tödlichen inneren Verblutungen, der wohl häufigsten unmittelbaren Todesursache alkoholabhängiger Menschen.

Die Drüsen an den Tragblättern weiblicher Blütenstände des wilden **Hanfs** (Cannabis sativa) scheiden ein Harz aus, das zu Haschisch verarbeitet wird. Marihuana wird aus den harzverklebten, getrockneten Blütenständen hergestellt. Aus speziellen Kulturformen des Hanfs lassen sich Fasern für die Textilherstellung gewinnen.

durch Beimischungen anderer Suchtstoffe, wird kontrovers diskutiert. Ansonsten treffen für Cannabis ähnliche Risiken wie für die Nikotinabhängigkeit zu, denn es wird selten gekaut, sondern meistens als Joint, also als Zigarette, geraucht. Der Rauch ist wahrscheinlich ähnlich krebserregend wie der von Zigaretten.

Gifte

Gifte sind Substanzen, die dem Körper einen Schaden entweder im Sinne einer Erkrankung zufügen, einen bleibenden Schaden hinterlassen oder zum Tode führen. So kann eine leichte Vergiftung durch den Verzehr eines harmlosen Giftpilzes zu vorübergehendem Unwohlsein führen. Bei einer »leichten« Methanolvergiftung, wie sie bei Genuss von nicht fachgerecht gebranntem Schnaps eintritt, kann man das Augenlicht verlieren oder bei nur wenig größerer Menge auch daran sterben.

Nach ihrer Wirkung unterscheidet man die Gifte hinsichtlich des Zielorganes oder der eintretenden Funktionsstörung, zum Beispiel in Nervengifte oder in Atemgifte. Praktisch bei allen Giften hängt die Giftigkeit von der eingenommenen Menge, der Dosis, ab. Die in harmlosen Dosen aufgenommene Giftmenge kann sich auch im Körper ansammeln und erst bei plötzlicher Freisetzung zu einer Vergiftung führen. Ein spektakuläres Beispiel war das Insektenbekämpfungsmittel DDT, das mit ungewaschenem Gemüse und Obst aufgenommen werden konnte. Bei einigen Frauen wurde das in vielen Jahren im Körperfett angesammelte DDT durch den starken Fettabbau während und nach der Geburt in relativ kurzer Zeit in ihrem Körper freigesetzt und belastete nicht nur mit der Muttermilch das Kind, sondern fügte ihnen mit dem plötzlich im Körper freigesetzten Gift schwere Schäden zu.

Das Versprühen von Insektiziden und Pestiziden in der Landwirtschaft führt bei unsachgemäßem Einsatz immer wieder zu Vergiftungen von Landarbeitern, vor allem in der so genannten Dritten Welt. Aber auch der Verbraucher ist gefährdet, wenn sich die Gifte vor dem Verzehr nicht schnell genug abbauen.

Bakterien und Viren sind keine Gifte. Doch können Bakterien giftige Stoffwechselprodukte im Körper erzeugen, so genannte Toxine, die sehr unterschiedlich stark wirken. Die Diphtherie beispielsweise beruht auf solchen bakteriellen Toxinen seines Erregers, des Corynebacteriums diphtheriae. Während das eine, Endotoxin A, auf die Atemwege wirkt, kann das zweite, das Endotoxin B, in die Blutbahn ausgeschwemmt werden und Herzschäden verursachen.

Bakterientoxine kann man auch direkt mit verdorbener Nahrung aufnehmen. Das Toxin des Bakteriums Clostridium botulinum, das den Botulismus hervorruft, ist das wirksamste Nervengift in der Natur. Es wird mit nicht fachgerecht sterilisierter Konservennahrung aufgenommen. Seine Wirkung entfaltet es frühestens 24 Stunden nach dem Verzehr: Es kommt zu schwersten Funktionsstörungen, vor allem bestimmter vegetativer Nervenzentren, unter Umständen mit Todesfolge.

Kleine Giftkunde

Schwermetalle sind neben den chlorierten Kohlenwasserstoffen die gefährlichsten Gifte in der Natur. Einige von ihnen sollen kurz besprochen werden: *Arsen* ist in unserer Nahrung kaum vorhanden. Über die Nahrung wird die von der Weltgesundheitsorganisation WHO festgesetzte Obergrenze von 0,98 mg anorganischer Arsenverbindungen pro Tag nicht erreicht. Arsentrioxid (»Arsenik«) war früher ein »Modegift«.

In Deutschland nimmt jeder Einzelne täglich etwa 120 bis 150 Mikrogramm (µg) *Blei* auf, in belasteten Gebieten bis zu 300 µg. Nach Empfehlung der WHO sollte die durchschnittliche Aufnahme 500 µg unterschreiten. Die Resorptionswerte, das heißt die Aufnahmeanteile des mit der Nahrung zugeführten Bleis im Darm, liegen bei Erwachsenen bei knapp 10 Prozent. Kinder sind viel gefährdeter, weil sie rund die Hälfte des mit der Nahrung aufgenommenen Bleis resorbieren. Gespeichert wird Blei im Körper vornehmlich als Bleiphosphat ($PbPo_4$). Blei blockiert Enzymprozesse, vor allem im Nervensystem. Besonders Kinder leiden bei Bleivergiftungen unter Konzentrationsschwächen und verminderten Hirnleistungen. Ferner sind die Blutbildung und auch die Muskulatur betroffen, daneben wird von Chromosomenschäden berichtet. Die Rate von Frühgeburten ist bei betroffenen Schwangeren erhöht.

Glasuren und Farben in Tapeten oder im Rostschutz (Mennige) waren neben dem Straßenverkehr bis vor wenigen Jahren die Hauptquellen höherer Bleikonzentrationen. Durch das heute verwendete bleifreie Benzin hat sich die Bleibelastung wesentlich verringert. Auch der Bleigehalt in Weidegras und Gemüse nahe verkehrsreicher Straßen hat sich deutlich verbessert. Unter den Nahrungsmitteln enthalten Blattgemüse mit über einem halbem Gramm pro Kilogramm dennoch das meiste Blei, vor Kulturpilzen (>300 mg/kg), Leber (150–300 mg/kg) und beispielsweise Wein (ca. 150 mg/kg).

Eine solch starke Auspuffwolke, in der viele giftige Substanzen enthalten sind, sieht man heutzutage bei modernen Autos nur noch selten. Durch neue Motoren und schadstoffärmere Kraftstoffe ist die Belastung der Bevölkerung mit Blei, Schwefel, Ruß und organischen Verbindungen zurückgegangen.

Quecksilber ist vor allem ein Nervengift und wirkt auf das Gehirn wie auf die peripheren Nerven. Konzentrationsmangel, Schlaflosigkeit, Sehstörungen und Kopfschmerzen gelten als Frühsymptome. In der Nahrung ist Quecksilber insbesondere in Fisch enthalten, wobei Süßwasserfische mit rund 250 mg/kg etwa doppelt so viel Quecksilber enthalten wie Meeresfische. Der Quecksilbergehalt von Pilzen ist in etwa genauso hoch; Freilandpilze enthalten jedoch viel mehr als Pilze aus Kulturen. Sonst ist Quecksilber in den meisten Nahrungsstoffen kaum zu finden. In Deutschland liegt die durchschnittliche Aufnahme von Quecksilber bei täglich etwa 0,07 mg pro Tag, knapp ein Zehntel des maximalen WHO-Richtwertes von 0,7 mg.

Die Belastung der Bevölkerung mit dem Schwermetall *Cadmium* nimmt allmählich zu. In Deutschland liegt die durchschnittliche Aufnahme bei etwa 25 bis 35 µg pro Tag, in besonders belasteten Gebie-

Quecksilber ist bei Raumtemperatur flüssig und bildet Kügelchen, wie man sie bei einem zerschlagenen Thermometer sieht. Eine Vergiftung mit Quecksilber geschieht meist schleichend durch quecksilberhaltige Abfälle, wie sie bei der Verbrennung von Kleinbatterien entstehen.

ten auch darüber. Die Cadmiumbelastung entsteht durch Metallverarbeitung sowie durch die elektrische und elektronische Industrie und hat sich in den letzten 100 Jahren mehr als verhundertfacht. In der Lunge wird etwa die Hälfte des eingeatmeten Cadmiums resorbiert. Cadmiumstäube sind daher gefährlich. Besonders betroffen sind Gewohnheitsraucher, deren Cadmiumbelastung etwa doppelt so hoch ist wie bei der nicht rauchenden Normalbevölkerung.

Cadmium ist ein Nierengift, das insbesondere wegen seiner langsamen, zunächst symptomlosen Konzentrationszunahme (Kumulationsgift) und seiner langen Wirkungsdauer von über 20 Jahren besonders gefährlich wird. Da es auf den Kupfer- und besonders den Zinkstoffwechsel einwirkt, sind Enzymdefekte und Veränderungen im Blutbild sowie eine verminderte Immunabwehr zu beobachten. Auch die Osteoporose mit vermindertem Kalkgehalt in den Knochen wird mit Cadmium in Zusammenhang gebracht. Eine langfristige Besserung der Situation ist nur durch Senkungen der Immissionsraten sowie durch Rauchverzicht zu erreichen.

Thallium gehört ebenfalls zu den neurotoxischen Schwermetallen; neben dieser Wirkung auf Nervengewebe blockiert es auch einige Enzyme. In der Natur kommt es in geringen Mengen, meist zusammen mit schwefelhaltigen Mineralien vor, zum Beispiel mit Pyrit. Es ist bereits in geringen Dosen sehr gefährlich. Neben Sehstörungen und der Beeinträchtigung anderer Nervenfunktionen kommen Stoffwechselstörungen und Haarausfall hinzu. In der Nahrungsaufnahme spielt Thallium keine Rolle.

Krebserkrankungen

Der Begriff Krebs fasst unterschiedliche Krankheitsbilder zusammen. Charakteristisch ist das ungehemmte Teilungsvermögen einer einzelnen Zelle, das zu einer Gewebswucherung führt, die auch als Neoplasie (Neubildung) bezeichnet wird. Die Zelle spricht dann nicht mehr auf körpereigene Regulationsmechanismen der Zellteilung an. Der Arzt spricht von Krebs als klinischem Erscheinungsbild, wenn die lokale Wucherung, also der Tumor, gewe-

Eine schematische Darstellung zur Entstehung von **Krebs**.

gutartiger Tumor im Bronchienepithel	Durchbrechen der Basalmembran	Eindringen ins Kapillargefäß	Anheftung an die Kapillarwand der Leber	Ausbrechen aus der Kapillare	Vermehrung und Bildung einer Lebermetastase

Häufigkeit von Krebserkrankungen in Deutschland

Art	Risikofaktoren	Warnzeichen	Therapie	5-Jahres-Überlebensrate	neue Fälle pro Jahr
Lungenkrebs	Rauchen (aktiv und passiv), Asbest- bzw. Radonexposition	chronischer Husten und Bronchitis, blutiger Auswurf, Brustschmerzen	Chemotherapie, Bestrahlung, Entfernung des betroffenen Lungenflügels	<10%	38 000
Dickdarmkrebs	erblich, Darmpolypen, körperliche Inaktivität, fettreiche und ballaststoffarme Ernährung	schwarzes Blut im Stuhl (Teerstuhl), Wechsel zwischen Verstopfung und Durchfall, Gewichtsverlust	Entfernung des Darmteils, evtl. mit künstlichem Darmausgang, Chemotherapie	30–45%	50 500
Brustkrebs	erblich, frühe Menstruation, Kinderlosigkeit oder 1. Schwangerschaft jenseits des 30. Lebensjahres	Knoten in der Brust, Veränderung in Form, Farbe, Struktur von Brust und/oder Brustwarze, Hauteinziehungen, Absonderungen aus der Brustwarze	Amputation oder brusterhaltende Operation und Bestrahlung, Hormonblockade	60–70%	42 600
Prostatakrebs	hohes Alter, familiäre Häufung	häufiger Harndrang, Schmerzen beim Wasserlassen	Operation, Bestrahlung	>50%	22 000
Blasenkrebs	Zigarettenrauchen, Chemiekalienexposition	häufiger Harndrang, Schmerzen beim Wasserlassen, Blut im Harn	Operation, Bestrahlung, Immuntherapie	<50%	19 400
Gebärmutterkrebs	früher Geschlechtsverkehr, häufig wechselnde Partner, starke Östrogenexposition, Kinderlosigkeit (die Pille scheint eine Schutzwirkung zu haben)	ungewöhnliche Blutungen	Operation, Bestrahlung, Hormonbehandlung	50–75%	18 000
Pankreaskrebs	hohes Alter, Rauchen, chronische Entzündungen	praktisch symptomlos	kaum behandelbar nach Metastasierung, sonst Operation	<10%	10 300
Leukämie	genetische Disposition, ionisierende Strahlen, Benzolexposition	Müdigkeit, Blässe, Gewichtsverlust, häufige Infektionen, häufiges Nasenbluten	Chemotherapie, Knochenmarkstransplantation	20–40%	9 100
Non-Hodgkin-Lymphom	immunsupprimierte Patienten, Herbizidexposition	vergrößerte Lymphknoten, Juckreiz, Fieber, Nachtschweiß, Anämie, Gewichtsverlust	Strahlentherapie, Chemotherapie, Knochenmarkstransplantation	30–40%	7 600
Nierenkrebs	Rauchen, Übergewicht	Blut im Urin, Knoten in der Nierengegend, Schmerz in Rücken oder Flanke	Operation, Bestrahlung, Gabe von Interleukin-2	30–45%	10 200
Eierstockkrebs	hohes Alter, Kinderlosigkeit, erblich	Anschwellen des Bauches, symptomarm	Operation, Bestrahlung	5–30%	7 900
malignes Melanom	starke Sonne, hellhäutige Menschen mit Neigung zu Sonnenbrand, Sonnenbrand hellhäutiger Kinder	Veränderungen an Leberflecken (Form, Farbe, Größe, Struktur), Blutungen aus Leberflecken, Juckreiz	Operation	>80% bei Früherkennung; sonst weniger	6 400

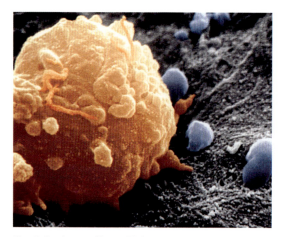

Eine Zelle eines **malignen Melanoms**, eines hochgradig bösartigen Hautkrebses in 100facher Vergrößerung. Melanome können aus vorher unveränderter Haut entstehen oder von bestimmten Zellen eines Muttermals oder eines entarteten Leberflecks ausgehen.

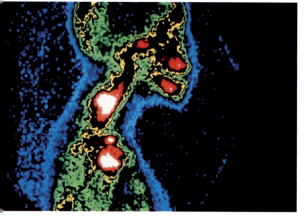

Ein **Szintigramm** eines Krebspatienten. Die roten Bereiche sind Metastasen im Halsbereich.

bezerstörend weiterwächst. Eine Krebsgeschwulst respektiert keine Organgrenzen. Viele Krebsformen breiten sich zum Beispiel über die Blutbahn aus und siedeln sich mit Tochterzellen, die als Tochtergeschwülste oder Metastasen heranwachsen, in neuen Geweben an.

Wie entsteht Krebs?

Nicht alle durch Veränderungen ihres Stoffwechsels entartete Zellen führen letztlich auch zur Krebskrankheit. Ein großer Teil von den immer wieder im Körper entstehenden Krebszellen wird von der Immunabwehr erkannt und frühzeitig beseitigt. Bei einem alten oder geschwächten Organismus ist das Immunsystem allerdings oft nicht mehr so leistungsfähig, sodass weniger Krebszellen erkannt und vernichtet werden. Deshalb nimmt das individuelle Krebsrisiko auch mit steigendem Alter zu. Aber auch einem leistungsfähigen Immunsystem können entartete Zellen entgehen, da diese über eine Reihe von Mechanismen verfügen, mit denen sie die körpereigene Abwehr täuschen können. So kann eine Krebszelle kaum Antigene besitzen, gegen die sich Abwehrzellen richten können. Antigene können auch getarnt werden oder es können Substanzen abgesondert werden, die das Immunsystem insgesamt hemmen.

Eine ganze Reihe Krebs auslösende Faktoren können die Gefahr, an Krebs zu erkranken, in jedem Lebensalter beträchtlich erhöhen. Bekannte Risikofaktoren sind Asbest, Bleiverbindungen, aromatische Kohlenwasserstoffe in Autoabgasen oder Tabakrauch, Nitrosamine, die im Körper unter anderem aus Nitritpökelsalz zur Konservierung von Fleischwaren gebildet werden, Stoffe in Schimmelpilzen, ultraviolette Strahlen, radioaktive Strahlung und mechanische Dauerreize. Einige dieser Risikofaktoren können sich auch gegenseitig verstärken. Eine Zelle wird niemals durch ein Einzelereignis in eine Krebszelle umgewandelt, sondern es müssen stets mehrere Schritte hintereinander erfolgen. Wenn ein Krebs auslösender Faktor in die Zelle eindringt, darf er nicht vom Organismus entgiftet, sondern muss durch den Stoffwechsel oft sogar noch aktiviert werden.

Jede Zelle verfügt von Natur aus über so genannte Onkogene (Krebsgene). Es müssen jedoch mehrere Mutationsereignisse in einer Zelle erfolgen, und diese müssen Gene für die Regulation der Zellteilung betreffen, bevor die Zelle zur Krebszelle entartet. Sind durch die Mutationen Gene betroffen, die die Zelle zur Aufrechterhaltung ihrer Lebensfunktionen benötigt, stirbt sie. Genveränderungen, die jedoch zur Krebszelle führen, werden bei Zellteilungen von der Mutter- an die Tochterzellen weitergegeben.

Behandlungsmöglichkeiten

Zur Therapie einer Krebserkrankung hat der Arzt mehrere Möglichkeiten. Eine ist die chirurgische Entfernung des Tumorgewebes oder eines betroffenen Organs. Bei einer Strahlentherapie wird mit Röntgen- oder Gammastrahlen das betroffene Gewebe von außen bestrahlt, oder es wird eine winzige radioaktive Strahlenquelle in den Organismus eingebracht. Diese Bestrahlung führt zu genetischen Schäden, an denen die betroffenen Zellen sterben. Im Erfolgsfall kommt es daraufhin zur Nekrose, der Tumor stirbt ab.

Die Krebszellen können durch die Bestrahlung auch in einen programmierten Zelltod, die Apoptose, getrieben werden. Sie ist ein auch natürlich im Körper ablaufender Mechanismus, durch den überalterte oder schadhafte Zellen aus dem Organismus entfernt werden. Bei einer Strahlentherapie werden natürlich auch gesunde Zellen geschädigt. Allerdings reagieren Krebszellen in der Regel empfindlicher auf Bestrahlung, und gesundes Gewebe erholt sich leichter von den Strahlenschäden. In der modernen Strahlentherapie lassen sich Form und Richtung einer Strahlenquelle recht exakt auf den Tumor ausrichten. Leider gibt es jedoch Tumorarten, wie den schwarzen Hautkrebs, die praktisch nicht auf eine Strahlentherapie ansprechen.

Die dritte Säule der Krebsbehandlung ist die Chemotherapie. Die eingesetzten Medikamente hemmen die Vermehrungsfähigkeit der Erbsubstanz, sodass Zellteilungen unterbunden werden oder die betroffenen Zellen sterben, wenn sie lebenswichtige Proteine nicht mehr bilden können. Leider sind diese Schäden nicht auf Krebszellen beschränkt, da alle sich teilenden Zellen im Organismus angegriffen werden. Dies führt zu den oftmals schweren Nebenwirkungen einer Chemotherapie.

Eine relativ neue Möglichkeit der Krebsbehandlung ist die Immuntherapie. Bei ihr wird versucht, Krebszellen durch das gentechnische Einschleusen von neuen Erbinformationen für das Immunsystem angreifbarer zu machen. Eine weitere Möglichkeit ist die Gabe von Spenderlymphozyten oder eigenen, außerhalb des Körpers aktivierten Lymphozyten. Im letzteren Fall wird dem Körper des Erkrankten Blut entnommen; dessen Immunzellen werden gentechnisch behandelt und ihm in aktiver Form wieder zurückgegeben. Diese Behandlungsmöglichkeiten bieten bislang jedoch nur eine beschränkte Aussicht auf Erfolg oder können wohl in der Zukunft als Ergänzung zu den herkömmlichen Verfahren eingesetzt werden, da der Körper ab einer gewissen Tumorgröße nicht mehr in der Lage ist, aller entarteten Zellen Herr zu werden. C. NIEMITZ

Nach einer **Chemotherapie,** wie bei diesem Kind, das an Leukämie erkrankt ist, kommt es häufig zum Haarausfall. Dieser ist nur das äußerlich sichtbare Zeichen von starken Nebenwirkungen, welche die angewendeten cytostatischen Mittel haben. Sie wirken nicht nur gegen Krebszellen, sondern auch gegen alle sich schnell teilenden Zellen, zum Beispiel die Zellen im Knochenmark, im Immunsystem, im Genitalsystem und eben auch die Zellen an den Haarfollikeln.

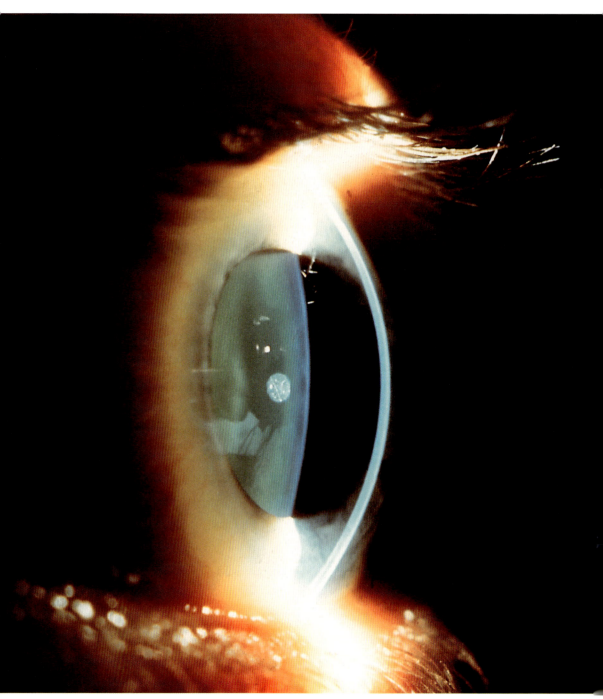

Durch die gewölbte **Hornhaut** und die Linse werden die Lichtstrahlen zu einem scharfen Bild auf der Netzhaut gebündelt. Die Sinneszellen in der Netzhaut bilden ein Raster, durch das das Bild Punkt für Punkt in eine Erregung übertragen und zum Gehirn geleitet wird. Erst bei der Verarbeitung der Signale im Gehirn kommt es für uns zu Wahrnehmungen.

Dieses Zusammenspiel zwischen den Sinneszellen in der Netzhaut und dem Gehirn gilt auch für andere Sinnesorgane. So reagieren die Hörzellen im Ohr auf Schallwellen und die Riechzellen in der Nase auf Duftstoffe. Im Gehirn fließen die Erregungen verschiedener Sinneszellen zusammen, sodass auch die dazu gehörigen Wahrnehmungen verschmelzen.

Wahrnehmen, Erkennen, Empfinden

Die Überschrift nennt drei Tätigkeiten, durch die wir alles erfahren, was wir über die Welt und uns selbst wissen. Selbst wenn wir mit geschlossenen Augen nur nachdenken, stellen wir uns etwas vor, was man im Prinzip auch wahrnehmen könnte. Sollte der Gegenstand unserer Überlegung »unanschaulich« sein, übersetzen wir ihn ins Anschauliche. Wir gehen dabei mit unseren Gedanken um, wie wir es am Anfang unseres Lebens mit den Wahrnehmungen getan haben. Babys halten ihre Hände, Füße und die ersten Spielsachen vor die Augen, drehen und wenden sie, schauen sie an, betasten sie und lutschen daran. Die Sprache verrät noch heute, dass wir beim Denken im Prinzip dasselbe tun. Wir versuchen zu »begreifen«, was wir uns nicht »vorstellen« können. Manchmal »durchschauen« wir die »verwickelten« »Zusammenhänge« nicht, und fragen uns, was wohl »dahinter steckt«. Wir sind der »Ansicht«, dass eine gute »Zusammenfassung« oder »Abgrenzung« »Klarheit« verschafft. »Geschmacklosigkeiten« »lehnen wir ab«.

Unsere Wahrnehmungsfähigkeiten sind durch die Leistungsgrenzen der Sinnesorgane beschränkt. Tiere sind uns in vielen Wahrnehmungsleistungen überlegen: Fledermäuse erkennen Beute und Hindernisse am Ultraschallecho, Klapperschlangen verfolgen ihre Beute mithilfe ihrer Infrarotaugen, manche Fischarten reagieren auf schwache elektrische Felder und viele Tiere sind empfindlich für ultraviolettes Licht. Vieles zwischen Himmel und Erde bleibt unseren Sinnesorganen verborgen.

Die begrenzte Verarbeitungskapazität des Nervensystems schränkt die Wahrnehmungskapazität weiter ein. Ein sinnesphysiologisches Beispiel soll das erläutern. Wissenschaftler haben entdeckt, dass man ein Sinneshaar einer Küchenschabe als Mikrofon benutzen kann: Beim Abbiegen der Haarbasis entsteht ein Ionenstrom, der durch die Membran einer Sinneszelle fließt. Dieses Signal entspricht der elektrischen Aufzeichnung des Mikrofons. Genügt das zum Hören? Nein! Zum Wahrnehmen, Erkennen und Unterscheiden reicht das Signal alleine nicht aus. Zum Erkennen und Unterscheiden sind Speicher- und Vergleichseinrichtungen notwendig. Die physiologischen Grundlagen für das Gedächtnis, die Verarbeitung der Sinnesinformation und die Präsentation der Empfindungen im Bewusstsein suchen die Neurobiologen im Gehirn. Wahrnehmungsforschung ist ein interdisziplinäres Unterfangen, zu dem Kenntnisse über Bau und Funktion der Sinnesorgane, aber auch die Methoden der Hirnforschung und der Psychologie gehören.

C. VON CAMPENHAUSEN

Der Mensch und seine Wahrnehmungen

Wahrnehmungen leiten uns durch das Leben. Die meisten Menschen haben zum Glück nicht viel Mühe damit. Sie sind mit ihrer Umwelt durch die Sinnesorgane innig verbunden. Sie finden ihren Weg, weichen Hindernissen aus, und erkennen ohne große Anstrengungen, was für sie im täglichen Leben wichtig ist. So liegt die Vorstellung nahe, das Wahrnehmen sei, weil es so leicht gelingt, selbst ein einfacher Vorgang. Das aber ist ein Irrtum, dem man auch bei einem Computer aufsitzen kann.

Gleich nach dem Tastendruck erscheint der aufgerufene Buchstabe auf dem Bildschirm. Es entsteht der Eindruck, als ob nicht mehr, sondern weniger geschähe als in einer altmodischen mechanischen Schreibmaschine. Bei ihr ist noch der ganze komplizierte Ablauf sichtbar, um einen Buchstaben zu erzeugen. Doch funktioniert der Computer nur scheinbar einfach. In seinem Inneren laufen viele programmierte Verarbeitungsschritte mit großer Geschwindigkeit ab, die wir nur nicht mitbekommen

Auch von den physiologischen Vorgängen in den Sinnesorganen und im Gehirn bekommen wir nur wenig mit. Die meisten Wahrnehmungen stellen sich mühelos ein. Es gibt allerdings auch schwierige Fälle, in denen wir uns unserer Wahrnehmungen nicht sicher sind. Wenn man nicht wüsste, dass viele neuronale Verarbeitungsschritte notwendig sind, damit aus der ersten Wirkung eines Sinnesreizes eine Wahrnehmung wird, könnte man die Wahrnehmungsvorgänge für einfach halten. Die Versuchung ist groß, die Probleme des Wahrnehmens als rein philosophische Probleme aufzufassen, und ihnen allein durch gedankliche Auseinandersetzung mit den Wahrnehmungserlebnissen nachzugehen.

Die Aufgabe, Informationen aufzunehmen, zu verarbeiten, zu speichern und weiterzugeben, haben Sinnesorgane und Gehirn mit dem Computer gemeinsam. Trotzdem gibt es einen wichtigen Unterschied. Der Computer ist das Produkt einer technischen Entwicklung zur Lösung bestimmter Aufgaben, die in der Gebrauchsanweisung beschrieben sind. Die Aufgaben der Sinnesorgane wurden dagegen nicht von Menschen festgelegt. Es gibt für sie auch keine natürliche Gebrauchsanweisung. Das Wissen über den natürlichen Zweck der Sinnesorgane und des Gehirns ist das Ergebnis der Forschung. Wer nicht weiß, welcher Aufgabe ein Organ dient, kann kaum fragen, wie es funktioniert. Der Schnecke des Innenohrs kann niemand ansehen, dass sie dem Hören dient, ebenso wenig den Bogengängen, welche die Drehbeschleunigungen, und den Statolithenorganen, die die Schwerkraft registrieren. Viele Forscher haben sich darum bemüht, den funktionalen Zweck und die Arbeitsweise der Sinnesorgane zu erforschen. Die Forschung dazu ist nicht abgeschlossen. Solange Zweck und Funktion eines Organs nicht ganz genau bekannt sind, ist eine endgültige Beurteilung seiner Leistungsfähigkeit nicht möglich.

Die scheinbare Unzulänglichkeit menschlicher Sinnesorgane

Berühmt wurde eine Äußerung von Hermann von Helmholtz über das menschliche Auge. Er schrieb, er würde einem Optiker, der ein Instrument mit so schlimmen Abbildungsfehlern liefere, wie man sie im Auge des Menschen findet, dies »mit Protest« zurückgeben. Oft wird das so zitiert, als habe von Helmholtz geschrieben, das Auge sei schlecht konstruiert. In Wirklichkeit machte von Helmholtz mit dem viel zitierten Satz einen Scherz, um den folgenden Sachverhalt deutlich herauszuarbeiten.

Beim Vergleich mit einem optischen Gerät, zum Beispiel einer Kamera, kommt das menschliche Auge in der Tat nicht gut weg. Der Netzhaut entspricht in der Kamera der Film. Vor dem Film würden wir beim Fotoapparat keine Blutgefäße dulden. Sie würden ja auf dem Film mit abgebildet werden. Auch ein blinder Fleck auf dem Film wäre inakzeptabel. Wir sehen nur scharf, was im Bereich der Sehgrube (Fovea centralis) abgebildet wird, wo die Sinneszellen viel dichter stehen als in den Außenbereichen der Netzhaut. Wenn die Feinheit des Korns und damit die Bildschärfe beim Film nur innerhalb eines kleinen Flecks in der Mitte gut wäre, das heißt, dort, wo sich im Auge die Sehgrube befindet, würde die technische Leistung der Kamera schlecht beurteilt. Dazu kommt noch die chromatische und sphärische Aberration in der Augenoptik. Es ist außerdem erstaunlich, dass die Sinneszellen in der Netzhaut die hinterste Schicht bilden. Das Licht muss deshalb mehrere Schichten von Nervenzellen durchdringen, bis es endlich zu den lichtempfindlichen Zellen der Netzhaut gelangt. Es ist nicht zu leugnen: Im Vergleich zur Kamera schneidet das Auge schlecht ab.

Die Vorstellung aber, das Auge sei für seine Aufgabe nicht optimal gebaut, beruht auf einer falschen Vorstellung seiner Aufgabe. Das Auge ist keine Kamera! Es funktioniert auch ganz anders. Einen Fotoapparat muss man still halten, damit das Bild nicht verwackelt. Die Augen sind dagegen ständig in Bewegung. Das Bild wird wegen dieser unwillkürlichen Augenbewegungen immerzu auf der Netzhaut herumgeschoben. Die unwillkürlichen Augenbewegungen stören jedoch nicht. Sie sind vielmehr für die natürliche Funktion des Sehens notwendig, da man ohne die Bildverschiebungen im Auge überhaupt nichts sehen kann. Die Schatten der Blutgefäße bleiben unsichtbar, weil sie sich auf dem Augenhintergrund nicht bewegen. Die Schatten fallen immer auf dieselbe Stelle, auch wenn sich das Auge bewegt, weil das Licht durch die Pupille und somit immer aus derselben Richtung kommt. Wenn man aber die Gefäßschatten auf dem Augenhintergrund mit einem experimentellen Trick zum Zittern bringt, sieht man sie plötzlich.

Die Abbildung der Außenwelt im Auge kann man in ein unbewegtes so genanntes stabilisiertes Netzhautbild verwandeln. Dazu muss man die Bewegungen des Auges registrieren und das über bewegliche Spiegel projizierte Bild so mitbewegen, dass die Abbildung im Auge immer an derselben Stelle bleibt. Das stabilisierte Bild wird

---

Die **chromatische** und die **sphärische Aberration** sind Abweichungen von der idealen Abbildung durch optische Abbildungsfehler. Bei der chromatische Aberration werden die kurzwelligen Strahlen stärker gebrochen als langwellige, bei der sphärischen Aberration liegt der Brennpunkt für Randstrahlen näher an der Linse als der für achsennahe Strahlen.

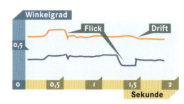

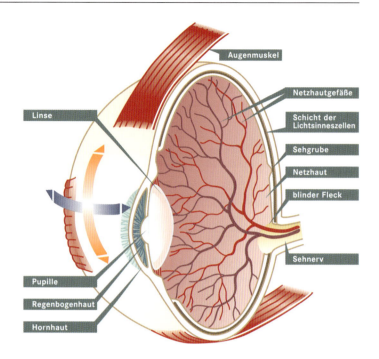

Das linke **Auge des Menschen** ist in dieser Darstellung halbiert, sodass man die Netzhautgefäße auf dem Augenhintergrund sehen kann. Das Blut kommt durch den blinden Fleck in den rot gezeichneten Arterien ins Auge und verlässt es durch die blau gezeichneten Venen. Die feinen Kapillargefäße sind bei dieser Vergrößerung nicht sichtbar. Die Blutgefäße liegen vor der Netzhaut. Die hinterste, rot eingezeichnete Netzhautschicht besteht aus den Lichtsinneszellen, den Zapfen und Stäbchen. Im Zentrum der Sehgrube gibt es keine Blutgefäße. Von den sechs äußeren Augenmuskeln sind nur drei eingezeichnet. Wenn das Auge gedreht wird, bewegt sich das Bild auf dem Augenhintergrund. Außer den willkürlichen Augenbewegungen gibt es auch unwillkürliche, von denen man selber nur unter besonderen Beobachtungsbedingungen etwas merkt. Die Aufzeichnungen der unwillkürlichen Augenbewegungen in zwei Richtungen sind oben angegeben. Sie zerfallen in die ruckartigen Flicks und die langsame Drift.

nur beim Einschalten kurz gesehen und zerfällt innerhalb weniger Sekunden, bis schließlich nur noch ein lichter Nebel in der Wahrnehmung übrig bleibt. Die Augenbewegung und Bildverschiebungen im Auge sind für das Sehen offensichtlich notwendig. Daher lässt sich das Auge besser mit einer tastenden Hand als mit dem Fotoapparat vergleichen. Wir halten die Augen nicht ruhig, sondern tasten mit ihnen die Umgebung ab. Der blinde Fleck und die Blutgefäße stören uns deshalb beim Sehen so wenig wie die Lücken zwischen den Fingern beim Tasten.

Wenn die Sehschärfe überall so gut wäre wie in der Sehgrube, benötigten wir viel mehr Sinnes- und Nervenzellen. Für die meisten Aufgaben des Sehens ist die große Sehschärfe aber gar nicht notwendig. Weil die Augen beweglich sind, können sie bei Bedarf schnell in die richtige Richtung gedreht werden. Die hochauflösende Sehgrube kann so nacheinander zur Betrachtung verschiedener Gegenstände genutzt werden. Mit dieser Methode werden die vielen Sinnes- und Nervenzellen gespart, die notwendig wären, wenn die Sehschärfe in der ganzen Netzhaut so groß wäre wie in der Sehgrube. Das Bild im Auge können wir nicht sehen. Wir nehmen stattdessen das Ergebnis der neuronalen Verarbeitung der Bildinformation im Gehirn wahr. Das Bild im Auge ist nur ein physikalisches Zwischenprodukt aus der Folge der Wahrnehmungsvorgänge. Auch darin unterscheidet sich das Auge von der Kamera, bei der die Abbildung gleich das Endprodukt liefert, das Foto.

Mit der Qualitätsbeurteilung, die bei technischen Geräten üblich und möglich ist, sollte man bei natürlichen Organen vorsichtig sein. Die Leistungsfähigkeit lässt sich nur daran messen, wie gut ein Gerät seiner Aufgabe gerecht wird. Dazu muss jedoch die Aufgabe bekannt sein. Bei genauerer Kenntnis von Aufgabe und Arbeitsweise der Augen erscheinen die Blutgefäße im Auge, der blinde Fleck und die unwillkürlichen Augenbewegungen nicht mehr wie Konstruktionsfehler, und die Beschränkung des guten Auflösungsvermögens auf die Sehgrube entpuppt sich sogar als Vorteil. Selbst die erwähnten optischen Abbildungsfehler des menschlichen Auges haben wahrscheinlich eine Funktion bei der Akkommodation.

Spätestens seit dem Erscheinen des Buches von Charles Darwin »Über die Entstehung der Arten durch natürliche Zuchtwahl« wissen die Forscher, dass unsere Sinnesorgane und ihre Verwendung eine Vorgeschichte in der Evolution der Organismen haben. Wir haben nur das derzeitige Entwicklungsstadium vor uns. Die Bedingungen, unter denen sich die Wahrnehmungsorgane entwickelt haben, ihre jeweiligen Aufgaben sowie die Selektionsvor- und -nachteile bei unseren Vorfahren kennen wir nur lückenhaft. Darum ist es nicht mit abschließender Sicherheit möglich, die Sinnesorgane zu verstehen.

HERMANN VON HELMHOLTZ

Hermann von Helmholtz (1821–1894) fasste seine Forschungen über das Auge des Menschen in seinem »Handbuch der physiologischen Optik« zusammen, das zwischen 1856 und 1911 in drei Auflagen erschien. Er erfand den Augenspiegel und formulierte die trichromatische Theorie des Farbensehens. In seinem ebenfalls grundlegenden Werk »Die Lehre von den Tonempfindungen« (1863) entwickelte er eine Theorie über die Arbeitsweise des Innenohrs,

an der alle späteren Hörtheorien zu messen sind. Seine Theorie wurde durch die neuesten Forschungen zum Teil wieder bestätigt. Von Helmholtz war 1888 Gründungspräsident der Physikalisch-Technischen Reichsanstalt. Der unabhängig durch Julius Robert Mayer formulierte Satz von der Erhaltung der Energie, die erste Messung der Fortpflanzungsgeschwindigkeit der Erregungsleitung in Nerven, viele Untersuchungen zur Optik und Mathematik sowie zu philosophischen Grenzproblemen der Naturwissenschaft ließen von Helmholtz zu einem der größten Gelehrten des 19. Jahrhunderts werden, dessen Beiträge über das Sehen und Hören auch heutige Forscher noch häufig zurate ziehen.

Wahrnehmungstheorien

Wissenschaft ist nie frei von Vorurteilen; in jede wissenschaftliche Aussage gehen Unterstellungen und Vorurteile ein. Das Bemühen, die Voraussetzungen einer Aussage zu formulieren, führt zur Theorie. Die Forscher sind selten auf eine Theorie festgelegt, neigen aber meistens mehr oder weniger bewusst einer Grundvorstellung zu. Zur Wahrnehmung, zu den Sinnesorganen und dem Gehirn gibt es unübersehbar viele theoretische Konzepte, von denen in diesem Abschnitt einige Grundgedanken zusammengefasst werden. Wichtig für die Einteilung und Abgrenzung ist hier weniger der Inhalt als die Absicht, mit der diese Theorien formuliert wurden. Vermittelt werden soll vor allem die Einsicht, dass man in der Wahrnehmungsforschung nicht mit nur einem Denkmodell auskommt.

Philosophische Wahrnehmungstheorie

Ein Hauptproblem für die meisten Menschen ist das Verhältnis von Wahrnehmung und Wirklichkeit. Wie verhält sich das, was man wahrnimmt, zur Wirklichkeit oder zu dem, was man darüber weiß oder denkt? Viele Philosophen haben sich mit dieser Frage beschäftigt. Zunächst ging es um die Kritik an der auch heute verbreiteten Ansicht, nach der unsere Wahrnehmungen zuverlässige Abbildungen der Außenwelt seien oder gar die alleinige Quelle unseres Wissens. »Wenn ich es doch mit eigenen Augen gesehen habe…«, ist eine gerne benutzte Formulierung, obwohl jeder Mensch weiß, wie leicht er sich bei einer Wahrnehmung irren kann.

Gegen die naive Vorstellung, die eigenen Wahrnehmungen lieferten sicheres Wissen, wenden sich bereits die frühesten abendländischen Texte der Philosophie, wie die Schriften von Platon, vor allem der Dialog Theaitetos. Sokrates, dem in diesem Text die Rolle des Gesprächsführers zufällt, hat nur Spott übrig für die Vorstellung, nach der eine einfache Verbindung von den Gegenständen über die Sinnesorgane zum Wahrgenommenen und von dort zum Wissen bestünde, als ob in dieser Reihenfolge eines aus dem anderen hervorginge. Ein Gegenstand, der die Sinnesorgane reizt, erzeugt eine Wahrnehmung. Aber erzeugt er bei allen Menschen dieselbe? Wird Schwarz und Weiß von allen Menschen gleich empfunden? Ist auszuschließen, dass jeder Mensch etwas anderes wahrnimmt? Ist nicht ein Luftzug für den einen angenehm kühlend, obwohl er dem anderen so kalt erscheint, dass er friert? Schmeckt nicht der gleiche Wein dem Gesunden gut und süß und erscheint dem Kranken unangenehm und bitter? Ist die Behauptung, Honig sei süß, nicht besser zu ersetzen durch die Aussage, er schmecke süß?

Kann man wirklich sagen, unser Wissen über die Welt gründe auf Wahrnehmungen? Besteht nicht ein grundsätzlicher Unterschied zwischen Wahrnehmung und Wissen? Zwei bekannte Gesichter kann man bei größerer Entfernung leicht verwechseln, kaum aber die beiden Personen, wenn man sie gut kennt und an sie denkt. Man kann nie ganz sicher sein, ob man elf oder zwölf Gegenstände wahrgenommen hat. Die Zahlen Elf und Zwölf wird man aber denkend kaum jemals verwechseln. Wie lässt sich schließlich der Wahrheitsgehalt von Erinnerungen und Traumbildern beurteilen?

Aufgrund solcher Überlegungen und in Übereinstimmung mit anderen Bereichen seiner Philosophie kam Platon zu dem Schluss, dass die Sinne allein nicht wahrheitsfähig seien. Was man wahrnimmt, ist den zufälligen Wahrnehmungsbedingungen unterworfen. Erst durch das Wissen, so folgert er, kann das Wahrnehmbare aus den zeitgebundenen Zufälligkeiten des Wahrnehmens herausgehoben werden. Das für alle Menschen verbindliche, sichere und, wie er dachte, zeitlos gültige Wissen, wie es von der Geometrie bekannt war, setzt nach Platon eine Teilhabe an den Ideen voraus, ohne die zeitlos Wahres und für alle Menschen Gültiges nicht gedacht werde könne. Diese Ideenlehre ist Teil seiner Metaphysik.

Platon ging es bei seinen Überlegungen nicht allein um die Erklärung von Wahrnehmung, sondern darüber hinaus auch um die grundsätzliche Frage, ob es sicheres Wissen und bleibend Wahres überhaupt gibt, und wie man dazu kommt. Seine Gedanken zur Wahrnehmung gehören in diesen weiter reichenden Bereich des philosophischen Fragens. Damit ist er in der gegenwärtigen Diskussion noch immer wirksam. Führen uns die Sinne die Welt so vor, wie sie wirklich ist (Standpunkt des Realisten), oder entwickelt jeder Mensch seine eigenen Vorstellungen (Standpunkt des Solipsisten)? Ist man besser aufgehoben bei einer Philosophie, die sich auf eine Spielart der Ideenlehre und damit auf die Metaphysik stützt, oder sollte man an ihre Stelle eine evolutionäre Erkenntnistheorie setzen? Das Verlässliche in Wahrnehmung und Wissen ist nach dem letztgenannten Denkansatz das Bewährte, das in den langen Zeiten der Evolution ausgebildete Produkt von Denk- und Wahrnehmungsweisen, die an die jeweiligen Aufgaben angepasst worden sind. Manchmal wird dieser Prozess als evolutionäres Lernen bezeichnet im Gegensatz zu dem Lernen, das uns in der eigenen Lebenszeit bereichert.

Diese Fragen sind von grundsätzlichem Interesse dafür, was die Menschen über sich selbst denken. Darum werden sie auch von Wahrnehmungsforschern diskutiert. Allerdings ist es zweifelhaft, ob die Naturwissenschaften eine dieser philophischen Fragen jemals beantworten können. Über richtig und falsch wird in den Naturwissenschaften heute nicht nach den philosophischen Ansichten oder Überzeugungen der Forscher geurteilt. Dennoch äußern sich die Neurobiologen gerne zu den skizzierten Fragen, insbesondere im Zusammenhang mit dem Leib-Seele-Problem und dem Bewusstsein. Die Gültigkeit der Forschungsergebnisse ist davon ganz unabhängig.

Das psychophysische Problem

In den letzten drei Jahrhunderten kreisen die Gedanken vieler Wissenschaftler um das psychophysische oder Leib-Seele-Problem. Der Berliner Physiologe Emil du Bois-Reymond, der Bahnbrechendes zur Erforschung der elektrischen Natur der Nervenerre-

---

Der **Solipsismus** ist eine extreme erkenntnistheoretische Position des Subjektivismus. Er geht davon aus, dass einzig das Ich mit seinen Erlebnissen wirklich und die Gesamtheit der wahrgenommenen Außenwelt bloße Vorstellung sei. Der **Realismus** behauptet, dass die Realität unabhängig von der Erkenntnis, dem Bewusstsein und der Sinneswahrnehmung besteht. Nach dem kritischen Realismus sind reales Objekt und Erkenntnisobjekt nicht identisch, da der Erkenntnisprozess die Leistung des erkennenden Bewusstsein einschließt.

Die **evolutionäre Erkenntnistheorie** sieht das menschliche Erkenntnisvermögen als Produkt der biologischen Evolution. Sie stützt sich vor allem auf die Annahme, dass die Evolution aufgrund des Selektionsdruckes zu einer immer besseren Anpassung des Organismus an die Wirklichkeit führt. Danach überleben nur diejenigen, deren Erkenntniswerkzeuge optimal an die Außenwelt angepasst sind. Den Gedanken einer phylogenetischen Entwicklung der Erkenntnis entwickelte zunächst Konrad Lorenz.

Alle abgebildeten Uhren sind als Uhren erkennbar. Es gibt aber kein Merkmal, das allen diesen Uhren gemeinsam ist.

gung geleistet hat, ist auch durch seine philosophischen Schriften berühmt geworden, in denen er das psychophysische Problem mit großer Deutlichkeit formulierte. Das Problem stellt sich dem Forscher, der sich mit den Sinnesorganen und dem Gehirn beschäftigt, um zu verstehen, wie wir durch diese Organe zum Wahrnehmen, Denken und zur erlebten eigenen Befindlichkeit gelangen. Eine gewisse Enttäuschung sei, so lehrt du Bois-Reymond, dann unvermeidlich. Denn was mit den Methoden der Naturwissenschaft zu finden sei, sei Struktur und chemische Zusammensetzung der Organe sowie physiologische Abläufe. Niemals aber werde man durch das Mikroskop oder mit einem Messgerät eine seelische Regung im Nervensystem nachweisen. Wenn man wissen wolle, welche Gedanken, Wahrnehmungen oder Gemütserlebnisse das Gehirn hervorbringe, müsse man den Menschen selbst fragen. Nicht einmal die einfachste Wahrnehmung wie zum Beispiel »rot« oder »sauer« sei mit den Methoden der naturwissenschaftlichen Hirnforschung zu finden.

Zweifelsohne ist hiermit eine Schwierigkeit, eben das Leib-Seele-Problem, zutreffend beschrieben. Die meisten Forscher folgen aber du Bois-Reymond nicht mehr mit der weiter gehenden Behauptung, dass sich der Zusammenhang zwischen Leib und Seele niemals werde aufklären lassen. Mehr oder weniger deutlich neigen sie der Vorstellung zu, dass sich die psychischen und physischen Bereiche in der Neurobiologie mit dem wissenschaftlichen Fortschritt einander annähern werden, dass sich also der psychophysische Graben von alleine schließen werde. Dieses Konzept heißt Identitätstheorie. Der Name deutet an, dass Leib und Seele, obwohl sie scheinbar verschieden sind, letztlich doch von gleicher Art seien. Die Schwierigkeiten werden auf den unzureichenden Kenntnisstand zurückgeführt. Mit dem Fortschritt der Hirnforschung und der Psychologie soll, so wird vorhergesagt, das Problem langsam verschwinden.

Gegenwärtig existiert das psychophysische Problem aber noch in der Praxis der Psychologie, der kognitiven Neurobiologie oder Psychobiologie, der Psychophysik und der Psychiatrie, das heißt in allen Disziplinen, in denen psychophysische Zusammenhänge untersucht werden. Das große Interesse an diesen Wissenschaften beruht gerade auf der Faszination, die noch immer von dem psychophysischen Problem ausgeht. Das letzte große Werk zu diesem Thema wurde gemeinsam von dem Philosophen Karl Popper und dem Hirnforscher John Eccles geschrieben. Es überragt spätere Texte nicht nur durch die Fülle des gebotenen Materials, sondern auch wegen der neuartigen Aufgliederung des Problems. Popper und Eccles unterscheiden Welt 1 (der Bereich des Physischen und Messbaren), Welt 2 (der Bereich der Empfindungen und Emotionen) und Welt 3 (die Welt des Wissens und der Argumente). Sie zeigen, wie man widerspruchsfrei über die Wechselwirkungen zwischen den Bereichen diskutieren kann. Beide machen, wie schon du Bois-Reymond, kein Geheimnis aus ihren philosophischen Überzeugungen, die bei diesen drei außerordentlich kenntnisreichen Gelehrten übrigens weit auseinander liegen. Interessant sind ihre Überlegungen aber nicht wegen der philosophischen Standpunkte, sondern weil sie Klarheit im Umgang mit dem psychophysischen Problem liefern.

Das psychophysische Problem findet noch immer Interesse. Das zeigt sich in den ausführlichen Bekenntnissen zum Monismus in den Schriften vieler Neurobiologen. Damit ist die philosophische Mehrheitsposition gemeint, nach der Leib und Seele ihrer Natur nach letztlich von einer Art sind. Die Gegenposition, der psychophysische Dualismus, wird in neuerer Zeit seltener vertreten.

Theoretische Konzepte für die Neurobiologie

In den letzten Jahren ist es üblich geworden, Überlegungen zu den Problemen und Lösungswegen der Neurobiologie auch als Neurophilosophie zu bezeichnen. Es geht dabei weniger um philosophische Probleme, wie sie gerade behandelt wurden, sondern eher um grundsätzliche Erörterungen von Fragestellungen, Methoden und Zielen der Neurobiologie. Im Folgenden sollen einige ältere und neuere Konzepte der Neurobiologie vorgestellt werden.

Wahrnehmungen werden durch viele Sinnes- und Nervenzellen vermittelt. Wir nehmen aber keineswegs die Beiträge der vielen Zellen getrennt wahr. Der Himmel sieht nicht wie ein Mosaik von blauen und weißen Punkten aus. Was wir wahrnehmen ist offensichtlich ein Verarbeitungsprodukt, das nicht mehr viel darüber verrät, wie es aus vielen Einzelbeiträgen zusammengefügt wurde. Nicht das Wahrnehmungserlebnis, sondern erst die Forschung lehrt, dass es Sinnes- und Nervenzellen gibt, und was diese tun. Wie werden nun die Einzelbeiträge der Sinnes- und Nervenzellen zu den Wahrnehmungen von Gegenständen der Umgebung verknüpft? Fast alles, was in den folgenden Kapiteln aus der Neurobiologie berichtet wird, ist eine Teilantwort auf diese Frage. Die allgemeine Fragestellung ist interessant, weil es trotz reichlichen Detailwissens noch keine erschöpfende Gesamtantwort gibt. Nur so viel lässt sich sagen: Schon einzelne Nervenzellen können für komplexe Signale aus der Außenwelt spezialisiert sein; insofern können Nervenerregungen Wahrnehmungen ähnlich sein. Die Spezialisierung des Antwortverhaltens von Nervenzellen ist auf ihre Vernetzung zurückzuführen.

Komplexe Wahrnehmungen kann man nicht in einfache Merkmale oder Empfindungen zerlegen. Man kann nur raten, woran man ein Gesicht erkennt. Die Wahrnehmung ist plötzlich da und das Erkennen gelingt meistens ohne unser Zutun wie von alleine. Die Zerlegung des Gesichts in Merkmale oder Wahrnehmungsbausteine ist aber nicht möglich. Die gegenteilige Meinung, dies sei doch möglich, ist das atomistische Wahrnehmungskonzept. Es gründet auf der Vorstellung, dass Wahrnehmungen aus Elementen zusammengesetzt seien, wie Moleküle aus Atomen. Aber selbst wenn die Wahrnehmungselemente irgendwo im Nervensystem existieren, sind sie für uns nicht zugänglich. Das Scheitern des atomistischen Wahrnehmungskonzeptes ist nicht überraschend. Das Ganze ist immer mehr als die Summe der Teile. Das gilt für Wahrnehmungen wie für Moleküle. Durch die Kombination der Teile können bei Wahrnehmun-

---

Der Mensch besitzt mehr als **100 Milliarden Nervenzellen**. Die Nervenzellen können recht einfach gebaut sein, viele aber sind so reich verzweigt wie ein großer Baum. In einem Kubikmillimeter des Großhirns befinden sich 100 000 Nervenzellen mit je 7000 bis 8000 Synapsen, 1–4 km Axone und 460 m Dendriten.

gen wie Molekülen ganz neuartige Eigenschaften geschaffen werden, die eben mehr sind als Anhäufungen von Elementen. Dieses Argument trugen Anfang des 20. Jahrhunderts die Vertreter der Gestaltpsychologie gegen das atomistische Wahrnehmungskonzept vor.

An diese einfache Erfahrung sollte man bei anspruchsvollen Wahrnehmungsaufgaben denken, wenn man den Stil eines Kunstwerks oder ein Krankheitsbild erkennen will oder wenn man eine Pflanze, ein Tier oder ein Mineral bestimmen soll. Der Erfahrene löst diese Aufgabe scheinbar mühelos. Der Anfänger versucht sich für die Aufgabe vorzubereiten, indem er die Merkmale auswendig lernt. Das kann aber nur eine Hilfe zur Einübung sein, weil sich komplizierte Wahrnehmungen nicht als Sammlungen von Merkmalen beschreiben lassen.

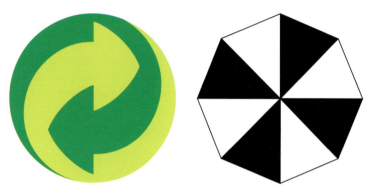

Der grüne Punkt sieht ganz verschieden aus, je nachdem, wie man ihn anschaut. Konzentriert man sich auf die hellgrüne Pfeilspitze, erscheint diese vorgewölbt vor einem nach hinten gebogenen Untergrund. Richtet man die Aufmerksamkeit auf die dunkelgrüne Pfeilspitze, kommt diese nach vorn. Die Wahrnehmung wird nicht allein durch den Reiz bestimmt, sondern auch durch die Interpretation. Auch das »Doppelkreuz« aus den »Philosophischen Untersuchungen« von Ludwig Wittgenstein wird zum Wackelkreuz, wenn man abwechselnd denkt, es handle sich um ein weißes Kreuz auf schwarzem oder ein schwarzes Kreuz auf weißem Grund. Im einen Fall ist es nach rechts gekippt, im anderen nach links. Das Bild und damit der Reiz für die Augen bleibt gleich, aber das Kreuz kippt von der einen Orientierung zur anderen.

Nach einer einleuchtenden Vorstellung liegt jeder Wahrnehmung ein Erregungszustand im Nervensystem zugrunde. Man kann dabei an die Erregung einzelner oder vieler miteinander vernetzter Nervenzellen denken. Dieses kaum zu bezweifelnde, aber letztlich auch kaum beweisbare Konzept lädt bei jeder Wahrnehmung zu der Frage ein, worin die zugehörige empfindungsspezifische Erregung bestehen könnte. So kann durch die Schädigung bestimmer Zellen des Großhirnareals die Farbentüchtigkeit und bei anderen die Fähigkeit der visuellen Bewegungswahrnehmung verschwinden. Die Erforschung der neuronalen Ursachen der Wahrnehmungen, des Bewusstseins und aller anderen seelischen Tätigkeiten und Erlebnisse wird heute als die wichtigste Aufgabe der Neurobiologie angesehen. Die Ursache aber, wie man Hans, Grete und die Großmutter unterscheiden kann, ist noch Gegenstand der Spekulation. Die Vorstellung *einer* spezialisierten Nervenzelle für jede Wahrnehmung, also auch einer Großmutterzelle, ist ein extremes und schwer nachvollziehbares Konzept. Das andere Extrem ist die Vorstellung, dass *viele* Nervenzellen an dem Erregungszustand jeder Wahrnehmung beteiligt sind. Die beobachtete Synchronisierung der Aktivität weit auseinander liegender Nervenzellen im Gehirn ist nach Ansicht mancher Forscher ein Zeichen für die Zusammenarbeit der Nervenzellen bei einer Wahrnehmung oder einer anderen psychischen Tätigkeit. Die Erregungssynchronisierungen lassen sich aber auch anders, etwa als Regelungsschwingungen im Nervensystem erklären.

Manche Theorien über die Wahrnehmungsvorgänge ergeben sich direkt aus den Resultaten der Forschung. Wissenschaftler, die die Wahrnehmungsvorgänge in aufsteigender Richtung vom Sinnesreiz über die Nervenerregung zum Wahrnehmungserlebnis betrachten, untersuchen, auf welche Reize die Sinneszellen reagieren, was die nachgeschalteten Nervenzellen weitermelden, und was schließlich in die Wahrnehmungen eingeht. Bei diesem methodischen Vorgehen ist der Vergleich der Verarbeitungsabläufe mit denen eines Fahrkartenautomaten fast unvermeidbar. Dem Reiz entspricht das hineingesteckte Geld und der Wahrnehmung die Fahrkarte, die der Automat ausgibt. Wenn man sich daran erinnert, dass es Handschriften lesende Automaten gibt und Computerprogramme, die lernen können, wird man den Vergleich nicht von vornherein für unangemessen primitiv halten. Die Sinnesorgane und das Gehirn lassen sich auch als System von Informationsfiltern beschreiben. Tatsächlich fand man in Tierversuchen Nervenzellen, die nur auf arteigene Kommunikationslaute oder nur auf bekannte Gesichter oder bestimmte Früchte reagieren. Derartige hoch spezialisierte Nervenzellen sind anscheinend Informationsfilter für bestimmte Reizkombinationen. Ihre Erregung könnte die Voraussetzung für die zugehörigen Wahrnehmungen sein.

Die Betrachtung anderer Wahrnehmungsabläufe nötigen zu einer Interpretation der Vorgänge in der Gegenrichtung und führen zu einem anderen Wahrnehmungskonzept. Dafür ein Beispiel: Eine Frau erwacht in der Nacht. Sie glaubt, das Signal der Einbruchsanlage gehört zu haben, ist aber nicht sicher, ob sie das nur geträumt hat. An einer roten Signallampe erkennt sie, dass die Anlage eingeschaltet ist. Sie lauscht in der Dunkelheit. Die Katze könnte durch ein Fenster nach Hause gekommen und durch die Infrarot-Lichtschranke gelaufen sein. Der Luftzug, der den Vorhang bewegt, verrät aber, dass die Haustür geöffnet wurde. ... Jeder kann den Faden dieser Geschichte weiterspinnen. Festzuhalten ist, dass es beim Erkennen des Diebes oder des Ehemannes entscheidend auf die Interpretationen ankommt. Dem Reizeingang werden Hypothesen über die richtige Interpretation entgegengestellt, gedanklich oder mit neuen Wahrnehmungen geprüft und verworfen. Das Wahrnehmen ist hier nicht ein passiver Vorgang wie im Automatenbeispiel, sondern eine aktive Leistung. Diese Betrachtung führt zum Hypothesenkonzept, das mit dem Filterkonzept nicht leicht zu vereinen ist, aber auch seine Berechtigung hat. Die Erforschung der Wahrnehmungsvorgänge wird erst richtig interessant, wenn man die Voraussetzungen und Grenzen der Forschungskonzepte im Auge behält. Mit einem einzigen Denkmodell, wie dem Informationsfilter- oder dem Hypothesenkonzept, wird man schwerlich auskommen.   C. VON CAMPENHAUSEN

Allgemeine Biologie der Wahrnehmung

Alle Menschen sind von Natur aus Experten für Wahrnehmungen. Darum soll hier nicht langatmig erklärt werden, was Wahrnehmung ist. Doch sollen die wichtigen neurobiologischen Grundbegriffe Reiz, Erregung und Adaptation im Folgenden erläutert werden.

Die Grundbegriffe der Neurobiologie

Reize lassen sich nur schwer allgemein beschreiben, weil sie nicht durch einfache physikalische Prinzipien definiert sind, sondern durch die komplizierten Empfangs- oder Rezeptoreinrichtungen der Sinneszellen. Nur anhand der Reizbarkeit der Sinneszellen kann man entscheiden, welche physikalischen Größen als Reize anzusehen sind. Eine mögliche Definition lautet deshalb: Reize sind physikalische Größen, die in Sinneszellen eine Erregung auslösen können. Das hilft nicht viel weiter, solange nicht geklärt ist, was eine Erregung ist.

Die Erregung einer Zelle

Erregung besteht aus elektrischen Signalen, in denen die Information verschlüsselt ist, die wir durch die Sinnesorgane aufnehmen, im Gehirn verarbeiten und speichern und über Muskeln in Verhaltensweisen umsetzen. Signale kann man definieren als physikalische Größen, denen eine Nachricht zugeordnet ist. Zweierlei ist somit zu klären. Woraus bestehen die Erregungssignale, und wie ist in ihnen die Information verschlüsselt beziehungsweise codiert?

Die physiologischen Voraussetzungen für die Erregung sind im Prinzip in allen Zellen vorhanden. Alle Zellen sind von einer Zellmembran umgeben, die für manche Stoffe durchlässig und für andere undurchlässig ist. Sie enthält Proteine, die jeweils bestimmte Stoffe unter Energieaufwand durch die Membran transportieren oder, wie man auch sagt, pumpen können: in die Zelle hinein, aus der Zelle heraus oder beides. Außerdem gibt es molekulare Kanäle, die durch Botenstoffe von außen oder von innen geöffnet oder geschlossen werden können. Die Botenstoffe verbinden sich vorübergehend mit molekularen Rezeptorstrukturen der Membranproteine. Dadurch wird unmittelbar oder nach einer Kaskade biochemischer Reaktionen eine Konformationsänderung des Kanalproteins ausgelöst, das heißt, die Molekülstruktur wandelt sich so, dass der Kanal auf- oder zugeht. Solche Membranporen heißen chemisch oder ligandengesteuerte Kanäle. Sie lassen nur jeweils eine oder wenige verschiedene chemische Stoffarten in die Zelle hinein- oder aus ihr herausdiffundieren.

Viele Stoffe in der wässrigen Lösung des Zellinneren und der Umgebung liegen als Ionen vor, sind also elektrisch geladen. Wenn die positiv und negativ geladenen Ionen ungleich auf beide Seiten der Membran verteilt sind, kommt es in den Zellen zu elektrischen

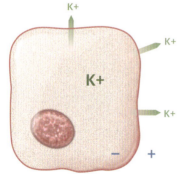

Bei dieser stark schematisierten **Zelle** ist die rot eingezeichnete Zellmembran durchlässig für Kaliumionen (K⁺), die in der Zelle in höherer Konzentration vorliegen als außerhalb. Deshalb diffundieren mehr Kaliumionen heraus als herein. Wegen der Verschiebung positiver elektrischer Ladung durch die Membran besteht über der Zellmembran ein elektrisches Potential: Die Zelle ist innen negativ und außen positiv geladen. Die elektrische Spannung zwischen innen und außen liegt bei 70 Millivolt.

Potentialdifferenzen zwischen innen und außen. Verschiedene Ionen können daran beteiligt sein. Bei den Nervenzellen des Menschen verursachen herausdiffundierende Kaliumionen (K^+) den größten Teil der Potentialdifferenz, die Membranpotential genannt wird. Weil die elektrische Ladung der herausdiffundierenden Kaliumionen innen fehlt und außen dazukommt, ist die Zelle innen negativ und außen positiv geladen. Die elektrische Spannung kann mit einer in die Zelle eingestochenen Mikroelektrode gemessen werden und beträgt ungefähr 70 Millivolt (mV). Das Membranpotential, dem bei erregbaren Zellen wie den Nervenzellen das Ruhepotential entspricht, dient den Zellen als Energiespeicher für den Stoffwechsel, als Antrieb für Ionenströme durch die Membran und schließlich auch als Träger der Erregungssignale. Weil die Erregungssignale aus Änderungen des Membranpotentials bestehen, unterscheidet man oft zwischen Ruhe- und Erregungspotential. Die bekanntesten Erregungssignale sind die Aktionspotentiale (Nervenimpulse) und die Synapsenpotentiale. Bei Aktionspotentialen kommt es zu kurzfristigen Änderungen des Ruhepotentials. Das Membranpotential wird dabei durch Ionenströme, die durch die Ionenkanäle in der Zellmembran fließen, geändert. Verschiedene Ionenarten können daran beteiligt sein. Das Membranpotential kann somit durch Öffnen und Schließen von Ionenkanälen gesteuert werden. Das ist die physikalische Grundlage der Erregung.

Die Weiterleitung der Erregung

Beim Synapsenpotential breitet sich die Potentialänderung vom Ort des Ionenstroms nach allen Seiten über die Zellmembran aus und wird mit zunehmendem Abstand kleiner, erfolgt also passiv. Aktionspotentiale werden dagegen aktiv fortgeleitet. Das ermöglichen die elektrisch gesteuerten Ionenkanäle. Sie öffnen sich, wenn das Ruhepotential als Folge von Ionenströmen durch die Membran verkleinert wird. Durch die geöffneten Kanäle strömen zusätzliche Ionen durch die Membran, sodass sich die Potentialänderung weiter ausbreitet. Als Folge davon öffnen sich in größerem Abstand weitere elektrisch gesteuerte Ionenkanäle. Dadurch ist für eine aktive Fortleitung ohne Verlust gesorgt. An jedem Aktionspotential sind verschiedene Kanäle für jeweils bestimmte Ionen beteiligt, außerdem Membranproteine, welche die ein- und ausgeströmten Ionen nach Abklingen des Aktionspotentials wieder zurückpumpen. Ein Beispiel ist die so genannte Natrium-Kalium-Pumpe, die Natriumionen aus der Zelle heraus- und Kaliumionen in die Zelle hineinpumpt. Die Leitungsgeschwindigkeit der Nerven liegt bei dünnen Fasern im Bereich von Zentimetern bis wenigen Metern pro Sekunde und erreicht bei dicken Fasern 100 Meter pro Sekunde und mehr.

Die Erregungsverarbeitung beruht nach heutigem Wissen im Wesentlichen auf der Tätigkeit der Synapsen. Diese sind die Verbindungen zwischen den Sinnes-, Nerven- und Muskelzellen; durch sie wird die Erregung von einer Zelle auf die nächste übertragen. Die Synapsen enthalten in kleinen, nur mit dem Elektronenmikroskop

Membranpotential: die elektrische Potentialdifferenz zwischen der Innen- und der Außenseite der Zellmembran. Es beträgt zwischen -30 und $-100\,mV$ und ist innen negativ.

Ruhepotential: das Membranpotential erregbarer Zellen im Ruhezustand.

Aktionspotential (Nervenimpuls, Spike): die kurzzeitige Ladungsumkehr an den Membranen erregbarer Zellen, bei den Nervenzellen an der Axonmembran. Aktionspotentiale werden ausgelöst, wenn das Ruhepotential bis zu einem bestimmten Schwellenwert verkleinert wird. Die Amplitude der Aktionspotentiale bleibt immer gleich.

Synapsenpotential: an der Membran hinter dem synaptischen Spalt entstehende Änderung der Potentialdifferenz. Es wird ausgelöst, sobald Neurotransmitter, die von der vorgeschalteten Nervenzelle nach dem Eintreffen eines Aktionspotentials ausgeschüttet wurden, an die Membran binden und Ionenkanäle öffnen. Das Synapsenpotential breitet sich passiv aus.

erkennbaren Bläschen so genannte Neurotransmitter. Wird eine Synapse erregt, beispielsweise wenn ein Aktionspotential zur Synapse geleitet wird, öffnet sich eines oder mehrere der Synapsenbläschen nach außen, wodurch eine kleine Menge der Neurotransmitter in den synaptischen Spalt gelangt. Diese Stoffe wirken auf die Membran der Folgezelle wie Botenstoffe: Sie binden dort an molekulare Rezeptoren und bewirken die Öffnung von Membrankanälen für Ionen. In der Folgezelle kann man mit einer Mikroelektrode die durch den Einstrom der Ionen erzeugten Synapsenpotentiale registrieren. Je nachdem welche Ionenarten in die Zelle hinein- oder aus ihr herausfließen, verkleinert oder vergrößert sich das Ruhepotential, sodass erregende oder hemmende Synapsenpotentiale entstehen. Diese Potentiale werden aufsummiert, bis das Membranpoten-

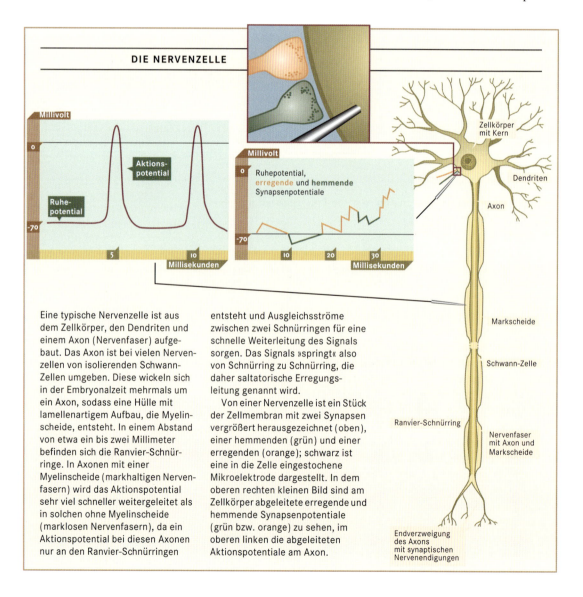

DIE NERVENZELLE

Eine typische Nervenzelle ist aus dem Zellkörper, den Dendriten und einem Axon (Nervenfaser) aufgebaut. Das Axon ist bei vielen Nervenzellen von isolierenden Schwann-Zellen umgeben. Diese wickeln sich in der Embryonalzeit mehrmals um ein Axon, sodass eine Hülle mit lamellenartigem Aufbau, die Myelinscheide, entsteht. In einem Abstand von etwa ein bis zwei Millimeter befinden sich die Ranvier-Schnürringe. In Axonen mit einer Myelinscheide (markhaltigen Nervenfasern) wird das Aktionspotential sehr viel schneller weitergeleitet als in solchen ohne Myelinscheide (marklosen Nervenfasern), da ein Aktionspotential bei diesen Axonen nur an den Ranvier-Schnürringen entsteht und Ausgleichsströme zwischen zwei Schnürringen für eine schnelle Weiterleitung des Signals sorgen. Das Signals »springt« also von Schnürring zu Schnürring, die daher saltatorische Erregungsleitung genannt wird.

Von einer Nervenzelle ist ein Stück der Zellmembran mit zwei Synapsen vergrößert herausgezeichnet (oben), einer hemmenden (grün) und einer erregenden (orange); schwarz ist eine in die Zelle eingestochene Mikroelektrode dargestellt. In dem oberen rechten kleinen Bild sind am Zellkörper abgeleitete erregende und hemmende Synapsenpotentiale (grün bzw. orange) zu sehen, im oberen linken die abgeleiteten Aktionspotentiale am Axon.

Einige Neurotransmitter und ihre Wirkungsorte im Körper

Neurotransmitter	Wirkungsort
Acetylcholin	parasympathisches Nervensystem, Synapsen der quer gestreiften Muskulatur
Dopamin	Stammhirn, Hypophyse
Noradrenalin, Adrenalin	sympathisches Nervensystem
Serotonin	Zentralnervensystem, Nerven des Magen-Darm-Traktes
Glutaminsäure	Zentralnervensystem (erregend)
Asparaginsäure	Zentralnervensystem (erregend)
Gamma-Aminobuttersäure (GABA)	Zentralnervensystem (hemmend)
Glycin	Zentralnervensystem (hemmend)

tial so weit verkleinert ist, dass sich die elektrisch gesteuerten Ionenkanäle öffnen und ein Aktionspotential auslösen, das anschließend fortgeleitet wird. Die Übertragungseigenschaften der Synapsen werden durch neuromodulatorische Peptide abgewandelt (moduliert). Als Konsequenz der Steuerung von molekularen Kanälen durch die Membran ändert sich die Frequenz der Aktionspotentiale, in der die neuronale Information verschlüsselt ist.

Vom Reiz zur Erregung

Wahrnehmungsforschung ist ein interdisziplinäres Unternehmen: Die Reize sind physikalischer Natur, zum Verständnis der Erregungsvorgänge sind anatomische und physiologische Kenntnisse unverzichtbar und die Wahrnehmung gehört, soweit der naive Alltagsverstand nicht ausreicht, ins Reich der Psychologie.

Sinnesphysiologen versuchen, die Beziehungen zwischen den Reizen und der Erregung aufzuklären. Sie erforschen unter anderem die Transduktionsprozesse, das heißt die Umwandlung von Reizen in Erregungsvorgänge der Sinneszellen. Die Untersuchung der molekularbiologischen Details dieser Prozesse hat in den letzten Jahren große Fortschritte gemacht. Die auf der nächsten Seite zu sehende Abbildung zeigt die Reaktionskaskaden der Licht- und Riechsinneszellen. In beiden Fällen fängt die Kette der Ereignisse mit einer räumlichen Umlagerung des Rezeptormoleküls, einer Konformationsänderung, an. Beim Sehen ist es die Folge der Absorption eines Lichtquants, beim Riechen die chemische Ankoppelung des Duftmoleküls an das Rezeptormolekül. Bei den Riechzellen wird das elektrische Membranpotential durch den Reiz verkleinert, bei den Sehzellen, den Stäbchen und Zapfen, wird es dagegen größer. Wie kommt es zu diesen entgegengesetzten Reaktionen?

Die Rezeptormoleküle sind bei beiden Sinneszellarten ähnlich gebaut. Die Folge der Aminosäuren, aus denen die Proteine zusammengesetzt sind, ist zwar verschieden, aber die dreidimensionale Gestalt der Moleküle ist weitgehend gleich. Bei den Sehzellen sind die Rezeptorproteine mit Retinal, einem aus β-Carotin gebildeten Farbstoff, verbunden. Die Verbindung des Proteins mit dem Retinal ist

IONENKANÄLE IN ZELLMEMBRANEN

Das Ruhepotential über der Zellmembran ändert sich, wenn Ionenströme durch die Membran fließen. Sie werden durch das Öffnen und Schließen molekularer Kanäle in der Membran gesteuert.

a): offener Kanal. b): ligandengesteuerter Kanal. Die Kugel ist ein Signalmolekül, das an einer molekularen Rezeptorstruktur des Kanalproteins vorübergehend bindet. Daraufhin öffnet oder schließt sich das Kanalprotein. c): dasselbe mit einer Bindungsstelle für einen Liganden auf der Innenseite. d): ein elektrisch gesteuerter Kanal, der sich öffnet, wenn das Ruhepotential über der Zellmembran kleiner wird. e): ein mechanisch gesteuerter Kanal. f): Natrium-Kalium-Pumpe. g): Kaskade molekularer Membranprozesse in einer Lichtsinneszelle: Ein Lichtquant wird in einem Rhodopsin-Molekül absorbiert. Das Rhodopsin ändert seine Konformation und aktiviert mittels eines G-Proteins (Guanosin bindendes Protein) ein membrangebundenes Enzym, das den Abbau des Stoffes cGMP katalysiert. Am Ende der Kaskade schließen sich Ionenkanäle, die nur offen sind, solange cGMP an sie bindet. h): Reiz-Erregungs-Übertragung bei einer Riechzelle des Menschen. Ein Duftstoffmolekül (grünes Dreieck) bindet an einen Rezeptor in der Membran und setzt zwei Reaktionskaskaden in Gang. Bei der nach links gezeichneten Kaskade wird über ein G-Protein ein Enzym aktiviert, welches die Bildung von cAMP katalysiert. cAMP bindet an einen Kanal für Natriumionen, der sich daraufhin öffnet. Die nach rechts gezeichnete Kaskade führt zur Freisetzung des Stoffes IP_3 aus der Membran, der durch Bindung einen Kanal für Calciumionen öffnet.

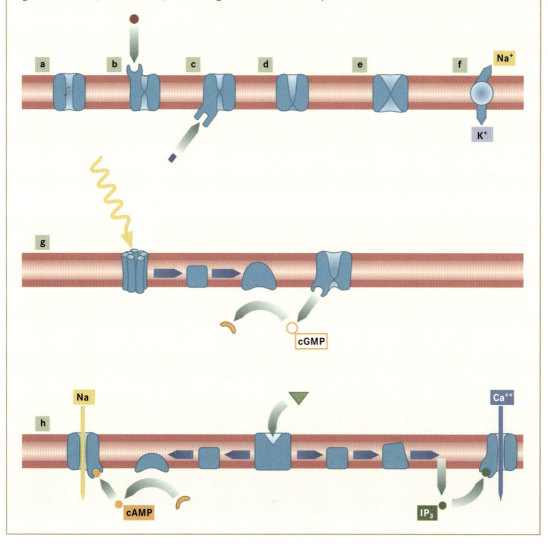

unter dem Namen Rhodopsin (Sehpurpur) bekannt. In beiden Sinneszellarten ändert sich als Folge der Reizung die Konzentration eines inneren Botenstoffes. Bei den Sehzellen handelt es sich um cGMP (cyclo-Guanosinmonophosphat), das durch die Reizung abgebaut wird, was zum Verschluss von Membrankanälen führt. Diese Kanäle lassen hauptsächlich Natrium- und Calciumionen in die Zelle einströmen. Weil diese Ionenarten elektrisch positiv geladen sind, verkleinern sie das Ruhepotential. Durch Licht werden die Kanäle *geschlossen,* und das elektrische Membranpotential wird *größer.* In den Riechsinneszellen strömen die Natrium- und Calciumionen durch zwei verschiedene Kanalarten nach innen. Der Riechreiz setzt hier zwei biochemische Reaktionsfolgen in Gang. Auf dem einen Weg wird der innere Botenstoff cAMP (cyclo-Adenosinmonophosphat) vermehrt, auf dem anderen der Botenstoff IP_3 (Inositoltriphosphat) freigesetzt. Dadurch werden die Natrium- beziehungsweise Calciumkanäle *geöffnet.* Der Reiz führt somit in den Riechzellen zu einem *kleineren* Membranpotential. Die Transduktionsprozesse der Riech- und Sehzellen sind einander in mancher Hinsicht ähnlich. Kleine Veränderungen der Ionenkonzentration reichen aus, um die verschiedenen Reiz- und Reaktionsprozesse auszulösen. Bei den Haarzellen im Ohr und in den Gleichgewichtsorganen findet man eine andere Abwandlung des Transduktionsprozesses, der sehr viel schnellere Reaktionen zulässt. Hier werden die Ionenkanäle der Membran durch mechanische Kräfte geöffnet und geschlossen.

Anpassung einer Sinneszelle an verschiedene Reizgrößen

Ein bedeutendes Thema der Sinnesphysiologie ist die Adaptation, das heißt die Anpassung der Empfindlichkeit der Sinneszellen an die jeweiligen Reizgrößen, die sich am Beispiel des Lichtsinns gut erklären lässt.

Die natürliche Sonnenstrahlung ist in einem reflektierenden Gletscherfeld ungefähr eine Million Mal stärker als schwaches Mondlicht. Die Augen müssen ihre Empfindlichkeit diesen Schwankungen der Beleuchtungsstärke anpassen, was durch Reiz- und Erregungskontrolle geschieht. Den Unterschied kann man sich an einem Fotoapparat klarmachen. Die Reizkontrolle entspricht der Regelung der Lichtmenge durch die Blende und die Belichtungszeit. Die Erregungskontrolle gleicht der Möglichkeit, Filme mit verschiedener Empfindlichkeit zu verwenden und in der Dunkelkammer auf unterschiedliche Weise zu entwickeln. Die Verkleinerung der Pupille reduziert den Lichtfluss ins Auge nur auf ein Zehntel bis ein Hundertstel. Bedeutender ist die Umschaltung von einer Sinneszellart auf eine andere mit höherer Empfindlichkeit, von den Zapfen auf die Stäbchen. Das entspricht dem Einsatz von Filmen mit verschiedener Empfindlichkeit beim Fotografieren. Am wichtigsten aber ist die Veränderung der Empfindlichkeit der Sinneszellen.

Das rechts zu sehende Diagramm beschreibt den Zusammenhang zwischen der Reizgröße beim Sehen und

Die **Reiz-** und **Erregungsgröße** am Beispiel einer Lichtsinneszelle: Die rote Kurve zeigt die Antwort auf Lichtreize. Die Kurve ist nach rechts verschoben, wenn das Auge an höhere Beleuchtungsstärken adaptiert ist, nach links bei zunehmender Dunkelheit. Die Reizgröße ist logarithmisch aufgetragen, das heißt, zwischen 1, 2 und 3 wächst der Reiz jedes Mal um das Zehnfache.
Die Formel beschreibt den Zusammenhang zwischen der Erregungsgröße V und der Reizgröße I; V_{max} ist die maximale Erregung, x bestimmt den Adaptationszustand.

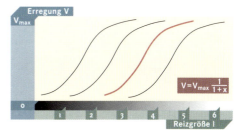

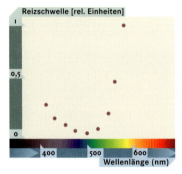

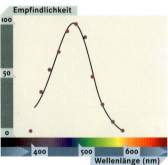

Die obere Abbildung zeigt die **Reizschwelle** für monochromatische Lichtreize verschiedener Wellenlängen bei einer dunkeladaptierten Versuchsperson. Die Reizschwelle ist als Menge der Lichtquanten pro Reiz bestimmbar (angegeben in relativen Einheiten). Unten ist der Kehrwert der Reizschwelle, die Empfindlichkeit, zu sehen. Die Punkte geben die **spektrale Empfindlichkeit** der dunkeladaptierten Versuchsperson an. Die durchgezogene Kurve gibt die spektrale **Absorption** des Rhodopsins in einem Stäbchen wieder. Aus der Übereinstimmung von Empfindlichkeits- und Absorptionskurve lässt sich folgern, dass die spektrale Empfindlichkeit durch die physikalischen Eigenschaften des Rhodopsins bestimmt wird.

der Reaktion der Photorezeptorzelle oder einer nachgeschalteten Nervenzelle. Der geschwungene Verlauf der roten Kurve zeigt: Je größer der Reiz, desto größer ist auch die Reaktion der Zellen, die in der Änderung des Membranpotentials oder in der Frequenz der Aktionspotentiale bestehen kann. Kleine Reize rufen dagegen keine Reaktion hervor und in einem Bereich steigt die Erregung steil an, erreicht dann aber ein maximales Niveau. Gäbe es nur die eine Kurve, wäre der Arbeitsbereich der Sinneszellen zu klein. Oberhalb und unterhalb des ansteigenden Kurvenstücks könnte die Sinneszelle Reizgrößenunterschiede nicht registrieren. Durch den Adaptationprozess aber wird die Reiz-Reaktions-Kurve verschoben. Im Halbdunkel ist sie nach links, im Hellen nach rechts gerückt, sodass der steile Teil der Kurve immer in dem Bereich der Reizgrößen liegt, der der Beleuchtungsstärke entspricht.

Wie kommt es zu dieser zweckmäßigen Anpassung der Empfindlichkeit? Die Antwort ist bei den biochemischen Folgeprozessen der Transduktion zu suchen. Die einströmenden Calciumionen wirken auf die Enzyme, welche die Botenstoffe in der Zelle auf- oder abbauen. Es gibt aber auch andere biochemische Reaktionen, die die Menge des verfügbaren Rhodopsins oder die Reaktion der Ionenkanäle auf Botenstoffe beeinflussen. Der Adaptation liegen somit innerhalb der Sinneszellen mehrere biochemische Prozesse zugrunde.

Psychophysikalische Untersuchungen – die Verbindung von Sinnesphysiologie und Wahrnehmung

Naturwissenschaftliche Forschungen, die Sinnesphysiologie und Wahrnehmung verbinden, gehören in den Bereich der Psychophysik. Der Name dieser Wissenschaft wurde von Gustav Theodor Fechner eingeführt. Die Verbindung von Physik und Psyche in einem Wort wird manchmal missverstanden. Die Psychophysik arbeitet mit naturwissenschaftlichen Methoden, zum Beispiel bei einer Schwellenmessung, die Teil der äußeren Psychophysik ist.

In einem einfachen Experiment befindet sich eine Versuchsperson in einem dunklen Raum. Ein sehr schwaches rotes Lämpchen leuchtet auf. Sobald die Versuchsperson ihren Blick darauf gerichtet hat, leuchtet daneben erneut ein Licht auf. Der Versuchsleiter schwächt diesen Lichtreiz so weit ab, dass die Versuchsperson ihn nur noch manchmal, zum Beispiel in 60 Prozent der Fälle sehen kann. Damit hat man eine Schwellenreaktion und den dazugehörigen Schwellenreiz definiert. Die Versuchsperson braucht keine Erklärungen über ihr Befinden abzugeben oder darüber, was sie denkt. Es geht nur um die Frage, ob sie etwas wahrgenommen hat oder nicht. Die genaue physikalische Analyse des Schwellenreizes ergab, dass die Zahl der Lichtquanten an der Schwelle so gering ist, dass nicht jede Lichtsinneszelle von einem Lichtquant getroffen wird. Die Folgerung lautet: Ein Lichtquant reicht aus, um eine Sinneszelle zu reizen. Es müssen allerdings mehrere Sinneszellen wenigstens ein Lichtquant absorbieren, damit die Versuchsperson etwas sieht. Entsprechende Experimente mit Reizung der Riech- und Schmeckzellen zeigten, dass auch dort ein Duft- oder Schmeckstoffmolekül ausreicht, um eine Sinneszelle zu reizen. Die Empfindlichkeit könnte nicht größer sein. Das ist ein typisches Ergebnis psychophysischer Forschung.

Das Experiment im Dunklen kann für weiter gehende psychophysische Fragestellungen fortentwickelt werden. Der Versuchsleiter kann beispielsweise monochromatisches Licht verwenden, das heißt Strahlung mit nur einer Wellenlänge. So kann er nacheinander die Schwelle für Lichtreize verschiedener Wellenlängen feststellen. Wenn die Schwellenreize klein sind, ist die Empfindlichkeit groß. Die Empfindlichkeit des Menschen ist am größten in dem Wellenlängenbereich, in dem das Rhodopsin am meisten von dem Lichtreiz absorbiert. Die Übereinstimmung der Absorptionskurve des Rhodopsins mit den Messpunkten der Schwellenbestimmung zeigt, dass es von den physikalischen Eigenschaften des Rhodopsins abhängt, ob die Versuchsperson im dunklen Raum etwas sieht oder nicht. Auch das ist ein typisches Forschungsergebnis der Psychophysik.

Die Beziehungen zwischen den Bereichen der Wahrnehmungsforschung.

In der inneren Psychophysik geht es schließlich um die Beziehungen zwischen Wahrnehmung einerseits und den Ereignissen im Nervensystem andererseits. Eine reiche Quelle für Untersuchungen der inneren Psychophysik sind Untersuchungen in neurologischen Kliniken. Schädigungen bestimmter Teile des Gehirns führen zum Verlust der Sprechfähigkeit oder auch der Fähigkeit Sprache zu verstehen, des Farben- oder Bewegungssehens oder zum Verlust des Bewusstseins.

Die Sinne – qualitativ und quantitativ

Aristoteles zählte fünf Sinne: Sehen, Hören, Riechen, Schmecken und Fühlen. Er benannte sie nach den subjektiven Wahrnehmungsarten und ordnete sie den damals bekannten Sinnesorganen Augen, Ohren, Nase, Zunge und Haut zu. Dieses Prinzip hat sich bewährt. Hermann von Helmholtz führte die dazu passende Terminologie ein: Alle Wahrnehmungen, die durch ein Sinnesorgan vermittelt werden, bilden eine Modalität wie Sehen, Hören oder Riechen. Jede Modalität lässt sich weiter unterteilen in Qualitäten wie rot und grün oder süß, sauer und salzig.

Empfindungsspezifität, Reizspezifität und Wirkungsspezifität

Heute sind viel mehr Modalitäten bekannt als zur Zeit von Aristoteles. So spricht man inzwischen von den Hautsinnen in der Mehrzahl, nachdem es gelang, die einzelnen Empfindungsmodalitäten wie Wärme, Berührung oder Schmerz, jeweils bestimmten Sinneszellarten zuzuordnen. Diese zusätzlichen Modalitäten passen im Prinzip in das alte Schema, wenn man neben den Sinnesorganen auch Sinneszellen gelten lässt. Das Einteilungsprinzip nach Modalitäten und den zugehörigen Sinneszellen drückt die Auffassung aus, dass die verschiedenen Sinneszellen zusammen mit den nachgeschalteten Nervenzellen direkt die mannigfaltigen Wahrnehmungserlebnisse liefern. Die Bereiche des Psychischen und Physischen berühren sich in der Empfindungsspezifität der Sinnesbahnen. Das Einteilungsprinzip kann allerdings nicht auf die vielen Sinneszellen angewendet werden, von denen wir normalerweise gar nichts merken. Sie kommen in allen Körperteilen vor und melden den Blutdruck, die Muskelspannung oder chemische Reize aus den Eingeweiden an das Gehirn, ohne dass uns das unmittelbar bewusst würde. Diese Sinneszellen werden nicht durch Modalitäten von Sinneserlebnissen gekennzeichnet, sondern nur durch die Reize, auf die sie reagieren.

Zu unterscheiden ist die Reizspezifität von der Wirkungsspezifität. Die Reizspezifität kommt erstens durch die Ausstattung der Sinneszellen mit molekularen Rezeptorstrukturen zustande und zweitens durch ihre Lage im Körper. So ist die Lichtstrahlung wegen der photochemischen Eigenschaften des Rhodopsins und der gegen andere Reize abgeschirmten Lage im Auge der *adäquate Reiz* der Sehzellen. Ein Schlag mit der Faust aufs Auge ist dagegen ein *inadäquater Reiz*. Er löst auch Lichtempfindungen aus, aber nicht auf dem von der Natur vorgesehenen Weg. Die adäquaten Reize können bei allen Sinneszellen erforscht werden, um die Reizspezifität zu bestimmen. Inadäquate Reize zeigen, dass Sinnesorgane und die nachgeschalteten Nervenbahnen empfindungsspezifisch reagieren. Die Augen zum Beispiel melden Licht, auch wenn sie inadäquat durch einen Faustschlag oder durch elektrischen Strom gereizt werden. Die Wirkungsspezifität ist somit etwas ganz anderes als die Reizspezifität.

Nach dem heutigen Wissensstand sind die Modalitäten und Qualitäten in der Spezifität der Sinnesbahnen und nicht in verschiedenen Erregungssignalen verschlüsselt. Es kommt darauf an, welche Nervenfaser erregt ist und wohin die Erregung im Gehirn geleitet wird. Das gilt auch für Sinnes- und Nervenzellen, die keine bewussten Empfindungen hervorrufen. Entscheidend für die Wirkungsspezifitäten sind die Verbindungen der Zellen im Gehirn. Falsche Verbindungen im Gehirn könnten die Ursache für Phantomschmerzen und für krankhafte Halluzinationen des Hörsinnes sein.

Empfindungsintensität: Gesetze und Probleme

Wein kann mehr oder weniger sauer schmecken, Schmerz schlimm oder harmlos sein. Nur wer die Geschmacks- oder Schmerzempfindung an sich selbst erfährt, kann die Intensität beurteilen. Empfindungsintensitäten sind somit subjektive Erlebnisse. Sie sind aber so wichtig, dass man gerne objektive Angaben über sie hätte. Man wüsste beispielsweise gerne, wie laut der Lärm auf der Straße wirklich ist, oder ob der Schmerz nach Einnahme eines schmerzlindernden Mittels tatsächlich abnimmt oder nicht. Objektive Maßstäbe für Empfindungsintensitäten gibt es aber nicht. Nur die Angaben der Betroffenen stehen zur Verfügung. Obwohl es grundsätzlich schwierig ist, aus subjektiv erlebten Intensitäten etwas

Allgemeingültiges herzuleiten, muss man das oft tun. Ein berühmtes Beispiel stammt aus der Astronomie.

Bereits die Astronomen der Antike teilten Sterne nach ihrer Helligkeit in sechs Größenklassen ein, wobei die Größenklasse 1 die hellste und die Größenklasse 6 die schwächste war. Die Sterne sollten selbstverständlich nach objektiven Eigenschaften eingeteilt werden. Es gab aber damals nur die sechs Größenklassen, das heißt eine Skala von subjektiven Empfindungsintensitäten. Als es in der Neuzeit gelang, die von den Sternen ausgehende Strahlungsintensität zu messen, entdeckten die Wissenschaftler eine wichtige Gesetzmäßigkeit: Die wahrgenommene Helligkeit ist dem Logarithmus der Reizgröße proportional. Das bedeutet, dass die subjektive Empfindungsintensität mit wachsendem Reiz immer weniger zunimmt und deshalb nicht beliebig groß wird. Die logarithmische psychophysische Beziehung ist unter dem Namen Fechner'sches Gesetz bekannt. Es bewährte sich, wenn man nicht zu genau hinschaute, ganz gut. Fechner begründete die logarithmische Beziehung aber nicht mit der Empfindung der Sternenhelligkeit, sondern leitete sie von einer grundlegenden Erkenntnis der Wahrnehmungsforschung her, die nach dem Physiologen Ernst Heinrich Weber den Namen Weber'sches Gesetz trägt.

Das Weber'sche Gesetz kann man sich an alltäglichen Erfahrungen veranschaulichen. Es erklärt zum Beispiel, warum die Sterne am hellen Tag nicht zu sehen sind. Das liegt nicht an den Sternen, sondern an der Arbeitsweise unserer Augen. Sie sind darauf spezialisiert, Unterschiede zu registrieren. Die Strahlung der Sterne ist erheblich stärker als die des Nachthimmels; vom hellen Tageshimmel heben sie sich dagegen nicht genügend ab. Für das Auge ist das Verhältnis zwischen der Strahlung der Sterne und dem Hintergrund entscheidend. Der Unterschied ist nur bei Nacht groß genug, um die Sterne wahrzunehmen.

Dieser gedruckte Text ist dagegen bei Mond- und Sonnenlicht lesbar, obwohl von der Sonne ungefähr 100000-mal mehr Licht kommt als vom Mond. Das helle Papier reflektiert ungefähr zehnmal so viel von dem einfallenen Licht wie die dunklen Buchstaben. Das Verhältnis ist bei beiden Beleuchtungen jedoch gleich, weil die reflektierte Strahlung des Papiers und das Verhältnis zwischen der reflektierten Strahlung der Buchstaben und des Papiers mit der Beleuchtung um den gleichen Faktor größer oder kleiner werden. Wir merken nicht, dass die schwarzen Buchstaben bei Tag viel mehr Licht abstrahlen als das helle Papier bei Nacht, weil wir im Auge das Größenverhältnis registrieren.

Das Weber'sche Gesetz beschreibt diese Erfahrung für einen Spezialfall, die Reizschwelle. Das Gesetz ist leicht zu überprüfen. Wenn man Schachteln mit unterschiedlich viel Sand füllt und mit den Händen wiegt, findet man im Idealfall etwa folgende, gerade noch wahrnehmbare Gewichtsunterschiede: 12 Gramm werden von 10 Gramm unterschieden, ebenso 120 von 100 Gramm, 1,2 von 1 kg usw. Der wahrnehmbare Unterschied beträgt in diesem Beispiel immer 20

Helligkeit und Strahlungsintensität von Sternen

Helligkeit in Größenklassen	Strahlungsintensität
1	97,66
2	39,06
3	15,63
4	6,25
5	2,5
6	1,0

In der Tabelle stehen links die sechs Größenklassen der Sterne und rechts Zahlen, die zu den gemessenen Strahlungsintensitäten proportional sind. Die Sternhelligkeiten bilden eine arithmetische Reihe, die zugehörigen physikalischen Messwerte eine geometrische. Bei der arithmetischen Reihe ist die Differenz zwischen benachbarten Klassen immer gleich, bei einer geometrischen Reihe dagegen sind es die Größenverhältnisse zwischen benachbarten Werten (dividiert man einen Wert der Reihe durch den nächst kleineren, ist das Ergebnis in diesem Beispiel immer 2,5). Zwischen den Zahlen der ersten und zweiten Reihe, das heißt zwischen den subjektiven Empfindungsintensitäten und den zugehörigen Reizgrößen, besteht eine mathematische Beziehung, die in der oberen Abbildung logarithmisch, in der unteren Abbildung linear aufgetragen ist.

FECHNER'SCHES GESETZ, WEBER'SCHES GESETZ UND STEVENS'SCHE POTENZFUNKTION

Das Fechner'sche Gesetz ist die mathematische Formulierung des Zusammenhangs zwischen Reizgröße und Empfindungsintensität. Es lautet:

$E = k \cdot \log I + C$

In der Gleichung stehen E für die Empfindungsintensität, k und C sind zwei Konstanten und I ist die Reizgröße.

Fechner leitete sein Gesetz aus dem Weber'schen Gesetz ab. Für die Reizschwelle lautet es:

$\Delta E = K \cdot \dfrac{\Delta I}{I}$

In dieser Gleichung steht ΔE für den gerade noch wahrnehmbaren Empfindungsunterschied an der Reizschwelle ΔI. Durch Integration dieser Gleichung gelangt man zur Gleichung des Fechner'schen Gesetzes.

Für die eigenmetrische Methode entwickelte Stanley S. Stevens die Potenzfunktion

$E = a \cdot I^b$,

die den Zusammenhang zwischen geschätzter Empfindungsintensität E und der Reizgröße I beschreibt. Die Funktion ist in der oberen Abbildung linear aufgetragen, in der rechten Abbildung doppelt logarithmisch. Von dem rechten Diagramm kann man auch die logarithmische Funktion

$\log E = \log I + \log a$

ablesen. Durch Delogarithmierung wird aus dieser Funktion die Potenzfunktion.

Die Größe des konstanten Exponenten b kann bei verschiedenen Empfindungen kleiner oder größer als 1 sein. In der rechten Abbildung haben beiden Achsen eine lineare Skala, sodass bei dem Wert 1 für die Konstante b eine Gerade, bei Werten über 1 eine nach oben und bei Werten unter 1 eine nach unten gekrümmte Kurve entsteht.

In der unteren Abbildung haben beide Achsen eine logarithmische Skala. Daher ergeben die Kurven der ersten Abbildung jetzt Geraden mit unterschiedlicher Steigung.

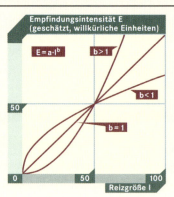

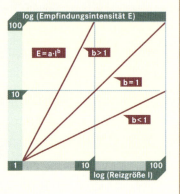

Prozent. Das Verhältnis zwischen der Reizschwelle und dem Hintergrundreiz hat deshalb immer denselben Wert. So ist es im Prinzip bei allen Sinnen, wenn auch dieses Verhältnis je nach Sinnesart und Versuchsmethode größer oder kleiner sein kann. Das Weber'sche Gesetz gilt allerdings nicht bei sehr großen oder kleinen Reizen. Auch lehrt uns die Erfahrung: Sowohl bei schwacher Beleuchtung als auch bei hellem Sonnenlicht sind feine Helligkeitsunterschiede nicht gut zu erkennen. Das Verhältnis muss in diesen extremen Bereichen größer sein, das heißt man braucht größere Reizunterschiede, um etwas wahrzunehmen. Wir sorgen im ersten Fall für bessere Beleuchtung und setzen beim anderen Extrem eine Sonnenbrille auf, um mit der Größe der Lichtreize wieder in den Gültigkeitsbereich des Weber'schen Gesetzes zu kommen.

Das Fechner'sche Gesetz ist eine Verallgemeinerung des Weber'schen. Bei sehr großen oder kleinen Reizen, bei denen schon das Weber'sche Gesetz nicht richtig ist, kann allerdings das Fechner'sche Gesetz auch nicht stimmen. Trotz seiner guten Begründung war das Fechner'sche Gesetz immer umstritten. Wie aber soll man ein besseres Gesetz entwickeln, wenn die eine Variable eine Empfindung ist und darum eine rein subjektive und nicht messbare Größe? Der amerikanische Psychologe Stanley S. Stevens entwickelt dafür die eigenmetrische Methode. Sein Verfahren führte zur so genannten Stevens'schen Potenzfunktion.

Die eigenmetrische Methode beruht darauf, dass die Versuchspersonen die jeweilige Empfindungsgrößen schätzen. Sie geben zu Protokoll, wie viel größer ihnen eine Empfindung im Vergleich zu einer anderen erscheint. Typische Ergebnisse solcher Untersuchungen folgen einer Potenzfunktion. Die Kurven können ähnlich wie bei einer logarithmischen Funktion gekrümmt sein. Bei Lichtreizen sind sie nach unten, bei elektrischen Reizen allerdings nach oben gekrümmt.

Das wichtigste Ergebnis des eigenmetrischen Verfahrens lautet: Veränderungen der Reizgröße um einen bestimmten Faktor führen in weiten Bereichen zu Änderungen der subjektiven Empfindungsintensität um denselben Faktor. Es gibt aber auch Befunde, die von der Potenzfunktion abweichen. Das sieht man bei der eigenmetrisch bestimmten Lautheit und Tonhöhe.

Es besteht offensichtlich ein Bedürfnis nach objektiven und allgemein verbindlichen Angaben über Empfindungsintensitäten. Trotzdem ist leider abschließend festzustellen: Die Wahrnehmungen sind in der Regel so kompliziert, dass es keine einfachen allgemeinen Gesetzmäßigkeiten geben kann. Nur unter Laborbedingungen sind die subjektiven Wahrnehmungsintensitäten einigermaßen zuverlässig messbar.

Man erkennt ein Problem, wenn man die Würfel betrachtet. Von den vier Würfeln des linken Bildes, zwei hellen und zwei dunklen, ist im rechten Bild die sichtbare Oberfläche aufgefaltet, ohne die Grüntöne zu verändern. Es wird deutlich, dass der helle Würfel drei verschiedene Grüntöne besitzt und doch einheitlich hell zu sein scheint; Entsprechendes gilt für die dunklen Würfel. Objektiv führen hier verschiedene Grüntöne zur selben Helligkeitswahrnehmung. Wer allerdings auf Beleuchtung und Schatten im linken Bild achtet, erkennt, dass die Seiten der Würfel an verschiedenen Stellen wegen der Körperschatten unterschiedlich hell sind. Die Seiten der Würfel erscheinen also entweder gleich oder verschieden hell. Es kommt darauf an, was man wissen möchte. Wenn die Verhältnisse schon bei einem einfachen Beispiel so kompliziert sind, muss man

Gustav Theodor **Fechner** (1801–1887) war Physiker, Psychologe, Philosoph und Satiriker. Er beschäftigte sich als Professor der Physik in Leipzig zunächst mit elektrochemischen Untersuchungen. Mit dem 1860 erschienenen Buch »Elemente der Psychophysik« prägte er den Begriff der Psychophysik. Fechner erweiterte das Weber'sche Gesetz zum Fechner'schen Gesetz und ist damit in der Neurobiologie und Psychologie präsent geblieben.

Das **subjektive eigenmetrische Verfahren** liefert erstaunlich reproduzierbare Ergebnisse und hat eine große praktische Bedeutung. Eigenmetrisch ermittelte Skalen für Empfindungsintensitäten sind in die Deutschen Industrienormen (DIN) und in entsprechende Definitionen und Messvorschriften anderer Länder eingegangen.

die Hoffnung auf ein einfaches und allgemein gültiges psychophysisches Gesetz begraben.

Wahrnehmungen sind Konstanzleistungen

Viele Signale der modernen Umwelt wie Verkehrsampeln, Bremslichter und Uhrzeiger sind einfach und darum eindeutig. Auch in der Forschung sind einfache Sinnesreize nützlich, denn nur in einfachen und darum übersichtlichen Experimenten können Ursache und Wirkung einander sicher zugeordnet werden.

Seit vorgeschichtlichen Zeiten müssen die Menschen aber auch mit sehr komplizierten Sinnesreizen zurechtkommen. Um überleben zu können, mussten unsere Vorfahren die Wetterentwicklung, die Vertrauenswürdigkeit von Gesprächspartnern, die Bedrohung durch versteckte Feinde und die Eignung von Schlafplätzen erkennen sowie bekömmliche von giftiger Nahrung unterscheiden. Für die dafür notwendigen Wahrnehmungsaufgaben gab es keine einfachen Signale. Die Reize sind dabei nicht nur kompliziert, sie können sich auch ändern, ohne dass dadurch die Wahrnehmung behindert würde. So erkennt man Menschen in anderen Kleidern, mit veränderter Frisur und sogar durch das Telefon. In diesen Fällen sind die Wahrnehmungen eindeutig, die Sinnesreize dagegen variabel. Die Fähigkeit, trotz der Veränderlichkeit der Sinnesreize dasselbe unverändert zu erkennen, heißt Konstanzleistung. Wahrnehmungen von Gegenständen sind immer Konstanzleistungen.

Formkonstanzleistungen – groß und klein, spiegelbildlich und verzerrt

Die Abbildung zeigt verschiedene Ansichten eines Stuhls. So verschieden wie auf dem Papier sind die Bilder des Stuhls auch im Fotoapparat und im Auge. Trotzdem sieht man schnell und mühelos, dass alle Bilder dieselbe Art Stuhl zeigen. Das ist ein Fall von Formkonstanzleistung: Die Abbildungen auf dem Papier und im Auge sind höchst variabel, die Form wird trotzdem eindeutig erkannt. Wer zwei Stühle vergleicht, um herauszufinden, ob sie sich nicht vielleicht doch unterscheiden, braucht umso mehr Zeit, je weiter der eine Stuhl gegenüber dem anderen gedreht ist. Für die Lösung des Formkonstanzproblems brauchen Auge und Gehirn Zeit, Millisekunden, wenn das Problem sehr einfach ist, Sekunden, wenn es schwierig ist. Es ist zurzeit nicht möglich, zu sagen, wie das Formkonstanzproblem im Gehirn gelöst wird. Die Aufgabe lässt sich aber einkreisen. Die Bilder des Stuhls kann man als verschiedene zweidimensionale geometrische Projektionen desselben Stuhls auffassen. Die Projektionen lassen sich nach den Regeln der Geometrie ineinander umrechnen beziehungsweise transformieren. Wenn sich die Abbildungen so transformieren lassen, dass sie deckungsgleich werden, dann sind die abgebildeten Stühle gleich. Beim Erkennungsvorgang findet in irgendeiner Form ein Vergleich zwischen dem wahrgenommenen und dem erinnerten Stuhl statt. Welche Transformationen müssen beim Wahrnehmungsvorgang bewältigt werden?

Trotz verschiedener Ansichten wird der Stuhl leicht als derselbe wieder erkannt.

Eine einfache, die Wahrnehmung kaum behindernde geometrische Transformation ist die Größenänderung. Je nach Beobachtungsabstand ist die Abbildung im Auge wie im Fotoapparat größer oder kleiner. Das Gehirn bewältigt die abstandsabhängigen Größentransformationen offensichtlich automatisch, ohne dass man etwas davon merkt. Auch die Rechts-links-Spiegelung ist kein ernsthaftes Hindernis Dinge wieder zu erkennen. Der Umriss aller Gegenstände sieht von vorn und hinten wie Bild und Spiegelbild aus. Der Daumen mag links sein. An der umgedrehten Hand sitzt er aber rechts. Das gehört zu den Normalfällen des Sehens. Darum überrascht es nicht, dass diese Transformation beim Formerkennen keine Probleme bereitet. Eine Oben-unten-Spiegelung ist dagegen viel schwerer zu lernen. Versuchspersonen müssen eine Umkehrbrille mehrere Tage lang tragen, bis sie ihre Umgebung trotz der Umkehr von oben und unten wieder aufrecht sehen. Ganz schwierig sind Rotationen eines Bildes erkennbar. Es macht einige Mühe, diesen Text zu lesen, wenn er auf dem Kopf steht oder auch nur um 90° gedreht ist.

Zu erwähnen sind auch die Anamorphosen. Bei diesen Verzerrungen, die mit gekrümmten Spiegeln leicht zu erzeugen sind, werden benachbarte Bildpunkte so weit auseinander gezogen, dass man die Formen nur noch mit Mühe oder gar nicht mehr erkennt. Anamorphosen können die Fähigkeiten des Formensehens überfordern, wenn kein geeigneter Spiegel für die Rücktransformationen vorhanden ist.

In der Natur kommen **Oben-unten-Spiegelungen** selten vor, beispielsweise wenn sich ein Baum im Wasser spiegelt. Diese Spiegelbilder sind ästhetisch reizvoll, was vielleicht damit zusammenhängt, dass sie in der Wahrnehmung nicht leicht nachvollziehbar sind.

Das verzerrte Bild, ein Liebespaar mit einer Kupplerin, ist eine **Anamorphose** und nur in dem gekrümmten Spiegel eines silbernen Bechers erkennbar. Das Gemälde von Jean-Francois Niceron (um 1665) befindet sich in der Galleria Nazionale dell'Arte Antica in Rom.

Beim Formensehen müssen im Gehirn geometrische Probleme gelöst werden. Wir merken meistens nichts von den geometrischen Transformationen, die unbewusst in uns ablaufen müssen, bevor wir einen Gegenstand erkennen können. Die einfachen Beobachtungen zeigen, dass das Gehirn mit bestimmten geometrischen Transformationen (Größenänderung, Rechts-links-Spiegelung) leichter fertig wird als mit anderen (Oben-unten-Spiegelung, Rotation, anamorphotische Verzerrungen). Das Problem ist erkannt. Wie es aber im Gehirn gelöst ist, muss noch erforscht werden.

Helligkeitskonstanz – heller und dunkler, Licht und Schatten

Bevor es Lampen gab, war die Sonnenstrahlung der Ursprung fast aller Lichtreize. Auch das Licht, das von beleuchteten Oberflächen reflektiert wird, stammt letztlich von der Sonne. Die Sonnenstrahlung ist keine konstante Größe. Das Himmelslicht ändert sich mit der Tageszeit und dem geographischen Ort auf unserem Planeten. Da sich die Empfindlichkeit der Augen ebenfalls ändert, bleibt die wahrgenommene Helligkeit konstant oder schwankt nur geringfügig. Die physiologischen Ursachen für die Empfindlichkeitsänderungen der Augen sind schon bei den Stichworten Adaptation und Weber'sches Gesetz angesprochen worden. Die Kurzfassung dieses Abschnitts lautet: Die Beleuchtungsstärke schwankt und die Augen passen ihre Empfindlichkeit an.

Viel schwerer zu verstehen ist das Problem der Körperschatten. Die lichtzugewandte Seite aller Gegenstände empfängt und reflektiert mehr Licht als die beschattete. Die Körperschatten kann man in den Falten von Kleidungsstücken und Vorhängen wie auch bei den schon beschriebenen Würfeln sehen. Die Wahrnehmung der Oberflächen ist widersprüchlich. Obwohl die Würfelseiten bei genauer Betrachtung verschieden hell erscheinen, sehen wir, dass sie auf allen Seiten mit derselben weißen oder schwarzen Farbe angestrichen sind. Ebenso erkennen wir, dass der Vorhang in den Falten nicht dunkler gefärbt, sondern nur beschattet ist. Der Leser glaubte vielleicht bis jetzt, dass Oberflächen nur gleich oder verschieden sein können. In der Wahrnehmung aber ist offensichtlich beides gleich-

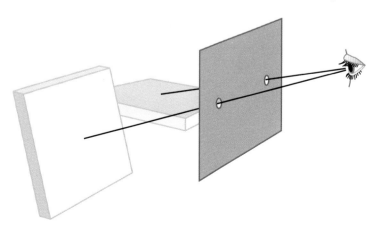

Für einen Versuch zur **Helligkeitskonstanz** werden ein dunkelgrauer und ein hellgrauer Karton vor dem Fenster hin und her gedreht. In allen Orientierungen erscheint der hellgraue Karton heller als der dunkelgraue. Verdeckt man jedoch die Umgebung durch eine Doppellochblende, reflektiert der dunkelgraue, dem Licht zugewendete Karton manchmal mehr Licht als der hellgraue, wenn dieser vom Licht weggedreht wird.

zeitig möglich. Das ist gut so, weil die Sinnesorgane und das Gehirn damit gleichzeitig zwei Fragen beantworten, die nach der Beschaffenheit der Oberflächen und die nach den situationsabhängigen Beleuchtungseffekten. Die Konstanzleistung kann dabei folgendermaßen formuliert werden: Den Gegenständen werden in der Wahrnehmung Oberflächenhelligkeiten zuerkannt, die unabhängig von der zufälligen Einfallsrichtung des Lichtes und somit konstant sind. Das Gehirn bezieht bei der Erstellung von Helligkeitskonstanz die visuelle Umgebung in die Auswertung mit ein.

Farbkonstanz: Das Himmelslicht und die Atmosphäre, ...

Die Erde ist von der Atmosphäre umgeben, in der ein Teil der Sonnenstrahlung absorbiert und gestreut wird. Durch das Streulicht ist der ganze Himmel hell und nicht nur die Sonne. Der wolkenlose Himmel ist blau, weil der kurzwellige Spektralanteil viel stärker gestreut wird als der langwellige. Das Himmelslicht ändert sich mit der Bewölkung, noch mehr aber mit dem Sonnenstand. Morgens und abends, wenn die Sonne dicht über dem Horizont steht, ist der Weg der Lichtstrahlen durch die Atmosphäre viel länger als mittags, wenn die Sonne höher am Himmel steht. Dementsprechend sind morgens und abends auch die Streuungsverluste größer. Weil die Streuung im kurzwelligen Bereich der Strahlung am stärksten ist, ändert sich auch die spektrale Zusammensetzung des Himmelslichtes mit der Tageszeit.

Auf der Erde wechselt folglich nicht nur die Beleuchtungsstärke mit der Tageszeit, sondern auch das Beleuchtungsspektrum. Wenn es keine Farbkonstanzleistung gäbe, würde ein weißes Blatt Papier im Mittagslicht bläulich, morgens und abends dagegen orangerot aussehen. Die Farbkonstanzleistung ist aber so perfekt, dass uns das Papier immer weiß erscheint, obwohl sich das reflektierte Licht mit dem Beleuchtungsspektrum ändert. Nur bei besonders intensivem Morgen- und Abendrot können Hauswände und Schneeflächen rötlich erscheinen.

... die Zapfen ...

Im Tageslicht sehen wir mit drei Arten von Lichtsinneszellen, den Zapfen. Die drei Zapfenarten heißen nach dem englischen short, middle und long (kurz, mittel, lang) S-, M- und L-Zapfen, da sie jeweils für den kurzwelligen, den mittleren oder den langwelligen Teil des sichtbaren Lichtspektrums besonders empfindlich sind. Wenn die S-Zapfen stärker gereizt werden als die anderen beiden, sieht man die Farbe Blau, entsprechend bei den M-Zapfen die Farbe Grün und den L-Zapfen die Farbe Rot. Wenn alle drei etwa gleich erregt sind, sieht man ein unbuntes Weiß oder Grau. Farbe ist somit in dem

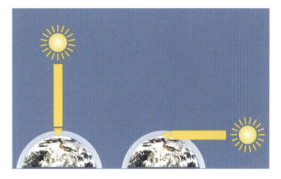

Der Weg des Sonnenlichts durch die Atmosphäre ist abends länger als mittags. Dementsprechend sind die Streuungsverluste mittags geringer. Die Atmosphäre ist stark überhöht dargestellt.

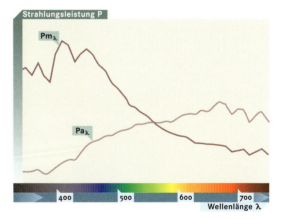

Das **Spektrum des Himmelslichts** mittags (Pm_λ) und abends (Pa_λ).

Verhältnis der Erregungen der drei Zapfenarten und ihrer nachgeschalteten Nervenzellen verschlüsselt. Das ist die Aussage der trichromatischen Theorie des Farbensehens.

Ein Beispiel für die Farbkonstanzleistung zeigen die folgenden Collagen. In Mittags- und Abendbeleuchtung reflektieren alle Papiere mehr vom kurz- beziehungsweise langwelligen Licht. Gäbe es keine Farbkonstanz, sähe die Collage ungefähr wie im zweiten und dritten Bild aus. Tatsächlich sieht sie aber zu allen Tageszeiten unverändert wie im ersten Bild aus. Auge und Gehirn passen die Verarbeitungsweise der Beleuchtung an. Deshalb kommt es nicht zu der blau- beziehungsweise gelbstichigen Wahrnehmung, sondern zu konstanten Farbempfindungen. Voraussetzung für die Farbkonstanzleistung sind die drei Zapfenarten. Nur weil verschiedene Zapfenarten existieren, gibt es Sinnes- und Nervenkanäle für den kurz-, mittel- und langwelligen Bereich des Spektrums. Die Beiträge der farbcodierenden Sinnes- und Nervenzellen zum Farbensehen können geregelt und dem Bedarf angepasst werden. Darum ist es möglich, die Farbempfindungen konstant zu halten, auch wenn sich das Beleuchtungsspektrum ändert. Diese Regelung findet nicht nur an einer Stelle statt. Sowohl die Adaptation der Sinneszellen als auch die Prozesse der Erregungsverarbeitung im Gehirn sind beteiligt.

Diese Collage aus Farbpapieren sieht wegen der **Farbkonstanzleistung** normalerweise bei allen Tageszeiten immer gleich aus. Gäbe es keine Farbkonstanz, würde das Bild im Mittagslicht wegen des größeren Anteils kurzwelliger Strahlung blaustichig aussehen und morgens gelbstichig, wie es die beiden Abbildungen rechts illustrieren.

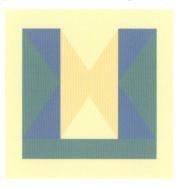

Menschen sind so genannte *Trichromaten*, weil sie drei Zapfenarten besitzen. Haben sie nur eine Zapfenart, was selten ist, sind sie *Monochromaten*. Der Monochromat ist notwendigerweise total farbenblind, da Farbe in der relativen Erregungsstärke der drei Zapfenarten verschlüsselt wird. Folglich kann er nur zwischen mehr oder weniger Licht und somit zwischen Hell und Dunkel unterscheiden. Die Farbenblindheit beschränkt die Sehfähigkeit der Monochromaten empfindlich. Wirklich schlimm aber ist das Fehlen der Farbkonstanz. Der Leser denkt vielleicht, der total farbenblinde Monochromat brauche sie nicht. Das aber wäre ein Irrtum. Die Farbkonstanzleistung ist nicht wegen des Farbensehens notwendig, sondern wegen der Veränderlichkeit des Beleuchtungsspektrums. Das muss auch den total Farbenblinden irritieren. Das zweite und das dritte Bild der obigen Abbildung sähe er zwar nur grau in grau, aber die Farbpapiere wären für ihn je nach Beleuchtungsart verschieden hell, weil sich ihre relativen Helligkeiten mit dem Tageslauf und der Wetterlage ständig ändern. Der Monochromat könnte sich auf das, was er sieht, nicht verlassen. Zuverlässige Signale können die Augen nur dann vermitteln, wenn die Veränderlichkeit des Beleuchtungsspektrums im Auge und Gehirn kompensiert wird, sodass es zu konstanten Wahrnehmungen kommt, unabhängig von der Beleuchtung. Dazu sind verschiedene Arten von Lichtsinneszellen notwendig. Die drei Zapfenarten machen uns wahrnehmungskonstant und außerdem auch noch farbentüchtig. Die Konstanzleistung ist notwendig, das Farbensehen eine nützliche Zugabe.

... und die Stäbchen

Menschen sind im Tageslicht Trichromaten, im dunkeladaptierten Zustand aber Monochromaten. Solange wir bunte Farben unterscheiden, sehen wir mit den Zapfen. Sehr schwaches Licht registriert die Netzhaut aber nicht durch die Zapfen, sondern mit einer anderen Sinneszellart, den Stäbchen. Da es nur eine Art von Stäbchen gibt, sind wir im dunkeladaptierten Zustand Stäbchenmonochromaten. An Collagen aus Buntpapier lässt sich das experimentell überprüfen. Dazu muss man eine Brille tragen, die so wenig Licht ins Auge hineinfallen lässt, dass dieses selbst im Mittagslicht auf Stäbchensehen umschaltet. Vergleicht man nun mit einer Serie von

In der **Tiefsee,** wohin kein Sonnenstrahl durchdringt, leben monochromatische Fische. Das Lichtspektrum der dort lebenden leuchtenden Tiere ändert sich nicht mit der Tageszeit, sodass nur eine Zapfenart ausreicht. Im veränderlichen Sonnenlicht leben aber anscheinend keine Monochromaten.

Ein Stäbchenmonochromat würde die auf Seite 230 links gezeigten Collage nur in Grautönen sehen. Bei gelblicher Beleuchtung (links) würde er ein X, bei bläulicher Beleuchtung (rechts) ein U sehen. Der Stäbchenmonochromat kann die tageszeitliche Veränderung des Himmelslichts nicht kompensieren.

Graupapieren, wie hell die einzelnen Buntpapiere beim Stäbchensehen in den beiden Beleuchtungen aussehen, kann man die dargestellten grauen Collagen herstellen. Als Stäbchenmonochromat würde man die erste Collage im Mittagslicht als ein X und Abendlicht als ein U sehen. Ein Stäbchenmonochromat kann im Sonnenlicht offensichtlich seinen Augen nicht trauen. Glücklicherweise sind die Menschen im Mittags- und Abendlicht normalerweise Trichromaten, denen man nicht so einfach »ein X für ein U vormachen« kann.

Die Augen bewähren sich, wie alle Sinnesorgane, weil sie zuverlässige Signale an das Gehirn melden. Diese Aufgabe wird durch die Veränderlichkeit des Himmelslichtes erschwert. Die Variabilität des natürlichen Beleuchtungsspektrums muss im Auge und Gehirn bei der Erregungsverarbeitung kompensiert werden. Verschiedene Arten von Lichtsinneszellen sind für diese Aufgabe unverzichtbar. Den Zapfen verdanken wir letztlich die Konstanz der visuellen Wahrnehmung auf unserem Planeten.   C. von Campenhausen

Hören

Die Fähigkeit Hören zu können ist für den sprachbegabten Menschen besonders wichtig. Die Hörfähigkeit ist aber älter als die menschliche Sprache und dient nicht nur der sprachlichen Kommunikation.

Durch seine Hörfähigkeit wird der Mensch akustisch in seine Umwelt eingebunden. Bewusst und unbewusst achtet er auf Geräusche, die er ständig aus seiner nahen und fernen Umgebung empfängt, und nimmt wahr, woher sie kommen. Das ist eine wichtige Leistung des Hörorgans, auf die die Menschen nur ungern verzichten. Geräusche die er selbst verursacht, geben ihm eine akustische Rückmeldung zur Regelung seines Verhaltens, insbesondere der eigenen Stimme. Man erkennt das an der Sprechweise von Taubstummen, die sich nicht hören können.

Auf Veränderungen unserer akustischen Umwelt, die uns beim Sprechen stören, reagieren wir sehr empfindlich. Wenn beispielsweise die akustische Rückmeldung der eigenen Stimme aus einem Lautsprecher um 100 bis 200 Millisekunden verzögert wird, kann der so genannte Lee-Effekt eintreten: Man spricht langsamer, wird stimmlich unsicher und hört mit dem Sprechen schließlich ganz auf. Auch der Raum, in dem wir uns befinden, beeinflusst unser

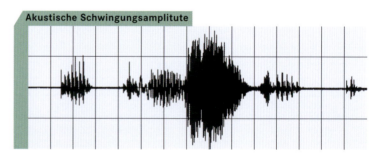

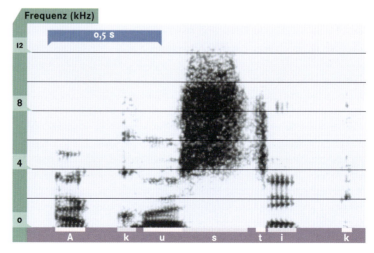

Das obere Bild gibt die Mikrofonaufzeichnung beim Aussprechen des Wortes »Akustik« wieder. Das Signal wurde in einem Klangspektrographen in seine Frequenzanteile zerlegt. Das Ergebnis ist im unteren Diagramm mit derselben Zeitachse aufgezeichnet. Die Schwärzung zeigt die akustische Energie in den verschiedenen Frequenzbereichen an, die von unten nach oben ansteigen. Der s-Laut besteht offensichtlich aus vielen hohen Frequenzen. In den Vokalen A, U und I sind jeweils besondere Frequenzbänder, die Formanten, stärker besetzt. Überraschend sind auch die Lücken vor den beiden harten k-Lauten. Die Untersuchung schon so einfacher Wörter zeigt, wie akustisch kompliziert sie sein können.

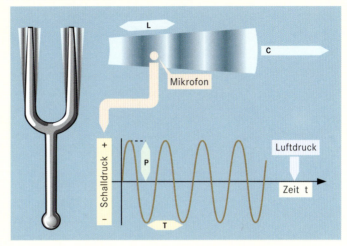

SCHALLWELLEN

Die vibrierende Stimmgabel erzeugt Verdichtungswellen (Druckwellen, Longitudinalwellen), die sich mit der Schallgeschwindigkeit c in alle Richtungen fortbewegen. In der Luft beträgt sie 340 Meter pro Sekunde.

Die Schallgeschwindigkeit ändert sich ein wenig mit dem Luftdruck, der Temperatur und der Luftfeuchtigkeit. Die Schwingungen der Stimmgabel und die dadurch angeregten Schallwellen sind sinusförmig. Im Einschwingungsvorgang gleich nach dem Anschlag treten auch schnell abklingende Sinusschwingungen höherer Frequenz auf.

Die Abbildung zeigt die wichtigen Messgrößen in der Akustik. T ist die zeitliche Periodenlänge in Sekunden [s] einer Schwingung, f steht für die Frequenz, wobei $f = \frac{1}{T} \left[\frac{1}{s}\right]$ ist. L ist die Wellenlänge der Schallwelle, wobei $L = \frac{c}{f}$ [m] ist und p für den Schalldruck steht, das heißt die Amplitude der Schallschwingung. Der Schalldruck p nimmt wegen der Schallabsorption in der Luft mit dem Abstand zur Schallquelle exponentiell ab.

Sprechen. Wir sprechen in großen Räumen wegen des längeren Nachhalls langsamer als in kleinen. Auch mit geschlossenen Augen können Menschen hören, ob sie sich im Freien, in einem engen oder in einem großen Raum befinden.

Besonders kompliziert sind die akustischen Verhältnisse in einem Konzertsaal. Viele Schallwellen überlagern sich dort, werden reflektiert oder absorbiert. Den Klangeindruck, den die Ohren in einem Konzert wahrnehmen, können Tontechniker nur mit viel Mühe und erheblichem technischem Aufwand konservieren. Die Situation lässt sich durch Stereoaufnahmen und mehrere Lautsprecher bei der Wiedergabe oft nur näherungsweise rekonstruieren. Zu besonders guten Ergebnissen führen Aufnahmen mit Kunstkopfmikrofonen, die sich in einer Nachbildung eines menschlichen Kopfes am Ende der äußeren Gehörgänge befinden. An solchen Aufzeichnungen lässt sich auch studieren, was man während des Konzerts bemerken kann, wenn man sich abwechselnd eines der Ohren zuhält: Selbst auf den besten Plätzen eines Konzertsaales erhalten die beiden Ohren keineswegs gleiche, sondern recht verschiedene akustische Reize.

Die akustisch so komplizierte Umwelt lässt sich in schallisolierten Räumen vereinfachen. Viele Forschungsergebnisse beruhen auf Experimenten in solchen Räumen. Das Hörerlebnis und die Sprechfähigkeit wird jedoch durch die Vereinfachung der akustischen Umwelt nicht erleichtert, sondern erschwert: Man fühlt sich wie in einem dichten Schneegestöber oder unter einem Daunenkissen. Das

Zur akustischen Beurteilung von Räumen haben Techniker die **Nachhallzeit** definiert: Sie ist die Zeit, in der der Schalldruck auf ein Tausendstel seines Anfangswertes abgefallen ist. Für Hörer und Sprecher sind in Opernhäusern Nachhallzeiten von 1,7 bis 2 Sekunden günstig, in mittelgroßen Hörsälen von 0,8 Sekunden und im Wohnzimmer kürzere.

Hörorgan liefert offensichtlich bessere Ergebnisse unter den komplizierteren Verhältnissen der normalen akustischen Umwelt, für die es im Laufe der Evolution entwickelt wurde.

Wissenswertes über akustische Reize

Ein einfacher Schallreiz besteht aus sinusförmigen akustischen Wellen mit nur einer Frequenz und breitet sich nach allen Seiten kugelförmig aus. Die von einer Stimmgabel ausgehenden Schallwellen kommen dieser Vorstellung nahe. Darum eignen sie sich zur Einführung in die akustische Reizphysik.

Akustische Signale

Akustische Signale mit nur einer Frequenz sind allerdings in der Natur selten. Tatsächlich ist der wahre Sachverhalt auch schon bei der Stimmgabel komplizierter. So machen sich im hellen Anklingen der Stimmgabel gleich nach dem Anschlag auch Schwingungen anderer Frequenzen bemerkbar, die aber schnell verschwinden. Die Vorstellung von der kugelförmigen Ausbreitung des Schalls ist nur näherungsweise richtig: Wenn man eine tönende Stimmgabel vor dem Ohr um ihre Längsachse dreht, wird der Ton lauter und leiser.

Am Meer oder auch in der Badewanne sieht man, wie Wasserwellen in verschiedenen Richtungen durcheinander laufen. Sie werden durch Überlagerung verstärkt oder abgeschwächt und an Hindernissen gestreut, absorbiert oder reflektiert. Diese Beobachtungen sind im Prinzip auch auf akustische Wellen übertragbar. Nicht so leicht zu beobachten, aber wichtig, sind die Veränderungen akustischer Signale bei der Fortleitung. Die Absorption der Schallenergie in der Luft ist von der Länge des Schallweges und der Frequenz abhängig. Von einem weit entfernten Blitzeinschlag hört man deshalb nur noch ein tiefes, dunkles Rumpeln, wogegen ein in der Nähe einschlagender Blitz einen scharfen, knallartigen Donner verursacht. Vom nahen Blitzeinschlag erreichen uns fast alle Schallwellen, vom weiter entfernten dagegen nur die tieffrequenten, weil die höherfrequenten in der Luft absorbiert wurden.

Frequenz- und damit wellenlängenabhängig ist auch das Verhalten der Schallwellen an akustischen Hindernissen. Sind die Wellenlängen größer als die Hindernisse, läuft der Schall ungestört weiter, sind sie aber kürzer, entstehen hinter den Hindernissen Wellenschatten. Die Wellenlängen des Schalls im Hörbereich des Menschen reichen von 17 Meter am unteren Ende der Frequenzskala (20 Hz) bis zu 1,7 Zentimeter am oberen Ende (20 kHz). Die Wellenlängen sind somit je nach Frequenzbereich größer oder kleiner als der Kopf. Bei hohen Frequenzen und Schalleinfall von der Seite liegt folglich das Ohr auf der anderen Seite des Kopfes im Schallschatten. Bei tiefen Frequenzen wirkt sich das nicht aus. Dieser Sachverhalt ist wichtig für das räumliche Hören.

Ein auffälliges Hörphänomen liefert der Doppler-Effekt. Die Geräusche eines schnell vorbeifahrenden Fahrzeugs klingen so, als sa-

Oberflächenwellen breiten sich von einem Punkt nach allen Seiten aus. Hinter einem Hindernis, das größer ist als die Wellenlänge, entsteht ein Wellenschatten. Ist es kleiner, laufen die Wellen ungestört weiter. In derselben Weise bilden hochfrequente und darum kurze akustische Wellen hinter dem Kopf einen Schallschatten, nicht aber tieffrequente langwellige.

Wie weit ein **Blitzeinschlag** und damit die Schallquelle entfernt ist, kann man mithilfe der Schallgeschwindigkeit bestimmen, indem man die Sekunden zwischen Blitz und Donner zählt. Jede Sekunde entspricht einem Abstand von 340 Metern.

cke ihre Tonhöhe ab. Die von dem Auto ausgehenden Geräusche und die Schallgeschwindigkeit in der Luft ändern sich natürlich nicht, wenn das Fahrzeug vorbeirast. Die Schallfrequenzen, die vor und hinter dem Auto zu messen wären, sind jedoch verschieden.

Welche Tonhöhe hören wir?

In fast allen Geräuschen können wir eine Tonhöhe erkennen. Wer mit dem Fingernagel über einen Kamm streicht, kann sich davon überzeugen. Je schneller er streicht, desto höher ist der Ton. Bei den einfachen sinusförmigen Schallwellen der Stimmgabel besteht ein eindeutiger Zusammenhang zwischen Frequenz und Tonhöhe. Welche Tonhöhe hört man aber bei komplizierteren akustischen Signalen mit vielen überlagerten Schallfrequenzen? Bei harmonischen Schwingungen hört man nur *einen* Ton mit *einer* Tonhöhe, obwohl sie aus mehreren überlagerten Wellen verschiedener Frequenzen bestehen. Die gehörte Tonhöhe entspricht dabei der Grundschwingung. Es gibt keine physikalische Ursache für die Verschmelzung der Grund- und Oberwellen zu einer Tonempfindung. Darin zeigt sich vielmehr die für das menschliche Hörorgan typische Verarbeitung von harmonischen Schwingungskombinationen. Unterdrückt man bei einer harmonischen Schwingungskombination die Grundwelle, hört man einen um eine Oktave höheren Ton. Diese neue Tonhöhe entspricht der Frequenz der ersten Oberwelle, die nun zur Grundwelle geworden ist.

Die meisten akustischen Signale bestehen jedoch aus nichtharmonischen Schwingungskombinationen. Die Frequenzen der einzelnen Komponenten, in die man diese Signale zerlegen kann, sind keine Vielfache voneinander. Wir hören selbstverständlich auch bei diesen Schwingungskombinationen Tonhöhen. Sie entsprechen aber nicht immer der Grundschwingung. Bei Kirchenglocken hört man zum Beispiel manchmal einen Ton, dessen Höhe zu keiner der Schwingungsfrequenzen passt. Wie das möglich ist, wird heute mit elektronisch gesteuerten Lautsprecheranlagen untersucht, bei denen man nichtharmonische Schwingungen überlagern und einzelne Komponenten ein- oder ausschalten kann. Mit derartigen Anlagen kann man gut demonstrieren, dass in nichtharmonischen Wellengemischen die Tonhöhe unverändert hörbar bleibt, auch wenn die zugehörige Grundfrequenz im Reiz herausgefiltert wird. Man nennt die verbleibende gehörte Tonhöhe Residuum (lateinisch: Überbleibsel). Das Residuum fasziniert die Forscher bis heute, nachdem es August Seebeck 1841 entdeckte. So lange man das Residuum nicht befriedigend erklären kann, hat man die Wahrnehmung der Tonhöhe nicht vollständig verstanden.

Bei harmonischen und nichtharmonischen Schwingungen bleiben die höheren Frequenzkomponenten in der Regel unhörbar. Mithilfe von Resonatoren kann man sie aber verstärken. Hermann von

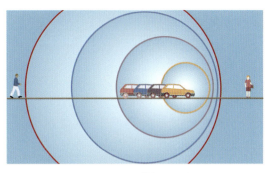

Doppler-Effekt: Das Auto erzeugt Schallwellen, die sich in alle Richtungen mit gleicher Geschwindigkeit ausbreiten. Dabei fährt es nach rechts auf die Frau zu und von dem Mann weg. Deshalb treffen die Wellen bei der Frau in schnellerer Folge ein als bei dem Mann. Für die Frau klingt das Geräusch wegen der größeren Schallfrequenz an ihrem Ort höher, für den Mann dagegen tiefer. Beim Vorbeifahren sinkt die Tonhöhe des Geräusches mit der Frequenz.

Mit diesem **Resonanzgefäß** aus Glas können akustische Wellen mit der Resonanzfrequenz des Gefäßes verstärkt werden, sodass man sie bei genügender Aufmerksamkeit einzeln heraushören kann. Hermann von Helmholtz passte die kleinere Öffnung mithilfe von Siegellack der Form seines äußeren Gehörgangs an.

Helmholtz verwendete dazu große luftgefüllte Gefäße mit bestimmten Resonanzfrequenzen, die er an seinen äußeren Gehörgang anpasste. Mit diesen Resonatoren vor dem Ohr gelang es ihm, bestimmte harmonische Schwingungen so weit zu verstärken, dass er sie einzeln aus den Mischungen heraushören konnte. In einem solchen Fall hört man einen Oberton oder Partialton. Obwohl die Oberwellen normalerweise keine hörbaren Obertöne hervorrufen, sind sie wichtig, bestimmen sie doch die Klangfarbe. Die Oberwel-

HARMONISCHE SCHALLWELLEN

Schwingungen lassen sich gut mit einem hier schematisch dargestellten Monochord, einem einfachen Saiteninstrument mit nur einer Saite, erklären. Die Saite liegt nur an den Stegen auf, sodass nur die Schwingungsformen möglich sind, die an diesen Stellen einen Schwingungsknoten haben. Die erste abgebildete Schwingungsform hat die Frequenz $f = f_0$ und die Wellenlänge $L = 2e \neq 1$, wobei e die Länge der schwingenden Saite ist. Die nächste Schwingung hat die doppelte Frequenz und die halbe Wellenlänge, die nächste die dreifache Frequenz und ein Drittel der Wellenlänge usw. Dazwischenliegende Schwingungsformen können nicht auftreten, weil sich die Saite dann an ihren fest liegenden Enden bewegen müsste.

Die Schwingungen mit ganzzahligen Frequenzabständen heißen harmonische Schwingungen. Das Wort harmonisch bezieht sich hier nur auf die Zahlenverhältnisse, also nicht auf die ästhetische Bedeutung musikalischer Harmonien. Festzuhalten ist, dass harmonische

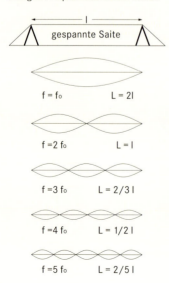

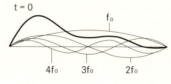

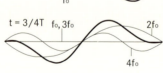
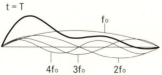

Schwingungen von Schallquellen abgegeben werden, deren Konstruktion nur ganzzahlige Vielfache einer Grundschwingung zulässt. Die Schwingung mit der größten Wellenlänge und der kleinsten Frequenz heißt Grundwelle oder 1. Harmonische, die nächste heißt 1. Oberwelle oder 2. Harmonische usw.

Grund- und Oberwellen treten in der Regel gleichzeitig auf. Die zweite Abbildung zeigt die überlagerten Schwingungen in der dick eingezeichneten Kurve in fünf aufeinander folgenden Augenblicken, t = 0 bis t = T, wobei T die Periodendauer der Grundschwingung ist.

Wie sich die Grund- und Oberwellen in der Tonwahrnehmung bemerkbar machen, lässt sich mit einer Gitarre nachweisen. Wenn eine Saite angezupft ist, sind alle Schwingungsweisen gleichzeitig vorhanden, wenn auch mit verschiedener Amplitude. Die einzelnen Schwingungskomponenten können selektiv unterdrückt werden, wenn man die Saite am Ort des Schwingungsmaximums berührt. Der Schwingungsbauch der Grundwelle liegt genau in der Mitte der Saite. Wenn man die Saite dort berührt, steigt der Ton um eine Oktave in die Höhe. Das zeigt, dass bei harmonischen Schwingungen die Grundschwingung die Tonhöhe bestimmt.

Diese Aussage ist auch der Inhalt des nach Georg Ohm benannten Ohm'schen Gesetzes der Akustik. Die Bedeutung der Oberwellen lassen sich mit derselben Methode untersuchen, sofern nicht Nebengeräusche zu sehr stören. Wenn man die schwingende Saite an einer Stelle berührt, die sie im Verhältnis 1:3 teilt, also dort, wo die 1. Oberwelle einen Schwingungsbauch hat, unterdrückt man diese selektiv. Die Tonhöhe bleibt gleich, nur die Klangfarbe ändert sich. Oberwellen beeinflussen also die Klangfarbe eines Tons.

lenspektren sind die Ursache für verschiedene Klangfarben. Entscheidend für die verschiedenen Klangfarben sind die Schwingungsspektren der Ein- und Ausschwingungsvorgänge am Anfang und Ende der Tonreize. Je reicher das Oberwellenspektrum, desto schärfer und spitzer klingt der Ton. Bei weichen Horn- und Orgeltönen steckt dagegen die meiste Energie in der Grundwelle des Reizes.

Der Hörbereich des Menschen ist begrenzt

Die Leistungsgrenzen des menschlichen Gehörs lassen sich bei einem einfachen sinusförmigen akustischen Reiz durch systematisches Variieren der Amplitude und der Frequenz finden. Wird die Amplitude zu groß, erreicht man die Schmerzgrenze, ist sie zu klein, hört man nichts mehr. Für die Frequenz gibt es ebenfalls eine Ober- und eine Untergrenze. Die Ultraschalllaute der Fledermäuse liegen oberhalb, die Infraschallsignale der Elefanten unterhalb des menschlichen Hörbereiches. Der Schalldruck, genauer die Amplitude der Schalldruckwellen, sind die Oszillationen, welche Hörwahrnehmungen hervorrufen. Der Mittelwert des Schalldrucks ist der atmosphärische Luftdruck. Der Schalldruck wird heute in der Regel in der Einheit Pascal (Pa = N/m^2), der Luftdruck dagegen in der viel größeren Einheit Millibar (mbar) angegeben. Dass hier mit zweierlei Maß gemessen wird, hat seinen Grund. Der natürliche Luftdruck schwankt mit dem Wetter um mehr als 100 mb. Hörbar sind dagegen bereits akustische Signale, die um nur 1/100 000 000 000 vom mittleren Luftdruck abweichen. Darum benutzt man für den Luft- und den Schalldruck verschiedene Maßstäbe.

Die Hörempfindlichkeit des Menschen ist im Frequenzbereich zwischen 2 kHz und 5 kHz am größten. Diese Aussage kann man auch so formulieren: Der Schalldruck, der gerade noch ausreicht, um Hörempfindungen hervorzurufen, das heißt der Schwellenreiz, ist in diesem Frequenzbereich besonders klein. Der Ohrenarzt kann die Schwellenreize für alle Frequenzen des Hörbereichs bestimmen und in einer Schwellenkurve darstellen (Audiometrie). Wenn die Hörschwelle im gesamten Frequenzbereich oder in einem Teil davon erhöht ist, liegt ein Hörschaden vor. Ganz natürlich ist der altersbedingte Rückgang der Hörempfindlichkeit für hohe Frequenzen. Den hohen Gesang des Goldhähnchens können Menschen, die älter als 60 Jahre sind, kaum noch hören. Als Faustregel gilt, dass die obere Frequenzgrenze täglich um 0,5 Hz absinkt, im Alter eher schneller. Ältere Menschen beklagen manchmal, dass jüngere Zeitgenossen und sogar Schauspieler nicht mehr so deutlich sprächen, wie früher. Diesem Kummer kann man oft mit einem Hörgerät abhelfen.

Akustische Maßstäbe: Schalldruck, Schalldruckpegel und Lautstärke

Die Ordinate in der Abbildung zum Hörbereich des Menschen auf der nächsten Seite hat drei verschiedene Maßstäbe. Die Schalldruckskala reicht von $2 \cdot 10^{-5}$ bis $2 \cdot 10^2$ Pa. Der größte zu berücksichtigende Schalldruck ist also 10 Millionen Mal größer ist als der kleinste. Wegen des riesigen Umfangs des hörbaren Schalldruck-

---

Elefanten verständigen sich im Urwald mit für uns unhörbarem tieffrequentem **Infraschall,** der wegen der großen Wellenlänge an den Bäumen kaum gestreut wird. Fledermäuse dagegen stoßen **Ultraschalllaute** aus, die für Menschen ebenfalls unhörbar sind und deren Wellenlängen ungefähr so groß sind wie die kleinen Insekten, die sie jagen.

Der **Verlauf der Schwellenkurve** erklärt, warum in einem Orchester sechs mit großem Kraftaufwand gespielte Kontrabässe durch eine Flöte übertönt werden können. Der Frequenzbereich der Flöte liegt im mittleren Hörbereich, in dem die Reizschwelle klein und somit die Empfindlichkeit groß ist. Im Frequenzbereich der Kontrabasslaute ist die Empfindlichkeit dagegen viel kleiner.

bereiches wurde die Ordinate nicht linear, sondern logarithmisch aufgetragen: Zwischen 10^{-3}, 10^{-2}, 10^{-1} usw. vergrößert sich der Schalldruck auf das jeweils Zehnfache. Dieser Maßstab passt zur Arbeitsweise des Hörorgans, da die Lautheitsempfindung nicht dem Schalldruck, sondern eher dem Logarithmus des Schalldrucks proportional ist. Das erinnert an das Fechner'sche Gesetz.

Die dB-Skala gibt den so genannten Schalldruckpegel wieder. Mit Pegel bezeichnet man in der Umgangssprache ein Maß oder einen Maßstab, zum Beispiel zur Bestimmung des Wasserstandes. In der Akustik ist der Schalldruckpegel dagegen willkürlich als ein logarithmisches Maß mit der Maßeinheit Dezibel (dB) definiert worden. Der Schalldruckpegel gibt nicht den Schalldruck an, sondern das Größenverhältnis zwischen dem gemessenen und dem kleinsten noch gerade wahrnehmbaren Schalldruck bei 1000 Hz. Die dB-Skala wird manchmal nicht auf den Schalldruck, sondern auf die Schallintensität bezogen, das heißt auf die Schallenergie, die in einer bestimmten Zeit auf eine bestimmte Fläche einwirkt. Die Intensität ist dem Quadrat des Schalldrucks proportional. Ist beispielsweise die

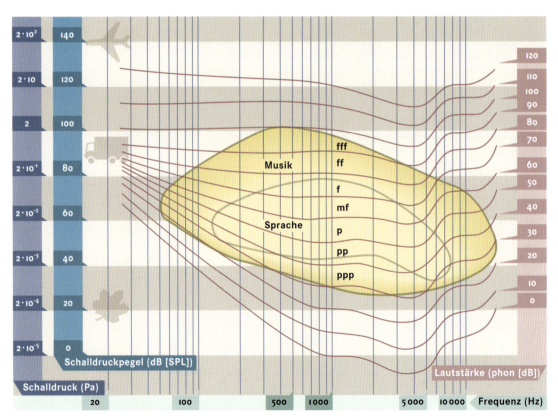

Der **Hörbereich des Menschen** für einfache sinusförmige Reize: Die unterste Kurve ist die Schwellenkurve, die oberste die Schmerzgrenze. Dazwischen liegen Kurven gleicher Lautstärkepegel, die Isophone in der Einheit Phon. Der Schwellenreiz wird im oberen und unteren Frequenzbereich allmählich größer. Darum kann man für das menschliche Gehör keine genauen Frequenzgrenzen angeben. Sowohl die Frequenz als auch der Schalldruck sind logarithmisch aufgetragen. Dem Schalldruck ist auch die Skala für den Schalldruckpegel in dB SPL gegenübergestellt. Zur Orientierung sind auch die ungefähren Hörgrenzen für Sprache, Musik und Geräusche angegeben.

Nachhallzeit um 60 dB gesunken, so ist der Schalldruck auf ein Tausendstel, die Schallintensität auf ein Millionstel abgefallen.

Vor der Erklärung der dritten Skala sind einige Erklärungen zum Begriff der Lautstärke notwendig. Ein ideales Messgerät für die Lautstärke von Geräuschen sollte akustische Signale so bewerten wie das menschliche Gehör. Das ist nur näherungsweise möglich, da die akustischen Wellen in der Regel nicht einzeln, sondern als Gemisch auftreten. Die Komponenten des Reizes werden aber im Hörorgan nicht unabhängig voneinander bewertet. Ein Reiz kann einen anderen, der alleine gut hörbar wäre, in der Wahrnehmung vollständig verdecken, also unhörbar machen. Die Empfindlichkeit des Menschen ändert sich auch mit dem Adaptationszustand. Man merkt das, wenn man in lauter Umgebung schreien muss, um gehört zu werden. Außerdem beeinflusst die subjektive Aufmerksamkeit die Bewertung der Schallereignisse. Ein Flüstern kann mehr stören als lauter Lärm. Aus dem Stimmengewirr einer Cocktailparty oder aus einem Orchester kann man einzelne Stimmen heraushören, wenn man sich auf sie konzentriert. Was als laut oder leise gelten soll, kann man offensichtlich nicht allein vom Schalldruck herleiten.

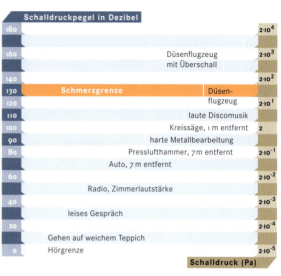

Beispiele für verschiedene **Geräuschpegel**.

Trotzdem gibt es Messgeräte für eine physikalisch genau definierte Größe, die Lautstärke genannt wird. Wenn die Geräte in Phon-Einheiten geeicht sind, liegen die Isophone der Bewertung zugrunde. Diese Kurven wurden experimentell gewonnen. Versuchspersonen stellten den Schalldruckpegel einfacher Reize verschiedener Frequenz so ein, dass sie ihn gleich laut wie einen Ton von 1000 Hz und 0 dB, 20 dB, 40 dB usw. wahrnahmen. Bei 1000 Hz fällt die Phonskala mit dem Schalldruckpegel zusammen. Moderne Geräte zur Lautstärkemessung sind meistens in dB(A) geeicht. Ihre Frequenzbewertung leitet sich von der 30-Phon-Kurve ab.

Die subjektive Lautheit

Mit Messgeräten kann man zwar feststellen, ob ein Geräusch die zulässige Obergrenze übersteigt, nicht aber, wie laut es den Menschen tatsächlich erscheint. Die subjektive Lautheit eines Geräusches kann man nur mit dem eigenmetrischen Verfahren bestimmen. Diese Methode führte gerade bei der Abschätzung der Lautheit zu erstaunlich zuverlässigen Ergebnissen.

Einem 1000-Hz-Ton mit der Lautstärke 40 Phon entspricht definitionsgemäß der Lautheitswert 1 Sone. Die Versuchspersonen fanden für größere und kleinere Lautstärken dieses Tones ihre subjektiven Sone-Skalen. Die Kurve des Diagramms leitet sich aus Messergeb-

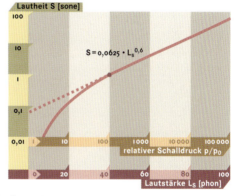

Die **Lautheit** von Tönen wurde mit der eigenmetrischen Methode bestimmt. Aufgetragen ist die subjektive Lautheit in der Einheit Sone über der physikalisch definierten Lautstärke, die als relativer Schalldruck und als Lautstärke in Phon angegeben ist. Die geschätzten Werte folgen nur oberhalb von 1 Sone der angegebenen Potenzfunktion.

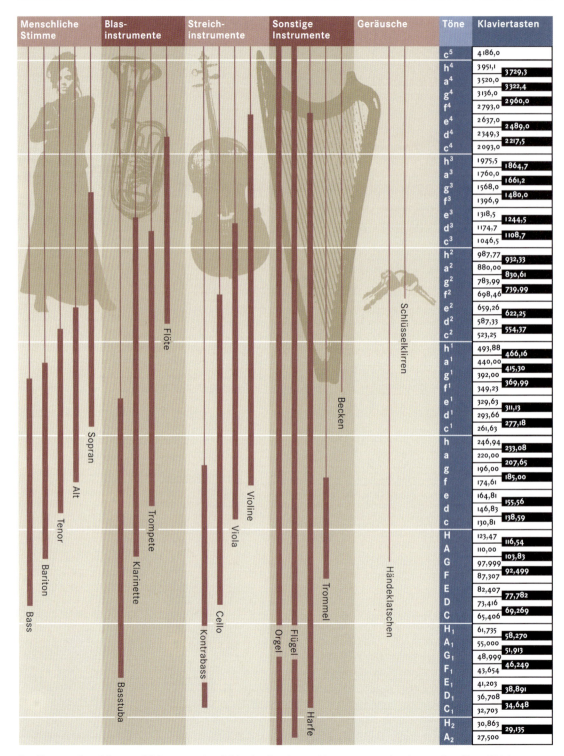

Der **Frequenzbereich** menschlicher Stimmen und einiger Instrumente: Auf den Tasten des Klaviers, das nach der gleichschwebenden, wohl temperierten Weise gestimmt ist, sind die Frequenzen des jeweiligen Tons eingetragen. Der dünne Strich markiert den Bereich eines Instruments, der durch Obertöne erfasst wird.

nissen vieler Menschen her. Danach steigt die subjektive Lautheitsempfindung oberhalb von 40 Phon entsprechend der in dem Diagramm angegebenen Potenzfunktion an. Aus den Werten der Messgeräte für die Lautstärke kann man die Lautheitswerte (Sone) berechnen. Unterhalb von 1 Sone weichen die gemessenen Ergebnisse von der hier gestrichelt eingezeichneten Potenzfunktion ab.

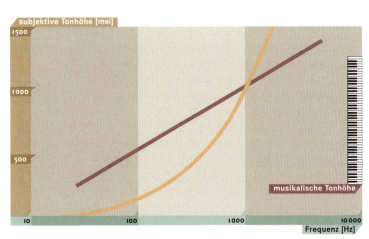

In der Tonleiter ist die **musikalische Tonhöhe** dem Logarithmus der Frequenz proportional, das heißt, gleiche Abstände auf der Klaviatur entsprechen gleichen Faktoren der Frequenz. Die **subjektive Tonhöhe** nach der mel-Skala verläuft ganz anders (rote Kurve). Sie ist durch die eigenmetrische Bestimmung der Tonhöhe gewonnen worden.

Ganz erstaunlich sind die Ergebnisse eigenmetrischer Bestimmungen der subjektiven Tonhöhe. In einem Experiment ordnen Versuchspersonen die wahrgenommene Tonhöhe einer Skala zu, die nach der subjektiv empfundenen Einheit »mel« eingeteilt ist. Die rote Kurve in der Abbildung beschreibt deren subjektive Tonhöhenempfindung; sie weicht erheblich von der musikalischen Tonhöhenskala ab, die rechts durch die Klaviatur angedeutet ist. Angesichts dieser Verhältnisse ist es verständlich, warum die Unterschiede zwischen den oberen Tönen des Klaviers kleiner erscheinen als die zwischen den tiefen. Einem Anstieg der Frequenz von 1000 auf 2000 Hz steht ein Zuwachs der Tonhöhe von nur 500 mel gegenüber. Die Tonabstände müssen deshalb kleiner erscheinen als weiter unten. Die musikalischen Tonleitern sind nach dieser Erkenntnis Kulturprodukte (allerdings mit ehrwürdiger Tradition) und nicht naturgegebene Ordnungen.

Bei der **wohl temperierten Stimmung** steigt die Frequenz bei jedem Tonschritt um den Faktor 1,05946... an. Bei anderen Stimmungen, zum Beispiel der pythagoräischen, sind die Frequenzverhältnisse zwischen benachbarten Tönen innerhalb einer Oktave nicht ganz gleich. Eine Melodie klingt deshalb je nach dem Ton, mit dem man anfängt, etwas anders, was bei der wohl temperierten Stimmung nicht der Fall ist. Bei allen musikalischen Tonleitern verdoppelt sich die Frequenz von Oktave zu Oktave. Die musikalische Tonhöhe steht somit in einer bestimmten mathematischen Beziehung zur Schwingungsfrequenz des Schalls.

Das Hörorgan – Bau und Arbeitsweise

Das Ohr ist in das Außenohr, bestehend aus Ohrmuschel und dem durch das Trommelfell abgeschlossenen Gehörgang, das luftgefüllte Mittelohr und das flüssigkeitsgefüllte Innenohr unterteilt. Das Innenohr heißt wegen seiner schneckenhausartigen Windung Schnecke (lateinisch Cochlea). Sie ist Teil des Labyrinths, eines in Knochenkanälen eingebetteten geschlossenen Schlauchsystems, zu dem auch der so genannte Vestibularapparat mit den Gleichgewichtssinnesorganen gehört. In der Mitte des gewundenen Schneckenganges liegt das Spiralganglion, dessen Nervenzellen die Sinneszellen des Innenohres mit dem Stammhirn verbinden.

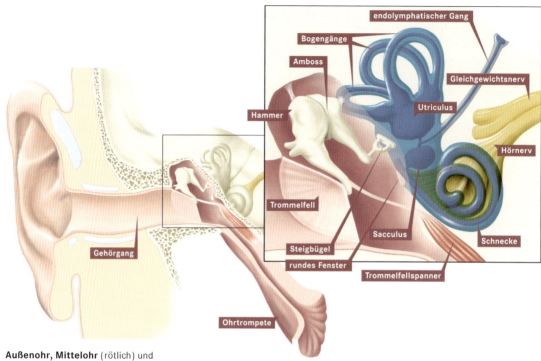

Außenohr, **Mittelohr** (rötlich) und **Innenohr** (blau) mit der **Schnecke** und den **Gleichgewichtsorganen.** Das luftgefüllte Mittelohr ist durch das Trommelfell vom Außenohr getrennt. Durch die Ohrtrompete (Eustachi-Röhre) ist das Mittelohr mit dem Mundraum verbunden. Die drei Gehörknöchelchen sind mit Bändern beweglich aufgehängt. Ihre Schwingungsübertragungseigenschaften werden durch den Trommelfellspanner und den nicht eingezeichneten Muskel, der den Steigbügel nach hinten-oben zieht, eingestellt und angepasst. Im Innenohr ist das dunkelblau gezeichnete Schlauchsystem mit Endolymphe gefüllt, die hellblau gefärbte Umgebung mit Perilymphe.

Das Außenohr: ein Resonanzverstärker

Dass die Ohrmuscheln für das Hören wichtig sind, ist leicht zu demonstrieren. So hört man gleich viel mehr, insbesondere aus der zugehörigen Richtung, wenn man die Ohrmuscheln mit den Händen vergrößert. Setzt man dagegen in die Gehörgänge kurze Rohre ein, die ein oder zwei Zentimeter aus den Ohrmuscheln herausragen, und umgeht so die Ohrmuschel, kann man nicht mehr unterscheiden, ob eine Geräuschquelle vor oder hinter dem Kopf liegt. Ob die Einzelheiten der Ohrmuschelform für das Hören bedeutsam sind, ist noch immer umstritten. Dagegen spricht, dass die Teile des Außenohrs klein sind im Vergleich zu den Schallwellenlängen. Die Ohrmuscheln und Gehörgänge verbessern allerdings die Empfindlichkeit in dem wichtigen Frequenzbereich zwischen 2 und 7 kHz durch Resonanz. Angeregt durch die Schallwellen entstehen in dem nach außen offenen Luftraum wie in einer offenen Flasche akustische Resonanzschwingungen. Diese Schallverstärkung erreicht 13 dB im Bereich zwischen 2 und 3 kHz.

Das Mittelohr als Schallüberträger

Die Menschen haben von ihren Vorfahren, die einstmals im Wasser lebten, das flüssigkeitsgefüllte Innenohr und damit ein Problem geerbt. Nach den physikalischen Gesetzen der Akustik dringt an der Grenze zwischen Luft und Wasser nur etwa ein Tausendstel der Energie des Luftschalls ins Wasser ein, während der größte Teil reflektiert wird. Die Berechnung der Schallenergie, die ins Innenohr eindringt, ist schwierig, weil außer dem Wellenwiderstand (akustische Impedanz) der Materialien auch die komplizierten morphologischen Besonderheiten des Mittelohres zu berücksichtigen sind. Messungen der Schwingungen des Steigbügels zeigen aber, dass tatsächlich 60 Prozent der Schwingungsenergie des Trommelfells in das Innenohr gelangen. Dieser große Nutzeffekt der Reizenergie kommt durch die komplizierte Konstruktion des Mittelohres zustande. Die drei Hörknöchelchen, Hammer, Amboss und Steigbügel, leiten die durch den Luftschall angeregten Schwingungen des großen Trommelfells gezielt auf das viel kleinere ovale Fenster weiter. Die Druckkraft vergrößert sich auch durch die Hebelwirkung von Hammer und Amboss. Die Übertragung der Schwingungen des Steigbügels auf die Bewegung der Flüssigkeit im Innenohr wird durch den Druckausgleich durch das runde Fenster erleichtert. Die Schwingungsenergie kann durch die Arbeitsweise des Mittelohrs somit besser ins Innenohr eindringen.

Wenn die Schallübertragung im Mittelohr gestört ist, kommt es zur Schallleitungsschwerhörigkeit mit Verschlechterungen der Empfindlichkeit um bis zu 70 dB. Die Steifigkeit der Reizleitungskette kann durch die Spannung von zwei kleinen Muskeln im Mittelohr vergrößert werden. Durch die Spannung dieser Muskeln wird die Übertragung tieffrequenter Schwingungen erschwert, was der

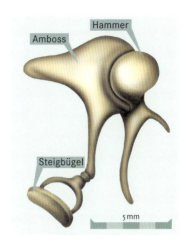

Die drei **Gehörknöchelchen** des Menschen: Hammer, Amboss und Steigbügel.

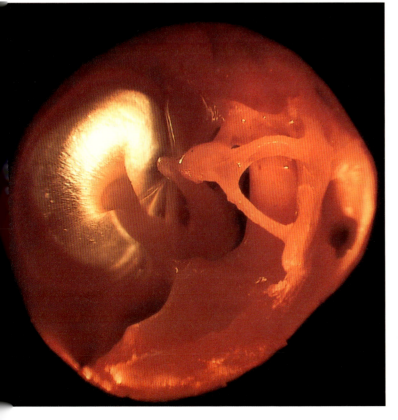

Die Schallwellen treffen auf das rechts im Bild befindliche, gelblich getönte Trommelfell und bringen es zum Schwingen. Der Hammer nimmt die Schwingungen auf und leitet sie über den Amboss zum Steigbügel, rechts im Bild, weiter. Dieser gibt sie an das ovale Fenster weiter.

Wahrnehmung in höheren Frequenzbereichen zugute kommt. Die Muskeln kontrahieren sich, bevor man selbst spricht, und schützen somit das Hörorgan vor der eigenen Stimme. Sie kontrahieren sich auch reflexartig bei lauten Geräuschen, aber nicht schnell genug, um das Ohr vor einem Knalltrauma, zum Beispiel bei einem Gewehrschuss, schützen zu können.

Leitung des Schalls durch die Knochen

Dass Patienten ohne funktionsfähiges Mittelohr überhaupt noch etwas hören, verdanken sie der Leitung des Schalls durch die Knochen. Schwingungen der Schädelknochen können das Innenohr unmittelbar reizen, insbesondere bei Frequenzen oberhalb von 4 kHz. Bei tieferen Frequenzen werden die Knochenschwingungen auch auf den Luftraum des äußeren Gehörganges übertragen und von dort auf dem normalen Weg über das Trommelfell zum Innenohr geleitet. Diesen Schallweg kann jeder leicht überprüfen: Wenn man mit der eigenen Stimme summt und dabei mit dem Finger ein Ohr verschließt, klingt es so, als ob der Ton in diesem Ohr entstünde. Tatsächlich regt man mit der Stimme Schwingungen der Schädelknochen an, die ihrerseits den Luftraum im äußeren Gehörgang in Schwingung versetzen. Warum wird der Ton aber lauter? Je größer der Luftraum, desto mehr Energie ist nötig, um ihn in Schwingung zu versetzen. Wer im Sessellift in freier Luft hängt, wundert sich, wie laut er schreien muss, damit man ihn im nächsten Sessel noch hört. Wer den äußeren Gehörgang mit dem Finger verschließt, verkleinert den Luftraum, der durch die Knochenschwingungen angeregt wird. Deshalb wird die akustische Schwingungsamplitude größer und folglich auch die Lautheit.

Mit dem so genannten Rinne-Test wird die Empfindlichkeit für Luft- und Knochenschall miteinander verglichen. Eine oszillierende Stimmgabel, deren Stiel man an das Felsenbein hinter dem Ohr drückt, erzeugt dort Knochenschwingungen, die zur Tonempfindung führen. Mit dem Ausklingen der Stimmgabel wird der Ton leiser. Sobald man ihn nicht mehr hört, halte man die noch immer schwingende Stimmgabel dicht vor das Ohr. Wer den Ton dann wieder hört, hat keine Schallleitungsschwerhörigkeit. Sein Mittelohr funktioniert hinreichend gut.

Das Innenohr – das eigentliche Hörorgan

Wer das letzte Stück der Reizleitungskette im Innenohr, von der Steigbügelschwingung bis zur Reizung der Hörsinneszellen, verstehen will, muss sich zuerst die Anatomie des Innenohres klarmachen. Der knöcherne Schneckengang beherbergt drei Kanäle. Der mittlere häutige Gang ist im Querschnitt dreieckig und wird

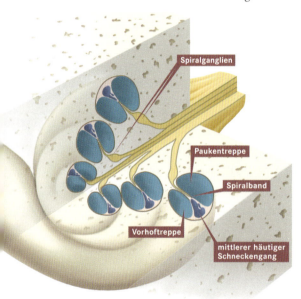

In einer angeschnittenen **Hörschnecke** ist der dreieckige mittlere häutige Schneckengang (dunkelblau) und das knöcherne Spiralband mit der Vorhoftreppe auf der einen und der Paukentreppe auf der anderen Seite sichtbar. Der Name Treppe ist irreführend. Es handelt sich um zwei schlauchartige Hohlräume, die mit Perilymphe gefüllt sind. An der Schneckenspitze gehen die beiden Gänge an einer Öffnung, dem Helicotrema, ineinander über. In der Mitte der Schnecke befindet sich das Spiralganglion, die spiralbandartige Ansammlung der Nervenzellkörper, die mit ihren Fasern die Hörzellen im Ohr mit dem Gehirn verbinden.

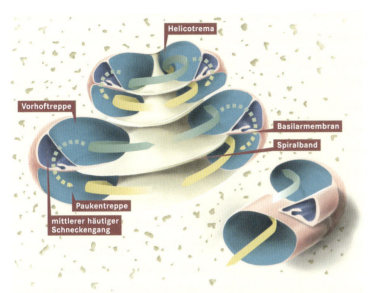

Oben: Im **Innenohr** läuft eine Druckwelle die Vorhoftreppe hinauf, nachdem der Steigbügel die Membran des ovalen Fensters eingedrückt hat. Sobald die Druckwelle durch das Helicotrema oder den weichen, mittleren Schneckengang getreten ist, läuft sie durch die Paukentreppe zum runden Fenster hinab.
Unten: Der gleiche Vorgang in einem schematischen Bild der Schnecke in gestreckter Darstellung. Zwischen der Vorhof- und der Paukentreppe befindet sich das knöcherne Spiralband und der mit Endolymphe gefüllte dreieckige mittlere häutige Schneckengang (dunkelblau), der an der Schneckenbasis 0,1 mm breit ist und sich zur Schneckenspitze auf 0,5 mm verbreitert.

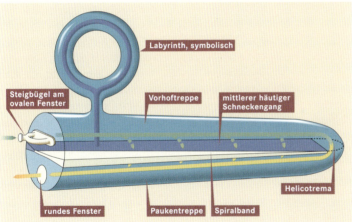

meistens Ductus cochlearis (schneckenförmiger Gang) genannt oder Scala media (mittlere Treppe, wobei an eine Wendeltreppe gedacht ist). Er befindet sich zwischen den beiden anderen Kanälen und endet blind nahe der Schneckenspitze. Die beiden anderen Kanäle sind an der Spitze durch ein Loch (Helicotrema) miteinander verbunden. Der Kanal, der vom Steigbügel zur Schneckenspitze führt, wird Vorhoftreppe (Scala vestibuli) genannt, der andere, der von der Schneckenspitze zum elastischen runden Fenster führt, heißt Paukentreppe (Scala tympani).

Der mittlere häutige Schneckengang trägt auf der Basilarmembran das so genannte Corti-Organ mit den Hörsinneszellen, die Haarzellen. Die äußeren Haarzellen sind durch büschelartige Fortsätze, die Stereovilli, mit der Deckmembran verbunden. Wenn der Steigbügel vor- und zurückschwingt, wird die Basilarmembran nach unten und oben bewegt. Das Corti-Organ verformt sich und die Stereovilli werden quer zum Schneckengang hin- und hergebogen. Die

Eine lichtmikroskopische Aufnahme eines Schneckengangs im Querschnitt. Unten in der Mitte ist das **Corti-Organ** zu sehen.

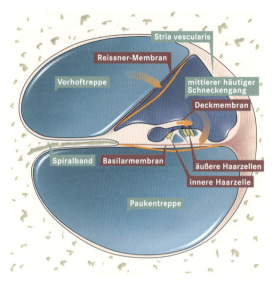

Querschnitt durch einen **Schneckengang:** Erhöht sich der Druck in der Vorhoftreppe durch eine Einwärtsbewegung des Steigbügels, biegt sich der dreieckige mittlere Schneckengang zur Paukentreppe hin durch. Dabei verschiebt sich die Deckmembran über den Haarzellen. Die Auslenkung der Reissner- und der Basilarmembran sind übertrieben groß eingezeichnet.

Rezeptorpotential, an den Membranen von Sinneszellen durch einen Reiz hervorgerufene Änderung des Ruhepotentials. Die Reizintensität bestimmt die Amplitude des Rezeptorpotentials. Sie lösen in manchen Sinneszellen Aktionspotentiale aus.

Spitzen der steifen Stereovilli sind durch jeweils einen, nur im Elektronenmikroskop sichtbaren Faden mit dem nächstlängeren Stereovillus verbunden. Die längeren Stereovilli ziehen die kürzeren an den Fäden zur Seite. Der mechanische Zug der Fäden zwischen den Stereovilli öffnet molekulare Kanäle in der Zellmembran der Mikrovilli. Durch diese Kanäle fließen Kaliumionen in die Haarzelle. Nur die Auslenkung in Richtung zum längsten Stereocilium erhöht die Zugspannung und führt zur Porenöffnung. Schon früher hatten die Elektrophysiologen beobachtet, dass Aktionspotentiale im Hörnerv nur bei der Einwärtsbewegung des Steigbügels auftreten. Das kann man nun verstehen, weil die Stereovilli im Corti-Organ so orientiert sind, dass sie nur durch die Einwärtsbewegung des Steigbügels gereizt werden.

Die Haarzellen sind Teil einer Zellschicht, welche die wässerigen Flüssigkeiten der Schneckengänge gegeneinander abgrenzt. Der mittlere häutige Schneckengang ist mit Endolymphe gefüllt, die reich an Kaliumionen ist. Die beiden anderen Gänge enthalten Perilymphe mit einer hohen Konzentration von Natriumionen. Die Stereovilli ragen in den mittleren Schneckengang und damit in die Endolymphe hinein, während der größte Teil der Haarzellen von der Perilymphe umgeben ist. Wie bei allen Zellen ist das Zellinnere gegenüber der Umgebung, hier der Perilymphe, negativ geladen. Im Innenohr ist außerdem die Endolymphe gegenüber der Perilymphe positiv geladen, weil Zellen in der Außenwand des mittleren Schneckenganges, der Stria vascularis, aktiv Kaliumionen in die Endolymphe pumpen. Über der Membran der Stereovilli liegt deshalb die auffallend große Potenzialdifferenz von 150 mV. Diese ungewöhnliche elektrische Eigenschaft des Innenohres beschleunigt den Einstrom der positiven Kaliumionen in die Haarzellen, sobald die Kanäle der Zellmembran durch den mechanischen Zug geöffnet werden. Der Einstrom positiver Ionen verkleinert das innen negative Ruhepotential. Diese Potentialänderung ist das Rezeptorpotential der Haarzelle und die Ursache für die Auslösung von Aktionspotentialen im Hörnerv.

Die Empfindlichkeit der Haarzellen ist groß. Eine Seitwärtsbewegung der Spitze der Stereovilli um 100 nm, was einer Auslenkung von ungefähr 1° entspricht, führt schon zu maximaler Reizung. Diese Auslenkung ist unter dem Lichtmikroskop nicht mehr zu sehen. Die Verschiebung der Spitze ist geringer als der Durchmesser der Stereovilli. Die Reizschwelle liegt bei 0,003° beziehungsweise 0,3 nm, ist also im Bereich von Moleküldimensionen. Beim Eiffelturm entspräche das einer Auslenkung der Spitze um einen Zentimeter. Das Ruhepotential der Haarzelle sinkt durch diesen Reiz um 0,1 mV, was ausreicht, um in einem nachgeschalteten Axon ein Aktionspotential auszulösen.

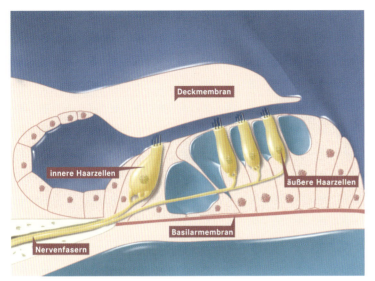

Das **Corti-Organ** im Querschnitt: Die Zellkörper der Haarzellen sind von der Perilymphe (hellblau) umgeben, die reich an Natriumionen ist. Ihr oberes Ende mit den Stereovilli ragt in die kaliumionenreiche Endolymphe (dunkelblau) hinein. Wenn sich die Deckmembran in der Bildebene bewegt, werden die Stereocilien abgebogen.

Die molekularbiologische Forschung an den Stereovilli hat zu einer interessanten Erklärung für die Adaptation, also die Regelung der Empfindlichkeit des Gehörs, geführt. Die Schalldruckamplituden sind nahe der Schmerzgrenze ungefähr eine Million Mal größer als die Schwellenreize. Bei diesem großen Arbeitsbereich muss das Ohr seine Empfindlichkeit den wechselnden Bedürfnissen anpassen. Die Empfindlichkeit der Haarzellen ist am größten, wenn die molekularen Fäden an ihren Spitzen stramm gespannt sind. Je höher die Fäden an den jeweils größeren benachbarten Stereovilli befestigt sind, desto fester sind sie gespannt. Die Anheftungsstelle besteht aus einer ovalen Molekülplatte, die an einem molekularen Netzwerk unter der Membran, dem Cytoskelett, befestigt ist. Im Cytoskelett wurde das Protein Aktin, in der Anheftungsplatte das Protein Myosin nachgewiesen. Diese Proteine sind von den Muskeln bekannt, die sich durch Verschiebungen zwischen Aktin- und Myosinmolekülen bewegen. Entsprechend kann die Anheftungsstelle für die Stereovilli auf dem Cytoskelett verschoben werden. Dadurch werden wahrscheinlich die Fäden zwischen den Stereocilien gespannt. Je fester sie gespannt sind, desto größer ist die Empfindlichkeit der Sinneszellen für Abbiegungen.

Die Sinneszellen des Gehörs müssen sehr schnell arbeiten, weil sie auf Schallfrequenzen bis zu 20000 Schwingungen in der Sekunde reagieren. Daher öffnet der mechanische Zug der Molekülfäden die Poren für den Rezeptorstrom unmittelbar. Zwischen Reiz und Kanalöffnung müssen keine zeitaufwendigen chemischen Prozesse ablaufen. Wie ist es aber möglich, dass Haarzellen auf den Einstrom der Kaliumionen so schnell reagieren? Zellmembranen haben wegen ihrer elektrischen Kapazitäten und Widerstände Zeitkonstanten im Bereich von Millisekunden. Potentialänderungen mit Frequenzen oberhalb von wenigen kHz sind deshalb nicht mehr zu erwarten. Die Haarzellen reagieren aber noch auf viel höhere Frequenzen, bei Fle-

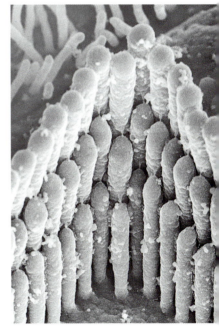

Bei dieser rasterelektronenmikroskopischen Aufnahme von Spitzen der Stereovilli einer äußeren Haarzelle des Meerschweinchens sieht man die Fäden, durch die die kleineren Stereovilli mit den größeren verbunden sind.

Eine isolierte **Haarzelle** in einem Nährmedium im gestreckten Zustand, fotografiert von Hans Peter Zenner. Oben sind die Stereocilien zu sehen, der dunkle Fleck in der Zelle ist der Zellkern.

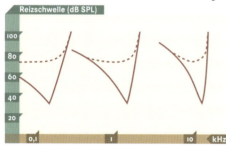

Bei den **Bestfrequenzen** dreier Nervenfasern des Hörnervs ist die Reizschwelle für eine gerade noch feststellbare Erhöhung der Frequenz der Aktionspotentiale angegeben. Die Bestfrequenz ist für jede Faser diejenige, bei der die Reizschwelle am kleinsten und somit die Empfindlichkeit am größten ist. Die gestrichelte Linie zeigt den Verlauf bei Schädigung der äußeren Haarzellen.

dermäusen bis zu 100 kHz! Wie das große Frequenzauflösungsvermögen zustande kommt, ist noch nicht eindeutig geklärt. Von Bedeutung sind wahrscheinlich nicht nur die elektrischen Eigenschaften der Haarzellen selbst, sondern auch die elektrischen Eigenschaften der Umgebung, in die sie eingebaut sind.

Lange bevor Elektrophysiologen die Membranpotentiale der Hörzellen mit feinen Mikroelektroden messen konnten, wussten sie, dass Haarzellen sehr schnell arbeiten. Das bewiesen die seit 1930 bekannten so genannten cochleären Mikrofonpotentiale. Sie lassen sich bereits mit gröberen Elektroden am oder im Innenohr registrieren. Mikrofonpotentiale ändern sich mit denselben hohen Frequenzen wie die Schallwellen. Die Haarzellen sind an ihrer Erzeugung maßgeblich beteiligt und müssen deshalb sehr schnell reagieren. Die Bezeichnung Mikrofonpotential weist darauf hin, dass diese elektrischen Signale genauso verstärkt, gespeichert und über einen Lautsprecher wiedergegeben werden können wie die Aufzeichnungen technischer Mikrofone. Die Wiedergabe von Musik, die man als Mikrofonpotential im lebenden Ohr registriert, hat eine hohe Qualität!

Im Hörnerv melden 95 Prozent der Nervenfasern dem Gehirn die Erregung der 3500 inneren Haarzellen. Jede innere Haarzelle ist mit ungefähr 20 Nervenzellen des Hörnervs verbunden. Von den 20 000 äußeren Haarzellen speisen dagegen jeweils ungefähr 50 ihre Erregung in die gleiche vielfach verzweigte Nervenfaser ein. Die Botschaft der vielen äußeren Haarzellen wird dem Gehirn somit von viel weniger Nervenfasern gemeldet als die der inneren. Der Informationsfluss geht überwiegend von den inneren Haarzellen aus. Von den Fasern des Hörnervs kann man mit Mikroelektroden Aktionspotentiale ableiten. Je lauter der akustische Reiz ist, desto mehr Aktionspotentiale werden registriert. Nach übereinstimmenden Untersuchungen können die Fasern außerdem durch so genannte Bestfrequenzen charakterisiert werden, das heißt, für jede Nervenfaser gibt es eine Reizfrequenz, für die sie besonders empfindlich ist. Die Bestfrequenzen lassen sich anhand der Reizschwellen von Hörnervenfasern im ganzen Hörbereich bestimmen. Das Ergebnis sind asymmetrisch v-förmige Abstimmkurven. Die Fasern des Hörnervs reagieren nur in einem jeweils beschränkten Frequenzbereich oberhalb und unterhalb ihrer Bestfrequenz. Obwohl die Schwellenkurven an Fasern gemessen wurden, die innere Haarzellen mit dem Gehirn verbinden, zeigt sich in dem v-förmigen Verlauf der Kurven die Mitwirkung der äußeren Haarzellen. Mithilfe des Giftes Kanamycin kann man selektiv die äußeren Haarzellen ausschalten. Als Folge davon werden die Schwellenkurven breiter und die Spitzen verschwinden. Die äußeren Haarzellen beeinflussen wahrscheinlich die inneren durch mechanische Oszillationen.

Fasern, die mit inneren Haarzellen nahe der Schneckenbasis verbunden sind, sind für hohe Frequenzen empfindlich, Fasern von der

Schneckenspitze für tiefe. Das bedeutet, dass die hohen und tiefen Frequenzen dem Gehirn durch verschiedene Nervenbahnen gemeldet werden. Die Bestfrequenzen steigen von der Schneckenspitze zur Basis kontinuierlich an wie die Schwingungsfrequenzen der Saiten eines Klaviers. Für eine Oktave sind ungefähr 3,2 mm der Schnecke vorgesehen. Obwohl von Helmholtz die Abstimmkurven noch nicht kennen konnte, postulierte er bereits dieses Ordnungsmuster für die Frequenzen im Innenohr, und nannte es Ortsprinzip. Nach dem Ortsprinzip werden die Schwingungssignale im Innenohr nach ihren Frequenzen zerlegt und verschiedenen Haarzellen als Reiz zugeteilt.

Keine einzelne Nervenzelle könnte den ganzen riesigen Frequenzbereich in ihrer Erregung codieren. Nur wenige Nervenfasern können mehr als 100 Aktionspotentiale in der Sekunde hervorbringen. Im Ohr müssen aber Schallfrequenzen von 20 bis 20 000 Hz registriert und in Folgen von Aktionspotentialen übersetzt werden. Das Problem wird durch das Ortsprinzip gelöst: Die Reize werden entsprechend ihrer Frequenz aufgespalten und auf frequenzspezifischen parallelen Bahnen zum Gehirn weitergeleitet.

Frequenzanalyse durch die Wanderwelle und die aktive Verstärkung

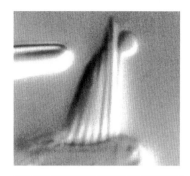
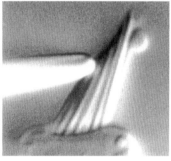

Die phasenkontrastmikroskopischen Bilder stammen von einem Experiment, bei dem die Stereovilli einzelner **Haarzellen** aus dem Ohr des Ochsenfrosches mit einer sehr dünnen Glassonde zur Seite gebogen wurden. Mit dieser Beobachtung zeigte James Hudspeth, dass die Stereovilli steif sind. Das Cilium mit der kugelförmigen Anschwellung fehlt beim Menschen.

Georg Simon Ohm, dessen Name heute in der Bezeichnung für das elektrische Widerstandsmaß fortlebt, entwickelte die Theorie, nach der das Ohr die akustischen Reize einer Frequenzanalyse unterzieht. Von den Forschungen des französischen Mathematikers und Politikers Baron Joseph de Fourier wusste er bereits, dass es möglich ist, jede mathematische Funktion als Summe von einfachen sinusförmigen Funktionen mit verschiedenen Amplituden und Frequenzen aufzufassen. Was man heute als Fourier-Analyse bezeichnet, ist die mathematische Zerlegung einer Funktion in ihre sinusförmigen Komponenten. Nach Ohm ist die Fourier-Analyse im Ohr durch die Frequenzanalyse praktisch verwirklicht. Die Schallreize werden im Ohr in ihre sinusförmigen Komponenten zerlegt und je nach ihrer Frequenz bestimmten Hörzellen als Reiz zugeteilt. Nach dem Ohm'schen Gesetz der Akustik ist das Ergebnis der Frequenzanalyse die Grundlage für die weitere Erregungsverarbeitung im Ohr und damit des Hörens. Die neurophysiologischen Forschungsergebnisse am Hörnerv bestätigen das Prinzip: Jede Faser des Hörnervs hat ihre Bestfrequenz.

Die Idee der Frequenzanalyse hat ihren Ursprung wahrscheinlich im Phänomen des Mittönens, wie es bei Musikinstrumenten zu hören ist. Wenn man zum Beispiel bei einem Klavier auf das Pedal tritt, sodass sich die Dämpfer von den Saiten heben, und dann mit einem anderen Instrument oder einer Stimmgabel einen Ton erzeugt, kann man anschließend die auf dieselbe Tonhöhe gestimmten Saiten weiter tönen hören. Die physikalische Ursache für das Mittönen ist die Resonanz: Die Schallwellen regen alle Saiten des Klaviers periodisch an, aber nur die mit der geeigneten Stimmung geraten in Resonanz. Diese Saiten übernehmen bei jeder ihrer

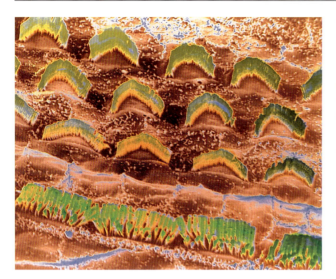

In dieser Falschfarbenaufnahme des **Corti-Organs** sieht man nach der Entfernung der Deckmembran die v-förmig angeordneten Mikrovilli von drei Reihen äußerer Haarzellen und einer Reihe innerer Haarzellen.

Schwingungen weitere Energie aus den Schallwellen, sodass ihre Schwingungsamplitude wächst. Saiten, die auf einen anderen Ton gestimmt sind, schwingen mit anderer Frequenz als die anregenden Schallwellen. Deswegen verschieben sich bei ihnen die Schall- und Saitenschwingungen fortwährend gegeneinander. Je nach ihrer periodisch wechselnden Phasenlage werden die Saiten angeregt oder gebremst und geraten daher nicht in Resonanz. Nichtsinusförmige Schallwellen, die nach dem Fourier-Theorem aus mehreren überlagerten Sinusschwingungen bestehen, regen erwartungsgemäß im Klavier gleichzeitig mehrere Saiten an. Das akustische Signal wird so in seine Schwingungskomponenten zerlegt, das heißt frequenzanalysiert, und auf verschiedene Saiten verteilt.

Hermann von Helmholtz führte zur Erklärung der Frequenzanalyse im Innenohr das Resonanzprinzip ein. Er glaubte, dass die Basilarmembran je nach der Reizfrequenz an einer anderen Stelle in Resonanz gerate. Diese Annahme führt zum gerade besprochenen Ortsprinzip. Seine Hypothese bestätigte sich nicht, obwohl dafür spräche, dass die Basilarmembran an der Schneckenbasis 0,1 mm, an der Schneckenspitze dagegen nur 0,5 mm breit ist, was an die verschiedenen Saitenlängen im Klavier erinnert. Im Innenohr gibt es aber keine mechanische Spannungen wie bei den Klaviersaiten. Bei einem Druck auf die Basilarmembran mit einer feinen Sonde entsteht, wie man durch das Mikroskop sehen kann, eine beinahe kreisrunde Delle und keine längliche in Richtung der vermuteten mechanischen Spannung. Trotzdem ist das Resonanzprinzip in veränderter Form durch die neueste Forschung wieder in die Diskussion gekommen: Die Schwingungen der Basilarmembran werden durch aktive Bewegungen der äußeren Haarzellen unterstützt, was auch zur Resonanz führen kann.

Grundlage der neuen Erklärungen sind die Forschungen des Nobelpreisträgers Georg von Békésy in den 1940er-Jahren, als er die Wanderwellen im Innenohr entdeckte. Die Wanderwelle ist vergleichbar mit einer Oberflächenwelle in einem Wassergraben. Auf der Basilarmembran werden die Wanderwellen durch die Schwingungen des Steigbügels angeregt und wandern innerhalb von ungefähr 2 Millisekunden bis zur Schneckenspitze hinauf, wenn sie nicht vorher abklingen. Von Békésy beobachtete die Wanderwellen durch das Mikroskop an teilweise geöffneten Leichenohren unter Flimmerlichtbeleuchtung. Wenn die Frequenzen des akustischen Reizes und des Flimmerlichtes (Stroboskopes) übereinstimmen, werden die Wanderwellen immer in der gleichen Phasenlage beleuchtet, sodass sie trotz ihrer schnellen Bewegung scheinbar still stehen. Sie können dann beobachtet und vermessen werden. Die Wanderwellen sind wegen der Größenverhältnisse graphisch nicht darstellbar. Die Basilarmembran ist 33 mm lang. Die Amplituden der Wanderwellen, die von Békésy sah, blieben aber auch bei sehr lauten Reizen (120 dB) kleiner als ein tausendstel Millimeter. Der Ort des Wellenmaximums ändert sich mit der Frequenz so, wie man es sich nach dem Ortsprinzip vorstellt. Bei hohen Frequenzen befindet sich das Maximum an der Schneckenbasis und verschiebt sich mit fallender Frequenz zur Spitze.

Die Wanderwelle kann die Frequenzanalyse und das Ortsprinzip erklären. Schwierigkeiten bereitete allerdings zunächst die Flachheit der Wellen. Die Erklärung der engen Frequenzbereiche der Hörnervenfasern, die man an den spitzen Schwellenkurven ablesen kann, war anfangs nur mit zusätzlichen Hypothesen möglich. Durch neue Methoden können Wissenschaftler Wanderwellen an lebenden Ohren bis zu Amplituden von weniger als einem Nanometer, das heißt bis hinab in den Bereich molekularer Größenordnungen, messen.

Die Messungen erweiterten die Wanderwellentheorie um eine wichtige Erkenntnis: Im lebenden Ohr tritt in dem Bereich kurz vor dem Verebben der Wanderwelle ein Schwingungsgipfel auf, der ungefähr hundertmal größer ist als die Amplitude der Wanderwelle, die man von Leichenohren kannte. Das neu entdeckte Schwingungsmaximum kann die Ursache für den Verlauf der Schwellenkurven sein. Noch ist aber unklar, wieso die Schwingungen im Innenohr in einem so schmalen Bereich der Basilarmembran so groß werden. Zurzeit liegen dazu viele Forschungsergebnisse vor, die sich aber noch nicht zu einer durchgängigen Theorie vereinigen lassen. Die wichtigste Entdeckung zu dieser Frage stammt aus der Mitte der 1980er-Jahre: Die äußeren Haarzellen können die mechanischen Schwingungen der Basilarmembran verstärken. Sie sind nicht nur Sinneszellen, sondern können sich auch verkürzen und strecken. Man kann die Bewegungen an isolierten Haarzellen unter dem Mikroskop beobachten. Wenn sie durch Wechselstrom gereizt werden, folgen ihre Längenänderungen dem Reiz bis zu Frequenzen von 30 kHz. So schnell reagiert kein Muskel! Die Zelle kontrahiert jedoch nicht als Ganzes. Vielmehr gibt es unabhängige Einheiten in der Membran, die auf Änderungen des elektrischen Membranpotentials blitzschnell mit einer Bewegung reagieren. Wahrscheinlich sind diese schnellen Bewegungen der äußeren Haarzellen für die Schwingungsmaxima im Innenohr verantwortlich. Eine Schädigung der äußeren Haarzellen führt jedenfalls zum Verlust der Frequenzselektivität.

Einen frühen Hinweis auf aktive Oszillationen im Innenohr gaben die gelegentlich aus Ohren herauskommenden Töne, die so genannten spontanen otoakustischen Emissionen. Dieses seltene

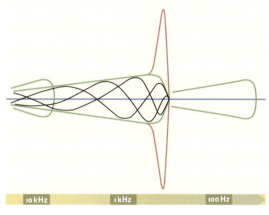

Die **Wanderwellen** schwellen auf ihrem Weg durch die Schnecke an und verschwinden dann. Bei hohen Frequenzen liegen die Maxima an der Schneckenbasis, bei tiefen in der Spitze. Die von Békésy am Leichenohr gemessenen Wanderwellen sind schwarz eingezeichnet, grün die Umhüllenden für drei Frequenzen. Rot eingezeichnet ist das nur in lebenden Ohren auftretende Maximum der Wanderwelle. Die Wanderwelle im Innenohr ist mit übertrieben großer Amplitude gezeichnet. Die Basilarmembran ist dunkelblau dargestellt.

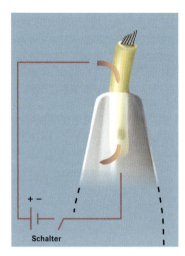

Eine isolierte **Haarzelle** ist bei diesem Experiment zur Hälfte in eine Glaspipette fest schließend eingesaugt. Ein elektrischer Strom, der durch die Pipettenspitze fließt, muss daher auch die Sinneszelle passieren. Der Strom fließt in der einen Hälfte der Zelle in diese hinein und in der anderen aus ihr heraus. Die Zellmembran wird somit vorn und hinten in verschiedenen Richtungen durchströmt. In der Hälfte, in der das Membranpotential der Zelle durch den elektrischen Strom verkleinert wird, kontrahiert sie sich, wo es vergrößert wird, streckt sie sich.

pathologische Phänomen lässt sich jetzt auch an gesunden Ohren messen. Ungefähr 10 Millisekunden nach einem kurzen Schallreiz wird die otoakustische Emission im äußeren Gehörgang mit einem Mikrofon registriert. Sie tritt im gereizten aber auch im anderen Ohr auf und umfasst denselben Frequenzbereich wie der Reiz. Die Emissionen sind kein mechanisches Echo, weil sie nur bei gesunden äußeren Hörzellen auftreten. Darum benutzt man die otoakustischen Emissionen in medizinischen Tests für die Funktionstüchtigkeit des Innenohres. Der Gedanke liegt nahe, dass die normale Aufgabe der Schwingungen, welche die otoakustischen Emissionen hervorrufen, im Zusammenhang mit der Frequenzanalyse steht.

Vom Ohr zum Großhirn

Die Nervenzellen, die im Hörnerv Erregungen zum Gehirn leiten, haben verschiedene Bestfrequenzen, sind aber sonst vom gleichen Typ. In der weiteren Hörbahn bis zum Großhirn ist das anders. Es gibt dort zwar auch noch Nervenzellen vom Typ der Hörnervenzellen, die meisten aber sind spezialisiert. Die einen melden Anfang und Ende eines Reizes mit jeweils einem oder wenigen Aktionspotentialen, andere beantworten nur den Anfang und sind danach gehemmt. Es gibt Nervenzellen, die einen Reiz mit einer Folge von kurzen Salven beantworten. Die ersten Nervenzellen, die auf die Reize beider Ohren reagieren, befinden sich in den oberen Olivenkernen im Stammhirn. Von hier an reagieren alle Nervenzellen der Hörbahn auf Reize in beiden Ohren.

Nervenzellen des linken Großhirns beantworten überwiegend Schallreize, die von rechts kommen, und werden durch solche von links gehemmt. Die Nervenzellen des rechten Großhirns reagieren entsprechend auf Reize von der jeweils anderen Seite. Viele Zellen der zentralen Hörbahn beantworten einfache Tonreize überhaupt nicht. Sie reagieren nur noch auf spezielle Merkmale der akustischen Reize wie Änderungen der Frequenz, der Amplitude oder bestimmte Kombinationen von Reizmerkmalen. Diese Nervenzellen sind Spezialisten für die komplizierten Eigenschaften der natürlichen akustischen Reize.

Hören und Lernen

Die Anordnung der Nervenfasern verändert sich nicht von ihrem Ursprung im Ohr bis zur Großhirnrinde. Benachbarte Nervenzellen im Gehirn melden die Erregungssignale benachbarter Sinneszellen der Schnecke und sind somit cochleotop geordnet (cochlea, lateinisch: Schnecke; topos, griechisch: Ort). Weil die Frequenzen im Ohr nach dem Ortsprinzip codiert werden, ist die cochleotope Anordnung gleichzeitig eine tonotope, das heißt eine Anordnung der Nervenzellen nach der Tonhöhe, die sie melden. Auf der Großhirnrinde gibt es nebeneinander mehrere akustische Felder, die verschiedene Aspekte der Wahrnehmung parallel verarbeiten. Die Eigenschaften der Nervenzellen in diesen Großhirnrindenfeldern wurden mit Mikroelektroden bei verschiedenen Säugetierarten erforscht. Es gibt Unterschiede zwischen den Arten, aber die grundsätzlichen neurophysiologischen Befunde sind vergleichbar: Zellen mit gleicher Bestfrequenz liegen nebeneinander und sind in Streifen angeordnet.

Diese Ordnung lässt sich auch mit der FDG-Methode nachweisen. FDG steht für Fluoro-2-Desoxyglucose, einen dem Blutzucker (Glucose) verwandter Stoff. Dieser Zucker wird radioaktiv markiert und in das Blut injiziert. Dann werden die Tiere mit einem einfachen Reiz mit nur einer Frequenz beschallt. Die Nervenzellen, die darauf mit vielen Aktionspotentialen reagieren, brauchen für ihre Natrium-Kalium-Pumpe viel Energie. Zur Deckung des Bedarfs nehmen sie verstärkt Glucose und damit auch mehr FDG auf, das im Gegensatz zur Glucose nicht abgebaut werden kann. Die Hirnareale, in denen sich FDG anreichert, lassen sich nach dem Tod der Tiere mit der Autoradiographie nachweisen. Das Gehirn wird dazu in Scheiben geschnitten und mit einem Röntgenfilm bedeckt, auf dem die radioaktive Strahlung eine Schwärzung erzeugt, die vermessen wird. Das Verfahren zeigt nach jedem Experiment alle Hirngebiete, die bei der gewählten Reizfrequenz reagiert haben.

Untersuchungen mithilfe des FDG-Verfahrens bei einer Rennmaus führten zu einer neuen Erkenntnis. Die Großhirnrinde ändert sich, wenn die Rennmaus etwas lernt. In dem Experiment lernten die Tiere einen Ton als Ankündigung eines darauf folgenden kleinen elektrischen Reizes an den Füßen zu erkennen. Nach nur 100 Wie-

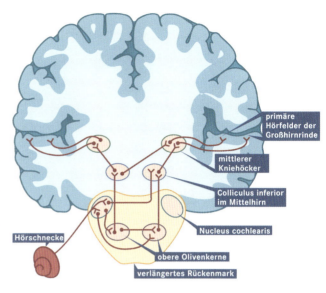

Die **Hörbahn** vom Ohr zum Großhirn ist hier stark vereinfacht dargestellt. Eingezeichnet sind die Faserverläufe ausgewählter Nervenzellen, wobei alle Nervenbahnen rechts-links spiegelsymmetrisch zu denken sind.

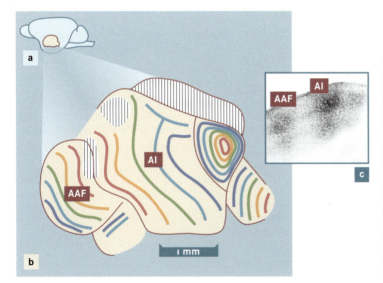

Die schraffiert dargestellten **akustischen Rindenfelder** des Großhirns einer mongolischen Rennmaus in der kleinen Abbildung sind in der großen Abbildung stark vergrößert. Die bunten Streifen verbinden Orte der Hörfelder mit gleicher Bestfrequenz der Nervenzellen (rot: 25-30 kHz, orange: 10 kHz, grün: 4 kHz, blaugrün: 1 kHz, blau: 0,5 Hz; die längs schraffierten Flächen sind keiner Frequenz zuzuordnen). Das Foto zeigt den autoradiographischen Nachweis von Hirngebieten, die durch dieselbe Schallfrequenz in Erregung versetzt wurden. AAF und AI sind die Bezeichnungen für die untersuchten Rindenfelder.

derholungen des akustisch-elektrischen Reizpaares war das Muster der tonotopen Streifen im Gehirn ein wenig verschoben. Das bedeutet: Lernvorgänge können die Großhirnrinde so verändern, dass dort andere Nervenzellen den Reiz beantworten als vor dem Lernen. Die beobachteten Veränderungen im Gehirn blieben aus, wenn die akustischen und elektrischen Reize in unabhängiger Folge geboten wurden. In diesem Fall konnten die Rennmäuse den akustischen Reiz nicht als Vorläufer des elektrischen erkennen und darum auch nicht lernen. Der Versuch verbessert die Kenntnisse über das Hören und Lernen sowie über die Plastizität, das heißt Veränderbarkeit der neuronalen Ordnung im Gehirn.

Signale wurden bereits als physikalische Größen definiert, denen eine Nachricht zugeordnet ist. Das eben besprochene Experiment gibt einen Hinweis darauf, wie eine Zuordnung dieser Art im Nervensystem zustande kommen kann. Der elektrische Reiz wird durch den Lernvorgang dem Tonreiz zugeordnet. Der Tonreiz wird so zum Warnsignal für den elektrischen. Das zeigt sich darin, dass im Großhirn nach dem Lernen andere Zellen auf den Reiz reagieren als vor dem Lernen.

Hören und Sprechen

Die größten Anforderungen an das Gehör und die Lernfähigkeit stellt die menschliche Sprache. Viele Linguisten legen heute ihrer Forschung die Idee einer universellen Grammatik aller Sprachen zugrunde. Obwohl Sprachen gelernt werden müssen, sollen sie nach dieser Vorstellung doch eine gemeinsame Wurzel haben. Dafür spricht, dass Menschen eine natürliche Anlage für die Sprache haben. Schon als Babys, lange bevor sie sprechen können, erlernen sie die Phoneme, das heißt die Sprachlaute der Muttersprache. Auch das spätere Sprechenlernen ist an ein bestimmtes Entwicklungsstadium gebunden. Menschen sind wohl von der Natur programmiert, die Muttersprache zu lernen. Nur wenige Menschen können später noch eine Fremdsprache so perfekt sprechen lernen wie die Muttersprache. Die Schwierigkeit betrifft weniger das Sprechen als vielmehr das Hören. Japanische Kinder können den Unterschied zwischen »l« und »r« besser hören als Erwachsene. Sprechenlernen ist auch Hörenlernen.

Schon im 19. Jahrhundert kannten die Neurologen Sprachstörungen, die nach Hirnverletzungen und Schlaganfällen auftreten. Sie wussten auch, dass die linke Großhirnhälfte zur Beherrschung von Sprache intakt sein muss. Verletzungen des so genannten Broca-Areals

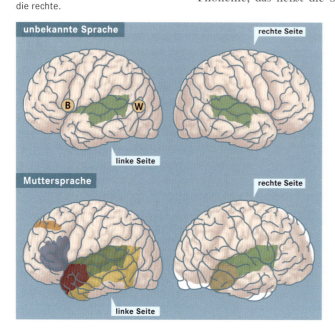

Ansicht der linken und rechten Seite des menschlichen Gehirns. Eingetragen ist das **Broca-Areal** (B) und das **Wernicke-Areal** (W) im Großhirn sowie die Hirnaktivität eines erwachsenen Menschen, dem ein Text in einer für ihn unverständlichen Fremdsprache und in der Muttersprache vorgelesen wurde. Die Aktivität wurde mit der PET-Methode gemessen. Man erkennt, dass die linke Großhirnhälfte für die Sprachverarbeitung wichtiger ist als die rechte.

beeinträchtigen das Sprechen und Verletzungen des Wernicke-Areals das Verstehen von Sprache. Seit 1960 kamen dazu die berühmten Untersuchungen des Nobelpreisträgers Roger Sperry, der zeigte, dass so genannte Split-Brain-Patienten, bei denen die Verbindungen zwischen den beiden Großhirnhälften unterbrochen sind, sprachlich nur die Vorgänge ausdrücken können, die sich in ihrer linken Großhirnhälfte abspielen. Sie reagieren auf Sprache auch mit der rechten Großhirnhälfte. Was dort geschieht, bleibt ihnen aber unbewusst.

Die Kenntnisse wurden verfeinert, als sich herausstellte, dass die elektrische Reizung bestimmter Großhirnareale zur Sprachverwirrung führen kann. Schließlich wurde gezeigt, dass einige linksseitige Sprachfelder des Großhirns nur beim Hören von Sprachen, die die Versuchsperson verstehen, aktiv sind. Viele Beobachtungen sprechen dafür, dass Säuglinge angeborenermaßen zwischen Sprache und nichtsprachlichen akustischen Signalen unterscheiden können.

Hören mit zwei Ohren

Fast alles, was wir hören, können wir bereits mit nur einem Ohr wahrnehmen, auch die Richtung und Entfernung zur Schallquelle. Die rechts zu sehende Zeichnung beschreibt ein Experiment, für das beide Ohren nötig sind. Eine Versuchsperson hält die Enden eines Gummischlauches an die Ohren und der Versuchsleiter klopft mit einer Stricknadel auf den Schlauch. Die Versuchsperson hört einen Knacklaut, der scheinbar aus einer bestimmten Richtung kommt. Wenn beide Ohren genau gleich reagieren (was nicht bei allen Menschen zutrifft), ruft das Klopfen auf die Mitte des Schlauches die Illusion hervor, das Geräusch komme genau von vorne oder von hinten. Bei einer Verschiebung der Klopfstelle zur Seite glaubt die Versuchsperson schon bei einem Weglängenunterschied zu den beiden Ohren von ungefähr einem Zentimeter, die Geräuschquelle läge nicht mehr in der Richtung, in die die Nase weist, sondern ungefähr drei Winkelgrade daneben. Dieser einfache Versuch gibt einen überraschenden Einblick in die Erregungsverarbeitung im Gehirn. Die Schallgeschwindigkeit in Luft beträgt 340 Meter pro Sekunde. Bei einem Weglängenunterschied von einem Zentimeter wird das eine Ohr ungefähr 30 Mikrosekunden (µs) früher gereizt als das andere (1 µs = 0,000 001 Sekunden). Diese Zeit ist gering im Vergleich zur Dauer eines Aktionspotentials. Wie kann das Gehirn eine so kurze Zeit erkennen, wenn die eigenen Signalbausteine mehr als hundertmal langsamer sind?

Bei seitlichem Reizeinfall liegt das eine Ohr im Schallschatten, sodass der Reiz dort abgeschwächt ist. Der Schalldruck kann so hinter dem Kopf um bis zu 30 dB abgeschwächt sein. Versuchspersonen

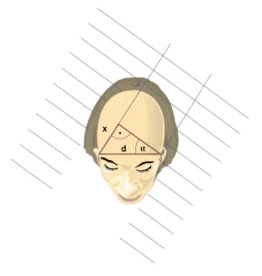

Wenn der Schall nicht genau von vorn oder hinten kommt, gibt es eine Wegdifferenz x und darum eine Zeitdifferenz zwischen den Reizen an den beiden Ohren. Bei einer Breite des Kopfes von 17 cm kann der Winkel, in dem der Schall auf die Ohren trifft, mit der Formel $\tan\alpha = \frac{x}{d}$ berechnet werden. Bei hohen Frequenzen und somit kurzen Wellenlängen liegt dann ein Ohr im Schallschatten des Kopfes, sodass der Schallreiz dort schwächer ist.

Ein einfacher Versuch zum **Richtungshören** mit zwei Ohren: Der Schall wird durch die Luft im Schlauch geleitet. Wenn die Klopfstelle nicht genau in der Mitte des Schlauches liegt, sind die Schallwege verschieden lang und man vermutet dann die Schallquelle auf der zuerst gereizten Seite.

lokalisieren die Schallquelle dann auf der lauteren Seite. In einer Variante des eben beschriebenen Versuchs wird ein Ohr etwas früher gereizt, sodass die Schallquelle auf dieser Seite zu liegen scheint. Sie wandert wieder zurück und zur Gegenseite, wenn der Reiz am anderen Ohr verstärkt wird. Im Gehirn werden demnach beide Reizparameter, Zeit- und Schalldruckdifferenz, ausgewertet. Im oberen Olivenkern wurden bei Säugetieren Nervenzellen gefunden, die bei bestimmten Reizzeitdifferenzen reagieren, und andere, die Intensitätsdifferenzen beantworten. Außerdem gibt es Nervenzellen, die auf beides reagieren, wie es zur Erklärung des zuletzt genannten Kompensationsexperimentes notwendig ist.

Die Hörnervfasern können nur bei tiefen Frequenzen jede Schwingung der Basilarmembran mit einem Aktionspotential beantworten. Mit steigender Frequenz lassen sie zuerst wenige, dann immer mehr Schwingungen aus. Bis hinauf zu ungefähr 5 kHz entstehen die Aktionspotentiale aber immer in einer bestimmten Phasenlage der Schwingung. Bei einer Frequenz von 1 kHz dauert eine Schwingung eine tausendstel Sekunde. Wenn die Aktionspotentiale zu einem bestimmten Zeitpunkt in dieser kurzen Periode entstehen, kann der zeitliche Schwingungsverlauf mit großer Genauigkeit gemeldet werden, insbesondere, wenn viele parallele Fasern jeweils andere Schwingungen mit einem Aktionspotential beantworten. Diese Art der Codierung durch viele parallele Nervenfasern könnte auch zur Frequenzanalyse im Gehirn genutzt werden, wenn dafür nach der Frequenzanalyse im Innenohr noch Bedarf sein sollte.

C. VON CAMPENHAUSEN

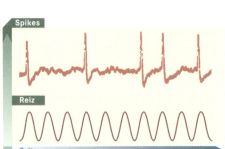

Die Aktionspotentiale von Hörnervenfasern sind in der oberen Zeile, deren zeitlicher Verlauf des Schallreizes in der unteren Zeile zu sehen. Nicht jede akustische Welle wird mit einem Aktionspotential beantwortet. Diese erscheinen aber, wenn sie auftreten, immer in einer bestimmten **Phasenlage.**

Statoorgane und Bogengänge – Sinnesorgane ohne eigene Empfindung

Die Überschrift dieses Kapitels nennt zwei Sinnesorgane und keine Wahrnehmungsmodalitäten wie Hören oder Schmecken. Das hat einen Grund: Die Bogengang- und Statoorgane sind zwar an vielen Wahrnehmungen beteiligt, rufen aber keine eigenen Empfindungen hervor. Man bezeichnet sie oft und zu Recht als Gleichgewichtsorgane. Das körperliche Gleichgewicht nehmen wir allerdings nicht unmittelbar wahr, sondern nur indirekt, etwa an den Reflexbewegungen, mit denen wir uns im Gleichgewicht halten. Nicht einmal das Schwindelgefühl, welches eine Gleichgewichtsstörung anzeigt, kann man eindeutig auf die Gleichgewichtsorgane zurückführen. Es lässt sich zwar über die Bogengänge auslösen, aber auch ohne diese, allein durch einen Blick in den Abgrund, hervorrufen. Die Gleichgewichtsorgane vermitteln somit zwar das Gleichgewicht, aber keine Empfindungen. Ohne wissenschaftliche Untersuchungen wüsste niemand, dass er diese Sinnesorgane besitzt, weil sie zusammen mit der Schnecke im Knochen des Felsenbeines verborgen sind. Ihre Funktion wurde erst spät aufgeklärt. Seit 1824 weiß man, dass Vögel und Katzen nach chirurgischen Eingriffen an diesen Sinnesorganen ihr Gleichgewicht nicht mehr halten können. Wie diese Organe funktionieren, wurde erst später geklärt.

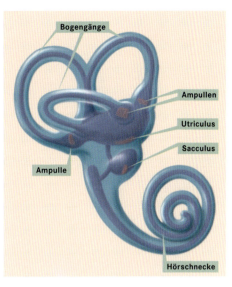

Eine schematisierte Ansicht des rechten **Innenohrs** von der rechten Seite: Das Gangsystem im Felsenbein hinter dem Ohr, das knöcherne Labyrinth, enthält die hier wiedergegebenen Schläuche, das häutige Labyrinth. Dunkelblau sind die mit Endolymphe gefüllten Hohlräume, in denen sich die Sinneszellen befinden, und hellblau die mit Perilymphe gefüllten umgebenden Räume gezeigt. Lila sind in den drei Ampullen die Cupulae sowie die Statoorgane in den beiden Säckchen, Utriculus und Sacculus, markiert.

Die Verwandtschaft der Gleichgewichtsorgane zum Innenohr

Die Gleichgewichtsorgane und die Schnecke haben sich im Laufe der Evolution der Wirbeltiere wie das Seitenlinienorgan der Haut entwickelt. Dieses Sinnesorgan vermittelt Fischen und Amphibien im Wasser den Ferntastsinn. Bei den außerhalb des Wassers lebenden Wirbeltieren ist das Seitenlinienorgan verloren gegangen. Die Fische und Amphibien haben außer dem Seitenlinienorgan bereits Ohren sowie Stato- und Bogengangorgane. Trotz der verschiedenen Aufgaben dieser Sinnesorgane stimmen sie in einigen Struktur- und Funktionseigentümlichkeiten überein.

Die Sinneszellen der Seitenlinien-, Stato- und Bogengangorgane sowie der Schnecke sind Haarzellen. Sie besitzen außer den Stereovilli einen weiteren Fortsatz, das Kinocilium, von dem bei den Sinneszellen der menschlichen Schnecke nur der untere Teil vorhanden ist. Bei den Stato- und Bogengangorganen unterscheidet man zwei Arten von Sinneszellen. Die eine ist von der Synapse einer schnell leitenden Nervenfaser kelchförmig umschlossen. Haarzellen dieses Typs melden nur Reizänderungen. Der zweite Typ ist mehr zylindrisch gestreckt und über viele Synapsen mit dem Gehirn verbunden. Die mit diesen Zellen verbundenen Nervenfasern feuern im

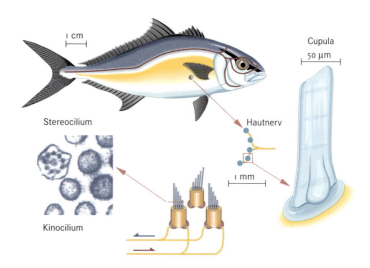

Das **Seitenlinienorgan** eines Fisches ist ein System von Sinnesorganen (Neuromasten) auf der Haut und in den schwarz eingezeichneten Kanälen. Jeder Neuromast besteht aus einem gallertigen Vorsprung, der Cupula, an deren Basis sich die Sinneszellen befinden, die auf Bewegungen der Cupula reagieren. Sie unterscheiden sich von den Hörzellen des inneren Ohres durch das Kinocilium, das man im elektronenmikroskopischen Querschnitt an dem Kreis von angeschnittenen Mikrofibrillen erkennt. Wenn sich die Cupulae mit der umgebenden Flüssigkeit bewegen, werden die Schöpfe der Haarzellen abgebogen und der entstehende Reiz zum Gehirn gemeldet. Über getrennte Nervenfasern regelt das Gehirn die Empfindlichkeit der Haarzellen für diesen Reiz.

ungereizten Zustand mit einer Frequenz von etwa 70 Aktionspotentialen pro Minute. Die Frequenz erhöht sich, wenn die Stereocilien zum Kinocilium hin gebogen werden und wird kleiner bei Auslenkung in die Gegenrichtung.

Die Spitzen der Stereovilli sind wie bei den Hörzellen durch molekulare Fäden verbunden. Eine Auslenkung der Stereovilli zum Kinocilium hin erhöht die mechanische Spannung dieser Verbindung. Durch den mechanischen Zug öffnen sich in der Membran der Stereovilli molekulare Kanäle für positive Ionen, die dann ins Innere der Sinneszellen strömen und eine Verkleinerung des elektrischen Membranpotentials der Sinneszelle bewirken. So wird der Erregungsvorgang bei den genannten Sinnesorganen eingeleitet. In allen diesen Sinnesorganen enden auf den Haarzellen auch hemmende Nervenfasern, die ihren Ursprung im Gehirn haben.

Worauf reagieren diese Sinnesorgane und wie sind sie gebaut?

Die Statoorgane

Wer beim Fotografieren die Kamera nicht gerade hält, produziert Bilder, auf denen Bäume und Häuser scheinbar schräg stehen. Glücklicherweise bleibt uns beim Sehen dieser irreführende Eindruck erspart, wenn wir den Kopf zur Seite neigen, da die Statoorgane die Richtung der Schwerkraft melden und diese Information in die Bildverarbeitung im Gehirn einfließt. Die Schräglage der Abbildung im Auge kann so korrigiert werden. Damit ist die erste Aufgabe der Statoorgane gekennzeichnet. Sie reagieren auf die mechanische Kraft, die vom Schwerefeld der Erde ausgeht. Wie die Statoorgane diese Aufgabe erfüllen, kann man sich am besten an ihrem Bau klarmachen.

Auf jeder Seite des Kopfes gibt es zwei Statoorgane, die senkrecht zueinander angeordnet sind, die Utriculus- und die Sacculus-Statolithenorgane. Wenn man den Kopf um 30° nach vorne neigt, liegen die Utriculus-Statolithenorgane waagerecht, die Sacculus-Statolithenorgane aber senkrecht. Die Stereovilli und das Kinocilium der Haarsinneszellen eines Statolithenorganes ragen in eine elastische Masse hinein, welche schwere Kristalle, die Statokonien, enthält. Wenn ein waagerechtes Statoorgan gekippt wird, rutscht die schwere Masse zur Seite und biegt die Kino- und Stereocilien ab. Das ist dann der adäquate Reiz für diese Sinneszelle.

Jede Kopfhaltung reizt jeweils andere Haarsinneszellen der spiegelbildlichen, annähernd flachen Statoorgane maximal. Die Statoorgane reagieren auch auf Trägheitskräfte, die bei Geschwindigkeitsänderungen auftreten. Diese Kräfte drücken die Insassen beim Anfahren (positive Beschleunigung) in den Autositz. Beim plötzlichen Bremsen (negative Beschleunigung) wirkt die Kraft in der Gegenrichtung. Auch die Fliehkraft auf dem Karussell ist eine Trägheitskraft.

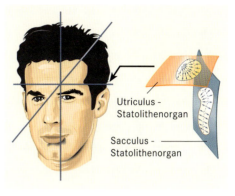

Nach der allgemeinen Relativitätstheorie sind Schwerkraft und Trägheitskräfte äquivalent, das heißt letztlich dasselbe. Die einzelnen Sinneszellen können nicht zwischen ihnen unterscheiden. Durch die Auswertung der Statoerregung im Gehirn können wir aber die verschiedenen Reizbedingungen auseinander halten. Eine Kopfneigung nach vorne reizt beide Utriculus-Statoorgane gleich stark, eine Kopfneigung zur Seite dagegen biegt die Cilien auf der einen Seite zur Kopfmitte, die der anderen aber in entgegengesetzter Richtung. Bei einer Drehung um die Längsachse treibt die Fliehkraft die Statokonienmasse auf beiden Seiten nach außen und erregt die spiegelbildlich gebauten Utriculus-Statoorgane wieder gleich. Die gesuchte Information über die tatsächliche Lage und Bewegung des Kopfes entsteht erst im Gehirn durch geeignete Verknüpfung der Signale von den anatomisch entsprechenden Arealen.

Von den oben angedeuteten **Utriculus-** und **Sacculus-Statoorganen** im Kopf, ist unten das rechte von schräg oben gezeichnet. Die Pfeile geben die Orientierung der Haarzellen an. Sie weisen in die Richtung der Kinocilien, das heißt in die optimale Reizrichtung.

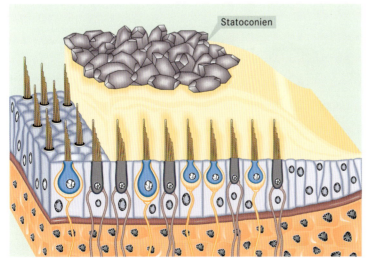

Die Cilien der Haarzellen eines **Statoorgans** ragen in eine elastische Masse hinein, welche mit schweren Calciumcarbonatkristallen, den Statokonien, belastet ist.

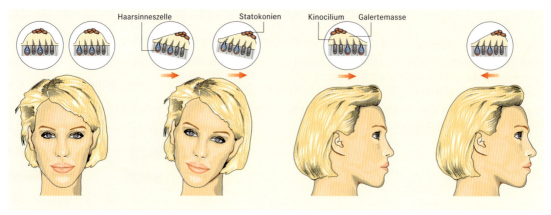

Die **Arbeitsweise der Statoorgane** ist hier anhand des unverhältnismäßig groß eingezeichneten Utriculus-Statoorgans schematisch dargestellt. Die beiden linken Bilder zeigen, wie sich die Masse der Statokonien bei aufrechtem und zur Seite geneigten Kopf verhalten. Die beiden rechten Bilder machen deutlich, wie sich die Statokonienmasse bei Beschleunigung nach vorne bzw. nach hinten verschiebt.

Die Kraft, welche die Statokonienmasse zur Seite schiebt, ist der Schwerkraft und dem Sinus des Neigungswinkels proportional, das heißt, der Reiz nimmt mit dem Neigungswinkel sinusförmig zu oder ab. Die oben erwähnten Haarsinneszellen des zweiten Typs ändern die Frequenz ihrer Aktionspotentiale ebenfalls mit dem Sinus des Neigungswinkels. Sie bestätigen damit die Reiztheorie, nach der die Verbiegung des Kinociliums und der Stereovilli der adäquate Reiz ist. Dass die Verschiebung und nicht etwa der Druck der Statokonien auf die Unterlage der adäquate Reiz ist, bewies erst 1950 Erich von Holst durch verhaltensphysiologische Arbeiten an Fischen.

Mit den Utriculus-Statolithen allein könnten wir zwischen der Neigung 0° und 180° nicht unterscheiden und die Empfindlichkeit für Winkeländerungen wäre bei 90° und 270° viel kleiner als zwischen diesen Winkeln, weil die Sinuskurve dort flach verläuft. Weil es aber zwei senkrecht zueinander stehende Statoorgane gibt, befindet sich immer nur eines der beiden Organe im kritischen Winkelbereich. Man nennt dieses Prinzip der Winkelmessung nach dem Vorschlag von Horst Mittelstaedt Bikomponentenprinzip.

In einem Statoorgan ist die Reizgröße R eine seitwärts gerichtete Scherkraft, die sich mit dem Sinus des Neigungswinkel α ändert. Die Erdschwere S bleibt auf der Erde gleich. Als Formel ausgedrückt bedeutet das $R = S \cdot \sin \alpha$.

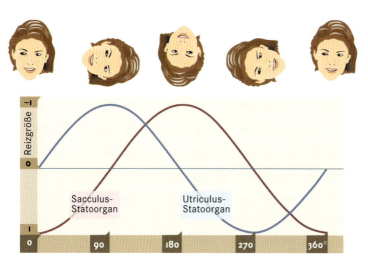

Die Winkelmessung der Statoorgane erfolgt nach dem **Bikomponentenprinzip**. Die Erregung der Sinneszellen des Utriculus-Statoorgans nimmt mit dem Neigungswinkel des Kopfes sinusförmig zu und ab und ist daher bei zwei Orientierungen (0° und 180°) gleich. Bei 90° und 270° verläuft die Kurve flach, sodass sich kleine Winkeländerungen kaum bemerkbar machen. Da die Sinneszellen des Sacculus-Statoorgans jedoch um 90° gegenüber denen des Utriculus geneigt sind, steht ein zweites Signal zur Verfügung. Beide zusammen melden eindeutig die Orientierung bei allen Winkeln. Verläuft die Erregungskurve beim einen Organ flach, ist sie beim anderen Organ steil, sodass bei allen Orientierungen die Empfindlichkeit für Winkeländerungen gut ist.

Das Bogengangsystem

Auch die Bogengänge reagieren auf Trägheitskräfte. Ursache dafür sind hier aber nicht Beschleunigungen in beliebige Richtungen des Raumes, sondern Drehbeschleunigungen. Diese treten bei allen Kopfdrehungen auf. Die Physik der Bogengangfunktion kann an einer Kaffeetasse erklärt werden. Dreht man sie um ihre Hochachse, dreht sich der Kaffee nicht gleich mit. Er bleibt wegen seiner Trägheit hinter der Drehung zurück und bewegt sich deshalb relativ zur Tasse. Erst wenn sich die Tasse immer weiter dreht, folgt ihr schließlich der flüssige Inhalt. Wenn man die Bewegung des Kaffees in der Tasse registrieren könnte, hätte man ein Messgerät für Drehbeschleunigungen.

Das Bogengangsystem funktioniert nach dem selben Prinzip. Es besteht aus drei kreisförmigen Kanälen, die mit Flüssigkeit, der Endolymphe, gefüllt sind. Die drei Bogengänge stehen senkrecht aufeinander. Jeder reagiert am stärksten auf Drehbeschleunigungen um die Raumachse, die senkrecht durch seinen Ring verläuft. Wenn die gemeinsame Drehachse des Kopfes auf keinem der Bogengänge senkrecht steht, reagieren alle drei, aber je nach der Orientierung der Drehachse verschieden stark. Die Information über die Richtung der wahren Drehachse steckt somit im Verhältnis der drei Bogengangreaktionen. Man kann die Drehbeschleunigung für jeden Bogengang als Vektor darstellen und durch Vektoraddition die Drehachse und die Größe der Beschleunigung berechnen.

Ein Blick auf die Anatomie der Bogengänge zeigt, dass jeder von ihnen an einer Stelle, der Ampulle, verdickt ist. In ihr befindet sich eine dicht schließende Klappe, die Cupula. Wenn der Bogengang durch eine Drehbewegung gedreht wird, bleibt sein Flüssigkeitsinhalt hinter der Drehung zurück wie der Kaffee in der Tasse. Die sich relativ zum Gang bewegende Flüssigkeit drückt dann gegen die Cupula und biegt sie durch. Sie ist glasklar und daher erst bei Anfärbung der Endolymphe sichtbar. Die Durchbiegung ist aber bei den üblichen Drehbeschleunigungen so gering, dass man sie nicht sehen kann. An der Basis der Cupula befinden sich die Sinneszellen. Der

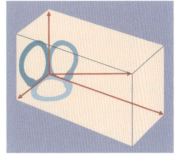

Vektormodell der Bogengänge: Wenn das Bogengangsystem um eine Achse gedreht wird, die senkrecht auf der Ebene eines der beiden anderen Bogengänge steht, kommt es nur in diesem Bogengang zu einer Trägheitsströmung. Die Flüssigkeit in den beiden anderen bleibt relativ zum bewegten Bogengangsystem in Ruhe. Dreht sich das System um eine beliebige Achse, reagieren die drei Bogengänge unterschiedlich stark. Die Drehbeschleunigungen kann man durch die Länge von Vektoren ausdrücken und durch Vektoraddition den gemeinsamen Drehvektor errechnen.

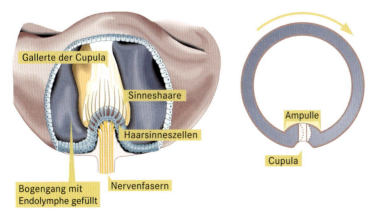

Die links abgebildete **Ampulle** in einem Bogengang mit der Cupula und den Haarsinneszellen an der Basis ist rechts als Modell zu sehen. Die Endolymphe ist dort dunkel gefärbt, sodass die glasklare Cupula sichtbar ist. Dreht sich der Bogengang in Richtung des Pfeils, bleibt die eingeschlossene Flüssigkeit zurück. Die Trägheitskraft, die zu der relativen Bewegung zwischen dem Inhalt und dem Gefäß führt, macht sich in der Verbiegung der elastischen Cupula bemerkbar.

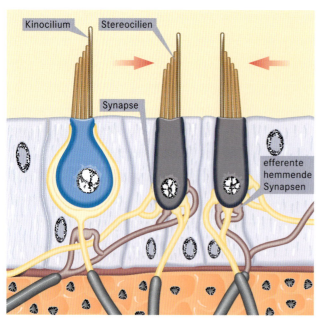

Die **Sinneszellen** der Stato- oder Bogengangorgane haben wie die Haarzellen der Hörschnecke und des Seitenlinienorgans keine eigenen Nervenzellenfortsätze. Die hell eingezeichneten Nervenfasern und Synapsen übertragen die Erregung zum Gehirn, durch die dunkel gezeichneten werden die Sinneszellen gehemmt. Die Impulsfrequenz nimmt bei einer Bewegung der Cilien nach rechts zu, bei einer Bewegung nach links dagegen ab. Die Pfeile zeigen die wirksame Reizrichtung an. Der mehr birnenförmige Typ I der Haarzellen meldet Reizänderungen durch schnell leitende Fasern, der gestreckte Typ II sorgt in den nachgeschalteten Nervenfasern für anhaltende Aktionspotentiale.

Reiz besteht auch hier, wie bei allen Haarsinneszellen, aus der Abbiegung des Kinociliums und der Stereovilli.

Die Cupula leistet der Strömung durch die elastische Gegenkraft bei der Verbiegung und durch eine aktive Gegenbewegung der Cilien Widerstand. Außerdem wird die Trägheitsströmung durch die innere Reibung (Viskosität) der Endolymphe gebremst. Der Physiker erkennt sofort, dass in diesem System die relative Größe des Trägheitsmomentes, der Viskosität und der Elastizität darüber entscheiden, wie der Prozess abläuft. Die Cupula könnte nach einer Auslenkung noch lange hin- und herschwingen oder ganz langsam wieder in die Ausgangslage zurückkehren. Das Cupula-Endolymphe-System ist ein gedämpftes System und kehrt daher langsam in seine Ausgangslage zurück. Diesen Zeitverlauf der Bogengangreize kann man an seinen eigenen Wahrnehmungserlebnissen erfahren.

Wie sich Stato- und Bogengangorgane bei der Wahrnehmung bemerkbar machen

Die Menschen leben im Schwerefeld der Erde. Darum droht ihnen ständig die Gefahr, das Gleichgewicht zu verlieren und sich bei einem Sturz zu verletzen. Die Bogengänge und Statoorgane sind an der lebenswichtigen Aufgabe, das Gleichgewicht zu halten, beteiligt. Trotzdem wird die Regelung des Gleichgewichtes hier ausgeklammert, weil sie weitgehend automatisch abläuft, und wir nicht viel davon mitbekommen. Hier soll es um Wahrnehmung gehen.

Wahrnehmung im Schwerefeld der Erde

Es gibt Menschen, bei denen die Statoorgane nicht funktionieren, ohne dass sie es merken. Sie orientieren sich mit den Augen wie die Astronauten, die zwar Statoorgane haben, aber in ihren Raumkapseln ohne Schwerkraft leben. Die Astronauten haben in der Schwerelosigkeit keine grundsätzlichen Wahrnehmungsprobleme. Ihnen bleibt das Gefühl für oben und unten erhalten. Unten ist für sie da, wo die Füße sind. Der Einfluss der Statoorgane auf die Wahrnehmung ist nicht leicht zu erkennen, zumal auch ohne sie sichere Wahrnehmungen möglich sind. Er kommt ins Spiel bei der Bildverarbeitung im Gehirn. Dort wirken allerdings auch Sinnesmeldungen von unübersehbar vielen anderen Sinnesorganen wie den Bogengängen oder den Stellungsrezeptoren der Gelenke.

Wenn wir im Bett liegen oder auf dem Kopf stehen, sehen wir unsere Umgebung im Prinzip unverändert. Oben und unten bleiben weiter unter der Kontrolle der Schwerkraft. So ist es zunächst auch bei der nebenstehenden Abbildung: Das auf der Spitze stehende Quadrat sieht wie eine Raute aus. Wenn man das Bild zur Seite kippt, wird die Raute zum Quadrat und das Quadrat zur Raute. Die Orientierung im Schwerefeld, dessen Ausrichtung die Statoorgane feststellen, entscheidet hier, was wir sehen. Das ist auch bei dem doppeldeutigen Kopf der Fall. Die oberen fünf Figuren sehen wie bärtige Männer mit Mütze aus, die unteren wie Frauen mit hochgesteckter Frisur. In den waagerechten Figuren erkennen wir den Mann und die Frau, allerdings nicht beide gleichzeitig. Eine zusätzliche Erklärung verlangt folgende Beobachtung: Wenn wir die aufrecht stehenden Bilder mit zur Seite geneigtem Kopf betrachten, bleiben sie im Gegensatz zu allen anderen Gegenständen der Umgebung nicht gleich. Raute und Quadrat verwandeln sich ineinander, obwohl ihre Orientierung im Schwerefeld gleich geblieben ist. Die fünf bärtigen Männer sind nicht mehr die oberen, die fünf Frauen nicht mehr die unteren und die ambivalenten Köpfe sind nicht mehr die horizontalen. Das Ergebnis der Bildverarbeitung, also die Alternative von Mann und Frau in der Wahrnehmung, dreht sich ein wenig mit, wenn wir den Kopf zur Seite neigen.

Diese Wahrnehmungstäuschung ist leichter zu beobachten als die damit verwandte, nach ihrem Entdecker Hermann Aubert genannte Erscheinung. Man braucht zur Demonstration des Aubert-Phänomens einen vollständig dunklen Raum, in dem nur eine senkrecht stehende helle Linie zu sehen ist. Wenn man den Kopf zur Seite neigt, bis man mit dem Ohr eine Schulter berührt, sieht die helle Linie so aus, als habe sie sich ein wenig zur Gegenseite gedreht. Sie scheint schräg im Raum zu stehen. Die beobachteten Winkelabweichungen von der Lotrechten können bis zu 45° betragen. Öffnet man dann die Tür, sodass ein wenig Licht in den Raum hereinkommt und die Einrichtung erkennbar wird, richtet sich die helle Linie langsam auf. Schließt man die Tür, dreht sie sich wieder in die Schräglage zurück. In dieser Bewegung erlebt man, wie das Gehirn verschiedene Sinnesmeldungen miteinander verrechnet.

Diese Erscheinungen lassen sich mithilfe eines Vektormodells erklären. Zwischen der physikalischen Vertikalen, die von den Statoorganen aus der Schwerkraft gewonnen wird, und der wahrgenommenen subjektiven Vertikalen besteht ein Unterschied, der sich in Auberts Versuch bemerkbar macht. Um zu erklären, wie das Gehirn zu dieser Abweichung kommt, führte Horst Mittelstaedt 1983 eine dritte Größe ein, den ideotropen Vektor in Richtung der Körperlängsachse. Er macht sich bei den Astronauten in dem Gefühl bemerkbar, unten sei in der Schwerelosigkeit da, wo die Füße sind. Durch Vektoraddition der physikalischen Vertikalen und des ideotropen Vektors entsteht die subjektive Vertikale. Sie erreicht ihre größte Schräglage bei einer Kopfneigung von 90° zur Seite. Die subjektive Vertikale zeigt die Richtung an, in der die Versuchsperson die physikalische Verti-

Dieses Bild verdeutlicht, wie der Sinneseindruck von der Orientierung des Bildes im Schwerefeld und der Kopfneigung abhängt. Das Quadrat erscheint als Raute, wenn man das Bild kippt und umgekehrt die Raute als Quadrat. Dasselbe kann man beobachten, wenn man das Bild aufrecht hält und den Kopf zur Seite neigt. Der Kreis der doppeldeutigen Köpfe erscheint als bärtiger Mann oder als Frau mit hochgesteckter Frisur.

Visuelle Phänomene unter dem Einfluss der Schwerkraft lassen sich mithilfe von Vektoren erklären. Die subjektive Vertikale (sV) ist die Vektorsumme der physikalischen Vertikalen (pV) und des ideotropen Vektors (iV). Die Schwerkraft wird durch die Statoorgane registriert und liefert pV. Der Vektor iV ist eine Verrechnungsgröße und repräsentiert die Körperlängsachse. Im Zustand der Schwerelosigkeit entscheidet iV darüber, wo oben und unten ist.

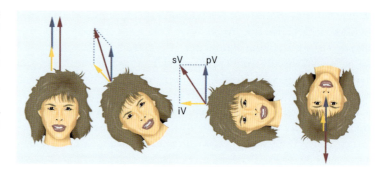

kale vermutet. Weil die helle Linie in Auberts Versuch aber objektiv gleich bleibt, erschien sie so, als sei sie zur Gegenseite gekippt. Diese Deutung erklärt auch ein anderes Phänomen: Der Vektor der subjektiven Vertikalen ist bei aufrechter Haltung größer als bei einem Kopfstand. Tatsächlich sind alle Angaben über räumliche Orientierungen bei aufrechtem Kopf sicherer und genauer möglich als mit nach unten gerichtetem Kopf. Die theoretische Verrechnungsgröße des ideotropen Vektors ist nur in der visuellen Bildverarbeitung nachzuweisen. Bei der Schräglage der hellen Linie im Dunklen, bei der Umwandlung von Raute und Quadrat oder bei den ambivalenten Gesichtern macht sich der ideotrope Vektor zusammen mit der physikalischen Vertikalen in der visuellen Bildverarbeitung bemerkbar. Bei anderen Wahrnehmungsaufgaben ist das nicht der Fall. Wenn die Versuchspersonen aufgefordert werden, sich selbst oder einen Gegenstand, den sie anfassen können, im Dunkeln senkrecht oder waagerecht einzustellen, gelingt ihnen das fehlerfrei ohne die beim Sehen auftretenden systematischen Abweichungen.

Eine andere Wahrnehmungstäuschung, die auf die Statoorgane zurückgeht, erlebt man beim Blick aus dem Flugzeug, wenn es eine Kurve durchfliegt, oder in Zügen mit Neigetechnik in Kurven. In beiden Fällen kann es geschehen, dass beim Blick aus dem Fenster der Horizont, Bäume und Gebäude scheinbar schräg stehen. Dieses Phänomen lässt sich mit einem Karussellversuch erklären. Auf die Statoorgane wirkt hier zusätzlich zur Schwerkraft auch die Fliehkraft. Die resultierende Kraft weist in eine neue Richtung. Die Statoorgane melden, dass man nach außen gekippt sei. Als Folge davon werden die Reflexbewegungen nach innen ausgelöst, die man an der Kopfneigung von Autofahrern in einer Kurve sehen kann. Weil aber das Flugzeug oder der Neigetechnik-Zug schon nach innen geneigt ist, merkt man kaum etwas von der Fliehkraft in der Kurve. Der Körper richtet sich in der Kurve nach der Kraft, die in dem geneigten Fahrzeug im Idealfall senkrecht zum Boden weist. Die Kraft übernimmt in diesem Fall die Rolle der Schwerkraft und man merkt nichts von der Schräglage des Fahrzeugs. Beim Blick aus dem Fenster überrascht dann die scheinbar gekippte Außenwelt.

Während der Fahrt in einem Karussell addiert sich die Fliehkraft (F) zur Schwerkraft (S). Die Resultierende (R) täuscht daher eine Schräglage vor.

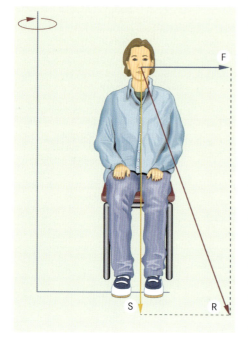

Wie geradlinige Beschleunigungen im Gehirn ausgewertet werden, ist noch immer nicht ganz klar. Wenn die Beschleunigung sehr groß ist, wie bei einem schnell startenden Flugzeug, kann es zu einer gefährlichen Wahrnehmungstäuschung kommen. Die Verschiebung der Statokonienmasse nach hinten täuscht dann eine Neigung des Kopfes nach hinten vor, obwohl die Reizrichtung bei den Sacculus-Statolithen, die Gesamtheit der Gelenkrezeptoren im Körper und die anderen Sinne diese Kopfbewegung nicht bestätigen. Der wahrgenommene Horizont wandert dann mit der scheinbaren Kopfdrehung aufwärts, und das Gefühl, nach hinten zu kippen, kann zu einer Korrektur des Anstiegswinkels des Flugzeugs nach unten und damit zum Absturz führen. Der Pilot muss in solchen Situationen den Instrumenten mehr glauben als seinen Sinnen. Auch diese Täuschung kann man auf einem Karussell beobachten.

Abschließend sei noch daran erinnert, dass Menschen gleichmäßige Bewegungen nur mit den Augen feststellen können. Sieht man bei gleich bleibender Geschwindigkeit aus einem Flugzeug oder einem Zug hinaus, kann man die Bewegungsrichtung feststellen. Mit geschlossenen Augen kann man dagegen nur die Änderungen der Geschwindigkeit, die positiven und negativen Beschleunigungen, fühlen.

Zugvögel und Fische werden in der Luft und im Wasser oft über große Entfernungen transportiert. Ohne zusätzliche Informationen können sie nicht wissen, wo sie sind, wie der Mensch beim Verlassen des Flugzeugs. Viele Tiere orientieren sich am Magnetfeld der Erde.

Wahrnehmung bei Drehbeschleunigungen

Eine sehr wichtige Leistung der Bogengänge ist leicht zu beobachten. Wenn man einen Finger aufrecht vor das Gesicht hält, und den Kopf etwa dreimal in der Sekunde hin- und herdreht, bleibt der Finger mit allen Einzelheiten erkennbar. Hält man aber den Kopf still, und bewegt den Finger hin und her, dann verschwimmen die Einzelheiten und die Ansicht des Fingers wird undeutlich. Im ersten Fall wurde die Drehbeschleunigung durch die Bogengänge registriert, im zweiten nicht. Darin zeigt sich, wenn auch indirekt, ein nützlicher Beitrag der Bogengänge zum Sehen.

Einen Eindruck von den Leistungen der Bogengänge vermitteln Drehstuhlversuche. Vor Beginn des Versuchs werden der Versuchsperson die Augen verbunden. Sie soll weder durch Geräusche, Luftzug oder andere Reize ihre Umgebung wahrnehmen können. Mit gestrecktem Arm deutet die Versuchsperson in eine Richtung. Dreht man sie hin und her, nimmt sie das in der Regel wahr und korrigiert die Richtung der Hand, sodass sie immer in dieselbe Raumrichtung weist. Versetzt man den Stuhl so langsam in Drehung, dass der Reiz durch die Drehbeschleunigung für die Bogengangorgane zu klein ist, wandert der gestreckte Arm mit der Versuchsperson im Kreise herum. Hält man den langsam rotierenden Stuhl plötzlich an, kommt die Endolymphe in den horizontalen Bogengängen nicht gleich zur Ruhe, sondern fließt weiter, was die Cupula ausbeult und damit reizt. Die Versuchsperson, die von der vorangegangenen Drehung nichts bemerkt

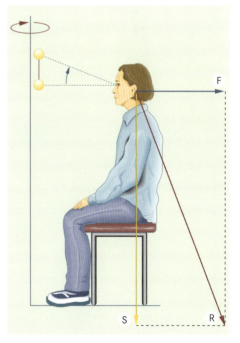

Blickt eine Versuchsperson auf einem Karussell zur Rotationsachse, vermittelt die resultierende Kraft (R) aus Schwerkraft (S) und Fliehkraft (F) das Gefühl nach hinten zu gekippen, was aber nicht der Fall ist. Ein kleines Licht in sonst dunkler Umgebung wandert dann scheinbar nach oben.

hat, glaubt nun sie sei in die Gegenrichtung beschleunigt worden. Obwohl sie still steht, korrigiert sie die scheinbare Drehung, sodass ihr ausgestreckter Arm immer weiter wandert, bis die Cupula wieder in ihre Ausgangsstellung zurückgekommen ist. Das kann mehr als 30 Sekunden dauern. Der Arm der Versuchsperson zeigt in diesem Fall nicht die Drehbewegung, wohl aber den Zustand der Cupula im horizontalen Bogengang richtig an. Durch die Reizung der Bogengänge kann es zu Schwindelgefühlen und, was gefährlicher ist, zu Gleichgewichtsverlust mit plötzlichen heftigen Reflexbewegungen kommen. Deshalb muss man die Versuche vorsichtig durchführen und die Versuchsperson notfalls festhalten.

Zwei ungewöhnliche Reizungen der Bogengänge sollen noch erwähnt werden. Die eine ist die Reizung durch Corioliskräfte, die die nebenstehende Abbildung verdeutlicht. Eine Versuchsperson hält, während sie sich im Kreise dreht, mit gestreckten Armen einen durchsichtigen, flüssigkeitsgefüllten Ring als das Modell eines Bogengangs. Die Bewegungsenergie der Flüssigkeit ist umso größer, je weiter der Ring von der Drehachse entfernt ist. Hält die Versuchsperson ihn waagerecht, ist die Bewegungsenergie in dem äußeren, weiter von der Drehachse entfernten Teil des Rings größer als im näheren Teil. Trotzdem bewegt sich bei anhaltender Kreisbewegung die Flüssigkeit in dem Ring nicht. Wenn die Versuchsperson den Ring aber während der Drehung um die eigene Achse aufrichtet, kommt der äußere Teil des Rings näher zur Drehachse und der innere Teil weiter nach außen. Die Flüssigkeit im nach innen bewegten Teil hat eine höhere Bewegungsenergie, und die nach außen bewegte Hälfte eine niedrigere, als es der neuen Kreisbahn entspricht. Daraufhin setzt eine Kreisströmung im Ring ein, die aber wegen der inneren Reibung bald wieder aufhört. Kippt die Versuchsperson den Ring bei weiterer Drehung um die eigene Achse wieder in die Horizontale, kommt es im Ring zu einem Fluss in die Gegenrichtung. Derartige Effekte treten in schnell durchfahrenen Kurven auf, insbesondere wenn man den Kopf bewegt. Auf einem Karussell ist diese Situation leicht nachzustellen.

Rätselhaft ist immer noch der so genannte kalorische Nystagmus, eine Augenbewegung, die über die Bogengänge ausgelöst wird, wenn man warmes oder kaltes Wasser in den äußeren Gehörgang füllt. Der Kopf wird dafür so weit nach hinten geneigt, dass die horizontalen Bogengänge senkrecht stehen. Stellt man danach den Kopf aufrecht, hat man eine Drehempfindung. Der Entdecker dieses Effektes, Robert Bárány, entwickelte das Phänomen zu einem diagnostischen Test der Funktionstüchtigkeit der Bogengänge. Er glaubte, dass sich durch die Temperaturänderung die Endolymphe im horizontalen Bogengang aufwärmt beziehungsweise abkühlt und sie dann bei aufgestelltem Kopf wie das warme Wasser in einer Zentralheizung aufsteigt oder wie das kältere absinkt. Diese Deutung ließ sich in der Schwerelosigkeit nicht bestätigen. Die temperaturabhängigen Dichteänderungen können sich dort nicht auswirken. Der kalorische Nystagmus trat aber trotzdem auf.   C. von Campenhausen

Ein einfaches Bogengangmodell verdeutlicht die **Corioliskräfte**. Dreht sich die Person im Kreis und richtet dann den Ring auf, setzt sich die Flüssigkeit in dem Glasrohr in Bewegung. Sie kommt auch in Fluss, wenn die Person das Glasrohr wieder in die horizontale Position zurückdreht.

Somatosensorik – Wahrnehmung durch Sinneszellen der Haut und des Körperinneren

Dieses Kapitel behandelt verschiedene Sinne, die meistens unter dem Begriff Somatosensorik zusammengefasst werden. Somatosensorik heißt wörtlich übersetzt Körperfühligkeit. Der Name passt gut zu den Sinneszellen in den Eingeweiden, Gelenken und für die Temperatur- und Schmerzsinneszellen, soweit sie uns Zustände des eigenen Körpers melden. Zur Somatosensorik gehören aber auch Wahrnehmungen über die Außenwelt. Wir erfahren durch die Hautsinne viel über die Gegenstände der Umgebung, wenn wir mit ihnen in Berührung kommen. Die Richtung zur Sonne und zu anderen Wärmestrahlern spüren wir sogar ohne Berührung. Die somatosensorischen Sinnesleistungen bilden keine einheitliche Gruppe, die unter einer Definition einfach zusammengefasst werden könnte.

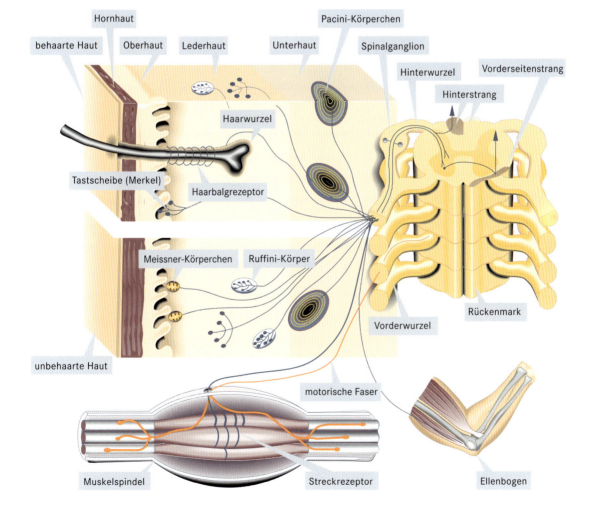

Die Grafik zeigt eine Auswahl von **Sinnesnervenzellen** der Haut und des Bewegungsapparates. Die Sinneserregungen werden durch die Hinterwurzeln ins Rückenmark geleitet.

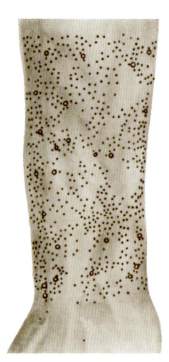

Kaltpunkte (Punkte) und die selteneren **Warmpunkte** (Kreise) auf einem Unterarm.

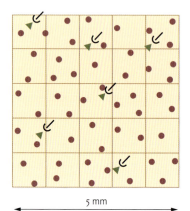

▲ = Druckpunkte ● = Schmerzpunkte

Schmerzpunkte (Kreise) und **Druckpunkte** (Dreiecke) auf einer 25 mm² großen Fläche des Unterarmes, die vorher mit einem Stempel in Quadrate unterteilt wurde. Die Punkte wurden mit Tastborsten nachgewiesen.

Parallele Verarbeitung in den somatosensorischen Sinnesbahnen

Die meisten somatosensorischen Funktionen haben eines gemeinsam: die Sinnesnervenzelle. Bei diesem Sinneszelltyp befinden sich die Zellkörper mit den Zellkernen in den Spinalganglien (Einzahl: Ganglion, griechisch: Nervenknoten) dicht am Rückenmark. Die äußeren Nervenfortsätze reichen von dort in alle Körperteile, zum Beispiel bis in die Fingerspitzen und zu den Zehen. Die Fortsätze können somit mehr als einen Meter lang werden. In den Reizgebieten bilden die Sinnesnervenzellen verzweigte freie Nervenendigungen oder sind mit Hilfsstrukturen ausgestattet.

Die Informationsverarbeitung im Nervensystem

Die somatosensorischen Sinneszellen liefern das vielleicht beste Beispiel für die parallele Informationsverarbeitung im Nervensystem, weil jeder Typ selektiv auf spezielle Eigenschaften der Reize reagiert, wie zum Beispiel auf die Bewegung der Haare, auf Verformungen der Haut, Temperaturerhöhungen oder Verletzungen des Gewebes. Die Reizspezifität, das heißt die selektive Empfindlichkeit, wird durch die Proteinausstattung der Zellmembran im empfindlichen Bereich der Nervenendigungen eingegrenzt, ferner durch Hilfsstrukturen und schließlich durch die Lage in den verschiedenen Hautschichten, inneren Organen, Sehnen oder Gelenken. Die Zuordnung der verschiedenen Sinneszelltypen zu ihrer physiologischen Funktion war in den letzten 100 Jahren die wichtigste Aufgabe bei der Erforschung der Somatosensorik.

Einen großen Fortschritt brachten die erst in den siebziger Jahren des 19. Jahrhunderts entdeckten Empfindungspunkte der Haut. Zwar scheint es der Erfahrung zu widersprechen, aber es ist wirklich so: Die Empfindlichkeit für kalt, warm, Berührung und Schmerz ist auf Punkte der Haut beschränkt. Am besten lässt sich das mit einer Metallsonde, zum Beispiel einem etwas zugespitzten großen Nagel, nachweisen. Schon bei Zimmertemperatur wirkt er kühl. Wurde er im Kühlschrank noch weiter abgekühlt, löst er schon ohne Berührung eine deutliche Kaltempfindung aus, wenn die Metallspitze dicht über einen Kaltpunkt der Haut gehalten wird. Aber auch wenn sie die Haut berührt, kann man deutlich zwischen Berührung mit und ohne Kaltempfindung unterscheiden.

Für den Nachweis von Schmerzpunkten eignen sich spitze Kaktusstacheln oder sehr feine Nadelspitzen. Druckpunkte liegen hier immer über einem Haarbalg. Wahrscheinlich sind die den Haarbalg umspinnenden Nervenfasern für die Erregung verantwortlich. Die Druckpunkte stehen an den Fingerbeeren, den Lippen und auf der Zunge sehr viel dichter als am Oberarm oder Rücken. Dem entspricht die Anzahl der Endigungen von Sinnesnervenzellen in diesen Hautgebieten, aber auch die Größen der Areale auf der Großhirnrinde, zu denen diese Hautgebiete ihre Erregung melden. Besonders gut sind die Tastleistungen der Fingerbeeren. Von dort melden aus einem Gebiet von einem Quadratzentimeter 300 verzweigte Nervenfasern mechanische Reize von 2 400 Rezeptorstrukturen. Durch die Kombination von elektrophysiologischen, neuroanatomischen und nicht zuletzt psychophysischen Methoden mit Berührungssonden wurde diesen Nervenendigungen 1 500 Meißner-Tastkörperchen, 750 Merkel-Tastscheiben und je 75 Pacini- und Ruffini-Körperchen zugeordnet.

Besonders interessant sind elektrophysiologische Experimente an Hautnerven, die Aufschluss über die Reizspezifität einer Nervenfaser geben. Es stellte sich heraus, dass es Nervenfasern gibt, die von einem Reiz nur Anfang und Ende und solche, die auch den anhaltenden Reizzustand melden. Nervenfasern, die nur Anfang und Ende des Reizes mit Aktionspotentialen beantworten, heißen schnell adaptierende oder FA-Fasern (FA nach englisch fast adapting), solche, die während der ganzen Dauer des Reizes feuern, langsam adaptierende oder SA-Fasern (SA nach englisch slowly adapting). Ein weiteres Ordnungsmerkmal ist die Leitungsgeschwindigkeit der somatosensorischen Nervenfasern. Die schnellsten Fasern (Typ Aα, Leitungsgeschwindigkeit 80–100 m/s) kommen von den Muskelspindeln, die langsamsten (Typ C, 0,5–2 m/s) vorwiegend von den Eingeweiden. Die Sinnesnervenzellen der Tabelle gehören zu den mittleren Arten (Typ Aβ, 35–75 m/s und Aδ, 5–30 m/s).

Die Wissenschaftler entwickelten das Experiment weiter, sodass es außer der Reizspezifität der Sinnesnervenzellen auch noch zeigte, welche Sinnesempfindungen die Aktionspotentiale der verschiedenen Nervenfasern hervorrufen. Bei sehr kleinen Reizen merkt eine Versuchsperson nichts. Wenn aber bei gesteigerter elektrischer Reizung eine erste Schwelle überschritten wird, kann es geschehen, dass

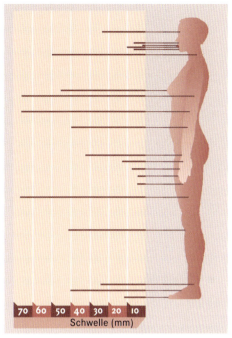

Diese Zeichnung zeigt die **simultanen Raumschwellen** verschiedener Körperregionen: Die x-Achse gibt denjenigen Abstand zweier Zirkelspitzen wieder, bei dem diese beim gleichzeitigen Aufsetzen auf die Haut noch als getrennte Reize wahrgenommen werden. Das unterschiedliche räumliche Auflösungsvermögen verschiedener Hautregionen spiegelt die Innervationsdichte der Sensoren in der Haut wider.

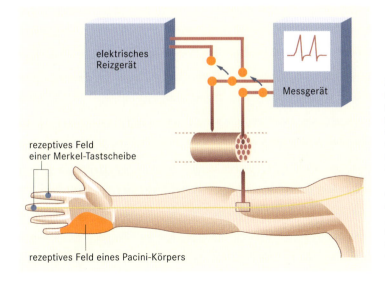

Mithilfe einer Mikroelektrode, die in einen Hautnerv eingeführt ist, lassen sich über ein Messgerät Aktionspotentiale registrieren. Zunächst wird die **Reizspezifität** der jeweiligen Faser untersucht, das heißt das rezeptive Feld und die Reizart. Anschließend wird mithilfe von Schaltern anstelle des Messgerätes ein elektrisches Reizgerät eingeschaltet, durch welches in derselben Nervenfaser Aktionspotentiale ausgelöst werden können, die zum Gehirn wandern. Die Versuchsperson kann nun Auskunft über die **Empfindungsspezifität** der Faser, ihre Modalität, geben.

Eigenschaften von vier Fasertypen der verschiedenen Sinneszellentypen der Haut

		Rezeptive Felder	
		klein	groß
Adaptation	schnell	FA I Meißner	FA II Pacini
	langsam	SA I Merkel	SA II Ruffini

FA: fast adapting, schnell adaptierend; SA: slowly adapting, langsam adaptierend

sie etwas Merkwürdiges, nicht recht Definierbares spürt. Bei weiterer Reizverstärkung kann sich dann eine sichere Empfindung einstellen, eine Elementarempfindung, welche die gereizte Nervenfaser hervorruft. Handelt es sich um eine Berührungsempfindung, so kann sie von den Merkel-Tastscheiben stammen oder von Haarbalgrezeptoren. Eine Vibrationsempfindung entspräche einem Pacini-Körperchen, Die Versuchsperson erlebt die Empfindungen so, als entstünden sie in bestimmten begrenzten Hautbereichen, obwohl sie durch Reizung der Nerven an ganz anderer Stelle hervorgerufen werden. Die gespürte Größe des Hautareals entspricht der Größe des rezeptiven Feldes.

Bei stärkeren elekrischen Reizen im Hautnerv spürt die Versuchsperson manchmal gleichzeitig verschiedene Empfindungen an verschiedenen Hautstellen. Das ist nicht überraschend, weil mehr als eine Nervenfaser auf die stärkeren elektrischen Reize reagieren. So kann die Berührung an einem Finger und die Vibration am Handballen gleichzeitig wahrgenommen werden. Wie schon erwähnt, können nicht alle somatosensorischen Sinneszellen bewusste Wahrnehmungen verursachen. Für die Ruffini-Körperchen der Haut ist bislang nur die Reizspezifität bekannt, aber noch keine Empfindung. Ob die Erregung der Sinnesnervenzellen Empfindungen hervorruft und welche, hängt von den neuronalen Verbindungen der Sinnesbahnen im Gehirn ab.

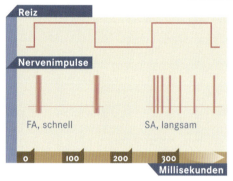

Das **Reaktionsmuster** schnell und langsam adaptierender Fasern eines Hautnervs: Die schnell adaptierenden FA-Fasern beantworten nur Anfang und Ende des Reizes mit Aktionspotentialen, die langsam adaptierenden SA-Fasern feuern während der gesamten Dauer des Reizes.

Der Körper ist auf der Großhirnrinde abgebildet

Reize an verschiedenen Körperstellen führen zu elektrophysiologischen Signalen in den zugehörigen Großhirnarealen. Darum kann die Oberfläche des Gehirns in Narkose mit Elektroden kartiert werden. Es stellt sich heraus, dass die Hautoberfläche auf das Großhirn somatotopisch abgebildet ist, das heißt, die nachbarschaftlichen Beziehungen zwischen Orten (griechisch: topos) auf dem Körper (griechisch: soma) bleiben bei den Arealen der Hirnrinde erhalten. Die Größenverhältnisse sind im Großhirn allerdings ganz anders als auf der Haut. Hautbereiche mit guten Tastleistungen, wie Fingerbeere, Zunge und Lippen, sind in der somatotopen Projektion auf das Großhirn vergrößert, Körperteile mit weniger guten Unterscheidungsleistungen sind relativ kleiner abgebildet. Hirnoperationen mit wachen Patienten bestätigen das Ergebnis der Kartierung.

Lokale elektrische Reize somatosensorischer Großhirnfelder rufen Empfindungen wie Berührung, Wärme oder Vibration an jeweils ganz bestimmten Körperstellen hervor. Das ist auch ein Hinweis dafür, dass die Reizspezifität der Nervenfasern bis ins Großhirn hinein erhalten bleibt.

Somatotope Projektionen sind kompliziert zusammengesetzt. Im Prinzip versorgt jedes Spinalganglion einen bestimmten Hautbereich, der nach den zugehörigen Segmenten des Rückenmarks benannt ist. Die Sinnesnervenzellen aus einem Hautbereich führen aber nicht alle zum selben Spinalganglion und können auf mehrere benachbarte verteilt sein. Bei der Schädigung einer zentralen Region kann eine genau begrenzte Zone der Gefühlslosigkeit in der Haut entstehen, bei der Verletzung eines peripheren Nervs sind die Grenzen zwischen dem gefühlstauben und dem normalen Hautareal aber fließend.

Im Rückenmark werden Erregungen der Mechanorezeptoren der Haut, der Muskeln und Gelenke durch die Hinterstrangbahn geleitet, die Temperatur- und Schmerzfasern überwiegend durch die Vorderseitenstrangbahn auf der Gegenseite. Im Stammhirn laufen die

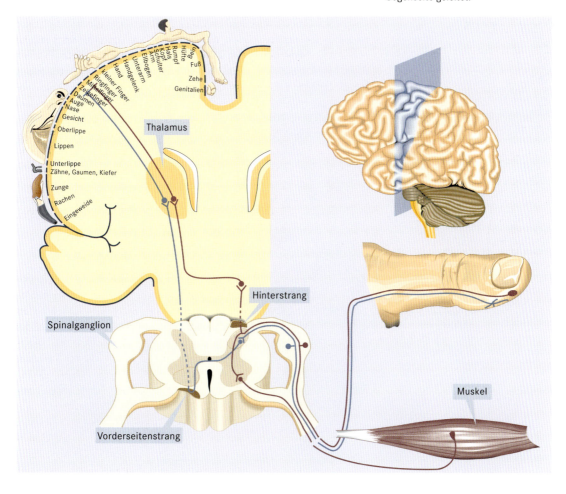

Die Körperfläche ist somatotop auf das Großhirnareal SI abgebildet. Dabei sind das Gesicht sowie Hände und Füße besonders großflächig repräsentiert. Die Erregung der Sinnesnervenzellen, hier exemplarisch in der Fingerbeere und in einem Muskel, wird durch den Hinterstrang bzw. die Vorderseitenstrangbahn mit Umschaltung im Stammhirn zum Großhirn auf der Gegenseite geleitet.

Bahnen der Hinterstrangbahn zur Gegenseite, sodass die linke Körperseite in die rechte Großhirnhälfte und die rechte Seite in die linke Hälfte projiziert wird. Es gibt zwei parallele somatotopische Projektionsareale, S1 und S2, die nochmals in parallel funktionierende Großhirnrindenfelder unterteilt sind.

Signale benachbarter Hautstellen können in der aufsteigenden Bahn durch laterale (seitliche) Hemmung in der somatosensorischen Sinnesbahn im Gehirn aufeinander einwirken. Mit anderen Worten: Ein Reiz an einer Stelle der Haut löst in einer Nervenzelle im Gehirn Aktionspotentiale aus, die durch einen Reiz an einer benachbarten Hautstelle wieder unterdrückt werden können. Das Hautareal, das die Erregung der Nervenzelle verstärkt oder hemmt, heißt rezeptives Feld. Ein Reiz aktiviert an jeder Hautstelle viele Sinneszellen, deren rezeptive Felder überlappen. Durch die wechselseitige Hemmung werden die wirksamen Reizbereiche klein gehalten. Fällt die Hemmung weg, werden die rezeptiven Felder der somatosensorischen Nervenzellen im Gehirn größer.

Die somatotope Karte der Großhirnrinde ist, wie Untersuchungen mit Nachtaffen zeigen, entsprechend der Meldungen der verschiedenen Sinneszelltypen, noch weiter unterteilt. Wenn man mit einer Mikroelektrode senkrecht zur Oberfläche einsticht, findet man hintereinander Zellen, die nicht nur auf dasselbe Körperareal reagieren, sondern auch auf denselben Sinneszelltyp. Innerhalb eines Areals sind somit die reiz- und empfindungsspezifischen Nervenzellen säulenartig nebeneinander angeordnet.

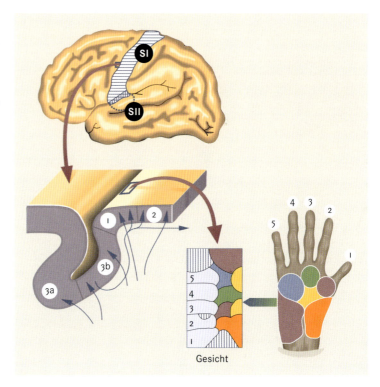

Für die **somatotope Projektion** der Hand auf das Großhirnareal S1 eignen sich besonders gut Nachtaffen, weil das somatotope Areal ihrer Großhirnrinde weniger kompliziert gefaltet ist als das vieler anderer Säugetiere. In der Abbildung ist ein vergrößerter Ausschnitt der gefalteten Großhirnrinde mit den Arealen 3a, 3b, 1 und 2 sowie Pfeilen, welche die Richtung des Erregungsflusses angeben, dargestellt. Im nochmals vergrößerten Ausschnitt sind farbig Projektionsflächen der Handunterseite und der Finger 1 bis 5 eingezeichnet. Angrenzend an das Handareal liegt die Projektion des Gesichtes. Die schraffierten Flächen entsprechen der behaarten Oberseite, die im Großhirn viel weniger Platz einnimmt als die für den Tastsinn wichtigere Unterseite.

Die Ordnung in der somatosensorischen Großhirnrinde kann sich ändern, wenn Gliedmaßen amputiert werden. Bei dem Nachtaffen wurden die Nervenverbindungen von einer Hälfte einer Hand zum Gehirn unterbrochen. Die Großhirnareale der anderen Handhälfte, die noch unversehrte Nervenverbindungen zum Gehirn hatte, vergrößerten sich daraufhin. Das bedeutet, dass Nervenzellen, die vor der Unterbrechung auf Reizung eines bestimmten Fingers reagierten, danach die Reizung eines anderen beantworten. Die somatotope Abbildung der Körperoberfläche auf das Großhirnareal S1 ist somit nicht starr, sondern plastisch. Sie hängt von den eintreffenden Erregungen ab und ändert sich nach Ausfällen der Erregungseingänge wegen einer Amputation oder einer Nervenunterbrechung. Die Veränderungen sind reversibel, wenn der unterbrochene Nerv wieder nachwächst.

Die Erregung der Eingangsareale in der Großhirnrinde wird auch zu benachbarten Feldern weitergeleitet. Dabei werden die rezeptiven Felder der jeweils nachgeschalteten Nervenzellen immer größer und ihre Reizantwort komplizierter. Diese höheren Nervenzellen reagieren auf mehrere Sinneszellarten in bestimmten Kombinationen. Sie repräsentieren ein höheres Verarbeitungsniveau auf dem Weg zu den somatosensorischen Wahrnehmungen.

Tastwahrnehmungen

Die Tastleistungen der Haut sind bewundernswert wegen der Reichhaltigkeit der Sinneserfahrungen und ihrer großen Empfindlichkeit. Tastend erfahren wir den Ort und die Form von Gegenständen, ihre Oberflächenbeschaffenheit, ob sie glatt, rau, klebrig, nass, hart, elastisch, formbar, schwer oder leicht sind, und aus welchem Material sie bestehen. Erfahrung erhöht die Erkennungssicherheit. Der Sammler und Kenner will Porzellan nicht nur anschauen, er muss es betasten, um Original von Fälschung sicher zu unterscheiden. Bei Perlen und Schmuck prüft der Fachmann mit den Zähnen, wie sie auf Druck reagieren. Was erfahrene Ärzte am Körper von Patienten tastend wahrnehmen, grenzt ans Wunderbare, ebenso die Schnelligkeit, mit der geübte Personen Blindenschrift lesen.

Formwahrnehmungen durch Tasten

Wenn man ein Stückchen Papier von der Größe einer Briefmarke auf den Handrücken legt, spürt man zuerst eine Berührung, die aber bald abklingt. Oft tritt dabei eine leichte Kaltempfindung auf, die die Berührungsempfindung überdauert. Noch eindrucksvoller fällt eine Wahrnehmung in Einzelempfindungen auseinander, wenn man beim Betasten eines Gegenstandes die Tastbewegung anhält. Was gerade noch als Form und Material des Objektes zusammenhängend erkennbar war, löst sich in Einzelempfindungen auf. Sobald man mit den Tastbewegungen fortfährt, kehrt der Gegenstand wieder in die Wahrnehmung zurück. Oft genügt es schon, die Aufmerksamkeit auf eine verschwundene Empfindung

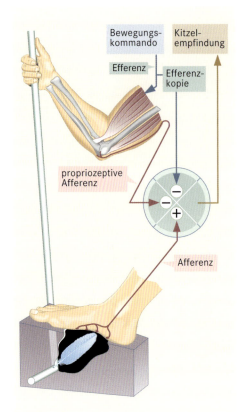

Warum kann man sich nicht selber kitzeln? Wer den Hebel der **Fußkitzelmaschine** selbst bewegt, sodass die Feder an der eigenen Fußsohle entlangstreicht, fühlt fast nur den mechanischen Reiz. Diese Wahrnehmung stellt sich ein, da das Gehirn mit dem Bewegungsbefehl an die Armmuskeln auch eine Rückmeldung dieses Kommandos, die Efferenzkopie, erzeugt und diese die Meldung von der Fußsohle hemmt. Bewegt jedoch ein anderer den Hebel, fehlt im Gehirn des Gekitzelten das Signal von den Armmuskeln und das Kitzelgefühl wird unerträglich. Das ist ein Hinweis, dass auch die propriozeptiven (griechisch propius: allein angehörend) Bewegungsmeldungen aus dem Arm zur Unterdrückung des Kitzelsignals beitragen. Die Verrechnung zwischen Meldungen von Sinneszellen und Bewegungskommandos ist unter dem Namen **Reafferenzprinzip** bekannt.

zu richten, um sie wieder zu beleben. So spürt man die Kleider am eigenen Leib, sobald man auf sie achtet. Das wird noch deutlicher, wenn man sich auch noch bewegt. Aufmerksamkeit und Erwartung entscheiden oft darüber, ob ein Tastreiz bewusst wird und wie man ihn empfindet. Das merkt jeder, der unvermutet etwas Feuchtes berührt oder auf etwas Weiches tritt.

Für viele Beobachtungen dieser Art gibt es neurobiologische Erklärungen. So klingen nicht nur die Empfindungen mit der Zeit ab, auch die Sinneszellen adaptieren schnell oder langsam. Dass die bloße Erwartung eines Reizes physiologische Folgen hat, wurde besonders schön mit der Radioxenonmethode nachgewiesen. Eine Berührung der Haut löst in den zugehörigen Feldern des Großhirns Erregungen aus, die zur Freisetzung des Botenstoffes Stickoxid, genauer Stickstoffmonoxid (NO) in dem aktiven Hirngewebe führt. Das Stickoxid sorgt für eine Erweiterung der Blutgefäße, sodass das erregte Hirngebiet stärker durchblutet wird. Vor Beginn des Experimentes wird der Versuchsperson eine wässrige Lösung des radioaktiven Isotops ^{133}Xe des Edelgases Xenon ins Blut eingespritzt. In das erregte Hirngewebe gelangt mehr Blut und daher auch mehr radioaktives Xenon, dessen Radioaktivität mit Geigerzählern am Kopf von außen gemessen werden kann. Bei diesem Experiment reichte es bereits aus, die Berührung einer Körperstelle anzukündigen, um eine lokale Erregung in der Großhirnrinde auszulösen und die Durchblutung dort zu steigern.

Wir nehmen beim Tasten die Form der Gegenstände als Ganzes wahr, obwohl die Erregungssignale zeitlich nacheinander auftreten. Die wahrgenommene Form ist das Ergebnis der Verarbeitungsvorgänge. Manchmal spürt man etwas, was man gar nicht berührt, wie die Spitze eines Schraubenziehers oder einer Nadel. Eine Berührung der Haare wird dort wahrgenommen, wo sich die leblosen Haare befinden, und nicht am Haarbalg in der Haut wo der Reiz eigentlich in Erregung umgewandelt wird. Man kann sogar etwas an Orten spüren, zu denen nicht einmal indirekter Kontakt besteht. Georg von Békésy reizte zwei benachbarte Finger mit Vibratoren. Die Reize erreichten die beiden Finger mit einer Verzögerung von weniger als einer Millisekunde. Bei Veränderungen dieser Zeitdifferenz entstand der Eindruck, der Reizort wandere von einem Finger durch den leeren Raum zum anderen. Diese Wahrnehmungstäuschung zeigt etwas sehr Wichtiges: Tasten führt zur Wahrnehmung räumlich zusammenhängender Gebilde und nicht zu einer Sammlung von im Raum verteilten Reizorten. Das Gehirn vervollständigt die Form.

Ohne das Gehirn können wir auch nicht zwischen aktivem Tasten und passivem Berührtwerden unterscheiden. So kann uns zwar jemand an der Fußsohle kitzeln, wir uns selber aber nicht, obwohl der Reiz und die gereizten Rezeptoren dieselben sind. Im 19. Jahrhundert hatten Forscher die Vorstellung, dass die eigene Aktivität eine notwendige Voraussetzung für Tastwahrnehmungen sei. Sie gaben beispielsweise einem Menschen bei geschlossenen Augen einfache Gegenstände in die Hand, einen Kamm, einen Nagel oder ein Taschentuch, die er betastete und sofort erkannte.

Die Theorie wurde eingeschränkt, als man herausfand, dass aktive und passive Reizung der Haut unter bestimmten Bedingungen zum selben Ergebnis führt. Versuchspersonen betasteten Reliefs von Buchstaben, indem sie die Fingerbeere darüber gleiten ließen. Wenn der Finger festgehalten wurde und die Buchstaben unter sonst gleichen Bedingungen unter der Fingerbeere vorbeiwanderten, wurden sie erstaunlicherweise genauso gut erkannt. In dieser Versuchsanordnung ist aktives Tasten und passives Berührtwerden für die Wahrnehmung gleichwertig. Dieses Ergebnis eröffnet neue fruchtbare Möglichkeiten für die Aufklärung der Formwahrnehmung beim Tasten.

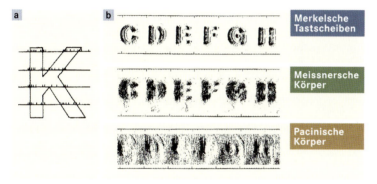

Dieses Relief aus Buchstaben (die Buchstaben sind 6,5 mm groß und 0,5 mm über der Grundfläche erhaben) wurde unter der Fingerbeere eines Affen 50-mal durchgezogen. Bei jeder Wiederholung werden die Buchstaben um 0,2 mm nach oben verschoben. Links ist ein Buchstabe und vier Pfade mit eingezeichneten Aktionspotentialen zu sehen. Sie treten immer nur dann auf, wenn der erhabene Buchstabe durch das rezeptive Feld einer Hautsinneszelle gezogen wird. Rechts sind die abgeleiteten Aktionspotentiale von drei verschiedenen Arten von Hautsinneszellen als Punkte eingezeichnet.

Die verschiedenen Sinneszellentypen in der Haut, die Merkel-Tastscheiben, die Meißner- und die Pacini-Körperchen, reagieren ganz unterschiedlich auf eine Berührung. Das ist das Ergebnis eines Versuchs, bei dem unter der Fingerbeere eines Affen Buchstabenreliefs durchgezogen wurden. Von einer der 400 Nervenfasern, welche die Fingerbeere mit dem Rückenmark verbinden, wurden währenddessen die Aktionspotentiale abgeleitet. Um einen Eindruck zu gewinnen, was viele benachbarte Fasern melden, wurde das Buchstabenrelief 50-mal unter dem Finger vorbeibewegt und jedes Mal um 0,2 mm nach oben verschoben. So meldet die einzelne Faser in 50 Wiederholungen dasjenige nacheinander, was 50 gleichartige Fasern normalerweise auf einmal melden, wenn ihre rezeptive Felder auf der Fingerkuppe im Abstand von 0,2 mm nebeneinander liegen. Die Darstellung verdeutlicht, dass die Merkel-Tastscheiben die Information aus dem betasteten Relief erfassen können, während bei den anderen Sinneszellenarten die Buchstaben nicht so deutlich herauskommen.

Bei Nervenzellen der somatosensorischen Großhirnrinde ist die Aufzeichnung noch unübersichtlicher. Ihre Aufgabe ist nicht die

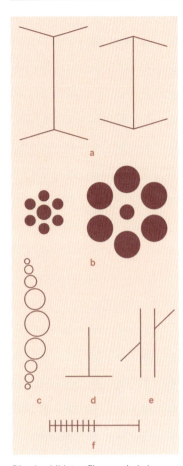

Die abgebildeten Figuren sind als geometrisch-optische Täuschungen bekannt. Werden sie als Relief dargeboten und mit den Händen betastet, treten dieselben **Wahrnehmungstäuschungen** auf wie beim Sehen.
a) Müller-Lyer-Täuschung: Die senkrechten Linien sind objektiv gleich lang.
b) Tichener-Täuschung: Die mittleren Kreise sind gleich groß. c) Lipp-Täuschung: Die Kreise liegen auf einer Geraden. d) Die vertikalen und die horizontalen Linien sind gleich lang.
e) Poggendorff-Täuschung: Die schräg verlaufenden Linien liegen auf derselben Geraden. f) Oppel-Täuschung: Der unterteilte linke Teil der Geraden ist so lang wie der rechte.

räumliche Wiedergabe des Musters. Sie bilden das Muster nicht ab, sondern erzeugen Aussagen über das Muster. Wie die vielen Zellen dann zusammenhängende Wahrnehmungen hervorbringen, ist unklar.

Wenn man die links abgebildeten bekannten geometrisch-optischen Täuschungen als Relief herstellt, kann man die Täuschungen auch tastend wahrnehmen. Vielleicht gibt es für die Formerkennung beim Sehen und Tasten eine gemeinsame Verarbeitungsstrecke im Gehirn. Die geometrischen Wahrnehmungstäuschungen sind sehr wahrscheinlich an bestimmte Verarbeitungswege des Gehirns gebunden. So sieht bei der Tichener-Täuschung der mittlere Ring kleiner aus, wenn die äußeren groß sind und umgekehrt. Der Tastsinn meldet dasselbe, wenn man die Kreise durch Plastikscheibchen ersetzt und mit den Fingern bei geschlossenen Augen darüber streicht. Ein Mensch, der mit offenen Augen nach den mittleren Scheibchen greift, öffnet aber seine Hand so, als wüsste diese nichts von der Größentäuschung. Das zeigte sich, als der Abstand zwischen Daumen und Zeigefinger beim Greifen gemessen wurde. Die Öffnung der Hand entsprach der wahren Größe der mittleren Scheibchen, und nicht der Täuschung. Die Bahnen, die im Gehirn zum Sehen und Tasten führen, melden die Täuschung, die Bahnen, die das Bewegungsprogramm für die Hand ausarbeiten, dagegen nicht.

Temperatur- und Materialerkennung beim Tasten

Die Temperatursinneszellen haben freie Nervenendigungen. Man unterscheidet Warm- und Kaltsinnszellen, weil die einen auf Temperaturerhöhung und die anderen auf Temperatursenkung mit Aktionspotentialen reagieren. Warm- und Kaltwahrnehmungen treten in zweierlei Art auf. Wir merken, ob *uns* kalt oder warm ist, aber wir können auch feststellen, ob *es* kalt oder warm ist. Die Wahrnehmung bezieht sich im ersten Fall auf unsere eigene Befindlichkeit. Im zweiten Fall sagen wir etwas über die umgebende Luft oder das Wasser, über Gegenstände, die wir berühren, oder die wir an ihrer Wärmestrahlung bemerken. Im Folgenden soll nur von der zweiten Art der Temperaturwahrnehmungen die Rede sein, also nicht von Temperaturregulation, vom Frieren und Schwitzen und auch nicht von der eigenen subjektiven Temperaturbefindlichkeit. Es geht um Wahrnehmungen beim Tasten.

In manchen Situationen ist es sehr wichtig, die Temperatur genau feststellen zu können. Mütter prüfen die Temperatur des Badewassers oder der Milchflasche für die Säuglinge mit der Hand. Warme und kalte Hände beeinflussen den Eindruck, den wir beim Händeschütteln von unseren Mitmenschen gewinnen. Es ist nicht möglich zu sagen, wie genau die Temperatur mit der Hand zu ertasten ist, weil die Empfindlichkeit von der gereizten Körperstelle, der Größe des gereizten Hautareals und der Schnelligkeit der Temperaturänderung abhängt. Man kann die Temperatur durch Betasten auf ungefähr 1°C genau bestimmen, wenn die Bedingungen günstig sind. Das ist erstaunlich, weil die eigene Hauttemperatur um mehr als 10 °C schwanken kann. Wenn man über eine Hand kaltes, über die andere warmes Wasser laufen lässt und dann beide Hände abtrocknet, hat man nach kurzer Adaptationszeit keine Temperaturempfindungen, obwohl die warme Hand rot und die kalte blass ist, es sei denn, man bringt die Hände miteinander in Kontakt. Dann fühlt man sofort, dass sie verschieden warm sind. Wenn man aber mit der roten und der blassen Hand einen warmen oder einen kalten Gegenstand betastet, melden beide Hände ungefähr dieselbe Temperatur. Die Temperatur wird also unter geeigneten Bedingungen unabhängig von der Eigentemperatur wahrgenommen.

Diese einfache Beobachtung ist erstaunlich, weil sie scheinbar dem berühmten Dreischalenversuch widerspricht. Der an das heiße Wasser adaptierten Hand erscheint das mittlere Bad kalt, der kaltadaptierten Hand dagegen warm zu sein. Die nahe liegende Folgerung aus diesem Experiment lautet: Menschliche Temperaturwahrnehmungen sind unzuverlässig. Sie hängen von der Eigentemperatur ab. Die Lösung des Widerspruchs brachten sehr genaue psychophysische Messungen und ein neuartiges Konzept über die Doppelkompetenz des Temperatursinnes zur Erkennung der Temperatur und des Materials beim Tasten.

Dazu eine kleine Vorüberlegung: Die Umgebung von Menschen und Tieren befindet sich unter natürlichen Bedingungen überwiegend im thermischen Gleichgewicht, das heißt alle Gegenstände ha-

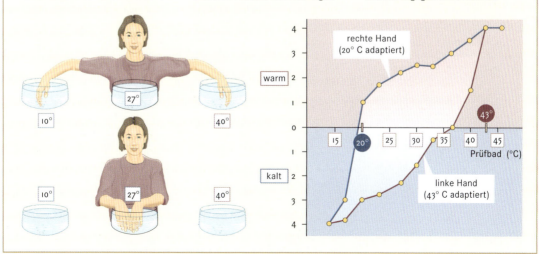

DER DREISCHALENVERSUCH

Den Dreischalenversuch führte Ewald Hering 1877 durch. Hält man eine Hand in heißes, die andere in kaltes Wasser, erscheint anschließend das Wasser mittlerer Temperatur im Prüfbad der einen Hand kalt und der anderen warm.

In einem erweiterten Dreischalenversuch adaptieren die Hände zunächst im kalten bzw. heißen Wasser wie im ursprünglichen Versuch. Die Versuchspersonen schätzen dann die Warm- und Kaltintensität im mittleren Prüfbad nach der eigen-

metrischen Methode, wobei dessen Temperatur systematisch variiert wird. Die beiden Hände melden nur bei extremen Temperaturen dasselbe, kleine Abweichungen von der jeweiligen Hauttemperatur werden dagegen überbewertet.

ben ungefähr dieselbe Temperatur. Lediglich verdunstendes Wasser, die Sonneneinstrahlung und natürlich die Körperwärme sorgen für abweichende Temperaturen. Über große Temperaturunterschiede zwischen der eigenen Haut und der Umgebung müssen wir zuverlässig informiert sein, um mögliche Verbrennungen oder Unterkühlungen zu vermeiden und um energetische Kosten für die Temperaturregulation zu vermeiden. Die kleinen Unterschiede sind dagegen weder nützlich noch schädlich und außerdem uninteressant, weil ja von vornherein feststeht, dass die meisten Gegenstände der Umgebung dieselbe Temperatur haben. Trotzdem sind Menschen für die kleinen Unterschiede besonders empfindlich, da es für den Temperatursinn noch eine zusätzliche Wahrnehmungsaufgabe gibt, für die eine große Empfindlichkeit für kleine Änderungen der Hauttemperatur vorteilhaft ist.

Mithilfe des Temperatursinns können wir beim Tasten zwischen verschiedenen Materialien unterscheiden. Berühren wir Metall, fließt aus unserem warmblütigen Körper durch die Haut mehr Wärme ab als bei Holz, auch wenn beide Materialien dieselbe Temperatur haben. Die Haut wird unterschiedlich schnell kälter. Da wir in den Luftraum mehr Wärme abgeben als in das Styropor, das wir berühren, wirkt Styropor warm. Die Hauttemperatur fällt und steigt also je nach den physikalischen Eigenschaften der Materialien, mit denen wir Kontakt haben. Die Änderung der Hauttemperatur beim Tasten ist eine zusätzliche Informationsquelle, die der Materialerkennung dient. Die Doppelkompetenz des Temperatursinns für die Wahrnehmung von Temperatur und Material hat ihren Preis. Sie führt zu einer Sinnestäuschung wie im Dreischalenversuch. Der erweiterte Dreischalenversuch mit den variablen Temperaturen des Prüfbades in der Mitte löst den Widerspruch zwischen den zuverlässigen Temperaturwahrnehmungen und der Täuschung. Die großen biologisch bedeutsamen Temperaturunterschiede werden richtig wahrgenommen, die kleinen dagegen überbewertet. Die große Empfindlichkeit für kleine Abweichungen der Hauttemperatur ist Voraussetzung für die gut ausgebildete Fähigkeit, beim Tasten zwischen verschiedenen Materialien zu unterscheiden.

Schmerz

Schmerzen sind immer Ausdruck des eigenen Befindens. Darin unterscheidet sich der Schmerz von den meisten anderen Wahrnehmungsarten. Durch Sehen, Hören, Riechen, Schmecken und Tasten erfahren wir etwas über Objekte. Der Schmerz meldet uns nur den eigenen Zustand. Mit anderen Worten: Der Schmerz wird in der Wahrnehmung somatisiert, das heißt auf den Körper bezogen, und nicht objektiviert wie die meisten anderen Wahrnehmungen, die uns über Eigenschaften der Objekte informieren. Schmerzempfindungen sind somit unter den Wahrnehmungen etwas Besonderes. Der Schmerz spielt auch eine besondere Rolle im Gemütsleben der Menschen. Normalerweise meidet ein Mensch alles, was Schmerzen verursacht. Die Angst vor dem Schmerz ist den Menschen besser bekannt als die Schmerzempfindung selbst. Erwarteter Schmerz, zum Beispiel beim Zahnarzt, kann intensiver empfunden werden als die Schmerzen unvermuteter Verletzungen mit einer Nadel oder dem Küchenmesser, die sich oft erst einstellen, wenn man durch das Blut auf die Wunde aufmerksam wurde.

Die biologische Funktion der Schmerzen ist klar: Das Vermeiden von Schmerzreizen schützt den Körper vor Verletzungen. Nach Verletzungen wird wegen der erwarteten Schmerzen die Wunde geschützt und der verletzte Körperteil geschont, sodass der Schaden verheilen kann. Krankheiten, die sich im Frühstadium nicht durch Schmerzen bemerkbar machen, sind daher besonders gefährlich. Ein Beispiel dafür ist Krebs.

Weil Schmerzen stören und mitunter ganz unerträglich sind, haben die Menschen schon immer mit vielen Hausmitteln Abhilfe gesucht. Jede neue Erkenntnis der Neurobiologie wird heute auf ihre Verwendbarkeit für die Schmerzlinderung geprüft. Bei den meisten medizinischen schmerzlindernden Mitteln und Maßnahmen kennt man bis heute nicht die genaue wissenschaftliche Begründung ihrer Wirksamkeit.

Dieses Bild zeigt eindrucksvoll, wie sehr Schmerzen einen Menschen quälen können (George Cruikshank, 1835).

Neurobiologie und Psychophysik von Schmerzen

Reiz und Erregungsbildung, die zu Schmerzen führen, nennt man Nozizeption, was so viel bedeutet wie Registrierung eines Schadens. Die Ursache des Schmerzes liegt tatsächlich in der Schädigung des Zellgewebes. Die verletzten Zellen setzen im Gewebe Signalstoffe frei, auf die Nozizeptoren reagieren. Sie sind Sinnesnervenzellen mit freien Nervenendigungen, die in ungeheurer Dichte auftreten. Viele Gewebshormone und Neurotransmitter lösen Schmerzen aus, wenn sie in die Haut injiziert werden. Für einige dieser Stoffe fand man in der Zellmembran der Nozizeptoren spezialisierte Rezeptormoleküle. Das weit verbreitete Schmerzmittel Acetylsalicylsäure im Aspirin® und anderen Medikamenten wirkt, indem es unter anderem die Synthese eines beteiligten Gewebshormons chemisch blockiert. Die Nozizeptoren lassen sich nach der Leitungsgeschwindigkeit ihrer Fasern in zwei Gruppen einteilen. Die schnellen $A\delta$-Fasern melden mechanische und thermische nozizeptive Reize, die langsam leitenden C-Fasern reagieren auf alle Arten von Reizen, die das Gewebe schädigen. Die nozizeptiven Bahnen kreuzen im Rückenmark auf die Gegenseite. Sie sind bis ins Stammhirn hinein erforscht. Ihre Projektion auf die somatosensorische Großhirnrinde ist noch umstritten.

Die Schmerzen, die als Folge der Erregung von Nozizeptoren auftreten, lassen sich nicht leicht untersuchen, da sie sehr variabel sind.

Opium wird aus dem Milchsaft gewonnen, der aus angeschnittenen unreifen Kapseln des Schlafmohns in winzigen Mengen herausquillt. Die Kulturpflanze Schlafmohn wird wegen der ölhaltigen Samen, aber auch wegen des Opiums seit mindestens 2000 Jahren landwirtschaftlich genutzt.

Ein Reiz, beispielsweise eine Stichverletzung mit einer Nadel, kann sehr unangenehm sein, aber auch unbemerkt bleiben. Bei Stress, im Kampf oder beim Sport, können schwere Verletzungen vorübergehend schmerzlos bleiben. Diese natürliche Veränderlichkeit der Schmerzintensität würde man gerne zur Unterdrückung von Schmerzen ausnutzen. Darum sind die Forschungsanstrengungen auf diesem Gebiet groß. Die physiologischen Hintergründe der schmerzstillenden Verfahren sind keineswegs alle aufgeklärt, auch wenn ihre Anwendung bereits Routine ist, wie die Narkose in vielen verschiedenen Formen oder die nicht bei allen Menschen funktionierende Akupunktur und die Hypnose.

Auch das aufmerksam studierte Schmerzerlebnis ist kompliziert. Die Hand kann kurz wehtun, wenn man sie in zu heißes Wasser getaucht hat. Wenige Sekunden danach, wenn sie sich schon wieder in Sicherheit befindet, kann ein zweiter, viel intensiverer Schmerz entstehen, der nur langsam abklingt. Den ersten und zweiten Schmerz kann man auch durch Zwicken der Haut auslösen. Der erste Schmerz ist kurz und hell, der zweite dumpf-brennend und anhaltend. Die beiden Schmerzqualitäten stehen möglicherweise mit den Aδ- beziehungsweise den C-Fasern in Verbindung.

Der Ursprung des Schmerzes lässt sich gut lokalisieren, sofern sich der Schaden in der Haut oder den Knochen befindet. Wenn der Schmerz sehr intensiv und anhaltend ist, wird die Lokalisierung ungenauer, und der schmerzende Körperteil wird größer. Entzündungen und Krämpfe von inneren Organen können erhebliche Schmerzen hervorrufen, die sich oft nicht richtig lokalisieren lassen. Herzschmerzen werden häufig in den linken Arm projiziert, Schmerzen vom Zwerchfell in die Schulter. Meistens lokalisiert man den Eingeweideschmerz in dem Hautareal, dessen Nervenfasern ihre Erregung in das gleiche Rückenmarksegment einspeisen.

Genau messbar sind Hitzereize auf der Haut. Die Schmerzschwelle liegt bei einer Hauttemperatur von ungefähr 44°C und ändert sich nicht, wenn der Wärmereiz fortdauert. Man gewöhnt sich also nicht an den Schmerzreiz, das heißt die Empfindlichkeit sinkt nicht durch einen Adaptationsprozess. Das wäre auch nicht zweckmäßig, weil hohe Temperaturen zu irreversible Schädigungen an den Proteinen der Zellen führen würden.

Die große Variabilität der Schmerzwahrnehmung kommt durch Erregungsmodulationen im Nervensystem zustande. In der aufsteigenden Nervenbahn zum Gehirn können andere somatosensorische Erregungen die von den Nozizeptoren kommende Erregung hemmen. Durch elektrische Reizung von Nerven in der Haut kann man diese Hemmung aktivieren und so den Schmerz lindern. Die Synapsen der aufsteigenden Bahnen im Rückenmark stehen außerdem unter der Kontrolle von absteigenden Bahnen, das heißt von Nervenzellen des Stammhirns, deren Nervenfasern im Rückenmark nach unten verlaufen. Diese absteigenden Fasern können die synaptische Übertragung der nozizeptiven Erregung auf Folgeneurone ebenfalls hemmen. Zur Schmerztherapie können diese Fasern über Elektroden elektrisch aktiviert werden. Dazu implantieren Ärzte Elektroden in das Stammhirn, wo sie bei Bedarf die absteigenden Bahnen reizen. In schweren Fällen von Dauerschmerz durchtrennen Ärzte sogar die aufsteigenden Bahnen des Rückenmarks, was für einige Zeit den Schmerz abstellen kann.

Neuroaktive Peptide als körpereigene Schmerzmittel

Seit der Antike bemühen sich die Menschen darum, den Schmerz durch Arzneimittel zu bekämpfen. Das bis heute wichtigste Schmerzmittel für anhaltenden starken Dauerschmerz ist Morphin, das wichtigste Alkaloid des Opiums. Opiate können süchtig machen. Das zeigt sich an den von Mal zu Mal höheren Dosen, die notwendig sind, um den gewünschten psychischen Effekt zu erzeugen. Bei regelmäßiger und wohl dosierter Anwendung zur Schmerzlinderung kommt es dagegen weder zur Bewusstseinstrübung noch zur Abhängigkeit.

Seit den 1970er-Jahren verstehen die Forscher immer besser, warum Opiate wirksame Schmerzmittel sind. Sie entdecken kleine körpereigene Proteine (Peptide), die dieselbe Funktion ausüben wie Morphin und andere Opiate. Diese neuroaktiven Peptide binden an Rezeptoren in der Zellmembran von Nervenzellen. Vier verschiedene Rezeptoren sind bereits bekannt. Das Schmerzmittel Naloxon® ist ein Antagonist (Gegenspieler) neuroaktiver Peptide, weil es diese von den Bindungsstellen der Membranproteine verdrängt. Die neuroaktiven Peptide gehören zu drei Familien. Für jede Familie gibt es ein Gen, mit dessen Hilfe in den Zellen große Proteinmoleküle, die Pro- oder Superhormone, hergestellt werden. Diese Vorläufermoleküle werden enzymatisch in mehrere verschiedene Peptide zerlegt. Das Proopiomelanocortin (POMC) besteht aus 265 Aminosäuren, Proenkephalin aus 267 und Prodynorphin aus 257 Aminosäuren. Die neuroaktiven Peptide und ihre Rezeptoren wurden bei Wirbeltieren nicht nur im Nervensystem nachgewiesen, sondern auch in vielen anderen Organen wie zum Beispiel dem Darm. Als Neuromodulatoren sind sie an der Regulation des absteigenden Kontrollsystems im Rückenmark beteiligt. Dieses System moduliert, wie schon erwähnt, die synaptischen Übertragungen in der aufsteigenden Bahn. An der erwähnten Hemmung der nozizeptiven Bahn durch andere somatosensorische Erregungen sind auch andere Peptide neuromodulatorisch beteiligt, zum Beispiel die Substanz P, die aus nur 11 Aminosäuren besteht.

Neben den vielen, hier nur angedeuteten Forschungserfolgen der Neurobiologie mit genetischen, biochemischen, pharmakologischen und neurophysiologischen Methoden und der großen Bedeutung der Schmerzforschung für die leidenden Menschen, beeindruckt auch die biologische Einsicht: Die pflanzlichen Opiate sind wirksam, weil sie im Nervensystem die Funktion dort vorhandener Stoffe ausüben. Die neuroaktiven Peptide haben neben der Schmerzkontrolle noch viele andere Funktionen. Darum sind auch die Wirkungen der pflanzlichen Opiate auf den Menschen sehr verschieden.

Das **Prohormon Proopiomelanocortin** (POMC) besteht aus 265 Aminosäuren. Vom POMC können die Aminosäuren 132–170 abgespalten werden, die dem adrenocorticotropen Hormon (ACTH) entsprechen, das die Nebennierenrinde zur Abgabe von Corticosteroiden stimuliert. ACTH kann wiederum ins α-Melanocyten stimulierende Hormon (α-MSH) und ins »corticotropine-like intermediate lobe peptide« (CLIP) zerlegt werden. Die Aminosäuren 173–265 des POMC-Peptids entsprechen dem β-Lipotropin, welches die Fettspaltung in den Fettkörpern der Zellen anregt. β-Lipotropin kann in γ-Lipotropin und in α-Endorphin, β-Endorphin oder γ-Endorphin zerlegt werden. Alle Endorphine haben eine morphinartige Wirkung. Vom γ-Lipotropin kann wiederum das β-MSH, vom β-Endorphin das Met-Enkephalin (mit schmerzstillender Wirkung) abgespalten werden. So enthält ein einziges Gen, das die Sequenz für das POMC-Peptid codiert, letztlich die Information für viele neuroaktive Peptide, die je nach Syntheseort und physiologischen Notwendigkeiten produziert werden.

Die Wahrnehmung der Gliederstellung

Wir wissen immer, wo sich unsere Hände und Füße befinden, selbst mit geschlossenen Augen. Mit einem einfachen Versuch lässt sich das demonstrieren. Dazu schließt eine Versuchsperson die Augen, und eine andere Person nimmt ihre Hand und bewegt sie in eine bestimmte Position, in der sie bleiben soll. Die Versuchsperson bringt dann die andere Hand in die genau spiegelbildliche Stellung. Das gelingt mit erstaunlicher Genauigkeit auf der Erde, aber auch in der Schwerelosigkeit eines Raumschiffes. Die Kraft, die man benötigt, um die Gliedmaßen in ihrer Position zu halten, spielt offensichtlich keine Rolle. Die Stellung der Gliedmaßen zueinander nimmt man unmittelbar und unabhängig von Begleitumständen wahr. Auch wenn ein schweres Gewicht die Hand nach unten zieht, weiß man genau und ohne hinzusehen, wo sie sich befindet. Die Wahrnehmung der Gliedmaßenstellung funktioniert problemlos, ist aber nicht leicht zu erklären.

Es gibt somatosensorische Sinnesnervenzellen in Gelenken, Sehnen und Muskeln, deren Meldungen zur Wahrnehmung der Gliedmaßenstellung beitragen. Das reicht aber zur Erklärung der Stellungsrezeption noch nicht aus, denn auch Menschen mit künstlichen Gelenken wissen, wie diese stehen, obwohl ihnen dort die Sinneszellen fehlen. Wer allerdings seine Hände so faltet, wie es die Abbildung links zeigt, weiß selbst dann nicht, wo sich die eigenen Finger befinden, wenn er sie anschaut. Wenn er in dieser verdrehten Handstellung einen bestimmten Finger bewegen will, bewegt er meistens den falschen. In diesem Fall funktioniert also die Stellungswahrnehmung nicht richtig.

Für die Stellungswahrnehmung der Gliedmaßen gibt es zwei Erklärungen, die sich gegenseitig nicht ausschließen, sondern ergänzen. Die erste besagt, dass die somatosensorischen Sinneszellen in den Gliedmaßen die Informationsquelle für die Stellung der Gelenke sind. Die ungewöhnliche Verschränkung der Hände wird dem Gehirn auf diesem Wege allerdings nicht richtig gemeldet. Wird einer der verschränkten Finger berührt, weiß man sofort, um welchen es sich handelt und wo er sich befindet. Nach der zweiten Erklärung entsteht die Information über die Gliedmaßenstellung im Gehirn. Aus jedem Bewegungsbefehl lässt sich im Prinzip herleiten, wohin sich die Gliedmaßen bewegen. Das Signal dafür ist die Efferenzkopie. Man braucht die Finger nur zu bewegen, und weiß dann gleich, wo sie sind. Es gibt also zwei Informationsquellen für die Gliedmaßenstellung, eine sensorische in den Gliedmaßen und eine zweite im Gehirn. Beide sind aufeinander abgestimmt. Bei jedem Bewegungsbefehl wird das Gehirn durch die Efferenzkopie auf die zu erwartenden Sinnesmeldungen vorbereitet.

Aufschlussreich ist eine Sinnestäuschung über die Stellung des Ellenbogengelenks. Die Experimentatoren setzen ihren Versuchspersonen Vibratoren auf den Oberarm auf. Wenn beispielsweise der dicke Beugermuskel des Oberarmes durch einen Vibrator geschüttelt

Sind die gefalteten Hände wie abgebildet verdreht, weiß man zunächst nicht mehr, wo sich welcher Finger befindet.

wird, ist das ein Reiz für die Muskelspindeln, die im Muskel über ihre Dehnung deren Länge registrieren. Die Muskelspindeln produzieren durch die Erschütterung mehr Aktionspotentiale, als ob die Muskelspindeln stärker gedehnt und der Arm mehr gestreckt wäre. Das erleben auch die Versuchspersonen: Das Gefühl, der Arm sei weiter gestreckt, als es wirklich der Fall ist. Aus dieser Sinnestäuschung weiß man, dass die Muskelspindeln an der Wahrnehmung der Gliedmaßenstellung beteiligt sind.

Phantomwahrnehmungen von Gliedmaßen

Das Gehirn liefert auch unabhängig Stellungsinformation, wie Beobachtungen an Phantomgliedmaßen aus neuester Zeit beweisen. Menschen, denen ein Arm oder ein Bein fehlt oder bei denen diese keine Nervenverbindungen zum Rückenmark haben, berichten fast alle nicht nur von Phantomschmerzen und Phantomkrämpfen. Sie spüren auch die fehlende Extremität, als ob sie noch vorhanden wäre. Sogar Menschen, die mit einer fehlenden Extremität geboren wurden, haben Phantomwahrnehmungen dieser Art. Die Patienten haben oft den Eindruck sie könnten die Phantomglieder bewegen, zum Beispiel mit ihnen winken oder eine Bedrohung abwehren. In anderen Fällen verhält sich das Phantomglied so, als sei es gelähmt. Der Betroffene nimmt einen solchermaßen unbeweglichen Phantomarm als herabhängend oder zur Seite gestreckt wahr, sodass er sich an jeder Tür zur Seite wendet, weil er sonst mit dem Arm anzustoßen fürchtet. Ein Patient, der den fehlenden Arm so wahrnahm, als befände er sich hinter ihm, konnte nicht mehr auf dem Rücken schlafen.

Mit der Zeit nehmen die Stellungs- und Berührungswahrnehmungen meistens ab. Das Phantomglied scheint dabei zu schrumpfen. Die Hand kann dann so empfunden werden, als säße sie am Stumpf des amputierten Armes und als seien die Finger noch immer beweglich. Wenn der Patient am Stumpf in der geeigneten Weise gereizt wird, kann es geschehen, dass der Phantomarm auch nach Jahren plötzlich wieder mit der ursprünglichen Länge wahrgenommen wird. Amputierte haben häufig Phantomglieder, die sie in der ersten Zeit nach dem Unfall oder der Operation fast immer wahrnehmen, oft verbunden mit Krämpfen und Schmerzen. Die Stellungswahrnehmung eines beweglichen Phantomglieds kann ihre Ursache nur im Gehirn haben.

Wie schon erwähnt, sind die Ordnungsprinzipien der Großhirnrinde variabel oder plastisch. Jeder Finger der Hand hat sein Feld in der Großhirnrinde. Wenn die Nervenverbindungen zu einzelnen Fingern vorübergehend unterbrochen werden, veröden die zugehörigen Großhirnfelder nicht. Die Nachbarfelder dehnen sich vielmehr über die nun unverbundenen Areale aus. Diese Art von Plastizität wurde auch an Amputierten beobachtet. In der Projektion der Körperoberfläche auf die somatosensorische Großhirnrinde grenzt das Gesichtsfeld an das der Hand. Vilayanur Ramachandran fand bei drei von zehn amputierten Patienten, dass diese eine Berührung des Gesichts so wahrnehmen, als sei der Phantomarm oder die Phantomhand berührt worden. Wasser, das über das Gesicht dieser Patienten lief, nahmen sie wahr, als rinne es auf dem Phantomarm entlang. Anscheinend speisen Sinnesnervenzellen aus dem Gesicht ihre Erregung in das durch die Amputation frei gewordene benachbarte Großhirnareal ein. Eigentümlicherweise sind die Folgen dieses Vorgangs noch so wie vor der Amputation: Der Patient spürt den Reiz am Phantomarm.

Wenn die Nervenverbindungen zwischen einem Arm und dem Rückenmark unterbrochen sind, haben die Patienten außer dem gesunden einen gelähmten wirklichen und außerdem oft einen Phantomarm. Diese Menschen berichten, dass der Phantomarm mit dem gelähmten verschmilzt, sobald sie den gelähmten Arm ansehen. Dasselbe erklärten amputierte Prothesenträger. Wenn sie nicht hinschauen, kann sich der Phantomarm irgendwo befinden. Schauen sie die Prothese an, so schlüpft der Phantomarm gewissermaßen dort hinein. Diese Phänomene brachten die Forscher auf die Idee, den Patienten ihre gesunde Hand im Spiegel zu zeigen, sodass sie aussieht wie die fehlende. In der Regel fusionierte die Phantomhand mit dem Spiegelbild. Die Patienten wurden aufgefordert, mit beiden Händen dieselbe Bewegung zu machen. Dies gab den Patienten das befreiende Gefühl, die

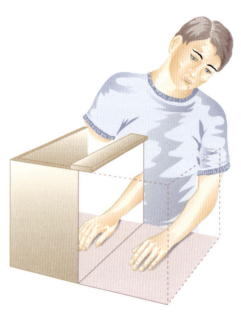

Der Amputierte sieht das Spiegelbild seiner Hand und empfindet es so, als sei es seine **Phantomhand.**

fehlende, aber als Phantom wahrgenommene Hand, sei nicht mehr gelähmt. Ein Patient, der zehn Jahre lang das Gefühl hatte, sein Arm liege unbeweglich in einer Schlinge, nahm ihn bei Betrachtung des Spiegelbildes seines gesunden Armes wieder so wahr wie vor der Amputation.

Mit dieser Beobachtung verbindet sich jetzt die Hoffnung auf eine Methode, Phantomschmerzen lindern zu können. Bewegungsübungen der gesunden Extremität und ihre Beobachtung im Spiegelbild lösten die Phantomkrämpfe gelegentlich. Die Patienten konnten sogar eine Massage der verbliebenen Extremität am Phantomglied empfinden. Interessanterweise übertragen sich aber nicht alle Berührungsempfindungen von der verbliebenen Hand auf die Phantomhand, Warm und Kalt zum Beispiel nicht. Man kann nur wünschen, dass sich aus diesen Beobachtungen Methoden entwickeln lassen, um viele Patienten von ihren Phantomschmerzen zu befreien.

C. von Campenhausen

Chemorezeption – Riechen und Schmecken

Alle Zellen reagieren auf chemische Reize. In chemorezeptiven Sinneszellen geschieht aber noch mehr. Die Zellen übersetzen die chemischen Reize in Erregungssignale und leiten diese zum Gehirn fort. Chemorezeptive Sinneszellen findet man in den Eingeweiden, auf der Zunge und in der Nase. Diese Sinneszellen haben wie alle Zellen in ihrer Zellmembran Rezeptormoleküle, an die Reizstoffe binden. Es gibt viele Aufgaben für chemorezeptive Sinneszellen und dementsprechend viele Spezialisierungen.

Allgemeine Biologie der Chemorezeption

Mit der Nase können die Menschen mehrere Tausend Düfte unterscheiden. Die Nase muss somit auf viele chemische Reize reagieren und Information über viele unterschiedliche Duftempfindungen zum Gehirn senden. Viele Arten von Rezeptormolekülen sind notwendig, um die vielen verschiedenen Duftmoleküle zu unterscheiden. Es muss aber auch spezifische Erregungen für die vielen verschiedenen Duftempfindungen geben. Der Riechsinn stellt somit hohe Anforderungen an die Reiz- und Empfindungsspezifität der Sinnesbahn. Oft wird die Verschlüsselung der Duftinformation in der Nase mit der Codierung von Farben im Auge verglichen. Der Vergleich ist aber eher irreführend als hilfreich. Im Auge reichen drei Sinneszellarten aus, um die Information über mehrere Hunderttausend Farben in der relativen Erregungsstärke der Rezeptoren zu codieren. Das gelingt, weil Farben wie die Wellenlängen der Lichtreize *kontinuierlich* veränderlich sind. Duftmoleküle sind dagegen durch *diskrete* Unterschiede gekennzeichnet. Diese müssen erst einmal erkannt werden. Dafür sind viele verschiedene Rezeptormoleküle notwendig. Außerdem muss die Information über die vielen verschiedenen Düfte in eine Nervenerregung verschlüsselt werden. Dazu sind viele parallel geschaltete Sinneszellen mit verschiedenen Rezeptormolekülen erforderlich.

Ganz anders sind die Anforderungen an die Chemorezeption in den Eingeweiden. Es gibt zum Beispiel chemorezeptive Sinneszellen für den Blutzuckerspiegel, für die Kohlendioxid- und für die Sauerstoffkonzentration im Blut. Diese Sinneszellen sind Spezialisten für jeweils nur einen chemischen Reiz. Sie ähneln darin den Nervenzellen, die Rezeptoren für bestimmte synaptische Neurotransmitter und spezielle neuromodulatorische Peptide besitzen. Bei diesen Sinneszellen geht es um die Erkennung eines bestimmten chemischen Reizes und die Regis-

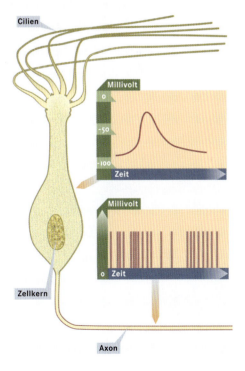

Bei einer menschlichen **Riechzelle** binden Duftstoffe an den Cilien und lösen dort den Einstrom von Ionen durch die Zellmembran aus, der zu einer Verkleinerung des elektrischen Ruhepotentials führt (oberes Diagramm) und im Axon der Zelle Aktionspotentiale auslöst (unteres Diagramm), die zum Gehirn geleitet werden.

trierung der Konzentration und nicht um die Unterscheidung vieler unterschiedlicher Signale. Eine Mittelstellung nehmen die Sinneszellen der Geschmacksknospen in der Zunge ein. Sie reagieren zwar auf viele verschiedene Stoffe, lösen aber nur vier oder fünf qualitativ verschiedene Empfindungen aus. Die Zahl der molekularen Rezeptormechanismen in der Zellmembran der Geschmacksrezeptoren ist klein.

Die Rezeptormoleküle in der Zellmembran sind wie alle Proteine genetisch festgelegt. Menschen, denen eines der Gene fehlt, können bestimmte Duftstoffe nicht wahrnehmen. Selektive Ausfälle der Riechfähigkeit gibt es zum Beispiel für das n-Butylmercaptan des Stinktieres und die Isobuttersäure des menschlichen Schweißes. Derartige Lücken im Riechspektrum sind nicht selten. Den Blütenduft der Freesien können 5–7 Prozent der Menschen nicht wahrnehmen.

Auch im Geschmackssinn gibt es bei Menschen genetische Ausfälle. Die Empfindlichkeit für den bitteren Geschmack des Phenylthiocarbamids (PTC) bestimmt bei Menschen das Gen T (von englisch to taste, schmecken). Von diesem Gen gibt es eine veränderte Variante, die t genannt wird. Alle Gene sind in jeder Zelle zweifach vorhanden. Menschen mit der Konstitution TT und Tt erkennen den Bittergeschmack schon bei geringeren PTC-Konzentrationen als Menschen mit der genetischen Ausstattung tt. Bei Völkern, die in Südamerika als Jäger und Sammler leben, fand man nur TT, das heißt die erbliche Konstitution für hohe Empfindlichkeit. In Europa findet man auch Tt und tt. Letztere Konstitution erkennt man an der höheren Schmeckschwelle. Die Kenntnisse über die genetischen Grundlagen der Chemorezeption werden sich in den nächsten Jahren schnell vermehren, weil 1991 eine Gen-Familie für Riechrezeptoren entdeckt wurde, die jetzt für molekularbiologische Experimente zur Verfügung stehen

Es ist erstaunlich, wie wenig beim Essen vom »Geschmack« der Speisen übrig bleibt, wenn man sich die Nase zuhält: Der Luftzug durch die Nase wird unterbrochen, sodass weniger Duftstoffe aus dem Mundraum in den oberen Bereich des Nasenraumes zum Riechepithel gewirbelt werden. Was man gemeinhin als Geschmack bezeichnet, ist also weitgehend eine Leistung des Riechsinnes. Nur was man bei zugehaltener Nase noch schmeckt, ist wirklich auf den Geschmackssinn zurückzuführen. Duftstoffe mit großem Dampfdruck, zum Beispiel Kaffee oder Tee, kann man aber auch bei zugehaltener Nase wahrnehmen.

Riechen

Die Nasenhöhle ist in der Mitte durch die Nasenscheidewand geteilt. Von den beiden äußeren Wänden ragen je drei horizontale Wülste, die Conchen (zu deutsch Muscheln), in die Nasenhöhle. Das Riechepithel mit den Riechsinneszellen kleidet 2,5 cm² , oft auch etwas weniger, des obersten Teils der Nasenhöhlen aus. Die Riechsinneszellen tragen an ihrem Ende ein Büschel von Cilien. Sie

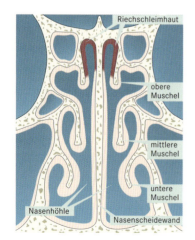

Die **Nasenhöhle** des Menschen im Querschnitt.

vergrößern die Oberfläche, in der sich die Rezeptormoleküle befinden, erheblich. Die Cilien ragen in eine Schleimschicht, die sich fortwährend erneuert.

Die Physiologie des Riechorgans

Die Nasenhöhle hat viele Funktionen. Die Atemluft wird je nach Außentemperatur an den feuchten Wänden abgekühlt beziehungsweise aufgewärmt und angefeuchtet. Beim Einatmen wirbelt die Atemluft nach oben, strömt aber beim Ausatmen durch den unteren Teil der Nasenhöhle wieder heraus. Darum bekommt man mehr von den Düften der Umgebung mit als von den eigenen.

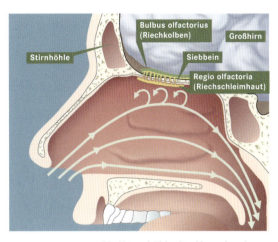

Die **Nasenhöhle des Menschen** im Längsschnitt. Eingezeichnet sind auch die Luftströme beim normalen Einatmen.

Der Mensch besitzt ungefähr 10 Millionen Riechzellen. Sie bilden sich aus den Basalzellen der Riechschleimhaut ständig nach und bleiben dann ungefähr 60 Tage lang am Leben. In Bündeln von 10 bis 100 wachsen ihre Axone von der Riechschleimhaut durch feine Knochenkanäle des Siebbeines in die darüber liegenden Riechkolben, die Bulbi olfactorii (Einzahl: Bulbus olfactorius). Die Axone der Riechzellen enden in ungefähr 2000 kugelförmigen Strukturen, den Glomeruli, wo sie sich verzweigen und Synapsen mit den Nervenzellen bilden. Diese leiten die Erregung zum Riechhirn, aber auch zum Bulbus olfactorius auf der anderen Seite, weiter. Ungefähr 1000 Sinneszellen enden auf einem dieser Folgeneurone. Zwischen den Sinneszellen und dem Riechhirn befindet sich im einfachsten Fall nur eine Synapse.

Die wichtigste Frage der gegenwärtigen Forschung lautet: Wie ist die Duftinformation im Nervensystem verschlüsselt? Erste Einblicke gewährte die Elektrophysiologie. Riechsinneszellen reagieren auf verschiedene, aber nicht auf alle Duftstoffe. Mit modernen Methoden ließ sich zeigen, dass im Bulbus olfactorius je nach Duftstoff andere Glomeruli in Erregung versetzt werden. Es gibt somit Anhaltspunkte dafür, dass die Glomeruli duftspezifisch reagieren. Die schon im Zusammenhang mit der akustischen Großhirnrinde erwähnte FDG-Methode half auch hier weiter. FDG, ein dem Blutzucker ähnlicher Stoff, wird wie der normale Blutzucker in die Zellen aufgenommen, aber nicht weiterverarbeitet. Wenn Versuchstiere einem bestimmten Duftstoff ausgesetzt waren, reicherte sich FDG als Zeichen erhöhter Aktivität in den durch den Duftstoff aktivierten Nervenzellen und Glomeruli an.

Bei Ratten entdeckte man 1991 eine Familie von Genen, die nur in den Riechzellen aktiv sind. Diese Familie umfasst 500 bis 1000 ver-

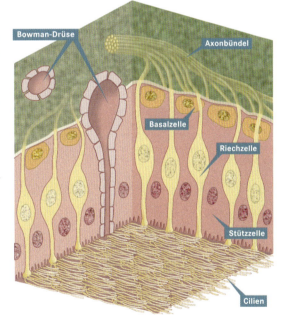

Die Riechzellen in der **Riechschleimhaut** werden von zahlreichen Stützzellen umgeben. Die Bowman-Drüsen geben eine schleimige Flüssigkeit ab, die das Epithel bedeckt und vor Austrocknung schützt.

Transmissionselektronenmikroskopische Aufnahme einer **Riechzelle** des Menschen. Die orange gefärbte Zelle hat an der Spitze zwei Ausläufer, die in die Nasenschleimhaut reichen. An diese Ausläufer binden vermutlich die in die Nase strömenden Moleküle.

In dieser schematischen Darstellung der Verbindungen zwischen **Riechzellen** und den **Glomeruli** sind die Sinneszellen mit denselben Rezeptormolekülen, also derselben Reizspezifität, mit derselben Farbe gezeichnet. Die Glomeruli in den beiden Riechkolben sind die ersten synaptischen Umschaltstationen der Riechbahn. In den Glomeruli laufen die Axone von Sinneszellen mit gleicher Reizspezifität zusammen.

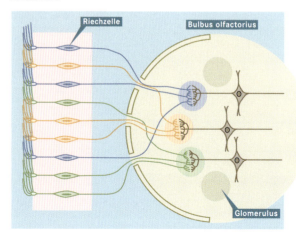

schiedene Gene. Jedes dieser Gene kann ein Membranprotein vom 7TMD-Typ erzeugen, das heißt, die lange Aminosäurenkette des Proteins verläuft siebenmal durch die Zellmembran (*TransMembran*), wobei die sieben Teilstücke (*Domänen*) in der Zellmembran jeweils schraubenförmig in Form einer so genannten α-Helix gewunden sind.

7TMD-Proteine waren schon als Rezeptormoleküle von anderen Zellen bekannt, beispielsweise vom Protein des Sehfarbstoffs Rhodopsin. Sie veranlassen über so genannte G-Proteine (guanosinnucleotidbindendes Protein) in der Zelle die Herstellung von Botenstoffen (Second Messenger), zum Beispiel das Molekül cyclo-Adenosinmonophosphat (cAMP). cAMP war bereits früher als Second Messenger in Riechzellen nachgewiesen worden. Die neu entdeckte Genfamilie ist offensichtlich für die vielen verschiedenen Rezeptormoleküle verantwortlich, die zur Unterscheidung der Duftstoffe notwendig sind. Es gibt Hinweise dafür, dass die verschiedenen Duftstoffe in dem Spalt zwischen den sieben α-Helices binden. Die Proteine haben nach dieser Vorstellung dort selektiv wirksame Bindungsstellen für jeweils bestimmte Duftstoffe. Die Gesamtzahl der menschlichen Gene liegt zwischen 20000 und 100000. Wenn die Zahl der Rezeptormoleküle beim Menschen so groß ist wie bei der Ratte, dann ist ihr Anteil von einem oder wenigen Prozent des gesamten Genoms recht groß.

Mit der Hybridisierungsmethode kann man nachweisen, in welchen Zellen die Gene exprimiert werden, das heißt aktiv sind. Bei dieser Methode lagern sich genspezifische Sonden, hier Nucleinsäuremoleküle, an die Gene an, wo sie sich später im mikroskopischen Schnitt nachweisen lassen. Es zeigte sich, dass die einzelnen Gene bei Ratten nur in jeder tausendsten Sinneszelle exprimiert werden. Die verschiedenen Rezeptormoleküle werden somit nicht in allen Riechsinneszellen hergestellt. Wie viele verschiedene Rezeptormoleküle in der Membran einer einzelnen Sinneszelle vorhanden sind, ist noch nicht geklärt. Darüber hinaus zeigte es sich, dass alle Sinneszellen, bei denen eines der Gene nachgewiesen werden konnte, über die Axone mit dem gleichen Glomerulus verbunden sind. Das passt zu der Vorstellung von der Duftspezifität der Glomeruli. Nach dieser nun auf verschiedene Weise untermauerten Theorie ist die Duftinformation in den Bulbi olfactorii räumlich verschlüsselt. Jedem Duft entspricht im einfachsten Fall die Erregung von einem oder wenigen Glomeruli. Die Nervenzellen, die die Erregung an das Riechhirn weitermelden, tun dies alle mit derselben Art von Aktionspotentialen. Die Erregung sagt also nichts über die Duftqualität aus, da es darauf ankommt, welche Fasern aktiv sind. Das Beispiel zeigt erneut die Spezifität der Sinnesbahnen.

Riecherlebnisse

Der Riechsinn hat eine Wächterfunktion beim Atmen und Essen. Auch nach vielen Jahren erinnern sich Menschen an den Duft einer Speise, die ihnen einmal schlecht bekommen ist. Der Riechsinn dient dem Menschen aber auch zur Orientierung in der Umgebung. Menschen können ein Lagerfeuer im Freien über viele Kilometer hinweg riechen und auch die Richtung zu ihm erstaunlich genau wahrnehmen. Normalerweise erkennen Menschen mühelos, woher der Duft kommt. Bittet man aber jemanden, der eine versteckte Duftquelle richtig geortet hat, seine Angaben zu überprüfen, gibt er nach eifrigem Schnüffeln meistens einen anderen, oft falschen Ort an. Der Ort der Duftquelle, den er spontan mühelos und richtig wahrgenommen hatte, ist ihm merkwürdigerweise beim Nachspüren mit der Nase oft wieder unklar.

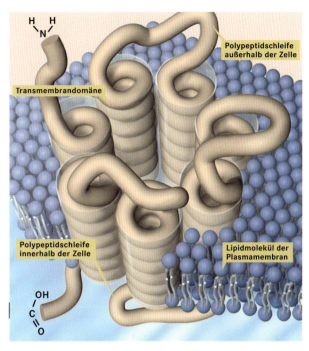

Ein olfaktorisches **Rezeptormolekül** besteht aus einer Kette von Aminosäuren, die an sieben Teilstücken (Domänen) aufgewunden sind und durch die Zellmembran hindurchgehen. Die Bindungsstelle für die Duftstoffe ist vermutlich in der Mitte der sieben Transmembrandomänen (7TMD-Molekül).

Menschen lieben es, sich zu parfümieren. Sie geben viel Geld für Düfte aus, und das nicht nur bei Parfüms und Seifen. Nahezu alles, was man kaufen kann, trägt einen sorgfältig ausgewählten Duft. So kann ein Gebrauchtwagen wie ein neues Auto riechen. Aus einem Möbelkatalog kann dem Leser der Geruch frisch geschnittenen Holzes entgegenkommen. Dasselbe gilt für Nahrungsmittel, sofern nicht die Gesetze wie beim Wein Naturreinheit vorschreiben.

Der Physiknobelpreisträger Richard P. Feynman verblüffte seine Mitmenschen, indem er mit der Nase herausfand, wer gerade in welchem Buch geblättert hatte. Das gelingt am Besten bei Sammelwerken. Bei diesen riechen alle Bände ähnlich, sodass der von den Händen des letzten Lesers verbliebene Duft stärker auffällt.

Nicht erfüllt hat sich der Wunsch nach einem Parfüm, das auf andere Menschen eine sicher vorhersagbare Wirkung entfaltet, das zum Beispiel den geliebten Menschen anlockt und bindet wie ein Zaubertrank in den Märchen. Düfte werden kulturbedingt als angenehm oder abstoßend erlebt. Küchengerüche in multikulturellen Wohngebieten vermitteln diese Erfahrung. Die Parfüme werden mit ihrer Weiterentwicklung keineswegs immer wirksamer. Sie unterliegen vielmehr der Mode. Düfte helfen zwar, Menschen zu verführen, unterwerfen aber nicht den freien Willen.

Bei Tieren wurden viele Pheromone nachgewiesen. Sie sind Botenstoffe, die nach außen abgegeben werden und auf Artgenossen wie Hormone wirken oder

Weinproben sind ein intensives Geruchs- und Geschmackserlebnis.

als Signale für bestimmte Verhaltensweisen. Von Säugetieren sind erstaunliche Pheromonwirkungen bekannt geworden. So kann es bei Mäusen zum Abbruch der Schwangerschaft im Frühstadium kommen, wenn das weibliche Tier einen Duftstoff riecht, den ein neu hinzukommendes Männchen mit dem Harn abgegeben hat. Die weiblichen Tiere setzen dann Hormone frei, welche die Einnistung der frühen Entwicklungsstadien der Feten in der Gebärmutter verhindern. Etwas Vergleichbares fand man bei Menschen noch nicht. Allerdings wird immer wieder behauptet, dass sich der Menstruationszyklus zusammenlebender Frauen synchronisiere. Sollte sich diese Behauptung endgültig bestätigen, kann man dieses Phänomen vielleicht als Pheromonwirkung erklären.

Schmecken

Während der Riechsinn Tausende von Duftempfindungen vermittelt, ist die Zahl der unterscheidbaren Geschmacksqualitäten klein. Trotzdem sind die physiologischen Grundlagen des Geschmackssinns komplizierter und weniger gut bekannt als die des Riechens.

Biologische Grundlagen des Schmecksinns

Weder die Schmeckzellen in der Zunge noch die nachgeschalteten Nervenzellen reagieren reizspezifisch, zum Beispiel nur auf Salz oder nur auf Zucker. Alle im Tierversuch erforschten Zellen der Schmeckbahn, von den Sinneszellen in der Zunge bis zu den Nervenzellen in der Großhirnrinde, reagieren auf mehrere, viele sogar auf alle Reizarten. Die Empfindlichkeiten für verschiedene Stoffe sind allerdings nicht gleich. So reagiert die eine Zelle auf geringe Konzentrationen von Zuckerlösungen, aber nur auf höhere Konzentrationen von Kochsalz, während es bei anderen gerade umgekehrt ist. Obwohl die Sinnes- und Nervenzellen für mehrere, möglicherweise für alle Reizarten des Geschmackssinns empfänglich sind, sind die Empfindungen Süß, Sauer, Salzig und Bitter unverwechselbar verschieden. Wie das Nervensystem die verschiedenen Geschmacksqualitäten unterscheidet, ist unklar. Das Konzept der Empfindungsspezifität der Sinnesbahnen, das sich bei den Hautsinnen und dem Riechsinn so gut bewährte, ist beim Schmecksinn anscheinend nicht verwirklicht, jedenfalls nicht eindeutig.

Die Schmeckempfindlichkeit ist beim Menschen auf die Zunge und den Gaumen beschränkt. Fische haben Schmecksinneszellen auch in der äußeren Körperhaut. In der Abbildung links oben sind die Bereiche eingezeichnet, in denen wir für die Süß-, Sauer-, Salzig- und Bitterreize besonders empfindlich sind. Das Schema basiert auf mühsamen psychophysischen Messungen,

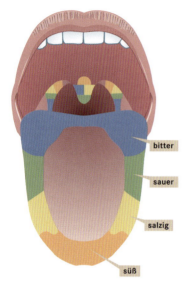

Die **Zunge** und der **Gaumen** mit Bereichen größter Schmeckempfindlichkeit für süß, salzig, sauer und bitter. Die Empfindlichkeit lässt sich genau bestimmen, wenn man die Zunge mit einem kleinen Wattebausch betupft, der in wässerige Lösungen verschiedener Konzentration getaucht wurde. Die kleinste wahrnehmbare Konzentration wird auf der unteren Abbildung mit der Zahl 1 eingetragen. Die Ziffern an den anderen Orten der Zunge geben an, wievielmal höher die Konzentration dort sein müsste, um gerade die jeweilige Schmeckempfindung auszulösen.

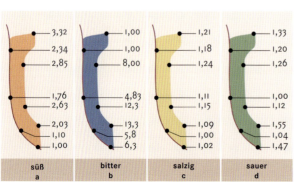

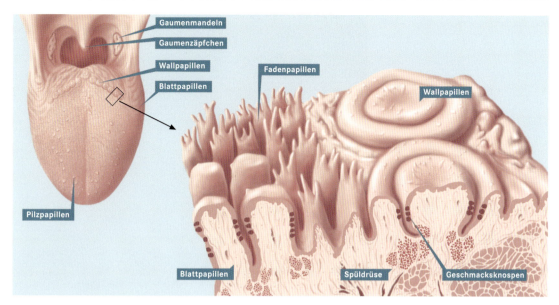

deren Ergebnis in der Abbildung links unten zusammengefasst sind. Wenn alle Zellen der Schmeckbahn von der Zunge bis zum Großhirn auf alle Schmeckstoffe reagieren, dann muss das auch für alle Bereiche der Zunge gelten. Auf die Zungenspitze muss man allerdings höhere Konzentrationen von Chininsulfat-Lösungen auftropfen als auf den Zungengrund, um die Bitterempfindung auszulösen. Alle Schmeckempfindungen lassen sich an jeder Stelle der Zunge auslösen. Das Übersichtsbild zeigt nur die Zonen, in denen die verschiedenen Empfindlichkeiten jeweils am größten sind.

Die Zungenoberfläche besteht aus dicht stehenden Papillen (nach lateinisch papilla, die Warze). Sie fühlt sich wegen der verhornten Spitzen der Fadenpapillen rau an. Zwischen ihnen eingestreut erkennt man mit der Lupe vor dem Spiegel die hellrosa gefärbten Pilzpapillen. Die Wall- und Blätterpapillen kann man an der eigenen Zunge nicht sehen, weil sie zu weit hinten liegen. An einer Rinder- oder Schweinezunge aus einem Metzgerladen dagegen kann man die Papillen gut erkennen. Die Schmeckstoffe müssen durch die Pore zu den fingerförmigen Mikrovilli der Sinneszellen gelangen. Die Stützzellen scheiden durch ihre feinen Mikrovilli wahrscheinlich Stoffe aus, die den Reizvorgang beeinflussen. Die Sinneszellen haben keine eigenen Axone, ähnlich den Haarzellen im Innenohr. Die Erregung wird über Synapsen auf die Axone der folgenden Nervenzellen übertragen. Eine Sinneszelle bleibt nur etwa zehn Tage aktiv, bevor sie abstirbt und eine neue Sinneszelle sie ersetzt, die aus einer der Basalzellen nachgewachsen ist. Auch die Synapsenverbindung muss dann neu gebildet werden.

Die molekularen Vorgänge der Erregungsbildung sind nicht vollständig aufgeklärt. Eine Bitter- und Süßempfindung stellt sich ein, wenn der Schmeckstoff an einen Rezeptor bindet und dann über einen oder mehrere Botenstoffe in der Zelle einen Ionenkanal durch

Die Schleimhaut der **Zungenoberfläche** ist durch die verhornten Spitzen der vielen Fadenpapillen rau. Die Geschmacksknospen, im vergrößerten Ausschnitt rot hervorgehoben, befinden sich in den Pilzpapillen oben, bei den Blätter- und Wallpapillen an den Seiten. Am Grund der Spalten befinden sich die Ausgänge der Spüldrüsen.

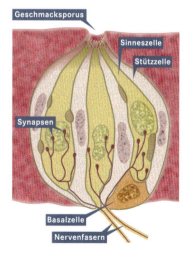

Schnitt durch eine **Geschmacksknospe.** Sie ist aus Sinneszellen, Stützzellen und Basalzellen aufgebaut.

Foto einer **Geschmackspapille** aus dem vorderen Bereich der Zunge. Sie enthält bis zu fünf Geschmacksknospen.

die Membran öffnet oder schließt. Bei sauren und salzigen Stoffen dringen die Ionen wahrscheinlich durch offene Kanäle in die Zellen ein und wirken über Folgereaktionen auf den Öffnungszustand von Ionenkanälen ein. Möglicherweise haben auch die Kombination mehrerer Prozesse dieser Art eine Bedeutung für die Verschlüsselung der Sinnesinformation.

Einige Beobachtungen zum Schmecken

Die vier Geschmacksqualitäten Süß, Sauer, Salzig und Bitter sind allgemein akzeptiert. Zu allen Zeiten waren aber auch noch zusätzliche Qualitäten im Gespräch wie »Scharf«, wobei an Rettiche zu denken ist, oder neuerdings »Umami« (japanisch: guter Geschmack), ein Wohlgeschmack, den angeblich Aminosäuren in eiweißreichen Fischgerichten hervorrufen. In gewisser Weise ist es tatsächlich »Geschmackssache«, ob man die vielen zusätzlichen Wahr-

Geschmacksempfindungen bei Reizung mit Natrium- und Kaliumchlorid bei verschiedenen Konzentrationen

Konzentration (mol/l)	Natriumchlorid, Kochsalz	Kaliumchlorid
0,009	–	süß
0,010	schwach süß	stark süß
0,02	süß	süß, vielleicht bitter
0,03	süß	bitter
0,04	salzig, schwach süß	bitter
0,05	salzig	bitter, salzig
0,1	salzig	bitter, salzig
0,2	rein salzig	salzig, bitter, sauer
1,0	rein salzig	salzig, bitter, sauer

nehmungen, die uns die Zunge vermittelt, dem Tastsinn oder noch allgemeiner den Hautsinnen zurechnen will oder dem Geschmack. Die Abgrenzung ist schwierig, wie die zwischen Schmecken und Riechen beim Essen. Unter natürlichen Lebensbedingungen kommt es darauf an, dass bestimmte Fakten sicher wahrgenommen werden, wie in diesem Fall die Bekömmlichkeit oder Giftigkeit der Nahrungsmittel. Die reinen Geschmacksqualitäten Süß oder Bitter sind begriffliche Abstraktionen und nicht einfache Wahrnehmungsbausteine.

Verschiedene Geschmacksqualitäten können in der Wahrnehmung gleichzeitig auftreten, ohne zu verschmelzen. So schmeckt die Pampelmuse süß, bitter und sauer. Die jeweilige Geschmacksempfindung hängt nicht nur von den Schmeckstoffen ab, sondern auch von deren Konzentration. Das ist leicht nachzuprüfen, wenn man von einer Salzlösung eine Verdünnungsreihe herstellt. Dazu gießt man von einer hochkonzentrierten Stammlösung eine bestimmte Menge in ein Messgefäß und füllt mit reinem Wasser auf. Von dieser Lösung nimmt man wieder dieselbe Menge und füllt auf. Für den Rest der Verdünnungsreihe verfährt man entsprechend. Jetzt braucht man nur noch Ruhe und Konzentration, um die Lösungen der Reihe nach vom reinen Wasser bis zur höchsten Konzentration zu probieren. Die links stehende Tabelle zeigt, was bei Kochsalz (NaCl) und Kaliumchlorid (KCl) gefunden wurde. Beim ersten Auftreten eines Geschmacks, der sich von dem reinen Wassers unterscheidet, können Menschen meistens noch gar keine Qualität erkennen. Sie merken nur, dass die Lösung irgendwie anders schmeckt. Mit steigender Konzentration stellen sich verschiedene deutliche Geschmacksqualitäten alleine oder gleichzeitig ein.

Interessant ist auch der Nachgeschmack von Stoffen. Wenn man einen Schluck Zuckerwasser im Munde bewegt, schmeckt Leitungswasser danach bitter. Der bittere Nachgeschmack kann bei anderen Süßstoffen noch intensiver sein. Nach Artischocken schmeckt Leitungswasser süß, ebenfalls nach Zitronensäure, nicht aber nach verdünnter Salzsäure. Die Ursache für den veränderten Geschmack ist wahrscheinlich ein molekularbiologischer Vorgang in der Sinneszellmembran.

C. VON CAMPENHAUSEN

Sehen – Die Umgebung wird im Auge abgebildet

Die Optik des Auges

Das Auge vergleicht man oft mit einem Fotoapparat. Wie bereits beschrieben, hinkt der Vergleich jedoch. Lediglich die Optik von Auge und Kamera ist vergleichbar. Beide erzeugen eine Abbildung der Umgebung. Die Augenoptik ist nicht leicht zu durchschauen. Glücklicherweise gibt es mit der Lochkamera eine extrem einfache Optik ohne Linsen, bei der leichter zu verstehen ist, wie das Bild entsteht. Die Camera obscura (lateinisch: dunkler Raum) ist eine Lochkamera. Warum in der Camera obscura ein Bild entsteht, kann man unmittelbar erkennen. Die Lichtwellen breiten sich zwar von jedem beleuchteten Punkt der Außenwelt nach allen Seiten aus. Der Anteil aber, der von jedem Punkt der Umgebung durch das enge Loch in den dunklen Raum gelangt, ist ein gerader Strahl. Den Strahl erkennt man im dunklen Raum an den beleuchteten Staubteilchen in seiner Bahn. Von jedem Punkt der Außenwelt fällt ein gerader Strahl durch das Loch und endet an einem bestimmten Ort der Rückwand. So entsteht dort das zweidimensionale Bild der dreidimensionalen Außenwelt. Dieses Prinzip gilt auch für das Auge.

Die Ursprünge der Camera obscura liegen im Dunkeln. Künstler verwendeten sie bis ins 19. Jahrhundert beim Skizzieren ihrer Gemälde. Die abgebildete Camera obscura war dafür aber nicht sehr geeignet. Durch das kleine Loch gelangte nur wenig Licht in den dunklen Raum, sodass das große Bild lichtschwach war. Mit einem vergrößerten Loch käme zwar mehr Licht herein, aber das Bild würde dafür unscharf. Problematisch ist auch, dass das Bild der Camera obscura auf dem Kopf steht und dass rechts und links vertauscht sind. Das Bild war somit vollständig invertiert, das heißt um 180° gedreht. Zur Behebung dieser Nachteile wurden Modelle entwickelt, die nichtinvertierte und durch den Einsatz von Sammellinsen auch lichtstarke Bilder lieferten. Auch im Auge erhöht die Linse die Beleuchtungsstärke der Netzhaut. Alles Licht, das von einem Punkt im Außenraum durch die Pupille ins Auge gelangt, wird durch die Linse zu einem

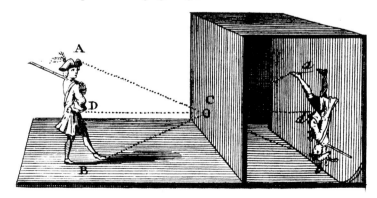

Eine **Camera obscura,** abgebildet in der zwischen 1751–1780 von Denis Diderot und Jean Le Rond d'Alambert herausgegebenen »Encyclopédie«.

hellen Bildpunkt zusammengeführt. An dieser Leistung ist auch die gekrümmte Hornhaut beteiligt. Die optische Inversion der Abbildung wird jedoch erst im Gehirn bei der Bildauswertung korrigiert.

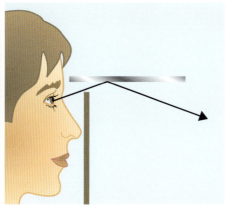

Der Versuchsperson in den Untersuchungen von Ivo Kohler war durch die **Umkehrbrille** die Aussicht nach vorne bis auf einen horizontalen Schlitz verschlossen. Wie die Zeichnung verdeutlicht, konnte sie die Umgebung nur über den Spiegel sehen. Wenn sie nach oben blickte, sah sie über den Spiegel nach unten.

Probleme des Linsenauges und ihre Lösung

Mit einer Umkehrbrille kann man beim Bild im Auge oben und unten vertauschen. Die Welt scheint dann auf dem Kopf zu stehen. Rechts und links wird bei der Oben-unten-Spiegelung dagegen nicht vertauscht. Wer die Umkehrbrille einige Stunden trägt, erlebt, wie sich die gesehene Umgebung manchmal für kurze Zeit aufrichtet, aber bald danach zurückkippt. Die Versuchspersonen wissen dann nicht genau, wo sich die gesehenen Dinge befinden, und greifen oder deuten oft in die falsche Richtung. Nach wenigen Tagen bleibt die Wahrnehmung trotz Umkehrbrille aufrecht. Die Versuchspersonen können dann sicher umhergehen und sogar Rad fahren. Die Bildverarbeitungsvorgänge im Gehirn, die uns die Orientierung ermöglichen, sind nicht vollständig festgelegt. Das Verhalten der Umkehrbrillenträger ist ein weiteres Beispiel für Plastizität, das heißt einen durch Lernen beeinflussbaren Verarbeitungsvorgang im Gehirn. Wenn die Versuchspersonen die Brille nach Tagen absetzen, scheint die Welt vorübergehend wieder auf dem Kopf zu stehen. Sie lernen jedoch innerhalb von Minuten, sich wieder in der normalen Umwelt zurechtzufinden. Dieses Experiment weist einen sehr speziellen Fall von Plastizität nach. Die Umkehrbrille vertauscht bei der Abbildung im Auge nur oben und unten. Rechts und links bleiben unverändert. Eine vollständige Drehung des Bildes um 180°, kann man, wenn überhaupt, nur viel langsamer lernen.

Dank der großen Pupille und der Lichtbündelung kommt es im Auge zu einem hellen Bild. Der Aufbau des Auges kann aber auch zu

Ein Auge des Menschen. Berechnungen des Strahlenganges führt man mit dem so genannten schematischen Auge durch, bei dem die Abmessungen genau festgelegt sind.

DAS SCHEMATISCHE UND DAS REDUZIERTE AUGENMODELL

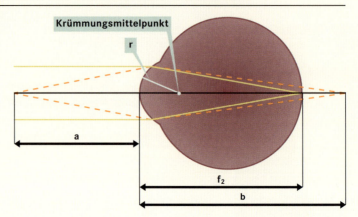

Das Licht durchdringt auf dem Weg zur Netzhaut mehrere lichtbrechende Flächen. Um in einem so zusammengesetzten optischen System den Strahlengang berechnen zu können, wurde das so genannte schematische Auge entwickelt. Bei ihm wird vereinfachend angenommen, dass die lichtbrechenden Flächen kugelförmig und zur optischen Achse zentriert sind. Die optischen Eigenschaften des schematischen Auges sind durch die Krümmungsradien (r) der lichtbrechenden Flächen und ihren Abstand vom vorderen Augenpol (Hornhautscheitel) und durch die Brechzahlen (n) der Augenmedien definiert.

Augenoptische Berechnungen kann man mithilfe des reduzierten Auges vereinfachen. Dieses Augenmodell soll hier vorgestellt werden. Im reduzierten Auge gibt es nur noch eine lichtbrechende Fläche mit dem Radius r = 6 mm und ein Medium mit der Brechzahl des Wassers $n_2 = 4/3$. Die Brechzahl der Luft wird mit der des Vakuums $n_1 = 1$ gleichgesetzt. Das reduzierte Auge ist 24 mm lang.

Die durchgehenden Strahlen im Bild oben links stammen von einer weit entfernten Lichtquelle. Sie laufen wegen der großen Entfernung praktisch parallel auf das Auge zu. Die gestrichelten Strahlen in der oberen Abbildung gehen von einer näheren Punktlichtquelle aus. Bei gleicher Einstellung des Auges würde das Punktbild der nahen Lichtquelle erst hinter dem Auge zustande kommen. Auf dem Augenhintergrund entsteht statt eines Punktbildes eine Zerstreuungsfigur.

Warum das so ist, zeigen die folgenden Formeln: Für das reduzierte Auge gilt die Abbildungsgleichung für kugelförmige Flächen

$$\frac{n_1}{a} + \frac{n_2}{b} = \frac{n_2 - n_1}{r}$$

Wenn das Licht von weit her kommt, ist der Abstand a näherungsweise unendlich und das erste Glied der Gleichung verschwindet. Die Strahlen fallen wegen des großen Abstandes praktisch parallel ein und die Bildweite b ist gleich der Brennweite f_2:

$$f_2 = b = \frac{n_2 \cdot r}{n_2 - n_1}$$

Ist die Bildweite b unendlich, findet man die äußere Brennweite f_1, das heißt die Brennweite im Luftraum, entsprechend:

$$f_1 = a = \frac{n_1 \cdot r}{n_2 - n_1}$$

Äußere und innere Brennweite sind verschieden, weil die Brechzahlen für Luft und Wasser unterschiedlich sind. Durch Einsetzen der zweiten und dritten Gleichung in die erste erhält man die allgemeine Gleichung

$$\frac{f_1}{a} + \frac{f_2}{b} = 1$$

Eine wichtige Größe in jedem optischen System ist die Brechkraft, die in Dioptrien D [m⁻¹] gemessen wird, wobei f und r in Metern einzusetzen sind (r = 0,006 m und f = 0,024 m).

$$D = \frac{n_2}{f_2} = \frac{n_2 - n_1}{r}$$

Für das reduzierte Auge ist D = 55,56 m⁻¹.

Die erste und die vierte Gleichung zeigen, dass und wie sich die Bildweite b mit dem Abstand a ändert, sofern die Brechkraft D gleich bleibt. In der Abbildung ist die Brechkraft so gewählt, dass der Stern gerade auf dem Augenhintergrund scharf abgebildet wird (durchgehende Linien). Ein näherer Punkt würde zu einer größeren Bildweite führen und darum nicht als Punkt, sondern als Scheibchen abgebildet werden (gestrichelte Linien).

Bei der Akkommodation ändert sich die Brechkraft der Linse so, dass auch nähere Gegenstände scharf abgebildet werden.

Aus den Beziehungen $\frac{y}{x} = \frac{y'}{x'}$ sowie $\tan \alpha = \tan \alpha'$ lässt sich die Größe einer Abbildung auf der Netzhaut mit guter Näherung berechnen. Der innere Abstand ist mit Augenlänge − Krümmungsradius, (24 − 6 = 18 mm), einzusetzen. Der Vollmond überspannt beispielsweise einen Abbildungswinkel von α = 31,1 Winkelminuten. Sein Bild hat auf der Netzhaut einen Durchmesser von y' = 18 · tan α = 0,163 mm.

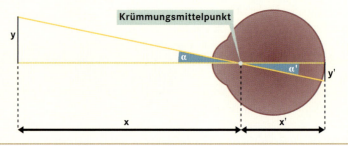

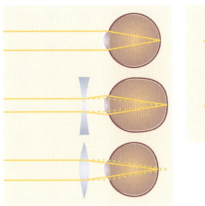
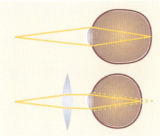

Die beinahe parallelen Lichtstrahlen von einer weit entfernten Lichtquelle werden im Auge durch Brechung zu einem Punktbild gebündelt (links oben). Menschen mit kurz- bzw. weitsichtigen Augen benötigen eine Korrektur durch Brillengläser, da das Punktbild nicht auf der Netzhaut, sondern davor bzw. dahinter scharf ist. Im mittleren Bild ist gestrichelt der Strahlengang beim kurzsichtigen Auge eingezeichnet: Das Punktbild ist vor der Netzhaut scharf, weil in der Regel der Augapfel zu lang ist. Die Zerstreuungslinse korrigiert die Kurzsichtigkeit (durchgezogene Linie). Umgekehrt sind die Verhältnisse im weitsichtigen Auge im unteren Bild: Das Punktbild ist erst hinter der Netzhaut scharf, sodass eine Brillenkorrektur durch eine Sammellinse nötig ist.

Nahe gelegene Gegenstände (rechts oben) können Menschen mit kurzsichtigen Augen scharf sehen, Menschen mit weitsichtigen Augen aber nicht (rechts unten). Sie brauchen daher eine Sammellinse, da das Bild sonst hinter der Netzhaut scharf sein würde (gestrichelte Linie).

einem unscharfen Bild führen, was bei einem kurzsichtigen Auge durch eine Zerstreuungslinse, bei einem weitsichtigen Auge durch eine Sammellinse korrigiert werden muss. Das verdeutlichen die beiden Strahlengänge. Das normale Auge kommt jedoch ohne Brille aus. Es hat sich im Laufe der Evolution so entwickelt, dass alle Teile mit großer Genauigkeit zusammenarbeiten können.

Die Augenentwicklung erfolgt überwiegend im Mutterleib ohne visuelle Erfolgskontrolle. Für die Feinabstimmung von Brechkraft und Augenlänge sind aber Erfahrungen beim Sehen notwendig. Viele augenärztliche Erkenntnisse führten zu dieser Vermutung, bevor sie durch Untersuchungen an Hühnerküken bestätigt wurde. Den Küken wurden Hauben mit Brillengläsern aufgesetzt, welche die Küken je nach den verwendeten Brillengläsern ein wenig kurz- oder weitsichtiger machten. Bei den anschließenden täglichen augenärztlichen Untersuchen stellte sich heraus, dass sich die Augen der Küken innerhalb weniger Tage veränderten: Die brillenbedingte leichte Kurz- bzw. Weitsichtigkeit ging zurück. Die hohe Genauigkeit im Zusammenspiel der Teile des Auges regelt sich offensichtlich unter Beteiligung des Sehprozesses selbst. In einem weiteren Experiment wurde auf der einen Seite eine Sammel-, auf der anderen eine Zerstreuungslinse eingesetzt. Auch in diesem Fall passten sich beide Augen an die neuen optischen Bedingungen an: Der Augenhintergrund, auf dem das Bild entsteht, wanderte im einen Auge nach hinten, im anderen nach vorne, sodass die Bilder in beiden Augen wieder scharf waren. Wahrscheinlich ist auch beim Menschen die Feinabstimmung zwischen Brechkraft und Augenlänge in dieser Weise plastisch, also anpassungsfähig unter dem Einfluss von Seherfahrungen in der Jugend. Welchen Einfluss diese Erkenntnis auf die Behandlung der Kurz- und Weitsichtigkeit haben wird, ist noch nicht absehbar.

Die Hühnerküken trugen in dem Versuch von Frank Schaeffel ihre Brille mehrere Tage.

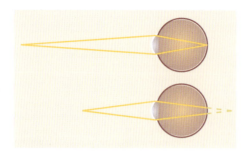

Die **Brechkraft** des Auges: Die Strahlen von einem weit entfernten Lichtpunkt werden im Auge so gebrochen, dass ein Punktbild entsteht (oben). Der näher gelegene Punkt (unten) würde bei gleicher Brechkraft erst hinter der Netzhaut ein scharfes Bild liefern (gestrichelt).

Scharfe Bilder durch Akkomodation

Zur Beschreibung der Akkommodation ist ein Vergleich zwischen den beiden in der Grafik dargestellten Strahlengängen im Auge hilfreich. Im ersten Fall ist die Brechkraft des Auges gerade so eingestellt, dass auf der Netzhaut ein scharfes Punktbild entsteht. Im zweiten Bild ist der Punkt näher an das Auge herangerückt. Wenn die Brechkraft gleich bleibt, wird das Bild erst weiter hinten scharf. Auf der Netzhaut entsteht nur eine unscharfe Zerstreuungsfigur des Punktbildes. Mit dem Abstand ändert sich die Bildweite – es sei denn, die Brechkraft wird angepasst. Die Anpassung der Brechkraft heißt Akkommodation. Sie sorgt dafür, dass auf der Netzhaut bei verschiedenen Beobachtungsabständen scharfe Bilder entstehen können. Prinzipiell gibt es mehrere Möglichkeiten, wie man ein Bild in einem Strahlengang scharf stellen kann. Beim Diaprojektor und beim Fotoapparat schiebt man die Linsen vor oder zurück. Nach diesem Prinzip akkommodieren Schlangen- und Fischaugen.

Im Auge des Menschen ändert sich dagegen die vordere Linsenwölbung. Wie ist das möglich? Die Linse des menschlichen Auges ist in der Jugend weich und elastisch. Sie ist im entspannten Zustand durch Bindegewebsfasern nach außen gespannt und dadurch abgeflacht. Wenn man einen nahen Gegenstand betrachten möchte, kontrahiert sich der Muskel im ringförmigen Ciliarkörper. Die Spannung der Fasern lässt dann nach, und die vordere Oberfläche der Linse wölbt sich vor. Dadurch vergrößert sich die Brechkraft. Das Auge ist im ersten Fall fern-, im zweiten nahakkommodiert. Hermann von Helmholtz entdeckte dieses Akkommodationsverfahren mithilfe der Purkinje'schen Spiegelbilder.

Die Linse des Menschen hört mit dem Alter nicht auf zu wachsen. Sie wird bis ins Greisenalter hinein schwerer, größer und härter. Außerdem entwickelt sie sich im Laufe des Lebens zu einem gelben Lichtfilter. Im Alter zwischen 50 und 60 Jahren ist sie bereits so steif, dass viele Menschen nicht mehr nahakkommodieren können und deshalb altersweitsichtig sind. Die Betroffenen müssen zum Lesen das Buch weiter weg halten, da das Bild des Textes im Auge bei großem Abstand zu klein ist. Dagegen helfen keine längeren Arme, sondern nur Brillen mit Sammellinsen. Die Linse kann auch undurchsichtig werden; die Menschen haben dann einen grauen Star. Bei einer modernen Staroperation wird die trübe Linse durch eine

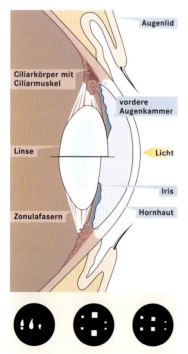

Die Abbildung zeigt die Linse im menschlichen Auge bei Nah- und bei Fernakkommodation. Im unteren Teil der Abbildung sind die **Purkinje'schen Spiegelbilder** dargestellt. Im linken Bild sind die Spiegelbilder einer Kerzenflamme zu sehen, die ganz links von der Hornhautoberfläche gespiegelt wird, in der Mitte von der Linsenvorderseite und rechts von der Linsenrückseite. Das Spiegelbild der Linsenrückseite ist, wie bei jeder Sammellinse, invertiert. Mit dem mittleren und dem rechten Bild wies von Helmholtz die Änderung der Linsenkrümmung bei der Akkommodation nach: Im fernakkommodierten Auge ist das Spiegelbild groß (Mitte), bei Nahakkommodation schrumpft es (rechts).

Plastiklinse ersetzt, für die man eine Brille braucht, weil die Plastiklinsen keine Akkommodation zulassen.

Das Bild im Auge lässt sich bei genügender Helligkeit auch durch eine kleinere Pupille oder durch eine Lochblende schärfen. Die Randstrahlen werden dadurch ausgeblendet und das Bild so schärfer. Kurzsichtige, die eine entfernte Schrifttafel lesen, machen unbewusst von diesem Prinzip Gebrauch, indem sie blinzeln und dadurch ihre effektive Pupillengröße verkleinern. Jeder Fotograf weiß, dass kleine Blenden in der Regel gut für die Schärfentiefe sind. Sticht man viele kleine Löcher in einen Pappkarton, entsteht eine Siebbrille, durch die auch Kurz- und Weitsichtige bei ausreichender Beleuchtung schärfer sehen können.

Optische Abbildungsfehler im Auge

In allen optischen Systemen mit Linsen, auch im Auge, spielen Abbildungsfehler eine Rolle. Die sphärische Aberration oder Abweichung beruht beim menschlichen Auge darauf, dass die Brechkraft für die Strahlen in der Umgebung der optischen Achse etwas größer ist als für die Strahlen des Randbereiches. Die nebenstehende Abbildung zeigt die Strahlen im Bereich eines Punktbildes. Wegen der sphärischen Aberration konvergieren die Strahlen nicht in einem Punkt. Die Konvergenzpunkte der achsennahen und der Randstrahlen liegen vielmehr hintereinander auf der optischen Achse. Auf der Netzhaut entsteht kein Punktbild, sondern eine Abbildung, die im Querschnitt einer Strahlenfigur entspricht. Mit der Akkommodation wandert die abgebildete Strahlenfigur auf der optischen Achse vor und zurück. Dabei ändert sich der Querschnitt des Strahlenbündels, der gerade auf der Netzhaut abgebildet ist. Die sphärische Aberration macht sich beim Betrachten von Sternen oder weiter entfernten Straßenlaternen bemerkbar. Punktlichtquellen sehen in der Regel nicht wie helle Punkte aus, sondern mehr wie die ringförmigen Querschnitte des Strahlenbündels. Oft sind diese Figuren noch von einem Strahlenkranz umgeben, der durch Lichtstreuung in der Linse entsteht. Die zusätzlichen Strahlen, die beim Blinzeln scheinbar aus der Punktlichtquelle herausschießen, kommen durch die Flüssigkeit auf der Hornhaut zustande, die zwischen den Augenlidern zusammengeschoben wird.

Sehr häufig ist eine spezielle Form der sphärischen Aberration, der Astigmatismus (griechisch: kein Punkt) oder die Stabsichtigkeit. Die Linse in der Abbildung ist, wie am Strahlengang zu erkennen ist, in senkrechter Richtung stärker gekrümmt als entlang der waagerechten. Die Strahlen konvergieren nicht in einem Punkt, sondern in zwei stabförmigen Punktabbildungen, die dicht hintereinander liegen und beliebige Richtungen haben können. Wegen des Astigmatismus sehen Punktlichtquellen oft oval aus, wobei die verzerrten Zerstreuungsfiguren in den beiden Augen verschiedene Richtungen haben können. Das schraffierte Männchen und der schraffierte Kreis

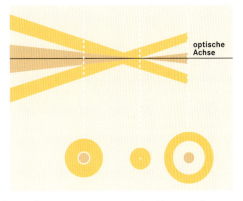

Die achsennahen Strahlen und die Randstrahlen konvergieren aufgrund der **sphärischen Aberration** nicht in einem Punkt, sondern hintereinander. Anstelle eines Punktbildes entsteht je nach Akkommodationszustand des Auges eine der unten abgebildeten konzentrischen Querschnittsfiguren des Strahlenbündels.

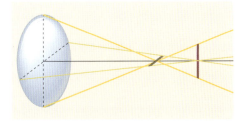

Der **Astigmatismus** ist ein Spezialfall der sphärischen Aberration, bei der die Linse nicht drehsymmetrisch zur optischen Achse ist. Die Krümmung ist bei der abgebildeten Linse in vertikaler Richtung größer als in horizontaler Richtung. Das erkennt man an den stabförmigen Punktabbildungen. In der Bildebene des horizontalen Stabs sind horizontale Konturen scharf und vertikale unscharf, in der Bildebene des senkrechten Stabes gerade umgekehrt. Alle Augen sind ein wenig stabsichtig. Der Astigmatismus kann in den beiden Augen verschiedene Richtungen haben.

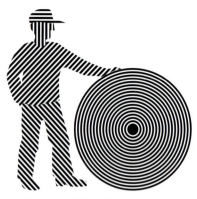

Wer dieses Bild einäugig betrachtet, sieht es voraussichtlich mit dem rechten Auge etwas anders als mit dem linken. Die Schraffur erscheint kontrastreich, das heißt deutlicher schwarz und weiß bei der Linienrichtung, die im Auge scharf abgebildet wird. Wegen der Stabsichtigkeit kann die Richtung der konstruierten Linien in jedem Auge anders sein.

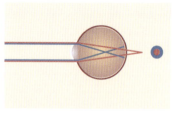

Der Strahlengang einer **chromatischen Aberration** ist hier erheblich übertrieben dargestellt. Das Auge ist auf einen Stern gerichtet, von dem langwelliges rotes und kurzwelliges blaues Licht auf das Auge zuläuft. Da die Brechkraft der Linse für das kurzwellige Licht größer ist als für das langwellige, entstehen im Prinzip zwei Punktbilder hintereinander, ein blaues und ein rotes. Die lang- und kurzwelligen Bildanteile können nicht in einer Bildebene scharf eingestellt werden. Die Zerstreuungsfigur kann so aussehen wie hier gezeigt. Sind die Augen anders akkommodiert, kann der Stern aber auch anders, z. B. blau mit rötlichem Hof gesehen werden.

erscheinen bei einäugiger Betrachtung je nach ihrer Orientierung unterschiedlich kontrastreich. Was man mit dem rechten und dem linken Auge sieht, ist meistens verschieden und ebenfalls ein Effekt des Astigmatismus. Die Schraffur kann quer zu dem stabartig auseinander gezogenen Brennpunkt nicht scharf abgebildet werden. Die sphärische Aberration und der Astigmatismus lassen sich mit Brillen korrigieren.

Die chromatische Aberration der Augen lässt sich auf vielfältige Weise beobachten. Schaut man sich das zweifarbige Quadrat mit nur einem Auge und halb abgedeckter Pupille an, sieht man zwischen den Farbfeldern helle oder dunkle Grenzlinien. Die verschiedenfarbigen Felder scheinen an ihren Grenzen im einen Fall übereinander geschoben und im anderen auseinander gerückt zu sein. Eine chromatische Aberration kann man auch beobachten, wenn man die Kanten der rechts abgebildeten schwarzen Rechtecke anschaut: Hellblaue oder orangerote feine Säume treten auf. Zur Erklärung dieser Effekte muss man sich eine Linse als einen Stapel von Prismen vorstellen und sich daran erinnern, dass Licht durch ein Prisma in seine Spektralanteile zerlegbar ist. Eine halb abgedeckte Pupille kommt einem Prisma nahe. Das Licht wird wie beim Prisma zur dicken Seite abgelenkt, sodass die Strahlung im Auge zur abgedeckten dunklen Hälfte hin gebrochen wird, das kurzwellige blaue mehr als das langwellige rote. So entstehen die farbigen Ränder und die Verschiebungen der farbigen Flächen. Was man sieht, hängt davon ab, welche Hälfte der Pupille verdeckt wird und wie die farbigen und schwarzweißen Muster orientiert sind. Der Unterschied der Brechkraft für blaues und rotes Licht beträgt im Auge ungefähr eine Dioptrie.

Die Abbildung im Auge ist ein perspektivisches Bild

Der Holzschnitt von Albrecht Dürer zeigt eine Methode für das perspektivische Zeichnen. Der Künstler stellt mit seinem Blick eine unsichtbare gerade Visierlinie her zwischen der Spitze des Zeigers vor dem Auge und einer Stelle auf seinem Modell, zum Beispiel der Nasenspitze der liegenden Frau. Sobald er die beiden Punkte – wie Kimme und Korn auf einem Gewehr – hintereinander sieht, merkt er sich den dazwischen liegenden Durchstoßpunkt der gedachten Visierlinie durch das senkrechte Gitter und überträgt ihn auf sein Blatt. Wenn er das für viele Orte auf dem Modell getan hat, gewinnt er die perspektivische Projektion der dreidimensionalen Frau auf das flache Papier. Perspektive liegt vor, wenn die Bilder entsprechend der geometrischen Methode der Zentralprojektion konstruiert sind, das heißt durch Strahlen, die Objekt und Abbildung Punkt für Punkt miteinander verbinden und außerdem durch einen gemeinsamen Punkt verlaufen. Der gemeinsame Punkt ist die Spitze des Zeigers in Dürers Holzschnitt, bei der Camera obscura das Loch und beim Auge der Knotenpunkt, an dem sich die Mittelstrahlen schneiden. Im reduzierten Auge fällt der Punkt mit dem Krümmungsmittelpunkt zusammen. Auge und Kamera liefern somit per-

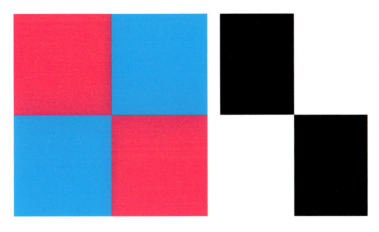

Um eine **chromatische Aberration** bei den roten und blauen Quadraten sowie den schwarzen Balken zu erkennen, sollte man das eine Auge schließen und das andere zur Hälfte mit einem Karton bedecken, wobei die Kante des Kartons dieselbe Orientierung haben sollte wie die Grenzlinien der Felder. Zwischen den Feldern der roten und blauen Quadrate entsteht eine helle oder dunkle Grenzlinie, während man an den Kanten der schwarzen Balken hellblaue und orangerote Farben sieht.

spektivische Bilder. Dürer wusste das noch nicht, weil die Theorie der strahlenoptischen Bildkonstruktionen für die Abbildung im Auge erst 1604 durch Johannes Kepler eingeführt wurde. Der gelehrte Jesuit Christoph Scheiner prüfte Keplers Hypothese, nach der auf dem Augenhintergrund ein umgekehrtes Bild der Außenwelt entsteht, einige Jahre später nach. Er fand, was jeder an Rinderaugen aus dem Schlachthof nachprüfen kann: Durch ein Fenster in der Rückwand eines Auges kann man ein invertiertes Bild sehen, wie es die Theorie der strahlenoptischen Konstruktion fordert.

Sehen wir nun wegen der perspektivischen Abbildung im Auge die Welt perspektivisch? Die Antwort lautet ja und nein. Es kommt auch hier darauf an, worauf wir achten. Wenn das Männchen in der Abbildung auf der nächsten Seite immer näher kommt, wächst sein Bild im Auge nach den Regeln der Perspektive. Was weiter weg ist, erscheint kleiner, zum Beispiel der Daumen eines gestreckten Armes im Vergleich zum Daumen dicht vor dem Gesicht. Wir nehmen aber die Dinge normalerweise trotzdem in ihrer richtigen Größe wahr. Ein grober Verstoß gegen die Regeln der Perspektive führt zu Größentäuschungen. Das Ergebnis dieser Beobachtung lautet: Das perspektivische Bild im Auge ist nur ein Zwischenprodukt der Informationsverarbeitung und nicht das, was wir schließlich wahrnehmen.

Anleitung zum perspektivischen Zeichnen nach Albrecht Dürers »Unterweysung der Messung mit Zirkel und Richtscheid in Linien, Ebenen und ganzen Körpern« (Nürnberg, 1525).

302 III. Wahrnehmen, Erkennen, Empfinden

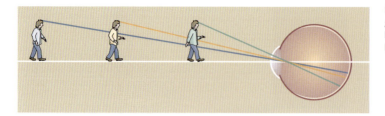

Die Abbildung im Auge wird immer größer, je näher das Männchen herankommt. Die Bildgröße ist umgekehrt proportional zum Abstand.

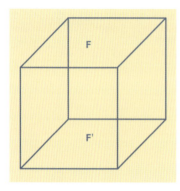

Die räumliche Wahrnehmung des **Necker-Würfel** verändert sich bei ruhiger Betrachtung, obwohl sein Bild gleich bleibt. F erscheint abwechselnd vor oder hinter F'.

Die Fotografie der Eisenbahngleise auf der nächsten Seite ist auch ein perspektivisches Bild. Die Gleise laufen nach den Regeln der Perspektive auf einen gemeinsamen Fluchtpunkt zu, obwohl sie objektiv parallel zueinander sind. Der Abstand zwischen den parallelen Schienen wird im perspektivischen Bild mit wachsender Entfernung immer kleiner abgebildet. Bei sehr großer Entfernung schrumpft dieser Abstand zu einem Punkt, eben dem Fluchtpunkt zusammen. Wir zweifeln kaum an der Parallelität bei den Gleisen, wohl aber bei den Sonnenstrahlen, die durch Wolken auf die Erde fallen. Wegen des ungeheuren Abstands der Sonne von der Erde sind die hier einfallenden Strahlen so gut wie parallel zueinander. Sie bilden erst in der perspektivischen Abbildung im Auge große Winkel zueinander. Hier führt die perspektivische Abbildung zu einer gewaltigen Sinnestäuschung.

Besser als mit Worten, zeigen die Zeichnungen unten, dass viele verschiedene Gegenstände im Auge genau dieselben Abbildungen erzeugen können. Die perspektivische Abbildung ist somit nicht eindeutig. Das gilt nicht nur für dünne Linien vom Typ der Nadel, sondern für alle Objekte. Es ändert sich im Prinzip nichts an der Ab-

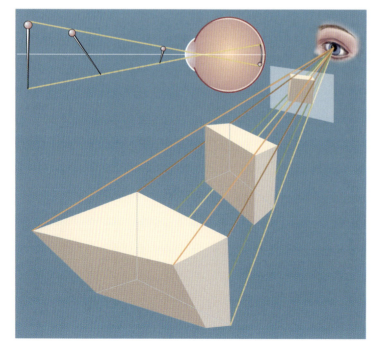

Verschiedene Gegenstände führen im Auge zu gleichen Abbildungen. Die drei Nadeln im oberen Bild erzeugen dasselbe Bild; die dreidimensionalen Körper des unteren Bildes führen auf der Fläche vor dem Auge und in der Abbildung im Auge zum selben Bild, weil ihre markanten Punkte alle auf denselben Visierlinien liegen.

Die parallelen Eisenbahnschienen (links), die in die Bildtiefe führen, laufen in der perspektivischen Abbildung auf einen gemeinsamen Fluchtpunkt zu. Auch die Sonnenstrahlen (rechts) verlaufen parallel, obwohl sie in entgegengesetzte Richtungen zu gehen scheinen. Der Winkel zwischen den Strahlen kommt durch die perspektivische Abbildung im Auge zustande.

bildung im Auge, wenn sich die markanten Punkte der Gegenstände auf den eingezeichneten Visierlinien verschieben.

Die behauptete Mehrdeutigkeit des Bildes im Auge lässt sich leicht in der Wahrnehmung nachweisen. Der Schweizer Kristallograph Louis Necker beschrieb 1832 eine doppeldeutige Figur, die als Necker-Würfel bekannt wurde: Sie wandelt sich von einer Version in eine andere um. Was zuerst wie die Rückseite eines Würfels aussah, wird plötzlich zur Vorderseite. Der Würfel wird zum Stumpf einer hohen vierkantigen Pyramide. Das entspricht den Regeln der Perspektive. In der perspektivischen Zeichnung ist die Rückwand etwas kleiner als die Vorderseite, was eine weitere Entfernung anzeigt. Im invertierten Zustand wirkt sie dann zu klein, was zu einer neuen Form führt. Beim Necker-Würfel sind offensichtlich zwei visuelle Interpretationen möglich, die das Gehirn abwechselnd anbietet.

Wer die auf der nächsten Seite zu sehende, geknickte dreidimensionale Pappfigur einäugig längere Zeit anschaut, erlebt mit einiger Geduld, wie sie sich in der Wahrnehmung aufrichtet. Sie sieht dann

Bei einem Verstoß gegen die Perspektive kommt es zur **Größentäuschung**. Die Figuren sind objektiv gleich groß. Nach den Gesetzen der Perspektive müsste die hintere Figur jedoch kleiner sein. Die Täuschung wird noch deutlicher, wenn man ein Auge schließt.

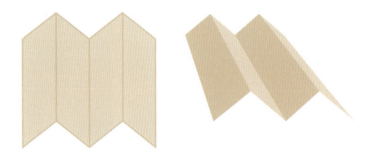

Diese dreidimensionale Figur kann jeder mit einer halben Karteikarte selber falten. Bei geduldiger einäugiger Betrachtung richtet sie sich in der Wahrnehmung manchmal auf. Sie wird dann so interpretiert, als sei sie im entgegengesetzten Sinn geknickt. Bei Kopfbewegungen beobachtet man eigentümliche Scheinbewegungen an der invertierten Figur.

so aus, als sei sie genau entgegengesetzt geknickt. Wer den Kopf ein wenig bewegt, sieht, wie sich die invertierte dreidimensionale Figur im Raum zu drehen scheint. Die nichtinvertierte Figur tut das nicht. Daran erkennt man, dass im Gehirn die Gesetzmäßigkeiten der perspektivischen Abbildungen nachvollzogen werden. Bei der normalen Figur ändert sich die Abbildung im Auge erwartungsgemäß, bei der invertierten, das heißt räumlich falsch interpretierten Figur dagegen nicht. Das führt zu der folgerichtigen Interpretation, die Figur drehe sich im Raum, wenn wir den Kopf bewegen. Diese Beobachtung passt zu den Ausführungen zur Formkonstanz weiter vorn im Text. Bei der invertierten Figur sieht die objektiv beschattete Seite dunkler und die andere heller aus als im nichtinvertierten Zustand. Darin zeigt sich, dass bei der Bildverarbeitung im Gehirn sogar die Beleuchtungsrichtung und die Körperschatten berücksichtigt werden. Licht und Schatten sind im invertierten Zustand unlogisch verteilt. Das führt zu der Interpretation, die helle Seite bestehe aus so hellem Material, dass sie sogar auf der Schattenseite noch hell erscheint, und die dunkle aus einer so dunklen Substanz, dass sie selbst auf der beleuchteten Seite noch dunkel aussieht.

Angesichts der Mehrdeutigkeit der Abbildung im Auge ist zu fragen, warum wir die Umgebung gerade so wahrnehmen, wie wir es tun. Woher wissen wir zum Beispiel, welche von den vielen möglichen Nadeln der Abbildung auf der vorherigen Seite tatsächlich vorhanden ist? Die Antwort ist klar: Weil in jede Wahrnehmung viele Hinweise eingehen, die, gemeinsam ausgewertet, meistens zu eindeutigen Interpretationen führen. Das Auge muss beispielsweise akkommodieren, um ein scharfes Bild der wahren Nadel zu erhalten. Die abstandabhängige Akkommodationseinstellung liefert die Information über die Entfernung der Nadel. Entfernungsdaten ergeben sich auch aus dem Konvergenzwinkel zwischen den Augenachsen, Kopfbewegungen führen zu den so genannten parallaktischen Verschiebungen: Nahe und ferne Gegenstände bewegen sich scheinbar gegeneinander. Auch diese Verschiebungen liefern Entfernungsinformationen. Schließlich gibt es die Gesetze der perspektivischen Abbildungen, die zusätzliche räumliche Informationen zugänglich machen. Mehrdeutigkeiten treten auf, wenn die Hinweise für eine eindeutige und richtige Interpretation nicht ausreichen.

Wer erleben möchte, wie das Gehirn um die richtige Interpretation des Bildes im Auge ringt, betrachte das Bild des Mainzer Doms.

In der Lithographie »Relativität« von Maurits Escher aus dem Jahr 1953 sieht man ein perspektivisches Bild, das sich bei genauerer Betrachtung als widersprüchlich erweist. Man erkennt daran, dass beim Sehprozess nicht nur die Probleme der Mehrdeutigkeit der perspektivischen Abbildung im Auge gelöst werden, sondern dass darüber hinaus auch über Möglichkeiten bzw. Unmöglichkeiten der wahrgenommenen Form entschieden wird.

Das Bild ist offensichtlich ein flacher Gegenstand. Räumliche Tiefe und parallaktische Bewegungen sind nicht zu erwarten. Schließt man ein Auge und stütze den Kopf auf, werden die binokularen Tiefenhinweise aus dem Zusammenspiel der beiden Augen und die parallaktischen Verschiebungen ausgeschaltet. Deren Fehlen würde bestätigen, dass man ein flaches Bild anschaut. Wenn man nun eine Weile ruhig mit dem Blick einäugig durch das Bild wandert, so wird es scheinbar immer tiefer. Eine Steigerung erlebt man, wenn alle Hinweise auf die Oberfläche des Bildes wie Glanz oder Oberflächenstrukturen und auf die Ränder beseitigt sind. Das gelingt, wenn man ein Stückchen dunkles Papier durchsticht und das Loch dicht vor das Auge hält. Mit etwas Geduld erlebt man dann die räumliche Tiefe in einer besonders eindrucksvollen, leicht verfremdeten Weise. Ohne sichere Tiefenhinweise muss das Gehirn nach einer räumlichen Interpretation suchen. Stellt sich die räumliche Tiefe ein und kippt dann das Bild hinter der künstlichen Pupille ein wenig, kommt es sogar zu Scheinbewegungen. Die abgebildeten Strukturen verhalten sich anders, als es Gegenstände mit wahrer Tiefe täten. Das wird offensichtlich bemerkt und als Bewegung interpretiert. Wenn die Information, dass es sich um ein flaches Bild handelt, ausgeblendet ist, und die Tiefenhinweise unterdrückt sind, sucht das visuelle System mit den verbliebenen Mitteln nach Interpretationen.

Blick auf den Mainzer Dom.

Die perspektivische Darstellung der Kunst präsentiert die Umgebung oder einzelne Gegenstände so, wie man sie von einem bestimmten Beobachtungsort aus sieht. Die vom Künstler gewählte Ansicht entspricht seiner persönlichen Entscheidung und bringt somit ein willkürliches Element in die Darstellung. Wir verstehen auch nichtperspektivische Gemälde und solche, bei denen der Künstler mit der Perspektive experimentiert oder spielt. Unsere Wahrnehmung ist wie gezeigt, nicht selbst perspektivisch. Sie nutzt nur das perspektivische Bild im Auge. In manchen Stilen der Kunst, wie zum Beispiel der altägyptischen und auch in Kinderzeichnungen ist es Absicht, die Darstellung unabhängig von den speziellen Beobachtungsbedingungen des Betrachters zu machen. Perspektivische Darstellungen, die immer Ansichten von einem bestimmten Beobachtungsort her sind, sollen gerade vermieden werden. Diesen Stil, der eher aufzählt und das Dargestellte zu Ansichten zusammensetzt, nannte die Ägyptologin Emma Brunner-Traut aspektivisch, im Gegensatz zu perspektivisch. Die perspektivische und aspektivische Weltsicht könnte mit den visuellen Verarbeitungsweisen der rechten und linken Großhirnhälfte zusammenhängen.

C. VON CAMPENHAUSEN

Diese Vase wurde 1977 zur Silberhochzeit von Königin Elisabeth und Prinz Philip entworfen. In den Konturen sind die Profile des Königspaars zu erkennen.

Auge und Gehirn

Die Innenseite des Auges wird durch die Netzhaut ausgekleidet. Die Netzhaut (Retina) ist ein mehrschichtiges Gewebe aus Sinnes-, Nerven- und Gliazellen. Die ersten Schritte der neuronalen Bildverarbeitung finden schon in der Netzhaut statt. Nervenfortsätze (Axone) von Nervenzellen der Netzhaut bilden den Sehnerv. Netzhaut und Sehnerv sind ein Teil des Gehirns. Keine Sehleistung lässt sich ohne das Gehirn erklären.

Die Sehbahn vom Auge zum Gehirn

Der Sehnerv (Nervus opticus) zieht vom Auge zur Sehnervkreuzung, wo die Hälfte der Nervenfasern des linken Auges zur rechten Gehirnhälfte laufen und umgekehrt. In der Abbildung auf Seite 313 ist das zu sehen. So gelangen die Informationen aus einem Auge in die beiden Gehirnhälften. Nach der Sehnervkreuzung setzt sich das jetzt Sehtrakt genannte Bündel der Sehnervenfasern bis zum Stammhirn fort. Mehr als 90 Prozent der Fasern enden dort im so genannten seitlichen Kniehöcker. Hier wird die Erregung über Synapsen auf Folgezellen übertragen, deren Axone bis zur visuellen Großhirnrinde im Hinterhaupt reichen. Ein kleiner Teil der Sehnervfasern zweigt schon vor dem seitlichen Kniehöcker zu anderen Zielgebieten des Stammhirns ab, in denen unter anderem die Bewegung der Augen, die Größe der Pupille und die innere Uhr gesteuert werden.

Die stark gefaltete Großhirnrinde und die dorthin führende Sehbahn ist eine Errungenschaft der Säugetiere. Vögel haben anstelle des Großhirns einen andersartigen Hirnteil, den Wulst, ausgebildet.

Der **Sehnerv** endet im Stammhirn, wo mehr als 90 Prozent der Nervenfasern im seitlichen Kniehöcker auf Folgeneurone umgeschaltet werden, die die Erregung zur visuellen Großhirnrinde leiten. Einige Nervenfasern ziehen zum Mittelhirndach, das als Schaltstelle für optische Reflexe wirkt.

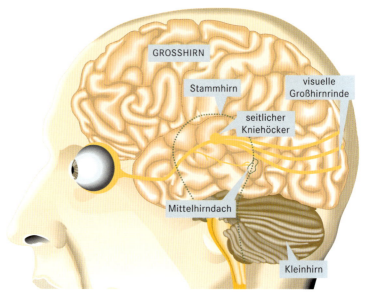

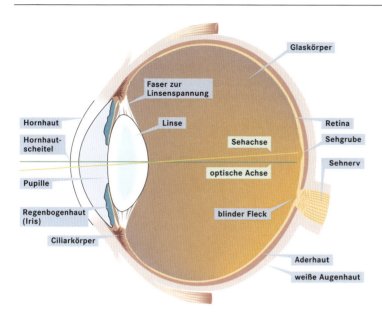

Ein Querschnitt durch das **menschliche Auge** mit allen wichtigen Strukturen.

Reptilien, Amphibien und Fische besitzen gar keine Großhirnrinde. Sie haben nur das Stammhirn zum Sehen. Der Teil des Sehorgans, der sich beim Menschen im Stammhirn befindet, ist stammesgeschichtlich älter, der Teil im Großhirn jünger.

Netzhautstruktur und Sehleistung

Die Sehbahn zum Großhirn beginnt mit der Netzhaut. Der Augenarzt sieht sie, wenn er mit einem Augenspiegel durch die Pupille in das Auge hineinschaut. Die Adern der Netzhaut entspringen im blinden Fleck. Dort, wo die feinen Blutgefäße von allen Seiten auf eine aderfreie Stelle zulaufen, befindet sich die Sehgrube. Beim Sehen bemerkt man diese speziellen Strukturen der Netzhaut nicht unmittelbar. Man hat jedenfalls nicht den Eindruck, dass die Umgebung in der Mitte des Sehfeldes anders aussieht als am Rand, obwohl die Netzhaut in der Mitte anders gebaut ist. Unter normalen Sehbedingungen tasten die Augen die Umgebung ab. Aus der dabei gewonnen Information entwickelt sich die Sehwahrnehmung in vielen Verarbeitungsschritten. Würden die Erregungen der Netzhautzellen unmittelbar in Wahrnehmungen umgesetzt, kämen die Strukturen der Netzhaut beim Sehen zum Vorschein. Das ist offensichtlich nicht der Fall. Die Wahrnehmung basiert somit nicht unmittelbar auf der Sinnes- und Nervenerregung der Netzhaut. Was man wahrnimmt, wird vielmehr durch die weiterverarbeitete Erregung im Gehirn hervorgebracht. Die Baueigentümlichkeiten der

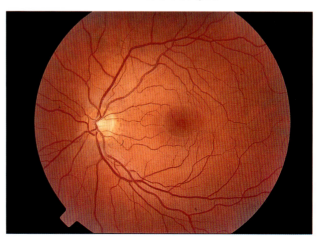

Fotografie eines **Augenhintergrundes** durch die Pupille.

DIE NETZHAUT IM AUGE

In den Augen der Wirbeltiere bilden die Sinneszellen die hintere, lichtabgewandte Schicht. Das Licht muss somit mehrere Lagen Nerven- und Gliazellen passieren, bevor es die Lichtsinneszellen erreicht. Diese so genannte inverse Augenkonstruktion wird etwas besser verständlich, wenn man die embryonale Augenentwicklung betrachtet. Im ersten Embryonalmonat wächst aus der noch schlauchförmigen Hirnanlage und bilden deshalb die dem Augeninneren zugewendete letzte Netzhautschicht. Die an ihrer Spitze wachsenden Nervenfasern müssen die Verbindung zum Gehirn herstellen. Sie wachsen an einer Stelle durch die Netzhaut hindurch und formen dort den Sehnerv. Weil dabei alle Schichten, also auch die der Sinneszellen, durchquert werden, entsteht an dieser Stelle der blinde Fleck.

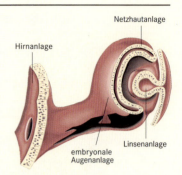

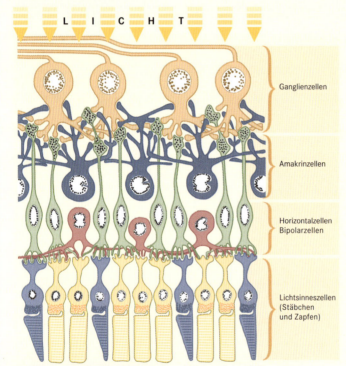

das abschließende Pigmentepithel dar; darunter liegen Blutgefäße. Viele Untersuchungen führten zu der noch immer stark vereinfachten Rekonstruktion der Netzhaut (links).

Mithilfe von Antikörpern können Zellen danach bestimmt werden, ob sie bestimmte Proteine enthalten, was zu immer weitergehenden Unterscheidungsmerkmalen führt. Bei den Amakrinzellen lassen sich nach verschiedenen Kriterien bereits mehr als 20 Arten unterscheiden. Die Fotos auf der nächsten Seite zeigen verschieden gefärbte Zellen des Auges: Oben links ist die Sinneszellschicht im Auge eines Affen zu sehen; die rotbraunen Zapfen sind mithilfe eines Antikörpers gegen ein Calcium bindendes Protein gefärbt. Die Stäbchen sind gelb gefärbt. Der Durchmesser eines Zapfens beträgt

auf beiden Seiten die Augenanlage heraus. Die Abbildung oben rechts zeigt, wie sie sich eierbecherartig einstülpt und die von außen kommende Linsenanlage aufnimmt. Da die Gehirnanlage durch Einfaltung der Außenhaut entsteht, ist die ursprüngliche Außenseite des Embryos in der Hirn- und Augenanlage nach innen gekehrt. Die Lichtsinneszellen entstehen später in der ursprünglichen Außenschicht. Darum sind sie nach innen gerichtet. Die Nervenfasern sprossen aus der ursprünglichen Innenschicht heraus und bilden deshalb die dem Augeninneren zugewendete letzte Netzhautschicht. Die Netzhaut ist ein vorgeschobener Teil des Gehirns. Im Lichtmikroskop (unten rechts) sieht man nach Anfärbung der Zellkerne den scheinbar einfachen dreischichtigen Bau. Oben sind die Zellkerne der Ganglienzellen, in der Mitte die der Bipolarzellen und unten die der Zapfen und Stäbchen zu sehen. In den hellen Bereichen dazwischen liegen oben die Amakrinzellen und unten die Horizontalzellen. Unterhalb der Sehzellen sind hellrot ihre Außenglieder zu sehen, der schmale dunkelrote Streifen stellt

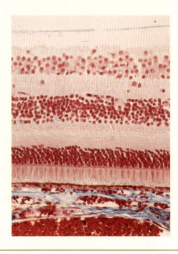

DIE NETZHAUT IM AUGE

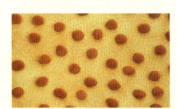

ungefähr sieben Mikrometer. Das Foto oben rechts zeigt eine angefärbte Gliazelle aus der Ganglienzellschicht der Ratte, ein Zelltyp, der in dem Netzhautschema weggelassen ist. Unten links ist eine Flachansicht auf die Ebene der Horizontalzellen in einem Affenauge mit einigen selektiv angefärbten Dendriten von Horizontalzellen zu sehen, daneben die Flachansicht auf die Ebene der retinalen Ganglienzellen bei einer Katzennetzhaut. Die Ganglienzellen wurden mit einem Enzym versehen, das durch die Axone in die ganze Zelle bis in die Dendritenbäume transportiert wird. Die Färbung ermöglicht die Unterscheidung der Zellen aufgrund ihrer Größe und Gestalt.

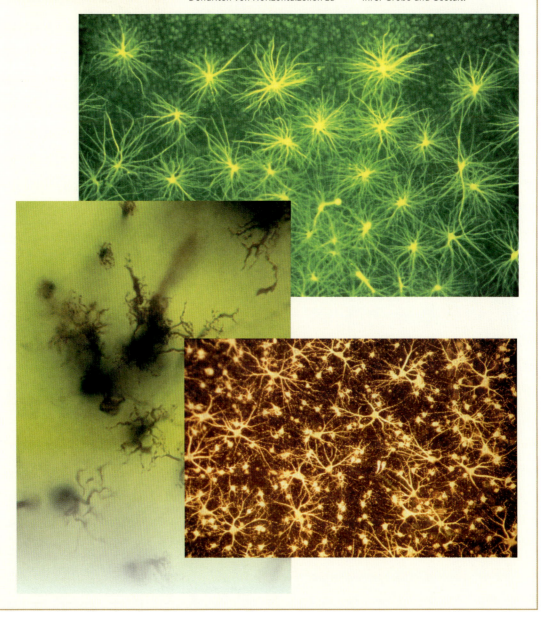

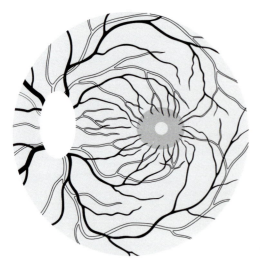

Die feinen Verästelungen der Arterien und der Venen des **Augenhintergrundes** kann jeder bei sich selbst sehen. Dazu reicht ein feiner Lichtstrahl, der auf das Auge fällt, und ein Stück Pappe mit einem kleinen Loch, das man dicht vor sein Auge hält und mit ihm kreisende Bewegungen durchführt. Links kommen die Gefäße aus dem nicht direkt sichtbaren blinden Fleck, rechts laufen sie auf die blutgefäßfreie Sehgrube zu.

Netzhaut zeigen sich nur bei ganz speziellen Beobachtungen.

Den blinden Fleck entdeckte erst 1666 der französische Physiker Edme de Mariotte. Dass man ihn früher nicht kannte, ist erstaunlich, weil er so einfach nachzuweisen ist. Der blinde Fleck existiert, weil die Sehzellen im Auge der Wirbeltiere in der hintersten Netzhautschicht liegen. Die Nervenfasern der retinalen Ganglienzellen, die den Sehnerv bilden, entspringen deshalb auf der Innenseite der Netzhaut im Auge. Da die Sehbahn aus dem Auge heraus durch die Schicht der Sehzellen führen muss, um zum Gehirn zu gelangen, befindet sich in der Sehzellschicht eine Lücke, der blinde Fleck. Warum sieht man den blinden Fleck normalerweise nicht? Die Antwort ist einfach. Man sieht nur, was die Sinnes- und Nervenzellen melden. Wo keine Sinneszellen sind, wird nichts gemeldet. Wenn allerdings ein Lichtreiz so auf den blinden Fleck platziert wird, dass er plötzlich nicht mehr gesehen wird, dann fällt sein Verschwinden auf. Dass der blinde Fleck unsichtbar sei, weil er irgendwie ausgefüllt würde, ist eine verbreitete, aber irreführende Behauptung. Selbstverständlich stehen dem Menschen immer Informationen über seine Umgebung zur Verfügung, auch über die Teile, die er gerade nicht sieht, weil sie hinter ihm liegen oder weil er gerade nicht hinsieht. Das gilt ganz allgemein und nicht nur für den blinden Fleck. Den blinden Fleck bemerkt man aber nur daran, dass er nicht ausgefüllt wird.

Zum Nachweis des **blinden Flecks** muss man das linke Auge schließen und das rechte auf den oberen Stern richten. Im Abstand von etwa 20 cm vom Auge verschwindet die gelbe Scheibe, bei größerem Abstand der Mond im blinden Fleck. Für den Nachweis im linken Auge muss das Buch umgedreht werden, sodass die Sterne rechts und der Mond links stehen.

Wie wird die Sehschärfe bestimmt?

Wenn man einen Gegenstand ansieht, richtet man seine Augen so auf ihn, dass er auf der Sehgrube abgebildet wird. Dort stehen die Sehzellen besonders dicht, sodass in der Sehgrube auch die Sehschärfe besonders groß ist. Das kann man leicht überprüfen: Richtet man den Blick auf die äußere Kante der Buchseite, sodass der Text im Auge nicht auf der Sehgrube, sondern daneben abgebildet wird, ist er unleserlich. Nur im Bereich der Sehgrube reicht die Sehschärfe zum Lesen aus. Von den großen Unterschieden der Sehschärfe im Sehfeld merkt man beim Blick in die Umgebung erstaunlicherweise nichts. In dem gelbblauen Schachbrettmuster erkennt

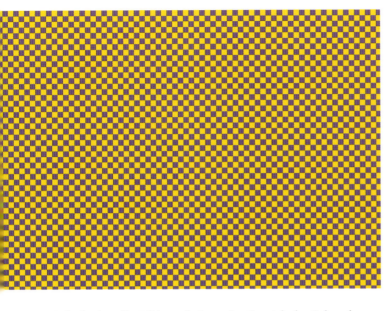

Beim Betrachten dieses Musters macht sich die eigene **Sehgrube** bemerkbar. Die Farben kommen an der Stelle, die man gerade anschaut, deutlicher zum Vorschein. Diese und andere Beobachtungen zeigen, dass die Verarbeitung des Musters im Bereich der Sehgrube anders verläuft als außerhalb.

Um den **eigenen blinden Fleck** zu zeichnen, stützt man den Kopf auf und fixiert mit dem Auge einen Punkt. Nachdem die Spitze des Stiftes im blinden Fleck verschwunden ist, markiert man nur die Orte, wo sie jeweils wieder auftaucht. Der blinde Fleck ist länglich. Die Zipfel am oberen und unteren Ende kommen durch die Blutgefäße zustande. Die Größe des blinden Flecks kann man mit den Formeln für das reduzierte Auge abschätzen.

man jedoch, dass die Bildverarbeitung im Bereich der Sehgrube anders verläuft als in den Außenbereichen der Netzhaut: Das Muster sieht an der Stelle, auf die man gerade den Blick richtet, und die somit im Auge auf der Sehgrube abgebildet wird, etwas anders aus. Die Farben kommen deutlicher zum Vorschein, eine Wölbung ist zu erkennen und vielleicht noch weitere Besonderheiten in einem Bereich des Musters, der vom Auge aus einen Sehwinkel von etwas mehr als 1° überspannt, entsprechend der Größe der Sehgrube.

Die Sehschärfe bestimmt der Augenarzt mit Schrifttafeln, Landolt-Ringen oder Strichgittern. Bei festgelegtem Abstand prüft er, bis zu welcher Buchstabengröße der Patient lesen kann, bis zu welcher Größe er die Richtung des Spaltes am Landolt-Ring erkennt, oder sagen kann, ob das Gitter senkrecht oder waagerecht orientiert ist. Für die jeweils kleinste Figur kann man die Strichdicke oder Spaltgröße messen und den Sehwinkel α berechnen. Das Maß für die Sehschärfe ist oft der Kehrwert des kleinsten erkennbaren Sehwinkels, der als Visus ($1/\alpha'$) bezeichnet wird, wobei der Strich hinter dem α anzeigt, dass der Visus nicht nach Winkelgrad, sondern nach Winkelminuten zu berechnen ist. Ist der gerade noch erkennbare Sehwinkel klein, ist die Sehschärfe (Visus) groß. Ein typischer Wert für den kleinsten Sehwinkel ist $\alpha = 1$ Winkelminute. Das entspricht ungefähr dem Abstand zwischen zwei Sehzellen in der Sehgrube. Die Sehschärfe ist in der Sehgrube viel größer als am Rand der Netzhaut. Sie verringert sich mit dem Abstand vom Mittelpunkt der Sehgrube nach außen ungefähr in der Weise, wie die Dichte der Sehzellen abnimmt. Die Sehschärfe ist offensichtlich von der Netzhautstruktur abhängig.

Wie bei allen optischen Systemen kann man auch beim Auge das optische Auflösungsvermögen berechnen. Dieses findet seine physikalische Grenze in der Größe des Beugungsscheibchens, das heißt der Größe des kleinstmöglichen Punktbildes. Die Größe des Beu-

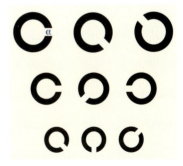

Die **Landolt-Ringe** dienen zur Bestimmung der Sehschärfe. Der Augenarzt zeigt dem Patienten verschieden orientierte Landolt-Ringe abnehmender Größe und prüft, bis zu welchem Sehwinkel dieser die Öffnung erkennt.

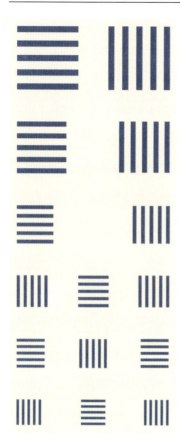

Mit den Strichgittern kann jeder seine **Sehschärfe** bestimmen. Dazu stellt man das Buch aufrecht und betrachtet die Gitter aus größerem Abstand. Von den feinsten noch erkennbaren Strichen kann man den kleinsten Sehwinkel berechnen: tan α = Strichdicke/Abstand.

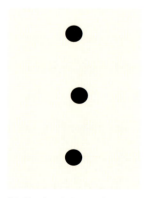

Die **Nonius-Sehschärfe** lässt sich auch mit dieser Abbildung bestimmen. Die drei Punkte liegen nicht auf einer Linie.

gungsscheibchens ist der Wellenlänge des Lichtes proportional und der Pupillengröße umgekehrt proportional. Darum haben hochauflösende Fotoobjektive einen großen Durchmesser. Die Größe des Beugungsscheibchens im Auge entspricht ungefähr dem Abstand zweier Lichtsinneszellen in der Sehgrube. Die anatomischen Eigenschaften der Netzhaut sind somit an die physikalischen Möglichkeiten des Auges angepasst. Wäre die Besetzungsdichte mit Zapfen noch größer, würde die Sehschärfe trotzdem nicht besser, weil die optische Abbildung im Auge nicht mehr hergibt. Die Auflösungsqualität der optischen Abbildung im Auge und das Raster der Lichtsinneszellen sind aufeinander abgestimmt. Wenn Brillengläser die Sehschärfe verbessern können, ist sie durch die Eigenschaften der Augenoptik begrenzt. Die Sehschärfe kann aber auch durch neuronale Eigenschaften des Auges beschränkt sein. Die Strichgitter eignen sich in beiden Fällen, die Sehschärfe zuverlässig zu registrieren. Damit ist Folgendes gemeint: Wenn die Arbeitsbedingungen genau festgelegt sind, liefert die Wiederholung der Messung dieselben Ergebnisse. Wird aber das Testmuster, die Beleuchtung, der Kontrast oder die Farbe der Vorlage geändert, erhält man abweichende Messergebnisse. Das überrascht nicht, weil mit den veränderten Testbedingungen auch andere Anforderungen an die Bildverarbeitung im Nervensystem gestellt werden.

Ganz andere Aufgaben stellt das unten links zu sehende Muster an das Auge und das Gehirn. Die seitliche Verschiebung des mittleren Punktes von der gedachten Verbindungslinie zwischen den beiden anderen sind noch sichtbar, wenn die Abweichungen nur wenige Winkelsekunden betragen. Sie misst im Auge nur ein Zehntel vom Querschnitt einer Sehzelle. Diese Wahrnehmungsleistung heißt Nonius-Sehschärfe. Sie ist viel größer, als man nach der Sehzellendichte der Netzhaut erwarten sollte, das heißt der kleinste Sehwinkel unter dem die seitliche Verschiebung des mittleren Punktes noch erkennbar ist, liegt weit unter einer Winkelminute. Der Leser kann das leicht überprüfen, indem er den größtmöglichen Beobachtungsabstand für die Wahrnehmung des mittleren Punktes misst. Ältere Leser kennen den Nonius noch vom Rechenschieber, die jüngeren vielleicht von anderen präzisen Ableseskalen an technischen Geräten.

In der Nonius-Sehschärfe zeigt sich die Fähigkeit, die Richtung zu Gegenständen wahrzunehmen, beispielsweise um beim Steinewerfen ein bestimmtes Ziel zu treffen. Die Richtung erkennt man auch bei unscharfem Bild im Auge, etwa wenn man die Brille abgenommen hat, noch gut. Die normale Sehschärfe verschlechtert sich dagegen dramatisch, wenn das Bild im Auge unscharf wird. Der Augenarzt verwendet daher die Strichgitter als Testmuster, um die richtigen Brillengläser auszusuchen. Mit ihnen kann er feststellen, ob das Bild im Auge scharf ist. Die Nonius-Sehschärfe gibt darüber kaum Auskunft. Um die Nonius-Sehschärfe verstehen zu können, muss man die Struktur des Areals VI in der visuellen Großhirnrinde kennen.

Der Bau der visuellen Großhirnrinde

Der Aufbau der Großhirnrinde ist schwer zu durchschauen, allein schon aufgrund ihrer komplizierten Faltung. Für die Untersuchung der Sehrinde des Großhirns stehen unter anderem elektrophysiologische Methoden zur Verfügung. In einem solchen Experiment ist ein Auge eines narkotisierten Versuchstieres auf einen Schirm gerichtet, auf den Lichtreize projiziert werden. Eine Mikroelektrode registriert die Aktionspotentiale einer Nervenzelle im Areal V1 der Hirnrinde. Der Versuchsleiter verschiebt den Lichtreiz auf dem Bildschirm, bis er einen Ort findet, an dem das Licht Aktionspotentiale auslöst oder unterdrückt. Den Reizort im Auge kann er anschließend berechnen. Die neuronale Projektion der Netzhaut auf das Areal V1 der Hirnrinde kann mit dieser Methode Punkt für Punkt untersucht werden. Das Ergebnis zeigt der untere Teil der Abbildung rechts. Jede Seite des Großhirns erhält Sinnesmeldungen aus der gegenüber liegenden Hälfte des Sehfeldes. Die Abbildung der Netzhaut auf das Areal V1 ist retinotop, das heißt benachbarte Orte (griechisch topos) der Netzhaut (Retina) sind mit benachbarten Orten im Areal V1 verbunden. Die zentralen Areale der Netzhaut sind allerdings in V1 stark vergrößert, die Randbereiche verkleinert. Ein Halbkreis um den Mittelpunkt der Netzhaut im Auge wird zu einer senkrechten Linie in V1, eine senkrechte Linie durch den Mittelpunkt des Auges zu zwei horizontalen Linien in V1.

Die geometrische Verzerrung erweist sich bei genauerer Betrachtung der neuroanatomischen Verhältnisse als notwendig. Im Areal V1 enden in jeder Hirnhälfte ungefähr eine Million Axone der Sehbahn. Die meisten dieser Axone sind mit retinalen Ganglienzellen aus dem Bereich der Sehgrube verknüpft. Dort ist nicht nur die Besetzungsdichte mit Zapfen am größten, sondern es kommen auf jeden Zapfen drei bis vier retinale Ganglienzellen. Am Rand der Netzhaut ist die Häufigkeit der Sehzellen geringer. Außerdem sind dort mehrere Sehzellen mit nur einer Ganglienzelle verschaltet. Das bedeutet, dass nur relativ wenige Sehbahnfasern aus den Randbereichen der Netzhaut stammen, die meisten dagegen aus dem Bereich der Sehgrube.

Die 250 Millionen Nervenzellen in jedem Areal V1 sind zu Blöcken zusammengefasst, von denen es auf jeder Seite ungefähr 1000 gibt. Zu jedem dieser Blöcke (hypercolumn) gehört ungefähr 1 mm² der Hirnrinde. Weil die einzelnen Blöcke etwa gleich viele Nervenfasern der Sehbahn aufnehmen, sind die meisten mit dem Bereich in und neben der Sehgrube verknüpft. Dadurch

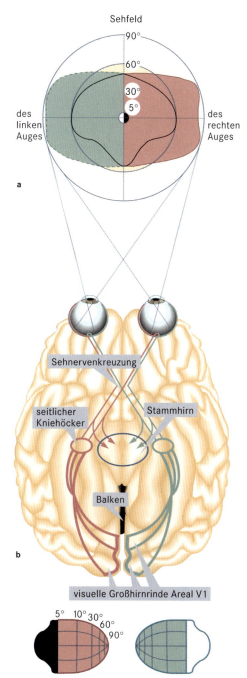

In der Mitte der Abbildung ist die **Sehbahn** vom Auge zur visuellen Großhirnrinde in der Ansicht von unten dargestellt. Oben ist das Sehfeld der Augen und unten die geglättete Projektion des Sehfeldes auf das Großhirnareal V1 zu sehen.

vergrößert sich automatisch die Repräsentation der Netzhautzentralbereiche in der Großhirnrinde gewaltig, während die Randbereiche relativ schrumpfen. So entsteht die eigentümliche geometrische Transformation bei der retinalen Projektion auf die Großhirnrinde. Zu den Blöcken des Zentralbereiches gehören jeweils nur winzige Netzhautareale und dementsprechend auch nur kleine Ausschnitte des Sehfeldes. Die Blöcke des Randbereichs repräsentieren jeweils große Teile des Sehfeldes. Die Richtung zu den gesehenen Gegenständen der Umgebung ist deshalb im Areal V1 nur in der Mitte des Sehfeldes sehr gut, am Rande aber nur sehr ungenau repräsentiert.

Mit der Nonius-Sehschärfe verhält es sich genauso. Wenn man sie mithilfe eines Perimeters an verschiedenen Stellen der Netzhaut bestimmt, findet man, dass sie nur im Bereich der Sehgrube groß ist, zum Rande der Netzhaut hin aber in dem Maße abfällt, in dem die Sehfeldbereiche pro V1-Block größer werden. Dieser Abfall ist erwartungsgemäß steiler als der Abfall der Zapfendichte in der Netzhaut. In der Nonius-Sehschärfe zeigt sich somit eine strukturelle Eigenschaft des Großhirnareals V1.

Blindsight-Patienten – Sehen ohne Großhirnrinde

Mithilfe eines **Perimeters** kann der Augenarzt für alle Sehwinkel feststellen, ob ein Patient eine Sichtmarke und ihre Farbe oder Bewegung wahrnimmt. Das Auge des Patienten befindet sich im Mittelpunkt der halbkugelförmigen Projektionsfläche.

Der Mensch braucht das Großhirn, um sehen zu können. Diese Feststellung bestätigen Patienten mit zerstörter visueller Großhirnrinde, die nach eigener Aussage blind sind. Man hatte aber schon früher bemerkt, dass Tiere und Menschen ohne funktionstüchtiges visuelles Großhirn auf Lichtreize reagieren, sich ihnen zuwenden und Hindernissen ausweichen. Diese Menschen können aber nicht sagen, was sie sehen, auch wenn sie zweckmäßig darauf reagieren. Die durch das Stammhirn vermittelte Sehfähigkeit trägt den englischen Namen Blindsight (die deutsche Übersetzung Blindsehen ist ungebräuchlich).

Blindsight kann man bei Menschen mithilfe von Perimetern studieren. Mit einem Perimeter kann ein Augenarzt das Skotom untersuchen, das heißt den Bereich des Sehfeldes, in dem ein Blindsight-Patient eine Sichtmarke nach eigenen Angaben nicht wahrnimmt. Dieses Areal entspricht dem zerstörten Teil der Großhirnrinde. Bei Untersuchungen in den 1970er-Jahren sollten Blindsight-Patienten mit dem Finger auf Sichtmarken deuten. Das gelang ihnen ohne Probleme, wenn der Lichtreiz in dem Teil des Sehfeldes geboten wurde, in dem der Patient sehen konnte. Wanderte die Sichtmarke aber in den blinden Bereich, deutete der Patient noch immer auf sie, sobald sie aufleuchtete. Auf die Frage, was er sehe, bestritt der Patient in der Regel, dass er etwas wahrgenommen habe.

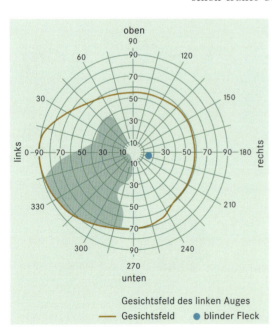

Das **Gesichtsfeld** des linken Auges, ausgemessen an einem Perimeter. Die eingefärbte Fläche ist der Bereich, in dem der Patient blind war.

Die Sehleistungen des Stammhirns vermitteln somit Informationen über den Ort, an dem etwas geschieht, und auf den sich die Aufmerksamkeit richten soll. Diese Nachrichten werden aber nicht bewusst. Die Orientierungsreaktionen, die das Stammhirn vermittelt, sind in diesem Punkt mit den Größenänderungen der Pupillen vergleichbar, die ebenfalls über das Stammhirn gesteuert werden, ohne dass wir etwas davon merken. Die visuellen Verarbeitungsleistungen des Stammhirns sind keineswegs primitiv. Mit einem Patienten wurde in einer Untersuchung vereinbart, dass er mit der Hand signalisieren solle, ob ein aufleuchtender Strich an der Projektionswand waagerecht oder senkrecht steht. Diese Aufgabe wurde mit der Hand richtig gelöst, obwohl der Patient nicht sagen konnte, was er sah. Dass das Stammhirn zu anspruchsvollen Sehleistungen fähig ist, überrascht nicht. Schließlich wickeln Fische alle ihre Sehleistungen über das Stammhirn ab. Das Besondere an Blindsight besteht darin, dass dieses Sehen dem Menschen nicht bewusst ist.

Parallele Erregungsverarbeitung im Auge und im Gehirn

Die Nervenzellen im Auge und Gehirn reagieren alle mehr oder weniger selektiv auf jeweils bestimmte Reizmerkmale, wie Bewegung, Beleuchtungsänderung, Kontrast, räumliche Orientierung oder auf Kombinationen von ihnen. Wer herausfinden will, für welche Reize eine Zelle spezialisiert ist, muss mit einer feinen Mikroelektrode feststellen, welche Reize sie mit Aktionspotentialen beantwortet. Das Auge eines narkotisierten Versuchstieres schaut dabei auf einen Bildschirm oder auf eine Projektionswand. Der Forscher sucht im einfachsten Fall mit einem Handprojektor den Ort, an dem die Zelle Lichtreize beantwortet. So findet er auf der Projektionswand das rezeptive Feld der Nervenzelle, von der er gerade Aktionspotentiale ableitet. Die Lage des rezeptiven Feldes auf der Netzhaut kann er berechnen. Die rezeptiven Felder benachbarter Nervenzellen überlappen einander.

Die Nervenzellen sind für verschiedene Aufgaben spezialisiert

Die retinalen Ganglienzellen reagieren am stärksten auf kleine Lichtpunkte. Die so genannten *On-Zellen* beantworten Lichtreize in der Mitte des rezeptiven Feldes mit einer Steigerung, Reizungen des Umfeldes hingegen mit einer Senkung der Impulsfrequenz. Bei den *Off-Zellen* ist es genau umgekehrt. Es gibt also im rezeptiven Feld hemmende und erregende neuronale Vernetzungen. Die retinalen Ganglienzellen sind weiter unterteilt in die so genannten *M-Zellen* (nach lateinisch magnus: groß, weil ihre Axone in den magnozellulären Schichten des seitlichen Kniehöckers im Stammhirn enden) und die *P-Zellen* (nach lateinisch parvus: klein, weil sie mit den parvozellulären Schichten im seitlichen Kniehöcker verbunden sind).

Die M-Zellen melden nicht, wie hell oder dunkel es ist, sondern nur, ob es heller oder dunkler wird. In der Erregung der M-Zellen

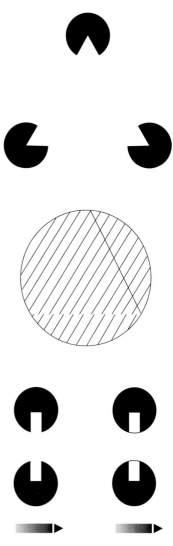

Bei dem **Kanizsa-Dreieck** (oben) führen die schwarzen Figuren zur Wahrnehmung eines Dreiecks mit Kanten. Von den drei Seiten des Dreiecks (Mitte) ist die rechte vorhanden und sichtbar, die linke vorhanden und unsichtbar, die untere nicht vorhanden und trotzdem sichtbar. Die **Scheinkanten** (unten links) lösen in den rezeptiven Feldern einer Nervenzelle im Großhirn Aktionspotentiale aus; eine feine Linie an den schwarzen Figuren reicht aus, die Scheinkanten zu unterdrücken (unten rechts). Die Nervenzelle reagiert nicht auf dieses Muster.

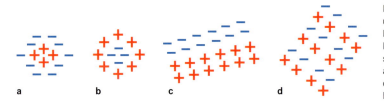

Die **rezeptiven Felder** von Nervenzellen der Sehbahn sind unterschiedlich organisiert. Die Bereiche, bei denen der Lichtreiz eine Erregung oder Hemmung auslöst, sind mit + bzw. – gekennzeichnet.
a: On-center-Zelle, b: Off-center-Zelle, c: simple cell, d: complex cell. Hypercomplex cells sind nicht gezeigt.

sind alle Signale der verschiedenen Zapfentypen zusammengefasst. Dadurch gehen Farbinformationen, die im Verhältnis der Zapfen-Erregungen zueinander verschlüsselt sind, verloren. Die P-Zellen reagieren langsamer als die M-Zellen und haben kleinere rezeptive Felder, wodurch sie noch feinere Muster registrieren können. Ihre Erregung und Hemmung ist zapfen- und damit farbspezifisch. Die rezeptiven Felder werden mit dem Aufstieg in der Sehbahn immer größer und selektiver in ihrem Antwortverhalten. Alle bisher geschilderten Typen rezeptiver Felder sind kreisförmig aufgebaut. Auch in der Großhirnrinde kommen Nervenzellen mit kreisförmigen rezeptiven Feldern vor, die meisten sind dort aber anders organisiert. Sie heißen »simple«, »complex« oder »hypercomplex«. Alle drei Typen reagieren auf Kanten und Linien bestimmter Orientierung, die »hypercomplex«-Zellen registrieren auch deren Enden.

Schaut ein Affe auf eine Strahlenfigur, registrieren die verschiedenen Zelltypen der Sehbahn unterschiedliche Strukturen.
a Nervenzelle des seitlichen Kniehöckers mit einem konzentrischen Feld
b simple,
c complex,
d hypercomplex cell in der visuellen Großhirnrinde

Die visuelle Information ist offensichtlich auf parallele Nervenbahnen mit verschiedenen Eigenschaften aufgeteilt. Wie die Welt für jeden einzelnen Nervenzelltyp aussieht, vermitteln Experimente, die von Otto Creutzfeldt und Christoph Nothdurft durchgeführt wurden. Bei einem Affen wurden Aktionspotentiale registriert, während er auf die Strahlenfigur im Bild links sah. Da der narkotisierte Affe seinen Blick nicht über das Bild wandern lassen konnte, wurde das Bild auf der Projektionsfläche bewegt. Für das rezeptive Feld der jeweils untersuchten Zelle war der Effekt derselbe. Für jedes Aktionspotential druckte man computergesteuert jeweils an die Stelle einen Punkt auf das Papier, die dem Blickpunkt auf dem Bild in diesem Augenblick entsprach. Eine Nervenzelle aus dem seitlichen Kniehöcker mit konzentrischem rezeptiven Feld reagiert auf die ganze Strahlenfigur. Die »simple«- und »complex«-Zellen reagieren nur auf Konturen einer Richtung und die »hypercomplex«-Zelle vor allem auf die Enden der Linien. Jeder Nervenzelltyp registriert einen anderen Teil der Bildinformation.

Viele Nervenzellen der Großhirnrinde melden nicht nur Kanten, sondern auch Scheinkanten, wie man sie vom Kanisza-Dreieck kennt. Die Bedeutung der Scheinkanten für das Sehen ist groß, weil die Gegenstände in unserer Umgebung oft verdeckt oder aus anderen Gründen nicht vollständig sichtbar sind. An den Scheinkanten zeigt sich die Fähigkeit des Gehirns, Unvollständiges in der Wahrnehmung zu vollenden.

In der mittleren Zeichnung auf Seite 315 sieht man die rechte Kante, weil sie eingezeichnet ist, die untere, obwohl sie nicht gezeichnet ist, während die linke gezeichnete kaum zu sehen ist. Auch die untere Scheinkante löst in Nervenzellen der Großhirnrinde Erregung aus. Ein kritisches Experiment führte dazu der Neurophysiologe Rüdiger von der Heydt mit den unteren Figuren durch. Erwartungsgemäß löste nur die Figur unten links und nicht diejenige unten rechts eine Erregung aus, wenn sie über das rezeptive Feld bewegt wurden. Die Kanten meldenden Nervenzellen der Großhirnrinde reagieren also genauso wie der ganze Mensch mit seiner Wahrnehmung.

Räumliches Sehen und Tiefenwahrnehmungen

In der visuellen Großhirnrinde gibt es Nervenzellen, die uns zum stereoskopischen Tiefensehen verhelfen. Was heißt das? Menschen sehen fast alles mit zwei Augen, aber trotzdem mit beiden Augen nicht dasselbe. Die beiden Stäbe in der Abbildung rechts werden in den beiden Augen mit verschiedenen Abständen zueinander abgebildet. Die Differenz der Abstände heißt Querdisparität. Sie entsteht durch die räumliche Position der Gegenstände vor den beiden Augen. Charles Wheatstone entdeckte 1838, dass die Querdisparität im Gehirn zur Wahrnehmung räumlicher Tiefe genutzt wird. Der experimentelle Beweis gelingt mit einem Spiegelstereoskop. Zwei flache Bilder werden den beiden Augen getrennt

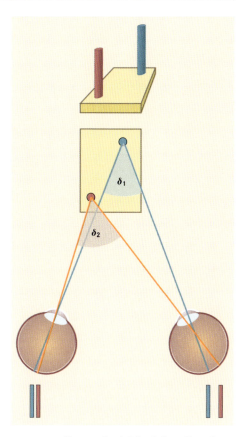

Stereopsis wird durch **Querdisparitäten** hervorgerufen. Die oben gezeigte dreidimensionale Figur, in der Mitte von oben gesehen, wird in den Augen unterschiedlich abgebildet. Da der Blickwinkel für das linke Auge kleiner ist als für das rechte Auge, erscheint der Abstand der Stäbe im linken Auge kleiner als im rechten Auge. Die Differenz der Abstände zwischen dem linken und dem rechten Auge ist die Querdisparität.

Mit einem **Prismenstereoskop** kann der Betrachter ein Motiv, das aus zwei etwas unterschiedlichen Blickwinkeln aufgenommen wurde, getrennt anschauen. Die Querdisparitäten zwischen den Bildern führen zu einer stereoskopischen Tiefenwahrnehmung.

Stereopsis: abgeleitet von stereos, griechisch: starr, hier im Sinne von »körperlich« in Anlehnung an die Bezeichnung Stereometrie für die Geometrie starrer Körper verwendet; und opsis, griechisch: Sehen.

dargeboten. Weil die horizontalen Abstände der Stäbe in diesen Bildern eine Querdisparität besitzen, sieht man sie in räumlicher Tiefe.

Räumliche Tiefe lässt sich auch einäugig wahrnehmen. Die Querdisparität kann man aber nur mit zwei Augen feststellen. Die durch Querdisparität hervorgerufene Tiefenwahrnehmung hat einen eigenen Namen: Stereopsis. Wheatstone verwendete ein Spiegelstereoskop. Weit verbreitet sind aber auch Stereoskope, bei denen Prismen dafür sorgen, dass jedes Auge auf eines von zwei Bilder gerichtet ist. Meistens sind es Fotografien, die unter etwas verschiedenen Blickwinkeln aufgenommen wurden, als seien sie vom Ort der beiden Augen aus fotografiert. Stereoskopische Tiefe hat die Menschen seit ihrer späten Entdeckung im letzten Jahrhundert fasziniert, bis hin zu den so genannten Autostereogrammen unserer Tage.

Der ungarische Psychologe, Biologe und Mathematiker Bela Julesz entwickelte um 1960 die so genannten Julesz-Muster, von denen ein einfaches Beispiel rechts abgebildet ist. Wer die beiden Muster ansieht, entdeckt auf beiden Seiten vielleicht einige Ähnlichkeiten wie die Punkthäufungen, für die unsere Augen besonders empfindlich sind. Den systematischen Unterschied zwischen dem rechten und dem linken Muster kann man aber kaum erkennen. Er zeigt sich erst, wenn jedes Auge auf nur eines der beiden Muster gerichtet ist, was am besten mit einem Stereoskop gelingt. Dann wird ein Quadrat sichtbar, das scheinbar über der Papierebene schwebt. Die Ursache ist auch hier eine Querdisparität. In den quadratischen Flächen sind die Punkte verschoben, wie in der Mitte gezeigt ist. Das entspricht der räumlichen Anordnung, die unten rekonstruiert ist.

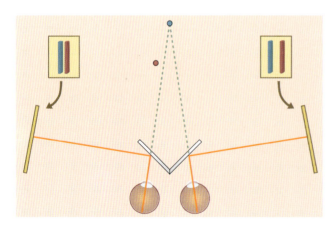

Mit einem **Spiegelstereoskop** sieht das linke Auge über den Spiegel nur die links gebotene Abbildung der Stäbe, das rechte Auge nur die rechte Abbildung. Wegen der unterschiedlichen Stababstände kommt es zur Querdisparität und darum zur Wahrnehmung zweier Stäbe im Raum in der gestrichelt dargestellten Sehrichtung.

Die Julesz-Muster hatten für die Wahrnehmungsforschung eine große Bedeutung. Sie zeigten, dass von der Bildinformation, die hier aus sandpapierartigen Punkten besteht, in der Sehbahn nichts verloren geht. In den Augen steht noch nicht fest, welcher Punkt für die Wahrnehmung des Quadrates wichtig sein könnte. Das entscheidet sich erst nach der Vereinigung der Beiträge beider Augen im Großhirn. Beim Transport dorthin muss deshalb die Bildinformation aller Punkte erhalten bleiben. Die Wissenschaftler glaubten vor der Entdeckung von Bela Julesz, die Bildauswertung werde im Gehirn zuerst durchgeführt und danach erst der binokulare Vergleich. Wenn das so wäre, dann würde das Quadrat nicht zu sehen sein. Es ist nur durch die Querdisparität gegeben, die zuerst ausgewertet werden muss. Erst im zweiten Schritt der Bildverarbeitung kann es zur Wahrnehmung des im Raum schwebenden Quadrats mit seinen Scheinkanten kommen.

In dem Julesz-Muster sind alle Punkte gleich. Folglich gibt es unübersehbar viele Kombinationsmöglichkeiten für die Punkte im rechten und linken Auge. Wie kommt es dazu, dass im Gehirn innerhalb kurzer Zeit für alle Punkte aus einem Auge der richtige Partner im anderen gefunden wird? Das so genannte Korrespondenzproblem kann durch die Fortschritte der neurophysiologischen Forschung der Stereopsis erklärt werden. In der visuellen Großhirnrinde fand man viele durch beide Augen erregbare Nervenzellen, die auf gleichzeitige Reizung durch beide Augen wesentlich stärker reagieren und auch für jeweils verschiedene Disparitäten spezialisiert sind. Solche Zellen lassen sich auch durch die Julesz-Muster reizen. Sie sind ein weiteres Beispiel für die Spezialisierung der Aufgaben von Nervenzellen und damit für das Konzept der parallelen Informationsverarbeitung im Nervensystem.

Die visuelle Informationsverarbeitung in der Großhirnrinde

Die Spezialisierung für bestimmte Teilaspekte der Sinnesreize besteht nicht nur auf der Ebene von Nervenzelltypen, sondern auch in ganzen Feldern oder Arealen der Großhirnrinde. In der Zeichnung des Großhirns zu Beginn dieses Kapitels ist nur das Areal V1 eingezeichnet. Im so genannten Hinterlappen des Großhirns, das heißt in der Nachbarschaft von V1, wies man seit den 1970er-Jahren noch weitere retinotope Areale nach, also Areale, in denen benachbarte Nervenzellen melden, was im Auge und im visuellen Feld an benachbarten Orten geschieht.

Die Areale der Großhirnrinde sind durch viele Nervenfasern miteinander verbunden. Auf der Grundlage dieser Verbindungen wurden im gesamten Großhirn mehr als 30 Felder beschrieben, die visuelle Information verarbeiten. In den Feldern V1 bis V5 im visuellen Großhirn wurden die Verbindungen und Spezialisierungen detailliert untersucht. Der Informationsfluss verläuft überwiegend vom seitlichen Kniehöcker durch das Areal V1 zum Areal V2 und spaltet sich dann auf weitere Areale auf, die untereinander, vor allem wieder mit V2 und V1 verbunden sind. Die rezeptiven Felder sind bei den Nervenzellen der Areale V3 bis V5 viel größer. Die Ortsinformation ist dort offensichtlich von geringerer Bedeutung. In V4 entdeckte Semir Zeki mit Mikroelektroden farbcodierende, in V5 dagegen überwiegend Bewegung codierende Nervenzellen.

Diese elektrophysiologischen Forschungsergebnisse fanden eine Bestätigung mit dem modernen bildgebenden Verfahren der Positron-Emissions-Tomographie (PET). Bei der PET-Methode werden regionale Schwankungen des Blutflusses im Gehirn von außen gemessen. Den Patienten werden radioaktive Substanzen mit kurzer Halbwertszeit ins Blut injiziert. Beim Zerfall entstehen Positronen,

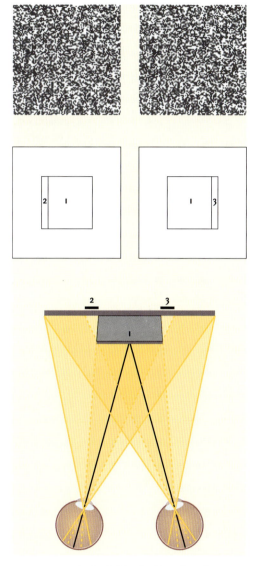

In den beiden Punktmustern des **Julesz-Musters** ist die Fläche (1) jeweils in entgegengesetzter Richtung verschoben. Die dadurch entstehende Lücke ist mit anderen Punktmustern (2, 3) ausgefüllt. Wer ein vor einer Wand im Raum schwebendes Quadrat anschaut, sieht die Fläche (1) mit beiden Augen, allerdings so verschoben, dass in einem der Flächenstreifen (3) und im anderen der Flächenstreifen (2) verdeckt ist. Das entspricht dem Unterschied im Julesz-Muster. Darum sieht man, wenn das linke Auge auf das linke Julesz-Muster und das rechte auf das rechte gerichtet ist, ein schwebendes Quadrat vor der Papierfläche.

die beim Zusammentreffen mit Elektronen verschwinden, wobei zwei Photonen in genau entgegengesetzte Richtung freigesetzt werden. Diese werden mit Detektoren außerhalb des Kopfes registriert. Den Ursprungsort der Photonen berechnet ein Computer aus vielen Einzelmessungen und bestimmt so die Blutflussdichte im Gehirn. Auf einem Bildschirm wird sie mit einem Farbcode veranschaulicht, wobei das Gehirn tomographisch dargestellt wird, das heißt so, als sei es in Scheiben geschnitten. Die Abbildung rechts zeigt Messergebnisse von zwei Versuchen. In einem Versuch betrachteten die Probanden ein ruhendes buntes Muster, im anderen ein zur Seite bewegtes unbuntes.

Es gibt Patienten, die unter Hemiachromatopsie leiden, das heißt unter Farbenblindheit in einer Hälfte ihres Gesichtsfeldes. Die Welt sieht für sie auf einer Seite unbunt, auf der anderen Seite aber bunt aus. Alle anderen Funktionen, wie Bewegungssehen, Stereopsis und Sehschärfe können unbeeinträchtigt sein. Bei mehreren solchen Patienten konnte Semir Zeki mit der PET-Methode einen begrenzten Hirnschaden feststellen, der V4 auf einer Seite des Großhirns einschloss. Menschen brauchen offensichtlich das Areal V4 zum Farben-

Nähert man sich diesem **Autostereogramm** bis die Nase das Papier berührt, ist das Muster nicht mehr scharf zu erkennen. Vergrößert man nun langsam wieder den Abstand zum Buch, kommt es zur stereoskopischen Tiefenwahrnehmung, wenn man den Blick beider Augen auf das Bild beibehält. Sobald das Bild scharf wird, erscheint in der Tiefe eine Treppe. Um die Treppe zu sehen, kann man auch schielen und das rechte Auge auf den linken Punkt über dem Bild und das linke Auge auf den rechten richten. Lässt man dann den Blick vorsichtig nach unten in das Bild wandern, erscheint wieder die Treppe, die in diesem Fall nach unten in die Bildebene führt.

Beim Betrachten eines bunten Musters ist die Durchblutung (gemessen mit der PET-Methode) im Großhirnareal V4 erhöht (links), beim Blick auf ein Muster mit bewegten kleinen Quadraten dagegen im Großhirnareal V5 (rechts). Beide Reize führen jeweils zu einer Durchblutungssteigerung in den Arealen V1 und V2, was man in der Schnittebene des Bildes (Mitte) erkennt.

sehen. Wenn es einseitig fehlt, sind sie dementsprechend einseitig farbenblind. Im Jahr 1983 gelang Josef Zihl der analoge Nachweis für das Bewegungssehen in V5, einem Areal das oft auch MT (mediotemporales Areal) genannt wird. Eine Patientin konnte bei sonst normaler Sehfähigkeit keine Bewegung erkennen. Ein Auto auf der Straße war für sie erst hier, dann plötzlich da. Von dem Verbleib in der Zwischenzeit hatte sie keine Wahrnehmung. Sie erkannte nicht, wie die Teetasse langsam voll wurde, sodass sie nicht wusste, wann sie mit dem Einschenken aufhören sollte. Die mit PET nachgewiesenen neurologischen Schäden dieser Patientin schlossen das Areal V5 auf beiden Seiten des Großhirns ein. So stützt auch dieses Ergebnis das Konzept der parallelen Verarbeitung in verschieden spezialisierten Großhirnrindenfeldern. C. von Campenhausen

Farbensehen

Im **Farbenkreis** sind die Farben nach ihrer Ähnlichkeit in einer bestimmten Reihenfolge geordnet. Die Reihe schließt sich zu einem Kreis.

Wer sagt, er kaufe Farben in einem Farbengeschäft, redet von Farbstoffen. Wer dagegen alle Dinge aufzählt, die dieselbe Farbe haben, meint nicht den gleichen Farbstoff, sondern dasselbe Aussehen. Ganz verschiedene Materialien können die gleiche Farbe haben, wie zum Beispiel Schnee, Zucker, die Kreidefelsen auf Rügen, das Bleiweiß in Ölgemälden oder das Titanweiß des ICE. Gleich ist in diesen Fällen die Farbempfindung Weiß und nicht der Farbstoff. Die Doppeldeutigkeit des Wortes Farbe stört nicht, so lange man weiß, ob von Färbemitteln oder von Farbempfindungen die Rede ist. In diesem Kapitel stehen die Farbempfindungen im Vordergrund. Farben in diesem Sinn gehören wie alle Empfindungen zu den subjektiven Wahrnehmungserlebnissen. Man muss die Menschen fragen, wenn man wissen will, welche Farben sie sehen. Erstaunlicherweise gibt es allgemein gültige und nachprüfbare Aussagen über Farbempfindungen. Ohne physikalisches und physiologisches Wissen, allein durch Beobachtung ist es möglich zu Erkenntnissen über Farben zu gelangen, die richtig und keineswegs trivial sind.

Die Ordnung der Farbempfindungen

Eine Reihe von Farbkärtchen, die nach ihrer Ähnlichkeit geordnet sind, schließen sich zum Farbenkreis. Diese Anordnung der Farbkärtchen ist für normal farbentüchtige Menschen die allein richtige. Man braucht nur in Gedanken die Position von zwei Kärtchen auszutauschen, um sich davon zu überzeugen, dass der hier gezeigte Farbenkreis die einzige korrekte Reihung der Farben nach ihrer Ähnlichkeit ist. Daraus folgt: Es gibt ein System von Farbempfindungen, das trotz des subjektiven Charakters von Empfindungen nicht beliebig, sondern bei allen farbentüchtigen Menschen gleich ist. Auch im Regenbogen sind die Farben nach ihrer Ähnlichkeit angeordnet. Die Farbenfolge fängt mit Blauviolett an und hört mit einem tiefen Rot auf, das dem Blauviolett wieder ähnlich ist, sodass sich die

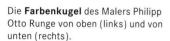

Die **Farbenkugel** des Malers Philipp Otto Runge von oben (links) und von unten (rechts).

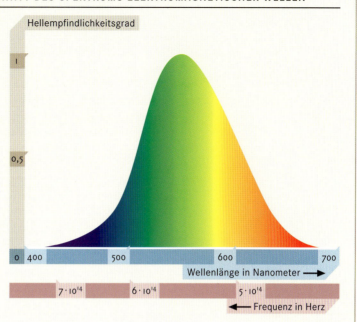

DER SICHTBARE AUSSCHNITT DES SPEKTRUMS ELEKTROMAGNETISCHER WELLEN

Die Farben des Lichtspektrums sind in dem Bild über der jeweiligen Wellenlänge der elektromagnetischen Wellen zu sehen. Die Höhe der Verteilung gibt die Empfindlichkeit des menschlichen Auges wieder. Sie ist im Wellenlängenbereich um 500 nm mehr als 100-mal so groß als bei 400 und 700 nm. Trotzdem führen Lichtreize mit hinreichender Strahlungsenergie bei 380 und 750 nm noch zu violetten bzw. tiefroten Lichtwahrnehmungen. Kürzer- und längerwellige für Menschen unsichtbare Strahlung bezeichnet man als ultraviolett und infrarot.

Die Frequenz f der Strahlung kann mithilfe der Wellenlänge λ, die in Nanometer (nm) angegeben wird, wobei 1 nm gleich 10^{-6} mm ist, und der Lichtgeschwindigkeit c = 300 000 km/Sekunde berechnet werden:

$$f = \frac{c}{\lambda}$$

Abfolge der Farben auch hier zu einem Kreis schließen ließe. Das Regenbogenspektrum kann man auch als eine Reihung von Wellenlängen oder Frequenzen der elektromagnetischen Strahlung beschreiben. Die subjektive Ordnung nach Ähnlichkeit und die physikalische nach messbaren Eigenschaften führt zur selben Reihenfolge. Die Wellenlängen- und die Frequenzskalen schließen sich aber nicht zu einem Kreis. Das ist nur bei der Reihung nach Empfindungsähnlichkeit der Fall.

Wer jedoch aus einer zufälligen Sammlung von Buntpapieren einen Farbenkreis formen will, kann in Schwierigkeiten geraten. Die vorhandenen Farben lassen sich manchmal in keine eindeutige Reihe ordnen. Wo sollte man in unseren Farbenkreis zum Beispiel Schwarz, Grau und Weiß einfügen oder alle die ungesättigten Farben wie Rosa oder ein ganz dunkles Tannengrün? Auf diese Frage geben die verschiedenen Farbkörper eine Antwort. Auf ihnen finden alle vorstellbaren Farben einen eindeutigen Platz zwischen denen, die ihnen jeweils ähnlich sind.

Bei den Farbenkugeln des Malers Philipp Otto Runge bildet der Kreis der gesättigten Farben den Äquator. Im Inneren verläuft unsichtbar die unbunte Graureihe vom weißen Nordpol zum schwarzen Südpol. Zwischen der Farbenkugel und dem Doppelkegel nach Wilhelm Ostwald besteht

Einen Farbkörper als **Doppelkegel** entwickelte Wilhelm Ostwald. Er ist so konstruiert, dass man hineinschauen kann.

kein grundsätzlicher Unterschied: Zieht man die Farbenkugeln an den Polen auseinander, entsteht der Doppelkegel. Die nachbarschaftliche Zuordnung der Farben bleibt dabei gleich. Seit von Helmholtz ist es üblich, die Farben durch drei Worte der Umgangssprache zu charakterisieren: Farbton, Helligkeit und Sättigung. Die Farbtöne wie Rot, Gelb, Grün und Blau finden sich entlang des Farbenkreises, den der Äquator der Farbkörper bildet. Die Helligkeit entspricht der senkrechten Achse. Die Sättigung nimmt von der unbunten Mittelachse nach außen zu. Man kann auch einen Farbkörper entwickeln, bei dem die Farben nicht nur nach ihrer Ähnlichkeit angeordnet sind, sondern auch je nach dem Grad ihrer Verschiedenheit näher oder weiter auseinander stehen. Das ist bei Munsells Farbkörper der Fall, der samt einem dazugehörigen Farbatlas im englischsprachigen Raum verbreitet ist. Ob Farben mehr oder weniger ähnlich sind, lässt sich mit der eigenmetrischen Methode recht genau herausfinden.

Runge fiel auf, dass man sich zwischen den meisten Farben Zwischentöne vorstellen kann, wie zum Beispiel Orange zwischen Rot und Gelb oder Blaugrün zwischen Blau und Grün. Es gibt aber kein gelbliches Blau und kein rötliches Grün. Diese Farben liegen auf dem Farbenkreis einander gegenüber. Die Verbindungslinie kreuzt

Zwei Blätter aus dem **DIN-Farbenatlas**.

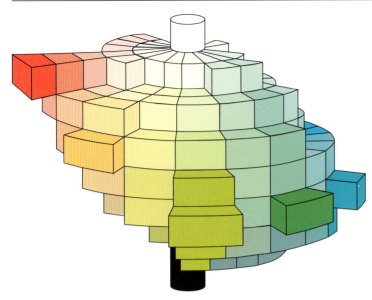

Der **Farbkörper** nach Henry Munsell.

die Unbuntachse zwischen den Polen. Das ist eine Eigentümlichkeit der Farbempfindungen, die den Komplementärfarben bei den additiven Farbmischungen entspricht.

Farbkörper haben eine große praktische Bedeutung. Wenn die Gesamtheit aller Farben in einem dreidimensionalen Farbkörper angeordnet ist, kann man zur Verständigung über Farben statt der wenigen Farbwerte, die es gibt, einfach die Farborte mit den Koordinaten (X, Y, Z) verwenden. Alle Farben sind damit eindeutig gekennzeichnet. Heute gibt es verschiedene Farbatlanten, in denen die Farben wie auf Schnittflächen durch Farbkörper angeordnet sind. Jede Farbe ist in einem Farbatlas durch drei Zahlen eindeutig bestimmt. Wenn Kunden und Fabrikanten denselben Farbatlas benutzen, haben sie keine Schwierigkeiten bei der Verständigung. Die Unbeständigkeit der Farbstoffe steht dieser wichtigen Verwendung der Farbkörper allerdings entgegen. Weil auch die besten Farbstoffe nicht ganz lichtecht sind, verändern sie sich mit der Zeit. Darum wurden Messgeräte entwickelt, die nach einer farbmetrischen Theorie Farben im Prinzip so bewerten wie der Mensch. Die Farbmetrik ist auf die trichromatische Theorie des Farbensehens gegründet.

Von den Farbmischungen zur trichromatischen Theorie

Bei dem Wort Farbmischung denkt fast jeder Mensch zunächst an einen Malkasten, jedenfalls an das Mischen von Farbstoffen. Von diesen komplizierten Farbmischungen soll zunächst jedoch nicht die Rede sein, sondern von den so genannten additiven Farbmischungen, auf denen die trichromatische Theorie des Farbensehens beruht. Die additive Farbmischung untersuchte Sir Isaac Newton in seinem berühmten Experiment. Danach ist die Sonnenstrahlung offensichtlich aus Komponenten zusammengesetzt, die verschiedene Farbempfindungen hervorrufen. Die am stärksten ge-

Der Nachweis der **additiven Farbmischung** in der Versuchsanordnung von Isaac Newton aus dem Jahr 1704: Durch ein Loch in einem Fensterladen gelangte ein Lichtstrahl in ein dunkles Zimmer und wurde dort durch ein Glasprisma in seine monochromatischen Bestandteile zerlegt. Auf einem Wandschirm wurde das Lichtspektrum sichtbar. Monochromatisch (griechisch: einfarbig) bedeutet, dass in der Strahlung elektromagnetische Wellen mit nur einer Wellenlänge und damit nur einer Frequenz enthalten sind.

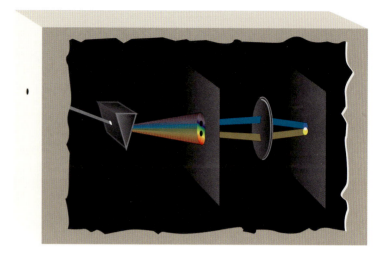

brochenen Strahlen sehen blau aus, die am wenigsten abgelenkten rot. Wir wissen heute, dass die Ursache der Lichterscheinungen elektromagnetische Wellen sind.

Newton hatte in einen Schirm Löcher gebohrt, durch die begrenzte Teile des Spektrums hindurchtreten konnten. Mithilfe einer Linse vereinigte er die nahezu monochromatischen Strahlen auf einem weiteren Schirm wieder, sodass sie sich überlagerten oder additiv mischten. Die Ergebnisse der additiven Farbmischung sind keineswegs trivial. Einige Beispiele sollen das zeigen. Rot und Gelb ergibt Orange, Blau und Grün ergibt Blaugrün. In diesen Fällen entsteht durch die Mischung aus zwei Farben eine dritte, die nach ihrer Ähnlichkeit eine Mittelstellung einnimmt. Besonders interessant sind die Mischungen Rot und Blaugrün sowie Blau und Gelb, die bei sorgfältiger Einstellung beide ein unbuntes Weiß ergeben. Farbenpaare, deren Mischung Unbunt ergibt, werden komplementäre Farben genannt. Diese beiden Beispiele für komplementäre Farben vermitteln noch eine weitere wichtige Erkenntnis: Physikalisch verschiedene Lichtreize können dieselbe Farbempfindung hervorrufen. Das gilt nicht nur für Weiß, sondern für alle Farben. Daraus

Vier additive Farbmischungen, wie sie auch Newton beobachtete.

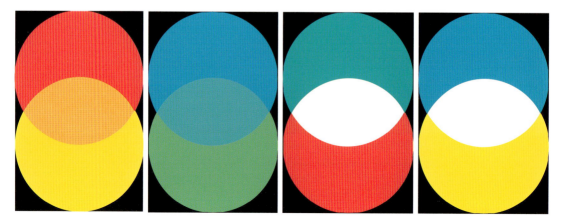

folgt: Es gibt mehr Farbreize als Farbempfindungen. Diese Ergebnisse stehen bereits in Newtons Lehrbuch der Optik von 1704.

Hermann von Helmholtz baute einen leistungsfähigen Farbenmischer, dessen Konstruktionsprinzip rechts abgebildet ist. Eine Versuchsperson betrachtet das schraffierte Feld, auf dessen einer Hälfte eine beliebige Farbe geboten wird. Diese soll sie durch Überlagerung von drei Farben auf der anderen Hälfte additiv nachmischen. Wenn dieses Farbabgleichsexperiment gelingt, sehen die beiden Seiten ununterscheidbar aus. Die Ergebnisse sind in einer ersten Gleichung zusammengefasst: $L_B \cdot B + L_G \cdot G + L_R \cdot R = F$.

Die Aussage ist die folgende: Wenn die drei Lichtreize, in diesem Beispiel Blau, Grün und Rot (B, G und R), additiv gemischt werden, können ihre Leuchtdichten L_B, L_G und L_R immer so eingestellt werden, dass die Mischung genauso aussieht wie eine beliebige vorgegebene Farbe F. Die Ergebnisse der Farbabgleichexperimente kann man in ein dreidimensionales Diagramm, einen so genannten Farbraum, eintragen. In einem Farbraum hat jede Farbe ihren Farbort, wie in den Farbkörpern. Während aber die Farbkörper nach der geschätzten Ähnlichkeit der Farben eingerichtet werden, beruhen Farbräume auf Farbabgleichsmessungen. Die Aussage der ersten Gleichung hat wegen ihrer großen Bedeutung einen eigenen Namen: Trivarianz (lateinisch: drei Variable). Wenn man bei den Farbreizen nur drei Größen variiert, um alle Farben nachzumischen, dann brauchen Auge und Gehirn auch nur drei Variable, um alle Farben zu verschlüsseln. Das ist die Folgerung aus dem Trivarianzprinzip. Es ist nicht ganz klar, wer das Trivarianzprinzip erstmals verstanden hat. Es steckt aber implizit schon in den Farbmischungsergebnissen von Newton.

Welche drei Farben muss man im Farbenmischer verwenden? Die Antwort lautet: Die drei Mischfarben sind beliebig wählbar. Es müssen nur drei wirklich verschiedene Farben sein, das heißt, es darf nicht eine aus den beiden anderen ermischbar sein. Das ist erfahrungsgemäß nicht leicht zu verstehen. Wie soll zum Beispiel aus Rot, Grün und Gelb die Farbe Blau ermischt werden? Das geht selbstverständlich nicht, wird aber mit der Gleichung auch nicht behauptet. Entsprechend der ersten Gleichung muss man in diesem Fall folgendermaßen verfahren: Eines der Glieder auf der linken Seite der Gleichung erhält ein negatives Vorzeichen. Weil es kein negatives Licht gibt, kann das nur bedeuten, dass es zu der Farbe auf der rechten Seite addiert werden muss. Das heißt in der Praxis, dass zum Beispiel der gelbe Lichtreiz zur vorgegebenen blauen Farbe gemischt wird. Das Blau ändert sich dann in Richtung Gelb. Diese neue Mischfarbe kann man durch Rot und Grün nachmischen. Die

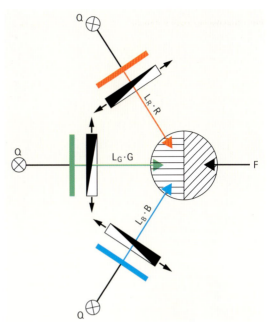

Bei diesem **additiven Farbenmischer** durchlaufen die Strahlen dreier Lichtquellen je einen Farbfilter und werden auf der linken Seite des Beobachtungsfeldes additiv überlagert. Die drei Leuchtdichten (L_B, L_G, L_R) lassen sich mit Graukeilen im Strahlengang variieren, bis die additive Farbmischung auf der linken Seite so aussieht wie die vorgegebene und nachzumischende Farbe F auf der rechten Hälfte des Feldes.

In einem **Farbraum** werden die Leuchtdichten der drei Mischlichter eingetragen, z. B. blau, grün und rot. So erhält jede Farbe F einen Ort im dreidimensionalen Farbraum. Die Farbe F kann mit einer Vektorgleichung beschrieben werden.

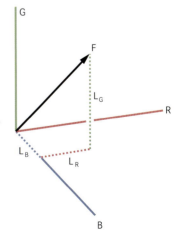

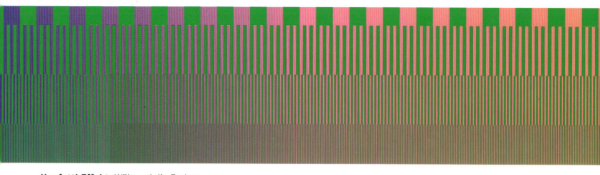

Konfetti-Effekt: Während die Farben oben noch einzeln erkennbar sind, sieht man unten bei genügend großem Abstand nur noch eine, sich kontinuierlich verändernde Farbe, die durch additive Farbmischung entstanden ist.

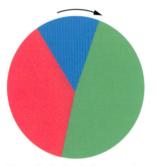

Wenn die **Farbscheibe** schnell rotiert, verschmelzen die Farben in der Wahrnehmung. Die Mischfarbe entspricht einer additiven Farbmischung.

Zur Ermittlung des **Rezeptorabsorptionsraums** wird die Zahl (n_S, n_M, n_L) der in den Zapfen S, M und L absorbierten Lichtquanten aufgetragen. Für jeden Lichtreiz gibt es in diesem Raum einen Farbort, der durch die zweite Vektorgleichung beschrieben wird.

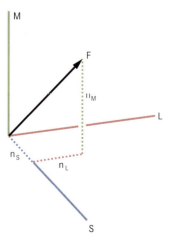

erste Gleichung ist experimentell vielfach bestätigt worden, ist also allgemein gültig.

Der Physiker James Maxwell bestätigte die Trivarianz mit einer farbigen Sektorenscheibe. Die Sektoren mit den drei Farben lassen sich verstellen. Wenn die Scheibe schnell rotiert, kommt es zu einer additiven Mischung der schnell wechselnden Farben. Die farbigen Bildschirme liefern heute jedermann einen praktischen Beweis des Trivarianzprinzips. Wer einen Bildschirm mit einer Lupe anschaut, sieht nur drei Arten verschiedenfarbiger Lichtpunkte. Der Bildschirm erzeugt alle Farben durch die Variation der Leuchtdichten der drei Farbreize. Das Prinzip der additiven Farbmischung durch feine Mosaike von Farbpunkten kann man auch durch das Mikroskop an den verschieden bunten Schuppen der Schmetterlingsflügel studieren.

Die trichromatische Theorie des Farbensehens

Die physiologische Erklärung des theoretischen Trivarianzprinzips liefert die trichromatische Theorie (Drei-Farben-Theorie). Die meisten Menschen sind so genannte Trichromaten, weil sie drei Arten von Lichtsinneszellen, die Zapfen, besitzen. Die Stäbchen sind nur im Dämmerlicht am Sehprozess beteiligt, wenn wir ohnehin nicht farbentüchtig sind. Sie bleiben hier zunächst außer Acht. Die drei Zapfenarten werden meistens S-, M- und L-Zapfen genannt (nach englisch short, middle und long), weil ihre maximale Empfindlichkeit im kurzwelligen, mittleren und langwelligen Spektralbereich des sichtbaren Spektrums liegt. Die trichromatische Theorie sagt, dass die Farbempfindungen des Menschen von der Menge der Lichtquanten abhängen, welche die drei Zapfenarten jeweils absorbieren. Diese drei sinnesphysiologischen Variablen sind also die Ursache für das Trivarianzprinzip. Die erste Gleichung kann man nun durch eine zweite ersetzen: $n_S \cdot S + n_M \cdot M + n_L \cdot L = F$.

Sie ist folgendermaßen zu lesen: Jeder Zapfen (S, M, L) absorbiert bei einem Lichtreiz eine bestimmte Zahl von Lichtquanten (n_S, n_M, n_L). Wie viele es genau sind, hängt vom Spektrum des Lichtreizes, der spektralen Empfindlichkeit der Zapfen, der Dauer der Einstrahlung, der Absorption in der Linse und anderen physiologischen Größen ab, die im Prinzip alle bekannt sind. Für jeden Farbreiz kann n_S, n_M und n_L bestimmt und in einem dreidimensionalen Raum eingezeichnet werden. Dieser Raum heißt Rezeptorabsorptionsraum. Jede Farbe hat auch in diesem Raum ihren Farbort. Die trichromatische Theorie des Farbensehens heißt auch Drei-Zapfen-Theorie oder Young-Helmholtz-Theorie. Thomas Young konnte von Sinneszellen oder gar Zapfen noch nichts wissen. Er postulierte aber bereits drei unabhängige Erregungsgrößen in der Netzhaut zur Verschlüsselung der Farbinformation.

Die trichromatische Theorie ist die Grundlage der Farbmetrik. Im Zentrum der Farbmetrik steht der so genannte Normalbeobachter. Er bewertet die Lichtreize nicht mit den Empfindlichkeitsfunktionen der Zapfen, sondern mit drei anderen Größen, die Normspektralwertfunktionen genannt werden. Als der Normalbeobachter um 1930 entwickelt wurde, waren die Zapfenkurven noch gar nicht bekannt. Damals wurden alle monochromatischen Komponenten des sichtbaren Spektrums mit einem Farbenmischer erzeugt. Die drei Werte, die der Farbenmischer für jede Wellenlänge benötigt, bilden die Spektralwertfunktionen. Es sei daran erinnert, dass die Mischfarben in der ersten Gleichung frei wählbar sind. Mit jeder Wahl bekommt man drei andere Spektralwertfunktionen, die sich aber ineinander und im Prinzip auch in die Zapfenkurven umrechnen lassen. Mit den Normspektralwertfunktionen gestalten die Farbmetriker ihr System so, dass es technischen Bedürfnissen genügt. Auch der Normalbeobachter liefert für jeden Lichtreiz drei Zahlen (X, Y, Z), die man in ein dreidimensionales Diagramm einzeichnen kann, sodass jede Farbe ihren Farbort erhält. Benutzt wird aber meistens nicht die unhandliche dreidimensionale Form, sondern eine Schnittfläche durch den X,Y,Z-Farbenraum, die Normfarbtafel.

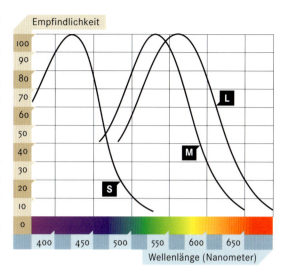

Die **spektrale Empfindlichkeit** der S-, M- und L-Zapfen ist der spektralen Absorption des Rhodopsins in den Zapfen proportional. Auf Seite 220 ist die entsprechende Kurve für die Stäbchen gezeigt.

Subtraktive Farbmischungen

Von den additiven sind die so genannten subtraktiven Farbmischungen zu unterscheiden. Der auf der nächsten Seite abgebildete Versuch erklärt den Unterschied. Mit einem Handspiegel wird Licht von der gelben Seite zur blauen gelenkt, was zu einer additiven Mischung führt. Wenn aber das Licht des Schreibprojektors durch die übereinander liegenden Folien gefiltert wird, entsteht eine ganz andere Farbe. Jede Folie absorbiert einen Teil des Lichtes, das heißt durch jede Folie wird von dem Licht etwas weggenommen oder subtrahiert. So kommt es zu der Bezeichnung subtraktive Farbmischung. Bei der Mischung von Farbstoffen kann etwas Vergleichbares geschehen, wenn jeder Farbstoff einen Teil des Lichtspektrums absorbiert.

Die physikalische Ursache von Körperfarben ist oft komplizierter. Von Strukturfarben redet man, wenn nicht die Absorption, sondern andere physikalische Vorgänge den Lichtreiz so beeinflussen, dass

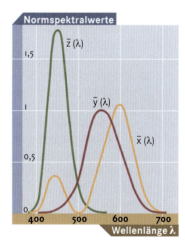

Die Internationale Beleuchtungskommission legte die **Normspektralwertfunktionen** als Bewertungsfunktionen für Farben fest. Sie beruhen auf Farbmischungsmessungen an Menschen und lassen sich in die spektralen Empfindlichkeitsfunktionen der Zapfen umrechnen.

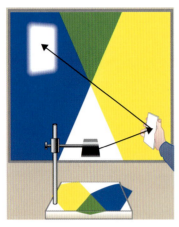

Mit diesem einfachen Versuch kann man additive und subtraktive Farbmischungen gut miteinander vergleichen.

Die **Normfarbtafel** ist als Schnittfläche durch einen Farbraum aufzufassen, der mithilfe der Normspektralwertfunktionen zu erstellen ist. Die Normfarbwertanteile x und y bestimmen den Farbort einer Farbart. Die Spektralfarben mit den Wellenlängen von 380 nm bis 780 nm liegen auf einer Kurve. Die Planck'sche Kurve entspricht der Farbtemperatur im Unbuntpunkt E.

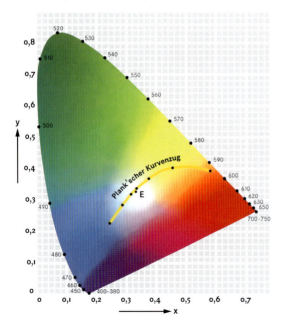

bunte Farben entstehen. So ist der Himmel und das Gesicht des Mandrills nicht durch Pigmente blau, sondern wegen der Lichtstreuung. Der kurzwellige Teil des Spektrums wird viel stärker gestreut, sodass das Streulicht blau erscheint. Die schillernden Farben von Ölflecken auf dem Wasser, von Pfauenfedern und Compact Discs kommen durch die winkelabhängige Interferenz der reflektierten Lichtwellen zustande.

Die Farbenblindheiten und die Genetik des Farbensehens

Der farbentüchtige Mensch freut sich an der Farbenpracht der Natur, die er nur ungern entbehren möchte. Farbige Bilder zieht er unbunten vor. Daher bringt Farbenblindheit den Menschen um manchen Genuss. Farben vermitteln uns aber auch wichtige Informationen. An den Farbnuancen von Früchten erkennt man zum Beispiel, ob sie reif und bekömmlich sind. Zum Glück ist vollständige Farbenblindheit so selten, dass man nicht einmal genau sagen kann, wie wenige Menschen davon betroffen sind.

Die unterschiedlichen Typen der Farbenblindheit

Es gibt verschiedene Typen der vollständigen Farbenblindheit. Die bereits erwähnte totale Farbenblindheit der *Stäbchenmonochromasie* (griechisch: Einfarbigkeit) tritt bei einer Million Menschen nach neueren Erhebungen höchstens 25-mal auf, oft in Verbindung mit anderen erheblichen Sehstörungen. Stäbchenmonochromaten haben keine funktionstüchtigen Zapfen. Sie sehen auch am hellen Tag ausschließlich mit den Stäbchen, von denen es nur eine Art gibt. Dementsprechend haben sie auch nur eine Empfindungsskala von dunkel bis hell, und sehen auch keine bunten Farben. Wie Stäbchenmonochromaten ihre Umgebung wahrnehmen, kann jeder Farbentüchtige im dunkeladaptierten Zustand erfahren. Sehr selten sind die vollständigen Farbenblindheiten vom Typ der *Zapfenmonochromasie*. Die davon betroffenen Menschen besitzen nur eine funktionstüchtige Zapfenart. Man erkennt diese Form der vollständigen Farbenblindheit daran, dass die spektrale Empfindlichkeit im dunkeladaptierten Zustand die der Stäbchen und im helladaptierten die der verbliebenen Zapfenart ist. Bei den genauer untersuchten S-Zapfenmonochromaten ist das visuelle Auflösungsvermögen besser als bei Stäbchenmonochromaten. Vollständige Farbenblindheit kann schließlich auch ein Ausfall des Areals V4 in der rechten oder linken Großhirnhäfte verursachen. Dieser Schaden führt zur *Hemiachromatopsie*, dem Ausfall der Farbentüchtigkeit in der linken beziehungsweise rechten Hälfte des Gesichtsfeldes.

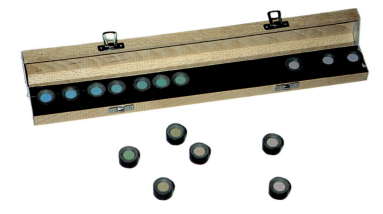

Farbproben des **Farnsworth-Tests**.

Das Wort Farbenblindheit wird in der Alltagssprache meistens irreführend mit einer anderen Bedeutung benutzt. Es bezeichnet dann Abweichungen der Farbentüchtigkeit, durch welche die Wahrnehmung und Unterscheidung von Farben zwar reduziert, aber keineswegs vollständig verloren gegangen ist. Oft erfahren die Betroffenen erst bei augenärztlichen Untersuchungen für die Musterung oder Führerscheinprüfung von ihrer vorher nicht bemerkten Besonderheit der Sehfähigkeit. Diese macht sich vor allem darin bemerkbar, dass die Betroffenen nicht so viele Farben unterscheiden können wie die vollständig Farbentüchtigen, und folglich Farben verwechseln, die anderen Menschen verschieden bunt erscheinen.

Bei der ältesten Methode zur Prüfung des Farbensinnes wird genau diese Eigenschaft genutzt. Die rechts zu sehenden Farbscheibchen stammen aus Goethes Farbenlehre. Die Farbscheibchen der zweiten und dritten Zeile sahen für die beiden Studenten, an denen Goethe die Farbenblindheit entdeckte, genauso aus wie die jeweils darüber liegenden. John Dalton, der Vater der chemischen Atomtheorie, entwickelte 1798, zur gleichen Zeit wie Goethe, aber unabhängig von ihm einen ähnlichen Test, für den er verschiedenfarbige Seidenproben verwendete. Pseudoisochromatische Tafeln, das heißt »fälschlich gleichfarbige« Muster, sind bis heute zur schnellen Prüfung des Farbensehens in Gebrauch. Die verschiedenen Farbflecken sind so arrangiert, dass der vollständig Farbentüchtige andere Muster, Buchstaben oder Ziffern erkennt, als der Farbenblinde. Feinere Differenzierungen zwischen verschiedenen Arten von Farbenblindheit sind mit den Farnsworth-Tests möglich, bei dem der Proband die verschiedenen Farbproben nach ihrer Ähnlichkeit in eine Reihe ordnet. Die jeweilige Reihenfolge ist charakteristisch für die spezielle Art der Farbenblindheit.

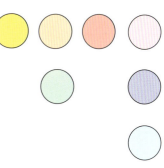

Diese pseudoisochromatischen Tafeln sind in Goethes Farbenlehre abgebildet. Die beiden von Goethe untersuchten protanopen Studenten verwechselten die jeweils untereinander gezeichneten Farbflecken.

Die genetischen Grundlagen des Farbensehens

Farbenblind sind in Mitteleuropa acht Prozent der Männer, seltener die Frauen. Die meisten Farbenblindheiten gehören zu den beiden Gruppen der *Rot-Grün-Blindheit* und *Rot-Grün-Schwäche*. Zwei Gene sind dafür verantwortlich, eines für das Photorezeptormolekül der L-Zapfen und eines für das der M-Zapfen. Beide befinden sich auf den X-Chromosomen. Schon die frühen Genetiker schlossen das aus der geringeren Häufigkeit von Rot-Grün-Störungen bei Frauen. Frauen haben zwei X-Chromosomen, Männer dagegen nur eines. Bei Frauen muss das Gen auf beiden X-Chromosomen verändert (mutiert) sein, damit sich die Mutation auswirken kann. Aus der Häufigkeit der Farbsinnstörung bei Männern (8 Prozent) kann man herleiten, dass die Wahrscheinlichkeit, ein mutiertes Gen zu erben, $p_1 = 0{,}08$ beträgt. Die Wahrscheinlichkeit, dass eine Frau das mutierte Gen mit dem väterlichen und mütterlichen X-Chromosom erbt, ist dann mit $p_2 = (0{,}08)^2 = 0{,}0064$ sehr viel geringer. Tatsächlich treten Fälle von Rot-Grün-Störungen bei weniger als 0,64 Prozent der Frauen auf. Die Trägerinnen von zwei mutierten Genen, je einem für den L- und M-Zapfen-Photorezeptor, sind nämlich vollständig farbtüchtig, da das jeweils andere nicht mutierte Gen für die Bereitstellung des benötigten Opsin-Moleküls sorgt. Ganz anders liegen die Verhältnisse bei den *Blau-Gelb-Störungen*. Sie finden sich bei weniger als einem hundertstel Prozent der Bevölkerung, aber immer noch häufig genug, um sagen zu können, dass sie bei Männern und Frauen gleich oft auftreten. Das Gen für das S-Zapfen-Photorezeptormolekül befindet sich demnach nicht auf den X-Chromosomen. Es wurde auf dem Chromosom 7 lokalisiert.

Eine Schwierigkeit der klassischen Genetik der Farbenblindheit bestand früher darin, dass die Häufigkeit der Mutanten bei verschiedenen Völkern nicht genau bekannt war. Bei Völkern, die noch unter natürlichen Bedingungen leben, fand man immer viel weniger Farbenblinde. Die größere Häufigkeit in modernen urbanen Populationen kann seine Ursache darin haben, dass die Träger der mutierten Gene unter den künstlichen Beleuchtungsbedingungen unserer Umgebung mehr Nachkommen haben, sodass sich die Mutanten schneller vermehren als unter natürlichen Lebensbedingungen. Man weiß aber nicht genau, warum der natürliche Selektionsdruck gegen die abweichenden Formen der Farbentüchtigkeit in der technisch fortgeschrittenen Welt nachgelassen haben sollte. Außerdem lässt sich der Effekt eines verringerten Selektionsdrucks nicht berechnen, solange nicht bekannt ist, wie oft die Mutationen spontan neu entstehen. Neue Erkenntnisse für diese Fragen bietet die moderne Genetik des Farbensehens.

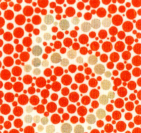
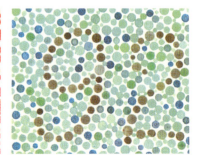

Drei **pseudoisochromatische Tafeln** aus dem Ishihara-Test. Farbenblinde sehen andere Ziffern als Farbentüchtige.

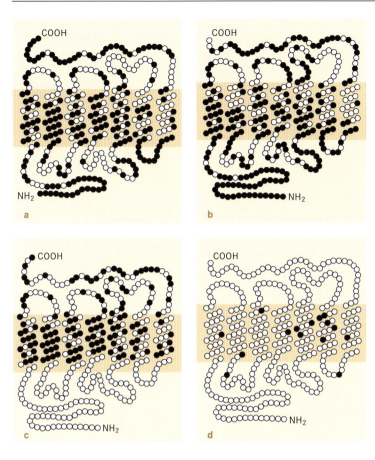

Die **Opsin-Moleküle** sind in der Zellmembran von Zapfen und Stäbchen verankert und haben sieben transmembrane Teilstücke, die hier nebeneinander gezeichnet sind. Jeder Kreis steht für eine Aminosäure, wobei die dunkel markierten beim Vergleich mit einem anderen Sehpigment nicht übereinstimmen. a) Vergleich des Opsins der S-Zapfen mit dem Opsin-Molekül der Stäbchen; b) Opsin der M-Zapfen im Vergleich mit dem Stäbchen-Opsin; c) Vergleich des M- und S-Zapfen-Opsins; d) Vergleich des M- und L-Zapfen-Opsins. Die Übereinstimmung der M- und L-Zapfen-Opsine ist am größten.

Seit 1986 sind nicht nur die visuellen Pigmente (Rhodopsine), sondern auch ihre Gene vollständig aufgeklärt worden. Seit längerem war bekannt, dass der Teil des Moleküls, der die Lichtquanten einfängt, bei allen menschlichen Rhodopsinen gleich ist. Es handelt sich um Retinal, das Aldehyd des Vitamin A_1. Retinal ist an ein großes Protein, das Opsin, gebunden, welches dieselbe Form besitzt wie das Riechrezeptormolekül. Die Forscher vermuteten, dass die Opsine bei allen menschlichen Rhodopsinen ähnlich gebaut sind, sodass auch die zugehörigen Gene ähnliche Sequenzen ihrer Bausteine besitzen. Diese Hypothese bewährte sich. Stücke von Rinderopsin-Genen, die man als molekulare Sonde benutzte, lagerten sich im Experiment an die verschiedenen Opsin-Gene des Menschen je nach ihrer Ähnlichkeit mehr oder weniger vollständig an. So konnten die Wissenschaftler mithilfe der Rinderopsin-Gene in vielen experimentellen Schritten die entsprechenden Opsin-Gene aus dem menschlichen Erbmaterial identifizieren und aufklären. Heute haben sie für alle Opsin-Gene genau passende Gensonden. Ein Tropfen Blut oder eine kleine Gewebeprobe reichen aus, um nachzuweisen, welche Opsin-Gene in den Zellkernen vorhanden sind oder fehlen. Die Opsine der Stäbchen und der S-Zapfen bestehen aus 348 Aminosäuren, die der M- und L-Zapfen aus 364. Alle Opsine sind 7TMD-Rezep-

Gensonden: Nucleinsäuren, die eine zu den untersuchten Genen ergänzende (komplementäre) Sequenz der Bausteine haben, welche sich mit Teilstücken der Gene verbinden (hybridisieren), und damit die Möglichkeit schaffen, diese nachzuweisen.

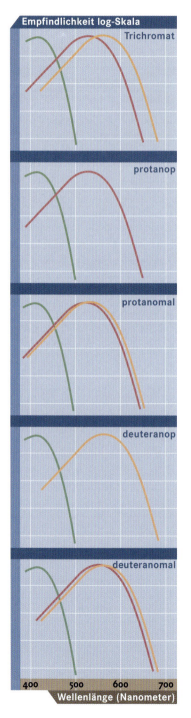

torproteine, das heißt sie haben eine Molekülstruktur mit sieben schraubenförmigen Bereichen (α-Helix), die die Zellmembran durchqueren. Die Aminosäuren bei den Opsinen der Stäbchen und der S-Zapfen sind zu 40 Prozent gleich, bei den Opsinen der M- und L-Zapfen zu 98 Prozent.

Die spektrale Empfindlichkeit der verschiedenen Rhodopsine beruht auf ihrer spektralen Absorption und diese auf der Aminosäuresequenz des Opsins. Weil die Opsin-Proteine durch ihre Gene codiert werden, sind diese deshalb auch die Gene für das Farbensehen. Die trichromatische Theorie des Farbensehens hat somit eine genetische Grundlage und die häufigsten Abweichungen können nach genetischen Prinzipien in ein System geordnet werden.

Rot-Grün-Blindheit und Rot-Grün-Schwäche

Rot-Grün-blinde Menschen sind Dichromaten, das heißt sie haben nur zwei Zapfenarten. Den Protanopen fehlen die L-Zapfen, den Deuteranopen die M-Zapfen (protos, deuteros, tritos, griechisch: erster, zweiter, dritter). Ungefähr zwei Prozent der männlichen Bevölkerung sind protanop oder deuteranop. Beide können die Farben im Rot-Grün-Bereich nicht gut unterscheiden. Protanope sind für das rote Ende des Spektrums weniger empfindlich, weil ihnen die L-Zapfen fehlen. Rote Bremslichter und andere Signale mit einem langwelligen Spektrum erkennen sie nicht so leicht wie Trichromaten, insbesondere, wenn die Sicht durch Nebel oder andere Umstände erschwert ist. Eine rote und eine schwarze Fahne können sie kaum unterscheiden. Ein Protanoper kann mit einem roten Schlips bei einer Beerdigung erscheinen. Der Deuteranope hat große Schwierigkeiten beim Pflücken von Erdbeeren, die sich für ihn, auch wenn sie reif sind, kaum von den grünen Blättern abheben.

Für Dichromaten gibt es im Lichtspektrum und im Regenbogen eine unbunte Stelle. Ein monochromatischer Lichtreiz mit der Wellenlänge, bei der sich die beiden Empfindlichkeitskurven schneiden, würde beide Zapfenarten gleich stark reizen. Ein anderer Reiz mit breitem Spektrum und gleicher Strahlungsleistung bei allen Wellenlängen würde ebenfalls beide Zapfen gleich reizen. Von Letzterem ist bekannt, dass er zu Unbuntempfindungen führt. Folglich muss auch der monochromatische Reiz mit derselben Wirkung eine Unbuntempfindung auslösen. Bei Trichromaten kann kein monochromatischer Reiz alle drei Zapfen gleich stark reizen. Darum gibt es für normal farbentüchtige Menschen keine Graustelle im Spektrum.

Menschen mit Farbanomalien haben meistens eine Rot-Grün-Schwäche, entweder die Protanomalie oder die Deuteranomalie. Beide Störungen treten ungefähr bei sechs Prozent der männlichen

Die **spektrale Empfindlichkeit der Zapfen** bei Trichromaten, protanopen und deuteranopen Dichromaten sowie protanomalen und deuteranomalen Trichromaten. Die seltene Tritanopie, bei der die S-Zapfen ausgefallen sind, ist in der Abbildung nicht dargestellt. Die Empfindlichkeit ist auf den Ordinaten der Abbildungen logarithmisch aufgetragen.

Bevölkerung auf. Der Farbanomale ist ein Trichromat, besitzt also alle drei Zapfenarten. Die spektralen Empfindlichkeiten seiner L- oder M-Zapfen sind aber ein wenig verändert. Die Veränderung der spektralen Empfindlichkeit kann durch den Austausch einzelner oder weniger Aminosäuren in den Opsinen verursacht sein.

Aus der Anordnung der Gene in den X-Chromosomen kann man sogar herleiten, wie es zu den mutierten Genen gekommen ist. Die Erbinformation für das L-Zapfenpigment ist im X-Chromosom nur einmal vorhanden, das gleich dahinter angeordnete Gen für die M-Zapfenpigmente dagegen zwei- oder dreimal. Der Enstehung der Ei- und Samenzellen geht ein Zellteilung, eine Meiose voraus. Dabei können Teilstücke der jeweils zweimal vorhandenen Chromosomen ausgetauscht werden, ein Vorgang, den die Genetiker Crossing-over nennen. Bei diesem Prozess kann eines der Gene aus einem der beiden Chromosomen verloren gehen, was zu einer Farbenblindheit führt. Teile eines M- und eines L-Rhodopsin-Gens können aber auch so rekombinieren, dass ein Mischgen entsteht. Dieses Gen kann zu einem funktionstüchtigen Rhodopsin mit einer verschobenen Empfindlichkeitsverteilung führen. Mit diesen Mechanismen lassen sich wahrscheinlich alle Anomalien erklären.

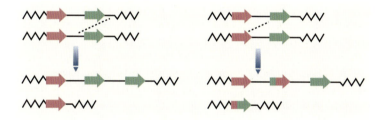

Anordnung der Gene für das L-Zapfen-Opsin (rot) und das M-Zapfen-Opsin (grün) in den X-Chromosomen bei der Meiose. Links die Entstehung der Deuteranopie, rechts einer Anomalie. Im ersten Fall verliert ein Chromosom durch einen Fehler bei der Rekombination das M-Opsin-Gen, im zweiten Fall entstehen Mischgene.

Die Anomalien kann man bereits mit den pseudoisochromatischen Tafeln unterscheiden. Der Augenarzt verwendet dafür aber in der Regel ein Anomaloskop, das nach einem schon 1881 von John Rayleigh eingeführten Verfahren arbeitet. Das Anomaloskop ist im Prinzip ein Farbmischapparat, der mit monochromatischem Licht arbeitet. In ihm wird beispielsweise gelbes Licht ($F = L_{589}$nm) durch rotes und grünes monochromatisches Licht (L_{670}nm, L_{546}nm) nachgemischt. Bei einer Anopie sehen alle Mischungen gelb aus, sodass nur noch die Helligkeit zu regeln ist. Bei Protanomalen und Deuteranomalen wird aber ein jeweils bestimmtes Mischungsverhältnis eingestellt. Es gibt mehrere verschiedene Mutationen und dementsprechend verschiedene Formen der Anomalie.

Goethe und Dalton stellten 1798 zunächst fest, dass Farbenblinde verschiedene Farben für gleich hielten, zum Beispiel das Rosa einer Blüte und das Hellblau des Himmels. Ohne zusätzliche Information kann man dann nicht entscheiden, ob die farbenblinden Probanden das Rosa blau oder das Blau rosa sehen. Goethe glaubte, den beiden von ihm untersuchten Probanden fehle die Blauempfindung. Tritanopie ist allerdings sehr selten. Heute weiß man, dass Goethes Probanden protanop waren. Das konnte beinahe 200 Jahre später an einem Urenkel des einen Probanden mit modernen Methoden bewiesen werden. Dieser 88-jährige Herr hatte das Gen durch die weibliche Linie geerbt. Dalton selbst war deuteranop. Das bewies eine Untersuchung seiner DNA mit Gensonden für das M- und L-Zapfen-Opsin. Diese Untersuchung war möglich, weil Reste von Daltons Augen in getrocknetem Zustand erhalten waren. Dalton hatte eine Untersuchung seiner Augen testamentarisch angeordnet. Es sollte festgestellt werden, ob seine Farbenblindheit auf einer Blaufärbung der Augenmedien beruhe. Diese Hypothese erwies sich 1844 als falsch. 1995 stellte sich dann heraus, dass ihm das Gen für den M-Zapfenrezeptor fehlte.

Die Wahrnehmung von Farben

Im Jahre 1777 beschrieb Johann Wolfgang von Goethe bei einer winterlichen Wanderung im Harz den Sonnenuntergang: »Waren den Tag über, bei dem gelblichen Ton des Schnees, schon leise violette Schatten bemerklich gewesen, so musste man sie nun für hochblau ansprechen, als ein gesteigertes Gelb von den beleuchteten Teilen wiederschien. Als aber die Sonne sich endlich ihrem Niedergang näherte und ... die ganze mich umgebende Welt mit der schönsten Purpurfarbe überzog, da verwandelte sich die Schattenfarbe in ein Grün, das nach seiner Klarheit einem Meergrün, nach seiner Schönheit einem Smaragdgrün verglichen werden konnte«.

Diese berühmte Naturschilderung steht in Goethes Farbenlehre im Abschnitt über farbige Schatten. Die Schattenfarben sind auch das Erstaunlichste in dem Bericht. Warum erscheint der Schnee dort, wohin die Strahlen der Abendsonne nicht gelangen, smaragdgrün? Goethe erkannte, dass die Farbe der Schatten durch die Farbe der Umgebung hervorgerufen wird oder, wie wir heute sagen, durch den farbigen Simultankontrast zustande kommt. Den farbigen Simultankontrast kann man an den drei folgenden Abbildungen studieren. Das graue, durch die bunten Streifen geflochtene Band erscheint je nach den Nachbarfarben verschieden gefärbt. Die scheinbare Verfärbung steigert sich noch bei größerem Beobachtungsabstand. Die Erfahrung zeigt: Der Lichtreiz, der von dem grauen Band ausgeht und ins Auge gelangt, bestimmt keineswegs allein, was wir sehen. Es kommt auf die Gesamtansicht des farbigen Musters an.

Der farbige Simultankontrast erzeugt eine Wahrnehmungstäuschung. Trotzdem erinnert er an eine allgemein gültige Erkenntnis über das Farbensehen. Die Farben werden von den Objekten nicht einfach abgelesen. Sie sind nicht durch das Reizspektrum definiert. Die Gegenstände erscheinen vielmehr in Farben, die ihnen nach den Regeln der Erregungsverarbeitung im Auge und Gehirn zugewiesen werden. Was in diesem Fall eine Wahrnehmungstäuschung erzeugte, ist, wie bereits im Zusammenhang mit der Farbkonstanzleistung beschrieben, die Voraussetzung für das normale Farbensehen. Der Zusammenhang zwischen Reiz und Farbe ist offensichtlich

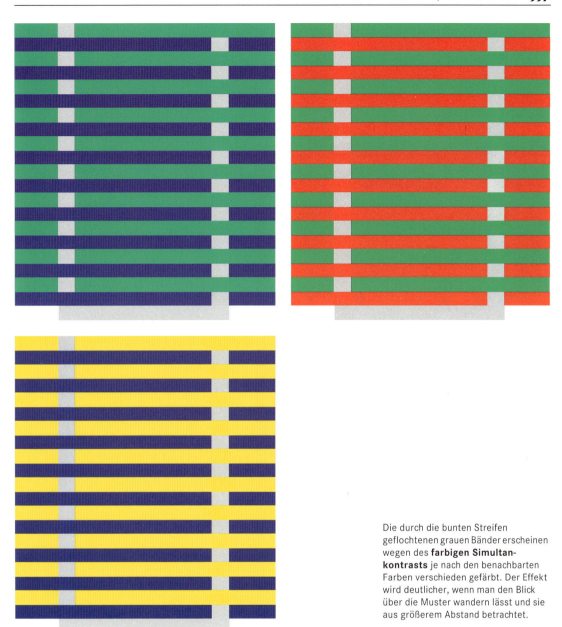

Die durch die bunten Streifen geflochtenen grauen Bänder erscheinen wegen des **farbigen Simultankontrasts** je nach den benachbarten Farben verschieden gefärbt. Der Effekt wird deutlicher, wenn man den Blick über die Muster wandern lässt und sie aus größerem Abstand betrachtet.

kompliziert. Wir haben konstante Farbwahrnehmungen trotz variabler Reize.

Edwin Land, der Erfinder der Polaroidkamera, untersuchte die Farbwahrnehmungen von Menschen bei variablen Beleuchtungen. Bei seinen Versuchen benutzte er Collagen aus Buntpapieren. Weil ihn diese farbigen Vorlagen an Gemälde des Malers Piet Mondrian erinnerten, nannte er sie Mondrian, was sich bei den Forschern eingebürgert hat. Land beleuchtete seinen Mondrian mit kurzwelliger, mittlerer und langwelliger Strahlung, die sich additiv zu unbuntem

Licht mischten. Die Farben der Buntpapiere waren bei dieser Beleuchtung gut zu erkennen. Land variierte die Anteile der drei Mischlichter in der Beleuchtung. Erstaunlicherweise sahen die Zuschauer die Farben des Mondrian unverändert. Auf einem Farbfilm hätte sich die Änderung bemerkbar gemacht. So hätte zum Beispiel eine Verstärkung der langwelligen Strahlung in der Beleuchtung die Farbfotografie rot gefärbt. In der farbkonstanten Wahrnehmung der Menschen war aber keine Veränderung feststellbar. Diese Versuchsanordnung ist somit hervorragend geeignet, die Farbkonstanzleistung zu studieren.

Dieselbe Versuchsanordnung benutzte Semir Zeki in einem Experiment mit Rhesusaffen, von denen bekannt ist, dass sie farbentüchtig sind wie der Mensch. Er registrierte Aktionspotentiale von vielen Nervenzellen der Sehbahn, während der Affe auf einen Mondrian schaute. Der Mondrian wurde vor dem Auge des Affen verschoben, sodass die Meldung der jeweiligen Nervenzelle auf den Reiz von verschiedenen Buntpapieren registriert werden konnte. Außerdem veränderte er das Beleuchtungsspektrum wie in Lands Versuch. Die Nervenzellen der Sehbahn von der Netzhaut bis zum Areal V1 im Großhirn meldeten Änderungen des Beleuchtungsspektrums. Sie reagierten somit nicht farbkonstant. Darin sind sie dem Farbfilm im Fotoapparat vergleichbar. Im Areal V4 aber fand Zeki Nervenzellen, die bei den einzelnen Farbflächen des Mondrian immer dasselbe meldeten, unabhängig davon, wie sie beleuchtet waren. Diese Zellen reagierten farbkonstant wie der Mensch mit seiner Farbwahrnehmung.

Ein **Mondrian** von Edwin Land.

Die Beziehungen zwischen den physikalischen Eigenschaften der Lichtreize und den Farbwahrnehmungen sind schwierig, aber nicht mehr ganz unverständlich. Das Problem der Farbkonstanz unter den variablen Beleuchtungsverhältnissen dieses Planeten ist erkannt. Die ersten Schritte sind getan, um zu verstehen, wie uns Auge und Gehirn zu farbkonstanten Wahrnehmungen verhelfen.

Die Wahrnehmungsfähigkeiten entwickeln sich immer weiter

Als der Physiker und Schriftsteller Georg Christoph Lichtenberg Goethes Abhandlung über die farbigen Schatten gelesen hatte, schrieb er ihm am 7.Oktober 1793 einen begeisterten Brief. Er war wie Goethe fasziniert von der Erkenntnis, dass man am Beispiel der farbigen Schatten zwischen den Lichtreizen und dem unterscheiden kann, was beim Wahrnehmen daraus entsteht. Erst die Vorgänge im Auge und Gehirn bringen die Schattenfarben hervor. Unser Verständnis für diese Vorgänge ist seit Goethes Zeiten weit fortgeschritten. Es ist aber erstaunlich, dass die farbigen Schatten für Goethe und Lichtenberg den Charakter von Entdeckungen hatten, obwohl sie doch schon immer sichtbar waren und tatsächlich Maler sie schon früher dargestellt hatten. Lichtenberg schrieb, er laufe nun den farbigen Schatten nach »wie ehemals als Knabe den Schmetterlingen«. Durch Goethes Entdeckung war er auf die Erscheinung der farbigen Schatten aufmerksam geworden und seine Wahrnehmungsfähigkeit hatte sich weiterentwickelt. Wenn das so ist, kann man Wahrnehmungsvorgänge nicht allein durch biologische Untersuchungen erklären. Es kommt auch auf die Sehgewohnheiten an, auf das, was man wahrzunehmen gelernt hat. Damit wird die Betrachtung der Wahrnehmung von den biologischen Grundlagen aus weitergeführt in den Bereich der Kultur und ihrer historischen Entwicklung.

Die Weiterentwicklung der Wahrnehmungsfähigkeit erlebt man beim Erkennen. Das schnelle Erkennen ist im Leben von Menschen und Tieren wichtig. Sprache, Schrift und die vielen komplizierten immer neuen Situationen in unserer zivilisierten Umgebung, die wir schnell einschätzen müssen, sind erste Beispiele für die Fortentwicklung unserer Wahrnehmungsfähigkeiten. Aufschlussreich ist aber auch der Umgang mit erinnerten Wahrnehmungen in der bildenden Kunst. Ein Fisch wird in der Regel mühelos als Fisch erkannt. Wer aber aus dem Kopf einen Fisch zeichnen soll, wird schnell entdecken, dass er nicht weiß, wie viele Flossen Fische haben und wo diese sitzen. Zu allen Zeiten forderten die Maler zum Studium der Natur auf, um das richtige Wahrnehmen zu lernen. »Denn wahrhaft steckt die Kunst in der Natur« schreibt Albrecht Dürer im dritten Buch seiner Abhandlungen über die menschlichen Proportionen, und fährt dann fort: »... wer sie heraus kann reißen, der hat sie«. Man muss lernen, das Wesentliche zu erkennen.

Künstler studierten zu allen Zeiten die Natur und die Werke anderer Künstler, um zu lernen, wie die Natur in die Kunst zu übersetzen sei, ob und wie zum Beispiel Schatten oder die räumliche Tiefe in flachen Gemälden darzustellen seien. Das Übersetzen der natürlichen Erscheinung in die Kunstform muss gelernt oder neu entwickelt werden. Die Kunstform gehört dem Künstler. Dem Maler Max Liebermann wird der Satz zugeschrieben: »Was man nicht auswendig malen kann, kann man überhaupt nicht malen«. So lehrt die Kunstgeschichte auch die Geschichte der fortentwickelten menschlichen Wahrnehmungsfähigkeiten. Sinnesorgane und Gehirn vermitteln uns Fähigkeiten mit unabsehbaren Entwicklungsmöglichkeiten.

C. VON CAMPENHAUSEN

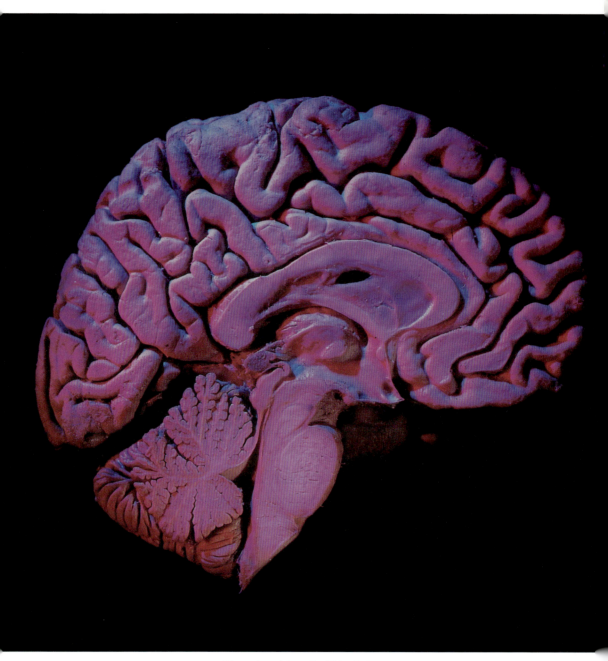

Die große gefaltete **Großhirnrinde** macht den Hauptteil des menschlichen Gehirns aus und stellt die höchste Stufe evolutionärer Entwicklung des Nervensystems dar. Die beiden Großhirnhälften (Hemisphären) sind durch eine tiefe Furche, die von vorn nach hinten läuft, voneinander getrennt. Auch wenn jede Hemisphäre spezielle Funktionen erfüllt, sind beide sowohl mit der Verarbeitung von Sinneswahrnehmungen, mit kognitiven Leistungen, der Steuerung von Bewegungsvorgängen als auch mit Emotion und Gedächtnis betraut.

Lernen und Denken

Die Frage, wie das Geistig-Seelische im Körper existiert, hat die Menschen zu allen Zeiten interessiert. Gleichzeitig war das Psychische zutiefst geheimnisvoll. Am Tod des Menschen entzündete sich das Problem des »Wesens« des Psychischen: Was geschieht mit der Seele, wenn der Körper stirbt? Die nüchterne Antwort, dass dann auch das Psychische mitstirbt und nur noch in der Erinnerung der lebenden Mitmenschen weiterexistiert, hat die Menschen nie völlig befriedigt. Bis heute haben sich transzendentale oder spiritistische Vorstellungen von einer überlebenden Seele gehalten.

Im alten Griechenland bedeutete der Begriff Psyche so viel wie Hauch oder Atem, personifiziert durch die zarte Geliebte des Eros. Das Leben auszuhauchen, schien so deutlich den Seelenverlust wiederzugeben, wie der erste Atemzug dessen Anfang markierte. Im Rückschluss identifizierte man den Seelenatem mit der »Seelenmaterie«, dargestellt als verkleinertes Abbild des Verstorbenen. Vom Altertum bis zum Mittelalter zeigen Bilder diese Auffassung von einem in den Himmel aufsteigenden reduzierten Ebenbild des Toten.

Seit der Neuzeit wird das Psychische kaum noch so »materialisiert«. Seitdem die englischen Empiristen, vor allem Thomas Hobbes, John Locke und David Hume, solche Vorstellungen als »Seelengespenster« abtaten, meidet man den Begriff »Seele« und setzt dafür das »Selbst« oder den Geist ein – und als dessen Inhalte die »Ideen«. Locke bezeichnete in seinem 1689 erschienenen Buch »Über den menschlichen Verstand« die Idee als »Phantasma, Begriff, Vorstellung oder was es immer sei, das den denkenden Geist beschäftigt, alles was der Geist in sich selbst wahrnimmt oder was unmittelbares Objekt der Wahrnehmung, des Denkens oder des Verstandes ist«. Diese noch diffusen Bestimmungen der psychischen Erscheinungen konkretisierte Johann Nikolaus Tetens 1777 mit seinem Werk »Philosophische Versuche über die menschliche Natur und ihre Entwicklung« durch eine Teilung des Psychischen in die drei Hauptprozesse Gefühl, Vorstellung und Denken; er spricht auch von Gefühl, Wollen und Erkennen. Aus dieser Dreiteilung entwickelten sich bis zur Gegenwart verschiedene Unterteilungen von zumeist vier bis acht psychischen Prozessen. Von ihnen werden Gedächtnis, Lernen und Denken (Kognition) im Folgenden näher beschrieben. H. BENESCH

Empiristen: die Philosophen, die in der sinnlichen Erfahrung (Empirie) die Basis allen Wissens sehen.

Psychophysiologische Grundlagen geistiger Prozesse

Seit der Begründung der modernen Psychologie im 19. Jahrhundert, unter anderem durch Gustav Fechner, Wilhelm Wundt, Francis Galton und James McKeen Cattell, stützt man sich auf funktionelle Forschungsmodelle, um psychische Leistungen zu erklären. Diese werden in Einzelprozesse aufgelöst, um sie dann beobachten, erfragen oder experimentell prüfen zu können.

Neben der Erforschung der psychischen Funktionen gab und gibt es zwei weitere Hauptrichtungen für eine theoretische Fundierung des Psychischen: die paradigmatische und die psychophysiologische. Erstere ist kaum über populärwissenschaftliche Analogien hinausgelangt. Die jeweils fortschrittlichste Technologie diente als Denkmuster für das Psychische. Seit dem späten Mittelalter waren das die Wasserkünste mit den bizarren Wasserspielen und erstaunlich genauen Wasseruhren. Noch Schiller verglich 1780 in seiner psychologischen Dissertation »Über den Zusammenhang der tierischen Natur des Menschen mit seiner geistigen« das Psychische mit einem Zentralwasserbecken und Röhren, die verschiedene Wasserwerke betreiben. In der Barockzeit veranschaulicht meist die Uhrentechnologie das Psychische, zumal damals eine große Mode für künstliche Menschen (Androiden) bestand, die angeblich schreiben, Schach spielen oder musizieren konnten (wahrscheinlich nur Letzteres).

Seit dem 19. Jahrhundert half die Elektrotechnik, insbesondere die Telefontechnologie mit den Verbindungen herstellenden Telefonistinnen, das Psychische verständlicher zu machen. Seit den 1950er-Jahren dient der Computer mit seinen Eingabe-, Verarbeitungs- und

Im 18. Jahrhundert versuchte man lebendige Prozesse nach dem Prinzip der Mechanik zu erklären. In dieser Zeit fanden **Androiden,** das heißt menschenähnliche Mechanismen, und Spielautomaten großes Interesse. Das Bild zeigt die Rückseite des Schreibautomaten »L'écrivain« von Pierre Jacques-Droz und Jean Frédéric Leschot (1773).

Im Mittelalter hatten die Menschen andere Vorstellungen vom Aufbau des Gehirns. In diesem Stich um 1400 wurde das menschliche Gehirn in »Kammern« unterteilt. Unten, in der »cella«, sitzen die Erinnerungen, darüber die vernünftige Urteilskraft und in der »cellula«, dem Kämmerlein, die Fantasie. In der obersten Kammer werden die von außen kommenden Sinneseindrücke aufgenommen.

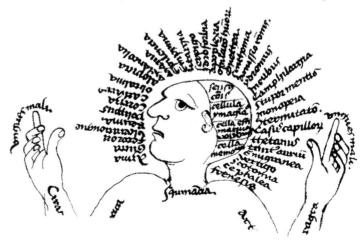

Ausgabeeinheiten als Analogie für das Psychische. Alle diese Vergleiche näherten sich zwar schrittweise der psychischen Funktionalität, konnten sie aber nur unzureichend wiedergeben. Eine große Rolle für die Psychologie als Wissenschaft haben demgegenüber Analogien mit tierischen Leistungen, besonders dem tierischen Lernen, gespielt. Entsprechende Untersuchungen, unter anderem an Affen, Hunden und Tauben, sind eine wichtige Grundlage der behavioristischen Forschungsrichtung.

Psychophysiologische Forschung

Im Jahr 1824 erschien das Buch »Recherches expérimentales sur les Propiétés et les Fonctions du Système nerveux« von Pierre Flourens, mit dem die Psychophysiologie als Wissenschaft begründet wurde. Flourens, dessen Werk noch im gleichen Jahr unter dem Titel »Versuche und Untersuchungen über die Eigenschaften und Verrichtungen des Nervensystems bei Thieren mit Rückenwirbeln« in deutscher Übersetzung erschien, untersuchte Tauben und Hunde, denen er Hirnteile entfernte. Aus ihrem Verhalten nach dieser Operation folgerte er die psychischen Funktionen: »Augenscheinlich muss ein Tier, das von den unmittelbaren Folgen der mechanischen Verletzung, die mit der Wegnahme der Gehirnlappen verbunden ist, geheilt war, nach und nach alle die Kräfte wieder erhalten, die nicht wesentlich von diesen abhängen.« In seinem Resümee kommt er zu dem Ergebnis, das auch heute noch weitgehend gültig ist: »Die ver-

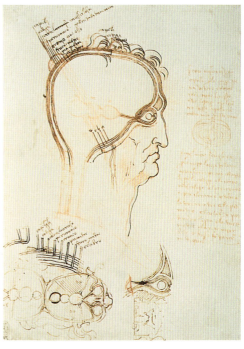

Leonardo da Vinci rekapitulierte 1490 noch die mittelalterliche Tradition: Der Mensch denkt in drei Bläschen. Etwa 15 Jahre später goss er Wachs in einen Ochsenschädel und gewann so ein besseres Bild von der Anatomie der Gehirne.

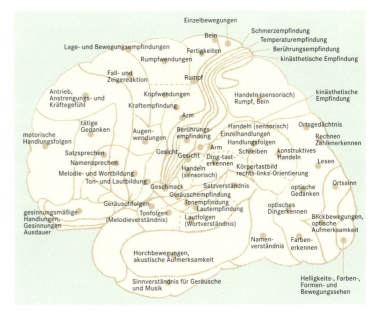

Die Abbildung zeigt die **Rindenfelder** des Menschen, rund 200 eng begrenzte Bereiche der Großhirnrinde, denen in der extremen Lokalisationstheorie genau beschreibbare Funktionen zugeordnet werden. Die motorischen Rindenfelder (Projektionsfelder) steuern bestimmte Bewegungsvorgänge; zu den sensorischen Projektionsfeldern gehören z. B. das Hörfeld, das im Schläfenlappen, und das Sehzentrum, das im Hinterhauptlappen lokalisiert ist. Hirnfunktionen wie Denken und Gedächtnis sind jedoch großflächig verteilt und beteiligen, in unterschiedlicher Weise, viele Rindenfelder.

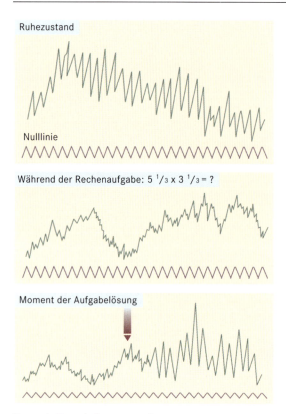

Das erste **Enzephalogramm** nahm Hans Berger auf, während seine Tochter die Aufgabe $5\frac{1}{4} \cdot 3\frac{1}{3}$ löste. Unter den Wellen des EEG ist jeweils die Nulllinie des Gerätes zu sehen.

Für die **psychophysiologische Beurteilung geistiger Tätigkeiten** werden neben EEG und PET auch das Elektrokardiogramm (EKG) für die Herztätigkeit, das Elektromyogramm (EMG) für Muskeltätigkeiten, die psychogalvanische Reaktion (Elektrodermatogramm) für den elektrischen Hautwiderstand, das Elektrookulogramm (EOG) für Augenbewegungen und der Mikrovibrationstonus (MVT) für Kleinstbewegungen gemessen.

schiedenen Teile des Nervensystems haben alle verschiedene Eigenschaften, besondere Verrichtungen, bestimmte Rollen. Keiner tut dem anderen Eintrag. Aber unabhängig von dieser eigentümlichen, jedem Teil ausschließlichen Wirkung gibt es auch für einen jeden Teil eine gemeinsame, das heißt eines auf die anderen alle und aller auf einen jeden.«

Was Flourens die »besondere Verrichtung« nannte, die Spezialfunktion eines Hirnareals, wurde in den folgenden Jahrzehnten sehr viel genauer erforscht als die »gemeinsame Wirkung«, die Simultanfunktion aller Hirnareale. In den Zwanzigerjahren des 20. Jahrhunderts führten diese Forschungen zu detaillierten Funktionslandkarten des Gehirns. Erst seit dieser Zeit war die psychophysiologische Forschung in der Lage, auch die übergreifenden Funktionen methodisch zu erfassen. Der Psychiater Hans Berger veröffentlichte 1929 Versuchsergebnisse mit der neu entwickelten Verstärkerröhre. Während seine Tochter die Aufgabe $5\frac{1}{4} \cdot 3\frac{1}{3}$ im Kopf rechnete, maß er mit Elektroden die elektrischen Veränderungen der Erregungswellen im Gehirn durch die Schädeldecke und fixierte sie auf einer einfachen, mit Ruß überzogenen rotierenden Trommel, auf der elektromagnetisch gesteuerte Nadeln ihre Ausschläge registrierten. Wie dieses erste Elektroencephalogramm (EEG) zeigte, unterschieden sich Frequenz und Amplitude der Wellen des tätigen deutlich vom mehr oder weniger ruhenden elektrischen Hirnstromgeschehen. Letzteres nannte Berger Alpharhythmus, Ersteres Betarhythmus. Die heutige EEG-Forschung ist ein bedeutender Teil der funktionellen Hirnuntersuchung. Der technologische Fortschritt der Apparate ermöglicht inzwischen sehr viel genauere Messungen der Wellenprofile für die verschiedensten Funktionszustände des Gehirns. Das Ausbleiben dieser Wellen ist seither als Bestätigung des Hirntods anerkannt.

Während die EEG-Methode in der medizinischen Praxis seit Jahrzehnten hauptsächlich als Diagnoseinstrument für den Nachweis abnormer Hirnleistungen (zum Beispiel bei Epilepsie) dient und damit auch für die Forschung ein übereiches Maß an Ergebnissen zur Hirnaktivität geliefert hat, fehlte lange Zeit eine Methode, um das räumliche Zusammenspiel aller Wirkungssysteme der Hirnareale bei verschiedenen psychischen Leistungen genauer zu erfassen. Mit der Positronen-Emissions-Tomographie (PET) und einigen verwandten Verfahren können nun auch die »gemeinsamen« Hirnleistungen (im Sinne von Flourens) registriert werden. Während das EEG die Art der Aktivität (Heftigkeit, Ablauf usw.) übermittelt, zeigt das PET den Ort der Aktivität im Gehirn an.

Das körperliche Geschehen während der geistigen Tätigkeit ist nach heutigem Erkenntnisstand ungeheuer komplex. Um die mögliche Parallelität der beiden Bereiche vollständig bestimmen zu können, ist noch eine intensive Forschung nötig. Man muss sich dafür nur die Kleinstruktur des Zentralnervensystems (ZNS) vergegenwärtigen, die geschätzte 10 Trilliarden (10^{21}) Zellen (davon 10 Prozent Nervenzellen) und eine Vernetzungsstruktur von 384000 Kilometern Nervenbahnen (das ist die Entfernung zwischen Erde und Mond!) mit einer noch nicht abschätzbaren Menge von Übergängen von Zelle zu Zelle (bis zu 1000 Endverzweigungen mit der Ausbildung einer Synapse je Zelle) enthält, um die gewaltige Aufgabe zu erahnen, diesen »Kosmos« Gehirn buchstäblich wie ein Astronom zu »sichten«. Auf diesem Forschungsweg sind derzeit erst grobe Strukturen von größeren Arealen überschaubar und darstellbar. Im Stirnlappen sind an geistigen Leistungen unter anderem Fähigkeiten des

DAS ELEKTROENCEPHALOGRAMM

Bis heute ist das Elektroencephalogramm (EEG) eine der wichtigsten diagnostischen Möglichkeiten, um die Hirnleistungen eines Menschen zu analysieren. Es spiegelt die schwachen elektrischen Ströme wider, welche die Gehirntätigkeit begleiten. Moderne Geräte können an bis zu 25 Punkten der Kopfhaut Signale mithilfe von Elektroden ableiten. Die Spannungsschwankungen zwischen jeweils zwei dieser Elektroden werden verstärkt und von einem Mehrkanalschreiber als Funktion der Zeit aufgezeichnet.

Das EEG zeigt vier deutlich abgrenzbare Kurvenformen: *Alphawellen* (α-Wellen, 8–12 Schwankungen pro Sekunde, Potential 50–100 μV) treten im inaktiven Wachzustand bei Ruhe und Entspannung auf. *Betawellen* (β-Wellen, 14–30 Schwankungen pro Sekunde, Potential 10 μV) zeigen den Zustand aktiven, aufmerksamen Wachseins an, wenn die Augen offen sind und neuartige Reize aufgenommen werden. *Thetawellen* (θ-Wellen, 4–8 Schwankungen pro Sekunde, Potential 100 μV) werden beim Übergang zwischen Schlafen und Wachen beobachtet. *Deltawellen* (δ-Wellen, weniger als 4 Schwankungen pro Sekunde, Potential bis zu 200 μV) kennzeichnen den Tiefschlaf oder tiefe Bewusstlosigkeit. Schließlich treten bei Lern- und Aufmerksamkeitsprozessen *Gammawellen* (γ-Wellen, über 30 Schwankungen pro Sekunde) auf.

Die Hirnstromkurven des EEG hängen stark vom Lebensalter des untersuchten Menschen ab. So ist das EEG von Kindern und Jugendlichen deutlich langsamer und unregelmäßiger als beim Erwachsenen, θ- und δ-Wellen sind bei ihnen auch im Wachzustand zu beobachten.

Das EEG spiegelt die rhythmischen Aktivitäten insbesondere der Pyramidenzellen in der Großhirnrinde wider, die dort 85 Prozent aller Nervenzellen ausmachen. Diese Aktivitäten, vor allem die der α-Wellen, entstehen jedoch nicht in der Großhirnrinde selbst, sondern im Thalamus. Die Aktivität des Thalamus wird wiederum durch retikuläre Strukturen verändert, die rhythmusbildend oder rhythmushemmend auf den Thalamus einwirken.

Das EEG wird in der Klinik unter anderem angewendet, um den Hirntod zu bestimmen, bei Epilepsie Anfälle festzustellen und zu lokalisieren (hier überwiegen beispielsweise θ- und δ-Wellen) sowie die Narkosetiefe und die Wirkung von Medikamenten auf das Gehirn abzuschätzen. In der Psychophysiologie ist das EEG nach wie vor das wichtigste Instrumentarium, um die Zusammenhänge zwischen Gehirn und Verhalten zu erforschen. Schlafforscher nutzen das EEG, um die verschiedenen Schlafstadien zu bestimmen.

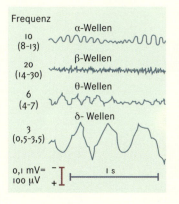

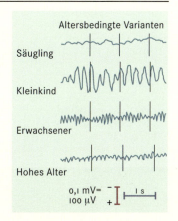

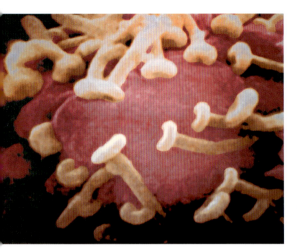

Ein rasterelektronenmikroskopisches Foto von **Synapsen** an einer Nervenfaser in 50 000facher Vergrößerung.

Problemlösens, kürzer zurückliegende Gedächtnisleistungen, sprachliche Anpassungen und Fähigkeiten des Rechtschreibens nachgewiesen. Im Schläfenlappen finden unter anderem langfristige Gedächtnisleistungen, Aufnehmen und Verstehen von Sprache sowie Wiedererkennen von Gesichtern statt. Für den Scheitellappen wurden Leistungen des Kurz- und Ultrakurzzeitgedächtnisses und des Gegenstanderkennens gefunden. Ein Bereich des Hinterhauptlappens ist für die Lesefähigkeit zuständig, an der aber insgesamt mindestens fünf weitere größere Arealbereiche funktional mitbeteiligt sind. Die Aufklärung der Unterschiede zwischen beiden Hirnhälften wurde durch die Forschung an Split-Brain-Patienten, bei denen die Verbindung zwischen den Großhirnhälften unterbunden ist, stark gefördert. Tatsächlich sind vernunftgemäße und anschauliche geistige Funktionen in den beiden Hemisphären des Gehirns unterschiedlich stark repräsentiert.

Die **Positronen-Emissions-Tomographie** (PET) ermöglicht es, die eng mit der Durchblutung des Gehirns zusammenhängende Gehirnaktivität bei bestimmten Sinneseindrücken darzustellen.
Für eine Untersuchung werden dem Patienten radioaktiv markierte Zuckermoleküle in die Blutbahn gespritzt, durch die sie in das Gehirn gelangen. Dort zerfällt die radioaktive Substanz und sendet positiv geladene Positronen aus, die Gegenstücke der negativ geladenen Elektronen. Ein Positron und ein Elektron verbinden sich unter Freigabe von zwei energiereichen Photonen, die von Detektoren, die um den Kopf des Patienten angebracht sind, registriert werden. Computer erstellen aufgrund der Intensitätsverteilung des radioaktiven Zerfalls ein räumliches und zeitliches Bild des Gehirnstoffwechsels, da besonders aktive Nervenzellen auch viel radioaktiv markierten Zucker aufnehmen. Während einer Messung werden immer bestimmte Schichten des Gehirns untersucht.
Das Bild zeigt von links nach rechts die durch die dunkelrote Farbe gekennzeichnete zunehmende Verteilung des radioaktiven Zuckers im Gehirn.

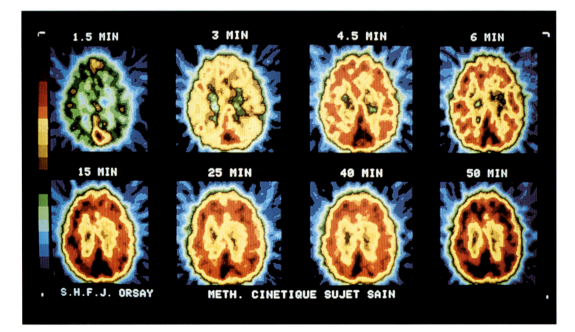

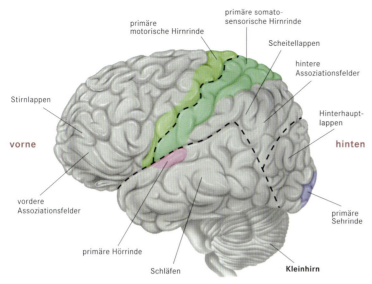

Diese Seitenansicht der **linken Großhirnhälfte** gibt einen Überblick über die primären sensorischen und motorischen Areale und die Assoziationsfelder. Während die sensorischen und motorischen Areale relativ klar abgrenzbar sind, können die Assoziationsfelder nicht genau bestimmt werden. Im vorderen Assoziationsfeld ist unter anderem die Planung von Willkürbewegungen lokalisiert. Das hintere Assoziationsfeld, das im Übergang von Schläfen-, Scheitel- und Hinterhauptlappen liegt, dient der Kombination verschiedener Sinneseindrücke wie Sehen und Hören für komplexe Wahrnehmungen. In dieser Abbildung nicht zu sehen ist das tiefer gelegene limbische System.

Hirntätigkeit und geistige Leistung

Friedrich Nietzsche bezeichnete »Geist« als »Leben, das selber ins Leben schneidet«. Für viele Hirnforscher ist dieser Satz ein Trugschluss. Nicht ein immaterieller »Geist« macht sich Gedanken, sondern das Gehirn denkt. Aber kaum einer dieser Forscher würde diese Annahme für sich selber gelten lassen. »Ich kann mir absichtlich etwas Dummes, etwas unrealistisch Komisches denken, jemand kann mich sogar dazu animieren, mir einen ›Kaiser der USA‹ vorzustellen.« Mit solchen Überlegungen haben viele Diskussionen und Kongresse das fundamentalste Problem aller psychophysiologischen Forschungen bereichert. Es gibt auch Wissenschaftler, die sich die Frage, wer da »eigentlich« in uns denkt, nie gestellt haben und allein an dem handwerklichen Teil ihrer Tätigkeit interessiert sind. J. Graham Beaumont schreibt in dem 1987 erschienenen Standardwerk »Einführung in die Neuropsychologie« zu diesem Problem: »Der Student, der sich zum ersten Mal für Neuropsychologie interessiert, sollte sich mit diesen Themen nicht allzu sehr befassen; meistens, wenn auch nicht immer, werden sie bei der neuropsychologischen Arbeit ignoriert.«

Seit dem 19. Jahrhundert ist den Hirnforschern aufgefallen, dass es außer den genannten Entsprechungen von geistigen Leistungen und den Verrichtungen bestimmter Hirnareale zwar weitere Korrelationen gibt, diese aber von Mensch zu Mensch erheblich voneinander abweichen können. Da sich aber die physischen Hirnstrukturen zwischen den Individuen deutlich weniger unterscheiden, kann es nicht nur

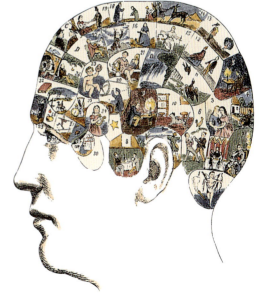

Dieses **Lehrbild der Phrenologie** unternimmt den Versuch, psychische Funktionen zu einzelnen Zonen des Gehirns genau zuzuordnen. Die Lehre der Phrenologie geht auf den Mediziner Franz Joseph Gall, den ersten Vertreter der Lokalisationstheorie, zurück; die meisten Funktionen der Großhirnareale deutete er jedoch falsch. Gall war der Überzeugung, dass sich Persönlichkeitseigenschaften und geistige Fähigkeiten eines Menschen von außen an seiner Schädelform erkennen lassen.

Wird das »erkennende Darüberhinstreichen« [des Geistes über die Hirnstrukturen] nach dem Dahingehen der Existenz, wird sich das Selbst dann in anderer Erscheinungsform wieder erneuern? Diese Frage liegt außerhalb dessen, was Wissenschaft zu wissen vermag.
John Eccles

eine einzige psychophysiologische Entsprechung geben, sondern es müssen beliebig viele existieren. Diese Hypothese bestätigten Untersuchungen von Soldaten, die während der beiden Weltkriege durch Kopfschüsse verwundet wurden. Nach Zerstörungen von Hirngewebe durch eine Kugel kam es teilweise zu einer Übernahme von Leistungen durch andere Hirngebiete. Der psychophysiologische Materialismus, wonach feststehende Zellgemeinschaften durch bestimmte Hirnabschnitte Denken elektrochemisch produzieren, verlor erheblich an Glaubwürdigkeit. Je näher man an die Tätigkeit der einzelnen Nervenzellen gelangte, desto geringer wurde die Hoffnung, Denkvorgänge zu beobachten. Immer deutlicher zeigt sich,

GESCHICHTE DER SPLIT-BRAIN-FORSCHUNG

Roger Sperry schrieb 1959 in der Zeitschrift *Scientific American* einen bahnbrechenden Artikel für die Entwicklung der weiteren Hirnforschung. Glaubte man bisher, dass die Funktion der Form vorausging, das heißt, dass der Mensch als »tabula rasa« (leere Tafel) geboren werde und ausschließlich durch das Tun lerne (John Watson), so stellte Sperry in diesem Aufsatz die gegenteilige These auf: »Die Form geht der Funktion voraus.« An einem Experiment hat er das später verdeutlicht. Die Neuronen eines Fischauges, die durchtrennt wurden, wachsen, wie in den Abbildungen von links nach rechts zu sehen ist, wieder den zugeordneten Hirnteilen zu. Sie umgehen fremde Zonen, bis sie wieder mit den ursprünglichen Hirnteilen verbunden sind. Erst dann ist die Sehfunktion wieder hergestellt.
Auf diesen Erkenntnissen aufbauend, untersuchte Sperry mit seinen Mitarbeitern neuronale Schaltkreise. Im Tierversuch hat man verschiedene Nerven durchtrennt, um die Rückentwicklung zu beobachten. Dabei wurde auch der »Balken« (Corpus callosum; eine Faser, die die beiden Hirnhemisphären verbindet) gespalten, weshalb die Versuchstiere »Split-Brain-Animals« genannt wurden. Bald stellte sich heraus, dass sich nach der Spaltung unterschiedliche Hirnfunktionen hervorrufen lassen, je nachdem, welche Hirnhälfte angeregt wurde.
Bei menschlichen Patienten mit unterbrochenen Hemisphären wurde deutlich, dass von der linken Hemisphäre bevorzugt gefühlsneutrales Faktenwissen, zum Beispiel Vokabeln oder Telefonnummern, abgespeichert wird, dagegen von der rechten Hirnhälfte persönliche Erinnerungen sowie lebhafte und gefühlsbetonte Ereignisse. Einige Jahrzehnte Forschungsarbeit förderte viele Erkenntnisse über die unterschiedlichen Funktionen der Hirnhälften zutage. Mit der Zeit mehrten sich aber die Stimmen, die von einer »Mythologie der Hirnhälften« (Michael Gazzaniga) sprachen. Heute wird eine maßvolle Position bevorzugt, nach der es tatsächlich Funktionsbesonderheiten der Hemisphären gibt, aber auch Funktionen, die erst durch das Zusammenspiel der Hemisphären erklärbar werden.

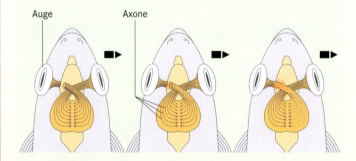

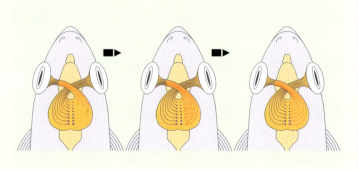

dass das Psychische (der Geist) als immaterielles Geschehen vom materiellen Sinnbereich der elektrochemischen Nervenvorgänge getrennt ist.

Modelle für die Beziehung zwischen Körper und Geist

Eine wissenschaftliche Lösung für die Beziehung zwischen Körper und Geist schien es lange Zeit nicht zu geben, sondern nur unterschiedliche Parteien von Glaubensanhängern. Die monistische Richtung blieb bei der Vorstellung von einer fest verankerten Bindung von Körper und Geist. Dagegen ist die dualistische Richtung der Überzeugung, Körper und Geist hätten nichts miteinander zu tun, sondern nutzten lediglich für ihre gemeinsame Existenz den Aufenthaltsort des Körpers.

Zunächst unbemerkt von den Fachvertretern der Psychophysiologie entwickelte sich in den letzten Jahrzehnten eine fächerübergreifende Forschungsdisziplin mit verschiedenen Spezialrichtungen, die unter dem Sammelbegriff Kybernetik zusammengefasst wird. Die in die Forschung eingedrungenen kybernetischen Überlegungen führten in vielen Bereichen zu einem grundsätzlichen Anschauungswechsel, ähnlich wie nach der Einführung der Evolutionstheorie durch Charles Darwin. Kybernetische Modelle werden heutzutage in der Technik, Wirtschaft, Biologie, Medizin oder Psychologie angewendet.

Einer der Grundgedanken der Kybernetik ist es, die Kausalitätsvorstellung bei einem Vorgang in einem System zu relativieren. Nicht die aneinander gereihte direkte Beziehung von Ursache und Wirkung, der so genannte Kausalnexus, entspricht den meisten Naturvorgängen, sondern der Regel- oder Funktionskreis mit rückgekoppelten »Merkmalsträgern«. Mit anderen Worten: Die Wirklichkeit ist ein vernetztes System, das man nur als verknüpftes Geschehen begreifen kann, in das die Einzelgeschehnisse eingebettet sind. Da sich wissenschaftlich nur Einzelgegenstände untersuchen lassen, müssen bei jedem Ergebnis immer die Bedingungen, das heißt die Vernetzungen in einem Gesamtsystem berücksichtigt werden. Dazu dient das kybernetische Theoriengebäude.

Die Psychokybernetik entwickelte daraus die Theorie zu einer (neben Monismus und Dualismus) dritten Form der Beziehung zwischen physischen und psychischen Ereignissen: die Triplexität, deren Bezeichnung sich auf Aristoteles zurückführen lässt: »Demnach ergibt sich für die Seele notwendig, dass sie Substanz ist im Sinne der Form eines natürlichen Körpers, der potentiell Leben besitzt. Substanz als Form aber ist Entelechie (als geistiges Prinzip), und die Seele ist also Entelechie eines Körpers von der bezeichneten Art«. Nicht das Nervengeschehen ist die »letzte Ursache« (Monismus), ebenso wenig findet ein »Darüberhinwegstreichen« des Geistes über die Hirnstrukturen (Dualismus) statt, sondern es existiert eine rückgekoppelte Beziehung zwischen physischen und psychischen Strukturen im Gehirn. Aristoteles formulierte es so: »Sich selbst vernimmt die Vernunft bei der Erfassung des Vernehmbaren, ... und das Vernehmen ist ein Vernehmen des Vernehmens.« Diese Triplexität soll an

---

Die Erregungsprozesse im Gehirn sind die letzte fassbare Ursache der Bewusstseinsvorgänge.
Hubert Rohracher

Der Begriff **Kybernetik** fasst viele Theorien zusammen. Zu ihr gehören unter anderem die Systemtheorie, die Bedeutungstheorie, der Funktionalismus, die Regelungstechnik, die kybernetische Prozess- und Steuerungstheorie, die Zeichentheorie, die Semiotik, die Informationstheorie, die Mustererkennung, die Theorie der Signalübertragung, die Netzwerktheorie, die Gruppensymmetrie, die Spieltheorie und die Synergetik.

Entelechie: ein innewohnendes Formprinzip, das sich im Stoff verwirklicht und den Organismus zur Selbstentwicklung bringt.
Monismus: Körper und Geist sind eine Einheit.
Dualismus: Körper und Seele bzw. Geist haben eine getrennte Existenz.

Die **Kybernetik** untersucht die grundlegenden Strukturen und die Funktion von Regelsystemen. Fünf Instanzen sind in einem Regelkreis wichtig: 1) eine externe Führungsgröße, die einen Sollwert übermittelt, 2) ein Regler, der Ist- und Sollwert vergleicht und eine optimale Handlungsstrategie daraus ableitet, 3) eine Stellgröße, die vom Regler Anweisungen erhält und 4) über ein Stellorgan, die Regelstrecke, steuert sowie 5) ein Fühler, der den Istwert misst und an den Regler rückmeldet. Der Einfluss von Störfaktoren kann so kontrolliert und minimiert werden.

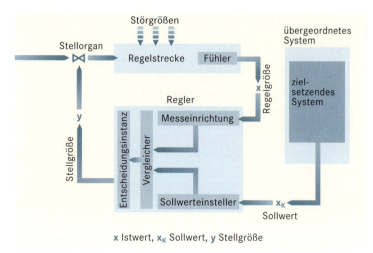

x Istwert, x_K Sollwert, y Stellgröße

die Stelle von Monismus und Dualismus treten. Die drei Instanzen der Triplexität waren bei Aristoteles Substanz, Form und Entelechie. In der Psychokybernetik stehen dafür Träger, Muster und Bedeutung.

Die neuronale Basis der Psychokybernetik

Eine neuronale Rückkopplung im Nervensystem wiesen Giuseppe Moruzzi und Horace Winchell Magoun erstmalig 1949 nach. Anatomische Grundlage ist die im Stammhirn des Gehirns liegende Formatio reticularis, ein netzartiges Geflecht von Nervenzellen. Sie erhält von den verschiedenen Sinnesorganen und Hirnzentren Nervensignale und beeinflusst ihrerseits das Erregungsniveau vieler Zellen und Zentren des Zentralnervensystems. Ein wichtiger Teil der Formatio reticularis ist das aufsteigende retikuläre Aktivierungssystem (ARAS), dessen Nervenfasern mit dem Thalamus und

Das **aufsteigende retikuläre System (ARAS)**, ein Nervenzellengeflecht zwischen dem verlängerten Mark und dem Thalamus, ist ein wichtiger Teil der Formatio reticularis. Das ARAS bewirkt, dass die Erregung des Organismus durch verschiedene Sinnesreize zu erhöhter Aufmerksamkeit und Leistungsbereitschaft führt.

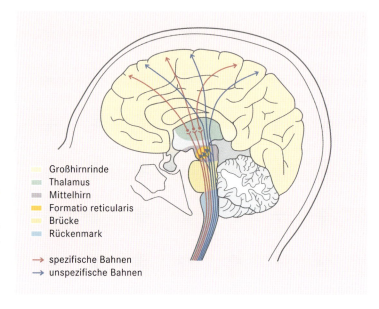

dem Zwischenhirn verbunden sind. Es enthält zwei sich ergänzende Nervenbahnen: spezifische, die von den Sinnesorganen kommen, und unspezifische.

Die spezifischen Bahnen sind einfach aufgebaut und führen lediglich über wenige Synapsen zur Großhirnrinde, sind dafür aber ständig tätig. Die unspezifischen Bahnen verlaufen über Tausende von Synapsen, sind aber nur im bewussten Zustand aktiv. Beide können über das retikuläre System zusammengeschlossen werden. Dadurch lässt sich auch erklären, warum man durch ein Geräusch aus dem Schlaf gerissen werden kann, das man nicht bewusst gehört hat: Das Geräusch wurde registriert, weil die spezifischen Nervenbahnen auch im Schlaf tätig blieben. Ihre Alarmierung aktivierte über die von der Großhirnrinde absteigende Nervenstränge die unspezifischen Nervenbahnen. Dieser mögliche Zusammenschluss im retikulären Aktivierungssystem ist nicht die einzige Form der Rückkopplung. Bereits auf der Ebene einzelner Nervenzellen gibt es Rückkopplungen bei den Ionenströmen, die zur Weiterleitung der Aktionspotentiale führen.

Die Signalverarbeitung in den Nervenzellen arbeitet mit zwei Verfahren. Der Körper einer Nervenzelle (Neuron) produziert elektrische Potentiale, die durch das Axon (Nervenfaser) bis zu den Endverzweigungen wandern, um dort an einem Spalt zu enden. Der elektrische Impuls kann nicht direkt zur nächsten Nervenzelle weitergeleitet werden. Wie aber kommt die Nachricht zur Nachbarzelle? Die Endverzweigung der einen Nervenzelle bildet mit der anderen eine Synapse aus. An der Membran der Synapse wird das *elektrische* Signal in ein *chemisches* Signal umgewandelt und auf die gegenüberliegende Nervenzelle übertragen, wo es wiederum in ein elektrisches Signal zurückverwandelt wird. Potentialveränderungen lassen sich durch ein EEG in großen Potentialbereichen abgreifen. Synaptische Übersprünge, die mittels PET sichtbar gemacht werden können, geben die Arbeitszustände von großen Zellgemeinschaften wieder. Vorläufig ist es allerdings nicht möglich, diese beiden neuronalen Nachrichtenverfahren durchgängig von der Zellebene bis zum Gesamtgehirn zu beobachten.

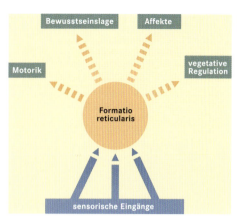

Die **Formatio reticularis** ist eine wichtige Station des aufsteigenden retikulären Aktivierungssystems (ARAS). Sie empfängt nervale Erregungszuflüsse von den verschiedenen Sinnesorganen und beeinflusst ihrerseits das Erregungsniveau vieler Zentren des Zentralnervensystems. Zu ihren Funktionen gehören die Steuerung der Bewusstseinslage und damit auch die Teilnahme am Schlaf-wach-Rhythmus, die Vermittlung affektiv-emotionaler Wirkungen der Sinnesreize an das limbische System, vegetative Regulationsaufgaben (etwa Atem, Kreislauf, Schluckbewegung) sowie die Mitwirkung an Haltung und Bewegung.

Psychophysiologie des Bewusstseins

Die Frage, wie sich aus den rhythmischen und figuralen Strukturen der Nervenaktivitäten im Laufe von mehreren Millionen Jahren das Bewusstsein entwickelt hat, lässt sich bisher nicht klären. Theorien, die versuchen diese Frage zu beantworten, müssen durch psychophysiologische Untersuchungen bestätigt werden.

Die Grundbegriffe der Psychokybernetik: Träger – Muster – Bedeutung

Die seit Aristoteles vertretene Triplexitätsauffassung wurde unter anderem von Raimundus Lullus, Peter Abaelardus, Adam Ferguson, Albrecht von Haller, Friedrich Schiller, Lew Wygotskij und Egon

Platon und René Descartes vertraten die Lehre eines **Dualismus von Leib und Seele.** Laut Platon wohnt für die Zeit des menschlichen Lebens im sterblichen Körper die unsterbliche Seele. Descartes stellte sich Körper und Seele als aufeinander nicht rückführbare Substanzen vor. Die Seele charakterisierte er wesentlich durch Denken, den Leib durch Ausdehnung. Die offensichtliche Wechselwirkung zwischen beiden vermochte er nicht ausreichend zu erklären.

Nach dem **Monismus** existiert eine wesentliche Untrennbarkeit zwischen der psychischen Erfahrung und den kausalen neuronalen Ereignissen. Er erklärt, dass zwischen Physischem und Psychischem eine Identität bestehe und dass komplexe materielle Strukturen genügen, um alle menschlichen Erfahrungen und Leistungen zu erklären. Diese Position wird bis heute von vielen Wissenschaftlern vertreten.

Das um 1476 entstandene Gemälde von Pedro Berruguete (Paris, Louvre) zeigt den griechischen Philosophen und Universalgelehrten **Aristoteles.** Aristoteles bestimmte die Seele als Entelechie (Erfüllung) des natürlichen, mit Organen ausgestatteten Körpers. Damit ist zugleich die Frage nach der Einheit von Seele und Körper beantwortet. Die Seele ist das Organisationsprinzip oder die immanente »Form« des Körpers, kann also nicht als selbstständige Substanz getrennt von ihm existieren.

Brunswik zumindest teilweise befürwortet. Ihre Neufassung, die Psychokybernetik, verneint die konkurrierenden ebenso alten, aber leichter begreiflichen Auffassungen einer Identität von Körper und Geist (vertreten unter anderem durch Demokrit und Ernst Haeckel) beziehungsweise der Dualität von beiden (durch Platon und René Descartes). Schiller formulierte als ein Anhänger der Dreistufigkeit (Triplexität): »Es muss eine Kraft vorhanden sein, die zwischen den Geist und die Materie tritt und beide verbindet. Eine Kraft, die von der Materie verändert wird und die den Geist verändern kann. Dies wäre also eine Kraft, die einesteils geistig, andernteils materiell, ein Wesen, das einesteils durchdringlich, anderenteils undurchdringlich wäre, und lässt sich ein solches denken? – Gewiss nicht.« Trotzdem kommt er zu dem Urteil, es müsse sie (in Berufung auf Ferguson) geben: »Ich nenne sie Mittelkraft ... Die Mittelkraft wohnt im Nerven. Denn wenn ich diesen verletze, so ist das Band zwischen Welt und Seele dahin.«

In der heutigen Formulierung der Triplexität von Aristoteles (Substanz – Form – Entelechie) lautet sie: Träger – Muster – Bedeutung. Ein materieller Trägerprozess, gleichgültig ob biologisch oder technisch, bietet die Möglichkeit, Muster zu transportieren. Diese Muster können nachfolgend auf andere Träger (oft in gewandelter Form) »übertragen« werden. Die Muster sind also »mehr und anderes« als bloße Aktionsformen der Trägerprozesse, nämlich die »Mittelkraft« im Sinne Schillers oder das Verbindungsglied zwischen physischen und psychischen Ereignissen, ohne mit ihnen identisch zu sein. Werner Heisenberg schrieb 1973 über diese Vermittlerfunktion: »Wir erwarten nicht, dass etwa ein direkter Weg des Verständnisses von der Bewegung der Körper in Raum und Zeit zu den seelischen Vorgängen führen könnte, da wir auch in den exakten Naturwissenschaften gelernt haben, dass die Wirklichkeit für unser Denken zunächst in getrennte Schichten zerfällt, die erst in einem abstrakten Raum hinter den Phänomenen zusammenhängen.«

Die Vermittlerfunktion der Muster ergibt sich aus der psychophysischen Merkmalsentsprechung. Beispielsweise fiel auf, dass bestimmte Rhythmusmerkmale wie die Frequenzerhöhung und die Amplitudenreduzierung sowohl bei den EEG-Wellen als auch beim Sprachrhythmus eine Erhöhung der Erregung wiedergeben. Somit lag der Schluss nahe, die Muster in ihrer Eigenschaft als »Bedeutungsträger« als den Übergang zur geistigen Kategorie anzusehen. Sie sind die »Form« bei Aristoteles oder die »Mittelkraft« bei Schiller, sowohl *materiell* (als neuronale Muster, Sprachmuster oder elektronisches Muster) wie *immateriell*, wenn man sie ausschließlich als »Medien«, das heißt als Formgebungen, betrachtet, die von einem materiellen Träger auf den nächsten übertragen werden.

Kap. 1 Psychophysiologische Grundlagen geistiger Prozesse

Welt 1	**Welt 2**	**Welt 3**
Physische Objekte und Zustände	Bewusstseinszustände	Wissen im objektiven Sinn
1. Anorganische Materie und Energie des Kosmos 2. Biologie: Struktur und Wirkung aller lebenden Wesen – menschliches Gehirn 3. Artefakte: Materielle Substrate menschlicher Kreativität u.a. Werkzeuge, Maschinen, Bücher, Kunstwerke, Musik	Subjektive Erkenntnisse Erfahrung von: Wahrnehmung, Denken, Emotionen, zielgerichteten Strebungen, Erinnerungen, Träume, schöpferischer Fantasie	1. Aufzeichnungen intellektueller Arbeiten: philosophische, theologische, wissenschaftliche, geschichtliche, literarische, künstlerische, technologische 2. Probleme, kritische Argumente

Um unsere Erfahrungen und Kenntnisse sowie die Frage des Verhältnisses von Physischem und Psychischem zu erklären, hat der Physiologe John Eccles, anknüpfend an den Philosophen Karl Popper, **das Konzept dreier Welten** entwickelt. Welt 1 ist demnach die Welt physikalischer Objekte und Zustände; hierzu gehören der menschliche Körper und das Gehirn. – Welt 2 ist die Welt der Bewusstseins- und Geisteszustände, die ausschließlich dem Individuum gehört; jeder kennt sie nur durch sich selbst, die Welt 2 anderer kennt er nur durch Vermittlung. – Welt 3 ist die Welt des Wissens im objektiven Sinn; diese wird potentiell von beliebig vielen Menschen geteilt. Zwischen den Welten 1 und 2 und zwischen 2 und 3 findet eine gegenseitige Übertragung statt, die Welten 1 und 3 können aber nur durch die Vermittlung von Welt 2 zusammenwirken.

Die Bedeutung als dritte Stufe umfasst die Gesamtheit geistig-seelischer Werte (bei Aristoteles Entelechie genannt, bei Schiller gleichbedeutend mit Geist). Das Wort »Bedeutung« ist treffender, da es von der irrigen Auffassung abrückt, »Seelisches« sei eine Art Organ in uns. Gleichzeitig ist dieser Begriff universeller und kann die ganze Fülle der psychischen Inhalte repräsentieren. Er umfasst sowohl Wahrnehmungen wie Gedächtnis, Denken, Fühlen, Lernen, Kreativität und Leistung als auch geistige Tätigkeiten wie Problemlösen, Meditieren, Dichten und vieles andere mehr.

Auch die Äußerung und Wiedergabe des Seelischen wird als »Bedeutung« auf andere Menschen übertragen. Die Verbindung der chemisch-physikalischen Vorgänge im Nervensystem mit den »Bedeutungen« geschieht über die rhythmischen und figuralen Muster, die wie bei allen technischen und biologischen Nachrichtensystemen durch die Prozesse der Musterbildung mehr oder weniger festgelegt sind. Die »Mustererkennung« als Forschungsgebiet hat das Ziel, die Übereinstimmung aller geistig-seelischen Bedeutungsinhalte mit bestimmten formalen Mustern nachzuweisen. Oder anders ausgedrückt: Sie erstellt ein Vokabular für die Entsprechung von Mustermerkmal und Bedeutungsinhalt, ähnlich wie Wörterbücher zwischen zwei Sprachen vermitteln.

Rhythmische und figurale Mustersprache

Für die Beziehung zwischen Mustermerkmalen der neuronalen Erregungsvorgänge und ihren Bedeutungsinhalten ergeben sich zwei Spezialbereiche von Übersetzungsfunktionen. Das nervale Geschehen weist zwei Fähigkeiten auf. Die erste ist die *rhythmische Mustersprache* der elektrischen Nervenimpulse, die im Axon verlau-

Ein **Syllogismus** ist ein aus drei Urteilen bestehender notwendiger Schluss, der vom Allgemeinen zum Besonderen führt. Hierfür ein Beispiel: Aus »Der Mensch ist sterblich« (erste bewiesene Aussage) und »Claudius ist ein Mensch« (zweite bewiesene Aussage) folgt »Claudius ist sterblich« (logisch notwendige Folgerung).

Der englische Philosoph **David Hume** gilt als Vertreter eines radikalen Empirismus. Alles menschliche Wissen beruht nach Hume auf Erfahrung. Wenn wir Gedanken und Vorstellungen analysieren, stellen wir fest, dass sie sich, mit Ausnahme der mathematischen Erkenntnisse, immer auf sinnliche Erlebnisse zurückführen lassen. Hume zog daraus die Konsequenz: Die Seele oder das Ich ist keine geistige Substanz, sondern als ein Komplex von Bewusstseinsinhalten zu verstehen.

fen, und die im Gesamtgehirn als EEG-Muster durch die Modulation von Impulsamplituden und -frequenzen bestimmte neuronale Zustände darstellt. Die zweite ist die *figurale* Mustersprache, die verschieden auswählbare synaptische Bahnungen im PET-Bild zeigt und eine Nachrichtenverschlüsselung ermöglicht.

Die Rhythmusmerkmale gelten seit langer Zeit als primäres Regelsystem für emotionale Inhalte, die figuralen Merkmale bestimmen dagegen den kognitiven Gehalt. Ähnlich wie Rhythmus und periodische Melodieführung in einem Musikstück dessen Gefühlswerte repräsentieren, dienen die elektrischen Bewegungsmuster im Zentralnervensystem als Träger zur Wiedergabe von Erregungen im weitesten Sinn.

In den Figurenmustern stecken als Prinzip die bereits von Aristoteles entdeckten, im nächsten Kapitel erläuterten Assoziationsgesetze: »Immer muss, wenn das Gedächtnis arbeitet, ein Früher (an Vorstellungen) mitempfunden werden, in dem man dieses gesehen oder gehört oder gelernt hat.« Vorstellungen sind die einfachste Verbindung von Denken und Sinnestätigkeit; sie fußen im neuronalen Träger auf »zeitweiligen Verbindungen«, wie sie Iwan Pawlow als bedingte Reflexe nachgewiesen hat. Auf logischer Ebene ist die einfachste Form der Verbindung der von Aristoteles beschriebene Syllogismus. Das syllogistische Figurenmuster in seiner einfachsten Gestalt bildet die Grundlage des Denkens. Solche Figurenmuster lassen sich beliebig kompliziert gestalten. Entsprechend ist das Geistige im Hirngeschehen bei jedermann entwicklungsfähig.

Bewusstsein ist ein zusammengesetztes Phänomen

Die psychokybernetische Kohärenztheorie gestattet es unter anderem, die vorher nicht erklärbare Wechselwirkung zwischen Körperlichem und Psychischem in beiden Richtungen theoretisch abzuleiten. Der Anlass hierfür ist die Triplexitätstheorie (Dreiheitlichkeit), die zwischen dem Körper (neuronale Trägerprozesse) und der Psyche beziehungsweise dem Geist (seelische Funktionen) die Musterinstanz als unterscheidbares Drittes sieht. Diese vermittelt als formale Formgebung zwischen den Trägerprozessen sowie den psychischen Begebenheiten und Erlebnissen. Sie ist gegenläufig durchlässig, das heißt, psychische Wirkungen können über die Vermittlungsinstanz der Muster auf körperliche Prozesse ausstrahlen und umgekehrt. Beispielsweise kann ein Hypnotiseur durch eine getragene Sprachrhythmik körperliche Entspannung bewirken und umgekehrt durch die Beeinflussung der Atemrhythmik psychische Wirkungen erzielen. In der Psychotherapie ist diese Wechselwirkung zwischen seelischen und körperlichen Ereignissen eine Selbstverständlichkeit: Seelische Befindlichkeiten nehmen oft Einfluss auf den Körper, wie auch eine körperliche Erkrankung seelisches Befinden erheblich belasten und verändern kann.

Um die Millionen Jahre während Evolution des menschlichen Bewusstseins (Phylogenese) und die über viele Monate andauernde

Entwicklung des Eigenbewusstseins im Individuum (Ontogenese) zu erklären, ist zusätzlich zu der Kohärenztheorie der Psychokybernetik die Theorie der Systemkybernetik nötig. Ausgangspunkt ist die allgemein akzeptierte Annahme, dass das Bewusstsein ein zusammengesetztes Phänomen ist. Strittig bleibt vorläufig die Aufteilung der Bewusstseinsanteile. In diesem vorbereitenden Kapitel genügt es, die unbestrittene Tatsache einer Trennung von »bewusst« (Wachbewusstsein) und »nicht-bewusst« (zum Beispiel als Traumschlaf oder als Rapport in der Hypnose) zu betrachten. Seitdem 1951 der deutsche Psychologe Hans Thomae vorschlug, Bewusstsein als »aktuelle Subjekt-Objekt-Beziehung« zu definieren, lässt sich eine psychophysiologische Entsprechung zu unspezifischen und spezifischen Nervenbahnen herstellen, wobei den unspezifischen die bewusste und den spezifischen die unbewusste Aktivität zukommt.

Beim täglichen Erwachen (noch dramatischer nach Vollnarkosen) »vergegenwärtigt« sich der Mensch. Der morgendliche Selbstfindungsprozess, Primordium genannt, kann blitzschnell erfolgen, oder es kann mehrere Sekunden oder Minuten, im Extrem sogar Stunden dauern, »ehe man ganz da ist«. Was dabei geschieht, ist im Einzelnen noch nicht geklärt. Jedoch dürften sich zumindest sieben Teilvergegenwärtigungen für das volle Wachbewusstsein zusammenschließen.

Psychisches ist zwar, wie die Psychophysiologie zeigt, von dem Instrument Gehirn abhängig, aber wie etwa der Geigenvirtuose ein Meisterstück auf seinem Instrument spielen kann, während andere nur stümperhafte Melodien zuwege bringen, so sind wir alle gehalten, mehr aus unserem Instrument Gehirn herauszuholen. Psychisches ist unser Eigentum an »Selbst«. Unser Denken ist kein bloßes Erzeugnis unseres Gehirns, das wie die Melodie eines Geigenautomaten mechanisch hergestellt wird, sondern wir sind die selbstverantwortlichen Schöpfer unseres Psychischen. Im besten Fall ist der Mensch ein Virtuose an einer Hirn-Stradivari, im schlechtesten Fall ein Versager an einem Massenprodukt der Geigenbauindustrie, wobei immer schwer zu sagen ist, wer Schuld ist, der Spieler oder das Instrument.

H. BENESCH

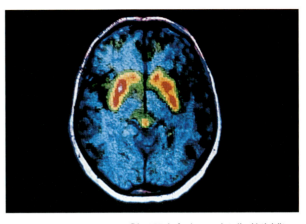

Die PET-Aufnahme zeigt die Aktivität der **Basalganglien** Nucleus caudatum und Putamen, die zusammen das Striatum bilden. Die Basalganglien sind zentrale Schaltstellen für die Bewegungskontrolle. Sie erhalten keine Informationen von Sinnesrezeptoren, sondern von unterschiedlichen Gebieten der Großhirnrinde. Ihre Bahnen ziehen über den Thalamus zu den motorischen Arealen der Großhirnrinde.

Die sieben **Teilvergegenwärtigungen** für ein volles Wachbewusstsein.

Gedächtnis

Menschen gestehen lieber ein schlechtes Gedächtnis ein, als eine mindere Intelligenz, obgleich beide eng zusammengehören, wie die meisten Intelligenztests belegen. Diese Fehlbeurteilung des Gedächtnisses mag damit zusammenhängen, dass es zu den schwierigsten Themen der Psychologie gehört und bis heute den Forschern Rätsel aufgibt. Zumindest ist klar, dass das Gedächtnis auf keinen festen Ort im Gehirn allein beschränkt ist. »Das« Gedächtnis ist ein Abstraktum, ein Ergebnis anderer psychischer Prozesse, die über den Augenblick hinausreichen. Aber auch das ist zweifelhaft, seit man drei Stufen hervorhebt, das Ultrakurzzeit-, das Kurzzeit- und das Langzeitgedächtnis.

Ein Kopf ohne Gedächtniskraft ist eine Festung ohne Besatzung.
Napoleon Bonaparte

Funktionen des Gedächtnisses

In funktioneller Hinsicht, das heißt, nach der Arbeitsweise des Gedächtnisses, werden vier Gedächtnisleistungen unterschieden: Sortieren der Reizinformation (sensorische Auslese, Rezeption), Einprägen (Enkodierung), Behalten (Retention) und Abruf (Ekphorie). Die Auslese zwischen den Sinneskanälen und innerhalb der einzelnen Eingänge von Sinnesreizen erfolgt nur zum kleinen Teil willkürlich, in der Regel jedoch nach frühen Bevorzugungen, lebenslangen Gewohnheiten, zeitbedingten Begünstigungen und Variationen weiterer psychologischer und soziologischer Merkmale.

Informationen filtern und einprägen

Auf den Menschen strömen eine Unmenge von Informationen ein: 10^9 bis 10^{10} bit pro Sekunde, die bei der Weiterverarbeitung im Gehirn auf 25 bit/s bis 100 bit/s schrumpfen und auf der Handlungsebene (Verhalten) sich wiederum zu 10^3 bis 10^7 pro Sekunde vervielfältigen. Mit anderen Worten: Wir leben in einer Umwelt (der Biologe Jakob von Uexküll bezeichnete sie als Merkwelt) mit einer astronomischen Reizsituation, die wir innerlich vereinfachen, um sie wiederum hochkompliziert zu beantworten (die Wirkwelt). Merk- und Wirkwelt bilden nach von Uexküll einen Funktionskreis, in dem sich Anfang und Ende treffen und in der gemeinsamen Funktion aufheben. Wenn beispielsweise jemand gewohnt ist, bei einem Waldspaziergang auf die Geräusche zu achten, wird er »wie von selbst« zahlreiche Vogelarten an ihren Stimmen unterscheiden. Für einen Unerfahrenen sind sie nur Hintergrundlärm. Ersterer »ent-sinnt« die Geräusche, das heißt, er unterscheidet sie durch seine persönliche Aufnahmebereitschaft. Diese Bereitschaft kann sich zeitweise verändern: Bei Erschöpfung, im Halbschlaf oder im Fieber hat schon jeder einen Abbau der Aufnahmefähigkeit erlebt. Ferner ist das Gedächtnis von der Zufallssituation, der Motivierung und der Stimmung abhängig.

Das **Bit** (Abkürzung für englisch **bi**nary dig**it**, Binärziffer) ist die kleinste Informationseinheit für binäre Daten. Die Zahl der Bits ist eine Größe für den Informationsgehalt einer Nachricht. Acht Bits werden als Gruppe zu einem Byte zusammengefasst.

Schema der **Informationsverarbeitung** im Menschen.

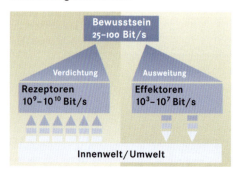

Wissenschaftler unterscheiden aufgrund von Untersuchungen an Patienten mit Gedächtnisverlusten vier verschiedene Gedächtnisgruppen. Die wichtigste ist die Gedächtnisbündelung (die assoziative Aktivierung oder *Priming*). Sie basiert auf der seit Aristoteles bekannten Tatsache, dass nicht Einzeldinge erinnert werden, sondern gleichzeitig Ähnliches »vorgewärmt« wird. Priming liegt vor, wenn ein Ereignis A die Wahrscheinlichkeit eines Ereignisses B vergrößert, das mit A assoziiert ist. Im Sinne der vorher behandelten Bedeutungstheorie ist Priming die unterschwellige Aktivierung eines ganzen Systems von Assoziationen. Dies erleichtert das Wiedererkennen schon einmal erlebter Situationen. Ferner unterscheidet die Gedächtnispsychologie qualitativ zwischen einem episodischen und einem prozeduralen Gedächtnis. Ersteres verbessert die chronologische Ordnung persönlicher Erlebnisse, wobei stark emotionalisierte Ereignisse bevorzugt erinnert werden. Das prozedurale Gedächtnis automatisiert unsere Handlungs- und Bewusstseinsabläufe. Eine weitere qualitative Gedächtnisgruppe ist das »enzyklopädische« Gedächtnis, das die gewaltige Menge des (mehr oder weniger) gefühlsneutralen Wissens von den Telefonnummern bis zum Schatz wissenschaftlicher Kenntnisse umfasst.

Die über die Sinnesorgane eintreffenden Informationen über die Umwelt halten das allgemeine Erregungsniveau *(arousal)* im Zentralnervensystem ständig aufrecht. Dieses ist ausschlaggebend für die Effektivität der Gedächtnisleistungen.

Das **limbische System** besteht aus entwicklungsgeschichtlich alten Teilen des Endhirns und den davon abstammenden subkortikalen Strukturen. Dieses System ist maßgeblich an der Steuerung von emotionalen Verhaltensweisen (über die Amygdala), an Orientierungs- und Aufmerksamkeitsreaktionen sowie Lernprozessen beteiligt. Über direkte Verschaltungen mit dem Hypothalamus beeinflusst es die Aktivität des autonomen Nervensystems, das die fundamentalen physiologischen Reaktionen des Körpers reguliert. Auf diese Weise werden vegetative Reaktionen (etwa Blutdruck, Herzschlag) mit dem Gemütszustand koordiniert.

Die beteiligten Gehirnstrukturen für die Speicherung der verschiedenen Ereignisse sind für die vier Gedächtnisgruppen nicht dieselben. So werden Informationen für das episodische Gedächtnis und das »enzyklopädische« Gedächtnis zunächst zur Einprägung in den Hippocampus (zu deutsch Seepferdchen) und die Amygdala (den Mandelkernkomplex) im limbischen System geleitet, wo vielgestaltige Bedingungen bestimmen, was in die Großhirnrinde gelangt und so dauerhaft der Erinnerung erhalten bleibt. Diese Merkfunktion ist zeitabhängig. Inhalte für das prozedurale Gedächtnis werden offenbar vor allem in den Basalganglien, großen im Endhirn gelegenen Kernstrukturen, und eventuell im Kleinhirn verarbeitet und abgelagert. Beim Priming geschieht beides in der Großhirnrinde nahe der sensorischen Areale.

In früheren Jahrhunderten wurden höhere oder zumindest andere Gedächtnisleistungen gefordert als heute bei Verwendung von Computern als Gedächtnisersatz. Beispielsweise sind die Fähigkeiten zum Kopfrechnen dramatisch gesunken, stattdessen sind eine größere Menge und Vielfalt an Informationen und an Lernstoff zu bewältigen. Die Felder für die Einspeicherung von Daten und ihre Rückführung zur Großhirnrinde sind demnach unterschiedlich übbar. Die Erleichterung, sich Dinge durch Gedächtnisstützen einzuprägen, vergrößert unseren Gedächtnisschatz, der wiederum unsere geistige Leistungsfähigkeit verbessert. Das heute kaum noch gebräuchliche Auswendiglernen von Gedichten oder Erzählungen, wie es zum Teil im Orient noch ausgeübt wird, hat früher die Gedächtniskultur mitbestimmt.

Dieser kolorierte Holzstich zeigt »Die Brüder Jacob und Wilhelm Grimm bei der Märchenerzählerin Dorothea Viehmann in Niederzwehren« (nach einem Gemälde von Louis Katzenstein). Durch mündliches Erzählen und Lehren aus dem Gedächtnis sind Epen, religiöse Lehren, Märchen und anderes Kulturgut über Hunderte von Jahren hinweg erhalten geblieben, bevor sie erstmals schriftlich aufgezeichnet und festgehalten wurden. Dem Sammeleifer der Brüder Grimm sind unter anderem die Erhaltung und Popularität alter deutscher Volksmärchen (von ihnen herausgegeben unter dem Titel »Kinder- und Hausmärchen«, 1812–15) zu verdanken.

Informationen behalten und abrufen

Alle im Gedächtnis behaltenen Fakten und Gegebenheiten legen wir wie Besitztümer ab und bauen eine »innere Bibliothek« auf. Die Bücher sind darin allerdings nicht ungelesen abgestellt, bis man sie herausnimmt und in ihnen blättert. Der Vorgang des Behaltens ist ein von Mensch zu Mensch verschiedenes ständiges Vergleichen der bisher gesammelten Gedächtnisinhalte. Der amerikanische Hirnforscher Michael Gazzaniga schrieb über diese Funktion: »Ein wichtiges Postulat der früheren Psychologie war, dass die Elemente unserer Denkprozesse im ›Bewusstsein‹ seriell (also nebeneinander) verarbeitet werden, bevor sie schließlich zu Erkenntnissen (Kognitionen) werden. Ich halte diese Vorstellung für völlig verfehlt. Im Gegensatz dazu möchte ich behaupten, dass das menschliche Gehirn modular organisiert ist. Unter Modularität verstehe ich, dass das Gehirn aus voneinander relativ unabhängigen Funktionseinheiten besteht, die parallel arbeiten. Der Geist ist kein unteilbares Ganzes, das mittels eines einzigen Verfahrens sämtliche Probleme löst. Die riesige und komplexe Informationsmenge, die auf unseren Geist trifft, wird in Teilmengen unterteilt und dann von vielen Systemen gleichzeitig verarbeitet. ... Wenn wir verstehen, dass unser Geist modular organisiert ist, wird auch klar, dass wir einen Teil unseres Verhaltens als ›eigensinnig‹ akzeptieren müssen und dass ein bestimmtes Verhalten nicht unbedingt eine Folge bewusster Denkvorgänge sein muss.«

Die Verarbeitung von Wissen, Erinnerung und Betrachtung, insgesamt also das Interpretieren von geistigen Inhalten, ist ständig im

Fluss. William James sprach vom »Bewusstseinsstrom«. Das innere Leben setzt sich sogar im Traum fort, wobei allerdings die »Module« für das Wachbewusstsein inaktiv sind. Entscheidend für das Erinnerungsvermögen ist, dass wir kein statisches, sondern ein dynamisches Gedächtnis besitzen, in dem Veränderungen der Speicherinhalte die Regel und nicht die Ausnahme sind.

Holen wir durch einen Abruf gezielt Gedächtnisinhalte aus der Bibliothek unseres Kopfes hervor, beispielsweise in Prüfungen, sind andere Teile des Gehirns beteiligt als beim Einspeichern der Informationen. Beim Abruf sind es vor allem das Stirnhirn und der vordere Schläfenlappen im Großhirn, die durch einen starken Nervenfaserstrang miteinander verbunden sind. Eine wichtige Rolle – insbesondere bei autobiographischen Informationen – scheinen auch Regionen in der Amygdala und im Thalamus zu spielen. Die genannten Regionen des Gehirns sind zu einem Netzwerk verflochten, in dem in einem komplizierten Zusammenspiel die bewussten Gedächtnisinhalte entstehen. Für den Abruf der verschiedenen Gedächtnisinhalte scheinen die Großhirnhemisphären unterschiedlich aktiv zu sein. Beim Abruf von autobiographischen Inhalten aus dem episodischen Gedächtnis sind das Stirnhirn und der Schläfenlappen der rechten Hirnhemisphäre aktiv, beim Abruf von Fakten sind es dagegen die gleichen Strukturen in der linken Großhirnhemisphäre.

Das menschliche Gehirn verwahrt in einem Prozess ständiger Weiterverarbeitung eine ungeheure Menge an Fakten, gewesenen Ereignissen und Erfahrungen. Daher wird das Gedächtnis häufig mit einer **Bibliothek** verglichen. Doch funktioniert unsere »Kopfbibliothek« teilweise besser, da sie auch veränderbares Wissen enthält (Blick in den Lesesaal der Alten Bibliothek Jagielonski in Krakau).

Zeitliche Stufen des Gedächtnisses

So wie man Wasser und Wellen nicht trennen kann, gehört das Gedächtnis untrennbar zum Gesamtpsychischen. Im Laufe der Lebensjahre fallen im Allgemeinen bei alten Menschen nach und nach Einzelbereiche an Gedächtnisleistungen aus. Zuerst werden die kurz zurückliegenden Ereignisse vergessen, Kindheitserinnerungen dagegen bleiben noch lange im Gedächtnis. Diese und andere Erfahrungen mit dem Gedächtnisaufbau führten zur Annahme eines zeitlich gestaffelten Aufbaus des Gedächtnisses. Informationen werden zunächst wenige Augenblicke im Ultrakurzzeitgedächtnis behalten, dann eine variable Zeitspanne im Kurzzeitgedächtnis mit begrenzter Speicherkapazität und -dauer als »unmittelbares Behalten« aufbewahrt und zuletzt eventuell im Langzeitgedächtnis zum Teil lebenslang niedergelegt. Auch bei der Untersuchung der zeitlichen Abläufe im Gedächtnis wurde deutlich, dass dieses nicht ohne komplexe Zusammenschaltungen vieler Hirnareale funktionsfähig ist.

Das Ultrakurzzeit-, das Kurzzeit- und das Langzeitgedächtnis

Im Ultrakurzzeitgedächtnis oder sensorischen Register kann ein Reiz eine ganz kurze Zeit nachwirken, nachdem er selbst bereits wieder verschwunden ist. Dieser Effekt lässt sich bei visuellen Reizen mit einem »fotografischen Gedächtnis« vergleichen. Jeglicher zugängliche Reiz wird in jedem Augenblick, so wie er ist, registriert,

Ein Beispiel für das Arbeiten des **Ultrakurzzeitgedächtnisses** erlebt man, wenn man einen Bleistift schnell genug am Auge vorbeiführt, sodass ein kontinuierlicher Schatten entsteht. Damit der Schatten zusammenhängend gesehen wird, muss er in circa fünf Sekunden etwa 20-mal das Auge passieren. Die Dauer der Nachbewegung liegt bei ungefähr einer Viertelsekunde.

Eine Versuchsperson kann von den Buchstaben der linken Tafel höchstens drei erkennen, wenn sie die Tafel nur eine 500stel Sekunde sieht. Sobald jedoch kurz nach der linken Tafel die rechte mit einem Balken über irgendeine der vorherigen Buchstaben oder Zahlen projiziert wird, kann die Versuchsperson fast immer diesen einen Buchstaben wiedergeben, wogegen sie sich fast alle anderen Buchstaben, mit Ausnahme der Eckpositionen, zufällig merkt.

Im Kurzzeitbereich wird besonders die so genannte **Reservekapazität des Behaltens** untersucht. Unter außerordentlichen Umständen, zum Beispiel in Trance, können Menschen mehr Informationen behalten. Wahrscheinlich fallen in solchen Situationen störende Einflüsse anderer Sinneskanäle weg und eine Überleitung zum Langzeitgedächtnis wird gebahnt. Mit dieser Theorie könnten Beispiele abnormen Gedächtnisses, etwa Rechenleistungen im Milliardenbereich, erklärt werden.

noch bevor eine Verarbeitung einsetzt und der Reiz während eines Prozesses der Wiedererkennung von Mustern einer Kategorie zugeordnet wird. In ungezählten Fällen kann man solche Erscheinungen verfolgen, etwa beim schnellen Bewegen eines Bleistifts, beim Nachzählen von Glockenschlägen oder bei den so genannten Gedächtnisfarben: Im Periskop sieht man Gegenstände beim seitlichen Wegziehen immer noch farbig, obwohl dort keine Farbwahrnehmung möglich ist. Auch die Bewegung der Kinobilder beruht auf dem Effekt der Nachbilder. Das Ultrakurzzeitgedächtnis spielt auch beim Lesen eine Rolle. Das Auge bewegt sich nicht laufend über die Zeilen hinweg, sondern ruckt von Unterbrechung zu Unterbrechung, wobei der Leser je nach Leseübung mehr oder weniger Wörter verarbeitet, ehe er nach einem weiteren Augenruck eine nächste Wortgruppe erfasst.

Im Unterschied zum Ultrakurzzeitgedächtnis, das in seinen vielen Sinnesbereichen kaum über eine Sekunde hinausreicht, speichert das Kurzzeitgedächtnis etwa 12 bis 20 Sekunden lang ein begrenztes Bündel von etwa sieben Einzelheiten als Kapazitätsmaximum. Typisch ist die Situation beim Einprägen einer eben gelesenen Telefonnummer. Man muss sie ziemlich schnell in einem Zug wählen, um sie nicht zu vergessen. Wird man gestört, ist die Gesamtzahl verloren. Abweichungen von der mittleren Dauer des Kurzzeitgedächtnisses ergeben sich durch die erwähnten situativen Bedingungen, wie großen Lärm, Desinteresse, Krankheit und Sorgen. Eine höhere Kapazität haben die so genannten Eidetiker, also Menschen (besonders Kinder), die ein Bild so speichern können, dass es nach dem Verschwinden vor dem »inneren Auge« bildhaft erscheint. Aber auch der Nichteidetiker kann sich durch assoziative Hilfen Informationen leichter einprägen und so sein Kurzzeitgedächtnis stärken. So half früher ein Knoten im Taschentuch, um etwas assoziativ in Erinnerung zu behalten.

Das Langzeitgedächtnis gilt im Alltag als das »eigentliche« Gedächtnis. Seinen tatsächlichen Umfang im Einzelfall kennt niemand. Beispielsweise umfasst allein das Wortgedächtnis der meisten Menschen einige Tausend Wörter; dazu kommt der umfangreichere passive (zwar verstandene, aber nicht verwendete) Wortschatz. Rechnen wir dazu unsere erinnerten Vorstellungen, das Gedächtnis für unvergessliche Erlebnisse, das Zahlen- und Datengedächtnis, das Wissen darum, wie man bestimmte Dinge verrichtet oder unser Spezialwissen hinzu, so ergibt das eine ungeheure Menge an Gedächtnisinhalten. Man nimmt für das so genannte Protokollgedächtnis, das heißt vergangene Informationen, über die Aussagen gemacht werden können, eine Speicherkapazität von 10^8 bis 10^{10} bit an. Außerdem gibt es nachweislich ein Gedächtnis, das nur in außerordentlichen Situationen, zum Beispiel unter Todesgefahr, abrufbar ist. Die tiefenpsychologischen Schulen gehen überdies von einem (persönlichen, familiären, kollektiven) unbewussten Gedächtnis aus, das einen schwer zugänglichen Bodensatz unseres Erinnerns ausmacht. Neben dem Protokollgedächtnis werden ferner unbemerkte Wiedererkennungen (Rekognitionen) in großer Zahl vermutet. Sie enthalten ei-

	Geschwindigkeit der Informationsaufnahme	Speicherkapazität	Speicherdauer
Sinnesorgane	$10^9 - 10^{11}$ bit/s		
Ultrakurzzeitgedächtnis	15–20 bit/s	180–200 bit	1–2 s
Kurzzeitgedächtnis	0,5–0,7 bit/s	$10^3 - 10^4$ bit	max. 20 s
Langzeitgedächtnis	0,05 bit/s	$10^8 - 10^{10}$ bit	Stunden–Jahre

Die verschiedenen **Gedächtnisstufen** können Informationen zunehmend länger speichern, während die Geschwindigkeit bei der Informationsaufnahme bzw. -verarbeitung deutlich abnimmt.

nen Schatz an Ordnungsmerkmalen, welche zur geistigen Orientierung in der Welt nötig sind. Schon eine so einfache Differenzierung, ab wann ein abgeschriebener Bleistift »kurz« ist, hängt von kognitiven Entscheidungsprozessen ab.

Gedächtnistheorien

Wie diese drei »Gedächtnisse« arbeiten, versuchen drei Theoriengruppen, die Filtertheorien, die Assoziationstheorien und die Speichertheorien, zu verdeutlichen.

Donald Broadbent übermittelte Versuchspersonen über Kopfhörer Zahlen, über das linke Ohr zum Beispiel 945, über das rechte zum Beispiel 723. Die Versuchspersonen gaben die Zahlen entweder als 945 723 oder 723 945 wieder, dagegen niemals als 974 235 oder Ähnliches. Aus vielen solchen Versuchen entwickelte Broadbent eine Filtertheorie. Das Gedächtnis ist demnach durch eine Gruppenauswahl organisiert. Nur durch Auslese (Selektion) mit einem (oder mehreren) Filter(n) kann die auf uns einströmende Datenflut bewältigt werden. Zum Beispiel löst beim Sprachverständnis ein gegebenes Anfangswort leicht eine Gruppe von Wörtern mit gleichen Anfängen aus.

Die ältesten Versuche, die Arbeitsweise des Gedächtnisses zu erklären, sind die Assoziationstheorien, die auf Aristoteles zurückgehen. Sie nehmen an, dass bestimmte Bedingungen die Merkfähigkeit und den leichteren Abruf fördern: Ähnlichkeit (Similanz), Gegenteiligkeit (Kontrast), Berührung in Zeit und Raum (Kontiguität) und Sinnzusammenhang (Kohärenz) zu früher Erlebtem erleichtern das Behalten von neuen Eindrücken. Nach diesen Theorien besteht für das Gedächtnis eine Art Verkettungszwang. Spätere Theorien fügten den klassischen Assoziationsregeln weitere begünstigende Bedingungen für die Bildung von Assoziationen hinzu, zum Beispiel Lebhaftigkeit, Neuheit oder häufige Wiederholung.

Laut den Speichertheorien ist dagegen das Gedächtnis kein einförmiger Prozess, sondern ein »Mehr-Speicher-Phänomen«. Diese Theoriegruppe vereinigt sowohl die drei vorher beschriebenen zeitlichen Stufen des Gedächtnisses als auch die Filter- und die Assoziationstheorien. Gedächtnis ist danach ein verketteter Prozess aufgenommener Sinnesreize, die nach einem sensorischen Speicher (Ultrakurzzeitgedächtnis) einen Filter durchlaufen, in einem Primärgedächtnis (Kurzzeitgedächtnis) kurzfristig aufbewahrt werden und

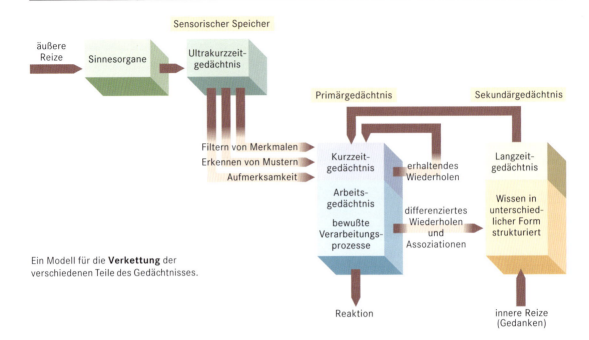

Ein Modell für die **Verkettung** der verschiedenen Teile des Gedächtnisses.

danach entweder verblassen oder über eine Art Sammellinse (Assoziation) zum Sekundärgedächtnis (Langzeitgedächtnis) weitergeleitet werden, in dem sie nicht nur aufbewahrt, sondern auch reflektiert werden. Das Gedächtnis ist nach den Speichertheorien immer auch »zur Verarbeitung ausersehene Vergangenheit«.

Die Anteile des Gedächtnisses sind wie die Hirnleistungen sowohl auf »besondere Verrichtungen« wie auf »gemeinsame Wirkungen« ausgerichtet. Gedächtnis verwahrt Gewesenes, bereitet es für das Erinnern in der Gegenwart auf und ordnet es für das Weiterleben in der Zukunft. Es ist also weit mehr als eine Vergangenheitsregistratur. Es ist auch ein Instrument der Lebenshilfe; negativ ausgedrückt: Das Gedächtnis ist nicht sehr zuverlässig.

Gedächtnistraining

Schon Cicero schrieb: »Das Gedächtnis nimmt ab, wenn man es nicht übt.« Daraus folgt: Die Gedächtnisleistung ist wandelbar und kann nicht nur vernachlässigt, sondern durch eine gezielte Einprägung oder durch einen verbesserten Abruf auch gemehrt und verfeinert werden.

Menschen können sich Dinge unterschiedlich gut einprägen

Warum merkt sich der eine viel und der andere wenig? Die Gründe dafür sind unterschiedlich. Es liegt wohl, außer an zumeist unbekannten physiologischen Ursachen, an seinem Interesse und seiner Methodik, wenn jemand weniger behält als der Durchschnitt der Menschen. Das Interesse ist der Motor für das Behalten. Der Wissbegierige hat im Gegensatz zum Interesselosen eine

Suchhaltung. Der Interesselose nimmt nur das auf, was sich nicht ignorieren lässt. Jeder kann sein Wissen vermehren, wenn er versucht, gezielt Lücken im bereits Gewussten auszufüllen. Solche Fundstücke werden fast nie wieder vergessen. Wer gewohnt ist, sein erinnertes Wissen zu ordnen und abzurunden, erzieht sich zu höheren Gedächtnisleistungen.

Die Ansätze, wie man Informationen am besten behalten kann, sind nicht für alle Menschen gleich. Deshalb gilt es, bei den im Folgenden genannten fünf wichtigsten Unterschieden der individuellen Gedächtniseigenschaften für sich selbst die individuellen Präferenzen herauszufinden und die hierbei gewonnenen Erkenntnisse, wenn möglich, einzusetzen.

Den wichtigsten Gegensatz bildet die Neigung zum Wiederholen und zum produktiven Behalten. Ersteres stützt sich auf das fast mechanische Wiederholen, bis »es sitzt«; Letzteres nannte der frühe französische Intelligenzforscher Alfred Binet »ideativ«, das heißt, das Festigen neuer Inhalte im Gedächtnis durch verstehendes Begreifen, Vergleichen und Überdecken mit anderen Merkinhalten. Ein mit jenem Gegensatz zusammenhängender Unterschied bezieht sich auf die Kanalpräferenz: Über welchen Sinneskanal kann sich jemand etwas besser einprägen? Zum Beispiel durch lautes Lesen (akustischer Kanal), durch Betrachten von Bildern parallel zum Text (optischer Kanal) oder durch Abschreiben (motorischer Kanal).

Drittens gibt es Menschen mit bevorzugten induktiven oder deduktiven Einprägungen, also solche, die schneller vom Einzelnen zum Allgemeinen fortschreitend beziehungsweise umgekehrt einspeichern. Weiterhin können eingeprägte Informationen bei einzelnen Personen im Gedächtnis nivelliert oder präzisiert werden. Das muss man entweder durch vergleichende Beispiele oder zunehmend differenziertere Wiederholungen berücksichtigen. Schließlich un-

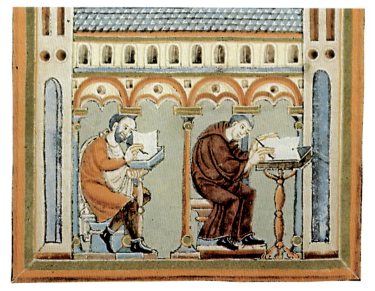

Vor der Erfindung des Buchdrucks (um 1450) wurde Wissen durch das Abschreiben von Texten tradiert und verbreitet. Dies geschah im Mittelalter in den Klöstern, die dadurch wesentlich zur Vermittlung antiken Bildungsgutes beigetragen haben. Das Bild zeigt die Schreibstube des Klosters Echternach, in der links ein weltlich gekleideter Maler, rechts ein Schreiber im Mönchsgewand laut Inschrift an einem Buch für den König arbeiten (Miniatur im Evangelistar für König Heinrich III., 11. Jahrhundert; Bremen, Staats- und Universitätsbibliothek).

terscheidet die neuere Gedächtnisforschung zwischen Menschen mit vorherrschend episodischem oder semantischem Einprägen, das heißt solchen, die sich besser den äußeren Ablauf von Geschehnissen merken und solche, die besser durch Worterklärungen behalten. Sobald man solche Unterschiede für die eigenen Gedächtnisneigungen oder Behaltenseigenschaften kennt, sollte man sie möglichst berücksichtigen und versuchen, sich den Gedächtnisstoff in der passenden Art einzuprägen.

Die Festigung eingeprägter Gedächtnisinhalte

Sich etwas einzuprägen, ist eine der Ursprungsleistungen höher entwickelter Tiere. Der Mensch als unspezifisch angepasstes Lebewesen muss sich im Gegensatz zu reinen Instinktwesen mehrheitlich auf das Artgedächtnis, den Erfahrungsschatz seiner Artgenossen, stützen, um überleben zu können. Der Mensch lernt unvergleichlich mehr aus den Erfahrungen seiner Vorfahren als durch eigene Erfahrung. Schon in der Frühzeit des Menschen halfen weltanschauliche Regeln das Leben körperlich und geistig zu bewältigen. Dieses Artgedächtnis reicht bis in die ritualisierten Strategien der Lebensgestaltung (zum Beispiel Gruß, Höflichkeitsformen oder religiöse Riten). Deshalb ist es nicht verwunderlich, dass schon in den Höhlen der Cro-Magnon-Menschen Zeichen für rituelle Opfer von Fingergliedern gefunden wurden, die bei bestimmten Schicksalsschlägen ihre Götter gnädig stimmen sollten. Auch der Aberglaube gehört also zum gespeicherten Gemeinschaftsgedächtnis, nicht nur handwerkliches Wissen und gesellschaftliche Erinnerungen.

Um sich Sachverhalte besser einzuprägen, bieten sich verschiedene Gedächtnistechniken an. So wie in der Literatur ein Symbol dazu dient, eine Idee wieder zu erkennen (zum Beispiel bei Henrik Ibsen die Wildente als Symbol für die Freiheit), kann man auch im Alltag Gegenstände oder Sachverhalte als Träger einer symbolischen Unterstützung nutzen, um sie sich besser einzuprägen. So unsinnig es scheint, das Lehrbuch beim Schlaf unter das Kopfkissen zu stecken: als Verfahren, um sich selbst zu beeinflussen, hat es manchmal seine Wirkung. Besser fördert man das Gelernte, wenn man es zeitweilig ruhen lässt, um es von Zeit zu Zeit, wenn das Wissen verblasst, wieder aufzufrischen. Es gibt zahlreiche andere Hilfstechniken, beispielsweise beim Einprägen von Telefonzahlen handliche Zahlengruppen zu bilden oder sich die Anzahl der Monatstage mithilfe der Knöchelerhebungen der Faust für die langen Monate und der Täler dazwischen für die kurzen Monate zu merken.

Die elaborierte Einprägung kannte man schon im Altertum als Eselsbrücke: Man nimmt einen gut bekannten Ort, zum Beispiel das eigene Zimmer, und hängt gedanklich an den Gegenständen darin abstrakte Merkverläufe auf, um den »Überblick« zu kon-

Das **menschliche Artgedächtnis** reicht bis in die ritualisierten Strategien der Lebensgestaltung zurück, die seit Beginn der Menschheit und in vor- und frühgeschichtlicher Zeit ausgebildet wurden. Eine Reihe altsteinzeitlicher Handdarstellungen in der Höhle Gargas, Hautes Pyrénées (Frankreich), zeigen verkrüppelte bzw. verkürzte Finger – zunächst ein Rätsel für die Forscher. Inzwischen gibt es verschiedene Deutungen hierzu: Die verkürzten Finger könnten auf rituelle Fingeropfer hinweisen. Aus anderer Perspektive werden sie mit altsteinzeitlichen Darstellungen von Sonnensymbolen in Verbindung gebracht und als die Hände der erneutes Leben spendenden Sonne erklärt. Die Finger sind danach nicht verkrüppelt, sondern eingeknickt als Symbol für das allmähliche, noch nicht vollendete Wachstum.

kretisieren. Bei einer reduktiven Einprägung geht man umgekehrt vor. Durch die Wegnahme der unübersichtlichen Vielfalt werden einige wenige Hauptmerkmale herausgefiltert, die sich leichter einprägen und im Einzelnen anwenden lassen. Um die Baustile von Gotik, Renaissance und Barock zu unterscheiden, vergleicht man allein die Fensterform: Sie variiert vom Spitzbogen über den klaren Bogen bis zum durchbrochenen Bogen. Fast alle Tabellen, Bilderschriften und Auflistungen nutzen dieses Prinzip der reduktiven Ordnung.

Wie ruft man Gedächtnisinhalte besser ab?

Wenn wir alle Gedächtnisinhalte ständig parat hätten, bliebe kein Raum im Gedächtnis für gegenwärtige Erlebnisse oder neue Erfahrungen. Deshalb vergisst das Gedächtnis manches und stellt Vergangenes nur zur Verfügung, wenn man sich bewusst daran erinnern möchte. Nachteilig ist das zum Beispiel in einer Prüfung, wenn es nicht gelingt, gespeicherte Informationen hervorzuholen. Kann jemand Wissen schnell abrufen, gilt das häufig als Zeichen für ein sicheres Beherrschen des Gelernten. Auch wenn das oft nicht stimmt, sollte man doch das schnelle Abrufen von Gedächtnisinhalten üben. Weniger Geübte werfen sich sonst nach einer Prüfung vor: »Das hätte ich auch noch sagen können.«

Eine mögliche Methode, um sein Wissen schnell parat zu haben, ist der Faktenabruf. Bei ihm ignoriert man die Fülle der »mitgelernten« Dinge, das heißt den Ort, die Umstände oder den Lehrenden, an die man sich bei dem Gemerkten miterinnern kann. Das verhindert, ins Nebensächliche abzuschweifen und nützt der prompten Wiedergabe des gespeicherten Wissens. Der Suchabruf dagegen dient nicht dazu, bestimmte Gedächtniseinheiten hervorzuholen, sondern mehr oder weniger festgelegte Sondierungsinhalte, auf die es häufig bei kreativeren Leistungen ankommt. Der Suchabruf spricht nicht »punktuell« auf Erwartungen an. Bei ihm erfolgt der Abruf »systemisch«, das heißt sowohl komplex zusammenhängend wie zielgerecht nach vorgegebenen Strukturen, die für den Einzelfall eines erinnerten Faktums individuell bestimmt sind.

Der verlangsamte Abruf nutzt den vielfältigen Abruf von mehreren Suchgegenständen, um die Abschöpfquote des Gedächtnisses zu erhöhen. Bei schwierigen Prüfungsaufgaben nützen solche Verzögerungen, um ein breites Wissen hervorzuholen. Der produktive Abruf erweitert den verlangsamten durch die Einbeziehung verwandter Themen. Selbst knappe Stichwörter können so einen massierten Abruf auslösen. In guten Prüfungen erlebt sich der Prüfling als Wissender, weil der produktive Abruf zu neuen Erkenntnissen führen kann. Eine solche anregende (statt der gewöhnlich ängstigenden) Prüfungssituation ist ein Beispiel für die oft unterschätzte »Gedächtnispflege«. Eine gesteigerte Gedächtnisarbeit verbindet Inhalte und verknüpft sie zu höheren Einheiten, deren Zusammenhang uns vorher noch nicht aufgegangen war. Das Gedächtnis erweist sich hier als eine höhere Verarbeitungsstufe und nicht nur als passiver Besitz an Wissen und Erfahrung aus vergangenen Zeiten.

Ein Beispiel für den **Faktenabruf** sind die so genannten Call-off-Spiele wie das bei Kindergeburtstagen beliebte »Alle Vögel fliegen«-Spiel. Wer bei nicht fliegenden Lebewesen oder Gegenständen die Arme hochreißt, also etwas Falsches aus seinem Gedächtnis abgerufen hat, scheidet aus dem Spiel aus.

Ein **Suchabruf** findet beim Scrabble-spiel statt. Hier benötigt man möglichst lange passende Wörter. Während des Spiels kann man zu lange nach einem Wort suchen, weil man ein noch besseres finden will, oder sich zu schnell mit einem kurzen zufrieden geben. Ein solches Spiel übt, Fakten nicht einfach nur abzurufen, sondern gleichzeitig die erwartete Gedächtnisökonomie richtig zu beurteilen.

Das habe ich getan, sagt das Gedächtnis. Das kann ich nicht getan haben, sagt mein Stolz und bleibt unerbittlich. Endlich – gibt mein Gedächtnis nach.
Friedrich Nietzsche

Psychologisch gesehen gibt es vier Bedingungen für die **Erinnerbarkeit** von Wissen und Erfahrung: Das zu Erinnernde muss bewusst geworden sein, es muss aufmerksam verfolgt werden, seine gefühlsmäßige Einordnung muss gesichert sein und der persönliche Bezug, besonders der Zusammenhang mit dem bisher Erinnerten, muss gewahrt bleiben.

Nach einem Unfall (oder einem anderen schädigenden Ereignis) mit Bewusstseinsverlust kann beim Unfallopfer für den Zeitraum nach dem Ereignis eine Gedächtnislücke eintreten (**anterograde Amnesie**). Obgleich der Betroffene wieder normal bei Bewusstsein ist und auch relativ flüssig sprechen kann, ist er häufig desorientiert und weiß nicht, wo er sich gerade aufhält. Oft erkennt er vertraute Gegenstände und Personen nicht wieder und ist nicht in der Lage, sich ein zusammenhängendes Bild von sich selbst und seinem Zustand zu machen. Später lässt diese Verwirrung allmählich nach und er kann sich wieder zunehmend besser orientieren.

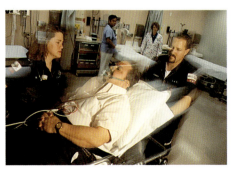

Das Entfallen und Vergessen

In der griechischen Mythologie trinken die Seelen der Verstorbenen aus dem Fluss Lethe der Unterwelt das Vergessen. Nach dieser Vorstellung können verlorene Erinnerungen so bedrückend sein, dass das Vergessen dieses Verlustes seelisch entlastet. Das Vergessen bewegt sich daher zwischen den Polen des positiven und negativen Gedächtnisverlusts. Die verschiedenen Prozesse des Vergessens erklären, wieso wir eine bestimmte Information aus dem Gedächtnis verlieren können.

Wenn man Erinnerungen lange Zeit nicht abruft, verkümmern sie wie ein ungebrauchter Muskel. Sigmund Freud nannte dieses Verschwinden »Usur«, analog zur Bezeichnung für Knochen- oder Knorpelschwund. Um zu verhindern, dass Erinnerungen durch Verzicht auf das Zurückschauen verkümmern, müssen sie immer wieder aufgefrischt werden. Bei den meisten Erinnerungen geschieht das nicht; sie werden dünner, besitzen weniger Einzelheiten und rücken in die Ferne, bis sie schließlich ganz dem Gedächtnis entfallen. Diesem spontanen Verfall unterliegen grundsätzlich alle Erlebnisse. Bei den »unvergesslichen Erlebnissen« verhindern ihre oft bis zur Gegenwart reichenden Konsequenzen den Spontanverfall. Er bleibt aus, wenn die Bedingungen für das Erinnern erfüllt sind, von denen die vier wichtigsten hier noch einmal zusammengefasst sind: Priming (sensorisches Wiedererkennen), prozeduales Gedächtnis (Automatisierung von Handlungen, Bewegungen und Reaktionsfolgen), episodisches Gedächtnis (bezogen auf Ereignisse mit starkem emotionalen Gehalt) und enzyklopädisches Wissen (Fakten, die sich gegenseitig zu einem Wissenssystem ergänzen).

Formen des Vergessens

Eine ganz andere Form des Vergessens ist die Falscherinnerung. Anstelle der tatsächlich vergessenen Erinnerung schiebt sich ein Ersatz, der den ursprünglich eingespeicherten Erlebnissen bestenfalls ähnlich sieht. Ein Ereignis, zum Beispiel eine Auseinandersetzung mit jemanden, kann so auf eine andere Person projiziert werden. Ein anderes Beispiel ist die Lese-Rechtschreib-Schwäche (Legasthenie), bei der eine Reihe von Fehlern durch falsches Erinnern entstehen und so die Schreibfähigkeit behindern. Wir können auch etwas vergessen, weil wir zu sehr mit einer anderen Sache beschäftigt sind. Man nennt diesen Vorgang aktive Hemmung und unterteilt ihn in drei Unterformen: Lernt man zum Beispiel eine Liste von Wörtern und soll sie am nächsten Tag wiedergeben, können sich früher erworbene Lerninhalte ungünstig auf die Gedächtnisleistung auswirken (proaktive Hemmung). Auch unmittelbar vor dem Gedächtnistest Gelerntes kann die Wiedergabe der ursprünglichen Wortliste beeinträchtigen (retroaktive Hemmung). Ähnlich kann die Übertragung von in einer Aufgabe erworbenen Fähigkeiten oder Lerninhalten auf eine andere Aufgabe deren Erledigung behindern. Bei Unfällen, in Paniksituationen und bei ähnlichen ungewöhnlichen Ereignissen können Gedächtnisinhalte verloren gehen. Je konzentrierter man bei einer Sache ist, desto nebensächlicher und vergessenswürdiger wird anderes. Dadurch kann der Hochkonzentrierte, wie der sprichwörtliche vergessliche Professor, leicht konfus wirken. In seiner Verwirrung kann er seine Brille suchen, die er sich nur auf die Stirn geschoben hat.

Wir können Dinge auch vergessen, indem wir versuchen, das Gedächtnis bewusst auszuschalten. Eine öffentliche Blamage, einen Misserfolg oder ein peinliches Verhalten, besonders eine unterlassene Hilfeleistung verriegeln wir im Gedächtnis so fest, als ob wir den Schlüssel zu seinem Zugang verloren hätten. Wahrscheinlich besitzt jeder Mensch ein solches »Un-Gedächtnis«, eine Reihe verborgene Erinnerungen, die man absichtlich für den Rückruf sperrt. Die Psychoanalyse fasst unter dem Begriff »Verdrängung« eine Reihe von Abwehrmechanismen zusammen, die sich gegen uneingestandene Schuldgefühle wenden. Zu ihnen gehören vor allem die Projektion, die eigene unbewusste Regungen anderen zur Last legt, die Regression als Rückfall in kindliche Verhaltensformen, die Sublimierung als Umorientierung unterdrückter Regungen auf kulturell anerkannte Objekte oder die Ersatzbildung, die anstelle der unerwünschten Erinnerung eine genehmere setzt.

Ein Boxer, der schwere Schläge auf den Kopf einstecken musste, kann durch die harte Gegenbewegung des Gehirns ausgelöste Hirnschäden davontragen. Gedächtnisausfälle treten zunächst verdeckt auf. Einzelne Ereignisse können nicht mehr erinnert werden; der Sprachschatz schrumpft, indem kompliziertere Redewendungen verloren gehen.

Vorgänge des Vergessens können schließlich auch durch äußere, körperliche Einflüsse ausgelöst werden. So können Boxer, die schwere Schläge an den Kopf einstecken mussten, Hirnschäden davontragen. Gedächtnisausfälle (Blackouts) treten zunächst verdeckt auf, einzelne Ereignisse können nicht mehr erinnert werden und der vom Gedächtnis abhängige Sprachschatz schrumpft. Bei traumatischen seelischen oder körperlichen Erschütterungen gibt es Ausfälle von Gedächtnisinhalten, die eher den jüngeren Zeitraum betreffen, wogegen intensive, besonders erfreuliche Erlebnisse aus der »guten alten Zeit« erhalten bleiben.

Außer diesen Formen von Gedächtniseinbußen gibt es Abweichungen vom »Normalgedächtnis«, beispielsweise das unsichere Traumgedächtnis, die pathologische Konfabulation, bei der Erinnerungslücken mit den erstbesten Einfällen ausgefüllt werden oder die Gedächtnisblockade bei Trunkenheit, auch als »Filmriss« bekannt. Sie alle zeigen, wie komplex das Gedächtnis organisiert ist.

Erkrankungen des Gedächtnisses

Im Unterschied zu den Gedächtnisstörungen sind Gedächtniserkrankungen unumkehrbare, chronische Prozesse, bei denen die Erinnerungsfähigkeit zunehmend geschädigt wird. Es gibt drei wichtige Gruppen: das Korsakoff-Syndrom, die Amnesien und die Demenzen.

Bei Patienten mit dem Korsakoff-Syndrom (benannt nach dem Moskauer Psychiater Sergej Korsakoff) bleibt zwar die Intelligenz

Eindrucksvoll werden die möglichen Auswirkungen einer **retrograden Amnesie** in dem 1964 in den USA gedrehten Film »Die 27. Etage« dargestellt. Ein Atomwissenschaftler, dargestellt von Gregory Peck, der durch ein Schockerlebnis sein Gedächtnis verloren hat, erfährt sich in New York einer rätselhaften Verfolgung durch Gangster ausgesetzt.

Nach einem **traumatischen Ereignis**, zum Beispiel durch eine Hirnschädigung, kann das Bewusstsein für frühere Ereignisse verloren gehen (retrograde Amnesie). Der Gedächtnisverlust kann je nach Schwere der Störung unterschiedlich weit bis zu einem erhaltenen Altgedächtnis zurückreichen. Die retrograde Amnesie kann auch wieder verschwinden, doch bleibt für die Zeit unmittelbar vor dem traumatischen Ereignis meist eine Gedächtnislücke zurück. Umgekehrt kann bei einer anterograden Amnesie das Gehirn für einen Zeitraum nach dem traumatischen Ereignis keine neuen Erlebnisse einspeichern.

erhalten, ihre Merkfähigkeit ist jedoch herabgesetzt und der Persönlichkeitshorizont ist verengt, was zu Interesselosigkeit und Konzentrationsschwäche führt. Korsakoff beschrieb einen Patienten: »Anfangs im Gespräch ist das Vorhandensein einer Geistesstörung beim Kranken schwer zu bemerken: Er macht den Eindruck eines Menschen, welcher seiner Geisteskräfte vollständig Herr ist. Er spricht mit voller Überlegung, zieht aus den gegebenen Prämissen die richtigen Schlüsse, spielt Schach, kurz – er benimmt sich wie ein geistig gesunder Mensch. Nur nach längerer Unterhaltung kann man bemerken, dass der Kranke von Zeit zu Zeit die Begebenheiten durcheinander mengt, nichts von dem, was um ihn herum vorgeht, im Gedächtnis behält: Er erinnert sich nicht, ob er gespeist hat, ob er aus dem Bett aufgestanden ist. Manchmal vergisst der Kranke sofort wieder, was mit ihm geschehen ist. Derartige Kranke können mitunter stundenlang ein und dieselbe Seite lesen, weil sie das Gelesene absolut nicht im Gedächtnis behalten. Sie können 20-mal der Reihe nach ein und dieselben Dinge reden, ohne sich auch nur im Mindesten der beständigen Wiederholung ihrer stereotypen Reden bewusst zu sein. An die Personen, mit denen der Kranke ausschließlich zur Zeit der Krankheit in Berührung kam, zum Beispiel der behandelnde Arzt, der Wärter, kann er sich oft nicht erinnern, wiewohl er sie beständig sieht; und jedes Mal, wenn er sie erblickt, versichert er, sie zum ersten Mal zu sehen.«

Neben dem Korsakoff-Syndrom gibt es einige Gedächtniserkrankungen, die durch Hirnschläge, Gewebewucherungen und entzündliche Prozesse entstehen. Betroffen ist in der Regel das Großhirn. Am auffälligsten unter ihnen sind die retrograden und anterograden Amnesien mit einer zeitlich begrenzten Erinnerungsunfähigkeit. Bei einer retrograden Amnesie liegen die Gedächtnisverluste vor der körperlichen oder seelischen Schädigung (Trauma). Bei anterograden Amnesien betreffen die Gedächtnisstörungen Ereignisse nach dem Trauma. Zur Gruppe der Amnesien gehört auch die »Fugue« genannte Flucht mit Gedächtnisverlust. Beschrieben wurde der Fall eines ungefähr 25-jährigen Mannes, der durch die Polizei ins Krankenhaus gebracht wurde, nachdem er offenbar ziellos durch London geirrt war. Alles, woran er sich erinnern konnte, war vor seinem Polizeigewahrsam ein lateinischer Spruch und ein sehr ernst drein-

schauender Mann mit Schnauzbart. Er konnte aber nicht angeben, wo er aufgewachsen war, noch sonst irgendetwas bis zum Zeitpunkt, als er aufgegriffen wurde. Durch fortwährendes Überreden und Beschwichtigen gelang es, Ansätze von Erinnerungen herauszuholen, wie er nach London gekommen war. Nach einigen Tagen tauchte plötzlich alles wieder in seinem Gedächtnis auf, was vorher vergessen war. Es zeigte sich, dass er aus einer anderen Stadt stammte, dass er mit seinem Vater im Streit lag, und dass er kurz vor der Fahrt seine Verlobte besucht hatte. Ursprünglich wollte er mit dem Zug fahren, hatte aber im Bahnhof gemerkt, dass er nicht genügend Geld dabei hatte. Er fühlte sich plötzlich verwirrt, konnte nicht mehr klar denken und nicht einmal mehr seinen Namen nennen. Es folgte der Gedächtnisverlust, der Fugue. Der streng aussehende Mann war sein Vater und der lateinische Spruch war der seiner Heimatuniversität. Der Mann konnte nach einigen Tagen der Entspannung als geheilt entlassen werden.

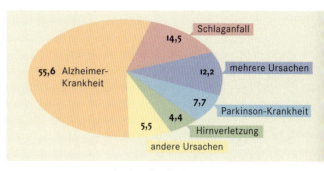

In einer Studie der Harvard-Universität wurden die Anteile der vermutlichen Ursachen bei **Demenz** von Personen über 60 Jahre untersucht (Angaben in Prozent).

Die dritte große Gruppe der Gedächtniskrankheiten sind die Demenzen. Hier handelt es sich um großflächige Hirnschäden mit einem Verlust an geistigen Leistungen. Am dramatischsten tritt der Abbau der bisher gefestigten Persönlichkeit mit massiven Zerstörungen des Gedächtnisses bei der Alzheimer-Krankheit auf. Die Tabelle beschreibt den bisher kaum beeinflussbaren Krankheitsverlauf.

Stadien der Alzheimer-Krankheit

Kognitiver Verfall	klinische Phase	funktionelle Charakteristika
keiner	normal	funktioneller Verfall weder subjektiv noch objektiv sichtbar
sehr mild	Vergesslichkeit, Verfall	Schwierigkeiten, Dinge wieder zu finden; subjektive Arbeitsschwierigkeiten
mäßig schwer	frühe Demenz	Hilfestellung beim Ankleiden und unter Umständen beim Baden nötig
schwer	mittelschwere Demenz	Hilfe beim Baden nötig, Unfähigkeit zu selbstständigem Toilettengang, unfreiwilliger Stuhl- und Harnabgang
sehr schwer	späte Demenz	Sprachfähigkeit auf 1–5 Worte beschränkt, keine sprachliche Verständigung mehr möglich, Stupor (körperliche und geistige Regungslosigkeit), Koma

Weitere Demenzformen sind die Pick-Krankheit, mit einem ähnlichen, jedoch früheren und flacheren Verlauf als die Alzheimer-Krankheit, die multiple Sklerose, eine herdförmige Nervenerkrankung mit Störungen des Gedächtnisses und der Motorik, die Encephalien, vielförmige Gedächtnisverwirrungen, die oft durch Viren hervorgerufen werden und das Down-Syndrom (früher Mongolismus genannt), das aufgrund einer dritten Kopie des Chromosoms 21 unter anderem zu geringer Gedächtnis- und Konzentrationsleistung führt. Gedächtnisabbau tritt auch bei anderen Erkrankungen wie Aids auf.

H. BENESCH

Lernen

Lernen, sprich das Verhalten aufgrund von individuellen Erfahrungen ändern, können alle höheren Tiere. Doch nur Menschen und mit Einschränkungen die Menschenaffen lernen nach einer umfassenderen Definition: Sie können sich Kenntnisse und Fähigkeiten aneignen sowie Einstellungen, Denk- und Verhaltensweisen aufgrund von Einsicht oder Erfahrung ändern. Die vielfältigen Arten zu lernen und die Faktoren, die das Lernen beim Menschen beeinflussen, untersucht die Lernpsychologie, die im Laufe des 20. Jahrhunderts zu einer der wichtigsten Teildisziplinen der Psychologie wurde. Anstoß für diese Entwicklung war die Entdeckung der neurologischen Grundlagen des Lernens und die zahlreichen Anwendungsmöglichkeiten. Jedoch soll schon Aristoteles Lerngesetze formuliert haben. Er erklärte das Lernen als eine Frucht von Gedankenassoziationen im menschlichen Geist.

Lerntheorien

Dem breiten Interesse an der Lernpsychologie entsprechend, ist die Zahl der Theorien, die versuchen Lernvorgänge zu erklären, sehr umfangreich. Deutlich herausgehoben sind fünf Gruppen von Lerntheorien. Am Beginn des Jahrhunderts entstand zunächst die später als »klassische Konditionierung« bekannt gewordene Theorie von Iwan Pawlow. Darauf aufbauend kamen die Theorien der »operanten Konditionierung« von Burrhus Frederic Skinner und des »Imitationslernens« von Albert Bandura hinzu. Nur wenig später als Pawlow formulierte Wolfgang Köhler seine Theorie der »kognitiven Konditionierung«. Schließlich wurde in der zweiten Hälfte des 20. Jahrhunderts die »Formale Lerntheorie« entwickelt.

Die klassische und die operante Konditionierung

Der Sankt Petersburger Physiologe Iwan Pawlow erhielt 1904 den Nobelpreis für seine Untersuchungen des Speichelflussreflexes beim Hund. Er stellte fest, dass der Speichel bei den Versuchshunden bereits floss, wenn ein Klingelzeichen das Nahen des fütternden Wärters ankündigte. Für Pawlow war dieser vorzeitige Speichelfluss ein »gelernter« Reflex. Er nannte ihn bedingter Reflex, weil er nur unter bestimmten Bedingungen zustande kommt. Um diese genauen Bedingungen kennen zu lernen, konstruierte er den später nach ihm benannten pawlowschen Käfig.

Die theoretische Grundlage liefert die von René Descartes eingeführte Reflexlehre. Der Reflex ist danach der fundamentalste Nervenprozess im Nervensystem. Alle weiteren Abläufe zwischen den Nervenzellen unterscheiden sich von ihm le-

Die Entstehung des **bedingten Reflexes** nach Iwan Pawlow: Ein Hund wird in einem Gestell fixiert und über eine künstliche Fistel an eine Apparatur angeschlossen, die seinen Speichelfluss nach Zeitpunkt und Menge abmisst. Ein Klingelzeichen wird regelmäßig vor der Futtergabe ausgelöst. Nach mehrfachem Ablauf der Reihenfolge Klingelzeichen – Futter (aber nicht umgekehrt) funktioniert der Speichelfluss nicht erst bei Futtergabe, sondern bereits auf das bloße Klingelzeichen ohne Futtergabe hin. Mit dieser Grundanordnung wurden im Laufe der jahrzehntelangen Nachuntersuchungen in immer wieder abgewandelten Versuchsbedingungen die Lernresultate erkundet.

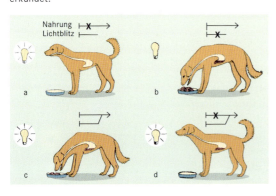

diglich durch eine größere Zahl beteiligter Zellen sowie stärkere Verzweigungen und Vernetzungen dieser Zellen. Die Reflexbogen genannte Verschaltung besteht aus dem Rezeptor, dem zuführenden (afferenten) Nerv, einer zentralen Verarbeitungsstelle (Umschaltung) und dem abführenden (efferenten) Nerv. Der bekannteste Reflexbogen ist der Patellarsehnenreflex, der durch einen Schlag auf das Kniegelenk ausgelöst wird.

Bei zwei parallelen Reflexen entsteht im Zentralbereich eine Irradiation, das heißt, elektrische Nervenimpulse können auf einen anderen Reflexbogen überspringen. Dieser Übersprung wird »zeitweilige Verbindung« genannt. Lässt man den ursprünglichen Reiz (zum Beispiel das Futter bei Pawlows Hunden) weg, kann der zweite Reiz (hier das Klingelzeichen) über die zeitweilige zentrale Verbindung den ursprünglichen Effekt »Speichelfluss« erzeugen. Dieser neue Verbindungsweg ist ein bedingter Reflex im Sinne Pawlows. Er gilt als Grundmodell aller Lernprozesse. Durch die Anbindung von Neuem an den vorherigen Lernbesitz wird nach dieser Theorie prinzipiell gelernt. Beispielsweise kann ein bedingter Reflex mit dem Wort »Platz« gekoppelt sein und mit einer vorher »unbedingt« eingeübten Sitzhaltung, etwa über Futtergaben oder Lob verbunden werden.

Mit der reflexologischen Theorie von Pawlow lassen sich zwei Lerngesetze gut erklären: die »Einschleifung des Gelernten« sowie seine »Generalisierung und Diskriminierung«. Je häufiger der bedingte Reiz (Klingelzeichen) vor dem unbedingten Reiz (Futter) dargeboten wird, desto fester »sitzt« die Verbindung und umso leichter lässt sich mit dem Klingelzeichen schon vor dem Futter und auch ohne Futtergabe der Speichelfluss als Effekt auslösen. Die Lerngesetze der zunehmenden Genauigkeit des Gelernten (Diskriminierung) und die zunehmende Vergleichbarkeit mit ähnlichen Er-

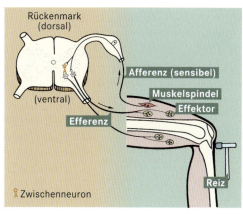

Der **Patellarsehnenreflex** ist ein einfacher, monosynaptischer Reflex mit nur einer Umschaltung im Rückenmark. Das Zwischenneuron im Rückenmark erregt den Streckermuskel und hemmt gleichzeitig den Beuger.

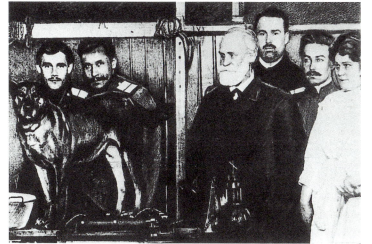

Iwan Petrowitsch Pawlow, hier im Kreise seiner Mitarbeiter und mit einem Versuchshund an der Militärmedizinischen Akademie in Sankt Petersburg im Jahr 1914, untersuchte zunächst die Physiologie der Verdauung und entdeckte die durch Reflexe gesteuerte Speichel- und Magensaftsekretion. Die Ergebnisse dieser Untersuchungen, bei denen Pawlow Hunde als Versuchstiere einsetzte, führte ihn später zur Unterscheidung zwischen unbedingten und bedingten Reflexen. Pawlow formulierte eine Theorie, nach der alle Lernvorgänge auf Konditionierungen beruhen, und hatte damit großen Einfluss auf den frühen Behaviorismus.

Ein Beispiel im täglichen Leben für eine **Konditionierung** ist das Konditionieren von emotionalen Reaktionen. Manche Psychologen nehmen etwa an, dass die Angst ein Fall von klassisch konditionierter Furcht sei. So kann zum Beispiel ein Autounfall dazu führen, dass auch lange danach der bloße Anblick eines Autos vage emotionale Angstgefühle beim Betroffenen auslöst.

Belohnungen zu erhalten oder Bestrafungen zu vermeiden bestimmt ganz wesentlich das menschliche Tun und ist ein Beispiel für eine **instrumentelle oder operante Konditionierung.** Instrumentelles Lernen heißt also lernen anhand der Konsequenzen bestimmter Verhaltensweisen.

gebnissen (Generalisierung) lassen sich physiologisch durch die sich ausbreitenden Erregungsherde erklären, die miteinander gekoppelt sind. Wie schon Pawlow erkannte, »breiten sich die Erregungs- und Hemmungsprozesse, die in den Großhirnhemisphären entstehen, zunächst in ihnen aus, das heißt sie irradieren, und können sich dann, indem sie sich am Ausgangspunkt sammeln, konzentrieren. Das ist eines der Grundgesetze des gesamten Zentralnervensystems«. Die Ausbreitung der Erregung wäre das physiologische Äquivalent der Generalisierung, die Rückentwicklung der Ausbreitung (gleichbedeutend mit der Ausbreitung eines Hemmungsprozesses) entspräche der Diskriminierung.

Der amerikanische Psychologe Burrhus F. Skinner entwickelte ab 1938 die Lerntheorie von Pawlow weiter. Er veränderte sie, indem er sich statt auf die Physiologie auf die Lernpsychologie Edward Thorndikes und sein »Gesetz des Erfolges« stützte: »Eine Handlung wird umso sicherer wiederholt, je befriedigender der sie begleitende Gesamtzustand ist.« Laut der instrumentellen oder operanten Konditionierung ist der auslösende unbedingte Reiz nicht immer sofort und eindeutig erkennbar. Stattdessen wird der Verstärkung des Reizes größere Aufmerksamkeit geschenkt. Skinner definiert die Verstärkung als Konsequenz eines Verhaltens, die dessen Auftretenswahrscheinlichkeit erhöht, das heißt, die Versuchsperson folgt einer durch die Stimuli beeinflussten Richtung des operanten Lernens. Ein positiver (sympathischer) Stimulus durch Aufmunterung, Lob, Zustimmung oder Beifall als positive Verstärkung oder Konditionierung führt demnach zu einer erhöhten oder gleich bleibenden Reaktions- oder Auftretensrate. Ein negativer (unsympathischer) Stimulus durch Warnung, Missbilligung, Verbot oder Strafe als direkte Abschwächung führt dagegen zu einer abgesenkten Reaktionsrate durch Vermeidungsverhalten. Umgekehrt führt die Entfernung oder der Entzug eines positiven Stimulus zu einer Löschung beziehungsweise keiner erkennbaren Verbesserung der Reaktionsrate, der Fortfall der Bestrafung oder die negative Verstärkung dagegen zu einer gesteigerten (Wieder-)Auftretensrate desselben

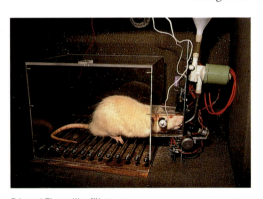

Edward Thorndike führte zur Erforschung des Lernverhaltens von Tieren den **Problemkäfig** ein, den Burrhus Skinner weiterentwickelte (daher auch Skinner-Box genannt). Das Tier muss im Problemkäfig zum Beispiel mehrere Hebel nach einem bestimmten Lichtsignal in genau festgelegter Reihenfolge drücken, um Futter zu erhalten.

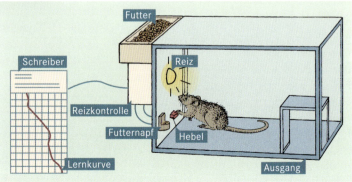

Verhaltens. Einfacher ausgedrückt: Positives lohnt sich und wird beibehalten, Negatives lohnt sich nicht und wird vermieden.

Lernen durch Imitation, Beobachten und Nachdenken

Die Bezeichnung Imitationslernen ist der Sammelbegriff für eine dritte Gruppe von Konditionierungsprozessen, die Pawlow unter den Komplexreizen abhandelte und die andere Autoren soziales Lernen, Nachahmung, identifikatorischer Prozess, Modelllernen, Epigonie oder Abbildwirkung nannten. Der amerikanische Psychologe Albert Bandura unterscheidet drei Formen von Imitation, mit der sich der Mensch in seine Umwelt einfügen kann: Er beobachtet und ahmt Modelle nach, symbolisiert Vorbilder und wendet sie schöpferisch abgewandelt an, oder er steuert sein Verhalten in umgekehrte Richtung zu einem Gegenmuster (abgelehntes Muster). So kann man sich eine ungewünschte Verhaltensweise manchmal am besten durch Annehmen der entgegengesetzten Verhaltensweise abgewöhnen. Grundgedanke dieser Theoriengruppe ist, dass das Verhalten nicht nur in allen Einzelheiten konditioniert, sondern in einer Art vorgefertigtem Zustand von anderen übernommen werden kann. Beispielsweise können ältere Mädchen ein Vorbild beim Ballettunterricht für ein jüngeres Mädchen sein, das zunächst nur die Motivation und erst später die Tätigkeit selbst übernimmt.

Die Bildfolge gibt einen Versuch wieder, wie ihn Wolfgang Köhler durchgeführt hat. Der Schimpanse klettert zunächst nur auf eine Kiste, um die Bananen zu erreichen. Da er die Früchte nicht erreicht, holt er sich eine zweite Kiste. Klettert er auf beide Kisten, hat der Schimpanse keine Mühe, sich die Bananen zu angeln.

Während des Ersten Weltkriegs war der deutsche Psychologe Wolfgang Köhler auf Teneriffa interniert. Im Laufe seiner vierjährigen Gefangenschaft führte er »Intelligenzprüfungen an Menschenaffen« durch. Beispielsweise befestigte er im Versuchskäfig Bananen so hoch, dass die Tiere sie nur mit einem Hilfsmittel erreichen konnten: entweder durch die Benutzung von Kisten, die sie übereinander aufschichteten oder mit Stangen, die sie ineinander stecken mussten. Die Affen lernten durch Probieren mit mehr oder weniger Intelligenz, die Hilfsmittel zur Erlangung der Bananen zu nutzen.

Menschen lernen viel häufiger dadurch, dass sie beobachten, zusehen, zuhören oder anfassen und die so aufgenommenen Informationen durch Nachdenken verarbeiten und schließlich Lösungen finden. Karl Bühler nannte die Lösung ein »Aha-Erlebnis«, auf das wir im Zusammenhang mit den Problemlösungen noch genauer zurückkommen werden. Diese Form des Lernens hat bereits der Philosoph Georg Wilhelm Friedrich Hegel beschrieben: »Lernen heißt nicht nur, mit dem Gedächtnis die Worte auswendig lernen – die Gedanken anderer können nur durch das Denken aufgefasst werden, und dieses Nachdenken ist auch Lernen.«

Formale Lerntheorien

Mit Beginn der Computerentwicklung vor wenigen Jahrzehnten entstanden Modelle für mit dem Computer bearbeitbare Lernvorhersagen unter dem Sammeltitel formale Lerntheorien. Sie beziehen sich alle auf Veränderungen der Wahrscheinlichkeit, mit der ein Lernerfolg eintritt oder nicht. Dieser »probabilistische« Ansatz sieht im Lernen einen Prozess unabhängiger Einzelschritte. Jeder Schritt besteht aus der Darbietung eines Reizes, auf den die Versuchsperson durch Auswahl aus zwei oder mehreren möglichen Reaktionen unterschiedlicher Wahrscheinlichkeit reagiert. Die Reaktion führt zu einem Erfolg oder Misserfolg und damit zu einer veränderten Wahrscheinlichkeit der zukünftigen Verhaltensalternativen. Zum Aufbau der formalen Lerntheorien mussten mathematische Modelle für Lernfortschritte entwickelt werden, die trotz strenger Abstrahierung den tatsächlichen Ergebnissen von Lernschritten entsprechen sollten. Für das Lernziel »besser Lesen« beispielsweise musste ein praktisch handhabbares Maß gefunden werden. Dazu bestimmte man unter anderem die Zahl der Augenrucke beim Lesen einer Zeile. Wer gut lesen kann, benötigt weniger Augenrucke, um mehrere Worte gleichzeitig zu erkennen.

Die mathematisierten Lerntheorien leiten aus wenigen Annahmen formale Prinzipien ab, um den Lernprozess technisch nachzuahmen. Dafür verwendet man zurzeit hauptsächlich zwei Modelle, die Operator- und die Stadienmodelle. Die Operatormodelle beziehen ihren Namen aus der (operativen) Übergangsregel zwischen zwei Wahrscheinlichkeiten möglicher Antworten. Die Stadienmodelle unterscheiden sich von ihnen durch die Endlichkeit der angenommenen Zustände (daher heißen sie auch »endliche Zustandsmodelle«). Sie werden nach der Zahl der Elemente oder Reizkomponenten und der Auswahl der Stichproben klassifiziert. Beide Modelle haben das gemeinsame Ziel, eine angemessene mathematisierte Form der Lernschritte zu erstellen, aus der sich exakte quantitative Vorhersagen der Beobachtungsgrößen bei Lernprozessen ableiten lassen. Vergleichbar ist dieses Vorgehen mit der Konstruktion von Schachcomputern, die vorläufig noch mit Milliarden von Ausleseschritten die Zugweise eines Schachmeisters nachahmen müssen, die dieser mit zahlreichen gelernten Abkürzungen vereinfacht. Sobald auch die Abkürzungen programmierbar sind, müssen Computer nicht mehr versuchen, den Schachmeister allein durch ihre höhere Schnelligkeit zu übertreffen.

Lernverhalten

Lernen ist kein einheitlicher Prozess. Es gibt niederes und höheres Lernen, je nach dem methodischen Aufwand. Im Allgemeinen lassen sich die drei Stufen Zufallslernen, Akkumulationslernen (Wissensansammlung) und Konzeptlernen unterscheiden, die jedoch nicht lediglich eine Entwicklung vom einfachen zum höheren Lernen sind. Ferner gibt es Unterschiede in den Lernbereichen und Lernkategorien.

Lernen durch Probieren

Das Zufallslernen als einfachstes Lernen wird auch Probieren oder Lernen durch Versuch und Irrtum genannt. Erfolglose Versuche führen meist zu unbefriedigenden oder falschen Lösungen und werden verworfen. Unter den vielen Versuchen taucht aber irgendwann einmal eine gute Lösung auf, die durch einen sichtbaren Erfolg gekrönt ist. Dieser Erfolg ist nur dann befriedigend, wenn die Kosten für das Herumprobieren nicht zu hoch sind. Das hängt allerdings auch davon ab, ob es eine oder mehrere Lösungsmöglichkeiten gibt. Ist nur ein einziges richtiges Resultat möglich, lohnt es kaum, zu lange herumzuprobieren. Im anderen Fall, bei zahlreichen Alternativen, kann der Zufall eine völlig unvorhersehbare Lösung bringen, die das Zufallslernen rechtfertigt. Der bekannteste Fall für Zufallslernen ist der Zusammenbau eines Möbelstücks aus dem Möbelmarkt, bei dem man die Gebrauchsanweisung nicht versteht oder nicht besitzt: Man probiert so lange, bis das Möbelstück stabil steht.

Lernen durch Wissensansammlung

Lernen hat meist mit vermehrten, gesteigerten oder gewachsenen Erkenntnissen beziehungsweise Erfahrungen zu tun. Zu einer Ausgangsposition kommen räumliche, zeitliche, qualitative oder quantitative Erweiterungen hinzu. Das Akkumulationslernen unterteilt sich in graduelles (kontinuierlich aufsteigendes), inkrementelles (stufenförmig potenziertes), additives (zusammensetzendes) und zielerreichendes (durch Rückkoppelung vom Endergebnis bestimmtes) Lernen. Besteht die Tendenz etwas zu lernen oder zu üben, ist zwar eine kontinuierliche Steigerung zu erwarten, aber auch flachere Anstiegskurven, so genannte Lernplateaus, können durchaus Teil des Lernprozesses sein. Um über diese Plateaus hinwegzukommen, muss oftmals die Lernmethodik geändert werden. Denn beim Wissenserwerb spielen neben der Faktenvermehrung auch qualitative Merkmale wie Präzision und Transfer, also die Genauigkeit und erweiterte Anwendung der Fakten, eine mitbestimmende Rolle. Das bekannteste Bei-

Ein Studium lässt sich am besten in kleinen Lerngruppen bewältigen, in denen man gemeinsam den Lernstoff erarbeitet, sich den Lernstoff gegenseitig vorträgt und den anderen unterstützt.

spiel ist hier das Kreuzworträtsel. Der naive Anfänger probiert herum (Zufallslernen) und löst selten ein größeres Rätsel. Je erfahrener man ist, desto mehr Zusatzinformationen (zum Beispiel ein Rätsellexikon oder frühere Lösungen) baut man ein.

Beim Akkumulationslernen erhält der Mensch lediglich ein zunehmend umfangreicheres Wissen. Er wird aber heute von Fakten überschwemmt, die ihm eine Übersicht erschweren oder eine solche sogar unmöglich machen. Nicht selten gerät er an die Grenze seiner Aufnahmefähigkeit. In der neueren amerikanischen Lernpsychologie wird die dritte Lernstufe »Lernen durch Merkmalsqualifikation«

SECHS LERNSCHRITTE

Für einen optimalen Lernfortschritt ist häufig ein schrittweises Vorgehen sinnvoll. Am Beispiel eines Computerkurses lassen sich sechs Schritte beim Lernen darstellen.

Lernappell: Da die verschiedenen Lerngegenstände und -inhalte untereinander konkurrieren und kein Mensch alles lernen kann, muss zu Beginn eines Kurses der Lehrende den Lerngegenstand (hier die Bedienung eines Computers) in seiner Bedeutung für den Lernenden hervorheben.

Lernstand: Die Schüler eines Computerkurses haben zu Beginn unterschiedliche Vorkenntnisse. Sie sind mehr oder weniger vertraut im Umgang mit technischen Geräten oder können sich grundsätzlich mehr oder weniger leicht in Kurse eingewöhnen. Vor der Lernphase muss jeder mit dem Lerngegenstand »warm« werden. Der erste Kontakt zum Lerninhalt oder -gegenstand kann abschrecken oder begeistern. Jeder Lehrende sollte zu diesem Zeitpunkt das Interesse der Lernenden wecken.

Lernziel: Wichtiger noch als diese zumeist unter Motivation verstandene Vorausmotivation ist für das Lernen jedoch die Zielmotivation: Was kann ich mit dem Gelernten, dem schließlich Gekonnten anfangen? Für den Menschen ist bereits die Erwartung einer Belohnung, die gedankliche Bestimmung des zu erwartenden Vorteils, ein Anreiz. Deshalb unterstützt die gelegentliche Wiederholung des »Sinns« der ganzen Mühe die Motivation.

Lernform: Für ein optimales Lernergebnis ist ein Vertrauens-

Lernappell

Lernstand

Lernziel

Lernform

Lernhandlung

Lernbewertung

verhältnis zwischen Lehrenden und Lernenden erforderlich. Resignierte oder gelangweilte Lehrer haben daher selten gute Schüler. Gute Lehrer kommen den Lernenden entgegen, ahnen deren Hemmnisse und werden durch Widerstände nicht ärgerlich oder durch Undank nicht verletzt.

Lernhandlung: Lernen kann nur der Lernende selbst. Da die Lernenden eines Kurses nicht ständig gleich motiviert sind, sind kleine Schritte und Wiederholungen wichtig, damit die Chance eines Gleichschritts gewahrt bleibt. Wenn Lehrende wie Lernende spüren, dass der Sinn des Ganzen verloren geht, sollten sie sich an die vier Regeln für den Sinn der momentanen Mühe erinnern: Es nützt mir – es ist wichtig – allen würde es nicht schaden – es kann auch Spaß machen.

Lernbewertung: Jeder Lernende sollte immer wissen, wo er steht. Der Lehrende sollte ihm daher Rückmeldungen über erreichte Fortschritte geben, ihm sagen, wie viel er schon beherrscht und was ihm noch bevorsteht, ohne ihn abzuschrecken. Das kann durch Noten geschehen, sollte aber auch immer im persönlichen Gespräch erfolgen. Da manche Menschen mehr Rückmeldung vertragen als andere, die meisten eher positive als negative, ist eine richtige Dosierung nötig.

Begeisterung zu wecken ist die beste Lehrmethode. Das gelingt nur, wenn Interesse am Lernstoff und die Freude an den Erfolgen zur Bewältigung der überall auftauchenden Hindernisse motivieren.

genannt. Hier geht es nicht mehr nur darum, Lerninhalte wie beim Akkumulationslernen aufzustocken, sondern eine vernetzte Sichtbeziehungsweise Handlungsweise zu gewinnen. Der Lernende wird laut den amerikanischen Psychologen Jerome Bruner und David Ausubel ein »Entdecker«, der neues Material den eigenen geistigen Ordnungen unterwirft. Wer zum Beispiel ein Buch schreiben will, braucht Inhaltsübersichten, Pläne für den Aufbau, Literaturstützen und vieles mehr, um das Buch zu entwerfen.

Das Konzeptlernen

Beim Sport besteht manchmal ein Weltrekord über lange Zeit, bis plötzlich, wie beim Hochsprung nach der Einführung des Fosbury-Flops, ein Schub an Rekorden einsetzt. Solche Rekordschübe gibt es auch im Geistigen, wenn neue Theorien so genannte wissenschaftliche Revolutionen auslösen, wie die Formulierung der Relativitätstheorie durch Albert Einstein. Das Konzeptlernen ist stärker als die anderen Lernstufen auf solche theoretischen oder methodischen Sprünge angewiesen. In den Lernkategorien, das heißt den Klassifikationen von Fächern und fächerübergreifenden Disziplinen nach Lernbereichen, sind die Stufen des Lernens sehr unterschiedlich ausgeprägt.

Für besondere Fertigkeiten, zum Beispiel Autofahren oder Töpfern, braucht man Kenntnisse, Geschicklichkeit, richtiges Material und Ausdauer. Um diese Fertigkeiten zu lernen, sind gewisse technische Voraussetzungen, zum Beispiel angemessenes Handwerkszeug, sowie persönliche Eigenschaften, wie Körperkraft und Sinnestüchtigkeit, nötig. Weiterhin ist eine Rückmeldung der Leistung durch Erfahrung oder weiterführende Motivation und auch eine Gesamtkoordination im Zusammenspiel von Teilleistungen, Zielunterordnung oder Teamwork erforderlich. Das Konzeptlernen wird hier in dem Maße wirksam, als Vorstellungen und Begriffe für Systemzusammenhänge gebildet werden, das heißt Kenntnisse über die wechselseitigen Abhängigkeiten von Teilbereichen, über Prozessabläufe zwischen verschiedenen Bereichen, hierarchische Ordnungsgefüge und Zielunterordnungen erworben werden. Die Aneignung einzelner Wissensschritte kann sehr schnell erreicht werden. Fertigkeiten zu erlernen, die Geschicklichkeit zu verbessern oder sich an neue Umgebungen anzupassen, also Erfahrungen zu erwerben, ist dagegen in der Regel zeitaufwendiger: Man muss längere Zeit üben.

Auch wenn das Lernverhalten von Person zu Person äußerst unterschiedlich sein kann, schöpfen wohl die meisten Menschen ihre Möglichkeiten nicht aus. Der amerikanische Philosoph und Psychologe William James schrieb vor einigen Jahrzehnten: »Wir machen alle nur zur Hälfte von unseren physischen und psychischen Kräften Gebrauch.«

Beim **Akkumulationslernen** gewinnen die Auszubildenden immer mehr Kenntnisse über die Gesetze der Mechanik und über die Technik und Leistungsfähigkeit unterschiedlicher Triebwerke. Beim **Konzeptlernen** lernen die Auszubildenden, das Luftfahrzeug als ein hochkomplexes technisches System zu verstehen, in dem das Triebwerk als eine der Komponenten, die zur Ausrüstung des Flugzeugs gehören, zuzuordnen ist. Sie gewinnen Einblicke in das Zusammenspiel der verschiedenen Komponenten, wobei auch die Rollen von Messtechnik und Datenverarbeitung zu berücksichtigen sind.

Verbesserungen beim Lernen

Durch ein Lerntraining erlernt man, wie man besser lernt, das heißt die besten Lernvoraussetzungen bewusst zu planen und zu verwirklichen. Dafür hat die Lernpsychologie verschiedene Grundregeln aufgestellt: Ordnung ist das oberste Lerngesetz. Selbst bei der kleinsten Lernaufgabe ist die Gestaltung der Lernumgebung, die Gliederung der Lernzeit und die Aufteilung des Stoffes in Lerneinheiten ganz entscheidend. Die Umgebung sollte daher möglichst störungsfrei und, zum Beispiel durch griffbereite Wörterbücher oder Lexika, lernförderlich sein. Die Lerngliederung bezieht sich auf feste, aber flexibel gehandhabte Lernzeiten, je nach Aufgabe den Wechsel von Gruppen- und Einzellernen sowie Lernteams mit verteilten Rollen. Lernen sollte wie beim guten Essen in kleinen Häppchen erfolgen, die eine sinnvolle Einheit bilden. Beispielsweise kann man in einer Gruppe alles über Australien lernen, indem man mit verteilten Aufgaben über Landschaft, Verkehr und Bevölkerung spricht. Wichtig ist auch, die Lernzeiten durch Ruhepausen zu unterbrechen und diese richtig zu gestalten.

Lernhilfen sind äußerliche Handreichungen zur Lernunterstützung. Obgleich sie sehr zahlreich sind, werden sie oft unterschätzt, nicht selten verachtet. Goethe hat mehrfach über seine schriftstellerischen Tricks berichtet: seine Notizzettel, die er an die Wand heftete, oder die Manuskriptbindung von Faust II als Buch, obgleich der vorletzte Akt noch aus leeren Blättern bestand (»Es liegt in solchen Dingen mehr als man denkt, und man muss dem Geistigen mit allerlei Künsten zu Hilfe kommen«, Goethe in den Gesprächen mit Eckermann). In den früheren Reformschulen (unter anderem die Jena-Plan-Schule von Peter Petersen) hat man solchen Lernhilfen große Bedeutung beigemessen: Zum Beispiel wurde der Lernstoff mit verteilten Rollen als Inszenierung spannender Geschichten vermittelt.

Im Computerzeitalter werden allerdings neue Lernhilfen nötig. Da der zu lernende Stoff zunächst noch fremd ist, muss man ihn sich »zu eigen« machen. Arthur Schopenhauer sagte von der bloß übernommenen Wahrheit, sie sei wie der falsche Zahn ein künstlicher Teil unseres Körpers. Wer heute Internetbenutzer beobachtet, die wahllos Informationen sammeln, vermag den Unterschied zwischen der Verkümmerung aktiven Wissenserwerbs durch Aufnahme beliebigen Materials und der Anregung durch erworbenes Wissen leicht zu erkennen. Nur die Wahrheit, die wir uns selbst angeeignet haben, gehört uns wirklich. Wie man sich etwas am besten selbst zu Eigen macht, muss jeder für sich entscheiden. So kann man beispielsweise einen Text in eigenen Worten beschreiben, eine Skizze anfertigen oder ein zusätzliches Buch lesen. Jede neue Tür zum Wissen kann wie bei einem Haus seine Zugänglichkeit erweitern und so mit dem Lerngut den eigenen Horizont erweitern.

Acht Grundregeln der Lernoptimierung

Übersichtlich Geordnetes lernt sich leichter, z. B. indem man zunächst das Lernpensum in Lerneinheiten aufteilt und einen Zeitplan erstellt.

Dem Lernenden kann durch Suchen nach Lernhilfen geholfen werden, z. B. Eselsbrücken.

Da das zu Lernende zunächst fremd ist, muss man es sich zu Eigen machen. Gutes Lernen ist spürbare Selbstbereicherung.

Mit dem Lernstoff flexibel umgehen, ihn in andere Formen umwandeln erleichtert das Behalten, z. B. wenn man Gehörtes in Gesehenes oder Gesehenes in Durchdachtes übersetzt.

In jedem Lernstoff sollte ein Bezug zu eigenen Erfahrungen gesucht und erstrebt werden.

Lernstoffe machen nicht selten zunächst Angst: Angstabbau, etwa durch Entspannung oder Verstärkung der Selbstsicherheit, ermöglicht ein leichteres Lernen und Wiedergeben bzw. Anwenden des Gelernten.

Kontrolle über das Gelernte erhält man, indem man sich z. B. von einem Freund abhören lässt.

Wer lehrt, lernt motivierter. Auch der nicht Lehrende kann diese Tatsache in nachgeahmten Lehrsituationen nutzen.

Für viele Internetbenutzer ist das »Surfen« von Internetseite zu Internetseite oft interessanter als die wirkliche Aufnahme und Verarbeitung der (nicht immer sinnvollen) angebotenen Informationen. Doch lässt sich aus den vielen Informationen durchaus Nutzen ziehen. Die Kunst besteht heute darin, in kürzester Zeit die nützlichen von den nutzlosen Internetangeboten zu unterscheiden.

Ein Lernstoff lässt sich besser verstehen, wenn er verdichtet wird. Das zu Lernende wird dafür vereinfacht und erst anschließend differenziert. Johann Gottfried Herder sagte: »Um sich begreiflich zu machen, muss man zum Auge reden«, jedoch nicht nur zum Sinnesorgan Auge, sondern auch zum inneren Auge der vorgestellten Bilder. Eine weitere wichtige Möglichkeit, Lerninhalte besser zu behalten, ist die Sinnanreicherung des Stoffes. Es ist nur ein kleiner Unterschied, sinnlose Silben zu lernen (zum Beispiel für Gedächtnisversuche) oder sich einen sinnvollen Text einzuprägen. Fast alle sinnlosen Silben (etwa neue Markennamen) werden jedoch bald mit irgendeiner selbst entwickelten Bedeutung untermauert. Wer eine Zeit lang Wolken betrachtet, kann nicht umhin, Gesichter, Tiere oder andere Gestalten in sie hineinzudeuten. Selbst in abstrakte Lernstoffe kann man eine persönliche Sinnhaftigkeit einbringen. Mathematische Bildzeichen auf einer Wanderkarte kann man beispielsweise durch erlebte Orientierungszeichen (eine Bergskizze) anreichern und so die abstrakte Landkarte Stück für Stück lebendig werden lassen. Wer so ein persönliches Verhältnis zu Lernstoffen herstellt, kann sich das Gelernte besser und dauerhafter einprägen.

Lernverdichtung: Mithilfe der kleinen Skizze kann man sich besser vergegenwärtigen, warum Argentinien weniger fruchtbar ist als Chile: Die vom Pazifik kommenden Wolken ziehen ostwärts und regnen vor den Anden ab.

Für ein effektives Lernen hat auch die eigene Einstellung hierzu Bedeutung. Viele Menschen fühlen sich dem Lernstoff nicht gewachsen und trauen sich nicht zu, ihn zu beherrschen. Der Lernstoff und die Vorstellung, lernen zu müssen, können Angst machen, die jeden Lernfortschritt blockiert. Außerdem kann auch die Angst vor einer kommenden Prüfungssituation lernhemmend wirken. Die klinische Psychotherapie führt häufig Behandlungen zum Angstabbau durch, die sich zum Großteil auch für den Angstabbau gegenüber Lern- und Prüfungssituationen eignen. Die Verhaltenstherapie kennt viele verschiedene Behandlungsformen. So teilt man sich beim so genannten Chaining den Lernprozess in Verhaltensketten auf und beginnt bei leicht beherrschbaren Aufgaben, um darauf aufzubauen. Eine wichtige Form ist auch das Coping, durch das kritische Lebenssituationen mithilfe einer veränderten Einstellung bewältigt werden sollen. Bei all diesen Methoden ist gegebenenfalls die Hilfe eines Therapeuten nützlich.

Die Kontrolle des zu lernenden Stoffes ist ein wichtiger Teil effektiven Lernens. Wer Vokabeln durch einen Unbeteiligten abfra-

Der Geistliche und Volkserzieher **Johann Amos Comenius** trat für eine bewusst geplante Erziehung ein; sie sollte vom Prinzip der Anschauung geleitet sein, nach bestimmten einheitlichen Methoden verfahren und dem jeweiligen Entwicklungsstand der Schüler und Schülerinnen angepasst sein. Zu seinen grundlegenden pädagogischen Forderungen zählten unter anderem die allgemeine Schulpflicht für Jungen und Mädchen und muttersprachlicher Unterricht; mit seinen Gedanken wirkte er stark auf die Schulordnungen des 17. Jahrhunderts. Das Bild zeigt eine Schulstube aus Comenius' »Vorpforte der Schulunterweisung« (1678; Kupferstichillustration aus der Ausgabe Nürnberg).

Mehr oder weniger aufmerksam hören die Studenten in einem Hörsaal dem Professor bei seiner Vorlesung zu. Ob und wie sie den vorgetragenen Stoff auch lernen, ist individuell unterschiedlich. Bei den einen reicht es, konzentriert zuzuhören, bei den anderen alles mitzuschreiben. Einige müssen ihre Mitschrift später genau durcharbeiten, andere schauen wichtige Punkte nochmal in Lehrbüchern nach. Und einige gehen gar nicht erst zur Vorlesung hin, da sie wissen, dass sie sich den Lehrstoff besser selber mit Büchern aneignen. So muss jeder für sich die beste Lernmethode finden.

Lernen ist in der Regel ein soziales Geschehen, bei dem das Verhältnis Lehrer – Schüler, die Beziehungen unter Schülern und die häusliche Umgebung (Eltern, Geschwister) eine Rolle spielen. So können manchmal auch ein unsympathischer Lehrer, ein falsch beurteiltes Kind oder eine gefürchtete Klassengemeinschaft Ausgangspunkt für gravierende **Lernstörungen** sein.

gen lässt, nutzt die Vorteile der Lernkontrolle: Allmählich werden die Fehler weniger, das Gelernte prägt sich ein. Zusätzlich kann man die Selbstkontrolle erweitern und das geleistete Pensum nach verschiedenen Gesichtspunkten steigern. So kann man die Vokabeln in Sätze einbauen oder schneller abfragen lassen. Um einen Stoff zu lernen, ist es oft sehr hilfreich, ihn zu lehren. Beim Lehren wendet man zumeist wie selbstverständlich die vorher genannten Regeln an, besonders die, den Stoff in einer leicht erlernbaren Form darzubieten. In Lerngruppen lässt sich das nachahmen, um sich und den anderen so die besten Lernvoraussetzungen zu schaffen.

Lernstörungen

Die Psychologie der Lernstörungen konzentriert sich auf zwei Hauptfragen: Welche Arten von Lernstörungen gibt es? Wie kann man sie beseitigen?

Lernstörungen äußern sich in der Schule »global« oder »partiell«. Erstere werden häufig unter der Bezeichnung »Schulschwäche« (vom Schulversagen bis zur Schulphobie) zusammengefasst. Die Beschreibungen der zweiten Gruppe sind bei den verschiedenen Autoren immer noch sehr unterschiedlich. Die mitteleuropäische Forschung hebt zehn Teilleistungsschwächen hervor: Kenntnislücken, Fertigkeitshemmnisse, Merkstörungen, Konzentrationsschwächen, Mentalstörungen, Entwicklungsinkongruenzen, Interesseneinengungen, Motivationsmängel, Verhaltenskrisen und körperliche Gebrechen.

Jede dieser Störungen ist wiederum in sich differenziert. Beispielsweise unterscheidet man bei der Konzentrationsschwäche vier Äußerungsformen. Die Konzentration eines Menschen kann schwächer werden, weil er zu schnell ermüdet (Ausdauerstörung), sich zu leicht ablenken lässt (Zerstreuungsverluste), durch ein schwerwiegendes, ihn bedrückendes Problem nicht bei der Sache ist (Ausblendungseffekte) oder durch den Lernstoff erheblich über- oder unterfordert ist. Besonders folgenreich ist Letzteres in Prüfungen: Ein Prüfling hat sich für ein Examen lang und intensiv vorbereitet und erwartet zu Beginn eine besonders schwierige Frage; doch der Prüfer möchte ihm mit einem »leichten« Einstieg entgegenkommen. Der Prüfling antwortet eventuell nicht, weil er krampfhaft überlegt, was hinter der »zu« leichten Frage stecken könnte, und durch seine Verwirrung verliert die Konzentration.

Die hohe Differenzierung der Lernstörungen kann dazu führen, dass sich die Störmerkmale in den einzelnen Gruppen überschneiden. Besonders deutlich ist das im Spezialfall der Legasthenie, der

> Wen ich ganz fiele feler mache im Diektart dan
> habe ich angst. Das Diektart zu zeigen. Ich fer steche
> es imer for meinen Eltern zwei oder fier Tage. Bei den
> Hausaufgaben wen ich dar ganz fiele feler mache.
> Und ich es meinem Papa zeige dan fengt er an mit
> mier zu schimfen an. Mantschmal wen ich ~~ganz~~ auch
> ● ~~fiele feler schreibe dan sagt er~~
> Wen ich es meiner Mama zeige und ich ganz fiele
> feler schreibe dann sagt sie nur das ich es beser
> kan. Und das ich es noch mal schreiben sol.

Während des Lesen- und Schreibenlernens treten auf jeder Entwicklungsstufe typische Fehler auf, die alle Kinder machen. Kinder, die an **Lese-Rechtschreib-Schwierigkeiten** leiden, benötigen für die einzelnen Entwicklungsstufen deutlich mehr Zeit. Den abgedruckten Text schrieb eine achtjährige Legasthenikerin. Sie gibt wichtige Laute richtig wieder, verwechselt jedoch v und f. Außerdem hat sie Schwierigkeiten mit der Groß- und Kleinschreibung, mit den Umlauten und mit der Zusammen- und Getrenntschreibung. Manche Wörter schreibt sie nach dem Prinzip »schreibe, wie du sprichst«: es fehlen z. B. Konsonantenverdopplungen.

Lese- und Rechtschreibschwäche. Sie tritt bei durchschnittlich begabten Kindern auf, wobei der Rechtschreibschwäche meist eine Leseschwäche vorausgeht. Die wichtigsten legasthenischen Fehler sind Mängel in der rechtsgerichteten Verarbeitung (so genannte Sinistation oder unabsichtlich falsche Linksrichtung, zum Beispiel in der Buchstabenfolge) und eine optische und akustische zeitliche Fehlsteuerung. Dadurch treten Fehler auf wie Buchstabenumstellungen (fua statt auf), Auslassungen (ht statt hat), Hinzufügungen (draei statt drei), Buchstabenumkehrungen (bie statt die), Wortentstellungen (katen statt gehen), Zusammenschreibungen (walt statt wie alt), Worttrennungen und -veränderungen (er leischen statt erleichtern) und ratendes Lesen (Einschub von erinnerten Texten). Diese Schwächen bleiben nicht konstant.

Im Lauf der Lesegewöhnung können einzelne Fehler verschwinden, während andere bleiben. Eine Unprägnanz kann als so genannte Differenzierungsschwäche bestehen bleiben, die sich etwa als mangelhaftes Wortbildgedächtnis beim Vorlesen von Texten zeigt. Eine andere (nachrangige) Spätfolge kann die unsichere Wahrnehmung von Schriftbildern sein, die sich beispielsweise bei ungewohnten Buchstaben oder Schrifttypen, zu enger Zeilenführung, beim Erlernen eines fremden Alphabets und ähnlichen ungewöhnlichen Lesesituationen bemerkbar macht. Fördermaßnahmen gegen Lernstörungen, insbesonders gegen die Legasthenie, umfassen eine verbesserte Diagnostik der Störmerkmale, ein Training mit Fehlerkorrektur, Funktionstraining nach speziellen Aufgaben, Training der Konzentrationsfähigkeit und eine verhaltenstherapeutische Betreuung.

H. BENESCH

Schulleistungsstörungen können ganz unterschiedliche Ursachen haben. Ein hoher Prozentsatz wird durch **Unter-** oder **Überforderung** bewirkt, etwa wenn ein Kind dazu angehalten wird, in extremer Weise Leistungswünsche seiner Eltern zu erfüllen, oder eine hohe Begabung in einem Fach keine angemessene Beachtung und Förderung erfährt. In beiden Fällen kann sich das in Konzentrationsschwierigkeiten und anderen Lernstörungen niederschlagen. In unserem Schulsystem führt das oft zum »Sitzenbleiben«, sodass der Schüler die Klasse wiederholen muss.

Die Vorstellungen der Mathematiker ... sind am häufigsten visueller Art, aber sie können auch anders beschaffen sein – beispielsweise kinetisch. Es kann aber auch akustische geben.
Der Mathematiker Jacques Hadamard über das Denken von Mathematikern

---

Der folgende Ausschnitt aus einem Brief Albert Einsteins an Hadamard gibt einen Einblick in die Denkprozesse Einsteins, so wie er sie selbst erlebte:

Die Worte der Sprache, so wie sie geschrieben oder gesprochen werden, scheinen in meinem Denkmechanismus keine Rolle zu spielen. Die geistigen Einheiten, die als Elemente meines Denkens dienen, sind bestimmte Zeichen und mehr oder weniger klare Vorstellungsbilder, die »willkürlich« produziert und miteinander kombiniert werden können ... Dieses kombinatorische Spiel scheint die Quintessenz des produktiven Denkens zu sein – bevor es Verbindungen mit logischen Konstruktionen in Worten oder Symbolen anderer Art gibt, die anderen mitgeteilt werden können. Die oben erwähnten Elemente sind in meinem Fall visueller und gelegentlich muskulärer Art.

Das Zitat des Schriftstellers Aldous Huxley zeigt, im Kontrast zur Äußerung Einsteins, dass fantasievolles und kreatives Denken auch ohne anschauliche Vorstellungen stattfinden kann.

Es fällt mir schwer, ... Dinge bildlich vorzustellen. Worte, selbst die prägnanten Worte von Dichtern, evozieren keine Bilder vor meinem inneren Auge ... Wenn ich mich an etwas erinnere, dann taucht die Erinnerung nicht als deutlich sichtbares Ereignis oder Objekt vor mir auf ... Aber solche Vorstellungsbilder haben nur wenig Substanz und absolut kein autonomes Eigenleben. Sie stehen zu realen, wahrgenommenen Objekten in derselben Beziehung wie Homers Geister zu den Menschen aus Fleisch und Blut, die sie im Schattenreich besuchten.

Denken

Theodor Elsenhans schrieb in dem 1912 erschienenen, damals repräsentativen »Lehrbuch der Psychologie« über das Denken: »Beim Denken beobachtet man erscheinungsmäßig immer wiederkehrende Bezüge. Man nennt den Inhalt eines Gedankens im jeweiligen Zeitpunkt eine ›Vorstellung‹ ... Die Selbstbeobachtung offenbart ferner, dass im Denkvollzug sich Gedanke an Gedanke reiht, dass ein ›Strom des Bewusstseins‹ (William James) besteht, der keine Lücke kennt; was jedermann an sich beobachtet ... Drittens besitzt das Denken offenbar die Möglichkeit, erkenntnismäßig zu einem folgerichtigen Aufbau von Zusammenhängen zu kommen. Es ist das jene alte Welt der Logik, die formal Begriffe, Urteile, Schlüsse sonderte.«

Denktheorien

Heute würde kaum noch jemand so über das Denken schreiben. Alle drei Punkte der Denkcharakteristik von Elsenhans und seinen Zeitgenossen sehen die neueren Denktheorien anders. Zum ersten Punkt, der Annahme von »sicheren Vorstellungen« (von denen er anschließend spricht) als Grundsubstanz unseres Denkvermögens, heißt es in einem 1992 von David Krech und Richard Crutchfield veröffentlichten Lehrbuch unter anderem: »Der rapid arbeitende Digitalcomputer übt einen dominierenden Einfluss auf die zeitgenössische Erforschung der höheren geistigen Prozesse aus. In diesen neueren Entwicklungen in der Kognitionspsychologie ist das Konzept der Organisation aufs neue wichtig geworden. Obwohl die höheren geistigen Prozesse schwierige Herausforderungen für die Psychologie sind, hat diese neue Freiheit, in Kategorien der kognitiven Organisation zu theoretisieren, diesen zentralen Forschungsbereich mit neuem Leben erfüllt.« Nicht mehr die »Vorstellung« allein, sondern vielgestaltige »organisierte Eindrücke« umfassen den Forschungsgegenstand der Kognitionspsychologie.

Elsenhans' zweiter Annahme eines lückenlosen Stroms von einem zum nächsten Gedanken, der alle anderen psychischen Prozesse lenkt und das Seelenleben beherrscht, setzt man heute eine bescheidenere Funktion des Denkens entgegen. Die bekannte »Einführung in die Psychologie«, 1981 von Peter Lindsay und Donald Norman verfasst, bemerkt dazu: »Obwohl die Möglichkeiten des menschlichen Denkens eindrucksvoll sind, unterliegt es doch einigen interessanten Beschränkungen. Betrachten Sie die Begrenzung der Aufmerksamkeit: Die Konzentration auf eine Aufgabe verursacht im Allgemeinen einen Leistungsabfall bei anderen Aufgaben. Denken Sie aber auch an einige positive Aspekte: Bedeutungsvolle optische und akustische Signale können selbst dann gut wahrgenommen werden, wenn umfangreiches irrelevantes optisches und akustisches Material gleichzeitig vorhanden ist.« Das Denken gilt heute als weniger dominant als

Anfang des 20. Jahrhunderts. Es ist ein psychischer Prozess neben anderen.

Der dritte Punkt in Elsenhans' Beschreibung, die »logische« Funktion des Denkens, ist wohl am radikalsten unter dem Einfluss von Sigmund Freud abgebaut worden, der seine Aufmerksamkeit dem nicht logischen Unbewussten zugewandt hat. Philip Zimbardo bestätigt das in seinem 1992 herausgegebenen Psychologie-Lehrbuch: »Die Art des Denkens bewegt sich zwischen zwei Extremformen: dem autistischen und dem realistischen Denken. Autistisches Denken beinhaltet charakteristischerweise Fantasie, Tagträume und aus dem Unbewussten kommende Einfälle. Es ist mehr oder weniger ein die eigenen Bedürfnisse erfüllendes Wunschdenken, mit dem eine illusionäre Welt geschaffen wird, in der alles so ist, wie man es haben möchte. Bei jeglichem schöpferischen Wirken ist etwas autistisches Denken mit beteiligt. Tritt es jedoch sehr häufig auf oder stellt es bei einem Menschen den absolut vorherrschenden Denkstil dar, so darf man vermuten, dass er ›keinen Kontakt zur Realität hat‹ ... Beim realistischen Denken werden persönliche Wünsche und Meinungen der äußeren Realität untergeordnet und durch sie ›korrigiert‹. Erweisen sich unsere Gedanken unter Berücksichtigung der Realität als nicht haltbar, so sind wir geneigt und bereit, sie zu ändern und konsequenterweise auch das gedanklich motivierte Handeln.«

Es ist heute keine Rede mehr von der Lotsenrolle des logisch-rationalen Denkens im Handeln und Erleben. Der Geist kann logisch denken und tut es auch oft. Aber Denken wird, wie Zimbardos Beschreibung zeigt, von nicht logischen Faktoren, unter anderem Emotionen und bereits vorhandenes Wissen, beeinflusst. Einige der ge-

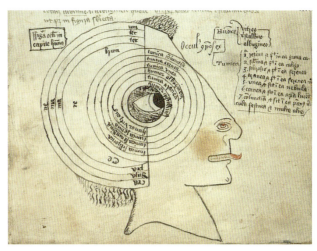

Das Auge ist in dieser Darstellung aus der zweiten Hälfte des 14. Jahrhunderts der Eintrittsort für die Weltbegriffe, die uns das Denken ermöglichen. Das Gehirn, das Cerebrum, ist, von schützenden Hüllen umhüllt, nur eine schmale Sichel.

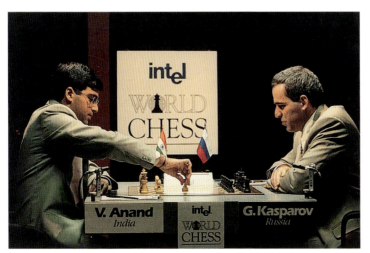

Schach, mit seinen vielen Strategien und Millionen von möglichen Spielstellungen, gilt als das Denkspiel schlechthin. Allein für die ersten drei Züge von Weiß und Schwarz gibt es 729 verschiedene Möglichkeiten. Der Schachspieler braucht dafür ein gutes Kombinations- und Vorstellungsvermögen. Auf dem Foto sind der Inder Viswanathan Anand und der Russe Gary Kasparow bei der Schachweltmeisterschaft 1995 zu sehen.

> **DENKERLEBNISSE**
>
> Wer über etwas nachdenkt, reflektiert selten, wie er nachdenkt. Die Tätigkeit des Denkens füllt das Innere so aus, dass kein Platz übrig bleibt, um sich dabei selbst zu beobachten. Der ungarische Psychologe Egon Brunswik hat vor einigen Jahrzehnten einen Demonstrationsversuch unternommen, um diese Beschränkung wenigstens an einem Beispiel zu überwinden. Dazu sollte eine Gruppe von Versuchspersonen aus den drei Wörtern »Mathematik, Nordpol und Weltkrieg« einen Satz bilden. Dabei sollten sie vor allem beobachten, wie der Satz in ihnen zustande kommt.
>
> Jeder erlebte den Denkprozess anders. Zumeist erlebten die Versuchspersonen ein Gedankenwirrwarr in ihrem Kopf, denn keiner von ihnen denkt »ordentlich«. Gedankensplitter steuern in eine Richtung, werden unterbrochen, kehren zurück, setzen neu an, und scheinbar nicht dazu Gehörendes meldet sich in den Vorstellungen. Trotz der »chaotischen« Einzelerlebnisse haben sich einige Regeln herausgestellt, die sich in fünf aufeinander folgende Stufen beschreiben lassen.
>
> *Spannungsumschlag:* Nach der Nennung der drei Begriffe ist zunächst für eine bis mehrere Sekunden ein Stillstand, eine Art überraschter Leerlauf festzustellen. Unbewusst organisiert sich in dieser Zeit die Denkausgangslage.
>
> *Begriffshöfe:* Die Wörter lösen jetzt bestimmte Vorstellungen aus. Beispielsweise erzählte eine Versuchsteilnehmerin, sie habe am Tag vorher eine Schulfunksendung über den Nordpol gehört; nun sei ihr bei der Nennung die Geräuschkulisse der Sendung oder das Pfeifen des Windes in Erinnerung gekommen. Andere Teilnehmer hatten andere Vorstellungen. Selbst bei den gleichen Wörtern können sehr unterschiedliche Denkbilder auftreten.
>
> *Zentralwort:* Die drei Wörter sind für uns nicht gleichwertig. Der eine hat zum ersten Wort, der andere zu den beiden anderen Wörtern eine nähere Beziehung. Ohne dass wir das bewusst steuern, bilden die drei Wörter in uns eine Ranghierarchie mit einer geringeren oder höheren Bedeutung.
>
> *Beziehungsgefüge:* Das Wort mit der höchsten Bedeutung wird zum Leitwort. Die meisten setzen es für den späteren Satz an den Anfang, selten an den Schluss und fast nie dazwischen. Das Leitwort bestimmt die weitere Gedankenführung.
>
> *Sprachliche Formulierung:* Erst jetzt wird aus den Sprachfetzen ein Satzteppich geknüpft. In diesen Satz fließen – für uns unbemerkt – die vier »Vor-Gänge« ins scheinbare Denkchaos ein. So spielt sich unter der Denkoberfläche ein rasanter Ablauf von Einzelschritten ab, der uns bestätigt: Kein Mensch denkt wie ein anderer.

Das Kernstück des Denkens ist nach der **Strukturierungstheorie** ein Verwandeln oder Umstrukturieren. Ein Huhn, das wegen eines Zauns den Fressnapf nicht erreichen kann, muss einen Umweg nehmen (das gelingt erst höheren Tieren). Viele Zaubertricks wirken ähnlich wie der Zaun für das Huhn. Man muss durch eine Idee, wie es gehen könnte, »dahinter« kommen.

genwärtig diskutierten Denktheorien zeigen, wie vielschichtig man die Denkarbeit des Menschen erklären kann.

Die Umstrukturierungstheorie stützt sich auf eine Annahme, die schon Goethe zu dem Satz führte: »Denken ist ein Warten auf den guten Einfall.« Nicht unser »Ich« arbeitet also beim Denken, sondern »Es«. So würde es auch die Psychoanalyse sehen. Bei den Gestalttheoretikern hieß dieser Prozess »Umstrukturierung«: Wir verwandeln den bisherigen Erfahrungsschatz je nach gegebener Aufgabe. Der »gute Einfall« ist das positive Resultat dieses Prozesses. Demgegenüber setzt die Explorationstheorie auf die Attraktivität des Neuartigen. Jeder verfügt über eine Art Orientierungsreflex, der ihn zum geborenen Forscher macht. Sinnbild für die Theoretiker dieser Gruppe ist das Kind, das sein Spielzeugauto auseinander nimmt, um zu erfahren, »was dahinter steckt«.

Die Faktorentheorie des Denkens hebt die qualitative Unterschiedlichkeit von Denkprozessen hervor. Entsprechend der Ergebnisse der Split-Brain-Forschung konzentrierte man sich besonders auf die in beiden Hirnhemisphären unterschiedliche Ausformung des

Denkens, wobei die linke Hälfte mehr gefühlsneutrales Faktenwissen, die rechte überwiegend gefühlsbetonte Situationen produziere. Die alte Gegenüberstellung von Abstraktion und Einfühlung bei den Kunststilen (Wilhelm Worringer) erhält so eine neurophysiologische Untermauerung. Beide Formen sind jedoch wiederum aus unterschiedlichen Einflussgrößen (Faktoren) zusammengesetzt. Man erklärt die Verschiedenheit durch die Bündelung vieler psychischer Denkvoraussetzungen und kommt beispielsweise zu einer höheren Übereinstimmung (Korrelation) der Leistungen innerhalb der naturwissenschaftlichen oder der geisteswissenschaftlichen Fächer als zwischen ihnen.

Die Stufentheorie des Denkens geht dagegen statt von Faktoren von Verarbeitungsstufen aus. Diese Stufen sind entwicklungsbedingt, das heißt, sie sind bei den Kindern erst im Entstehen, wobei manche denkschwache Erwachsene nicht über die Kleinkindstadien hinauskommen.

Die Informationstheorie schließlich fußt auf dem kybernetischen Modell der »Reduktion von Ungewissheit«. Durch Entweder-oder-Fragen, vergleichbar mit der digitalen Arbeitsweise des Computers, schließt der Denkende das Nichtzutreffende wie beim Beruferaten (»manuelle oder verbale Tätigkeit?«) aus.

Alle diese Theorien sind unterschiedliche Zugangsweisen, um Denken zu beschreiben. Keine kann aber das Denken insgesamt erklären. Denken ist ein vielschichtiger Prozess, der mit Wahrnehmen, Erinnern, Wollen und Handeln einen geschlossenen Kreis bildet.

Nach der **Explorationstheorie** achten wir aktiv auf unser Umfeld, aus »Interesse am Neuen« (Jean Piaget) oder einer gesteigerten Neugieraktivität. Der Denker ist nach dieser Theorie ein »Forscher«. Beispielhaft hierfür ist das Kind, das durch konzentriertes Nachdenken versucht, hinter das System eines elektronischen Schaltkreises zu kommen.

Sprache und Denken

Sprache und Denken sind eng verbunden. Es gibt zwar auch ein vor-sprachliches Denken, das bei Tieren und Kleinkindern nachweisbar ist, doch der Erwachsene denkt zumeist in sprachlichen Metaphern. Die Psychologen nennen dieses vor-sprachliche Denken »ikonische Repräsentation«, weil es allein durch (nonverbale) Zeichen, Bilder, Symbole, Gesten, Schemata oder mithilfe optischer Signale hervorgebracht und übertragen wird. Der Vorteil des »verbalen«, begrifflichen Denkens besteht in seiner zusätzlichen Operationalisierbarkeit. Mit Sprache lässt sich genauer differenzieren, abstrahieren und kombinieren.

Bildliches und sprachliches Denken beeinflussen sich gegenseitig

Das sprachliche Denken ist jedoch umgekehrt auch durch Bilder mitbestimmt. Die seit dem 19. Jahrhundert von Denkpsychologen durchgeführten »Assoziationsversuche« werden heute nur noch selten angewandt, da man glaubt, kaum noch Neues durch sie zu erfahren. Als Demonstrationsexperimente sind sie aber immer noch interessant: Der Versuchsleiter ruft der Versuchsperson Wörter zu. Diese soll dann den ersten Gedanken aussprechen, den sie mit

Denken ist von außen nur an den Handlungswirkungen sichtbar. Anfang des 20. Jahrhunderts versuchten Denkpsychologen der »Würzburger Schule« bei Versuchspersonen ihre Denkerlebnisse durch Nachfragen zu ermitteln. Édouard Claparède objektivierte die Introspektion, indem er die Versuchsperson durch »lautes Denken« Mitteilung während ihres Denkakts machen ließ. – Heutige Wissenschaftler untersuchen das Denken anhand körperlicher Veränderungen, die sich während des Denkverlaufs ergeben, zum Beispiel Hirnströme oder Blutdruck.

Die Vorstellungen von Begriffen sind nicht nur von unserem Wissen, sondern auch von unseren Erfahrungen und entsprechenden Bildern mit geprägt; sie werden verändert, indem neue Bildelemente hinzutreten, andere schwinden oder sich verschieben, und entwickeln sich weiter.

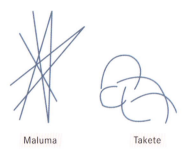

Der von Erno Rubik in den 1980er-Jahren erfundene »Zauberwürfel« schulte die Aufmerksamkeit und das logische Denken.

dem Wort verbindet. Die von Carl Gustav Jung entwickelte analytische Psychologie wendet dieses Verfahren zur Aufdeckung von Störungskomplexen an. Wenn der Teilnehmer bei einem Wort lange zögert, um eine Assoziation zustande zu bringen, glaubt man, bei ihm auf einen möglichen Störungskomplex gestoßen zu sein. Im »Normalfall« kommen die Bildvorstellungen ungebremst. Wenn beispielsweise das Wort »Baum« zugerufen wird, haben die Menschen recht unterschiedliche Vorstellungen eines Baumes parat, die gleichzeitig auch zeitbedingt abgewandelt sein können. Nach dem Zweiten Weltkrieg wurden bei den Erstassoziationen häufig kriegszerstörte Bäume genannt, später waren sie wieder schön und grün, heute drängen sich dagegen gehäuft Bilder vom Baumsterben vor.

Bei diesen Versuchen wird deutlich, wie Vorstellungsbilder unbemerkt in unser rationales Denken einfließen. An zwei anderen Beispielen lässt sich demonstrieren, wie sich bildhaftes und sprachliches Denken gegenseitig beeinflusst. Bei den nach dem sowjetischen Psychologen Lew Wygotskij benannten »Wygotskij-Blöcken« in der nebenstehenden Zeichnung kann man erkennen, wie untrennbar Bild und Wort sind. Belegt man verschieden große Zylinder mit sinnlosen Silben, wie zum Beispiel »lusch« und »gon«, wird man bald in beide Silben die Größenunterschiede der Zylinder hineindenken. Hinter einer solchen Zuordnung verbergen sich allerdings auch versteckte Vorgänge. Beispielsweise ordnen auf die Frage, welches Zeichen zu den sinnfreien Wörtern »Maluma« und »Takete« passt, 96 Prozent der Befragten die angeblich sinnlosen Strichzeichen und Silben über Kreuz zu. So bestätigt sich auch, wie wichtig das Denken in Bildern ist.

Ein psycholinguistisches Modell von Sprache und Denken

Die Psycholinguistik, die in den 1950er-Jahren aus der älteren Sprachpsychologie entstanden ist, versucht die Funktion der Sprache im Denken zu erklären, untersucht also das Denken von der sprachlichen Seite. Die Bedeutungstheorie als eine kybernetische Abwandlung dieser Forschungsgruppe versucht die vielfältigen Steuerungszusammenhänge beider Prozesse in einem Modell zu vereinen. Grundgedanke ist die kybernetische Auffassung von der Vernetzung aller Systeme (mechanischer, biologischer, psychologischer, soziologischer und politischer Art) im Sinne von Regelkreisen und Modulen (unter-, bei-, übergeordnete Muster mit Rückkopplungen). Dadurch kann das Zusammenwirken völlig unterschiedlicher Daseinsqualitäten (zum Beispiel Materie oder Information) erklärt werden. Die Brücke zwischen ihnen bildet nicht ihre Daseinserscheinung, sondern lediglich ihre Strukturierung.

Materielle Nervenprozesse haben rhythmische und figurale Muster, ebenso wie die Informationen. Daraus folgt der kybernetische Schluss: Zwischen Stofflichkeit und Funktion vermitteln die Strukturen. Die stofflichen Trägerprozesse (zum Beispiel vier Takte beim Viertaktmotor) sind strukturiert, ebenso wie die Funktionen (Übertragung der Kraft in eine Drehbewegung mit dem Ziel der Fortbe-

Die vier hier gezeigten Tiere Nandu, Schwalbe, Schwan und Pinguin bleiben von der bildlichen Aussage her sie selbst, lassen sich dagegen sprachlich zum Oberbegriff »Vogel« zusammenfassen. Die Begriffsbildung geschieht hier durch **Abstrahierung,** indem auf Merkmale geachtet wird, die sich wiederholen.

wegung). Beim Übergang von einem Seinsbereich zum anderen kann die Strukturierung modulierbar, aber nicht unabhängig, sondern nur »arbiträr« (teilfrei) abgewandelt werden. Die stofflichen Trägerprozesse im Nervensystem sind als elektrisches Rhythmussystem (elektrische Wellen, sichtbar im EEG) und chemisches Figurennetz (Signalvernetzung, messbar mit der PET) strukturiert. Auf der Seinsebene der Informationen sind die Prozesse ebenfalls durch Rhythmen (zum Beispiel Modulationen in der Nachrichtentechnik) und Vernetzungsfiguren (zum Beispiel in der Grafik) gestaltet, deren »Bedeutung« von Träger zu Träger transportiert werden kann (zum Beispiel von Mensch zu Mensch oder vom technischen Sender zum Empfänger).

Im unteren Teil des Modells wiederholt sich der schon beschriebene psychophysische Aufbau von Träger T, Muster M und Bedeutung B. Dreh- und Angelpunkt ist das Muster M zwischen dem Träger T und der Bedeutung B, das heißt den psychischen Leistungen. Sie werden ergänzt durch den Mustervorrat M/V, zum Beispiel dem Sprachmuster einer jeweiligen Sprache, und S/E, einer Kombination aus Sender und Empfänger, die eine Person oder ein technischer Apparat sein können. Die vier Querstrecken verdeutlichen die verschiedenen Beziehungsmöglichkeiten im individuellen Feld: Die Kommunikation ist eine Möglichkeit der mitmenschlichen Beziehung für den Austausch von Bedeutungen. Information ist die Mitteilung von Sachinhalten mit nichtsprachlichen Beifügungen. Die Destination (das Ziel) ist die zweckdienliche und zielbezogene Verwendung von Bedeutungen. Die Konvention bestimmt den herkömmlichen Gebrauch der Einzelbedeutungen und ihrer Abwandlungen.

Dieses Geflecht spiegelt die sehr komplexen Denkprozesse des Menschen wider. Der obere Teil des Modells zeigt, dass erst Sprache die zunehmend höheren Abstraktionsstufen des Denkens ermöglicht. Die Konkretion ist die sinnliche Stufe eines ausreichenden Anschauungsmaterials, um denken zu können. Die Prädikation gibt die Beispielebene wieder, die aus dem Anschauungsmaterial einen typischen, aber noch konkreten Sachverhalt abstrahiert. Die Komparation hebt aus dem konkreten Material Merkmale heraus, die nur noch im Denken existieren und dem grundsätzlichen Verstehen der Welt dienen. Die Reflexion, das heißt das reine Nachdenken, ver-

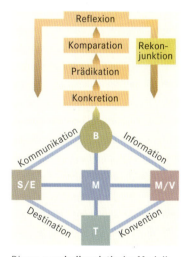

Dieses **psycholinguistische Modell von Sprache und Denken** macht deutlich, dass erst Sprache die zunehmend höheren Abstraktionsstufen des Denkens (Konkretion, Prädikation, Komparation, Reflexion) ermöglicht. Sprache und Denken sind eng miteinander verbunden. Unser Wissen über Sprache und unsere Fähigkeiten, Sprache zu verstehen und zu produzieren, haben tief greifenden Einfluss auf die Art, wie wir Informationen aufnehmen, speichern und abrufen.

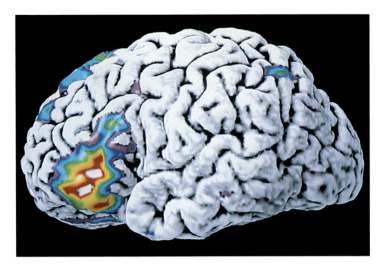

Die PET-Aufnahme zeigt die **Aktivität des Sprachzentrums** im Großhirn.

Denken ist keine Anwendung von Logik, sondern das Lösen von Problemstellungen unter bestimmten denksituativen Bedingungen. Die amerikanischen Psychologen Amos Tversky und Daniel Kahnemann stellten in einem Versuch den Teilnehmern zwei Fragen: »Stellen Sie sich vor, Sie hätten im Vorverkauf eine Theaterkarte für 50 Mark erstanden. Im Theater merken Sie dann, dass sie die Karte verloren haben. Würden Sie eine neue kaufen?« und anschließend: »Stellen Sie sich vor, Sie hätten noch keine Eintrittskarte, aber Sie haben die 50 Mark, die Sie für den Kauf eingesteckt haben, verloren. Würden Sie nun an der Kasse eine Karte kaufen?« In beiden Situationen hat der Betreffende 50 Mark verloren. Logisch gesehen wäre die Situation identisch. Die Ergebnisse widersprechen dem. Die meisten Versuchspersonen hätten nach dem Verlust des Geldscheins durchaus noch eine Karte gekauft, nach dem Verlust der Karte jedoch nicht. Die logische Identität der fünfzig Mark wird in beiden Fällen psychologisch völlig verschieden bewertet. Wer eine Eintrittskarte verloren hat, summiert die zweiten 50 Mark zum ursprünglichen Kaufpreis und hat nun 100 Mark Verlust. Im Falle des Geldverlustes, so fanden Tversky und Kahnemann heraus, vergleichen sie die 50 Mark mit ihrem sonstigen Geldbesitz und ziehen nur 50 Mark ab.

mittelt die Begrifflichkeit, die sprachliche Symbole für Erscheinungen bildet, mit denen rein geistig gearbeitet werden kann. Immanuel Kant nannte das »Erkennen durch Begriffe«.

Die seitlichen, zurückweisenden Pfeile ergänzen das Modell durch die Rekonjunktion, das heißt durch die jederzeit mögliche Rückwendung auf die Vorstufen, und durch die Hemmnisse, die durch den Einfluss der unteren Beziehungsstrecken entstehen: Informationen können einen Informationsüberschuss oder Wiederholungen erzeugen; Kommunikation behindert den Austausch unter anderem bei einem unterschiedlichen geistigen Niveau der Beteiligten; Destinationen stören durch unterschiedliche, unvereinbare Zielvorstellungen, und Konventionen führen zu starren Verallgemeinerungen und lassen Bedeutungen ungültig werden.

Dieses Geflecht der Denkbedingungen kann bei verschiedenen Menschen zu einer grundsätzlich unterschiedlichen Art zu denken führen. Diese Tatsache berücksichtigt eine Forschungsrichtung, die sich mit den individuellen kognitiven Stilen beschäftigt.

Kognitive Stile

Wir denken häufig in bestimmten Schemata, denen wir uns aber meist nicht bewusst sind. Hierzu gehören bestimmte Überzeugungen, Gedanken und Denkstile, von denen unser Denken und Handeln begleitet und geprägt wird. Diese Schemata können unser Denken wegen der ihnen innewohnenden Automatismen beschleunigen; in der Komplexität unseres Alltags haben sie eine orientierende Funktion. Sie können auf unser Denken jedoch auch hemmend wirken und es erstarren lassen. Nicht selten sind »automatische Gedanken«, etwa in der Form »Alles, was ich anfange, geht kaputt«, »Niemand mag mich« oder »Alles langweilt mich«, Begleiterscheinungen oder Anlässe für depressive Störungen. Die kognitiv begründeten Therapien konzentrieren sich daher auf die Art und Weise, wie Informationen über die Umwelt und die eigene Person bewertet und organisiert werden, und versuchen, schädigende in positive Kognitionen (Überzeugungen, Gedanken, Denkstile) umzuwandeln. Verschiedene Psychologen unterteilen die Denkstile und versuchen, die jeweils vorherrschende Denkweise als Charaktereigenschaft in Beziehung zu anderen Eigenschaften der Persönlichkeit zu setzen.

Denken ist ein Interpretieren nach einem Schema, welches wir nicht abwerfen können.
Friedrich Nietzsche

Der Routinestil

In formaler Hinsicht werden vor allem der Routinestil und der heuristische Stil unterschieden. Routine wird häufig als eine Ausführung ohne innere Anteilnahme missachtet. Wenn man sich jedoch die täglichen Denkleistungen, zum Beispiel im Beruf, vergegenwärtigt, wird schnell klar, dass es unmöglich ist, sie ständig neu zu erleben und sie mit innerer Betroffenheit und intensiver Überlegung in Angriff zu nehmen. Das wäre völlig unökonomisch. Wir brauchen nicht nur ein automatisiertes Handeln, sondern auch ein schematisiertes Denken, um der Fülle der geistigen Anforderungen Herr zu werden.

Ein Großteil der Denkleistungen, die der Alltag abfordert, sind so genannter logistischer Natur, das heißt, sie dienen dazu, unseren gewohnten Lebensstil zu pflegen und weiterzuführen. Entscheidungen im Supermarkt sind Beispiele für mehr oder weniger nebensächliche Wahlsituationen, die jeder »routiniert« ausführt. Manche von ihnen heben sich mehr heraus. Wenn wir in einem Lokal mit dem Problem konfrontiert werden, dass der Kellner nicht genau das Bestellte bringt, haben wir für solche kleinen Streitfragen Standardreaktionen parat. Der eine wird schimpfen und sein Recht verlangen, der andere wird abwiegeln und sagen, dass es ihm nichts ausmacht. Auf dieser Ebene besitzt jeder ein Repertoire gelernten Denkens, das fast automatisch zum Einsatz kommt. Seit dem Beginn der Forschungen zur »implizierten Persönlichkeitstheorie«, die sich mit den Denkmustern einzelner Personen beschäftigt, ist der qualitative Abstand zwischen den Ergebnissen der »naiven Verhaltenstheorie« (laienhafte Annahmen über den Zusammenhang von Persönlichkeit und Verhalten) und den rationalen »Entscheidungstheorien« deutlich geworden. Statt nach einem konkreten Nutzen (»Satisfaktionsprinzip« der Entscheidungstheorie) handelt man oft nach gewohnten Regeln, die von Eltern oder Verwandten übernommen wurden.

In der Regel neigt der Mensch dazu, eingefahrene Denkwege beizubehalten. Diese Denkökonomie ist nützlich, da wir unser Gehirn überfordern würden, wenn wir auf die meisten der täglich zu lösenden Denkaufgaben ausgedehnte Analysen verschwendeten. Allerdings übersehen wir sehr schnell, wo und wann Routine schadet. Die »geborenen« Feinde jeglicher Innovationen sind die jeweiligen Fachleute. Der amerikanische Wissenschaftstheoretiker Thomas Kuhn formulierte 1970 in seinem Standardwerk »Die Struktur wissenschaftlicher Revolutionen«: »In keiner Weise ist es das Ziel der normalen Wissenschaft, neue Phänomene zu finden; und tatsächlich werden die nicht in die Schublade, welche das Paradigma darstellt,

Wie schnell man in **geistige Routine** verfällt, zeigt ein Beispiel von Abraham Luchins. Mit Krügen zu 21, 127 und 3 Liter soll ein bestimmtes Volumen möglichst einfach abgemessen werden. Um 100 Liter abzumessen, gießt man am besten, vom 127-Liter-Krug ausgehend, einmal 21 Liter und zweimal 3 Liter ab. Diese einfache Lösung wurde in den Versuchen wiederholt. Dreiviertel der Versuchspersonen verfielen in eine Routine, sodass sie auch die zweite gestellte Aufgabe (aus 23-, 49- und 3-Liter-Krügen sollen 20 Liter abgemessen werden) nach dem gleichen Schema (ausgehend vom mittleren 49-Liter-Krug) lösten. Sie übersahen jedoch die viel leichtere Lösung, nur einmal 3 Liter aus dem linken Gefäß in das rechte abzufüllen, um 20 Liter zu erhalten. Verfällt man in eine geistige Routine, hat man oft nicht den Blick frei für neue Lösungsmöglichkeiten.

hineinpassenden oft überhaupt nicht gesehen. Normalerweise erheben Wissenschaftler auch nicht den Anspruch, neue Theorien zu finden, und oft genug sind sie intolerant gegenüber den von anderen gefundenen.«

Ein einfaches Beispiel weist den Routinestil des Denkens nach: Fordert man jemanden auf, die Vorstellung »Walross mit Zylinder und Zigarre« zu beschreiben oder aufzuzeichnen, wird man wohl kaum die unbildlichen kleinen Lösungen der Abbildung vorfinden, sondern immer das Walross mit dem Zylinder auf dem Kopf und der Zigarre im Maul als eine Art Ereigniseinheit. Der menschliche Geist ist in der Regel sinnbegierig. Er versucht sich selbst das Sinnwidrigste auf seine Weise verständlich zu machen.

Der heuristische Stil

Der Drang zur Sinnhaftigkeit gilt nicht nur für das routinehafte Denken, bei dem standardisierte Vorurteile eingesetzt werden. Auch das außergewöhnliche bis schöpferische Denken, das neue Denkwege und -ergebnisse anstrebt, ist auf der Suche nach ungelösten Rätseln und deren Auflösung. Nach dem Ausruf von Archimedes »Heureka!« (»Ich habe es gefunden!«) spricht man in der Kognitionspsychologie von einem heuristischen Denkstil, wenn neuartige Lösungen das Ziel des Denkens bilden. Das heuristische Denken kennt eine Reihe von Unterschieden, von denen die Transitivität, das heißt die Art der Zielgestaltung und -erreichung, die wichtigste ist. Die vier vorgestellten Beispiele unterscheiden sich darin.

Die Unterscheidung in Routinestil und heuristischen Denkstil deckt jedoch nicht die ganze Breite der persönlichen Denkverfassungen ab. Weitere Theorien der Denkstile beziehen sich auf die so genannte Feldabhängigkeit, das heißt die punktuelle oder globale Einbeziehung des Umfeldes in den Denkprozess, und die Denkausrich-

Diese Aufgaben stammen aus dem ursprünglichen **Binet-Simon-Test** von 1905. Sie sind noch immer im Stanford-Revision-Test (wenn auch stilistisch verändert) enthalten.
In den Beispielen a und b sollen die fehlenden Körperteile der Personen angegeben werden. In Aufgabe c steht die 13 nur im Dreieck. Wo dagegen stehen die 3, 4 und 5? Im Beispiel d soll die Zahlenreihe richtig fortgesetzt werden, in Beispiel e ist das Labyrinth mit einem Stift zu durchlaufen.

tungen, das heißt die realistischen oder irrationalen Denkgewohnheiten eines Menschen. Um Denkstile zu erklären, ist es außerdem wichtig, so genannte kognitive Landkarten (räumliche Analogien im geistigen Feld), kognitive Komplexitäten, (Differenzierungsgrade der Begriffssysteme), die nivellierende oder akzentuierende Ausprägung sowie die Spontaneität (impulsiver oder reflektierender Stil) zu berücksichtigen. Insgesamt soll die Theorie der Denkstile klären, wie Menschen denkend mit Problemen umgehen und bei allen Personen vorhandene Muster durch Unterscheidungen aufdecken.

Intelligenz

Das Denken zeichnet sich vor allen anderen psychischen Prozessen durch seine Bandbreite an individuellen Befähigungen aus. Hatten verschiedene Psychologen, unter anderen William Stern, Richard Pauli und Aloys Wenzl, früher unter Intelligenz eingeengt die Fähigkeit verstanden, Dinge zu »kapieren«, also schnell zu verstehen und Wichtiges von Unwichtigem beziehungsweise Richtiges und Falsches zu trennen, so sehen Psychologen heute, unter anderen David Krech und Richard Crutchfield, Intelligenz grundsätzlicher als »die Fähigkeit zum Fähigkeitserwerb«. Danach kann es also nicht nur die »eine« Intelligenz geben, über die Individuen im unterschiedlichen Ausmaß verfügen, sondern es existieren mehrere »Intelligenzarten« von unterschiedlicher Fähigkeitszusammensetzung. Daraus ergeben sich drei Hauptfragen für die Intelligenzforschung: Welche Fähigkeiten sind das? Wie stehen sie zueinander? Woran sollen sie gemessen werden?

Intelligenztests

Am Anfang der Intelligenzforschung im späten 19. Jahrhundert suchten Forscher wie der Engländer Francis Galton »ein Maß der vererbbaren Genialität«, das an den Stammbäumen berühmter Familien gemessen werden sollte. Ein solcher Versuch war zum Scheitern verurteilt. Zu Anfang des 20. Jahrhunderts setzte man sich bescheidenere Ziele. Die beiden französischen Forscher Alfred Binet und Théodore Simon erhielten 1905 vom französischen Unterrichtsministerium den Auftrag, Tests zu erstellen, um unintelligente Kinder für die Sonderschule ausgliedern zu können. Binet und Simon veröffentlichten verschiedenen Versionen, deren einflussreichste die von 1908 war. Darin führten die beiden das Staffelprinzip ein: Die Testaufgaben wurden zu alterstypischen Staffeln gruppiert, die von etwa drei Vierteln der Kinder eines bestimmten Alters richtig, von den jüngeren Kindern dagegen meist falsch und von den älteren Kindern fast immer richtig gelöst wurden. Das Maß für die Intelligenz

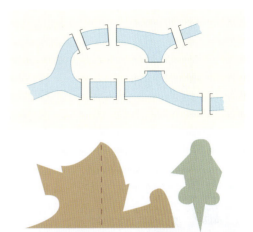

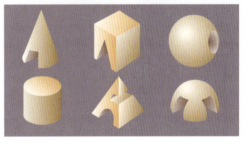

Vier Beispiele für heuristisches Denken:

1) Königsberg wird durch die Flussarme des Pregel durchschnitten. Sieben Brücken überspannten zur Zeit Immanuel Kants den Fluss. Kann man bei einem Rundgang jede Brücke überschreiten, aber jede nur einmal? Es geht nicht; erst wenn man zusätzliche Brücken bauen würde.
2) Die linke Figur soll mit einer einzigen geraden Linie gerade so geteilt werden, dass die beiden Reststücke zu einem Quadrat zusammengesetzt werden können. Die gestrichelte Linie macht die richtige Antwort deutlich.
3) Die rechte Figur stammt aus einem Fantasietest. Durch Drehen der Figur soll man sich zu einer Bildzeichnung inspirieren lassen, die durch eine möglichst originelle Zeichenidee hervorsticht, also bei 100 Lösungsvorschlägen nur etwa einmal vorkommen würde.
4) Von den sechs Körpern sind die oberen Perrischacks (was immer das sein mag), die unteren nicht – was sind Perrischacks? Körper mit einem Durchbruch, aber nicht mit zwei oder keinem.

Der **Intelligenzquotient** (IQ) gibt an, wie eine Person im Vergleich zu Gleichaltrigen abschneidet. Er wird nach folgender Formel berechnet:

$$IQ = \frac{\text{Intelligenzalter}}{\text{Lebensalter}} \cdot 100$$

Menschen mit einem hohen Intelligenzquotienten werden als »genial« bezeichnet. Meistens handelt es sich dabei um Menschen, die auch bedeutende Beiträge für die Gesellschaft und Kultur leisten. Interessanterweise sind **Genies** nicht immer Frühentwickler. Albert Einstein konnte erst im Alter von vier Jahren sprechen und mit sieben noch nicht lesen. Mozart dagegen komponierte mit sechs Jahren sein erstes Stück.

Der **Hamburg-Wechsler-Intelligenztest** (HAWI) basiert auf der 1930 von dem amerikanischen Psychologen David Wechsler entwickelten *Bellevue Intelligence Scale,* die 1956 vom Psychologischen Institut der Universität Hamburg für Erwachsene (HAWIE) und für sechs- bis fünfzehnjährige Kinder bzw. Jugendliche (HAWIK) standardisiert wurde.
Beide Tests bestehen aus zehn Untertests, von denen je fünf zu einem Verbalteil und zu einem Handlungsteil zusammengefasst sind. Im Verbalteil werden allgemeines Wissen und Verständnis, rechnerisches Denken, Gemeinsamkeitenfinden und Wortschatz sowie das Gedächtnis durch Nachsprechen von Zahlen geprüft. Im Handlungsteil (Mosaik- und Zahlen-Symboltest, Bilderergänzen und -ordnen, Figurenlegen) wird versucht, weniger sprachlich gebundene Intelligenzleistungen zu prüfen. Als Maß für die Intelligenz werden, je nach erreichter Punktzahl und in Abhängigkeit vom Lebensalter, ein Gesamt-, ein Verbal- und ein Handlungs-Intelligenzquotient ermittelt.
In den gezeigten Beispielen aus dem HAWIK müssen die Kinder die Figuren innerhalb von drei Minuten zusammensetzen. Schaffen sie die Aufgaben in kürzerer Zeit, erhalten sie Zusatzpunkte.

eines Kindes war bei diesem Test die Anzahl der richtig gelösten Aufgaben, aus der sich das Intelligenzalter ableitete.

In Amerika stellte der Psychologe Lewis Terman 1912 und 1916 den ersten Binet-Simon-Test auf eine breitere Basis. Durch die Eichung intelligenter Leistungen bei 1000 kalifornischen Kindern wurde ein Wert für die durchschnittliche Intelligenz ermittelt und damit die Grundlage für einen Intelligenzquotienten (IQ) geschaffen, den William Stern als Quotienten aus Intelligenzalter und Lebensalter vorschlug. An der Gesamtbevölkerung geeicht, wurde der Wert 100 als die mittlere Intelligenz festgelegt, wobei Werte zwischen 90 und 110 als »normal« gelten. Menschen mit einem Intelligenzquotienten über 140 Punkte gelten nach diesen Kriterien als »genial«, Personen mit Testwerten unter 70 Punkten dagegen als »schwachsinnig«. Dieser bis heute vielfach überarbeitete Stanford-Revision-Test (Terman überarbeitete den Binet-Simon-Test an der Stanford-Universität in Kalifornien) wird noch in vielen Ländern häufig eingesetzt. Gegen diese formale Bestimmung der Intelligenz erhob sich jedoch schon früh Protest. Ein wesentlicher Schwachpunkt ist der gewählte Maßstab, der sich an schulähnlichen Leistungen orientiert. Gewiss aber gibt dieser Maßstab nicht die Gesamtheit der Lebensleistungen wieder. So ist es nach wie vor umstritten, die Intelligenz am Intelligenzquotienten zu messen.

Wie ist die Intelligenz beschaffen?

Die Intelligenzforscher interessierten sich neben der Messung der Intelligenz auch zunehmend für die Frage, wie die Intelligenz beschaffen sei. Zwei Theoriegruppen schälten sich heraus, die sich an den Mitte der 1950er-Jahre erschienenen Arbeiten von Ri-

Aufgabe	Lösung	Zeitgrenzen Richtige Lösungen	Zusatzpunkt
Fisch		180"	30"
Haus	oder	180"	30"
Kreis		180"	60"
Auto		180"	90"
»U«		180"	90"

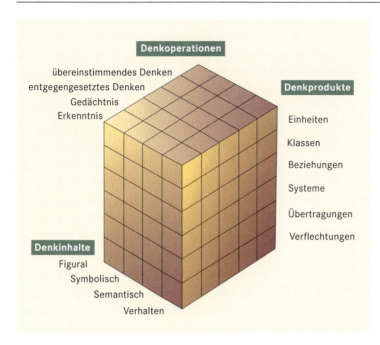

Das **Dimensionsmodell** von Joy Paul Guilford unterscheidet die Intelligenzleistungen nach Denkoperationen, Denkprodukten und Denkinhalten.

chard Meili beziehungsweise Joy Paul Guilford ausrichteten. Meili sagte, Intelligenz sei eine ganzheitliche »leichte Fixierung von Bedeutungen« mit einer Reihe von Einzeleigenschaften für intelligentes Verhalten. Solche »Primäreigenschaften« bilden ein Flächenmodell unterschiedlicher (zum Beispiel achtdimensionaler) Ausdehnung. Beispielsweise bestimmt eine Variante des Hamburg-Wechsler-Intelligenztests acht Intelligenzmerkmale, die je nach Stärke ein individuelles Intelligenzfeld ergeben. Demgegenüber vermutet eine andere strukturelle Theoretikergruppe eine aus der Faktorenanalyse hergeleitete Dimensionierung der individuellen Intelligenz. Sie unterscheiden zwischen Denkoperationen (Erkenntnisse, Gedächtnis, Vergleichsfindung, Bewertung sowie divergente und konvergente Produktion), Denkprodukten (Urteilsklassen, Systemeinheiten, Transformationen und Implikationen) und Denkinhalten (bildliche, symbolische und semantische Inhalte sowie Verhaltensinhalte). Daraus entwickelten Guilford und seine Nachfolger ein Strukturmodell mit 120 unterscheidbaren Intelligenzleistungen, die sich in eine Höhen- (Denkprodukte), Breiten- (Denkinhalte) und Tiefendimension (Denkoperationen) gliedern. Nimmt man, wie Guilford, 120 unterscheidbare Intelligenzleistungen an, ergibt sich zwangsläufig, dass Intelligenz eine individuelle Bündelung unterschiedlicher geistiger Leistungen ist. Man kann deswegen kaum erwarten, berechtigte einfache Urteile über die Intelligenz eines Menschen (»gescheit« oder »dumm«) abgeben zu können.

In der **Klassifikation der Intelligenzfaktoren** von Joy Paul Guilford bezeichnet divergentes Denken die Operation des Denkens, die durch die Vielfalt verschiedenartiger Lösungsmöglichkeiten bestimmt ist, konvergentes Denken dagegen ist die Operation innerhalb des »produktiven Denkens«, bei der ein richtige Lösung gefunden oder für ein Problem eine neue Lösung gesucht werden muss.

Ein individuelles **Intelligenzfeld**, bestimmt nach dem Hamburg-Wechsler-Intelligenztest, setzt sich aus acht Faktoren zusammen.

IQ	Bezeichnung der Intelligenzgrade	Häufigkeit
über 130	extrem hohe I.	2,2 %
120–129	sehr hohe I.	6,7 %
110–119	hohe Intelligenz	16,1 %
90–109	durchschnittl. I.	50,0 %
80–89	niedrige I.	16,1 %
70–79	sehr niedrige I.	6,7 %
unter 70	extrem niedrige I.	2,2 %

Die Ergebnisse bei Intelligenztests werden häufig bestimmten Kategorien zugeordnet. Die gezeigte Einteilung liegt dem Hamburg-Wechsler-Intelligenztest zugrunde. Bei der Klassifizierung eines Kindes oder Jugendlichen sollten jedoch immer dessen Gesamtleistung beim Test sowie andere Gesichtspunkte, die nicht mit Intelligenztests zu ermitteln sind, beachtet werden.

Das Diagramm macht deutlich, wie Erbe *und* Umwelt zum **Intelligenzquotienten** (IQ) beitragen. Die IQs von Vätern und Söhnen sind sich ähnlich (Gene), aber sie sind auch abhängig von der sozialen Schicht (Umwelt).

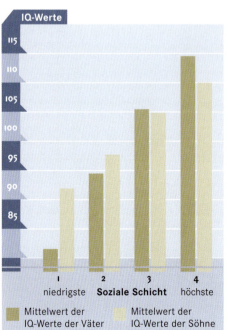

Überblickt man diese Differenzierungsversuche, kann man eine Reihe von Einzelmerkmalen für mehr oder weniger intelligentes Verhalten aufzählen, die kaum jemand vollständig aufweist. Zu ihnen gehören der Sprachausdruck, also die Möglichkeit, sein Anliegen durch Sprache zu veranschaulichen, die Begriffslogik, die Fähigkeit, weit reichende Schlussfolgerungen zu ziehen, und ein gutes Gedächtnis, in das man Informationen leicht speichern und aus dem man sie leicht wieder abrufen kann. Weitere Merkmale für intelligentes Verhalten sind eine praktisch-technische Begabung, sodass man sein Denken in Handeln umsetzen kann, ein gutes räumliches Vorstellungsvermögen, durch das man sich sowohl im Gelände wie auch auf geistigen Feldern gut zurechtfinden kann und ein gewisses Maß an Ausdauer. Intelligenz, die nur aus Gedankenblitzen besteht, reicht nicht aus, um Probleme zu bewältigen. Der Intelligente braucht das ständige, zähe Ringen mit Problemen.

Mentalstörungen

Die Vielschichtigkeit beim Denken spiegelt sich auch in der Vielfalt ihrer Störungen wider. Die klinische Psychologie unterscheidet drei Gruppen geistiger Störungen: die geistige Behinderung, die geistige Leistungsstörung und die geistige Verirrung.

Geistig behinderte Menschen

Geistige Behinderungen sind angeborene, traumatische oder altersbedingte Hirnstörungen, die eine volle Ausübung von »normaler« Geistestätigkeit verhindern. Nach der Definition der »Amerikanischen Gesellschaft für geistige Behinderung« bezieht sich »geistige Behinderung auf signifikant unterdurchschnittliche intellektuelle Funktionen, die gleichzeitig mit Mängeln im Anpassungsverhalten existieren und die sich während des Entwicklungsalters manifestiert haben«. Man unterscheidet verschiedene Grade von Behinderungen, die am Intelligenzquotienten gemessen werden. Die oben genannte Gesellschaft definiert einen leichten Grad an Schwachsinn zwischen 50 und 69 IQ-Punkten (Debilität), einen mittleren Grad bei 35 bis 49 Punkten (Imbezillität) und einem schweren bis schwersten Grad unterhalb von 34 Punkten (Idiotie). Diese rein auf den Intelligenzquotienten ausgerichtete Festlegung stößt auf Widerstand, weil sie die oft vorhandenen besonderen Fähigkeiten der Behinderten zu Freude, Anhänglichkeit und zu verschiedenen Spielformen nicht berücksichtigt.

Geistige Leistungsstörungen

Im Unterschied zu den geistigen Behinderungen sind die geistigen Leistungsstörungen partielle Funktionsstörungen, die nicht die Gesamtintelligenz, sondern nur das Denken in bestimmten Bereichen hemmen. Die Gedächtnis- und Erinnerungsstörungen verhindern, dass bereits Gedachtes behalten und in neue Problemlösungen eingebunden wird. Die eigentlichen Denkbehinderungen sind unter anderem sprunghaftes Denken, leicht ablenkbares Denken oder perseveratives Denken, bei dem die gleichen Denkinhalte ständig wiederkehren. Ferner gehören hierher die Bewusstseinsstörungen, von den Bewusstseinstrübungen bis zum Delirium. Schließlich gibt es die Gruppe der Aktivitätsstörungen, bei denen das Gedachte nicht in eine Handlung umgesetzt werden kann. Das häufigste Beispiel sind die Entscheidungsstörungen, bei denen die Wahl zwischen Alternativen nicht beendet oder getroffene Entscheidungen nicht durchgeführt werden. Die neuronalen Ursachen dieser Beeinträchtigungen sind noch kaum bekannt. Man weiß lediglich, dass sie neurochemisch (durch Neurotransmitter), neuroelektrisch (in den Neuronennetzen), in der Neuroisolierschicht (Gliamasse), durch mechanische Schädigungen (Prellungen der Hirnmasse) oder auch durch psychische Ursachen entstehen können. Letzteres ist der Fall, wenn die Ursache für Entscheidungsstörungen häufige Fehlentscheidungen, Abgabe des Entscheidungsrisikos an andere oder eine verhinderte Entscheidungserfahrung, zum Beispiel in der kindlichen Erziehung, sind.

Das **Down-Syndrom** wird durch das dreifache Vorhandensein des Chromosoms 21 (Trisomie 21) verursacht. Sowohl die intellektuelle als auch die motorische und die psychische Entwicklung ist, individuell unterschiedlich, merklich gestört. Selten kommen die Betroffenen über den Entwicklungsstand eines siebenjährigen Kindes hinaus. Durch eine frühzeitige Förderung können Kinder mit Down-Syndrom jedoch viele praktische und soziale Fähigkeiten entwickeln.

	Klassifikation geistiger Behinderungen		
	Vorschulalter: 0–5 Jahre Reife und Entwicklung	Schulalter: 6–21 Jahre Erziehung	Erwachsener: 21 Jahre und älter soziale und berufliche Fähigkeiten
leicht	Von einem zufälligen Beobachter oft nicht als behindert wahrgenommen, ist aber langsamer beim Gehen, selbstständigen Essen und Reden als andere Kinder.	Kann mit Sonderunterricht praktische Fertigkeiten sowie Lesen und Rechnen bis zum Niveau der sechsten Klasse lernen, kann zu sozialer Anpassung angeleitet werden.	Kann meistens soziale und berufliche Fertigkeiten erwerben, die für eine Selbstversorgung ausreichen, braucht teilweise gelegentliche Führung und Unterstützung, wenn unter ungewöhnlichem Stress.
mäßig	Bemerkbare Verzögerungen der motorischen Entwicklung, besonders der Sprache, kann verschiedene Fertigkeiten erlernen.	Kann einfache Kommunikation lernen, grundlegende Gesundheits- und Hygienegewohnheiten und einfache manuelle Fertigkeiten erwerben, jedoch nicht Lesen oder Rechnen.	Kann einfache Aufgaben unter beschützenden Bedingungen ausführen, nimmt an einfachen Freizeitvergnügen teil, bewegt sich in bekannter Umgebung allein, kann sich normalerweise nicht selbst versorgen.
schwer	Deutliche Verzögerung der motorischen Entwicklung: Keine oder kaum eine Kommunikationsfertigkeit, kann manchmal grundlegende Fertigkeiten erlernen, z.B. eigenständig essen.	Läuft normalerweise, falls nicht spezielle Störungen vorliegen, zeigt etwas Sprachverständnis und einige Reaktionen, Gewohnheiten können systematisch antrainiert werden.	Kann sich an tägliche Routine und wiederholte Aktivitäten anpassen, braucht fortgesetzte Führung und Unterstützung in einer beschützenden Umgebung.
stark	Starke Behinderung: Minimale sensomotorische Fähigkeiten, bedarf der Pflege.	Deutliche Verzögerung der Entwicklung: Zeigt grundlegende emotionale Reaktionen, lernt manchmal mit einem guten Lehrer, die Beine, Hände und Kiefer zu benutzen, benötigt dauernde Pflege.	Kann eventuell gehen, braucht oft Pflege, kann unter Umständen einfache Dinge sprechen, profitiert im Allgemeinen von regelmäßiger physischer Aktivität, kann sich nicht selbst versorgen.

Geistige Verirrung

Die geistige Verirrung ist ein weites Feld an Mentalstörungen. Sie reichen vom vorurteilsbehafteten Denken über die vielfältigen Formen des Aberglaubens, der Leichtgläubigkeit bis zum paranormalen, also dem rational nicht verständlichen Denken (zum Beispiel Wahrsagen oder Kartenlegen) und zu irrationalen Gruppenbildungen (zum Beispiel manche Sekten). Man erinnert sich an Goethes Reimspruch: »Dass Glück ihm günstig sei, was hilfts dem Stöffel? Denn regnets Brei, fehlt ihm der Löffel.« Trotz geistiger Intaktheit kann man in der Anwendung des Denkens versagen. Der Dichter Franz Grillparzer bekannte von sich: »Gescheit gedacht und dumm gehandelt, so bin ich meine Tage durchs Leben gewandelt.« Es kann also durchaus möglich sein, dass man in der Handhabung seiner vorhandenen Intelligenz scheitert. Sigmund Freud erzählt in seinem Buch »Der Witz« die Geschichte vom Schadchen, dem jüdischen Heiratsvermittler: »Der Bräutigam macht mit dem Vermittler den ersten Besuch im Hause der Braut, und während sie im Salon auf das Erscheinen der Familie warten, macht der Vermittler auf einen Glasschrank aufmerksam, in welchem die schönsten Silbergeräte zur Schau gestellt sind. ›Da schauen Sie hin, an diesen Sachen können Sie sehen, wie reich diese Leute sind.‹ – ›Aber‹, fragt der misstrauische junge Mann, ›wäre es denn nicht möglich, dass diese schönen Sachen nur für die Gelegenheit zusammengeborgt sind, um den Eindruck des Reichtums zu machen?‹ – ›Was fällt Ihnen ein?‹, antwortet der Vermittler abweisend. ›Wer wird denn *den* Leuten was borgen!‹« – Freud nennt diesen Fehler »automatisches Denken« – zum eigenen Schaden.

Es gibt viele Formen von geistiger Abirrung, von denen zwei »logische« Beispiele und ein »manipulatorisches« herausgegriffen sein sollen. Ein häufiger Denkfehler besteht darin, dass fehlerhaft verallgemeinert wird, indem eine eingegrenzt gültige Aussage zu einer allgemein gültigen Aussage gemacht wird: »Was du nicht vergessen hast, beherrschst du noch. Arabisch hast du nicht vergessen, also beherrschst du Arabisch.« Solche Denkfehler spielen oft bei Vorurteilen gegen bestimmte Menschengruppen eine Rolle. – Der Zirkelbeweis begründet durch die eigenen Voraussetzungen: »Dass Gott existiert, sagt die Bibel. Die Bibel ist Gottes Wort. Also existiert Gott.« – Geistig zu manipulieren, ist tägliche Praxis. In einem alten Buch von Karl Otto Erdmann mit dem (von Schopenhauer entlehnten) Titel »Die Kunst recht zu behalten« steht folgendes Beispiel: Um einen falschen Satz glaubhaft zu machen, genügt oft schon, ein suggestives »bekanntlich« voranzusetzen: »Bekanntlich haben die Eskimos keine Backenzähne.«

Was geistige Verirrung ist, wird immer kontrovers diskutiert werden. Da häufig Werturteile und ideologische Auffassungen im Geistigen enthalten sind, ist eine Einigung nur schwer möglich. Das heißt aber nicht, dass man gegen mangelnde Kritikfähigkeit gleichgültig sein sollte. Es wäre wünschenswert, diese Kritikfähigkeit besser zu schulen, als es bisher geschieht.

H. Benesch

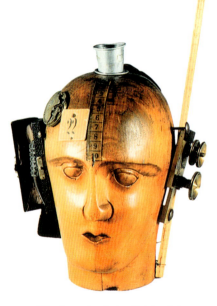

Wie ein mechanischer Holzkopf, der starr, vernagelt und in Schraubzwingen eingezwängt ist, denkt dieser **Spießer** in der Konstruktion des Dada-Künstlers Raoul Hausmann (1920).

Problemlösen

Der Aphorismus der Schriftstellerin Marie von Ebner-Eschenbach »Niemand ist so beflissen, immer neue Eindrücke zu sammeln, wie der, der die alten nicht zu verarbeiten versteht« eignet sich als Motto für dieses Kapitel über das Problemlösen. Der Umgang mit Problemen ist nicht jedermanns Sache. Viele weichen ihnen aus, lassen sie von anderen lösen, begnügen sich mit Lösungsansätzen, die sie wieder abbrechen, oder ignorieren Probleme, indem sie ungerührt von der Unkompliziertheit eines Sachverhaltes oder einer Situation ausgehen, wo sie doch die katastrophalen Folgen vorhersehen müssten. Das Thema »Problemlösen« ist wegen dieser Gefahren zu einem herausragenden Thema der Psychologie geworden.

Denkhandeln

Probleme sind für den, der sie wahrnimmt, geistige Aufforderungen. Sobald sie gelöst sind, stehen sie für »programmatische Kognitionen« (richtungsweisende Erkenntnis). Karl Duncker beschrieb in seinem 1935 erschienenen Buch »Zur Psychologie des produktiven Denkens« zu Beginn der Problemlösetheorie die Aufgabe, eine Röntgenbestrahlung gezielt zu verabreichen ohne das Nachbargewebe zu belasten. Heute weiß jeder Arzt, dass dies durch rotierende Strahlenkanonen geschieht, damals aber war das ein echtes Problem. Noch immer gibt es viele Denkanreize: Warum ist die Banane krumm? – Warum wird es draußen leiser, wenn es schneit? – Was war vor dem Urknall?

Die einleitende Frage in der Psychologie der Problemlösung lautet deshalb: Wie wird etwas zu einem Problem? Der amerikanische Wissenschaftstheoretiker Thomas Kuhn behauptet, dass es sowohl in der Wissenschaft als auch im Alltag eine Problemblindheit gebe. Beispiele für die Verdrängung von Alltagsproblemen sind der Autofahrer, der seinen riskanten Fahrstil nicht als Bedrohung für seine Lebenserwartung ansieht, der Alkoholiker, der sein Trinkverhalten als unwichtig für seine eigene Gesundheit hält, der Mitarbeiter, der unkollegial ist, der Vorgesetzte, der durch »Mobbing« seine Untergebenen bedroht, der Schüler, der nicht übt, der Ehepartner, der immer nörgelt oder ein emotional Bedrohter, der sich grundsätzlich als Versager ansieht. Tausend andere Fehler werden nicht als solche erkannt und führen zu einer bestimmten Art von Problemblindheit.

Die Grundfrage jeglicher Problemlösung lautet also: Wie lerne ich, Probleme zu erkennen? – Wie erlange ich Problemsensitivität? – Dieses Thema ist bisher noch nicht befriedigend behandelt worden. Das lässt sich leicht daran bemessen, wie viel für die Übermittlung von Millionen von Informationen geleistet wird: von den Lehrbüchern über die Lexika bis zum Internet. Nichts Vergleichbares gibt es jedoch für die Fragen. Schon dem Kleinkind wird das Fragen verwehrt, wenn es zum Beispiel wissen möchte, wo der Wind ist, wenn

Jean Piaget beschreibt das **Verhalten als Anpassung**, und jede Anpassung ist die Wiederherstellung eines Gleichgewichts zwischen dem Organismus und der Umwelt. Bei der Anpassung handelt es sich um ein Gleichgewicht zwischen Assimilation und Akkommodation. Assimilation bedeutet, dass ein Gegenstand in bereits gebildete Verhaltensschemata einbezogen wird. Akkommodation findet statt, wenn ein Gegenstand sich widersetzt und der Organismus sich auf die äußere Situation einstellt und sich damit verändert; in kognitiver Hinsicht zum Beispiel als Angleichung der eigenen Denkschemata an die Phänomene.

er nicht weht. Die größte Chance, Problemsensitivität zu erlangen, besteht darin, von Kindesbeinen an in einem Milieu zu leben, das den Fragen positiv gegenübersteht. Später sollte die Schule das kindliche Fragen steigern, doch ist das im größeren Klassenverband leider kaum noch möglich. So verlernt mancher schon früh, Fragen zu stellen, und verdirbt sich den Zugang, der die richtige Einstellung zu Problemen verschafft. Nachträglich lässt sich solch eine Sensitivität fast nur noch in den Hobbys üben, die weit vom staatlich organisierten Lernen entfernt sind, weil man dort von selbst auf die Probleme bei fortschreitenden Entwicklungen stößt.

Stadien zur Erlangung von Problemsensitivität

Jean Piaget, der bekannte Schweizer Biologe und Kindesforscher, hat sich zeitlebens mit der Frage beschäftigt, wie sich die Kognition des jungen Menschen entwickelt. Mit dem Begriff »Äquilibration« bezeichnet er die »mentale Motivierung«, wonach wir ständig getrieben sind, Dinge zu tun, die wir bereits tun können. Sooft wir aber handeln, streben wir auch danach, den Anpassungsgrad und die Komplexität unseres Verhaltens und unserer kognitiven Fähigkeiten zu erhöhen. Piaget beschreibt diesen Austausch zwischen Organismus und Umwelt als Adaptation (Anpassung), um den Anforderungen der Umwelt effizient gerecht zu werden. Mit dem Begriff »Assimilation« ergänzt er die aktive Adaptation durch eine passive Tendenz, wonach wir nur das aufnehmen, was uns zuträglich ist. Wir unterdrücken dagegen dasjenige, was nicht zu dem Bisherigen passt. Dieses »konservative Prinzip« würde die Entwicklung zum Stillstand bringen und stoppt sie tatsächlich bei vielen Personen. Im Menschen ist laut Piaget aber auch eine Akkommodation angelegt, die einsetzt, wenn neue Reize nicht in die vorhandenen Denkschemata hineinpassen, jedoch zu hartnäckig sind, um ignoriert zu werden.

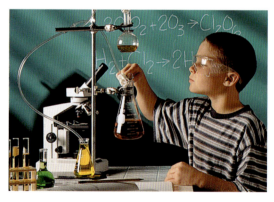

Nach den Untersuchungen Jean Piagets ist das Kind im Alter zwischen sieben und elf Jahren fähig, **konkrete Operationen** auszuführen, das heißt, Gegebenes miteinander zu kombinieren und konkrete Aufgabenstellungen zu bewältigen. Diese Fähigkeit wird durch einfache Experimente im Schulunterricht gefördert. Der ältere Heranwachsende im Stadium der **formalen Operationen** ist dagegen zu systematischem Vorgehen fähig, um eine Aufgabe zu lösen. Er führt nach einem selbst durchdachten Plan Versuche durch, um zu einer gesuchten Lösung zu gelangen.

Mit wachsenden kognitiven Tätigkeiten durchläuft der Mensch Schritt für Schritt und von Altersstufe zu Altersstufe vier Stadien: 1) Das sensomotorische Stadium (in den ersten zwei Lebensjahren), in dem er allmählich die Beziehung zwischen Objekt und Aktion versteht, zum Beispiel wenn ein Gegenstand verschwindet und wieder auftaucht. 2) Die präoperationale Phase (zwei bis sieben Jahre), in der der Mensch eine symbolische Welt aufbaut (die Zahnbürste wird zum Flugzeug). 3) Das Stadium der konkreten Operationen (sieben bis elf Jahre), in dem er Eigenschaftsbestimmungen von Objekten vornimmt (das Kind begreift, dass eine bestimmte Flüssigkeitsmenge beim Umgießen in verschieden geformte Gefäße gleich bleibt). 4) Das Stadium der formalen Operationen (elf Jahre bis Erwachsenenalter), wo das Denken auf abstrakte Größen und Zusammenhänge ausgedehnt wird. Der Heranwachsende ist fähig, beispielsweise die Folge a > b und b > c, ist a > c, zu verstehen. Eine solche Reihenfolge der Phasen ist nicht zwingend. Viele Menschen erreichen nicht das vierte Stadium, manche nicht einmal das dritte.

Die zwei einfachen Beispiele in der Abbildung rechts erklären die grundsätzlichen inhaltlichen Unterschiede von Problemen. Es gibt geschlossene Probleme mit nur einer richtigen Lösung und offene Probleme mit mehreren bis unendlich vielen Lösungen, die zumeist schwieriger sind. Sie reichen bis zu den seit Aristoteles beschriebenen »Aporien«, die wegen inneren Widersprüchen unlösbar sind.

Strategien zur Problemlösung

Die verschiedenartigen Probleme, die uns begegnen, können nicht mit einer einzigen Methode bewältigt werden. Mindestens vier Strategiegruppen zur Problemlösung lassen sich unterscheiden: In der Labyrinthstrategie probiert man den richtigen Weg Versuch und Irrtum (trial and error) aus. Mit der kriminalistischen Strategie werden, ähnlich wie in Kriminalfällen, von höherer Warte aus die Indizien nach einem Fragenkatalog geprüft (zum Beispiel: Wer hatte ein Motiv? Wer die Gelegenheit?). In der archäologischen Methode gräbt man schichtenweise nach der Lösung eines Problems, das man vorher in seine Einzelteile zerlegt hat. Mithilfe der Modellstrategie kann man versuchen, die Lösung durch ein formales Modell zu erhalten. Sie ist die kognitive Problembewältigung im eigentlichen Sinne. Verschiedene Richtungen der Psychotherapie gehen nach dieser Methode vor, indem sie die Probleme der Patienten durchspielen lassen. Jacob Moreno hatte in Wiener Vorstädten die Stegreiftheater beobachtet, bei denen die Bevölkerung ihre Probleme spielerisch darstellte. In seinem »Psychodrama« lassen er und seine Nachfolger bis heute »die Wirklichkeit mit ihren Konflikten, Rollen und Verhaltensmustern plastisch vorstellen und befragen«.

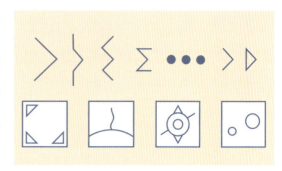

Geschlossenes Problem: Die vier Zeichen (oben) sollen sinngemäß fortgesetzt werden. In einer ersten Lösungsstufe muss man begreifen, dass die Pfeillinien jeweils in der Mitte eine Art Scharnier haben, durch das die äußeren Teile der Linien um eine Vierteldrehung bewegt werden können. Jetzt kann man nach der Drehungsregel die Stellungen nach den drei Punkten selber finden.

Offenes Problem: In den unteren Zeichnungen gibt es keine Regeln. Diese »Drudel« genannten vieldeutigen Bildanreize sollen möglichst witzig bildlich ausgelegt werden. Dafür gibt es keine allgemein gültigen Lösungen, lediglich solche, die lustig oder weniger lustig gelungen sind. Beispielsweise kann man die vorletzte Skizze als Mexikaner mit Sombrero auf einem Paddelboot umschreiben.

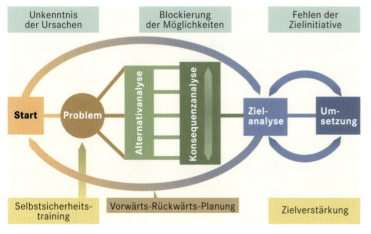

Die Verhaltenstherapie knüpft beim **Problemlösetraining** an allgemeine Aspekte menschlicher Problemlösung an. Das Vorgehen beim Problemlösetraining erfolgt in mehreren einzelnen Schritten, wobei zwischen Start und Ziel eine Vorwärts-Rückwärts-Planung stattfindet: 1) Analyse des Problems und aller damit zusammenhängenden Schwierigkeiten, 2) Aufgliederung auf alle für möglich erkannten Alternativen, 3) Analyse der Konsequenzen der Alternativen und ihrer Wechselwirkung, d.h. der Verflechtung von Vor- und Nachteilen, 4) Entscheidung für die »beste Lösung«, 5) Verwirklichung der Entscheidung. Danach kann dann noch einmal eine Bewertung vorgenommen werden.

Die wohl überzeugendste Methodik, aber auch komplizierteste der Problemlösestrategien ist das so genannte Shaping (Ausformen) der Verhaltenstherapie. Anhand eines Modells werden Klärungsstadien, Lösungsentscheidungen und schließlich eine Planbewältigung in einer Vorwärts-Rückwärts-Planung durchgeführt: Information und Vorbereitung, Problembeschreibung, Problemanalyse, Zielanalyse, Lösungs- und Veränderungsplanung, Ausprobieren der Lösung, Probehandeln und Transferplanung (Ausweitung der Lösung auf ähnliche Situationen). Gerade bei Lebensproblemen sowie psychischen Störungen und Erkrankungen haben sich die Problemlösestrategien der Verhaltenstherapie bewährt. Ihre Thematik reicht von der Behandlung von Ängsten und Essstörungen über die Alkohol- und Drogentherapien bis zu den langwierigen und komplizierten Verhaltenstherapien bei Depressionen.

Kreativität

Der Begriff »Kreativität« wird in den Lexika zumeist mit »schöpferischer Geisteskraft« übersetzt. Seine neuere Geschichte beginnt 1950 mit einer Rede des damaligen Präsidenten der amerikanischen Psychologengesellschaft, Joy Paul Guilford, der zur Forschungssituation über die Kreativität formulierte: »Die Vernachlässigung dieses Themas ist erschreckend«. Diese Kritik wurde nach dem so genannten »Sputnik-Schock« im Jahre 1957, als die Amerikaner nach dem ersten sowjetischen Weltraumflug keine gleichwertige Rakete entgegensetzen konnten, wieder aufgegriffen. Umfangreiche Studien und Forschungen befassen sich seither mit der Frage, »warum der eine Mensch viele, der andere einige und die meisten keine Einfälle haben« (Wolfgang Metzger). Häufig gab man dem Schulsystem die Schuld, das angeblich die unschöpferische Leistung bevorzuge und den kreativen Schüler eher als Störenfried empfände.

Zunächst untersuchte man das Verhältnis von Intelligenz und Kreativität. Die Ergebnisse zeigten, dass sie relativ unabhängig voneinander sind, wenngleich eine mindestens mittlere Intelligenz Bedingung für Kreativität ist. Umgekehrt gibt es viele dem Intelligenzquotienten nach Hochintelligente, die nur wenig schöpferisch sind. Sehr starken Einfluss auf das kreative Verhalten einer Person haben die gegebene Thematik, die zu erwartenden Konsequenzen (zum Beispiel Anerkennung) und die Einstellung der Umgebung zu den Einfällen.

Die Skizzen sind Ausschnitte aus einem Test zur **Ideenflüssigkeit:** Links sollen aus Kreisen möglichst schnell irgendwelche runden Gegenstände gezeichnet werden, wobei nicht mehr als zwei Kreise für ein Bild verwendet werden dürfen. Möglichkeiten sind zum Beispiel eine Sonne oder ein Fahrrad. – Die beiden mittleren Skizzen sollen die schnelle Erfassung ungewöhnlicher Kombinationen prüfen: »Was bedeuten die beiden mittleren Buchstabenkombinationen?« (Ergebnis: 4 F-liegen und 3-KI-an-g). Mit der Skizze rechts soll die Ideenproduktion erkundet bzw. gefördert werden: »Was kann man alles mit einer leeren Konservendose machen?«

In den letzten Jahrzehnten haben sich drei Richtungen der Kreativitätsforschung herausgebildet. Die holistische Gruppe um Max Wertheimer, Karl Duncker und Carl Rogers ist die älteste. Sie versucht kreatives Verhalten als Zusammenspiel von Erlebnissen, Ereignissen und einer allgemeinen Produktivität der Person zu erklären. Unter allgemeiner Produktivität versteht sie intuitive Fähigkeiten, das heißt die Fähigkeit zu Einfallsreichtum und Ideenfülle, die von den Erbanlagen bestimmt sei. Intuition wäre demnach aus unbewussten Schichten gespeist und nicht näher erklärbar (Alex Osborn). Kritisches Denken, das zunehmend in einer Welt der Technik erwünscht ist, würde als ein natürlicher Gegenpol zu fantasievollen Eingebungen diese zurückdrängen. Damit ist ein pädagogischer Leitsatz dieser Gruppe formuliert, wonach kreatives Training zunächst eine kritikfreie Ideenproduktion unterstützen soll.

Die konditionistische Forschungsgruppe um Sarnoff Mednick, Michael Wallach und Nathan Kogan geht dagegen von einem assoziationstheoretischen Modell aus. Danach leert der Kreative sein Assoziationsreservoir langsamer als der Nichtkreative aus, was eine umfangreichere und originellere Produktion von Ideen ermöglicht. In didaktischer Hinsicht will diese Gruppe Kreativität durch die Menge an Assoziationen steigern.

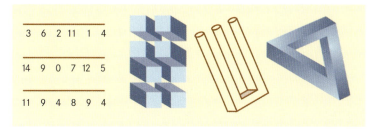

Die spezifische kreative **Flexibilität,** Vorhandenes umzuwandeln, soll in diesem Test geprüft werden: Die Zahlenreihen links symbolisieren die Städtenamen London, Berlin, Moskau, aber in welcher Reihenfolge? Natürlich sind die Ziffern willkürlich den Buchstaben zugeordnet.
Die drei rechten Skizzen sind so genannte *impossibles,* unmögliche Gebilde, die zwar zeichnerisch, aber nicht real möglich sind. Die Aufgabe besteht nun darin, ähnliche Figuren wie die Teufelsgabel, die Kippwürfel und das verrückte Dreieck zu erfinden.

Der Forschungsansatz der strukturalistischen Gruppe um Joy Paul Guilford und Ellis Paul Torrance hat sich schließlich als der fruchtbarste erwiesen. Die Wissenschaftler ermittelten durch eine Faktorenanalyse vier Hauptmerkmale für kreatives Verhalten. Aus ihnen gestaltete Torrance 16 Fördermöglichkeiten, unter anderem das Erlernen eines vertieften Zuhörens, Beobachtens und Tuns, die bis heute die Grundlage des vielgestaltigen Kreativitätstrainings sind.

Das erste Kreativitätsmerkmal ist die Problemsensitivität. In der Praxis der Kreativitätsuntersuchung wird beispielsweise gefragt: »Benutzen Sie in Gedanken einen Keil, eine Kerze, ein Holzbrett und Streichhölzer so, dass sie in einen Balancezustand gebracht werden«, und »Was geschieht nach einigen Minuten, wenn Sie die Kerze anzünden?« Die Antwort: Die brennende Kerze neigt sich zur Seite. Die Ideenflüssigkeit, das zweite Merkmal, betrifft die Schnelligkeit und Menge an Ideen, die den Kreativen vom Nichtkreativen unterscheiden. In der Testserie der links dargestellten Bilder sind einige Aufgaben genannt, die relativ einfach dieses Kreativitätsmerkmal prüfen. Außerdem ist die Flexibilität eine äußerst wichtige Kreativitätsfunktion. Es gibt kaum Schöpfungen aus dem Nichts. Die meis-

In den zwei Beispielen aus dem Sander-Fantasie-Test (A und B) sollen die Zeichnungen a so lange gedreht werden, bis sich aus der Vorgabe eine originelle Bildidee ergibt. Es kommt hier weder auf Schnelligkeit noch auf die »Schönheit« der Zeichnung an, sondern ausschließlich auf »eine nie da gewesene Lösung«, auf **Originalität**. Solche Seltenheiten sind die Bilder c, wogegen die Bilder b unoriginelle Lösungen wiedergeben. Die beiden Lösungen d sind nur mäßig originell.

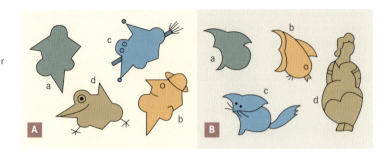

Der **Formdeutetest** nach Hermann Rorschach ist ein häufig angewendetes projektives Verfahren zur Persönlichkeitsdiagnose. Der Versuchsperson werden zehn Tafeln mit symmetrischen Klecksbildern zur Deutung vorgelegt. Aus den Inhalten, die sie in die Testvorlagen projiziert, können diagnostische Hinweise auf die Erlebnisweisen, Probleme, Interessen und die Kreativität der Versuchsperson entnommen werden.

ten Ideen verändern Vorhandenes, formen es um, erneuern Teile, stoßen alte Lösungen um und machen das Gewohnte fragwürdig. Die Originalität schließlich ist, wie Friedrich Nietzsche sagt, »etwas sehen, das noch keinen Namen trägt, noch nicht genannt werden kann, obgleich es vor aller Augen liegt«. Sie ist der härteste Prüfstein für Kreativität. Hier werden Einfälle nicht nur daran gemessen, wie häufig und auf welche Weise sie uns verfügbar sind oder wie leicht sie sich umwandeln lassen, sondern wie selten sie allgemein vorkommen. Dabei wird zumeist das Originalitätsmaß des bekannten, von dem schweizerischen Psychiater Hermann Rorschach entwickelten Rorschach-Tests (Kleksographien) zugrunde gelegt. Danach ist etwas originell, was im Schnitt unter 100 Lösungsvorschlägen nur ein einziges Mal vorkommt. Für den Sander-Fantasie-Test sind diese Häufigkeiten geeicht worden.

Entsprechend dieser Aufschlüsselung kreativen Verhaltens wurden oft Trainingsprogramme für vielfältige Aufgabenbereiche erstellt. Eines der bekanntesten Systeme ist die so genannte Synektik, in der Fremdartiges vertraut und Vertrautes fremdartig gemacht werden soll.

Metakognition

Der holländische Ethnologe L. Oostwal berichtete vor einigen Jahren von einem Ereignis bei Eingeborenen auf Neuguinea: »Es ist fünf Uhr nachmittags. Plötzlich rennt Katuar, ein erwachsener Papua, ängstlich schreiend durch das Dorf: Bowèz! Bowèz! Sofort verwandelt sich die ruhige Stimmung in wilde Panik. Frauen lassen ihr Essen stehen und greifen nach ihren Kindern, die sie ängstlich an sich drücken. Männer laufen aufgeregt auf den Dorfplatz. Sie drängen sich um Katuar und wollen genau wissen, was sich zugetragen hat. Doch Katuar ist immer noch außer sich. Er kann nicht sprechen. Die Panik wird immer größer. Kinder heulen, Männer fassen nach Pfeil und Bogen, um wenigstens etwas zu tun. Aber gleichzeitig fühlen sie ihre Ohnmacht. Gegen Bowèz ist nichts zu machen. Endlich stammelt Katuar seinen Bericht: ›Ich kam am Eisenholzbaum vorbei, der am Tor steht, und setzte mich dorthin, um auszuruhen. Auf einmal sehe ich Tabakblätter auf dem Boden liegen. Fass bloß die Blätter nicht an, das bekommt dir schlecht. Ich bin gleich nach Hause gelaufen, um euch zu warnen. Das ist Bowèz!‹«

Bowèz ist in der Papuasprache alles, was Übel, Missgeschicke, Schicksalsschläge oder Katastrophen auslöst. Dieses fremdartige Beispiel zeigt, was das metakognitive Wissen bestimmt. Die schwer oder undurchschaubaren Fakten des Lebens werden gedeutet und benannt, um sie mit dem gewohnten Verhaltensrepertoire zur Deckung zu bringen.

Diese Denkoperationen werden in der Forschung zur Metakognition untersucht. Sie versucht die persönlichen Konsequenzen zu ermitteln, die daraus erwachsen, ob für uns »ein Glas halb voll oder halb leer« ist. Die jeweilige Lebenseinstellung ist auch ein Denkprodukt, obgleich sie selten reflektiert wird. Metakognition ist letztlich das Denken, das (oft unbemerkt) unser Denken bestimmt. Die eminente Bedeutung dieser mentalen Funktionen wurde nicht zuletzt in der klinischen Psychologie erkannt, die darin die krank machende Ursache von »noogenen Neurosen« oder »automatischen Gedanken« sieht. In einer alten Lebensphilosophie »De propria vitae« von Girolamo Cardano aus dem Jahr 1575 findet man den Satz »Ein Mensch ist nichts als sein Geist… Du musst dich vor dem Unglücklichsein hüten und daran glauben, dass du es nicht bist. Eine Rolle, die mit einem Wort, von jedem Menschen gelernt und gelehrt werden kann«. Dies erinnert an den Bestseller von Paul Watzlawick mit dem ironischen Titel »Anleitung zum Unglücklichsein«.

Abraham Maslow, ein Vertreter der humanistischen Psychologie, spricht von einer **»Hierarchie der menschlichen Bedürfnisse«**: Sobald die physiologischen Bedürfnisse (Nahrung, Flüssigkeit, Bekleidung, Unterkunft, Sexualität, Schlaf, Sauerstoff) befriedigt sind, tauchen sofort andere (und höhere) Bedürfnisse im Menschen auf, auf höchster Stufe das Bedürfnis nach Selbstverwirklichung. Dieses postulierte Maslow als eine die individuelle Entfaltung bestimmende Grundtendenz des menschlichen Lebens.

Seitdem viele Religionen und Weltanschauungen, etwa das Christentum und der Marxismus, ihre allgemeine Akzeptanz eingebüßt haben, wird diese psychologische Sicht einer weltanschaulichen Metakognition immer wichtiger. Denn der Mensch besitzt kein unmittelbares Wissen, zum Beispiel, warum er lebt, wozu sein Leben dienen soll oder warum er sterben muss. Viele existenzielle Fragen erklärt er sich in Deutungsrahmen, die er in seiner persönlichen Entwicklung Schritt für Schritt zu seinen Einstellungen, Vorurteilen, Gesinnungen und Lebensanschauungen aufbaut und zu einer mehr oder weniger eigenständigen Weltanschauung aufstockt. Eine solche Vorgehensweise liegt, wie die psychologischen Theorien der Metakognition vermuten, unter anderem auch unserem Erkenntniserwerb (Erkenntnistheorie), der Wirkung der Gesellschaft auf das Individuum (Sozialisationstheorie), der Bedeutung der Umwelt

IV. Lernen und Denken

Hauptbereiche der weltanschaulichen Metakognitionen
Dispositionen: Weltbilder, Menschenbilder, Wertanschauungen, Lebensanschauungen, Moralanschauungen
Perspektiven: individuelle, kommunikale, finale, transzendentale, intelligible und aktionale Perspektiven
Obligationen: Kodifizierung, Deutungspraxis, Aspirationen (Hoffnungen und Erwartungen)

Von den frühen Kulturen bis in die Neuzeit war individuelles Leben geleitet und begleitet durch Grundsätze religiöser Offenbarung (Christentum: der Mensch als Ebenbild Gottes), gesellschaftlich-moralischer Autorität und Traditionen (Sitten und Gebräuche), Weltanschauungen (z. B. Kommunismus) und Systeme der Metaphysik, in denen jene Anschauungen vielfach begründet wurden. Abgebildet ist der Holzschnitt »Die vier apokalyptischen Reiter« von Albrecht Dürer (1498; Florenz, Uffizien).

(Milieutheorie) oder der Weltansicht (Konfessionstheorie) zugrunde. Weil sie Lebensauffassungen sind, bleiben sie nicht konstant. Man behauptet zwar, die Menschheit lerne nicht aus ihren Fehlern, aber zumindest für die Individuen dürften sich Uneinsichtigkeit und Einsicht die Waage halten.

Die Theorie der weltanschaulichen Metakognitionen gliedert sich in drei Hauptbereiche. Dispositionen stellen die grundlegenden Fragen zur Denkgestaltung des eigenen Daseins. Die Perspektiven umfassen die sechs Hauptgruppen überkommener Weltanschauungen in zumeist innovativer Form, und die Obligationen beschreiben den »Nutzen« dieser Metakognitionen für das eigene Leben.

Die Dispositionen – Weltbilder, Werte, Lebensanschauungen

Die weltanschaulichen Dispositionen umfassen fünf Anschauungsgruppen, über die man sich nicht unbedingt bewusst ist. Die meisten Menschen besitzen sie eher als eine Art vorurteilshafter Einstellungen, auf die ihr Denken und Handeln begründet ist. Beispielsweise ist nach der psychoanalytischen Theorie jeder Mensch grundsätzlich durch den Ödipuskomplex gefährdet, den aufzuarbeiten selten vollständig gelingt. Im Gegensatz zu diesem düsteren Menschenbild stellte Alfred Adler, ein Schüler von Sigmund Freud, für seine Individualpsychologie fest: »Der Mensch ist von Natur aus nicht böse. Was auch ein Mensch an Verfehlungen begangen haben mag, verführt durch seine irrtümliche Meinung vom Leben, es braucht ihn nicht zu bedrücken; er kann sich ändern. Die Vergangenheit ist tot. Er ist frei, glücklich zu sein und andere zu erfreuen.« Es lässt sich nicht übersehen, dass viele, wenn nicht die meisten Anschauungen zu den existenziellen Dispositionen ziemlich oberflächlich sind. Ansichten, wie sie Adler oder Freud vertritt, sind Glaubensangelegenheiten und lassen sich nicht überprüfen. Dispositionen sind vielmehr Grundlagen menschlicher Daseinsvergegenwärtigung. Sie umfassen Welt- und Menschenbilder sowie Wert-, Lebens- und Moralanschauungen.

Bereits in der Schule wird dem Jugendlichen das wissenschaftliche Weltbild der Astrophysik beigebracht. Daneben ist der »Himmel« der Theologen nicht ausgestorben. Überall wird betont, dass sie nichts miteinander zu tun haben. Aber ist es wirklich möglich ohne ein widerspruchsfreies Weltbild vom Daseinssinn des Menschen zu sprechen? Beide Formen des Weltverständnisses sind unvollständig. Der Physiker ist überfordert zu sagen, was räumlich hinter dem explodierenden All mit einer Ausdehnung von 16 Milliarden Lichtjahren liegt, und ebenso zeitlich, was vor dem Urknall war. Ein Theologe sagte: »Der Himmel ist heute nicht mehr lokalisierbar.« Beide Weltansichten erscheinen unfasslicher und unanschaulicher denn je. Was in der griechischen Antike »Zetesis« hieß, das Vorwärtsdringen in einem vollständig vorstellbaren, begrenzten menschlichen Kosmos, ist seit einigen Jahrzehnten, nicht zuletzt durch die Raumfahrt, den Menschen abhanden gekommen. Dabei enthielten alle großen Religionen und Weltanschauungen eine Kosmologie. Es fehlt sogar (wie vorher als Voraussetzung für die Kreativität postuliert) vielfach eine Problemsensitivität für diesen Verlust.

Der Begriff Menschenbild soll die gängigen oder eigenständigen Auffassungen von den menschlichen Funktionsbeschreibungen zusammenfassen. Die Frage »Was ist der Mensch?« ist beliebig beantwortbar und nicht mehr durch eine einzige Lehrmeinung bestimmt. Der Philosoph Ludwig Marcuse hat für unsere Zeit die Formel geprägt: »Der Mensch ist... und war immer der Beginn eines Fehlurteils. Es muss heißen: Der Mensch ist auch«. Der französische Philosoph Rémy de Gourmont beschrieb den Wandel in der Auffassung vom Menschen seit Charles Darwin mit der Sentenz: »Von Gottes Ebenbild zum arrivierten Tier«. Das hat aber auch nicht verhindert, wie Jean Paul Sartre schrieb, ihn als »Wesen mit der Begierde, Gott zu sein« zu umschreiben. Diese Extreme belegen, wie unzureichend und letztlich unbrauchbar der Umgang mit den Menschenbildern geworden ist. Wer als Quintessenz der Metakognition die geistige Weltbegegnung fordert, den »Sinn des Lebens«, kann nicht darüber hinwegsehen, dass Menschen- und Weltbilder kaum noch befriedigend Antwort geben.

Die Werte eines Menschen setzen sich aus zahlreichen größeren und kleineren Komponenten zusammen, beispielsweise Wohlbefinden, mitmenschliche Hilfe, Selbstverwirklichung, Liebe oder Hoffnung, aber auch ein neues Auto, der Sieg im Fußballspiel oder der längere morgendliche Schlaf. Alle Werte sind an das individuelle Ermessen gebunden. Zumindest in den Industrienationen ist der Umfang der materiellen Werte in den letzten Jahrzehnten ungeheuer gestiegen, und sie nehmen eine immer größere Bedeutung ein, auch bei denjenigen, für die diese Werte lediglich Wünsche bleiben müssen. Werte sind immer auch Selbstwerte, das heißt der Mensch definiert sich selbst über sie. Er festigt sich innerlich mit ihrer Norm. Werte sind für ihn persönliche Bedeutungen, die in seiner Sicht den eigenen Stellenwert erhöhen. Wenn aber die materiellen Werte für jemanden überhand nehmen, vernachlässigt er andere (geistige, religiöse, so genannte höhere) Werte, denn in einem Leben haben nicht unbegrenzt viele Werte Platz. Das hat Konsequenzen für die nächste Stufe der metakognitiven Voraussetzungen der Lebensbewältigung.

Die Lebensanschauung versucht, mehr oder weniger gezielt und bewusst, die typischen Sinnfragen der eigenen Existenz im Rahmen der individuellen Sozialgemeinschaften (zum Beispiel Partnerschaft, Familie, Verein oder Nation) zu beantworten: Was möchte ich erreichen? Was kann ich entbehren? Ist mein Partner, mein Beruf für mich wichtig? Welche Einstellungen habe ich zu den Menschen, der Natur oder dem Staat? Was bedeutet für mich der Tod? Welchen Stellenwert hat die Sexualität? Kann ich meine Existenz vervollkommnen und wodurch? Unter »Sinn« wird in der Regel eine Über-

---

Die aufgegriffenen Werte (materielle: z.B. Besitz; psychische: z.B. Wohlbefinden; soziale: z.B. Freundschaft; weltanschauliche: z.B. Gewissen) in ihrer Beziehung zum sinnsuchenden Menschen sind (aus psychologischer Sicht) an das Ermessen gebunden. Was jemand als Wert (oder wenn der Wert erlangt ist, als Sinnerfüllung oder »Glück«) bezeichnet, kann einem anderen gleichgültig sein oder als Unwert erscheinen. Jeglicher Sinnerfüllung geht aber die Entscheidung für diejenigen Werte voraus, deren Verwirklichung für den Einzelnen Sinnerfüllung bedeutet (Victor Frankl).

Victor Frankl, der Begründer der Logotherapie und Existenzanalyse, geht davon aus, dass nicht der Wille zur Lust (Sigmund Freud) oder der Wille zur Macht (Alfred Adler), sondern der Wille zum Sinn das Verhalten des einzelnen Menschen weitgehend beeinflusst. Wenn dieses **Sinngebungsbedürfnis** unerfüllt bleibt, entstehen nach dieser Theorie Neurosen. Deshalb wird im Rahmen seiner Therapie die Geschichte des Individuums unter dem Gesichtspunkt von Sinn- und Wertbezügen untersucht.

einstimmung mit bestimmten Erwartungen, die man für unabdingbar hält, verstanden. Das Leben soll dadurch zweckvoll, lustvoll, wertvoll und verpflichtend erscheinen. Diese vier Qualitäten der Sinnerfüllung überschneiden sich zum Teil, vertreten aber unterschiedliche Bereiche der Daseinserfüllung.

Die Moralanschauung schließlich vertritt die »Sollkategorie«. Sie ergänzt die beiden vorhergehenden Grundvoraussetzungen einer weltanschaulichen Metakognition (Werte und Sinn) durch den Einsatz eines Gefühls der eigenen Verantwortlichkeit (Moral). Viele Untersuchungen zeigten, dass ein Wechselverhältnis zwischen öffentlicher Moral und Privatmoral besteht. Verhalten sich Leitfiguren der Gesellschaft (Regierungsvertreter, Industrielle oder andere Prominente) uneingeschränkt eigennützig, auch außerhalb des Legalen, »färbt« das auf die Gesamtbevölkerung ab. Auch die Demokratien sind nicht gegen eine gefährliche »doppelte Moral« gefeit, bei der Handeln und Reden auseinander klaffen.

Die Weltanschauungen

Der Oberbegriff Perspektiven fasst sechs Hauptgruppen von etwa 95 benennbaren Weltanschauungen in knapper Form zusammen. Die individualen Weltanschauungen stellen die eigene Person in den Mittelpunkt. Dabei handelt es sich nicht nur, wie im weltanschaulichen Kapitalismus, um eine »Ich-Ideologie« (Egoismus) und die eigene Bereicherung durch Besitztümer. Immer wieder hat es im Laufe der Geschichte auch humanistische Perspektiven gegeben. Im Kontrast zu Neros verbrecherischem Egomanismus schrieb sein ehemaliger Lehrer Seneca, den Nero in den Tod trieb: »Halte nie einen für glücklich, der von äußeren Dingen abhängt. Auf zerbrechlichen Boden hat der gebaut, der seine Freude an Dingen hat, die von außen kommen. Jede Freude, die von dort kommt, wird auch wieder vergehen. Aber das, was aus sich selbst entspringt, ist treu und fest, nimmt zu und begleitet uns bis ans Ende.«

Der **Reichsparteitag der NSDAP** 1935 in Nürnberg war einer der Höhepunkte nationalsozialistischer Propaganda. Die Teilnehmer dieser Großkundgebung sollten von der überwältigenden Größe der Nation und dem Erleben der unverbrüchlichen Volksgemeinschaft durchdrungen werden.

Die kommunikalen Weltanschauungen definieren sich in erster Linie über eine als perspektivisch aufgefasste Gemeinschaftsbildung, sei es eine Gemeinde von Gleichgesinnten, die Familie, das Volk, die Nation, die Sippe, die Rasse, die Klasse, die Partei oder eine andere der zahlreichen Gemeinschaftsformen. Im 20. Jahrhundert haben zwei von ihnen, der Kommunismus und der Faschismus, große Massen begeistert und die Welt an den Rand des Zusammenbruchs geführt. Trotzdem wird es immer wieder Ideologien geben, die eine Gemeinschaft als Ziel der perspektivischen Menschheitsbefriedigung sehen. Unterhalb der Ideo-

In Thailand sind über 90 Prozent der Bevölkerung Buddhisten. Ende des 20. Jahrhunderts gehören buddhistische Mönche hier noch zum Alltagsbild in Städten und Dörfern und genießen hohe Verehrung. Aber auch Alltag und Lebenslauf der Laien werden durch religiöse Riten und Feste entscheidend bestimmt und geprägt. Das Bild zeigt **buddhistische Mönche** im Rahmen eines der Verehrung Buddhas und seiner Lehre gewidmeten Festes.

logieebene beispielsweise gibt es die Fanbewegungen für Fußballspieler oder Popstars, die oft ihr Idol nur als Auslöser für anderweitige Gemeinschaftserlebnisse wie Randale oder Massenekstase nutzen. Die »Brüderlichkeit« aus den Forderungen der Französischen Revolution war immer auch eine gefährliche Ideologie.

Finale Ideologieperspektiven wurden weniger zu ideologischen Systemen zusammengeschlossen als die anderen fünf Gruppen. Sie fehlten aber zumindest selten in den gängigen Weltanschauungsgebäuden. Der Philosoph Martin Heidegger formuliert in seinem Hauptwerk »Sein und Zeit«: »Zeitlichkeit enthüllt sich als der Sinn der eigentlichen Sorge«. Manche von ihnen, die man rückgewandt oder reaktionär nennen könnte, wie beispielsweise der chinesische Konfuzianismus, wollen die Zukunft nach dem Vorbild einer ideal gesehenen Vergangenheit gestalten. Andere sind konservativ, wie manche bürgerlichen Parteien, die die Gegenwart bewahren wollen. Die meisten aber sind fortschrittlich ausgerichtet auf eine ideal gewünschte Zukunft als Utopie oder wie bei zahlreichen Sekten apokalyptisch auf einen schrecklich ausgemalten Endpunkt der Welt.

Am häufigsten sind die transzendentalen Weltanschauungen. Sie reichen von den Hochreligionen bis zu den jenseitsgerichteten Mythologien und Konfessionen. Für sie ist nicht das Diesseits sinnbildend, sondern ein »Reich, nicht von dieser Welt«, wo alles entgolten wird, was hier gerechtigkeitslos gewesen ist. Die Hoffnung als die stabilste Glaubensstütze dient in vielen Religionen zur weltanschaulichen Durchdringung des eigenen Lebens und des Lebens der Gemeinschaft. Das weltweite Problem der Religionen ist mit wenigen Ausnahmen der zunehmende Glaubwürdigkeitsverlust dieser Hoffnungen.

Die intelligiblen Weltbilder setzen auf Wissenschaft und Vernunft. Ihre Hochblüte war das Ende des 19. Jahrhunderts, als man alles Heil aus dem Fortschritt der Wissenschaft erwartete. Ein typisches Beispiel dafür war die »Monistenbewegung« des Zoologen

Ernst Haeckel, die die »beständig fortschreitende Wissenschaft zur Grundlage der Weltanschauung und zur Führerin des Lebens erheben« wollte. Seit der Kontroverse um die Folgen der praktischen Atomphysik, den Atombomben und Atomkraftwerken sowie die Umweltgefährdung durch Technik und Industrie ist der ideologische Wert der Wissenschaft rapide gesunken.

Als sechste Gruppe behaupten sich nach wie vor die aktionalen Weltanschauungen, die kein geistiges Ideologiegebäude anstreben, sondern allein weltanschauliches Handeln anerkennen. In der Französischen Revolution hieß es: »Man engagiert sich und sieht dann, was herauskommt.« Beispiele dieser weitgehend auf Handlungen reduzierten Ideologien sind Anarchismus, Radikalismus und Terrorismus. Diese wie auch der weit verbreitete Pragmatismus, das heißt ein rein funktional am unmittelbaren Nutzen ausgerichtetes Handeln, und der Nihilismus, die Leugnung übergeordneter Sinndeutung, können heute auch einen Verlust an weltanschaulicher Metakognition demonstrieren. Obgleich der Mensch eine geistige Instanz für seine eigenständige Lebensbewältigung benötigt, steht sie vielen Menschen heute zu ihrem Schaden nicht mehr als Konfession, Weltanschauung, Ethik oder eben auch als Metakognition zur Verfügung, oder es wurde nie eine solche aufzubauen versucht.

Diese mit vielen Buchmalereien versehene Sammelhandschrift aus dem 2. Drittel des 14. Jahrhunderts stellt biblische und spezifisch **christliche Endzeitszenarien** dar. Rechts unten ist das himmlische Jerusalem – Zielpunkt der christlichen Heilshoffnung – zu sehen (Stuttgart, Württembergische Landesbibliothek).

Zum Abschluss dieses Abschnitts über Metakognition stellen sich die Fragen zur Nützlichkeit von Weltanschauungen. Diese »Obligationen« als mehr oder weniger deutlich formulierte Erwartungen an das Dasein umfassen die drei wichtigen lebenstherapeutischen Bereiche des Systems, der Deutungspraxis und der Aspirationen. Weltanschauliche Systeme bergen den Vorteil, ihre geistigen Angebote im vorgedachten Zustand zu vermitteln. Die Religionen haben dafür eine Fülle von Ritualen entwickelt, die den weltanschaulichen Beruf des Priesters (oder bei anderen Ideologien den des Funktionärs) hervorgebracht haben. Ihm obliegt, oft ausschließlich, die Deutungspraxis: die Auslegung von Ereignissen nach den Dogmen des eigenen Systems. Der entscheidende Vorteil jeglicher weltanschaulicher Metakognitionen ist die Aspiration (die Hoffnung und Zuversicht, das Heilsversprechen), zum Beispiel auf ein ewiges Leben für den Christen.

Umgehen mit Informationen

Ein neues Schlagwort fasziniert: »Datenautobahn« – entfesselte Information! Nie da gewesene Handlichkeit des gesamten Wissens der Welt auf dem eigenen Schreibtisch. – Wie bei der materiellen Nahrungsaufnahme kann man sich schnell übernehmen. Bei bestimmten Formen der Bulimie, eine Essstörung, führen kurzfristige Fressanfälle oder langfristige Unersättlichkeit zur Fettleibigkeit, die träge macht oder lebensbedrohlich wird. Ebenso kann Informationsübersättigung träge machen und geistig lebensbedrohlich wirken. Der Grund ist einfach: In der Masse der Informationen geht das Kriterium der Wichtigkeit, also die Trennung von Wichtigem und Unwichtigem, unrettbar verloren – und mit ihm kommt es wie bei den Essstörungen letztlich, nach einer Bezeichnung aus der amerikanischen Ernährungspsychologie, zum Failure to thrive, zur »Störung des Gedeihens«.

Das Internet verstärkt etwas, was es immer gegeben hat: die Rivalität zwischen Wissen und dem Verarbeiten von Wissen. Besonders Schriftsteller und Dichter haben sich über ihr Denken während des Schaffensprozesses und die kleinen Tricks dabei Gedanken gemacht. Goethe bekannte gegenüber Eckermann: »Ich habe nun auch das Manuskript des 2. Teils (des ›Faust‹) heute heften lassen, damit es mir als sinnliche Masse vor Augen sei. Die Stelle des fehlenden 4. Aktes habe ich mit weißem Papier ausgefüllt, und es ist keine Frage, dass das Fertige anlockt und reizt, um das zu vollenden, was noch zu tun ist. Es liegt in diesen sinnlichen Dingen mehr als man denkt, und man muss dem Geistigen mit allerlei Künsten zu Hilfe kommen.«

Bei diesen »allerlei Künsten« kann man Arbeits-, Verarbeitungs- und Vermittlungstechniken unterscheiden. Denken ist unter anderem auch ein »Handwerk«. Man kann sich und anderen dieses Handwerk schwer oder leicht machen. Leider wird der Anfänger bei dieser Arbeit zumeist allein gelassen, teils weil solche »niederen« Dinge verachtet werden, teils weil tatsächlich vielen die Kenntnisse der kognitiven Ergonomie fehlen. Das »Steinewälzen« wird dann leicht zur Sisyphusarbeit, wenn man an den Informationsempfänger denkt, der nur eine begrenzte Aufnahmefähigkeit besitzt.

Sokrates hat laut Platon gesagt: »Hat der Schüler nicht wenigstens die Hälfte des Weges selbst beschritten, so hat er nichts gelernt.« Dieser grundlegende Satz gilt für die gesamte Kognition. Wenn man in der Informatik von »Datenverarbeitung« spricht, ist damit gemeint, alle vorhandenen Informationen zusammenzutragen und unbegrenzt zu speichern. Demgegenüber muss der menschliche »Datenverarbeiter« über die Fülle der Informationen Herr werden, das heißt, er muss die Einzelinformationen ordnen, neue Ideen die Oberhand gewinnen lassen und eine höhere Informationsebene erreichen, um etwas Originelles zu schaffen. Sonst wäre die Arbeit so nutzlos wie der

An das **Internet,** das sich bis Ende der 1980er-Jahre als ein reines Wissenschaftsnetz entwickelte, sind heute weltweit mehrere 10 000 Netze angeschlossen; etwa 40 Millionen Computer haben Zugang zum Internet. Für den Nutzer, der riesige Datenmengen – Nachrichten, Dokumente, Meldungen, Diskussionsbeiträge aus allen Lebensbereichen – abrufen kann, stellt sich das Problem der gezielten Selektion und bewussten Nutzung und Verarbeitung des übermittelten Materials.

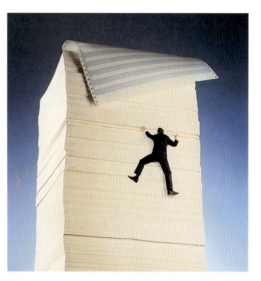

Trotz oder vielleicht gerade wegen des Computers werden immer größere Papiermassen mit häufig nutzlosem Inhalt produziert.

Der schweizerische Pädagoge und Sozialreformer **Johann Heinrich Pestalozzi**, hier mit Kindern in einer Schule, forderte in seiner Pädagogik die Entwicklung sowohl der intellektuellen als auch der sittlich-religiösen und körperlich-werktätigen Kräfte des Menschen. Als ein besonders wichtiges Prinzip für die Erziehung sah er die Anschauung, die Orientierung des Lehrens und Lernens an der menschlichen und gegenständlichen Umwelt (im Unterschied zu reinem Buchwissen) an.

Der Lehrer in strengster Bedeutung muss sich nach der Bedürftigkeit richten; er geht von der Voraussetzung des Unvermögens aus... Schön ist eine Lehrart, wenn sie dieselben Wahrheiten aus dem Kopf und Herzen des Zuhörers herausfragt.
Friedrich von Schiller

Es gibt dreierlei Arten Leser: eine, die ohne Urteil genießt; eine, die ohne zu genießen urteilt; die mittlere, die genießend urteilt und urteilend genießt; sie reproduzieren das Kunstwerk aufs Neue. Die Mitglieder dieser Klasse sind nicht zahlreich.
Johann Wolfgang von Goethe

ungekonnte Umgang mit Computerinformationen, die als ungenutzte Papierschlangen aus dem Drucker quellen.

Johann Heinrich Pestalozzi, der Begründer der Pädagogik, resümierte im Alter seine Lebensleistung: »Wenn ich jetzt zurücksehe und mich frage: ›Was habe ich denn eigentlich für das Wesen des menschlichen Unterrichts geleistet?‹, so finde ich, ich habe den höchsten, obersten Grundsatz des Unterrichts in der Anerkennung der Anschauung als dem absoluten Fundament aller Erkenntnis festgesetzt.« Man könnte meinen, er hätte damit das Denken aus den Unterrichtsräumen hinausgetrieben. Weit gefehlt. Je intensiver das Denken betrieben wird, desto genauer hält es sich an die Objekte des Denkens. Selbst die abstrakteste mathematische Formel entfremdet sich nicht von den Gegenständen.

Daher sind einige Grundregeln zu beachten, wenn man Informationen, gleichgültig ob mündliche oder schriftliche, weiterreicht. Zunächst sollte man im eigenen Kopf Ordnung schaffen (laut Blaise Pascal »die wichtigste Fähigkeit, die alle anderen ordnet«) und für einen guten Aufbau sorgen, unter anderem durch ein Inhaltsverzeichnis. In Abständen fasst man, auch für sich selbst, die Inhalte zusammen und bemüht sich um eine gegenständliche Anschaulichkeit. Weiterhin sollte man interessante »Aufhänger« finden, Gefühle wie Hoffnung, Spannung, Neugierde oder Wohlwollen anregen und schließlich auf positive Nachwirkungen setzen, um so die Nützlichkeit des Mitgeteilten zu überprüfen.

Künstliche Intelligenz

Der menschliche Geist hat mit dem Computer einen Konkurrenten erhalten, der im Kognitionsbereich einige Funktionen besser beherrscht, als die menschliche Denkleistung sie je erreichen kann. Daraus erwachsen zwei Fehlurteile: Man unter- oder überschätzt den Computer als Instrument künstlicher Intelligenz. Die Unterschätzung beruht zum Teil auf Abwehr oder Fremdheit vor der neuen Technologie und äußert sich unter anderem als Zweifel daran, ob der Computer »kreativ« sein kann. Die Überschätzung, die davon ausgeht, der Computer sei der geistigen Leistungsfähigkeit des Menschen überlegen, folgt meist aus dem Verkennen, wie komplex die Kognition ist. Als Alternative bietet sich, jeweils die Vorteile von Mensch und Computer zu nutzen und sie in einem »Mensch-Computer-System« zu kombinieren.

Die Forschungen zur künstlichen Intelligenz (KI) haben seit den 1950er-Jahren eine stürmische Entwicklung genommen. Sie bilden die Klammer für verschiedene Forschungszweige, die sich insgesamt mit den computergestützten Weiterentwicklungen intelligenter Leistungen beschäftigen. Wenn man bedenkt, wie fundamental der Computer die Welt in den letzten fünfzig Jahren verändert hat, überrascht es nicht, dass das Feld der KI-Forschung inzwischen ungeheuer umfangreich geworden ist.

Dieser autonome, reflexgesteuerte **Automat** bewegt sich insektenähnlich auf sechs Beinen. Mit seiner Hilfe werden die Orientierungs- und Bewegungmöglichkeiten autonomer Systeme untersucht. In dem Automaten arbeiten mehrere unabhängige Prozessoren, die sowohl untereinander als auch mit den Sensoren und »Beinen« verkoppelt sind.

Die Gebiete der KI-Forschung

Die Abbildung unten ordnet die älteren und neueren Teilbereiche der Forschungen zur künstlichen Intelligenz in einem Modell. Bereits frühzeitig war die wichtigste Frage, wie Information technologisch bewältigt werden kann. Einer der ersten Forscher war Claude Shannon, der den Informationsgehalt rechenbar gemacht hat. Seither ist »Information« nicht mehr eine philosophische oder profane Aussage, sondern eine kalkulierbare Zahl von Zeichenalternativen. Nach dem grundlegenden Begriff der »Substanz«, der schon im Altertum erarbeitet wurde, oder der »Energie«, der im 19. Jahrhundert dazukam, leistet die Neuformulierung der »Information« einen bahnbrechenden wissenschaftlichen Paradigmenwechsel. Zwar gibt es keine einheitliche Definition für »Information« (es sei denn, man begnügt sich mit der Formel »Reduzierung von Ungewissheit« von Fred Attneave), aber die Mehrheit bestimmt die Information als

Die Hauptgebiete der **KI-Forschung**.

Wirklich **intelligente Roboter** gibt es bisher nur in Science-Fiction-Filmen, wie das Duo C-3PO und R2-D2 aus der Trilogie »Krieg der Sterne« von George Lucas. Der hoch gewachsene, teilweise sehr menschlich agierende C-3PO gilt als Spezialist für »Mensch-Roboter-Beziehungen«, da er Tausende galaktische Sprachen dolmetschen kann, auch die elektronischen Sprachen der Roboter. Sein etwas tollpatschiger Kumpane R2-D2 ist ein »differenzierter Reparatur- und Informationswiederauffindungs-Roboter«, der sich nur mithilfe einer aus elektronischen Lauten bestehenden Sprache verständigen kann.

»Abstraktion aller mitteilbaren Bedeutung als Botschaft«. Entsprechend ist die Informatik die Wissenschaft, die sich mit der grundsätzlichen Verfahrensweise der Informationsverarbeitung und den allgemeinen Methoden der Anwendung, besonders der elektronischen Datenverarbeitung, befasst.

Unter dem alten Begriff »Roboter«, der 1921 von Karel Čapek vom tschechischen »robot« (arbeiten) abgeleitet wurde und einen »künstlichen Menschen«, eine Puppe bezeichnete, versteht man heute eher »Automaten« oder »Manipulatoren« und damit die »Hardware« der programmierten Systeme mit einem Empfangsteil und einer Funktionskomponente. Die heutige Forschung gilt der Lernfähigkeit solcher Systeme: Einmal gemachte Fehler werden nicht mehr wiederholt. Hier schließt sich die Anwendungsforschung als »Software«-Entwicklung an. Sobald Maschinen mit offener Einsatzmöglichkeit vorhanden sind, kann man ihre Einsatzfähigkeit systematisch erweitern, wie es beispielsweise für zahlreiche Grafikprogramme geschehen ist.

Unabhängig davon tritt gegenwärtig die Forschung zur Signalverarbeitung in den Vordergrund. Neuronen bilden Netzwerke und zeigen damit Wege auf, sowohl die in der Evolution entwickelten komplexen Verarbeitungen elektronisch nachzuahmen als auch das neuronale Geschehen mit den Kenntnissen der Elektronik beziehungsweise der elektrochemischen Technologie genauer zu bestimmen. Dieses Gebiet steht noch in den Anfängen und bestimmt deshalb häufig das Bild der KI-Forschung in der Öffentlichkeit.

Die Computer werden immer leistungsfähiger, sodass sich immer realistischer wirkende, dreidimensionale Bilder programmieren lassen.

Zwischen diesen Hauptgebieten bewegen sich Nebenbereiche, von denen wir die (derzeit) vier wichtigsten herausgreifen. Die Taxonomieforschung entstand in den 1960er-Jahren. Sie versucht mithilfe von Computerprogrammen Klassifikations-, Diagnose- und Interventionssysteme hauptsächlich für die klinische Praxis aufzustellen und auszuarbeiten. Die Klassifikation zum Beispiel der psychischen Störungen hat mit den beiden Hauptverfahren DSM III R. (Diagnostic and Statistical Manual of Disorders, 3., überarbeitete Auflage) und ICD 10 (International Classification of Deseases, 10. Auflage) einen hohen Standard erreicht. Die Taxonomieforschung setzt sich bis zur Entwicklung »therapeutischer Maschinen« fort, deren Brauchbarkeit noch umstritten ist. Als zweiter Forschungsbereich sind die Sprachsysteme derzeit verstärkt in der Diskussion, weil sich realisierbare Anwendungen für Übersetzungsmaschinen abzeichnen, die lange Zeit für unmöglich galten. Das dritte Gebiet, die Expertensysteme, haben inzwischen einen festen Platz in der KI-Forschung. Sie speichern nicht nur Expertenwissen in den Entscheidungsprozess industrieller, wissenschaftlicher, politischer oder wirtschaftlicher Prozesse ein, sondern können darüber hinaus inhaltsunabhängige Strukturhilfen beisteuern (unter anderem Zielstrukturierung, Finden, Ermittlung und Bewertung von Handlungsalternativen, Festlegung und Gewichtung von Bewertungskriterien) und ihre Erfüllung kontrollieren.

Die intelligenten Spiele verändern als viertes KI-Nebengebiet seit einigen Jahren das Freizeitverhalten von Kindern und Erwachsenen. In den 1950er-Jahren waren es die elektronischen Flipper, die Diskussionsstoff sowohl als zusätzliches Angebot zur Freizeitgestaltung wie als kulturkritische Mahnung gegen soziale Isolation lieferten. Heute stehen mit den Cyberspace-Automaten tief greifende Veränderungen für den Realitätsbezug des Menschen bevor. Eine virtuelle Welt wird in seine reale hineingenommen, und beide lassen sich kaum noch unterscheiden. Somit kann die KI-Forschung selbst die durch sie ausgelösten Entwicklungen der psychischen Situation des gegenwärtigen und zukünftigen Menschen kritisch untersuchen.

Mithilfe eines **Cyberspace-Automaten,** der aus einer elektronischen Brille und einem Datenhandschuh besteht und an einen Lautsprecher angeschlossen ist, versetzt sich diese Benutzerin in eine Kunstwelt. Sie erhält den Eindruck, sich in fremden Landschaften und Räumen zu bewegen, von denen sie Teil ist und auf die sie (über die Elektronik) einwirken kann. Beide Welten, ihre reale und die virtuelle, lassen sich kaum noch unterscheiden.

Der Computer und das menschliche Denken

Wie das menschliche Gehirn verfügt der Computer über Eingabesysteme, Verarbeitungs- oder Zentraleinheiten und Ausgabekomponenten. Bei normalen Personalcomputern ist es die Tastatur, bei den Industriecomputern oder Onlinecomputern sind es Messgeräte oder Verbindungen zu anderen Computern, die der Eingabe von Informationen dienen. Die Eingabeeinheiten der Menschen (zum Beispiel Augen und Ohren) sind denen des Computers noch weit überlegen. Bei den Zentraleinheiten (Zentralnervensystem beim Menschen beziehungsweise der Speicher und Hauptprozessor beim Computer) übertrifft dagegen jeder bessere Computer

Das Plakat zeigt Salomon Stone, den größten Rechenkünstler der USA, im Jahre 1890. Auch Wim Klein, der bis 1977 in der Abteilung für Theoretische Studien des Europäischen Kernforschungszentrums (CERN) tätig war, besaß eine geniale Rechenbegabung und konnte sich teilweise mit den damaligen Elektronengehirnen messen. Inzwischen übertrifft die Rechenleistung eines Computers die eines Menschen bei weitem. Aber wird der Computer je auch Freude, Begeisterung und Schmerz empfinden können wie Menschen?

leicht das menschliche Gehirn an Schnelligkeit und der Menge der verarbeitenden »bits«, allerdings mit einer wesentlichen Einschränkung. Das Gehirn verarbeitet nicht nur Informationen, sondern auch Emotionen. Theoretisch könnte das auch ein Analogcomputer leisten, der ähnlich wie ein Rechenschieber arbeitet, aber man hat sich stattdessen weitgehend auf das Digitalsystem beschränkt, das in seiner Arbeitsweise einem Abakus oder Rechenbrett gleicht. Die Datenverarbeitung kann in einer emotionslosen Welt funktionieren. Ein Mensch in dieser Situation hätte keine Überlebenschance, weil emotionale Entscheidungen einen wichtiger Bestandteil seines Lebens bilden. Deshalb taugen Computerprognosen über menschliches Verhalten wenig.

Der eigentliche Vorzug des Computers sind die Ausgabeeinheiten. Kein Mensch kann eine solche Fülle von Entscheidungsprozessen in so kurzer Zeit zu einer Lösung zusammentragen wie der Computer. Dabei können neue Regeln eingebaut werden, so die Faustregel, dass rückwärts gerichtete Verkettungen von der Lösung bis zum Ausgang des Problems führen. Diese Regeln sind in ihrer Vielfalt lebensnahen Handlungen, Konstruktionsverläufen oder Automatismen ähnlich, bei denen man auch öfter gedanklich zum Problembeginn zurückkehrt. Allerdings gibt es Grenzen, wenn bei offenen Problemen der Lösungsweg unbestimmbar wird, zum Beispiel, wenn man irrationale, völlig unverständliche Maßnahmen einiger Personen einbezieht, die sich mit ihrem Verhalten nicht im »normalen« Maßstab einer Gesellschaft bewegen. Ferner kann man versuchen, in einem Entscheidungsprozess den Kontrahenten in die Irre zu führen. Vorläufig gehen die Computerprogramme von einer leicht programmierbaren »festen Gewinnmatrix« aus, das heißt von einem idealen rationalen Denker.

Angesichts dieser Unterschiede von Mensch und Computer ist es unmöglich, das Denken zu »computerisieren« – ebenso wenig kann der Computer die Kognitionen kopieren mit ihren scheinbaren Umwegen, Abkürzungen, Abstrahierungen und persönlichen Begriffshierarchien, ihrer Irrtums- und Fälschungsabhängigkeit, ihrer Manipulierbarkeit sowie den individuellen Bewertungsstrategien. Unter der Voraussetzung, dass ein offenes Mensch-Computer-System die Eigenständigkeit der »Denkstrukturen« beider Instanzen nutzt, könnte es besonders für Voraussagen künftiger Entwicklungen eingesetzt werden, deren Bedingungsvernetzungen ohne Computer nicht zu überschauen wären.

H. BENESCH

Vom Unbewussten zum Überbewussten

Über Jahrhunderte hinweg suchte die psychologisch orientierte Philosophie das bewusste Erleben als Grundzug des Psychischen zu erforschen, wie es als Affekte, Vorstellungen, Willen und Denken zum Ausdruck kommt. Erst durch Sigmund Freud und die tiefenpsychologische und neuropsychologische Forschung des 20. Jahrhundert wurden das unbewusste Seelenleben, veränderte Bewusstseinszustände sowie mentale Gipfelerlebnisse, die eine Erweiterung des Bewusstseins über Ichgrenzen und die gewöhnlichen Grenzen von Raum und Zeit hinaus beinhalten, näher untersucht.

Dimensionen psychischer Erfahrung

Die Begriffe Bewusstsein beziehungsweise Unbewusstes stammen aus dem 18. Jahrhundert. Vorher diente Seele als allgemeine Bezeichnung für das innerliche Erleben des Menschen. Voltaire schrieb 1764 in seinem Dictionaire philosophique: »Das Wort Seele gehört zu den Wörtern, die jeder ausspricht, ohne sie zu verstehen.« Noch vor der Einführung des Begriffs Bewusstsein durch Christian Wolff im Jahr 1719 hatte Leibniz in den posthum erschienenen »Neuen Abhandlungen über den menschlichen Verstand« bemerkt, »dass auch die merklichen Perzeptionen stufenweise aus solchen entstehen, welche zu schwach sind, um bemerkt zu werden«. Er nannte sie »unmerklich«. Carl Gustav Carus führte 1853 den Begriff des »Un-Bewusstseins« in die Psychologie ein.

Das Bewusstsein

Der Begriff Bewusstsein hatte in der Geschichte der Psychologie ein wechselvolles Schicksal. Für die phänomenologische Psychologie, vertreten unter anderem durch Franz Brentano, Ludwig Klages und Hermann Ebbinghaus, bildete er ein Fundament für das Verständnis des Psychischen. Dagegen entfremdeten sich die Vertreter der experimentellen Psychologie, etwa Wilhelm Wundt, Francis Galton und James McKeen Cattell, zunehmend vom Begriff Bewusstsein und die behavioristische Psychologie von John Watson und Burrhus F. Skinner zählte ihn zu den Begriffen, die einer wissenschaftlichen Beschäftigung nicht wert seien. Heute wird er als selbstverständlicher Begriff für die Beschreibung des physiologisch-phänomenologischen Zustands der Wachheit und Selbstvergegenwärtigung, der sich auch neurophysiologisch mit dem EEG nachweisen lässt, wieder verwendet, etwa von John Eccles und J. Graham Beaumont im Zusammenhang mit der physiologischen Psychologie und von Vertretern der

Der englische Arzt und Philosoph Robert Fludd sah in einem Stich aus dem Jahr 1619 die **Seele** (»Hic anima est«) im Mittelpunkt und als Schnittmenge aller geistiger Aktivitäten. Sie steht in engem Kontakt mit den Welten (»Mundus«), die sich dem Menschen öffnen.

Wilhelm Wundt gilt als Begründer der modernen Psychologie. Die Seele fasste er als Gesamtheit unserer unmittelbaren, inneren Erlebnisse, als ein Geschehen auf, und nicht mehr, wie es zu seiner Zeit traditionell üblich war, als eine übernatürliche Substanz. Er suchte mittels Beobachtung und Experiment nach den Gesetzmäßigkeiten, denen psychische Ereignisse unterliegen, und baute die psychologische Forschung nach dem Modell der Naturwissenschaften auf.
1879 gründete er in Leipzig das erste psychologische Institut.

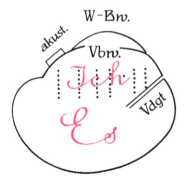

Das Modell des **psychischen Apparats** von Sigmund Freud. Das Seelenleben ist danach in drei funktional miteinander verbundene Schichten aufgeteilt: Es (unbewusste, triebhafte Anteile), Ich (Vermittlungsinstanz zwischen den Triebimpulsen des Es und den Forderungen der Außenwelt) und Über-Ich (verinnerlichte Verhaltensmuster und Normen; das Gewissen). W-Bw. das Wahrnehmungsbewusstsein, Vbw. das Vorbewuste, Vdgte. das Verdrängte als Teil des Es.

Aktivationsforschung wie Ulrich Moser und Albert Pesso sowie im Rahmen der holographischen Bewusstseinstheorie, zum Beispiel bei Karl Pribram und Kenneth Pelletier.

Das Unbewusste

Seit Sigmund Freud ist das »Unbewusste« der nur selten bestrittene, wichtigste Begriff der Tiefenpsychologie. Freud hatte sich ihm aber wesentlich vorsichtiger genähert als manche Psychologen der heutigen Zeit, wo es oft unreflektiert (nicht nur in der Psychoanalyse) als Tatsache aufgefasst wird: »Das Unbewusste schien uns anfänglich bloß ein rätselhafter Charakter eines bestimmten psychischen Vorgangs; nun bedeutet er uns mehr, es ist ein Anzeichen dafür, dass dieser Vorgang an der Natur einer gewissen psychischen Kategorie teilnimmt, die uns durch andere bedeutsame Charakterzüge bekannt ist, und dass er zu einem System psychischer Fähigkeit gehört, das unsere vollste Aufmerksamkeit verdient. Der Wert des Unbewussten als Index hat seine Bedeutung als Eigenschaft bei weitem hinter sich gelassen. Das System, welches sich durch das Kennzeichen kundgibt, dass die einzelnen Vorgänge, die es zusammensetzen, unbewusst sind, belegen wir mit dem Namen ›das Unbewusste‹, in Ermangelung eines besseren und weniger zweideutigen Ausdrucks.«

Es gibt keine Einigung über die Definition des Unbewussten. Gegenwärtig lassen sich zehn Bereiche für seine Beschreibung unterscheiden: 1) Der erste Bereich ist das Vorbewusste als ein Vorläufer des Bewusstpsychischen, wie es unter anderem beim Säugling zu finden ist. Freud nannte das Vorbewusste bewusstseinsfähig, welches aber momentan noch nicht zur bewussten Verarbeitung geeignet ist. 2) Beim zweiten Bereich liegt das Unterbewusste unterhalb einer variablen Wahrnehmungsschwelle: Diese Inhalte sind, meist aufgrund einer Anregung, ebenfalls bewusstseinsfähig. 3) Automatisierte Handlungen geschehen dagegen nach bewusstem Training ohne eine vorherige Bewusstseinsbeteiligung, ohne ein gesondertes Nachdenken über die einzelnen Handlungsschritte. 4) Das Verdrängte ist identisch mit Freuds System des Unbewussten, das auf aktivem »Fernhalten« nicht erwünschter oder Angst machender Inhalte vom Bewusstsein beruht. 5) Das Traumerleben ist vom Nichtbewussten bestimmt, nur nach dem Erwachen ist es bewusstseinsfähig; eine Ausnahme bilden die seltenen »luziden« Träume (im Traum bewusst erlebtes Träumen). 6) Der sechste Bereich, das kollektive Unbewusste der analytischen Psychologie von Carl Gustav Jung und das familiäre Unbewusste von Leopold Szondi, umfasst einen ererbten, außerpersönlichen und nur zum Teil bewusstseinsfähigen Gemeinbesitz der Menschen (die so genannten Archetypen). 7) Das intuitiv Erahnte wurde von Friedrich Nietzsche als das Unerkannte im Schöpferischen beschrieben, das aber schon untergründige Anhaltspunkte für die Erkenntnis enthält. Es steht seit dem Altertum als »Daimónion« (Xenophon, Sokrates: »kleiner Gott«) für die innere, wissende Stimme im Menschen gegenüber dem Bewusstsein. 8) Ein weiterer Bereich des Unbewussten ist das Propterpsychische (propter, nahe dem Psychischen) oder die psychischen Ausblendungen von Nebensächlichkeiten bei Höchstkonzentration, das aber nachträglich erinnert werden kann. 9) Unter dem Begriff »altered states consciousness« werden veränderte Bewusstseinsformen wie süchtige, hypnoide, multiple, meditative, todesnahe, aber auch »Gipfel«-Zustände (zum Beispiel Ekstasen) zusammengefasst. 10) Schließlich existieren noch die gestörten Bewusstseinszustände, wie (partielle) Bewusstseinseinschränkungen.

Bewusstseinsmodelle

Das gebräuchlichste Modell einer stufenhaften Aufschichtung des Bewusstseins beginnt bei bewusstlosen Zuständen wie Koma, Schlaf, Schlafwandeln (Somnambulismus) und herabgesetzter Willens- und Handlungskontrolle bei Hypnose. Nach einem Übergang von der Geistesabwesenheit (Absence) zum bewusstseinsgetrübten Zustand, der hypnotischen Schläfrigkeit (Somnolenz), schließen sich das so genannte Scanning als halbbewusste umherschweifende Aufmerksamkeit und das Propterpsychische (bewusstseinsnahe, nebenbei- und mitbewusste Eindrücke) an. Es folgen die bewussten und überbewussten Zuständen wie Daueraufmerksamkeit (Vigilanz) oder einer Aufmerksamkeit höchster Anspannung (Tenazität) und schließlich über eine Schockgrenze hinaus die rauschhaften, überspannten Ekstasezuständen, die außerhalb des Bewusstseins ablaufen.

In der neueren Psychologie gilt das Unbewusste zumeist als Handlungs- und Denkantrieb. Für die amerikanische Psychologin Maria Arnold leitet »das Unbewusste ... die Menschen beim Handeln oft durch Ahnungen und Gefühle, wo sie sich durch bewusstes Denken nicht zu raten wüssten. Das Unbewusste fördert den bewussten Denkprozess durch seine Eingebungen im Kleinen wie im Großen, und führt den Menschen in der Mystik zur Ahnung höherer, übersinnlicher Einheiten«. Das Bewusstsein beschreibt demgegenüber Meyers Enzyklopädisches Lexikon als »das unmittelbare, immaterielle Gegenwärtighaben von Erlebnissen, die (normalerweise) immer schon von einem Wissen begleitet sind (Mit-Bewusstsein), dass es das erlebende Einzelwesen ist, dem die jeweiligen Erlebnisse (Bewusstseinsinhalte) zugehören und das sich in diesen selbst erlebt«.

Wie die englische Unterscheidung von Consciousness (Bewusstsein) und Awareness (»Bewusstheit« als besondere Aufgeschlossenheit) zeigt, kann der Begriff Bewusstsein wegen seiner »Multidimensionalität« nicht einheitlich gebraucht werden. Im deutschen Sprachraum ist »Bewusstsein« in der Psychologie gleichbedeutend mit dem psychischen Innenleben eines Menschen, also Geist, Ge-

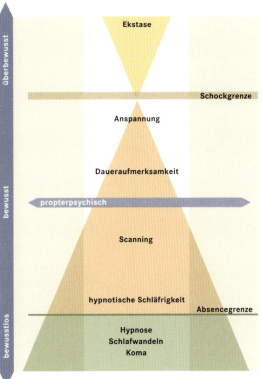

Das Schichtenmodell des **Bewusstseins.**

The verb form »to be aware of« has gained much currency among those psychologists who are unwilling to speak of consciousness. (Das Verb »to be aware of« [einer Sache bewusst sein] wird von den Psychologen, die nicht gerne von »consciousness« [Bewusstsein] reden, häufig verwendet.)
Dictionary of Psychological and Psychoanalytical Terms

fühl, Verstand, Erleben, Innenwelt, Aufgewecktheit oder Gewahrwerden. Daneben bezeichnet es Wachheit als Gegenteil zu Schlaf sowie Ichbewusstsein, Aufmerksamkeit oder Umsicht und schließlich Selbstreflexion (Selbstreferenz, geistige Klarheit, Vergegenwärtigung, Nachsinnen, Überlegung und Denken). Die Politologen verstehen Bewusstsein dagegen in einer anderen Bedeutung, als eine ideologische Überzeugung, die eine bestimmte Ideenfolge, ein Meinungsbild, das Gewissen, die Metakognition oder eine Weltanschauung sein kann.

Psychokybernetisch ist das Wachbewusstsein ein Zusammenschluss der Funktionen von spezifischen Nervenbahnen, die Reize der Umwelt aufnehmen, und von unspezifischen Nervenbahnen (aufsteigendes retikuläres Aktivierungssystem, Selbstreferenz) zu der höheren Bedeutungsstiftung der geistigen Reflexion. Die »Module«, das heißt die neurophysiologischen und gleichzeitig neuropsychologischen Teilsysteme, werden in der Phase des Wachwerdens (Primordium) als Teilleistungen zusammengeschaltet und ergeben erst dadurch das »Selbstbewusstsein« als Bewusstsein seiner selbst und als Selbstgewissheit. Wie fließend die scheinbare Zweischneidigkeit der Begriffe »bewusst/unbewusst« ist, zeigen Albert Perrig und Werner Wippich 1993 anhand eines Gesprächs mit Jazzern, die mit ihrem 136 Stunden dauernden Musizieren in das Guinness-Buch der Rekorde eingegangen sind: »Wie dieses Gespräch ergab, wurde in der Schlussphase des Spiels ein Arzt beigezogen, der die ›Spieltüchtigkeit‹ vor allem eines Mitspielers prüfen sollte. Dieser Spieler war nicht mehr ansprechbar, schaute zum Beispiel bei der Frage, ob man abbrechen solle, ›durch den Fragenden hindurch‹, gab keine Antwort, spielte aber korrekt weiter. Eine Mitspielerin erzählte, dass sie am Schluss ihre eigenen Eltern, aber auch engste Freunde, nicht wiedererkannte, dabei aber korrekt spielte und auch immer richtig zählte. Ihre Erholungsphase nach diesem Wachmarathon bestand in der ersten Zeit in relativ kurzen Schlafpausen von vier bis acht Stunden. Dabei zeigten sich nach einigen Tagen massive Gedächtnisprobleme. So stand sie plötzlich im Einkaufsladen und wusste nicht, warum sie eigentlich hergekommen war. Oder sie stand auf der Straße und hatte für kurze Momente die Orientierung verloren.«

Veränderte Bewusstseinszustände

Amerikanischen Psychologen forschen sehr intensiv über veränderte Bewusstseinszustände (altered states of consciousness). Dieser Begriff fasst Traumerlebnisse, Hypnosen, todesnahe Erlebnisse, mentale Gipfelzustände oder Ekstasen und Rauscherlebnisse durch Vergiftungserscheinungen zusammen.

Die Träume

Die Träume werden auch von den (wenigen) Psychologen als unbewusste mentale Aktivität akzeptiert, die sonst das Unbewusste als psychische Dimension verneinen. Andere erwarten oft zu

---

Zur Beschreibung der Selbsterkenntnis als einzigartiges Charakteristikum des Menschen zitiert John Eccles den Psychoanalytiker Erich Fromm:

»Der Mensch, wie andere Tiere auch, besitzt Intelligenz, die ihm erlaubt, Denkprozesse zur Erreichung unmittelbarer praktischer Zwecke einzusetzen; aber der Mensch besitzt eine andere geistige Eigenschaft, die das Tier nicht besitzt. Er ist sich seiner selbst bewusst, seiner Vergangenheit und seiner Zukunft, die den Tod bringt; seiner Kleinheit und Machtlosigkeit; er ist sich der anderen als andere bewusst – als Freunde, Feinde oder als Fremde. Der Mensch übertrifft alles andere Leben, denn er ist – als Erster – Leben, das sich seiner selbst bewusst ist.«

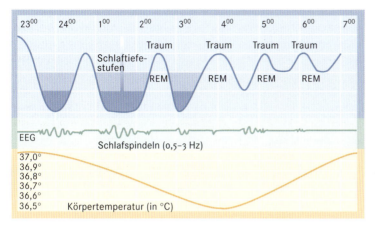

Im **Schlaf** wechseln sich REM-Phasen mit NREM-Phasen ab. Ein Zyklus aus REM- und NREM-Schlaf dauert 90-120 Minuten und wird in einer Nacht bei einem gesunden Erwachsenen normalerweise vier- bis fünfmal durchlaufen. Im ersten Drittel der Nacht dominieren die Tiefschlafstadien, während gegen Ende die REM-Phasen immer länger werden.

viel von den Träumen, beispielsweise die Lösung von Rätseln aus der eigenen Vergangenheit oder sogar Zukunftsvoraussagen, was die jahrtausendalte Geschichte der »Traumbücher« beweist. Demgegenüber sieht die wissenschaftliche Psychologie das Traumgeschehen nüchterner. Wenn man jemanden kurz nach dem Erwachen fragt: »Was ist Ihnen vor dem Aufwachen durch den Kopf gegangen?« (und nicht suggestiv: »Was haben Sie soeben geträumt?«), gibt es erhebliche Unterschiede, ob man den Betreffenden aus den so genannten REM-Phasen oder aus den NREM-Phasen aufweckt. Beide Phasen, die sich während einer Schlafperiode mehrfach abwechseln, differieren deutlich im EEG. In beiden Phasen sind die (einfacheren) spezifischen Nervenbahnen voll aktionsfähig, während die (komplexeren) unspezifischen Nervenbahnen, die den Bewusstseinszustand regulieren, in NREM-Phasen nahezu inaktiv, in REM-Phasen zum größten Teil blockiert sind. Psychophysiologisch bedeutet das, dass unser Großhirn ständig, auch im Tiefschlaf, mit (spezifischen) Sinnesinformationen aus dem Körper bombardiert wird, die aber ohne das Zusammenspiel mit dem als Filter dienenden aufsteigenden retikulären Aktivierungssystem nicht registriert werden können.

REM (rapid eye movement): Schlafphase, die mit schnellen Augenbewegungen, erhöhter Herzfrequenz und Atmung, Erektionen und bildhaften, gefühlsbetonten Träumen verbunden ist.

NREM (non rapid eye movement): Schlafphase ohne heftige Augenbewegungen, mit einem besonders tiefen Schlaf und speziellen, an Gedanken des Wachlebens orientierten Träumen.

Sigmund Freud machte die **Traumdeutung** zum »Königsweg« für das Verstehen des Unbewussten. Er sieht Träume als von äußeren Reizen unabhängige seelische Produktionen an, die Trieb- und Affektzustände, Wünsche und Ängste der Person sowie deren lebensgeschichtliche Situation darstellen. Die psychoanalytische Traumdeutung versucht, den verschlüsselten Trauminhalt ausfindig zu machen. Carl Gustav Jung ging dagegen von einer Kontinuität des Wach- und Traumbewusstseins aus und verstand den Traum als unmittelbare Darstellungsart der inneren Wirklichkeit des Träumers. Fortlaufende Träume bilden nach Jung oftmals einen Sinnzusammenhang. Die Radierungen sind aus der Serie »Paraphrase über den Fund eines Handschuhs« von Max Klinger, 1881: »Ängste« (links) und »Die Entführung« (rechts).

In frühen Hochkulturen und der Antike gab es bereits eine intensive Beschäftigung mit dem Traum und der **Traumdeutung** (z. B. das »hieratische Traumbuch« Anfang des 2. Jahrtausends vor Christus in Ägypten, das assyrische Traumbuch aus der Zeit des Königs Hammurapi). In den Religionen spiegelt der Traum oft eine dem wachen Erleben gleichgestellte oder dieses sogar übersteigende Wirklichkeit. Er gilt als von Ahnen, Göttern oder Dämonen gesandt, als Erfahrung des Übersinnlichen schlechthin. Deshalb wird er auch bewusst herbeigeführt, im Tempelschlaf etwa mithilfe von Überkonzentration, Askese, Drogen oder Trance.

Eine Reproduktion dieses Gemäldes von Johann Heinrich Füßli »Nachtmahr« hing am Eingang zu Sigmund Freuds Wiener Ordinationszimmer (1781, Frankfurt am Main, Goethemuseum).

Daraus kann man folgern, dass lediglich von den spezifischen Nervenbahnen übermittelte Augenblickszustände, wie Druckzustände, Körperverspannungen oder Rückmeldungen von Körperorganen, den Traum bestimmen. Allerdings können solche Momentansituationen eine längere individuelle Geschichte haben, beispielsweise in der Form so genannter Schlafparalysen. Sie entstehen als Folgen der hemmenden Impulse, die vor dem Einschlafen auf den Schlafzustand vorbereiten. Manchmal schaltet sich dieser normale Lähmungsmechanismus nach dem Aufwachen nicht sofort ab, sodass wir die Gelähmtheit noch bewusst erleben.

Die »Traumsemantik« (die Zeichenlehre der Traumsymbole) ist wissenschaftlich noch nicht abschließend geklärt. Einigkeit besteht (entsprechend der allgemeinen kybernetischen Semantik) darin, dass eine Zuordnung zwischen dem Trauminhalt und ihrer überindividuellen Bedeutung in der Regel nicht möglich ist. Im Allgemeinen besitzt jeder seine eigenen Traumbedeutungen, aber auch sie sind nicht zeitlebens konstant. Insofern sind die folgenden Traumsymbolisierungen lediglich Kennmarken für die acht wichtigsten Traumbedeutungen. Mehr als 50 Prozent aller Träume enthalten »Elemente des Wachzustandes vom Vortage« (Jean Laplanche), so genannte Tagesreste: Verschlüsselte Körpermeldungen geben zum Beispiel den Blasendruck als Erlebnis einer Verletzung wieder. Die Albdrücke gehören zu den häufigsten Traumgattungen. Sie dokumentieren oft über Jahrzehnte eine latente Neigung zu phobischen Reaktionen. Freud fasste Träume im Wesentlichen als »Versuche einer Wunscherfüllung« auf (Substitutionsträume). Sie können auch eine Form der »Vergangenheitsbewältigung« darstellen (Präteritalträume). Merkmale einer Person oder Personengruppe können auf andere »verschoben« (projiziert) werden (Dilatationsträume). Agglutionationsträume konzentrieren die Impulse der spezifischen Nervenbahnen zu einem Symbol, das sie bildhaft zusammenfasst. Schließlich können im Traum Personen zu Gegenständen umgewandelt werden oder umgekehrt (Permutationsträume).

Die Hypnose

Neben dem Traum ist die Hypnose der älteste der bekannten und wissenschaftlich gewürdigten »veränderten Bewusstseinszustände«. Bereits im frühen Altertum gab es den »Tempelschlaf« als eine Art Tiefensuggestion aus rituellen Gründen. Auch heute noch kann ein Hypnotiseur durch suggestives Einreden oder bestimmte Manipulationen bei einer Versuchsperson einen verengten Bewusstseinszustand herbeiführen. Die Tiefe der Hypnose hängt wesentlich von der Charakter- und Persönlichkeitsstruktur der Versuchsperson ab. Nur wer sich auf die Situation einlässt, kann auch hypnotisiert werden. Während der Hypnose kann die Versuchsperson bestimmte Aufträge, die der Hypnotiseur erteilt, ausführen. Auch Tage oder

Die Patientin befindet sich in einem Zustand **kataleptischer Starre,** einem Stadium der Hypnose. In ihrer starren Haltung hat sie keinerlei Bewegungsmöglichkeit.

Wochen später noch führt sie einen Befehl aus, der ihr während der Hypnose gegeben wurde. Allerdings macht der Hypnotisierte nichts, was er nicht auch ohne Hypnose getan hätte. Hypnotisierte Personen können daher nicht ein Verbrechen ausüben, nur weil sie dazu vom Hypnotiseur veranlasst wurden.

Die genaue Natur der Hypnose ist nicht bekannt. Vieles deutet darauf hin, dass im hypnotischen Zustand physiologische Gegebenheiten (besonders im stammesgeschichtlich alten Hirnteilen wie dem Stammhirn) mit psychologischen Bedingungen verzahnt sind. Auf diese Weise kommt es wahrscheinlich zu Blockierungen in der Großhirnrinde, wodurch sensorische wie motorische Umsteuerungen möglich sind.

Bei der Intensität der Hypnose wurde früher zwischen Somnolenz, Hypotaxie und Somnambulismus unterschieden, heute spricht man meist nur noch von tiefer und oberflächlicher Hypnose. Während einer Tiefenhypnose ist die Versuchsperson teilweise oder völlig unempfänglich für äußere Reize und hat oft nachträgliche Erinnerungslücken. Es kann zur längeren Muskelstarre und der Aufhebung der Schmerzreaktion kommen. Die leichte Phase einer Hypnose erreichen die meisten Erwachsenen, die tiefere dagegen nur 20 bis 30 Prozent. Kinder sind grundsätzlich für eine Hypnose empfänglicher.

Todesnahe Erlebnisse

Die todesnahen Erlebnisse, von denen etwa reanimierte Personen berichten, die »klinisch tot« waren, sind wissenschaftlich umstritten. In der amerikanischen Psychologie gibt es jedoch ein umfangreiches Forschungsgebiet über die so genannten Near-death-experiences (NDE). David Krech und Richard Crutchfield fassen verschiedene Erfahrungselemente für NDE zusammen, unter anderem die mitgehörte Todeserklärung durch den Arzt, gefolgt von rasenden Bewegungserfahrungen, dröhnenden und klingelnden Geräuschen sowie das Gefühl der Körperlosigkeit. Berichtet wird unter anderem

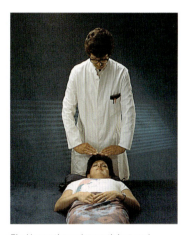

Ein Hypnotiseur hypnotisiert und behandelt eine Patientin durch eine **Magnetopathie,** das heißt durch Handauflegen. Die Hypnose wurde im 19. Jahrhundert durch den Arzt und Theologen Franz Anton Mesmer wieder entdeckt. Er beobachtete eine Heilwirkung, als er Patienten durch Bestreichen mit den Händen behandelte, und nahm an, dass seinen Händen eine magnetische Kraft innewohne, die er auf den Patienten übertrage, und er ihn dadurch in einen magnetischen Schlaf versetzen und heilen könne.

von einem »Lebenspanorama«, das heißt einer zeitrafferartigen Rückschau auf das eigene Leben, außerkörperlichen Erfahrungen und einem »Tunnelerlebnis«, das heißt einer Wahrnehmung des Sterbens als Durchgang durch einen finsteren Tunnel, an dessen Ende ein Licht sichtbar wird, das der Reanimierte nicht erreicht. Ist die Reanimation erfolgreich, erleben die Patienten einen Widerstand gegen die Rückkehr ins Leben und in den eigenen Körper. Nach der Wiederbelebung sind die Patienten oft gehemmt, über ihre Erlebnisse zu sprechen.

Ekstasen

Die mentalen Gipfelerlebnisse betreffen in erster Linie religiöse Ekstasen, schöpferische Kunsterlebnisse, weltanschaulich mitbestimmte Massenbewegungen, aber auch sektiererische Massenhysterien. Durch Letztere haben sich die Gefahren zum Beispiel von so genannten schwarzen Messen besonders für Jugendliche im öffentlichen Bewusstsein niedergeschlagen. Offensichtlich versuchen die Beteiligten, gesteigerte Erlebnisausbrüche zu erfahren, die ihnen der oft sinnleere Alltag nicht bietet. Auch bei anderen Gipfelerlebnissen (sexuelle, aggressive oder sportive) kann man diese eigensüchtige Motivation vermuten oder zumindest nicht ausschließen.

In der Geschichte der Menschheit haben die verschiedenen Formen ekstatischen Überbewusstseins, das zur Aufhebung des Selbstbewusstseins führt, eine nicht zu unterschätzende Rolle gespielt. Nach dem amerikanischen Motivationsforscher Abraham Maslow, der den Begriff »Gipfelerlebnisse« einführte, verändern diese Erlebnisse die Wahrnehmung der äußeren Welt radikal: »Das Wahrge-

Die **Ekstase** gilt als ein Höhepunkt religiöser Erfahrung und spielt seit altersher in den verschiedensten religiösen Traditionen und Kulten eine bedeutende Rolle. Im Islam wird zwischen einem Zustand der Ekstase durch göttliche Gnadeneinwirkung und einem Sich-selbst-in-Ekstase-Versetzen unterschieden. Hierzu dienen als Hilfsmittel z. B. die Einnahme betäubender Substanzen wie Haschisch oder Opium, bestimmte Sprech-, Atem- und Konzentrationsübungen oder Tänze wie bei den Derwischen.
Das linke Bild zeigt einen ekstatischen Tänzer im Rahmen des Vodoo-Kultes in Benin (Sagbata-Zeremonie, Abomey), einer Religion, in der Besessenheit durch Geister und die Ekstase eine wichtige Rolle spielen. Die Besessenheit durch Geister drückt sich in einem ekstatischen Zustand des Betroffenen aus, der manchmal Stunden, manchmal bis zu Tagen andauert, wobei Visionen empfangen und Heilungen vollzogen werden können. – Das rechte Bild zeigt einen Yogi auf den Fidschi-Inseln, der über Feuer läuft.

nommene wird als sich selbst genügendes Ganzes gesehen, gleichgültig, ob es den Wahrnehmenden nützlich oder bedrohlich erscheint. Der Erlebende hat das Gefühl, seine gesamte Aufmerksamkeit dem Inhalt dieses Gipfelerlebnisses zuwenden zu müssen. Er erlebt es als Kommunikation mit etwas, das außerhalb des eigenen Selbst und größer als dieses ist.« Maslow zitiert den Romancier Aldous Huxley, der solche Erlebnisse als den eigentlichen Sinn des Lebens beschrieben hat und in ihnen die Quellen für ein gesteigertes Gefühls für die Bedeutung, Vollendung, Wahrheit, Schönheit und Moral des eigenen Daseins sieht.

Rauscherlebnisse durch Drogen

Wenn solche Bewusstseinssteigerungen für viele einen persönlichen Wert erlangen, wird das Bedürfnis verständlich, sich solche verlockenden, aber zum Teil lebensbedrohlichen Gipfelerlebnisse bequemer als durch Meditationen oder aufwendige Mitwirkungen bei Gruppenaktionen zu verschaffen.

Die verbreitetste Droge in unserer Gesellschaft ist der Alkohol. Pro Kopf werden in Deutschland davon ungefähr zwölf Liter konsumiert. Etwa 2,5 Millionen Deutsche sind mehr oder weniger alkoholabhängig und circa 40000 Menschen sterben in Deutschland jährlich an den Folgen ihres Alkoholkonsums. Alkohol übt als Zellgift eine lähmende Wirkung auf das Zentralnervensystem, zuerst auf das Großhirn, aus. Ist das Großhirn durch Alkohol gelähmt, kann der Mensch sich nicht mehr kontrollieren. Die Wirkungen durch Alkohol sind individuell unterschiedlich und stellen sich bei verschieden hohen Alkoholkonzentrationen im Blut ein, doch lassen sich die Symptome bei bestimmten Promillewerten verallgemeinern. Bei 0,3 Promille Alkohol im Blut ist man meistens erst leicht beschwingt, während sich bei 0,6 Promille Wärme, Entspannung und ein Hochgefühl einstellt. Gleichzeitig kommt es zu leichten motorischen Beeinträchtigungen, die bei 0,9 Promille schon recht beträchtlich sind. Bei dieser Alkoholkonzentration im Blut ist man schon relativ enthemmt und neigt zu einer übertriebenen Emotionalität. Bei 1,2 Promille ist die Wirkung des Alkohols nicht mehr zu übersehen: Es kommt zu unpassendem und sinnverwirrtem Verhalten sowie Sprachverzerrungen, außerdem beginnt man zu taumeln. Ein weiterer Alkoholkonsum führt zu schweren Wahrnehmungs- und Bewegungsstörungen und man ist nicht mehr in der Lage, sich auf den Bei-

Während des **Drogenrausches** treten in unterschiedlichen Formen tief greifende Veränderungen des Bewusstseinszustandes ein. Dabei werden häufig die natürlichen Regelprozesse, welche die Beständigkeit unserer Wahrnehmung und unsere Orientierung in der Welt ermöglichen, durchbrochen. Mögliche Drogenwirkungen sind: Sinnestäuschungen, Halluzinationen, veränderte Zeit- und Raumwahrnehmung, Ängste, bis hin zu psychotischen Zuständen, und bei langfristigem Drogengebrauch Verfall der eigenen Persönlichkeitsidentität. Die Abbildung zeigt den Zerfall der Bilder eines Grafikers, die er während eines LSD-Rausches zeichnete.

Wirkungen von Drogen auf den menschlichen Körper

Droge	physische Abhängigkeit	psychische Abhängigkeit	mögliche Wirkungen	Folgen einer Überdosis	Entzugssyndrome
Opium, Morphium, Heroin, Methadon	hoch	hoch	Schmerzbetäubung, Euphorie, veränderte Zeit- und Raumwahrnehmung, Depersonalisierung, Reizbarkeit, Verstimmung; längerfristiger Gebrauch: körperlicher und geistiger Abbau, soziale Verelendung	langsames, oberflächliches Atmen, feuchtkalte Haut, Krämpfe, Koma, Tod möglich	Appetitverlust, Reizbarkeit, Zittern, Ruhelosigkeit, Frösteln, Schwitzen, schwere Krämpfe, Übelkeit
Barbiturate	hoch bis mäßig	hoch bis mäßig	Beruhigung, Schläfrigkeit, verkürzte Traumphasen, undeutliche Sprache, Desorientierung, Reizbarkeit; längerfristige Einnahme: Zittern, Schwitzen, Einengung von Antrieben und Interessen	oberflächliche Atmung, feuchtkalte Haut, erweiterte Pupillen, schwacher, langsamer Puls, Koma, Tod möglich	Angst, Schlaflosigkeit, Zittern, Delirium, Krämpfe, Tod möglich
Kokain	möglich	hoch	gesteigerte Lebhaftigkeit, Angst, Appetitverlust, gesteigerter Herzschlag und Blutdruck, Unruhe, Halluzinationen; längerfristig in hohen Dosen: Depression, Abmagerung, dauerhafte Schädigung des Nervensystems	erhöhte Körpertemperatur, Halluzinationen, Krämpfe, Tod möglich	Entzugssyndrome ähnlich der Opiatentgiftung
Amphetamine	möglich	hoch	Tätigkeitsdrang, Euphorie, gesteigerter Herzschlag und Blutdruck, Schlaflosigkeit, Appetitverlust; längerfristige Einnahme: Halluzinationen, psychotische Episoden	erhöhte Körpertemperatur, Bluthochdruck, Schweißausbruch, Halluzinationen, Tod selten	Apathie, lange Schlafperioden, Reizbarkeit, Depression, Desorientierung
Ecstasy	keine	mäßig	erhöhte Kommunikations- und Kontaktfreudigkeit, »ozeanische Gefühle«, erhöhte Herzfrequenz, Schweißausbrüche, Zittern, Schlafstörungen; längerfristiger Gebrauch: Leber- und Nierenschädigungen, Depressionen, Psychosen	Herzstillstand, Schlaganfall	keine Entzugssyndrome bekannt
LSD	keine	Ausmaß unbekannt	intensivierte Wahrnehmung, kindliche Bewusstseinsorganisation, schlechtes abstraktes Denken, Zerfall der Wahrnehmungskonstanz, Wahnvorstellungen	längere, intensivere »Trips«, Unfallneigung, Psychose, Nachhall-Psychose, Tod möglich	keine Entzugssyndrome bekannt
Mescalin, Peyote	keine	Ausmaß unbekannt	intensive Sinneswahrnehmungen, Euphorie, Halluzinationen; längerfristiger Gebrauch: schlechte Wahrnehmung von Zeit und Entfernungen, Angstpsychose, Verworrenheit	längere, intensivere »Trips«, Psychose, Tod möglich	keine Entzugssyndrome bekannt
Marihuana, Haschisch	Ausmaß unbekannt	mäßig	Euphorie, gesteigerte Wahrnehmung, Stimmungsschwankungen, Konzentrationsstörungen, räumliche und zeitliche Desorientierung, Angst, Halluzinationen; längerfristiger Gebrauch: Erschöpfung, Verlust der Leistungsorientierung	Müdigkeit, Paranoia, Psychose möglich	gelegentlich

nen zu halten. Bei etwa 4 Promille verfällt man in eine totale körperliche und geistige Regungslosigkeit (Stupor), und es kann der Tod eintreten.

Die geistig-emotionalen Veränderungen, die bei Gebrauch anderer Drogen noch heftiger sein können, bestätigen den Zusammenhang mit dem Bedürfnis nach Steigerung der Lebenserfahrung, wie er von vielen Schriftstellern beschrieben wird. Gleichzeitig zeigt dieser Zusammenhang die Gefahr des Überschreitens von Grenzen, was zur Vernichtung des Lebens führen kann.

Tiefenpsychologische Systeme

Das Überbewusste tendiert wie das Tiefenpsychische zur völligen Bewusstlosigkeit. Insofern schließt sich der Kreis des Psychischen wie der Farbkreis zwischen Infrarot und Ultraviolett. Abschließend zur Behandlung der »höheren« psychischen Prozesse soll deshalb ihre Kehrseite, die »treibenden« tiefenpsychischen Anteile des Denkens und Lernens beschrieben werden.

Ursprünglich hat man, wie zu Anfang beschrieben, das Unbewusste trotz dessen Multifunktionalität ebenso undifferenziert gesehen wie das Bewusstsein. In der heute gebräuchlichen Psychologie geht man von fünf Arten der Tiefenpsychologie mit jeweils eigenständigen Einflussbereichen aus: der psychotherapeutischen, der existenziellen, der humanistischen, der esoterischen und der manipulatorischen Tiefenpsychologie.

Die psychotherapeutischen Tiefenpsychologien haben sich nach verschiedenen Schulrichtungen ausdifferenziert. An erster Stelle steht die »klassische« Psychoanalyse nach Sigmund Freud. Kritisch weiterentwickelt wurde sie als Neopsychoanalyse von Erich Fromm, Karen Horney und Harald Schultz-Hencke. Der Freud-Schüler Carl Gustav Jung begründete seine analytische oder komplexe Psycholo-

In den letzten Jahrzehnten ist der **Drogenkonsum,** insbesondere der Gebrauch von Heroin, Haschisch, Kokain und synthetischen Drogen, in den Ländern der westlichen Welt sprunghaft angestiegen. Die Abhängigkeit, die durch einen regelmäßigen Konsum entsteht, führt zur zunehmenden Beeinträchtigung der Körperfunktionen, des seelischen Befindens und des sozialen Lebens, bis hin zur Zerstörung der eigenen Existenz. In einem späteren Stadium treten oftmals soziale Ausgrenzung und Verelendung ein.

Sigmund Freud, der Begründer der Psychoanalyse, im Ordinationszimmer seiner Wiener Wohnung in der Bergstraße 19, wo er bis zu seiner Emigration 1938 nach London lebte. Die bahnbrechende Leistung Freuds liegt in der zentralen Rolle, die er seelischen Vorgängen zuschrieb, und in der Einbeziehung des Unbewussten in die Forschung. Das psychische Geschehen ist nach Freud wesentlich von unbewussten Triebregungen bestimmt.

Alfred Adler und Carl Gustav Jung, die bekanntesten Schüler Sigmund Freuds, kritisierten Freuds Triebtheorie des Verhaltens und entwickelten eigene Richtungen der Tiefenpsychologie. **Alfred Adler** (links) ging davon aus, dass das Verhalten des Menschen aus seinem »Lebensplan« verstanden werden müsse und wesentlich durch ein Streben nach sozialer Anerkennung und Überlegenheit zur Kompensation eigener Minderwertigkeiten gekennzeichnet sei; er begründete die Individualpsychologie. – **Carl Gustav Jung** (rechts), begründete die analytische Psychologie. Er suchte die Seele nicht mehr wie Freud aus einer Triebdynamik heraus zu verstehen, sondern fasste sie als ein allgemein energetisches Geschehen auf. Mythen und Träume führten ihn dazu, neben dem Bewusstsein und dem persönlichen Unbewussten, das verdrängte Inhalte der individuellen Lebensgeschichte enthält, in der menschlichen Seele ein kollektives Unbewusstes anzunehmen. Dieses beinhaltet grundlegende Bilder und Vorstellungen, die allen Menschen gemeinsam sind, die so genannten »Archetypen«. Hierzu gehören nach Jung vor allem: Mutter, Vater, der Schatten (unsere »Schattenseite«), die gegengeschlechtlichen Anteile Animus (das Männliche) und Anima (das Weibliche) sowie das Selbst (Symbol der Ganzheit).

gie. Im Unterschied zur Psychoanalyse nahm Jung an, dass das Unbewusste des Individuums nicht nur einen persönlichen Teil umfasst, in dem Ereignisse der Lebensgeschichte gespeichert sind, sondern auch ein kollektives Unbewusstes, das die Erfahrungen der Menschheitsgeschichte in sich birgt. Diese Erfahrungen treten in Form von allen Menschen gemeinsamen Urbildern und Symbolen (Archetypen) vielfältig zutage und sind zum Beispiel in Mythen der Völker lebendig.

Alfred Adler, ebenfalls ein Schüler Freuds, entwickelte seine Individualpsychologie davon ausgehend, dass das Wesen des Menschen aus seinem »Lebensplan« heraus verstanden werden müsse; dieser ist gekennzeichnet durch das Bestreben, soziale Anerkennung zu erreichen und vor allem Minderwertigkeitskomplexe, die aus Einschränkungen seit früher Kindheit erwachsen sind, auszugleichen. Auf diese Grundkenntnisse der Psychologie stützt sich die von Georg Groddeck, auch ein Schüler Freuds, entwickelte Psychosomatik. Hierbei handelt es sich um eine Betrachtungsweise des Menschen und seiner Erkrankungen, die den psychischen und sozialen Faktoren eine entscheidende Bedeutung für die Entstehung und den Verlauf körperlicher Erkrankungen beimisst: In der psychosomatischen Medizin hat daher neben den medizinischen Therapien die Psychotherapie einen Platz.

Die existenzielle Tiefenpsychologie (etwa der Frankfurter Schule der Psychoanalyse) stützt sich auf die Existenzphilosophie von Karl Jaspers, Martin Heidegger, Jean-Paul Sartre und anderen. Die menschliche Existenz in ihrer Geprägtheit, Daseinsform und Bestimmung wird aus tiefenpsychologischer Sicht bestimmt von existenzieller Schuld (Ödipuskomplex), metaphysischer Betroffenheit (zum Beispiel die Angstproblematik unter dem Aspekt von Freuds Todestrieb), der Normalität (unter anderem die Frage nach der Durchgängigkeit individueller Merkmale), der Sinnsymbolik und existenziellen Krisen (Lebensphasen).

Die humanistische Tiefenpsychologie ist Teil der humanistischen Bewegung, die in der römischen Kaiserzeit (Seneca), am Ausgang des Mittelalters (Erasmus von Rotterdam), in der Weimarer Klassik (Goethe und Schiller) und um die Mitte des 20. Jahrhunderts Blütezeiten erlebte. 1962 gründete eine Gruppe von Psychologen, unter anderem Abraham Maslow, Carl Rogers, Charlotte Bühler,

PSYCHISCHE STÖRUNGEN

Psychische Störungen können als Abweichungen im Erleben und Verhalten des Individuums definiert werden. Ihren vielfältigen Erscheinungsformen gemäß werden sie in zwei große Hauptgruppen gegliedert: 1) die endogenen (durch Anlagen und erbliche Belastungen) und die exogenen (durch organische Schädigungen und Krankheitsprozesse hervorgerufenen) Psychosen; 2) seelische Reaktionen und Entwicklungsabweichungen wie neurotische Persönlichkeits- und Verhaltensstörungen.

Psychische Störungen wirken sich in unterschiedlichen Graden von persönlichem Leidempfinden (Leidensdruck) und Funktionsstörungen in vier wesentlichen Bereichen menschlicher Aktivität aus:

Erstens in der Art und Weise, wie ein Mensch Gefühle erlebt und äußert: Psychische Störungen gehen oftmals mit ausgeprägten Gefühlen – oder einem Fehlen von Gefühlen – einher. Ausgeprägte Niedergeschlagenheit, seelischer Schmerz, Weinen, das Gefühl der Hoffnungslosigkeit herrschen bei dem von einer Depression Betroffenen vor. Bei psychotischen Störungen können Phasen unerklärlicher Erregung oder Angst eintreten. Bei den Phobien steht eine ausgeprägte Angst im Vordergrund des Erlebens, zum Beispiel Furcht vor Menschen, Furcht vor engen, geschlossenen Räumen oder vor Spinnen.

Zweitens in der Art, wie ein Mensch denkt, urteilt und lernt: Bei Demenz etwa tritt ein allmählicher Verfall der »normalen« Denkprozesse ein; bei einer affektiven Störung neigt der Betroffene oftmals dazu, sich selbst und die Welt unrealistisch sehr negativ oder positiv zu interpretieren.

Drittens in der Art und Weise, wie ein Mensch sich verhält: Schwere Fehlsteuerungen des Verhaltens sind zum Beispiel Tics, Zwangsstörungen wie ständig wiederholtes Händewaschen, sexuelle Perversionen, bei Kindern etwa übermäßiger Bewegungsdrang (Hyperaktivität) oder Autismus.

Viertens in der Beeinflussung körperlichen Erlebens und Empfindens durch die psychische Störung: Körperliche Symptome wie Herzklopfen, Sehstörungen oder unerklärliche Wahrnehmungen können z. B. Ausdruck einer psychischen Störung wie Depression, Angst oder Schizophrenie sein. Charakteristisch ist das Gefangensein des Depressiven in seiner traurigen Welt, was auf dem Gemälde »Der Traum des Gefangenen« von Moritz von Schwind gleichnishaft dargestellt wird. Andererseits haben viele psychische Störungen auch ein organisches Erscheinungsbild; mit Ängsten zum Beispiel gehen häufig Symptome wie Schweißausbruch, Herzrasen, Schwindel oder Kurzatmigkeit einher.

Erich Fromm, Arthur Koestler und Rollo May, in Amerika eine »Gesellschaft für Humanistische Psychologie«, die wegen der Herkunft ihrer Mitglieder stark tiefenpsychologisch geprägt war. Sie kritisierten die zergliedernde (als »biologistisch« verunglimpfte) Analyse von Freud und die zerstückelnde Experimentalpsychologie psychischer Prozesse (zumeist in einer tierpsychologischen Ausrichtung). In den Mittelpunkt stellten sie demgegenüber die Menschenwürde und das individuelle Erleben sowie das jedem Menschen eigene Bestreben, sein Potential an Begabungen, Kräften und Gefühlen zu verwirklichen – nicht nur punktuell, sondern in seinem ganzen Leben. Das Anliegen der humanistischen Tiefenpsychologie hat sich in einer Reihe von Einzelrichtungen niedergeschlagen, etwa in der von Rogers begründeten Gesprächspsychotherapie, in der Gestalttherapie, der themenzentrierten Interaktion und im Psychodrama.

Eine seit Beginn der 1960er-Jahre sich entwickelnde esoterische Tiefenpsychologie, die transpersonale Psychologie, knüpft an die beschriebenen Richtungen an, erweitert jedoch deren Zielsetzung. Nach Roger Walsh erstrebt die transpersonale Psychologie »... eine Erweiterung des psychologischen Forschungsfeldes um jene Bereiche menschlicher Erfahrung und menschlichen Verhaltens, die einem Entwicklungsstand entsprechen, den wir ›extreme Gesundheit‹ nennen wollen. (...) Sie setzt das Potential zu einer breiten Palette von Bewusstseinszuständen als gegeben voraus; besondere Bedeutung kommt solchen Zuständen zu, in denen das Identitätsgefühl über die normalen Grenzen von Ego und Persönlichkeit hinauswächst«.

Als Forschungsrichtung der esoterischen Psychologie hat sich außerdem die Parapsychologie entwickelt, die okkulte oder übersinnliche Erscheinungen, zum Beispiel Hellsehen, kritisch auf ihren Tatsachengehalt hin untersucht und versucht, sie in den Rahmen geltender Erklärungsmodelle von Natur und Psyche einzuordnen. Die Parapsychologie wurde 1882 mit der Entwicklung von Methoden zur Prüfung okkulter Phänomene durch Henry Sidgwick, Frederick Myers und Edmond Guerney begründet.

Die manipulatorische Tiefenpsychologie ist die am häufigsten angewandte Tiefenpsychologie. Beispiele sind nicht nur die »schmutzigen« Methoden der »geheimen Verführer« (ein Begriff, den der amerikanische Publizist Vance Packard 1958 mit Blick auf die Werbebranche prägte), sondern die in Tagespolitik, Ideologie, Unterhaltungsliteratur, Gerichtswesen, Lehrbetrieb, Partnerbeziehung und vielen anderen Bereichen geübte Überrumpelung anderer Menschen durch die Tricks der Suggestion, Imagination, Scheinmoralisierung, Schlag- und Schaumwortbildung und weiterer Arten von Irreführung. Viele von ihnen gehören nicht in die Sparte der Tiefenpsychologie. Ein Bereich, der sich auf tiefenpsychologische Imagotricks stützt, ist besonders aufschlussreich. Seit die Verhaltensbiologie (entwickelt von Konrad Lorenz und anderen) den Begriff angeborener Auslösemechanismus geprägt hat, weiß man, dass Verhalten durch

---

Im 1925 erstmals erschienen Standardwerk des Okkultismus schrieb Carl Manfred Kyber dieses inzwischen berühmt gewordene Beispiel:

Es gibt Dinge, die nun einmal auf dem heute üblichen wissenschaftlichen Wege nicht zu erreichen sind. Ein Professor erklärt zum Beispiel einem Buschmann in Afrika das Telefon. Er sagt: »Siehst du, du kannst nun hören auf große Entfernungen, auf ganze Tagesreisen, du kannst erfahren, dass dein Onkel krank ist, der ganz weit von dir lebt – alles bloß durch den europäischen Wunderdraht.« Der Buschmann lacht natürlich. Schließlich aber sagt er: »Ja, dazu brauche ich aber keinen Wunderdraht, denn ich fühle auch so, wenn mein Onkel krank ist.« Jetzt lacht der Professor. Beide haben Recht, und ihr Lachen ist auf beiden Seiten ganz gleichwertig.

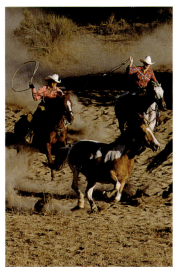

Symbole zwingend und für den Betroffenen kaum merklich ausgelöst werden kann, wie ein Schlüssel, der das Türschloss öffnet. Schon vorher hatte Iwan Pawlow, mit seinem Begriff »zweites Signalsystem« auf den reflektorischen Auslösecharakter von Wörtern hingewiesen. Der Begründer der topologischen Sozialpsychologie, Kurt Lewin, sprach vom Aufforderungscharakter von Dingen und Themen, und Carl Gustav Jung entdeckte in den archetypischen Symbolen angeborene Stimulanzien. Solche Muster dienen oft nicht nur zur Verdeutlichung von Sachverhalten, sondern auch zur Gängelung von Widerstrebenden.

Ein Tiefenpsychologe der manipulierenden Werbebranche sagte zur Imagobildung: »Wir verkaufen den Frauen nicht mehr Lanolin als Kosmetikum, wir verkaufen Hoffnung auf ewige Jugend. Wir verkaufen Männern nicht bloß ein Auto, wir verkaufen Ansehen. Wir verkaufen nicht mehr Apfelsinen, wir verkaufen Lebenskraft.« Die Tiefenpsychologie beeinflusst mit ihren Ergebnissen weite Teile des öffentlichen und privaten Lebens. Somit sind Geist, Information, Emotion und Unbewusstes untrennbar ineinander verwoben.
H. BENESCH

Unbewusste **Schlüsselreize** illustrieren die hier abgebildeten Fotos. Sie zeigen sechs unterschiedliche Auslöseformen, die man mit eigenen Zielen verknüpfen kann. Der partiell enthüllte menschliche Körper ist ein Schlüsselreiz für Sexualität, der herabrinnende Schaum am Bierglas wird in der Werbung häufig als Symbol für Durstbedürfnisse eingesetzt, die Cowboys mit Lassos und Pferden stehen für Freiheit und Männlichkeit, die Bedrohungsgesten der Fußballfans symbolisieren die Angst, das Rehkitz (»Bambi«, Abkürzung für italienisch »Kindlein«) hat die typischen Merkmale des Kindchenschemas und löst Bemutterungsinstinkte aus und alte Autos symbolisieren eine vornehme Herkunft.

Die Fähigkeit sprechen zu können und mit der Sprache komplizierte und abstrakte Sachverhalte, aber auch emotional bewertete Dinge auszudrücken, hebt den Menschen von allen Tieren, auch den Menschenaffen, ab. Eine wichtige, häufig unterschätzte Rolle beim zwischenmenschlichen Informationsaustausch spielen nichtsprachliche Kommunikationsformen, wie mimische Ausdrücke, Gesten und Gerüche. Sie werden sowohl sprachbegleitend als auch unabhängig von der Sprache verwendet.

Kommunikation und Sprache

Seit etwa siebzig Jahren beschäftigen sich Wissenschaftler verschiedenster Fachrichtungen mit dem Phänomen der Kommunikation. In der wissenschaftlichen Literatur finden sich ohne weiteres etwa 200 verschiedene Definitionen von Kommunikation, die sich voneinander gemäß des jeweiligen theoretischen Bezugsrahmens unterscheiden, aus dem sie entsprungen sind. Die sechste Auflage des »Meyers Konversationslexikon« von 1905 behandelt den Begriff »Kommunikation« in gerade zwei Zeilen als »Mitteilung; auch soviel wie Verbindung, Verkehr«; man beachte den Umfang des vorliegenden Textes im Vergleich dazu! Viele der Disziplinen, in deren Feld Kommunikation zu finden ist, sind Kinder des 20. Jahrhunderts.

Für die Kommunikation zwischen Lebewesen werden verschiedene Kanäle benutzt. Einige von ihnen, zum Beispiel der Austausch elektrischer Signale bei einigen Fischarten, haben sich in der Entwicklung zum Menschen nicht ausgebildet. Dennoch kommunizieren wir mit all unseren fünf Sinnen: Die chemische Kommunikation geschieht beim Menschen durch das Riechen oder Schmecken von Duftstoffen, die taktile Kommunikation durch das Berühren und Fühlen von Gegenständen und Personen und die visuelle Kommunikation durch das Sehen von Gegenständen und Personen, speziell deren Gesten und Mimiken. Die akustische Kommunikation schließlich ist durch Erzeugen und Hören von Lauten möglich. Der Mensch ist anatomisch so ausgestattet, dass er fein differenzierte Laute erzeugen kann. Dadurch ist er zu einer speziellen Form der akustischen Kommunikation fähig, zur Sprache, die er aber nur aufgrund seiner geistigen Fähigkeiten als komplexeste Form der menschlichen Kommunikation nutzen kann und die ihn wesentlich von anderen Lebewesen unterscheidet.

Die verschiedenen wissenschaftlichen Fachrichtungen nähern sich dem Thema Kommunikation aus unterschiedlichen Richtungen. So untersucht die Evolutionsbiologie die Gestalt und Funktion der Sende- und Empfangsorgane und der Signale sowie die Rolle, welche die Emotionen und andere Impuls- und Bewertungsvorgänge im Gehirn spielen. Evolutionsbiologen erklären diese als Produkt von Selektionsprozessen, die den Erfordernissen biologischer Zweckmäßigkeit gerecht werden.

Die Philosophie sieht seit der Antike in der Verständigung zwischen Menschen einen zentralen Aspekt des menschlichen Wesens, nicht zuletzt, weil schon lange vor Entwicklung der Gehirnphysiologie der enge Zusammenhang zwischen Erkenntnis und dem, was heute unter Kommunikation verstanden wird, gesehen wurde. In ihren Teilgebieten, der modernen Logik und Sprachphilosophie, entdeckte die Philosophie wesentliche Gesetzmäßigkeiten der Kommunikation.

Durch den Aufschwung der technischen Medien bekamen die naturwissenschaftlich-technischen Informationstheorien Vorbildcharakter für viele andere Kommunikationstheorien. Die mathematische Informationstheorie entwickelte sich durch die Beschäftigung mit künstlichen Kommunikationssystemen wie Nachrichtenübertragung über Funk oder in Kabeln und insbesondere im Zusammenhang mit Computern. Verschiedene Bereiche der Technik, vor allem die Nachrichtentechnik, untersuchen die Möglichkeiten und Grenzen des Sendens und Empfangens von physikalisch definierten Signalen.

Die Psychologie macht Aussagen über die geistig-seelischen Grundbedingungen vor, während und nach dem Senden und Empfangen von Signalen sowie über deren Bewertung auf der Basis individueller und kollektiver Erfahrungen und Einstellungen; in all ihren Teilgebieten liegt eine Beschäftigung mit Kommunikation nahe. So stehen auf der einen Seite Disziplinen, die die psychischen Grundlagen der Kommunikation erforschen, etwa die Wahrnehmungspsychologie, die sich mit der Wirkung von Sinneseindrücken auf die Psyche befasst, oder die Neuropsychologie, deren Thema die körperlichen Grundlagen (insbesondere der Prozesse im Gehirn) unserer geistigen und seelischen Vorgänge sind. Auf der anderen Seite gibt es zahlreiche psychologische Disziplinen, in denen die Wirkung von Kommunikation analysiert wird, beispielsweise in der Sozialpsychologie. Schließlich widmen sich einige Fachrichtungen der (zumeist angewandten) Psychologie, wie die Kommunikationspsychologie oder Werbepsychologie, mehr oder minder ausschließlich dem Phänomen der Kommunikation. Zusammen mit Medizinern untersuchen Psychologen auch die Störungen, die bei der Kommunikation zwischen Menschen auftreten können. Die neurobiologische Forschung befasst sich mit den komplexen nervalen und biochemischen Vorgängen im Zentralnervensystem, die beim Aussenden und Empfangen von Kommunikationssignalen ablaufen.

Ausschließlich mit der gesprochenen und geschriebenen Sprache als Mittel der menschlichen Kommunikation beschäftigen sich die Linguistik und die philologischen Fächer wie zum Beispiel Germanistik und Romanistik mit ihren Teilgebieten und Hilfswissenschaften.

W. SCHIEFENHÖVEL UND J. BLUMTRITT

KAPITEL 1

Kommunikation – eine Einführung

Kommunikation als ein eigenständiges Phänomen definierte im heutigen Sinne als Erster 1928 der englische Literaturkritiker und Schriftsteller Ivor Armstrong Richards: »Wenn ein Individuum derart auf seine Umwelt einwirkt, dass im Geist (englisch mind) eines zweiten Individuums derselbe Eindruck entsteht, der auch im Geist des ersten geherrscht hatte – und das nicht zufällig, sondern eben genau deshalb – so nennen wir diesen Vorgang Kommunikation«. Diese Definition umfasst den Begriff Kommunikation, wie wir ihn landläufig verwenden, in fast allen seinen Schattierungen und beschreibt sie als Kontakt zwischen einem »Sender« und einem »Empfänger«. Richards Definition grenzt aber die Kommunikation, zumindest im Falle des Senders, auf einen bewussten Vorgang ein. Daher trifft sie am präzisesten auf die sprachliche Kommunikation zu.

Das Wort **Kommunikation** hat seine Wurzel in communis, lateinisch für »mehreren oder allen gemeinsam«, welches sich wohl von cum moenia ableitet, »mit Mauern versehen«. Daraus mag sich communitas »innerhalb derselben Stadtmauern leben« entwickelt haben und communio »die Gemeinschaft«. Communicatio heißt bei Cicero »Mitteilung«, »Unterredung«, und in communicari, »teilen«, wird die Ähnlichkeit des Wortfeldes mit dem deutschen »mit-teilen« deutlich.

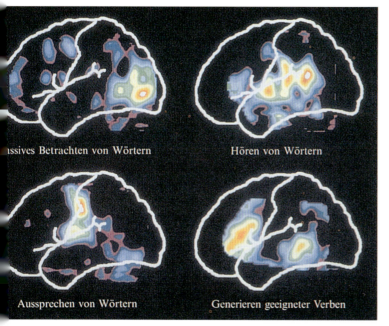

Die Hirnforschung konnte verschiedene kognitive und mentale Leistungen, wie zum Beispiel Lesen und Sprechen, bestimmten Hirnregionen zuordnen. Die PET-Aufnahme zeigt, dass der unterschiedliche Umgang mit Wörtern und Sprache jeweils eine andere Kombination von Gehirnregionen aktiviert.

Darüber hinaus findet zwischenmenschliche Kommunikation auch als unbewusster Vorgang statt. Duftdrüsen zum Beispiel können von uns unbewusst und teilweise unbemerkt Signale an andere geben. Wir Menschen senden also bewusste und unbewusste Signale aus. Wir können bei guter Beherrschung unserer Mimik ein »Pokerface« aufsetzen, aber die meisten von uns können nicht verhindern, dass sie beim Lügen rot werden. Beschreibt man wie in der Semiotik, der Lehre von den Zeichen, Kommunikation als Austausch von Zeichen im weitesten Sinne, so schließt man die Prozesse des Austausches zwischen Mensch und Tier, zwischen Tieren, innerhalb lebender

Kommunikation ist der Austausch von Bedeutungen zwischen Individuen durch ein ihnen gemeinsames System von Zeichen.
Encyclopaedia Britannica

Organismen wie auch innerhalb und zwischen technischen Systemen ein.

Das Thema der nachfolgenden Kapitel soll aber im Wesentlichen die zwischenmenschliche Kommmunkation mit ihren mannigfachen Ausformungen sein.

Die Grundlagen der Kommunikationstheorien

Den Kommunikationsprozess kann man zunächst als linearen, aus einer Reihe von aufeinander folgenden Einzelteilen zusammengesetzten Vorgang beschreiben: Der Sender hat eine Nachricht, die er dem Empfänger mitteilen möchte. Dazu muss zwischen beiden eine Verbindung bestehen, die die Übertragung ermöglicht.

Sender und Empfänger, Code, Signal und Nachricht

In einem ersten Schritt wandelt der Sender die Mitteilung, die in seinem Geist (das heißt in seinem Gehirn) vorliegt und die er gerne übermitteln möchte, in ein zwischen ihm und dem Empfänger übertragbares Signal um. Der Sender encodiert den Inhalt der Mitteilung, das heißt er wandelt sie in Zeichen um, und schickt die Mitteilung anschließend über einen Kanal (Träger) an seine Umwelt ab. Damit eine Kommunikation zwischen Sender und Empfänger stattfinden kann, muss der Empfänger die abgesendete Mitteilung über seine Sinnesorgane wahrnehmen, aus einer Flut von anderen Signalen isolieren und als Nachricht erkennen. Anschließend muss er die Nachricht in seinem Gehirn wieder decodieren und ihre Bedeutung erfassen. Sobald der Inhalt der Mitteilung im Gehirn des Empfängers präsent ist, ist der Kommunikationsprozess beendet.

Ein Beispiel: Ein Autofahrer möchte abbiegen. Den in seinem Kopf vorliegenden Inhalt der Mitteilung muss er den anderen Verkehrsteilnehmern übermitteln: »Ich möchte gleich links abbiegen«. Er encodiert diesen Inhalt, indem er den Blinker setzt. Das Blinksignal soll von anderen gesehen werden, muss sich also über den optischen Kanal ausbreiten. Die anderen Verkehrsteilnehmer sehen das Blinken, wissen, was dieses Signal bedeutet, und erkennen darin die Absicht des anderen, abbiegen zu wollen.

Ein wichtiger Aspekt während des Kommunikationsprozesses ist die Isolierung einer Nachricht aus der Gesamtheit der Wahrneh-

Den in Phasen gegliederten Vorgang der Kommunikation fasste der Soziologe Harold Lasswell in der Frage zusammen: »Who says what in which channel to whom with what effect?« (Wer sagt was mit welchen Mitteln zu wem mit welcher Wirkung?)

Das **Kommunikationsmodell** verdeutlicht den Kommunikationsvorgang und seine konstituierenden Elemente. Ein Sender mit kommunikativer Absicht übermittelt seine codierte, das heißt in Zeichen übertragene Nachricht über einen Kanal an einen Empfänger, der die Nachricht, sofern er sie störungsfrei erhalten hat, entschlüsselt und versteht. Bei der Kommunikation im weiteren Sinn erfolgt durch den Empfänger als Reaktion auf die erhaltene Nachricht eine Rückkopplung an den Sender.

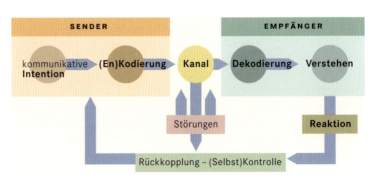

mungen. Dafür benötigt die Mitteilung zunächst eine substanzielle Grundlage, den Träger. Als Träger können etwa die Schallwellen dienen, in denen die gesprochene Sprache übertragen wird. Der Code, das Zeichensystem, in welches die Nachricht codiert wurde, muss spezifisch genug sein, um sich von der Umwelt deutlich abzuheben. Dazu ist ein erkennbares Muster erforderlich, etwa die immer gleiche Form der Buchstaben. Durch eine Musterbildung kann die Information viele Elemente enthalten, die, ohne den Informationsgehalt zu gefährden, auch weggelassen werden könnten, also zum Teil redundant sind. Diese Redundanzen geben der Nachrichtenübermittlung Sicherheit. Selbst wenn ein Teil der Nachricht verloren geht, kann die Mitteilung noch verstanden werden. Ein durchschnittlicher deutscher Text ist noch ungefähr verständlich, wenn zufällig 50 Prozent der Buchstaben gelöscht worden sind.

Die mathematische Informationstheorie, in der auch das Phänomen Muster und Redundanz erklärt wird, wurde in den 1940er-Jahren von den amerikanischen Ingenieuren Claude Shannon und Warren Weaver eingeführt. Signale besitzen danach einen höheren Informationsgehalt, je stärker sie sich von zufälligen Erscheinungen der Umgebung abheben. Ein Text gewinnt Gestalt durch eine strenge Anordnung von Buchstaben zu Wörtern und Sätzen; ein Blatt Papier, auf dem alle Buchstaben des Alphabets mit gleicher Häufigkeit zufällig verstreut stehen, enthält keine Information.

Damit sich aber Kommunikation im erweiterten Sinne, also als wechselseitiger Prozess, überhaupt entwickeln kann, ist eine Rückkoppelung zwischen Empfänger und Sender nötig. Der Sender muss den Effekt seiner Mitteilung erkennen können; nur dann wird er auch weiter die angewendete Kommunikationsform benutzen. Mit der Betrachtung komplexer Rückkoppelungsmechanismen wie bei der Kommunikation beschäftigt sich die von dem amerikanischen Mathematiker Norbert Wiener begründete Kybernetik.

Für die zwischenmenschliche Kommunikation lässt sich der so genannte lineare Kommunikationsprozess folgendermaßen zusammenfassen: Spezifische Impulse aus dem Gehirn eines Individuums erreichen (ihm bewusst oder unbewusst) eines jener Organe, die kommunikative Signale bilden (zum Beispiel Duftdrüsen, mimische Muskulatur oder Kehlkopf). Ein Signal wird so geformt und ausgesendet, dass der Empfänger es ohne Probleme wahrnehmen und verarbeiten kann. Der Empfänger seinerseits nimmt das Signal bewusst oder unbewusst über das entsprechende Sinnesorgan (zum Beispiel Nase, Auge oder Ohr) auf und verarbeitet es in spezialisierten Regionen des Gehirns. Dort erfährt es seine eigentliche Bedeutungszuschreibung, seine psychologisch relevante Bewertung sowie seine Verknüpfung mit Bewusstseinsinhalten und anderen kognitiven Leistungen des Gehirns. Der Empfänger reagiert entweder über einen der Kommunikationskanäle und damit für den Partner direkt erkennbar oder ohne eine wahrnehmbare Verhaltensänderung (aber eventuell mit einer Änderung von Bewertungen, Einstellungen oder Wissen).

Das Prinzip **Träger-Muster-Bedeutung** geht auf Gottlob Frege, einen der Väter der modernen Logik, und auf den Begründer der Linguistik, Ferdinand de Saussure, zurück.

Das größte literarische Werk ist im Grunde nichts anderes als ein Alphabet in Unordnung.
Jean Cocteau

Intention und Interpretation von Nachrichten

Das lineare Kommunikationsmodell betrachtet lediglich den formalen Aufbau der Kommunikation: Weder die Bedeutung (Semantik) noch der Sinn der Mitteilung für Sender und Empfänger oder die kommunizierenden Personen selbst werden betrachtet. Doch wie wird die Kommunikation ihrem Zweck des Nachrichtenaustausches gerecht? Wieso zum Beispiel wurde gerade dieser Kanal gewählt, oder weshalb hat sich eine bestimmte Kommunikationsform entwickelt (beispielsweise das Händeschütteln zur Begrüßung)? Um solche Fragen zu klären, ist es unerlässlich, auch zum Teil unbewusst ablaufende biopsychologische Vorgänge (etwa den Wunsch nach Berührung des anderen oder die Tendenz, mittels kräftigen Händedrucks die eigene Wehrhaftigkeit zu demonstrieren) einzubeziehen. Auch die Absicht und der Effekt, den ein Signal auf die Menschen hat, sind zu betrachten.

Der **Händedruck zur Begrüßung** ist ein Beispiel für die nichtsprachliche Kommunikation, die in einer festgelegten und ritualisierten Form abläuft.

Dabei ist dieser Ansatz weit älter als die formale Kommunikationstheorie, hat er doch seine schriftlich fixierten Wurzeln bereits in der griechischen Antike. Allerdings wurden die folgenden Überlegungen ursprünglich nur auf die sprachliche Kommunikation bezogen, auf die sie auch heute meist beschränkt bleiben. In ihrem Zentrum steht der Begriff der Intention, die Absicht, durch Kommunikation etwas zu bewirken (Absicht darf jedoch nicht als ausschließlich bewusst gesehen werden, sondern ist in einem übertragenen Sinn gemeint). Zeichen werden daher laut Edmund Husserl nur durch die Absicht, etwas auszudrücken, zu einer Mitteilung. Sie werden wiederum vom Empfänger nur verstanden, wenn er die Intention des Senders versteht. George Herbert Mead geht noch weiter, indem er Verhalten, das durch Zeichen beziehungsweise durch Kommunikation gesteuert wird, als Handeln sieht.

Den Akt des Verstehens bezeichnet man als Interpretation. Für den Sender stellt sich der Erfolg seines Kommunikationsversuches mit dem Empfänger erst dann ein, wenn dieser die Mitteilung auch im Sinne des Senders interpretiert, das heißt ihren Sinn zumindest ähnlich fasst wie der Sender. In der nichtsprachlichen Kommunikation gibt es zahlreiche Signale, die für alle Menschen im Allgemeinen dieselbe Bedeutung besitzen. Dennoch müssen auch der Kontext, die Umwelt, in der die Mitteilung gemacht wird, das vorher Mitgeteilte und die Beziehung des Senders zum Empfänger bei der Interpretation der Nachricht betrachtet werden. Ein Lachen zum Beispiel, das selbstverständlich von allen Menschen als Lachen erkannt wird, kann der eine als freundlich, der andere als hämisch deuten.

Die Evolution der Kommunikation

Die Fähigkeit, Informationen aus der Umwelt zu gewinnen, einen »Sinn« für die Welt zu entwickeln, ist allen höheren Lebewesen eigen. Die Sinnesorgane und die Teile des Nervensystems, die der Verarbeitung der wahrgenommenen Information dienen, scheinen bei ihnen die größten Fortschritte in der Evolution gemacht zu haben. Betrachtet man etwa unser Gehirn, die mit weitem Abstand komplexeste Struktur im bekannten Universum, ist die Bedeutung der Wahrnehmung und der schnellen Verarbeitung des Wahrgenommenen zu erahnen. Inwieweit die Sinne uns ein Bild liefern, das uns tatsächlich Rückschlüsse auf die Realität hinter den Sinnesreizen ermöglicht, ist eine philosophische Fragestellung. Hypothesen darüber werden kontrovers durch verschiedene Disziplinen diskutiert.

Folgt man der Argumentation zahlreicher Naturwissenschaftler, so sollte sich durch die Anpassung der Lebewesen an ihre Umwelt (natürliche Selektion) ein Mechanismus herausbilden, der die Welt für das jeweilige Lebewesen ausreichend genau abbildet und ihm brauchbare Rückschlüsse über seine Umwelt ermöglicht. Vertreter dieses Modells bezeichnen sich in Anlehnung an Karl Popper als kritische Rationalisten. Nach Konrad Lorenz legt der Wahrnehmungsapparat der Lebewesen ihre Fähigkeit, die Wirklichkeit zu erkennen, fest. Daher könne es kein von unseren Sinnen lösbares Bild der Wirklichkeit geben. Die von Lorenz begründete »Evolutionäre Erkenntnistheorie« hat sich als sehr fruchtbar für viele Wissenschaften erwiesen. So weist der Philosoph Gerhard Vollmer darauf hin, dass wir ohne Fernglas oder Mikroskop den Makro- und Mikrokosmos nicht erkennen können. Unser Organismus ist mit seinen Sinnen auf einen »Mesokosmos« (die Größenverhältnisse, die sich nicht wesentlich von unserer eigenen Größe unterscheiden) zugeschnitten.

Ein biologisches Problem

Auf allen Stufen der Evolution besitzen Lebewesen tatsächlich die Fähigkeit zur Kommunikation. Die Entwicklung der Kommunikation scheint also mit den Fähigkeiten zu Wahrnehmung und »Welterfahrung« (im Sinne des Sammelns und Erinnerns relevanter Informationen aus der Umwelt) zusammenzuhängen. Wie schon beschrieben, findet eine Kommunikation aber nur statt, wenn die vom Sender beabsichtigte Mitteilung vom Empfänger im Sinne des Senders richtig interpretiert wird und der Sender darüber eine positive Rückmeldung erhält. Genau diese Rückmeldung ist für die biologische Evolution der Kommunikation entscheidend. Selbstverständlich kann ein Lebewesen oft nicht wissen, ob eine von ihm gesandte Nachricht von irgendwem auch verstanden wird. Die meisten Lebewesen dürften nicht einmal ansatzweise die Fähigkeit besitzen, zu erkennen, dass sie überhaupt eine Nachricht senden. Die positive Bestätigung erfolgt nicht in einem wie auch immer gearteten Bewusstseinsakt, sondern in Form einer besseren Angepasstheit an die Umwelt. Kann sich ein Lebewesen gut in seiner Umwelt zurechtfinden, sollte es sich wahrscheinlicher fortpflanzen als ein anderes Lebewesen, das sich weniger gut zurechtfindet (etwa wenn seine Fähigkeit, einen Geschlechtspartner zu finden, zum Beispiel durch Duftstoffe, verbessert wird). Passen sich bestimmte Organe eines Individuums während des Lebens an neue Gegebenheiten an, wären seine Nachkommen selbst aber ohne diese Anpassung. Dauerhaft ist nur eine Veränderung, die im Erbgut begründet liegt. Erst dann hat das besser angepasste Individuum mit höherer Wahrscheinlichkeit Nachkommen, die dann ebenfalls besser angepasst sind, sodass sich eine solche Entwicklung mit der Zeit durchsetzen kann. Bei diesem Prozess der Verfeinerung von Wahrnehmung und Verhalten während der Entwicklung tierischen Lebens sind vier Stufen besonders markant und sollen im Folgenden dargestellt werden.

Angeborenes Können und Erkennen sowie Ergänzen durch Erfahrung

Bei fast allen Tieren sind bestimmte Verhaltensweisen arttypisch, ebenso wie die körperlichen Merkmale der betreffenden Art. Diese Verhaltensweisen, so genannte Erbkoordinationen oder Instinktbewegungen, werden von den Tieren nicht erst gelernt, sondern sind ihnen angeboren. Ob es sich tatsächlich um angeborene Merkmale der Art handelt, muss jedoch durch Experimente nachgewiesen werden.

Bestimmte Reize lösen bei Tieren automatisch bestimmte Verhaltensweisen aus. Auslösemechanismen dienen als Reizfilter, die es dem Tier ermöglichen, sehr schnell auf bestimmte Reize zu reagieren. Diese Filterung der Wahrnehmungen beginnt in der Regel bereits in den Sinnesorganen selbst. Aus diesen reduzierten und bereits kategorisierten Sinneswahrnehmungen baut sich das Lebewesen seine Umwelt auf, wie Jakob von Uexküll formulierte. Ein Verhalten als Reaktion auf Umweltreize unterliegt also Kategorisierungsprozessen und folgt bestimmten – oft angeborenen – Auslösern.

Eine solche mechanische Reaktion auf einen Auslösereiz ist äußerst unflexibel. Daher ist es nicht verwunderlich, dass sich vermutlich lange vor der Entwicklung der Wirbeltiere die Fähigkeit herausbildete, die wahrgenommenen Reize zu bewerten und diese Bewertungen als Erfahrungen zu speichern. Das Verarbeitungssystem dafür befindet sich in einem sehr alten Teil des Gehirns, dem limbischen System. Hier werden Erfahrungen aus der Alltagsumwelt des Lebewesens nicht nur abgespeichert, um später in ähnlichen Situationen als Vergleichsbasis zu dienen, sondern auch emotional bewertet, das heißt etwa als angenehm, unangenehm oder interessant eingestuft. Erst mithilfe dieser Reizfilter kann ein Lebewesen beispielsweise ein anderes als Individuum erkennen. Durch die emotionale Bewertung im limbischen System entstand sogar eine Art von Einsicht in die Folgen des eigenen Handelns und damit die erste Stufe des Bewusstseins.

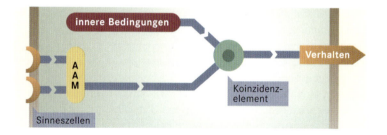

Schema des Funktionsschaltbildes eines **angeborenen Auslösemechanismus** (AAM): Sinneszellen sprechen auf bestimmte Auslöse- und Schlüsselreize der Umwelt an und geben ein Signal an das Koinzidenzelement weiter. Trifft dort auch eine Meldung der »inneren Bedingungen« ein, wird eine den Reizen zugehörende Reaktion ausgelöst. Ist das Ansprechen des Auslösemechanismus an den Sinneszellen von früheren Erfahrungen unabhängig, spricht man von einem angeborenen Auslösemechanismus.

ISOLATIONSEXPERIMENTE

Um nachzuweisen, ob eine bestimmte Wahrnehmungs- oder Verhaltensweise »angeboren« oder durch Einflüsse aus der Umwelt des Lebewesens, also durch Lernen, entstanden ist, muss man das betreffende Lebewesen von Geburt an isoliert aufziehen. Insbesondere die Reize und Signale aus der Umwelt müssen ferngehalten werden, die für die Ausbildung eben jener Wahrnehmung oder eines bestimmten Verhaltens wichtig sein könnten. Solche Experimente nennt man nach dem jungen Mann, der 1828 in Nürnberg auftauchte (hier in einer zeitgenössischen Darstellung), auch »Kaspar-Hauser-Experiment«. Kaspar Hauser wurde in einem Verlies aufgezogen und hatte in dieser Zeit kaum Kontakt zu anderen Menschen. Obwohl er in den Jahren bis zu seiner Ermordung 1833 intensiv betreut wurde, blieb seine geistige Entwicklung begrenzt.

Die Idee, Kinder unter Erfahrungsentzug aufwachsen zu lassen, um herauszubekommen, was

sie trotzdem an Fähigkeiten entwickeln, ist offenbar ziemlich alt. Von Kaiser Friedrich II., der allgemein der Wissenschaft gegenüber sehr aufgeschlossen war, wird berichtet, dass er den Befehl gegeben habe, Kinder von einer Amme aufziehen zu lassen, die nicht mit ihnen sprechen durfte. Er habe gehofft, so Aufschlüsse darüber zu bekommen, in welcher Sprache die Kinder reden würden. Das wiederum, so die Berichte, hätte einen Hinweis auf die Ursprache der Menschheit sein können. Kandidaten dafür waren damals unter anderem Griechisch, Hebräisch und Aramäisch. Laut den Berichten misslangen die Experimente – die Kinder starben aufgrund der mangelnden emotionalen und sozialen Zuwendung.

Unter heutigen ethischen Normen sind derartige Versuche natürlich nicht akzeptabel, vor allem, seit bekannt ist, dass Kinder zur Entwicklung ihrer Fähigkeiten nicht nur Nahrung und Wasser, sondern viele taktile, sprachliche, soziale, emotionale und intellektuelle Reize brauchen. Bei einigen Tierarten (zum Beispiel Vögeln) kann man jedoch solche Experimente unter Erfahrungsentzug (auch Deprivationsexperimente genannt) durchführen, ohne dass dem Tier merklicher Schaden zugefügt wird.

Die Fähigkeit zu lernen ermöglicht es einem Lebewesen sehr viel schneller Erkenntnisse zu sammeln, als es durch genetisch fixierte Anpassung (etwa durch die angeborenen Auslösemechanismen) möglich wäre. Allerdings gehen alle vom Individuum gesammelten Informationen mit seinem Tod verloren, es sei denn, sie würden Teil einer Generationen übergreifenden, kulturellen Tradition.

Nachahmung und Tradition

Die nächste Stufe zur biologischen Entwicklung der Grundlagen der Kommunikation ist die Fähigkeit, erworbene Kenntnisse nachzuahmen und in der Tradition der jeweiligen Kultur zu überliefern. Durch absichtliches Nachahmen anderer Individuen geht deren Wissen tatsächlich nicht mehr verloren, können sich erworbene Kenntnisse Generation um Generation anhäufen.

Bis vor einigen Jahren hatte man angenommen, dass nur der Mensch über diese Form der Weitergabe von Information von einer Generation zur anderen verfüge; man vermutete, dass für eine solche »tradigenetische« Wissensübermittlung die Sprache unabdingbar sei. Mittlerweile haben genaue Felduntersuchungen ergeben, dass die Weitergabe erworbener Informationen auch bei einigen Tierarten vorkommt. Mensch und Tier sind sich also auch in dieser Hinsicht ähnlicher als bisher angenommen.

Ein Beispiel ist das Waschen von Süßkartoffeln durch Rotgesichtsmakaken in Japan. Nachdem zunächst nur ein weibliches Individuum Süßkartoffeln vor dem Verzehr wusch, wurde dieses Verhalten schnell von der ganzen Kolonie übernommen, wobei unklar ist, ob die Makaken die Vorteile gesäuberter Kartoffeln für die Ernährung erkannten oder das erste Individuum lediglich nachahmten. Makaken einer anderen Kolonie, die von Forschern regelmäßig mit Nahrung versorgt wurden, sammelten kleine Steine auf, bewegten sie in den Händen, legten sie wieder auf den Boden und nahmen sie an einen anderen Ort mit. Vermutlich ist dieses Verhalten, das keine (wie das Kartoffelwaschen) deutlich erkennbare Funktion hat, eine Art Beschäftigungstherapie für die Affen, da sie durch das zur Verfügung gestellte Futter mehr Zeit haben als Tiere in freier Wildbahn. Zunächst ahmten vor allem die jüngeren der Gruppe die neue Handlung nach; in den nachfolgenden Generationen hatten alle Tiere sie übernommen, eine Tradition war entstanden.

Diese Beispiele und die Tradition bestimmter Gruppen von Schimpansen, Nüsse mit zwei Steinen nach dem Prinzip von Hammer und Amboss aufzuschlagen, während benachbarte Gruppen diese Technik nicht anwenden, zeigen klar: Die Weitergabe von Wissen und bestimmten Handlungen von einer Generation an die nächste durch Tradition findet sich bereits bei Tieren. Man kann in diesen Fällen von »Protokultur« sprechen, einer Art Vorläufer unserer reichen, viele Generationen überspannenden Traditionen.

Mit der Sprache, die mit dem Denken in Begriffen zusammenhängt, ist dem Menschen eine Möglichkeit der Weitergabe von Erfahrung eigen, die kein anderes Lebewesen besitzt. Sie ist die Voraussetzung dafür, komplexes Wissen unabhängig vom Objekt oder von konkreten Individuen weiterzugeben. Auf dieser Stufe der Erkenntnis entwickeln sich typische menschliche Eigenschaften: Einsicht in das Handeln, Voraussicht der Folgen sowie Verantwortung und Gewissen. So kann Kommunikation – jetzt als Sprache, aber auch in der stammesgeschichtlich älteren Form der nichtsprachlichen Verständigung – in besonders wirksamer Weise bewusst und absichtlich eingesetzt werden.

Ritualisierung

Damit Verhaltensweisen als Signale interpretiert werden können, müssen sie sich deutlich vom sonstigen Verhalten abheben, müssen typisch sein. Oft entwickeln sich Signale aber gerade aus ganz alltäglichen Bewegungen, Geräuschen oder Gerüchen, die zunächst keinen Signalcharakter besitzen (so das Kopfnicken und Kopfschütteln). Damit aus einem Verhalten ein Signal wird, gibt es in der Natur verschiedene Möglichkeiten. Erstens kann die Intensität des Signals verstärkt werden, damit es sich aus dem »Rauschen« des sonstigen Verhaltens abheben kann, zum Beispiel durch einen übertriebenen Bewegungsausschlag (Erhöhen der Amplitude, zum Beispiel der Bewegungen der Arme oder Beine) oder durch oft wiederholte Bewegungen (Rhythmisierungen oder Modulieren der Fre-

Ein Beispiel für die auch »**Protokultur**« genannte Weitergabe von Wissen und bestimmten Handlungen von einer Generation zur nächsten bei nichtmenschlichen Primaten findet sich bei den Rotgesichtsmakaken. Alle Mitglieder einer in Japan lebenden Gruppe haben die »Erfindung« eines Weibchens übernommen, mit Steinen zu spielen.

Der biologische **Ritual-Begriff** darf nicht mit dem soziologischen bzw. religionswissenschaftlichen Begriff verwechselt werden. In der Soziologie bezeichnet Ritual eine formale, weitgehend festgelegte Handlung, in den Religionswissenschaften ist das Ritual (oder der Ritus) ein kultischer Handlungsablauf mit religiöser Zielsetzung und genau festgelegten Regeln.

Als »Signal« der Männlichkeit werden in verschiedenen Kulturen durch Kleidung oder Schmuck künstlich die Schultern bei Männern betont. Die Zeichnung zeigt einen mit Federn geschmückten Yanomami-Indianer, einen japanischen Kabuki-Schauspieler und Zar Alexander II. von Russland nach einem zeitgenössischen Porträt (Zeichnung von Hermann Kacher, in: Irenäus Eibl-Eibesfeldt, Die Biologie des menschlichen Verhaltens).

quenz, zum Beispiel von Lauten durch Bewegung der Stimmbänder). Zweitens kann die Verhaltensweise, verglichen mit der dem Signal zugrunde liegenden Handlungsweise, vereinfacht werden. Eine Verhaltensweise, die so verändert wurde, nennt man in der Biologie »ritualisiert«. Die Signale können oft in ihrer Intensität variieren, sodass ein Signal, das sich nur unwesentlich von der Umgebung abhebt, lediglich die Absicht des Senders zu einer bestimmten Handlung andeutet. Andere Signale treten stets in derselben Intensität auf. Nicht selten entwickeln sich physische oder kulturelle Strukturen, welche die Signalwirkung unterstützen. Typisch für eine kulturelle Anpassung ist zum Beispiel das Betonen männlich breiter Schultern, also das Imponiergehabe, durch die Kleidung in vielen Kulturen der Erde.

Soziobiologie: Kooperation, Manipulation und Lüge

Die Rückkoppelung zwischen Sender und Empfänger, die als eine der Voraussetzungen beschrieben wurde, unter denen sich Kommunikation entwickelt, stellt gerade im Falle der nichtsprachlichen Verständigung ein besonderes Problem dar. Wie wird zurückgemeldet? Wie bemisst sich der Erfolg der Kommunikation?

Umgekehrt: Was veranlasst den Sender, nicht nach Belieben den Empfänger zu täuschen, wenn es ihm selbst einen Vorteil bringt? Wieso kooperieren Sender und Empfänger?

In Biologie und Soziologie ist die Beschäftigung mit der Entwicklung von Kooperation seit Jahrzehnten Thema der Forschung. Als John von Neumann und andere in den 1940er-Jahren die mathematische Spieltheorie ausbauten, um Strategien der Kriegsführung bei einem zu erwartenden Gewinn oder Verlust zu beurteilen, schien es nahe liegend, auch die Kooperation zwischen kommunizierenden Lebewesen als Strategie zu interpretieren, die von den Akteuren nur gewählt werden sollte, wenn sie dadurch einen Gewinn verbuchen konnten. Bekannte Paradoxa wie das Gefangenendilemma, nach dem eine Kooperation zwischen den Spielpartnern nie zustande kommt, obwohl sie für beide Beteiligten einen höheren Gewinn bedeutete als die Kooperationsverweigerung, führen vor Augen, dass die Entwicklung von kooperativen Strategien an bestimmte Voraussetzungen gebunden ist.

Ein wesentlicher Unterschied des »Spiels des Lebens« zu den Modellen der 1940er-Jahre besteht darin, dass die Akteure unter Umständen damit rechnen müssen, mehrmals miteinander in Kontakt zu treten. Verwendet der eine Akteur eine nicht kooperative Strategie und übervorteilt den anderen dadurch, könnte sich dieser beim nächsten Mal revanchieren, indem er die Zusammenarbeit jetzt seinerseits verweigert. Im täglichen Kampf ums Überleben, zumindest um die Nahrungsressourcen oder um eine möglichst geachtete Stellung in der Gemeinschaft, geraten unsere Spieler jedoch in eine Situation, in der sie auf den anderen angewiesen sein könnten. So mag sich die Tendenz zur Kooperation entwickelt haben, die bei allen höheren Tieren zu finden ist.

Die Evolution der Kommunikation setzt voraus, dass kooperative Individuen in jeder Generation überleben und gegenüber den unkooperativen Individuen wenigstens nicht schlechter gestellt sind. Computersimulationen belegten, dass solche Individuen unter realistischen Bedingungen selbst eines »darwinistischen« Überlebenskampfes tatsächlich bessere Chancen haben als bedingungslose Egoisten. So konnte sich die Fähigkeit zur Kommunikation entwickeln. In bestimmter Form gibt es allerdings den »Versuch« zu betrügen: sich »aufzuplustern«, um andere zu beeindrucken, ist eine nicht nur in der Vogelbalz verbreitete Verhaltensweise.

Der Mensch sanktioniert in seinen Gesellschaften den Betrug und die mangelnde Kooperationsbereitschaft. Individuen, die sich nicht den gesellschaftlichen Regeln beugen und sich »unsozial« verhalten, werden bestraft, entweder durch Benachteiligung, durch Ausschluss aus der Gruppe oder gar durch Ausschluss aus der ganzen Gesellschaft. Umgekehrt bieten Vertragstreue, Ehrlichkeit und Vertrauenswürdigkeit die Grundlage für wirtschaftliche Zusammenarbeit. Das Wohlwollen ist für nahezu alle Unternehmen ein entscheidender Wirtschaftsfaktor. Tatsächlich können unsere Akteure aber nicht nur zwischen »Dichtung« und »Wahrheit« wählen, sondern Kommuni-

---

Das **Gefangenendilemma** beschreibt die Situation zweier des Raubmordes Verdächtiger, die in Untersuchungshaft sitzen, wobei die Polizei beiden die Beteiligung an dem Raubüberfall nachweisen kann. Einer von beiden allerdings muss der Mörder sein. Beiden bietet die Staatsanwaltschaft an, im Falle einer Aussage gegen den anderen, den »Verräter« freizulassen. Der überführte Mörder hat mit »lebenslänglich« zu rechnen. Schweigen beide, so erhalten sie mangels Beweisen nur eine relativ geringe Strafe. Beschuldigen sich beide gegenseitig des Verbrechens, können sie beide für zehn Jahre eingesperrt werden. Genau dieser Fall wird aber eintreten, da keiner der beiden riskieren wird zu schweigen, wohl aber, vom anderen beschuldigt zu werden, obwohl dieses Ergebnis für beide einen eigentlich sehr ungünstigen Ausgang des »Spiels« bedeutet.

kation in unterschiedlich intensiver Weise für ihre Zwecke einsetzen. Die Evolution ebenso wie die Wirtschaftswelt sollte, nach der evolutionsbiologischen Voraussage, solche Individuen belohnen, die so das Beste für sich erkämpfen. Manipuliert zu werden ist das Risiko, das die Kommunikationsparteien eingehen müssen.

Manipulation erhöht die Überlebensfähigkeit des Senders einseitig, wie Richard Dawkins feststellt. Er geht davon aus, dass Kommunikation nicht dazu dient, Information direkt an den Empfänger zu übermitteln, sondern den Empfänger nach Absicht des Senders zu lenken. Der Empfänger muss also seinerseits Strategien entwickeln, die subtilen Täuschungen des Senders zu durchschauen, indem er nicht unmittelbar auf die Nachricht reagiert, sondern sie nach seiner eigenen Erfahrung beurteilt. Erwachsene Menschen können meistens weitgehend gezielt Elemente ihrer Körpersprache einsetzen. Durch Gesten und Sprache kann man leichter lügen als durch die Mimik. Dazu kommt der praktisch nicht kontrollierbare Mechanismus des Errötens, des Erblassens und des Schwitzens in bestimmten Erregungssituationen. Bei diesen psychisch ausgelösten physiologischen Reaktionen handelt es sich, wie tendenziell bei der Mimik auch, also um eine Art biologisch eingebaute Lügensperre. Offenbar war es für unsere Vorfahren vorteilhaft, im Prinzip ehrlich zu sein und diese Ehrlichkeit über die Körpersprache, insbesondere die Mimik, dem Interaktionspartner zu signalisieren. So überrascht es nicht, dass die meisten von uns Menschenkenntnis besitzen, eine Fähigkeit, die uns mehr oder weniger sicher erkennen lässt, wie ehrlich unser Gegenüber seine Gesten und Mienen meint.

J. BLUMTRITT UND W. SCHIEFENHÖVEL

KAPITEL 2

Nonverbale Kommunikation

Das folgende Kapitel widmet sich den einzelnen Formen der nichtsprachlichen Kommunikation. Im Mittelpunkt steht dabei die Frage, mit welchen speziell ausgebildeten Sinnen der menschliche Körper seine »Kommunikationsaufgabe« erfüllt.

Kommunikation durch Duftstoffe

In Wasser oder Luft gelöste oder verteilte chemische Stoffe haben schon bald nach Beginn des tierischen Lebens eine besonders wichtige Rolle für die Orientierung dieser Lebewesen gespielt. Sehr einfach gebaute Einzeller entnehmen der räumlichen Verteilung solcher Stoffe entsprechend ihrer unterschiedlichen Konzentration (ihrem Gradienten) lebenswichtige Informationen, beispielsweise über Nährstoffvorkommen oder schädliche Substanzen. Solche »chemischen Boten«, besonders Duftstoffe, spielen auch für höher entwickelte Tiere eine wichtige Rolle. Mit am bekanntesten ist sicherlich die Reviermarkierung unserer Hunde, das »Beinheben«. Auch wir Menschen orientieren uns selbst in unseren Großstädten bewusst, aber auch unbewusst mithilfe unserer Nase.

Menschen nehmen Gerüche mithilfe von Sinneszellen in einem kleinen Bereich der Nasenschleimhaut, der Regio olfactoria, wahr. Diese Wahrnehmung ist äußerst empfindlich. So genügen beispielsweise nur 4 mg Methylmerkaptan (Knoblauchgeruch) in hundert Millionen Kubikmetern Luft (eine Halle von einem Quadratkilometer Grundfläche und hundert Metern Höhe), um die Empfindung »Es riecht nach etwas« hervorzurufen. Die Verarbeitung der von der Nasenschleimhaut ausgehenden Nervenimpulse findet unter anderem im limbischen System statt, jener Region des Gehirns, deren Aufgabe zum Teil darin besteht, die durch die Sinnesorgane aufgenommenen Umweltreize mit dem »Innenleben« des Menschen zu kombinieren. Gefühle und Affekte sind wesentlich mit der Tätigkeit des limbischen Systems verbunden. Daher können Gerüche oft heftige Emotionen und ganze Gefühlswelten in uns erzeugen.

Der Geruchssinn als Kanal für die innerartliche Kommunikation

Die innerartliche Kommunikation mithilfe des Geruchssinnes wird bei Tieren von in speziellen Duftdrüsen erzeugten Duftstoffen, den Pheromonen, getragen. Solche Pheromone sind spezifische chemische Botenstoffe, im Gegensatz zu »Gerüchen«, die als eine Mischung verschiedener Duftstoffe von Körpern abgegeben werden. Sie wurden in den 1930er-Jahren zunächst bei Insekten nachgewiesen, später auch bei anderen Tierklassen. Die Pheromone der Insekten unterscheiden sich chemisch stark von denen der Wir-

Kommunikation über das Riechen von Stoffen wird auch als **olfaktorische Kommunikation** bezeichnet.

Eine Form der Kommunikation über den Geruchssinn ist das **Aussenden von Duftstoffen,** wofür es im Tierreich zahlreiche Beispiele gibt. Durch das Absetzen von Duftmarken zur Kennzeichnung und Abgrenzung eines Territoriums markieren Hunde ihr Revier gegenüber den Artgenossen.

beltiere und haben sich in der Evolution aus vollkommen anderen Grundlagen entwickelt. Die Pheromone der Säugetiere wiederum bestehen im Vergleich zu den Duftstoffen im übrigen Tierreich aus komplexeren Gemischen. Auch sind die Reaktionen der höheren Tiere auf die chemischen Signale oft komplizierter. Funktional gleicht jedoch die Verwendung bestimmter Duftstoffe zur Kommunikation bei Säugetieren der anderer Tiere.

Viele, vermutlich sogar alle Säugetiere erkennen einander am Geruch. So haben Gruppen verwandter und zusammenlebender Nagetiere zum Teil einen besonderen »Sippengeruch«. Vielfach werden Sekrete aus speziellen Duftdrüsen, die sich an verschiedenen Stellen des Körpers befinden können, zur Markierung der Gruppenmitglieder und des gemeinsam bewohnten Territoriums benutzt. Zur Gruppe gehörende, aber auch fremde Individuen erhalten so eindeutige Signale, die meist mittels spezifischer Verhaltensmuster beantwortet werden.

Die Bedeutung der geruchlichen Kommunikation beim Menschen

Jemanden »nicht riechen zu können« ist eine stehende Redewendung. Jeder Mensch besitzt einen spezifischen Geruch, der insbesondere in den speziellen Duftorganen unseres Körpers, den apokrinen Duftdrüsen, produziert wird. Sie befinden sich vor allem in der Achselhöhle, in der Genital- und Analgegend und im Warzenvorhof der Brust. Mit Ausnahme der weiblichen Brust entsteht der individuelle Körpergeruch demzufolge gerade an jenen Stellen, die an unserem sonst vergleichsweise haarlosen Körper recht dichte Büschel stark gekräuselter Haare aufweisen, selbst wenn das Haupthaar glatt ist. Durch die so stark vergrößerte Oberfläche können die Duftstoffe besser in die Luft und damit zu anderen Individuen gelangen. Das dürfte der Grund sein, warum gerade diese Stellen in der Menschheitsentwicklung behaart geblieben sind. Auf den Haaren befinden sich außerdem zahlreiche Bakterienarten, deren Zusammensetzung offenbar ganz spezifisch für jedes Individuum ist und durch einen in seinen einzelnen Schritten noch nicht vollständig geklärten chemi-

Lange Zeit in ihrer Evolution waren die meisten Säugetiere dämmerungs- oder nachtaktiv. Daher ist es nicht überraschend, dass die Säugetiere neben ihren leistungsfähigen Augen auch einen hervorragenden Geruchssinn herausbildeten, um sich in der Dunkelheit gut orientieren zu können.

Die Lokalisation der Duftdrüsen beim Menschen sind auf diesen Bildern an den Skulpturen »Crepusculo« (Abenddämmerung) und »Aurora« (Morgendämmerung) markiert, die Michelangelo für das Grabmal des Lorenzo de' Medici in der Neuen Sakristei von San Lorenzo in Florenz schuf.

schen Abbau des Duftdrüsensekrets zum kommunikativen Endprodukt führt, eben zu dem für jeden einzelnen Menschen typischen Körpergeruch.

Der individuelle Körpergeruch spielt in unserem Zusammenleben eine wichtige regulierende, für das erotisch-sexuelle Zusammensein sogar zentrale Rolle. Hier, in der intimen Nähe der zumeist entblößten Körper, entfalten die Duftstoffe ihre intensivste Wirkung. Verstärkend kommt hinzu, dass infolge des sexuellen Erregungszustandes die Duftdrüsen besonders viel von ihrem Sekret abgeben. Inwieweit wir Menschen durch solche Sexualpheromone miteinander kommunizieren – etwa zum Zweck der Synchronisation der sexuellen Erregung bei Sexualpartnern – ist noch weitgehend unbekannt. Neuere Forschungsergebnisse lassen beispielsweise vermuten, dass Frauen kurz vor dem Ausstoßen einer reifen Eizelle (dem Eisprung), normalerweise um den 14. Tag des Menstruationszyklus, also zu dem für die Empfängnis günstigsten Zeitpunkt, auf den typisch männlichen Geruchsstoff Androstenon in veränderter Weise ansprechen. Dieser entsteht an der Luft durch Oxidation aus dem nur kurze Zeit stabilen, relativ angenehm nach Sandelholz riechenden Androstenol, welches der Körper produziert. Der Geruch von Androstenon wird meist als eher abstoßend empfunden. Etwa um den Zeitpunkt des Eisprungs jedoch scheinen Frauen dieser Geruchsqualität eine weniger negative Bedeutung beizumessen, das heißt, dass sie dann eher bereit sind, sich in die körperliche Nähe eines Mannes zu begeben, als zu anderen Zeitpunkten des Menstruationszyklus. Auch weibliche Geruchsstoffe können einen Einfluss haben. Insbesondere die so genannten Kopuline aus dem Scheidensekret können Männer sexuell stimulieren.

Damit spielen der persönliche Geruch und die spezifischen Geruchsstoffe vor allem bei der Partnerwahl eine wichtige Rolle. Der Körpergeruch eines Menschen könnte auch ein Indikator für bestimmte Eigenschaften seines Immunsystems sein, jenes Systems in seinem Körper, das insbesondere auf körperfremdes Material (wie etwa Krankheitserreger) reagiert und es bekämpfen und abwehren kann. In stark vereinfachten Worten ausgedrückt könnte das bedeuten: Wenn der Geruch eines anderen als wenig attraktiv oder gar abschreckend empfunden wird, passt dessen Immunsystem möglicherweise nicht zu dem eigenen. Eine solche Unverträglichkeit könnte sich auf die Gesundheit der Nachkommen auswirken, wenn nicht sogar der Embryo bereits in der frühesten Phase der Schwangerschaft abstirbt. Möglicherweise wird über diesen Prozess olfaktorischer Kommunikation die Wahl des Sexualpartners beeinflusst. Dessen Immunsystem, so eine Hypothese, sollte dem eigenen nicht zu fremd, aber auch nicht zu ähnlich sein.

In allen Kulturen und vermutlich zu allen Zeiten haben Menschen ihren Körper auch mit fremden Düften »geschmückt«. Duftende Blüten und Essenzen spielen in der Liebeswerbung eine große Rolle. In den dicht besiedelten Industriegesellschaften von heute hat sich daraus allerdings fast so etwas wie eine olfaktorische Tarnung

Blütendüfte und **Pflanzenessenzen** werden in fast allen Kulturen zur Aussendung bestimmter Signale verwendet. So tut dies zum Beispiel ein zum Tanz geschmückter Trobriander, der in seine Armreifen wohlriechende Blätter einer Basilikumpflanze gesteckt hat.

entwickelt: Mittels verschiedener Deodorantien will man den spezifischen eigenen Körpergeruch nach Möglichkeit völlig unterdrücken. Andererseits schaffen Parfüms einen mehr oder weniger auf Typen festgelegten, künstlichen Geruch, der nicht selten auch Androstenon und andere biologische Duftstoffe enthält.

Kommunikation durch Berührung

Der direkte Körperkontakt ist in der Entwicklungsgeschichte der Tiere neben dem Informationsaustausch über Gerüche vermutlich die älteste Form der Kommunikation. Die Haut hat nicht nur die Funktion einer Grenze des Körpers und chemisch-physikalischen Austauschfläche zwischen innen und außen, sondern zugleich eines großflächigen Sinnesorganes. Rezeptoren in der Haut können drei Tastqualitäten unterscheiden: Berührung, Druck und Erschütterung. Darüber hinaus gibt es Wahrnehmungszellen für Wärme (sie werden oberhalb von 36 °C aktiv) und Kälte (die unterhalb von 36 °C einen Reiz an das Gehirn melden). Die Meldungen der Hautsinneszellen werden vor allem zu einem Teil der Großhirnrinde geleitet, dem so genannten Gyrus postcentralis, wo jedem Teil des Körpers ein entsprechendes Feld (Projektionsfeld) auf der Hirnrinde zugeordnet wird (somatotopische Gliederung).

Für Neugeborene ist die Berührung die wichtigste Art der Kommunikation. Sofort nach der Geburt werden sie durch vielfältige gerichtete Körperkontakte stimuliert: durch den Kontakt mit der Brustwarze, den pflegenden Händen und der schützenden Wärme des Körpers der Mutter und anderer Personen. Wie zahlreiche Untersuchungen zeigen, werden Kinder, die nicht ausreichenden Körperkontakt erfahren, später verstärkt ängstlich und unsicher. Zweifellos wird das Wohlbefinden nicht nur des Kindes, sondern auch das der betreuenden Person erhöht. Gerade aufgrund der positiven emotionalen Tönung der Haut-zu-Haut-Kommunikation entwickelt sich eine intensive persönliche Beziehung zwischen Kind und Mutter sowie anderen Bezugspersonen. Diese Kontakte vermitteln dem Kind Geborgenheit und jenes Urvertrauen, die »sichere Basis«, die als unverzichtbare Grundlage einer normalen Entwicklung gelten kann.

Auch für den erwachsenen Menschen hat die Kommunikation durch Berührungen durchaus Gewicht. So kann eine Berührung Ausdruck unserer Beziehung zu einem anderen Menschen sein. In vier verschiedenen Lebenssituationen kommt es zu Berührungen zwischen Menschen. Erstens in der Sexualität: Zahlreiche Studien zeigen, dass Frauen Männer signifikant häufiger berühren, als umgekehrt. Eine zweite Situation ist Annäherung und Freundschaft: Diese Formen der Berührung entwickelten sich unter anderem aus der sozialen Körperpflege und dem Spiel der Kinder. Sie sollen die Ge-

In traditionalen Kulturen wie auf den Trobriand-Inseln besteht zwischen Mutter und Kind über viele Stunden des Tages ein enger Körperkontakt.

meinschaft stärken und Aggressionen dämpfen. Körperberührungen kommen drittens bei aggressiven Auseinandersetzungen vor. Bereits Säuglinge treten und schlagen mit den Fäusten, der Berührungskontakt dient also hier der Abwehr und der Durchsetzung des eigenen Willens. Im Kindesalter nehmen aggressive Körperberührungen immer stärker durch Regeln begrenzte Formen an, etwa beim spielerischen Ringen oder Rangeln. Manchmal, so auch beim kräftigen Händedruck, wird Berührung als Ausdruck von Dominanz eingesetzt. Berührung wird viertens als Signal im engeren Sinne verwendet, vor allem als Gruß. In sehr vielen Kulturen sind Körperberührungen Teil von Willkommens- oder Abschiedsritualen, wobei es sich oft um einfache Beschwichtigungsgesten handelt, die dem anderen die eigene Friedfertigkeit signalisieren. Noch wichtiger dürfte sein, dass Berührung im Normalfall eine sehr freundliche Geste ist, wie man leicht bei Tieren beobachten kann. So hat beispielsweise der Primatenforscher Frans de Waal darauf hingewiesen, wie wichtig Körperberührungen bei Schimpansen sind, die diese Geste als Zeichen der Versöhnung nutzen. Weiterhin drücken Berührungen beim Menschen oft Glückwünsche aus; hier werden in der Regel die gleichen Signale eingesetzt, die einen Gruß ausmachen. Schließlich gibt es ritualisierte Körperkontakte im Zusammenhang mit Feiern, beispielsweise das Handauflegen bei der katholischen Priesterweihe.

Eine wichtige Quelle der Kommunikation durch Berührungen ist in unserer Kultur nahezu verschwunden: die soziale Körperpflege (englisch social grooming). Viele Parasiten bevölkern unsere Körperoberfläche; zu den häufigsten mehrzelligen zählt die Kopflaus, deren Entfernung in allen Kulturen angestrebt wird. Diese nützliche Hygienemaßnahme durchzuführen, eben das Lausen, ist aber in erster Linie nicht von der Rationalität gesteuert, sondern Teil jenes spezifischen Motivations- und Erlebniskomplexes, den wir mit den nicht menschlichen Primaten teilen. Hautpflegeverhalten, insbesondere das intensive Suchen nach Pickeln und Mitessern, kann auch in den Industriegesellschafen beobachtet werden, vor allem unter Familienangehörigen und Partnern. Bei direkter Nachfrage wird Hautpflege oft als »unappetitlich« oder »widerlich« abgelehnt. Der Befall mit Parasiten wird als sozial diskriminierend und unakzeptabel empfunden. Die Hautpflege, es sei denn man führt sie selbst durch, obliegt heute fast vollständig professionellen Friseuren, Kosmetikerinnen, Maniküren, Masseuren oder Dermatologen. Warum unsere moderne Gesellschaft sich von den stammesgeschichtlichen Verhaltensmodellen löst, die in vielen

Eine in den USA durchgeführte Studie zeigt, dass die Berührung der Regionen des eigenen Körpers durch eine andere Person sehr unterschiedlich bewertet wird, je nachdem wer wen wo berührt. Bei einem engen Freundschaftsverhältnis empfinden beide Geschlechter das Berühren auch der erotisch-sexuell bedeutsamen Zonen als angenehm. Geht die Berührung jedoch von einer fremden Person aus, reagieren Frauen und Männer sehr verschieden auf diesen Körperkontakt.

Die soziale Fellpflege, das **Grooming**, ist mehr als das Entfernen von Läusen. Für viele Tierarten, wie für die hier abgebildeten Berberaffen, ist sie eine Möglichkeit, freundlichen Kontakt zu den Artgenossen aufzunehmen.

anderen Kulturen Teil des Alltags sind, ist eine interessante Frage, die jedoch hier nicht weiter verfolgt werden kann.

Die Motivation zur sozialen Körperpflege beruht auf mehreren physiologischen Reaktionen, die dadurch im Körper ausgelöst werden. Bei Säugetieren ließ sich nachweisen, dass im Gehirn erzeugte β-Endorphine, euphorisierend wirkende Neurotransmitter, ganz wesentlich zur Steuerung der sozialen Hautpflege beitragen. Führt man Tieren diese Endorphine künstlich zu, zeigen sie vermehrt aktive Fellpflege. Umgekehrt weisen jene Individuen einen erhöhten Spiegel an β-Endorphinen auf, deren Fell von anderen gepflegt wird. Als Folge des »Gelaustwerdens« sinken Herzfrequenz und Blutdruck. Soziale Körperpflege führt also zu psychophysischer Entspannung. Bei Rekonvaleszenten auf einer Intensivstation konnte nachgewiesen werden, dass leichtes Massieren des Rückens einen ebensolchen entspannenden, beruhigenden Effekt hatte.

Kommunikation durch akustische Signale

Das Gehör ist neben dem Auge das in der menschlichen Wahrnehmung vorherrschende Sinnesorgan. Das menschliche Ohr nimmt Schallwellen verschiedener Tonhöhe und Frequenzen sowie unterschiedlicher Richtung und Entfernung wahr.

Die für den heutigen Menschen wichtigste Funktion des Gehörs ist die Wahrnehmung gesprochener Sprache. Diese ist Thema der letzten zwei Kapitel dieses Teils. Der sprachbegleitenden, nonverbalen Kommunikation, bei der auch Geräusche eine wichtige Rolle spielen, ist ebenso wie der Musik ein eigener Abschnitt gewidmet.

Einen interessanten Sonderfall akustischer Kommunikation stellen die in einigen Kulturen entwickelten Pfeifsprachen dar, gepfiffene Codes, die – ähnlich wie die Wortsprache – Inhalte präzise wiederzugeben vermögen. Drei Fälle sind näher untersucht: das Mazateco, das in Mexiko verwendet wird, das Silbo-Gomero, das auf der Kanareninsel Gomera zu hören ist, sowie eine dem Silbo-Gomero

In unserer modernen westlichen Welt sind Lausen und andere Pflegehandlungen fast vollständig aus dem familiären Alltagsleben verschwunden und in Bereiche der medizinischen und kosmetischen Spezialbehandlung verdrängt worden. In der Genreszene **»Häusliche Toilette«** von Bartolomé Esteban Murillo veranschaulicht dieser, dass das Lausen im 17. Jahrhundert in Spanien noch zum Alltag des Volkes gehörte.

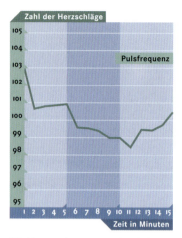
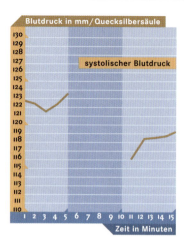
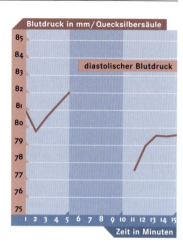

Wie Untersuchungen ergeben haben, haben Berührungen des Körpers eine stark beruhigende Wirkung. Patienten einer Intensivstation wurde die Pulsfrequenz vor, während und nach einer fünfminütigen Massage sowie der Blutdruck vor und nach der Massage gemessen. Alle Werte sanken im Laufe der Massage deutlich ab.

Die internationale Siegesgeste der erhobenen Hand mit den zwei nach oben gerichteten Fingern, wie sie hier von Boris Becker gezeigt wird, geht auf das Einhandzeichensystem der Gehörlosensprache zurück. Diese Geste ist abgeleitet von dem Zeichen für V, das für victory (englisch Sieg) steht.

ähnliche Pfeifsprache, welche die Bewohner des kleinen französischen Dorfes Aas in den Pyrenäen benutzen. Interessanterweise geht der Code dieser drei ungewöhnlichen Systeme der Nachrichtenübermittlung auf die Wortsprache zurück. Das heißt, der Sender formt in Frequenz, Melodie- und Zeitverlauf sehr spezielle Pfiffe, die der Intonation der in den jeweiligen Regionen gesprochenen Wortsprache nachgebildet sind. Die Pfeifsprache ist also eine Art Imitation der gesprochenen Sprache, die sich in gebirgigen Gegenden entwickelt hat, in denen die sprachliche Kommunikation über größere Distanz wegen des schwierigen Geländes oft unmöglich ist.

Aus dem alpinen Raum und etlichen anderen Bergregionen der Erde, so aus dem Hochland von Neuguinea, aus Nord- und Südamerika sowie aus China, aber auch aus den flachen Gebieten Australiens, ist eine andere Form der akustischen Kommunikation bekannt, das Jodeln. Es dient zum Teil noch heute, wie die Pfeifsprachen, der Nachrichtenübermittlung. In den Alpenländern und in Nordamerika ist das Jodeln zunehmend zu einer Form des musikalischen Ausdrucks geworden, bei der die Signalübertragung nicht mehr länger im Vordergrund steht.

Sichtbare Signale zur Kommunikation

Im Physiologielehrbuch von Hermann Rein und Max Schneider heißt es: »Der Mensch ist ein ausgesprochenes Augenwesen. Man kann schätzen, dass 40 Prozent des sensorischen Eingangs zu den Zentren [des Gehirns] von der Million Opticusfasern [den Fasern der dicken Sehnerven beider Augen] stammen. Der große Zustrom von Erregungen aus diesem Sinnesorgan ist sicherlich nicht der einzige Grund für unsere starke Abhängigkeit gerade von den optischen Signalen [..., bildet aber] eines der Substrate für diese Entwicklung«.

Auf den ersten Blick scheint den meisten Menschen tatsächlich ein Verlust des Augenlichts dem Verlust wesentlicher Teile der Kommunikation gleichbedeutend. Zahllose Beispiele (etwa die oft beeindruckenden geistigen Leistungen blinder Menschen) legen jedoch nahe, dass uns vielmehr das Gehör ermöglicht, viele typisch menschliche Fähigkeiten zu entwickeln, die wichtige Bereiche unserer Kommunikation unterstützen, wie zum Beispiel die Sprachfähigkeit, das Herstellen sinnvoller Zusammenhänge oder die Informationsspeicherung.

Gestik

Die Gestik, im engeren Sinne die Information übermittelnden Bewegungen der Hände und Arme, im weiteren Sinne die ebenfalls bedeutungstragende Signale aussendenden Änderungen der Körperhaltung insgesamt, setzen wir vor allem als sprachbegleitendes Element ein. Aussagen, die wir machen oder die wir von anderen hören, sollen damit unterstrichen oder illustriert werden. Ebenso wie die Sprache sind auch die meisten Gesten kulturell geformt, eine Ausnahme ist das Deuten mit dem Zeigefinger. Diese Bewegung, für die ein eigener Muskel, der Musculus extensor indicis longus existiert, ist nicht nur in allen Kulturen, sondern auch in allen Lebensstadien des Menschen, so bereits beim Säugling, zu beobachten.

Neben der sprachbegleitenden Funktion besitzen Gesten auch ein sprachunabhängiges kulturelles Eigenleben. Wir alle kennen – meist aggressive – Gesten wie den »Vogel zeigen« oder das abschätzige Herunterfallenlassen der Hand mit der Bedeutung »Du bist ein hoffnungsloser Fall«. In den letzten Jahrzehnten wurden bei uns etliche solcher Gesten aus dem Mittelmeerraum übernommen, beispielsweise die Geste, die linke Faust in die rechte Armbeuge zu legen und gleichzeitig den rechten Unterarm aufwärts schnellen zu lassen oder der ausgestreckte, nach oben zeigende Mittelfinger. Beide vermitteln aggressive Botschaften mit sexueller Nebenbedeutung.

Andere Formen der Gestik werden als körperbezogene Manipulationen bezeichnet. Diese entstehen oft aus »Übersprungbewegungen«, etwa wenn man sich aus Verlegenheit am Kopf kratzt, als Zeichen der Verzweiflung sich die Haare rauft oder sich auf die Lippen beißt.

Kopfnicken und Kopfschütteln

Kopfbewegungen wie das Kopfschütteln und das Kopfnicken kann man ebenfalls zu den Gesten zählen, wenn sie auch gewisse Ähnlichkeiten mit der Mimik haben. Sie haben eine besondere praktische und theoretische Bedeutung. In nahezu allen Kulturen der Welt ist Kopfschütteln das Zeichen für »nein«, Kopfnicken dagegen für »ja«. Charles Darwin hat in seinem Werk »The Expression of

Die Zeichnung von Andrea de Jorio zeigt Gesten, mit denen um 1832 in Neapel den Worten in Gesprächen Nachdruck verliehen wurde. Einige der Gesten sind uns heute auch in Mitteleuropa noch bekannt, andere werden nur noch in Italien verwendet und einige sind auch dort heute nicht mehr gebräuchlich.
Die Gesten bedeuten: 1) Ruhe, 2) Verneinung, 3) Schönheit, 4) Hunger, 5) Spott, 6) Müdigkeit, 7) Dummheit, 8) Achtsamkeit, 9) Unehrlichkeit, 10) Raffinesse

Die menschliche **Verlegenheitsgeste** des Sich-die-Haare-Kratzens zählt zu den so genannten Übersprunghandlungen. Dabei handelt es sich um vor allem im Tierreich, aber auch beim Menschen vorkommende Verhaltensweisen oder Gesten, die ohne sinnvollen Bezug zur Situation ausgeführt werden und oftmals auftreten, wenn zwei gegenläufige Impulse oder Handlungsanforderungen das Individuum in Konflikt bringen.

Emotions in Man and Animals« von 1872 den entscheidenden Hinweis gegeben, der die Humanethologie plausible Erklärungen für die Universalität gerader dieser Gesten finden ließ: Bereits Säuglinge drehen den Kopf zur Seite, wenn sie einem von vorn kommenden Reiz ausweichen wollen. Sie wenden – wie die Erwachsenen auch – somit Augen und Nase beim nichtsprachlichen »Nein« von dem unerwünschten Reiz ab; eine unwillkürliche und kaum bewusste Reaktion. Um aus dem »weißen Rauschen« der vielen Körperbewegungen zum Signal erhoben zu werden, wird die Bewegung stärker ausgeführt (und somit die Amplitude vergrößert) und mehrmals wiederholt (das heißt die Frequenz erhöht). Es entsteht das typische Kopfschütteln als Musterbeispiel biologischer Ritualisierung.

Als nicht sprachliches »Ja« findet sich in den weitaus meisten Kulturen das Senken des Kopfes, das wir Kopfnicken nennen. Hier handelt es sich wahrscheinlich um eine Art der Demutsgeste, wie sie auch aus dem Tierreich bekannt ist. Wir neigen den Kopf nach unten, vollziehen also das Gegenteil des herrischen Kopf-nach-oben-Streckens, und beugen uns so symbolisch dem Interaktionspartner.

In Griechenland und Bulgarien sowie in Teilen Italiens verwenden die Menschen andere nichtsprachliche Zeichen, um Zustimmung und Ablehnung auszudrücken. Entgegen landläufiger Meinung stellen diese aber keine Umkehrung des ansonsten universal verbreiteten Signals dar. Die Verneinung wird in diesen Gebieten nicht durch das Neigen des Kopfes angezeigt – das wäre der Todes-

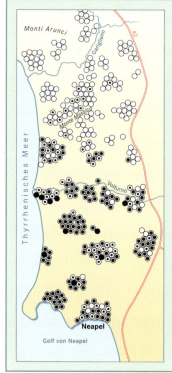
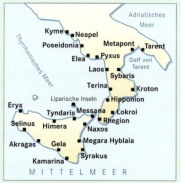

Die Verbreitung des Verneinens durch Zurückwerfen des Kopfes im heutigen Italien geht zurück auf die griechische Kolonisation im Süden Italiens (siehe oben). Deutlich wird dies im Gebiet nördlich des Golfs von Neapel, der Nordgrenze des griechischen Verbreitungsgebietes der Antike (siehe links). Die schwarz ausgefüllten Kreise zeigen ein relativ häufiges Vorkommen des »sizilianischen Nein« an. Die Kreise mit schwarzem Zentrum bedeuten ein relativ seltenes Vorkommen, die weißen Kreise stehen für ein Fehlen dieser Bewegung.

stoß für die oben beschriebene Hypothese –; vielmehr wird der Kopf hochgeworfen. Zusammen mit diesem Zeichen des Stolzes, dem Hinweisen auf die eigene Person und Meinung, schließen die Griechen zusätzlich die Augen und rümpfen die Nase – ethologisch gesehen eine klare Geste der Ablehnung. Wie beim Kopfschütteln werden Auge und Nase abgewendet, in diesem Fall eben nach oben, und sogar symbolisch verschlossen. Zustimmung wird in diesen Regionen durch ein wiegendes, langsames Hin- und Herbewegen des Kopfes, und nicht etwa durch unser Kopfschütteln ausgedrückt. So erkennen wir seine Bedeutung unschwer als Geste des Abwägens oder Abschätzens, die hier durch kulturelle Übereinkunft zum Zeichen der Zustimmung wurde.

Verblüffenderweise verläuft im Süden Italiens eine scharfe Grenze zwischen den Regionen, in denen die beiden unterschiedlichen Formen der Bejahung oder Verneinung gebräuchlich sind. Sie markiert die Grenze der frühen griechischen Besiedlung Italiens und ist somit seit mehr als zwei Jahrtausenden unverändert erhalten geblieben. Das zeigt, wie erstaunlich stabil und konservativ solche kulturellen Traditionen sind.

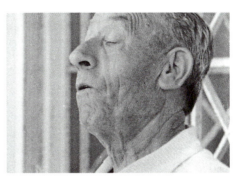

Das Zurückwerfen des Kopfes – und nicht das Kopfschütteln – ist in einigen Mittelmeerländern die **Geste der Verneinung.** Vor allem die Griechen unterstreichen ihre Ablehnung und Entrüstung dabei noch durch das Schließen der Augen und ein Rümpfen der Nase.

Mimik

Die Mimik ist in gewisser Weise das Gegenteil der Sprache. Ihr Signalapparat ist am Gesicht festgewachsen, ihre Botschaften können nicht frei formuliert werden, wie die Wörter der Sprechorgane, sondern sind auf eine im Wesentlichen zweidimensionale Geometrie beschränkt: Die Haut um die Augen, den Mund, die Stirn und das Kinn lässt sich nur nach oben oder unten, innen oder außen verschieben. Ist einerseits die Bewegungsfreiheit des mimischen Reliefs aus Muskeln, Binde- und Fettgewebe sowie der Haut begrenzt, so können doch andererseits die zahlreichen mimischen Einheiten zu einem ausdrucksstarken Gesamtsystem kombiniert werden, dessen Botschaften sehr differenziert sind.

Obwohl wir Menschen auf einen ungeheuer reich entwickelten Wortschatz zurückgreifen können, wenn wir anderen etwas mitteilen wollen, ist erstaunlicherweise auch unsere Mimik den Tieren überlegen: So zeigen anatomische Untersuchungen der mimischen Muskeln bei Menschenaffen, dass zwar eine große Ähnlichkeit mit der des Menschen besteht, dass die Muskelstränge bei Schimpansen und anderen Primatenarten jedoch etwas weniger zahlreich und weniger fein ziseliert sind. Wir sind somit nicht nur mit der Fähigkeit zur Sprache, sondern obendrein noch mit der leistungsfähigsten Mimik des Tierreiches ausgestattet. Für uns sind offenbar die Übermittlung von Gefühlen und inneren Stimmungen – die Hauptaufgabe der Mimik – noch wichtiger als für unsere Primaten-Verwandten; ein weiterer Hinweis darauf, wie sehr wir mit unserer Biologie und Psyche auf das Leben als Gruppenwesen, als »animal sociale«, festgelegt sind.

Schnute, Schmollmund

Anstarren (»ärgerlich«)

Aufgrund der etwas einfacheren Gesichtsmuskulatur ist die **Mimik der Schimpansen** gegenüber der mimischen Ausdrucksmöglichkeit des menschlichen Gesichts weniger differenziert. Dennoch lassen sich grundsätzliche Ähnlichkeiten in den Gesichtsausdrücken beobachten, wie das schmollende, kindliche Bitten (oben) und das ärgerliche Anstarren (unten).

DARWINS UNTERSUCHUNGEN ZUR MIMIK

Charles Darwin richtete sein Augenmerk auch auf den »Ausdruck der Gemütsbewegungen bei den Menschen und den Tieren«, wie sein 1872 veröffentlichtes Buch in der deutschen Übersetzung heißt. Darwin erkannte in der Fähigkeit, zu fühlen und Gefühle auszudrücken, einen Motor der Evolution der höheren Tiere. Viele Ausdrucksbewegungen des Menschen leitete Darwin – manchmal zu Unrecht – von Verhaltensweisen bei Tieren ab. Einige Emotionen sah er dagegen als nur dem Menschen eigen an, wie das Erröten aus Scham oder Schüchternheit, die er als »die eigentümlichste und menschlichste aller Ausdrucksformen« bezeichnete. Darwin nutzte für seine Forschung bereits die Fotografie, um seine Aussagen zu belegen, dass etliche mimische Muster beim Menschen

unabhängig von der jeweiligen Kultur sind. Darüber hinaus versandte er weltweit an Kolonialbeamte und Missionare eine Art Fragebogen, in dem er um Auskunft bat, wie die Einheimischen der jeweiligen Region bestimmte Dinge nicht sprachlich ausdrückten. Es dürfte sich um eine der ersten Fragebogenaktionen in der Wissenschaftsgeschichte gehandelt haben.

Der Spiegel der Seele?

Gemessen an der Bedeutung der Mimik für die innerartliche Kommunikation haben sich bis vor einigen Jahrzehnten vergleichsweise wenige Wissenschaftler mit den flüchtigen und überwiegend unbewusst wahrgenommenen Veränderungen im Oberflächenrelief des Gesichts beschäftigt. Die weitgehend unveränderlichen Charakteristika der Physiognomie, von der knöchernen Struktur des Kopfes und der Weichteilstruktur des Gesichtes bestimmt, fanden dagegen mehr Aufmerksamkeit. Ende des 18. Jahrhunderts entstand die Physiognomik, die sich mit den dauerhaften Formen menschlicher Gesichter befasst. Diese Lehre definierte der Göttinger Physiker und Schriftsteller Georg Christoph Lichtenberg als die Fertigkeit, »aus der Form und Beschaffenheit der äußeren Teile des menschlichen Körpers, hauptsächlich des Gesichts, ausschließlich aller vorübergehenden Zeichen der Gemütsbewegungen, die Beschaffenheit des Geistes und des Herzens [eines Menschen] zu finden«. Sie übte zeitweise eine beträchtliche Wirkung auf die sich entwickelnde Psychologie aus und erfreut sich noch heute in einigen unaufgeklärten Kreisen einer gewissen Beliebtheit.

Hauptverfechter der Physiognomik war der Schweizer Theologe Johann Kaspar Lavater. Er versuchte in seinen zwischen 1775 und 1778 erschienenen »Physiognomischen Fragmenten« anhand zahlreicher Beispiele zu belegen, dass es möglich sei, etwa an der Nasenform und einigen anderen Kennzeichen festzustellen, ob jemand von seinen Anlagen her zum Genie oder zum Verbrecher bestimmt sei.

Die Vermessung des Schädels und die Zuordnung von Charaktereigenschaften zu bestimmten Gesichtszügen wurde in der »Rassenlehre« des Nationalsozialismus in schrecklicher Weise wieder aufgegriffen. Entsprechende Texte und Abbildungen fanden sich bis vor kurzem neben einer absurden Missdeutung der biologischen Vererbungslehre selbst in (zum Teil bis heute) anerkannten Lehrbüchern der Psychologie.

Bereits Lichtenberg, der nach anfänglicher Sympathie zum scharfen Kritiker der Physiognomik wurde, hat ihren gefährlichen Behauptungen entgegengehalten: »Wenn jemand sagte: du handelst zwar wie ein ehrlicher Mann, ich sehe aber aus deiner Figur [den Gesichtszügen], du zwingst dich und bist ein Schelm im Herzen: Fürwahr eine solche Anrede wird bis ans Ende der Welt von jedem braven Kerl mit einer Ohrfeige erwidert werden«. Hinter der Physiognomik Lavaters steckte zwar die zutreffende Annahme, dass das Gesicht eine ganze Menge über das »Innere« des Menschen verrate, doch es ist primär die Mimik, die uns Einblick in die Gefühle, Stimmungen und Handlungsabsichten unserer Gegenüber gibt. Die durch das knöcherne Skelett des Schädels gegebenen Merkmale sind nicht geeignet, Auskunft über einen Menschen zu geben. Allerdings besteht ein funktionaler Zusammenhang zwischen der Mimik und

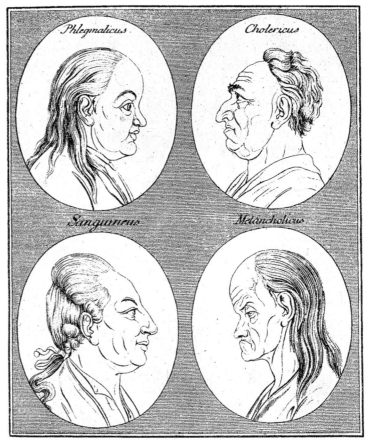

Der schweizerische Theologe und Philosoph Johann Kaspar Lavater gilt als bedeutendster Verfechter der bereits in Altertum und Mittelalter betriebenen **Physiognomik**. In den 1775 bis 1778 veröffentlichten vier Bänden »Physiognomische Fragmente zur Beförderung der Menschenkenntnis und Menschenliebe« vertrat Lavater die Ansicht, aus Körperformen auf den Charakter und die inneren Werte eines Menschen schließen zu können. Vor allem aus Gesichtsformen meinte er, auf das Temperament einer Person schließen zu können. Die wissenschaftliche Anthropologie der Gegenwart lehnt diese spekulativen Deutungen ab und beschränkt sich auf einige statistische Korrelationen zwischen bestimmten körperbaulichen und speziellen psychischen und charakterlichen Eigenschaften.

Der **Vergleich des mimischen Ausdrucks** in unterschiedlichen Kulturen ist für den Forscher schwierig, da er bei Menschen fremder Kulturen nur beschreiben kann, was er sieht und was ihm die Fremden mitteilen. Besonders bei kurzzeitiger Beobachtung wird er kaum vermeiden können, das Verhalten der Menschen anderer Kulturen nach den eigenen Gesichtspunkten zu interpretieren. Ein Lachen wird sicher auf der ganzen Welt als Ausdruck der Freude gesehen, doch bereits beim »Mitlachen«, bei Schadenfreude oder Häme müssen auch die anderen Umstände des Verhaltens erkannt und richtig gedeutet werden. In einigen Kulturen wird etwa nicht – auch nicht begrifflich – zwischen bestimmten Formen der Trauer und Wut unterschieden. Die beiden für uns klar trennbaren Gefühle sind in ein uns fremdes »Mischgefühl« verschmolzen.
Genauere Daten zur Mimik liefern Film- und Videoaufnahmen, besonders mithilfe von Zeitlupe oder Einzelbildbetrachtung, bei denen auch die jeweilige Situation festgehalten wird. Man kann auch freiwilligen Versuchspersonen bestimmte Reize bieten und ihre mimische Reaktion festhalten oder – umgekehrt – den Versuchspersonen Fotos oder Videos mit bestimmten Gesichtsausdrücken vorlegen, die dann von ihnen gedeutet werden.

der Physiognomie, den Friedrich Schiller in seinem Aufsatz »Über Anmut und Würde« von 1793 so beschrieb: Die »festen Züge waren ursprünglich nichts als Bewegungen, die endlich bei oftmaliger Erneuerung [gewohnheitsmäßig] wurden und bleibende Spuren eindrückten. [...] Endlich bildet sich der Geist sogar seinen Körper, und der Bau selbst muss dem Spiele folgen, sodass sich die Anmut zuletzt nicht selten in architektonische Schönheit verwandelt.«

Tatsächlich weisen Menschen, die viel lächeln und lachen, ab dem mittleren Alter die typischen »Krähenfüßchen«, kleine, permanent vorhandene Fältchen an den Augenwinkeln, auf. Sie entstehen, wenn beim herzlichen Lächeln mit den Mundwinkeln auch die Wangen angehoben werden, sodass sich die Haut an den Augenwinkeln in Falten zusammenschiebt. In dem älter und weniger elastisch werdenden Gewebe entstehen so Schillers »bleibende Spuren«. Wer umgekehrt häufig ein trauriges Gesicht macht und die Mundwinkel nach unten zieht, bei dem hinterlässt die Stimmungslage im Laufe der Zeit ebenfalls verräterische mimische Spuren: Er zeigt auch dann ein missgelauntes Gesicht, wenn er gar nicht traurig ist. Wie der Volksmund sagt: »Ab dreißig ist man für sein Gesicht selbst verantwortlich.«

Anfänge der Mimikanalyse

Es ist nicht verwunderlich, dass physiognomische (und nicht etwa mimische) Aspekte so lange im Vordergrund der wissenschaftlichen Betrachtung standen, wenn man bedenkt, dass die Bewegungsabläufe im mimischen Relief unseres Gesichts in Zeichnungen und Gemälden nur statisch und damit unvollkommen festgehalten werden können. Erst mit der Möglichkeit, bestimmte, allerdings meist durch Schauspieler gestellte und für eine scharfe Abbildung »gefrorene« Gesichtsausdrücke auf fotografische Platten zu bannen, begann das Zeitalter der genaueren Erfassung der Mimik. Kinematographie und schließlich die Videotechnik schafften die technischen Voraussetzungen, die mimischen Bewegungen aufzuzeichnen und durch eine verlangsamte Wiedergabe genauer zu analysieren.

Daneben führte die Einsicht in die elektrische Reizbarkeit von Nervenzellen, wie sie sich im 19. Jahrhundert durchsetzte, zu einem verstärkten Interesse an den mimischen Phänomenen. So erzeugte der französische Neurologe Guillaume Duchenne Kontraktionen der Gesichtsmuskeln, indem er die entsprechenden Partien des Gesichts und des Halses der Versuchspersonen elektrisch reizte. Die dabei entstandenen, teilweise sehr heftigen Ausdrucksbewegungen trugen zum Verständnis der neuromuskulären Grundlagen der Mimik bei, waren jedoch nur Reflexreaktionen. Tatsächlich werden die Gesichtsmuskeln über ein Bündel von Nervenfasern, die im Nerv für die mimische Muskulatur, dem Nervus facialis (dem siebten Hirnnerv) zusammengefasst sind, vom Gehirn aus gesteuert, sodass das jeweils bestimmte mimische Ausdrucksmuster für eine spezifische Emotion entsteht. Die internationale Literatur beschreibt mittlerweile ein Minimum von sechs Grundemotionen, die in allen Kulturen existieren sollen: Freude, Trauer, Ekel, Überraschung, Wut und Angst. Die den ersten drei emotionalen Zuständen entsprechende Mimik wird weiter unten besprochen.

Emotionen

Die scheinbare Entsprechung von emotionalem Ausdruck und Emotion veranlasste den Amerikaner William James und den Dänen Carl Lange Ende des 19. Jahrhunderts, eine Theorie aufzustellen, wonach ein Mensch zum Beispiel froh ist, wenn er lacht oder traurig ist, wenn er weint. Emotionen bleiben ihr zufolge zunächst rein subjektive Erlebnisse, sodass das »Mitfühlen« dieser Emotionen jedoch keine sichere Aussage über das »Innenleben« des Gegenübers liefert. Die Theorie von James und Lange wird durch eine eigentümliche Tatsache gestützt. Emotionen werden von Veränderungen der Herzfrequenz, der peripheren Durchblutung (in deren Folge sich die Hauttemperatur ändert), des Blutdrucks und anderen physiologischen Phänomenen begleitet. Wut erhöht den Puls und Blutdruck und senkt die Hauttemperatur. Freude erhöht sowohl die periphere Durchblutung als auch den Puls, Ekel lässt beide Werte sinken. Eine Untersuchung zeigte, dass sich diese physiologischen Veränderungen auch einstellen, wenn eine bestimmte Emotion nur simuliert ist: Versuchspersonen wurden angewiesen, den zu einer Emotion passenden Gesichtsausdruck zu spielen, die ein Versuchsleiter vorgab. Bei vielen Versuchspersonen änderten sich Puls oder Hauttemperatur und einige fühlten schließlich auch die Emotion, die sie zunächst simulierten. Es besteht also wohl ein Rückkopplungsmechanismus zwischen der Wahrnehmung von Veränderungen im Gesicht (zum Beispiel Bewegungen oder Muskelspannungen) und jenen Zentren im Gehirn, die für die Erzeugung einer bestimmten Emotion eine wichtige Rolle spielen. Insofern ist die Theorie von James und Lange nicht ganz falsch; wir werden wohl etwas trauriger, wenn wir die mit dem Trauergesicht einhergehenden Veränderungen in unserem Gesicht registrieren. Dennoch dürften Emotionen in erster Linie vom »Inneren« unseres Gehirns und nicht von der äußeren Schicht unseres Körpers erzeugt werden.

Wie aber wirken Emotionen, wie können sie unser Denken und Handeln beeinflussen? Emotionen haben ihre körperliche Basis in komplexen neurophysiologischen Prozessen, die zwischen unterschiedlichen Hirnteilen ablaufen. Als solche sind sie messbar. Ihren Ausdruck finden sie im Verhalten, sodass von emotionalem Verhalten gesprochen werden kann. Mit Blick auf den Menschen als fühlendes und sich seiner selbst bewusstes Wesen aber ist eine dritte Ebene entscheidend, die die Emotionen kennzeichnet – die des Bewusstseins. Gerade unser bewusstes Erleben der Welt wird wesentlich von unseren Emotionen bestimmt. Schon David Hume nannte das Bewusstsein einen Sklaven der Gefühle. Wie groß der Einfluss der Emotionen auf die Wahrnehmung von Signalen sein kann, zeigt

Der französische Neurologe Guillaume Duchenne begann Mitte des 19. Jahrhunderts die Elektrotherapie und -diagnostik auch bei Versuchen zur Mimik des Menschen einzusetzen. Er legte an bestimmten Partien des Gesichts Elektroden an und erzeugte mit diesen elektrischen Reizen spezifische mimische Ausdrucksmuster.

Die Entdeckung der elektrischen Reizbarkeit von Nerven stieß im 19. Jahrhundert über die engen Grenzen des Faches hinaus auf großes Interesse. Das galt allen voran den Arbeiten des Physiologen **Johannes Müller,** die unter anderem zeigten, dass die Qualität einer Empfindung von den jeweiligen Sinnesorganen abhängig ist, letztlich also die Art der stets gleichförmig elektrisch gereizten Nervenzellen darüber entscheidet, ob und wie Reize als Licht, Wärme oder Druck wahrgenommen werden.

»Alles, was uns die fünf Sinne an allgemeinen Eindrücken bieten«, folgerte Müller daher, sind »nicht die Wahrheiten der äußeren Dinge [selbst], sondern die Qualitäten unserer Sinne«. Damit aber schien seine »Lehre von den spezifischen Sinnesenergien«, die er in kritischer Auseinandersetzung mit Goethes Farbenlehre entwickelt hatte, – fälschlicherweise – eine empirische Bestätigung der Erkenntnistheorie Immanuel Kants zu sein, in der ebenfalls von der Unerkennbarkeit der »Dinge an sich« die Rede ist. Mit Müllers »Lehre« befasste sich Arthur Schopenhauer in seinem Hauptwerk »Die Welt als Wille und Vorstellung«.

Taubblind geborene Kinder, die das Gesicht ihrer Eltern nicht sehen und ihre Worte nicht hören können, entwickeln trotzdem alle wichtigen mimischen Ausdrucksmuster. Diese Beobachtung durch Irenäus Eibl-Eibesfeldt zeigte, dass bestimmte mimische Signale wie jenes, das Freude ausdrückt, angeboren sind.

das so genannte Priming (Prägung). Um das zu untersuchen, wurde Versuchspersonen ein Stummfilm gezeigt, der eine neutrale Gesprächssituation wiedergab. Einigen Versuchsteilnehmern wurden vorher, zusammen mit aggressiv gefärbten Wörtern, andere Filme präsentiert. Emotional geprägt interpretierten diese Personen die neutrale Unterhaltung signifikant häufiger als Streit, sahen also im nonverbalen Verhalten andere Emotionen ausgedrückt, als Personen, die den Film unvoreingenommen sahen.

Der Grund, warum Emotionen einerseits völlig unbewusst entstehen und andererseits auf die Vorgänge des bewussten Denkens Einfluss haben, liegt vermutlich in einer funktionalen Zweiteilung. Die Sinneswahrnehmungen werden über Nervenbahnen vom Großhirn zur Amygdala (dem Mandelkernkomplex) im limbischen System übermittelt und rufen dort eine emotionale Reaktion hervor, die wieder zum Großhirn zurückwirkt. Dabei scheinen die verschiedenen Hirnanteile eine unterschiedliche Rolle zu spielen. Bestimmte Reize werden allerdings direkt vom Thalamus, einer im Zwischenhirn gelagerten »Relaisstation« zwischen Groß- und Mittel- beziehungsweise Endhirn, in die Amygdala weitergeleitet, unter Umgehung des Großhirns und damit der Sphäre des Bewusstseins. So sind sehr schnelle Reaktionen auf Reize möglich, die uns etwa eine Flucht ermöglichen, noch bevor wir uns bewusst werden, was genau vor sich geht. Die Amygdala ihrerseits ist mit dem motorischen Gesichtsnerv (Nervus facialis) verbunden, kann also die mimische Reaktion auf Gefühle auch direkt bewirken.

Können Taubblinde lächeln?

Ein weiterer Durchbruch im Verständnis der Mimik als eines partiell unbewusst funktionierenden und von Lerneffekten weitgehend freien Systems der Kommunikation gelang 1973 mit Filmdokumentationen, die Irenäus Eibl-Eibesfeldt, in Weiterführung einer Idee Darwins, von Kindern machte, die nicht nur blind, sondern auch taub geboren worden waren. Diese Kinder, deren Mütter meist in einer bestimmten Phase der Schwangerschaft an Röteln erkrankt waren, können das Gesicht ihrer Eltern nie sehen und deren lobende oder tadelnde Worte nicht hören. Ihr mimischer Ausdruck kann daher nur von innen bestimmt, also angeboren sein. Er ist eine Folge jener festen Verschaltung emotionaler Reaktionen mit den Teilen des Gehirns, die die mimischen Reaktionen hervorrufen. Daher signalisieren die taubblind geborenen Kinder durch Herunterziehen der Mundwinkel genauso Traurigkeit wie sehende und durch Anheben der Mundwinkel Freude.

Dass elementare Ausdrucksweisen der menschlichen Mimik tatsächlich auf biologischer Basis erzeugt und verstanden werden, ist inzwischen vor allem durch kulturvergleichende Studien belegt. Kritiker dieser Untersuchungen betonen dagegen die hohe Varianz der Mimik in den verschiedenen Kulturen. Im Bereich des Wahrnehmens der mimischen Zeichen könnten Unterschiede durch Erziehung und kulturelle Übereinkunft entstehen. Es wäre denkbar, dass der Ausdruck bestimmter Gefühle in den alltäglichen Interaktionen der Menschen von der Kultur festgelegt ist, also auch Ausdrucksformen, wie die des japanischen Kabuki-Theaters. Belege für eine solche Kulturspezifität der Mimik, wie sie die Kritiker annehmen, etwa das Verlegenheitslächeln in asiatischen Gesellschaften, sind jedoch erstens spärlich und können zudem meist evolutionsbiologisch erklärt werden. Mimische Unterschiede zwischen den Kulturen beruhen sehr wahrscheinlich viel weniger darauf, dass bestimmte Zeichen in ganz anderen Situationen ausgesendet werden oder ganz andere Bedeutungen hätten, sondern vielmehr darauf, dass manche Kulturen (zum Beispiel im Mittelmeerraum oder in Neuguinea) expressives Verhalten fördern, andere dagegen (etwa in Skandinavien oder in Japan) Zurückhaltung im Zeigen von Gefühlen verlangen.

Ob der mimische Ausdruck als Signal erkannt und wie er interpretiert wird, ist eine weitere Frage. Da Menschen von ihrer Geburt an Mimik immer in Verbindung mit anderem Verhalten und sozialer Interaktion wahrnehmen (beispielsweise das »sorgenvolle« Gesicht der Mutter nach einem Streit mit dem Vater), kann man davon ausgehen, dass die Assoziationen, die wir im Zusammenhang mit der Mimik im Laufe unseres Lebens knüpfen, einen wesentlichen Einfluss auf unser »Gefühl« beim Anblick eines menschlichen Gesichtsausdruckes haben.

Um Gefühle wie Freude, Trauer oder Wut besonders zu verdeutlichen, bekommen die Schauspieler des japanischen **Kabuki-Theaters** bestimmte Schminkmasken mit festgelegten Gesichtsausdrucksformen aufgetragen.

Einige mimische Aktionseinheiten

Obgleich, wie erwähnt, seit der Entwicklung der Kinematographie die technischen Voraussetzungen dafür geschaffen waren, den Ablauf der mimischen Muster in seiner Bewegung festzuhalten, hat sich der wissenschaftliche Standard der Mimikanalyse erst in der zweiten Hälfte des 20. Jahrhunderts verbessert. Waren die Beobachtungen vorher teilweise ungenau und vor allem subjektiv, so entwarf der schwedische Anatom Carl-Herman Hjortsjö in den 1960er-Jahren schließlich eine objektive Beobachtungsmethode.

Die Hjortsjö-Eckman-Friesen-Methode der Mimikanalyse

Hjortsjö fasste die bereits gewonnenen Einsichten in die mimische Muskulatur des menschlichen Gesichts zusammen und stellte anhand von Schemazeichnungen dar, welcher Muskel welche genau definierbaren Veränderungen im Gesicht hervorruft. Im Ge-

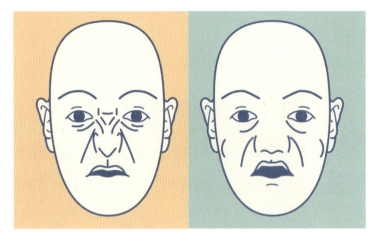

Der schwedische Anatom Carl-Herman Hjortsjö stellte in Schemazeichnungen dar, welche Muskeln oder Muskelbündel aufgrund von Nervenreizungen welche Veränderungen im Gesicht hervorrufen. Von den 44 unterschiedenen Nerven-Muskel-Einheiten, die von den amerikanischen Forschern Paul Ekman und Wallace Friesen **Aktionseinheiten** genannt wurden, zeigt die Abbildung die Aktionseinheiten 9 (»Naserümpfen«, links) und 10 (»Ekelgesicht«, rechts).

sicht definierte er klar zu erkennende Punkte und Linien als Orientierungsmarken, darunter die Lippen, die Mundwinkel, die schräg von der Nase zu den Mundwinkeln abfallende Falte (Nasolabialfalte) und die Augenbrauen. Zusätzlich beschrieb er die Veränderungen, die an den normalerweise mehr oder weniger glatten Flächen vor sich gehen, zum Beispiel waagerechte Stirnfalten oder senkrechte Falten über der Nasenwurzel. Die weiteren Studien führte er zum Teil an sich selbst vor dem Spiegel durch. Dabei lernte er die kleinsten getrennt innervierbaren, also eigene Nervenimpulse erhaltenden Einheiten der Mimik genau kennen und nummerierte sie. Der innere Teil des großen Stirnmuskels erhielt zum Beispiel die

Die anatomische Zeichnung zeigt die **Muskulatur des Gesichts.** Die verschiedenen Gesichtsausdrücke werden von jeweils bestimmten Muskeln oder Muskelgruppen ausgelöst.

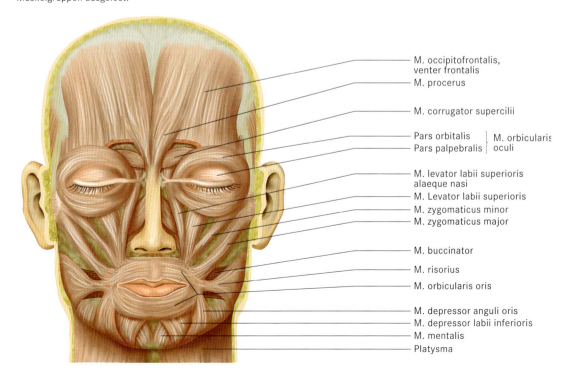

Einige mimische Ausdrücke des Menschen und die beteiligten Muskeln

Mimischer Ausdruck	Beteiligte Muskeln lateinische Bezeichnung	deutsche Bezeichnung oder Erklärung	Funktion bzw. Auswirkung der Muskeln
Lächeln	Musculus zygomaticus major	großer Jochbeinmuskel	zieht den Mundwinkel nach oben und außen
Lächeln	Musculus zygomaticus minor	kleiner Jochbeinmuskel	zieht die Oberlippe nach oben
stärkeres Lächeln	Musculus zygomaticus minor und major sowie Musculus orbicularis oculi, Pars orbitalis	kleiner und großer Jochbeinmuskel sowie der um den Augenhöhlenrand laufende Teil des Augenringmuskels	Anheben der Wangen, Falten im äußeren Lidwinkel (»Krähenfüßchen«)
Lachen	Musculus risorius und andere Muskeln	den Mundwinkel zur Seite ziehender Muskel und andere Muskeln	verbreitert die Mundspalte
Genugtuung, wirkt mit beim Lachen und Weinen	Musculus buccinator	Wangenmuskel	zieht die Mundwinkel zur Seite und strafft die Wangen
Trauer	Musculus depressor anguli oris	Muskel zwischen Mundwinkel und Unterrand des Unterkiefers	zieht Mundwinkel nach unten und außen
leichte soziale Distanzierung, Naserümpfen	Musculus levator labii superioris alaeque nasi	die mittlere Oberlippe und die Nasenflügel hebender Muskel	erzeugt Fältchen seitlich der Nasenwurzel und hebt die Oberlippe beiderseits ihrer Mitte
Ekelgesicht	Musculus levator labii superioris	die seitliche Oberlippe hebender Muskel	vertieft die Nasolabialfalte und öffnet den Mund
Stirnrunzeln, Erstaunen	Musculus occipitofrontalis	Stirnmuskel	zieht Augenbraue aufwärts
senkrechte Stirnfalten (Zornesfalten)	Musculus corrugator supercilii	unter der Augenbraue liegender Muskel	zieht Augenbrauen herunter und zur Nase zusammen
Eindruck der Entschlossenheit	Musculus orbicularis oris	Ringmuskel um den Mund	legt die Lippen aneinander
Schmollen	Musculus depressor labii inferioris	Muskel zwischen Unterlippe und Unterrand des Unterkiefers	senkt Unterlippe
Anspannung, Schreckreaktion	Platysma	Hautmuskel des Halses zwischen Unterkiefer und zweiter Rippe	spannt die Halshaut
Überlegenheit, Verachtung	Musculus mentalis	Kinnmuskel	Nach vorn Schieben und Runzeln der Kinnhaut
Lidschlag und Lidschluss	Musculus orbicularis oculi, Pars palpebralis	in den Lidern gelegener Teil des Augenringmuskels	kürzere oder längere Unterbrechung des Blickkontakts

Ziffer »1«, der seitliche Teil desselben Muskels die Nummer »2«. Letzteren Muskel benutzen wir beispielsweise dann, wenn wir einem Partner oder einer Partnerin ein verstohlenes Zeichen geben, etwa wie es im Lied heißt »Winken mit dem Äugelein und Treten mit dem Fuß...«. Das »Winken« erfolgt dabei mit dem äußeren Anteil der Augenbrauen, doch das wäre für ein Liebeslied wohl ein wenig zu prosaisch.

Die von Hjortsjö vorgenommene Einteilung der Effekte mimischer Gesichtsbewegungen nach dem Kriterium der kleinsten getrennt aktivierbaren Einheiten erlaubte nun, eine saubere Partitur der mimischen Vorgänge in ihren zeitlichen Abläufen zu erstellen. Die methodische Voraussetzung dafür wurde von den amerikanischen Forschern Paul Ekman und Wallace Friesen erweitert, die Hjortsjös Modell weitgehend übernahmen. Sie wiesen mittels Elektroden, die sie in ihre eigene Gesichtshaut gepiekst hatten, die Genauigkeit der von Hjortsjö beschriebenen Nerven-Muskel-Einheiten nach, die sie in Aktionseinheiten (action units) umbenannten.

Neben diesen, durch Muskelaktivitäten eindeutig festgelegten, insgesamt 44 Aktionseinheiten unterscheiden Ekman und Friesen weitere 14 Bewegungen, an denen die Augen und der Kopf beteiligt sind. Diese »action descriptors« umfassen unter anderem Bewegungen des Kopfes, der Augäpfel oder des Kiefers. Die Mimikanalyse muss neben den beteiligten Muskeln und Nerven auch die Zeitspanne betrachten, in der Kombinationen von Muskelbewegungen stattfinden. So kann beispielsweise ein kurzes Anheben der Augenbrauen ein »ja« oder einen Gruß bedeuten, während ein langsames Heben Arroganz und Unwilligkeit signalisieren mag.

Lächeln

Der Gesichtsausdruck beim **Lächeln** (Aktionseinheit 12) ist stets bestimmt durch die nach oben außen bewegten Mundwinkel. So wird das Lächeln der jungen Trobrianderin auch von Angehörigen anderer Kulturen als freundliches Signal gedeutet.

Auf der Abbildung ist eine junge Frau aus Tauwema (einem Dorf auf der Trobriand-Insel Kaileuna, östlich von Neuguinea) zu sehen, die ihren Gesprächspartner gerade anlächelt. Obwohl die Frau fremd ist und einer anderen Kultur angehört, erkennen wir sofort und intuitiv, dass sie ein sehr freundliches Signal sendet. Wir empfinden auch, dass das Lächeln ihr Gesicht attraktiv macht. Das gilt für Menschen aus allen Kulturen in gleicher Weise. Der Stellmotor des Lächelns ist der große Jochbeinmuskel (Aktionseinheit 12), der vom Mundwinkel zum Jochbein unterhalb der Augenhöhle zieht. Wenn er sich verkürzt, bewegt er dementsprechend den Mundwinkel nach oben außen und legt dabei die Zähne des Oberkiefers frei. Das Weiß der Zähne verstärkt durch seinen Kontrast zu den Lippen das Signal. Bei stärkerem Lächeln wird außerdem der große Ringmuskel um die Augen (Aktionseinheit 6) innerviert. Der Teil des Muskels der um den Augenhöhlenrand läuft, zieht sich zusammen, sodass sich der obere Teil der Wange nach oben schiebt und die bereits erwähnten »Krähenfüßchen« entstehen. Die Veränderung der Muskulatur um das Auge verlegen Volksmund und Dichter in das Auge selbst: »Ihre Augen strahlten« oder »Ein plötzlicher Glanz war in seinen Augen«. Möglicherweise spielt hier auch eine vermehrte Abgabe von Tränenflüssigkeit, die die Hornhaut des Auges benetzt, eine Rolle.

Nach verschiedenen Untersuchungen bewegen sich die Augenringmuskeln nur dann mit, wenn das Lächeln nicht gestellt ist. Gekünsteltes Lächeln als Element der Konvention, etwa im Kundengespräch, besitzt nicht den »Krähenfüßchen-Effekt« und wird dementsprechend von uns anders interpretiert. Paul Ekman und seine Mitarbeiter haben die Kombination aus den Aktionseinheiten 12 und 6 »felt smile«, also »gefühltes Lächeln«, auch »Duchenne smile« genannt.

Dass die Mundwinkel beim Lächeln nach oben gehen, ist sehr wahrscheinlich auf ein stammesgeschichtliches Erbe zurückzuführen. Bei vielen Säugetieren, etwa bei Hunden, zieht ein Muskel vom

Beim falschen Lächeln (links) ziehen sich die Ringmuskeln um die Augen (Aktionseinheit 6) nicht zusammen, sodass keine »Krähenfüßchen« entstehen. Beim »echten«, von innen kommenden Lächeln (rechts) sind die Krähenfüßchen deutlich zu sehen.

Kopf über die Ohren und das Jochbein zum Mundwinkel. Dieser Muskel wird unwillkürlich innerviert, wenn das Tier Furcht empfindet. Dann legen sich, entsprechend dem Zug der Muskulatur, die Ohren nach hinten, und die Oberlippe wird nach oben außen gezogen. Dadurch werden die Zähne des Oberkiefers freigelegt. Der Mund befindet sich aber, der furchtsamen Stimmung gemäß, nicht in Beißstellung. Die Tierethologen nennen diesen mimischen Ausdruck, der auch bei den uns nächststehenden Primaten vorkommt, Furchtgrinsen. Das Lächeln mag sich aus diesem Grinsen entwickelt haben. Dass sich ausgerechnet ein eher aggressives mimisches Muster in der Stammesgeschichte zum so freundlichen Lächeln entwickelt haben soll, mag merkwürdig oder widersinnig erscheinen. Aber gerade bei der Überwindung von schwierigen oder fremden Situationen spielt Lächeln eine wichtige Rolle, etwa zur Unterstützung einer Entschuldigung. Während Grinsen durch die Kombination »Furcht – leichtes Drohen – leichte Unterwerfung« bestimmt ist, ist Lächeln als Kombination von »defensiver Entschuldigung« und »freundlichem Appell« charakterisiert.

Das bei den Tieren weit verbreitete »**Spielbeißen**« gilt als Vorläufer des Lachens beim Menschen, das somit eine ganz andere evolutionsbiologische Wurzel hat als das Lächeln.

Weinen

Während beim Lächeln die Mundwinkel nach oben und außen gezogen werden, bewegt beim Weinen ein Muskel (Aktionseinheit 15) zwischen Mundwinkel und dem Unterrand des Unterkiefers die Mundwinkel nach unten und außen und bewirkt den Ausdruck der Trauer. Das wird auch bei Betrachtung der Abbildung deutlich: Die beiden Bewegungsrichtungen der Mundwinkel drücken genau Gegensätzliches aus.

Bereits Darwin hatte dieses Phänomen der »Antithese« in der Erklärung von mimischen Bewegungen beschrieben. Durch Selbstversuche kann man leicht feststellen, dass es nicht möglich ist, eine freudige Stimmung zu empfinden, wenn die Mundwinkel nach unten gezogen sind. »Depression«, Heruntergedrücktsein, ist eine zutreffende Bezeichnung für die mit dem Gesichtsausdruck einhergehende Stimmung. Tränenfluss kann sowohl beim Weinen als auch beim Lachen ausgelöst werden; wie es zu dieser mimischen Parallele kommt, ist noch ungeklärt. Beim Weinen ist oft eine weitere Kombination mimischer Zeichen zu beobachten: Die Augenbrauen wer-

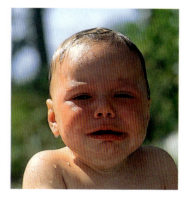

Entgegengesetzt oder antithetisch zum Lachen ist der Gesichtsausdruck beim **Weinen**. Die nach unten gezogenen Mundwinkel (Aktionseinheit 15) sind das in allen Kulturen verständliche visuelle Signal für Trauer und Schmerz.

den zusammen- und heruntergezogen, während der innere Teil des großen Stirnmuskels einen Gegenzug nach oben bewirkt, sodass über der Nasenwurzel eine charakteristische Faltenbildung entsteht und das innere Ende der Augenbrauen einen Bogen nach oben macht. Der Ausdruckspsychologe Philipp Lersch hat für diesen Verzweiflung ausdrückenden Gesichtsausdruck den treffenden Begriff »Notfalte« geprägt.

Augen und Augenbrauen

Unsere Augen spielen in der Mimik eine zentrale Rolle. Die Blickrichtung wird für unsere Kommunikationspartner durch den starken Kontrast zwischen dunkler Pupille, der zentralen Öffnung der farbigen Iris (Regenbogenhaut), und dem weißen Augapfel besonders hervorgehoben. Blicke werden vor allem in der sprachbegleitenden Kommunikation eingesetzt. Signale der Augen ihrer Eltern sind bei Neugeborenen eine der ersten Formen visueller Wahrnehmung.

Eine allen Menschen eigene Reaktion ist der Schließreflex der Iris, der den Lichteinfall auf die Netzhaut regelt. Die Iris reagiert aber nicht nur auf Helligkeitsänderungen, sondern auch auf das Wahrnehmen interessanter Bilder. Nehmen wir etwas wahr, das unser positives Interesse weckt, erweitert sich die Pupille für kurze Zeit über das Maß hinaus, das bei den vorhandenen Lichtverhältnissen normal wäre. Diese Pupillenveränderungen werden von einem Betrachter als Signal für eine gesteigerte Aufmerksamkeit wahrgenommen. Gesichter – vor allem Frauengesichter – mit größeren Pupillen wirken auf uns positiv und schön und ziehen unser Interesse auf sich.

Umgekehrt ordneten Versuchspersonen in einem Experiment Gesichter mit kleinen Pupillen stets einem verärgerten Gesichtsausdruck zu.

Die Muskeln, die das Auge umgeben, wirken ebenfalls an der Sprache der Augen mit. So können wir das Auge durch das Augenlid verdecken, blinzeln oder die Lidspalte verengen. Viele dieser Bewegungen dienen dem Schutz des Auges vor Fremdkörpern oder zu viel Helligkeit. Auch die Augenbrauen und die sie bewegenden Muskeln haben eine Doppelfunktion. Sie schützen das Auge zum Beispiel vor zu hellem Licht, indem sie die Augenöffnung verkleinern, andererseits sind sie an verschiedenen Aktionseinheiten beteiligt. So können die Augenbrauen in den Aktionseinheiten 1 (der mittlere Teil des Stirnmuskels hebt die Augenbrauen, sodass sich die Mitte der Stirn in Falten legt), 2 (der innere Teil des Stirnmuskels hebt die Augenbrauen seitlich an und bildet so Falten über der seitlichen Stirn) und 4 (der Muskel unter den Augenbrauen zieht diese herunter und zur Nase hin zusammen und bewirkt die schon erwähnten Falten über der Nase) in insgesamt sieben Kombinationen als Signal dienen. Paul

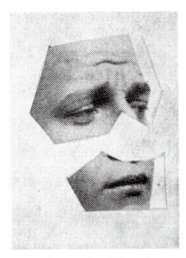

Beim Weinen werden die Augenbrauen zusammengezogen (Aktionseinheit 4), während der große Stirnmuskel einen Gegenzug nach oben bewirkt (Aktionseinheit 1). Diese charakteristische Faltenbildung hat der Psychologe Philipp Lersch **»Notfalte«** genannt.

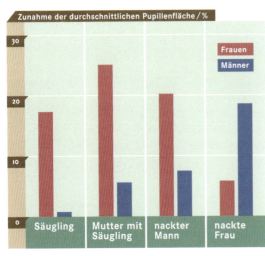

Nehmen Menschen interessante, ansprechende Bilder wahr, weitet sich die Pupille des Auges. Eine Statistik zeigt die Zunahme der durchschnittlichen Pupillenfläche bei Frauen und Männern, die auf Bilder von Säuglingen oder nackten Erwachsenen blicken.

Ekman und seine Mitarbeiter stellten fest, dass diese sieben Augenbrauenbewegungen so gut wie überall auf der Welt über die gleichen Emotionen Auskunft geben: So wird Trauer mit der Aktionseinheit 1 oder der Kombination der Aktionseinheiten 1 und 4 gezeigt, Angst mit der Kombination der Aktionseinheiten 1, 2 und 4, Überraschung und Interesse dagegen mit der Kombination der Aktionseinheiten 1 und 2. Letztere ergeben als schnelles Augenbrauenheben den von Irenäus Eibl-Eibesfeldt und dessen Mitarbeitern ausführlich untersuchten »Augengruß«. Dieses Signal kann freundliches Begrüßen (in Japan unter Erwachsenen eine unschickliche Geste, in Europa und den USA meist nur zwischen befreundeten Personen üblich) oder ein Zeichen des Bedankens und der Zustimmung, im entsprechenden Zusammenhang auch Neugier bedeuten. Am besten kann man es als Zeichen der Bejahung eines sozialen Kontakts beschreiben. Das länger anhaltende Heben der Augenbrauen bei negativer Überraschung oder Ärger signalisiert dagegen Unmut oder Verachtung.

Ebenfalls für den Ausdruck negativer Emotionen steht das »finstere« Zusammenziehen der Augenbrauen, auch in Kombination mit anderen Muskelbewegungen. Vor allem wenn gleichzeitig die Stirn gefaltet wird, ist es der Gesichtsausdruck der Angst und Verzweiflung, alleine dastehend ein Zeichen von Ärger und Skepsis. Der Muskel unter den Augenbrauen zieht sich beim Blick in helles Licht blitzschnell zusammen und verengt das Augenfeld. Die wie eine Sonnenblende bei der Kamera wirkenden buschigen Augenbrauen schützen reflektorisch die sehr lichtempfindliche Netzhaut im Auge, ohne dass wir diese Bewegung willkürlich in Gang setzen. Die ablehnende Bedeutung leitet sich vermutlich daraus ab, dass wir uns durch die zusammengezogenen Augenbrauen im übertragenen Sinn vor etwas schützen, uns von etwas oder von jemandem distanzieren.

Insbesondere ein Frauengesicht mit erweiterten Pupillen wirkt schön und attraktiv und weckt das Interesse der Betrachter.

Die nach oben gezogenen Augenbrauen signalisieren Überraschung, Erstaunen und Interesse oder aber auch Missfallen.

Naserümpfen und Ekelgesicht

Der »Heber der Oberlippe und des Nasenflügels« (Musculus levator labii superioris alaeque nasi) hat für das Innere der Nase, eine ähnliche Schutzfunktion wie die Augenbrauenmuskulatur für die Augen, wenn auch nicht so ausgeprägt wie dort. Seine Aufgabe ist es, den Luftstrom, der durch die beiden Nasenöffnungen zur Riechschleimhaut zieht, einzuengen, wenn ein unangenehmer Geruch wahrgenommen wird. Die Reaktion geschieht reflektorisch und unwillkürlich. Allerdings ist ein solches »Naserümpfen« (Aktionseinheit 9) wesentlich ausgeprägter in Situationen zu beobachten, in denen gar kein unangenehmer Geruch wahrzunehmen ist. Es dient dann als mimisches Signal, das als kurz aufblitzendes Zeichen häufig in der sozialen Kommunikation eingesetzt und vom Partner oft gar nicht bewusst wahrgenommen wird. Dessen Bedeutung kann aus der ursprünglichen biologischen Schutzfunktion abgeleitet werden: Durch Naserümpfen verschließen wir uns kurzfristig gegenüber dem, was ein anderer gesagt oder getan hat, vor allem, wenn uns dies peinlich erscheint. Dieses qualifizierende leichte Distanzieren kann auch von eigenen Aussagen und Handlungen erfolgen. Oft wird in dieser Situation das Naserümpfen vom Absenken der Augenlider und/oder dem Abwenden des Blickes oder Kopfes, ebenfalls ein Zeichen für einen momentanen Abbruch des Kontaktes, begleitet. Das Naserümpfen ist jedoch meist mit dem Lächeln verknüpft und damit in eine prinzipiell freundliche Kommunikation eingebettet.

Während das Naserümpfen eine eher gemäßigte soziale Reaktion ist, derentwegen niemand in Rage geraten muss, wirkt ein »Ekelgesicht« (Aktionseinheit 10) auf andere ganz anders. Der verursachende Muskel liegt neben dem Muskel für das Naserümpfen, bewirkt jedoch ein ganz anderes mimisches Signal. Er trägt den Namen Caput infraorbitale des Musculus levator labii superioris, was übersetzt so viel heißt wie »unterhalb der Augenhöhle gelegener Kopf des Oberlippenhebers«. Er bewirkt in dem Relief des Gesichts keine Fältchen auf dem Nasenrücken, sondern eine Vertiefung der Nasolabialfalte, die er außerdem in eine trogförmige Form zieht, etwa einem umgekehrten U entsprechend. Gleichzeitig wird, gemäß der Zugrichtung, auch die Oberlippe seitlich der Mitte angehoben. Oft öffnen Menschen, die mit diesem Zeichen reagieren, auch noch den Mund, strecken die Zunge heraus und stoßen eventuell zusätzlich einen »uäh«- oder »chchch«-Laut aus. Die Kombination aller Signale führt ganz eindeutig zu dem Gesicht, das wir auch beim Erbrechen machen.

Ein Versuch von Paul Ekman und seinen Mitarbeitern belegt, dass diese Interpretation nicht an den Haaren herbeigezogen ist. Er verdeutlicht, wie eng Emotion und Ausdruck miteinander verbunden sind: Ekman bat Schauspieler, die ihre Mimik gut kontrollieren konnten, bestimmte Gesichtausdrücke wiederzugeben. Dabei benannte er allerdings nicht die Mimik, die die Schauspieler darstellen sollten, etwa »Mache ein trauriges Gesicht!«, sondern gab ihnen genaue Anweisungen, welcher Teil des Gesichts wie zu bewegen sei, zum Beispiel »Ziehe die Mundwinkel nach unten, zieh die Augenbrauen zusammen!«. Bei den Versuchspersonen wurden gleichzeitig über Elektroden die begleitenden physiologischen Parameter wie Herzfrequenz, Blutdruck oder Hauttemperatur gemessen. Tatsächlich entsprachen die physiologischen Reaktionen genau den körperlichen Veränderungen, die mit der entsprechenden Emotion einherzugehen pflegen.

Was Ekman nicht aufgefallen war, ist die Bedeutung, die das Absinken der Herzfrequenz beim Ekelgesicht (und nur dabei) hat. Der Brechakt wird von zwei Nerven gesteuert (Nervus vagus und Nervus glossopharyngeus), die verlangsamend auf die Herzaktion wirken. Hier wird also klar, dass das Ekelgesicht im Sinne der Verhaltensforschung tatsächlich eine Ritualisierung des Brechaktes ist: Reflektorischen Brechreiz bekommen wir etwa, wenn wir verdorbene Speisen oder stinkende Ausscheidungen von Mensch oder Tier riechen und/oder sehen. Oftmals ist aber gar nichts in der Nähe, was

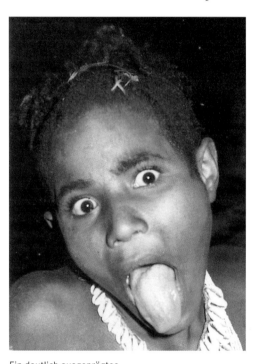

Ein deutlich ausgeprägtes **»Ekelgesicht«** (Aktionseinheit 10), kombiniert mit einem Drohblick zeigte eine junge Eipo-Frau, die aggressiv auf die Frage reagierte, warum sie nicht bei dem ihr zugedachten Ehemann bleiben wolle.

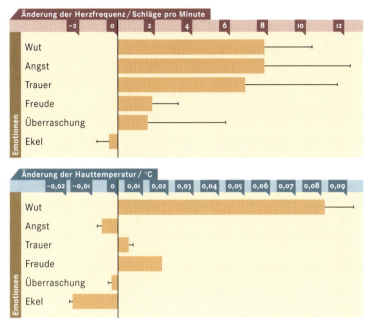

Die Grafik verdeutlicht die Ergebnisse eines Versuchs, bei dem Schauspieler die Anweisung erhalten hatten, ihr Gesicht »mechanisch« so zu verändern, dass typische Ausdrucksmuster für Wut, Angst, Trauer, Freude, Überraschung und Ekel entstehen. Allein durch die Veränderung des Gesichts stellte sich die entsprechende Emotion ein. Die mit diesen Emotionen einhergehende Änderung der Herzfrequenz und der Hauttemperatur war je nach mimischem Ausdruck deutlich verschieden. Die statistische Fehlerabweichung war jedoch teilweise recht hoch, wie die schmalen Balken für die Standardabweichung zeigen.

diese sehr heftige Schutzreaktion bei unseren Mitmenschen hervorrufen könnte, wenn sie sich in alltäglichen Interaktionen mit ihresgleichen befinden. Das Signal sagt dann unmissverständlich, was man vulgär als »Ich finde dich zum Kotzen!« umschreibt. Eine Steigerung wird erreicht, wenn man vor dem anderen oder gar auf ihn ausspuckt. Damit ist der Brechakt nicht nur angedroht, sondern auch symbolisch vollzogen; ein Signal, das auf der ganzen Welt heftige Reaktionen hervorruft.

Kommunikation und soziale Interaktion

Sprachbegleitende Kommunikation

Die gesprochene Sprache begleiten wichtige Signale, vor allem der akustischen aber auch der visuellen nonverbalen Kommunikation. Solche nonverbalen Zeichen können unabhängig von der gesprochenen Sprache auftreten (zum Beispiel als Seufzer), mit gesprochener Sprache zusammenhängen (Betonung, Pausen oder dichterische Stilmittel wie Rhythmus und Reim) oder unabhängig von der Wortsprache in den Sprachverlauf eingebunden sein (Äußerungen wie »äh« oder »mhm«). Die nonverbalen Komponenten einer Rede einzustudieren, war in der Antike fester Bestandteil der Rhetorik. Diese sprachbegleitenden Zeichen können Information weitgehend unabhängig vom Inhalt der gesprochenen Sprache vermitteln. Sie können die Bedeutung des gesprochenen Wortes verstärken oder abschwächen (Modifikation), in der Rede eine vom Wortsinn unterschiedliche oder sogar gegenteilige Bedeutung erzeugen (Expression), das gesprochene Wort ersetzen (Substitution, zum Bei-

Eine unmissverständliche Geste, wie die Hand, die mit dem Zeigefinger in eine Richtung weist, kann eine unklare Sprache verdeutlichen oder auch anstelle der Worte eingesetzt werden.

spiel durch Lautmalerei) oder eine Bedeutung durch ein Bild vermitteln (Emblem; etwa durch Anzeigen einer Richtung oder Umschreibung einer Form mit den Händen). Der nonverbale Kanal kann zeitlich vor dem Sprechen senden (Kopfnicken), die Sprache begleiten (Gestik, Mimik) oder fest mit der Sprache verbunden sein (Intonation).

Den nonverbalen Äußerungen kommt fast immer ein größeres Gewicht zu als der Wortsprache, was vor allem bei so genannten Kanaldiskrepanzen deutlich wird, wenn also der Wortsinn und die nonverbale Mitteilung entgegenlaufen. Man stelle sich etwa ein lachend gesprochenes »Jetzt aber raus!« vor. Die Vorherrschaft der nichtsprachlichen Signale steht keineswegs im Widerspruch dazu, dass Wortsprache für uns Menschen das wichtigste Mittel darstellt, Information »objektiv« auszutauschen. Wortsprache kann Inhalte übermitteln, die eine allgemeine, vom Sender losgelöste Bedeutung haben. Diese Art des Informationsaustausches ist zwar für uns Menschen typisch – kein anderes Lebewesen verfügt über eine vergleichbare Fähigkeit – doch spielt sie in unserem täglichen Umgang miteinander nur eine geringe Rolle. Die Mehrheit der Interaktionen mit anderen Menschen spielt sich für uns im persönlichen Bereich ab, etwa in einer Unterhaltung mit der Familie oder den Kollegen. Informationsvermittlung ist hier stets gepaart mit Signalen der zwischenmenschlichen Beziehung.

Nicht sprachliche Kommunikationsformen sind stammesgeschichtlich älter als die Sprache und sprechen ältere Teile des Gehirns an. Daher wirken nicht sprachliche Signale weniger auf den Verstand als unbewusst auf die Gefühle. So können wir unseren Gesprächspartnern neben der Sprache auf einem zweiten, dem nonverbalen Kanal Informationen über unser Befinden, unsere Erwartungen und Bedürfnisse senden. Die Fähigkeit, über sprachbegleitende Äußerungen Auskunft über den Gefühlszustand des Sprechers zu erhalten ist angeboren und funktioniert über die Kulturen hinweg. Interessant ist in diesem Zusammenhang, dass Menschen, die im Gespräch nonverbal sehr aktiv sind, als attraktiver gelten.

Eine weitere Aufgabe nonverbaler Zeichen ist es, ein Gespräch zu strukturieren. Eine Form, einen Redner um Aufmerksamkeit zu bitten, ist, den Finger oder Arm zu heben. Im zwanglosen Gespräch wird man eine derartige Geste jedoch eher selten finden. Dagegen bedienen wir uns einer Technik des »so tun, als ob wir den Sprecher unterbrechen wollten«: mehr oder weniger geräuschvoll wird Luft eingeatmet, und der ganze Körper beginnt, Unruhe auszustrahlen. Oft leitet auch zustimmendes Nicken und ein bejahendes »mhm« einen Sprecherwechsel ein.

Der Dialog der Geschlechter

Ein besonderer Aspekt der nicht sprachlichen Verständigung hat in den letzten Jahren in bisher nicht gekanntem Maße die Aufmerksamkeit von Wissenschaftlerinnen und Wissenschaftlern verschiedener Disziplinen auf sich gezogen, was zu einer großen Zahl

Beim **Flirt** werden viele Formen der Kommunikation eingesetzt. Mit Blicken, Gesten und Worten wird um das Gegenüber geworben. Ist man sich näher gekommen, dann spielt auch der Geruchssinn eine wichtige Rolle.

auch populärer Veröffentlichungen führte. Es ist die Art und Weise, in welcher Männer und Frauen Signale austauschen, der »Flirt«.

Das Flirten ist für die meisten Menschen eine besonders erregende Form der Kommunikation. Die Entstehung einer erotischen Beziehung macht einen Großteil aller Filme spannend und erzeugt mit den Folgen, die sich daraus ergeben, viele tragische Konflikte in der Literatur. Alle Ebenen des kommunikativen Verhaltens kommen hier zum Einsatz: Von der elementaren Körpersprache und Mimik über das Gespräch mit allen sprachbegleitenden Nuancen des Verhaltens bis hin zur Wirkung des Körpergeruchs, künstlicher Duftstoffe, zu Kleidung, Frisur, Make-up und persönlichem Stil.

Der Kommunikationsprozess, der das Entstehen einer erotischen Beziehung begleitet und ermöglich, filtert Schritt für Schritt immer feinere Details über den (zukünftigen) Partner heraus. In der ersten Stufe werden äußere Reize bewertet. Man wird auf den anderen aufmerksam und nimmt von ihm bestimmte äußere Reize wahr. Gefällt er oder sie, kann ein erster Kontakt angebahnt, ein Gespräch begonnen werden. Diese erste Hürde zu überwinden, gelingt relativ selten. Die meisten Menschen, die wir zufällig sehen – ob in öffentlichen Verkehrsmitteln oder in Restaurants – sprechen wir nicht an, selbst wenn sie uns ausnehmend gut gefallen. Zu groß ist die Unsicherheit, was sich hinter dem Aussehen verbergen mag, die Furcht eine Taktlosigkeit zu begehen oder als aufdringlich zu gelten und vieles mehr. Vor allem unsere Furcht, eine negative Antwort zu bekommen und damit unser Gesicht zu verlieren, hindert uns daran, solche direkten Strategien der Annäherung zu wählen.

Sowohl bei der ersten Kontaktaufnahme wie auch in länger andauernden intensiven Gesprächen kann mit Blicken oft mehr als mit Worten gesagt werden.

Die zweite Stufe, die direkte Kommunikation, beginnt mit dem ersten Gespräch. Im Mittelpunkt steht nun, zu ergründen, wen man da eigentlich kennen lernt: Wie sympathisch sind uns die Ansichten und die Lebensweise, die der Gesprächspartner offenbart, wie angenehm empfinden wir sein Verhalten, seine Art zu sprechen und sich zu bewegen. Nachdem sich so ein Bild geformt hat, das noch wesentlich davon geprägt ist, welche Rolle unser Gegenüber uns vorspielt, muss sich in einer dritten Stufe der Kontaktvertiefung nun zeigen, wie zuverlässig die geweckten Erwartungen erfüllt werden.

Die wichtigste Rolle bei der Kontaktanbahnung, aber auch im ersten Gespräch, spielen Blickwechsel. Als Aufforderung zum ersten Kontakt dienen so genannte »Dartingblicke« (Dart, englisch Wurfpfeil). Diese Blicke, die kurz aber zielgerichtet mehrmals an eine bestimmte Stelle wandern, zeigen das geweckte Interesse an der gegenübersitzenden Person an. Erst bei Paaren, die bereits eine tiefere Beziehung aufgebaut haben, dauern Blicke häufig länger als drei Sekunden. Ein zu langer Blick kann dagegen besonders Fremden gegenüber eine deutlich negative Wirkung haben. Ebenso erzeugen längere Blicke in einem unangenehmen Gesprächsrahmen Unbehagen, während sie in einer angenehmen Umgebung positive Gefühle fördern.

Blicke können nicht nur aktiv als Signal gesetzt werden. Auch die Verweigerung des Blickkontaktes besitzt Signalcharakter und kann einerseits Antipathie und Desinteresse, andererseits auch Scham, Unterlegenheit oder Schuldgefühle ausdrücken. Eine Studie konnte zeigen, dass die Fähigkeit bei Männern, vor allem Blicke aber auch andere Signalverhaltensweisen erfolgreich zu interpretieren und selbst einzusetzen, wesentlich mit der eigenen Selbstsicherheit und Selbstwahrnehmung zusammenhängt. Ebenso wie der Blick spielt natürlich auch das Lächeln eine wichtige Rolle als Signal der Aufforderung und positiven Rückmeldung.

Im zwischengeschlechtlichen Gespräch besteht ein deutlicher Verhaltensunterschied bei Männern und Frauen. Männer neigen dazu, häufiger Signale der Überlegenheit und Stärke zu senden, Frauen versuchen dagegen, unter anderem Beschützerinstinkte beim Mann zu wecken. Während der Mann sich streckt, »Muskeln zeigt«, die Beine eher breit stellt, deutlich mehr spricht und sich deutlich weniger bewegt als die Frau, finden wir im weiblichen Verhalten in Flirtsituationen zahlreiche eher unterwürfige Gesten und Gebärden. Am besten untersucht sind Verhaltensweisen, mit denen die Frau bei ihrem Gesprächspartner direkt auf angeborenes Erkennen zielt: das »Kindchenschema«. Große Augen und lange Wimpern werden durch Kosmetik betont. Andere kindliche Verhaltensweisen wie der Schmollmund oder das Verlegenheitslächeln, bei

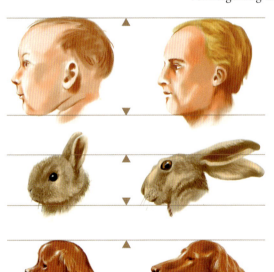

Als **Kindchenschema** werden die für das Kleinkind oder Jungtier charakteristischen Körperformen bezeichnet: hohe Stirn über relativ kurzem Gesicht, große Augen und volle Wangen. Sie lösen beim Menschen als Schlüsselreiz einen Pflegeinstinkt aus.

dem der Blick vom Gegenüber früher abgewendet wird als beim normalen Lächeln, finden sich besonders im weiblichen Flirtverhalten. Weitere Signale der Unterlegenheit können etwa im Nackenpräsentieren durch Schieflegen des Kopfes, was vermutlich aus einer symbolischen Darbietung der Halsschlagader entstanden ist, oder in dem verlegenen Wegzupfen nicht vorhandenen Staubes und dem Ordnen der Kleidung gesehen werden. All diese Signale kommen beim zwischengeschlechtlichen Kontakt signifikant häufiger im Verhalten der Frau als in dem des Mannes vor.

Ähnlich sieht es bei Signalen mit sexueller Komponente aus. Männer demonstrieren Sexualität meist nur durch die Kleidung. In unserer Kultur werden durch den Schnitt der Jacken beispielsweise die Schultern überbetont. In manchen Kulturen wird etwa durch eine aufgesteckte Hülse (Kalebasse) der Penis hervorgehoben und scheint stets erigiert. Frauen in Industriegesellschaften senden dagegen mehr augenfällige sexuelle Signale aus als Männer, wobei die erogenen Zonen teilweise betont werden. So finden sich Verhaltensweisen, die auf die Lippen aufmerksam machen, wie der Schmollmund oder ein kurzes Anlecken der leicht geöffneten Lippen. Auch durch Lippenstift wird der Kontrast zum übrigen Gesicht verstärkt. Wenn Frauen männliches Interesse erregen wollen, zeigen sie mit erhobenem Kopf, die Hüften schwingend, den Bauch eingezogen, die Brüste nach vorn geschoben eine bestimmte Art zu gehen. Monica Moore, die über ihre Beobachtungen zu wichtigen Erkenntnissen über weibliches Verhalten gelangen konnte, bezeichnete diesen weiblichen »Signalgang« als »paradieren«. Tragen Frauen einen BH, unterstreicht das ebenfalls die weibliche Brust.

Über Manipulation und Lüge als Problem der Kommunikation wurde bereits berichtet. Gerade in der Kontaktanbahnung und der Vorbereitung und Vertiefung einer Beziehung findet sich oft eine regelrechte Gratwanderung zwischen »sich für den anderen interessant machen« und »ertappt werden«. Viele der oben beschriebenen Verhaltensweisen haben bereits manipulativen Charakter. Der Mann spielt eine Stärke vor, die er vielleicht gar nicht besitzt. Die Frau zeigt im Flirt Signale der Unterwürfigkeit und sexuellen Bereitschaft, obwohl sie vielleicht mit ihrem Gesprächspartner keinerlei sexuellen Kontakt wünscht oder eher selbstsicher als devot ist. Gerade das Missverhältnis zwischen dem, was Frauen ihrem Verhalten beimessen, und dem, was Männer darin als Signal interpretieren, birgt ein großes Gefahrenpotential.

Das belegt auch eine Untersuchung, bei der unter einem Vorwand Gespräche zwischen sich fremden Frauen und Männern in die Wege geleitet wurden. Viele Männer nahmen in der Gesprächssituation nicht wahr, wenn die Frau – für Außenstehende offensichtlich – Desinteresse oder sogar Ablehnung zeigte, sofern sie zu Beginn des Gesprächs freundlich gewesen war. Bereits innerhalb der ersten halben Minute des ersten

Die Kombination verschiedener für das Kleinkind charakteristischer Körpermerkmale, **Kindchenschema** genannt, sprechen beim Menschen als Schlüsselreiz den elterlichen Pflegeinstinkt an und lösen das entsprechende Verhalten aus. Dazu gehören neben einer kleinen Körpergestalt vor allem ein im Verhältnis zum übrigen Körper großer Kopf, große Augen, Pausbacken und eine gewisse »Tollpatschigkeit« im Verhalten. Bei der Herstellung von Spielmaterialien für Kinder und in der Werbung werden diese Merkmale gezielt eingesetzt.
Tick, Trick und Track sind drei typische Vertreter des »Kindchenschemas«.

Die **Penis-Kalebasse** wird vorwiegend im Hochland West-Neuguineas als Schambedeckung zur Betonung der Männlichkeit getragen.

Gesprächskontaktes zwischen Mann und Frau wird über den Gesprächspartner so viel Information gesammelt, dass das gefällte Urteil nur selten korrigiert und die Interpretation zukünftigen Verhaltens wesentlich beeinflusst wird.

Proxemik

Neben den Signalen, die Menschen direkt von ihrem Körper aussenden, darf nicht außer Acht gelassen werden, dass menschliches Verhalten in bestimmter Weise in Raum und Zeit geschieht. Diese räumliche und dynamische Komponente der Kommunikation betrachtet die Proxemik (lateinisch proximitas, Nähe), ein 1966 durch den amerikanischen Anthropologen Edward Hall begründetes Forschungsgebiet, das die Art und Weise untersucht, wie wir unseren Körper im Verhältnis zur Position der Körper anderer Menschen stellen und bewegen und dadurch etwas kommunizieren.

Nach den Erkenntnissen von Hall ordnet ein Mensch anderen Menschen Positionen wie auf Zwiebelschalen zu, sozusagen mit verschiedenen Niveaus der körperlichen Distanz, die unterschiedlich intime Formen der Kommunikation (bis hin zum Körperkontakt) zulassen. Beispielsweise schließen Menschen, die in einer größeren Gruppe beieinander stehen und sich unterhalten, ihren Kreis enger, wenn sich eine weitere Person nähert; ein offensichtliches Zeichen, das Gespräch nicht zu stören. Ebenso lässt sich beobachten, dass für eine sich nähernde Person der Kreis geöffnet wird, selbst wenn diese keinen direkten Versuch unternommen haben sollte, sich an der Unterhaltung zu beteiligen.

W. Schiefenhövel und J. Blumtritt

Die **Betonung des Mundes** mit Lippenstift dient stets dazu, Schönheit und sexuelle Attraktivität zu steigern. Schon im alten Ägypten verwendeten die Frauen mehrere Rotschattierungen für die Lippen. In Europa kamen auffallend rote Lippen erst zu Beginn des 18. Jahrhunderts in der Epoche des Rokoko in Mode. Den wohl berühmtesten Kussmund der Welt besaß Marilyn Monroe.

Zeichen

Die Entwicklung der Schrift ermöglicht es einem Sender, anderen Menschen Informationen weiterzugeben, selbst wenn er nicht anwesend oder bereits tot ist. Die Schrift dient uns heute fast ausschließlich dazu, Sprache niederzuschreiben. Sie ist uns ein Medium unserer Sprache geworden. Die Vorformen unseres Alphabets etwa, aber auch die der meisten anderen Schriftsysteme waren Zeichen, die sich aus Abbildern der Gegenstände entwickelten, die sie symbolisierten. Zeichen stehen im Zentrum der Kommunikation. Die Wissenschaft, die sich den Zeichen und ihren unterschiedlichen Strukturen und Funktionen widmet, heißt Semiotik.

Funktionen von Zeichen

Zeichen lassen sich als Signal, als Symptom, als Index, als Symbol und als Name deuten. Diese sollen kurz vorgestellt werden.

Ein Zeichen kann ein Signal sein, das beim Empfänger eine Reaktion hervorruft. Die Bedeutung des Wortes »Signal« ist hier die alltagssprachliche. Ein Signal ist etwa die rote Verkehrsampel, der Ruf »Halt!« oder das Klingeln des Telefons.

Das Zeichen kann auch als Symptom benutzt werden: Der Begriff »Symptom« wird in der Medizin für ein Phänomen gebraucht, das als Folge eines bestimmten Krankheitszustandes am Patienten zu beobachten ist (etwa Fieber als Symptom einer Infektion). In anderen Lebensbereichen verwenden wir den Begriff »Symptom«, wenn wir »Anzeichen« für etwas Bestimmtes mit der zugrunde liegenden Ursache koppeln. Wir entwickeln anhand eines Symptoms Hypothesen über Wirkungszusammenhänge, wenn wir etwa davon sprechen, Vandalismus sei ein Symptom für gesellschaftliche Probleme wie Arbeitslosigkeit und Armut. In dem Beispiel sind die Zeichen jedoch keineswegs fest an die von uns unterstellten Ursachen gebunden, sondern werden von uns eben als Symptom für diese Ursachen gedeutet. Der Sprachwissenschaftler Karl Bühler verwendet statt Symptom die Begriffe »Anzeichen« und »Index«. Hier soll allerdings der Argumentation von Thomas Sebeok gefolgt werden und »Index« als eigene, dritte Form von Zeichen gesehen werden: Ein Index, ein »Zeiger« ist ein Zeichen, das den Empfänger unbedingt auf etwas hinweist. Charles S. Peirce gibt als Beispiel für ein solches Zeichen die Fußspuren im Sand an, die Robinson Crusoe auf seiner Insel findet und die ihm unmissverständlich die Gegenwart anderer Menschen bedeuten. Der Index ist im Gegensatz zum Symptom fest mit dem Bezeichneten verbunden. Während Fieber eben nicht unbedingt ein

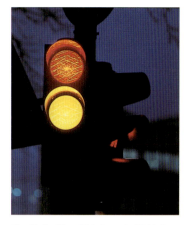

Ein »Halt«-Signal ist das rote Licht der Verkehrsampel. Es handelt sich dabei um ein optisches Zeichen mit einer bestimmten Bedeutung, die auf Vereinbarung beruht.

Ein Zeichen, das den Empfänger eindeutig und unmissverständlich auf einen bestimmten Sachverhalt hinweist, wird auch **Index** (Zeiger) genannt. Indizes sind zum Beispiel Fußspuren im Sand, denn sie verweisen in einer menschenleer vermuteten Wüste auf die Anwesenheit von Menschen.

Anzeichen von Infektionen ist, kann eine frische Fußspur für Robinson nur die Anwesenheit eines Menschen anzeigen.

Die vierte Art von Zeichen ist das Symbol, im angelsächsischen Gebrauch entspricht ihm der Begriff Ikon. Ein Zeichen ist ein Symbol, wenn es Ähnlichkeit mit dem Bezeichneten hat, wenn eine Entsprechung zwischen Form und Inhalt besteht. Beispiele sind viele Verkehrsschilder und Piktogramme. Peirce unterscheidet weiter zwischen »Bild«, »Diagramm« und »Metapher«. Ein Symbol besitzt nicht alle Merkmale des Objekts, das es bezeichnet. Die Beziehung zwischen einem Symbol und dem bezeichneten Objekt kann in ähnlicher Form oder Farbe, ähnlichem Geruch, Geschmack oder Klang bestehen. Vom Zeichenempfänger oder -sender wird eine solche Ähnlichkeit wahrgenommen beziehungsweise vorausgesetzt. Auf das damit verbundene Problem wird weiter unten nochmals eingegangen.

Die fünfte Möglichkeit ist das Zeichen. Es besitzt weder Ähnlichkeit mit dem bezeichneten Objekt, noch steht es in einem notwendigen Zusammenhang mit ihm. Die Verbindung zwischen Objekt und Zeichen wird nur durch Übereinkunft der Zeichenbenutzer hergestellt, ist also willkürlich. Solche Zeichen sind unter anderem Verkehrszeichen, Allegorien, Embleme, Wappen oder Marken (auch im Sinne von Handelsmarken). Oft wird aus einem Symbol ein Zeichen, wenn die Ähnlichkeit mit dem Objekt mit der Zeit immer weiter abnimmt. Das geschieht, sobald sich das Objekt verändert oder

GEBÄRDENSPRACHE

Zur Verständigung unter Taubstummen führte der Spanier Pedro Ponce de León im Jahr 1550 die erste Gebärdensprache ein. Für jeden Buchstaben legte er eine Hand- bzw. Fingerstellung fest, das so genannte Einhandsystem. Einige Buchstaben dieses Systems sind abgebildet.

Die heutige Gebärdensprache der Gehörlosen setzt neben den Händen auch die Körperhaltung und die Mimik ein. Sie folgt eigenen grammatikalischen Gesetzen und macht Aussagen mit komplexen visuellen Mitteln. Die deutsche Gebärdensprache greift auf etwa 30 Handformen sowie ein Dutzend markanter Ausführungsstellen zurück. Diese werden durch verschiedene Bewegungsrichtungen (Richtungsgebärden), Bewegungsformen (Gerade, Wölbung, Kreis) und Bewegungsqualitäten (Tempo, Intensität, Umfang, Wiederholung) variiert. Aus diesen Grundelementen lassen sich fast alle Gebärdenzeichen bilden.

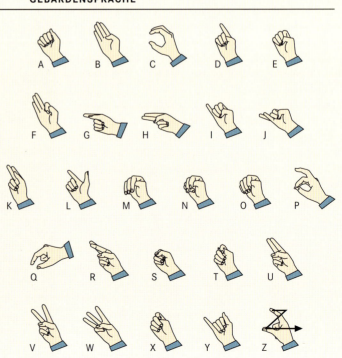

Verkehrszeichen sind sowohl Symbole (links) als auch Zeichen (rechts).

dem Zeichenbenutzer gar nicht mehr bekannt ist, während das Zeichen bestehen bleibt (beispielsweise wird in vielen Taubstummensprachen Milch durch eine Melkbewegung symbolisiert, wobei Kindern aus der Stadt, die dieses Zeichen verwenden, der Melkvorgang gar nicht bekannt sein muss) oder sich das Zeichen verändert, bis die Ähnlichkeit zum Objekt nicht mehr erkennbar ist (zum Beispiel bei chinesischen Schriftzeichen). Sehr viele sprachliche Signale sind Zeichen, wobei man aber die Lautsymbolik sowie die Lautnachahmung und Lautmalerei bei der Bildung von Wörtern nicht außer Acht lassen darf, bei denen sich symbolische Elemente mit Zeichen-Elementen verbinden. Die sechste Form, in der ein Zeichen auftreten kann, ist der Name. Diese Erscheinungsweise ist rein sprachlich und soll daher hier nicht weiter behandelt werden.

Kommunikation durch Bilder

Besonders bei Bildern, die auf angeborene Auslösemechanismen zielen (zum Beispiel das »Kindchenschema«), wird uns deutlich, wie ausgeliefert wir unserer visuellen Wahrnehmung sind. Nach Ansicht des Kunsttheoretikers Ernst Gombrich erzeugen Bilder eine stärkere Veränderung beim Empfänger der Botschaft als die Sprache, doch sind sie oft nicht in der Lage, Informationen ohne sprachliche Unterstützung präzise zu übermitteln.

Eng verknüpft mit der Kommunikation durch Bildern ist die Wahrnehmung von Schönheit. Die Ästhetik ist jedoch nicht auf Bilder beschränkt. Auch Berührungen, ein bestimmter Geschmack oder Geruch sowie Musik können auf ihre spezielle Weise als schön oder angenehm empfunden werden. Dabei kann diese Empfindung unabhängig vom Inhalt sein. Was als schön empfunden wird, hängt von verschiedenen Faktoren ab. Bei Kunstwerken bestimmt nach Ansicht des Philosophen Max Bense unter anderem das Verhältnis zwischen Ordnung und Komplexität das ästhetische Maß.

Unsere Empfindung für ein Objekt als schön und interessant hängt aber auch mit der biologischen Angepasstheit des Menschen zusammen. So haben deutliche Färbungen und Farbkontraste in der Natur Warnfunktion und sollen andere Wesen auf Distanz halten (zum Beispiel die Warnfärbung der Wespen). Dadurch beeinflusst, sehen wir entsprechende Farben als grell und Farbkon-

Die auffallend schwarz-gelbe Färbung der Wespen ist eine **Warnzeichnung,** die andere Lebewesen fern halten soll.

traste als »hart«, etwa in Gemälden der Expressionisten. Unsere visuelle Ästhetik kann auch durch direkte Erinnerungen an die Eigenschaften von Dingen bestimmt werden, zum Beispiel rot für Wärme und Feuer. Zacken werden stärker wahrgenommen und stets negativer beurteilt als runde Formen. Hier mag eine uns angeborene Erinnerung an Raubtierzähne zum Tragen kommen. Bezeichnenderweise gibt es genau eine Ausnahme: die Schlangenform führt als einzige runde Form ebenfalls zu stark negativen Assoziationen. Die Reize der angeborenen Auslösemechanismen (Schlangen als gefährliches Tier) können auf ihre Träger (ein schlangenförmiger Gegenstand) übertragen werden, wobei die Bewertung einfach mitübertragen wird. Vielfach untersucht ist der Zusammenhang von Ästhetik und dem angeborenen Auslösemechanismus »Weibschema«, das Konrad Lorenz als »Fettlosigkeit der Leibesmitte« zusammenfasste. Es handelt sich hier um eine Dimension des Schönheitsbegriffs, die nicht ausschließlich kultureller Natur ist. Bestimmte Körperformen, auch die Beschaffenheit von Haaren und Haut, werden in den unterschiedlichsten Kulturen als Zeichen für Gesundheit und sexuelle Attraktivität gewertet.

Zeichen und Kultur

Kultur ist eine menschliche Eigenschaft; alle Gruppen von Menschen besitzen Kultur. Menschliche Kulturen sind spezielle Systeme von Verhaltensweisen, Symbolen, Religion, Sprache, Sitten und Gebräuchen, die gerade typisch für das Zusammenleben bestimmter Gruppen sind. Allen Kulturen liegen gemeinsame Strukturen zugrunde, sodass nicht nur eine allgemeine Betrachtung von Kultur sinnvoll sein kann, sondern auch der Vergleich verschiedener Kulturen einen Erkenntnisgewinn bringt. Die Funktion der Kultur für das menschliche Zusammenleben ist äußerst komplex. Eine wichtige Aufgabe scheint darin zu bestehen, die große Bandbreite der individuellen Bedürfnisse, Kenntnisse, Fähigkeiten und Vorlie-

Den Begriff **Kultur** wenden die meisten Menschen zwar wie selbstverständlich an, doch ist eine Definition von »Kultur« alles andere als trivial. Von lateinisch cultus, der »Ackerkultur«, also von der Bearbeitung und Veredelung des Landes, leitet sich Kultur als Entwicklung und Pflege des menschlichen Zusammenlebens ab.

Eine Einlegearbeit der sumerischen Kunst gibt die **Opferung eines Widders** wieder. Die rituelle Darbringung einer Gabe an eine Gottheit war in frühen Religionen eine der wichtigsten kultischen Handlungen. Mit dem Opfer verbunden ist oftmals die Erwartung einer Gegenleistung, wohinter der Wunsch der Menschen steht, sich die göttlichen Kräfte verfügbar zu machen (3. Jahrtausend vor Christus; Damaskus, Nationalmuseum).

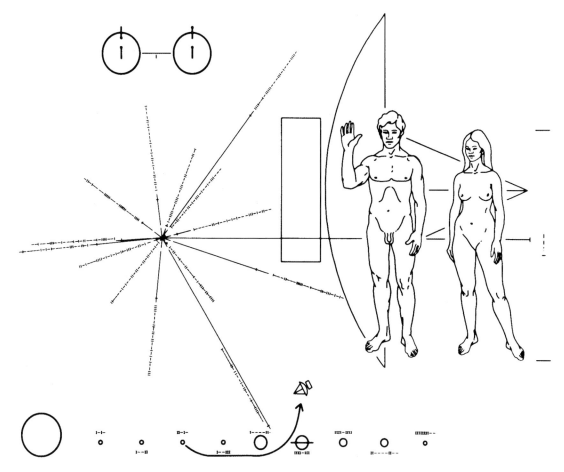

ben auszugleichen und damit ein Zusammenleben von ausgeprägten Persönlichkeiten überhaupt erst zu ermöglichen. Dem zwischenmenschlichen Umgang wird so eine Form gegeben. Eine andere Funktion besteht in der Anpassung der Umwelt an die Bedürfnisse des Menschen. In beiden Fällen scheint uns Kultur im Gegensatz zur Natur zu stehen.

Heilig und profan

Nach allem, was wir wissen, finden sich in allen Kulturen des Menschen, vergangen oder gegenwärtig, Anzeichen religiöser Systeme. Das existenzielle Problem der Endlichkeit des menschlichen Lebens, das Sterbenmüssen, ist ein Kernelement der meisten Religionen der Welt und enthält praktisch immer das Versprechen eines irgendwie gearteten Weiterlebens, einer Auferstehung oder anderweitigen Erlösung. Vorstellungen über die Entstehung der Welt, über die belebte und nicht belebte Natur, über Erdbeben, Stürme und andere Naturkatastrophen, über das Wesen des Menschen und außermenschlicher Mächte sowie über den notwendigen Respekt, den Erstere mit Opfern und anderen Riten Letzteren zollen müssen, sind stets Bestandteil der Religionen.

Diese **symbolische Botschaft** ist an der 1972 gestarteten Raumsonde Pioneer 10 angebracht. Neben einigen physikalischen Angaben zur Position unseres Sonnensystems und einer Darstellung der Planeten ist vor allem ein nacktes Menschenpaar zu sehen. Interessanterweise unterstellt die NASA, dass die Geste der rechten Hand des Mannes im gesamten Weltall als freundschaftlicher Gruß verstanden wird – eine recht zweifelhafte Annahme. Nach einem Sturm der moralischen Entrüstung nach der Veröffentlichung der Nacktdarstellungen blieb das Genital der weiblichen Figur unvollständig.

In vielen Kulturen ist eine **Waschung** oder eine symbolische Reinigung vorgeschrieben, bevor man dem Heiligen gegenübertritt. In anderen Kulturen muss durch **Fasten** der Körper von »schädlichen Einflüssen« befreit werden. Zudem ist das Heilige oft nur beschränkt oder gar nicht für alle zugänglich. Heilige Namen dürfen etwa nur von Priestern ausgesprochen werden, heilige Orte können Teilen der Gesellschaft verboten bleiben. Vor dem Heiligen findet häufig eine Trennung nach Geschlechtern statt, ein Aspekt der, abgeleitet vom polynesischen Wort für heilig »tapu«, als Tabu bezeichnet wird.

Eine der Grundlagen der Religionen ist die grundsätzliche Bereitschaft der Menschen, außermenschliche Mächte als real existierend und auf das Leben der Menschen einwirkend anzunehmen. Evolutionsbiologen stellen sich die Frage, ob man diese menschliche Grundeigenschaft biopsychisch erklären kann. Es ist klar, dass Angst und mentale Belastung wesentlich verringert werden, wenn für unerklärliche Vorgänge außermenschliche Mächte angenommen werden. Mit unserem enorm entwickelten Großhirn versuchen wir permanent, die Welt zu verstehen, doch können wir uns von vielen Dingen nur schlecht eine Vorstellung machen. Selbst die Erkenntnisse der Wissenschaft helfen uns nur bedingt weiter. Religiös begründete Annahmen erzeugen in diesem Bereich Sicherheit. Beispielsweise glaubten die Menschen im Hochland von West-Neuguinea, dass Erdbeben von einem riesigen Geist, dem Memye, bewirkt würden, der normalerweise fest unter der Erde schlafe, sich aber manchmal in seinem Schlaf bewege. Diese Erklärung der äußerst ängstigenden Erdbeben ist nach unserer Kenntnis zwar falsch, doch verschafft sie den Menschen einen Ursachenzusammenhang, in dem das Unerklärliche, Schreckliche untergebracht wird. – Religiosität wäre demnach ein Weg, jenen Ängsten zu begegnen, die entstehen, wenn wir keine Erklärung für bedrohliche Geschehnisse haben.

Neben der Funktion als Deutungshilfe für nicht erklärbare Dinge können Religionen auch eine starke Wirkung auf das Zusammengehörigkeitsgefühl von Gruppen ausüben. Religiöse Vorstellungen und Praktiken sind ähnlich wirksam wie andere Markierungen der ethnischen Identität, etwa Kleidung, Sprache oder Musik.

In allen Kulturen findet sich eine Trennung der Welt in heilige und profane Dinge. Das Heilige, Gesegnete gilt als einzigartig oder besonders und meist als unbefleckt oder rein und wird daher verehrt. Durch diesen Dienst am Heiligen wird eine Brücke zwischen dem Heiligen und der profanen Welt errichtet. Besonders in religiös geprägten Gesellschaften kann dieser Dienst das Zusammenleben entscheidend ordnen. Die Institutionalisierung des Heiligen trennt das Sakrale vom Profanen, obwohl sich beide Sphären in vielen Kulturen überlappen. Religiöse Offenbarung bedient sich in großem Umfang nichtsprachlichen Ausdrucks. Religiöse Kunst wird von Symbolen und Emblemen geprägt (Ikonen, Heiligenschein, Attribute usw.). Teil der religiösen Verehrung ist meist Musik und oft auch Tanz; symbolische Gesten (wie der segnende Gruß oder das Niederknien) beherrschen die Liturgie.

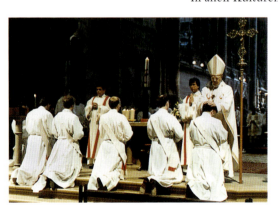

Mit dem Empfang des Weihesakraments erfahren die Kleriker eine Segnung, die sie von den Laiengläubigen unterscheidet und die sie in besonderer Weise dem Dienst Gottes verpflichtet. Zum Vollzug der **Priesterweihe,** die der Bischof vornimmt, gehören das Auflegen der Hand und das Weihegebet.

Das religiöse Zeichen und die Allegorie

Die Bedeutung der Zeichen für unser Denken und unsere Kultur spiegelt sich auch in dem Stellenwert wider, den Zeichen und vor allem Symbole für Religionen besitzen. So wird im ersten

Schöpfungsbericht – »Gott schuf den Menschen nach seinem Bilde,…« (1. Mos 1.26) – die besondere Rolle von Bildern auch für das Christentum vorgegeben. Probleme der christlichen Ikonographie waren immer wieder im Mittelpunkt der theologischen Diskussion (zum Beispiel beim Bilderstreit im Byzantinischen Reich während des 8. und 9. Jahrhunderts), nicht zuletzt durch Auslegung des in den zehn Geboten enthaltenen Bilderverbotes (2. Mos 20.4). Im spätantiken Christentum war es Papst Gregor der Große, der in seinen Auslegungen des Hoheliedes die Allegorie als die Möglichkeit beschrieb, den menschlichen Geist ansonsten vollends verschlossener, göttlicher Wahrheit teilhaftig werden zu lassen. Die von ihm beschriebene Allegorese (die Auslegung von Texten, die hinter dem Wortlaut einen verborgenen Sinn sucht) ist auch in der neuzeitlichen katholischen Theologie, vor allem nach dem Konzil von Trient (1545–1563) präsent. Nach dem Sündenfall ist es dem Menschen nicht mehr möglich, Gott direkt zu erkennen. Die Allegorie aber, so Gregor, »baut für die Seele, die weit von Gott entfernt ist, sozusagen eine Art Hebewerk, damit sie durch jenes zu Gott erhoben wird«. Erkenntnis durch Allegorie kommt nicht dadurch zustande, dass etwa ein komplexer Zusammenhang verbildlicht wird, wie es normalerweise durch einen Vergleich geschieht, sondern ein Sinn wird offenbar, der hinter der anschaulichen Bedeutung des Bildes steht und selbst nicht in Worte oder ein eindeutiges Bild gefasst werden kann. Ein solches Symbol stellt also eine Verbindung zu Gott her, die durch die Sprache nicht mehr möglich ist. Walter Benjamin nennt die Allegorie in Anlehnung an Gregor eine »Sinnmaschine«. Allegorien oder vergleichbare Techniken, eine Wahrheit »hinter« den Bildern erkennen zu können, existieren in vielen Kulturen.

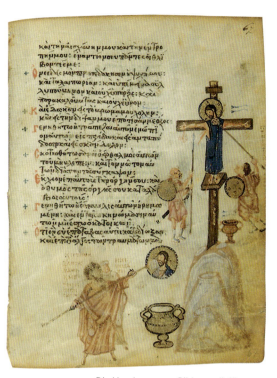

Die Verehrung von Bildern religiösen Inhalts war auch im Christentum nicht unumstritten und führte 726 zum großen **Bilderstreit** mit Bilderzerstörungen und -verbrennungen im Byzantinischen Reich. Erst 843 wurde auf der Synode von Konstantinopel die Bilderverehrung als Bestandteil der Frömmigkeit anerkannt. Eine Miniatur aus dem um 830 entstandenen bilderverehrenden Chludow-Psalter zeigt die Bilderstürmer als wilde Gesellen, die ein Christusbild übertünchen.

Bräuche

Alle Kulturen besitzen Kommunikationsformen, die den Inhalt der Nachricht streng mit einer manchmal komplexen Form verbinden. Diese Bräuche sind in der Regel gemeinsam durchgeführte Handlungen, die einer oft althergebrachten Gewohnheit oder sogar Vorschrift genügen (Max Weber spricht von traditionalem Handeln). Die einzelnen Elemente eines Brauches können über weite Regionen hin verwendet werden, auch wenn der Brauch selbst nur in einem Dorf gepflegt wird. Die Zahl solcher Formelemente ist begrenzt: Spiel und Wettkampf, Tanz, Umzug, Maskierung, Feuer, Mahl und Trunk, Schlagen und Lärmen, Aufstellen und Umtragen von Gegenständen, Singen und Sagen. Diese Elemente werden immer neu kombiniert. Viele Bräuche sind mit Festen verbunden und

Ein wichtiges Element gesellschaftlicher Bräuche ist der **Volkstanz.** Jede Kultur wie beispielsweise die der Siebenbürger Sachsen hat ihre eigenen charakteristischen Tänze, die durch direkte Tradition weitergegeben werden. Anlässlich bestimmter Feste oder auch im Rahmen folkloristischer Veranstaltungen werden die Volkstänze aufgeführt.

In allen Kulturen sind Bräuche als für eine Gesellschaft verbindliche Äußerungsform bei bestimmten Anlässen bezeugt. So bedecken im Judentum Braut und Bräutigam bei der Eheschließung während der Zeremonie ihre Häupter mit dem Tallit (Gebetsmantel).

besitzen ein mythisches Fundament, eine Stiftungslegende oder Ähnliches, das den Brauch erklärt und rechtfertigt.

Einige Bräuche haben die Aufgabe, eine Veränderung im Leben einer Gesellschaft oder eines Mitgliedes der Gesellschaft anzuzeigen. Solche Übergangsriten (französisch rites de passage) begleiten überall auf der Welt die Geburt von Kindern (zum Beispiel Taufe), den Übergang von Kindern zu Erwachsenen (zum Beispiel Firmung beziehungsweise Konfirmation), die eheliche Verbindung mit einem Partner und den Tod. Zu diesen Übergangsriten zählen auch Geburtstagsfeiern, der »Einstand« in einen neuen Arbeitsplatz und Ähnliches. Durch den Brauch wird nicht nur in allgemein bekannter Form die Veränderung angezeigt, sondern der Übergang durch die »Abstraktion« für den Betroffenen leichter gemacht.

Bräuche können auch den Jahreskreis begleiten. Dabei wird die Veränderung in der Vegetation vielfach mit astronomischen Phänomenen in Zusammenhang gebracht und so auf einen bestimmten Tag des Jahres fixiert. Staaten bedienen sich ebenfalls der Brauchtumskommunikation, indem ihre Repräsentanten etwa an Gedenkstätten Kränze niederlegen oder zu Jahrestagen Paraden abhalten lassen. Diese Bräuche erinnern das eigene Volk an sein historisches Erbe und zeigen den Völkern, dass man sich des Erbes erinnert.

Musik

Musik, die »Kunst der Musen«, wie sich das Wort aus dem Griechischen ableitet, ist die »absichtsvolle Organisation von Schallereignissen«. Die relativ ursprünglichen Formen der Musik (Gesang, Instrumentalmusik) finden zunächst in drei Dimensionen statt: Lautstärke, Anordnung der Tonhöhen und zeitliche Abfolge.

Die zeitliche Ordnung der Musik wird oft durch regelmäßige Geräusche oder Töne ausgedrückt. Dieser Rhythmus der Musik wirkt bereits unmittelbar auf unsere Empfindungen. Da die Physiologie aller Wirbeltiere durch Rhythmen angesprochen wird, können wir davon ausgehen, dass Rhythmen die Menschheit von Anfang an begleiteten. Vermutlich gibt es eine Reihe grundlegender Rhythmustypen, die für alle Menschen ähnlich sind. Wiegenlieder aus verschiedenen Kulturen bewirken, wenn sie im Versuch Personen nach körperlicher Anstrengung vorgespielt werden, ein überdurchschnittlich schnelles Absinken der Herzfrequenz. Sie vermitteln in vielen Teilen der Welt in Melodie und Rhythmus jene Ruhe, die dem physiologischen Prozess beim Einschlafen entspricht. Dazu kommt häufig noch eine Wiegebewegung, die dem Rhythmus einer gehenden Person, meist der Mutter, entspricht, die das Kind bei sich trägt. Die biologische Anpassung an das Getragenwerden wird durch das Wiegen künstlich nachgeahmt, ohne dass dabei Hautkontakt, Wärme und Geruch der tragenden Person ersetzt werden könnten.

Über Musik gemachte Mitteilungen wirken auf uns unter Umständen sehr viel stärker als reine Sprache. Bekanntlich kann Musik zu regelrechten Gefühlswallungen führen, wobei es bestimmte Leitmotive und Rhythmen zu geben scheint, die bestimmte Emotionen in uns erzeugen. So ist es kaum verwunderlich, dass im religiösen Leben und der Liturgie stets Musik zu finden ist. Neben der Stimme wird weltweit eine Vielzahl von Rhythmus- und Melodieinstrumenten verwendet. Gemeinsames Erleben von Musik, besonders gemeinsames Singen und Musizieren, schafft zwischen Menschen auch

---

DER TRANCE-TANZ DER !KUNG SAN

Traditionale Kulturen können Modelle der Vergangenheit sein, da bei ihnen durch die geringe Gruppengröße, das Bekanntsein aller Mitglieder untereinander, die Betonung verwandtschaftlicher Zugehörigkeit und das weitgehende Fehlen beruflicher Spezialisierung Bedingungen herrschen, wie sie ähnlich in der Frühgeschichte der Menschheit gegolten haben. Natürlich haben auch diese Kulturen eine Geschichte, in deren Verlauf sich ihre Kultur geändert hat, doch waren diese Veränderungen nicht so tief greifend wie jene, die etwa mit der Entwicklung der frühen Städte, der Schrift und anderen technologischen und sozialen Neuerungen einhergingen.

Eine dieser Kulturen ist die der !Kung San in der Kalahari Botswanas. Bei ihnen fand häufig der so genannte Trance-Tanz statt, in dessen Verlauf ein oder mehrere Kranke von einem meist männlichen Heiler symbolisch behandelt wurden. Oft geschahen diese Zeremonien in der Nacht; dadurch wurde das eindrucksvolle Geschehen noch verstärkt. Die zur Gruppe gehörenden Personen saßen dicht beieinander und sangen in der für viele Kulturen Afrikas sehr komplexen rhythmisch betonten Weise. Um sie herum tanzten Männer und Frauen und schlossen um die Sitzenden einen Kreis aus ekstatischer Bewegung und psychischer Energie. Ein oder zwei Heiler gelangten in Ekstase: Sie schwitzten stark als Zeichen einer veränderten Physiologie, verloren teilweise die Kontrolle über ihre heftigen Bewegungen und machten tierhafte Lautäußerungen. In diesem physisch-psychischen Zustand begibt sich nach Vorstellung der Einheimischen der Heiler auf die Suche nach jenen Geistern, die die Krankheit verursacht haben. Er bekämpft sie rituell und versucht, den Kranken Kraft und Gesundheit zurückzugeben und der ganzen Gruppe sozialen Frieden und Wohlergehen zu sichern. Der

ekstatische Tanz kann die ganze Nacht dauern. Die Gruppe versucht in dieser vermutlich archaischen Weise mittels Musik, Tanz und rhythmusinduzierter Ekstase den Bedrohungen des Alltags zu begegnen. Bewegung, Gesang, Rhythmus, körperliche Berührung (der Heiler überträgt Schweiß auf die Kranken), psychischer Sonderzustand und die Erfahrung des Mythisch-Religiösen verbinden sich zu einem kraftvollen Ritual. Ähnlich mögen die transzendentalen Erfahrungen der Menschen des Mittelmeerraumes in ihren kultischen Höhlen vor 20 000 Jahren gewesen sein – im Tanz um ein flackerndes Feuer, das die Tierdarstellungen auf den Felswänden zum Leben erweckte.

Die von Musik begleiteten rhythmischen Körperbewegungen des Tanzes standen ursprünglich oft im Zusammenhang mit religiösen Zeremonien. Der ekstatische **Tanz der Derwische,** einer Gruppe islamischer Mystiker (Sufi), dient dazu, den Menschen mit göttlicher Kraft zu erfüllen.

Mit dem Rundfunk (englisch Broadcasting, »breit streuen«) entstanden im 20. Jahrhundert **neue Kommunikationsformen**. Der Rundfunk besitzt (noch) keinen direkten Rückkanal. Allerdings existieren seit vielen Jahren Radiosendungen, an denen sich Zuhörer per Telefon und neuerdings Fax oder E-Mail beteiligen können. Besonders so genannte Talk-Radios leben ausschließlich von dieser asymmetrischen, aber teilweise bidirektionalen Form der Kommunikation.

ein unnachahmliches Gefühl der Vertrautheit und Gemeinsamkeit – eine Tatsache, die Musik auch in den Dienst der Indoktrination und des Krieges stellt.

In der zweiten Hälfte des 20. Jahrhunderts entwickelte sich durch die Musikindustrie – Schallplattenhersteller und Radio, später auch Fernsehstationen – eine weitere Funktion von Musik: die fast unmittelbare Übertragung bestimmter Gedanken und Werte in eine neue Ebene kulturellen Lebens, die Popkultur. Musikstile und neuerdings die mit den Musikstücken parallel produzierten Musikvideos stellen einen elementaren Wandel in der Form der musikalischen Kommunikation dar. Bisher war das Musikstück von den Interpreten oder seinem Komponisten unabhängig. Lieder konnten von verschiedenen Personen gesungen werden, ohne dass sich dadurch an ihrem Wesen oder Inhalt etwas geändert hätte. Popmusik hängt dagegen direkt an den Interpreten. Sie sind Teil der Nachricht geworden. Diese Entwicklung trägt insbesondere unserer gewandelten Wahrnehmung von Individualität Rechnung. Die Musiker als Schöpfer (oder Interpreten) ihres Werkes werden mit diesem identifiziert.

Ähnlich wie Musik wirkt auch der Tanz, in dem die Musik in Bewegung ausgedrückt wird, in elementarer Weise auf Menschen. Tanz ist Teil vieler Bräuche und unterstützt deren Funktion. Tanz kann dazu beitragen, musikalisches Empfinden zu intensivieren. Mit einigen Formen des Tanzes lässt sich religiöse Ekstase erreichen, wie zum Beispiel bei den Derwischen. Mit anderen Tänzen wird die Körperbeherrschung zum Teil der Kultur erhoben, beispielsweise beim Ballett oder im japanischen No-Drama.

Hierarchie

Das gesellschaftliche Zusammenleben des Menschen findet stets in Hierarchien statt. Menschen befinden sich in Konkurrenz zueinander, oft um bare Überlebensnotwendigkeiten wie Essen oder Wasser, oft um ihren meist knappen Lebensraum oder um Einfluss bei Entscheidungen im Berufsleben oder im Freundeskreis. Sehr häufig konkurrieren Menschen auch um die Gunst eines (zukünftigen) Geschlechtspartners. Diese Konkurrenz läuft aber zum Glück meist nicht auf einen Krieg aller gegen alle hinaus, den der englische Philosoph Thomas Hobbes als hypothetischen, vorkulturellen Urzustand menschlichen Lebens sah. Im täglichen Zusammenleben werden die Kompetenzen fast immer auf subtile Weise, durch Kommunikation geklärt.

Eine ganze Reihe von Verhaltensweisen trägt diesem Bedürfnis, unseren Einfluss und unseren Freiraum abzustecken, Rechnung. Einige davon sind so alltäglich, dass ihre ursprüngliche Bedeutung uns nur selten in den Sinn kommt, etwa beim abendländischen Gruß des Händeschüttelns: Die Hand wird dem Mitmenschen offen entgegengehalten, entwaffnet. Der Händedruck, der oftmals relativ stark ausfällt, zeigt hingegen deutlich aggressiven Charakter. Dieses Wechselspiel aus Demonstration von Stärke und dem Angebot zur Friedfertigkeit findet sich in vielen Kulturen als Begrüßungsritual.

In vielen Bereichen des Lebens wird der Rang, den ein Mensch dort innehat, für die anderen durch Signale bezeichnet. Das hat den Vorteil, dass auch in großen Gruppen der Rang erkennbar bleibt und ein Gehorsam nicht der Person geleistet werden muss, sondern der Position, die sie bekleidet. Offensichtlich ist das bei militärischen Dienstgraden, die ihre Ränge als Abzeichen tragen. Untergebene gehorchen ihnen völlig fremden Vorgesetzten. Interessanterweise kann sich die Form der Rangabzeichen aus einer durchaus körperlichen Machtdemonstration entwickeln, wie etwa durch die Betonung der männlich breiten Schultern durch Epauletten. Das demonstrative Tragen von Waffen besitzt ebenfalls starken Signalcharakter und ist in vielen Kulturen zum Beispiel auf Adelige oder Wohlhabende beschränkt. Waffen werden oft rituell präsentiert. Gerade das »Ab-

Diesen Soldaten können aufgrund seiner Rangabzeichen andere Soldaten sofort als General erkennen.

Bis heute haben sich bestimmte Formen staatlicher Demonstration von Waffengewalt erhalten. Offizielle Staatsgäste schreiten im Rahmen des Begrüßungszeremoniells mit dem gastgebenden Staats- oder Regierungschef die Ehrenkompanie der Streitkräfte des Landes ab.

schreiten der Ehrenkompanie«, das Staatsgäste zusammen mit dem Staats- oder Regierungschef absolvieren müssen, zeigt auch wieder die Doppelbödigkeit von Begrüßungsritualen: Der Staatsgast wird geehrt, vom Flughafen abgeholt, mit Eskorte durch die Stadt gefahren und dann wird ihm unmissverständlich die Waffengewalt des Gastgeberlandes vor Augen geführt.

Neben dem Rang, den ein Mensch durch sein Amt erhält, können auch persönlicher Erfolg und eigene Leistung durch kulturell festgelegte Zeichen signalisiert werden. Im militärischen Bereich ist das wieder streng geregelt. Ehrenzeichen beschreiben genau, an welchen Einsätzen ein Soldat teilgenommen hat und für welche Leistungen er dabei gewürdigt wurde. Im Zivilen läuft diese Zurschaustellung sehr viel subtiler ab. Prestigeobjekte, wie bestimmte Markenautos oder Markenkleidung, geben nicht nur Auskunft über den persönlichen Geschmack, sondern auch über die Brieftasche. Blickt man über einen längeren Zeitraum auf eine bürgerliche Gesellschaft, so scheinen bestimmte Arten von Objekten oder bestimmte Sitten zunächst nur in bestimmten Teilen der Gesellschaft – bei finanziell und vom Bildungsniveau her bevorzugten Menschen – aufzutauchen. Über die Jahre scheinen solche Objekte und Sitten dann in der Gesellschaft »zu sinken«, das heißt in immer weiteren Teilen aufzutreten, wobei meist ein Qualitätsverlust bemerkbar wird. Diese »sinkenden Kulturgüter«, wie der Begriff in der Soziologie der 1920er-Jahre genannt wurde, sind allerdings nicht, wie damals angenommen, der einzige Weg, auf dem sich Mode und Massenphänomene entwickeln. Tatsächlich scheinen sie heutzutage eine immer geringere Rolle zu spielen. Vor allem die Phänomene der Popkultur entstehen oft nicht in Nachahmung von Trends, die eine (finanziell oder durch Bildung) elitäre Avantgarde vorlebt. Popkultur findet dagegen nach einiger Zeit häufig Eingang in bildende Kunst oder Literatur. Eine solche Entwicklung könnte man als »steigende Kulturgüter« bezeichnen.

Fast jeder materielle Besitz kann als Zeichen für die hierarchische Stellung des Besitzers genommen werden. Altbekannt ist beispielsweise die Tatsache, dass die Größe des Schreibtisches proportional zur Stellung des Mitarbeiters eines Betriebes wächst; der kleine Buchhalter muss auf seinem kleinen Schreibtisch Aktenberge türmen, während der Chef auf seinen mehreren Quadratmetern Fläche nur sparsam gehaltene Berichte erhält. Einer entsprechenden Rangdemonstration können sich nur wenige Menschen entziehen. So konnte gezeigt werden, dass Versuchsteilnehmer ein und derselben Person weniger gehorchen, wenn diese hinter einem kleinen Schreibtisch sitzt. Auch ein persönlich vielleicht eher unsicherer Vorgesetzter kann somit über die Möbel seines Büros Autorität demonstrieren. Die Position ganz »oben« in einer Hierarchie kann sich auch durch eine direkte Erhöhung der Position ausdrücken. Könige

Graffiti erschienen zunächst in den 1970er-Jahren in den USA als Ausdruck politischen Protests an Hauswänden, Bussen und U-Bahnen. Mit der Zeit wurden Graffiti künstlerisch ambitionierter und erlangten durch die Wandbilder von Harald Naegeli in Europa und Keith Haring in den USA teilweise den Status von Kunstwerken (Keith Haring, Ausschnitt aus einem Wandbild in New York).

sitzen daher auf erhöhten Thronen, Richter sprechen Recht von erhöhten Tischen aus.

Die Architektur kann ebenfalls der Position Nachdruck verleihen. Paläste aber auch Parlamentsgebäude werden häufig streng klassizistisch errichtet. Überhohe Säulenreihen und Türen schüchtern bereits beim Betreten ein. Wehrhaft dicke Mauern, hohe Treppen und pathetische Darstellungen von Heldenhaftigkeit oder Tugend tun ein Übriges. Diese Einschüchterungsarchitektur findet sich nicht nur in totalitären Systemen (wenn auch hier besonders deutlich) – etwa Hitlers Olympiastadion in Berlin oder Stalins Lomonossow-Universität in Moskau –, sondern auch in demokratischen Staaten wie den USA, zum Beispiel das Kongressgebäude in Washington D. C. oder die zahllosen burgartigen Gerichtsgebäude der Landgerichtsstädte.

Ebenso wie die Hierarchien wird auch Gruppenzugehörigkeit durch Zeichen zur Schau gestellt. Durch Trachten zeigt man Zugehörigkeit zu einer Region, manchmal auch einer Berufsgruppe oder eines religiösen Ordens. Anstecknadeln verraten Mitgliedschaft in Vereinen oder auch in einer Gewerkschaft. Schals in bestimmten Farben zeigen an, welchen Fußballverein, Krawatten mit unterschiedlichen Streifenmustern, welchen Kricketklub der Träger favorisiert. Wappen, Fahnen, Uniformen oder Trachten, all diese Symbole findet man auf den unterschiedlichsten Ebenen. Vom eigenen Familienwappen, dem Vereinswappen, dem Wappen der Gemeinde oder des Bundeslandes bis zum Nationalwappen wird auf jeder Ebene Zusammengehörigkeit einerseits, Abgrenzung gegen die Träger anderer Wappen oder Flaggen andererseits demonstriert. Diese Symbole werden von den Mitgliedern der entsprechenden Gruppe oft so stark mit der Gruppe selbst identifiziert, dass von einer »Entweihung der Flagge« oder »Verunglimpfung« der Symbole gesprochen wird.

Architektur als Ausdruck eines Herrschaftsanspruchs ist Bestandteil vieler Kulturen. Immer wieder wird dabei in der Moderne auf Bauformen aus vorbildlichen Staaten und Weltreichen zurückgegriffen. So wies Präsident George Washington seinen Architekten Pierre Charles L'Enfant an, sich bei den Bauplanungen für die neue Bundeshauptstadt an der Architektur Roms zu orientieren. Schon bald nach seiner Errichtung wurde das Kongresshaus in Washington D.C. **»Capitol«** genannt.

Wie diese Fans des 1. FC Kaiserslautern, die den Gewinn der deutschen Fußballmeisterschaft 1998 feiern, so identifizieren sich in allen Stadien der Welt die Fans über Fahnen, Schals und Gesang mit ihren Fußballhelden und ihrem Verein.

Ausblick

Telepathie

Die Frage, ob wir in der Lage sind, Gedanken auszutauschen, ohne auf einen der beschriebenen Kommunikationswege zurückzugreifen, scheint für viele Menschen faszinierend. Bis heute konnte jedoch noch in keinem Experiment Telepathie wirklich nachgewiesen werden. Das ist auch kaum verwunderlich. Die Existenz übersinnlicher Wahrnehmung steht nicht zuletzt in Widerspruch zum Evolutionsgedanken. Die biologische Entwicklung geht niemals sprunghaft voran. Für jedes Organ kann eine Entwicklung aus entsprechenden Strukturen bei Lebewesen angegeben werden, die in der Entwicklungsgeschichte früher stehen. Das gilt insbesondere auch für unsere Sinne. Wie sollten sich übersinnliche Fähigkeiten entwickeln, ohne dass diese Entwicklung biologisch feststellbar wäre? Wie sollte sich ein neuer Sinn entwickeln, das heißt ein evolutionärer Vorteil geschaffen werden, wenn ihn nur einige Auserwählte nutzen können.

Wir haben die Wahrnehmungen unserer »normalen« Sinne nicht vollständig unter bewusster Kontrolle. Subtile Informationen aus Gestik, Mimik, Körpergeruch und Ähnlichem können uns über andere Menschen Informationen vermitteln, ohne dass wir bemerken, woher. So können wir oft sehr gut mitfühlen, was in anderen vorgeht. Diese Empathie ist ein Kennzeichen des Menschen – Telepathie wird wohl ein Wunschtraum bleiben.

Der Österreicher **Erik Jan Hanussen** entdeckte Ende der 1920er-Jahre seine hellseherischen Fähigkeiten und diente damit in Berlin einigen befreundeten Nationalsozialisten. Seine ungeklärte Rolle bei seiner Prophezeiung des Reichstagsbrands 1933 und die definitive Aufdeckung seiner jüdischen Abstammung führten dazu, dass er im März 1933 von einem SA-Kommando ermordet wurde.
Hellsehen und Telepathie lassen sich bis heute nicht durch klassische Modelle der Informationsübertragung über Wellen erklären.

Der genaue Gegenschlag gegen die Büromaschine aber ist die farbenprächtige Welt. Nicht die Welt, wie sie ist, sondern wie sie in den Schlagern erscheint.
Siegfried Kracauer

Bürokommunikation

Nirgends in unserer modernen Gesellschaft steht Kommunikation so sehr im Zentrum der Aufmerksamkeit, wie in der Welt der Büros. Fehlgeleitete Kommunikation, wie Mobbing oder sexuelle Belästigung am Arbeitsplatz, beschäftigen Gerichte und Gesetzgeber. Ein enormer Markt besteht für Fortbildungen und Schulungen mit dem Ziel, die Kommunikationsfähigkeit der Mitarbeiter zu verbessern. Mangelnde Kommunikationsbereitschaft gilt als eines der großen Hemmnisse der wirtschaftlichen Entwicklung.

Siegfried Kracauer beschrieb schon 1928 in seinem Essay »Die Angestellten«, wie sich in der Welt der Büros eine völlig eigene Kultur entwickelt. Neue Signale gewinnen an Bedeutung. Ein hohes Maß an Uniformierung wird bereits von den Arbeitgebern, bis hin zu so genannten »Dress Codes«, gefordert. Ein führender Hersteller von Büroelektronik normt durch solche Kleidervorschrift das Auftreten der männlichen Mitarbeiter beispielsweise in »dunkelblauer Anzug, weißes Hemd, konservative Krawatte«.

In anderen Betrieben nutzen Angestellte Markenprodukte, bestimmte Fahrzeugtypen, originelle Krawatten oder Ähnliches zur Demonstration eines bestimmten Persönlichkeitsprofils. Sehr wichtig ist auch der eben nicht mehr individuelle Duft, den verbreitete Parfums oder Rasierwasser erzeugen. Die Identifikation mit der Gruppe der Kollegen, sei es im eigenen Büro oder allgemein, wird durch Zurschaustellung gemeinsamer Interessen erreicht: Teilnahme an betrieblichen Freizeitaktivitäten, Dekoration des Büros in allgemein anerkannter Weise, zum Beispiel mit kopierten Sinnsprüchen wie »Murphy's Law« oder »Think!« oder mit kopierten Karikaturen, wobei aufgrund der massenhaften Verbreitung dieser Zeichen sicher nicht mehr die Originalität des Einfalls, sondern nur noch das Typische beabsichtigt wird. In diese Richtung weisen auch spaßige Aufkleber auf Schreibmaschinen und Computern.

Die Büromedien wie Hauspost, Anrufbeantworter, Telefax oder E-Mail sind zunächst rein sprachlich orientiert. In faszinierender Weise hat sich aber schnell eine nicht sprachliche Komponente dieser Kommunikationsformen herausgebildet. Dass E-Mail noch immer nicht die vorherrschende Form der indirekten Kommunikation in der Arbeitswelt ist, liegt an der allgemeinen Ablehnung durch die Angestellten. Umfragen ergaben, dass – ebenso wie beim Telefongespräch – Büromitarbeiter den Kontakt per Fax als erheblich weniger anonym empfinden als durch E-Mail. Das Bedürfnis nach Kommunikation über Bilder wird auch von den Herstellern von Bürosoftware sehr ernst genommen. Jedes gängige Faxprogramm verfügt über so genannte Deckblattsammlungen, humorvolle Darstellungen des mit dem Inhalt der Faxmitteilung verbundenen Gefühlshintergrunds. Jedes Textverarbeitungsprogramm bietet eine Reihe so genannter Clip Arts, die ermöglichen, zusätzlich zum Text in höchstem Maße standardisierte Bilder und Symbole zu versenden.

Bezeichnenderweise wurde sogar in der reinen Textwelt der E-Mail ein Ausweg zum Bild hin entdeckt: das so genannte Emoti-

Eine Methode vieler Schulungen, die lehren, mit Erfolg Teams zu leiten, Ergebnisse zu präsentieren oder sich zu bewerben, besteht darin, den Teilnehmern einzuschärfen, sich die gewohnten sprachbegleitenden Äußerungen bewusst zu machen und diese bewusst einzusetzen. So wurde einer der Autoren bei einer solchen Schulung zur Teamarbeit angewiesen, zu Beginn der Teamsitzungen gezielt nur Smalltalk zu halten, also absichtlich die Informationsübermittlung der Sprache zu verringern, um »den anderen Teammitgliedern das Gefühl zu geben, sich für ihre Angelegenheiten und ihr Privatleben zu interessieren«.
Die Beherrschung von Mimik, Gestik und der Körperhaltung wird trainiert, indem die Schulungsteilnehmer ihren Vortrag auf Video aufnehmen und dann gemeinsam kritisch betrachten.

»Dress Codes«, wie der dunkle Anzug und die dezent gemusterte Krawatte der Bankangestellten, sind standardisierte Kleiderordnungen, die die Zugehörigkeit zu einer bestimmten Berufsgruppe demonstrieren.

:-)	einfaches Lächeln
:-D	etwas mit einem Lächeln sagen
:D	lachen
:*)	herumblödeln
:-x	Kuss
:-/	Das finde ich nicht lustig!
:-(	traurige Bemerkung
:-o	schockierend
;-)	augenzwinkerndes Lächeln
:-r	Bäh!!! (Zunge rausstrecken)

Auch auf den neuen Kommunikationswegen wie der E-Mail hat sich bereits eine vereinbarte Zeichensprache herausgebildet. Bei den »Emoticon« genannten **Smileys** kann der Absender je nach Stimmungslage und Nachrichteninhalt den Gesichtsausdruck verändern und damit die Informationen kommentieren und pointieren.

con. Zeichenkombinationen wie :-) oder :-(die, dreht man das Papier um 90° im Uhrzeigersinn, einfache Mimik symbolisieren und zur Mitteilung vorsprachlicher Information wie Satzzeichen verwendet werden.

Auf eigentümliche Art findet bei der visuellen Kommunikation im Büro oft ein Rückgriff auf das Kindische statt. Betrachtet man etwa den Bildschirm eines modernen Computers, so zeigt sich der sonst so graue Computer in seinen buntesten Farben. Arbeitsgänge und Daten werden nicht wie bei den Symbolen sonstiger Piktogramme oder auf Straßenschildern durch einfache, sachliche und schematische Zeichen versinnbildlicht, sondern erinnern an Illustrationen aus Kinderbüchern. Diese Mensch-Maschine-Kommunikation über kleine Bildchen ist ein weiterer Beleg für das Bedürfnis vieler Menschen nach Vertrautem, Spielerischem: vom Rahmen, der dem Bildschirm direkt das Aussehen eines Kinderspielzeugs verleiht, bis zur Maus. Die Freude an nonverbalen Lücken in der sprachlichen Arbeitswelt reicht oft in die tiefsten Abgründe menschlichen Ausdrucksvermögens: Darstellungen sekundärer weiblicher Geschlechtsmerkmale als Bildschirmschoner, lustvolles Stöhnen als Fehlerwarnung bei Falscheingabe auf der Tastatur oder die Porno-CD-Rom.

Dilbert ist der Titelheld einer amerikanischen Comicserie, die den Büroalltag und die Unfähigkeit von Managern in Großunternehmen satirisch verarbeitet. Der von Scott Adams geschaffene Computerfachmann Dilbert und sein kartoffelförmiger Hund »Dogbert« erlangten als Helden der Arbeit im Kampf gegen die Tücken des Büroalltags rasche Popularität und sind inzwischen Kultfiguren.

Inwieweit diese Kommunikationsform Teil dessen ist, was Theodor W. Adorno als Versuch eines »richtigen Lebens im Falschen« bezeichnet, also inwieweit die Zeichen der Bürowelt dazu dienen, sich in der dem »richtigen Leben« so fremden Umgebung des Büros wohl fühlen zu können, soll hier aber nicht weiter diskutiert werden. Wir sollten nicht aus den Augen verlieren, wie sehr Kommunikation unser Leben durch und durch bestimmt. Unsere Handlungen ebenso wie unsere Gefühle sind mit unserer Art und Weise, uns auszudrücken und den Ausdruck unserer Mitmenschen wahrzunehmen, untrennbar verwoben, sodass wir nicht zu Unrecht den Eindruck gewinnen können, dass sich unsere Menschlichkeit durch Kommunikation mitdefiniert. Gerade aber im Zusammenhang unserer Gefühlswelt ist die nichtsprachliche Kommunikation tonangebend.

J. Blumtritt und W. Schiefenhövel

Die Vielfalt der Sprache

Die Sprache ist eine Eigentümlichkeit des Menschen. Ihre Bedeutung ist schon an dem zeitlichen Aufwand zu ermessen, die der Mensch ihr widmet. Seine Verständigung mit anderen, sein Handeln, Denken und Vorstellen ist von ihr durchdrungen und weithin so stark von ihr bestimmt, dass die Sprache als das eigentliche Medium von Kommunikation und Denken angesehen werden muss. Der Mensch spricht über die Dinge seiner Umgebung, über die kleinsten Partikel und die entferntesten Sterne, über Konkretes und Abstraktes, über Gegenwart, Vergangenheit und Zukunft, er spricht über Tatsachen und schreibt Romane, und er spricht über sich und seine Sprache.

Der Begriff *Sprache* hat eine stetige Ausdehnung erfahren. Das Wort *Sprache* kommt von *sprechen* und seine alte Bedeutung ist in Wörtern wie *Ge-spräch* oder *An-sprache* erhalten. Mit der *Sprache* Goethes sind die Eigentümlichkeiten seiner Sprache oder sein Stil gemeint, und ähnlich bezeichnet die *Sprache* der Politik oder der Jugend die sprachlichen Eigentümlichkeiten bestimmter Textsorten oder gesellschaftlicher Gruppen. In der Feststellung, die lateinische Sprache habe keine Artikel, bezeichnet das Wort *Sprache* den Aufbau, die Grammatik des Lateinischen. Wer den Menschen durch

SPRACHREFORM AUF DEN LAPUTA-INSELN

Im Jahre 1726 schrieb Jonathan Swift seine Satire »Gulliver's Travels« (»Gullivers Reisen«), in der der Held verschiedene fiktive Länder besucht, unter anderem die Laputa-Inseln. In der dortigen »Fakultät der Sprachen« macht er die Bekanntschaft mit einem sehr interessanten »Rationalisierungs«-Projekt:

»Darauf gingen wir in die Fakultät für Sprachen, wo drei Professoren darüber berieten, die Sprache ihres eigenen Landes zu verbessern. Sie hatten einen Plan zur völligen Abschaffung aller Wörter überhaupt, und man machte geltend, dass das außerordentlich gesundheitsfördernd und zeitsparend wäre. Denn es ist klar, dass jedes Wort, das wir sprechen, in gewissem Maße eine Verkleinerung unserer Lungen durch Abnutzung bedeutet und folglich zur Verkürzung unseres Lebens beiträgt. Es wurde deshalb folgender Ausweg vorgeschlagen: Da Wörter nur Bezeichnungen sind, sei es zweckdienlicher, wenn alle Menschen die Dinge bei sich führten, die zur Beschreibung der besonderen Angelegenheiten, über die sie sich unterhalten wollen, notwendig seien. Viele der Gelehrtesten und Weisesten sind Anhänger des neuen Projekts, sich mittels Dingen zu äußern; das bringt nur die eine Unbequemlichkeit mit sich, dass jemand, dessen Angelegenheiten sehr umfangreich und von verschiedener Art sind, ein entsprechend größeres Bündel von Dingen auf dem Rücken tragen muss, falls er es sich nicht leisten kann, dass ein oder zwei starke Diener ihn begleiten. Ich habe oft gesehen, wie zwei dieser Weisen unter der Last ihrer Bündel fast zusammenbrachen, wie bei uns die Hausierer. Wenn sie sich auf der Straße begegneten, legten sie ihre Lasten nieder, öffneten ihre Säcke und unterhielten sich eine Stunde lang; dann packten sie ihre Utensilien wieder ein, halfen einander, ihre Bürde wieder auf den Rücken zu nehmen, und verabschiedeten sich.«

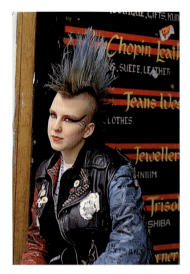

Jugendliche versuchen sich in vielerlei Hinsicht von der Erwachsenenwelt abzusetzen, zum Beispiel durch ihre Kleidung oder ihre Frisur. Dabei schaffen sie auch ihre eigene »Sprache«.

Sprache vor den Tieren auszeichnet, meint damit unser Vermögen, eine Sprache zu erwerben und zu sprechen. Die moderne Wissenschaft überträgt das Sprechen, Schreiben, Lesen und Verstehen auf Maschinen und erweitert auf ihre Weise den Begriff der *Sprache*.

Sprachliche Varietäten

Wie jeder Sprecher einer Sprachgemeinschaft sich durch Stimme, Aussprache, Wortschatz und Stil von anderen Sprechern unterscheidet, also seine ganz persönliche Sprache, seinen Idiolekt, besitzt, so gibt es auch Eigenheiten im Sprachgebrauch einer Sprachgemeinschaft, die für Sprecher aus bestimmten Regionen, für bestimmte soziale Gruppierungen und Gesprächssituationen typisch sind. Die daraus resultierenden unterschiedlichen Ausprägungen von Sprache in einer einsprachigen Sprachgemeinschaft nennen wir sprachliche Varietäten.

Soziolekte und Fachsprachen

Als Anhänger einer Sprachgemeinschaft sind wir in soziale Gruppen eingebunden, zum Beispiel in Familie, Ausbildungsgruppe, Freundeskreis oder Kollegium. Man gehört zu einer Altersgruppe oder einer Gesinnungsgruppe (zum Beispiel einer politischen Partei). Soziale Gruppen können oft einen bestimmten Wortschatz und andere sprachliche Eigenheiten ausbilden. Gruppensprachen, so genannte Soziolekte, grenzen die Gruppe nach außen hin ab, festigen den inneren Zusammenhalt und stärken die Gruppenidentität. So betonen Jugendliche mit einer ihnen eigentümlichen Sprache ihre Abgrenzung von der Erwachsenenwelt. Und selbst unter den Jugendlichen distanzieren sich einzelne Altersstufen sprachlich voneinander. Als soziale Wesen bewegen wir uns aber nicht nur in einer einzigen Gruppe, wir sind unter Umständen Familienmitglied, Kol-

Das Foto zeigt Audrey Hepburn als Eliza Doolittle und Rex Harrison als Professor Higgins in einer Verfilmung des Musicals »My fair lady« beim Sprachunterricht. Professor Henry Higgins widmet sein Leben dem Studium der Sprachen und Dialekte. Er ist sich sicher, dass er allein durch Sprachunterricht aus dem ordinären Blumenmädchen Eliza Doolittle eine Dame machen kann.

Diese Aderlasstafel für die Behandlung der Pest aus dem Jahr 1555 von Michael Ostendorf (Nürnberg, Germanisches Museum) zeigt dem behandelnden Arzt, wo er den Kranken zur Ader lassen muss. Der Aderlass wurde oft von so genannten Wundärzten ausgeführt, die selten an einer Universität studiert hatten und auch meist kein Latein beherrschten. Um ihr Wissen weitergeben zu können, fertigten die Wundärzte deshalb medizinische Fachschriften in deutscher Sprache an. Deutsche medizinische Fachwörter bereicherten nicht selten den allgemeinen Wortschatz.

lege, Sportkamerad und Mitglied einer politischen Partei oder Organisation, wobei wir uns stets sprachlich an der Gruppe orientieren, innerhalb der wir gerade agieren.

Unser Sprachverhalten wird auch davon abhängen, ob wir uns mit unserem Vorgesetzten in einer Besprechung befinden oder ob wir nach Feierabend noch mit einem Sportkameraden plaudern. Im ersten Fall wird zumeist die Hochsprache verwendet und eine förmliche Sprechweise gewählt. Unter Sportkameraden wird man sich dagegen eher umgangssprachlich – vielleicht sogar im Dialekt –, zwanglos und informell unterhalten.

Nicht nur soziale Gruppen bringen ihre eigene Sprachform hervor, auch einzelne Sachbereiche, vor allem die wissenschaftlichen, handwerklich-technischen und juristisch-verwaltungstechnischen Bereiche sowie die sportlichen Disziplinen entwickeln besondere Fachsprachen, um die speziellen Sachverhalte präzise, eindeutig und sachgemäß zu benennen. Dabei kommt es vor, dass in unterschiedlichen Fachbereichen ein und derselbe sprachliche Ausdruck Verschiedenes bedeutet: So bezeichnet *Hund* in der Bergmannssprache einen »Karren zur Beförderung der Erze«, im Bereich der Verhüttung von Erzen dagegen einen »kleinen Ofen, der vor einem größeren steht«. Eine weitere nicht unbedeutende Rolle bei der Ausbildung fachsprachlicher Terminologien und gewisser grammatisch-stilistischer Eigentümlichkeiten kann die Abgrenzung gegenüber Laien spielen. Nur »Eingeweihte« können (und sollen) der fachlichen Diskussion folgen.

Fachsprachen stehen stets in Wechselwirkung mit der Gemeinsprache. Fachsprachliche Termini können – oft auch in anderer Verwendung – in die Gemeinsprache eingehen. So stammt zum Beispiel der Begriff *Brennpunkt* aus der Optik. Umgekehrt ist es ebenfalls möglich, dass gemeinsprachliche Wörter in einem fachsprachlichen

Bereits Gottfried Wilhelm Leibniz hat auf den besonderen Reichtum des Deutschen an Fachausdrücken hingewiesen:

Ich finde, daß die Teutschen ihre Sprache bereits hoch bracht, in allen dem, so mit den fünff Sinnen zu begreifen, und auch dem gemeinen Mann fürkommet, absonderlich in leiblichen Dingen, auch Kunst- und Handwerks-Sachen, weil nehmlich die Gelehrten fast allein mit dem Latein beschäfftiget gewesen, und die Mutter-Sprache dem gemeinen Lauff überlassen, welche nichts desto weniger auch von den sogenandten Ungelehrten nach der Lehre der Natur gar wohl getrieben worden. Und halt ich dafür, daß keine Sprache in der Welt sei, die (zum Exempel) von Ertz und Bergwercken reicher und nachdrücklicher rede, als die Teutsche. Dergleichen kann man von allen andern gemeinen Lebens-Arten und Professionen sagen, als von Jagt- und Waid-Werck, von der Schiffahrt und dergleichen.
Gottfried Wilhelm Leibniz: Unbegreiffliche Gedancken, betreffend die Ausübung und Verbeßerung der Teutschen Sprache, 1698 (nicht veröffentlicht)

Zusammenhang eine ganz spezielle Bedeutung annehmen. So wird *Krone* in der Zahnmedizin als Kurzbezeichnung für *Zahnkrone* benutzt.

Dialekte

Sprache hat auch eine geographische Dimension. Wie wir alle in soziale Gruppen eingebunden sind, so sind die meisten von uns von der Sprache ihrer landschaftlichen Umgebung beeinflusst. Innerhalb des Gesamtgebietes einer Sprache bilden die Dialekte (Mundarten) vor allem durch Aussprache und Wortschatz deutlich abgesetzte Sonderformen, wie sie sich in verschiedenen Landschaften ausgeprägt haben. So wird zum Beispiel ein Kochtopf in Süddeutschland als *Hafen* bezeichnet, im mitteldeutschen Raum als *Top(f)* oder *Düppen* und in Norddeutschland als *Pott*. Dabei werden die landschaftlich geprägten Sprachformen im wissenschaftlichen Gebrauch eher Mundart genannt, wohingegen sich erstaunlicherweise als allgemeine Bezeichnung das Fremdwort Dialekt durchgesetzt hat.

Die übliche Einteilung der deutschen Dialekte geht in ihrer Bezeichnung der Sprachräume auf die germanischen Stämme der Alemannen, Franken, Sachsen, Thüringer und Baiern zurück. Deren ursprüngliche Siedlungsgebiete glaubte man im 19. Jahrhundert in den Dialektgrenzen der Neuzeit gefunden zu haben. Tatsächlich haben auch geographische (Flüsse und Gebirge), ökonomische (Landwirtschaft, Industrie und Wirtschaft), kulturelle (Religion) und politische Faktoren (Verwaltung) zu der Ausbildung der deutschen Dialekte beigetragen.

Vor allem im oberdeutschen Raum (Süddeutschland, Österreich und Schweiz) spielen die Dialekte noch eine größere Rolle im mündlichen Sprachgebrauch. In der Schweiz genießen sie zum Beispiel auch außerhalb des privaten Bereichs ein gewisses Ansehen. So ist es durchaus wahrscheinlich, dass ein Professor an der Hochschule seine Vorlesung zwar in Hochdeutsch hält, sich aber danach mit seinen Studenten im Dialekt unterhält.

Die ersten Arbeiten, die Sprache unter einem regionalen Aspekt behandelten, entstanden im 18. Jahrhundert zunächst hauptsächlich in Niederdeutschland, wo der Unterschied zwischen Dialekt und Hochsprache besonders groß war. Es entstanden Wörterbücher, so genannte Idiotika, die die landschaftlichen Eigenheiten und Besonderheiten aufzeichneten. Die eigentliche wissenschaftliche Beschäftigung mit den Dialekten begann im 19. Jahrhundert im Rahmen der Erforschung der Sprachgeschichte und historischen Grammatik des Deutschen. Die Sprachforscher erkannten die Dialekte als eigenständige Gebilde, die – im Gegensatz zur Hochsprache – das Ergebnis einer kontinuierlichen Entwicklung sind.

Schon bald begnügte man sich nicht mehr mit der Beschreibung der Sprache eines Ortes, sondern man wollte die Unterschiede der Dialekte aufzeigen. Nach einigen kleineren Arbeiten, die Dialekte in ihrer geographischen Verteilung und Unterscheidung darstellten,

---

Nach einer Umfrage belegt Bairisch auf der **Beliebtheitsskala der deutschen Dialekte** mit 37 Prozent den Spitzenplatz. Es folgen Platt (32 %), Berlinerisch (23 %) und Schwäbisch (22 %).

Um 1300 hat Hugo von Trimberg in seinem Lehrgedicht »Der Renner« eine Charakterisierung der deutschen Mundarten versucht:

Swābe ir wörter spaltend,
Die Franken ein teil si valtent,
Die Beire si zezerrent,
Die Düringe si ūf sperrent,
Die Sahsen si bezuckent,
Die Rīnliute si verdruckent,
Die Wetereiber [Wetterauer] si würgent,
Die Misner si wol schürgent,
Egerlant si swenket,
Osterriche si schrenket,
Stīrlant si baz lenket,
Kernte ein teil sie senket ...
(V. 2253 ff.)

Die Karte zeigt die **Verbreitung der deutschen Dialekte,** wie sie etwa um 1900 vorlag. Dialekte sind ständig in zeitlicher und räumlicher Veränderung begriffen, deshalb ist es kaum möglich, eine aktuelle Karte herzustellen, die alle deutschen Dialekträume auf der gleichen Zeitschiene darstellt. Eine eher großräumige Gliederung, wie sie die vorliegende Karte vornimmt, kann jedoch immer noch ihre Gültigkeit beanspruchen. Die deutschsprachige Minderheit in Belgien wurde auf der Karte nicht berücksichtigt.

begann der Germanist Georg Wenker Dialekte des gesamten deutschen Sprachgebiets zu kartographieren: So entstand der »Deutsche Sprachatlas«. Aber erst Wenkers Nachfolgern gelang es, zwischen 1926 und 1956 insgesamt 129 Karten zu veröffentlichen. Eine weit größere Zahl von Karten liegt allerdings nur handschriftlich vor. Zur Darstellung der unterschiedlichen dialektalen Erscheinungen und ihrer Verbreitungsgebiete auf Sprachkarten zeichnen die Dialektologen Linien, sogenannte Isoglossen, ein. Beispielsweise veranschaulicht eine Isoglosse den Grenzverlauf zwischen den Verbreitungsgebieten von norddeutsch *Pott* und mitteldeutsch *Topf.* Einzelne Isoglossen bezeichnen jedoch noch keine dialektalen Grenzen. Je dichter allerdings sich die Isoglossen zwischen zwei Orten beziehungsweise Gebieten bündeln, desto einschneidender sind die dialektalen Unterschiede.

Standardsprache

Dialekte und Standardsprache sind gleichermaßen Varietäten einer Sprache. Das wird deutlich, wenn man nach der Entstehung von Standardsprachen fragt. Oft gehen nämlich Standardsprachen auf frühere Dialekte zurück, die ursprünglich gleichwertig neben anderen standen, dann aber aufgrund politischer oder kultureller Entwicklungen an Prestige gewannen und deshalb zu Hoch- beziehungsweise Standardsprachen erhoben wurden. So ist zum Beispiel die französische Standardsprache aus dem Dialekt der Ile de France hervorgegangen, die die politische Vorherrschaft über die anderen französischen Provinzen erlangt hatte. In altfranzösischer Zeit stand der Dialekt der Ile de France noch gleichberechtigt neben Pikardisch, Champagnisch, Normannisch und anderen französischen Dialekten.

Etwas anders hat sich hingegen die deutsche Standardsprache entwickelt. Sie entstand durch Mischung und Ausgleich zwischen verschiedenen Dialekten. Wesentlich dazu beigetragen haben die Kanzleien des Kaisers und der Territorialfürsten sowie die Buchdruckerwerkstätten, die daran interessiert waren, dass ihre Produkte eine größere regionale Reichweite erlangten. Spätestens seit Kaiser Maximilian I. wird in der kaiserlichen Kanzlei bewusst Sprachpflege betrieben. Die Urkunden, die seine Kanzlei verlassen, sind in einer relativ einheitlichen Sprache abgefasst, unabhängig davon, ob sie in Innsbruck oder in den Niederlanden ausgestellt wurden. Die kaiserliche Kanzlei wirkte aber auch vorbildlich vor allem auf die süddeutschen Druckersprachen. Da die neu entstandene Einheitssprache keine natürlichen Sprecher hatte, diente sie zunächst als reine Schriftsprache und wurde erst später von einer gebildeten Oberschicht gesprochen. Sie hat sich dann hauptsächlich von den Städten aus über Verwaltung und Schulen verbreitet. In den letzten Jahrzehnten haben die Massenmedien Presse, Rundfunk und Fernsehen diese Wirkung nachhaltig verstärkt.

Standardsprachen werden meist als Schulsprache, Verwaltungs- und Literatursprache, als Schriftsprache ganz allgemein sowie in offiziellen Situationen verwendet, wohingegen die meisten Sprecher im privaten Bereich Umgangssprache oder Dialekt bevorzugen. Liegt in einer Sprachgemeinschaft eine solche Situation vor, spricht man von Diglossie: Es sind zwei verschiedene Sprachvarietäten in Gebrauch, zwischen denen eine Funktionstrennung besteht. Die eine dient der privaten inoffiziellen Kommunikation und ist Umgangssprache oder Dialekt, die andere, mit höherem Prestige versehen, ist Schriftsprache, Bildungssprache und die Sprache für offizielle Anlässe.

Ein interessanter Fall von Diglossie liegt in der arabischen Welt vor: Das Schriftarabisch als Sprache des Korans und zugleich als Sym-

---

Die **Umgangssprache** steht als eine Form der gesprochenen Sprache zwischen der genormten Standard-(Hoch-)Sprache und den Dialekten; sie ist landschaftlich gefärbt und jeweils von Bildungsstand und sozialer Umwelt des Sprechers bestimmt.

Diese Miniatur aus dem 16. Jahrhundert zeigt eine Buchdruckerwerkstatt; links stehen der Meister und ein Geselle an der Presse, rechts sind drei Gesellen mit Korrekturbögen zu sehen.

Meist sind in einer **kreolischen Sprache** noch deutliche Spuren der europäischen Sprache (Englisch, Französisch, Spanisch, Portugiesisch) zu erkennen, so zum Beispiel im folgenden Anfang des Vaterunsers in Haiti-Kreolisch, das auf dem Französischen beruht:
Papa nou, ki nan sièl.
Ké nou ou jouinn tout rèspé.
Ké règn ou vini.
Ké volonté ou akonpli sou tè a tankou nan sièl.
Ban nou, jodi a, pin chak jou nou.
Man erkennt hier u. a. die französischen Wörter ciel (Himmel), règne (Reich), volonté (Wille) und pain (Brot).

Bekanntes Beispiel einer auf dem Englischen beruhenden kreolischen Sprache ist das **Pitcairn English**. Pitcairn wird auf der Insel Pitcairn im Pazifischen Ozean gesprochen, auf der 1790 die Meuterer der »Bounty« Zuflucht fanden und sich mit der einheimischen Bevölkerung vermischten. Es wird heute auch noch in abgewandelter Form auf der östlich von Australien gelegenen Insel Norfolk gesprochen, wohin die Nachkommen der Meuterer 1856 umgesiedelt worden waren. Ein Teil kehrte jedoch 1863 nach Pitcairn zurück. Die Geschichte der »Meuterei auf der Bounty« wurde mehrfach verfilmt, unter anderem mit Marlon Brando als Erstem Offizier Christian Fletcher, der hier auf diesem Bild zu sehen ist.

bol der arabischen Einheit ist für alle arabischen Staaten in offiziellen Situationen verbindlich, daneben verfügt aber jeder arabische Staat über seine eigene regionale Varietät, die in Alltagssituationen benutzt wird.

Pidgin- und Kreolsprachen

Pidgin- und Kreolsprachen entwickeln sich aus dem Zusammenleben von Sprechern verschiedener Sprachen. Ein Pidgin ist eine Mischung mehrerer Sprachen mit begrenztem Vokabular, vereinfachter Grammatik und eingeschränkter Funktion. Es wird ausschließlich als Zweitsprache benutzt. Die meisten Pidgins beruhen auf den europäischen Sprachen, die sich mit der Kolonisation über große Teile der Welt ausgebreitet hatten. Eines der bekannten Pidgins ist Chinook, das von Indianern im Nordwesten der USA gesprochen wird. Pidginsprachen überdauern oft nur um Weniges die Zeit der Kolonisation. Das Pidgin-Französisch in Vietnam überlebte die französische Besatzung ebenso wenig wie das Pidgin-Englisch die amerikanische. Unter gewissen Bedingungen aber entwickeln sich Pidgins zu Standard- und Muttersprachen und werden zu Kreolsprachen, wie das Pitcairn English. Die Kreolisation ist dabei stets von einer Erweiterung in Wortschatz, Grammatik und Funktion begleitet.

Joseph Goebbels, hier bei einer Ansprache um 1931, kannte die Wirkung der Sprache und setzte sie für die Ziele des Nationalsozialismus ein. Seine rhetorischen Fähigkeiten sind beispielhaft an seiner Rede am 18. Februar 1943 im Berliner Sportpalast zu erkennen, in der er zum »totalen Krieg« aufrief.

Ideologische Sprache

Sprache wird nicht zur bloßen Mitteilung eingesetzt, sondern sie dient auch als Instrument der Macht und Herrschaft. Insbesondere bemühen sich die politischen Kräfte um Einfluss auf die öffentliche Sprache, also die Sprache, die in der Öffentlichkeit, bei Veranstaltungen, in Verlautbarungen und in den Massenmedien verwendet wird. Wer

In der Anthropologie und in der Linguistik wurden Versuche unternommen, die Vielfalt der Völker (obere Zeile: ethnische Gruppen) und ihrer Sprachen (untere Zeile: Sprachfamilien und Sprachstämme) durch einen gemeinsamen Stammbaum zu ordnen und zu erklären.

die öffentliche Sprache kontrolliert, kontrolliert zwar noch nicht die private Sprache, aber er hat gute Chancen, auch sie langfristig zu beeinflussen, und damit die Menschen, die sie sprechen.

Besonders zielgerichtet und erfolgreich glauben totalitäre Systeme zu verfahren. Beispielsweise versuchten die Nationalsozialisten mit den so genannten Sprachregelungen des Ministers für Volksaufklärung und Propaganda, Joseph Goebbels (die später Tagesparolen des Reichs-Pressechefs genannt wurden), Einfluss auf die öffentliche Sprache zu nehmen. Diese Sprachregelungen schrieben vor, welche Begriffe zu verwenden und welche zu meiden waren. Dazu trug auch die so genannte Gleichschaltung der Presse bei. Die Terminologie der nationalsozialistischen Bewegung durchdrang schließlich alle Lebensbereiche.

Sprachfamilien und Sprachstämme

Die Zahl der gegenwärtig auf der Erde gesprochenen Sprachen beläuft sich auf etwa 4000–5000. Die Schätzungen gehen weit auseinander, weil zum einen erhebliche Schwierigkeiten darin bestehen, Sprachen als gesonderte Einheiten zu definieren und sie zum Beispiel von Dialekten abzugrenzen, zum andern weil wir sicherlich nicht alle existierenden Sprachen kennen. Darüber hinaus sterben gerade in der Gegenwart viele Sprachen aus, bevor sie von der Linguistik überhaupt dokumentiert und beschrieben werden können. Bekannte Sprachen versucht man jedoch, nach ihrer Herkunft in so genannten Sprachfamilien zusammenzufassen. Eine der am besten bekannten und erforschten ist die indoeuropäische Sprachfamilie.

Die Entdeckung der indoeuropäischen Sprachfamilie

Jacob Grimm ist den meisten wohl durch die »Kinder- und Hausmärchen« bekannt, die er in den Jahren 1812–15 zusammen mit seinem Bruder herausgegeben hat. Daneben hat Jacob Grimm jedoch auch einen bedeutenden Beitrag zu der entstehenden historisch-vergleichenden Sprachwissenschaft geleistet. Er formulierte unter anderem das Gesetz, nach dem sich die germanischen Dialekte in ihrer Lautstruktur von anderen indoeuropäischen Sprachen abgehoben haben. Das Gesetz der germanischen Lautverschiebung oder einfach **Grimms Gesetz** wurde weit über die Sprachwissenschaft hinaus bekannt.

Das Wissen um die Ähnlichkeit vieler Sprachen Europas und Asiens ist nicht neu. Bereits die Römer hatten erkannt, dass Latein mit dem von ihnen sehr geschätzten Griechisch viele Übereinstimmungen und Ähnlichkeiten aufweist. Die Herkunft der romanischen Sprachen vom Latein war nie umstritten. Der Philosoph Gottfried Wilhelm Leibniz bemerkte in den 1765 erschienenen »Noveaux essais sur l'entendement humain« (»Neue Abhandlungen über den menschlichen Verstand«) die Ähnlichkeiten der keltischen und germanischen Sprachen mit dem Lateinischen und Griechischen

arktisch	amerikanisch						

Inuit	Maya	Yanomami	Polynesierin	Maori	Melanesier	Australier
Eskimo-Aleutisch	Amerindisch		Austronesisch		Indopazifisch	Australisch

und vermutete, »dass dies von dem gemeinsamen Ursprung aller dieser Völker herkommt, die von den vom Schwarzen Meer hergekommenen Scythen abstammen«. In seinem berühmt gewordenen Vortrag vor der Royal Asiatic Society 1786 in Kalkutta ging der britische Kolonialbeamte Sir William Jones über Leibniz hinaus und sprach die Hypothese aus, Sanskrit, Persisch, Griechisch, Latein sowie die germanischen und keltischen Sprachen stammten alle von einer gemeinsamen Ursprache ab, die verloren sei. Diese vermutlich um das Schwarze Meer gesprochene Ursprache erhielt den Namen Protoindoeuropäisch (kurz PIE) oder Indogermanisch.

Jones war ein sprachbegabter Laie. Später hat die Linguistik die Entsprechungen zwischen den Sprachen gesammelt und geordnet, und sie präzisierte die Prinzipien, die hinter den lautlichen Entsprechungen verwandter Sprachen steht. Anhand dieser Lautgesetze konnten die Abhängigkeiten der einzelnen Sprachen weitgehend erhellt werden. Mitte des vorigen Jahrhunderts wagte der deutsche Philologe August Schleicher auf der Basis der bisherigen Erkenntnisse als Erster eine Rekonstruktion indoeuropäischer Wörter. Von ihm stammt auch die Stammbaumtheorie, der erste wissenschaftlich zu nennende Erklärungsversuch der verwandtschaftlichen Verhältnisse zwischen den indoeuropäischen Sprachen. Schleichers Einteilung ist als solche längst überholt, aber das Modell des Stammbaums hat sich bewährt: Die indoeuropäische Ursprache ist wie der Stamm eines Baumes, aus dem die einzelnen indoeuropäischen Sprachen wie Äste und Zweige hervorgehen. Allerdings erfasst das Modell des Stammbaums nicht die oft bedeutenden Einflüsse, die Sprachen auf andere ausgeübt haben.

Sprachfamilien

Die Großfamilie der heutigen indoeuropäischen Sprachen ist weit verzweigt und reicht geographisch – wenn man von ihrer kolonialen Ausbreitung in den letzten Jahrhunderten über die ganze Welt absieht – von Spanien bis Indien. Das Deutsche gehört zum Zweig der westgermanischen Sprachen, zu denen zum Beispiel auch

Jacob Grimm gilt als der eigentliche Begründer der germanischen Altertumswissenschaft, der germanischen Sprachwissenschaft und der deutschen Philologie. Seinen Ruf als bedeutender Sprachforscher beruht auf der 1819 erstmals erschienenen »Deutschen Grammatik«. Das Werk ist eine historische Grammatik der germanischen Sprachen.

das Englische und das Friesische zählen. Schwedisch, Norwegisch, Dänisch und Isländisch bilden im Wesentlichen den nordgermanischen Zweig. Die Mutter aller germanischen Sprachen ist das Urgermanische.

Latein war nur eine von mehreren italischen Sprachen. Es verdrängte – aufgrund politischer Entwicklungen – alle anderen Dialekte und Sprachen Italiens und verzweigte sich danach zu den romanisch genannten Sprachen; dazu gehören unter anderem Italienisch, Französisch, Spanisch, Katalanisch und Rumänisch. Von der Gruppe der hellenischen Dialekte oder Sprachen hat als einzige das Griechische überlebt. Das Keltische ist mit seinen »Töchtern« heute nur noch im äußersten Westen Europas zu finden: in Schottland, Irland, Wales und in der Bretagne. Albanisch und Armenisch sind eigene Zweige der indoeuropäischen Sprachfamilie. In Nordosteuropa bilden das Litauische und das Lettische die baltische Gruppe. Einen bedeutenden Zweig machen die slawischen Sprachen aus: mit Russisch, Tschechisch, Slowakisch, Slowenisch, Ukrainisch und Makedonisch sollen nur einige genannt sein. Und in Asien stellen nicht nur die »Töchter« des Sanskrit einen eigenen großen Zweig des Indoeuropäischen dar, sondern auch die iranischen Sprachen, zu denen beispielsweise das Persische zählt.

Nach dem Vorbild der indoeuropäischen hat man weitere Sprachfamilien erschlossen. In Europa und Asien ergeben sich folgende Einteilungen: Finnisch, Estnisch, Ungarisch, Lappisch sowie die

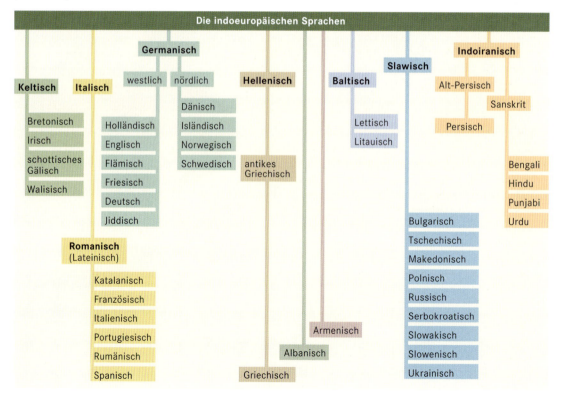

Die indoeuropäische Sprachfamilie ist weit verzweigt. Einige ihrer Sprachen sind bereits ausgestorben. Dieser Stammbaum stellt nur die wichtigsten, heute noch gesprochenen **indoeuropäischen Sprachen** dar.

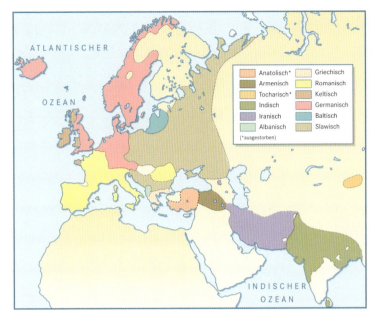

Die Karte zeigt den groben Verlauf der geographischen Ausdehnung und Verteilung der **indoeuropäischen Sprachen**. Anatolisch und Tocharisch sind ausgestorben. Wo Anatolisch als Sprache verbreitet war, wird heute Türkisch gesprochen. Tocharische Texte wurden erst Anfang des 20. Jahrhunderts in Ostturkestan bei Ausgrabungen entdeckt.

samoyedischen und ugrischen Sprachen Sibiriens bilden die uralische Familie. Die kaukasische Sprachfamilie zählt etwa 40 verschiedene Sprachen, hat aber nur fünf Millionen Sprechende. Im Kaukasus findet sich die höchste Konzentration von Sprachen überhaupt. Weitere Familien in Asien sind die paläosibirische, die altaische, die drawidische, die austroasiatische und die sinotibetische Sprachfamilie, wobei nicht überall die Verhältnisse so gut aufgeklärt sind wie im Falle der indoeuropäischen Sprachfamilie. Die zur indoeuropäischen und zur sinotibetischen Sprachfamilie gehörenden Sprachen werden von etwa 75 Prozent der Weltbevölkerung gesprochen.

Sprachstämme

Wie Idiolekte zu Dialekten, Dialekte zu Sprachen und Sprachen zu Sprachfamilien zusammengefasst werden, so möchte man Sprachfamilien zu größeren Einheiten, zu Sprachstämmen, vereinigen. Die Aufklärung der verwandtschaftlichen Verhältnisse zwischen den Sprachfamilien könnte zu einem bedeutenden Beitrag zum Verständnis der Struktur der Menschheit werden. Dem amerikanischen Linguisten Joseph Greenberg gelang im Jahre 1963 eine Zusammenfassung der nahezu 1500 Sprachen Afrikas in die vier Stämme der afroasiatischen Sprachen, der Khoisan-Sprachen, der nigerkordofanischen und der nilosaharanischen Sprachen. Greenberg hat weiterhin eine umfassende Klassifikation der amerikanischen Sprachen aufgestellt, die allerdings noch umstritten ist. Er teilt die Sprachen der Neuen Welt in den amerindischen Stamm, in den Stamm der Na-Dene-Sprachen und in den eskimo-aleutischen Stamm ein. Jeder dieser Stämme steht nach Greenberg einem Stamm Eurasiens näher als den jeweils anderen amerikanischen Sprachstämmen. Greenberg bestätigte damit die anthropologische These, nach

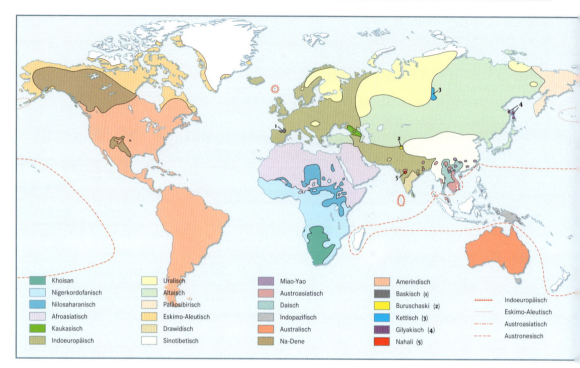

Auf der Karte sind die wesentlichen **Sprachfamilien** und **Sprachstämme** der Erde zu sehen. Die austroasiatische, die austronesische und die daische Sprachfamilie sowie die Familie der Miao-Yao-Sprachen bilden den austrischen Sprachstamm.

der die Vorfahren der amerikanischen Urbevölkerung in mindestens drei unabhängigen Wellen über die Landbrücke eingewandert seien, die einst Sibirien mit Alaska verband.

Bereits zu Beginn des 20. Jahrhunderts hat der Däne Holger Pedersen die Verwandtschaft der indoeuropäischen Familie mit anderen Sprachfamilien vermutet. In den 1960er-Jahren unternahmen dann zwei sowjetische Linguisten den ernsthaften Versuch, Sprachfamilien miteinander zu vergleichen und ihre gemeinsamen Wurzeln zu erfassen. Sie führten schließlich sechs Sprachfamilien (Indoeuropäisch, Drawidisch, die Kartwelsprachen des Kaukasischen, die uralischen und die altaischen Sprachen sowie die afroasiatische Sprachfamilie) auf eine hypothetische Vorgängerin zurück, die sie nach dem lateinischen *noster* das Nostratische (»unsere Sprache«) nannten; immerhin dienen die Sprachfamilien dieses Stammes drei Vierteln der Weltbevölkerung zur Verständigung. Greenberg postuliert dagegen einen eurasiatischen Sprachstamm, der teilweise vom nostratischen abweicht, aber ebenfalls von der Verwandtschaft der europäischen und asiatischen Sprachfamilien ausgeht und wie der nostratische Sprachstamm die indoeuropäische, die uralische und die altaische Sprachfamilie umfasst.

Darüber hinaus werden noch weitere Sprachstämme diskutiert. So hat man Ähnlichkeiten zwischen der Gruppe der Na-Dene-Sprachen Nordamerikas, der sinotibetischen Familie und einer Reihe von Sprachen des Kaukasus festgestellt und sie in einem denekaukasischen Sprachstamm, der wahrscheinlich älter ist als der nostratische beziehungsweise eurasiatische, zusammengefasst. Einige Sprachen wie zum Beispiel Baskisch, Etruskisch, Sumerisch sowie die Sprachen der Ainu in Japan lassen sich (noch) keiner Sprachfamilie zuordnen. Trotz dieser sprachlichen Einzelfälle und der noch andauernden Diskussion um die genaue Einteilung der Sprachstämme zeichnet sich in den beschriebenen Ergebnissen die Möglichkeit ab, fast alle bekannten Sprachen der Welt in größere, miteinander verwandte Gruppen zusammenzufassen.

Hinter diesen Bemühungen steht die Frage, ob alle menschlichen Sprachen miteinander verwandt sind. Von der Aufstellung eines globalen Stammbaumes erhoffen sich auch die Anthropologen Einblicke in die Struktur und Entstehung der Menschheit. Die Aufstellung eines globalen Stammbaums könnte für die monogenetische Entstehung der Sprachen aus einer einzigen Ursprache sprechen. Das polygenetische oder multiregionale Modell geht dagegen von einer unabhängigen Entstehung der Sprachen an mehreren Orten aus. Beide Modelle ließen sich vielleicht verbinden, wenn nachgewiesen werden könnte, dass die Sprachen zwar mehrmals und an verschiedenen Orten entstanden sind, aber ein einziger Zweig alle anderen verdrängt hat.

Universalsprachen

Besonders im Zeitalter des Tourismus und der weltweiten Kommunikation werden die Grenzen zwischen Sprachen oft als hinderlich und als anachronistisch empfunden. In der Gegenwart hat sich das Englisch-Amerikanische zu der wichtigsten überregionalen Verkehrssprache entwickelt. Aber auch Spanisch und Portugiesisch scheinen heute auf dem Weg zur Internationalität zu sein. Im Westen hatte früher das Latein diese Rolle übernommen, das später als

---

Der Turmbau zu Babel in Genesis 11

Es hatte aber alle Welt einerlei Sprache und einerlei Worte.
Als sie nun im Osten aufbrachen, fanden sie eine Ebene im Lande Sinear, und sie ließen sich dort nieder.
…
Und sie sprachen: Wohlan, lasst uns eine Stadt bauen und einen Turm, dessen Spitze bis in den Himmel reicht; so wollen wir uns ein Denkmal schaffen, damit wir uns nicht über die ganze Erde zerstreuen.
Da fuhr der Herr hernieder, um die Stadt zu besehen und den Turm, den die Menschenkinder gebaut hatten.
Und der Herr sprach: Siehe, sie sind ein Volk und haben alle eine Sprache. Und dies ist erst der Anfang ihres Tuns; nunmehr wird ihnen nichts unmöglich sein, was immer sie sich vornehmen.
Wohlan, lasst uns hinabfahren und daselbst ihre Sprache verwirren, dass keiner mehr des anderen Sprache verstehe.
Also zerstreute sie der Herr von dort über die ganze Erde, und sie ließen ab, die Stadt zu bauen.
Daher heißt ihr Name Babel, weil der Herr daselbst die Sprache aller Welt verwirrt und sie von dort über die ganze Welt zerstreut hat.

Der **Turmbau zu Babel** ist ein Sinnbild für den Hochmut und Fall der Menschheit. In der alttestamentlichen Erzählung strafte Gott die Menschen für ihre Anmaßung, einen Turm bauen zu wollen, dessen Spitze in den Himmel ragen sollte, in dem er die einheitliche Sprache der Menschheit in verschiedene Sprachen teilte. Der Turmbau zu Babel war ein beliebtes Motiv der abendländischen Malerei (Pieter Bruegel d. Ä., um 1525/30–1569, Rotterdam, Museum Boysmans-van Beuningen).

Diese Seite aus dem Kommentar zu den Sprüchen Salomos stammt aus der 1456 in lateinischer Sprache gedruckten »Gutenberg-Bibel«. Latein war im europäischen Mittelalter die Sprache der Naturwissenschaften, der Philosophie und der Theologie.

vermittelnde Sprache der Wissenschaft diente. Der Mathematiker Giuseppe Peano schlug 1903 sogar ein vereinfachtes Latein, »latino sine flexione«, vor, in dem er einige Jahrgänge einer wissenschaftlichen Zeitschrift herausgab.

Der als Jude zwischen Russland und Polen lebende Ludovic Lazarus Zamenhof entwickelte mit Esperanto eine Sprache, mit der er die Barrieren zwischen den Sprachen überwinden wollte. Esperanto, »der Hoffende«, war das Pseudonym, unter dem Zamenhof 1887 sein erstes Buch »Internacia Lingvo« schrieb. Die Welthilfssprache Esperanto ist eine künstliche Mischung natürlicher Sprachen. Sie soll wesentlich leichter zu lernen sein als andere Sprachen, hat eine einfache Lautstruktur und wird phonetisch geschrieben. Der Akzent liegt konstant auf der zweitletzten Silbe. Nach Schätzungen wird Esperanto heute von acht Millionen Menschen gesprochen, und in den wichtigsten Städten der Welt gibt es heute eine Universala Esperanto-Asocio mit Delegierten. Die esperantistische Presse zählt mehr als hundert Periodika. Inzwischen sind die wichtigsten Werke vieler Literaturen ins Esperanto übersetzt worden, von der Bibel bis zu Andersens Märchen, und es gibt literarische Originalproduktionen. Der britische Psychologe Charles Kay Ogden schlug hingegen 1930 in seinem Buch »Basic English« eine internationale Sprache vor, die den Wortschatz des Englischen auf 850 Wörter reduziert und die Grammatik des Englischen vereinfacht. Bis auf einen teilweisen Erfolg des Esperanto konnte sich allerdings bis heute keine dieser künstlichen Sprachen, deren Reihe sich hier noch fortsetzen ließe, im tatsächlichen Gebrauch durchsetzen und damit die Aufgabe einer für die internationale Verständigung dienlichen Universalsprache übernehmen.

V. BEEH

Der Aufbau der Sprache

Sprache ist ein komplex aufgebautes Gebilde. Sie fügt Laute und Schriftzeichen zusammen und bildet so Wörter, die sich wiederum zu größeren Einheiten, zu Sätzen, verbinden. Durch die Aneinanderreihung mehrerer Sätze entstehen schließlich Texte. Der komplizierten Struktur von Sprache widmen sich verschiedene Teilgebiete der Sprachwissenschaft unter unterschiedlichen Aspekten. Traditionell sind dies die Grammatik, die Semantik und die Pragmatik. Dabei wird Erstere meist in die Gebiete Phonetik und Phonologie, Lexikologie, Wortbildung und Formenlehre (Flexion) sowie Syntax eingeteilt. Sie beschreibt Ausdrücke wie Sätze, Wortgruppen, Wörter und Elemente der Flexion wie auch die Prinzipien ihrer Verknüpfung auf der formalen Ebene, während sich die Semantik mit der Bedeutung von Ausdrücken beschäftigt. Den Gebrauch der Ausdrücke und ihrer Bedeutungen schließlich thematisiert die Pragmatik. Diese linguistischen Definitionen freilich sind relativ abstrakt, und in der Praxis ist es nicht immer leicht, die Grenzen zwischen den einzelnen Fachgebieten zu erkennen.

Das Wort **Grammatik**, griechisch grammatiké téchnē, ist gebildet zu grámma »Buchstabe«, »Geschriebenes« und bezeichnet ursprünglich die Kulturtechnik des Schreibens.

Die Frage nach der »Ursprache« beschäftigt die Menschen schon seit Jahrtausenden. Ein Zeugnis frühester Versuche, sie mit Blick auf den kindlichen Spracherwerb zu beantworten, gibt bereits Herodot: Der Geschichtsschreiber berichtet von Isolationsexperimenten, mithilfe derer der ägyptische König Psamtik I. das Phrygische als ursprüngliche Sprache der Menschheit ausgemacht haben soll.

Grundzüge der Sprache

Das Problem der »Ursprache« der Menschheit ist lange Gegenstand von Spekulationen und wissenschaftlichen Untersuchungen gewesen. Insbesondere wurde wiederholt versucht, von kindlichem Spracherwerb Rückschlüsse auf die Entstehung der menschlichen Sprache überhaupt zu ziehen. Solche Ansätze haben sich jedoch im Wesentlichen als verfehlt erwiesen. Unabhängig davon ist es gleichwohl aufschlussreich, sich einige allgemeine Eigenschaften der Anlagen des Menschen zu vergegenwärtigen, die es ihm ermöglichen, Sprachen zu erlernen. Hierbei geht es in erster Linie um die Muttersprache, genauer um die Anlagen zum Erwerb der Erstsprache.

Infantil – Menschen werden ohne Sprache geboren

Zunächst ist die schlichte Tatsache hervorzuheben, dass der Mensch bei seiner Geburt sprachlos ist. Anders als etwa den aufrechten Gang oder die Sexualität entwickelt er seine Sprache nicht spontan, sondern übernimmt diese von seiner Umgebung. Diese Eigenschaft könnte man daher nach dem lateinischen Wort »infans« für »kleines Kind« und »nicht sprechend« Infantilität nennen. Der Spracherwerb ist jedoch nicht radikal, sondern beruht auf frühkindlichen, vorsprachlichen Formen der Kommunikation, die nicht erlernt sein können, ohne ihrerseits auf primitivere und ungelernte Anlagen zurückzugehen. Die Eigenschaft der Infantilität verlangt demzufolge eine direkt oder indirekt auf unserem Genom beruhende Anlage zur Erlernung von Sprachen. Offen bleibt nur, was diese Anlage enthält.

Die Fähigkeit des **infantilen**, das heißt »ohne Sprache« geborenen Menschen zur Lautartikulation entwickelt sich im ersten Lebensjahr schnell. So vermag der Säugling beispielsweise bereits nach etwa acht Wochen zu gurren und zu lachen. Nach etwa einem halben Jahr verwendet er spielerisch einzelne deutlich unterscheidbare Laute.

Homogen – Alle Menschen haben die gleichen Anlagen

Es gibt keine Wortart, grammatische Konstruktion oder pragmatische Besonderheit einer Sprache, die eine Menschengruppe aufgrund ihrer Abstammung beherrschte, eine andere Gruppe dagegen nicht. Die Menschheit ist demnach in dem Sinne homogen, dass sie keine »rassischen«, geschlechtlichen oder familiären, also generell biologischen Unterschiede in der Anlage zum Spracherwerb aufweist. Obwohl individuelle Unterschiede nicht zu leugnen sind, erscheinen diese aus anthropologischer Perspektive eher unbedeutend. Zwar kommen Sprachbegabungen vor – so wie jemand musikalisch sein kann –, doch wirken sich diese nicht auf den kindlichen Erwerb der Erstsprache aus. Sie betreffen vielmehr die Aneignung von Sprachen im Erwachsenenalter oder rhetorische Fähigkeiten.

Imperativ – Jeder Mensch lernt als Kind eine Sprache

Jeder gesunde Mensch erwirbt als Kind unter normalen Bedingungen eine Sprache und beherrscht sie später vollständig. Denn wir sind nicht nur in der Lage, eine Sprache zu erlernen, sondern können aufgrund unserer Anlagen gar nicht anders, als dies zu tun. So sind zwar schriftlose Kulturen und Völker bekannt, die auf das Rechnen verzichten, doch ist kein einziges Beispiel einer sprachlosen Gemeinschaft dokumentiert. Fälle, in denen jemand nicht spricht, da der Kontakt zur Umgebung gewaltsam unterbunden wird oder weil eine schwere Behinderung wie etwa Taubheit vorliegt, zählen in diesem Zusammenhang selbstverständlich nicht.

Plastisch – Kinder lernen die Sprache ihrer Umgebung

Die Anlage, eine Sprache zu erlernen, ist plastisch, da sie keine bestimmte Sprache vorschreibt. Homogenität und Plastizität zusammen reflektieren die wichtige Tatsache, dass jeder Mensch als Kind jede menschliche Sprache erlernen kann. Vor dem Hintergrund der Imperativität des Spracherwerbs lernt jeder Mensch in seiner

Die Anlage zum Spracherwerb ist **plastisch,** das heißt, Kinder erlernen ungeachtet ihrer genetischen Abstammung stets die Sprache ihrer Umgebung.

Kindheit unabhängig von seiner Abstammung zunächst die Sprache seiner Umgebung. Das aber heißt mit Blick auf die einzelnen Sprachen, dass es keine wirklich primitiven oder höher stehenden Sprachen oder Varietäten gibt. Die allgemeine Hochschätzung etwa des Sanskrits oder des Chinesischen beruht weniger auf den linguistischen Eigenschaften dieser Sprachen, als vielmehr auf ihrer Literatur. Wer Slangs als minderwertig empfindet, verkennt die Komplexität ihrer sprachlichen Strukturen. In diesem Sinn hat der amerikanische Linguist und Anthropologe Edward Sapir als Erster die Meinung vertreten, dass sich keine Sprache in dem für uns überschaubaren Zeitraum linguistisch beurteilt *wesentlich* weiterentwickelt habe oder degeneriert sei.

Wenn **bilingual aufwachsende Kinder** beginnen, komplexe Sätze zu bilden, verwenden sie dabei gelegentlich Wörter beider Sprachen. Die Quote solcher »vermischter« Sätze sinkt jedoch, wie Untersuchungen zeigen, rapide: Enthalten beispielsweise zu Beginn des 3. Lebensjahrs noch 30 Prozent der Sätze Vokabeln beider Sprachen, so sind es Ende des Jahres nur noch 5 Prozent. Konstruktionen wie etwa »Ein big cow, from up in Himmel« dürfen demnach nicht ohne weiteres als Belege mangelnder Sprachentwicklung gedeutet werden.

Variabel – Menschen passen sich sprachlich an

Im Alter von acht bis zwölf Jahren beherrscht ein Kind in der Regel auch komplexere grammatische Strukturen und schwierige Begriffsbildungen. Damit gilt der primäre Spracherwerb als abgeschlossen. Doch bleibt der Mensch zeitlebens bis zu einem gewissen Grade sprachlich variabel. So übernimmt und prägt er neue Wörter, erweitert er die Bedeutung vertrauter Ausdrücke um modische Schattierungen oder vergisst Teile seines Wortschatzes. Die grammatische Struktur von Sätzen scheint dagegen bei Erwachsenen relativ stabil zu sein. Die Variabilität der Sprache im Erwachsenenalter ist die Vorbedingung für jede über den Wechsel der Generationen hinausgehende Evolution der Sprachen und damit für die Entfaltung einer Sprach- und Kulturgeschichte.

Multipel – Menschen können mehrere Sprachen lernen

Ein Mensch kann als Kind nicht nur seine Muttersprache erwerben, sondern nacheinander oder gleichzeitig weitere Sprachen erlernen. Der Mensch kann in diesem Sinn multipel genannt werden. Beispielsweise lernen indische Kinder, entsprechende soziale Verhältnisse vorausgesetzt, bereits in jungen Jahren eine der 14 offiziellen Regionalsprachen des Landes, die indische Amtssprache Hindi und zudem oft noch Englisch. Offensichtlich blockiert das Erlernen oder Beherrschen der einen Sprache nicht grundsätzlich das der anderen, wenn auch nach Ansicht einiger Entwicklungspsychologen multiple Lernprozesse dazu führen, dass keine der beteiligten Sprachen vollständig erworben wird. Multiplität ist die Voraussetzung für die Verständigung zwischen den Menschen mit verschiedenen Sprachen und somit auch für Übersetzungen. Daher könnte ohne die Multiplität auch kein Austausch zwischen den Sprachen stattfinden. Ohne sie wären die verschiedenen Sprachgemeinschaften kulturell isoliert.

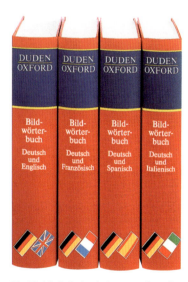

Die **Multiplität** der Anlage zum Spracherwerb ermöglicht es dem Menschen, auch Fremdsprachen zu erlernen. Diese Fähigkeit, so haben Untersuchungen gezeigt, scheint übrigens nicht auf jüngere Menschen begrenzt zu sein, sodass auch noch im hohen Alter in einem gewissen Umfang weitere Sprachen erworben werden können.

Isoliert – Menschen lernen keine »Tiersprachen«

Bislang ist kein Fall bekannt geworden, in dem ein gesunder und unter normalen Umständen lebender Mensch die »Sprache« eines Tieres beherrscht und sie nicht nur imitiert hätte. Umgekehrt

Der Papagei gilt als das Tier schlechthin, das »sprechen« lernen könne. Genau besehen imitiert der Vogel im Allgemeinen jedoch lediglich bestimmte Lautfolgen der menschlichen Sprache, wenn er Redewendungen seiner Umwelt zu passenden – und unpassenden – Gelegenheiten von sich gibt.

Ein Tisch ist ein Tisch

»Immer derselbe Tisch«, sagte der Mann, »dieselben Stühle, das Bett, das Bild. Und dem Tisch sage ich Tisch, dem Bild sage ich Bild, das Bett heißt Bett, und den Stuhl nennt man Stuhl. Warum denn eigentlich?« Die Franzosen sagen dem Bett »li«, dem Tisch »tabl«, nennen das Bild »tablo« und den Stuhl »schäs«, und sie verstehen sich. Und die Chinesen verstehen sich auch. »Weshalb heißt das Bett nicht Bild«, dachte der Mann und lächelte (...) »Jetzt ändert es sich«, rief er und sagte von nun an dem Bett »Bild«.
»Ich bin müde, ich will ins Bild«, sagte er, und morgens blieb er oft lange im Bild liegen und überlegte, wie er nun dem Stuhl sagen wolle, und er nannte den Stuhl »Wecker«.
Peter Bichsel

---

scheint auch kein Tier jemals eine menschliche Sprache in nennenswertem Umfang erlernt zu haben, sodass wir von grundlegend verschiedenen Zeichensystemen ausgehen müssen. In diesem Sinne ist die Menschheit vom Tierreich isoliert; Menschen und Tiere »verstehen« sich auf sprachlicher Ebene nicht. Die Isolation der menschlichen Sprache gegenüber den Formen der Kommunikation bei Tieren ist so umfassend, dass uns selbst eine passende Bezeichnung für Letztere fehlt. Isoliertheit scheint aber keine Besonderheit des Menschen zu sein, denn die meisten Tiere können mit Vertretern anderer Gattungen ebenfalls nicht kommunizieren. Diese Beobachtung zwingt die Linguistik zu der Annahme, dass menschliche Sprachen nicht beliebige Gestalt annehmen können und führt zum Postulat einer biologischen Natur menschlicher Sprachen (die bislang von der Wissenschaft allerdings nur undeutlich erkannt wird). Zugleich unterstreicht die Feststellung der Isoliertheit noch einmal, dass ein »radikaler« Spracherwerb ohne spezifische genetische Anlagen offensichtlich nicht möglich ist.

Spezifisch – Allen Sprachen ist ein bestimmter Aufbau gemeinsam

Tatsächlich weiß man über die biologische Determination der menschlichen Sprache immer noch sehr wenig, obwohl Wissenschaftler die Entdeckung des so genannten Sprachgens SPCH1 als Durchbruch feierten. So ist nicht sicher, ob die Erbanlagen bestimmte Strukturen der Sprache festlegen oder in ihrer Entwicklung nur mittelbar begünstigen. Unsere genetischen Anlagen scheinen aber insofern spezifisch zu sein, als sie – direkt oder indirekt – den Sprachen eine besondere Architektur verleihen: Wie vergleichende Untersuchungen zeigen, sind sprachliche Ausdrücke erstens generell linear und zweitens immer dreistufig. Sie bestehen aus Lauten, Wörtern und Sätzen. Dabei ist das Verhältnis zwischen Lauten und Wörtern arbiträr und die Beziehung zwischen Wörtern und Sätzen produktiv.

Linearität und Dreistufigkeit der Sprachen

Alle Sprachen reihen Laute, Wörter und Sätze wie Perlen aneinander. Sie sind demnach nur in einer Dimension ausgedehnt, das heißt linear, obwohl sie als gesprochene Sprachen in unterschiedliche Lautstärken, Tonhöhen und Klangfarben artikuliert werden und damit in mehreren Kategorien variieren. Wenn komplexe Sachverhalte beschrieben werden sollen, müssen deren Strukturen aufgelöst und die den einzelnen Elementen entsprechenden sprachlichen Ausdrücke nach bestimmten Regeln in eine lineare Abfolge gebracht werden. Diesen Vorgang, der zu den hervorstechendsten Eigentümlichkeiten der menschlichen Sprache gehört, bezeichnet man als Codierung. Dabei werden alle sprachlichen Ausdrücke in drei Stufen aufgebaut: Aus Lauten werden Wörter gebildet, die ihrerseits Bausteine von Sätzen werden. Ein-Laut-Wörter wie japanisch *o* »Schwanz« oder Ein-Wort-Sätze wie das deutsche *Schweig!* sind demzufolge Ausnahmefälle, lateinisch *î* »geh« ist sogar ein Ein-Laut-Satz.

Der abstrakt gefasste **lineare Aufbau der Sprache** wird besonders augenfällig beim Versuch einer Bildbeschreibung: Wollte man in Worten wiedergeben, was etwa Jan Miense Molenaer in dem (perspektivischen) Gemälde »Die Werkstatt des Malers« festzuhalten vermochte, so entstünde ein vermutlich mehrseitiger Text, also eine sehr lange Kette sprachlicher Ausdrücke (1631; Staatliche Museen zu Berlin, Preußischer Kulturbesitz, Gemäldegalerie).

Die Beziehung zwischen Lauten und Wörtern ist arbiträr

Die Verbindung eines Gegenstandes, einer Vorstellung oder eines Begriffs, kurz der Bedeutung eines Wortes mit einer Lautfolge ist zumeist vollkommen willkürlich (arbiträr). Vom systematischen Standpunkt aus betrachtet gibt es beispielsweise keinen zwingenden Grund dafür, etwa das im Deutschen als *Baum* Bezeichnete gerade mit dieser Lautfolge auszudrücken und nicht wie im Französischen mit *arbre* oder wie im Englischen mit *tree*. Dazu kommt die Tatsache, dass verschiedene Sprachen die Begriffe anders fassen, zum Beispiel die Grenzen zwischen den Begriffen »Baum« und »Strauch« anders ziehen.

Die Erklärung des Begriffs Arbitrarität als Willkür oder Beliebigkeit darf nicht dazu verführen, jede Beziehung zwischen Ausdrücken und Inhalten zu leugnen. Tatsächlich können wir eine Sprache nur sprechen, da wir eine bestimmte Verbindung zwischen der Bedeutung eines Wortes mit dem entsprechenden Zeichen und dessen Relation zu einer Lautfolge herstellen können. Wörterbücher versuchen diese Beziehungen zu erfassen. Da sie keinen einfachen Regeln gehorchen, empfindet sie besonders der Lernende als irregulär oder eben arbiträr.

Die Beziehung zwischen Wörtern und Sätzen ist produktiv

Wir können davon ausgehen, dass ein kleines Kind nicht alle Sätze bereits einmal gehört und memoriert hat, die es zu formulieren versteht. Es hat nicht eine Menge von Sätzen auswendig gelernt, um sie dann wiederzugeben. Vielmehr löst es diese unwillkürlich in Wörter auf und bildet – ihm unbewusst – Regeln aus, um Wörter zu neuen Sätzen zu verknüpfen. Damit ermöglicht das Hören relativ weniger Sätze die Bildung einer Vielzahl von Sätzen. Wir machen, wie Wilhelm von Humboldt formulierte, von endlichen

Bereits Platons »Kratylos«, das älteste ausschließlich der Sprache gewidmete Buch, thematisiert das Problem der **Arbitrarität.** Es berichtet von einem Dialog zwischen Sokrates, Hermogenes und Kratylos über Ursprung und Richtigkeit der Wörter. Hermogenes vertritt dabei die Ansicht, Wörter beruhten auf bloßer Konvention; ihre Beziehung zu den Dingen sei also willkürlich festgelegt. Sein Gegner Kratylos hingegen erkennt in der Sprache etwas Natürliches. So ist ihm auch die Beziehung zwischen Wörtern und Dingen von der Natur gestiftet.

Mitteln unendlichen Gebrauch, indem wir die Elemente unseres Wortschatzes immer wieder neu kombinieren.

Diesen Gedanken hat der amerikanische Linguist Noam Chomsky seit 1955 mithilfe mathemathischer Modelle präzisiert. Er prägte für unser Vermögen, unbegrenzt viele Sätze aus vergleichsweise wenigen Wörtern und nach nur einigen Regeln hervorzubringen, den Begriff der Produktivität. Diese hat laut Chomsky eine bestimmte mathematische Form, die allen Sprachen eine gemeinsame Grundstruktur, die Universalgrammatik, verleiht.

Phonetik und Phonologie

Sprache wird gesprochen und gehört oder geschrieben und gelesen. In der gesprochenen Sprache drücken wir uns in einem kontinuierlichen Strom von Lauten aus. Fast alle diese Sprachlaute werden bei der Ausatmung erzeugt, die sich hierdurch auf etwa fünf bis zehn Sekunden verlängert: Der Luftstrom, der die Lunge verlässt, wird zunächst durch den Kehlkopf mit Stimmritze und Stimmbändern gepresst und gerät dabei in Schwingungen, die in Mund- und Nasen-Rachen-Raum, dem so genannten Ansatzrohr, ausgeformt werden. Weitere charakteristische Veränderungen erfahren sie, indem der Luftstrom in einigen Fällen Engen passieren muss, die teilweise vom Zäpfchen, mithilfe der Zunge an Zähnen und Gaumen oder auch an den Zähnen sowie mit den Lippen gebildet werden. Nachdem der Luftstrom durch den Mund und/oder die Nase ausgetreten ist, breiten sich die Schwingungen aus und gelangen schließlich als Laute an das Ohr.

Allerdings ist keines der Artikulationsorgane so ausschließlich der Lautbildung vorbehalten wie etwa die Augen dem Sehen. Lippen, Zähne, Kiefer, Zunge und Rachen dienen in erster Linie der Nahrungsaufnahme, Nase, Luftröhre sowie Lungen der Atmung, und der Kehlkopf ist zunächst ein Ventil, das ein Verschlucken verhindert. Mit der Artikulation haben diese Körperteile eine zusätzliche Funktion übernommen, zu deren gemeinsamen Erfüllung sie sich im Laufe der Menschheitsentwicklung weiter ausgebildet haben. Heute variieren sie zwar bis zu einem gewissen Grade insbesondere mit Geschlecht und Alter, doch sind sie ansonsten bei allen Menschen

Mit dem komplexen Prozess der Lautbildung, der Übertragung sowie der Wahrnehmung von Lauten beschäftigt sich als wissenschaftliche Disziplin die Phonetik. Ihr artikulatorischer Zweig beschreibt die Orte und Arten der Lautproduktion, während sich die akustische Phonetik den physikalischen Eigenschaften, wie etwa der Dauer, Frequenz oder Intensität der Laute, widmet. Die auditive Phonetik schließlich befasst sich mit der Wahrnehmung von Sprachlauten, beispielsweise mit den Vorgängen ihrer Analyse durch Ohr, Nerven und Gehirn.

Die Öffnung zwischen den Stimmbändern bildet die so genannte **Stimmritze.** Diese wird bei der Lautartikulation verengt, sodass die ausströmende Luft die Stimmbänder in Schwingungen versetzt. Dagegen ist die Stimmritze weit geöffnet und der Luftstrom kann ungehindert passieren, wenn das Sprechen unterbleibt (rechts).

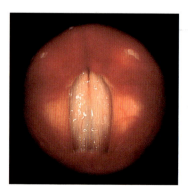
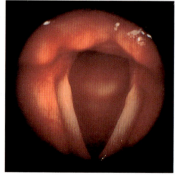

gleich. Diese Entwicklung wiederholt sich teilweise beim Säugling: Der Kehlkopf als das eigentlich stimmbildende Organ senkt sich erst etwa zehn Monate nach der Geburt so weit ab, dass an den Stimmbändern die Grundschwingung des Luftstroms erzeugt werden kann, womit jedoch die Fähigkeit der Säuglinge verloren geht, gleichzeitig zu atmen und zu essen.

Artikulatorische Klassifikation

Orientiert an dem komplexen Zusammenspiel der Artikulationsorgane, an dem insgesamt ungefähr 100 Muskeln beteiligt sind, können die Laute unter anderem nach Artikulationsart, Artikulationsort und Stimmhaftigkeit eingeteilt werden. Laute sind stimmhaft beziehungsweise stimmlos, je nachdem, ob sie mit oder ohne Stimmton hervorgebracht werden. Vokale sind stets stimmhaft und zeichnen sich dadurch aus, dass der Luftstrom das Ansatzrohr relativ ungehindert passiert. Bei der Erzeugung von Konsonanten hingegen

> Die stimmhafte Artikulation ist von der stimmlosen leicht zu unterscheiden, indem man die Hand an den Kehlkopf legt: So ist bei der Bildung des Lautes [z], beispielsweise bei der Aussprache von *Hase,* ein deutliches Vibrieren der Stimmbänder festzustellen, während die Bildung des Lautes [s], etwa in *Hass,* spürbar ohne Beteiligung der Stimmbänder erfolgt.

DAS INTERNATIONALE PHONETISCHE ALPHABET

Denkt man an die unterschiedliche Aussprache etwa von *Wiese* und *bitte,* so wird unmittelbar einsichtig, dass Orthographien zumeist ungeeignet sind, Laute exakt wiederzugeben. Seit Beginn des 19. Jahrhunderts ist die Sprachwissenschaft daher auf der Suche nach einem »Alphabet«, das die genaue Fixierung der Laute erlaubt.

Nach längerer Debatte hat sich schließlich 1888 ein Vorschlag der International Phonetic Association (IPA) durchgesetzt, der ältere Ansätze zu einer Lautschrift aufgriff und im Wesentlichen bis heute gebräuchlich ist. Da es möglichst jedem Laut ein gesondertes Zeichen zuzuordnen sucht, ist das Internationale Phonetische Alphabet unerlässlich für den wissenschaftlichen Vergleich von Sprachen und kann für das Erlernen von Fremdsprachen hilfreich sein. Für den täglichen Gebrauch ist es jedoch oft zu differenziert.

a	hat	[hat]	ɛ̃:	Timbre	[tɛ̃:brə]	ŋ	lang	[laŋ]	ʃ	schal	[ʃa:l]
a:	Bahn	[ba:n]	ə	halte	[ˈhaltə]	o	Moral	[moˈra:l]	t	Tal	[ta:l]
ɐ	Ober	[ˈo:bɐ]	f	Fass	[fas]	o:	Boot	[bo:t]	ts	Zahl	[tsa:l]
ɐ̯	Uhr	[u:ɐ̯]	g	Gast	[gast]	o̯	loyal	[lo̯aˈja:l]	tʃ	Matsch	[matʃ]
ã	Pensee	[pãˈse:]	h	hat	[hat]	ð	Fondue	[fõˈdy:]	u	kulant	[kuˈlant]
ã:	Gourmand	[gʊrˈmã:]	i	vital	[viˈta:l]	õ:	Fond	[fõ:]	u:	Hut	[hu:t]
ai̯	weit	[vai̯t]	i:	viel	[fi:l]	ɔ	Post	[pɔst]	ʊ	aktuell	[akˈtʊɛl]
au̯	Haut	[hau̯t]	i̯	Studie	[ˈʃtu:di̯ə]	ø	Ökonom	[økoˈno:m]	ʊ	Pult	[pʊlt]
b	Ball	[bal]	ɪ	bist	[bɪst]	ø:	Öl	[ø:l]	u̯i	pfui!	[pfu̯i]
ç	ich	[ɪç]	j	ja	[ja:]	œ	göttlich	[ˈgœtlɪç]	v	was	[vas]
d	dann	[dan]	k	kalt	[kalt]	œ̃	Lundist	[lœ̃ˈdɪst]	x	Bach	[bax]
dʒ	Gin	[dʒɪn]	l	Last	[last]	œ̃:	Parfum	[parˈfœ̃:]	y	Mykene	[myˈke:nə]
e	Methan	[meˈta:n]	l̩	Nabel	[ˈna:bl̩]	ɔy̯	Heu	[hɔy̯]	y:	Rübe	[ˈry:bə]
e:	Beet	[be:t]	m	Mast	[mast]	p	Pakt	[pakt]	y̯	Etui	[eˈty̯i:]
ɛ	hätte	[ˈhɛtə]	m̩	großem	[ˈgro:sm̩]	pf	Pfahl	[pfa:l]	ʏ	füllt	[fʏlt]
ɛ:	wähle	[ˈvɛ:lə]	n	Naht	[na:t]	r	Rast	[rast]	z	Hase	[ˈha:zə]
ɛ̃	timbrieren	[tɛ̃ˈbri:rən]	n̩	baden	[ˈba:dn̩]	s	Hast	[hast]	ʒ	Genie	[ʒeˈni:]
										beamtet	[bəˈlamtət]

Sonstige Zeichen der Lautschrift (Auswahl): ʔ Stimmritzenverschlusslaut (»Knacklaut«) im Deutschen, wird vor Vokal am Wortanfang weggelassen; : Längezeichen, bezeichnet Länge des unmittelbar davor stehenden Lautes (besonders bei Vokalen); ˜ Zeichen für nasale (nasalierte) Vokale; ˈ Hauptbetonung, steht unmittelbar vor der hauptbetonten Silbe; ̩ Zeichen für silbischen Konsonanten, steht unmittelbar unter dem Konsonanten; ̯ Halbkreis, untergesetzt oder übergesetzt, bezeichnet unsilbischen Vokal; ͜ kennzeichnet im Deutschen die Affrikaten sowie die Doppellaute ei, au, eu und ui. Die Phonetik notiert Laute in [eckigen Klammern].

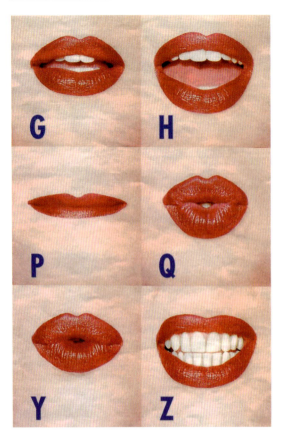

Die **Stellung der Lippen** sowie ihr Öffnungs- und Rundungsgrad haben wesentlichen Anteil an der Artikulation der Laute. Deshalb ist es uns möglich, anderen etwas buchstäblich »von den Lippen abzulesen«.

muss er die bereits erwähnten Engstellen überwinden, die die Lippen, die Zunge an Zähnen und Gaumen sowie zum Teil das Zäpfchen bilden.

Unter Bezug auf den Artikulationsort bezeichnet die Phonetik Laute, die durch einen Verschluss der Lippen (Labiae) artikuliert werden, als labial. Sie kommen im Falle der bilabialen Laute, beispielsweise [m] und [b], durch eine Berührung von Ober- und Unterlippe zustande, während labiodentale Laute wie die deutschen Laute [v] und [f] entstehen, wenn die Unterlippe die obere Zahnreihe berührt und so den austretenden Luftstrom behindert. Stößt die Zunge an die Zähne (Dentes) und modifiziert damit den Luftstrom, werden dentale Laute hörbar. Zu ihnen gehören [t] und [d]. Alveolare Laute wie [s] und [z] werden mit der Zungenspitze am Gaumenrand (auch Zahnfach oder Zahndamm genannt; Alveoli) gebildet. Liegt der Zungenrücken am harten Gaumen (Palatum), werden palatale Laute, zum Beispiel [j] oder [ʎ], erzeugt, geht er in Richtung des weichen Gaumens, dann vibriert das Gaumensegel (Velum) membranartig und es entstehen velare Laute, etwa [g], [k] und [ŋ]. Die Bildung des Zäpfchen-[R] beruht auf einer Vibration des Zäpfchens (Uvula), weshalb dieser Laut als uvular bezeichnet wird. Glottale Laute wie das [h] schließlich, um nur die wichtigsten Charakterisierungen zu nennen, entstehen bei Behinderung des Luftstromes durch die Stimmritze (Glottis).

Nach der Art und Weise, wie der Luftstrom bei der Artikulation von Lauten gehemmt wird, können Nasale, Plosive und Frikative unterschieden werden: Erstere entstehen, wenn das Gaumensegel gesenkt ist, sodass die Luft ganz oder teilweise durch die Nase entweichen kann. Dabei werden etwa die Laute [ŋ] oder [m] erzeugt. Bei den Lauten [p] oder [f] zum Beispiel ist das Gaumensegel dage-

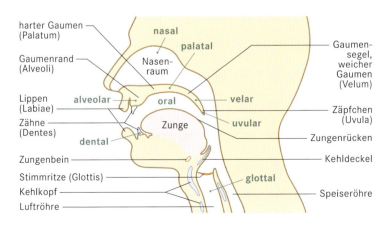

Die Bezeichnung der Laute (labial, dental, alveolar, palatal, velar, uvular, glottal) leitet sich vornehmlich ab von den lateinisch-griechischen Bezeichnungen ihrer jeweiligen **Artikulationsorte**.

gen angehoben; es verschließt den Zugang zur Nase und lenkt den Luftstrom (wie beim Aufblasen eines Ballons) ausschließlich in die Mundhöhle. Dementsprechend werden die Laute als oral bezeichnet. Plosive werden artikuliert, indem die Luft zunächst durch einen Verschluss am Austreten gehindert wird, der dann plötzlich gelöst wird. Dies gilt unter anderem für die Artikulation der Laute [b] und [p]. Wird die Stimmritze abrupt geöffnet, entsteht der so genannte Knacklaut, ein glottaler Plosiv. Er wird in der deutschen Orthographie nicht geschrieben und bildet im Deutschen regelmäßig den Auftakt vor vokalisch beginnenden Wörtern. Man hört das Grenzsignal zum Beispiel in *mehr Eis* (im Unterschied zu *mehr Reis*). Als Frikative bezeichnet die Phonetik Laute, die dadurch erzeugt werden, dass in der Mundhöhle eine Engstelle gebildet wird, an der sich die ausströmende Luft reibt und ein Rauschen erzeugt. Auf diese Art und Weise werden Laute wie [f], [v] oder [ç] hervorgebracht.

Plosive (Verschlusslaute) sind nach dem lateinischen plaudere »klatschen«, »schlagen« benannt; die Bezeichnung **Frikativ** ist vom lateinischen fricare »reiben« abgeleitet.

Die Artikulation der Konsonanten (Auswahl)

		bilabial	labio-dental	dental	alveolar	palatal	velar
Nasale		m		n			ŋ
Plosive	stimmhaft	b		d			g
	stimmlos	p		t			k
Frikative	stimmhaft		v	(ð), ʒ	z	j	
	stimmlos		f	(θ), ʃ	s	ç	x

Eine andere Art lautlicher Modulation ist die Aspiration. Gemeint ist damit jener Hauch, den das Deutsche der Bildung etwa der stimmlosen Plosive [p], [t] und [k] folgen lässt, bevor der Stimmton des Vokals einsetzt. Obwohl diese Verzögerung nur etwa 0,1 Sekunden beträgt, hat sie einen hörbaren Effekt. So unterscheidet sich beispielsweise die deutsche Aussprache des Namens *Peter* von der französischen: [p] wird im Französischen nie aspiriert.

Die Artikulation der Vokale

Verglichen mit der Erzeugung der Konsonanten tritt der Luftstrom bei der Bildung aller Vokale, wie erwähnt, relativ ungehindert aus. Gleichwohl variiert auch die Entstehung dieser Laute nach Art und Ort ihrer Artikulation. Sprachen wie etwa das Französische kennen sowohl nasale als auch orale Vokale. So ist der zweite Vokal in *loin* [lwɛ̃] (französisch »weit«) nasal, der gleich geschriebene Vokal in *loi* [lwa] (»Gesetz«) dagegen nicht. Daneben werden Vokale, darunter im Deutschen die Laute [o] und [u], mit gerundeten Lippen, sozusagen mit gespitztem Mund, gebildet, während Laute wie [a] oder [i] mit entspannten Lippen erzeugt werden.

Vor allem aber unterscheiden sich die Vokale in der Stellung, die die Zunge bei ihrer Bildung einnimmt.

Maßgeblich für die Bildung der Vokale ist die Zungenstellung. So werden Vokale je nach Position des Zungenrückens als hohe (i, u), mittlere (e, o) oder tiefe (a) bezeichnet. Auch die Beschreibung der palatalen Laute (i, e) als vordere Vokale und der velaren (u, o) als hintere orientiert sich an der Zungenstellung bei der Vokalartikulation.

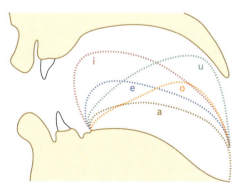

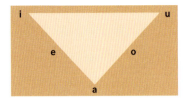

Auf Christoph Friedrich Hellwags »Dissertatio inauguralis physiologico-medica de formatione loquelae« (1781) geht das **Vokaldreieck** zurück. Es deutet die jeweils höchste Erhebung der Zunge im Mundraum bei der Artikulation der Vokale an.

Die Unterscheidung der Laute nach der Vokalquantität ist durch die Neuregelung der Rechtschreibung ins Blickfeld gerückt. Denn hiernach wird der Laut [s] unter anderem dann als ß geschrieben, wenn er auf einen langen Vokal folgt (und ihm selbst kein Konsonant nachgestellt ist). Dies gilt beispielsweise für die Orthographie von *Fuß* [fu:s] im Gegensatz zu *Fluss* [flus], das einen kurzen Vokal trägt.

Während [i] und [u] in der deutschen Sprache entstehen, indem die Zunge angehoben wird, liegt die Zunge bei der Erzeugung des Lautes [a] tief im Mund. Bei der Aussprache der Vokale [e] und [o] schließlich nimmt sie eine Mittelstellung ein. Darüber hinaus werden die Vokale [i] und [u] jeweils bei enger, die Phonetik spricht von geschlossener, Kieferstellung erzeugt, wohingegen die Laute [a] und [o] mit offenem Kiefer gebildet werden. Schließlich können auch alveolare Vokale von palatalen unterschieden werden. Die alveolaren Laute [i] und [e] entstehen, wenn der Resonanzraum im vorderen Mundbereich modifiziert wird, die palatalen Laute [u] und [o] werden bei einer entsprechenden Veränderung im hinteren hörbar. Alle diese Charakterisierungen sind vereinfachend, da sie dem Artikulationsschema von Ideallauten entspricht. Tatsächlich bilden die artikulatorischen Möglichkeiten beispielsweise bei der Bildung der Lautfolge [i], [e] und [a] ein lautliches Kontinuum.

Außerdem sind Vokale, um auch hier nur die wichtigsten Charakteristika zu nennen, die die Phonetik unterscheidet, durch ihre Artikulationsdauer gekennzeichnet. Das kann etwa bei *Bahn* [ba:n] und *Bann* [ban] zur Unterscheidung von Wörtern genutzt werden, obwohl die so genannte Vokalquantität physikalisch nur schwer zu messen und überdies häufig individuell ausgeprägt ist.

Vom Phon zum Phonem

Das Beispiel der Artikulationsdauer verweist auf ein grundsätzliches Problem, das sich mit der Lauterkennung verbindet: Weil Sprachlaute kontinuierlich gebildet werden, sind einzelne Laute nur schwer zu isolieren; selbst Röntgenaufnahmen erlauben nicht ohne weiteres eine Zuordnung physiologischer Vorgänge zu den jeweils unterscheidbaren Lauten. Auch besitzt jeder Sprechende eine eigene Stimmlage und artikuliert überdies bei verschiedenen Gelegenheiten mit anderer Lautstärke und Geschwindigkeit. Das macht den Übergang von der Lautgestalt zu dem, was wir als einzelne Laute oder gar Wörter wahrnehmen, zu einem schwierigen Unterfangen, zumal sich die Sprachen in ihren Lauten und in den

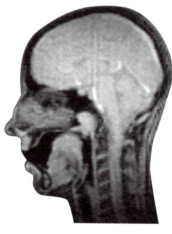
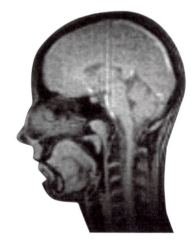

Nähert sich der Zungenrücken dem weichen Gaumen (Velum), so wird der **velare Laut [x]** artikuliert, wie er beispielsweise in *Bach* vorkommt (links). Dagegen entsteht der **palatale Laut [ç]**, der etwa in *ich* enthalten ist, wenn sich der Zungenrücken in Richtung des harten Gaumens (Palatum) bewegt (rechts).

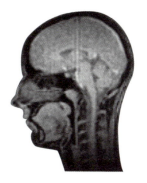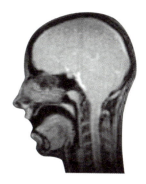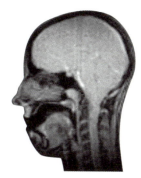

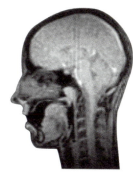

Regeln ihrer Verknüpfung zu Wörtern unterscheiden, man denke nur an das englische [θ] in Wörtern wie *to think* oder das deutsche [x] etwa in *Bach*.

Der Beitrag der Laute zum Aufbau von Wörtern und Texten ist komplizierter als man glauben möchte. Es ist unmöglich, einen auf Band gesprochenen Text in den Lauten entsprechende Stücke zu zerschneiden und diese Stücke wieder zu einem Band zu verknüpfen, das einen anderen Text wiedergibt. Der Grund dafür sind die Eigenschaften von Lauten, die in bestimmten Umgebungen für die Identifizierung von Wörtern wichtig sind, in anderen aber nicht. So wird der Vokal des Imperativs *komm!* im Süddeutschen als geschlossen [o] artikuliert, standardsprachlich jedoch als offenes [ɔ]. Obwohl beide Laute verschieden sind, hören wir immer dasselbe Wort und nehmen den artikulatorischen Unterschied nicht wahr. Wird die Vokalöffnung weiter zu [a] vergrößert, können wir die Lautfolge nicht mehr als *komm!* verstehen und hören stattdessen *Kamm*.

Bildung der Lautfolge [ax] = ach
Die Zunge bewegt sich aus ihrer Ruhestellung (links) in Richtung des Zungengrundes, sodass bei geöffnetem Mund der tiefe Vokal [a] artikuliert wird (Mitte). In einer fließenden Bewegung – die Kernspintomographie-Aufnahmen entstanden mit einer Frequenz von drei Bildern pro Sekunde – nähert sie sich dann dem weichen Gaumen (rechts oben und unten). Zugleich verschließt das Gaumensegel den Durchgang vom Rachen- zum Nasenraum, sodass die ausströmende Luft die Enge zwischen dem hinteren Zungenrücken und dem Velum passieren muss: Es entsteht der velare Frikativ [x].

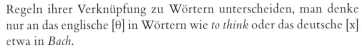
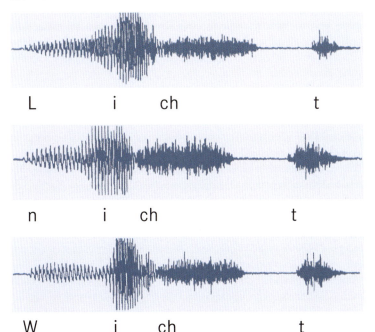

Die **Frequenzaufzeichnungen** geben die Modulation wieder, die die Stimme bei der Artikulation der Wörter *Licht*, *nicht* und *Wicht* erfährt.

Innerhalb einer gewissen Bandbreite kann die individuelle Abwandlung, die die Artikulation der einzelnen Laute oder Phone beim Sprechen erfährt, demnach noch als Variation des Grundmusters gelten, nach dem das Phonem als die kleinste bedeutungsunterscheidende Einheit einer Sprache erzeugt wird. Bezogen auf das eben erwähnte Beispiel heißt das: Weil sowohl das Phon [o] als auch das Phon [ɔ] in der deutschen Sprache für das Phonem /o/ steht, hören wir trotz einer dialektalen Einfärbung stets das Wort *komm!*. Dagegen verstehen wir das Phon [a] als Realisierung des Phonems /a/ und hören das Wort *Kamm*. Wir können also bestimmte Lautfolgen der deutschen Sprache trotz gewisser Variationen ihrer Aussprache eindeutig als Realisierungen desselben Wortes erkennen, wohingegen wir selbst vorbildlich artikulierten Lautfolgen in uns fremden Sprachen ratlos gegenüber stehen, wenn wir deren Bedeutung nicht erschließen können.

Die Kontrastierung von Phonen verliert allerdings ihre Funktion, wo nur ein Phonem stehen kann. So sind die beiden Phone [s] und [ʃ] im Deutschen regelmäßig zu Phonemen /s/ beziehungsweise /sch/ zugeordnet, denn in ihnen unterscheiden sich Wörter wie zum Beispiel *Sein* und *Schein* oder *lass* und *lasch*. Unmittelbar vor /p/ und /t/ jedoch wird die Differenzierung im Wortsinne bedeutungslos. So stolpert man in der Gegend um Bremen über den spitzen [stein], während man anderenorts einen [ʃtein] im Brett haben kann – und dabei mit beiden Lautfolgen denselben »Gegenstand« meint.

> Innerhalb der Linguistik befasst sich die Phonologie mit den kleinsten bedeutungsunterscheidenden Einheiten eines Sprachsystems. Sie erschließt das Phoneminventar einer Sprache, ordnet es und untersucht die Regeln, nach denen die abstrakten Phoneme als Phone realisiert, das heißt tatsächlich artikuliert werden. Dabei notiert sie die funktionstragenden und bedeutungsdifferenzierenden Elemente in /Schrägstrichen/.

Die Schrift

Erst mit der Erfindung des Phonographen und anderer Aufzeichnungsgeräte standen die technischen Möglichkeiten zur Verfügung, gesprochene Sprache in ihrer Lautgestalt festzuhalten und zu analysieren. Wo linguistische Forschung sich zuvor mit der Sprache befasste, war sie zumeist auf Dokumente ihrer schriftlichen Fixierung angewiesen.

Die Vorläufer moderner Schriften

Die Verbindung zwischen Sprache und Schrift ist aus kulturgeschichtlicher Perspektive noch relativ jung. Denn die meisten Schriftsysteme sind nicht aus dem Bedürfnis heraus entwickelt worden, gesprochene Sprache festzuhalten. Vielmehr standen administrative Erfordernisse im Vordergrund, als sich beispielsweise in Babylonien die Keilschrift auszubilden begann. Mit der Entstehung der frühen Hochkultur an der Wende vom 4. zum 3. vorchristlichen Jahrtausend hatte sich mit der immer komplexer werdenden Verwaltung die Notwendigkeit ergeben, administrative Vorgänge in irgendeiner Form zu dokumentieren. Wurden hierfür zunächst noch Zählsymbole verwendet – Figuren, wie sie möglicherweise bereits seit dem 9. Jahrtausend in Vorderasien belegt sind –, so wurde diese Gegenstandsschrift relativ rasch durch eine so genannte Bilderschrift abgelöst.

> Wie eng die Entstehung der Schrift mit der kulturellen Entwicklung eines Volkes verbunden ist, zeigt das Beispiel Griechenlands. War hier bereits zu Beginn des 2. vorchristlichen Jahrtausends eine so genannte hieroglyphische Schrift entstanden, die in der Folgezeit modifiziert wurde, so führte der Zusammenbruch des bronzezeitlichen Sozial- und Staatssystems im 12. Jahrhundert vor Christus dazu, dass mit der Palastwirtschaft sehr schnell auch die Schrift wieder aufgegeben wurde. Griechenland fiel in eine schriftlose Periode zurück, die erst im 9. Jahrhundert vor Christus überwunden werden sollte.

Der Sinn des jeweiligen Zeichens war dabei unmittelbar mit der Sache verbunden und die Schrift weitgehend unabhängig von der jeweiligen Sprache. Solche Piktographien, die in manchen Fällen um Zählsymbole und Darstellungen von Begriffen und Ideen erweitert wurden, sind mit den Vorläufern der Keilschrift ebenso überliefert wie mit den archaischen Formen der chinesischen und altägyptischen Schrift, den Schriften der Eskimo oder teilweise auch den Schriften der Indianer.

Indem sich schließlich der Inhalt des Zeichens von der Sache selbst ablöste und dieses sich stattdessen mit dem Wort für sie verband, entstand die Wortschrift, in der jedem Wort ein Bildzeichen entspricht. Unabhängig voneinander kam in mehreren Schriftsystemen das Rebusprinzip auf, nach dem man gleich lautende Wörter unabhängig von ihrer Bedeutung mit dem gleichen Zeichen schrieb. An die Stelle solcher logographischer Schriften traten später Schriften, die die Orientierung an der Lautgestalt konsequent weiterführten und, zum Teil im Rückgriff auf die Notation einsilbiger Wörter, jeder Lautsilbe ein bestimmtes Zeichen zuordneten. Damit war der Schritt zur Phonetisierung der Schrift endgültig vollzogen und diese zum »Gefäß« des Gesprochenen geworden, das von der Bedeutung der Ausdrücke weitgehend absieht. Zugleich hatte sich der Zeichensatz der Schrift erheblich reduziert, was ihren Gebrauch erleichterte. Allerdings sind reine Silbenschriften selten. Meist finden sich, wie etwa im Falle der ältesten Formen der Keilschrift oder der Schrift der Maya, Kombinationen aus Wort- und Silbenschrift.

Die abendländischen Alphabete

Sumerer, Chinesen und Maya schufen unabhängig voneinander eigene Wort- beziehungsweise Wort-Silben-Schriften, aus denen sich im Laufe der Zeit weitere Zeichensysteme entwickelten. So entstand die japanische Schrift gewissermaßen als Tochterschrift aus der chinesischen, die seit dem 2. vorchristlichen Jahrtausend belegt und damit die älteste der heute noch gebräuchlichen Schriften ist. Alle Alphabetschriften hingegen gehen auf *eine* Wurzel zurück, auf die semitischen Schriften. Ihrerseits abgeleitet aus der ägyptischen Schrift ging diese Notation im 2. Jahrtausend vor Christus dazu über, nur die Konsonanten festzuhalten, also wie die modernen arabischen oder hebräischen Sprachen bereits nicht mehr ganze Silben zu schreiben. Ob sich jedoch schon die semitischen Schriftgelehrten an diesem Prinzip orientierten oder ob es erst von den Phönikern vollends realisiert wurde, die aus den Ansätzen einer Buchstabenschrift ein normiertes Alphabet mit 22 Konsonantenzeichen entwickelten, ist noch nicht geklärt. Die heutigen abendländischen Alphabete wiederum gehen auf die griechische Schrift zurück, die wesentlich auf der phönikischen fußt. Durch die Einführung von Symbolen für Vokale zu einer Lautschrift ergänzt, die Konsonanten und Vokale schreibt, ver-

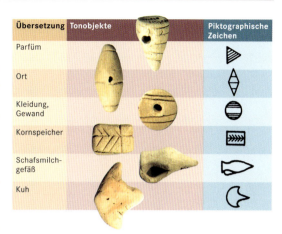

Gegen Ende des 4. Jahrtausends vor Christus bediente man sich in Mesopotamien zunächst unterschiedlich geformter Tonfiguren, die auf Schnüre gezogen oder in Tonkugeln eingeschlossen wurden, um beispielsweise Warenzugänge zu erfassen. Später wurden die Umrisse der »Tokens« in Tontafeln eingeritzt, woraus eine bildhafte Schrift entstand.

Um 2400 v. Chr. entstand diese Tontafel, die 1975 mit etwa 15000 weiteren im »Palast G« von Ebla gefunden wurde. In einer altsemitischen Sprache geschrieben, ist die Keilschrift noch immer schwer zu entziffern.

ʼ(a)	b	g	d	h	w	z	ḥ	ṭ	y	k	
⤤	⊠	Υ	⊠	⊟	⤳	⟩	⊕	⊛	⊞	⤤	Ugaritisch (14. Jh. v. Chr.)
K	9	1	⊿	∃	Y	I	⊟	⊕	⟩	V	Achiram (um 1000 v. Chr.)
⋆	9	∧	⊿	⋌	Y	∼	⊟	⊘	∼	⋎	Eschmunasar (5. Jh. v. Chr.)
⊿	⋌	1	⊿	⋌	Y	I	⊟	⊕	⟩	K	Griechisch (7. Jh. v. Chr.)
A	B	Γ	Δ	E	Y	Z	H	Θ	I	K	Klassisches Griechisch
A	B	G	D	E	V	Z	H		I	K	Lateinisch

l	m	n	s	ʻ(o)	p	ṣ	q	r	sch	t	
⫯	⤳	⤳	⊞	⊲	⊟	⊞	⊿	⊠	⊛	⊳	Ugaritisch (14. Jh. v. Chr.)
⌒	⌇	⌇	⌇	o	⌇		9	⋎	+		Achiram (um 1000 v. Chr.)
⌒	⋎	⋎	⋇	o	⌇	⋎	⋎	9	⋎	⌇	Eschmunasar (5. Jh. v. Chr.)
⌇	⌇	⋎	⫯	o	⌇	M	φ	⋎	⌇	T	Griechisch (7. Jh. v. Chr.)
Λ	M	N	Ξ	O	Φ			P	Σ	T	Klassisches Griechisch
L	M	N		O	F			R	S	T	Lateinisch

Bei der Entstehung des griechischen Alphabets aus dem phönikischen blieb, wie später bei der Entwicklung der lateinischen Schrift, die Reihenfolge der Buchstaben erhalten. Auch ähneln sich viele Zeichen der einzelnen Alphabete in ihrer Form.

mochte sie die Notation von Silben gänzlich abzulösen und wurde so zur Ahnin aller Schriften West- und Osteuropas.

Aus der griechischen Schrift wurden die italischen Schriften abgeleitet, von denen sich, nicht zuletzt aufgrund politischer und religiöser Machtverhältnisse, vor allem die lateinische Schrift durchsetzte. Ungefähr seit dem 6. Jahrhundert vor Christus entwickelt, fand sie schließlich bei Romanen und Germanen, aber auch Westslawen und einem Teil der Südslawen Verbreitung, und noch das Alphabet des vorliegenden Textes ist lateinisch. Allerdings ist mit der Übertragung der Schrift auf Sprachen anderer Lautgestalt die ursprüngliche Entsprechung von Laut und Schriftzeichen teilweise verloren gegangen. So finden sich etwa im Deutschen Laute, die mit mehreren Buchstaben notiert werden, beispielsweise *ch, pf* oder *sch*. Ein und derselbe Laut kann, wie etwa [iː] im Falle von *mir, hier* oder *ihr,* unterschiedlich geschrieben werden. Ein und derselbe Buchstabe kann verschieden ausgesprochen werden, man denke nur an das Beispiel von *Ofen* [oːfn] und *Korb* [kɔrp]. Dies macht orthographische Festlegungen nötig, die das Erlernen des Schreibens erschweren und ihrerseits selbst immer wieder nach Reformen verlangen.

Das Wort in seiner lexikalischen und grammatischen Dimension

Laute und Buchstaben werden selten einzeln verwendet: Die eigentlichen Grundelemente der Sprache sind Wörter, das heißt Folgen von Lauten beziehungsweise Buchstaben.

Obwohl jeder eine gewisse Vorstellung von einem Wort hat, fällt es bei näherer Betrachtung doch schwer, eine präzise Definition zu geben. So stellt sich beispielsweise die Frage, ob der Satz *Er läuft mit* aus drei oder aus zwei Wörtern besteht, denn *mitlaufen* ist im Wörterbuch als eine lautlich beziehungsweise schriftliche Einheit notiert. *Unterstellen* hat in dem Beispiel *Peter stellt sein Auto in der Garage unter* eine andere Bedeutung als in dem Satz *Peter wurde eine betrügerische Absicht unterstellt.* Handelt es sich nun im Fall von *unterstellen* um ein Wort oder sind aufgrund der unterschiedlichen Bedeutung zwei Wörter anzusetzen? Die Beispielsätze stellen das Wort jeweils als lautliche, als schriftliche oder als mit Bedeutung versehene Einheit dar. Es hat sich allerdings als zweckmäßig erwiesen, das Wort nicht nur auf einer der gerade genannten Ebenen zu betrachten, sondern es unter Einbeziehung all seiner unterschiedlichen Ebenen zu definieren. Als Wörter sollen deshalb abgegrenzte Laut-/Schriftkomplexe gezählt werden, die eine Bedeutung besitzen und – als kleinste selbstständige Einheit im Satz – verschiebbar sind.

Die Wortarten

Wörter können in unterschiedliche Kategorien eingeteilt werden, die man Wortarten nennt. Die Klassifikation der Wörter in der europäischen Tradition geht auf den griechischen Gram-

Die **Lexikologie** befasst sich mit dem Wortschatz einer Sprache, während die **Wortbildung** den Aufbau komplexer Wörter und die Prinzipien ihrer Entstehung beschreibt. Von beiden zu unterscheiden ist die **Lexikographie,** das Verfassen einsprachiger oder mehrsprachiger Wörterbücher oder Lexika.

Der Wortschatz einer Sprache lässt sich in verschiedene **Wortarten** einteilen, die nach Form- und Bedeutungskriterien differenziert werden. So unterscheiden sich etwa Substantiv, Verb, Adjektiv und Präposition oder Konjunktion unter inhaltlichem Aspekt darin, eine Substanz, einen Vorgang, eine Eigenschaft beziehungsweise eine Relation zu beschreiben. Allerdings erweist sich diese inhaltsbezogene Klassifikation der Wortarten als problematisch, da sich die Gliederungskriterien teilweise überschneiden oder sogar widersprechen können. Die Wortarten können auch nach morphologischen oder syntaktischen Gesichtspunkten unterschieden werden.

relativ große Wortarten	**Substantiv**	N	Gegenstandswort	Wortart, die Gegenständliches (Lebewesen, Dinge) und Nichtgegenständliches (u.a. Gedachtes, Begriffliches) bezeichnet	Rotwein, Färbung
	Verb	V	Tätigkeitswort	Wortart, die Zustände, Vorgänge, Tätigkeiten oder Handlungen bezeichnet	biegen, missverstehen
	Adjektiv	Adj	Eigenschaftswort	Wortart zur näheren Bestimmung eines Bezugswortes	gelb, gleich
	Adverb	Adv	Umstandswort	Wortart zur näheren Bestimmung v.a. des Verbs oder Adjektivs	jetzt, vielleicht, teilweise
relativ kleine Wortarten	**Pronomen**	Pro	Fürwort	Wortart, die als grammatischer Stellvertreter für ein Substantiv eintreten oder es wie der Artikel begleiten kann	wir, euer
	Präposition	P	Verhältniswort	Wortart zum Ausdruck von (syntaktischen) Beziehungen	vor, wegen, zwischen
	Konjunktion	K	Bindewort	Wortart mit der Funktion, Satzteile oder Sätze zu verbinden	und, obwohl, denn
	Artikel	Art	Geschlechtswort	Wortart, die das Substantiv begleitet	der, ein
	Partikel			v.a. die Bedeutung modifizierende Wörter	doch

V. Kommunikation und Sprache

Ein **Lexikon** (Plural: Lexika) ist ein einsprachiges oder mehrsprachiges Wörterbuch oder ein alphabetisch geordnetes Nachschlagewerk für sachliche (enzyklopädische) Informationen. Außerdem bezeichnet man auch den Wortschatz selbst als Lexikon.

Der Gesamtbestand des Wortschatzes der französischen Sprache wird auf etwa 100 000 Wörter geschätzt, der der englischen auf ungefähr 600 000 bis 800 000.
Allerdings hängt das Ergebnis dieser Schätzung davon ab, ob man nur den aktiven Wortschatz berücksichtigt (die Wörter, die ein Sprecher verwendet) oder den passiven Wortschatz (die Wörter, die man versteht, aber nicht verwendet), ob man die Wörter eines einzigen Sprechers zählt oder die Wörter vieler oder aller Sprecher.

Die Zusammensetzung *Blauhelm* gehört zu den idiomatisierten Wortbildungen. Zwar beschreibt das Bestimmungswort *blau* das Grundwort *Helm* in der Tat näher, doch bezeichnet das Wort *Blauhelm* nicht einen blauen Helm, sondern den Träger eines blauen Helms, das heißt einen Soldaten der UNO (Possessivkompositum).

matiker Dionysios Thrax zurück, der im 2. Jahrhundert vor Christus die erste bekannte griechische Grammatik verfasste. Allerdings variiert die Einteilung der Wortarten von Sprache zu Sprache. Im Deutschen unterscheidet man meist die Wortarten Substantiv, Verb, Adjektiv, Adverb, Pronomen, Präposition, Konjunktion, Artikel und Partikel. Die ersten vier der aufgezählten Wortarten umfassen dabei einen relativ großen Teil unseres Wortschatzes – etwa zwei Drittel des deutschen Wortschatzes besteht aus Substantiven – und sind ständigen Veränderungen unterworfen, da neue Wörter auftreten und andere veralten. Pronomen, Präpositionen, Konjunktionen, Artikel und Partikel dagegen nehmen einen kleineren Teil des Wortschatzes ein und verändern sich wenig und langsam.

Die Wortbildung

Die Gesamtheit der Wörter einer Sprache bildet ihren Wortschatz. Der Wortschatz des Deutschen umfasst beispielsweise etwa 500 000 Wörter. Dieser besteht im Wesentlichen jedoch nicht aus einfachen Wörtern (Simplizia) wie *groß* oder *klein,* sondern aus abgeleiteten und zusammengesetzten Wörtern wie *vergrößern* oder *Kleinbetriebe.* Aus wenigen tausend Simplizia entsteht dann durch Zusammensetzungen von Wörtern oder durch Verbindungen mit den über 200 unselbstständigen Elementen der Wortbildung wie den Präfixen (Vorsilben) oder den Suffixen (Nachsilben) der größte Teil der Wortbildungen. So ist es möglich, dass sich der Wortschatz schnell und zweckmäßig Veränderungen anpassen kann. Denn entstehen neue gesellschaftliche Situationen oder werden Erfindungen und Entdeckungen gemacht, müssen diese begrifflich gefasst werden; spielen aber Dinge keine Rolle mehr in unserem Leben, so verschwinden auch ihre Bezeichnungen langsam aus unserem täglichen Sprachgebrauch.

Im Deutschen sind Zusammensetzung (Komposition), Ableitung, Präfix- und Kurzwortbildung die wichtigsten Mittel der Wortbildung. Zusammensetzungen, die aus einem Grundwort bestehen, das durch ein Bestimmungswort näher beschrieben wird, heißen Determinativkomposita. Dabei ist das Grundwort das zweite Glied der Zusammensetzung. Im Beispiel der Zusammensetzung *Bierflasche* ist *Flasche* das Grundwort und das erste Glied *Bier* beschreibt näher, um welche Art von Flasche es sich handelt. Ist *Bier* das Grundwort, so kann es durch das Bestimmungswort *Flasche* näher als *Flasche(n)bier* determiniert werden. Eine komplexere Beziehung zueinander haben die beiden Komponenten bei Bildungen wie *Grünschnabel* oder *Blauhelm.* Ein *Grünschnabel* ist kein grüner Schnabel; das Kompositum bezeichnet vielmehr einen jungen Menschen, der in seiner Unerfahrenheit einem jungen Vogel gleicht, der das Nest noch nicht verlassen hat und dessen Schnabel noch grünlich hell ist. Bei solchen Komposita handelt es sich meist um idiomatisierte Bildungen. Es gibt auch Zusammensetzungen bei denen Wörter der gleichen Wortklasse gleichberechtigt nebeneinander stehen. In *taubstumm* stehen *taub* und *stumm* in der gerade erwähnten Weise zusammen, sie könnten aber genauso mit *und* oder *sowohl ... als auch* verbunden werden. Was *süßsauer* ist, ist sowohl süß als auch sauer.

Die Wortbildung durch Ableitung ist im Deutschen ebenfalls ein schöpferisches Mittel der Sprache. Mithilfe von Suffixen wie *-schaft*, *-bar*, *-ier(en)*, die an das Wortende gehängt werden, ist es möglich, neue Wörter zu bilden; in diesem Fall können Ableitungen wie *Hilfsbereitschaft*, *reizbar* und *fotografieren* entstehen. Das Suffix als unselbstständiges Element bestimmt dabei die Wortart der Ableitung und bewirkt unter Umständen die Überführung einer Wortart in eine andere. Aus dem Adjektiv *hilfsbereit* wird dabei das Substantiv *Hilfsbereitschaft*, aus dem Substantiv *Reiz* wird das Adjektiv *reizbar* und durch Anhängen von *-ier(en)* entsteht aus dem Substantiv *Fotograf* das Verb *fotografieren*. Wechselt ein Wort nun die Wortart, ohne dass dabei ein Suffix herantritt, so spricht man von Konversion (*Der Schmuck ist hässlich,* aber: *Sie besitzen ein schmuckes Häuschen.*). Wie Suffixe an ein Wort angehängt werden können, so können Präfixe vor ein Wort treten und damit Neubildungen schaffen. Aus der *Tugend* kann somit die *Un-Tugend* werden, aus *mutig miss-mutig.*

Schließlich gibt es noch die verschiedenen Formen der Kurzwortbildung. Zum einen ist es möglich, einen Teil eines mehrgliedrigen Wortes einfach wegzulassen. Der *Omnibus* wird dabei zum *Bus,* die *Universität* zur *Uni.* Zum anderen entstehen aus den ersten und letzten Teilen von Wörtern oder Wortgruppen Kurzwörter. Niemand spricht zum Beispiel von einem *Motorhotel,* die Bezeichnung *Motel* hat sich selbst im Deutschen eingebürgert. Einen extremen Fall von Kurzwortbildung stellen die Initialwörter dar. Sie bestehen nur aus den Anfangsbuchstaben von vollständigen Wörtern: Die Badische Anilin- und Sodafabrik wird zum Beispiel kurz zur *BASF.* Bei Kurzwörtern wie *Kripo* (*Kri*minal*po*lizei) oder *Azubi* (*Auszubi*ldender) sind immerhin noch mehrere Buchstaben miteinander gekoppelt, die dann sprechbare Silben bilden.

Entlehnungen

Eine ganz andere Art der Erweiterung des Wortschatzes stellen Übernahmen aus fremden Sprachen dar, die die Linguistik Entlehnungen nennt. Fast jede Sprache steht ständig mit anderen Sprachen in vielfältigem Kontakt. Die intensiven Beziehungen auf allen Gebieten führen zu wechselseitigen sprachlichen Beeinflussungen. So war Latein früher die Sprache der Kirche und der Wissenschaft und hat noch in der modernen deutschen Sprache ihre Spuren hinterlassen. Auch das Französische trug zur Erweiterung des Wortschatzes bei. Die Übernahmen aus dem Englischen setzten bereits im 19. Jahrhundert ein und nahmen nach dem Zweiten Weltkrieg

Präfigierung		Suffigierung	
zer	knirscht	Frech	heit
be	tütteln	Pflänz	chen
Vor	urteil	mensch	lich

Durch die Verbindung mit Vorsilben (Präfigierung) oder Nachsilben (Suffigierung) entstehen neue Wörter. Diese beiden Möglichkeiten der Wortbildung leisten einen bedeutenden Beitrag zur Erweiterung des Wortschatzes.

Die Miniatur aus der Manessischen Handschrift zeigt einen der herausragendsten Dichter des Mittelalters, Wolfram von Eschenbach (1. Hälfte des 14. Jahrhunderts; Heidelberg, Universitätsbibliothek). Wolfram hat in seinem »Willehalm«, wie viele seiner zeitgenössischen Dichterkollegen, einen Stoff aus der französischen Literatur bearbeitet. Mit der Übernahme der höfischen Kultur aus dem französischen Kulturkreis sind auch viele Begriffe des ritterlich-adeligen Lebens als Fremd- oder Lehnwörter in die deutsche Sprache übernommen worden.

rapide zu. Mit seiner zunehmenden Bedeutung als Welthilfssprache und als vorherrschende Sprache in Technik und Wissenschaft hat sich im Verlauf des 20. Jahrhunderts die Zahl der Entlehnungen aus dem Englischen ständig vergrößert.

Man unterscheidet zwischen verschiedenen Formen der Entlehnung. Wörter, die ohne wesentliche Modifikation aus einer anderen Sprache übernommen werden und als fremd erkannt werden – wie zum Beispiel *Geisha* oder *Mafia* – sind Fremdwörter. Dabei muss die Bedeutung des Fremdwortes nicht mit seiner ursprünglichen Bedeutung übereinstimmen. Das Wort *job* etwa hat im Amerikanischen nicht den Beiklang von *Gelegenheitsarbeit,* den es als Fremdwort im Deutschen oft noch hat. Werden aber ursprünglich als Fremdwörter in die deutsche Sprache gelangte Wörter an unser Sprachsystem angepasst und dabei unter anderem in Aussprache und Schreibung so weit an die deutsche Sprache angeglichen, dass sie nicht mehr als fremd erkannt werden, spricht man von Lehnwörtern. Ein Lehnwort ist beispielsweise das Wort *Pfeil,* das auf lateinisch *pilum* zurückgeht, oder das Wort *Kaffee,* das aus dem Französischen ins Deutsche entlehnt wurde, aber ursprünglich wohl auf einem arabischen Wort basiert.

Wenn jedoch Wörter nicht einfach aus einer fremden Sprache übernommen werden, sondern Stück für Stück übersetzt oder nachgebildet werden, spricht man von Lehnübersetzungen beziehungsweise von Lehnübertragungen. So stellt das Wort *allmächtig* eine Lehnübersetzung des lateinischen *omnipotens* dar und *Wolkenkratzer* ist durch Lehnübertragung aus *skyscraper* entstanden – eine wörtliche Übersetzung hätte einen *Himmelskratzer* ergeben. Wenn die Neubildung vom fremden Vorbild formal fast unabhängig ist, also äußerlich bei der Neubildung kaum ihren Niederschlag findet, und sich die Wortbildung nach inhaltlichen Vorgaben richtet, wird sie als Lehnschöpfung bezeichnet. In diesem Sinne beruht beispielsweise das Wort *Waffenstillstand* auf dem französischen Wort *armistice.* Völlig von der äußeren Form des fremden Wortes hat sich die Lehnbedeutung entfernt. Ein heimisches Wort übernimmt stattdessen die Bedeutung des fremden Wortes. So hat das Wort *Heiland* (ursprünglich *der Heilende*) aus dem Lateinischen *(salvator)* die Bedeutung *Erlöser* übernommen.

Wortfamilien

Im Laufe der sprachlichen Entwicklung wird der Wortschatz einer Sprache, der – wie wir sehen konnten – vor allem durch die verschiedenen Arten der Wortbildung einen beträchtlichen Umfang annehmen kann, unübersichtlich. Deshalb hat man versucht, den Wortschatz wenigstens partiell zu strukturieren. Die Bildung so genannter Wortfamilien ist eine Möglichkeit dies zu tun. Dabei werden Wörter zusammengefasst, die einen gemeinsamen Ursprung haben oder im Sinne der Wortbildung miteinander verwandt sind. Allerdings ist durch die Veränderungen, die im Verlauf der Sprach-

Die Sprachgesellschaften setzten sich für die Pflege der Sprache ein. Dazu gehörte auch, dass die fremdsprachlichen Anteile zurückgedrängt werden sollten. Die bedeutendste der deutschen Sprachgesellschaften, die 1617 von Fürst Ludwig von Anhalt-Köthen gegründete »Fruchtbringende Gesellschaft«, stellte unter anderem die Regel auf, dass Hochdeutsch gesprochen und geschrieben werden sollte, und dass beim Sprechen oder Schreiben nach Möglichkeit Fremdwörter zu vermeiden seien.

Der schon zu seinen Lebzeiten als »Turnvater Jahn« bezeichnete **Friedrich Ludwig Jahn** ist hauptsächlich als Begründer der Turnbewegung bekannt. Er hat sich aber auch aus einer nationalistischen Gesinnung heraus stark politisch engagiert. Dazu gehörte für ihn, der unter anderem Sprachwissenschaften studiert hatte, die Beschäftigung mit der deutschen Sprache, die seiner Meinung nach zu sehr von fremdsprachlichen Elementen durchdrungen war. Jahn versuchte deshalb Fremdsprachliches einzudeutschen und alte Wörter neu zu beleben.

geschichte an den einzelnen Wörtern aufgetreten sind, die Zusammengehörigkeit nicht immer deutlich zu erkennen.

Wortfamilien können unterschiedlich groß sein. Die Wortfamilie des Verbs *ziehen* beispielsweise zählt über 1000 Wörter. Durch Präfixbildung entstanden unter anderem eine Vielzahl von Wortbildungen wie *abziehen, anziehen, aufziehen, beziehen, erziehen, nachziehen, umziehen, verziehen* und *vorziehen*, die oftmals wieder die Grundlage für Ableitungen wie *Beziehung* oder *Erziehung* bilden. Aber auch *Zaum, Zeug, Zeuge, Zeugnis, zögern, Zögling, Zucht, zucken, großzügig* und sogar der *Herzog* gehören zur Worfamilie *ziehen*, obwohl die Zusammengehörigkeit in diesen Fällen nicht ohne weiteres sichtbar ist (und mit Recht bezweifelt werden kann).

Bedeutungsbeziehungen im Wortschatz

Der Wortschatz ist jedoch nicht allein aus der Perspektive der Wortbildung zu strukturieren. Vielmehr bestehen auch inhaltliche Beziehungen zwischen seinen Elementen. Am radikalsten formulierte diesen Gedanken wahrscheinlich der Genfer Linguist Ferdinand de Saussure. Denn er ging von einer grundsätzlichen Relationalität alles Sprachlichen aus. Wörter stehen hiernach in all ihren Dimensionen zueinander in Beziehung und gerade diese umfassende Gliederung des Wortschatzes ist für die einzelnen Wörter streng genommen (in jeder Hinsicht) konstitutiv.

Auf die hier angesprochene inhaltliche Dimension bezogen hebt eine solche Perspektive vor allem auf die so genannte semantische Relationalität ab, das heißt auf die Bedeutungsbeziehungen innerhalb des Wortschatzes, die auch in Analogie zur klassischen Logik gefasst werden kann. So können Wörter in einem Verhältnis der Unterordnung stehen, das sich unter anderem als Verhältnis des Allgemeinen zum Besonderen definiert. Eine Inklusion liegt zum Beispiel vor, wenn der Artbegriff *Seehund* dem Gattungsbegriff *Tier* untergeordnet ist. Die Relation von *Stängel, Wurzel* oder *Blatt* zu *Pflanze* hingegen entspricht dem Verhältnis der Teile zum Ganzen. Synonyme sind Wörter mit unterschiedlicher Form, aber mit gleicher oder ähnlicher Bedeutung. Beispielsweise sind die Begriffe *Bewohner* und *Einwohner* in vielen Kontexten bedeutungsähnlich und könnten deshalb gegeneinander ausgetauscht werden: *Bewohner eines Ortes, Einwohner eines Ortes*. Schließen sich zwei Wortbedeutungen wie die Bedeutung von *weiß* und *grün* aus, so liegt eine Exklusion vor. Bezieht sich diese auf Gegensätzliches, wie im Falle der Gegensatzpaare *arm – reich* oder *klein – groß*, gestalten sich die Beziehungen der Wörter zueinander als Antonymie.

Semantische Relationen werden teilweise erst bei der aktiven Nutzung von Sprache deutlich. Die meisten Wörter haben nämlich nicht nur eine Bedeutung, sondern mehrere Bedeutungsvarianten. Wenn ein Wort wie *Salat* verschiedene nebeneinander gebrauchte Bedeutungen trägt, so nennt man es polysem: *Salat* als eine Speise und als Bezeichnung eines Durcheinanders *(Da haben wir den Salat!)* sind zwei Varianten desselben Wortes. Ist dagegen, wie bei *Bank* im

Urlaub? Unmöglich! Geld ist der springende Punkt. Die Fügung der *springende Punkt* geht auf den griechischen Philosophen Aristoteles zurück. Er war der Meinung, dass im Eiweiß des bebrüteten Eis das Herz des werdenden Vogels als kleiner hüpfender Blutfleck zu erkennen sei. In der lateinischen Übersetzung wurde aus dem Fleck ein *punctum saliens* und der wurde wiederum in der wörtlichen deutschen Übersetzung zum *springenden Punkt*. Wir verwenden heute die Fügung in der Bedeutung von »dasjenige, worauf es ankommt, wovon alles andere abhängt; der wesentliche, entscheidende Punkt von etwas«.

Ferdinand de Saussures Werk »Cours de linguistique générale« (»Grundfragen der allgemeinen Sprachwissenschaft«) leitete eine neue Epoche der Sprachwissenschaft ein, die von dem Gedanken eines systematischen Zusammenhangs zwischen allen Erscheinungen der Sprache bestimmt war.

Das so genannte »Teekesselchen«, das aus Kindertagen vielleicht noch bekannt ist, spielt mit der **Polysemie** und **Homonymie** von Wörtern. Hier bringt der polyseme Ausdruck *Birne* allemal einen Gewinnpunkt ein, bezeichnet er doch zweierlei: eine Frucht wie auch eine Lichtquelle.

Die Herkunft, Frühzeit und die Entwicklung der Wörter sowie die Verwandtschaft zwischen Wörtern verschiedener Sprachen beschreibt die Etymologie. Sie ist eine Disziplin der historisch-vergleichenden Sprachwissenschaft.

Sinne eines Geldinstituts und im Sinne eines Sitzmöbels, keine Verwandtschaft der Bedeutungen zu erkennen, so spricht man von verschiedenen, aber homonymen Wörtern. Oftmals gehen diese auch auf unterschiedliche Wortursprünge zurück. So ist die *Bank* im Sinne von Geldinstitut auf das italienische Wort *banco* zurückzuführen und *Bank* als Sitzgelegenheit stammt aus dem Altgermanischen. Der Unterschied zwischen Polysemie und Homonymie ist allerdings nicht in jedem Fall auf den ersten Blick zu erfassen.

Wortfelder

Der Germanist Jost Trier griff den Gedanken einer semantischen Relationalität des Wortschatzes unter systematischem Aspekt auf, als er 1931 das Modell eines sprachlichen Feldes entwickelte. Hiernach ergibt sich die Bedeutung eines Wortes aus seiner Begrenzung gegenüber bedeutungsähnlichen Wörtern, das heißt aus seiner Position innerhalb des sprachlichen Feldes. So lässt sich etwa die Bedeutung der Schulnote *ausreichend* erst im Zusammenhang der Notenskala insgesamt erkennen. Sie ist für uns nur definiert, wenn wir wissen, dass sie zwischen *befriedigend* und *mangelhaft* steht: *sehr gut, gut, befriedigend, ausreichend, mangelhaft* und *ungenügend*. Ähnlich verhält es sich mit antonymischen Feldern wie *gut – schlecht, sympathisch – unsympathisch* oder *hell – dunkel* und mit dem Feld der Farbadjektive *weiß, schwarz, rot, orange, gelb, blau, grün, violett* und *braun*.

Dabei wollte Trier nicht nur bestehende Bedeutungsbeziehungen innerhalb des Wortschatzes nachzeichnen. Er beabsichtigte mit seinem Entwurf einer Wortfeldtheorie vielmehr das Diktum Wilhelm von Humboldts zu präzisieren, wonach die Sprache zugleich die Wahrnehmung der Welt gestaltet. Verschiedene Sprachen codieren die Wirklichkeit auf unterschiedliche Weise und bestimmen hierdurch das Denken und die Vorstellungen der Sprecher. Diese so genannte Weltbildhypothese war von Anfang an mit einer kulturrelativistischen Sprachauffassung verknüpft. In diesem Sinne versuchten die amerikanischen Wissenschaftler Edward Sapir und Benjamin Lee Whorf in den 1950er-Jahren Indianersprachen ethnolinguistisch zu analysieren. In der Tat postulierten sie für jede Sprache eine besondere Weltsicht.

Allerdings sah sich die These von Sapir und Whorf spätestens mit dem Aufkommen nativistischer Positionen scharfer Kritik ausgesetzt. Eine wichtige Rolle spielten dabei Brent Berlin und Paul Kay, die die linguistische Relativitätstheorie 1969 kritisierten. In einer Untersuchung von Farbwörtern wiesen sie nach, dass Angehörige verschiedener Kulturkreise das Farbspektrum nicht auf radikal verschiedene Weise gliedern und mit Farbwörtern belegen, wie die kulturrelativistische Position unterstellte, sondern zumindest mit Blick auf den Kernbereich des jeweiligen Farbfeldes relativ gut übereinstimmen: Alle Befragten benannten ähnliche zentrale Ausschnitte des Farbspektrums. Offenbar strukturieren wir das Farbspektrum nicht allein mithilfe des Farbfeldes, das heißt aufgrund unserer Sprachstruktur, sondern die Struktur des Farbfeldes beruht auf den allen Menschen gemeinsamen (physiologischen) Bedingungen der Farbwahrnehmung und das wiederum heißt auf der genetisch fundierten neurologischen Disposition des Menschen.

Berlin und Kay entwickelten eine These der Evolution der Farbfelder verschiedener Sprachen und sie zeigten, wie die Farbbegriffe innerhalb der einzelnen Sprachen entstehen. So demonstrierten sie, dass alle Sprachen ein Wort für hell und dunkel beziehungsweise für

Edward Sapir und Benjamin Lee Whorf haben einen Kulturrelativismus vertreten, der sich in zwei Prinzipien ausdrückt: 1) Vorstellen und Denken sind eng an Sprache gebunden und 2) verschiedene Sprachen unterscheiden sich radikal.

Die beiden Sprachwissenschaftler versuchten ihre Theorie an der Sprache der Hopi-Indianer zu belegen. So wiesen sie beispielsweise darauf hin, dass Hopi nur das Wort *masa'ytaka* kennt, um alles zu benennen, was außer Vögeln fliegt. Es bezeichnet Insekten also ebenso wie etwa die – den Indianern unbekannten – Sportflugzeuge. Auch verfüge die Sprache zwar über Möglichkeiten, die Dauer eines Ereignisses aus der Sicht des Sprechers zu beschreiben, nicht aber über einen eigentlichen Zeitbegriff.

Sapir und Whorf nahmen an, dass die Unterschiede zwischen dem Denken und Vorstellen von Menschen europäischer Herkunft und Hopi-Indianern auf den radikal andersartigen Sprachstrukturen beruhen. Ihre These wird heute in ihrer strengen Form nicht mehr vertreten.

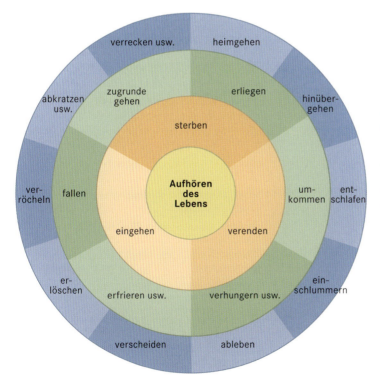

Die Grundgedanken der **Wortfeldtheorie** sind von der Sprachinhaltsforschung Leo Weisgerbers aufgegriffen worden. Weisgerber versuchte, neben eindimensionalen Wortfeldern wie der Notenskala auch mehrdimensionale Felder wie das Wortfeld des *Aufhörens des Lebens* zu beschreiben. Eine Schwäche dieser Strukturierung besteht darin, dass die drei ringförmigen Strukturen voneinander unabhängig sind.

Entwicklung der Farbbegriffe nach Berlin und Kay

Stadium 1	weiß	schwarz			
Stadium 2	rot				
Stadium 3	gelb	(grün)			
Stadium 4	grün	(gelb)			
Stadium 5	blau				
Stadium 6	braun				
Stadium 7	violett	rosa	orange	grau	

Die ethnobiologische Theorie, die Brent Berlin und Paul Kay für die Farbbegriffe entwerfen, behauptet, dass die Farbadjektive aller Sprachen sich in einer kulturunabhängigen, weil physiologisch determinierten Reihenfolge innerhalb der verschiedenen Sprachen entwickeln.

die Farbbegriffe *weiß* und *schwarz* haben. Sprachen im Entwicklungsstadium 1 verfügen über diese beiden Wörter. In Stadium 2 wird die Begrifflichkeit um ein gewissermaßen echtes Farbwort erweitert, und zwar in allen Fällen um den Farbbegriff *rot*. Im dritten Stadium tritt als viertes Farbwort entweder *grün* oder *gelb* hinzu, in Stadium 4 entsprechend entweder *gelb* oder *grün*. *Blau* wird in Stadium 5 unterschieden und *braun* in Stadium 6. Diese Grundbegriffe werden in Stadium 7 um die Unterscheidung von *violett, rosa, orange* und *grau* erweitert, wenn eine Sprache über mehr als sieben Farbuniversalien verfügt. Neuere Untersuchungsergebnisse zwangen Berlin und Kay allerdings dazu, diese »Evolutionstheorie der Farbbegriffe« zu modifizieren. Die Theorie der Universalien als solche ist damit jedoch nicht widerlegt, wenngleich sie den Sachverhalt (noch) nicht restlos aufklären konnte, warum die persönliche wie die überindividuelle Welterfahrung in den verschiedenen Sprachen auf unterschiedliche Weise und in letztlich unterschiedlichen Begriffskategorien und Bedeutungsrelationen organisiert ist.

Die Flexion

Wenn man das Verb des Satzes *er kocht* mit dem Verb der Feststellung *er kochte* oder das Substantiv *der Tisch* mit dem Substantiv *die Tische* vergleicht, erkennt man, dass in beiden Fällen dasselbe Verb beziehungsweise Substantiv verwendet wurde. Es handelt sich also bei *kocht* und *kochte* beziehungsweise *Tisch* und *Tische* jeweils nur um ein Wort, das heißt, wir haben es mit zwei verschiedenen (Flexions-)Formen desselben Wortes zu tun.

Beschreibt ein und dasselbe Verb je nach seiner Form entweder einen Vorgang, der gegenwärtig stattfindet, oder eine Handlung, die in der Vergangenheit liegt, so variiert die Verbform offensichtlich nach der Zeit. Die substantivischen Formen *Tisch* und *Tische* dagegen unterscheiden sich in der Anzahl der Dinge, auf die sie sich beziehen. In der Terminologie der Sprachwissenschaft werden die beiden Wörter nach Tempus (Präsens – Präteritum) respektive Numerus (Singular – Plural) flektiert.

Die **Kasus** oder Fälle sind grammatische Kategorien der so genannten nominalen Wortarten. Sie dienen der Organisation des Satzes, indem sie die Beziehungen der Wörter zueinander regeln. Das Deutsche unterscheidet die vier Fälle Nominativ, Genitiv, Dativ und Akkusativ.

Nominativ	wer?	Kasus, der das Subjekt als Träger der Verbalhandlung bezeichnet	**Die Kinder** spielen mit dem Ball der Freunde.
Genitiv	wessen?	adnominal: Kasus, der das Nomen näher beschreibt	Die Kinder spielen mit dem Ball **der Freunde**.
		adverbal: Kasus, der das Verb näher beschreibt	Er gedachte **der schönen Stunden**.
Dativ	wem?	Kasus, der die Sache oder Person bezeichnet, der die Aussage der Verbalhandlung gilt oder zu der sie in indirekter Beziehung steht	Die Kinder spielen mit **dem Ball** der Freunde.
Akkusativ	wen?	Kasus, der die Sache oder Person bezeichnet, auf die sich die Verbalhandlung richtet	Die Kinder warten auf **ihre Freunde**.

Ein anderer Aspekt des Formenwechsels ist die Flexion der Adjektive, Pronomina und Artikel nach dem Geschlecht (Genus). Im Französischen richtet sich etwa die Form des Adjektivs regelmäßig danach, ob es sich auf ein Femininum wie im Falle von *une grande maison* (eine große Wohnung) oder auf ein Maskulinum wie im Falle von *un grand lit* (ein großes Bett) bezieht. Eine weitere Art der Flexion ist die Flexion nach dem Kasus. Sie ist in der lateinischen Sprache noch deutlich ausgeprägt: Nominativ: *uxor* (»Frau«), Genitiv: *uxor*is, Dativ: *uxor*i, Akkusativ: *uxor*em, Ablativ: *uxor*em.

Die Artikel, Pronomina und Adjektive des Deutschen flektieren nach Genus, Numerus und Kasus. Substantive haben ein festes Genus und flektieren nur nach Numerus und Kasus. Das Lateinische hat neben den genannten fünf Kasus Reste weiterer Kasus, des Vokativs und des Lokativs. Das Deutsche hat vier Kasus und andere Sprachen noch weniger. Das Deutsche hat zwei Numeri (Singular und Plural) und drei Genera (Maskulinum, Femininum und Neutrum). Das Französische hat nur Maskulinum und Femininum und das Schwedische nur Neutrum und Utrum. Die Pluralbildung des Deutschen ist sehr kompliziert: *der Tisch – die Tische, das Kind – die Kinder, das Auto – die Autos, die Mutter – die Mütter.*

Die Deklination im Deutschen		
Numerus / Kasus	Singular	Plural
Nominativ	Pferd	Pferd + e
Genitiv	Pferd + [e]s	Pferd + e
Dativ	Pferd	Pferd + en
Akkusativ	Pferd	Pferd + e

Als **Deklination** wird die Formenveränderung nominaler Wortarten, hier des Substantivs *Pferd*, bezeichnet.

Von der so genannten äußeren Flexion, bei der ein allen Flexionsformen gemeinsamer Wortstamm mit einem oder mehreren Flexiven zu einer Wortform verknüpft wird, unterscheidet die Sprachwissenschaft den inneren Formenwandel. Innere Flexion liegt zum Beispiel bei dem Plural *Mütter* zum Singular *Mutter* vor. Hier wird der Plural nicht durch ein Flexiv, sondern durch Umlautung des /u/ gebildet. Phonetisch gesehen ist [u] ein geschlossener, hinterer, gerundeter Vokal und die Umlautung macht auch ihm einen vorderen, geschlossenen und gerundeten Vokal.

Flektieren Substantive, Adjektive und Pronomina nach drei Kategorien, so verändert sich das Verb unter anderem nach den Kategorien Person, Numerus, Tempus, Modus und Genus (verbi). Die Veränderung nennt die Linguistik Konjugation. Auch hier werden Stämme um Flexive erweitert. In unserem Beispiel wurde der Wortstamm *telefonier-* um das Tempusflexiv *-t* und ein weiteres Flexiv *-e* erweitert, das Person und Numerus indiziert. Wendet man diese Regel an, um zum Beispiel die Verbform der 2. Person Plural zu bilden, ergibt sich die Form *(ihr) telefoniertet* als Ergebnis einer Stammerweiterung um das Tempusflexiv *-t* sowie das Flexiv *-et* zur Kennzeichnung von Person und Numerus. Eine entsprechende temporale Konjugation kennt das Englische. Hier wird zumeist der Wortstamm mit dem Flexiv *-ed* verschmolzen, sodass beispielsweise die Vergangenheitsformen *cleaned* (zu to clean, reinigen), *washed* (zu to wash, waschen) oder *rinsed* (zu to rinse, spülen) entstehen.

Daneben gibt es auch bei der Konjugation eine innere Flexion. Im Deutschen gilt dies etwa für die Verben *singen, helfen* oder *rennen*.

Der **Umlaut** [ä] *(Gast – Gäste)* beispielsweise ist aufgrund einer Einwirkung eines [i] oder [j] der Folgesilbe auf das [a] der Stammsilbe entstanden; so lautete im Althochdeutschen der Singular *gast* und der Plural *gasti*.

Werden sie nach Tempus konjugiert, ändert sich jeweils der Vokal in der Stammsilbe: *singen* wird (in der 1. Person Singular Präteritum) zu *sang* und *gesungen*, *helfen* zu *half* und *geholfen* und *rennen* wird zu *rannte* und *gerannt*. Diese Veränderung des Stammvokals nennt man »Ablaut«.

Neben Deklination und Konjugation kennt die Sprachwissenschaft noch eine dritte Art der Flexion, die Komparation. Sie bezieht sich auf Veränderungen des Adjektivs: *schnell, schneller, schnellste*. Entspricht dabei die Grundstufe, der so genannte Positiv, dem Wortstamm, entsteht der Komparativ im Deutschen regelmäßig durch Verschmelzung mit dem Flexiv *-er*. Der Superlativ wird gebildet, indem die Grundform des Wortstamms mit dem Flexiv *-este* verbunden wird. Zudem wird das Adjektiv nach dem Muster dekliniert, das bereits beschrieben wurde. Komparativ und Superlativ flektieren nach Kasus, Numerus und Genus: *Monika erzielte einen weiter*en *Wurf als Sabine. Die Mannheimer Sportler sind die schnellste*n. Allerdings wird in der neueren linguistischen Literatur erwogen, ob es sich bei den Suffixen der Komparation statt um Flexive nicht vielmehr um Wortbildungsmittel handelt, womit die Steigerung der Adjektive der wortbildenden Suffigierung anstelle der Flexion zuzurechnen wäre.

Sprachtypologie: Von flektierenden, isolierenden und agglutinierenden Sprachen

Am Beispiel der Deklination von *Tisch* wurde gezeigt, wie das Substantiv nach Numerus flektiert, indem die Stammform um das Flexiv *-e* zu *Tische* erweitert und so die entsprechende Pluralform gebildet wird. Nach Kasus hingegen flektiert das Wort nicht deutlich erkennbar. In der Einzahl verändert es seine Form nur im Genitiv, indem das Flexiv *-s* (in alter Form auch *-es*) mit dem Wortstamm zu *Tisch(e)s* verknüpft wird; Nominativ, Dativ und Akkusativ des Wortes sind identisch. Im Plural wird die Dativform durch Erweiterung um das Flexiv *-n* zu *Tischen*, während alle anderen Kasusformen im Plural übereinstimmen. Die Linguistik spricht deshalb in diesem Zusammenhang lediglich von »Deklinationsresten«, die sich für das Kasusmerkmal im Deutschen erhalten hätten. Sie verweist damit indirekt auf eine Unterscheidung, die bereits im 19. Jahrhundert thematisiert worden ist.

Damals hatte unter anderem August Wilhelm Schlegel darauf hingewiesen, dass Sprachen in unterschiedlichem Ausmaße flektierend sind, ja dass es Sprachen gibt, die die formalen Relationen der Wörter nicht durch Flexion, sondern zum Teil mit gänzlich anderen Mitteln ausdrücken. So stellte er das Lateinische mit seiner sehr ausgeprägten Formenveränderung als Prototyp der flektierenden Sprachen den agglutinierenden und isolierenden Sprachen gegenüber: Isolierende Sprachen kennen keine Veränderung der Wortformen beispielsweise nach Kasus und Numerus. Sie ersetzen Kasus und Numerus vielmehr durch die Wortstellung und selbstständige Wörter wie zum Beispiel Zahlwörter. Als Beispiele für isolierende Sprachen gelten das klassische Chinesisch und das Vietnamesische.

Der **Ablaut** war in frühen Stadien der indoeuropäischen Sprachen ein regelmäßiger Vokalwechsel *(binden, band, gebunden; die Binde, der/das Band, der Bund)*. Aufgrund lautgesetzlicher Entwicklungen sind die Verhältnisse in den germanischen Sprachen jedoch so kompliziert geworden, dass die ablautenden Verben des Deutschen heute zu den unregelmäßigen zählen.

Als August Wilhelm Schlegel zu Beginn des 19. Jahrhunderts seine Unterscheidung isolierender, agglutinierender sowie flektierender Sprachen entwickelte, war dies Ausdruck neuhumanistischen Gedankenguts. Latein und Griechisch waren für ihn gewissermaßen der Inbegriff flektierender Sprachen, die ihm auch als das Ideal der Sprache überhaupt galten. Demgegenüber wertete Schlegel den Typus der eher isolierenden Sprachen als Verfallsstadium der Sprachgeschichte.

Kasus / Numerus	Singular	Dual	Plural
Sanskrit *ashvah* »Pferd«			
Nominativ	ashva-h	ashva-u	ashva-h
Akkusativ	ashva-m	ashva-u	ashva-n
Instrumentalis	ashve-na	ashva-bhyam	ashva-ih
Dativ	ashva-ya	ashva-bhyam	ashve-bhyah
Ablativ	ashva-t	ashva-bhyam	ashva-bhyah
Genitiv	ashva-sya	ashva-yoh	ashva-nam
Lokativ	ashve	ashva-yoh	ashve-su
Vokativ	ashva	ashva-u	ashva-h
Latein *equus* »Pferd«			
Nominativ	equ-us		equ-i
Genitiv	equ-i		equ-orum
Dativ	equ-o		equ-is
Akkusativ	equ-um		equ-os
Ablativ	equ-o		equ-is
Englisch *horse* »Pferd«			
	horse		horse-s

Demgegenüber unterscheiden sich agglutinierende Sprachen von den flektierenden durch die Art und Weise, *wie* die Formenveränderung erfolgt. Während bei der Flexion ein einziges Flexiv meist mehrere Funktionen hat (*les-e*: 1. Person Singular Präsens Indikativ Aktiv) erfolgt die Variation in agglutinierenden Sprachen, wie ihr Name schon sagt, durch »Anleimung« mehrerer Suffixe, die in ihrer grammatischen Funktion und Bedeutung fest definiert sind. So drücken im Türkischen, einem typischen Beispiel für agglutinierende Sprachen, etwa die Suffixe *-ler* stets den Plural und *-i* immer eine Possessivrelation (sein, ihr usw.) aus. Aus *ev* Haus wird so *ev-ler* »Häuser« und *ev-ler-i* »seine Häuser«.

Sprachen flektieren in unterschiedlichem Maße. Während beispielsweise Sanskrit die Substantive nach drei Numeri und acht Kasus flektiert, werden diese im Lateinischen regelmäßig nur nach zwei Numeri und fünf Kasus dekliniert. Im Englischen entfällt die Flexion nach Kasus sogar ganz. An ihre Stelle treten Präpositionalkonstruktionen wie etwa *of the horse* für den Genitiv oder *to the horse* für den Dativ.

Sprachtypologische Entwicklungen

Die Sprachwissenschaft stellt nun innerhalb der indoeuropäischen Sprachen eine Tendenz zum Abbau der Flexion fest, das heißt eine Entwicklung hin zum isolierenden Sprachtypus: Während das Indoeuropäische selbst vergleichsweise ausgeprägt flektierend war, was sich im Lateinischen und Griechischen bewahrt hat, ist die Flexion zum Beispiel im Deutschen schon deutlich weniger ausgeprägt. Vollends reduziert erscheint sie im Englischen. Denn sieht man von einer Erweiterung der Stammform in der 3. Person Singular durch das Flexiv *-s* ab, kennt dieses beispielsweise keine Konjugation der Verben nach Person. Englisch ist heute eine weitgehend isolierende Sprache und das Deutsche scheint auf demselben Wege zu sein. So wird beispielsweise das Dativ-e *(dem Kind-e – dem Kind)* heute zumeist weggelassen. An diesem Beispiel wird deutlich, dass Sprachen nicht einfach flektierend, agglutinierend oder isolierend sind, sondern dass sie mehr oder weniger flektierend, agglutinierend oder isolierend sind. Man

Eine einfache statistische Untersuchung zeigt, dass die sprachtypologische Unterscheidung von isolierenden, agglutinierenden und flektierenden Sprachen lediglich eine Tendenz beschreibt. Denn bildet man den Durchschnittswert zwischen Anzahl der Wortstämme und Affixe (Präfixe, Infixe, Suffixe) einerseits sowie der Wörter andererseits, würde man für eine vollständig isolierende Sprache einen Quotienten von 1,0 ermitteln. Tatsächlich aber ergibt sich als Durchschnittswert aus fortlaufenden Texten für das als isolierend geltende Englisch ein Quotient von immerhin 1,68. Zum Vergleich: Der entsprechende Wert für das flektierende Sanskrit liegt bei 2,59.

erkennt aber auch, dass Sprachen sich entwickeln können etwa von einem flektierenden zu einem isolierenden Typ.

Die Syntax

Unsere Anlagen zum Lernen einer Sprache sind, wie oben erwähnt in dem Sinne spezifisch, dass Satzteile, Sätze und Texte aller Sprachen als lineare Folgen von Wörtern zu betrachten sind. Eine Eigentümlichkeit dieses Aufbaus ist die Grammatikalität der Sätze. Es gibt keine Sprache, die von allen möglichen Wortfolgen ohne Einschränkung Gebrauch macht. In sämtlichen Sprachen kommt nur bestimmten Ausdrücken Bedeutung und eine kommunikative Funktion zu und anderen nicht. Die Sprachen unterscheiden sich jedoch in ihren Prinzipien der Auswahl. Dabei sind Ausdrücke grammatisch (korrekt), wenn sie den einer Sprache eigentümlichen Bauprinzipien genügen, ansonsten sind sie ungrammatisch. Die Wissenschaft vom Aufbau grammatischer Ausdrücke einer Sprache aus Wörtern heißt Syntax.

Die Grammatikalität sprachlicher Ausdrücke

Man kann sich einen Begriff von der Grammatikalität machen, indem man beliebige Folgen beispielsweise der vier Wörter *Ilse, oder, Peter* sowie *tüftelt* bildet und sie daraufhin überprüft, welche im Deutschen als grammatisch gelten und welche nicht. Es überrascht, wie wenige Folgen diesen Test bestehen. Darunter sind Sätze wie *tüftelt Ilse oder Peter* (als Frage), Teile von Sätzen wie *Ilse oder Peter* und Folgen von Sätzen wie *Ilse tüftelt Ilse tüftelt*. Andere Folgen wie *oder Peter oder tüftelt* hingegen bestehen den Test eindeutig nicht. Was auf den ersten Blick so einfach erscheint, ist letztlich sehr kompliziert: Das Testergebnis hängt nicht vom Kriterium der Wahrheit oder Falschheit ab, denn die Grammatikalität des Satzes *Ilse tüftelt* ist

NOAM CHOMSKY – (NICHT NUR) EIN REVOLUTIONÄR DER SPRACHWISSENSCHAFT

Als Avram Noam Chomsky 1957 seine Abhandlung »Syntactic Structures« publizierte und damit den ersten Entwurf seiner von ihm seither immer wieder revidierten Theorie der Sprache vorlegte, löste er eine wissenschaftliche Revolution aus, deren Folgen weit über die Grenzen der Linguistik hinaus spürbar wurden. Denn mit dem Postulat einer biologisch fundierten Universalgrammatik hat Chomsky jener traditionellen Perspektive widersprochen, in der Sprache als sozusagen bloß kulturelles Phänomen erscheint.

Dabei hat der Glaube Chomskys an die Vernunft der menschlichen Natur, wie er im Gedanken der angeborenen Sprachfähigkeit zum Ausdruck kommt, auch politischen Niederschlag gefunden: Der Linguist ist als unerbittlicher Gegner des amerikanischen Einsatzes im Vietnamkrieg und Vertreter radikaler linker Positionen bekannt geworden, der zugleich die totalitären Auswüchse des Leninismus und Stalinismus scharf verurteilte. Sein Eintreten für einen schillernden libertär-anarchistischen Sozialismus ließ Chomsky jedoch zu einem politischen Außenseiter werden.

unabhängig davon, ob Ilse wirklich tüftelt. Zugleich fällt die Grammatikalität eines Ausdrucks nicht mit seiner Sinnhaftigkeit oder Verständlichkeit zusammen. So verletzen einerseits Ausdrücke wie *Ilse oder Ilse* nicht die Regeln der Syntax, obwohl sie kaum sinnvoll zu nennen sind. Andererseits kommen im tatsächlichen Sprachgebrauch Ausdrücke wie *tüftelt Ilse oder...* vor, die zwar nicht grammatisch sind, aber unschwer beispielsweise im Sinne der Frage nach Ilses Beschäftigung verstanden werden können. Es ist daher unzutreffend, grammatische Ausdrücke kurzerhand mit den im Alltag festzustellenden gleichzusetzen.

Die abstrakte Beherrschung der syntaktischen Regeln nennt der amerikanische Linguist Noam Chomsky (sprachliche) Kompetenz; die praktische und unter Umständen etwa durch ein begrenztes Gedächtnis, mangelnde Konzentration oder Ablenkung gestörte Ausübung der Kompetenz, die zu unvollständig oder ungrammatisch gebildeten Sätzen führen kann, bezeichnet er als Performanz. Damit lässt sich die angedeutete Diskrepanz zwischen Grammatikalität und Verständlichkeit von Ausdrücken als Spannung zwischen Kompetenz und Performanz fassen.

Die generative Grammatik Noam Chomskys

Chomsky hat in den 1950er-Jahren die Frage nach dem mathematisch-kombinatorischen Gesetz aufgeworfen, das hinter unserer grammatischen Kompetenz steht, und damit eine Revolution in der Linguistik ausgelöst. Er hat dabei nicht nur eine neue Begrifflichkeit geschaffen und überraschende Einsichten gewonnen, sondern auch der Forschung eine neue Richtung gewiesen.

Die von ihm entwickelten Systeme nannte Chomsky Phrasenstrukturgrammatiken. Am besten macht man sich das Funktionieren einer solchen Grammatik an einem einfachen Beispiel klar, etwa an einer Art Spielzeuggrammatik der Sätze über dem Vokabular *Ilse, oder, Peter* und *tüftelt*:

1) S→S+K+S (S= Satz; K= Konjunktion)
2) S→NP+VP
3) NP→NP+K+NP
4) NP→N (N= Nomen, Substantiv)
5) VP→VP+K+VP
6) VP→V (V= Verb)
7) N→*Ilse*
8) K→*oder*
9) N→*Peter*
10) V→*tüftelt*

Die Pfeil- oder Ersetzungsregeln der Form X→Y sind der Mathematik entlehnt. Sie zeigen, wie beispielsweise der Ausdruck *Peter tüftelt* gebildet wird, indem zunächst ein Satzganzes (S) entsprechend der Regel 2) durch eine Nominalphrase (NP) und eine Verbalphrase (VP) ersetzt wird und diese wiederum entsprechend der Regeln 4) und 9) beziehungsweise 6) und 10) weiter substituiert werden. Analog erzeugt man andere Sätze.

Ilse
*oder
Peter
*tüftelt
Ilse Ilse
*Ilse oder
Ilse Peter
Ilse tüftelt
⋮
tüftelt Ilse
*tüftelt oder
tüftelt Peter
*tüftelt tüftelt
⋮
Ilse oder Ilse
*Ilse oder oder
Ilse oder Peter
*Ilse oder tüftelt
⋮
Ilse Ilse oder Ilse
*Ilse Ilse oder oder
Ilse Ilse oder Peter
*Ilse Ilse oder tüftelt
⋮
*Ilse oder Ilse Ilse
*Ilse oder Ilse oder
*Ilse oder Ilse Peter
Ilse oder Ilse tüftelt
⋮
*Ilse oder Peter Ilse
*Ilse oder Peter oder
*Ilse oder Peter Peter
Ilse oder Peter tüftelt
⋮

Variiert man die Wörter *Ilse, oder, Peter* und *tüftelt,* so bilden überraschend wenige der Wortfolgen **grammatische Ausdrücke.** Ungrammatische Ausdrücke markiert die Linguistik mit einem *Asteriskus.

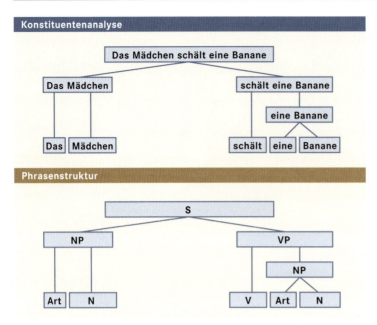

Sätze lassen sich durch fortgesetzte Teilung in ihre Bestandteile, ihre **Konstituenten** zerlegen, wie anhand des oberen Strukturbaums deutlich wird. Der regelhafte Aufbau von Sätzen lässt sich ebenfalls mithilfe von Strukturbäumen darstellen (S Satz; NP Nominalphrase; VP Verbalphrase; Art Artikel; N Substantiv (Nomen); V Verb).

Der Aufbau von Sätzen nach Regeln nannte Chomsky »Erzeugung«. Diesem Begriff verdankt die von ihm begründete Forschungsrichtung ihre Bezeichnung als **generative Grammatik**.

Rekursive Regeln erzeugen unendlich viele Ausdrücke. So erzeugt zum Beispiel die Regel
S → S + K + S
eine nicht abbrechende Folge immer länger werdender Sätze
S
S + K + S
S + K + S + K + S.

Diese simple Syntax generiert nur grammatische Ausdrücke und keine ungrammatischen. Darüber hinaus enthält sie die Regeln 1) S→S+K+S und 3) NP→NP+K+NP, die rekursiv genannt werden, weil die zu ersetzenden, links des Pfeils stehenden Symbole S beziehungsweise NP in der Ersetzung rechts des Pfeils wiederkehren. Solche rekursiven Regeln erzeugen beliebig lange Ausdrücke, beispielsweise beliebig lange *oder*-Koordinationen wie *Peter oder Ilse, Peter oder Ilse oder Peter, Peter oder Ilse oder Peter oder Ilse*. Damit erzeugt diese Grammatik unendlich viele Sätze, genauer: Sie erzeugt alle grammatischen Sätze über dem Vokabular *Peter, oder, Ilse* und *tüftelt*.

Ursprünglich hegte man die Hoffnung, mit solchen Grammatiken alle Ausdrücke natürlicher Sprachen wie der englischen oder deutschen vollständig generieren zu können, stieß dabei jedoch bald auf große Schwierigkeiten, die bis heute noch nicht gänzlich ausgeräumt sind. Man ahnt etwas von ihnen, wenn man schon für diese einfache Beispielsyntax einräumen muss, dass sie nur auf Aussagesätze der Form Subjekt – Prädikat ausgelegt ist.

Die hierarchischen Strukturen der mit Phrasenstrukturgrammatiken erzeugten Sätze natürlicher Sprachen können als »Bäume« abgebildet werden. Die Blätter dieser (nach unten wachsenden Bäume) sind die Wörter. Die Symbole an den Ästen und Zweigen vertreten syntaktische Kategorien. Diejenigen unmittelbar über den Wörtern stehen für die Wortarten. An den höheren Verzweigungen haften Symbole für Phrasen oder Satzglieder. Die Wurzel des Baumes bildet das Symbol S für die Kategorie Satz.

Die traditionelle Grammatik kennt neben Wortarten und Phrasen oder Satzgliedern Begriffe wie Subjekt, Prädikat, Adverbial oder Akkusativobjekt. Ihre Unterscheidung ist notwendig, weil ein und der-

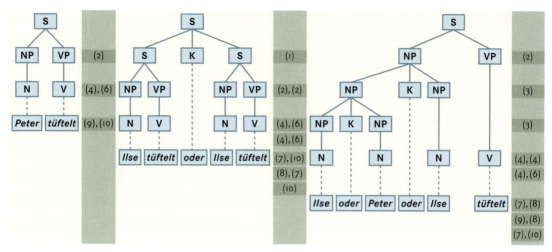

Die **Strukturbäume** geben die Ersetzungsvorgänge grafisch wieder, nach denen drei unterschiedlich komplexe Sätze über dem Vokabular *Ilse, oder, Peter* sowie *tüftelt* generiert werden können. Sie lassen erkennen, dass mithilfe einer beschränkten Anzahl von Regeln, wie sie von Noam Chomsky formuliert worden sind, grammatische Ausdrücke grundsätzlich beliebiger Länge gebildet werden können.

selbe Ausdruck, beispielsweise die Nominalphrase *den ganzen Tag*, in Sätzen wie *Ilse tüftelt den ganzen Tag* ein Adverbial sind, in Sätzen wie *Ilse verdirbt den ganzen Tag* hingegen das Akkusativobjekt. Diese syntaktischen Kategorien beruhen also nicht auf dem inneren Aufbau der Ausdrücke, sondern auf deren Einbettung in einen Satz, weshalb sie auch funktionale Kategorien genannt werden.

Grammatische Verwandtschaft – Strukturabhängigkeit

Ein bedeutendes syntaktisches Problem stellen grammatische Verwandtschaften zwischen Sätzen dar, beispielsweise zwischen Aussagesatz, Passivsatz und Fragesatz. Die einfachste Regel zur Bildung von Ja-Nein-Fragen aus einem Aussagesatz wie *Der Sänger traf den Ton* könnte folgende sein: Bewege das dritte Wort *(traf)* an den Satzanfang! Das würde im Falle dieses Satzes zwar genügen, aber bei dem Satz *Der große Sänger traf den Ton* zu dem falschen Ergebnis **Sänger der große traf den Ton* führen. Die Regel darf sich also nicht auf die bloße Reihenfolge der Wörter beziehen, sondern muss wenigstens die Wortart berücksichtigen. So könnte sie zum Beispiel verlangen, das erste Verb des Satzes an den Satzanfang zu stellen. Aber auch das wäre falsch, denn dann würde aus *Der Sänger, der den Ton getroffen hat, ist verschwunden* nicht der grammatisch korrekte Satz *Ist der Sänger, der den Ton getroffen hat, verschwunden?* entstehen, sondern der ungrammatische Satz **Hat der Sänger, der den Ton getroffen, ist verschwunden?* Hier bildet zwar ein Verb den Satzanfang, aber das falsche. Richtig wäre die Forderung, das Verb des Hauptsatzes an den Satzanfang zu stellen. Das Verb des Hauptsatzes kann nur an der syntaktischen Struktur des gesamten Satzes erkannt werden. Regeln zur Bildung eines Fragesatzes aus einem entsprechenden Aussagesatz nannte Chomsky Transformationen. Sie spielten in der frühen Phase der von Chomsky begründeten Syntaxforschung eine dominierende Rolle und gaben dieser Richtung den Namen, unter dem sie bekannt wurde: Transformationsgrammatik (TG). Ein wesentliches Ergebnis der früheren Diskussion war die

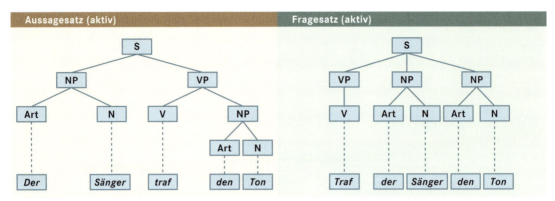

Über demselben Vokabular gebildet, sind die Strukturbäume von Aussagesatz und Fragesatz doch verschieden, da ihnen unterschiedliche Bildungsregeln zugrunde liegen. Am augenfälligsten ist die veränderte Stellung des Verbs, das in der Frage an den Satzanfang rückt, sowie die damit verbundene »Auflösung« der ursprünglichen Verbalphrase bereits im ersten Ersetzungsvorgang nach der Regel S→VP+NP+NP.

Strukturabhängigkeit. Transformationen beruhen weder auf der bloßen Wortfolge noch allein auf der Wortart, sondern auf der gesamten syntaktischen Struktur der Sätze. Aber nicht nur die Transformation von Aussagesätzen zu Fragesätzen ist strukturabhängig, sondern beispielsweise auch die Transformationen zur Bildung von Relativsätzen und Passivierungen. Dies gilt darüber hinaus nicht nur für das Deutsche, sondern für alle Sprachen: Chomsky hat mit der Strukturabhängigkeit ein universales Prinzip aller Grammatiken entdeckt.

Spracherwerb und Universalgrammatik

Die mathematische Präzisierung der Syntax ebnete den Weg zu der Einsicht in die ungeheure Komplexität der Sprache. Chomsky hat erkannt, dass Sprachen wesentlich komplexer sind, als bisher stets stillschweigend angenommen worden ist. Insbesondere hat er entdeckt, was er *Platos Rätsel* genannt hat: nämlich den Kontrast zwischen der hohen mathematischen Komplexität der Sprache und der Leichtigkeit, mit der Kinder sie erlernen. Dieser Kontrast war es, der Chomsky zu der Annahme eines angeborenen Vermögens zur Erlernung der Sprache gedrängt hat. Das Vermögen, aufgrund einer relativ beschränkten und zufälligen Auswahl grammatischer und sogar ungrammatischer Sätze mühelos das vollständige und korrekte Regelwerk der Syntax zu erwerben, verdanken Kinder nicht ausschließlich ihrer Umgebung, sondern es beruht auch – zumindest teilweise – auf einer Anlage, unwillkürlich die richtigen Regeln in die gehörten, teilweise unkorrekten Sätze hineinzulesen. Mit dieser Annahme hat sich Chomsky gegen den seinerzeit vorherrschenden Behaviorismus gewandt, der davon ausging, dass wir unsere sprachlichen Fähigkeiten ausschließlich aus unserer Umgebung beziehen.

Gottlob Frege gilt als Architekt der modernen Logik. Außerdem hat er bedeutende Beiträge zur mathematischen Grundlagenforschung sowie zur Sprachtheorie geleistet (Abdruck mit freundlicher Genehmigung des Instituts für Mathematische Logik und Grundlagenforschung, Münster).

Die Valenzgrammatik

Die generative oder transformationelle Grammatik und eine Reihe anderer Modelle sind selbstverständlich zu einem großen Teil Weiterführungen der traditionellen Grammatik, die wiederum auf der antiken Tradition fußt. Seit dem Altertum hat man

Sätze prinzipiell in Subjekt und Prädikat geteilt. Die Subjekt-Prädikat-Dichotomie war bis zum Ende des letzten Jahrhunderts in Linguistik, Logik und Philosophie unbestritten und hat sich auch in der von Chomsky begründeten Schule erhalten.

Eine ganz andere Richtung schlug die Theorie der so genannten Valenzgrammatik ein, die besonders in der französischen und deutschen Linguistik lange diskutiert worden ist. Sie geht auf den Logiker Gottlob Frege und auf den Linguisten Lucien Tesnière zurück. Im Jahre 1891 hat Frege sich von der 2000-jährigen Tradition abgewendet und den Begriff des Prädikates verallgemeinert. Er sah in Prädikatsausdrücken unvollständige – in seinen eigenen Worten ungesättigte – Sätze und meinte damit, dass manche Prädikate zur Ergänzung zu einem Satz ein Subjekt benötigten *(Ilse tüftelt)*, andere ein Subjekt und zwei Objekte, zum Beispiel ein dativisches und ein akkusativisches *(Peter gibt seinem Sohn einen Brief)*. Entsprechend unterschied Frege Prädikate verschiedener Stellenzahl. Als Prädikat ist *tüftelt* 1-wertig, *lobt* 2-wertig und *gibt* 3-wertig. In Verallgemeinerung dieses Gedankens sind sogar 0-wertige Prädikate angenommen worden, zum Beispiel lateinisch *pluit* »es regnet« oder japanisch *samui* »es ist kalt«. (0-wertige Prädikate benötigen kein Subjekt oder Objekt, um zu Sätzen zu werden, und sind deshalb selbst schon Sätze). Im Deutschen ist das nicht möglich, weil Witterungsimpersonalia wie *es ist kalt, es regnet* und vergleichbare Ausdrücke stets das Scheinsubjekt *es* verlangen. Allerdings gibt es im Deutschen passivische Sätze wie *Heute wird getanzt* ohne Subjekt oder Objekt.

Freges Verallgemeinerung ist heute in der Logik vollkommen anerkannt und hat die Ausdruckskraft logischer Sprachen bedeutend erweitert. Die Anwendung der Valenztheorie auf natürliche Sprachen ist jedoch nicht problemlos. Sie beschreibt Zahl und Art der Ergänzungen von Prädikaten. Diese benötigen fast alle ein Subjekt, das heißt eine Ergänzung im Nominativ. Nur wenige Prädikate verlangen stattdessen eine Ergänzung im Dativ *(mir ist übel)*. Daneben gibt es Ergänzungen in allen Kasus, Präpositionalergänzungen und Satzergänzungen. *Loben* verlangt ein Akkusativobjekt, *gehören* ein Dativobjekt und *erinnern* entweder ein Genitivobjekt *(Ilse erinnert sich ihrer Glanzzeit)* oder eine Präpositionalergänzung *(Ilse erinnert sich an ihren Hund)* und *sagen* benötigt entweder ein Akkusativobjekt *(Sie sagt kein Wort)* oder ein Satzobjekt *(Sie sagt, er will nicht)*.

Die Krux der Valenztheorie aber liegt darin, dass sie die verschiedenen Grade der Notwendigkeit von Ergänzungen nicht erklären kann: Einige Ergänzungen, wie zumeist eben das Subjekt, das ohnehin aufgrund seiner Kongruenz mit dem Prädikat eine Sonderrolle spielt, sind zwingend erforderlich. Hierzu gehören auch das Dativobjekt in Sätzen wie *Die gehört nämlich meinem Vater* oder das Präpositionalobjekt in *Die Donau mündet in das Schwarze Meer*. An-

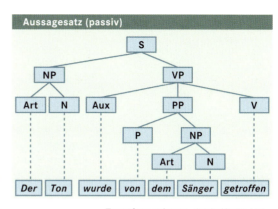

Transformationen, das heißt die Umformung syntaktischer Ausdrücke unter Beibehaltung ihrer Grundbedeutung, standen lange Zeit im Mittelpunkt der von Chomsky ausgelösten Diskussion. Ein klassisches Beispiel für eine Transformation ist die Überführung eines aktiven Satzes ins Passiv (Aux = Hilfsverb, PP = Präpositionalphrase).

Nach Auffassung des **Behaviorismus,** einer von dem amerikanischen Psychologen John B. Watson begründeten Forschungsrichtung, ist alles menschliche Verhalten und Handeln auf das Wechselspiel von Reiz (stimulus) und Reaktion (response) zurückzuführen. Seine Perspektive hat insbesondere das Verständnis von Lernvorgängen wesentlich geprägt.

Valenz, von lateinisch valentia »Stärke« oder »Kraft« abgeleitet, bezeichnet in der Linguistik in Anlehnung an die Chemie die Wertigkeit des Prädikats, das heißt seine syntaktische Eigenschaft, eine Anzahl von Leerstellen für eine bestimmte Art von Ergänzungen zu eröffnen.

dere Ergänzungen dagegen sind fakultativ. Möglich sind die Ausdrücke *Peter verkauft das Buch* und *Peter verkauft das Buch seinem Bruder,* unter bestimmten Umständen sogar *Peter verkauft,* aber sicher nicht *Peter verkauft seinem Bruder.* Umgekehrt erhöht der so genannte Akkusativ des Inhalts oft die Stellenzahl intransitiver Verben, wie das Beispiel *Ich habe einen guten Kampf gekämpft* zeigt. Schließlich erscheint es oft künstlich oder gar unmöglich, zwischen Ergänzungen des Prädikats und adverbialen Angaben zu unterscheiden, sodass sich zum Beispiel bei Nominalphrasen wie *den ganzen Tag* ein Kontinuum zwischen notwendigen Ergänzungen *(Helga verdirbt den ganzen Tag),* fakultativer Ergänzung und Adverbiale *(Helga trödelt den ganzen Tag)* ergibt, ohne dass eine klare Abgrenzung erkennbar wäre.

Semantik

Der Begriff der Semantik ist relativ jung. Er wurde erst am Ende des 19. Jahrhunderts aus dem griechischen Wort *sêma* für »Zeichen«, »Merkmal« gebildet und dient als allgemeine Bezeichnung für Untersuchungen der Bedeutung sprachlicher Ausdrücke. Tatsächlich haben sich aber schon seit Platon und Aristoteles Philosophen und Grammatiker mit der Frage nach der Bedeutung von Wörtern und Sätzen befasst. Heute sind mit diesem Problem neben der Linguistik auch andere Fächer wie die Psychologie und die Philosophie konfrontiert. Sie haben verschiedene Antworten entwickelt, und selbst in der Sprachwissenschaft rivalisieren mehrere Traditionen. Das hat zu sehr unterschiedlichen Auffassungen des Begriffs der Bedeutung geführt. So untersucht die linguistische Semantik die Bedeutungen von Wörtern und Sätzen, Bedeutungsbeziehungen zwischen sprachlichen Ausdrücken – etwa Bedeutungsgleichheit (Synonymie), Verhältnis der Ober- und Unterordnung (Hyponymie), einander ausschließende Wortbedeutungen (Exklusion) –, Beziehungen inhaltlich benachbarter Wörter (»Wortfelder«) sowie auch Bedeutungsbeziehungen im Rahmen von Sätzen und ganzen Texten. Im Unterschied zur Semantik ist die allgemeine Semiotik auch für Gehalte nicht sprachlicher Zeichen wie Gesten, Verkehrsschilder, Signale von Tieren oder religiöse Symbole zuständig.

Bei Wörtern, Sätzen und Texten unterscheidet man zwischen dem Ausdruck und dem Inhalt (Gehalt, Bedeutung). Ein und dasselbe Wort kann Verschiedenes ausdrücken. Das Wort *Bank* bedeutet in manchen Zusammenhängen »Geldinstitut«, in anderen »Sitzgelegenheit«. Umgekehrt können verschiedene Ausdrücke wie *Tierarzt* und *Veterinär* dasselbe bedeuten. Darüber hinaus unterscheiden die Semantiker zwischen dem konstanten Kern des von einem Wort oder Satz ausgedrückten Gehalts und dem von Sprechern, Situationen oder Kontexten abhängenden Gehalt. Wegen der undeutlichen Grenze gewinnt der Vorschlag an Boden, die konstanten Kerne der Inhalte »Bedeutungen« zu nennen und sie zu Gegenständen der Semantik zu erklären, und die von Sprechern, Situationen oder Kon-

---

Der Ausdruck »Semantik« wurde 1883 von dem französischen Sprachwissenschaftler Michel Bréal geprägt und in die Sprachwissenschaft eingeführt. Schon um 1830 tauchte der Begriff der »Semasiologie« für Bedeutungslehre auf. Seine heute maßgebliche Fassung im Verhältnis zu den anderen beiden Bereichen der Semiotik, zur »Syntax« und »Pragmatik«, erhielt die Semantik jedoch durch Charles W. Morris (1938) und Rudolf Carnap.

Bedeutungen von Wörtern können auf verschiedenen Wegen zustande kommen. Ihre natürliche Entstehung entgeht fast immer unserer bewussten Beobachtung. Wenn man dagegen auf ein bestimmtes Holzblasinstrument deutet und zu einem Musikschüler sagt: *Das ist ein Fagott,* lehrt man ihn die Bedeutung des Wortes *Fagott.* Hierbei spricht man von deiktischer oder ostensiver Definition. Die Logik und Wissenschaftstheorie kennen verschiedene Formen der Definition zur Festlegung der Bedeutung. Die häufigste und einfachste ist die so genannte explizite Definition, z.B.: *Ein Kreis ist die Gesamtheit aller von einem bestimmten Punkt gleich weit entfernten Punkte.*

texten abhängenden Gehalte dagegen der Pragmatik zuzurechnen. Mit dem an meine Frau und mich gerichteten Satz *Gehören sie zusammen?* fragt die Verkäuferin eigentlich nach unserem Verhältnis. Der wörtliche Anteil des Gehaltes ist die Bedeutung des Satzes und als solcher Gegenstand der Semantik. In der Bäckerei drückt der Satz jedoch die Frage aus, ob neben meiner Frau auch ich einen Wunsch habe. Was die Verkäuferin mit diesem Satz in der besonderen Situation meint, ist Gegenstand der Pragmatik.

Das semantische Dreieck

Die komplexen Wörter *Abendstern* und *Morgenstern* haben verschiedene Bedeutungen, die man vielleicht mit »am Abendhimmel/Morgenhimmel stehender Stern« umschreiben kann. Beide beziehen sich aber auf den Planeten Venus. Die Wissenschaft hat sich geeinigt, den Planeten Venus die »Extension« der Wörter *Morgenstern* und *Abendstern* zu nennen, anstelle von Bedeutung wird auch von »Intension« gesprochen. Danach hätten die Ausdrücke *Abendstern* und *Morgenstern* die gleiche Extension, aber verschiedene Intensionen beziehungsweise Bedeutungen. Diese dreigliedrige Unterscheidung zählt in der einen oder anderen Form zum klassischen Bestand der Semantik und man veranschaulicht sie oft in Form eines so genannten semantischen Dreiecks. Mit einem Ausdruck bezieht man sich auf die Extension, und zwar über den Umweg seiner Bedeutung oder Intension. Man sagt auch, der Ausdruck »referiert« mithilfe einer Bedeutung auf einen Gegenstand.

Eine Theorie der Satzbedeutung

Im Zusammenhang mit dem Wortschatz ist einiges zu Bedeutungen von Wörtern gesagt worden. Der Abschnitt zur Syntax behandelt die Prinzipien der Verknüpfung von Wörtern zu Sätzen. Das klassische Modell für die entsprechende Verknüpfung von Wortbedeutungen zu Satzbedeutungen verdanken wir der mathematischen Logik – genauer dem Architekten der modernen Logik Gottlob Frege und dem Exponenten der polnischen Logik und Begründer der modernen logischen Semantik Alfred Tarski.

Die logische Semantik benennt in einem ersten Schritt die Extensionen der Wörter und verknüpft diese in einem zweiten Schritt zu Extensionen von Sätzen. Im Falle des einfachen Satzes *Ilse tüftelt* weist sie dem Namen *Ilse* als Extension die Person Ilse zu und dem Prädikat *tüftelt* als Extension eine so genannte charakteristische Funktion f. Diese charakterisiert eine Situation, in der zum Beispiel Ilse tüftelt, aber Peter nicht, in dem Sinne, dass sie für Ilse zum Beispiel den Wert »wahr« gibt und für Peter den Wert »falsch« – in mathematischer Notation: f(Ilse) = wahr und f(Peter) = falsch. Seinen eigentlichen Wert entfaltet dieses Vorgehen erst bei der semantischen Interpretation komplexerer Ausdrücke. Die Logik hat Extensionen auch für mehrstellige Prädikate oder Beziehungen wie *x zerstört y* und *x schenkt dem y das z* sowie für Satzverknüpfungen wie *nicht* und *oder* und vor allem für die so genannten Quantoren wie

In der logischen Semantik erhalten Namen als Extension einen Gegenstand (oder eine Person), Prädikate eine charakteristische Funktion und Aussagesätze einen Wahrheitswert, das heißt »wahr« (w) oder »falsch« (f). Auf Ludwig Wittgenstein gehen die so genannten **Wahrheitstafeln** zurück, die Aussageverknüpfungen wie etwa die Negation *nicht* und die Disjunktion *oder* definieren.
Die hier dargestellten Tafeln sind so zu verstehen: *P* und *Q* vertreten Aussagesätze. Wenn *P* wahr (w) ist, ist nicht *P* falsch (f). Wenn *P* falsch ist, ist nicht *P* wahr. *P oder Q* ist nur dann falsch, wenn sowohl *P* als auch *Q* falsch ist. Sonst ist *P oder Q* wahr.

P	nicht P		P	Q	P oder Q
w	f		w	w	w
f	w		w	f	w
			f	w	w
			f	f	f

Unter der **Extension** eines Ausdrucks versteht man das, was ihm in der Realität entspricht. Die Extension eines Namens ist ein Gegenstand oder eine Person, die Extension eines Begriffswortes (wie *Katze*) ist die Menge aller Dinge, die unter ihn fallen (die Gesamtheit aller Katzen) oder die entsprechende charakteristische Funktion. Die charakteristische Funktion der Katzen ist die Funktion f, für die Folgendes gilt: $f(x)$ = wahr, falls x eine Katze ist, und sonst falsch.
Die Extension von Aussagesätzen ist einer der beiden Wahrheitswerte »wahr« oder »falsch«. Unter der Intension eines Ausdrucks versteht man die gedankliche Vermittlung der Extension.

einige und *alle* entwickelt. Damit ist die Logik zum Modell für die moderne Semantik schlechthin geworden.

Allgemein unterliegen die Berechnungen dem Prinzip, dass die Extensionen von Verknüpfungen (von Wörtern) sich aus der Verknüpfung der Extensionen (der Wörter) ergeben. Anders gesagt: Die Bedeutung der grammatischen Verknüpfung der Wörter ist das Ergebnis der semantischen Verknüpfung der Bedeutungen der Wörter. Diesem bedeutenden Prinzip unterliegen auch nicht sprachliche Formen der Abbildung. Ein Teil des Bildes (einer Landschaft) ist das Bild eines Teiles (der Landschaft). In der Sprache gilt das Prinzip bei Ausdrücken verschiedener Länge in verschiedenem Maße. Die erste Hälfte einer Fußballreportage ist fraglos eine Reportage der ersten Halbzeit. Bei einzelnen Sätzen gilt es in dem beschriebenen Sinne. Selbst bei manchen Wortbildungen ist es wirksam – zum Beispiel bei *Tintenfleck* oder *Polarbär*, deren Bedeutungen sich auf nahe liegende Weise aus den Bedeutungen ihrer Teile ergeben. Bei anderen Wörtern wie *Fahrstuhl* oder *Fahrrad* genügt es nicht. Und im Falle arbiträrer Wörter wie *Bär* schließlich versagt es ganz, denn die Bedeutung von *Bär* lässt sich nicht aus »Bedeutungen« der Laute /b/, /ä/ und /r/ gewinnen. Das Prinzip gilt bei langen Ausdrücken und verliert mit kürzer werdenden Ausdrücken zunehmend an Gültigkeit. Das beschriebene Prinzip ist also das semantische Pendant zu Chomskys syntaktischer Produktivität.

Intension und Extension

Die Gleichsetzung von Bedeutung mit Extension erfasst nur einen Aspekt des Gehaltes von Ausdrücken. Frege hat in diesem Zusammenhang ein merkwürdiges Problem entdeckt und mit seinem im Jahre 1892 veröffentlichten Traktat »Über Sinn und Bedeutung« bis heute die Diskussion bestimmt. Wenn es der Intension obliegt, uns – sozusagen – zur Extension zu führen, warum verstehen wir komplexe Wörter wie *Morgenstern* und *Abendstern*, ohne gleich ihre Extensionen zu kennen. Warum verstehen wir Sätze wie *der Abendstern ist identisch mit dem Morgenstern*, ohne zugleich zu wissen, ob sie wahr oder falsch sind? Wenn das unmöglich wäre, könnte man keine Fragen stellen, deren Antwort aussteht. Man könnte keine Nachricht verstehen und sich bei der Beurteilung ihrer Wahrheit auf andere verlassen. In allen Fällen besteht eine Differenz zwischen der Kenntnis der Bedeutungen der Wörter und der Erkenntnis der Wahrheit des Satzes. Frege hat die Frage aufgeworfen, warum wir, obwohl wir die Intension von Ausdrücken verstehen, oft deren Extension nicht kennen; dieses Problem ist bis heute nicht zufrieden stellend gelöst.

Der amerikanische Philosoph und Logiker Saul Kripke hat vorgeschlagen, Ausdrücken in Abhängigkeit von Situationen oder Kontexten – oder wie er in Anlehnung an Gottfried Wilhelm Leibniz formuliert – von »möglichen Welten« eine Extension zuzuweisen. So

Die Wahrheit des Satzes *Das Buch ist auf dem Tisch* hängt sowohl von seiner Bedeutung, den Bedeutungen von *Buch, auf, Tisch* usw. ab als auch von den Tatsachen, auf die ein Sprecher sich bezieht. Wenn der Satz seine gewöhnliche Bedeutung hat und das vom Sprecher gemeinte Buch tatsächlich auf dem Tisch liegt, ist der Satz wahr. Wenn die Präposition *auf* die Bedeutung *unter* hätte, wäre der Satz unter denselben Umständen falsch. Der Satz wäre auch dann falsch, wenn er seine gewöhnliche Bedeutung hätte, das Buch aber vom Tisch herabgefallen wäre.

könnte man zum Beispiel in einer Situation dem Prädikat *tüftelt* die charakteristische Funktion zuweisen, die Ilse tüfteln lässt, aber Peter nicht, und in einer anderen Situation die charakteristische Funktion, die beide zugleich tüfteln lässt. Tatsächlich wandelt sich die Gesamtheit der Tüftelnden ständig. Der Sinn oder die Intension des Prädikates *tüftelt* wäre dann dasjenige Prinzip, nach dem der Audruck *tüftelt* abhängig von der Situation oder dem Kontext eine charakteristische Funktion erhält. Ohnehin wird eine derartige Konstruktion, wie im nächsten Abschnitt gezeigt wird, von der Pragmatik verlangt. Denn mit demselben Satz kann man in verschiedenen Situationen verschiedene Aussagen und mit verschiedenen Sätzen kann man dieselbe Aussage machen. Die von Kripke begründete Semantik der möglichen Welten und eine von Jon Barwise und John Perry im Jahre 1983 entwickelte »Situationssemantik« sind bedeutende Weiterentwicklungen der logischen Semantik von Frege und Tarski.

Überlegungen zum Begriff der Wahrheit

Die logische Semantik beruht wesentlich auf dem Begriff der Wahrheit. Die Frage, was Wahrheit ist, begleitet die Geschichte der Philosophie seit ihren Anfängen und hat zu einer Reihe verschiedener Antworten geführt. Der polnische Logiker Alfred Tarski hat zur Klärung dieser Frage mit einer Epoche machenden Abhandlung von 1933/35 »Der Wahrheitsbegriff in den

Freges sprachanalytische Untersuchungen, etwa in dem Aufsatz »Sinn und Bedeutung«, beeinflussten nachhaltig die Entwicklung der Philosophie und Linguistik. In dem abgebildeten Brief an Edmund Husserl legt Frege seine Unterscheidung von »Sinn« und »Bedeutung« dar. Mit »Sinn« meint er die Intension, mit »Bedeutung« die Extension eines sprachlichen Ausdrucks. Er sagt in diesem Zusammenhang auch, dass es im Rahmen der Dichtung genüge, den Sinn zu verstehen; es spiele keine Rolle, ob das, was der Dichter darstellt, wirklich so ist. Für den wissenschaftlichen Gebrauch hingegen dürfe die Bedeutung nicht fehlen (Abdruck mit freundlicher Genehmigung des Instituts für Mathematische Logik und Grundlagenforschung, Münster).

Ludwig Wittgenstein, auf dem Foto (rechts) mit seinem Freund Francis Skinner 1935 in Cambridge, gilt als einer der einflussreichsten Philosophen des 20. Jahrhunderts. Zwei herausragende Werke sind kennzeichnend für Wittgensteins philosophisches Denken, der »Tractatus logico-philosophicus« (1922) und die »Philosophischen Untersuchungen« (posthum 1953). Beide Werke enthalten bedeutende Einsichten zur Funktion der Sprache, zur Frage sprachlicher Bedeutungen und zum Verhältnis von Sprache und Wirklichkeit.

Gegenstand der logischen Semantik ist in erster Linie der Satz, genauer der Aussagesatz. An ihm hat die Logik seit jeher der Umstand interessiert, dass Aussagesätze wahr oder falsch sein können. Ludwig Wittgenstein hat einmal treffend in Worte gefasst, was es heißt, einen Satz zu verstehen: »Einen Satz verstehen, heißt wissen, was der Fall ist, wann er wahr ist. (Man kann ihn also verstehen, ohne zu wissen, ob er wahr ist.)«.
Ein Beispiel: Ein Freund ruft aus Athen an und sagt: Hier scheint die Sonne. Die Bedingung dafür, dass der Satz meines Freundes wahr genannt werden kann, ist die, dass jetzt in Athen die Sonne scheint. Ich habe den Satz verstanden, wenn mir die Bedingungen klar sind – unabhängig davon, ob sie auch faktisch zutreffen. Aussagesätze verstehen heißt also wissen, wie die Welt sein muss, *damit* sie wahr sind.

---

formalisierten Sprachen« beigetragen. Seine Ergebnisse betreffen in erster Linie künstliche, sprachähnliche Systeme der Logik und Mathematik und nicht natürliche Sprachen. Wahrscheinlich gelten sie aber in irgendeiner Form auch bei ihnen.

Tarskis erstes Ergebnis überrascht weniger bei natürlichen Sprachen als bei logischen Systemen. Es besagt, dass der Begriff der Wahrheit für Sätze einer bestimmten Sprache teilweise in dieser Sprache selbst definiert werden kann. Sein zweites Ergebnis ist in diesem Zusammenhang das Wesentliche und von negativer Natur: Der vollständige Begriff der Wahrheit für die Sätze einer Sprache lässt sich in dieser Sprache selbst nicht definieren. Das dritte Ergebnis besagt, dass der Begriff der Wahrheit für Sätze einer Sprache sich vollständig in bestimmten Sprachen höherer Ausdruckskraft definieren lässt. Da wir keine Sprache lernen und sprechen können, die unsere Muttersprache an Ausdruckskraft wesentlich übertrifft, impliziert dieses Ergebnis die Unmöglichkeit einer vollständigen Definition der Wahrheit aller deutschen Sätze in der deutschen Sprache. Da andere Sprachen im Wesentlichen gleichwertig sind, kann dieses Ergebnis auf alle menschlichen Sprachen übertragen werden. Wenn eine vollständige Semantik auf einer Definition des Begriffs der Wahrheit beruht, folgt aus Tarskis semantischen Theoremen, dass sich die Semantik einer natürlichen Sprache in deren Rahmen nicht vollständig ausdrücken lässt, oder – philosophisch ausgedrückt – die Transzendenz der Semantik. In der zeitgenössischen Linguistik und Sprachphilosophie werden die Ergebnisse Tarskis intensiv diskutiert.

Pragmatik

Der Begriff Pragmatik, wie er heute verwendet wird, geht auf den Philosophen Charles W. Morris zurück, der eine allgemeine Wissenschaft von den Zeichen oder Semiotik entwickeln wollte. Innerhalb der Semiotik unterschied Morris drei Bereiche: Syntax, das heißt die Wissenschaft von den »formalen Beziehungen der Zeichen zueinander«, Semantik, die Wissenschaft der »Beziehungen der Zeichen zu den Gegenständen«, und Pragmatik, die Erforschung der Beziehung von Zeichen zu dem Kontext, in dem sie verwendet werden. In der Folge vertrat Morris einen sehr weitgefassten Begriff der Pragmatik, nach dem er ihr auch alle psychologischen, biologischen und soziologischen Phänomene zurechnete, die bei der Verwendung von Zeichen eine Rolle spielen – Bereiche, die heute im Rahmen eigener Forschungszweige wie der Psycholinguistik und der Soziolinguistik untersucht werden.

Die Grenze zwischen Semantik und Pragmatik wird heute oft in der Weise gezogen, dass man die konstant mit den Ausdrücken verknüpften inhaltlichen Elemente »Bedeutungen« nennt und sie zu Gegenständen der Semantik erklärt. Dagegen soll die Pragmatik den Gebrauch von Ausdrücken erfassen, den Sprechende in bestimmten Situationen machen. Im Folgenden werden vier zentrale Themen der Pragmatik vorgestellt: Sprechakte, Deixis, Implikaturen und Präsuppositionen. In einem zweiten Teil soll die zentrale Rolle dieser Konzepte in der sprachlichen Kommunikation an einem konkreten Beispiel dargestellt werden.

Der Kopf kann einer alten Frau oder einem jungen Mädchen gehören. Wie im Bereich der Sinneswahrnehmung gibt es auch im Bereich der Sätze strukturelle Mehrdeutigkeiten. Der Nebensatz *dass das Kind seiner Träume sich schämt* kann zwei Bedeutungen haben: 1) *Das Kind schämt sich seiner Träume,* 2) *Das Kind seiner Träume schämt sich.*

Die Theorie der Sprechakte

Die Theorie der Sprechakte geht auf den englischen Philosophen John Austin zurück. Er bemerkte, dass Sprecher mit bestimmten Äußerungen Aussagen machen, mit denen sie Sachverhalte beschreiben, und die entsprechend wahr oder falsch sind, und dass andere Äußerungen dagegen ganz anderer Natur sind. Das Besondere dieser Äußerungen besteht darin, dass Sprecher mit ihnen Handlungen vornehmen oder, wie Austin sagt, dass Sprecher mit ihnen etwas tun. Beispiele für bestimmte Sprechakte sind die folgenden Sätze: 1) *Ich gebe dir mein Wort.* 2) *Das verspreche ich dir.* 3) *Ich warne Sie.* 4) *Hiermit bestätigen wir Ihnen den Erhalt ...* 5) *Guten Tag!*

Austin unterschied also zwischen konstatierenden Äußerungen, mit denen über etwas geredet wird, und performativen Äußerungen, mit denen man Handlungen vollzieht. Das kann explizit durch Verwendung eines Verbs wie *versprechen*, *warnen* oder *bestätigen* geschehen, wie im zweiten, dritten und vierten Beispiel, oder implizit wie im fünften Beispiel. Weitere Analysen führten Austin zu einem generalisierten Begriff des Performativen, und er unterschied dementsprechend zwischen drei Aspekten von Sprechakten:

1) Der lokutionäre Akt, der Akt des Sagens, bei dem sich wiederum drei Elemente unterscheiden lassen: der phonetische Akt, der darin besteht, dass entsprechend der Regeln der Phonologie Laute

Frege versteht **Bedeutung** als Bezug eines Wortes auf einen außersprachlichen Gegenstand. Eine ganz andere Auffassung von Bedeutung finden wir bei Ludwig Wittgenstein. Er behauptet: »Die Bedeutung eines Wortes ist sein Gebrauch in der Sprache.« Die Bedeutung eines Wortes kennen, heißt seine Verwendung in einer bestimmten Sprache kennen. So viele Situations- und Handlungskontexte es gibt, so viele Verwendungsformen von Sprache, so viele »Sprachspiele«, gibt es auch. Die sprachlichen Unterscheidungen legen fest, was ein Gegenstand ist. Deshalb kann es keinen sprachunabhängigen Zugang zu den Gegenständen geben.

Austin nimmt den Gedanken Wittgensteins von der Mannigfaltigkeit der Verwendungen von Sprache, der verschiedenen »Sprachspiele«, auf. Wir verwenden Sprache nicht nur, um zu behaupten, zu fragen oder zu befehlen, sondern es gibt eine Fülle von Rollen, die die Sprache übernehmen kann, wie Beschreiben, Mitteilen, Zustimmen, Kritisieren, Loben, Tadeln, Begrüßen oder Erklärungen abgeben. Dies gilt für Behauptungssätze. Mit Fragesätzen können wir nicht nur fragen, sondern etwa auch bezweifeln, bitten, befehlen *(Wirds bald?)*, ausrufen *(Ist denn das die Möglichkeit?)* und behaupten (in Form einer rhetorischen Frage); mit Befehlssätzen kann man nicht nur befehlen, sondern auch wünschen, vorschreiben, empfehlen, anleiten, bitten, fragen *(Antworte mir, ob du den Krug zerbrochen hast!).*

Sprechakte, die **Deklarationen** sind, schaffen institutionelle Tatsachen. Wenn ein Pfarrer in Anwesenheit eines Mädchens, seiner Eltern und einiger Taufzeugen sich entsprechend verhält und die Formel spricht *Ich taufe dich im Namen des Vaters, des Sohnes und des Heiligen Geistes auf den Namen Ilse*, dann wird damit das Mädchen in die christliche Gemeinschaft aufgenommen und erhält einen Namen. Der taufende Pfarrer behauptet mit dieser Formel nicht, das Kind zu taufen, sondern er tauft es tatsächlich. Im Gegensatz zu ihm mache ich eine bloße Behauptung, wenn ich das Kind anspreche und sage *Er tauft dich im Namen des Vaters...* Diese Tatsache hat dem die Sprechakttheorie begründenden Buch von Austin seinen Titel gegeben: »How to do things with words« (wörtlich: Wie man etwas mit Worten tut).

artikuliert werden; der phatische Akt, der darin besteht, dass nach den grammatischen Konstruktionsregeln einer Sprache Wörter geäußert werden; der rhetische Akt, der darin besteht, dass über etwas gesprochen und darüber etwas gesagt wird.

2) Der illokutionäre Akt: Er stellt die Handlung dar, die mit dem lokutionären Akt vollzogen wird, beipielsweise das Aufstellen einer Behauptung, Befehlen, Versprechen oder Bezeugen.

3) Der perlokutionäre Akt: Dieser kommt dadurch zustande, dass mit einer Äußerung bestimmte Wirkungen auf die Gefühle, Gedanken oder Handlungen des Adressaten ausgeübt werden. So wird der Adressat etwa überzeugt, überredet, gekränkt oder zu etwas motiviert. Illokutionäre Akte können auf verschiedenen lokutionären Akten beruhen. Beispielsweise kann mit der Äußerung *Ich verspreche dir, heute Abend zu kommen* ein Versprechen explizit gegeben werden, implizit kann dies aber auch mit der Feststellung *Ich komme heute Abend* geschehen.

Im Gegensatz zu konstativen Äußerungen können performative Äußerungen nicht »wahr« oder »falsch« sein; gleichwohl lassen sich nach Austin Bedingungen formulieren, unter denen sie gelingen oder scheitern können. So wird in islamischen Kulturen unter bestimmten Voraussetzungen der Ehebund aufgelöst, wenn der Mann die Scheidung dreimal ausspricht. Im Rahmen der deutschen Rechtsprechung aber hat ein solches Vorgehen keine Scheidung zur Folge. Die performative Äußerung verletzt mit anderen Worten in unserem Rechtswesen wesentliche Bedingungen des Gelingens und bleibt ohne Folgen.

Austins Sprechakttheorie wurde unter anderem von John Searle weiter ausgearbeitet. Seit Austin und Searle wurden mehrere Versuche unternommen, die verschiedenen Typen von Sprechakten zu systematisieren. Eine mögliche Einteilung stammt von Stephen Levinson: Repräsentative Sprechakte verpflichten den Sprecher auf die Wahrheit (zum Beispiel Behaupten, Schließen oder Vermuten). Mit direktiven Sprechakten versucht man jemanden zu etwas zu bewegen (unter anderem Bitten, Auffordern und Befehlen). Kommissive Sprechakte verpflichten den Sprechenden zu etwas (zum Beispiel Versprechen, Drohen, Schwören). Expressive Akte drücken eine Haltung aus (unter anderem Danken, Entschuldigen, Begrüßen und Gratulieren). Deklarationen schließlich schaffen institutionelle Tatsachen (etwa Krieg erklären, Taufen oder Ernennen).

Die Deixis

Die Deixis betrifft Ausdrücke wie *ich, du, hier, dort, dieser* oder *so*. Der Begriff der Deixis, der sich von einem griechischen Wort für »zeigen« herleitet, bezeichnet in der Linguistik die Funktion von Pronomina, Personalendungen, Tempus, Adverbien des Ortes und der Zeit und einer Vielzahl anderer grammatischer und lexikalischer Elemente, die Äußerungen unmittelbar zur Situation, ihrem Kontext, in Beziehung setzen. Mit deiktischen Ausdrücken bewirkt der Sprecher, dass die Aufmerksamkeit auf bestimmte Aspekte eines für die

Gesprächsteilnehmer gemeinsamen Bezugsraums gelenkt wird: auf die an der Gesprächssituation beteiligten Personen (Sprecher und Hörer), auf den Sprechort, die Sprechzeit, auf Objekte im Verweisraum. Ausgangspunkt sind dabei Ort und Zeit der Sprechenden. Andere Formen der Deixis beziehen sich auf Eigenschaften *(so)*, die Planungsabfolge *(nun)*, den Aufbau einer Rede *(im nächsten Kapitel)* und auf die soziale Beziehung zwischen Sprecher und Hörer (zum Beispiel Höflichkeitsformen).

Der Bezugsraum, auf den deiktische Ausdrücke verweisen, ist häufig der Wahrnehmungsraum, der den Gesprächsteilnehmern unmittelbar sinnlich zugänglich ist (wie in den Sätzen »*Dieser* Finger tut weh!«, »*Dies* ist das Kleid, von dem ich dir erzählte.« oder »*Dort draußen* steht der Baum.« (die deiktischen Ausdrücke sind hier kursiv gesetzt). Symbolische Verwendungen deiktischer Ausdrücke zielen auf einen abstrakteren Verweisraum (zum Beispiel »*Diese* Stadt ist wirklich schön.«). Schließlich können deiktische Ausdrücke auch in nicht deiktischer Form verwendet werden, etwa in dem Satz »Oh, ich habe so dies und das gemacht.«

Während die Zeitdeixis auf die Rolle der Teilnehmer am Sprechereignis und die Raumdeixis auf den Standort der Teilnehmer zum Zeitpunkt der Äußerung bezogen ist, gibt es nicht deiktische Raum- und Zeitangaben, die vom Standpunkt von Sprecher und Hörer und dem Zeitpunkt der Äußerung unabhängig sind. Beispiele für deiktische (hier kursiv gesetzt) und nicht deiktische Ausdrücke zu Raum und Zeit geben die folgenden Sätze:

Der Bahnhof ist 200 m *entfernt* (bezogen auf den Standort der Teilnehmer zur Sprechzeit).

Der Bahnhof befindet sich 200 m vom Dom.

Er verlässt *jetzt gerade* das Haus.

Ich arbeite *jetzt* an einer Dissertation (hier erstreckt sich die Zeitspanne nicht nur auf den Moment, sondern auf einen längeren Zeitraum).

Das Programm wurde am Mittwoch, den 1. April aufgezeichnet.

Die Implikaturen

Der Begriff der Implikatur bezieht sich darauf, dass Ausdrücke natürlicher Sprachen (zumindest in vielen Fällen) dazu tendieren, einen einfachen, stabilen und einheitlichen Sinn zu haben, dass dieser stabile semantische Kern aber von einem instabilen, kontextabhängigen pragmatischen Sinn überlagert wird, nämlich von einem Bündel von Implikaturen. Das von Paul Grice formulierte Konzept der Implikaturen geht von der Existenz einer Gruppe allgemeiner Maximen aus, die der Gesprächsführung, dem Sprachgebrauch zugrunde liegen. Im Sinne solcher allgemeiner Prinzipien identifizierte Grice vier Konversationsmaximen, die er zusammengefasst als »Kooperationsprinzip« bezeichnete. Es handelt sich, in Anlehnung an Stephen Levinson, um die folgenden Prinzipien:

Das Verkaufsgespräch macht beispielhaft die drei Dimensionen im sprachlichen Handlungsvollzug deutlich, die Austin herausgearbeitet hat. Der Angestellte spricht den Kunden in der Weise an, dass ein Verstehen gewährleistet ist (lokutionärer Akt). Das beinhaltet, dass Angestellter und Kunde sich sprachlich verständigen können und ein der Situation angemessener Bezug auf einen Gegenstand genommen wird. Der Angestellte redet nicht nur über einen Gegenstand, sondern verfolgt mit seinen Worten eine Intention: Er möchte den Kunden überzeugen, ihn für einen Kauf oder den Abschluss eines Vertrags gewinnen (illokutionärer Akt). Er erreicht sein Ziel, wenn der Kunde sich für den Kauf oder den Abschluss des Vertrags entschließt (perlokutionärer Akt).

Auch **ironische Äußerungen** oder **Metaphern** werden mithilfe von Implikaturen verstanden. Beispiele: *Leo ist ein Waschlappen* erzeugt die Implikatur *Er ist ohne Saft und Kraft*. *Krieg ist Krieg* erzeugt die Implikatur *Man hat sich mit dem Krieg abzufinden*.

Sprache hat eine Fülle verschiedener Funktionen. Wir verwenden Sprache unter anderem, wenn wir fragen, befehlen, behaupten, vorlesen, begrüßen, Komplimente machen, werten und erzählen. Je nach der Verwendungsweise von Sprache wird sich der Modus ändern, in dem sprachliche Ausdrücke bedeutungsvoll sind; bedeutungsvoll heißt zunächst ja nichts anderes, als eine bestimmte Funktion in einem Kontext von Sprachverwendung zu haben. Die beiden Bilder – Auguste Renoirs »Das Frühstück der Ruderer« (1881) und die Szene aus dem amerikanischen Film »A Pyromaniac's love story« (1995) mit Armin Müller-Stahl und John Leguizano – geben Einblick in die vielfältigen Verwendungsformen von Sprache in Handlungszusammenhängen. An den Haltungen der dargestellten Personengruppen kann man auf die Funktionen schließen, die Sprache in der konkreten Situation hat.

Kooperationsprinzip: Sprich, wie es die Umstände erfordern! Im Einzelnen beachte folgende Maximen:

Maxime der Qualität: Sage die Wahrheit! Sage nichts, was du für falsch hältst, und nichts, wofür dir angemessene Gründe fehlen!

Maxime der Quantität: Mache deinen Beitrag so informativ wie erforderlich, aber nicht informativer als nötig!

Maxime der Relevanz: Sage nur, was von Belang ist!

Maxime der Art und Weise: Sprich verständlich! Sprich insbesondere klar, eindeutig, kurz und geordnet!

Grice erkennt wohl, dass Sprechende diese Prinzipien nicht immer wahren. Er will seine Maximen aber in der Weise verstanden wissen, dass sie für Äußerungen, die ihnen vordergründig nicht entsprechen, eine Art Umdeutung erzwingen, mit der die Maximen doch befolgt werden. Reagiert beispielsweise jemand auf die Frage *Wo ist Michael?* mit *Vor Susannes Haus steht ein gelber VW,* ist das wörtlich genommen keine Antwort. Die Äußerung könnte als nicht kooperative Reaktion und als ein bewusster Themenwechsel gedeutet werden. Versucht man sie als kooperative Antwort zu deuten, wird man nach der Verbindung zwischen dem Standort von Michael und dem gelben VW fragen. Es ergibt sich vielleicht der Hinweis, dass Michael, wenn er einen gelben VW hat, in Susannes Haus sein könnte. Unter der Voraussetzung der Kooperativität des Antwortenden, das heißt davon ausgehend, dass er eigentlich eine Antwort gegeben hat, interpretiert der Fragende den ausgesprochenen Satz neu und schließt aus der Irrelevanz seiner wörtlichen Bedeutung auf einen Zusammenhang zwischen dem gelben VW und dem Aufenthaltsort von Michael. Derartige Schlüsse nennt Grice Implikaturen (im Unterschied zu den semantischen Implikationen).

Einer der Vorzüge der Theorie der Implikaturen im Rahmen der Linguistik ist Levinson zufolge, dass sie die Semantik beträchtlich zu vereinfachen verspricht. Die Überfrachtung lexikalischer Einheiten

mit Sinngehalten kann zum Beispiel vermieden werden, wenn man feststellt, dass Implikaturen oft verschiedene Interpretationen derselben Einheit in verschiedenen Kontexten erklären.

Schließlich verdienen die so genannten skalaren Implikaturen Aufmerksamkeit, über die pragmatische Beziehungen ihren Niederschlag in der lexikalischen Struktur des Wortschatzes finden. Unter einer Skala wird eine nach Informativität (nach Informationskraft) geordnete Folge vergleichbarer Ausdrücke verstanden, zum Beispiel ⟨alle, einige⟩. Beispielsweise impliziert der Satz *Alle Bäume sind krank* wörtlich genommen den Satz *Einige Bäume sind krank*. Wer sagt, *Einige Bäume sind krank*, schließt wörtlich nicht aus, dass tatsächlich alle Bäume krank sind. Wenn aber jemand im gewöhnlichen Gespräch behauptet, einige Bäume seien krank, meint er natürlich damit nicht alle Bäume. Mit seiner wörtlichen Behauptung verknüpft er die skalare Implikatur: *Nicht alle Bäume sind krank*. Wenn ein Sprecher allgemein die schwächere Behauptung macht (hier: *einige...*), wird diese um die skalare Implikatur erweitert verstanden, nach der er nicht in der Lage ist, die stärkere Behauptung (hier: *alle...*) zu machen. Andere derartige Skalen sind ⟨alle, die meisten, viele, einige⟩, ⟨ausgezeichnet, gut⟩, ⟨heiß, warm⟩, ⟨immer, oft, manchmal⟩, ⟨notwendig, möglich⟩, ⟨muss, sollte, kann⟩, ⟨kalt, kühl⟩, ⟨lieben, mögen⟩.

Die Präsuppositionen

Eine weitere Art pragmatischer Schlüsse sind die Präsuppositionen. Als Präsuppositionen werden die konstitutiven Voraussetzungen einer sinnvollen Äußerung betrachtet. Der englische Philosoph Peter Strawson, der den Begriff in die sprachanalytische Philosophie und die Linguistik eingeführt hat, bezeichnete zunächst bestimmte semantische Vorbedingungen als Präsuppositionen, welche beim Gebrauch von Namen und Ausdrücken wie *der König von Frankreich* erfüllt sein müssen, damit eine Aussage wahr oder falsch sein kann. Der Satz *Der König von Frankreich ist weise* hat, damit er als wahr oder falsch beurteilt werden kann, zur Vorbedingung: *Es gibt gegenwärtig einen König von Frankreich*. Diese Vorbedingung ist eine Präsupposition.

Vor Strawson hatten bereits Bertrand Russell und Gottlob Frege auf dieses logische Phänomen hingewiesen. Seitdem sind in der Linguistik zahlreiche Arbeiten zum Begriff der Präsupposition erschienen und unterschiedliche Ansätze entwickelt worden, um ihn zu klären. Strawsons Begriff der Präsupposition kann wie folgt dargestellt werden: Eine Aussage A präsupponiert eine Aussage B, wenn Folgendes der Fall ist: Wenn A wahr ist, ist B wahr, und wenn A falsch ist, ist B wahr. Eine Präsupposition einer Aussage A ist damit eine Aussage, welche wahr sein muss, damit sowohl der Satz A als auch seine Negation Nicht-A überhaupt wahr oder falsch, das heißt sinn-

Die Sprache ist vielfach mit Spielen verglichen worden. Wie das Spiel sind sprachliche Handlungen von spezifischen Regeln bestimmt. Den Spielhandlungen ähnlich sind sprachliche Handlungen auf Verstehen angelegt, welches nur vor dem Hintergrund von geltenden Regeln möglich ist. Mit dieser Betrachtungsweise wird zudem der Zusammenhang der sprachlichen Handlungen mit anderen Handlungen hervorgehoben. Der Sinn sprachlicher Handlungen wird ja erst deutlich, wenn wir sie in ihrem Zusammenhang mit anderen Handlungen sehen.

Beispiele für **Präsuppositionen:**
Frank hat aufgehört zu rauchen.
Frank hat nicht aufgehört zu rauchen.
Präsupposition für beide Sätze: *Frank hat geraucht.*
David hat Ehebruch begangen.
David hat nicht Ehebruch begangen.
Präsupposition: *David ist verheiratet.*
Das Kind schaffte es, die Tür zu öffnen.
Das Kind schaffte es nicht, die Tür zu öffnen.
Präsupposition: *Das Kind hat versucht, die Tür zu öffnen.*

voll ist. Wenn eine solche Präsupposition nicht erfüllt ist, also B falsch ist, so ist nach Strawson die Aussage A nicht etwa falsch, sondern bedeutungslos.

Nicht nur Aussagen beziehungsweise Behauptungen, sondern auch Aufforderungen, Fragen und alle anderen Sprechakte haben Präsuppositionen. Bei den genannten Beispielen handelt es sich um semantische Präsuppositionen, die damit von den pragmatischen, das heißt auf besondere Weise von der Sprechsituation abhängigen Präsuppositionen zu unterscheiden sind.

Ein Beispiel: Ilses Bitte um Milch

In der Tabelle sind verschiedene Formen Ilses aufgeführt, ihrem Wunsch nach Milch Ausdruck zu geben. Syntaktisch betrachtet handelt es sich bei Ilses Äußerungen um Behauptungssätze (7. *Du gibst mir die Milch.*), Imperativsätze (3. *Gib mir die Milch!*) oder Ja-Nein-Fragesätze (4. *Willst du mir jetzt die Milch geben?*, 11. *Hast du Milch?*) und zwei Satzfragmente (9. *Milch* und 10. *Die Milch bitte!*). Man sollte meinen, Behauptungssätze drückten Behauptungen aus, Imperativsätze Aufforderungen, Ja-Nein-Fragesätze Ja-Nein-Fragen und einzelne Wörter in der Regel nichts davon. Tatsächlich äußert Ilse in allen Fällen jedoch Aufforderungen, die teilweise den Charakter von Bitten, Befehlen oder Drohungen annehmen. Ebenso gut könnte sie in einer anderen Situation mit demselben Behauptungssatz *Du gibst mir die Milch* (7) etwas behaupten oder jemanden fragen. Behaupten, Auffordern und Fragen sind, wie oben gezeigt wurde,

Verschiedene Formen Ilses, ihrem Wunsch nach Milch Ausdruck zu verleihen

1.	Ilse bringt Peter durch Hypnose (intensiven Blickkontakt) dazu, ihr die Milch zu geben.	(nonverbale Aktion)
	Ilse äußert sich:	
2.	Wenn ich nicht augenblicklich die Milch bekomme, passiert etwas.	(Warnung, Drohung)
3.	Gib mir die Milch!	(Befehl)
4.	Willst du mir jetzt die Milch geben?	(Ärger ausdrückend)
5.	Hiermit fordere ich dich auf, mir die Milch zu geben.	(nachdrückliche Aufforderung)
6.	Ich sage dir, du gibst mir die Milch.	(nachdrückliche Aufforderung)
7.	Du gibst mir die Milch.	(beharrliche Aufforderung)
8.	Gib mir bitte die Milch!	(beharrliche Aufforderung)
9.	Milch	(Befehl oder Bitte durch einzelnes Wort)
10.	Die Milch bitte!	(Bitte, Aufforderung)
11.	Hast du Milch?	(freundschaftliche Bitte)
12.	Gib mir bitte die Milch!	(Bitte)
13.	Gibst du mir die Milch?	(Bitte)
14.	Kannst du mir die Milch geben?	(Aufforderung, Bitte)
15.	Darf ich dich um die Milch bitten?	(höfliche Bitte)
16.	Hiermit bitte ich dich, mir die Milch zu geben.	(nachdrückliche, sehr förmliche Bitte)
17.	Ich frage dich, kannst du mir die Milch geben.	(nachdrückliche Aufforderung und Bitte)
18.	Schwarz, schwarz, schwarz sind alle meine Kleider.	(Aufforderung, ironisch eingekleidet)
19.	Dürfte ich dich um die Freundlichkeit bitten, mir die Milch zu geben?	(übertrieben höfliche Aufforderung)
20.	Ilse betrachtet den Kaffee mit großen Augen.	(nonverbale Aufforderung)
	Ergebnis:	
21a.	Peter gibt Milch in Ilses Tasse.	
21b.	Ilse trinkt den Kaffe schwarz.	

Beispiele für drei verschiedene Sprechakte. Weiterhin könnte man annehmen, dass Sätze wie *Ich sage dir, du gibst mir die Milch* (6), *Hiermit bitte ich dich, mir die Milch zu geben* (16) und *Ich frage dich, kannst du mir die Milch geben* (17) ausdrücken, was sie von sich sagen: eine Behauptung *(Ich sage dir)*, eine Bitte *(Hiermit bitte ich dich)* und eine Frage *(Ich frage dich)*. Aber auch das ist nicht der Fall; auch diese Sätze

sind in dieser Situation als Aufforderungen zu verstehen. Hier wird deutlich, dass der Vollzug eines Sprechaktes sowohl von der syntaktischen Kategorie als auch von der Bedeutung seines sprachlichen Ausdrucks unabhängig sein kann. Jene Unabhängigkeit wird von zwei Grenzfällen demonstriert. Schon Austin weist darauf hin, man könne nicht jemanden explizit beleidigen, etwa mit den Worten *Hiermit beleidige ich Sie.* Umgekehrt spricht ein Anwalt mit den Worten *Ich drohe Ihnen noch nicht* unter geeigneten Umständen eine Drohung aus.

In den Äußerungen Ilses sind mehrere deiktische Ausdrücke enthalten. Personalpronomina wie *ich, du* oder *mir* beziehen sich auf den jeweiligen Sprecher beziehungsweise Angesprochenen, auf Ilse *(ich, mir)* und Peter *(du, dich, dir)*; Adverbien wie *augenblicklich* und *jetzt,* ebenso wie die Flexive *-e* (zum Beispiel *bekomme*) und *-st* (*willst*) mit ihrem Tempus auf die Zeit des Sprechaktes.

Deiktische Ausdrücke ermöglichen Sprechenden, mit demselben Ausdruck unter verschiedenen Umständen Verschiedenes zu meinen. Mit der Äußerung *Du gibst mir die Milch* (7) fordert Ilse Peter auf, ihr Milch für den Kaffee zu reichen. Wenn eine andere Person ein Jahr später und an einem anderen Ort dieselbe Äußerung macht, kann sie damit vielleicht ihren Sohn um ein Glas Milch bitten. Das *Hiermit* in dem Satz *Hiermit bitte ich dich, mir die Milch zu geben* (16) bezieht sich sogar auf den Sprechakt selbst, dessen Bestandteil es ist.

Eine weitere Form der Abhängigkeit des Sprechens von der Redesituation sind die Präsuppositionen. Wenn Peter und Ilse klar wäre, dass keine Milch vorhanden ist, wären Äußerungen wie *Du gibst mir die Milch* (7) unpassend. Diese Aufforderung geht von der Annahme aus, dass tatsächlich Milch vorhanden ist. Sie wäre im prag-

Der Philosoph Jürgen Habermas hat eine **Universalpragmatik** entworfen. Im Unterschied zur empirischen Pragmatik, die mit den Kontexten konkreter natürlichsprachlicher Äußerungen befasst ist, hat die Universalpragmatik die Aufgabe, universale Bedingungen menschlicher Verständigung zu rekonstruieren. Sie stellt vier fundamentale Geltungsansprüche heraus, die in jeder verständigungsorientierten Sprechhandlung notwendigerweise erhoben werden: einen Anspruch auf Verständlichkeit, auf Wahrheit, auf Wahrhaftigkeit und auf Richtigkeit in Bezug auf Normen und Werte. Habermas geht nicht nur davon aus, dass jeder Sprecher eine angeborene Sprachfähigkeit besitzt, sondern dass er auch über eine »kommunikative Kompetenz« verfüge, die ihn befähige, verständigungsorientierte Handlungen zu vollziehen.

Eine ganz andere Rolle spielt das Kooperationsprinzip, wenn eine bloße Anreicherung des Gehaltes um Implikaturen misslingt und die Verletzung der Maximen unvermeidlich wird. Dann kann anstelle der wörtlichen Bedeutung ein dieser geradezu widersprechender, aber dem Prinzip genügender Gehalt treten. So verletzt Peters Antwort *Wunderbar* auf die Frage, wie der frisch gebackene Kuchen schmeckt, bei schon befürchteter Misslungenheit des Kuchens die Maxime der Qualität (Sage die Wahrheit!) und erzeugt so die der wörtlichen Antwort widerstreitende Implikatur »überhaupt nicht«.

---

matischen Sinne ebenfalls deplatziert, wenn Ilse sich schon Milch genommen hätte oder ihren Kaffee stets schwarz tränke. Ilses Bitten in dem Beispiel sind nur dann sinnvoll, wenn Milch vorhanden ist, Ilses Kaffee schwarz ist und Ilse tatsächlich Milch wünscht.

Die verschiedenen Aufforderungen des Beispiels sind nicht gleichwertig. Wir haben ein Gespür dafür, dass Formulierungen wie *Kannst du mir die Milch geben?* (14), *Gibst du mir die Milch?* (13) und *Hast du Milch?* (11) am ehesten zu der beschriebenen Situation passen. Aussagesätze wie *Du gibst mir die Milch* (7) klingen unerbittlicher als Imperativsätze wie *Gib mir bitte die Milch!* (8). Zudem scheint der sprachliche Aufwand eine Rolle zu spielen. Die Sätze (7) bis (2) entsprechen dem Nachdruck, den Ilse ihrer Bitte verleiht und bringen eine zunehmende Ungeduld zum Ausdruck. Die auf ein Wort beziehungsweise ein Satzfragment reduzierten Aufforderungen *Milch* (9) und *Die Milch bitte!* (10) werden nur dort keinen Anstoß erregen, wo eine familiäre Umgebung vor Missverständnissen schützt. Eine explizit performative Äußerung wie *Hiermit fordere ich dich auf, mir die Milch zu geben* (5) verleiht der Aufforderung einen besonderen Nachdruck. Eine förmliche Wendung wie *Dürfte ich dich um die Freundlichkeit bitten, mir die Milch zu geben?* (19) wirkt in diesem Zusammenhang unernst. Wir sind uns bei der Wahl einer Formulierung in einer Situation in der Regel so sicher, dass wir Fehlgriffe ironisch werten. Um aber die Angemessenheit einer Drohung wie *Wenn ich nicht augenblicklich die Milch bekomme, passiert etwas* (2) verstehen zu können, bedürfte es weiterer Hinweise auf den Umstand der Äußerung, beispielsweise, ob der Konversation ein Streit zwischen Ilse und Peter vorhergegangen ist. Das ist dem Satz weder auf semantischer noch auf pragmatischer Ebene zu entnehmen.

Was jemand mit einer Äußerung in einer bestimmten Situation meint, kann sich merkwürdig weit von dem entfernen, was der Satz wörtlich ausdrückt. Mit *Schwarz, schwarz, schwarz sind alle meine Kleider* (18) weist Ilse unter diesen Umständen nicht auf ihre Kleidung hin, sondern will ihrem Wunsch Ausdruck geben. In diesem Zusammenhang sei an das Konzept der Implikaturen und das von Grice formulierte »Kooperationsprinzip« erinnert. Wenn Ilse wirklich meinen würde, was sie mit (18) wörtlich ausdrückt, wäre das in der konkreten Gesprächssituation belanglos. Sie verstieße damit gegen die Maxime der Relevanz (Sage nur, was von Belang ist!) und gegen das Prinzip der Kooperation (Sprich, wie es die Umstände erfordern!). Tatsächlich wird Peter aber zunächst Ilses Kooperativität nicht in Zweifel ziehen und stattdessen unwillkürlich den Gehalt der Äußerung (18) so bereichern, dass der Maxime der Relevanz und dem Kooperationsprinzip Genüge getan wird. Aus dem wörtlichen Gehalt der eher ironischen Äußerung wird Peter den Appell entnehmen *Biete mir Milch an.* Dies ist ein Beispiel für eine Implikatur. Tatsächlich benennen die Konversationsmaximen nicht mehr als die Beweggründe für eine Bereicherung des Gehalts um Implikaturen, lassen aber die Richtung der Bereicherung offen; diese hängt von der konkreten Situation ab, in der die Äußerung gemacht wird. Nach Grice beruhen die Konversationsmaximen nicht auf bloßer Konvention, sondern stellen rationale Mittel zur kooperativen Gesprächsführung dar, die auch auf nicht sprachliches Verhalten Anwendung finden. Tatsächlich wird Peter aus der Situation heraus verstehen, was Ilse meint, wenn sie wortlos auf den Kaffee starrt (20). Das Ausbleiben einer sprachlichen Äußerung ist an sich unkooperativ, aber Ilses demonstrative Verweigerung macht daraus einen Appell an Peter, für ihr Verhalten einen Grund zu finden.

Diese Ausführungen zu wichtigen Fragestellungen der Pragmatik sollen mit einigen allgemeinen Bemerkungen zur Funktion sprachlicher Äußerung und Verständigung abgeschlossen werden. Anders als Automaten sind Menschen in dem Sinne frei, dass sie nicht mechanisch steuerbar und beeinflussbar sind. Dieser biologisch und psychologisch höchst bedeutsame Umstand ist Grundlage für die Ausbildung regelgeleiteter Kommunikationsformen. Kommunikation und Verzicht auf Gewalt dürften für die Evolution des Menschen und die Entwicklung von Kultur entscheidend gewesen sein. Entsprechend sind die Sätze in unserem Beispiel nach abnehmender Gewalt geordnet. Die Androhung von Konsequenzen wie *Wenn ich nicht augenblicklich die Milch bekomme, passiert etwas* (2) kommt der mechanischen Beeinflussung wohl am nächsten.

Die Varianten (1) und (20), in denen Ilse ihrem Wunsch nach Milch in nicht sprachlicher Form Ausdruck gibt, sind für sich genommen nicht mehr kommunikativ zu nennen, insofern zum kommunikativen Gehalt eines Verhaltens nicht alles gehören sollte, was ihm entnommen werden kann. Wenn Ilse sagt *Wenn ich nicht augenblicklich die Milch bekomme, passiert etwas* und Peter an ihrer Diktion erkennt, dass sie aus Schwaben stammt oder magenleidend ist, so hat das nichts mit dem semantischen, noch mit dem pragmatischen Gehalt ihrer Worte zu tun. Dazu wird im strengen Sinne nur das gerechnet, was Ilse mit ihrer Äußerung Peter wissen lassen möchte. Die Bestimmung dieser nicht scharfen Grenze der Pragmatik geht auf Grice zurück.

Indessen ist Sprache nicht nur in Form einzelner Worte oder Äußerungen im Sinne der bisherigen Ausführungen, sondern in komplexen Gesprächsstrukturen, Textgattungen, sprachlichen Verhaltensweisen und Konventionen mit dem menschlichen Lebensvollzug verbunden. Beispielsweise sind im Monolog Sprecher und Hörer identisch. In Unterhaltungen tauschen sich Sprecher und Hörer nach komplizierten Regeln aus, die den Gesprächsteilnehmern bekannt sind und von ihnen befolgt werden. Der Briefwechsel unterliegt ähnlich komplizierten Regeln. Ein Redner spricht gegebenenfalls zu Tausenden von Zuhörern, um mitzuteilen, zu überzeugen oder zu predigen. In einer Liturgie dagegen können Hunderte von Menschen rezitieren, ohne jemandem etwas mitzuteilen. Briefe sind an jemanden gerichtet; sie teilen etwas mit. Zeitungen wenden sich an die anonyme Öffentlichkeit und können informieren. Grüße pflegen soziale Beziehungen. Das Ausfüllen eines Formulars bereitet juristische Akte vor. In der Kalligraphie verbinden sich Schrift und bildende Kunst.

V. Beeh

In der **Kalligraphie** verbinden sich Sprache und bildende Kunst. Die arabische Buchmalerei zeigt den Schakal Dimna, einen der beiden Titelhelden der im 8. Jahrhundert von dem arabischen Schriftsteller Ibn al-Mukaffa verfassten Fabelsammlung »Kalila und Dimna«. Das Bild verweist auf einen weiteren Aspekt von »Bedeutung«, das Verstehen der Bedeutungen fremdsprachlicher Ausdrücke und Texte. Das Ziel einer Übersetzung, im Text der Zielsprache semantische Äquivalenz zur fremdsprachlichen Quelle zu erreichen, lässt sich immer nur bis zu einem gewissen Grade realisieren.

Das Verhalten des Menschen

Schon immer haben große Geister genauso wie Alltagsmenschen über ihr Verhalten und das ihrer Mitmenschen nachgedacht. Je nach Epoche und Kultur wurden sehr verschiedene Perspektiven eingenommen, teilweise ganz andere Fragen gestellt, vor allem aber ganz unterschiedliche Antworten gesucht und akzeptiert. Jeder Zeitgeist, jede Religion und jede Philosophie hat ihre eigene Brille, durch die sie die Menschen und ihr Schalten und Walten betrachtet, wobei die Optiken teilweise untereinander sehr wenig übereinstimmende Bilder hervorbringen können. Die Beschäftigung mit menschlichem Verhalten ist deshalb ein sehr pluralistisches Unternehmen und ihre Ergebnisse sind keineswegs immer konsensfähig.

Seit einigen Jahrzehnten mischt sich unter diese Vielfalt ein weiterer Ansatz zum Verständnis menschlichen Verhaltens, der allerdings für sich beansprucht, besonders verlässlich und erkenntnisgewinnend zu sein, denn schließlich stützt er sich in Theorie und Methode auf ein solides naturwissenschaftliches Fundament. Dieser Ansatz ist die biologische Verhaltensforschung (Ethologie), deren wichtigste Grundlagen und akademischen Erfolge vor allem mit den Namen der drei Nobelpreisträger Konrad Lorenz, Niko Tinbergen und Karl von Frisch verbunden sind.

In der Gewissheit, dass auch wir Menschen samt unserer verhaltenssteuernden Maschinerie das Ergebnis des biologischen Evolutionsgeschehens sind und deshalb von Darwins Prinzipien der Selektion und Anpassung geformt wurden, sahen sich Verhaltensforscher schon sehr früh legitimiert, auch den Menschen ganz konsequent in ihre Untersuchungen miteinzuschließen.   E. VOLAND

Nach dem Alten Testament (1. Mos.1–4) sind **Adam und Eva** das erste Menschenpaar und Stammeltern aller Menschen. Die Darstellung des Paares am Baum der Erkenntnis verweist auf den Sündenfall. Erkenntnisfähigkeit, Moral und Schuld werden in diesem Motiv thematisch vereint. Die Verfasser der Bibel und Lucas Cranach der Ältere als einer ihrer künstlerischen Interpreten haben damit zutiefst biologische Zusammenhänge angesprochen, denn »Leben ist Erkenntnis« heißt es bei Konrad Lorenz, und entsprechend kann das biologische Evolutionsgeschehen als ein erkenntnisgewinnender Prozess verstanden werden. Auch von Moral und Schuldfähigkeit muss angenommen werden, dass sie, wie alle anderen menschlichen Merkmale auch, ihre Naturgeschichte haben und biologisch tief in uns verwurzelt sind.

Menschliches Verhalten im Spannungsfeld von Natur und Kultur

Die Sichtweise der biologischen Verhaltensforschung unterscheidet sich deutlich von kulturistischen Auffassungen des menschlichen Verhaltens, wie sie vor allem in den Sozialwissenschaften entwickelt wurden. Hier geht man häufig davon aus, dass die biologische Grundlage des menschlichen Verhaltens sich auf einige wenige angeborene Ausstattungen (zum Beispiel Reflexe und Primärbedürfnisse) beschränkt, über die alle Menschen verfügen. Die angeborenen Merkmale des Menschen werden als Konstante gesehen. Weil aber eine Konstante, wie die menschliche Natur, keine Vielfalt erklären kann, wie sie im menschlichen Verhalten zutage tritt, scheint der Schluss verführerisch nahe liegend, dass die menschliche Natur keinen nennenswerten Anteil an dem Zustandekommen kultureller oder persönlicher Verhaltensunterschiede haben kann.

Das Verhalten der Menschen, sei es in Zweierbeziehungen, in kleinen Gruppen oder in der großen Masse, ist immer wieder Anlass für Untersuchungen. Die daraus abgeleiteten Theorien führen zu stets neuen Debatten nicht nur beim wissenschaftlichen Fachpublikum, sondern auch beim Laien, der die Ergebnisse und Theorien gerne auf seine eigenen Erfahrungen überträgt.

Was immer Kinder an »Angeborenem« mitbringen, sei nebensächlich und bruchstückhaft, so heißt es, jedenfalls kommen Kinder ohne kulturelle Kompetenzen zur Welt, weshalb sie diese erst von einer Quelle erwerben müssen, die außerhalb ihrer selbst liegt. Die Quelle liegt auf der Hand: Es ist die Gesellschaft, in welche die Kinder hineingeboren werden, mit den jeweils vorherrschenden Verhaltensnormen, Glaubenssystemen, Gruppenstrukturen, Einstellungen und Mentalitäten. Aus dieser Sicht kommt der Mensch als »unbeschriebenes Blatt« (Tabula rasa) zur Welt, und sein ursprünglich inhaltsleeres Gehirn wird erst während der Sozialisation sinnvoll strukturiert. Deshalb scheint der Mensch (fast) unbegrenzt formbar und anpassungsfähig. Die Formel von der Tabula rasa ist neuerdings häufig ersetzt durch die Metapher vom Gehirn des Menschen als eine Art Computer, zwar mit einigen komplizierten Verschaltungen, aber eben doch ohne Programm. Die Programme, die das Verhalten steuern, kommen von außen aus der Gesellschaft.

Wenn man menschliches Verhalten verstehen will, scheint es aus diesem Blickwinkel wenig sinnvoll zu sein, die menschliche Natur zu studieren, genauso, wie es wenig Sinn macht, Papier zu studieren, wenn das Wichtige der Text ist, der darauf geschrieben steht. So wird die Rolle der Biologie zum Verständnis menschlichen Verhaltens weit in den Hintergrund gerückt. Schließlich haben wir Menschen während unserer Stammesgeschichte alle »genetisch determinierten Verhaltensweisen« verloren und sie durch allgemeine Kulturfähigkeit auf der Grundlage entwickelter Denkmechanismen ersetzt.

Die Verhaltensforscher **Karl von Frisch** und **Nikolaas Tinbergen** erhielten 1973 zusammen mit Konrad Lorenz den Nobelpreis für Medizin oder Physiologie. Nikolaas Tinbergen (links) klärte in den 1930er-Jahren viele Grundbegriffe der vergleichenden Verhaltensforschung und untersuchte Insekten, Fische und Seevögel. Karl von Frisch (rechts) wurde durch die Aufklärung der »Bienensprache« weltbekannt.

Man hat diese Entwicklung auch als Instinktreduktion bezeichnet. »Der Mensch ist der erste Freigelassene der Schöpfung« heißt es bei Johann Gottfried Herder, und in der philosophischen Anthropologie von Arnold Gehlen ist vom »Mängelwesen Mensch« die Rede. Danach endet die Bedeutung der Biologie mit der Entstehung eines inhaltsleeren Gehirns, jener fantastischen Neuentwicklung, mit der sich die biologische Evolution praktisch selbst ausgehebelt zu haben scheint. Die Programmierung dieses Gehirns vollzieht sich erst während der persönlichen Individualentwicklung durch die Gesellschaft und entzieht sich – so wird häufig angenommen – allein schon deshalb jeglicher biologischen Interpretation.

Biologen, die der Auffassung sind, dass wir Menschen über stammesgeschichtlich, im Laufe der Evolution entstandene Verhaltenspräferenzen und -mechanismen verfügen, die ganz wesentlich unser Verhalten prägen, können mit dieser kulturistischen Interpretation menschlichen Verhaltens allerdings nicht rundherum einverstanden sein. Aus ihrer Sicht sind vor allem drei Grundannahmen dieses soeben vorgestellten Argumentationsstrangs nicht richtig:

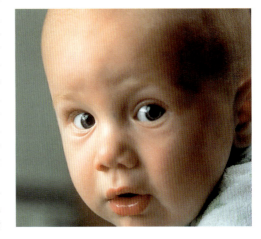

Neugierig schaut dieses Baby in die ihm noch fremde Welt. Inwieweit sein zukünftiges Verhalten von seinen Genen mitbestimmt oder von seiner Umwelt beeinflusst wird, ist Gegenstand der wissenschaftlichen Diskussion.

1) Die empirischen Ergebnisse der Neurowissenschaften und der Kognitionspsychologie sprechen gegen die Annahme, dass wir Menschen mit einem inhaltsleeren Gehirn geboren werden, das in gewisser Weise einem Allzweckcomputer gleicht. Stattdessen werden im Zuge der menschlichen Individualentwicklung, so beim Sehenlernen, Sprechenlernen oder Emotionen-erkennen-Lernen hochgradig spezialisierte neuronale Mechanismen angewendet. Lernen ist ein biologisch detailliert geregelter Vorgang, der in engen Bahnen abläuft. Daher kann der Mensch auch nicht unbegrenzt formbar sein.

2) Wenn bestimmte Verhaltensaspekte zwar beim Erwachsenen, nicht aber schon beim Neugeborenen vorhanden sind, schließt das nicht aus, dass sie zur

Gen: Eine physische Einheit der biologischen Vererbung.

Genotyp: Alle genetischen Merkmale, die den Aufbau und die Funktion eines Individuums beeinflussen.

Phänotyp: Ein beobachtbares Merkmal eines Organismus, dessen Entstehung auf einer Wechselwirkung zwischen Genotyp und Umwelt zurückgeht.

biologischen Ausstattung gehören könnten. Schließlich werden wir auch ohne Zähne und ohne sekundäre Geschlechtsmerkmale geboren. Entsprechendes gilt für das Verhalten: Ob beispielsweise Geschlechtsunterschiede im Verhalten schon bei der Geburt vorhanden sind oder erst später erkennbar werden, ist vollkommen unerheblich bei der Frage, ob diese Unterschiede durch eine unterschiedliche Behandlung der Geschlechter durch die Gesellschaft zustande kommen oder ob es möglicherweise geschlechtstypische Entwicklungsprogramme gibt.

3) Vor allem aber ist die Unterscheidung von vermeintlich angeborenen und erworbenen Verhaltensanteilen äußerst irreführend. Gene programmieren Entwicklungsvorgänge. Alle Entwicklungsvorgänge vollziehen sich in einem Wechselspiel zwischen der Erbinformation und ihrer Umgebung. Die Gene definieren dabei lediglich die Reaktionsnorm auf die äußeren Entwicklungsbedingungen. Die Umwelt entscheidet deshalb mit darüber (und meistens in nicht unerheblichem Umfang), zu welchen Ergebnissen die genetisch programmierten Entwicklungsabläufe führen. Der Phänotyp ist demnach eine Manifestation seines Genotyps in einem ganz bestimmten Entwicklungszusammenhang.

Deshalb macht es auch absolut keinen Sinn, Verhaltensmerkmale als angeboren oder erworben unterscheiden zu wollen. Bestenfalls lässt sich ihre Stellung in einem Kontinuum zwischen »relativ stabil« und »relativ sensibel« gegenüber unterschiedlichen Umwelteinflüssen bestimmen. Der Unterschied zwischen zwei Löwenzahnpflanzen beispielsweise, die aufgrund unterschiedlicher Standorte unterschiedlich gedeihen, ist natürlich umweltabhängig und in diesem Sinne »erworben«. Er ist aber zugleich auch »angeboren«, denn die genetischen Programme des Löwenzahns geben vor, wie die sich

Konrad Lorenz legte zusammen mit Nikolaas Tinbergen die Grundlagen für die moderne Verhaltensforschung. Berühmt wurden seine Prägungsexperimente mit Graugänsen. Er publizierte viele Bücher über das tierliche und menschliche Verhalten.

entwickelnde Pflanze auf jeweils unterschiedliche Standortbedingungen reagieren soll. In einem solchen Programm könnte etwa die (biologisch äußerst zweckmäßige) Devise codiert sein, auf einem feuchten, schattigen Standort große, kräftige Blätter zu entwickeln, auf einem trockenen, sonnigen Standort hingegen eher kleinere Blätter.

Wegen der grundsätzlichen Wechselwirkung zwischen Gen und Umwelt in der Verhaltensentwicklung kann es weder einen »genetischen Determinismus« noch einen »Umweltdeterminismus« geben. Daher ist der Versuch, das Verhalten in seine »angeborenen« und »erworbenen« Elemente aufzuteilen, auch zwangsläufig zum Scheitern verurteilt.

Kein Lebewesen reagiert auf ausnahmslos alle Aspekte seiner Umgebung. Die genetischen Entwicklungsprogramme reagieren nur auf bestimmte Umwelteigenschaften. Im Verlauf der Stammesgeschichte hat sich im zielblinden Versuch-und-Irrtum-Spiel der Evolution herausgestellt, welche Eigenheiten der Umwelt nützliche Informationen für eine erfolgreiche Individualentwicklung beinhalten und welche nicht. Deshalb kann die Selektivität der Beziehung zwischen Gen und Umwelt ihrerseits als Ergebnis der biologischen Evolution aufgefasst werden. Die Umweltsensibilität eines Organismus, also die Frage, von welchen Umwelteigenschaften er sich in seiner Entwicklung wie beeinflussen lässt, ist so gesehen genauso Produkt des evolutionären Erbes wie der Informationsgehalt der Gene selbst. Die Abhängigkeit der menschlichen Verhaltensentwicklung von den jeweils vorherrschenden kulturellen Bedingungen kann deshalb selbst als eine evolutionäre Ausstattung des Homo sapiens gelten.

Um menschliches Verhalten zu verstehen, ist es zunächst notwendig, ein wenig den Aspekt der doppelten Abhängigkeit des Menschen durch Natur und Kultur zu erläutern. Daher ist zu klären, wie aus dem biologischen Evolutionsgeschehen die typisch menschlichen Verhaltensweisen (einschließlich aller ihrer kulturellen Differenzierungen) hervorgegangen sein könnten und welche Rolle das Erbmaterial (die Gene) einerseits und die Umweltbedingungen andererseits dabei wohl gespielt haben.

Zweck und Mechanismus – zwei Suchbilder der Verhaltensforschung

Wie die biologische Evolution abläuft, wurde erstmals von dem englischen Naturforscher Charles Darwin in den Grundzügen verstanden. Seine Vorstellungen von der Evolution der Lebenswelt durch natürliche Selektion sind nicht nur bis heute gültig, sondern haben mit dem Zuwachs an biologischem Wissen (insbesondere über die Vererbungsmechanismen und die ökologischen Zusammenhänge) zudem einige wichtige und das Erklärungsvermögen der Theorie weiter verbessernde Ergänzungen erfahren.

Die **Yanomami-Indianer** im Amazonasbecken (oben) und verschiedene Stämme im **Bergland von Neuguinea** (unten) waren noch vor wenigen Jahrzehnten von unserer westlichen Zivilisation völlig abgeschnitten. Nach ihrer »Entdeckung« wurde ihr Verhalten von Ethnologen und Anthropologen eingehend untersucht. Heute stehen diese Stämme unter einem zunehmenden Anpassungsdruck, sodass ihr ursprüngliches Verhalten mehr und mehr von modernen Einflüssen verändert wird.

Die Prinzipien der Selektion und Anpassung

Die Funktionslogik von Darwins Prinzip der Selektion und Anpassung gründet auf nur drei charakteristischen Systemeigenschaften der Lebenswelt: erstens auf einer grundsätzlichen Begrenztheit von Fortpflanzungsmöglichkeiten, zweitens der Verschiedenartigkeit von Individuen und drittens der genetischen Vererbung. Obwohl zwar jede Population über ein unbegrenztes Vermehrungspotential verfügt, ist doch aus leicht einsehbaren Gründen auf Dauer kein unbegrenztes Populationswachstum möglich. Die für Vermehrung notwendigen Ressourcen (wie zum Beispiel Nahrung, Brutplätze, Geschlechtspartner, elterliche Fürsorge und soziale Unterstützung) sind schließlich nicht beliebig verfügbar und stecken damit Expansionsgrenzen ab. Es werden immer mehr Nachkommen gezeugt, als sich ihrerseits erfolgreich fortpflanzen können. Das

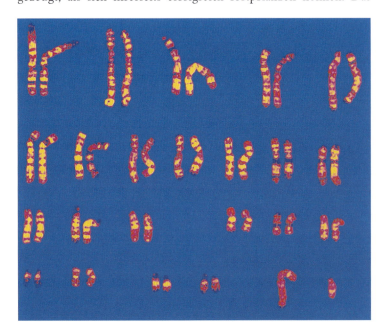

Träger der Gene sind die **Chromosomen.** Die Abbildung zeigt den männlichen Chromosomensatz mit den Geschlechtschromosomen X und Y unten rechts in 2400facher Vergrößerung.

führt zu Konkurrenz um den Zugang und die Nutzung der jeweils begrenzenden Ressourcen. Einige Individuen können aufgrund ihrer Merkmale und Eigenschaften die Ressourcen besser erschließen und sie effektiver in persönliche Reproduktion umsetzen als andere, sodass der relative Anteil des Erbmaterials dieser überdurchschnittlich erfolgreichen Individuen im Genpool ihrer Population automatisch zunimmt. Besteht der unterschiedliche Reproduktionserfolg der Individuen zumindest zu einem Teil auf genetischen Unterschieden, verschieben sich die Genfrequenzen, und evolutiver Wandel – das heißt genetische Anpassung – findet statt. Diejenige Erbinformation, deren Trägerindividuen für sich die Wachstumsgrenzen am weitesten hinausschieben können, das heißt die besseren Selektionseigenschaften besitzen, also am effektivsten Nahrung beschaffen, Raubfeinden entgehen, Parasiten trotzen, sozialer Konkurrenz standhalten, Geschlechtspartner werben und Nachkommen großziehen, ist mit der Zeit zunehmend in der Population vertreten und an der Herausbildung der anatomischen, physiologischen und psychologischen Merkmale ihrer Mitglieder beteiligt.

Für die biologische Verhaltensforschung ist nun die Einsicht äußerst wichtig, dass zwar die natürliche Selektion an den Unterschieden zwischen den individuellen Merkmalsträgern (den Phänotypen) ansetzt, die Ebene biologischer Anpassungsvorgänge aber nur die der Erbinformation sein kann und nicht etwa die der Individuen oder gar der Populationen oder Arten. Nur in den Genen (den Replikatoren der Erbinformation) ist stammesgeschichtliche Erfahrung Generationen überdauernd gespeichert. Ihre potentielle Unsterblichkeit begründet die Kontinuität des Lebens, während die einzelnen Individuen endlich und kurzlebig sind. Die vergänglichen »Überlebensmaschinen« dienen stattdessen dem evolutiv einzigen Zweck, als »Vehikel« ein optimales Medium für eine erfolgreiche identische Vermehrung (Replikation) des Genmaterials zu liefern. Damit stellt sich die biologische Evolution als ein genzentriertes Prinzip dar, ein Umstand, der zu der populären, aber leider missverständlichen Diktion vom »egoistischen Gen« geführt hat. Gemeint ist damit das Prinzip, nach dem individuelles Verhalten im Evolutionsprozess selektioniert wird, also letztlich »genetischer Eigennutz«, wobei »Eigennutz« freilich nicht auf das handelnde Individuum, sondern auf seine genetischen Programme zu beziehen ist.

genetische Fitness: Der Beitrag eines Erbprogramms zum Genpool der nächsten Generation der Population im Verhältnis zu den Beiträgen alternativer Erbprogramme.

Genpool: Die Summe aller Gene einer Population.

Population: Eine Fortpflanzungsgemeinschaft aus in Raum und Zeit zusammenlebenden Individuen einer Art.

Das Prinzip der Verwandtenselektion

Weil die biologische Evolution ein genzentriertes Prinzip ist, reicht der persönliche Reproduktionserfolg bei der Beurteilung der genetischen Fitness nicht aus, da die Gene eines Individuums durch die gemeinsame Abstammung auch zum Erbgut seiner Verwandten gehören. Identische Replikate der Erbprogramme eines Individuums beispielsweise stecken mit bestimmbarer statistischer Wahrscheinlichkeit auch noch in den Eltern, Geschwistern, Kindern, Neffen und Nichten oder Vettern und Basen. Das Evolutionsgeschehen bekräftigt demnach konsequenterweise nicht nur die Eigenschaften, die die Fortpflanzung von Einzelindividuen begünstigen, sondern vor allem jene Eigenschaften, die den jeweils nächsten Verwandten zu höherem Reproduktionserfolg verhelfen. Eine ganz zwangsläufige Folge dieses von den Fachleuten als Verwandtenselektion bezeichneten Prinzips ist die unter allen höher entwickelten sozial lebenden Organismen anzutreffende und nach Verwandtschaftsnähe differenziert abgestufte Verwandtenunterstützung (Nepotismus). Es ist daher evolutionsbiologisch ausgesprochen plausibel, dass menschliche Gesellschaften – überall auf unserem Globus – auf nepotistischen Verwandtschaftssystemen beruhen und eine abgestufte Verwandtschaftsnähe eine zentrale Rolle für die Art und Intensität des sozialen Miteinanders spielt.

Nepotismus, zu lateinisch *nepos* »Enkel, Neffe« ist die Bevorzugung der eigenen Verwandten (Nepoten) bei der Vergabe von Ämtern und Würden. Ursprünglich wurde der Begriff auf die nepotistische Politik einiger Renaissancepäpste angewandt.

Verwandtenunterstützung konnte entstehen, weil die so genannten Kontoinhaber genetischer Fitness die Erbprogramme sind und nicht etwa die Individuen, Gruppen oder gar Arten, wie man früher vermutet hatte. Der Erfolg in der natürlichen Selektion bemisst sich deshalb nach der so genannten Gesamtfitness. Dazu zählt neben dem direkten Erfolg bei der Reproduktion durch Replikation des eigenen Erbguts (die direkte Fitness, auch darwinsche Fitness genannt) auch der indirekte Erfolg bei der Reproduktion, der durch Unterstützung der genealogischen Verwandten bei deren Fortpflanzung erreicht werden kann (indirekte Fitness).

In einer **Großfamilie** unterstützen sich alle Familienmitglieder gegenseitig zum gemeinsamen Vorteil.

Durch die natürliche Selektion wird jedoch nur die im Individualleben erreichte Gesamtfitness bewertet, sodass im Laufe der Evolution zwangsläufig alle Lebewesen darauf eingerichtet wurden, genau diese Größe zu maximieren. Reproduktive Gesamtfitnessmaximierung ist das Lebensprinzip, auf das alle Organismen von Natur aus eingestellt sind und aus dem sich die Lebensinteressen der Lebewesen ableiten. Man kann deshalb gut begründet erwarten, dass unsere entwickelten Verhaltenspräferenzen, unsere Mechanismen der Verhaltenssteuerung und unsere (häufig unbewussten) Verhaltensstrategien als Produkte der biologischen Evolution eine klar zu umreißende Funktion erfüllen: Sie gehorchen im Durchschnitt dem biologischen Imperativ nach bestmöglicher Selbsterhaltung und Fortpflanzung, anderenfalls hätten sie die ständige Prüfung durch die natürliche Selektion nicht bestehen können.

Ultimate und proximate Gründe des Verhaltens

ultimate Gründe: Die Zweckursachen des Verhaltens (Welche biologische Funktion hat das infrage stehende Verhalten?).
proximate Gründe: Die Wirkursachen des Verhaltens (Aufgrund welcher Verhaltenssteuerungsmechanismen kommt es zu dem Verhalten?).

Damit ist ein erster Blickwinkel umrissen, aus dem heraus Antworten auf die Frage, warum sich Menschen so verhalten, wie sie es tun, erwartet werden können. Es ist der Blickwinkel, der nach dem biologischen Zweck des menschlichen Verhaltens fragt, und somit auf die so genannten ultimaten Gründe des Verhaltens abstellt. Es ist zugleich die Frage nach der biologischen Funktion, nach dem

Anpassungswert von menschlichen Verhaltensäußerungen und -unterschieden in verschiedenen historischen und kulturellen Milieus.

Allerdings stellt die Suche nach den ultimaten Zweckursachen menschlichen Verhaltens nur eine von mehreren Möglichkeiten dar, Verhaltensforschung zu betreiben. Man kann genauso berechtigt nach den so genannten proximaten Gründen fragen, die für unsere Verhaltensäußerungen verantwortlich sind. Hierunter fallen alle psychischen, physiologischen und kulturellen Wirkmechanismen, die auf unser Verhalten in einer bestimmten Weise Einfluss nehmen.

Die unterschiedliche Ausrichtung dieser beiden Suchbilder und ihre jeweils unterschiedlichen Erkenntnisinteressen können an einem einfachen Fall verdeutlicht werden: Die Frauen der Kalahari-Buschleute, einer Wildbeutergesellschaft im südwestlichen Afrika, bekommen im Durchschnitt etwa alle 48 Monate ein Baby. Auf die Frage, warum das eigentlich so ist, lässt sich mit dem Hinweis antworten, dass die Mütter ihre Kinder ausgesprochen lange und regelmäßig stillen, was bekanntlich die Wiederaufnahme des Menstruationszyklus nach der Geburt hinauszögert. Außerdem befolgen die Frauen nach einer Niederkunft traditionelle Sexualtabus, was ebenfalls zur Verzögerung einer nachfolgenden Schwangerschaft beiträgt, sodass nicht nur physiologische, sondern auch kulturelle Mechanismen für die Einhaltung der vergleichsweise langen Zwischengeburtenabstände sorgen.

In dem unwirtlichen Lebensraum der Kalahari verbringen die Frauen der **!Kung San** viel Zeit am Tag mit der Suche nach pflanzlicher Nahrung. Ihre Kinder müssen sie dann, wie hier beim Pflücken von Schoten, in Tüchern am Körper mit sich tragen.

Mit diesen Antworten ist allerdings nur die Ebene der proximaten Wirkursachen angesprochen. Die Antwort auf die Frage nach den ultimaten Zweckursachen für die langen Geburtenabstände ist damit noch nicht gegeben. Dazu müsste man erst den biologischen Anpassungswert, das heißt die Funktion dieses Verhaltens im persönlichen Bemühen um genetische Fitnessmaximierung kennen. Nun konnte man zeigen, dass angesichts des unwirtlichen Lebensraums der Kalahari-Buschleute der 48-monatige Abstand zwischen den Geburten das Optimum für die Frauen bildet, um den größtmöglichen persönlichen Lebensreproduktionserfolg zu erzielen. Wer den Abstand verringert, bekommt folgerichtig zwar mehr Kinder, vermag aber nur weniger Kinder bis ins Erwachsenenalter großzuziehen.

Was auf den ersten Blick wie eine Geburtenbeschränkung aussieht, die im Widerspruch zu allen genetischen Prinzipien der Fitnessmaximierung zu stehen scheint, entpuppt sich bei genauerer Analyse als eine an die lokalen Verhältnisse angepasste strategische Maßnahme, die persönliche genetische Fitness maximal zu erhöhen und damit dem biologischen Imperativ zu gehorchen. Aus der Sicht des egoistischen Gens haben die Frauen die beste aller ihnen verfügbaren Möglichkeiten gewählt. In diesem Hinweis auf den biologischen Anpassungswert des Verhaltens steckt ebenfalls eine Antwort auf die Frage, warum die Kalahari-Frauen im Durchschnitt einen 48-monatigen Geburtenabstand eingehalten haben.

Anhand dieses Beispiels werden zwei Dinge deutlich. Kulturell und gesellschaftlich gesteuertes Verhalten kann biologisch ausge-

Der **Lebensreproduktionserfolg** eines Individuums wird aus der Anzahl und dem »Reproduktionswert« aller seiner Nachkommen ermittelt, die zum Zeitpunkt seines Todes leben. Der Lebensreproduktionserfolg wird aus forschungspraktischen Gründen häufig zur Schätzung genetischer Fitness verwendet. Vor allem drei Komponenten haben entscheidenden Anteil am Lebensreproduktionserfolg: die Fruchtbarkeit eines Individuums, die Überlebensrate der Nachkommen und ihre Platzierung im sozialen Gefüge der Gesellschaft.

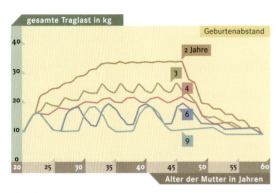

Eine Computersimulation ermittelt den Zusammenhang zwischen dem **Geburtenabstand** und der gesamten Traglast (das kleinste Kind und die Nahrung für die Familie) einer Buschfrau aus der Kalahari, die alle drei Tage Nahrung sammelt. In der Abbildung sind fünf verschieden lange Geburtenabstände mit der Veränderung der Traglast über die gesamte Fortpflanzungszeit berücksichtigt.

Anpassung: Die Veränderung von Genfrequenzen durch die Wirkweise der biologischen Selektionsprozesse (natürliche Selektion, sexuelle Selektion, Verwandtenselektion).

Angepasstheit: Anpassungsprozesse führen im Ergebnis zur Angepasstheit der Organismen an ihre biotischen und abiotischen Lebensbedingungen.

---

sprochen funktional sein, wodurch kulturelle Verhaltensmuster vor dem Hintergrund des biologischen Anpassungskonzepts interpretierbar werden. Außerdem müssen ultimate und proximate Fragen nach dem Warum an das Verhalten überhaupt nicht zu sich widersprechenden Antworten führen, da sich ihre Suchbilder ganz grundsätzlich voneinander unterscheiden. Eine aussagekräftige Verhaltensforschung muss freilich beide Perspektiven im Auge behalten.

Neben diesen beiden Aspekten wird an dem Beispiel der Kalahari-Buschleute ein zusätzlicher Aspekt deutlich: Begriffe wie Angepasstheit, optimal oder maximale Fitness, die im Sprachgebrauch der Verhaltensforscher eine große Rolle spielen, können vernünftigerweise immer nur unter Bezug auf die jeweils vorherrschenden Lebensbedingungen sinnvoll verwendet werden. Was für die Buschfrauen in der Kalahari angepasst und optimal ist, kann unter ganz andersartigen Lebensbedingungen unangepasst und nicht optimal sein. Es gibt viele Möglichkeiten, den Lebensreproduktionserfolg zu erhöhen. Eltern erreichen das über eine Maximierung der Geburtenzahl (wie es in vielen Agrargesellschaften beobachtet wird), oder durch eine Maximierung der Überlebenschancen der Kinder (wie es typisch für Wildbeutergesellschaften ist), oder über eine Maximierung der sozialen Konkurrenzfähigkeit ihrer Kinder durch Erziehung und Vererbung (wie es in den Industriegesellschaften zu beobachten ist). Keine dieser drei Strategien ist gemessen am biologischen Erfolg den anderen absolut überlegen. Vielmehr entscheiden die ökologischen und soziokulturellen Lebensbedingungen über die relative Tauglichkeit der verschiedenen Strategien in ihrem jeweiligen Kontext. Aussagen über Funktion und Zweckdienlichkeit von Verhaltensweisen sind deshalb zuverlässig nur unter Beachtung des Lebensmilieus, in dem sich das infrage stehende Verhalten entwickelt, möglich.

!Kung-San-Buschfrauen mit ihren Babys kehren vom Feldkostsammeln heim. Die Vordere hat außerdem Flechtmaterial mitgebracht.

Altes Erbe – moderne Umwelt: Das Problem von »Steinzeitgenen« in der Industriegesellschaft

Die biologische Verhaltensforschung an Menschen steht vor einem grundsätzlichen Problem. Es erwächst aus der Tatsache, dass die ökologische und soziokulturelle Umwelt, in dem sich die biologische Menschwerdung mit den sie kennzeichnenden Anpassungsvorgängen abgespielt hat, nicht identisch ist mit den modernen oder historisch noch halbwegs überschaubaren Lebensbedingungen der Menschheit. Weil im Gegensatz dazu von vielen (wenngleich keineswegs allen) Tierpopulationen mehr oder weniger begründet angenommen werden kann, dass sie in einer »ursprünglichen« Umgebung mit über längere Zeit eher wenig veränderten Bedingungen leben, muss kaum diskutiert werden, woran eine Angepasstheit zu erkennen ist. Fitnessunterschiede zeigen an, auf welchen Verhaltensweisen ein wie hoher Selektionsdruck liegt, und man kann gut begründet annehmen, dass die Verhaltensmerkmale, die zu einer überdurchschnittlichen Fitness führen, sich genau deshalb im Laufe der Evolution entwickelt haben. Fitnesssteigerndes Verhalten wird deshalb kurzerhand als biologisch angepasst betrachtet und seine Entstehung der natürlichen Selektion zugeschrieben.

In Anbetracht der Kulturgeschichte liegen die Verhältnisse beim Menschen vielschichtiger. Denkbar wäre, dass durch die rasanten und sich zunehmend verselbstständigenden Kulturentwicklungen genetisch angepasste Verhaltensmechanismen ihre biologische Funktionen verlieren, da sie in den neuartigen, nachsteinzeitlichen Umwelten der Geschichte und Gegenwart nicht mehr fitnesssteigernd wirken. Umgekehrt ist es vorstellbar, dass Merkmale aus solchen Gründen die persönliche Fitness steigern, wegen derer sie nicht im Laufe der Evolution entstanden sind. Eine biologische Angepasstheit ist durch die Art und Weise ihrer Entstehung, also durch ihre evolutionäre Geschichte definiert und nicht etwa durch ihre aktuelle Zweckdienlichkeit. So könnte eine Diskrepanz zwischen beidem entstehen, die es erschwert, die evolvierten Ursprünge menschlichen Verhaltens zu erkennen. Beispielsweise führt unsere Vorliebe für Süßes unter den heutigen Bedingungen des Zuckerüberflusses bekanntlich zu Gesundheitsschäden, ist also heutzutage nicht fitnesssteigernd. Sie ist aber eine in einer kohlenhydratarmen Umwelt entstandene biologische Angepasstheit, die unseren steinzeitlichen Vorfahren dabei half, ihren Energiehaushalt zu optimieren.

Die evolvierten Verhaltenspräferenzen und -mechanismen liefern nur insoweit biologisch funktionale Ergebnisse, wie die Umwelt, in der sie wirksam werden, identisch ist mit der Umwelt, in der sie stammesgeschichtlich entstanden sind. Mit gewissen Verhaltenstendenzen verhält es sich deshalb ähnlich wie mit den Gliedmaßenrudimenten von Riesenschlangen: Beides trägt unter den gegenwärtigen Lebensumständen nicht mehr zur Fitnessmaximierung bei, ist jedoch ein schlagender Beweis für die Richtigkeit der Evolutionstheorie. Streng genommen haben alle Organismen überholte Merkmale,

evolviert, entstanden und geformt durch die Mechanismen von Mutation und Selektion. Evolvierte Merkmale haben eine Stammesgeschichte durchlaufen. Der deutsche Ausdruck »entwickelt« kann zweierlei bedeuten. Er kann sich entweder (ganz im Sinne von »evolviert«) auf die stammesgeschichtliche Entwicklung (Phylogenese) eines Merkmals beziehen oder auf seine Individualgeschichte (Ontogenese).

da die Umwelt, in der ein Organismus heute lebt, nie vollkommen jener Umwelt gleicht, in der sich seine Merkmale entwickelt haben.

Dieser Gesichtspunkt ist – gerade wenn es um menschliches Verhalten geht – besonders zu beachten. Unsere Verhaltenstendenzen sind in einer früheren Umwelt, der pleistozänen »Umwelt evolutionärer Angepasstheit« (Environment of Evolutionary Adaptedness) entstanden, in der sich zwar rund 99,5 Prozent der menschlichen Geschichte abgespielt hat, von deren befriedigendem Verständnis wir aber wegen der schwierigen Rekonstruktion dieser Zeit zugegebenermaßen noch weit entfernt sind. Seit der neolithischen Revolution mit der Entwicklung von Sesshaftigkeit, Ackerbau und Viehzucht, also seit rund 10 000 Jahren, hat sich hingegen das genetische »Make-up« der Menschheit kaum mehr verändert. Deshalb ist die Verhaltenssteuerung der modernen Menschen im Kern steinzeitlich. »Steinzeitgene« in der Industriegesellschaft – das muss zwangsläufig zu Verwerfungen führen, was aber nichts an den biologischen Ursprüngen menschlicher Verhaltensregulation ändert.

Evolutionsbiologische Theorien menschlichen Verhaltens stehen immer wieder im Verdacht, düsteren Ideologien zu dienen. Diejenigen, die soziale, ethnische oder geschlechtliche Ungleichheit als naturgegebenen und gottgewollten Fixpunkt eines auf »Auslese« gegründeten Gesellschaftsentwurfs betrachten, zeigen eine leicht durchschaubare Affinität zu vermeintlich naturalistischen Ideen. Andererseits benutzen diejenigen mit eher emanzipatorisch egalitären

Der amerikanische Sozialwissenschaftler und Nationalökonom **William Sumner** übertrug sozialdarwinistische Theorien auf die Mechanismen der ökonomischen und sozialen Selektion im Kapitalismus, die er als Naturgesetze auffasste. Er lieferte damit eine Legitimation für die sozialen Missstände des späten 19. und frühen 20. Jahrhunderts. Einen der Schauplätze des Überlebenskampfes malte Sir Samuel Luke Fildes unter dem Titel »Schlangestehen vor dem Obdachlosenasyl« (1874; London, Royal Holloway College).

Vorstellungen über das wünschenswerte Miteinander den Rückgriff verquerer Ideologen auf »biologischen Fakten« dazu, Soziobiologie als eine Quelle weltanschaulichen Übels darzustellen.

Die philosophisch-weltanschaulichen Wurzeln dieser schwierigen Situation der Humansoziobiologie, falschem Beifall wie falschen Anwürfen ausgesetzt zu sein, liegen sicherlich in dem auf den englischen Sozialphilosophen Herbert Spencer zurückgehenden Sozialdarwinismus. Das »Überleben des Tüchtigsten« (»survival of the fittest«) galt ihm als die treibende Kraft der Menschheitsentwicklung von »primitiven Urformen« zu »höheren Stufen« der Zivilisation. Der natürliche »Kampf ums Dasein« wurde als nützlich und wünschenswert erachtet, der wegen seiner segensreichen Wirkung auf den gesellschaftlichen Fortschritt nicht durch staatliches Eingreifen, etwa durch übertriebene Wohlfahrtsmaßnahmen, behindert werden dürfe. »Der Darwinismus wurde in dem Moment zum Steinbruch von Moral und Ideologie«, so drückt es der Anthropologe Volker Sommer aus, »als die Spenceristen und Sozialdarwinisten aus dem ›survival of the fittest‹ unbedenklich ein ›survival of the best‹ machten«.

Innerhalb und außerhalb der Fachwelt herrscht zuweilen die philosophisch nicht zu begründende Vorstellung vor, man könne mittels einer wissenschaftlichen Naturbeobachtung die »richtigen« Prinzipien und sittlichen Normen menschlichen Zusammenlebens ermitteln. Einige Verhaltensforscher sehen ihr wissenschaftliches Wirken gerade unter dem Primat der Normfindung, indem sie Erkenntnisse aus dem Bereich des Faktischen in den Bereich des Normativen überführen möchten, umso eine moralische Bewertung menschlichen Verhaltens vor dem Hintergrund biologischen Wissens vornehmen zu können. Sie leisten damit einem normativen Biologismus vorschub, dessen Wertefindung mit einer verführerisch einfachen Formel gelingen soll: Biologisch angepasstes Verhalten ist gut, richtig, wünschenswert, gesund und normal. Demgegenüber brechen viele Soziobiologen ganz konsequent mit der Tradition »naturalistischer Fehlschlüsse«, in der Überzeugung, von den Ist-Zuständen der Natur unmöglich auf das Soll menschlicher Ethik schließen zu können. Für sie gilt uneingeschränkt: Erklären ist nicht gleich Rechtfertigen.

E. Voland

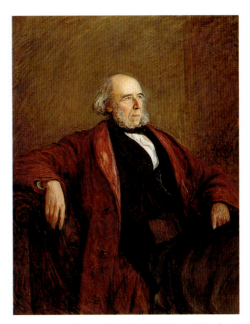

Der englische Sozialphilosoph **Herbert Spencer** gilt als der Begründer des Sozialdarwinismus. Schon vor Darwin vertrat Specer einen philosophisch-erkenntnistheoretischen Evolutionismus, dem zufolge allen Erscheinungen ein allgemeines Entwicklungsgesetz zugrunde liegt. Danach vollzieht sich die – nicht zielgerichtete – Entwicklung der natürlichen und sozialen Welt in einem Fortschrittsprozess der steigenden Anpassung an die Umwelt zu immer komplexeren Formen.

Auf der Suche nach den Ursprüngen des typisch Menschlichen

Auf die Frage, was eigentlich im Verhalten uns Menschen von Tieren unterscheidet, hat es in der Geschichte der Philosophie und Anthropologie die vielfältigsten Antworten gegeben. Ursprünglich und lange Zeit glaubte man beispielsweise, dass einsichtige Werkzeugbenutzung und vor allem eine planvolle Werkzeugherstellung spezifisch menschlich sei, was sich allerdings aufgrund von Labor- und Freilanduntersuchungen an Menschenaffen schlichtweg als falsch herausgestellt hat. Auch andere Merkmale für eine sichere Unterscheidung zwischen Tier und Mensch mussten früher oder später ausgeschlossen werden: Inzesttabus, Gruppengewalt mit Tötungsabsicht, politische Allianzbildung in sozialen Rangauseinandersetzungen, Symbolverständnis und soziale Empathie, Selbstbewusstsein, Lug und Trug und viele andere Merkmale mehr, von denen man zunächst vermuten könnte, dass sie ausschließlich uns Menschen eigen sind, erweisen sich bei genauerer Prüfung als untauglich, eine Grenze zwischen uns und unseren tierlichen Verwandten zu definieren. Inzwischen sind die meisten Fachleute eher skeptisch, ob es überhaupt jemals gelingen wird, eindeutige Verhaltenskriterien zu finden, die zur Unterscheidung zwischen Tier und Mensch taugen.

Warum das so ist, hängt mit dem biologischen Evolutionsgeschehen zusammen, denn die biologische Evolution ist ein zu keinem Zeitpunkt unterbrochener Vorgang. Was der Augenschein lehrt, und eine kritische wissenschaftliche Analyse bestätigt – dass wir unseren nächsten tierlichen Verwandten, den Schimpansen und Bonobos ähnlicher sind, als anderen heute noch lebenden Primaten oder gar systematisch ferner stehenden Arten – gilt nicht nur für leicht wahrnehmbare Äußerlichkeiten, sondern auch für Psyche und Verhalten. Den vielleicht 90 Millionen Jahre während stammesgeschichtlichen Sonderweg der Primaten haben wir mit den Schimpansen bis auf die letzten 5 bis 8 Millionen Jahre gemeinsam zurückgelegt – ein Umstand mit fatalen Folgen für die Schimpansen. Denn gerade weil das stammesgeschichtliche Erbe in beachtlichem Umfang zu vielfältigen Gemeinsamkeiten geführt hat, sind Schimpansen in der biomedizinischen Forschung als Modelle für menschliches Funktionieren so begehrt – und deshalb so gefährdet.

Dass gemeinsame Abstammung zu Ähnlichkeiten führt, hat einen zwar simplen, aber folgenreichen Grund: Evolution beruht hauptsächlich auf mehr oder weniger kontinuierlichen und nicht auf sprunghaften Veränderungen, weil das Ausgangsmaterial für jede evolutive Neu- oder Umkonstruktion nur aus den aus früheren Generationen überkommenen Bauelementen und Wirkmechanismen bestehen kann. Deshalb weisen alle Lebewesen Spuren ihrer stammesgeschichtlichen (phylogenetischen) Vergangenheit auf, und es kommt zu einer je nach Verwandtschaftsnähe abgestuften Ähnlich-

Die lorbeerblattförmigen Spitzen aus Feuerstein sind wahre Meisterwerke der Steinbearbeitung. Sie stammen aus der Solutréen-Kultur vor 21 000 bis 16 000 Jahren. In dieser Zeit erreichte die **Steinzeitkultur** in Europa ihren Höhepunkt.

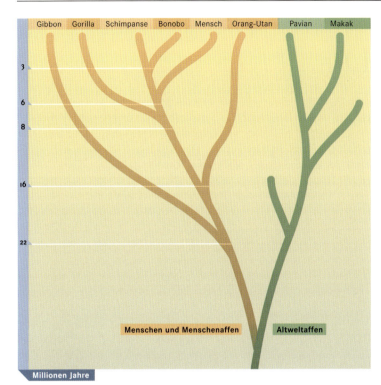

Der **Stammbaum der Altweltaffen** spaltete sich vor etwa 30 Millionen Jahren in zwei Linien auf, die Hundsaffen und die Menschenartigen (Hominoiden). Aus der Linie der Menschenartigen gingen die Menschenaffen und die Menschen hervor. Vor etwa 6 Millionen Jahren hatten die Menschen und die Schimpansen bzw. Bonobos ihren letzten gemeinsamen Vorfahren.

keit zwischen uns und unseren tierlichen Verwandten. Wenn wir also gar nicht erwarten können, dass das typisch Menschliche unsere ganz exklusive Erfindung sein muss, sondern stattdessen eine Entwicklung durchgemacht hat, deren Anfänge bis zu den tierlichen Vorfahren des Menschen zurückreichen, stellt sich automatisch die Frage nach den stammesgeschichtlichen Ursprüngen und Entstehungsursachen dieser Verhaltensmerkmale, nach den Anlagen (Prädispositionen) und Selektionsbedingungen, die die Entwicklung dieser Merkmale in ihrer den Menschen charakterisierenden Weise vorangetrieben haben. Unter einer »Prädisposition« wird ein evolviertes, angepasstes Merkmal verstanden, das bestimmte Weiterentwicklungen begünstigt und andere erschwert. Als historische Vorgaben kanalisieren Prädispositionen auf diese Weise evolutionäre Entwicklungen.

Sprechen

Diese Frage stellt sich auch für die typisch menschliche Sprechsprache. Wie kann man sich die stammesgeschichtliche Entstehung dieser im Organismenreich einmaligen Kommunikationsform erklären? Welche besonderen Umstände haben ihre Entwicklung gefördert? Welche biologische Funktion erfüllt sie? Um diese Fragen zu beantworten, ist es zunächst nötig, sich mit dem Sozialleben unserer nächsten Verwandten, der nichtmenschlichen Primaten, zu beschäftigen, die typischerweise in mehr oder weniger individualisierten Sozialverbänden leben.

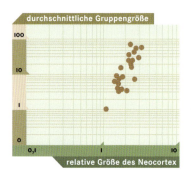

Die Punkte geben die mittlere **Gruppengröße** einiger Altweltaffen im Verhältnis zu ihrer **relativen Neocortexgröße** an. Die relative Neocortexgröße berechnet sich aus dem Verhältnis zwischen dem Neocortexvolumen und dem restlichen Gehirnvolumen. Beide Achsen haben eine logarithmische Skala. Die relative Neocortexgröße des Menschen liegt auf der Ausgleichsgeraden, die man durch die Punkte legen kann.

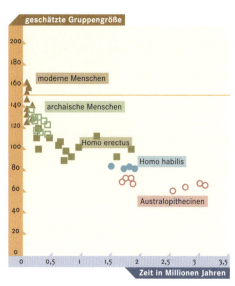

Die geschätzte **Gruppengröße** und die geschätzte **Grooming-Zeit** des Menschen sind größer als die seiner Vorfahren. Die beiden Werte errechnen sich aus dem Verhältnis zwischen der Gruppengröße und der relativen Neocortexgröße bei Menschenaffen. Jeder Punkt ist der Mittelwert für mehrere Populationen. Die Linie ist die geschätzte Gruppengröße von circa 150 für moderne Menschen.

Sozialleben und Gehirngröße

Die nebenstehende Abbildung zeigt den Zusammenhang zwischen der Gruppengröße von Altweltaffen und ihrer relativen Neocortexgröße (gemessen als Verhältnis des Neocortexvolumens zum Rest des Gehirns). Der Neocortex, der stammesgeschichtlich jüngste und differenzierteste Teil der Großhirnrinde, gilt als Sitz der so genannten höheren, »intelligenten« Hirnfunktionen, wie Bewusstsein, Denken oder Planen. Die Gehirnvolumenzunahme während der menschlichen Stammesgeschichte geht fast ausschließlich auf die Zunahme des Neocortex zurück. Überaus interessant ist nun, dass es einen Zusammenhang gibt zwischen der relativen Neocortexgröße der Affen und der Größe ihrer sozialen Gruppen. Beispielsweise leben Paviane in sehr großen Gruppen mit durchschnittlich über 50 Individuen und weisen eine relative Neocortexgröße von 2,7 auf, während beispielsweise Nasenaffen, die typischerweise in Gruppen mit 14 Individuen leben, eine relative Neocortexgröße von nur 1,75 erreichen. Je mehr Individuen sich zu einem Sozialverband zusammenschließen, je mehr Individuen miteinander interagieren und je mehr Sozialbeziehungen bestehen, desto besser sind die höheren Gehirnfunktionen ausgeprägt. Anders formuliert: Die Sozialverbände der Primaten können nicht unbeschränkt an Größe zunehmen, weil dem offensichtlich kognitive Schranken entgegenwirken.

Der Umgang mit Artgenossen erfordert auf vielfältige Weise soziale Intelligenz. Die Verwandtschaftsverhältnisse zwischen den Gruppenmitgliedern müssen ebenso wie soziale Dominanzverhältnisse, Rollen, Koalitionen, Freundschaften und Rivalitäten erkannt werden. Diese Aspekte spielen im sozialen Alltag der Affen eine je nach Spezies mehr oder weniger gewichtige Rolle. Daher sind mit zunehmender Gruppengröße wachsende Anforderungen an die Leistungsfähigkeit des Neocortex gestellt. Trägt man nun den Wert für die relative Neocortexgröße des Menschen (= 4,1) in die Ausgleichsgerade der Abbildung ein, ergibt sich rein rechnerisch für die geschätzte Gruppengröße des Menschen der Wert von 148. Der englische Anthropologe und Psychologe Robin Dunbar interpretiert diese Zahl als »natürliche Gruppengröße« des Menschen. Während unserer Stammesgeschichte habe sich unser Gehirn so entwickelt, dass wir gut und kompetent mit Sozialbeziehungen umgehen können, sofern die Gruppengröße nicht über rund 150 Personen hinausgeht. Dunbar vermag seine Interpretation gut zu untermauern, denn viele ethnographische Befunde an Wildbeutergesellschaften, die unter Bedingungen leben, wie sie als typisch für immerhin 99,5 Prozent der Menschheitsgeschichte gelten, zeigen in der Tat, dass die Sozialverbände auf Clan- oder Dorfebene nur sehr selten über 150 Personen umfassen. Ob arktische Inuit, afrikanische !Kung San, südamerikanische Yanomami, Neuguineas Gebusi, indische Bihar oder australische Aborigines: Der Alltag findet in einer sozial überschaubaren Umwelt statt.

Grooming - der soziale Kitt der Affen

Um aber überhaupt in Sozialverbänden leben zu können, bedarf es verlässlicher Bindungsmechanismen, die den sozialen Kitt für den Zusammenhalt der Gruppen liefern. Affen setzen dafür das »Grooming« ein. Unter Grooming verstehen Fachleute die freundliche, gegenseitige Fellpflege – das »Lausen«, wie es im Deutschen etwas abwertend heißt. Dabei entfernen sich die Tiere gegenseitig Parasiten oder Schmutzpartikel aus dem Fell – vorzugsweise an Körperstellen, an die man selbst nur schwer gelangt. Bei den höheren Primaten erfüllt das Grooming vor allem eine soziale Funktion: Es bindet die Tiere sozial zusammen. Allerdings kostet Grooming Zeit,

und je größer ihre Sozialgruppen, desto mehr Zeit müssen folglich die Affen in Grooming investieren. Freilich muss es dafür Obergrenzen geben, denn keine Primatenart könnte es sich leisten, täglich über Gebühr viel Zeit für das Grooming aufzuwenden. Schließlich muss zuallererst das Überleben sichergestellt werden, das heißt vorrangig umherzustreifen sowie Nahrung zu suchen und zu fressen. Folglich gibt es keine Primatenart, die mehr als rund 20 Prozent ihrer Zeit für das Grooming aufwendet und dies aufgrund der alltäglichen Überlebensanforderungen auch überhaupt könnte. Mit einer »natürlichen« Gruppengröße von rund 150 Personen müssten wir Menschen hingegen – wenn wir uns wie Affen verhielten – über 40 Prozent unserer Zeit mit Grooming verbringen, ein äußerst unrealistischer Wert.

Unsere Vorfahren waren deshalb einem besonderen Problem ausgesetzt: Entweder hätten sie auf die Einrichtung größerer Lebensgemeinschaften verzichten oder aber einen anderen sozialen Bindungsmechanismus entwickeln müssen. Sie haben mit der Entwicklung der Sprechsprache einen anderen Weg eingeschlagen. Dabei sollte sich die soziale Fähigkeit, nun in größeren Sozialverbänden leben zu können, als ganz entscheidender Überlebensvorteil auf dem Weg zum modernen Menschen herausstellen, da das Überleben und die Fortpflanzung der frühen Hominiden nur durch die Konkurrenz

Grooming ist bei Affen mehr als nur das Lausen oder Entfernen von Parasiten. Diese Fellpflege dient zwischen Artgenossen dazu, Kontakt aufzunehmen, Beziehungen zu unterhalten oder Stimmungen auszutauschen. Damit ist Grooming eine wesentliche Form der Kommunikation in den Tiergruppen. Ein dem Grooming der Affen vergleichbares Verhalten findet man bei Menschen nur selten, wie etwa bei den Frauen von den Trobriand-Inseln.

Auch die **Bonobos** verbringen viel Zeit am Tag mit Grooming. Dabei suchen meistens die Männchen den Kontakt zu den Weibchen, während diese die Gesellschaft mit ihren Geschlechtsgenossinnen vorziehen.

mit eigenen Artgenossen gefährdet war, nachdem sie sich vor vielleicht zwei Millionen Jahren als die ökologisch dominanten Lebewesen ihres afrikanischen Lebensraums durchgesetzt hatten. Nach allem was wir heute wissen, spielte sich diese innerartliche Konkurrenz zwischen sozialen Gruppen ab. Je größer eine Gruppe war, desto größer war ihr Vorteil in diesem soziökologischen Konkurrenzgeschehen. Um den Vorteil größerer Lebensgemeinschaften nutzbar machen zu können, bedurfte es jedoch der Entwicklung eines entsprechenden sozialen Bindemittels. Nach der oben geschilderten Theorie wurde Grooming – der traditionelle soziale Kitt der Affen – wegen des notwendigen Zeitaufwands zunehmend untauglicher und ist deshalb durch die Sprache ersetzt worden.

Sprache – der soziale Kitt der Menschen

Sprache ist effizienter als das Grooming, denn schließlich kann ein Gespräch mit anderen Aktivitäten (etwa der Nahrungssuche) gekoppelt werden und zugleich mehrere Individuen einbeziehen. Die sozial bindende Wirkung von Sprache wird deutlich, wenn man sich die Hauptfunktion von sprachlicher Kommunikation vor Augen führt: Es ist das alltägliche Tratschen, der Austausch von Wissen und Vermutungen über ganz persönliche Belange von sich, seinem Gesprächspartner und natürlich auch von Dritten. Vom Tratschen geht eine ungeheure Faszination aus. Ganze Medienindustrien leben davon – von der Regenbogenpresse bis zu den Talkshows. Seriöse wissenschaftliche Untersuchungen belegen regelmäßig den kaum zu überschätzenden Stellenwert von Tratsch in der menschlichen Kommunikation. Gespräche unter englischen Studierenden (bei Männern wie Frauen) drehen sich in rund 38 Prozent der Fälle um persönliche Beziehungen und noch einmal in 24 Prozent um persönliche Erfahrungen der verschiedensten Art. In über 60 Prozent aller Gespräche geht es also um soziale Angelegenheiten: den Austausch von sozialem Wissen im weitesten Sinne (nebenbei: Nur rund 15

Prozent der Studentengespräche behandeln Studienangelegenheiten). Selbst die honorige »Times« widmet immerhin 57 Prozent ihrer Nachrichten persönlichen Belangen. In den Boulevardblättern ist der Anteil allerdings noch einmal deutlich höher.

Hinter all diesen Zahlen und Statistiken verbirgt sich eine bedeutsame biologische Funktion: Es geht um den überaus wichtigen Austausch von sozialem Wissen über die Mitmenschen, gegebenenfalls auch ohne persönliche Beobachtung. Dazu sind nicht-menschliche Primaten nicht in der Lage. Sie können zwar ihre Sozialbeziehungen über das Grooming regulieren, stoßen damit aber an Effizienzgren-

Klatsch und Tratsch spielen in der menschlichen Kommunikation eine große Rolle. Norman Rockwells Bild **»Die Tratscher«** gibt dieses menschliche Bedürfnis nach Austausch von Wissen und Vermutungen über die Mitmenschen wieder. Man beachte besonders die beiden letzten Bilder.

zen, die wir Menschen mit der Evolution der Sprache überwunden haben. Wir können auch ohne persönlichen Kontakt durch sprachliche Übermittlung von den Merkmalen und Eigenschaften unserer Mitmenschen erfahren, von ihrer Zuverlässigkeit, ihrer Ehrlichkeit und auch ihren betrügerischen Neigungen, von ihrer Tauglichkeit als Kooperations- oder Ehepartner, ihrem Mut und ihrer Tatkraft, von ihrer sozialen Dominanz und Hilfsbereitschaft – eben überhaupt von ihren sozialen Tendenzen und Charakterzügen. Sicher, wir sitzen auch schon mal falschen Gerüchten und Verleumdungen auf. Aber gelegentliche Fehlinformation ist ein Preis, der den Nutzen nicht übersteigt, den wir dadurch erfahren, dass wir uns schneller und effizienter soziales Wissen aneignen können als unsere äffischen Vorfahren.

Wie alt ist die menschliche Sprache?

Der Zeitpunkt, ab dem Menschen begannen, sich symbolsprachlich zu verständigen kann nicht benannt werden, denn kein Paläoanthropologe vermag an den Fossilfunden zweifelsfrei zu erkennen, ob Sprache entwickelt war oder nicht. Sprachvermögen fossiliert eben nicht. Doch gibt es einige Indizien, die – sorgfältig zusammengetragen und kritisch abgewogen – zumindest Hypothesen über den stammesgeschichtlichen Ursprung der Sprache und seinen Zeitpunkt erlauben. Zu diesen Indizien gehört eine Beobachtung, die sich aus dem Zusammenhang von der relativen Neocortexgröße mit dem Zeitanteil ergibt, den die Primaten für ihr Grooming-Verhalten aufwenden.

Die Hominiden der Gattung Australopithecus, die vor rund 4 bis 0,7 Millionen Jahren gelebt haben, liegen mit einer geschätzten Grooming-Zeit von etwa 20 Prozent am Tagesbudget durchaus noch in dem Bereich, der für die nichtmenschlichen Primaten typisch ist. Die Vermutung, dass hier die Sprache noch nicht entwickelt war, erscheint deshalb gut begründet. Vertreter der Gattung Homo, einschließlich ihrer ältesten, 2 Millionen Jahre alten Arten Homo habilis und Homo rudolfensis, liegen jedoch mit ihren auf der Basis der Gehirngröße geschätzten Werten deutlich über der magischen 20 Prozent Schwelle, sodass das äffische Bindungsverhalten eigentlich nicht mehr ausgereicht haben kann, die Sozialverbände zusammenzuhalten. Wenngleich es aus verschiedenen Gründen als extrem unwahrscheinlich gilt, dass die frühen Homo-Arten bereits über ein unseren Verhältnissen vergleichbares Sprachvermögen verfügten, so deutet ihre bereits fortgeschrittene Gehirnentwicklung doch deutlich an, dass die ersten Schritte in Richtung Sprachentwicklung bereits gegangen waren.

Gewichtet man alle verfügbaren Indizien aus Archäologie und Paläoanthropologie, spricht vieles dafür, dass die typisch menschliche Sprechsprache vermutlich älter als 100 000 bis 200 000 Jahre ist. Jedenfalls ist sie wesentlich

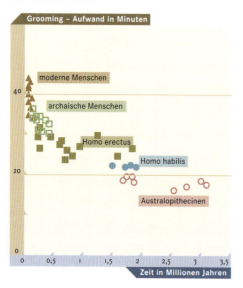

Die Grafik verdeutlicht die Zunahme der pro Tag aufgewendeten Zeit für das **Grooming-Verhalten** im Laufe der Evolution des Menschen. Bei den frühesten Hominiden der Gattung Australopithecus werden die für nichtmenschliche Primaten in relativ kleinen Gruppen üblichen 20 % der Zeit am Tag dem Grooming gewidmet. Für den Zusammenhalt der größeren Sozialverbände wären 40 % des Tageszeitbudgets nötig. Mit der Zunahme der relativen Neocortexgröße ist die Voraussetzung dafür gegeben, dass das Grooming-Verhalten im Wesentlichen von der sich entwickelnden Sprache übernommen wurde.

älter, als man früher gemeinhin glaubte, als man ihr Alter auf nur 35 000 Jahre schätzte. Zu dieser Zeit tauchten Vertreter des modernen Homo sapiens in Westeuropa auf und verdrängten die hier zuvor lebenden Neandertaler. Frühere Auffassungen, wonach unsere stammesgeschichtlichen Vettern, die Neandertaler, nicht hätten sprechen können, scheinen nicht mehr haltbar. Archäologische Befunde belegen, dass Symbolik in ihrem Leben eine wichtige Rolle spielte, und symbolische Kommunikation gelingt mit Sprache leichter als ohne. Außerdem konnte kürzlich in Israel das Skelett eines Neandertalers geborgen werden, dessen Alter man auf rund 60 000 Jahre datiert. Dieser Fund ist deshalb besonders bedeutsam, weil das Zungenbein in der natürlichen, richtigen Lage erhalten geblieben ist (aufgrund der Grazilität dieses Knochens eine ausgesprochene Seltenheit). Die Lage des Zungenbeins spricht für einen abgesenkten Kehlkopf. Ganz offensichtlich verfügten die Neandertaler also über wichtige anatomische Voraussetzungen zur Sprechsprache. Der Kehlkopf der Großen Menschenaffen (Schimpansen, Bonobos, Gorillas und Orang-Utans) ist hingegen nicht abgesenkt, weshalb ihnen eine differenzierte lautliche Artikulation gar nicht gelingen könnte, selbst wenn sie aufgrund ihrer mentalen Begabung sprachfähig und zugleich sprachmotiviert wären.

Dieses **Zungenbein eines Neandertalers** wurde in der Kebara-Höhle in Israel gefunden. Es belegt, dass bereits vor 60 000 Jahren die anatomischen Voraussetzungen für eine Sprechsprache gegeben waren.

Die Sprachfähigkeit der Menschenaffen

Wieso können die Großen Menschenaffen nicht sprechen? Liegt es nur an der Anatomie ihres Kehlkopfes, die das nicht zulässt oder auch an einer mangelnden kognitiven Kompetenz, die wesentliche geistige Voraussetzungen (wie zum Beispiel ein gewisses Symbolverständnis) nicht erfüllt? An einem grundsätzlichen Mangel an Mitteilungsabsicht kann es nicht liegen, denn alle Primatenarten haben ein fortgeschrittenes Kommunikationsverhalten entwickelt und tauschen ständig Informationen aus, teils über geruchliche, teils über optische und teils über akustische Signale, wobei die Signalsysteme teilweise hochgradig differenziert sind. Von Grünen Meerkatzen beispielsweise weiß man, dass sie über dreierlei verschiedene Arten von Warnrufen verfügen, je nachdem, ob sich eine Schlange, ein Leopard oder ein Adler nähert. In den sozialen Kontaktlauten der Grünen Meerkatzen schwingen immer auch sozial differenzierte Untertöne mit, die den persönlichen Dominanzstatus und die emotionale Verfassung der Kommunizierenden mitteilen. Trotzdem – so verblüffend komplex und vielschichtig die Kommunikation der Grünen Meerkatzen auch sein mag, es fehlen ihr zwei wichtige Komponenten menschlichen Sprachvermögens: referenzielle Symbolik und Syntax.

Angesichts ihrer bekannten Fähigkeiten zu Einsicht und Planung, könnte man von den Großen Menschenaffen vielleicht eher als von Grünen Meerkatzen und den anderen Altweltaffen erwarten, dass sie zumindest Ansätze einer symbolischen Kommunikation entwickelt haben. Dass sie nicht wie Menschen lautlich artikulierend sprechen können, hat zunächst wie beschrieben rein anatomische

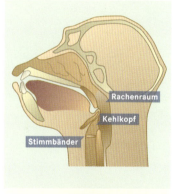

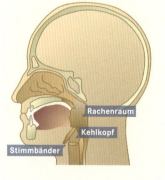

Weder Schimpansen noch andere Affen können aufgrund der Anatomie ihres engen Rachenraums Laute fein modulieren. Beim Menschen ist der **Rachenraum** erweitert, weil der Kehlkopf mit den Stimmbändern tiefer liegt.

referenzielle Symbolik: Die Fähigkeit, ein Symbol auch bei Abwesenheit des Objekts und unabhängig von spezifischen Situationen zu gebrauchen.

Syntax: Die Fähigkeit, sprachliche Elemente regelhaft zu Sätzen zu ordnen.

Gründe. Aber wie verhält es sich mit den kognitiven und motivationalen Aspekten der Sprachfähigkeit? Zu welchen sprachlichen Leistungen sind Menschenaffen in der Lage, wenn man sie in alternativen Möglichkeiten der symbolischen Kommunikation unterrichtet?

Um derlei Fragen zu beantworten, hat es inzwischen eine ganze Reihe von interessanten und weithin bekannt gewordenen Sprachexperimenten mit Menschenaffen (vor allem mit Schimpansen) gegeben. Besonders berühmt geworden sind die Versuche des amerikanischen Psychologenpaars Allen und Beatrix Gardner, der Schimpansin Washoe die amerikanische Taubstummensprache beizubringen. David Premack schlug einen anderen Forschungsweg ein. Er lehrte der Schimpansin Sarah den Umgang mit Plastiksymbolen, die sie an einer Magnettafel zu einfachen Sätzen kombinierte. Sue Savage-Rumbaugh untersuchte das Sprachvermögen der Schimpansin Lana, indem sie ihr beibrachte, eine Art Keyboard mit verschiedenen Tasten zu bedienen, die jeweils mit abstrakten Symbolen (so genannte »Lexigramme«) gekennzeichnet sind und eine entsprechend unterschiedliche Bedeutung haben. Im Moment steht der Bonobo Kanzi im Mittelpunkt des Interesses nicht nur der Forscher, sondern auch der interessierten Öffentlichkeit, denn Kanzi versteht mit geradezu verblüffender Sicherheit gesprochenes Englisch.

Aus den inzwischen zahlreich durchgeführten Sprachexperimenten lassen sich zusammenfassend bislang folgende Erkenntnisse ableiten:

Der **Bonobo Kanzi,** der im Oktober 1980 im Yerkes-Primatenzentrum zur Welt kam, fiel schon früh dadurch auf, dass er die Kunstsprache Yerkisch nicht durch das übliche System von Pauken und Belohnung einübte, sondern die Sprache spielerisch nebenbei lernte. Mithilfe geometrischer Symbole lernte er auf einer Computertastatur den Gebrauch eines künstlichen Zeichensystems. Kanzi versteht inzwischen auch gesprochene Wörter und Sätze in englischer Sprache.

1) Menschenaffen können den Gebrauch eines künstlichen Zeichensystems lernen, obwohl ihre Lernfähigkeit dem natürliche Grenzen setzt. In den ersten zwei Trainingsjahren können um die 40 Zeichen gelernt werden, und insgesamt übersteigt der Wortschatz nur selten 200 Zeichen.

2) Beim Sprachgebrauch kommt es zu einfachen Regelhaftigkeiten bei der Kombination von Zeichen, zum Beispiel Subjekt – Verb – Objekt. Man hat dies auch als »Protosyntax« bezeichnet.

3) Der Gebrauch der Zeichen geht auf Einsicht zurück: In raffiniert aufgebauten Versuchen konnte ausgeschlossen werden, dass einfache Dressurphänomene für den sinnvollen Einsatz der Zeichen verantwortlich sind. Außerdem können Schimpansen die Zeichensysteme auch voneinander lernen, und es kommt zur spontanen, nicht gelernten Symbolkombination. Beispielsweise wurden die Symbole für »Wasser« und »Vogel« spontan zusammengesetzt, um einen Schwan zu bezeichnen.

4) Sprachbefähigte Menschenaffen nutzen ihr Vermögen in vielerlei sozialen Kontexten: bei kooperativen Unternehmungen, zur bewussten Täuschung anderer sowie bei Selbstgesprächen und Symbolspielen.

Alles in allem können Menschenaffen, jedenfalls wenn sie persönlich begabt sind, eine Sprachfähigkeit erwerben, wie sie für menschliche

Der Schimpansin Sarah wurde eine **sprachähnliche Kommunikation** beigebracht. Das Tier handelt gemäß der gegebenen Anweisung, die von oben nach unten gelesen bedeutet: »Sarah legen Apfel Eimer Banane Teller.«

Kinder im zweiten Lebensjahr typisch ist. Zugleich haben die Sprachexperimente aber zwei deutliche Unterschiede zum menschlichen Sprachgebrauch sichtbar werden lassen:

1) Sprachaneignung ist bei Menschenaffen in vollem Umfang von Menschen abhängig, extrem trainingsaufwendig und belohnungsorientiert. Eine Anlage zu spontanem Spracherwerb ist nicht erkennbar.

2) In fast allen Fällen gebrauchen Schimpansen die gelernten Zeichen nur, um individuelle Ziele zu erreichen. Sie signalisieren damit die Aufforderung zum Spielen oder für das Grooming. Damit dominiert die expressive Sprachfunktion, während die Zeichensysteme kaum verwendet werden, um Sachverhalte zu benennen. Das spontane Fragen nach dem Namen von Dingen steht deutlich im Hintergrund. Menschenaffen fehlt offenbar die nötige Motivation, Gegenstände mithilfe der Sprache zu benennen.

Die Gründe dafür dürften in der sehr egozentrischen Verhaltensregulation und in der sehr egozentrischen Verarbeitung der Wirklichkeit durch Schimpansen und der anderen Großen Menschenaffen liegen. Realität kann gar nicht oder nur sehr schwer in objektive Kategorien eingeordnet werden, was ihre symbolische Repräsentation natürlich enorm erschwert. Der expressive Sprachgebrauch gelingt hingegen wesentlich leichter, weil dabei nicht von den eigenen Handlungs- und Zielperspektiven abstrahiert werden muss.

In einer **Schule für Affen** macht ein Schimpanse das Zeichen für »Geh dorthin« seinem Lehrer nach.

Verstehen

Schon sehr früh haben die Ergebnisse der Sprachforschung mit Menschenaffen eine Frage aufgeworfen, auf die bislang keine wirklich befriedigende Antwort gefunden werden konnte. Wenn doch die Menschenaffen nachweislich über ein gewisses Symbolverständnis verfügen, und Mitteilungsabsicht unterstellt werden kann, warum machen sie unter natürlichen Bedingungen offensichtlich so

Beim Lösen eines Labyrinthversuchs zeigen Schimpanse und Mensch ein ähnliches Verhalten. Die Aufnahmen entstanden während der so genannten Planungs- oder »Denkphase«.

wenig Gebrauch davon? Außerdem stellen sich die Fragen, ob die Menschenaffen vielleicht ihre kognitiven Begabungen ungenutzt verkümmern lassen, ob ihre Sprachintelligenz ein Überflussphänomen ist, einem Luxus vergleichbar, den man eigentlich gar nicht braucht und ob ihre Intelligenz überhaupt ein brachliegendes Potential ohne erkennbaren Nutzen im sozialen Alltag ist. Wenn dem so wäre, ist zu fragen, wie man sich dann die Evolution dieser kognitiven Fähigkeiten erklären könnte. Das biologische Evolutionsgeschehen ist ein sehr ökonomisch-erfolgsorientiertes Geschehen, das keinen Raum lässt für gleichsam spielerisch-luxuriöse Entwicklungen ohne jegliche Überlebens- und Reproduktionsvorteile. Daher ist unklar, wie sich die Evolution der Intelligenz erklärt und worin ihr Nutzen liegt – wenn offensichtlich nicht vorrangig in der Sprachfähigkeit. Offen ist auch, wie wir bei den Menschenaffen die entscheidenden Prädispositionen der typisch menschlichen Intelligenz finden und welche es waren. Schließlich bleibt eine letzte Frage: Wie intelligent sind Menschenaffen wirklich?

Sind nur Menschen intelligent?

Der deutsche Psychologe Wolfgang Köhler untersuchte zwischen 1913 und 1920 auf Teneriffa als erster das Problemlöseverhalten von Menschenaffen. Er fand durch seine weltberühmt gewordenen und vielfach wiederholten Experimente heraus, dass

Nicht nur Schimpansen, sondern auch Orang-Utans können lernen, mithilfe von Kisten an eine zu hoch hängende Banane zu gelangen.

Schimpansen, wenn es etwa darum geht, mittels verschiedener Werkzeuge an sonst unerreichbare Bananen zu gelangen, mögliche Lösungswege erst mental durchspielen, bevor sie die Problemlösung ganz konkret angehen. Die kognitiven Fähigkeiten zu Einsicht und Planung gibt es nicht nur bei Menschen. Köhlers Versuche zur Schimpansenintelligenz drehten sich um einsichtige Werkzeugbenutzung und haben damit unterschwellig suggeriert, dass im Werkzeugverhalten der entscheidende Motor in der Evolution zur menschlichen Intelligenz gelegen haben muss. Es hat länger als ein halbes Jahrhundert gebraucht, bevor diese zuvor kaum ernsthaft hinterfragte Hypothese letztlich ins Wanken geriet. Zweifel an der maßgeblichen Bedeutung des Werkzeuggebrauchs für die Evolution der Intelligenz werden vor allem durch die Beobachtung genährt, wonach unter den natürlichen Lebensbedingungen der Großen Menschenaffen technologische Intelligenz kaum alltagsbestimmend ist. Man beobachtet zwar im Freiland gelegentlich einen verblüffend ausgefeilten Werkzeuggebrauch – etwa im Zusammenhang des Nüsseöffnens durch Schimpansen im westafrikanischen Taï-Wald – aber im Großen und Ganzen entsteht nicht der Eindruck, als ob der Lebens- und Reproduktionserfolg der Großen Menschenaffen durch mangelnde Werkzeugintelligenz begrenzt sei.

Schimpansen nutzen auch in ihrer natürlichen Umwelt verschiedene Werkzeuge. Ein zusammengeknülltes Blatt nutzen sie als **Schwamm** (links) und ein Stöckchen als eine Art **Zahnbürste** (rechts).

Bezüglich Werkzeuggebrauchs verhält es sich deshalb ähnlich wie mit dem Sprachvermögen: Es sind offenbar mehr Kompetenzen da, als unter natürlichen Lebensbedingungen effizient genutzt werden. Ähnlich wie Sprache scheint deshalb auch Intelligenz eine Art Überflussphänomen zu sein – eine Erklärung, mit der sich Biologen unter Hinweis auf die pragmatisch-ökonomische Wirkweise des Evolutionsgeschehens jedoch nicht zufrieden geben können. Stattdessen diskutieren sie zwei Hypothesen, die den Ursprung und die Funktion von Intelligenz auch vor dem Hintergrund der Evolutionstheorie befriedigend erklären sollen.

Ökologische Herausforderungen als Ursprung der menschlichen Intelligenz?

Nach der ersten Hypothese hätte sich die Intelligenz der Großen Menschenaffen und letztlich auch die der Menschen im Zuge einer ständigen Auseinandersetzung mit den ökologischen Herausforderungen des Lebensraums entwickelt, das heißt zuallererst mit den Problemen der Nahrungsbeschaffung. Letztlich bildet Ernäh-

Orang-Utans ernähren sich von Früchten und Pflanzenteilen von etwa 400 verschiedenen Pflanzenarten. Dabei hangeln sie sich auf möglichst kurzen Routen und mit minimalem Energieaufwand zu den Futterquellen und den Wasserstellen.

rung die ökologische Lebensgrundlage jeder Tierart. Deshalb könnte der entscheidende Selektionsdruck für Einsicht, Planung, Fantasie und die anderen Komponenten von Intelligenz auf einer möglichst hohen Effizienz des Nahrungserwerbs beruht haben. Die intelligentesten Primaten, Schimpansen, Bonobos und Orang-Utans sowie die Kapuzineraffen sind Allesfresser mit reifen Früchten und Beeren als Hauptbestandteile des Speiseplans. Diese Form der Ernährung erfordert wegen der räumlich und zeitlich unsteten Verteilung der Nahrung außerordentlich hohe Gedächtnis- und Orientierungsleistungen.

Der Regenwald von Malaysia, die Heimat der Orang-Utans, gilt als der artenreichste Biotop der Erde; man zählt 600 Baumarten, davon allein 73 Arten von Feigen, der Hauptnahrung der Orang-Utans. Insgesamt gibt es dort rund 10 000 Pflanzenarten (zum Vergleich: Mitteleuropa ist die Heimat von nur etwas über 1000 Pflanzenarten). In dieser äußerst komplexen Umwelt verfolgen Orang-Utans einen ausgeklügelten Diätplan: Sie fressen Früchte und andere Pflanzenteile von etwa 200 Arten, insgesamt umfasst ihr erlerntes Nahrungsspektrum etwa 400 verschiedenartige Pflanzenteile. Dabei sorgen sie für eine ausgewogene Mischung von Fetten, Kohlenhydraten und Proteinen, als ob sie eine genaue Kenntnis hätten vom Nährwert und der Verträglichkeit der einzelnen Nahrungsmittel. Orang-Utans treffen ihre Nahrungsentscheidungen mit dem Auge – nicht durch Ausprobieren! Ihre Ernährungsweise setzt ein sehr gutes räumliches Orientierungsvermögen voraus, und tatsächlich verfügen Orang-Utans über eine präzise erlernte Landkarte ihres Streifgebiets. Sie finden brauchbare Pfade und kennen die kürzesten Strecken. Weil man auch ganz gezielte Wanderungen zu weit ent-

Die **Orang-Utans** verlassen nur selten die Bäume. Dort oben bauen sie jeden Abend ihre Schlafnester aus abgebrochenen Ästen.

fernt stehenden fruchtenden Bäumen beobachten konnte, kann man den Orang-Utans auch einen intelligenten Umgang mit der Zeit unterstellen: Sie müssen eine verlässliche Vorstellung davon haben, wann welche Bäume vorteilhaft als Nahrungsquelle zu nutzen sind. Keine Frage, ohne ihre menschenaffentypische Intelligenz könnten die Orang-Utans in ihrem Lebensraum so nicht bestehen. Gorillas hingegen, deren Nahrungsstrategien als Blätterfresser viel weniger anspruchsvoll sind, gelten im Vergleich zu den Orang-Utans als deutlich weniger einsichtsbegabt.

Gemäß dieser Beobachtungen habe – so die Hypothese – Intelligenz zunächst wesentliche Vorteile bei der Nutzung des Lebensraums gebracht und konnte sich deshalb im Laufe der Evolution entwickeln. Technologische Intelligenz, wie sie sich im Werkzeugverhalten zeigt, und Intelligenz für ein Symbolverständnis, wie sie sich in den Sprachexperimenten zeigt, und soziale Intelligenz – wovon noch die Rede sein wird – wären danach nur sekundär entstanden. Derartige Phänomene ließen sich gleichsam als Transferleistung einer ursprünglich im Zuge verbesserter Nahrungsstrategien entstandenen Intelligenz in andere Lebensbereiche der Tiere verstehen.

Der **Regenwald von Malaysia** ist die Heimat der Orang-Utans. Durch das Abholzen der Regenwälder sind auch die Bestände der frei lebenden Orang-Utans zurückgegangen.

Soziale Kompetenz als Ursprung der menschlichen Intelligenz?

Der Hypothese vom ökologischen Ursprung der menschlichen Intelligenz steht eine Alternativhypothese gegenüber, die im Kern davon ausgeht, dass es im Wesentlichen das soziale Feld war, auf dem sich die Keime einer aufkommenden Primaten-Intelligenz schließlich zu dem entwickelt haben, was wir bei Menschenaffen und uns selbst beobachten können. Vertreter dieser Hypothese verweisen auf die soziale Komplexität der Primatengesellschaften. Nicht selten leben zwei bis drei Generationen in dauerhaften Sozialverbänden zusammen mit komplexen Netzwerken von Rang- und Rollenbeziehungen, und zeitgleichen Anforderungen an Kooperation und Konkurrenz, Freundschaft und Feindschaft. Ein erfolgreiches Abschneiden auf diesem dynamischen Parkett erfordert in besonderem Maße Intelligenz und habe sich daher entwickelt – so die Überlegung. Danach wären Sprachintelligenz und technische Intelligenz die Folge einer zunächst im sozialen Feld erworbenen kognitiven Kompetenz. Gemäß dieser Auffassung muss der biologische Erfolg unserer Ahnen weniger ökologisch als vielmehr sozial begrenzt gewesen sein. Je erfolgreicher sie sich auf der sozialen Bühne bewegen konnten, desto erfolgreicher haben sie im darwinschen Fitnessrennen abgeschnitten.

Diese Hypothese wird durch Ergebnisse der Verhaltensforschung unterstützt, denn sowohl aus Gefangenschafts- als auch aus Freilandbeobachtungen konnten zahlreiche Belege für soziale Intelligenz,

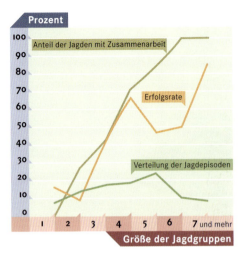

Aus der Grafik ist die Häufigkeit und die Erfolgsrate verschieden großer Jagdgruppen abzulesen. Die Aussicht auf Beute nimmt mit der Größe der Gruppe zu.

Besonders geschickt hat seine **machiavellistische Intelligenz** ein in den Mahale-Bergen Tansanias lebendes, an sich sehr rangniedriges Schimpansenmännchen eingesetzt. Dieses Männchen vermochte durch fortwährenden und stets machtorientierten taktischen Wechsel seiner Allianzpartner, seine Kopulationsrate von 7% auf 51% zu steigern: soziale Intelligenz im Dienste reproduktiver Fitnessmaximierung – ganz im Sinne der Theorie über den sozialen Ursprung von Intelligenz.

das heißt vor allem für soziale Planhandlungen, zusammengetragen werden. Einige Beispiele mögen das belegen:

Die Schimpansen des Taï-Waldes der Elfenbeinküste jagen regelmäßig Colobus-Affen. Sie jagen bevorzugt in größeren Gruppen, weil damit die Aussicht auf Beute deutlich steigt. Das Jagdverhalten, häufig einer Treibjagd vergleichbar, ist kooperativ organisiert: Während einige Schimpansen die Colobus-Affen aufscheuchen und vor sich hertreiben, schneiden ihnen andere Schimpansen den Fluchtweg ab. Diese Aktionen setzen ein gewisses Maß an Koordination voraus. Ein jagender Schimpanse muss deshalb notwendigerweise einen Begriff davon haben, was seine Gruppengenossen vorhaben. Ohne ein gewisses Maß an kognitiver Empathie, also ohne die Fähigkeit, sich gedanklich in die Situation anderer hineinzuversetzen, könnte die kooperative Schimpansenjagd nicht funktionieren.

Viele Primaten verfügen über das, was so treffend *machiavellistische Intelligenz* genannt wird. Gemeint ist damit die Fähigkeit, das Wissen um die soziale Stellung der Gruppenmitglieder zum größtmöglichen persönlichen Vorteil in die eigenen sozialen Tendenzen einfließen zu lassen. Wenn beispielsweise – wie vom niederländischen Primatologen Frans de Waal in der Schimpansenkolonie von Arnheim beobachtet – zwei sozial unterlegene Schimpansenmännchen sich zu einer Allianz zusammenschließen, um gemeinsam das dominante Männchen von seiner Alpha-Position zu verdrängen (weil jedes Männchen allein dies nicht vermocht hätte), kann wohl mit Recht von »politischem Verhalten« gesprochen werden.

Auch Lug und Trug finden sich im Tierreich. Wenn beispielsweise ohne Anlass Warnrufe ausgestoßen werden, um ein sozial überlegendes Tier vom Verzehr heiß geliebter Nahrung abzuhalten, um so selbst in den Besitz dieser Nahrung zu kommen, ist das ganz unsentimental und nüchtern betrachtet eine Täuschung. Primaten haben die Fähigkeit zu täuschen in einer für sie typischen Art weiterentwickelt. Die Begabung (und Motivation) zum intelligenten Betrug zeigt sich sicherlich am beeindruckensten beim Täuschen von Täuschenden, wie in folgender Episode unter den Schimpansen des Gombe-Nationalparks Tansanias: Während ein Männchen Bananen verzehrte, deren Versteck sonst niemand in der Gruppe kannte, näherte sich ein weiteres Männchen. Sofort hörte der Bananenesser mit seiner Mahlzeit auf, entfernte sich einige Meter von seinem Futterplatz und tat auffällig gelangweilt und uninteressiert. Der hinzugekommene Schimpansenmann tat seinerseits sehr uninteressiert und ging weiter, versteckte sich aber, nachdem er außer Sichtweite war, hinter einem Baum, um das erste Männchen zu beobachten. Dieses – die Luft rein wähnend – setzte seine Mahlzeit fort. Prompt kam das zweite Männchen aus seinem Versteck, jagte das erste Männchen fort und hatte die Bananen für sich allein. Täuschung und Gegentäuschung dokumentieren eine soziale Intelligenz auf hohem Niveau, die eine geistige Vorstellung dritter Ordnung erfordert: »Ich weiß, was du glaubst, was ich denke«!

So eindrucksvoll derartige Erkenntnisse aus dem Freiland auch sein mögen, ihnen haftet stets der Mangel an, dass sie nicht unter streng kontrollierten experimentellen Bedingungen erhoben wurden. Zufälligkeiten beim Zustandekommen dieser Episoden können deshalb nie ganz ausgeschlossen werden, sodass letztlich nur experimentelle Zugriffe unter Laborbedingungen eindeutig das Ausmaß sozialer Intelligenz bei Menschenaffen klären können. Zu diesem Zweck hat man Schimpansen Videofilme gezeigt, in denen ein menschlicher Akteur an einem Problem scheitert. Beispielsweise versucht jemand, mit einem Wasserschlauch zu spritzen, obwohl dieser gar nicht angeschlossen ist. Nach der Videovorführung bekommen die Versuchstiere Fotos mit verschiedenen Szenarien gezeigt. Überdurchschnittlich häufig wählen sie dann solche Fotos aus, die einen Lösungsweg für das zuvor gesehene Problem darstellen, also in unserem Beispiel Fotos, die einen am Wasserhahn angeschlossenen Schlauch zeigen.

Ein Beispiel für **täuschendes und trügerisches Verhalten** gibt die Zeichnung wieder. Das Affenjunge (A) möchte in den Besitz der Bananen des großen Affen gelangen.
Das Affenjunge beginnt lauthals zu schreien und einen Angriff des großen Affen vorzutäuschen. Die diese Szene beobachtende Mutter des jungen Affen (O) verjagt den großen Affen, wodurch das Affenjunge allein zurückbleibt und sich ungestört den Bananen zuwenden kann.

Aus solchen Experimenten lassen sich weit reichende Schlüsse ziehen: Schimpansen zeigen die Bereitschaft, sich durch Probleme eines anderen zum Nachdenken motivieren zu lassen. Demnach müssen Schimpansen eine Vorstellung von der Intention des anderen haben und damit letztlich über einen Zugang zu dessen Erleben verfügen. Zwar reagieren auch andere Tiere adäquat auf das Verhalten ihrer Gruppenmitglieder, dorch setzen diese Reaktionen nach der gängigen Lehrmeinung keine Einsicht in das subjektive Erleben der anderen voraus. Ereignisse, die nur dem Artgenossen widerfahren ohne aktuell für den Beobachter brisant zu sein, lassen diesen unberührt. Schimpansen nehmen dagegen Emotionen und Intentionen von anderen wahr und können sie aus der Perspektive von Dritten nachvollziehen. Auf dem Evolutionsniveau der Schimpansen finden wir somit eine fortgeschrittene *soziale Kognition*, definiert als die Fähigkeit, in die seelische Verfassung eines anderen Einsicht nehmen zu können. Diese Einsichtnahme gelingt auf zweierlei Art und Weise, einmal durch eine Übernahme der Perspektiven, also durch Überlegung, wie wohl dem anderen zu Mute sein mag, als auch durch Empathie, also einer gefühlsmäßigen Teilhabe an der Befindlichkeit des anderen.

Was ist stammesgeschichtlich neu an der sozialen Kognition der Schimpansen? Nun, bei niederen, vollständig instinktgebundenen Tieren, beruhen die Kognitionen zunächst weitgehend auf den Leistungen des Wahrnehmungsapparats selbst. Es kommt je nach Spezies zu einer selektiven Wahrnehmung passender Reizkonfigurationen. Deshalb erfassen diese Tiere beispielsweise keine zeitüberdauernde Identität der Objekte ihrer Umgebung. Stattdessen leben sie in einer Welt sich ständig ändernder Bilder. Verschwindet die Maus im Loch und wird nicht mehr wahrgenommen, hört sie für eine Schlange auf zu existieren.

Fantasie und die Vorstellung vom »Ich«

Für die Menschenaffen nimmt hingegen *Fantasie* die Schlüsselstellung im kognitiven Geschehen ein. Weil einer Katze ein rationales Denken in Vorstellungen und Begriffen fehlt, ist sie wohl nicht in der Lage sich auszudenken, was eine im Loch verschwundene Maus jetzt machen könnte. Menschenaffen können das aber sehr wohl, denn ihre Fantasie hat eine von der Sinneswahrnehmung unabhängige Existenz. Sie können sich die Wirklichkeit in einer Form vorstellen, die von dem abweicht, was im Augenblick tatsächlich geschieht.

Fantasie – diese für Menschenaffen so typische neue Errungenschaft der Evolution – ermöglicht einen vollkommen neuen, und die Entwicklung der menschlichen Intelligenz so nachhaltig anstoßenden Umgang mit der Welt, denn zum einen ermöglicht eine mentale Probebühne ein Problemlösen durch Einsicht, zum anderen können Vorstellungsinhalte aktiv verändert (also nicht bloß erinnert) werden. Weiterhin kommt es nun zu einer Einsicht in das Funktionieren

Schimpansen (links) lernen schnell mit ihrem **Spiegelbild** umzugehen und beginnen Stellen ihres Körpers zu betrachten, die sie sonst nicht sehen können, wie zum Beispiel den weißen Farbfleck auf der Stirn. Makaken (rechts) sehen dagegen in ihrem Spiegelbild einen Artgenossen. Auf dem Foto glaubt das Tier einen Konkurenten zu sehen, sodass der Makake sein Spiegelbild anfaucht.

der Außenwelt und schließlich entscheiden die Menschenaffen jetzt über ihr Verhalten, sodass Intentionen und Planhandlungen einfache Reflexe und Instinkthandlungen ablösen.

Eng mit der Entwicklung der Fantasie verwoben ist die Entwicklung einer Vorstellung vom »Ich«. Menschenaffen haben die Fähigkeit erworben, auch den eigenen Standort in der Fantasie zu verändern. Sie können sich beispielsweise vorstellen, auf der Kiste zu stehen, um an die Banane zu gelangen. Wenn das Selbst auf der Fantasieebene repräsentiert ist, spricht man von *Selbstbewusstsein*, und es besteht kein Zweifel, dass mit Ich-Vorstellung und Selbstbewusstsein eine ganz entscheidende evolutive Weiterentwicklung zur typisch menschlichen Intelligenz eingeschlagen wurde.

Selbstbewusstheit setzt *Selbsterkenntnis* voraus. Ein einfacher, wenngleich sehr aufschlussreicher Test, um eine eventuell vorhandene Fähigkeit des sich selbst Erkennens zu diagnostizieren, besteht in der Konfrontation mit dem eigenen Spiegelbild. Der amerikanische Psychologe Gordon Gallup bot als Erster Schimpansen einen Spiegel an und ging der Frage nach, wie die Versuchstiere mit ihrem Spiegelbild wohl umgehen. Würden sie sich selbst erkennen? Spiegelunerfahrene Tiere reagieren zunächst sozialbezogen. Sie drohen ihr Spiegelbild an, ganz so, als hätten sie es mit einem fremden Artgenossen zu tun. Je nach Begabung und Temperament merken Schimpansen allerdings nach wenigen Minuten bis Tagen, dass der Spiegel ihr eigenes Bild widergibt und ändern ihr Verhalten entsprechend. Anstelle der Aggression tritt typischerweise Neugier. Sie beginnen, sich selbst zu erkunden und betrachten mit Vorliebe Körperstellen, die sie nie zuvor sehen konnten. Sie schauen sich in den geöffneten Mund und staunen über ihr Hinterteil.

Ein Baby betrachtet skeptisch sein Spiegelbild, ohne sich vermutlich zu erkennen. Kinder lernen erst im Alter zwischen 16 und 24 Monaten ihr Spiegelbild als ihr »Ich« zu erkennen.

Positive Spiegelreaktionen, also eine mentale Repräsentation von sich selbst, hat man nur bei Schimpansen und Orang-Utans zweifelsfrei nachweisen können. Ob auch Gorillas dieses Vermögen besitzen, ist immer noch fraglich. Die Reaktion von Bonobos wurde bislang nicht getestet. Gibbons und Siamangs, die immerhin als »Kleine Menschenaffen« bezeichnet werden, scheiterten – genau wie alle anderen daraufhin untersuchten Tierprimaten – regelmäßig in diesen Spiegeltests, während menschliche Kinder zwischen dem 16. und 24. Monat beginnen, ihr Spiegelbild spontan und unabhängig von ihrer bisherigen Erfahrung mit Spiegeln zu erkennen. Nebenbei: Das Wort »ich« wird erst etwas später gelernt.

Selbsterkenntnis und Selbstbewusstheit sind nun ihrerseits wieder unabdingbare Voraussetzungen für die Entwicklung eines weiteren Aspekts der typisch (aber nicht exklusiv) menschlichen Kognition, der Empathie. Das Vermögen, sich in die Gefühlswelt eines Anderen hineinzuversetzen, kann zur prosozial genauso wie zur antisozial motivierten Absicht führen, in die Befindlichkeit eines Mitmenschen einzugreifen. Hilfe, Fürsorge und Solidarität sind soziale Tendenzen, die proximat auf Empathie gründen. Man setzt sich für die Belange des anderen ein, weil man eine Vorstellung von dessen Erleben und seinem Leid entwickeln kann. Mitmenschen zu quälen oder ihnen in anderer Weise psychisches Leid zuzufügen, gehört andererseits ebenfalls zu dem Katalog der Verhaltensweisen, die ohne die Fähigkeit der Empathie so nicht entstanden wären.

Können sich Menschenaffen in ihren Gegenüber hineinversetzen?

Aus welchen stammesgeschichtlichen Wurzeln ist die menschliche Empathie entstanden? Inwieweit verfügen bereits Menschenaffen über empathische Kompetenzen? Wenn doch Schimpansen und Orang-Utans sich ihrer selbst bewusst sind (was die Spiegeltests zweifelsfrei ergeben haben), könnten sie vielleicht in der Lage sein, eine geistige Vorstellung nicht nur von sich selbst, sondern auch von anderen zu entwickeln, und die Bedürfnisse und Absichten der anderen müssten ihnen mental vielleicht gar nicht verschlossen sein. Gibbons, Paviane, Makaken und die anderen Primaten, die in den Spiegelversuchen regelmäßig scheitern, sollten hingegen keine Anzeichen von Empathie zeigen, denn nur wer sich seiner selbst bewusst ist, kann am Erleben anderer teilhaben. Der amerikanische Psychologe Daniel Povinelli von der Yale University hat sich diesen Fragen auf experimentellem Weg zu nähern versucht und dazu einen sehr fantasievollen Test entwickelt, dem vier Rhesusaffen und vier Schimpansen unterzogen wurden.

Jedem der acht Tiere wurde ein menschlicher Versuchspartner zugeordnet, die sich im Test gegenüber saßen. Zwischen ihnen befand sich die Versuchsapparatur, ein Kasten mit vier Tabletts. Auf einem Tablett lag für beide (Versuchstier und Mensch) sichtbar Futter. Vier der Versuchstiere (zwei Rhesusaffen und zwei Schimpansen) mussten zunächst lernen, den richtigen Hebel zu bedienen, um an das Futter zu gelangen, was ihnen auch ohne große Mühe gelang. Anschließend wurde eine Sichtblende eingefügt, sodass die Versuchstiere nicht mehr erkennen konnten, auf welchem der vier Ablagen sich das Futter befand. Wohl aber konnten die menschlichen Partner dies sehen. Um an die Futterbelohnung zu gelangen, mussten die Versuchstiere deshalb mit ihren Partnern kooperieren. Diese zeigten auf den jeweils richtigen Hebel, und die Versuchstiere lernten erwartungsgemäß mithilfe der Futterbelohnung sehr schnell, das Signal ihrer Partner richtig zu verstehen. Dieselbe Prozedur wurde mit den anderen vier Versuchstieren rollenvertauscht durchgeführt: Der Affe informiert, der Partner bedient die Hebel. Von der Futterbelohnung bekamen selbstverständlich beide (Versuchstier und Mensch) etwas ab, um auch dem Informanten genug Anreiz zur Kooperation zu bieten. Dieses Training wurde so lange fortgesetzt, bis die acht Versuchstiere ihre jeweilige Rolle als Zeiger (Informant) beziehungsweise Hebelbediener (Operateur) perfekt beherrschten. Der eigentliche Test schloss sich jetzt erst an. Hierfür wurde der

Testapparat zunächst wie gewohnt aufgestellt, dann aber langsam gedreht: Die Operateure mussten nun die Rolle der Informanten übernehmen und die Informanten die der Operateure, wenn die Kooperation gelingen sollte.

Wenn die obige Hypothese über den Zusammenhang von der Fähigkeit zur Selbsterkenntnis im Spiegel und kognitiver Empathie stimmt, sollten Schimpansen den Perspektivenwechsel schnell vollziehen können. Rhesusaffen hingegen sollten in diesem Test scheitern und zum spontanen Perspektivenwechsel nicht in der Lage sein. Diese Vorhersage war auch das Ergebnis von Povinellis Experiment. Während die vier Schimpansen nahezu mühelos zwischen der gelernten und der neuen Rolle als Operateur beziehungsweise Informant wechseln konnten, mussten die Rhesusaffen nach dem Rollentausch die neue Situation praktisch von vorn neu lernen. Rhesusaffen, die sich im Spiegel nicht zu erkennen vermögen, sind auch nicht zur kognitiven Empathie in der Lage. Schimpansen belegen dagegen mit ihrem erfolgreichen Abschneiden in Povinellis Rollentauschexperiment einmal mehr, dass die Ursprünge menschlicher Intelligenz bis weit in die vormenschliche Geschichte reichen.

Die zahlreichen Untersuchungen und Beobachtungen zum kognitiven Vermögen der Schimpansen haben eines klargemacht: Ihre Intelligenz wäre ziemlich missverstanden, wollte man sie ausschließlich mit raffiniertem Werkzeuggebrauch gleichsetzen. Es ist nicht vorrangig das technische Feld, auf dem sich letztlich auch die Evolution der typisch menschlichen Intelligenz vollzogen hat, sondern es scheint vielmehr die soziale Bühne gewesen zu sein, auf der sich Intelligenz als besonders vorteilhaft herausgestellt hat und deshalb durch das biologische Evolutionsgeschehen nachhaltig gefördert wurde.

Auf dem Evolutionsniveau der Großen Menschenaffen ist der persönliche Erfolg bei der Fortpflanzung nicht mehr vorrangig ökologisch begrenzt, etwa durch Probleme bei der Nahrungsbeschaffung, Parasiten oder Klimastress (wenngleich diese Selektionsbedingungen nach wie vor eine gewisse Rolle spielen), sondern die natürliche Selektion bekräftigt in erster Linie sozialen Erfolg. Soziale Intelligenz ist in der Tat allein schon deshalb in hohem Maße gefordert, weil Schimpansen Gegner in einem Innergruppenkonflikt und gleichzeitig Verbündete in einem Zwischengruppenkonflikt sein können. Soziale Komplexität gilt deshalb als die entscheidende Matrize, die der Evolution kognitiver Fähigkeiten ihren Stempel aufgedrückt hat.

Die menschliche Intelligenz und ihr Träger, das Gehirn, wären demnach eine Art Simulator für soziale Interaktionen, entwickelt in einer stammesgeschichtlichen Szenerie, wie wir sie heute bei den Schimpansen beobachten können. Die uns Menschen in charakteristischer Weise kennzeichnenden kognitiven Fähigkeiten wie Bewusstsein und Selbstbewusstsein, Voraussicht oder Gewissen wären danach Bestandteile der evolvierten Fähigkeit, soziale Situationen zu durchschauen und sie bestmöglich persönlich zu nutzen.

Lernen

Mithilfe allerlei Gerätschaften erleichtern sich Schimpansen ihren Nahrungserwerb. So öffnen sie Nüsse mittels Hammer und Amboss, »angeln« Ameisen mit speziell dazu gefertigen Ruten, bohren auf der Suche nach Termiten die Erde mit Stöcken auf oder nehmen Flüssiges mit einem aus Blättern angefertigten Schwamm zu sich. Überaus interessant ist nun, dass nicht alle Schimpansen diese Begabungen einsetzen. Vielmehr beobachtet man lokale Traditionen. Der deutsche Primatologe Jürgen Lethmate hat den regional unterschiedlichen Gebrauch von Werkzeugen systematisch erfasst und in einer Karte dokumentiert. Aus ihr geht hervor, dass beispielsweise die ostafrikanischen Schimpansen Termiten mit dünnen Zweigen angeln, während ihre zentralafrikanischen Artgenossen speziell zu diesem Zweck angefertigte »Bürstenstöcke« einsetzen, um an die nahrhaften Insekten zu gelangen.

Beim **Aufspüren von Termiten** nimmt ein junger Schimpanse einen entsprechend zubereiteten Zweig zu Hilfe. Diesen Gebrauch eines Werkzeugs lernen die Schimpansenjungen frühzeitig von der Mutter.

In Westafrika ist das Nussknacken mit Hammer und Amboss weit verbreitet, wobei die als »Nussschmieden« bezeichneten Schlagplätze, den Mengen vorgefundener Nussschalen nach zu urteilen, über viele Generationen benutzt worden sein müssen. In Ost- oder Zentralafrika ist diese Technologie niemals beobachtet worden, obwohl dieselben Nüsse teilweise auch dort vorkommen. Zudem registriert man in Westafrika eine hohe Gruppenspezifität bei der Nutzung der Nussarten. Räumlich in enger Nachbarschaft lebende Schimpansengruppen haben bei Nüssen jeweils ihre eigenen Vorlieben. Wäre dieser Befund nicht an Schimpansen erhoben worden, sondern an menschlichen Bevölkerungen, gäbe es keinen Zweifel, dass wir es hier mit kultureller Variation zu tun hätten, und die Verbreitungskarte würde hervorragend in jedes ethnographische Lehrbuch passen.

Kranke Schimpansen können sich sogar selbst kurieren. Sie behandeln sich vor allem bei Magen- und Darmerkrankungen gezielt

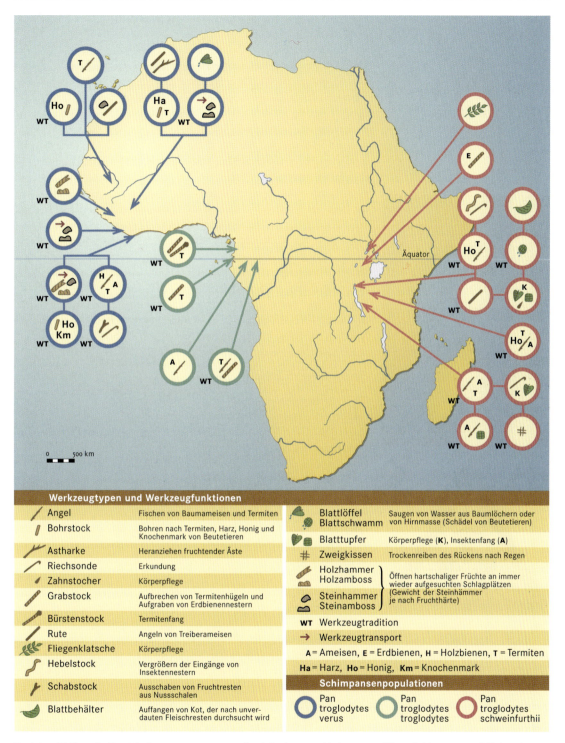

Nach langfristigen Freilandstudien entstand diese Verbreitungskarte, die das wichtigste **Werkzeugverhalten** der drei Schimpansenunterarten zusammenfasst. In den verschiedenen Regionen kommen unterschiedliche Techniken zum Angeln von Termiten und Ameisen zum Einsatz. Nur in Westafrika öffnen Schimpansen mit Holz- oder Steinwerkzeugen Nüsse. Diese Regionen gelten bei Primatologen als »Kulturkreise« wilder Schimpansen.

mit bestimmten Heilkräutern. Nur wenn sie krank sind, essen sie – genauso wie die lokale Bevölkerung – die jungen Blätter einiger sonnenblumenähnlicher Pflanzen aus der Gattung Aspilia. Untersuchungen ergaben, dass diese Pflanzen ein Antibiotikum (Thiarubin-A) enthalten. Die Schimpansen lassen sich die rauen, ledrigen Blätter auf der Zunge zergehen, während sie ansonsten ihre alltägliche Nahrung schnell zerkauen. Sie pflücken ihre Heilkräuter fast immer in den Abendstunden, wenn die Antibiotikum-Konzentration am höchsten ist. Andere Pflanzenarten derselben Gattung werden sowohl von den Schimpansen als auch von der Bevölkerung dagegen verschmäht.

Völkerkundler würden sicherlich die selektive Verwendung dieser Pflanzen ebenso wie eine regional unterschiedliche Verwendung von Werkzeugen als Beispiele für eine Kulturtradition auffassen. Dass aber das Verhalten der Schimpansen mit gleicher Selbstverständlichkeit als Kulturtradition gesehen wird, darf bezweifelt werden; zu sehr gilt Kultur auch heute noch als ausschließlich menschenbezogen. Diese erstaunlichen Befunde drängen dennoch danach, dass wir endgültig unsere eitle Homozentrik überwinden, und entsprechend ist es für den schottischen Schimpansenforscher William McGrew längst an der Zeit, von der »Ethnologie der Schimpansen« zu sprechen.

Nachahmung als Motor der Traditionsbildung

Traditionsbildung und Kulturgeschichte sind also vormenschlichen Ursprungs, und es muss sicherlich in höchstem Maße auch für menschliche Verhältnisse erhellend sein, genauestens herauszufinden, wie es eigentlich zu Traditionsbildung kommen kann. Prinzipiell kommen drei Mechanismen dafür infrage: Lernen (klassische und instrumentelle Konditionierung), Nachahmen und Einsicht.

Über das Lernen können wir uns hier kurz fassen und stattdessen auf den vierten Teil dieses Bandes verweisen. Zusammenfassend sei nur kurz daran erinnert, dass nach unzähligen Lernexperimenten an Menschen und Tieren inzwischen außer Zweifel steht, dass nicht jedes Verhalten gleichermaßen zu verstärken (konditionierbar) ist. Insofern hatten die Behavioristen unrecht. Es gibt »genetische Prädispositionen« des Lernens, die als Grenzen und Bahnungen fungieren. Junge Buchfinken sind darauf angewiesen, ihren arteigenen Gesang zu lernen, eine Aufgabe, die sie üblicherweise auch ohne Schwierigkeiten meistern. Sie sind aber absolut außerstande, den Gesang beispielsweise von Amseln zu lernen. Vielmehr wird durch arttypische genetische Prädispositionen die Aufmerksamkeit der lernenden Buchfinken auf die überlebenswichtigen Aspekte ihrer Umwelt wie dem Gesang von Artgenossen gelenkt – ein höchst ökonomisches Prinzip angesichts der Umweltkomplexität. Es gibt gute Beispiele, dass diese genetischen Prädispositionen auch beim menschlichen Lernen eine Rolle spielen. So gelingt es wesentlich leichter Angst vor typisch steinzeitlichen Gefahren, wie Raubtieren, Spinnen, Gewitter, Höhen, Dunkelheit, Einsamkeit und dergleichen zu lernen, als

Gefahren wie ein Gewitter, die es schon für unsere steinzeitlichen Vorfahren gab, lösen beim Menschen wesentlich schneller und leichter Angst aus und führen zu Vermeidungslernen als moderne Gefahren wie die Radioaktivität, die wir nur abstrakt über ein Symbol als Gefahr erkennen können.

vor modernen Gefahren, wie Straßenverkehr, Radioaktivität, Elektrizität oder Kalorienüberfluss. Letztere repräsentieren Lebensrisiken, die während des Pleistozäns, also während jener 99,5 Prozent der Menschheitsgeschichte, auf die wir genetisch zugeschnitten sind, nicht vorhanden waren und für die wir entsprechend keine genetische Disposition zum erleichterten Vermeidungslernen verfügen.

Durch die Wirkweise biologisch geregelter Lernmechanismen, wie die klassische oder die instrumentelle Konditionierung, lassen sich außerordentliche Lernleistungen im Tierreich erklären: Einige Zugvögel lernen die Konstellation der Sterne und benutzen sie als Orientierungshilfe. Eichelspechte können sich über 1000 verschiedene Futterverstecke merken. Elefanten erkennen bis zu 600 Artgenossen individuell. All diese und viele andere bemerkenswerte Phänomene dieser Art kommen durch eine genetische Kanalisierung der Lernfähigkeit auf bestimmte Aspekte der arttypischen Umwelt zustande, repräsentieren aber letztlich weder intelligentes Verhalten noch vermögen sie, irgendeine Traditionsbildung anzustoßen. Demgegenüber scheint Nachahmen der kognitiv anspruchsvollere Mechanismus zu sein, den man eher als kraftvollen Motor von Traditionsbildung vermuten sollte.

»Nachahmung ist dem Menschen von Kindesbeinen an natürlich. Einer seiner Vorteile gegenüber den niederen Tieren ist, dass er das am meisten nachahmende Geschöpf der Welt ist und zuerst durch Nachahmung lernt«, wusste schon Aristoteles. Dabei genoss Nachahmung in der Lernpsychologie traditionsgemäß keinen hohen Stellenwert. Auch erstaunliche Leistungen von Tieren wurden mit dem Hinweis auf Nachahmung eher abgewertet als anerkannt. Das hat sich in den letzten Jahren geändert. Neuerdings gilt Nachahmung als fortgeschritten entwickelte kognitive Fähigkeit, die möglicherweise nur Menschen und Menschenaffen eigen sein könnte.

In den Lehrbüchern der Primatologie wird häufig als Paradebeispiel einer Traditionsbildung durch Nachahmung die Ausbreitung des Süßkartoffelwaschens in der Kolonie Japanischer Rotgesichtsmakaken von der Insel Koshima in Japan angeführt. Dort erfand 1953 das junge Weibchen Imo eine neuartige Methode, ausgelegtes Futter von Sand und anderen Verunreinigungen zu säubern: Sie tauchte die Süßkartoffeln in das Meerwasser. Daraufhin verfolgten japanische

Nachahmung bei Makaken: Nachdem ein Weibchen das Kartoffelwaschen (links) erfunden hatte, übernahmen junge Rotgesichtsmakaken und erwachsene Weibchen diese Technik. Erwachsene Männchen fraßen weiterhin sandige Kartoffeln.
Eine Gruppe von Japanmakaken badet während der sehr kalten und schneereichen Winter in den Shiga-Bergen auf der Insel Honshu in 40°C heißen Quellen (rechts). Diese Tradition wurde von Jungtieren eingeführt und von den anderen Tieren übernommen.

Wissenschaftler akribisch, auf welchen Pfaden sich diese Angewohnheit während der nächsten neun Jahre unter den Tieren ausbreitete und zu einer regelrechten Tradition innerhalb dieser Gruppe ausbildete. Aber ging diese Traditionsbildung tatsächlich auf Nachahmung zurück?

Inzwischen ist man sich nicht mehr so sicher, denn ein Test mit Kapuzineraffen hat berechtigte Zweifel genährt. Man hat das gleichsam »natürliche Experiment« der Japanischen Rotgesichtsmakaken unter kontrollierten Laborbedingungen mit Kapuzineraffen zu wiederholen versucht, indem man den Tieren verschmutztes Obst anbot. Innerhalb von nur zwei Stunden lernten alle Gruppenmitglieder, das Obst vor dem Verzehr zu waschen, offensichtlich ganz ohne Imitation. Stattdessen erfand jedes Individuum das Obstwaschen neu für sich selbst. Beim Herumhantieren mit dem Obst fielen immer wieder einige Stücke in das Wasserbassin und wurden anschließend verzehrt. So entdeckte jedes Tier für sich ganz persönlich die Vorzüge der gesäuberten Nahrung und konnte sein Verhalten entsprechend verändern.

Traditionsbildung bei Japanischen Rotgesichtsmakaken und anderen Primaten könnte vielleicht als Ergebnis assoziativen Lernens (Konditionierung) verstanden werden und nicht als Ergebnis von Nachahmungsverhalten. Der Unterschied zwischen beiden infrage stehenden Mechanismen ist durchaus bedeutend: Während assoziatives Lernen über eine selektive Verstärkung von bereits vorhandenen Verhaltenselementen abläuft, bedeutet Nachahmen die Übernahme von etwas persönlich Neuem, also wahrhafte Innovation. So albern es auch klingen mag, aber die Frage »Können Affen nachäffen?« ist keineswegs geklärt. Menschenaffen hingegen sind eindeutig der Nachahmung und – wie weiter oben ausgeführt – auch der Einsicht fähig und verfügen damit über entscheidende Voraussetzungen zu Traditionsbildung und Kulturgeschichtlichkeit. Aber vermögen sie auch zu lehren?

Lehren

Die Jungtiere der Grünen Meerkatzen müssen lernen, beim Anblick von Leoparden, Schlangen oder Adlern die jeweils richtigen Warnrufe auszustoßen. Dabei können natürlich Fehler vorkommen. So konnte man beobachten, wie ein Jungtier fälschlicherweise den Warnruf für »Leopard« abgab, als »nur« eine Gruppe Elefanten passierte. Zufällig wurde aber unmittelbar darauf tatsächlich ein Leopard gesichtet, woraufhin ein dominantes Männchen den richtigen Alarmruf ausstieß. Aufgrund dieser Zufälligkeit musste das naive Jungtier nun annehmen, durchaus richtig gewarnt zu haben, und tatsächlich hat es die nächsten vier Male, die es Elefanten sah, den Warnruf für »Leopard« wiederholt. Für diese Fehler wurde es jedoch jedes Mal von seiner Mutter durch leichte Klapse und Bisse bestraft. Haben wir es hier etwa mit den stammesgeschichtlichen Anfängen von Erziehung zu tun?

Grüne Meerkatzen leben in Gruppen von 20 bis 40 Tieren in Savannengebieten Afrikas am Boden und auf Bäumen. Sie zeichnen sich durch einen hoch entwickelten Gesichts- und Gehörsinn aus und werden in der Forschung zunehmend anstelle der Rhesusaffen eingesetzt.

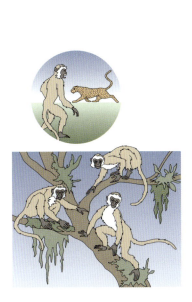

Grüne Meerkatzen reagieren auf ihre Hauptfeinde Leopard, Kampfadler und Schlange mit drei verschiedenen **Warnrufen,** auf die ein unterschiedliches Fluchtverhalten folgt. Haben die Jungtiere die Warnrufe und das Fluchtverhalten einmal erlernt, reagieren sie genauso, wenn sie die Warnrufe nur von einem Tonband hören und die Gefahr selbst überhaupt nicht sehen.

Diese Episode des Meerkatzen-Jungtieres ist freilich nur eine einzelne Anekdote und sollte daher wissenschaftlich nicht überbewertet werden. Bei den Menschenaffen hingegen befinden wir uns auf etwas sichererem Terrain, wenn wir den Ursprüngen des Lehrens, ohne das menschliche Kulturgeschichte nicht denkbar wäre, nachspüren wollen. Beispielsweise lehrte die Schimpansin Washoe ihrem Adoptivkind Loulis die amerikanische Taubstummensprache, also jenen Zeichencode, in dem sie zuvor selbst jahrelang unterrichtet wurde. Sie tat dies unter Beachtung der Blickrichtung von Loulis und unter Modulation der Hand und Finger – ganz so wie man es mit ihr selbst gemacht hatte. Loulis lernte so ganz ohne menschlichen Einfluss 51 Zeichen in fünf Jahren.

Die Frage ist natürlich, ob Schimpansen auch im Freiland jene Elemente ihrer Kulturtraditionen lehren, von denen weiter oben die Rede war. Wie vollzieht sich beispielsweise die Übernahme der Nussknacktechniken durch die jungen nachwachsenden Schimpansen der Gruppe? Hierzu hat der Schweizer Schimpansenforscher Christophe Boesch einige aufschlussreiche Untersuchungen vorgelegt. Von insgesamt 977 beobachteten Mutter/Kind-Situationen an den Nussschmieden ordnete er 387 dem zu, was er »Anregen« genannt hat. Die Schimpansenkinder lernen den Umgang mit Hammer und Amboss ganz persönlich durch Versuch und Irrtum, wobei jedoch ein enger Mutter/Kind-Kontakt garantiert, dass die Aufmerksamkeit des Kindes auf die Objekte mütterlichen Verhaltens konzentriert ist. In 588 Fällen »erleichterten« Schimpansenmütter ihren Kindern das Erlernen der Technik, indem sie ihnen besonders handliche Werkzeuge in die Hand gaben und sie mit Nüssen aus dem eigenen Vorrat versorgten. In zwei Fällen vollzog sich die Unterweisung noch zielgerichteter: Die Mütter beaufsichtigten das Nüsseknacken ihrer Kinder und machten Teilhandlungen vor. Scheiterte das

Eine Schimpansenmutter zeigt ihrem Kind, wie es mit einem Stock Termiten aus einem Bau angeln kann.

Kind im ersten Versuch, säuberte die Mutter die Nuss und legte sie sorgfältig in eine günstige Schlagposition. Griff das Kind den Hammer zu ungeschickt, zeigte die Mutter ihm den besten Handgriff durch demonstrativ langsames Vormachen. Zweifellos wurde hier gelehrt!

Fazit: Wie immer man menschliche Kultur definieren mag (in den einschlägigen Lehrbüchern finden sich für Kultur mehrere Hundert unterschiedliche Definitionen!), dürfte es unstrittig sein, dass zu ihren ganz wesentlichen Elementen gehören: Die Fähigkeit zu kreativer Werkzeugherstellung, die Fähigkeit zu moralischem Denken und Handeln, ein hoch entwickeltes Symbolverständnis als Grundlage aller Sprechsprachen, Riten und Tabus und eine personale Identität auf der Grundlage eines reflektierenden (Selbst-)bewusstseins.

Im Gegensatz zu den nichtmenschlichen Primaten unterrichten die Menschen ihre Nachkommen in den verschiedenen Fähigkeiten nicht nur selber, sondern häufig durch nichtverwandte Personen – sei es in der Schule, am Ausbildungsplatz oder in der Universität.

Wie die Suche nach den Ursprüngen des typisch Menschlichen ans Licht gefördert hat, haben diese Elemente eine Entstehungsgeschichte, deren Wurzeln weit zurückreichen und sich im sozialen Miteinander der höheren Primaten widerspiegeln. Keines dieser Merkmale kann für sich beanspruchen, exklusive Erfindung der Menschheit und nur ihr eigen zu sein. Genauso wenig wie es eine zeitlich eng abgrenzbare Schwelle gibt, die entwicklungsgeschichtlich zwischen Tier und Mensch liegt, dürfen wir folglich erwarten, in der Kulturgeschichte (weder in ihren geistigen noch in ihren materiellen Aspekten) eine scharfe Trennlinie zwischen uns und unseren tierlichen Verwandten ziehen zu können. Der Unterschied besteht zunächst nur in der Komplexität des Geschehens. Die evolutionäre Sichtweise der menschlichen Kulturentwicklung steht somit im krassen Gegensatz zu herkömmlichen Auffassungen, die einen unüberbrückbaren Widerspruch zwischen Natur und Kultur das Wort reden. – Im Gegenteil, der Mensch ist von Natur aus ein Kulturwesen.

E. Voland

Zukunftsbewältigung: Über die spontane Vernunft hinausdenken

Die Menschheit steht heute vor immensen Herausforderungen: Exponentielles Wachstum der Bevölkerung und des Ressourcenverbrauchs, Umweltprobleme, Kriege, Migration und ungleiche weltweite Finanzströme sind Probleme, die weltweit Verhaltensänderungen verlangen. Bei pessimistischer Einschätzung scheinen diese Probleme das Überleben der Menschheit als Ganzes infrage zu stellen. Ihre Lösung wird deshalb zur Überlebensherausforderung.

Welcher Fähigkeiten bedarf es, um diese Krise potentiell besser meistern zu können? Um diese Frage zu beantworten, ist es zunächst sinnvoll zu analysieren, warum es Menschen schwer fällt, mit diesen Problemlasten adäquat umzugehen.

Problemlösefähigkeiten aus der Steinzeit

Einen plausiblen Erklärungsansatz bietet dafür die Evolutionstheorie. Danach haben sich die Möglichkeiten, mit denen Menschen ihre Umgebung wahrnehmen und in ihr agieren, in Anpassung an die unmittelbare Umwelt und die sich daraus ergebenden Notwendigkeiten entwickelt. Die Menschheit ist damit vor allem an die Bedingungen der Steinzeit angepasst, der zeitlich längsten Periode der menschlichen Entwicklungsgeschichte. Die genetische Ausstattung des Menschen für die sinnliche Wahrnehmung ist deshalb auf die Problemlösung im Nahbereich spezialisiert, die für die genannten globalen Probleme weitgehend ihre Funktion verloren hat. Nur die Dinge des menschlichen Mesokosmos werden als anschaulich wahrgenommen und lassen sich ohne künstliche Hilfsmittel erkennen, rekonstruieren, identifizieren und bewältigen. Anschaulich sind für Menschen Abstände und Zeiten, die zu Fuß zurückgelegt werden können, Gruppen von bis zu 150 Personen und Zusammenhänge, die sich in etwa 5–10 Unterprobleme (die Problemlösekapazität des Kurzzeitgedächtnisses) zerlegen lassen. Daher sind sehr kleine Abstände und kurze Zeiten, sehr große Entfernungen und Geschwindigkeiten sowie komplexe Systeme mit vielfältigen Beziehungen untereinander und Rückkoppelungseffekten für die meisten Menschen unanschaulich. Die Grenzen des menschlichen Mesokosmos sind nicht einheitlich, sondern schwanken aufgrund unterschiedlicher Sozialisation sowohl zwischen Individuen als auch zwischen Kulturen.

Zudem waren Problemlösungen über Jahrtausende hinweg durch einen unmittelbaren Tat-Folge-Zusammenhang gekennzeichnet: Ein Tier greift an und Menschen fliehen oder verteidigen sich. Wer keine Nahrung finden oder für schlechte Witterungsperioden nicht vorsorgen kann, darbt oder verhungert. Wer in der Gruppe ausgleichend wirkt, ist beliebt und hat ein hohes Sozialprestige – sein Rat und seine Entscheidung werden gehört – und verfügt damit über Macht. Der Kontext, in dem Menschen heute leben, ist nur noch zum Teil so einfach und überschaubar. Gerade bei den globalen Problemen sind der unmittelbare Tat-Folge-Zusammenhang und die sinnliche Wahrnehmung verloren gegangen.

Die Fixierung auf den Tat-Folge-Zusammenhang hat Konsequenzen für eine Reihe von Verhaltensweisen. So fällt der Umgang mit Wahrscheinlichkeiten und daraus resultierenden Handlungsentscheidungen schwer. Menschen fällen Entscheidungen vor dem Hintergrund bereits erlebter Entscheidungen und Erfahrungen. Neue Lerninhalte werden auf alte zurückgeführt oder von diesen abgegrenzt. Auch das Unbekannte hängt in der menschlichen Wahrnehmung als »Nichtbekanntes« strukturell mit dem Bekannten zusammen.

Solange die soziale und ökologische Umwelt stabil ist, ist diese Verhaltensweise erfolgversprechend und rational; deshalb konnte sie sich auch über Jahrtausende stabilisieren. Problematisch ist, dass damit für neue Qualitäten keine Begriffs- und Vorstellungsmöglichkeiten vorhanden sind. Es fällt Menschen außerordentlich schwer, sich diese gedanklich vorwegnehmend vorzustellen. Im Umgang mit der Ökologiekrise – und damit einer sich sehr schnell verändernden Umwelt – ist diese Falle menschlicher Vernunft fatal: Nur weil sich die Wachstumsstrategie über Jahrtausende bewährt hat, glauben wir, dass sie sich auch weiter bewähren müsse. Das ist aber unwahrscheinlich. Es bereitet zudem große Schwierigkeiten, die Welt als ein vernetztes System zu erkennen und entsprechend zu agieren. Menschliche Erkenntnis verkürzt häufig spontan und unzulänglich auf lineare Ursachen und Wirkungen und berücksichtigt keine komplizierten Wechselwirkungen.

Das alles bedeutet nun noch nicht, dass die genannten Probleme prinzipiell nicht bearbeitbar und damit lösbar wären. Menschen können durch Sprache und die damit verbundene abstrakte Reflexionsfähigkeit potentiell den sinnlich erfahrbaren Mesokosmos verlassen und über den unmittelbar erfahrbaren Tat-Folge-Zusammenhang hinausdenken. Durch Sprache und Nachdenken können sie lernen, mit diesen Begrenztheiten der »spontanen Vernunft« umzugehen und komplexe Probleme, die auf den ersten Blick nicht lösbar scheinen, zu verstehen und entsprechend zu lösen. Der Umgang mit komplexen Strukturen – wie der der Weltgesellschaft – ist somit im Prinzip möglich.

Lernen als Ausweg

Vor diesem Hintergrund kann nun die Frage wieder aufgegriffen werden, was Menschen lernen müssen, um die eingangs genannten Probleme zu lösen. Wie die Alltagserfahrung zeigt, gibt es durchaus Menschen, die mit komplexen und schwierigen Problemen gut umgehen können. Diese Alltagserfahrungen werden durch psychologische Untersuchungen bestätigt und analysiert. Welche spezifischen Fähigkeiten haben Menschen, die komplexe Probleme lösen können?

Erfolgreiche Problemlöser zeichnen sich vor allem durch »mehr Nachdenken und weniger Machen« aus. Sie spielen Handlungsfolgen im Kopf durch, ohne real alle Möglichkeiten auszuprobieren. Diese Personen entwickeln viele Entscheidungen für eine geplante Handlung und handeln damit komplex. Sie lassen sich nicht von ihrer Arbeit ablenken, erkennen Probleme früh und überprüfen Entscheidungen häufig durch Nachfragen, insbesondere durch »Warum«-Fragen. Erfolgreiche Problemlöser strukturieren ihr eigenes Verhalten und reflektieren es, delegieren wenig Verantwortung und verfügen über ein gutes Zeitmanagement. Sie verfügen nicht unbedingt über ein besonderes Fachwissen, aber meist über ein sehr breites Allgemeinwissen und einen großen Vorrat an Strukturprinzipien, die an viele Problemkonstellationen Anschlussmöglichkeiten bieten. Erfolgreiche Problemlöser können außerdem Unbestimmtheiten ertragen; sie haben eine reflektierte Selbstsicherheit bei wenig Angst.

Die evolutiv bedingte spontane menschliche Problemlösefähigkeit kann also durch kognitive Abstraktionsleistungen vor allem in Bereichen, in denen nicht alleine der Wissensbestand, sondern die Fähigkeit zum Denken und zur Selbstreflexion wichtig ist, weitgehend kompensiert werden. Diese Fähigkeiten können erlernt werden. Eine Grundaufgabe im Rahmen von Bildung sollte es daher sein, in abstraktes Denken einzuführen und dieses zu üben. Es muss geübt werden, kognitive Erkenntnis sinnlicher Erfahrung vorauslaufen zu lassen. Die sinnliche Erfahrung des Menschen will bedient sein, muss aber gleichzeitig mit abstraktem Denken verbunden werden. Eine wichtige Form abstrakten Denkens, die häufig durch sinnliche Erfahrungen erst angestoßen wird, ist die Selbstreflexion. Lernprozesse, die Selbstreflexion eröffnen, erweitern häufig den Spielraum für Verhalten und ermöglichen damit einen flexiblen Umgang mit dem schnellen sozialen Wandel und den damit zusammenhängenden globalen Problemen. Lernprozesse müssen so strukturiert werden, dass gelernt wird, Fragen zu stellen, Entscheidungen zu treffen und das eigene Vorgehen zu planen.

Neben dem Bildungssystem, das es uns ermöglicht, diese für das Überleben der Menschheit so wichtigen Fähigkeiten zu erlernen, sind es die Wissenschaften, welche die abstrakte Reflexionsfähigkeit erproben und für gesellschaftliche Problemlösungen nutzbar machen. Bildung und Wissenschaft sind deshalb für die Vermittlung komplexer Problemlösefähigkeiten angesichts der globalen Herausforderungen unverzichtbar.

Durch Sprache und die damit verbundene abstrakte Reflexionsfähigkeit können Menschen die Grenzen ihrer »spontanen Vernunft« ausweiten und sich damit potentiell an die heutigen ökologischen Probleme anpassen. Allerdings wird hierzu Lernen auf der Ebene der Individuen nicht ausreichen. Auch Gesellschaften müssen »umlernen« und Regelsysteme schaffen, deren Abstraktheitsgrad den komplexen Strukturen der Weltgesellschaft angepasst ist. Nur bedarf es dazu wiederum Individuen, die gelernt haben, sich in solchen Gesellschaften zu bewegen.

A. SCHEUNPFLUG

Geschichte und Gesellschaft, Kooperation und Konkurrenz

Das Verhältnis von Natur und Kultur beschreibt der Biologe Hubert Markl so: »Jede funktionierende Kultur ist eine vollwertige und gleichwertige Manifestation unserer Natur. Natur ist nicht das Erdgeschoss oder gar der Keller für das Gebäude der Kultur: Sie ist das Haus, das Kultur mit Menschenleben bereichert und ständig weiter ausbaut«. Diese beiden Instanzen sollen im für die abendländische Denktradition so nachhaltig prägenden cartesianischen Weltbild durch einen unüberbrückbaren Gegensatz getrennt sein. Danach treffen in uns Menschen mit unserer Natur und Kultur zwei Sphären aufeinander, die genauso wenig miteinander zu tun hätten wie Materie und Geist, wie Descartes noch glaubte. Aus der Sicht der Evolutionsbiologie stellt sich demgegenüber tierliche und menschliche Kultur als Teil der biologischen Ausstattung dar. In dieser Sicht gibt es keinen Platz für einen cartesianischen Dualismus, im Gegenteil, es ist uns geradezu natürlich, unsere Lebensanforderungen durch Kultur zu bewältigen.

Konkurrenz innerhalb von Lebensgemeinschaften: Das Streben nach kulturellem Erfolg

Weiter heißt es bei Markl: »Darauf eben beruht ja der überragende evolutive Erfolg unserer Art, dass ihre Mitglieder in der Kulturevolution auch ihre biologische Fitness viel wirkungsvoller dadurch fördern konnten, dass sie nicht einfach genetisch vorbestimmten Fitnessoptimierungsstrategien folgten, sondern ihre relativ grob durch die ihnen innewohnenden Sehnsüchte, Gefühle, Begierden vorgegebenen biologischen Bedürfnisse – der Selbsterhaltung und der Vermehrung – durch Verfolgung weitgehend kulturell bestimmter Vorstellungsziele befriedigten«. Kultur erscheint so als Strategie des »egoistischen Gens«, als proximater Wirkmechanismus im Dienst des uralten und mit Leben untrennbar verbundenen ultimaten Zwecks: bestmögliche Weitergabe des eigenen Erbguts. Für die provokante These, wonach Kultur im Durchschnitt »an der Leine biologischer Fitnessimperative« bleiben soll, haben Soziobiologen inzwischen zahlreiche Belege aus historischen, traditionellen und modernen Kulturen zusammengetragen, zum Beispiel von den südamerikanischen Yanomami-Indianern.

Sozialer Erfolg erhöht den Reproduktionserfolg

Die Yanomami siedeln im oberen Orinoko-Gebiet im Grenzgebiet von Venezuela und Brasilien und gelten als ziemlich gewaltbereit. Nach den Erhebungen des amerikanischen Anthropologen Napoleon Chagnon sterben 30 Prozent aller erwachsenen Männer eines gewaltsamen Todes. Die Anlässe für gewalttätige Auseinandersetzungen unter Männern kreisen häufig um den Bereich Ehe, Sexualität und Eifersucht. Wenn es darum geht, nicht eingehaltene Eheversprechen einzufordern oder Frauen aus Nachbarsiedlungen zu rauben, können Yanomami-Männer eine außerordentliche Aggressivität entwickeln. Wie häufig wird in traditionellen (und teilweise auch in modernen) Gesellschaften Mord durch Blutrache gesühnt, was zur hinlänglich bekannten und verheerend wirkenden Spirale von Gewalt und Gegengewalt führen kann. Die kanadischen Psychologen Martin Daly und Margo Wilson schätzen, dass Blutrache das Motiv Nr. 1 aller Tötungsdelikte während der vormodernen Menschheitsgeschichte gewesen ist.

Die Blutrache der Yanomami findet häufig überfallartig statt, wobei sich eine Gruppe von 10 bis 20 Männern auf den Weg zu den vorgesehenen Opfern macht. Typischerweise wird das erste Mitglied der feindlichen Gemeinschaft, auf das man trifft, aus dem Hinterhalt mit Pfeil und Bogen erschossen. Manchmal kommt es aber auch zu Massakern mit zehn oder mehr Opfern. Nach erfolgtem Überfall zieht man sich Schutz suchend schleunigst ins eigene Dorf zurück. Wer getötet hat, unterzieht sich anschließend einer besonderen Zeremonie und bekommt dadurch den sozial hoch angesehenen Status eines *unokai*. In den von Chagnon besuchten Dörfern hatten 44 Prozent aller Männer über 25 Jahre diesen besonderen Status inne. 60 Prozent aller unokais haben nur einmal, 40 Prozent mehrfach getötet, davon einer sogar 16-mal.

Auf den ersten Blick erscheint dieses Beispiel im krassen Widerspruch zu allen soziobiologischen Annahmen der Fitnessmaximierung. Wie könnte es dem »egoistischen Gen« nützlich sein, wenn eine Gesellschaft wie die der Yanomami zu einer kulturellen Wertschätzung von tödlicher Aggressivität gelangt, der immerhin fast ein Drittel der Männer zum Opfer fällt? Arbeitet hier die Kultur nicht ganz offensichtlich gegen jeden biologischen Imperativ der Selbsterhaltung und Fortpflanzung?

Die im brasilianischen Regenwald lebenden **Yanomami-Indianer** gelten als besonders gewaltbereit und aggressiv. Vor dem Überfall auf ein Nachbardorf, wo sie Frauen rauben wollen, bringen sich die Männer mit ritualisierten Handlungen in der Gruppe in kampfbereite Stimmung. Forschungen des Anthropologen Napoleon Chagnon erklären das Befolgen dieser gewalttätigen kulturellen Tradition mit dem hohen Stellenwert, den Aggression in der Gesellschaft der Yanomami besitzt.

Überraschenderweise muss die Antwort nach einer genaueren Analyse des ethnographischen Materials »Nein« lauten, denn die Gewaltbereitschaft der Yanomami-Männer hat zunächst die Funktion des Selbstschutzes. Es zeigte sich, dass die Dörfer, deren Männer Stärke demonstrieren, tatsächlich mit geringerer Wahrscheinlichkeit angegriffen werden als die, deren Männer als »Hasenfüße« gelten. Auf lange Sicht hätte folglich eine Dorfgemeinschaft, die von der kulturellen Wertschätzung der Aggressivität abrückte und einen friedlicheren Weg versuchte, unter den vorherrschenden Lebensbedingungen keine Chance. Interessanter noch ist aber ein zweiter Zusammenhang, der erst beim Vergleich des ganz persönlichen Reproduktionserfolgs der kriegerischen unokai, mit dem der übrigen Männer voll ersichtlich wird. Während nämlich alle unokais im Mittel mit 1,6 Frauen verheiratet waren, kamen auf jeden Nicht-unokai im Mittel nur 0,6 Frauen. Dieser Unterschied spiegelt sich in der Kinderzahl wider: unokais hatten im Durchschnitt 4,9 Kinder, Nicht-unokais hingegen nur 1,6. Mit anderen Worten: Wer der kulturellen Norm gefolgt ist und sich an den tödlichen Auseinandersetzungen beteiligt hat, konnte sein Erbgut dreimal häufiger weitergeben als jene Männer, die der kulturellen Regel nicht gefolgt sind.

Yanomami-Indianer tragen ihre gewalttätigen Auseinandersetzungen auch in Zweikämpfen aus. Diese laufen nach rituellen Vorgaben ab – auch bei den Yanomami, die in der Nähe von Missionen wohnen und mit der westlichen Kultur in einem engeren Kontakt stehen.

Dieser sich aus den Lebensdaten der Yanomami ergebene Befund eines Zusammenhangs von kulturellem und reproduktivem Erfolg ist durchaus generalisierbar. Auch in anderen egalitären Gesellschaften, also in solchen, deren Sozialsysteme nicht auf Besitz gründen, konkurrieren Menschen um gesellschaftlich anerkannte und privilegierte Positionen (zum Beispiel den Häuptlingsstatus). Diese wiederum gehen im Durchschnitt mit einem erhöhten Erfolg bei der Reproduktion einher. Für die Yanomami hat Chagnon in dieser Hinsicht folgende Zahlen ermittelt: 35-jährige Häuptlinge haben im Mittel 8,6 Kinder gezeugt, Nicht-Häuptlinge gleichen Alters mit 4,2 Kindern hingegen nur knapp die Hälfte.

Der Zusammenhang zwischen der Stellung im sozialen Ranggefüge und dem durchschnittlichen Erfolg bei der Reproduktion ist besonders gut in vormodernen bäuerlichen Gesellschaften untersucht worden, deren Sozialstrukturen sich gut in den Kategorien von Land- oder Viehbesitz beschreiben lassen. Ob bei den Kipsigis und Mukogodo Kenias, den Bauern Ruandas, den Turkmenen Irans, den Bakkarwal in Kaschmir, den Bewohnern des Ifaluk-Atolls in Mikronesien oder Trinidads in der Karibik, den Utah-Mormonen, den Amish People oder englischen, norwegischen, schwedischen oder ostfriesischen Landbevölkerungen des 18. und 19. Jahrhunderts: Regelmäßig korreliert Besitz mit genetischer Fitness – kultureller Erfolg mit reproduktivem Erfolg.

Dabei kann diese Korrelation je nach ethnohistorischem Kontext über eine jeweils unterschiedliche Gewichtung einzelner Kompo-

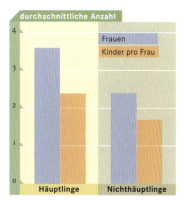

Die Grafik verdeutlicht den Zusammenhang zwischen der Stellung im sozialen Ranggefüge und dem **durchschnittlichen Reproduktionserfolg** der Yanomami-Indianer. Die durchschnittliche Anzahl der Frauen und der Kinder pro Frau ist bei 35-jährigen Häuptlingen der Yanomami höher als bei gleichaltrigen Männern, die nicht Häuptlinge sind.

In Kulturen, in denen Männern Ehen mit mehreren Frauen erlaubt sind, haben die sozial höherrangigen Männer deutlich mehr Ehefrauen und Kinder. Die Aufnahme zeigt einen **kenianischen Häuptling** inmitten seiner Frauen und Kinder.

Der **relative Reproduktionserfolg** landreicher Großbauern in der ostfriesischen Krummhörn stieg im Laufe der Jahre gegenüber dem Bevölkerungsmittel deutlich an.

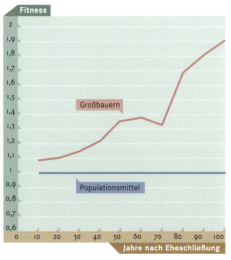

nenten des Reproduktionserfolgs zustande kommen. Mal hängt die eheliche Fruchtbarkeit, mal die Säuglings- und Kindersterblichkeit stärker mit dem Sozialrang zusammen. Häufig entscheidet auch das unterschiedliche Vermögen, die erwachsen gewordenen Kinder gesellschaftlich vorteilhaft zu platzieren, über den langfristigen Reproduktionserfolg einer Familie. Als ein bedeutender Einfluss auf Fitnessunterschiede stellt sich zudem in allen daraufhin untersuchten Gesellschaften regelmäßig das dar, was man »Paarungserfolg« genannt hat. Sozial hochrangige Männer sind in Gesellschaften, die die Ehe eines Mannes mit mehreren Frauen erlauben (Polygynie), mit mehr Frauen verheiratet, haben (in polygynen und monogamen Gesellschaften) mehr außereheliche Affären, höhere Wiederverheiratungschancen nach Verwitwung oder Scheidung und heiraten die jüngsten und fruchtbarsten Frauen. All diese Effekte führen in ihrer Summe (wenngleich von Gesellschaft zu Gesellschaft in unterschiedlicher Weise und aus unterschiedlichen Gründen) regelmäßig zu dem bemerkenswerten Phänomen eines unterschiedlichen genetischen Fortbestandes über die Zeit. Für die vormoderne Landbevölkerung in der ostfriesischen Krummhörn nördlich von Emden konnte man beispielsweise berechnen, dass 100 Jahre nach der Eheschließung eines sozial hochrangigen Großbauernpaares etwa doppelt so viel Genreplikate in der lokalen Bevölkerung vorlagen, wie 100 Jahre nach der Hochzeit eines Durchschnittspaares.

Erfolg in kultureller Konkurrenz ist demnach ein biologischer Selektionsfaktor, was mit einer weit reichenden Konsequenz verbunden sein könnte: Sofern Unterschiede im sozialen Ehrgeiz auch nur zu einem kleinen Teil auf genetische Unterschiede (etwa in den Persönlichkeits- oder Motivationsfaktoren) zurückgehen, kommt es durch die natürliche Selektion langfristig zu einer zunehmenden genetischen Fixierung des Dominanzstrebens in der gesamten Population. Die genetische Basis von Verhaltensneigungen, in gesellschaftliche Konkurrenz einzutreten und möglichst Erfolg zu haben, wird durch die Wirkweise der natürlichen Selektion mit überdurchschnittlicher Fitness belohnt. Für diese mikroevolutiven Prozesse spielt es überhaupt keine Rolle, wie die beteiligten Menschen ihre Konkurrenz vor sich selbst und gegenüber anderen begründen und auch nicht, um welche proximaten kulturellen Ziele sie konkurrieren – um Besitz, Status oder das Privileg der ersten Reihe in der Dorfkirche.

Soziale Konkurrenz als Spiegel genetischer Konkurrenz

Zum Verständnis menschlichen Verhaltens ist es aber nur von zweitrangigem Interesse, ob in den genannten Gesellschaften wirklich Verschiebungen der Genfrequenzen stattfinden, also Selektion abläuft, oder (was wahrscheinlicher sein dürfte) ob frühere Selektionsprozesse nicht schon längst zu einer genetischen Fixierung der Konkurrenzbereitschaft in allen Mitgliedern der Populationen geführt haben, vergleichbar mit der Zweibeinigkeit, Lungenatmung oder anderen Merkmalen, für die sich die Erbinformation nicht verändert. Entscheidend ist vielmehr, dass soziales Konkurrenzverhalten auf psychische Neigungen zurückgeht, deren genetische Basis in historischen Epochen immer wieder die ständige Prüfung durch die natürliche Selektion bestanden hat.

In **gewalttätigen Auseinandersetzungen** bauen Kinder ihre Aggressionen ab und fechten teilweise »Rangordnungskämpfe« innerhalb ihrer Gruppe aus. Sie orientieren sich dabei auch an ihrer Umwelt, sei es an der Gewalt in ihrer Familie oder an der in den Medien gezeigten Gewalt.

Weil aber nach soziobiologischer Theorie soziale Konkurrenz unter Menschen letztlich genetische Konkurrenz widerspiegelt, sollte man gemäß der Theorie von der Verwandtenselektion erwarten, dass Konflikte von den genetischen Verwandtschaftsverhältnissen der Protagonisten mitbeeinflusst werden. Danach sollte – unter sonst gleichen Bedingungen – Konkurrenz mit dem Grad der Blutsverwandtschaft unter den Beteiligten abnehmen. Ein möglicher Gewinn aus einer Konkurrenzsituation wird je nach Verwandtschaftsgrad anteilig vermindert, wenn der Verlierer durch gemeinsame Abstammung identische Genkopien trägt. Der direkte Fitnessgewinn wird per saldo durch Verluste an indirekter Fitness geschmälert. Wenn also Verwandte miteinander konkurrieren, sollte der zu erwartende Gewinn außerordentlich groß sein, größer jedenfalls als in vergleichbaren Auseinandersetzungen mit Nichtverwandten.

»Sollte« ist hier wie im Folgenden immer als vorhersagbar, nie als maßgebend gemeint.

Dass dies tatsächlich der Fall ist, lehrt das Beispiel der Wikinger, deren Geschichte in den Sagas festgehalten ist: Die Orkneyinga-Saga beschreibt die Geschichte der Wikinger-Herrscher auf den Orkney-Inseln vom 9. bis 12. Jahrhundert. Njals Saga handelt von den Beziehungen einiger isländischer Familien etwa um das Jahr 1000. Beide Quellen enthalten eine Fülle genealogischer Informationen, welche die Rekonstruktion der Verwandtschaftsverhältnisse (jedenfalls in den männlichen Linien) recht zuverlässig und in Übereinstimmung mit anderen historischen Quellen erlaubt.

Danach war das Leben der Wikinger äußerst konfliktträchtig. Njals Saga berichtet den gewaltsamen Tod von 31 der insgesamt 87 erwachsenen Männer innerhalb von nur 10 Jahren. Zwar haben sich

Die Morde, die die **Wikinger** auf ihren Raubzügen ausführten, fanden ihren Niederschlag auch in der Literatur der Zeit. In den Heldensagen der altnordischen Liedersammlung »Edda« tötet Sigurd – der Siegfried des Nibelungenlieds – den verräterischen Regin mit dem Schwert (Detail aus dem Hylestadportal, Oslo, Nationalmuseum).

auch enge Verwandte umgebracht, dann aber nicht aus trivialen Anlässen, etwa im Zusammenhang mit Saufgelagen, sondern – in perfekter Übereinstimmung mit den Voraussagen der Verwandtenselektionstheorie – nur bei höheren Gewinnerwartungen (etwa um eine Herrschaft für sich oder einen Sohn zu übernehmen). Auch die Blutgeldzahlungen, die die Angehörigen der Mordopfer traditionsgemäß von der Sippe der Täter als Entschädigung einfordern konnten, spiegeln verwandtschaftliche Erwägungen wider. Für einen getöteten Vater, Sohn oder Bruder konnte man 24 aurar erwarten. Für einen Vetter, mit dem man im Mittel ja nur halb so eng verwandt ist, wie mit einem Vater, Sohn oder Bruder, gab es entsprechend nur die Hälfte: 12 aurar. Für einen Vetter zweiten Grades, dessen Verwandtschaft sich noch einmal halbiert, 5,5 aurar, für einen Vetter dritten Grades 2,5 und für einen vierten Grades immerhin noch 1 aurar.

Soziale Konkurrenz spiegelt reproduktive Konkurrenz wider – kultureller Erfolg korreliert mit reproduktivem Erfolg. Die Lehre aus diesen soziobiologischen Einsichten hat der deutsche Anthropologe Christian Vogel folgendermaßen zusammengefasst: »An vielen Stellen geht biogenetische Evolution nahtlos in menschliche Kulturgeschichte über, bestimmt sie weiterhin und wird umgekehrt von ihr beeinflusst. Evolutionsbiologen sprechen gar von ›funktioneller Identität‹ von biologischer und kultureller Evolution... Kultur ist eine Form von Angepasstheit an die Umweltbedingungen. Wir können ihre Regeln als Instruktionen auffassen, wie wir das Leben zu organisieren haben, um zu überleben – der alte biogenetische Konkurrenzkampf ums Überleben und um erfolgreiche Reproduktion mit neuen, mit den menschlichen Mitteln der Kultur!«

Konkurrenz mit anderen: Fremdenhass und Krieg

Biologische Evolution hat immer zugleich einen historischen und einen kausalen Aspekt. Der historische Aspekt zeigt sich in der Stammesgeschichte der Organismen und – als direkte Folge davon – in homologen Merkmalsausprägungen. So kommt es aufgrund der gemeinsamen Abstammung zu einer jeweils nach Verwandtschaftsnähe abgestuften Ähnlichkeit zwischen uns und unseren tierlichen Verwandten.

Kriegerische Auseinandersetzungen bei Schimpansen

Homologien zeigen sich auch im Verhalten, genauer in den Mechanismen der Verhaltenssteuerung. Vielleicht auch deutlicher als in anderen Verhaltensbereichen, vor allem aber auf eine bedrückende und beklemmende Weise, zeigt sich die Verwandtschaft zwischen Schimpansen und Mensch in der innerartlichen Aggression. So beobachteten die bekannte britische Schimpansenforscherin Jane Goodall und ihr Team eine gewalttätige Szenerie unter den Schimpansen des Gombe-Nationalparks am Ostufer des Tanganjikasees in Tansania. Goodall beschreibt, wie sich über mehrere Jahre aus der von ihr untersuchten ursprünglich 45 bis 60 Individuen umfassenden so genannten »Kasakela-Population« eine kleinere Gruppe zunächst fast unmerklich, dann aber endgültig abzuspalten begann. Diese Trennung markiert den Beginn eines überaus gewalttätigen fünfjährigen Konflikts, an dessen Ende die separatistische Teilgruppe nicht mehr existierte.

Zum aggressiven Verhalten der Schimpansen gehört die Drohgebärde des **Zähnezeigens.** Durch das weite Öffnen des Mundes werden die langen scharfen Eckzähne als gefährliche Waffen sichtbar.

Während es in den ersten Jahren nach der Trennung zwischen den ehemals gemeinsam lebenden, nunmehr aber sozial getrennten und benachbarten Tieren zwar zu aufgeregten, aber nicht handgreiflichen Kontakten kam, begann später ein regelrechter Ausrottungskampf gegen die abtrünnigen Dissidenten. In mehreren Kriegszügen drangen einige der Kasakela-Schimpansen in das Streifgebiet ihrer neuen Nachbarn ein, isolierten jeweils ein Individuum von seiner Gemeinschaft und verfolgten und misshandelten es jeweils auf eine äußerst brutale Art und Weise. Der »Krieg der Schimpansen« ist mit folgenden Worten beschrieben worden: »Im Februar 1974 drangen die Kasakela-Brüder Jomeo und Sherry mit einem dritten Männchen, Evered, und dem Weibchen Gigi ins südliche Feindesland vor. Es gelang ihnen, den Kahama-Mann Dé von seiner Gruppe zu isolieren. Zwar versuchte Dé schreiend durch die Bäume zu entkommen, wurde aber von den Brüdern verfolgt, bis ein Ast unter ihm brach und Jomeo ihn an einem Bein zu Boden zerren konnte. Die vier Angreifer schlugen und traten wieder und wieder auf ihr Opfer ein und rissen mit Zähnen Hautfetzen von seinem Bein. Als Dé zwei Monate später zum letzten Mal gesehen wurde, glich er einem abgemagertem Gerippe voller unverheilter Wunden. Es besteht kein Zweifel, dass er dann gestorben ist.«

Viele Primaten verfügen über einen speziellen Notruf oder Schrei, mit dem sie Gruppenmitglieder alarmieren und deren Beistand aktivieren können.

Am 14. September 1974 ging es gegen Madame Bee. Mitarbeiterinnen und Mitarbeiter von Jane Goodall konnten beobachten, wie Jomeo und Figan auf dem verkrüppelten alten Weibchen herumstampften. »Madame Bee versuchte sich aufzurichten. Sie zitterte am ganzen Leib, war aber zu sehr angeschlagen und außer Atem, um noch schreien zu können. Satan und Figan malträtierten sie, bis sie sich nicht mehr rührte und die Beobachter sie für tot hielten. Jomeo stemmte Madame Bee nun hoch, schmetterte sie zu Boden und kugelte sie den Hang hinunter. Mit gesträubtem Fell trommelte Satan auf ihr herum und rüttelte so lange Äste gegen sie, bis Madame Bee sich wieder

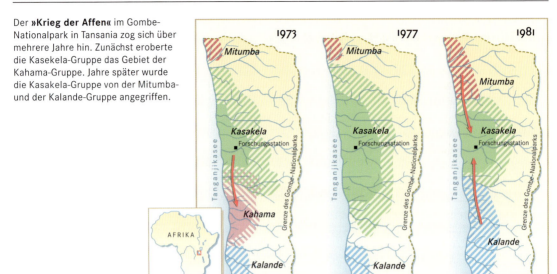

Der »**Krieg der Affen**« im Gombe-Nationalpark in Tansania zog sich über mehrere Jahre hin. Zunächst eroberte die Kasekela-Gruppe das Gebiet der Kahama-Gruppe. Jahre später wurde die Kasakela-Gruppe von der Mitumba- und der Kalande-Gruppe angegriffen.

bewegte und mit letzter Kraft in ein Gebüsch kroch ... Sie starb fünf Tage nach diesem Überfall.« Während der fünf Jahre dieses Konflikts wurden mindestens sechs Tiere der Separatistengruppe angegriffen und auf ähnlich grausame Art und Weise ums Leben gebracht, bis schließlich die Nachbarn komplett ausgerottet beziehungsweise vertrieben waren und die Sieger mit ihren Familien das neu hinzugewonnene Streifgebiet vereinnahmen konnten.

Das geschilderte und ähnlich auch in anderen Schimpansenpopulationen beobachtete Verhalten weist einige Merkmale auf, die für die Frage nach der spezifischen Evolution menschlicher Gruppenkonflikte von einigem Interesse sein dürften.

1) Das Ergebnis eines Konflikts hängt entscheidend von der Größe und der Zusammensetzung der beiden aufeinander treffenden Gruppen ab und nicht vom Ort des Zusammentreffens, wie dies in den typischen Territorialauseinandersetzungen anderer Wirbeltiere der Fall ist. So kann eine zahlenmäßig größere Schimpansengruppe eine kleinere auch auf deren eigenem Territorium in die Flucht schlagen. Es gibt also keinen »Heimvorteil«.

2) Von Mal zu Mal können sich andere und verschieden viele Individuen (typischerweise heranwachsende und voll erwachsene Männchen) an den Gruppenbegegnungen beteiligen. Deshalb bleibt auch nach wiederholtem Aufeinandertreffen das Kräfteverhältnis zweier benachbarter Gruppen weitgehend ungeklärt, was soziale Geplänkel und Scharmützel geradezu provoziert. Die Bühne für aggressive Auseinandersetzungen wird noch dadurch bereitet, dass sich die Streifgebiete benachbarter Gruppen zu einem nicht unerheblichen Teil überlappen. Schimpansen schaffen so erst Gelegenheiten für Gruppenkonflikte und versuchen diese zu nutzen, indem sie sich möglichst dicht vermeintlich schwächeren Kontrahenten zu nähern versuchen, um dann den gesuchten

Kampf auch auszutragen. Im Gegensatz zu anderen Wirbeltieren mit klassisch ausgeprägter Territorialität, ist bei Schimpansen die Lösung einer sozialen Konfrontation durch Kampf geradezu vorprogrammiert und nicht etwa rituell abgedämpft.

3) Der bemerkenswerteste Unterschied zu den sich letztlich doch eher friedlich arrangierenden territorialen Wirbeltieren besteht in der tief reichenden Feindseligkeit zwischen Nachbargruppen und die sich daraus ergebene Gewalttätigkeit ihrer Kämpfe. Die Brutalität der Schimpansenkämpfe ist im Tierreich ohnegleichen und findet nur bei Menschen eine Parallele. Jane Goodall meinte sogar: »Wenn sie Feuerwaffen gehabt hätten und jemand hätte ihnen beigebracht, damit umzugehen – ich vermute, sie würden sie zum Töten benutzt haben.«

Gruppenfremde Eindringlinge werden nicht einfach vertrieben, wie das sonst unter Wirbeltieren die Regel zu sein scheint, sondern massiv angegangen und verletzt, was nicht selten zum Tod der Opfer führt. Mehr noch: Schimpansen organisieren überfallartige Raubzüge in die Kerngebiete ihrer Nachbarn, und auch diese Unternehmungen können mit dem Tod der Überfallenen enden. Hier geht es nicht um die Verteidigung eines angegriffenen Territoriums, sondern um seine gewaltsame Vergrößerung auf Kosten schwächerer Nachbarn.

Damit wird deutlich, dass Konrad Lorenz in seiner Analyse des »Sogenannten Bösen« in zumindest zwei Punkten irrte. Erstens sind tödliche Gruppenkonflikte nicht auf den Menschen beschränkt und zweitens resultiert ihre Motivation nicht einzig aus der Territorialverteidigung. Den Schimpansenkämpfen gehen häufig provozierende Invasionen in fremde Wohngebiete voraus, und im deutlichen Unterschied zu Territorialauseinandersetzungen scheint es bei den Überfällen der Schimpansen eine regelrechte Verletzungs- oder gar Tötungsabsicht zu geben. In der Regel werden im Tierreich Rivalenkämpfe geführt, um zu gewinnen, nicht um den Gegner zu verletzen oder zu töten. Wird das persönliche Kampfrisiko zu hoch, kann ein Opponent aufgeben und sich zurückziehen. Damit ist der Streit beendet. Bei Schimpansen geht es dagegen nicht um Vertreibung eines territorialen Eindringlings, sondern letztlich um die Vernichtung von Nachbarn und Konkurrenten.

Auch bei den stark ritualisierten **Kommentkämpfen** zweier Rivalen geht es um den Gewinn eines Territoriums oder bessere Fortpflanzungsmöglichkeiten. Doch setzen die Tiere hierbei ihre Waffen so ein, dass ernsthafte Verletzungen der Kampfpartner ausgeschlossen sind. Zwei Rothirsche stoßen die Spitzen der Geweihe nicht in die Körperseiten des Gegners, sondern ihre frontalen Angriffe werden von dem Stärkeren im Schieben entschieden.

Schimpansenkonflikte haben einen funktionellen Hintergrund. Zwar ist vordergründig ein ständiges Bemühen um Monopolisierung von Nahrungsressourcen der entscheidende Motor, der aggressive Auseinersetzungen zwischen benachbarten Gruppen antreibt. Eigentlich versuchen Männchengruppen jedoch nicht nur deshalb ihr Territorium zu vergrößern, um selbst in den Genuss des vermehrten Ressourcenangebots zu kommen, sondern sie tun dies vornehmlich aus Gründen sexueller Konkurrenz. Unter Schimpansen bilden

Männchen das sesshafte Geschlecht, während Weibchen ihre Geburtsgruppe verlassen. Auf ihren Wanderungen bleiben Letztere (gegebenenfalls mit ihrem abhängigen Nachwuchs) meist allein und vermeiden so eine Nahrungskonkurrenz untereinander. Je größer und reichhaltiger nun das von den Männchen beherrschte Gebiet ist, desto mehr Weibchen werden sich bevorzugt in ihm aufhalten, desto mehr Vorteile ergeben sich also für die »Platzhalter« in der Männerkonkurrenz um Weibchen. Übrigens sind wegen ihrer Ortstreue die kooperierenden Männchen einer Gemeinschaft mit einiger Wahrscheinlichkeit Brüder, Halbbrüder und Vettern, während sie mit den Männchen ihrer Nachbargruppen in der Regel nicht unmittelbar verwandt sind.

Nach der Lektüre von Jane Goodalls Schilderungen dürfte auch der kritischste Leser kaum mehr gegen die sich unweigerlich aufdrängende Assoziation gefeit sein, dass es sich bei den Gruppenkämpfen unter Schimpansen um stammesgeschichtliche Vorformen dessen handeln könnte, was wir alltäglich an kollektiver Gewalt um uns herum wahrnehmen. Jedenfalls zeigen sich in der Psyche unserer nächsten Verwandten Merkmale, die durchaus als Prädispositionen für die Evolution menschlicher Gruppenkämpfe gelten können: die mentale Fähigkeit zur Planung kooperativer Unternehmungen, eine innere Aversion gegenüber Gruppenfremden und ein »Interesse« an Gruppenkämpfen. Jane Goodall konnte beobachten, wie aggressive Auseinandersetzungen die Aufmerksamkeit und Anteilnahme derjenigen weckt, die zunächst nicht daran beteiligt waren. Vom Anblick gewalttätigen Geschehens geht offensichtlich eine spezifische Attraktivität aus, die besonders für junge Männchen anziehend wirkt. Schließlich ist bei den Kämpfen ein doppelter Verhaltensstandard zu beobachten. Aggression innerhalb von Gruppen spielt sich anders ab als Aggression zwischen Gruppen. Fremde Kontrahenten werden eher wie Beutetiere behandelt. Goodall

Ein Schimpansenmännchen zeigt mit dem erigierten Penis seine sexuelle Bereitschaft (links). Beim Schimpansenweibchen ist die Schwellung der Geschlechtshaut das Zeichen für ihre sexuelle Bereitschaft und Empfängnisbereitschaft (rechts). Die volle Schwellung hält innerhalb des 38-tägigen Sexualzyklus 10 Tage an und fällt mit der Brunst zusammen.

Zu Gewalttätigkeiten so genannter **Hooligans** kam es auch am Rande des Fußballländerspiels zwischen Polen und Deutschland im September 1996. Mit einer Latte attackiert ein deutscher Hooligan andere Stadionbesucher. Die Gewalttätigkeiten einiger zumeist jüngerer Männer üben auf viele in der Altersgruppe eine Faszination aus.

spricht in diesem Zusammenhang von einer »Deschimpansierung« des Gegners und sieht darin deutliche Parallelen zu der menschliche Auseinandersetzungen so häufig begleitenden psychologischen Abwertung bis hin zur »Dehumanisierung« des jeweiligen Gegners, was bekanntlich psychische Hemmschwellen gegen eine Eskalation von Gewalt abbauen kann.

Evolution menschlicher Gruppenkonflikte

Beschränkt man den Vergleich auf jene Streitereien, die sich auf der Ebene von Wildbeutergesellschaften abspielen, also auf jenes soziologische Milieu, das 99,5 Prozent unserer Stammesgeschichte gekennzeichnet hat und in dem sich die entscheidenden Verhaltensanpassungen der Menschheit vollzogen haben, zeigen sich nicht nur in den psychologischen Mechanismen, sondern auch in der sozioökologischen Funktionalität kollektiver Aggression deutliche Parallelen zu den geschilderten Schimpansenverhältnissen. Zwar erschwert die ethnische und historische Vielfalt von kriegerisch ausgetragenen Stammeskonflikten tragfähige Generalisierungen, doch kommt nach dem gegenwärtigen Wissensstand den sozioökologischen Theorien der Kriegsentstehung der umfassendste Erklärungswert zu.

Was immer auch ganz unmittelbar auf psychologischer und kultureller Ebene Stammeskriege schürt – etwa ein ungebremster Heldenethos machomäßiger Männer – so gilt in letzter Analyse doch die Schlussfolgerung des amerikanischen Anthropologen Marvin Harris: »Kriegerische Auseinandersetzungen sind in diesen Gesellschaften [gemeint sind Wildbeuter- und Pflanzergesellschaften] so gut wie immer Ausdruck des Bemühens, einen gefährdeten Lebensstandard mithilfe des Zugangs zu neuen Ressourcen, ertragreicheren Lebensräumen oder Handelsrouten zu sichern oder zu verbessern. Krieg lässt sich daher am besten als eine tödliche Form des Konkurrierens autonomer Gruppen um knappe Ressourcen verstehen.« Dieses Zi-

Aggressivster Ausdruck von Gruppenkonflikten ist ein **Krieg.** Zwei benachbarte Gruppen, die im Bergland von Neuguinea leben, stehen sich im kriegerischen Kampfgeschehen gegenüber.

tat muss jedoch ergänzt werden: Die Liste der umkämpften Güter umfasst keineswegs nur Territorien, Nahrungsvorräte oder andere materielle Ressourcen, sondern kann gegebenenfalls auch Frauen oder sozialen Status beinhalten, wenn deren Knappheit den Reproduktionserfolg einer ethnischen Gruppe gefährdet.

Für solch eine Interpretation des Kriegsgeschehens ist es zunächst unerheblich, wie die Krieger selbst ihr Tun beurteilen und kulturell bewerten. Selbstverständlich kann kollektive Aggression vordergründig aus einer ideologischen, religiösen oder mystischen Rechtfertigung hervorgehen und gleichzeitig entscheidende sozioökologische Vorteile im alltäglichen Überlebenskampf erbringen. Die extrem kriegerischen südamerikanischen Mundurucu führen nach ihrem kulturellen Selbstverständnis ihre Ausrottungsfeldzüge gegen die Nachbarn aus Gründen der Ehre und sehen sich einzig durch die heimgeführten Siegestrophäen, die abgeschlagenen Köpfe ihrer Opfer, belohnt. Bei den Kämpfen der Mundurucu geht es weder um Frauen, noch um Land, noch um bewegliche materielle Kriegsbeute,

Schlachten als Höhepunkt eines Krieges wurden immer wieder dargestellt. Eine der eindrucksvollsten Schlachtendarstellungen ist das **Alexandermosaik,** das 1871 in Pompeji ausgegraben wurde. Das am Ende des 2. Jahrhunderts vor Christus nach dem Vorbild eines griechischen Tafelbildes entstandene Mosaik zeigt eine siegreiche Schlacht Alexanders des Großen (links, helmlos auf dem braunen Pferd sitzend) über den Perserkönig Dareios III. (Neapel, Museo Archeologico Nazionale).

sondern allein um den immateriellen Gewinn an Ehre und Ansehen, der mit Tapferkeit und Erfolg in den Blutfehden erzielt werden kann.

Soziobiologische Theorien schienen in diesem Beispiel zu versagen, weil nicht erkennbar war, mit welchen angeblichen Vorteilen die gegenseitige Tötung von Nachbarn verbunden sein sollte, bis eine erneute Analyse des ethnographischen Materials einen zunächst nicht beachteten Zusammenhang ans Licht förderte: Die gegenseitige Dezimierung der Mundurucu vermindert den Jagddruck auf die Pekaris, eine kleine Wildschweinart, die als wichtigste, aber immer knappe Proteinlieferanten der begrenzende Faktor für die Lebens- und Fortpflanzungsmöglichkeiten der Mundurucu ist. Eine zunehmende Bevölkerungsdichte droht diese wertvolle Ressource zu erschöpfen, durch die Vernichtung beziehungsweise die Vertreibung der benachbarten Konkurrenten hingegen kann sie sich erholen. Diesen Zusammenhang sehen die Mundurucu nicht, wenngleich sie ihn vielleicht erahnen: Sie sind davon überzeugt, dass die Kopftrophäen einen magisch-günstigen Einfluss auf das Pekari-Jagdglück ausüben. Dieses Beispiel zeigt, wie die letztlich verhaltensökologischen Zusammenhänge kollektiver Gewalt von den Handelnden überhaupt nicht korrekt erkannt sein müssen und in ihren Motiven überhaupt keine Rolle zu spielen brauchen, um dennoch die Zweckrationalität menschlichen Verhaltens auszumachen.

Fazit: Gewalttätige Gruppenkonflikte kommen also nicht nur bei Menschen vor, sondern auch im Tierreich, in besonders ausgeprägter Form bei unseren stammesgeschichtlichen Vettern, den Schimpansen. In ihrer Affektstruktur und Brutalität, in Motivation, Entstehungskontext und Funktion ähneln deren Gruppenkämpfe auf verblüffende Art und Weise den menschlichen Verhältnissen. Es spricht also einiges dafür, dass die menschliche Bereitschaft zu kollektiver und koordinierter Aggression gegen Gruppenfremde eine stammesgeschichtliche, also eine biologische Grundlage hat. Dass aus dieser Einsicht kein Plädoyer für fatalistische oder gar rechtfertigende Einstellungen gegenüber Ethnokonflikten abgeleitet werden kann, sollte aus dem bisher Ausgeführten zu den Prinzipien menschlichen Verhaltens klar geworden sein.

Ethnozentrismus und Fremdenfeindlichkeit sind demnach Verhaltenstendenzen, deren Entstehung sich durchaus mit der Wirkweise der biologischen Evolution erklärt, genauso, wie jene diskriminierende Ethik, die der russische Ethnologe Kulischer bereits vor über einem Jahrhundert beschrieb: »Aus allen bisher angeführten Tatsachen leuchtet hervor, dass auf den primitiven Kulturstufen und

Übergriffe gegen Ausländer oder andere ethnische Gruppen sind häufig Zeichen der Unzufriedenheit mit der eigene Lage, sei es der persönlichen oder der Gruppe, zu der man sich zugehörig fühlt. Die Fremden werden als die Schuldigen dafür angesehen und müssen daher als Sündenböcke herhalten. Das Foto entstand nach einem Anschlag auf ein Asylbewerberheim in Hoyerswerda im Jahr 1991.

auch noch später *zwei* diametral entgegengesetzte Sittensysteme sich geltend machen. Das erste umfasst die Angehörigen einer Gemeinschaft und regelt die Verhältnisse der Mitglieder derselben gegeneinander. Das andere beherrscht die Handlungsweise der Mitglieder jeder anderen. Das erste schreibt Milde, Güte, Solidarität, Liebe und Frieden vor, das andere – Mord, Raub, Hass, Feindschaft. Das eine gilt für die Zugehörigen, das andere – gegen die Fremden«. Was Kulischer 1885 mit »Dualismus der Ethik« überschrieb, wurde später vom russischen Revolutionär und Anarchisten Peter Kropotkin und neuerlich vom deutschen Anthropologen Christian Vogel als »doppelte Moral« der Menschen beklagt. Gemeint ist damit jenes sozialpsychologisch überaus vielschichtige Phänomen, in dessen Folge es zu Ethnozentrismus, Fremdenhass, Intoleranz und Gruppengewalt kommt und das auf einer wie im Einzelfall auch immer psychologisch oder kulturell definierten und aufrechterhaltenen Gruppenidentifikation basiert.

Was Lebensgemeinschaften zusammenhält: Kooperation und Altruismus

Nun besteht bekanntlich die menschliche Geschichte keineswegs nur aus einem ständigen Hauen und Stechen, sondern auch aus Kooperation und Altruismus. Zeigt nicht allein schon diese alltägliche Beobachtung, dass das menschliche Miteinander nicht so grundsätzlich und umfassend durch Konkurrenz bestimmt sein kann, wie es evolutionstheoretisch zu erwarten wäre? Die Antwort lautet »Nein«, denn genetische Konkurrenz äußert sich keineswegs zwangsläufig in offenem Wettbewerb, sondern auch in kooperativen

Gegenseitige Hilfe ermöglicht es der religiösen Gruppe der **Amish** in den USA bis heute, auf moderne technische Errungenschaften weitestgehend zu verzichten. In einer kulturell vereinbarten freiwilligen Zusammenarbeit werden Bauwerke wie diese Scheune in weniger als zwei Tagen errichtet.

und unter Umständen sogar in altruistischen Strategien (also solchen, die mit persönlichen Nachteilen verbunden sind, aber anderen Individuen nützen).

Kooperation wird durch die natürliche Selektion direkt verstärkt, wenn Verhaltensziele gemeinschaftlich leichter oder effizienter erreicht werden können als alleine. Im Tierreich besteht eine einfache Form kooperativen Verhaltens beispielsweise in der Schwarmbildung. Alle Schwarmmitglieder profitieren im Durchschnitt von ihrem Zusammenschluss, weil das ihr persönliches Risiko, Beuteopfer zu werden, merklich verringert. Letztlich können Sozialstrukturen grundsätzlich als kooperative Systeme aufgefasst werden, denn häufig ermöglicht unter bestimmten ökologischen Bedingungen erst eine soziale Lebensweise den Erfolg persönlicher Selbsterhaltungs- und Reproduktionsinteressen.

Aber auch in einem engeren Sinn ist kooperatives Verhalten im Tierreich nicht selten. Innerhalb der Sozialverbände beobachtet man häufig kooperatives Verhalten einzelner Mitglieder, das auf individualisierten Beziehungen gründet (vor allem bei der Jagd, dem Paarungsverhalten und der Jungenaufzucht). Es setzt voraus, dass die Individuen in der Lage und motiviert sind, ihr Verhalten gleichzeitig und koordiniert auf ein gemeinsames Ziel hin auszurichten. Solange alle Beteiligten im gleichen Maße von gemeinsamen Unternehmungen profitieren, entsteht aus evolutionsbiologischer Sicht kein Erklärungsnotstand. Gewisse sozioökologische Probleme lassen sich im Verband besser begegnen als einzeln, und der gemeinsame Gewinn verteilt sich auf alle gleich. Häufig wird menschliches Kooperieren derselben Funktionslogik gehorchen, was ja auch weit verbreiteter Alltagserfahrung entspricht. Es stimmt schon: »Der wahre Egoist kooperiert«, wie es der Anthropologe Christian Vogel so knapp wie treffend auf den Punkt brachte.

Ein Beispiel für **Kooperation im Tierreich** geben diese Schimpansen. Ein Affe hält die »Leiter« fest, damit der andere unter Umgehung einer Elektrosicherung des Baums hochklettern kann, um frische Blätter zu fressen.

Verwandtenselektion

Interessanterweise kann unter gewissen Umständen genetisch eigennützig auch ein solches Verhalten sein, das auf der psychologischen Ebene, und auch nach der Selbstwahrnehmung der betreffenden Individuen als uneigennützig, selbstlos oder sogar aufopfernd erscheinen mag. Gemeint sind damit Verhaltensweisen, die mit Nachteilen für die persönlichen Lebens- und Fortpflanzungschancen verbunden sind, also letztlich die persönliche Fitness verringern, gleichzeitig aber die Fitness anderer fördern (von den Fachleuten wird solch ein Verhalten als »phänotypischer Altruismus« bezeichnet).

Ich gegen meinen Bruder; ich und mein Bruder gegen unsere Vettern; ich, mein Bruder und meine Vettern gegen die, die nicht mit uns verwandt sind; ich, mein Bruder, meine Vettern und Freunde gegen unsere Feinde im Dorf; sie alle und das ganze Dorf gegen das nächste Dorf!
arabisches Sprichwort

In der traditionellen Verhaltensforschung hat man die evolutive Entstehung solch samariterhafter Verhaltensweisen mit der Wirkweise einer vermuteten Gruppenselektion erklärt. Man nahm an, dass eine persönliche Selbstbeschränkung zugunsten der Population oder der Art in der natürlichen Selektion Bestand hätte, weil es in der Evolution letztlich nur um den biologischen Erfolg beziehungsweise Misserfolg miteinander konkurrierender Gruppen ginge. Das erscheint heutzutage allerdings aus theoretischen und empirischen Gründen wenig wahrscheinlich. Stattdessen hat sich herausgestellt, dass eine Selbstaufopferung zugunsten anderer unter bestimmten verwandtschaftlichen und ökologischen Voraussetzungen durchaus dem egoistischen Vermehrungsinteresse der eigenen Gene dienen kann. Diese Interessen liegen vor, wenn das augenscheinlich altruistische Verhalten im Durchschnitt zur verstärkten Vermehrung abstammungsgleicher Gene in verwandtschaftlichen Seitenlinien beiträgt. Den dafür verantwortlichen Evolutionsmechanismus nennt man Verwandtenselektion (kin selection).

Es gehört zu den kultur- und epocheübergreifenden Kennzeichen menschlicher Geschichte, verwandtschaftliche Beziehungen zu erkennen, sie differenziert zu benennen und im alltäglichen Verhalten zu berücksichtigen. Generationen von Anthropologen und Ethnologen haben sich darum bemüht, die vielfältigen und oftmals recht komplizierten Verwandtschaftssysteme der Völker zu verstehen und in ihrer Alltagsbedeutung für das jeweilige soziale Gefüge zu erkennen. Dabei wird zunehmend eine Konstante menschlichen Sozialverhaltens sichtbar: Das Verhältnis von Kooperation und Konkurrenz innerhalb einer Bevölkerungsgruppe wird ganz entscheidend von den verwandtschaftlichen Beziehungen ihrer Mitglieder geprägt. Die für die menschliche Geschichte so typischen Phänomene, zu einer Gruppe zu gehören oder nicht, sind dafür beredtes Zeugnis.

Nepotistischer Altruismus taucht in vielerlei Gewändern auf, so auch in der berühmten Geschichte der Pilgerväter. Als diese im September 1620 von England aus in die Neue Welt aufbrachen, waren sie nur schlecht auf das Abenteuer der Atlantiküberquerung und die Lebensbedingungen ihrer neuen Heimat vorbereitet. Von den 103 Passagieren der Mayflower überlebten nur 50 das erste Jahr, während 53 Personen an den Folgen dauerhaft unzureichender Ernährung und den krankmachenden Einflüssen des ungewohnten Klimas starben. Skorbut, Tuberkulose und Lungenentzündung waren häufige Todesursachen. Erst nach drei Jahren begann sich die Situation in der Plymouth-Kolonie zu entspannen. Der Weg in die erhoffte bessere Welt begann für die puritanischen Dissidenten mit einer furchtbaren Krise. Entsprechend war Solidarität gefordert, und die Notgemeinschaft half sich gegenseitig, so gut es ging: Die knappe Nahrung wurde rationiert und kontrolliert verteilt. Dennoch: Für 53 Menschen endete das Vorhaben tödlich.

Für unser Thema ist nun die Frage interessant, inwieweit die Solidarität in dieser Lebensgemeinschaft zu einer Gleichverteilung der

Mit der **»Mayflower«** brachen die englischen Pilgerväter von Plymouth nach Neuengland auf, wo sie am 21. November 1620 bei Cape Cod an Land gingen und ein puritanisches Gemeinwesen gründeten. Ein Stahlstich von John Marshall d. Ä. nach einem Gemälde zeigt das Segelschiff während der Überfahrt (um 1850; nachkoloriert).

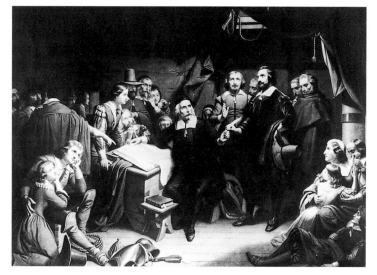

Vor der Landung auf Cape Cod unterzeichneten die **Pilgerväter** einen Bundesvertrag über die Errichtung eines puritanischen Gemeindebundes (Covenant). Die Siedler erkannten damit an, dass eine Regierung nur legitimiert sein kann, wenn alle Mitglieder eines Gemeindewesens die Entscheidungen dieser Regierung prinzipiell akzeptieren, auch wenn Einzelne nicht alle Entscheidungen teilen (Stahlstich aus dem 19. Jahrhundert).

Schicksalslast führte. Hatte das solidarische Verhalten geholfen, den Stress der Krisensituation und die daraus resultierende Todesbedrohung auf alle Schultern gleichmäßig zu verteilen? Oder war die Solidarität alles andere als »verteilungsblind«, sondern stattdessen hochgradig differenziert, je nach Person des Hilfsbedürftigen?

Die amerikanischen Humanbiologen John McCullough und Elaine York Barton sind dieser Frage nachgegangen, indem sie die Gruppe der Todesopfer mit der Gruppe der Überlebenden verglichen haben. Wenn Solidarität bedingungslos gewährt wurde, sollten sich die beiden Gruppen nicht systematisch unterscheiden. War sie hingegen selektiv, könnte der Vergleich vielleicht die Verteilungskriterien ans Licht fördern, nach denen unterschiedliche Hilfe angeboten wurde. Die Ergebnisse dieser Analyse sind nun überaus aufschlussreich. Das Überleben der Kinder war beispielsweise besonders bedroht, wenn ihre Eltern nicht mehr lebten. Von den 15 Kindern, um deren Wohlergehen sich noch mindestens ein Elternteil kümmern konnte, starb nicht ein Einziges; von den 16 Waisenkindern hingegen 8, also 50 Prozent! Woher rührte dieser Unterschied? Gab es etwa unter den strenggläubigen Puritanern der Mayflower eine »doppelte Moral der Solidarität«? Bedeutete für sie christliche Nächstenliebe letztlich doch nur profaner Nepotismus, hier manifestiert in fürsorglicher Liebe zu den eigenen, aber Gleichgültigkeit gegenüber fremden Kindern? Das scheint alles andere als ausgeschlossen, denn McCullough und Barton konnten nach detektivischer Kleinarbeit weiter nachweisen, dass die überlebenden Männer und Frauen des Desasters im Durchschnitt untereinander genetisch enger verwandt waren als die Gestorbenen. Offensichtlich gab es also »solidarische Seilschaften« – zusammengebunden durch Blutsverwandtschaft – die auf Kosten anderer mit der Krisensituation im Durchschnitt besser fertig werden konnten. Solidarität ist offensichtlich teilbar, und der genetische Verwandtschaftsgrad bildete in der

Das Schicksal der Pilgerväter fand historische Parallelen, in denen ebenfalls solidarische Hilfe nach Maßgabe der Verwandtschaft gewährt wurde. Erinnert sei beispielsweise an das Schicksal der **Siedlergruppe um George Donner,** die 1846 von Oregon nach Kalifornien aufbrach und wegen widriger Wetterverhältnisse in der Sierra Nevada überwintern musste. Nur gut die Hälfte der Gruppe überlebte die Katastrophe, und wieder beeinflussten die Verwandtschaftsverhältnisse die Überlebenschancen.

Plymouth-Kolonie eine ganz wesentliche Messlatte für ihre Portionierung. Dieses Ergebnis scheint durchaus generalisierbar zu sein.

Dass altruistische Solidarität generell bevorzugt in Verwandtschaftsbahnen kanalisiert verläuft, ist für Anthropologen eine gut untersuchte Lehrbuchweisheit. Ob solidarische Hilfe bei der Adoption von Kindern, bei der Sicherung des Lebensunterhalts oder in aggressiven Auseinandersetzungen: Blutsverwandtschaft begünstigt Hilfe und Solidarität. Das ist nun absolut keine originär menschliche Errungenschaft. Auch nichtmenschliche Primaten sind ausgesprochene Nepotisten, wiewohl überhaupt alle sozial komplexer organisierten Lebewesen Verwandtenunterstützung kennen. Schweinsaffen helfen einander, wenn sie angegriffen werden. Das Muster der Pilgerväter-Solidarität wird erneut sichtbar: Je enger zwei Individuen miteinander verwandt sind, desto wahrscheinlicher unterstützen sie sich gegenseitig in ihren jeweiligen sozialen Auseinandersetzungen.

In dieser Beobachtung steckt der Schlüssel zum Verständnis eines langen Theorieproblems der Evolutionsbiologie. Darwin selbst konnte sich nicht erklären, wieso die natürliche Selektion nicht ganz konsequent gegen altruistische Tendenzen vorgeht. Das biologische Prinzip »Eigennutz« sollte eigentlich persönliche Selbstaufopferungen zugunsten Dritter nicht vorsehen. Erst die moderne Soziobiologie konnte dieses scheinbare Paradoxon mit der Einsicht auflösen, dass die biologische Evolution notwendigerweise ein genzentriertes Prinzip sein muss.

Wechselseitigkeit – Teilen und Tauschen

Die Entstehung altruistischer Verhaltenstendenzen lässt sich evolutionsbiologisch jedoch nicht nur mit den Fitnessvorteilen des Nepotismus erklären, sondern auch mit denen einer Wechselseitigkeit (Reziprozität), da die natürliche Selektion den Lebensreproduktionserfolg bewertet. Deshalb kann es sich in der Währung der genetischen Fitness, also in der Währung, in der die natürliche Selektion bilanziert, letztlich auszahlen, auch einem Nichtverwandten Gutes zu tun, wenn dieser sich bei anderer Gelegenheit mit wertvoller Hilfestellung revanchiert – und das um so mehr, je weniger Aufwand einem das Gute bereitet. Entscheidend für die Frage, ob sich Tendenzen der Wechselseitigkeit in der Evolution durchsetzen können, ist die Nettobilanz solcher Handlungen. Solange in der Lebensbilanz die Kosten für geleistete Hilfe geringer bleiben als der Nutzen, lohnt sich Wechselseitigkeit, und in der natürlichen Selektion wird solcherart altruistische Gegenseitigkeit bestärkt. Als besonders gut untersuchtes Beispiel gelten die mittelamerikanischen Vampirfledermäuse, deren Lebensstrategie ganz entscheidend auf Wechselseitigkeit beim Nahrungsteilen gründet; aber auch unsere nächsten lebenden Ver-

Wechselseitige Unterstützung ist für die **Vampirfledermäuse** besonders beim Nahrungsteilen von Nutzen. So gibt das Tier, das viel Blut bei einem Pferd oder Rind gesaugt hat, einen Teil des Mageninhalts an einen noch nicht gesättigten Artgenossen ab.

Nicht immer muss bei der Nahrungsverteilung unter Schimpansen ein ausgewogenes Geben und Nehmen herrschen. So kann ein erwachsenes Weibchen sogar ein nicht verwandtes Jungtier mit einem Stück Zuckerrohr füttern.

wandten, die Menschenaffen, kennen Wechselseitigkeit und machen davon in verschiedenen sozialen Zusammenhängen Gebrauch.

Der niederländische Primatologe Frans de Waal und sein Team haben bei den im amerikanischen Yerkes Primate Center lebenden Schimpansen 4653 soziale Interaktionen protokolliert, bei denen Futter eine Rolle spielte. Die Hälfte der Ereignisse beinhaltete Nahrungstransfer, das heißt ein Schimpanse hat einem anderen Nahrung abgegeben. Bei der quantitativen Analyse dieser Transaktionen ist de Waal auf einen überaus bemerkenswerten Sachverhalt gestoßen: Die einzelnen Futter besitzenden Schimpansen waren sehr wählerisch in ihrer Bereitschaft, die Nahrung zu teilen. Einigen Tieren, die sich annäherten und um Futter bettelten, zeigten sie die kalte Schulter. Sie wendeten sich unfreundlich ab oder zogen das Futter näher an sich heran, sodass die bettelnden Habenichtse unverrichteter Dinge wieder abziehen mussten. Gegenüber anderen Tieren konnten sich dieselben Futterbesitzer hingegen äußerst großzügig zeigen und vorbehaltlos deren Teilhabe an der Mahlzeit erlauben.

Eine Gruppe Schimpansen in der Yerkes Field Station teilt sich friedlich die Nahrung. Schimpansen haben in diesem Zusammenhang ein besonderes Kommunikationsverhalten entwickelt: Mit charakteristischen Rufen teilen sie den Gruppenmitgliedern das Vorhandensein einer Futterquelle mit, und ein ausgestreckter Arm zeigt an, dass sie am Beutebesitz eines anderen Anteil fordern.

Unter den neun erwachsenen Tieren dieser Gruppe war das Geben und Nehmen interessanterweise jeweils paarweise ausgeglichen: Die Häufigkeit, mit der das Individuum A seine Nahrung mit Individuum B teilte, korrelierte positiv mit der Häufigkeit, mit der Individuum B seinerseits seine Nahrung mit Individuum A teilte. Der Nahrungstausch erfolgte also in durch individualisierte Reziprozität geregelten Bahnen. Die Wechselseitigkeit der Schimpansen hat darüber hinaus einen weiteren interessanten Aspekt: Die sich gegeneinander aufwiegenden altruistischen Handlungen können durchaus verschiedenen Funktionskreisen entstammen. Nahrungstoleranz kann beispielsweise durch »Dienstleistungen« etwa bei der Fellpflege oder als Unterstützung bei machtorientierten sozialstrategischen Maßnahmen erwidert werden, und Bonobos handeln Nahrung gegen Sex. Damit ist bereits bei den Menschenaffen angelegt, was in der Kulturgeschichte der Menschen so ungeheuer wichtig werden sollte: Tausch.

Auch die Nahrungsbeschaffungsstrategien der Wildbeuter liefern eine Bühne, auf der häufig Gelegenheiten zu wechselseitiger Hilfestellung entstehen. Beispielsweise kostet es einem erfolgreichen und gesättigten Jäger vergleichsweise wenig, seinem glücklosen und deshalb hungrigen Nachbarn von der erlegten Beute abzugeben. Wohl aber kann sich dieser kleine Gefallen um ein Vielfaches auszahlen, wenn das Jagdglück sich wendet (und das tat es häufig unter Wildbeuterbedingungen, auf die wir genetisch zugeschnitten sind).

So ist es evolutionstheoretisch absolut plausibel, dass ein Yanomami-Indianer in den Regenwäldern im südlichen Venezuela wohl gar nicht erst auf die Idee kommt, den erlegten 17 kg schweren Pekari nur innerhalb der eigenen Familie verzehren zu wollen. Jagen ist ein unsicheres Geschäft. Zu selten und sehr unregelmäßig kommt es vor, dass ein Jagdausflug mit so großer und eiweißreicher Beute endet, denn in fast der Hälfte seiner Exkursionen muss ein Yanomami-Jäger mit leeren Händen ins Dorf zurückkehren. Fischen zu gehen, ist hingegen nicht ganz so unwägbar, und wer Früchte und Beeren sammelt, wird praktisch immer etwas Essbares finden.

= ja = nein

Eine Aufstellung von **Kosten** und **Nutzen** bei **Kooperation und Altruismus** zeigt, dass kooperatives Verhalten dem allseitigen Vorteil der Beteiligten dient, ohne dass damit Kosten verbunden sind. Beim nepotistischen Altruismus wird persönlicher Fitnessverlust zugunsten von Verwandten in Kauf genommen. Beim wechselseitigen Altruismus verzichtet man zunächst zugunsten Dritter darauf, die persönlichen Reproduktionschancen auszuschöpfen. Bei anderer Gelegenheit verzichtet der andere auf seine Reproduktionschancen, sodass die Nettobilanz einen Fitnessgewinn aller Beteiligten ausweist.

Auch die Erträge des Anbaus von Mehlbananen durch die Yanomami zeigen kaum zufällige Unterschiede zwischen den Familien. Ein Tag Gartenarbeit lohnt sich für alle Gärtner gleich. Ein Tag lang Pekaris zu jagen, lohnt sich meistens nicht, gelegentlich aber eben doch. Wann welcher Jäger dabei erfolgreich sein wird, ist allerdings unberechenbar. Demnach ist das Risiko des Misserfolgs je nach Strategie zur Nahrungsbeschaffung gestaffelt. Dem entspricht statistisch signifikant nachweisbar eine Staffelung in der Bereitschaft, selbst erwirtschaftete Nahrungsressourcen mit anderen außerhalb der eigenen Familie zu teilen. Je schwankender und unvorhersehbarer eine Nahrungsquelle, desto eher kommt es zum Teilen. Während vom Pekari praktisch immer abgegeben wird, geschieht das beim Fisch schon seltener und kaum mehr bei den Früchten der Gartenarbeit, für deren Ertrag jede Familie selbst die Verantwortung trägt. Das Teilen von Nahrung puffert die Veränderlichkeit des persönlichen Lebensrisikos erheblich ab. Wildbeuter und einfache Pflanzergemeinschaften wie die Yanomami können in diesem Sinne als eine Solidargemeinschaft verstanden werden, nur diese Form der altruistischen Solidarität maximiert langfristig den ganz persönlichen Vorteil jedes einzelnen Beteiligten. Wenn hingegen der Nettovorteil nicht mehr erkennbar ist, wie in diesem Beispiel bei einem denkbaren Teilen der Gartenbauerträge, wird altruistische Solidarität weniger wahrscheinlich.

Fazit: Auch wenn Menschen kooperieren oder sich sogar altruistisch verhalten, konkurrieren sie letztlich um genetische Fitness. In der Geschichte des Gebens und Teilens gibt es keinen einzigen Akteur, der durch die biologische Evolution zu einem wahrhaftigen genetischen Altruisten geformt worden wäre.

Vom Sein zum Sollen

Die Bereitschaft zu altruistischer Hilfe läuft ständig Gefahr, ausgebeutet zu werden, sei es, weil sich aus welchen Gründen auch immer zu selten Gelegenheiten zur wechselseitigen Unterstützung ergeben, oder sei es, weil einige Betrüger es geradezu darauf anlegen, dem Altruisten die Rückzahlung zu verwehren. In Anbetracht der latenten Gefahr der Einseitigkeit wird wechselseitiger Altruismus deshalb umso wahrscheinlicher entstehen, je häufiger und regelmäßiger vertraute Partner miteinander sozial zu tun haben und je schwieriger und kostspieliger es für potentielle Betrüger wird, zwar den Nutzen der Altruisten für sich zu beanspruchen, sich aber selbst der altruistischen Gegenleistung zu entziehen.

Unter gewissen Umständen mag es sich lohnen – der Vorteil muss nur groß genug sein – die gewohnte wechselseitige Unterstützung opportunistisch aufzukündigen und stattdessen eine betrügerische Strategie zu verfolgen. Wechselseitige Altruisten sind ja keine Heiligen, also genetisch wahrhaftige Altruisten, sondern »Gen-Egoisten«, die sich in einem auf vorteilhaftem gegenseitigen Tausch basierenden Sozialgefüge im Laufe der Evolution entwickelt haben. Sie können von Natur aus wenig motiviert sein, Chancen auf einen Extragewinn ungenutzt verstreichen zu lassen. Daher ist zu erwarten, dass jede mögliche Chance (wenn möglich risikoarm) zu mogeln, auch tatsächlich zur persönlichen Vorteilnahme ausgenutzt wird. Ein von seiner Gemeinschaft unbeobachteter Schimpanse wird der Logik des darwinschen Prinzips gehorchend weniger wahrscheinlich seine Jagdbeute mit anderen teilen, als ein Tier im Zentrum der sozialen Aufmerksamkeit.

Wenngleich die Schimpansen des Yerkes Center sich im Allgemeinen sehr friedlich ihre Nahrung teilten, kam es hin und wieder doch einmal zu einem aggressiven Schlagabtausch zwischen Angebetteltem und Bettler. Opfer der Aggression waren dann überdurchschnittlich häufig die sonst eher geizigen Schimpansen, die mit futterneidischer Attitüde am liebsten alles

Ein Schimpanse hat einen Roten Stummelaffen erbeutet und teilt die Beute mehr oder weniger freiwillig mit anderen Gruppenmitgliedern.

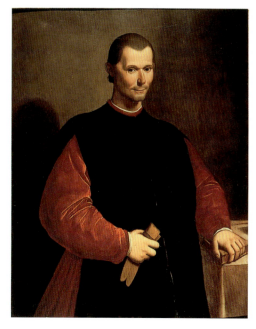

In seiner staatstheoretischen Schrift »Il principe« hatte **Niccolò Machiavelli** den Herrscher vom Zwang befreien wollen, nach ethischen Normen zu handeln. Obwohl Machiavelli später auch am republikanischen Prinzip orientierte Publikationen vorlegte, setzte sich der Begriff »Machiavellismus« für eine skrupellose Interessen- und Machtpolitik durch (Santi di Tito, Florenz, Palazzo Vecchio).

selbst gefressen hätten. Andererseits wurde den generösen Tieren ziemlich sicher selbst Generosität entgegengebracht, wenn sie ihrerseits eine Teilung der Nahrung anmahnten. Weil aber die Korrelation zwischen Aggression und dem sie auslösenden Geiz auf Verhaltensweisen beruht, zwischen denen eine beachtliche Zeitspanne gelegen haben konnte, müssen Schimpansen über ein soziales Langzeitgedächtnis verfügen, das sehr genau die sozialen Handlungen dauerhaft speichert und bilanziert. Demnach scheint es ganz so, dass Schimpansen aggressiv reagieren, wenn die offensichtlich erwartete Wechselseitigkeit der sozialen Beziehungen aus der Balance zu geraten droht. Schimpansen haben damit offenbar eine Sperre entwickelt, die verhindert, dass es leicht zu vermehrter einseitiger Vorteilnahme durch Ausbeutung individueller Beziehungen kommen kann.

Menschliche Intelligenz ist primär soziale Intelligenz

Der amerikanische Biologe Robert Trivers hat diese Form aggressiven Verhaltens »moralistic aggression« genannt. Sie entsteht nicht, wie Aggression häufig sonst aus einer unmittelbaren emotionalen Reaktion auf frustrierendes Verhalten anderer, sondern häufig erst nach beachtlicher zeitlicher Verzögerung oder sogar erst nach einer langen persönlichen Interaktionsgeschichte mit einem

---

EIN TEST FÜR DIE SOZIALE INTELLIGENZ

Wenn Sie einen beispielhaften Eindruck von den Tests gewinnen möchten, mit denen man der sozialen Natur unserer Intelligenz nachgeht, versuchen Sie, die folgenden beiden Fragen zu beantworten:

1) Stellen Sie sich vor, zu Ihrem Ferienjob im Finanzamt gehört das Beschriften von Akten nach folgender Regel:
»Wenn auf dem Deckel einer Akte eine 4 steht, muss sie auf der Rückseite mit einem G markiert werden.«

Ihr Vorgänger hat unordentlich gearbeitet, und Sie sollen überprüfen, ob er möglicherweise Fehler gemacht hat. Vor Ihnen liegen vier Akten: zwei mit der Vorderseite, zwei mit der Rückseite nach oben. Benennen Sie jene Akte(n), die Sie unbedingt umdrehen müssen, um mögliche Beschriftungsfehler zu finden.

2) Stellen Sie sich vor, Sie sind Beamter oder Beamtin der Jugendschutzbehörde und besuchen Gaststätten, um das Alkoholverkaufsverbot an Jugendliche zu überprüfen. Die Vorschrift fordert:
»Wer Bier trinkt, muss mindestens 16 Jahre alt sein.«

Die vier Karten rechts repräsentieren vier Gäste eines Lokals. Auf der einen Seite der Karte steht, welches Getränk sie trinken, und auf der anderen Seite steht, wie alt sie sind. Welche Karte(n) müssen Sie unbedingt umdrehen, um zu entscheiden, ob die Vorschrift verletzt wird?

Auflösung: In der ersten Aufgabe müssen sie die Akte mit der »4« umdrehen, um überprüfen zu können, ob sie auf der Rückseite mit einem »G« markiert ist, und Sie müssen die Akte mit dem »Z« umdrehen, weil auf ihrer Vorderseite ja eine »4« stehen könnte. In der zweiten Aufgabe müssen Sie die Karten für »Bier« und »15 Jahre« umdrehen.

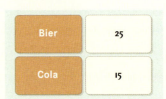

Es kommt bei diesem Test nicht darauf an, zu überprüfen, ob die Versuchspersonen die richtige Antwort gefunden haben oder nicht. Wichtig ist vielmehr die Frage nach dem unterschiedlichen Schwierigkeitsgrad der beiden Aufgaben: Welche der beiden Aufgaben ist Ihnen schwerer gefallen? Für die meisten Versuchspersonen war die erste Aufgabe die schwierigere. Beide Aufgaben sind jedoch von ihrem logischen Aufbau her absolut identisch. Dass uns dennoch die zweite Aufgabe in der Regel leichter fällt, liegt an ihrem Bezug zu einer sozialen Regel.

Gruppenmitglied. Moralistische Aggression gründet deshalb besonders auf sozialer Kognition und dient dazu, Individuen zu bestrafen oder zu erziehen, die mehr zu bekommen versuchen, als sie zu geben bereit sind.

In dem gleichen Maße, wie die natürliche Selektion altruistische Tendenzen belohnt, wird sie parallel und ganz zwangsläufig die Entwicklung günstiger Mechanismen zum bestmöglichen Schutz gegen Ausbeutung fördern. Deshalb entsteht ein Selektionsdruck für ein möglichst frühzeitiges und sicheres Erkennen von betrügerischen Regelbrechern. Tatsächlich konnte das amerikanische Psychologenehepaar Leda Cosmides und John Tooby mithilfe kognitionspsychologischer Experimente (den so genannten »Wason-selections-tasks«) sehr eindrucksvoll nachweisen, dass unser Wahrnehmungs-, Erkenntnis- und Denkapparat ganz speziell dazu eingerichtet ist, soziale Einseitigkeiten aufzuspüren. Menschliche Intelligenz ist primär soziale Intelligenz, und deshalb fällt es uns deutlich leichter, Abweichungen von sozialen Regeln als Regelverletzungen zu erkennen als logisch gleichartige Abweichungen von Regeln, die keinen sozialen Bezug haben. Kurz: Betrüger zu entlarven, gelingt uns leichter, als logisch zu denken.

Wesentlicher Aspekt der sozialen Erziehung im Kindergarten ist es, die Kinder an Grundregeln für ein Leben in der Gemeinschaft heranzuführen. Dazu gehört auch, möglichst bald betrügerisches und regelwidriges Verhalten Einzelner als solches aufzuzeigen und eventuell zu sanktionieren.

Dieses hervorgehobene Vermögen wäre demnach keinesfalls im Zuge einer Evolution entstanden, die eine generelle, kontextunabhängige menschliche Intelligenz gefördert hätte, sondern es wäre vielmehr als ganz spezifische Anpassung an das »Schwarzfahrer-Problem« zu verstehen. Deshalb ist unsere Psyche auch ein soziales Kontrollorgan, nicht zuletzt dazu geschaffen, einseitige Egoismen unter den Mitmenschen aufzudecken und dadurch letztlich zu verhindern. Wechselseitigkeit wird überwacht und ständig bilanziert, und Abweichler sind einem entsprechenden sozialen Druck ausgesetzt. Das *Sollen* ist nun endgültig zur Welt gekommen, und seine Geburtshelferin war eine durch persönliches Eigeninteresse geleitete Wechselseitigkeit.

So wäre es beispielsweise für einen Yanomami nicht möglich, mit einem erlegten Weißbartpekari in sein Dorf zurückzukehren. Er müsste dann mit heftigem Tadel und Zorn seiner empörten Lebensgemeinschaft rechnen. Die Dorfbewohner reagieren so unfreundlich, da speziell diese Pekari-Art gewöhnlich in großen Gruppen mit bis zu über 100 Individuen durch den Wald streift. Kommt eine solche Herde in das Jagdgebiet einer Yanomami-Siedlung, was selten genug vorkommt, besteht deshalb Aussicht auf paradiesischen Überfluss. Genau dies stellt den Jäger, der die Herde als Erster entdeckt, vor ein Dilemma: Er könnte ein Tier erlegen,

Das **Weißbartpekari** kommt in Zentral- und Südamerika vor. Diese Nabelschweinart ist ein wichtiger Proteinlieferant für viele Indianerstämme im Amazonasgebiet.

Die soziale Intelligenz des Menschen hat für das Zusammenleben verschiedene Formen politischer und juristischer Regelungen ausgebildet, deren Nichtbeachtung entsprechend sanktioniert wird. Bei **Tarifverhandlungen** treffen sich Arbeitgeber und Gewerkschaften, um arbeitsvertragliche Bedingungen und im Lohntarifvertrag Vergütungshöhen und Arbeitszeiten festzusetzen. Die Bestimmungen haben für die Tarifpartner bis zur Änderung oder Aufhebung eines Vertrags Gültigkeit.

was ihn, seine Familie und einige Freunde sättigen würde. Allerdings würde das die Pekari-Herde ziemlich sicher verscheuchen. Oder er verzichtete auf schnelle Beute und nimmt stattdessen einen (möglicherweise anstrengenden und zeitraubenden) Rückweg in sein Dorf auf sich, um eine gemeinschaftliche Jagd zu initiieren. Letzteres wird gesellschaftlich konsequent angefordert. Der Informant gewinnt unmittelbar nichts durch seine Solidarität, wohl aber die Dorfgemeinschaft, weshalb sie bei der Jagd des Weißbartpekaris jede persönliche Vorteilnahme moralisch sanktioniert.

Geschichte ist eine Begleiterscheinung biologischer Vorgänge

Wenn aber, aus welchen Gründen auch immer, soziale Kontrolle nicht greift, kommt es zu einem aus der Geschichte oft bekannten Problem: Menschen sind so eingerichtet, dass im Konflikt zwischen einem persönlichen Vorteil und dem Gemeinwohl mit größerer Wahrscheinlichkeit der blanke Egoismus siegt.

Für ein soziobiologisches Verständnis von der menschlichen Kulturgeschichte ist eine saubere Unterscheidung von Zweck und Mittel menschlichen Verhaltens unabdingbar. Wie alle anderen Organismen ist auch der Mensch vom biologischen Evolutionsprozess so geformt worden, sein persönliches Erbmaterial bestmöglich an die nachfolgenden Generationen weiterzugeben. Allein diesem biologischen Zweck dienen seine evolvierten Interessen und Präferenzen. Allerdings bedienen sie sich dabei der vielfältigsten Mittel, zu denen auch – eben typisch für uns Menschen – kulturelle Strategien gehören. Sie können, wie schon beschrieben, sowohl Kampf und Kooperation als auch Altruismus beinhalten.

So gesehen kann Geschichte gar nichts anderes sein als das Ergebnis des biologisch angepassten Designs von Menschen – unter Konkurrenzbedingungen geformt und deshalb letztlich Konkurrenz reproduzierend. Geschichte ist deshalb als Begleiterscheinung grundlegender biologischer Vorgänge zu verstehen. Damit sind grundlegende Elemente des menschlichen Geschichtsprozesses benannt. Zusammen definieren sie ein Koordinatensystem, innerhalb dessen Geschichte biologisch dimensioniert abläuft: Aus dem biologischen Imperativ erwachsen evolvierte Interessen und Präferenzen (etwa die Bereitschaft zu sozialer Konkurrenz), und die soziale Evolution hat konditionale Verhaltensstrategien und -mechanismen hervorgebracht, diese je nach Lebenszusammenhang bestmöglich umzusetzen. Das ist der Stoff, aus dem Geschichte ist.

Der bloße Hinweis auf diesen Stoff reicht jedoch nicht, um Geschichte umfassend zu erklären, genauso wenig wie die Backzutaten einen Kuchen hinreichend beschreiben. Je nach ethnohistorischem Kontext stehen den evolvierten Lebens- und Fortpflanzungsinteressen ganz unterschiedlich begrenzte Handlungsspielräume gegenüber, weshalb die biologisch angepassten Verhaltensstrategien und

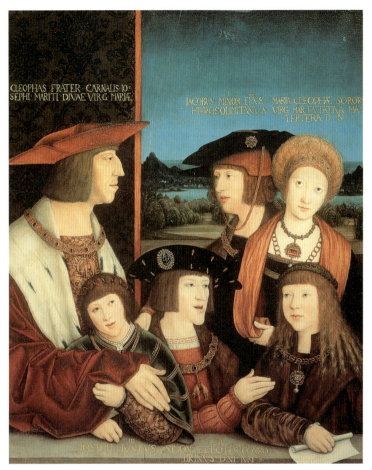

Im biologischen Evolutionsprozess ist der Mensch bestrebt, sein persönliches Erbmaterial bestmöglich an die nachfolgende Generation weiterzugeben und die aus dem biologischen Imperativ erwachsenden Interessen durchzusetzen. Dazu gingen die Herrscherhäuser Europas stets entsprechende Eheverbindungen ein. Bernhard Strigels habsburgisches Sippenbild entstand 1515 und zeigt links Kaiser Maximilian, rechts seine damals bereits verstorbene Frau Maria von Burgund, hinter ihr seinen Sohn, den kastilischen König Philipp den Schönen, vorn Philipps Söhne Ferdinand und Karl sowie den angeheirateten König Ludwig II. von Ungarn (Wien, Kunsthistorisches Museum).

-mechanismen je nach Lebenszusammenhang zu ganz unterschiedlichem Verhalten führen. Menschliches Verhalten und seine Geschichte sind deshalb auf vielfältige Weise sozioökologisch beeinflusst, und das darwinsche Fitnessrennen, der Motor menschlicher Geschichtlichkeit, kann in sehr verschiedenartigen Bahnen verlaufen.

Der innere Zusammenhang von biologischer Evolution, Kultur und Geschichte ergibt sich aus ihrer Natur und Genese: Die Phylogenie der Primaten brachte die Kulturfähigkeit und die Geschichtlichkeit des Menschen hervor, und nach wie vor hat die menschliche Natur wesentlichen Anteil an Kultur und Geschichte der Menschheit. Je besser wir deshalb im Einzelnen die evolvierte Natur des Menschen verstehen, desto besser verstehen wir seine Geschichte, und je besser wir Geschichte kennen, desto zugänglicher wird uns die Natur des Menschen. E. VOLAND

Geschlecht und Geschlechtlichkeit, Liebe, Sex und Ehe

Zu den wesentlichsten Aspekten dessen, was uns definiert und im Verhalten beeinflusst, gehört zweifellos unsere Geschlechtlichkeit. Sie ermöglicht eine unmittelbare Kategorisierung der menschlichen Natur. Zugleich legt es die biologisch vorgegebene Aufteilung in »männlich« und »weiblich« seit den Anfängen menschlicher Kultur nahe, sie gesellschaftlich zu modifizieren. Die Ausformung biologisch vorgegebener Geschlechtsunterschiede durch die Kultur erschwert jedoch zwangsläufig ihre angemessene Erforschung. Stattdessen liefert sie einer irreführenden Illusion der Alternativen immer wieder neue Nahrung, entweder die geschlechtliche »Biologie als Schicksal« zu akzeptieren oder Geschlechtlichkeit als pure »soziale Konstruktion« ansehen zu müssen.

Geschlechtsunterschiede im Verhalten – Erbe oder Umwelt?

Die Geschichte zur Erforschung der Geschlechtsunterschiede ist durch ein stetiges Hin- und Herpendeln zwischen diesen beiden Polen gekennzeichnet. In den 1970er-Jahren beispielsweise bemühten sich die Forscher nachzuweisen, dass es keine substanziellen, angeborenen Geschlechtsunterschiede gibt. Zwangsläufig drängt sich dann die Frage auf, warum in der psychologischen Forschung Geschlechtsunterschiede insgesamt eher als geringfügig gelten, während sie im Alltag doch allgegenwärtig zu sein scheinen. Die traditionelle sozialwissenschaftliche Antwort lautet: An sich nur geringe biologische Unterschiede zwischen den Geschlechtern werden von der Gesellschaft akzentuiert und unter polarisierender Kontrastbil-

Auch Rollenspiele, in denen Kinder das Verhalten ihrer Eltern imitieren müssen, wie hier das Mädchen das Verhalten der Mutter, dienen dem Einstudieren der sozialen Rolle.

Soziale Rolleneinübung beginnt bereits im Kindesalter. Diese kleinen Ladys und Lords lernen frühzeitig die Rollen, die sie ihr gesamtes späteres Leben spielen sollen.

dung ausgeformt. Freilich wäre es auch denkbar, dass vorhandene Geschlechtsunterschiede durch gesellschaftliche Maßnahmen eher verringert werden – eine Möglichkeit, die wissenschaftlich kaum je ernsthaft erwogen wurde – oder dass biologisch angelegte Unterschiede gerade bei einer gesellschaftlichen Gleichbehandlung der Geschlechter (unfreiwillig) vergrößert werden. Letztere Möglichkeit spielt in den pädagogischen Überlegungen zur Koedukation eine große Rolle. So ist wieder umstritten, ob Jungen und Mädchen eigentlich den gleichen Technikunterricht erhalten sollen, um Chancengerechtigkeit sicherzustellen.

Frühzeitig bilden sich bei Kindern **geschlechtstypische Präferenzen für Spielzeuge** aus. Spielzeugmodelle von Rennautos oder Motorrädern stehen auf den Geschenkwunschzetteln der Jungen häufig an erster Stelle.

Geschlechterunterschiede gibt es in allen Kulturen

Dass Jungen eine größere Vorliebe für technisches Spielzeug entwickeln als Mädchen, ist weitgehende Alltagserfahrung und auch immer wieder wissenschaftlich herausgearbeitet worden. So hat man beispielsweise 750 Wunschzettel, die 1978 von US-amerikanischen Kindern an den Weihnachtsmann geschickt worden waren, im Postamt Seattle auf dem Weg zum Nordpol abgefangen und unter dem Gesichtspunkt geschlechtstypischer Spielzeugpräferenzen ausgewertet. Das Ergebnis entspricht den Erwartungen. Jungen wünschten sich als Spielzeug typischerweise Personenwagen, Lastwagen, Rennwagen, Militärspielzeug, Sportausrüstungen, Baukästen und Uhren, und wenn Puppen genannt waren, sollten es natürlich Soldaten sein oder solche aus den Sciencefiction-Welten. Mädchen hingegen wünschten sich vor allem weibliche Puppen und entsprechendes Zubehör: Barbiepuppen, Babypuppen, Puppenhäuser und Puppenkleider.

Dieses für die westlichen Industriestaaten festgestellte unterschiedliche Verhalten der Geschlechter zeigt interessanterweise verblüffende Parallelen auch in Gesellschaften mit einem ganz andersartigen kulturellen Hintergrund. So beispielsweise bei den !Ko-Buschleuten, einer Wildbeutergesellschaft im südwestlichen Afrika, deren Kinderspiele von der Humanethologin Heide Sbrzesny untersucht wurden. Nach diesen Untersuchungen werden die !Ko-Kinder von den Erwachsenen nicht bewusst in ein bestimmtes Rollenbild gedrängt, sondern ohne Unterschied des Geschlechts vollkommen gleich erzogen. Dennoch entwickeln sich auch hier typische Spielpräferenzen: Jungen vergnügen sich mit Vorliebe bei Kampf-, Verfolgungs- und Wettbewerbsspielen und hantieren viel mit Gegen-

Puppen und besonders die Barbiepuppe geben Mädchen häufig als ersten Geschenkwunsch an.

Kulturübergreifend lassen sich für Jungen und Mädchen bestimmte **geschlechtstypische Spielpräferenzen** feststellen. Jungen vergnügen sich vor allem bei Kampf- und Wettbewerbsspielen oder raufen gern, während Mädchen Mutter-und-Kind-Spielen – mit ihren Puppen oder in Rollenspielen – nachgehen.

ständen, während Mädchen vorzugsweise tanzen, Ballspiele vollführen oder sich in der Fantasie der Mutter-Kind-Spiele verlieren. Verblüffender noch ist ein weiteres Ergebnis dieser Studie: Kinderzeichnungen hatten, wenn sie von Jungen angefertigt waren, Autos und Flugzeuge zum Gegenstand, obwohl den !Ko-Leuten beides erst für kurze Zeit bekannt war. Das Interesse der Jungen an diesen neuen Gegenständen konnte unmöglich vom Vorbild der Erwachsenen geprägt worden sein.

Geschlechtsunterschiede lassen – soweit untersucht – eine beachtliche kulturübergreifende Gleichförmigkeit erkennen: Jungen bevorzugen strukturierte und kompetitive, Mädchen eher weniger regelgeleitete und kooperative Spiele. Jungen raufen lieber und lassen sich leichter ablenken. Mädchen spielen konzentrierter. Erwachsene Männer sind risikobereiter und aggressiver als Frauen, während Frauen eher fürsorglich sind, gesünder und länger leben. Frauen riechen, schmecken und hören besser, können besser Dinge am Rande des Sehfeldes sehen, können nonverbale Signale eher wahrnehmen, haben einen empfindlicheren Tastsinn und sind feinmotorisch geschickter. Männer sehen vor allem sich bewegende Objekte schärfer und sind besser im grobmotorischen Bereich. Frauen sind bei sprachlichen Fertigkeiten und dem raschen Erkennen von Einzelheiten im Vorteil, während Männer beim räumlichen Vorstellungsvermögen und vor allem in damit zusammenhängenden Teilbereichen der Mathematik, wie zum Beispiel in der Geometrie, besser abschneiden. Diese Geschlechtsunterschiede sind zwischen Pubertät und Menopause am ausgeprägtesten. Im Alter gleichen sich die Geschlechter an: Frauen werden resoluter, Männer nachgiebiger.

Geschlechterentwicklung als Wechselwirkung von Anlage und Umwelt

Wie kann es zu diesen Differenzen kommen? Dazu ist es interessant zu wissen, wie es überhaupt zu der nachhaltigen Weichenstellung für eine jeweils geschlechtstypische Entwicklung der befruchteten Eizelle (Zygote) kommt. Zuallererst kommt dem männlichen Y-Chromosom eine besondere Bedeutung zu. Wenn es vorhanden ist, wirkt es als eine Art Kippschalter, der etwa zu Beginn des zweiten Schwangerschaftsmonats dafür sorgt, dass der weibliche Grundbauplan nicht beibehalten wird, sondern sich aus den angelegten Keimdrüsen Hoden entwickeln. Diese produzieren männliche Sexualhormone (Androgene) und bilden zusammen mit den von der Mutter stammenden Sexualhormonen die hormonelle Umwelt des Embryos, die wiederum entscheidend die Ausprägung der Geschlechtsorgane beeinflusst. Die sichtbaren Geschlechtsorgane bestimmen ihrerseits die sozialen Erwartungen, welche die Gesellschaft an die heranwachsenden Jungen und Mädchen stellt.

Normalerweise wirken die einzelnen Entwicklungsschritte bei der Entwicklung der Zygote zum Jungen oder Mädchen sehr koordiniert und gleichsinnig, sodass im Zusammenhang der geschlechtlichen Differenzierung der Eindruck einer genetisch determinierten Zwangsläufigkeit entsteht. Die Umwelt – so könnte man meinen – habe hier nicht viel Einfluss. Manchmal jedoch kommt es zu Störungen in der Entwicklung der Embryonen zu Jungen oder Mädchen. Deren Schicksal kann uns den epigenetischen, also den auf einer Wechselwirkung zwischen Anlage und Umwelt, beruhenden Charakter der Geschlechtsentwicklung gut vor Augen führen.

Mädchen mit dem adrenogenitalen Syndrom waren während einer kritischen Phase ihrer Embryonalentwicklung einer hohen Testosteronkonzentration ausgesetzt – also einer hormonellen Umwelt, wie sie eher für männliche Embryonen typisch ist. Diese Mädchen entwickeln eine vermännlichte Körpergestalt, mit männlicher Behaarung und einer meist übergroßen Klitoris, und fallen durch ihr ungestümes, burschikoses, jungenhaftes Spielen und ihre eher jungenhaften Spielzeugpräferenzen auf. Als Teenager gelten sie stärker berufsorientiert und als weniger romantisch veranlagt als ihre gleichaltrigen Geschlechtsgenossinnen.

Für die Ausrichtung der Körpergröße und psychischen Entwicklung ist neben dem chromosomalen Geschlecht auch die hormonelle Beeinflussung ausschlaggebend. So können Jungen, die unter einem bestimmten Enzymmangel (5-α-Reduktase-Mangel) leiden, das ausgeschüttete männliche Sexualhormon Testosteron nicht in das wesentlich wirksamere Dihydrotestosteron umwandeln, wodurch es zu einem Bruch in der für Jungen typischen Abfolge der Entwicklungsschritte kommt. Der männliche Embryo bildet bei normal vorhandenen Hoden vorwiegend weiblich gestaltete Geschlechtsmerkmale aus. Häufig werden diese Jungen bis zur Pubertät als Mädchen erzogen. Mit der Pubertät setzt dann jedoch eine verstärkte Testosteronausschüttung aus den normal funktionierenden Hoden ein und als Folge bilden sich männliche Genitalien. Tief greifende Geschlechtsidentitätsprobleme mit entsprechenden psychischen Turbulenzen sind die Folge. Interessanterweise wollte in den USA von 18 untersuchten Fällen nur ein (chromosomaler) Junge als Frau weiterleben, während hingegen 17 ihr männliches Geschlecht angenommen haben.

Diese Beispiele widerlegen eindeutig, dass Erziehung allein oder auch nur vorrangig für die Geschlechtsrollenübernahme verantwortlich sein könnte. Auch sozialwissenschaftliche Untersuchungen widersprechen zunehmend der aus der klassischen Lerntheorie entlehnten Auffassung, wonach sich die Geschlechtsrollenübernahme über eine Belohnung geschlechtsadäquaten und einer Bestrafung geschlechtsinadäquaten Verhaltens vollzöge. Eine derart rigide Geschlechtsrollendressur ist wissenschaftlich einfach nicht zu belegen.

Nicht nur die Unterschiede in den primären und sekundären Geschlechtsmerkmalen, sondern auch viele andere Unterschiede zwischen Mann und Frau beruhen letztlich auf den beiden **Geschlechtschromosomen X** und **Y**. Die männliche Chromosomenkombination ist XY, die weibliche XX. Die elektronenmikroskopische Aufnahme zeigt das Y-Chromosom links und das X-Chromosom rechts in 10000facher Vergrößerung.

Auch Vertreter einer sozialen Lerntheorie, die meinen, dass es über eine Orientierung an gesehenen Vorbildern zu Geschlechtsunterschieden im Verhalten komme, haben nicht immer gute Argumente. Eine logische Vorhersage dieser Theorie wäre, dass es einen Zusammenhang in der Ausprägungsstärke von Geschlechtsrollenstereotypen bei Eltern und ihren Kindern geben müsse – eine Voraussage, die sich so nicht eindeutig bestätigen lässt.

Als entwicklungspsychologisch umfassendste Theorie kann in diesem Zusammenhang die kognitive Lerntheorie des amerikanischen Psychologen Lawrence Kohlberg gelten. Danach erfolgt die Geschlechtsrollenübernahme aufgrund einer Reihe von »Einsichten« über ein angemessenes Geschlechtsverhalten. Kennzeichnend für Kohlbergs Theorie und zugleich in deutlichem Widerspruch zu früheren behavioristischen Auffassungen ist die Erkenntnis, dass nicht die Umwelt das Kind prägt, sondern dass vielmehr das Kind in aktiver Auseinandersetzung mit seiner Umwelt seine Geschlechtsrolle selbst gestaltet. Man hat diese Prozesse auch als »Selbstgestaltung« bezeichnet. Es gibt also das Phänomen, dass Geschlechtsunterschiede im Verhalten entstehen, indem Jungen und Mädchen größtenteils gleichartige Erfahrungen unterschiedlich verarbeiten. Warum ist das so? Um diese Frage zu beantworten, ist es nötig ein wenig weiter auszuholen und zunächst der Frage nachzugehen, warum es überhaupt zwei Geschlechter gibt.

Gerade auch bei Gruppenkontakten können Jugendliche, wie hier vier etwa 16 Jahre alte Mädchen und ein gleichaltriger Junge, ihre **Geschlechterrolle** erlernen und immer wieder überprüfen.

Zweigeschlechtlichkeit und »sexuelle Selektion«

Auf den ersten Blick erscheint eine zweigeschlechtliche Fortpflanzung biologisch keineswegs optimal, weil sie viel aufwendiger als eine ungeschlechtliche Fortpflanzung ist. Schließlich gibt ein sich zweigeschlechtlich fortpflanzendes Individuum nur die Hälfte seines Erbmaterials an die eigenen Nachkommen weiter, und außerdem werden die Hälfte der Nachkommen Männchen sein, die im Gegensatz zu fortpflanzungsfähigen ungeschlechtlichen (asexuellen) Organismen keine Kinder in die Welt setzen können. Um ein gleich hohes Fortpflanzungsergebnis zu erzielen, müssen zweigeschlechtliche Organismen folglich einen doppelt so großen Aufwand betreiben wie ungeschlechtliche. Aus dem Blickwinkel des »egoistischen Gens« stellt sich zweigeschlechtliche Fortpflanzung deshalb als ein außerordentlich verschwenderischer Prozess dar. Weitere Kosten entstehen, da schließlich zur Fortpflanzung ein Partner beziehungsweise eine Partnerin gefunden werden muss, was sich gemessen an Zeit, Energie und entstehenden sozialen Konflikten ebenfalls sehr aufwendig gestalten kann, und schließlich ist die Paarung selbst risikoreich. Kopulierende Tiere sind abgelenkt und deshalb vermehrt dem Risiko ausgesetzt, Opfer von Raubfeinden zu werden. Außerdem erwachsen aus der möglichen Übertragung von

Krankheitserregern bei der Verpaarung Lebensnachteile. Kurz: Sexuelle Fortpflanzung scheint die natürliche Selektion zu unterlaufen.

Dass es auch anders geht, beweisen all jene Organismen, die sich immer oder zeitweilig ungeschlechtlich fortpflanzen: Durch Teilung entstehen neue, genetisch identische Organismen. Wenn sich dennoch sexuelle Fortpflanzung bei allen höheren Organismen durchgesetzt hat, müssen gemäß der Funktionslogik des darwinschen Prinzips damit deutliche Fitnessvorteile verbunden sein. Diese werden von den Fachleuten in der mit jedem reproduktiven Akt einhergehenden Durchmischung des Erbmaterials (sexuelle Rekombination) gesehen. Eltern und ihre Nachkommen – und diese untereinander – sind niemals genetisch identisch (mit Ausnahme eineiiger Zwillinge). In der genetischen Variabilität der Individuen liegt offensichtlich jener ganz entscheidende Vorteil, der die sexuelle Fortpflanzung zur evolutionären Schlüsselerfindung hat werden lassen.

Nur bei rund 1,2 Prozent aller Schwangerschaften kommt es zur Geburt von **eineiigen Zwillingen.** Sie entstehen aus einer einzigen befruchteten Eizelle, die sich in einem sehr frühen Entwicklungsstadium teilt. Die Embryonen sind genetisch identisch und somit gleichen Geschlechts.

Zwei Hypothesen zur Entstehung der Zweigeschlechtlichkeit

Weshalb aber hat sich eigentlich genetische Vielfalt als so vorteilhaft in den Selektionsprozessen der Evolution herausgestellt? Als mögliche Antwort auf diese Frage sind zahlreiche Hypothesen entwickelt worden. Zwei der wichtigsten seien hier kurz vorgestellt: die »Lottoschein-Hypothese« und die »Rote-Königin-Hypothese«.

Gemäß der *Lottoschein-Hypothese* erzielen Eltern, die genetisch verschiedenartige Nachkommen zeugen, deshalb einen Fitnessvorteil, weil sie gleichsam mit verschiedenen Losen an der Lotterie der Evolution teilnehmen. Genauso wie ein Lottospieler seine Gewinnchancen dadurch erhöht, dass er in den verschiedenen Kästchen unterschiedliche Zahlenkombinationen ankreuzt, erhöhen Eltern ihre Erfolgsaussichten bei der Fortpflanzung, indem sie unterschiedliche Genkombinationen weitervererben. Wären alle Nachkommen identisch, könnte eine kleine Veränderung in den ökologischen Lebensbedingungen das Überleben der gesamten Nachkommenschaft gefährden. So aber besteht die Chance, dass zumindest einige der Nachkommen für die neuen Bedingungen hinreichend ausgerüstet sind. Mit dieser Strategie ist zugleich ein zweiter Vorteil verbunden: Wären alle Nachkommen identisch, würden sie notwendigerweise um die gleichen Lebensbedingungen konkurrieren und sich so gegenseitig ihre Fitness beschneiden. Demgegenüber verkörpern genetisch heterogene Nachkommen ein insgesamt größeres Anpassungspotential. Sie sind nicht zwangsläufig auf den gleichen Lebensraum angewiesen, und eine fitnessschädliche innerfamiliäre Konkurrenz mit den Geschwistern und Eltern um dieselben Ressourcen kann vermieden werden.

Auch in der *Rote-Königin-Hypothese* geht es um die Fitnessvorteile genetischer Vielfalt. Allerdings werden diese weniger im ökologischen Kontext vermutet als vielmehr im Zusammenhang eines ständigen evolutionären Wettrennens zwischen Wirtsorganismen und ihren Parasiten. Bakterien, Viren, Pilze und andere Pathogene können den Wirtsorganismen bekanntlich sehr hohen Schaden zufügen, wenn es ihnen gelingt, deren Immunabwehr zu überwinden. In diesem Wettstreit verfügen die Krankheitserreger wegen ihrer hohen Vermehrungsrate zunächst über einen großen Vorteil. Da sich beispielsweise Bakterien unter optimalen Bedingungen dreimal pro Stunde teilen können und es dabei immer wieder zu neuen Veränderungen im Erbgut kommen kann, haben sie ständig neue Möglichkeiten bei ihrem Angriff auf einen langlebigen Wirtsorganismus. Es ist letztlich nur eine Frage der Zeit, bis dessen Abwehrcode überwunden ist. Ist der Schlüssel erst einmal gefunden, stehen bald auch

Die »Rote Königin« aus der 1871 erschienenen Geschichte »Alice im Spiegelland« führt Alice an der Hand. Der Autor Lewis Carroll lässt die »Rote Königin« ihrer Besucherin erklären: »Hierzulande musst du so schnell rennen, wie du kannst, wenn du am gleichen Fleck bleiben willst.« Das **Rote-Königin-Prinzip** gilt auch für das biologische Evolutionsgeschehen. Ein Stillstand bedeutet das Aus.

alle anderen Türen offen. In diesem durch Krankheitserreger aufgezwungenen Kampf ums Überleben schützt durch Sexualität erzeugte genetische Einzigartigkeit zumindest zu einem gewissen Grad, da Parasiten sich immer neuen Abwehrcodes gegenübersehen. Wie in der Welt der »Roten Königin« aus der Geschichte von »Alice im Spiegelland« bedeutet auch im biologischen Evolutionsgeschehen ein Stillstand über kurz oder lang das Aus. Man muss rennen so schnell man kann und kommt doch nicht vom Fleck.

Eine vorteilhafte Rekombination des Erbmaterials wäre aber im Prinzip auch mit nur einem Geschlecht oder mit drei, vier oder gar mit noch mehr Geschlechtern zu erzielen. Wieso hat sich in der Natur ausgerechnet die Strategie der Zweigeschlechtlichkeit weitgehend durchgesetzt? Bei einer eingeschlechtlichen Fortpflanzung gibt es logischerweise nur einen Typ von Keimzellen (Isogameten). Diese müssen genug Zellmasse enthalten, um der Zygote hinreichende Überlebens- und Teilungsfähigkeit zu gewährleisten. Andererseits sind jene Organismen reproduktiv besonders erfolgreich, die in der Lage sind, möglichst viele Keimzellen zu produzieren. Das führt zwangsläufig zu einem Dilemma, denn eine gesteigerte Zahl von Keimzellen muss notwendigerweise auf Kosten ihrer Größe und Ausstattung gehen. Umgekehrt können von großen, nährstoffreichen und deshalb besonders überlebensfähigen Keimzellen nicht viele produziert werden. Unter diesen Bedingungen werden durch die natürliche Selektion bei der Herstellung der Geschlechtszellen zwei Strategien favorisiert, entweder auf Überlebensfähigkeit oder auf Ausbreitungserfolg. Im ersten Fall wird es zur Herstellung weniger, aber großer, nährstoffreicher Geschlechtszellen kommen, im zweiten Fall zu vielen, aber kleinen und beweglichen Keimzellen. Eine dritte Strategie, die in der Produktion von Geschlechtszellen etwa einer mittleren Größe bestünde, wäre grundsätzlich im Nachteil. Die Keimzellen wären sowohl in der Konkurrenz um Überlebensfähigkeit als auch in der Konkurrenz um Ausbreitungserfolg unterlegen. Zweigeschlechtlichkeit ist deshalb die unausweichliche Folge dieser polarisierenden Konkurrenz um Fortpflanzungschancen.

Die Ursachen der sexuellen Selektion

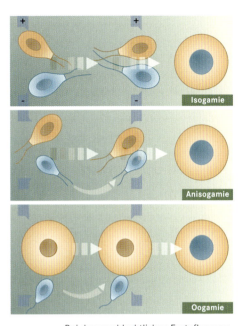

Bei der geschlechtlichen Fortpflanzung unterscheidet man drei Formen der Befruchtung: Besteht zwischen den Geschlechtszellen (Gameten) in der äußeren Form kein Unterschied, spricht man von **Isogamie**. Ist ein Gamet wesentlich kleiner als der andere, wird dies als **Anisogamie** bezeichnet. Bei der bei allen höheren Pflanzen und Tieren vorkommenden **Oogamie** sind nicht mehr beide Gameten frei beweglich: Zur bewegungsunfähigen großen weiblichen Eizelle muss die männliche Keimzelle aktiv vordringen.

Charles Darwin ging in seinem 1859 erschienenen ersten Hauptwerk »On the Origin of Species by Means of Natural Selection« (Die Entstehung der Arten durch natürliche Zuchtwahl) davon aus, dass das Prinzip der natürlichen Selektion der formgebende Mechanismus des Evolutionsgeschehens sei. Später, in seinem 1871 erschienenen zweiten Hauptwerk »Descent of Man, and Selection in Relation to Sex« (Die Abstammung des Menschen und die geschlechtliche Zuchtwahl), postulierte er einen zweiten Ausleseprozess, den der sexuellen Selektion. Diese Ergänzung wurde nötig, nachdem er erkannte, dass Organismen, die gleich gut an ihre Lebenswelt angepasst sind, sich dennoch in ihrem Fortpflanzungserfolg unterscheiden können, weil sie in der sexuellen Konkurrenz unterschiedlich abschneiden. Die dem natürlichen Selektionsdruck unterliegenden Eigenschaften umfassen die das unmittelbare Überleben betreffenden Merkmale wie die Anpassungsfähigkeit an die begrenzenden Faktoren der ökologischen Nische mit ihrem charakteristischen Nahrungsangebot, Feinddruck, Klima und pathogenem Stress sowie das Vermögen, den Nachwuchs unter diesen Lebensbedingungen zu fortpflanzungsfähigen Individuen heranwachsen zu lassen. Der sexuellen Selektion hingegen unterliegen alle Fähigkeiten eines Individuums, in Konkurrenz zu seinen gleichgeschlechtlichen Mitbewerbern beziehungsweise Mitbewerberinnen geeignete Geschlechtspartner beziehungsweise Geschlechtspartnerinnen zu finden, zu umwerben und für sich zu einer gemeinsamen Fortpflanzung zu gewinnen.

In dieser Hinsicht beobachtete Darwin einen im Tierreich weit verbreiteten Geschlechtsunterschied: Während bei den meisten Arten Männchen um einen Zugang zu Weibchen konkurrieren (mal durch Aggression und Kampf, mal durch Zurschaustellung ihrer

Der britische Naturforscher **Charles Darwin** trug 1858 seine Evolutionstheorie der »Linnean Society« vor, die er 1859 unter dem Titel »On the origin of species by means of natural selection« veröffentlichte (abgebildet ist die Titelseite der Originalausgabe). Darwins Annahme, dass alle Lebewesen von einem gemeinsamen Urahn abstammen, und seine Ideen zu den Ursachen der Entstehung und Umwandlung der Arten wirkten umwälzend auf die Biologie und regten zahlreiche grundlegende Untersuchungen an. Bis heute steht die Evolutionstheorie im Mittelpunkt der Biologie.

Merkmale), sind Letztere deutlich wählerischer bei der Auswahl ihrer Geschlechtspartner. Direkte Folge dieses verschärften Wettbewerbs unter Männchen ist ein erhöhter Selektionsdruck, der für die Herausbildung ihrer geschlechtsgebundenen Kampforgane und Verhaltensmerkmale wie Geweihe, Hauer, Prachtgefieder, Werbungsgesänge oder Balzrituale verantwortlich ist. Warum das aber so ist, und warum gerade häufig die Männchen gegeneinander antreten, während die Weibchen wählen und nicht etwa umgekehrt, wusste Darwin noch nicht zu erklären.

Ein Jahrhundert später – in einem Handbuch, das dem 100. Geburtstag von Darwins »Descent of Man, and Selection in Relation to Sex« gewidmet war – hat der amerikanische Biologe Robert Trivers, anknüpfend an die klassischen Experimente des Genetikers Angus John Bateman, Darwins Theorie von der sexuellen Selektion entscheidende neue Impulse verliehen. In einer Serie von Versuchen

Die bis zu sechs Meter langen und 3500 kg schweren Männchen der **See-Elefanten** tragen zum Teil blutige Kämpfe um die Weibchen aus. Ältere Bullen können einen Harem von 20 bis 40 Weibchen um sich herum versammeln.

verpaarte Bateman jeweils fünf männliche und fünf weibliche Taufliegen der Art Drosophila melanogaster, die ein bevorzugtes Objekt für genetische Untersuchungen sind. Anhand bestimmter Markierungen auf den Chromosomen konnte er nach einigen Tagen erkennen und auszählen, welche der inzwischen geschlüpften Jungtiere von welchem Männchen beziehungsweise Weibchen stammte. So entdeckte Bateman zwei für die sexuelle Selektion äußerst folgenreiche Sachverhalte:

Drosophila melanogaster ist eine der rund 1000 Arten der Taufliegen. Da sich die weltweit verbreitete Fliegenart unter günstigen Bedingungen sehr schnell vermehrt – ein Weibchen kann in nur acht Tagen 400 Eier legen – und sich leicht Mutationen erzeugen lassen, ist Drosophila eine Art »Haustier« der Genetiker.

1) Die Varianz im Reproduktionserfolg war unter Männchen größer als unter Weibchen. Während nur 4 Prozent der weiblichen Taufliegen nachkommenslos blieben, belief sich die Zahl auf 21 Prozent unter den Männchen. Das bedeutet notwendigerweise, dass einige Männchen überdurchschnittlich erfolgreich in der Paarungskonkurrenz abgeschnitten haben müssen.
2) Mit jeder Verpaarung erhöhten Taufliegen-Männchen die Zahl ihrer Nachkommen, während die Weibchen bereits mit einer Kopulation ihre maximale Fortpflanzungsrate erreichten. Mit anderen Worten: die Kopulationshäufigkeit hatte keinen Einfluss auf den weiblichen, wohl aber auf den männlichen Reproduktionserfolg.

Bateman erklärte diese Geschlechtsunterschiede mit den unterschiedlichen energetischen Kosten für die Herstellung von Samen- und Eizellen. Die Produktion der voluminösen und nährstoffreichen Eizellen ist physiologisch recht aufwendig, weshalb der Reproduktionserfolg weiblicher Taufliegen im Wesentlichen von ihrer Fähigkeit begrenzt wird, die zur Produktion der Eizellen notwendigen Ressourcen zu beschaffen. Samenzellen sind hingegen ohne vergleichbar hohen Aufwand herzustellen und wesentlich leichter zu ersetzen, weshalb der Reproduktionserfolg von Männchen kaum von ihrer Samenproduktionskapazität begrenzt wird. Theoretisch könnte ein Männchen mit vergleichsweise geringem physiologischem Aufwand sehr viele Weibchen befruchten, was zwangsläufig zu einer verschärften Fitnesskonkurrenz unter Männchen führen muss.

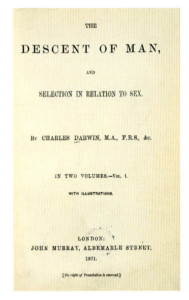

»The descent of man, and selection in relation to sex« ist das zweite Hauptwerk des britischen Naturforschers Charles Darwin. Die Abbildung zeigt die Titelseite des 1871 erschienenen ersten Bandes der in zwei Teilen veröffentlichten Schrift.

Damit hat Bateman die Ursachen sexueller Selektion jeweils für Männchen und Weibchen im Kern beschrieben: Männchen haben gegenüber Weibchen einen geringeren Energieaufwand bei der Produktion von Geschlechtszellen mit der Folge einer erhöhten innergeschlechtlichen Konkurrenz um Paarungspartnerinnen (und weil Fehlverpaarungen nur wenig kosten, können sich Männchen eine geringere Selektivität bei der Partnerwahl leisten). Die erhöhte Konkurrenz unter Männchen führt wiederum zu einer erhöhten Varianz im Reproduktionserfolg, sodass ein erhöhter Selektionsdruck auf die Ausprägung geschlechtsgebundener (epigamer) Merkmale entsteht. Der höhere Energieaufwand der Weibchen gegenüber Männchen bei der Produktion der Geschlechtszellen führt zu erhöhten Standards bei der Partnerwahl (weil eine falsche Wahl sehr viel, unter Umständen den Aufwand eines ganzen Brutzyklus kosten kann). Zugleich entwickelt sich eine geringere innergeschlechtliche Konkurrenz um Paarungspartner, verbunden mit einer geringeren Varianz im Reproduktionserfolg und einem entsprechend geringeren Selektionsdruck auf der Ausprägung geschlechtsgebundener Merkmale.

Viele Faktoren bestimmen den Reproduktionserfolg

Diese Argumentation erklärt allerdings nicht alle Phänomene der sexuellen Selektion, zum Beispiel weder das Fehlen des Sexualdimorphismus bei monogamen Arten, noch den bei einigen wenigen Arten zu beobachtenden Tausch der Geschlechterrollen. In beiden Fällen bilden Männchen zwar die in der Energiebilanz weniger aufwendigen Geschlechtszellen, verhalten sich aber nicht so wettbewerbsorientiert, wie man eigentlich erwarten sollte. Robert Trivers hat Batemans Idee entscheidend weiterentwickelt, indem er erkannte, dass in den reproduktiven Aufwand nicht nur die energetische Leistung bei der Geschlechtszellenproduktion einfließt, sondern viele Aufwendungen mehr, etwa im Zusammenhang mit dem nachgeburtlichen Fürsorgeverhalten. Um all diese reproduktiven Leistungen vergleichbar zu machen, muss man sie einheitlich bilanzieren können. Zu diesem Zweck formulierte Trivers das Konzept des »Elterninvestments«, definiert als »jegliches Investment [an Zeit, Energie und Lebensrisiken] durch den Elter in einen einzelnen Nachkommen, das die Überlebenswahrscheinlichkeit (und folglich den Reproduktionserfolg) dieses Nachkommens zulasten der Fähigkeit des Elters erhöht, in andere Nachkommen zu investieren«.

Mit dieser Erweiterung lässt sich Batemans Idee nunmehr folgendermaßen verallgemeinern: Je ähnlicher die Höhe des Elterninvestments (pro Nachkomme) von Vätern und Müttern ausfällt, desto geringer wird der Unterschied in den geschlechtstypischen Varianzen im Reproduktionserfolg sein und desto weniger ist die zwischengeschlechtliche Konkurrenz ausgeprägt. In strikt monogamen Paarungssystemen, in denen Väter und Mütter gleich viel in die Aufzucht ihrer Nachkommen stecken, wird sich deshalb weder die Fitnessvarianz zwischen Männchen und Weibchen unterscheiden, noch wird die sexuelle Selektion auffällige Geschlechtsunterschiede hervorbringen, obwohl die Unterschiede in den energetischen Kosten der Geschlechtszellenproduktion freilich auch hier bestehen. Je geringer hingegen der väterliche Anteil an den Aufzuchtskosten ausfällt, desto ausgeprägter wird der Unterschied in der geschlechtstypischen Varianz im Reproduktionserfolg sein, desto polygyner fällt das Paarungssystem aus, desto stärker ist dementsprechend der Selektionsdruck geschlechtsgebundener Merkmale und desto stärker wird folglich der Sexualdimorphismus der Art entwickelt sein.

Fazit: Die Dynamik der sexuellen Selektion mit ihren beiden typischen Komponenten »Konkurrenz der Männchen« und »Auswahl der Weibchen« gründet letztlich auf einem ganz entscheidenden Geschlechtsunterschied, einem bei Männchen und Weibchen ver-

---

Ein **Sexualdimorphismus** liegt bei einer Art vor, wenn zwischen den beiden Geschlechtern deutliche Unterschiede in der Gestalt, Größe, Färbung, Physiologie oder im Verhalten bestehen. Er ist das Ergebnis der sexuellen Selektion. Beispiele für den Sexualdimorphismus sind die häufig prächtigen Gefieder bei männlichen Vögeln oder das größere Geweih bei männlichen Hirschen.

Vertauschte Geschlechterrollen zeigen die **Seepferdchen**. Das Weibchen konkurriert aggressiv um das Männchen und legt die Eier in die am Bauch gelegene Bruttaschenöffnung des Männchens, das dann die Brutpflege betreibt.

schieden hohen Elterninvestment pro einzelnem Nachkomme. Bei vielen Arten auf unserer Erde wird das Elterninvestment fast ausschließlich von den Weibchen geleistet, während die Männchen außer ihren Samenzellen fast nichts zur Vermehrung beitragen. Besonders drastisch ist dieser Geschlechtsunterschied bei den Säugetieren, wo die Weibchen nicht nur die größeren Geschlechtszellen (Eier) herstellen, sondern auch die gesamten Investmentkosten von Schwangerschaft, Geburt und Säugen tragen und häufig auch allein für den Schutz und die Betreuung der Jungtiere sorgen. Nicht von ungefähr leben deshalb 96 Prozent aller Säugetiere in polygynen Paarungssystemen.

Jedoch sind unter den vielfältigen Lebensformen auch gegenteilige Verhältnisse zu entdecken. Einige Insekten, Seepferdchen und andere Fische, Frösche und Vögel zeigen »vertauschte« Geschlechterrollen. Hier sind es die Weibchen, die untereinander aggressiv um Männchen konkurrieren und häufig größer oder farbenprächtiger sind, während die Männchen das wählerische Geschlecht bilden. Die Erklärungen für diese Rollenwechsel passen gut mit Trivers Vorstellungen von der sexuellen Selektion überein, denn in diesen Fällen bringen die Männchen aus jeweils ganz spezifischen sozioökologischen Gründen den größeren Anteil am Elterninvestment auf. Deshalb bilden sie den begrenzenden Faktor für die weibliche Fortpflanzung.

Menschen hingegen gehören zu den Primaten. Daher dürfen wir erwarten, dass auch ihr Sexual- und Fortpflanzungsverhalten trotz aller kulturellen Variabilität und Überformung im Kern die althergebrachten säugetiertypischen Kennzeichen aufweist: Konkurrenz unter Männern, höhere Selektivität der Frauen, größere Varianz im männlichen als im weiblichen Reproduktionserfolg und polygyne Sozialsysteme. Tatsächlich werden diese Erwartungen auch häufig beobachtet. So erlauben 84 Prozent aller menschlichen Gesellschaften ihren Männern eine gleichzeitige Ehe mit mehreren Frauen. 16 Prozent der Gesellschaften gelten nominell als monogam, wobei freilich kritisch zu fragen wäre, ob auch das Verhalten der Menschen in diesen Gesellschaften tatsächlich den Regeln monogamer Lebensführung gehorcht.

Auch die geschlechtstypische Varianz im Reproduktionserfolg ist häufig statistisch sicher nachzuweisen – beispielsweise bei den südamerikanischen Xavante-Indianern: Männer und Frauen hatten laut einer amerikanischen Studie im Mittel gleich viel Kinder, nur war die Streuung bei den Männern höher als bei den Frauen. Der reproduktiv erfolgreichste Mann war 24facher Vater, die reproduktiv erfolgreichste Frau hingegen »nur« 8fache Mutter. Entsprechend blieben wesentlich mehr Männer ihr Leben lang kinderlos als Frauen – ein Unterschied, der übrigens auch in westlichen Industriestaaten zu beobachten ist.

Sexualität: Zwischen Liebe und Ausbeutung

Opportunismus und Selektivität bei Sexualkontakten

Wegen der Asymmetrie im Fortpflanzungspotential wirken im menschlichen Fortpflanzungsgeschehen dieselben geschlechtstypischen Beschränkungen wie bei den meisten anderen Säugetierarten: Die Fortpflanzung der Männer ist primär durch die Zahl der persönlich verfügbaren und befruchtungsfähigen Frauen begrenzt. Die weibliche Fortpflanzung hingegen stößt primär durch die physiologischen Beschränkungen von Schwangerschaft, Geburt und Fürsorge an ihre Grenzen. Deshalb ist es eher Männern als Frauen möglich, durch Verpaarungen mit mehreren Partnern beziehungsweise Partnerinnen ihren persönlichen Reproduktionserfolg zu erhöhen, und demzufolge sind die männlichen Interessen zunächst auf eine Vermehrung der Partnerinnen ausgerichtet. Männer

In surrealen Bildwelten reflektiert die mexikanische Malerin Frida Kahlo ihre persönliche Lebenssituation. »Zwei Akte im Wald« erzählt von den Liebesbeziehungen zu Frauen, die Frida Kahlo auch während ihrer Ehe mit dem Maler Diego Rivera hatte (1939; Privatbesitz).

haben sich so eher als Frauen zu sexuellen Opportunisten mit polygamen Neigungen evolviert.

Tatsächlich haben Männer generell weniger Vorbehalte als Frauen, unverbindliche, sexuelle Gelegenheitsbeziehungen einzugehen (was allein schon durch das Phänomen der Prostitution belegt wird), unabhängig davon, ob sie eine feste Beziehung haben oder in dieser Beziehung glücklich sind. Einer amerikanischen Studie zufolge hielten nur 33 Prozent untreuer Frauen ihre Partnerschaft für glücklich, während immerhin 56 Prozent der untreuen Männer dieser Meinung waren. Gefragt nach ihren Wunschvorstellungen über die Anzahl von Geschlechtspartnern beziehungsweise Geschlechtspartnerinnen gaben Studenten beziehungsweise Studentinnen von amerikanischen Colleges geschlechtstypische Antworten: Männer hielten 20 Partnerinnen über die Lebensspanne für ideal, Frauen hingegen gaben im Mittel nur 5 Partner an. Entsprechend drehen sich die sexuellen Fantasien von Männern mehr als die von Frauen um sexuelle Vielfalt und Abwechslung. Auch auf die Frage, wie lange man eigentlich einen Partner beziehungsweise eine Partnerin kennen wolle, bevor man zum Beischlaf bereit sei, gab es unterschiedliche Antworten. Männer gaben die bei weitem kürzeren Zeiten an. Die Ergebnisse solcher Befragungen sind natürlich sehr kulturspezifisch. Je nach vorherrschender Sexualmoral werden andere Antworten gegeben. So kulturell variabel die konkreten Werte im Einzelnen jedoch auch sein mögen, das eigentlich interessante Ergebnis besteht darin, dass der Unterschied in den Antworten von Männern und Frauen in allen daraufhin untersuchten Kulturen in die gleiche Richtung geht. Männer sind wesentlich opportunistischer, Frauen wesentlich selektiver in ihrem Sexualverhalten.

Bei der **Gay Day Parade** feiern Homosexuelle aus den USA auf den Straßen San Franciscos.

Diese Einschätzung wird auch durch den Unterschied von männlicher und weiblicher Homosexualität gestützt. Homosexualität lässt geschlechtstypische Neigungen gleichsam »in Reinkultur« erscheinen, ohne die Kompromisse, die durch das Zusammenleben mit Angehörigen des anderen Geschlechts eingegangen werden müssen. Die entsprechenden Befunde belegen, dass männliche Homosexuelle schneller zu Gelegenheitssex bereit sind als weibliche. Einer amerikanischen Studie zufolge waren 94 Prozent aller männlichen Homosexuellen mit mehr als 15 Partnern intim, während dies auf nur 15 Prozent der weiblichen Homosexuellen zutrifft. In einer anderen Studie gaben fast die Hälfte aller befragten männlichen Homosexuellen an, über 500 Sexualpartner gehabt zu haben.

Partnerwahl

Säugetiermännchen verpaaren sich allerdings nicht völlig wahllos, da sie in der Regel in Konkurrenz mit ihren Mitbewerbern um Vaterschaft einen gewissen (und arttypisch verschiedenen) Aufwand betreiben müssen, der ihnen die Paarung überhaupt erst ermöglicht. Nicht Sex, sondern erfolgreiche Reproduktion wird in der Evolution belohnt. Deshalb werden Männchen um so einsatzfreudiger und risikobereiter miteinander konkurrieren, je mehr die Weibchen ihre

Fruchtbarkeit signalisieren. Weibchen mit einem erkennbar höheren »Reproduktionswert«, also solche die jung, gesund und vital erscheinen, sollten erwartungsgemäß bei der Partnerwahl bevorzugt werden.

Weibchen dagegen folgen bei ihrer Partnerwahl ganz anderen Kriterien. Ihre Reproduktion ist in der Regel nicht durch männliche Fruchtbarkeit begrenzt, weshalb es evolutionsbiologisch keinen Sinn macht, nach einem ganzen Harem sexualpotenter Männchen zu streben. Fitnessmaximierung heißt für Säugetierweibchen das Bemühen um möglichst erfolgreiche Jungenaufzucht, und die kann in verschiedener Hinsicht von der »Qualität« des Vaters abhängen – von der Gesundheit abgesehen, etwa von dem Umfang und der Güte der Ressourcen, die er kontrolliert und die vom Weibchen für ihre Fortpflanzungsbemühungen nutzbar gemacht werden können. Was letztlich die »Qualität« eines Männchens ausmacht, kann artspezifisch sehr verschieden sein und hängt von den jeweiligen soziökologischen Lebensbedingungen ab. Ganz allgemein gilt aber, dass die sexuelle Selektion die Weibchen mit Partnerwahlstandards ausgestattet hat, in denen die Qualität der Männchen die ganz entscheidende Rolle spielt.

Könnte es sein, dass auch wir bei der Wahl unserer Sexual- und Ehepartner beziehungsweise -partnerin ganz unbewusst diesem Raster geschlechtstypischer Partnerwahlstandards der Säugetiere folgen? Bevorzugen Frauen im Mittel tatsächlich Männer mit überdurchschnittlichem Ressourcenpotential, weil diese ihnen ein überdurchschnittliches väterliches Investment garantieren und damit Aussicht auf einen überdurchschnittlichen Aufzuchtserfolg bieten? »Aufzuchtserfolg« ist in menschlichen Gesellschaften freilich nicht nur an der Überlebensrate der Nachkommen zu messen, sondern auch an deren sozialer Konkurrenzfähigkeit. Auch nach der Rolle, welche die weibliche Fruchtbarkeit in den männlichen Heiratsentscheidungen spielt, ist zu fragen. Das würde sich in einem größeren Aufwand der Männer niederschlagen, wenn sich ihnen die Chance zur Partnerschaft mit einer Frau bietet, die Fruchtbarkeit und Vitalität signalisiert.

Die britische Anthropologin Monique Borgerhoff Mulder hat während wiederholter Aufenthalte bei den Kipsigis, einer Gruppe kenianischer Hirtennomaden, die dortigen Heiratsstrategien studiert. Wie in vielen traditionellen Gesellschaften ist es auch bei den Kipsigis üblich, dass Männer für ihre Frauen bezahlen. Die Höhe des Brautpreises wird zwischen den beiden beteiligten Familien verhandelt, im Mittel beträgt er etwa ein Drittel des gesamten Vermögens eines Mannes. Männer investieren also einiges in ihre Ehe. Monique Borgerhoff Mulder versuchte nun herauszufinden, für welche Frauen mehr und für welche weniger bezahlt worden ist. Sie hat also gleichsam die Attraktivität der Frauen über ihren Preis auf dem Heiratsmarkt bestimmt. Das Ergebnis ist eindeutig: Für Frauen, die früh ihre erste Menstruation hatten (das heißt in einem Alter von unter 15 Jahren), wurden häufiger teure Brautpreise bezahlt, als für Frauen, die erst später die Geschlechtsreife erlangten. Jugend hat auf dem Heiratsmarkt ihren Preis.

Dieses Ergebnis könnte man als Ausdruck chauvinistischer Eitelkeit beiseite legen, wenn das Partnerwahlverhalten der Kipsigi-Männer nicht mit bemerkenswerten Konsequenzen für ihren Reproduktionserfolg verbunden wäre. So zeigt die Analyse ihrer Lebensläufe, dass die früher reifenden Kipsigis-Frauen einen statistisch signifikant höheren Lebensreproduktionserfolg erzielten, als die später reifenden. Drei Gründe waren dafür wichtig: Ihre reproduktive Lebensspanne war im Durchschnitt länger, ihre Fertilitätsrate (also Kinder pro Zeit) war im Durchschnitt höher und die Sterblichkeit ihrer Kinder war im Durchschnitt geringer. Ohne sich dessen bewusst zu sein, haben die heiratswilligen Kipsigis-Männer ihr Geld entsprechend der Vermehrungswahrscheinlichkeit ihrer Gene ausgegeben. Sie haben proportional zum »Reproduktionswert« der Frauen bezahlt. Das spricht für die soziobiologische Auffassung, wonach soziale Handlungen so organisiert sind, als ob ihnen eine in der Währung reproduktiver Fitness bilanzierte Kosten/Nutzen-Analyse zugrunde läge. Durch welche tradierten Normen auch immer sich die Kipsigis-Männer bei ihrer Partnerwahl haben leiten lassen, die reproduktiven Konsequenzen ihres Verhaltens offenbaren biologische Angepasstheit.

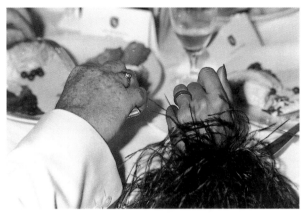

Ein reicher älterer Herr und eine junge, schöne Frau haben die Ringe getauscht. Sie entsprechen damit den gültigen **Partnerwahlpräferenzen,** denen zufolge reiche Männer als Ressourcen ihr Vermögen und ihre gute berufliche Position einbringen, während Frauen mit ihrer Jugend und Schönheit werben.

Nun ist die Partnerwahl nicht nur reine Männersache. Wenngleich je nach ethnohistorischem Kontext das Kräfteverhältnis im »Krieg der Geschlechter« mal mehr zur einen, mal mehr zur anderen Seite hin verschoben ist und entsprechend ungleich sich die den Geschlechtern jeweils gesellschaftlich zugestandene Souveränität bei der Sexual- und Ehepartnerwahl verteilt, sollten Frauen dennoch, sofern sie über eine gewisse Autonomie verfügen, in ihrer Partnerwahl Präferenzen erkennen lassen, die – wie oben erläutert – ganz wesentlich auf einer kritischen Bewertung der männlichen Ressourcensituation basieren.

Eine auf Kirchenbuchdaten des 18. und 19. Jahrhunderts basierende Familienrekonstitutionsstudie der Landbevölkerung in der ostfriesischen Krummhörn lieferte einige in dieser Hinsicht interessante Daten. Während die Männer – ob Bauer oder Tagelöhner – durchschnittlich im selben Alter (von etwa 30 Jahren) heirateten, waren die Bräute der vergleichsweise wohlhabenden Bauern deutlich jünger als die der Tagelöhner, durchschnittlich um 2,3 Jahre. Trotz ausgeprägter sozialer Endogamie (Heirat innerhalb der eigenen Sozialschicht) übte der Besitz der Brauteltern keinen statistisch signifikanten Einfluss auf das Heiratsalter der Töchter aus, wohl aber der Besitz des Bräutigams. Je jünger die Frauen heirateten, desto wahrscheinlicher einen gut situierten Mann. Fast ein Drittel der unter 20-jährigen Frauen, aber nicht einmal 10 Prozent der über 30-jährigen heirateten einen reichen Großbauern. Umgekehrt heiratete fast jeder fünfte Großbauer, aber nur jeder 25. Landbesitzlose eine Frau unter 20. Ausgehend von der gleichen Attraktivität junger Frauen als Heiratspartnerinnen für Männer, unabhängig von ihrem sozialen Hintergrund, kann das unterschiedliche Heiratsalter der Krummhörner Frauen nur als Folge ihrer Partnerwahl mit Bevorzugung der »besseren Partien« angesehen werden.

Ähnliche Tendenzen zeigten sich im Heiratsalter der sozial mobilen Frauen. Hypergame Frauen, also jene, die mit ihrer Heirat sozial aufgestiegen sind, heirateten im Durchschnitt jünger als »Absteiger«-Frauen. Die vom Wohlstand des Bräutigams abhängigen Unterschiede im Heiratsalter der Ostfriesinnen lassen sich am besten als Ausdruck einer konditionalen Partnerwahlstrategie verstehen, deren Maxime sich etwa so formulieren lässt: »Wenn du jung bist, sei anspruchsvoll und heirate nur einen Mann mit überdurchschnittlichen Ressourcen. Je älter du wirst, desto mehr reduziere deine Ansprüche an deinen Partner!«

Diese Strategie führte zu reproduktiven Konsequenzen, denn der Lebensreproduktionserfolg, ausgedrückt als die durchschnittlich in

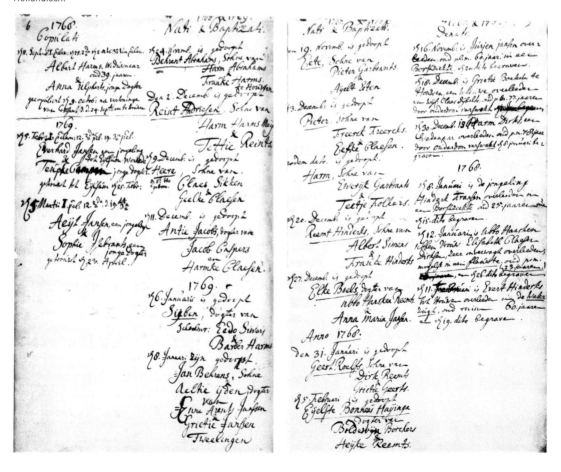

Die **Kirchenbücher aus Pilsum** in der ostfriesischen Landschaft Krummhörn liefern Daten zur Partnerwahl im 18. und 19. Jahrhundert. Auf der links abgebildeten Seite sind in der linken Spalte die Hochzeiten (»is gecopuliert« oder »is getrouwt«) im Jahr 1769 aufgeführt, rechts sind die Geburten (»is verlost« = entbunden) und Taufen (»is gedoopt«) vermerkt. Auf der rechten Seite stehen links die Geburten im Jahr 1768, rechts die Begräbnisse (»begraven«). Abgefasst wurden die Bücher in Holländisch.

Aufnahme einer **Großbauernfamilie in der Krummhörn** mit ihren drei Söhnen und einer Tochter.

die lokale Bevölkerung eingebrachte Anzahl erwachsen gewordener Kinder, war für jung heiratende Frauen mit hohen Partnerwahlstandards überdurchschnittlich. So brachte eine mit unter 20 Jahren heiratende Großbauersfrau durchschnittlich 1,2 erwachsene Kinder mehr in die nächste Generation ein als eine in demselben Alter heiratende Tagelöhnerfrau. Was auch immer die Krummhörner Frauen ganz unmittelbar dazu veranlasst haben mag, sich ihre Männer so auszuwählen, wie sie es getan haben – das Ergebnis entsprach im Durchschnitt den reproduktiven Fitnessinteressen der beteiligten Frauen. Dieses Beispiel zeigt einmal mehr, wie absolut falsch es wäre, zwischen den unmittelbaren, proximaten Gründen der Partnerwahl, den Emotionen, materiellen Erwartungen und kulturellen Normen sowie ihren ultimaten Gründen, die Aussicht auf einen bestmöglichen Erfolg bei der Reproduktion, einen Erklärungswiderspruch zu sehen.

Es stellt sich die Frage nach der Allgemeingültigkeit, also inwieweit die Leitmotive der Partnerwahl der Kipsigis-Männer und der Krummhörner Frauen als typisch für alle Menschen gelten können. In der wohl aufwendigsten Untersuchung zu diesem Thema wurden weltweit über 10 000 Männer und Frauen aus 37 Kulturen zu ihren Erwartungen und Ansprüchen an ihre Partner beziehungsweise Partnerinnen befragt. Hochsignifikante Geschlechtsunterschiede traten hervor: Frauen maßen generell solchen Attributen wie »Ehrgeiz« und »Tüchtigkeit« oder auch »Einkommensaussicht« eine deutlich höhere Bedeutung zu als Männer. Diese wiederum stellten höhere Ansprüche an die äußere Erscheinung ihrer Partnerinnen. Bei aller kulturellen Unterschiedlichkeit in der grundsätzlichen Bewertung einzelner Unterschiede (Jungfräulichkeit spielt etwa in den asiatischen Gesellschaften eine ungleich größere Rolle als in den europäischen), gehen die gefundenen Geschlechtsunterschiede ohne Ausnahme in die evolutionstheoretisch erwartete Richtung: Männer bewerten bei der Partnerwahl vorrangig Merkmale des generativen und Frauen des sozialen Reproduktionserfolgs.

Nun ist gegen diese Argumentation eingewendet worden, dass Frauen deshalb die materiellen Versorgungsaspekte einer Beziehung so hoch bewerten, weil sie selbst als häufig sozial Benachteiligte über nur geringe oder gar keine eigenen Einkünfte verfügen. Danach sollte man erwarten, dass für finanziell eigenständige und abgesicherte Frauen dieser Aspekt der Partnerwahl an Bedeutung verliert. Genau das Gegenteil ist aber nach amerikanischen Studien der Fall.

Dass es auch Bedingungen geben kann, unter denen Frauen um Männer konkurrieren, zeigt die Untersuchung der amerikanischen Anthropologen Steven Gaulin und James Boster. Sie verglichen über 1000 Gesellschaften aus dem »Standard Cross Cultural Sample«, eine für den Computer aufbereitete Version des berühmten »Ethnographischen Atlas«, worin viele Kulturen der Welt nach standardisierten Variablen erfasst und codiert sind. Die Annahme war folgende: Wenn eine Population durch ungleich verteilte Ressourcen eine starke soziale Schichtung aufweist und zudem die Möglichkeit zur Polygynie durch gesellschaftliche Vorgaben ausgeschlossen ist, dann sollten Frauen ihrerseits beginnen, um die wohlhabendsten Männer zu konkurrieren. Da eine gute Mitgift die Frauen für einen potentiellen Heiratspartner attraktiver macht, sollte in den Gesellschaften mit den genannten Kennzeichen eine Mitgiftzahlung verbreitet sein. Tatsächlich kommen Mitgiftzahlungen in genau den Gesellschaften weit häufiger vor, in denen die beiden die reproduktive Konkurrenz unter Frauen fördernden Bedingungen vorherrschen, in stark geschichteten und monogamen Gesellschaften.

Ein äußerst aufschlussreiches Material zum Studium von geschlechtstypischen Partnerwahlpräferenzen liefern überdies auch Kontakt- und Heiratsanzeigen. Auch hier finden sich zunächst die bekannten Stereotypen: Männer suchen jüngere Frauen, diese verlässliche und gut situierte Männer. Bei genauerer Analyse wird aber zudem ein weiteres Merkmal unserer Psyche, der konditionale Charakter menschlicher Verhaltenssteuerung, sichtbar. Denn je nachdem, was man selbst in diesem Wettbewerb anzubieten hat, unterscheiden sich die Ansprüche an die gesuchten Partner beziehungsweise Partnerinnen.

Der englische Anthropologe und Psychologe Robin Dunbar hat mit seinen Mitarbeitern Heiratsanzeigen in englischen und amerikanischen Zeitungen speziell unter diesem Aspekt näher untersucht und fand einige interessante Zusammenhänge. Je älter zum Beispiel Frauen werden, desto weniger Ansprüche stellen sie an den gesuchten Partner. Bei Männern hingegen verhält es sich genau umgekehrt: Mit dem Alter werden sie anspruchsvoller. In dieses Bild passt eine zweite Beobachtung, wonach Männer und Frauen umso anspruchsvoller auftreten, je mehr sie von dem anbieten, was ihren persönlichen »Wert« auf dem Heiratsmarkt ausmacht. Frauen formulieren nämlich dann besonders hohe Standards, wenn sie sich selbst als besonders hübsch und attraktiv darstellen, während bei Männern dann der Anspruch an die gesuchte Partnerin steigt, wenn sie Ressourcen

> **61jähriger Unternehmer** (mit irdischen Gütern gesegnet), gute Erscheinung, 1.90 gr., schlank, sportlich, sucht jüngere Frau plus-minus 40, mit Bildung u. Können, mit Herz und Verstand, Intersse an Ski u. Golf, und Sinn für ein Familien-Leben - für dauerhafte Beziehung

> **Zählt nur noch Sex, Money u. Crime?** Sie, mehr Idealistin als Pragmat, die ihren Verstand behalten, ihr Herz aber verschenken mö. (46/1,75/64), su. Mann m. Fähigkeit z. liebevollem Miteinander, zu dem sie nicht nur wegen seiner Größe aufschauen kann.

> **Attraktiver Akademiker,** 42/185/85, NR, vermögend, sehr gutaussehend, promoviert, ledig ohne Altlasten, selbständiger Unternehmer mit vielseitigen Interessen, Pilot, Ski, Berge, Reisen, Erotik, familienorientiert, romantisch, zärtlich sucht die Frau fürs Leben

> **Geschäftsmann,** 43 J., 1.86 m, dkl. Typ, su. attrakt. Freundin (Alter b. 33 J., kinderlos). Bildzuschr.

> **Ich bin 36,** 170, schlank, dunkler, femininer Typ und wünsche mir einen souveränen, erfolgreichen und charmanten Mann mit Geschmack und Klasse für den ganz normalen Alltagswahnsinn. Kleine Karte mit Bild wäre toll.

> **Schöne Frau,** 45 J./1,65, schlank, mit 14jähr. Sohn möchte gerne nach Enttäuschung wieder einen ehrlichen, netten Mann ohne Anhang, mit fam. Einstellung in gehob. Position kennenlernen. Zuschriften

(Vermögen, gute berufliche Position, hohes Einkommen) anzubieten in der Lage sind. Wenn sie das nicht können, werben Männer stattdessen gerne mit »familiären Tugenden«. Schließlich belegt noch ein weiterer Befund den konditionalen Charakter der Partnerwahlstandards: Männer wie Frauen mit abhängigem Nachwuchs sind bescheidener bei der Partnerwahl, wohl wissend, dass eine solche Konstellation den eigenen »Marktwert« drückt.

Vor diesem Hintergrund kann nicht überraschen, dass auch die kleinen Mogeleien und Täuschungsmanöver im Zusammenhang einer möglichst vorteilhaften Selbstdarstellung, den Geschlechtsunterschied entlang der evolvierten Partnerwahlpräferenzen widerspiegeln: Männer übertreiben gerne ihren sozialen Status und ihren Besitz, während Frauen ihre Jugend und Gesundheit aufzupolieren versuchen. Die ganze Kosmetikindustrie lebt bekanntlich davon.

Vaterschaftsunsicherheit und Eifersucht

Während Frauen wegen der inneren Befruchtung absolut sicher sein können, dass die von ihnen zur Welt gebrachten Kinder auch tatsächlich die ihrigen sind, also Kopien von der Hälfte ihrer Gene mitbekommen haben, können Männer an ihrer Vaterschaft zweifeln: »Pater semper incertus« (Der Vater ist immer ungewiss). Sicherlich nicht zufällig wissen erfahrene Hebammen von »den drei Feststellungen« im Kreißsaal zu berichten. Typischerweise gilt die erste Frage nach der Geburt eines Kindes seinem Geschlecht, die zweite dem Gesundheitszustand, und die dritte möglichen Ähnlichkeiten.

Interessanterweise fanden die Anthropologen Jeanne Regalski und Steven Gaulin heraus, dass offensichtlich der Ähnlichkeitsvergleich zwischen den Eltern und ihrem Baby (sicherlich vollkommen unbewusst, aber dennoch) taktisch mit dem Ziel vorgenommen wird, mögliche Zweifel an der Vaterschaft auszuräumen. Nach ihrer in Mexiko durchgeführten Studie werden bei erstgeborenen Kindern einer Ehe statistisch signifikant häufiger Ähnlichkeiten mit dem Ehemann der Mutter festgestellt, als bei nachgeborenen. Weil aber nach allen bekannten Vererbungsregeln nicht angenommen

Viele, aber längst nicht alle **Kontakt- und Heiratsanzeigen** entsprechen dem von Robin Dunbar gefundenen Schema.

werden kann, dass Erstgeborene tatsächlich ihrem Vater ähnlicher sehen als später geborene, bleibt nur der Schluss, dass es im Grunde darum geht, den Vater gerade am Beginn einer Ehe von der Treue und Verlässlichkeit seiner Frau zu überzeugen. Dazu passt gut, dass die überdurchschnittlich häufigen Ähnlichkeiten mit dem Vater vor allem von der Mutter und ihren Verwandten festgestellt werden. Die Wissenschaftler deckten darüber hinaus eine weitere, den taktischen Zweck der Ähnlichkeitszuschreibungen entlarvenden Kuriosität auf. Auf die Frage, wem das Kind ähnlich sieht, antworteten die mexikanischen Mütter unterschiedlich, je nach dem, ob ihre Ehemänner beim Interview anwesend waren oder nicht. Keine Frage, die Mütter hatten ein Interesse daran, trotz der wahren Vaterschaftsverhältnisse ihren Ehemann psychisch an das Kind zu binden.

Warum Mütter solch subtile Manipulation vornehmen, ist aus der soziobiologischen Perspektive menschlichen Verhaltens leicht einsichtig. Während der mütterliche Fürsorgeaufwand immer dem »Gen-Egoismus« dient, ist das väterliche Investment in die Kinder nur unter der Maßgabe tatsächlicher Vaterschaft biologisch angepasst. Aus der Sicht des »egoistischen Gens« lohnt es nicht, sich um fremden Nachwuchs zu kümmern, weil dies nicht die Vermehrung des eigenen Erbguts fördert. In der nüchtern-unsentimentalen Bilanzierung der natürlichen Selektion heißt das Fitnessverlust. Man kann deshalb erwarten, dass das biologische Evolutionsgeschehen Männer hervorgebracht hat, die ihren väterlichen Fürsorgeaufwand ganz gezielt nach Maßgabe der Vaterschaftswahrscheinlichkeit portionieren.

Rauchschwalben-Männchen liefern hierfür ein erhellendes Beispiel. An sich gilt diese Art als monogam. Da die Männchen ziemlich sicher sein können, die Jungtiere in ihrem Nest auch tatsächlich gezeugt zu haben, teilen sie sich mit den Weibchen die Jungenfürsorge, schließlich kommt dieser Aufwand der Vermehrung der eigenen Gene zugute. Nun gibt es aber auch unter Rauchschwalben hin und

Rauchschwalbenmännchen verringern deutlich ihren Brutpflegeaufwand, wenn sie beobachtet haben, dass ihr Weibchen sich mit einem anderen Männchen verpaart hat und sie sich ihrer Vaterschaft nicht sicher sein können.

Der **Kampf der Geschlechter** ist immer wiederkehrendes Motiv in der bildenden Kunst. In Franz von Stucks Gemälde »Kampf ums Weib« ringen zwei – in archaischer Wildheit gezeichnete – Männer um eine schöne Frau (1905; Sankt Petersburg, Eremitage).

wieder »außerehelichen« Sex, weshalb sich die Männchen ihrer Vaterschaft denn doch nicht 100-prozentig sicher sein können. Prompt spiegelt sich diese Unsicherheit in ihrem Verhalten wider, denn je häufiger ein Paar miteinander kopuliert, je wahrscheinlicher also die Befruchtung der Eier durch das entsprechende Männchen erfolgt, desto höher fällt dessen väterliches Investment aus. Wenn jedoch das Männchen wahrnimmt, dass sein Weibchen sich mit einem fremden Männchen verpaart, verringert es seinen Brutpflegeaufwand. Der tendenzielle Rückzug des »betrogenen« Rauchschwalben-Männchens aus seiner Vaterrolle findet auch in menschlichen Familien eine funktionale Entsprechung in der trennenden Wirkung sexueller Untreue mit der Folge ungeklärter Vaterschaftsverhältnisse.

In wohl allen Kulturen ist sexuelle Untreue von überaus großem Belang für die Regulation der Sozialbeziehungen. In den westlichen Industriestaaten gehen rund 50 Prozent aller Tötungsdelikte an Frauen auf Eifersucht zurück, wobei männliche Mutmaßungen über weibliche Untreue generell als Hauptmotiv männlicher Gewalt gegen Frauen gilt. Nicht von ungefähr galt und gilt in den Sittencodices aller historischen und traditionellen Gesellschaften wie ganz selbstverständlich eine »doppelte Moral«: Ehebruch definiert sich nach dem Status der Frau und nicht nach dem des Mannes. Als Geschädigter gilt immer der gehörnte Ehemann, dem in aller Regel Sonderrechte zugestanden werden, etwa die Rückforderung des Brautpreises oder eine milde Bestrafung eines von ihm aus Eifersucht begangenen Tötungsdelikts. Selbst im revolutionären Frankreich mit seinen ansonsten in vielerlei Hinsicht emanzipatorischen Ansprüchen ist die geschlechtstypische Bewertung des Ehebruchs nicht überwunden worden. Der Grund dafür wird nirgends klarer und unmissverständlicher vorgebracht als in einem zeitgenössischen Rechtskommentar: »Nicht der Ehebruch an sich wird durch Gesetz bestraft, sondern nur die mögliche Einschleusung eines fremden Kindes in die

Die rechtliche Gleichbewertung männlicher und weiblicher Seitensprünge ist eine Errungenschaft der modernen Industriestaaten. Sie wurde erstmals 1852 in Österreich eingeführt.

Familie und auch die Unsicherheit, die Ehebruch in dieser Hinsicht schafft. Ehebruch durch den Ehemann führt nicht zu solchen Konsequenzen.«

Zu dieser Denktradition passt, dass beispielsweise in Massachusetts bis 1773 von den scheidungswilligen Frauen nicht eine Einzige als Grund die Untreue ihres Mannes angegeben hat. Sie hätte damit wohl kaum eine Chance auf richterliche und gesellschaftliche Anerkennung ihres Begehrens gehabt. Die doppelte Moral des Ehebruchs spüren wir – trotz egalitärer Rechtsbehandlung – auch in unserer Gesellschaft. Nach wie vor werden sexuelle Abenteuer eines verheirateten Mannes wesentlich gnädiger bewertet, ja wirken unter Umständen sogar sozial aufwertend, während der ehelichen Untreue von Frauen mit deutlich mehr sozialer Stigmatisierung begegnet wird. Diese Asymmetrie ist zweifellos historisches Produkt einer auf chauvinistischen Traditionen aufbauenden Männergesellschaft, aber gleichzeitig – und das ist absolut kein Widerspruch – findet sie letztlich ihren Ursprung in den reproduktiven Konsequenzen des »kleinen Unterschieds«.

Zahlreiche Bilder des norwegischen Malers Edvard Munch aus den 1890er-Jahren erhalten den Titel »**Eifersucht**«. Munch verkehrte zu dieser Zeit in Berliner Bohèmekreisen, deren Mitglieder die freie Liebe priesen, aber zugleich bei sich selbst das Gefühl der Eifersucht wahrnahmen (1895; Bergen, Rasmus Meyer Samlinger).

Die natürliche Selektion hat unsere Psyche so geformt, dass wir Ehebruch als beziehungszerstörend empfinden. Eifersucht heißt der uns allen vertraute Affekt, der seinen psychologischen Ursprung in der Kränkung narzisstisch besetzter Monopolisierungsansprüche an den Partner findet. Er konnte sich mit seiner zerstörenden Kraft entwickeln, weil er im Durchschnitt vor Risiken von Fehlinvestitionen und Fitnessverlust bewahrt, die aufgrund des Sexualverhaltens des Partners beziehungsweise der Partnerin möglicherweise entstehen könnten.

Die Eifersucht der Männer unterscheidet sich von der der Frauen, was an den unterschiedlichen Rollen von Männern und Frauen beim Fortpflanzungsgeschäft im Verlauf der Evolution liegt. Für Männer bestand das Problem – wie schon ausführlich besprochen – in der Vaterschaftsunsicherheit. Entsprechend ist die Eifersucht der Männer vor allem durch eine erhöhte Motivation gekennzeichnet, Anzeichen sexueller Untreue durch die Partnerin zu erkennen. Frauen hingegen konnten ihren Erfolg bei der Fortpflanzung durch eine Sicherstellung väterlicher Unterstützung steigern und mussten entsprechend mit Fitnesseinbußen rechnen, wenn der Partner sein Investment in andere Beziehungen einbringt. In Anpassung an dieses für Frauen typische adaptive Problem ist ihre Form der Eifersucht vor allem durch eine erhöhte Motivation gekennzeichnet, Anzeichen tiefer emotionaler Zuneigung des Partners zu anderen Frauen zu entdecken.

Der amerikanische Psychologe David Buss konnte diesen Geschlechtsunterschied deutlich machen, indem er seinen Probanden zwei unterschiedliche Untreueszenarien vorstellte. In einem Fall ging es mehr um eine emotionale Untreue, im anderen stand das sexuelle Abenteuer im Vordergrund. Befragt, welche der beiden Situationen den größeren psychologischen Stress verursache, antworteten die Probanden erwartungsgemäß mit einem Geschlechtsunterschied: Für 60 Prozent der Männer war die Vorstellung eines leidenschaftlichen Liebesakts ihrer Partnerin mit einem fremden Mann belastender, während für über 80 Prozent der Frauen die Vorstellung einer tiefen emotionalen Zuwendung ihres Partners zu einer anderen Frau die stärkere Irritation hervorrief. Dieser Geschlechtsunterschied lässt sich auch physiologisch nachweisen, indem man – nach dem Lügendetektorprinzip – bei den Probanden Messdaten zum Hautwiderstand, der Pulsfrequenz oder zur Muskelanspannung erhebt und beobachtet, wie sich diese Parameter in verschiedenen Situationen verändern. Auch mit einem solchen Verfahren kommt man zu demselben Ergebnis: Männer reagieren heftiger auf Szenarien sexueller Untreue, Frauen auf solche emotionaler Untreue – ein psychologischer Unterschied, der sich perfekt aus der Wirkweise der biologischen Evolution erklären lässt.

Der Geruch kann »gute Gene« signalisieren

Laut verlässlicher Vaterschaftstests stammen rund 4 Prozent aller Kinder nicht von dem angegebenen Vater, wobei je nach Kultur und Stichprobe der Anteil zwischen 1,4 Prozent und 30 Prozent schwanken kann. Neben den ganz persönlichen psychologischen (proximaten) Gründen, die Frauen zu Seitensprüngen motivieren, muss es gemäß evolutionsbiologischer Prinzipien auch zugleich ultimate Gründe dafür geben, dass Frauen einen Teil ihrer Kinder außerhalb der legitimierten Ehe empfangen. Das muss sich im Verlauf der Stammesgeschichte in der Währung reproduktiver Fitness immer wieder ausgezahlt haben, angesichts der durch männliche Monopolisierungsansprüche und Überwachungsmotivation entstehenden Risiken in einem durchaus beachtlichen Maß.

Wissenschaftler sehen den reproduktiven Vorteil in der genetischen Heterogenität, die unter den Kindern entsteht, wenn diese von verschiedenen Männern gezeugt wurden (dieses Argument ist ausführlicher im Zusammenhang mit der Diskussion um die Entstehung der Zweigeschlechtlichkeit erörtert worden). Man spricht in diesem Zusammenhang etwas salopp von der Präferenz für »gute Gene«, womit gemeint ist, dass Frauen Merkmale bewerten, die Auskunft über Lebenstüchtigkeit und Gesundheit (Immunkompetenz) geben, mithin eine »gute« genetische Ausstattung signalisieren.

Dem Schweizer Biologen Claus Wedekind und seinem Team gelang unlängst der Nachweis, dass Frauen auf geruchlicher Basis Männer bevorzugen, deren Gene, die für den Aufbau des Immunsystems verantwortlich sind, sich von den eigenen unterscheiden. Diese

Bei den Untersuchungen von Claus Wedekind mussten die Probandinnen die in Kisten verpackten T-Shirts »beschnuppern« und deren Geruch beurteilen.

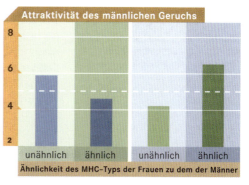

In der Studie von Claus Wedekind wurde nachgewiesen, dass sich die Partnerwahl der Frauen über den Geruchssinn unter der Einnahme oraler empfängnisverhütender Mittel verändert. Frauen, die keine oralen Kontrazeptiva nehmen, bevorzugen Männer, deren MHC-Gene sich von den eigenen unterscheiden (links), während Frauen, die die Pille nehmen, Männer mit ähnlichen MHC-Genen wählen (rechts).

Gene, von den Fachleuten MHC (major histocompatibility complex) genannt, beeinflussen sowohl den körpereigenen Geruch als auch das Immunsystem. In dem Test wurden Männer gebeten, zwei Nächte lang ein Baumwoll-T-Shirt zu tragen. Am darauf folgenden Tag haben Frauen jeweils sechs T-Shirts von verschiedenen Männern berochen und deren geruchliche »Attraktivität« beurteilt. Das eindeutige Ergebnis weißt darauf hin, dass Geruch tatsächlich Information über den Genotyp beinhaltet. Jene T-Shirts galten am attraktivsten, die von Männern getragen wurden, die in Bezug auf das Immunsystem der Frauen, über die vorteilhaftesten MHC-Gene verfügten. Kinder, die aus einer Verbindung mit diesen Männern hervorgingen, hätten wegen einer erhöhten Resistenz gegen Krankheiten eine erhöhte Überlebensfähigkeit. Von Ratten war schon länger die Partnerwahlpräferenz für Männchen mit »guten«, das heißt zum eigenen Immunsystem passenden Genen bekannt. Weil nach der Schweizer Studie Frauen aus denselben Gründen ihre Partner auch mit der Nase auswählen, mag man nun – wenn man möchte – die lapidare Sympathiebekundung »ich kann dich gut riechen« gerne in eine ernste Liebeserklärung uminterpretieren!

So wird ein Dilemma der Frauen sichtbar: Die für sie optimale Doppelstrategie, eine Partnerschaft mit einem potenten Investor einzugehen, der die äußeren sozialen und materiellen Bedingungen garantiert, um sich erfolgreich fortpflanzen zu können und der Seitensprung mit einem Liebhaber, der durch seine signalisierten »guten Gene« die genetischen Bedingungen für eine erfolgreiche Fortpflanzung verbessern könnte, steht im Konflikt mit den männlichen Interessen und ist deshalb nicht konfliktfrei auszuleben. Die Weltliteratur weiß davon bekanntlich hervorragend zu erzählen.

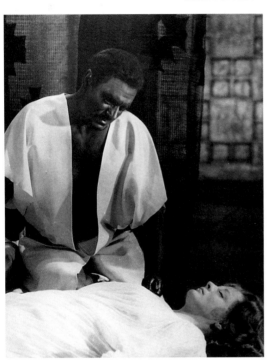

Konfliktreiche Paarbeziehungen sind zentrales Motiv der Weltliteratur. In Shakespeares Tragödie »**Othello**« tötet der Held in blinder Eifersucht seine neu vermählte Ehefrau Desdemona, von der er sich betrogen fühlt. Als er von ihrer Unschuld erfährt, bringt er sich selbst um. Die Aufnahme zeigt den englischen Schauspieler Sir Laurence Olivier in der Titelrolle in einer Inszenierung aus dem Jahr 1966.

Spermakonkurrenz

Nun kann es ja vorkommen – im Tierreich wie bei Menschen –, dass Ejakulate verschiedener Männchen in den reproduktiven Organen der Weibchen aufeinander treffen. Man spricht dann von Spermakonkurrenz. Je regelmäßiger das geschieht, desto druckvoller entwickeln sich durch die sexuelle Selektion über zwei Anpassungsschienen Merkmale, welche die eigenen Befruchtungschancen erhöhen und die der Nebenbuhler möglichst verringern. Zu diesem Zweck haben sich im Tierreich sehr verschiedenartige Strategien entwickelt.

Einige Männchen (vor allem unter Insekten, aber auch bei einigen Säugetieren) verplomben nach der Spermaübertragung die Genitalöffnung des Weibchens mit aushärtenden Sekreten und verhindern so eine weitere Kopulation. Weibchen akzeptieren solche Plomben, weil sie von ihrem Nährstoffgehalt profitieren können. Unter Ameisen, Bienen und Mücken kann es zu suizidalen Kopulationen kommen, indem die Männchen nach der Begattung ihren Genitalapparat im Weibchen zurücklassen und so zum Preis des eigenen Lebens eine maximal mögliche Vaterschaft erzielen. Weitere Strategien sind im Tierreich als Anpassung an die Spermakonkurrenz entwickelt worden, wie zum Beispiel ein extrem verlängertes Kopulieren von mehreren Tagen, Wochen, ja Monaten Dauer, wobei das Männchen als »lebender Keuschheitsgürtel« eine weitere Verpaarung des Weibchens verhindert. Männchen anderer Arten (vor allem unter Vögeln und Säugetieren) hüten ihre Weibchen während der fruchtbaren Zeit und verhindern so Kontakt mit fremden Männchen.

Wenn aufgrund der Lebensweise die sexuelle Monopolisierung eines Weibchens jedoch nicht gelingen kann und Weibchen sich innerhalb eines Fortpflanzungszyklus mit mehreren Männchen verpaaren (wie bei vielen Säugetieren), hat rein statistisch das Männchen einen Vorteil, das viel Samen produziert. Um unter diesen Bedingungen in der Spermakonkurrenz möglichst erfolgreich abzuschneiden, sollten die Männchen deshalb möglichst viele Spermien produzieren. Als Folge dieses Selektionsdrucks müssen sich während der Stammesgeschichte ganz zwangsläufig die Keimdrüsen, die Hoden, vergrößern. Demgegenüber unterliegen Männchen jener Arten, deren Weibchen Sexualbeziehungen nur zu einem Männchen eingehen, nicht diesem Selektionsdruck. Fällt die Spermakonkurrenz weg, entsteht kein Wettrennen unter den Männchen um eine gesteigerte Samenproduktion und entsprechend wird die Evolution nicht auf eine Hodenvergrößerung hinwirken.

Man hat diese Hypothese an Primaten überprüft und prompt einen Zusammenhang zwischen der relativen Hodengröße und dem Paarungssystem gefunden. Bei Primaten, deren Weibchen sexuellen Kontakt typischerweise nur zu einem Männchen haben, also solchen, die entweder weitgehend monogam oder in einer Ein-Männchen-Haremsstruktur leben (wie die Mantelpaviane), haben die Männchen eine deutlich geringere Hodengröße als bei jenen Primatenarten, bei denen mehrere Männchen Zugang zu sexuell empfänglichen Weibchen haben (zum Beispiel Berberaffen). Dieser Zusammenhang gilt auch für Menschenaffen. Aufgrund ihrer Paarungssysteme spielt jedoch für Gibbons, Orang-Utans und Gorillas Spermakonkurrenz praktisch keine Rolle. Im Fall der Gibbons liegt es an der weitgehend vorherrschenden Monogamie, bei den Orang-Utans an ihrer einzelgängerischen Lebensweise und bei den Gorillas an ihrer Haremsstruktur, dass Männchen die alleinigen Sexualpartner ihrer Weibchen sind. Penislänge, Hodengröße, Ejakulatvolumen und Spermamenge spiegeln die mangelnde Spermakon-

Der **Keuschheitsgürtel,** ein Symbol sexueller Eifersucht, ist angeblich in der Zeit der Kreuzzüge erfunden worden und sollte während der Abwesenheit der Ehemänner die Keuschheit der Ehefrauen bewahren. Nachweisen lässt sich der metallene Gürtel erstmals im Kyeser-Codex von 1405. Die Satire auf das Dreiecksverhältnis reicher Alter, junge Frau und junger Liebhaber ist ein kolorierter Holzschnitt von Peter Flotner.

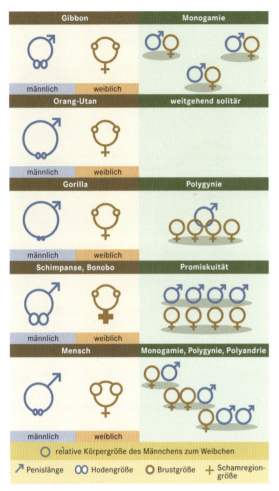

Körpergröße und Geschlechtsmerkmale bei Menschenaffen und Menschen bestimmen das **Paarungs- und Fortpflanzungsverhalten.** Die gleich großen Männchen und Weibchen der Gibbons leben monogam, bei den weitgehend solitär lebenden Orang-Utans und den Gorillas, die in Polygynie leben, sind die Männchen wesentlich größer als die Weibchen. Bei den sexuell freizügig lebenden Schimpansen ist die Größe der Hoden und der weiblichen Brust auffällig. Sexuell am flexibelsten ist der Mensch. Die Hodengröße ist beim Menschen im Verhältnis zum Körpergewicht geringer als bei Schimpansen und Bonobos.

kurrenz wider. Alle vier Merkmale sind bei diesen Arten nur unterdurchschnittlich entwickelt. Die Schimpansen leben jedoch in Mehr-Männchen-Gruppen, in denen es immer wieder zu Gelegenheitsverpaarungen kommt und somit eine große Spermakonkurrenz entsteht. Die entsprechenden Merkmale zeigen, wie die Schimpansenmänner der Promiskuität innerhalb ihrer Gruppe angepasst sind.

Die nebenstehende Abbildung enthält auch die vergleichbaren Angaben für Männer. Nach dem bisherigen Interpretationsschema muss man aus den Daten schließen, dass im Verlauf der Entwicklung des Menschen Spermakonkurrenz als Triebfeder der sexuellen Selektion durchaus eine gewisse Rolle gespielt haben muss. Es erscheint daher unwahrscheinlich, dass die Menschwerdung in einem soziokulturellen Milieu stattgefunden hat, das ausnahmslos durch dauerhafte und strikte Paarbeziehungen gekennzeichnet war. Weder Monogamie noch eine exklusive Haremsstruktur kommen wahrscheinlich als die vorherrschenden Paarungssysteme während der frühen Menschheitsgeschichte infrage. Vielmehr wird ein fakultativ polyandrisches Paarungsverhalten – also »Mehr-Männchen-Verhältnisse« – das Sexualleben unserer weiblichen Vorfahren geprägt und damit für ein gewisses Maß an Spermakonkurrenz gesorgt haben.

Auch in den zeitgenössischen Gesellschaften kann es zweifellos zu Spermakonkurrenz kommen. Ganz abgesehen von speziellen Situationen wie Vergewaltigung oder Prostitution kann es auch bei nominell monogamer Lebensweise bekanntlich zu außerehelichen Beziehungen kommen. Die britischen Biologen Robin Baker und Mark Bellis haben hierzu einige verblüffende Befunde vorgelegt, die sie nach einer Fragebogenaktion mit 2708 Leserinnen einer britischen Frauenzeitschrift gewonnen hatten. Danach findet ehelicher Geschlechtsverkehr (in dieser Kategorie ist auch der Verkehr in dauerhaften Partnerschaften ohne formalen Trauschein eingeschlossen) überwiegend in der zweiten, der eher unfruchtbaren Hälfte des Menstruationszyklus statt. Weibliche Seitensprünge hingegen haben ihr Maximum in der fruchtbaren Zyklusphase. Menschliches Sperma bleibt nach dem Eindringen der Spermien in die Vagina etwa fünf Tage befruchtungsfähig. Unterteilt man die Seitensprünge danach, ob während des außerehelichen Koitus noch bewegliches Sperma des Ehemanns vorhanden gewesen sein könnte, weil der letzte eheliche Akt weniger als fünf Tage zurücklag (»double matings«) oder länger (»non double matings«), offenbaren die Statistiken eine weitere Überraschung.

Die Verteilung der »double matings« korreliert höher mit der Wahrscheinlichkeit einer Schwangerschaft als die Verteilung der »non double matings«. Übrigens machte es keinen Unterschied, ob der außereheliche Verkehr empfängnisverhütend geschützt war oder nicht. Diese Befunde legen die Vermutung nahe, dass einige Frauen Spermakonkurrenz geradezu provozieren, indem sie bevorzugt in ihrer fruchtbaren Zyklusphase »double matings« eingehen.

Ganz offensichtlich haben Männer auf diese angeheizte Konkurrenz adaptiv reagiert und ihre Spermaproduktion darauf eingestellt. Es fällt auf, dass von den 200 bis 500 Millionen Spermien eines Ejakulats nur 300 bis 500 den Eileiter erreichen und als potentielle Befruchter infrage kommen. 40 Prozent der Spermien gelten als »morphologisch defekt«, etwa weil sie zwei Schwänze haben. Früher glaubte man, dass die Herstellung des Spermas besonders fehleranfällig sei, was es notwendig mache, große Mengen zu produzieren, um trotz des enormen Ausschusses doch noch befruchtungsfähig zu bleiben. Heute nimmt man hingegen an, dass die angeblich morphologisch defekten Spermien durchaus eine biologische Funktion erfüllen. Als so genannte »Kamikaze-Spermien« nehmen sie nicht am Wettrennen um das Ei teil, sondern bleiben zurück, verhakeln sich mit ihren Schwänzen und bilden so eine Art Schutzschild gegen eventuell nachfolgendes Sperma eines anderen Mannes. Was auf den ersten Blick wie ein Entwicklungsschaden aussieht, entpuppt sich so bei genauerer Analyse als eine äußerst funktionale biologische Angepasstheit. Ein weiterer von Baker und Bellis erhobener Befund spricht für die biologische Angepasstheit der menschlichen Sexualität an Spermakonkurrenz: Das Ejakulatvolumen ist umso größer, je länger die Partner voneinander getrennt waren, je statis-

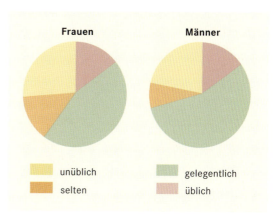

Knapp die Hälfte der Frauen und über die Hälfte der Männer haben gelegentlich **außerehelichen Geschlechtsverkehr.** Dieses Ergebnis ergaben Untersuchungen bei 55 verschiedenen Kulturen.

»Wenn der Postmann zweimal klingelt« ist die vierte Verfilmung des gleichnamigen Romans von James M. Cain. Die Geschichte einer Leidenschaft zwischen dem Landstreicher Gino (Jack Nicholson) und der Ehefrau (Jessica Lange) eines Raststättenbesitzers führt zum Mord an deren Mann sowie zu Betrug, Eifersucht und Gewalttätigkeit in der Beziehung des Paares.

tisch wahrscheinlicher es also zu einem »double-mating« gekommen sein könnte. Auch wenn der Mann zuvor masturbiert hat, kommt es zu dem Effekt der Ejakulatsvolumenzunahme nach Abwesenheit – ein Phänomen, das bei strikt exklusiven Paarbeziehungen in einer Monogamie oder Haremspolygynie keinen erkennbaren Zweck erfüllt.

Die Bedeutung des weiblichen Orgasmus

Ein weiteres Merkmal menschlicher Sexualität ist in seiner biologischen Entstehungsgeschichte und Funktion noch keineswegs restlos geklärt, der Orgasmus. Männer können zwar ohne ihn nicht zeugen, wohl aber können Frauen ohne Orgasmus schwanger werden. Weshalb gibt es ihn also? Eine traditionelle humanethologische Antwort zielt auf seine Funktion in der Partnerbindung: Orgastische Lusterfahrung binde die Partner psychisch zusammen, und genau deshalb hat sich der (weibliche) Orgasmus entwickelt. Ganz zu überzeugen vermag diese Antwort allerdings nicht, denn wenn seine alleinige Funktion in der Verstärkung der Paarbindung läge, dürfte man bei Frauen eigentlich keine Variation bei der Wahrscheinlichkeit eines Orgasmus oder seines Zeitpunkts erwarten. Stattdessen sollte jeder Beischlaf in einen zeitlich gut abgestimmten und psychisch höchst befriedigenden Orgasmus einmünden. Das ist aber bekanntlich nicht der Fall.

Neuere Überlegungen sehen im weiblichen Orgasmus einen im Laufe der Evolution entstandenen Mechanismus der Frauen, Einfluss auf die Wahrscheinlichkeit einer Schwangerschaft zu nehmen. Die mit dem Orgasmus einhergehenden Muskelkontraktionen fungieren gleichsam als eine Art »Saugpumpe«, die, wenn sie zum richtigen Zeitpunkt erfolgen, Spermien befördern und ihnen damit die Befruchtung erleichtern. Damit hätten Frauen eine Möglichkeit, bestimmte als geeignet erachtete Männer als Väter ihrer Kinder zu bevorzugen. Für eine derartige Auswahl gibt es, wie schon erwähnt, gute Gründe, da Frauen sich bei dieser Wahl vorrangig an den »guten

Der **Orgasmus** als Höhepunkt sexueller Erregung ist beim Mann mit der Ejakulation verbunden und damit Voraussetzung für die Zeugung. Frauen können zwar ohne Orgasmus schwanger werden, doch beeinflusst ihr Orgasmus die Wahrscheinlichkeit einer Schwangerschaft.

Genen« der Männer orientieren. Wenn diese Hypothese so stimmt, müsste die Wahrscheinlichkeit, ob Frauen einen Orgasmus erleben und wann dieser in zeitlicher Relation zum Samenerguss erfolgt, wesentlich von der »Qualität« des Mannes abhängen.

Was letztlich die »Qualität« eines Mannes ausmacht, stellt sich jedoch von Frau zu Frau verschieden dar und hängt – wie weiter oben im Zusammenhang mit der Präferenz für bestimmte das Immunsystem codierende Gene bereits besprochen wurde – nicht zuletzt von der eigenen genetischen Konstitution ab. Darüber hinaus gibt es aber offenbar einen weiteren Indikator für »gute Gene«, der anscheinend von allen Frauen nach gleichen Maßstäben bewertet wird. Er besteht in dem, was Biologen als »fluktuierende Asymmetrie« bezeichnen. Gemeint ist damit die Abweichung von der perfekten Symmetrie zwischen den jeweils sich entsprechenden Merkmalen der linken und rechten Körperhälfte. Dass praktisch nie eine vollkommene Symmetrie (beispielsweise zwischen einem linken und rechten Schmetterlingsflügel) erreicht wird, liegt an störenden Einflüssen, die die Entwicklung dieser Merkmale mehr oder weniger beeinträchtigt haben, weshalb das Ausmaß der fluktuierenden Asymmetrie ein guter Indikator für die erreichte Entwicklungsstabilität liefert. Vor allem die Widerstandskraft gegen Krankheiten spiegelt sich hier wider: Je symmetrischer ein Organismus ist, desto besser ist er während seiner Entwicklung mit Krankheitserregern und anderen, seine Gesundheit beeinträchtigenden Einflüssen fertig geworden, desto vitaler ist er also.

Wenn die fluktuierende Asymmetrie tatsächlich »biologische Qualität« anzeigt (also Vitalität, Resistenz gegen Krankheitserreger und Entwicklungsstabilität) und der weibliche Orgasmus eine konditionale Antwort auf Männer mit reproduktiv vorteilhaften Qualitätsmerkmalen ist, sollte die Wahrscheinlichkeit des weiblichen Orgasmus (und sein Zeitpunkt) mit der fluktuierenden Asymmetrie der Männer zusammenhängen. Genau das konnte der amerikanische Biologe Randy Thornhill kürzlich feststellen: Je geringer die fluktuierende Asymmetrie der Männer ausfällt, desto attraktiver werden sie von Frauen beurteilt, desto mehr Intimbeziehungen nehmen sie auf, desto häufiger kommt es zu außerehelichen Beziehungen, desto kürzer ist die Werbezeit bis zum ersten Beischlaf und desto wahrscheinlicher erlebt die Partnerin einen Orgasmus. Danach sieht es ganz so aus, als sei der weibliche Orgasmus als biologische Angepasstheit und zugleich Motor der Spermakonkurrenz zu verstehen. In jedem Fall aber ist die Geschichte von Frauen als keuschen, zurückhaltenden Wesen aus evolutionsbiologischer Sicht ein absoluter Mythos.

Im Tierreich korreliert das Ausmaß **fluktuierender Asymmetrie** negativ mit der Überlebenswahrscheinlichkeit: je symmetrischer, desto langlebiger. Zudem fallen Fruchtbarkeit und Wachstumsrate umso unterdurchschnittlicher aus, je weniger symmetrisch ein Organismus ist. Auch die Partnerwahl der Weibchen wird bei vielen Arten, etwa bei Skorpionsfliegen, Schwalben oder einigen Primaten, sehr stark von der fluktuierenden Asymmetrie der Männchen beeinflusst: je symmetrischer die Männchen, desto größer ist ihr Paarungserfolg.

Ein weiblicher Pfau kann bei einem Männchen, das sein Rad schlägt, die genaue Zahl der Augen auf den Federn erkennen. Darüber hinaus merkt es auch, wenn die Augen zwischen dem linken und dem rechten Teil des Rades asymmetrisch verteilt sind. Je symmetrischer das Rad eines Männchens aufgebaut ist, desto attraktiver ist es für ein Weibchen.

Die deutlich sichtbare Schwellung der Genitalregion ist bei Primatenweibchen ein Zeichen ihrer **Paarungsbereitschaft.** Die Weibchen der Bonobos haben eine besonders stark entwickelte Klitoris und gehören zu den sexuell aktivsten Tieren. Sie masturbieren öfter und haben häufig gleichgeschlechtliche Sexualkontakte, wie diese beiden Weibchen, die sich gerade »in die Büsche schlagen«.

Nach der **»Prostitutionshypothese«** geben Frauen, um ihren Körper jederzeit auch gegen materielle Entlohnung anbieten zu können, ihre Paarungsbereitschaft, das heißt den Zeitpunkt des Eisprungs nach außen nicht zu erkennen.

Ständige Paarungsbereitschaft und verborgener Eisprung

Menschliches Sexualverhalten wäre nicht zu verstehen ohne eine ganz entscheidende evolutionäre Errungenschaft, die Frauen von anderen Primatenweibchen unterscheidet. Während diese nur an bestimmten Tagen ihres Zyklus um den Zeitpunkt des Eisprungs paarungsbereit (rezeptiv) sind, bleibt der Geschlechtstrieb von Frauen nicht auf bestimmte Zyklusphasen beschränkt. Sexuelle Motivationen entstehen auch unabhängig von Eisprung und Fruchtbarkeit.

Primatenweibchen (wie viele andere weibliche Säugetiere) signalisieren sehr deutlich ihre Paarungsbereitschaft, sowohl durch ihr Verhalten, indem sie ganz direkt Kopulationsaufforderungen an die Männchen richten, durch geruchlich wahrnehmbare Pheromone und bei einigen Arten (zum Beispiel bei Schimpansen, Pavianen und Makaken) auch durch eine weithin sichtbare Schwellung der Genitalregion. So ist für alle Mitglieder einer Primatengruppe offensichtlich, dass sich ein Weibchen in einer befruchtungsfähigen Phase befindet. Frauen tun das bekanntlich nicht. Nicht nur, dass sie den Zeitpunkt des Eisprungs nach außen hin verheimlichen, sie wissen ihn meistens auch selber nicht. Nur eine Minderheit spürt Anzeichen des Eisprungs (der so genannte Mittelschmerz).

Diese typisch menschliche Ausnahmeerscheinung muss adaptive Gründe haben. Was hatten Frauen davon, sowohl ihre Paarungsbereitschaft zeitlich auszuweiten, als auch den Zeitpunkt des Eisprungs zu verbergen? Als erklärungsfähigste einer Reihe von Vorstellungen, die von Anthropologen hierzu entwickelt wurden, gilt die »Food-for-Sex«-Hypothese, von einigen Autoren ganz ohne despektierlichen Unterton auch als »Prostitutionshypothese« bezeichnet. Ihre Argumentation gründet auf der schon bei Schimpansen zu beobachtenden Arbeitsteilung zwischen den Geschlechtern, bei der fast ausschließlich Männchen jagen. Die Jagdbeute wird zwar mit den Weibchen geteilt, aber keineswegs unterschiedslos, sondern nach sexueller Verfügbarkeit. Weibchen, die regelmäßiger mit den wertvollen Proteinen und Mineralien des Fleisches versorgt wurden, hatten natürlich einen Lebensvorteil, sodass die natürliche Selektion zwangsläufig in Richtung einer ständigen zeitlichen Ausweitung der sexuellen Paarungsbereitschaft gewirkt haben muss. Die wiederum machte nur Sinn, wenn zugleich den Männchen der tatsächliche Zeitpunkt des Eisprungs verborgen blieb. Soweit sind sich die Experten weitgehend einig. Uneinig sind sie sich allerdings bei der Frage, welche Rolle dauerhafte Paarbeziehungen in dieser Szenerie gespielt haben. Funktionierte das »Food-for-Sex«-Regime nach sehr opportunistischen Regeln, oder haben sich schon früh dauerhafte Allianzen zwischen Männchen und Weibchen herausgebildet mit der Folge mehr oder weniger exklusiver Paarbeziehungen? Eine schlüssige Antwort auf diese Frage ist noch nicht gefunden.

Obwohl Anthropologen recht gut erklären können, wie es zu dauernder Paarungsbereitschaft und verborgenem Eisprung kam, sind sie nach wie vor in großer Verlegenheit, wenn sie erklären sollen, warum die allermeisten Frauen den Eisprung selber nicht bemerken. Eine verlässliche Kenntnis der fruchtbaren Tage brächte doch den Vorteil mit sich, die bestmögliche Wahl der Kindesväter treffen zu können. Warum wird dieser Vorteil nicht genutzt? Wenn Frauen den Männern den Eindruck vermitteln müssen, dass sie den Zeitpunkt des Eisprungs nicht wissen – worauf das »Food-for-Sex«-System basiert – können sie das am effektivsten, wenn sie ihn selbst nicht wissen. Wüssten sie ihn zwar, nicht aber die Männer, hätten sie keine Ruhe vor den misstrauischen Männern und müssten wohl allerlei Drangsalierungen erfahren. Der verborgene Eisprung könnte sich daher als ein Selbstschutzmechanismus entwickelt haben.

Die mittelalterlichen **Badestuben** dienten weniger der Körperreinigung, als dass sie ein Ort der ständigen und offenen Prostitution waren. Mit ihrer Errichtung wurde versucht, die Straßen- und Brückenprostitution zu unterbinden. »In einer burgundischen Badestube um 1470« ist eine Miniatur aus der Handschrift von Valerius Maximus für Anton von Burgund »Factorum et dictorum memorabilium libri novem«.

Ehe – Konflikt und Kooperation zwischen den Geschlechtern

Unsere Alltagserfahrung in den modernen Industriegesellschaften mag manchmal den Blick dafür verstellen, dass die uns so vertraute Monogamie keineswegs die am weitesten verbreitete Eheform ist. Der berühmte und von Anthropologen viel bearbeitete »Ethnographic Atlas« vermerkt einen Anteil von nur 16 Prozent aller dort erfassten 849 Kulturen, die nach ihren Gesetzen oder Normen als monogam zu klassifizieren sind. 84 Prozent haben die Polygynie legalisiert, hingegen weniger als 1 Prozent die Polyandrie. Menschliche Heiratssysteme sind demnach extrem variabel, aber auch im Tierreich ist es keineswegs ungewöhnlich, innerhalb ein und derselben Art verschiedene Paarungsmuster zu finden. Ein Großteil dieser

Monogamie: Ehe einer Frau mit einem Mann.
Polygamie: Ehe eines Partners mit vielen Partnern.
Polygynie: Ehe eines Mannes mit vielen Frauen.
Polyandrie: Ehe einer Frau mit vielen Männern.

Varianz – bei Tieren wie bei Menschen – ist durch den Einfluss äußerer, sozioökologischer Bedingungen erklärbar. Polygyne Ehen finden sich vor allem in traditionellen, patriarchalischen Gesellschaften, in denen Männer die essenziellen Ressourcen wie Vieh oder Ländereien kontrollieren können. Je mehr Ressourcen den Männern zur Verfügung stehen, desto mehr Frauen haben sie im Durchschnitt geheiratet.

Wie kommt es zur Polygynie?

Polygyne Ehen werden keineswegs nur durch despotische Patriarchen erzwungen, sondern meistens von den beteiligten Frauen mitgetragen. Unter welchen sozioökologischen Bedingungen Frauen wahrscheinlicher eine polygyne Ehe akzeptieren und unter welchen eher eine monogame, wird durch das Konzept der *Poly-*

DAS MODELL DER POLYGYNIESCHWELLE

Polygyne Beziehungen entstehen bei den Nordamerikanischen Trauerammern eher, wenn die Weibchen ein gutes Territorium einem schlechten vorziehen, um einen größeren Reproduktionserfolg zu erzielen. In der Grafik sind die Möglichkeiten eines neu im Brutgebiet ankommenden Weibchens schematisch dargestellt. Dort befinden sich bereits drei Männchen (A,B,C). Die Kurven geben an, wie die jeweilige Fitness eines Weibchens (W) zunimmt, wenn es sich monogam (1), bigam (2) oder trigam (3) verpaart. Die Konsequenzen für die Fitness nach einer Wahl lassen sich leicht ablesen.

Das zuerst eintreffende Weibchen kann seine Fitness optimieren, indem es sich mit dem Männchen verpaart, das die meisten Ressourcen besitzt (C_1). Das nächstfolgende Weibchen kann sich entweder als einziges Weibchen mit einem Männchen zusammentun, das über weniger Ressourcen verfügt (B_1), oder mit dem Männchen mit dem besten Territorium, in dem sich allerdings bereits ein anderes Weibchen aufhält (C_2). Für das zweite Weibchen bringen beide Wahlmöglichkeiten die gleiche Fitness.

Wenn sich der Standort weiter füllt, Männchen C bereits zwei Weibchen hat und Männchen B eines, ist es günstiger, sich als drittes Weibchen mit Männchen C zu verpaaren (C_3), anstatt sich als zweites Weibchen zu Männchen B zu gesellen (B_2).

Der kritische Unterschied im Umfang der von den Männchen kontrollierten Ressourcen, der ausreichend ist, damit ein Weibchen sich für eine polygyne Verpaarung entscheidet, heißt *Polygynieschwelle*. Dieser Logik entsprechend müsste das Männchen C, weil es über das produktivste Territorium verfügt, zunächst von drei Weibchen gewählt werden und Männchen B von zwei Weibchen, bevor Männchen A überhaupt ein erstes Mal ausgesucht wird.

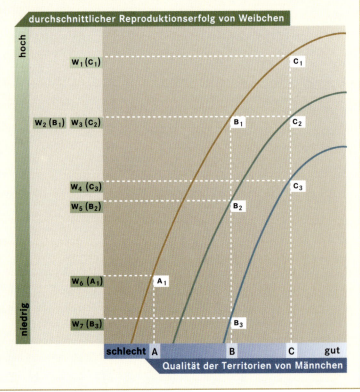

gynieschwelle erklärt. Es entstand zwar im Zusammenhang mit Untersuchungen an Sperlingsvögeln, den Nordamerikanischen Trauerammern, lässt sich aber durchaus auch auf menschliche Verhältnisse anwenden. Wenn die Männchen einer Population nach Art und Umfang recht gleichmäßig Ressourcen kontrollieren und keine großen materiellen Unterschiede entstehen, werden sich die Weibchen gleichmäßig auf die Männchen verteilen. Bestehen aber qualitative oder quantitative Unterschiede in den von Männchen beherrschten Territorien, werden mehr Weibchen die Männchen mit den meisten Ressourcen oder besten Brutmöglichkeiten wählen – sofern keine anderen Verhaltenseinschränkungen bestehen.

Mit dem Modell der Polygynieschwelle lässt sich die Variabilität in den Eheformen der kenianischen Kipsigis recht gut verstehen. Wegen eines Besiedlungsvorstoßes durch die Europäer Anfang des 20. Jahrhunderts musste eine Gruppe Kipsigis aus ihrem traditionellen Stammesgebiet in das benachbarte Gebiet der Massai ausweichen. Eine Gruppe dieser Pioniere, die zwischen 1930 und 1949 in das neue Gebiet zogen, bestand aus 25 Männern, von denen die meisten mit bereits einer oder mehreren Ehefrauen eintrafen. Die Männer erwarben – der Besiedlungsfolge entsprechend – unterschiedlich große Ländereien. Sie heirateten in der Folge weitere Frauen, die hauptsächlich aus dem von den Europäern eingerichteten und sehr bald überbesetzten Nachbarreservat kamen. Nach den traditionellen Eigentumsregelungen der Kipsigis teilten die Frauen eines Mannes den Landbesitz untereinander gleichmäßig zur Bewirtschaftung auf.

Untersuchungen an **Nordamerikanischen Trauerammern** zeigten, dass in einer Population sich die Weibchen gleichmäßig auf die Männchen verteilen, wenn keine Unterschiede in den Ressourcen bestehen. Liegen aber qualitative oder quantitative Unterschiede bei den Ressourcen vor, wählen die Weibchen die Männchen mit den besseren Ressourcen und akzeptieren damit polygyne Verhältnisse.

Die britische Anthropologin Monique Borgerhoff Mulder konnte zeigen, dass Frauen jene Männer bevorzugt heirateten, die ihnen das größte Stück Landbesitz anbieten konnten. So waren etwa 1934 fünf Männer in der Region sesshaft geworden. In diesem Jahr heiratete ein Junggeselle, der einen Besitz von 100 acres anzubieten hatte. Er wurde den anderen vier Männern vorgezogen, die 150 acres (bereits eine Frau), 37,5 acres (drei Frauen), 33 acres (zwei Frauen) und 32 acres (vier Frauen) anboten. 1935 hatte sich die Situation entsprechend verändert: Der Junggeselle, der im Jahr zuvor geheiratet hatte, war jetzt Monogamist und hatte damit einer zweiten Frau nur noch 50 acres anzubieten. Ein neuer Pionier (mit bereits zwei Frauen verheiratet) traf ein und bot einen Besitz von 16,7 acres an. In diesem Jahr heiratete – den Erwartungen des Polygynieschwellenmodells entsprechend – der Monogamist, der 50 acres anbot. Beides, Besitzgröße und die momentane Zahl der Ehefrauen übte einen signifikanten Effekt auf die Wahrscheinlichkeit aus, mit der ein Mann als Ehepartner gewählt wurde. Frauen bevorzugten Männer, die einen möglichst großen Landbesitz hatten und dabei mit möglichst wenigen Frauen verheiratet waren. Dass das Partnerwahlverhalten der Kipsigis-Frauen tatsächlich fitnessteigernd wirkte, beweist die Abhängigkeit des Lebensreproduktionserfolgs von der Größe der Ländereien: Je mehr Land bewirtschaftet wurde, desto besser gestaltete sich die Nahrungsversorgung und desto geringer waren Krankheitsanfälligkeit und Sterberisiko für die Frauen selbst und ihre Kinder.

Die **Mormonen** leben zwar offiziell in monogamen Ehen, doch gibt es noch immer polygyne Ehen. Auf dem Foto ist ein Mormone im Kreis seiner neun Frauen zu sehen.

Soziale Konsequenz polygyner Eheformen ist eine extrem hierarchische Gesellschaftsstruktur mit reichen Haremshaltern einerseits und armen, zur Ehelosigkeit gezwungenen Männern andererseits. Entsprechend findet sich (unter Ausnahme der westlichen Industriestaaten) im Kulturenvergleich ein deutlicher Zusammenhang zwischen dem sozialen Gefälle einer Gesellschaft und ihrem Polygyniegrad, also dem Anteil polygyner an allen Ehen.

Extrem schwankende Umwelt- und Klimabedingungen mit ihren unregelmäßig wiederkehrenden traumatisierenden Einflüssen auf Land und Leute verursachen eine Ungleichverteilung der Ressourcen und fördern deshalb die Entstehung polygyner Systeme. Tatsächlich ist ein statistischer Zusammenhang zwischen der Saisonalität und mangelnder Vorhersagbarkeit von Niederschlag (als Indikator ökologischer Schwankungen) und dem Polygyniegrad der jeweiligen Gesellschaften nachgewiesen. Es besteht auch ein Zusammenhang mit der örtlich auftretenden Belastung durch Krankheitserreger, was ebenfalls für einen ökologischen Einfluss auf die Eheform spricht: Je stärker der Stress durch Krankheitserreger ausfällt, desto weniger Männer kommen als taugliche Ehepartner infrage, und Polygynie ist die Folge.

Was spricht für die Monogamie?

Monogame Gesellschaften finden sich häufig unter den traditionellen, so genannten egalitären Kleingesellschaften der Wildbeuter und Pflanzer. Sie scheint vor allem unter extremen Umweltbedingungen vorzukommen, wie etwa in Wüstenrandgebieten oder arktischen Regionen, in denen die Sicherung des Lebensunterhalts extrem erschwert ist. Durch die enge Ressourcenbegrenzung ist ein einzelner Mann normalerweise nicht in der Lage, in mehr als die Kinder einer einzigen Frau zu investieren. Jagbares Wild ist zudem – im Gegensatz zu Nutzvieh oder Land – schwer als Eigentum zu beanspruchen. Dafür ist die Verteidigung eines großen Territoriums erforderlich, was kaum von einer Einzelperson zu bewältigen wäre, sodass in vielen Wildbeutergesellschaften die ökologischen Voraussetzungen für das Entstehen polygyner Ehen – die Möglichkeit Vorräte anzulegen – nicht gegeben sind. Der amerikanische Biologe Richard Alexander spricht in diesem Zusammenhang von »ecologically imposed monogamy« (ökologisch bedingte Monogamie), um anzudeuten, dass diese Monogamie primär auf die ökologisch bedingte Lebenssituation zurückzuführen ist.

In den westlichen Industriestaaten ist die **Monogamie** die vorgeschriebene Eheform. Sie beruht auf einer kulturellen Übereinkunft und ist nicht wie im Tierreich auf eine ökologische Notwendigkeit zurückzuführen.

Daneben finden sich monogame Ehen in den hoch differenzierten Industriegesellschaften mit sehr komplexen Sozialsystemen. Da solche Gesellschaften durchaus soziale Hierarchien mit erheblichen Unterschieden in den Lebens- und Reproduktionschancen haben können, würde man eigentlich gemäß des Polygynieschwellenmodells erwarten müssen, dass auch hier Polygynie verbreitet ist. Es überrascht zunächst, dass stattdessen Monogamie die vorgeschriebene Eheform ist. Alexander bezeichnet sie als »socially imposed monogamy« (sozial bedingte Mongamie). Während im Tierreich grundsätzlich alle monogamen Systeme auf ökologisch begrenzte Situationen zurückgehen, handelt es sich bei der sozial bedingten Monogamie um ein nur beim Menschen vorkommendes kulturelles Phänomen. Gesetze oder normative Regeln verbieten hier polygyne Verbindungen. Wissenschaftler erklären das mit der in solchen Gesellschaften angestrebten reproduktiven Gleichheit. Sie diene der Minderung von Konkurrenz und stärke den Zusammenhalt und die Kooperation beim engen Zusammenleben in großen Gruppen. Allerdings ist nicht zu übersehen, dass in Gesellschaften mit vorgeschriebener Monogamie polygyne Tendenzen existieren. Oft nur scheinbar steht hier die kulturelle Norm der Einehe den polygynen Interessen zur Fitnessmaximierung von Männern und Frauen entgegen. Sozial angesehene und reiche Männer beispielsweise haben überdurchschnittlich häufig außereheliche Affären und unterlaufen so die Monogamie.

Polyandrie – eine seltene Form der Ehe

Polyandrische Ehen, also solche, in denen eine Frau mit mehreren Männern verheiratet ist, sind weltweit äußerst selten. Man sollte meinen, dass sie zunächst weder den naturgemäßen männlichen noch den naturgemäßen weiblichen Interessen bei der Fortpflanzung dienen. Für den Reproduktionserfolg einer Frau reicht in der Regel die Kooperation mit einem einzigen Mann, sodass Frauen kaum ihre Fitness steigern können, wenn sie Beziehungen zu mehreren Männern gleichzeitig eingehen (vergleiche aber die obigen Ausführungen zu den Partnerwahlpräferenzen). Auch den Männern nützt »im Normalfall« Polyandrie nichts. Sie sollten vielmehr zur Steigerung ihrer Vaterschaftswahrscheinlichkeit für exklusive Paarbeziehungen sorgen und Konkurrenten von ihren Frauen fern zu halten versuchen. Weil unklare Vaterschaftsverhältnisse zu Fehlinvestitionen führen können, droht Polyandrie die Fitness von Männern zu reduzieren und dies umso mehr, je bedeutsamer väterliches Investment für das Überleben der Kinder wird. Wenn man trotz dieser innewohnenden Nachteile reproduktive Mehrmänner-Konstellationen vorfindet, muss man erwarten, dass spezifische, begrenzend wirkende Systemzwänge eine ganz direkte, gleichsam »unverfälschte« Durchsetzung vor allem männlicher Fortpflanzungsinteressen nicht erlauben, sondern spezielle Verhaltensanpassungen erzwingen.

Die britischen Soziöokologen John Crook und Stamati Crook haben die Polyandrie der Tibeter unter verhaltensökologischen Gesichtspunkten analysiert. Die Ehemänner einer Familie kooperieren bei der arbeitsintensiven Landarbeit und Viehzucht. Ihre gemeinsa-

In Tibet heiratet traditionell eine Frau die Brüder einer Familie. Von den 849 erfassten menschlichen Gesellschaften praktizieren noch drei weitere Kulturen die **Polyandrie.** Auf dieser Fotografie ist eine 12-jährige Tibeterin mit drei ihrer fünf Ehemänner zu sehen.

men Kinder werden innerhalb der gemeinsamen Familie aufgezogen. Die Bauernstelle wird an den ältesten Sohn vererbt. Wenn er heiratet, können sich seine jüngeren Brüder dieser Ehe anschließen (»fraternale Polyandrie«), was im klassischen Fall bedeutet, dass in jeder Familie und Generation nur einmal geheiratet wird. Der Landbesitz wird so ungeteilt von einer Brüdergeneration auf die nächste weitergegeben. Chef einer solchen Familiengemeinschaft ist aber immer der älteste Bruder. Die Töchter heiraten nach außerhalb oder helfen als ledige Arbeiterinnen auf dem brüderlichen Anwesen mit.

Crook und Crook verstehen die tibetische Polyandrie als Anpassung an eine ausgesprochen lebensfeindliche Umwelt, die wegen ihrer begrenzten Weide- und Ackerflächen und klimatischer Härte kein Wachstum der Population zulässt und zudem intensive Landarbeit zur Sicherung des Lebensunterhalts erfordert. Die Tragekapazität der Himalajahochtäler ist erschöpft. Wenn sich alle überlebenden Kinder fortpflanzen würden, etwa bei einem Übergang der Gesellschaft zur Monogamie, müsste das demographische Gleichgewicht zusammenbrechen. Abwanderungsmöglichkeiten für die überzähligen Kinder existieren in den abgelegenen Regionen kaum, und dort, wo sie sich am ehesten ergeben, etwa in der Nähe der sich entwickelnden städtischen Zentren mit ihren nichtagrarischen Einkommenschancen, wird in der Tat vermehrt ein soziodemographischer Strukturwandel beobachtet. Hier kommt es immer seltener zu polyandrischen Ehen, während Monogamie zunimmt.

Unter traditionellen Bedingungen erfüllt Polyandrie also zwei wesentliche soziökologische Funktionen: Erstens Begrenzung der Haushalte, dadurch Vermeidung einer Ressourcenzersplitterung und zweitens Vermehrung der Arbeitskraft innerhalb der Haushalte. Beides trägt zu einer gewissen Abpufferung der latenten ökologischen Bedrohung bei.

So plausibel eine verhaltensökologische Interpretation der traditionellen tibetischen Eheform auch sein mag; letztlich ist die Frage nach der biologischen Angepasstheit kooperativer Polyandrie nicht zu beantworten, ohne ihre reproduktiven Konsequenzen für Männer und Frauen zu beachten. Die Wissenschaftler konnten nun mithilfe umfangreichen genealogischen Materials nachweisen, dass nicht nur der Lebensreproduktionserfolg von polyandrisch verheirateten Frauen über dem der monogamen Frauen lag, sondern dass sich dieser reproduktive Vorteil bis in die Enkelgeneration fortsetzte. Frauen haben also etwas davon, die Arbeitsproduktivität mehrerer Männer gleichzeitig zu nutzen und in die eigene Haushaltsökonomie und Fortpflanzung zu kanalisieren.

Für die Männer sieht die Rechnung jedoch anders aus. Gegenüber einer Einehe büßen sie an Fitness ein, wenn sie sich zu einer polyandrischen Ehe zusammenschließen. Allerdings scheint der Fitnessverlust weniger groß, als man zunächst vermuten sollte, denn erstens ziehen polyandrische Familien mehr Kinder auf und zweitens sind die Väter Brüder, sodass eine Zunahme der indirekten Fitness über

Auf den Feldern in den **Talsohlen Tibets** wird vornehmlich Gerste angebaut. Die landwirtschaftlichen Nutzflächen sind begrenzt und die klimatischen Bedingungen rau. Unter diesen schlechten ökologischen Bedingungen wird durch Polyandrie die Zahl der Haushalte begrenzt und damit eine Ressourcenzerstörung vermindert und eine Vermehrung der Arbeitskraft innerhalb der Haushalte erreicht.

die Verwandtenselektion teilweise für den Verlust an direkter Fitness entschädigt. Wenn zudem die Vaterschaftswahrscheinlichkeiten nicht für alle Ehemänner gleich verteilt sind, weil der ältere, dominante Bruder die sexuellen Möglichkeiten seiner jüngeren Mitehemänner einengt, sollte in der Tat zumindest für nachgeborene Söhne eine polyandrische Ehe nicht die reproduktionsstrategische Entscheidung erster Wahl sein. Wenn immer sich Möglichkeiten zur Gründung einer eigenen, unabhängigen Ehe auftun, sollten jüngere Brüder diese nutzen, was auch beobachtet wurde. Wenn dennoch über 30 Prozent aller Ehen polyandrisch sind, so deshalb, weil hier die Alternative nicht »Polyandrie oder Monogamie« lautet, sondern »Polyandrie oder Ehelosigkeit«. Dann ist selbstverständlich die Entscheidung für eine Mehr-Männer-Familie die reproduktiv effektivste. Die polyandrisch verheirateten jüngeren Brüder wählen die »beste aller schlechten Möglichkeiten«, und genau das ist biologisch angepasst und funktional.

Fazit: Es gibt und gab auf unserem Planeten keine Gesellschaft, die sich in nennenswertem Umfang außerhalb gesellschaftlich sanktionierter ehelicher Institutionen vermehrt hätte. Wenngleich die jeweiligen Ehe- und Familienformen enorme historische und ethnische Unterschiede aufweisen, gruppiert sich ihre Vielfalt um einen recht unveränderlichen Kern: Die Ehe fungiert als ein kulturelles Mittel zur biologischen Fortpflanzung und spiegelt den jeweils erreichten Kompromiss zwischen männlichen und weiblichen Lebens- und Reproduktionsinteressen wider.   E. Voland

Was, wenn die Soziobiologen Recht haben?

Eine der Kernthesen der Soziobiologie lautet, dass wir Menschen mit *allen* unseren Systemeigenschaften ein »Produkt der Evolution« sind, oder umgekehrt, dass für *keine* menschliche Systemeigenschaft der Rückgriff auf eine übernatürliche Erklärungsinstanz erforderlich ist. Weder unser »Geist« fiel vom Himmel noch die verschiedenen Formen des Bewusstseins und auch nicht das, was wir unter menschlicher »Moralität« verstehen. Anders formuliert: Unser Bewusstsein – inklusive dessen, was wir »Selbst«, »Ich« oder auch »Seele« nennen – ebenso wie unsere Moralität sind nach dieser Auffassung nichts anderes als im Laufe der Evolution durch Mutation und Selektion entstandene Anpassungsleistungen an (früher!) gegebene Überlebensbedingungen, die zur evolutiven »Fitness« beitragen – und zwar zur evolutiven Fitness von Genen. Noch deutlicher: Unser Bewusstsein von uns selbst als einem »Ich«, unser Glaube an eine (immaterielle) »Seele« ebenso wie unser Moralempfinden sind letztlich nichts anderes als raffinierte Tricks oder »Erfindungen« der Gene, deren einziger Zweck es ist, ihre eigene Überlebenstauglichkeit zu maximieren. »Unser« individuelles Leben und Überleben ist demnach in evolutivem Sinne nur insofern relevant – und hat nur insofern »Sinn« –, als es dem Fortbestand von Genen dient, deren Überlebensmaschinen wir sind.

Sollte all das zutreffen, dann drängen sich eine Reihe von Konsequenzen auf, die für verschiedene Wissenschaftsdisziplinen geradezu revolutionär sind, darüber hinaus aber sowohl für unser Selbstverständnis als auch für unsere Lebenspraxis von außerordentlicher Bedeutung sein könnten. Zwei dieser möglichen Konsequenzen werden im Folgenden im Sinne von Denkanstößen genannt und ihre wahrhaft ungeheure Tragweite aufgezeigt.

Die merkwürdige Auflösung des »Selbst«

Wenn das, was wir »Selbstbewusstsein« oder »Seele« nennen, nichts anderes ist als ein genetischer Trick; wenn »ich« nichts anderes bin als mentale Repräsentation hirnphysiologischer Prozesse; wenn Gedanken und Gefühle nichts anderes sind als das »Feuern von Neuronen«, dann heißt das doch offensichtlich, dass es »mich« *eigentlich,* also in dem Sinne, wie oder wer ich zu sein *glaube,* gar nicht gibt. Auf die Spitze getrieben: »Ich« bin nur Illusion; »ich« bin niemand!

Aber ist das nicht der Gipfel des philosophischen Unsinns? Denn *wer* ist es denn, der da an *seiner* Existenz zweifelt? Ego dubito ergo sum: *Ich* zweifle, also bin ich! Heißt das nicht umgekehrt, dass die rein materialistische Evolutionstheorie und damit auch die Selbstbewusstseinstheorie der Soziobiologen zumindest defizitär, wenn nicht schlicht falsch sind? Doch die Frage lautete, was ist, wenn die Soziobiologen Recht haben? Könnte sich ihre evolutiv-funktionalistische Theorie über das menschliche »Selbst« in dem Sinne durchsetzen und etablieren, dass die Menschen zu einem Selbstverständnis von sich selbst als »Niemandem« gelangen? Mit welchen Konsequenzen? Hätte man mit einer Pandemie der psychischen Zusammenbrüche und der Verzweiflung zu rechnen? Oder änderte die soziobiologische »Erkenntnis« deshalb nichts an unserem unmittelbaren Selbstverständnis und unserem täglichen Leben, weil wir eben Roboter sind, die nicht anders können, als ihre Programme abzuspulen? Aber wie ist dann die desillusionierende und die menschliche Eitelkeit zutiefst kränkende Einsicht in unser Niemandsein zu verstehen? Als Programmier-»Fehler« der Evolution oder als »Virus«, das im Würfelspiel der Mutationen zufällig entstanden ist und nun das reibungslose Funktionieren der Menschmaschinen zumindest empfindlich stören könnte, da eben eine Vielzahl von bisher überlebensdienlichen Täuschungen als solche entlarvt werden? Könnte eine Lösung des Problems darin bestehen, dass wir so etwas wie eine allgemeine Form der Schizophrenie entwickeln, die es uns erlaubt, zwischen dem Bewusstsein der »Wahrheit« und dem lebenspraktischen Festhalten an allen Selbsttäuschungen hin und her zu pendeln?

Wie immer man derartige Fragen konkret beantwortet: Die soziobiologischen Thesen über »Selbstbewusstsein« und »Seele« des Menschen bergen viele höchst praxisrelevante Probleme, die nicht zuletzt für Philosophie, Psychologie und Erziehungswissenschaften eine enorme Herausforderung sind und nicht einfach mit dem lapidaren Hinweis abgetan werden können, dass die »Wahrheit« eben zu akzeptieren sei.

Das »anthropologische Dilemma«

Eine weitere Kernthese der Soziobiologen lautet, dass wir Menschen Kleingruppenwesen sind, genetisch »programmiert« auf das Leben und Überleben in relativ kleinen, überschaubaren sozialen Verbänden. Dementsprechend ist auch unsere Neigung zu sozialem oder »moralischem« Verhalten eindeutig nahbereichsorientiert. Dagegen neigen wir gegenüber Menschen, die nicht zu unser »Ingroup« gehören, gerade nicht zu altruistischem Verhalten, sondern eher zu Gleichgültigkeit und – je nachdem, wie sehr sie uns in die Quere kommen – zu verschiedenen Formen der Fremdenfeindlichkeit bis hin zu Aggressivität und Gewalt. Die Grenzen unserer natürlichen Moralfähigkeit werden zwar als dehnbar angesehen, jedoch nicht in beliebigem Ausmaß. Wenn die eigene Lebenssituation sowie die der jeweiligen »Ingroup« als gefährdet angesehen wird, neigen wir in Sachen Moral dazu, die Schotten dicht zu machen und uns nach »außen« schärfer abzugrenzen.

Doch wie könnte aus diesem Phänomen, das doch offensichtlich höchst natürlich ist, ein Problem erwachsen? Angenommen, es gäbe heute eine Fülle von »Menschheitsproblemen« wie etwa Weltbevölkerungsentwicklung, weltweite Migrationsbewegungen und ökologischen Raubbau sowie deren vielfältige Wechselwirkungs- und Rückkopplungseffekte. Nehmen wir zudem an, diese globalen Probleme hätten ein Ausmaß erreicht, das die Gattung Mensch als Ganze bedroht – völlig unabhängig davon, ob ihre Vertreter im Luxus des Nordens oder im Elend des Südens leben. Dann verlangen jene Menschheitsprobleme offenbar dringend globale Lösungsansätze und effiziente globale Zusammenarbeit, weil sie von einzelnen Staaten nicht mehr bewältigt werden können. Aber dann stecken wir Menschen – falls die Soziobiologen Recht haben – offensichtlich in einem echten Dilemma – eben dem »anthropologischen Dilemma«. Denn die Soziobiologie spricht uns doch die Fähigkeit ab, dem geforderten globalen Maßstab in unserem Wahrnehmen, Denken und Handeln gerecht werden zu können: Wir sind nun einmal Kleingruppenwesen und neigen unter Druck viel eher dazu, uns abzuschotten und »einzuigeln« als kooperative Lösungen mit »den anderen« zu erarbeiten.

Müssen wir also davon ausgehen, dass es gerade nicht zu der objektiv gebotenen Globalisierung der Lösungsstrategien kommt, wenn etwa die ökologischen Gefahren überall akut werden und sich in vielen Staaten der Erde ein spürbarer Leidensdruck einstellt, sondern viel eher zu einem Rückfall in (aggressive) Verhaltensmuster entsprechend unserer »ersten Natur«? Und müssen wir demnach eingedenk der soziobiologischen These, dass einem wachsenden Moral*bedarf* keine wachsende Moral*fähigkeit* entspricht, damit rechnen, zwischen den »Mühlsteinen« jener ersten Natur und den faktisch gegebenen Überlebensbedingungen zermahlen zu werden? Ist folglich der Mensch, jenes »blöde Viech« – wie ihn Konrad Lorenz liebevoll nannte –, schlicht »zu dumm zum Überleben«?

Es ist zu hoffen: nein. Aber die Gretchenfrage lautet, wie jenes Dilemma aufzulösen sein könnte. Wenn die Soziobiologen Recht haben, dann wäre es doch naiv, unrealistisch und illusionär, die Hoffnungen auf den wahrhaft »neuen Menschen« zu setzen, der sich gleichsam über sich selbst erhebt, sich zur Praxis einer universalistischen »Ethik gegen die Gene« aufschwingt und sich in allen Kontinenten und Kulturen das »Humanum« auf den moralischen Schild zu heften bereit ist. Geht man ferner davon aus, dass im Zeitalter der weltweiten Verbreitung von Massenvernichtungswaffen und der immer engeren ökonomischen und politischen Vernetztheit jeder Gedanke an eine gewaltsame Auflösung des Dilemmas unsinnig, anachronistisch und unweigerlich selbstzerstörerisch wäre, dann bleibt aus soziobiologischer Sicht als Ausweg offensichtlich nur eines: der Appell an die menschliche Klugheit.

Nur wenn es gelingt – zumal in den Wohlstandsgesellschaften der Erde –, in den Menschen ein Bewusstsein zu erzeugen, dass es bei der Lösung globaler Probleme *nicht* um Moral oder die Wahrung und Mehrung eigenen oder fremden Wohlstands geht, sondern um die eigenen grundsätzlichen Überlebensinteressen, besteht Aussicht auf Erfolg. Denn das »Prinzip Eigennutz« ist die einzige realistische Basis der Ethik und der Politik – wenn die Soziobiologen Recht haben.

T. Mohrs

Fortpflanzung zwischen Kindersegen und Kinderfluch, zwischen Manipulation und Opportunismus

Machen Kinder glücklich? Offensichtlich gibt es keine allgemein gültige Antwort auf die so häufig gestellte Frage nach dem Lebensglück durch Fortpflanzung. In manchen Bevölkerungen wird früh, gleich nach der Geschlechtsreife mit der Fortpflanzung begonnen, in anderen verstreichen Jahre bis zur Geburt des ersten Kindes, wenn es überhaupt dazu kommt. Mal wird Fruchtbarkeit als Segen aufgefasst und alles getan, um die fruchtbare Lebensspanne reproduktiv möglichst voll zu nutzen, mal wird Fruchtbarkeit eher als Fluch empfunden und alles getan, um Schwangerschaften zu verhindern.

Die gesellschaftlichen Erwartungen an Kinder und Jugendliche sind vielfältig und ständigen Veränderungen unterworfen.

Diese Veränderlichkeit reproduktiver Präferenzen ist schon lange Gegenstand sozial- und kulturwissenschaftlicher Forschung, wobei Unterschiede in Tradition und Kultur häufig als die Gründe für diese Variabilität genannt werden. Kommt es innerhalb einer Gesellschaft zu Veränderungen in den reproduktiven Präferenzen, begründet man dies gern mit einem sich vollziehenden »Wertewandel«. Verhaltensforscher und Anthropologen können sich mit solchen Erklärungsansätzen jedoch nicht zufrieden geben, weil damit die Frage nach der Unterschiedlichkeit des Reproduktionsverhaltens eigentlich nicht beantwortet, sondern lediglich auf eine andere Ebene verschoben wird. Man könnte genauso gut fragen, was eigentlich den Wertewandel verursacht, und was genau seine Richtung bestimmt. Was in den kulturwissenschaftlichen Analysen fehlt, ist die unabhängige Variable oder der naturalistische Fixpunkt, von dem aus sich die kulturelle Variabilität der abhängigen Variablen verstehen lässt: die reproduktiven Präferenzen.

Ein biologischer Ansatz könnte das gesuchte Koordinatensystem liefern. Schließlich ist Fortpflanzung einer der grundlegenden Lebensvorgänge, und die physiologischen und psychologischen Mechanismen ihrer Regulation unterlagen – wie alle anderen Merkmale der Organismen auch – während der menschlichen Stammesgeschichte der formenden Kraft des biologischen Evolutionsgeschehens, mit nachhaltigen Auswirkungen bis in unsere moderne Zeit.

Menschen sind Reproduktionsstrategen

Warum bekommen Menschen überhaupt Kinder? Auf diese für das Verständnis des Fortpflanzungsgeschehens so wichtige Frage lassen sich Antworten auf zwei grundsätzlich verschiedenen Ebenen finden. Zunächst einmal können alle jene Gründe benannt werden, die als verantwortliche Wirkmechanismen die menschliche Fortpflanzung regeln. Menschen bekommen demnach Kinder, weil sie durch das kulturelle Normenverständnis ihrer Gesellschaft dazu motiviert werden, weil sie einen psychisch verankerten Kinderwunsch in sich verspüren, weil das Aufziehen von Kindern und die Lebenserfahrung mit ihnen psychisch belohnen, und schließlich bekommen Menschen auch deshalb Kinder, weil ein physiologisch geregelter Trieb Lusterfahrungen verspricht, was zumindest unter vormodernen Lebensverhältnissen regelmäßig zu Nachwuchs führte.

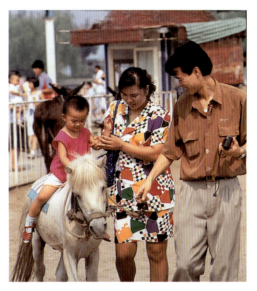

Die **Ein-Kind-Familie** wurde in China von einer strengen Geburtenkontrollpolitik vorgeschrieben, um den Bevölkerungsdruck zu mindern.

Die hier kurz angedeuteten Gründe für Fortpflanzung, die sich auch als proximate Gründe zusammenfassen lassen, können zwar die unmittelbaren kulturellen, psychischen und physiologischen Ursachen menschlicher Fortpflanzung benennen, doch beantworten sie nicht die Frage nach dem funktionalen Hintergrund solcher Kausalzusammenhänge. Es lässt sich weiterfragen, warum Menschen von gesellschaftlichen Normen bei der Fortpflanzung beeinflussbar sind, warum es den Kinderwunsch und eine physiologisch geregelte Geschlechtlichkeit gibt, warum sich Menschen also von den genannten Mechanismen motivieren lassen. Aus soziobiologischer Sicht lautet die Antwort: Menschen bekommen Kinder, weil sie als biologische Wesen reproduktive Interessen verfolgen und sich im Verlauf von Evolution und Geschichte die genannten proximaten Mechanismen als wirkungsvolle Instrumentarien zur optimalen Umsetzung dieser reproduktiven Interessen bewährt haben. Eine solche Antwort berührt den funktionalen, den »Wozu?«-Aspekt der gestellten Frage und spricht damit die zweite Ebene an, auf der in der Biologie Warum-Fragen behandelt werden können, die der ultimaten Gründe.

In den westlichen Industriestaaten ist seit Beginn der 1960er-Jahre ein verstärkter **Geburtenrückgang** zu verzeichnen. Bevölkerungs- und familienpolitische Maßnahmen, die verbesserte materielle Lebensbedingungen für junge Familien gewährleisten, können den Wunsch nach mehr als zwei Kindern häufig jedoch nicht wecken.

Für den **Kinderreichtum** in Afrika sind neben wirtschaftlichen Gründen – viele Kinder zu haben ist die einzige Form einer Altersversorgung – auch traditionelle, kulturelle und religiöse Aspekte ausschlaggebend. Oft ist die Geburt vieler Kinder, und insbesondere vieler Söhne, für Frauen die einzige Möglichkeit, ihren sozialen Status zu verbessern.

Proximate und ultimate Erklärungsebenen schließen also einander nicht aus, sondern ergänzen sich. Deshalb kann auch die eine nicht überzeugender als die andere sein.

Das Elterninvestment

Aus biologischer Sicht ist Reproduktion eine Form von Investment, das »Elterninvestment«. Elterninvestment kann sehr verschiedenartige Formen annehmen, kann Zeit, Energie oder Lebensrisiken erfordern, kann im Zusammenhang mit der Geschlechtszellenbildung, der Embryonalentwicklung oder nachgeburtlich erfolgen. Es umfasst alle Maßnahmen zur Steigerung der kindlichen Lebenschancen, die eine weitere elterliche Fortpflanzung zu einem späteren Zeitpunkt erschweren. Bemerkenswert an dieser Definition ist die hervorgehobene Bedeutung der Kosten elterlichen Verhaltens. Wegen dieser Eigenschaft unterliegen die Elternstrategien der natürlichen Selektion, da es für den Lebensreproduktionserfolg eines Individuums nicht belanglos sein kann, wann und in welchem Umfang es Kosten für seine Fortpflanzung in Kauf nimmt. Diese entstehen über vielfältige und arttypische Zusammenhänge: Unter vielen Wirbellosen und niederen Wirbeltieren verringert die Abzweigung von Stoffwechselprodukten und -energien in die Geschlechtszellenproduktion das Wachstum der Elterntiere und damit deren spätere Fruchtbarkeit. Rothirschkühe, die Jungtiere führen, verfügen über geringere Fettreserven und sind somit einem größeren Risiko ausgesetzt, den kommenden Winter nicht zu überleben, als Hirschkühe ohne abhängigen Nachwuchs. Viele weitere Beispiele ließen sich aufführen.

Weil Fortpflanzung Kosten verursacht, kann ein Ziel der natürlichen Selektion nicht die unbeschränkte Reproduktion sein. Vielmehr optimiert sie die Art und Weise, in der Eltern die Investmentkosten auf sich nehmen, wobei gemäß des darwinschen Prinzips jene Maßnahmen belohnt werden, die in der Lebensbilanz zum größten Netto-Fitnessertrag führen. Die Evolution hat Eltern zu Reproduktionsstrategen geformt, die ständig Entscheidungen über einen möglichst optimalen Einsatz ihrer begrenzten Investmentmöglichkeiten treffen müssen. Einige dieser Entscheidungen zur Zuweisung von Ressourcen sind in der Stammesgeschichte genetisch weitgehend fixiert worden, andere erfordern spontane Anpassungen an die vorherrschenden Lebensbedingungen: In welchem Lebensabschnitt soll man mit der Fortpflanzung beginnen? Soll man sich überhaupt selbst fortpflanzen oder besser seine Verwandten bei deren Fortpflanzungsgeschäft unterstützen? Wie viele Nachkommen soll man zeugen? Wie groß sollen die Abstände zwischen den einzelnen reproduktiven Phasen sein? Sollen die Kinder möglichst lange behütet und versorgt oder mög-

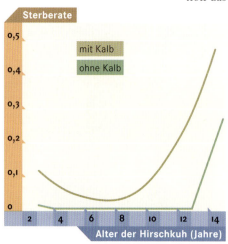

Rothirschkühe mit Jungtieren haben ein größeres Risiko, den kommenden Winter nicht zu überleben, als Hirschkühe ohne Nachwuchs. Dieser Verlust an potentieller Reproduktion zu einem späteren Zeitpunkt wird als Elterninvestment bezeichnet.

lichst schnell in die Selbstständigkeit entlassen werden? Wie soll der persönliche Einsatz ausfallen: Soll man als Eltern »alles geben« und sich dafür seltener fortpflanzen oder eher weniger investieren und dafür mehr Kinder bekommen? Soll in alle Nachkommen gleich viel investiert werden, oder ist es vorteilhafter, in dieser Hinsicht Unterschiede zu machen?

Aus der Summe aller dieser Entscheidungen resultiert eine spezielle Lebensgeschichte, deren Anpassungswert von der natürlichen Selektion bewertet wird. Seine einzelnen Merkmale hängen auf vielfältige Art zusammen (sich häufig fortzupflanzen, bedeutet früh mit der Fortpflanzung zu beginnen und/oder die Geburtenabstände kurz zu halten), weshalb die natürliche Selektion nicht das maximal Mögliche für jede einzelne beteiligte Variable, sondern den bestmöglichen Kompromiss zwischen allen begünstigt. Weil Organismen ihre Zeit, Energie und andere Ressourcen natürlich nur einmal ausgeben (investieren) können, müssen sie über die notwendige Aufteilung ihrer immer irgendwie beschränkten Möglichkeiten entscheiden. Aus der verhaltensökologischen Forschung an Tieren sind inzwischen eine ganze Reihe derartiger Entscheidungskonflikte beschrieben worden, wobei sich zwei grundsätzliche Probleme über alle Artgrenzen hinweg verallgemeinern lassen.

> Im Sprachgebrauch der Soziobiologie beziehen sich Kosten und Nutzen der Reproduktion ausschließlich auf **Fitnesseinheiten,** also auf die Währung, in der die natürliche Selektion bilanziert wird. Ganz unmittelbare materielle oder psychische Vor- und Nachteile durch die Reproduktion sind damit nicht angesprochen.

Wie viele Kinder eine Frau in ihrem Leben bekommt, hängt neben den ökologischen und kulturellen Rahmenbedingungen auch sehr von den individuellen Lebensumständen ab.

1) Selbsterhaltung oder Fortpflanzung? Soll ein Organismus (weiterhin) in sich selbst investieren, seine physische oder soziale Qualität und Konkurrenzfähigkeit stärken, sich entwickeln und wachsen, oder soll er sich stattdessen fortzupflanzen beginnen? Es ist der Konflikt zwischen jetziger und späterer Fortpflanzung.
2) Investment in Quantität oder Qualität des Nachwuchses? Mit zunehmender Zahl von Nachkommen kann in jeden Einzelnen nur ein entsprechend geringerer Anteil vom gesamten Elternaufwand gesteckt werden. Daraus folgt ein Optimierungsproblem für die Lebensfitness: Soll man wenige, dafür aber gut ausgestattete, überlebens- und konkurrenzfähige Nachkommen oder viele, dafür aber weniger lebenstüchtige anstreben?

Die Individuen einer Population unterscheiden sich in der Lösung dieser und anderer Fortpflanzungsentscheidungen. Das liegt an den individuell unterschiedlichen Möglichkeiten, denn die persönliche Fortpflanzung begrenzenden Faktoren können aus vielfältigen Gründen (genetischer, ökologischer, sozialer, aber auch zufälliger Art) individuell sehr verschieden sein. Die natürliche Selektion wird deshalb nicht die beste aller theoretisch denkbaren Aufteilungsstrategien fördern, sondern die beste angesichts der konkreten Rahmenbedingungen auch tatsächlich verfügbare. Innerhalb einer Population kann es deshalb verschiedene reproduktionsstrategische Optima geben.

»Reproduktive Interessen« werden letztlich durch die evolutiv entstandenen Tendenzen definiert und berühren überhaupt nicht die Frage, wie bewusst und planvoll sie tatsächlich wahrgenommen und verfolgt werden. Keine nichtmenschliche Art weiß von ihrem reproduktiven Interesse, und dennoch haben sich in der Tier- und Pflanzenwelt teilweise hochgradig komplexe und raffinierte Lebensstrategien entwickelt, die einzig wegen ihrer Effizienz bei der Vermehrung ihrer Gene im Verlauf der Evolution entstanden sind. Um biologisch evolvierte Interessen zu verfolgen, bedarf es keiner zielgerichteten Absicht – beim Grippevirus genauso wenig wie bei der Honigbiene, dem Schimpansen oder dem Menschen. Dennoch verhalten sich diese und alle anderen Arten im Durchschnitt biologisch ausgesprochen »quasi-rational« – eben weil sie angepasst sind und im Verlauf ihrer Stammesgeschichte diejenigen Mechanismen entwickelt und verfeinert haben, die es ihnen erlauben, ihre individuellen reproduktiven Interessen im Spannungsfeld sozialer Konkurrenz und angesichts ökologischer Begrenztheit bestmöglich umzusetzen. Das Ergebnis der Anpassungsprozesse sind genetisch verankerte Reproduktionsstrategien mit zum Teil beachtlichen Freiräumen für taktisch verschiedenartige Optionen in sozioökologisch verschiedenartigen Situationen.

Warum Eltern einige ihrer Kinder mehr lieben als andere

Den einzelnen Kindern kommt innerhalb einer Familie oft ein individuell ganz unterschiedlicher Stellenwert in den elterlichen Reproduktionsstrategien zu. So gibt es innerhalb derselben Familien bevorzugte und weniger bevorzugte Kinder oder den Kindern werden ganz unterschiedliche Rollen innerhalb des Familiengeschehens zugewiesen. Die Palette elterlicher Möglichkeiten, Kinder unterschiedlich zu behandeln, ist weit gefächert. Sie umfasst beispielsweise eine unterschiedliche Versorgung der Embryonen und Feten innerhalb der Gebärmutter sowie Abtreibung und Kindstötung oder Aufziehen des Kindes. Weitere Möglichkeiten sind Unterschiede im nachgeburtlichen Fürsorgeverhalten, etwa der Stilldauer oder der medizinischen Versorgung, bei Erziehung und Ausbildung, eine unterschiedliche Zuweisung von sozialen Chancen und Rollen und schließlich die unterschiedliche materielle Ausstattung im Zuge von Mitgift- oder Erbschaftszahlungen mit Auswirkungen vor allem auf die Heiratswahrscheinlichkeit und andere Aspekte der Lebensbewältigung.

In den reicheren Familien Indiens wird in männliche Nachkommen relativ mehr investiert. Eine Mutter und ihr Sohn haben ein zwei Jahre altes Zwillingspaar im Arm. Die **auffallend unterschiedliche Konstitution** der gleichaltrigen Kinder ist darin begründet, dass der Junge von Geburt an zuerst gestillt und gefüttert wurde.

Aus soziobiologischer Perspektive ist zu erwarten, dass Unterschiede in der Erwünschtheit und Behandlung von Kindern einen biologisch funktionalen Hintergrund haben – durch welche proximaten physiologischen oder psychischen Mechanismen es auch immer zu den Unterschieden im Umgang mit den Kindern kommen mag. In welche Kinder bevorzugt investiert wird und in welche nicht, hängt von den Kosten ab, die Eltern eingehen, wenn sie in ein Kind investieren und vom Nutzen, den ein Investment in speziell dieses Kind verspricht. Aus der Verrechnung dieser beiden Konten resultiert eine Nettobilanz, die über den adaptiven Wert eines möglichen Investments entscheidet. Demnach werden Eltern umso mehr Kosten in Kauf nehmen, also umso bereitwilliger auf Teile ihres verbleibenden Reproduktionspotentials zugunsten ihres jetzigen Nachwuchses verzichten, je größer ihr Fitnessertrag aus diesem reproduktiven Einsatz voraussichtlich ausfallen wird. Offensichtlich lohnt sich eine bestimmte Menge an Investment umso mehr, je effektiver dieses Investment den zukünftigen Reproduktionserfolg der Kinder begünstigt – sei es, weil es deren Überlebenschancen erhöht, deren Konkurrenzfähigkeit im Paarungswettbewerb vermehrt oder anderweitig die Reproduktionschancen der Kinder verbessert. Die Nutzenseite elterlicher »Kalkulationen« wird vor allem bestimmt durch die genetische Verwandtschaft zu den Kindern, dem Alter der Kinder, ihrer Gesundheit, ihrem Geschlecht und den Umfang, mit dem sie zur Familienökonomie beitragen können – sei es durch Arbeit oder durch Mithilfe bei den weiteren Reproduktionsbemühungen der Eltern.

Andererseits sollten – bei gleichen Nutzenerwartungen – Eltern umso zögerlicher investie-

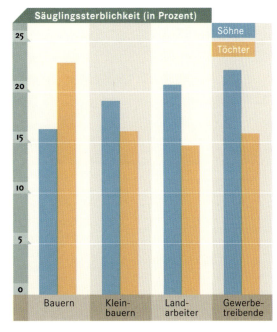

Eine in den Sozialgruppen unterschiedliche **Säuglingssterblichkeit** für Jungen und Mädchen wurde für das 18. und 19. Jahrhundert am Beispiel Leezen in Schleswig-Holstein ermittelt. Dass bei einem konstitutionell höheren Sterberisiko der Jungen in den wohlhabenden Vollbauernfamilien die Sterblichkeit der weiblichen Säuglinge so groß ist, lässt sich am besten mit einer unterschiedlichen Behandlung der Kinder erklären.

ren, je kostspieliger für sie dieses Investment ausfällt. Die Kosten, ein Kind aufzuziehen, variieren vor allem wegen einer unterschiedlichen Ressourcenverfügbarkeit, entstehender Opportunitätskosten, etwa wenn dafür eine Berufsausübung aufgegeben werden müsste, des elterlichen Alters und des Geschlechts des Kindes, wenn beispielsweise die vorherrschenden Normen das Aufziehen und die Ausstattung von Jungen und Mädchen unterschiedlich teuer werden lassen. In der Lebensrealität kommt es darüber hinaus zu zahlreichen Wechselwirkungen zwischen diesen Einflüssen. Weil aber beides, sowohl die Kosten als auch der zu erwartende Nutzen eines elterlichen Investments ganz entscheidend von der individuellen Lebenssituation der Eltern abhängt, muss mit Unterschieden in den persönlichen Nettobilanzen der Reproduktion gerechnet werden und entsprechend auch mit Unterschieden (auch innerhalb derselben Population) in den elterlichen Bereitschaften, in bestimmte Kinder zu investieren.

Grenzen durch Ressourcenverfügbarkeit

Nicht jeder Zeitpunkt ist vorteilhaft, um sich fortzupflanzen und sein Investment Erfolg versprechend einzusetzen. Um vermeidbare Kosten zu sparen, werden Organismen möglichst frühzeitig prüfen, ob sich angesichts der momentanen Lebenssituation eine Fortpflanzung voraussichtlich lohnen wird oder nicht. So ist sofort ein ökonomischer Umgang mit dem begrenzten Investmentpotential möglich. Ist beispielsweise bei einer zeitweisen Nahrungsmittelknappheit oder in psychosozialen Stresssituationen bereits frühzeitig zu erkennen, dass ein ausgetragenes Kind kaum (Über-)Lebenschancen hätte, sind die Einnistung der befruchteten Eizelle in die Gebärmutterschleimhaut, Embryonal- und Fetalentwicklung sowie Geburt und Stillen des Säuglings vermeidbare Kosten. Eine Frau verhält sich biologisch angepasst, wenn sie unter nachteiligen Umständen mit einer Schwangerschaft wartet, bis sich die Aussichten entscheidend verbessert haben.

Zweifellos kann unter soziökologisch schwankenden Umweltbedingungen der Reproduktionserfolg gesteigert werden, wenn die günstigeren Lebensphasen genutzt werden (woraus sich in traditionellen Gesellschaften einige Phänomene der Geburtensaisonalität erklären lassen). Entgegen früherer Auffassungen, wonach erst ein Minimum an Energiereserven (als Fett) angelegt sein muss, damit es zu einer erfolgreichen Schwangerschaft kommen kann, können sich Frauen auch dann fortpflanzen, wenn sie dauerhaft unter Nahrungsmangel leiden und über keinerlei Fettreserven verfügen. Allerdings geht das nur auf Kosten des mütterlichen Selbsterhaltungsaufwandes, also letztlich der Lebenserwartung.

Umwelten können sich unvorhersehbar und schlagartig ändern, sodass mitten in einer an sich planmäßig verlaufenden Schwanger-

Die **Geburt eines Kindes** erfordert die ganzen Kraftreserven einer Frau. Danach ist sie meist völlig erschöpft. Eine nicht optimale Umgebung bei der Geburt erhöht die nicht geringen Gefahren für die Frau und das Kind.

schaft eine Änderung der mütterlichen Investmentstrategie angebracht erscheint. Eine mehr oder weniger drastische Verringerung oder gar eine gänzliche Beendigung des mütterlichen Aufwands kann unter Umständen den Lebensreproduktionserfolg selbst dann noch steigern, wenn die Entwicklung des Fetus schon weit fortgeschritten ist. Der Zusammenhang von Stress (verschiedensten Ursprungs) und Schwangerschaftsrisiken ist gut belegt und kann als Anpassung an die Veränderlichkeit der psychosozialen und ökologischen Lebensumwelten gesehen werden. Auch die Wahrscheinlichkeit willentlich herbeigeführter Abtreibungen hängt von der persönlichen sozialen Lebenssituation der Schwangeren ab. Frauen in festen Partnerschaften mit geklärten Vaterschaftsverhältnissen treiben wesentlich seltener ab als jene Frauen, die ihre Kinder ohne verlässliche väterliche Unterstützung erziehen müssten.

Ebenso kann bei ökologischen oder sozialen Turbulenzen das Investment der Eltern auch noch nach der Geburt reduziert oder abrupt beendet werden. Das erscheint dann biologisch angepasst, wenn – aus welchen Gründen auch immer – das väterliche Investment, das unbedingt notwendig ist, um ein Kind erfolgreich aufzuziehen, nicht zur Verfügung steht. In der ethnographischen Literatur wird ein Mangel an väterlicher Unterstützung häufig als Grund von Kindstötungen genannt, und sicherlich ist auch das in der europäischen Sozialgeschichte regelmäßig zu beobachtende erhöhte Sterberisiko der Kinder lediger Frauen Ausdruck eines verminderten elterlichen Investments. Unabhängig von der allgemein vorherrschenden Höhe der Säuglingssterblichkeit liegt das Risiko »illegitimer« Kinder regelmäßig über dem ehelicher Kinder. Dieser Tatbestand ist überraschenderweise immer noch zu beobachten, obwohl doch heutzutage ehelich und unehelich geborene Kinder eine gleich gute medizinische Versorgung erwarten können.

Für Menschen ist es eine biographische Katastrophensituation ihre Ehepartner zu verlieren, mit nachhaltigen Auswirkungen auch auf eine erfolgreiche Erziehung ihrer Kinder. Anhand genealogischer Daten aus Ostfriesland (18. und 19. Jahrhundert) ließ sich zeigen, mit welchen Konsequenzen der frühe Tod eines Elternteils für die betroffenen Kinder verbunden war. Untersucht wurde das Schicksal von Kindern, die einen Elternteil innerhalb ihres ersten Lebensjahres verloren hatten. Generell lag das Risiko dieser Säuglinge, vor Vollendung des 15. Lebensjahres zu sterben, wenn sie ihre Mutter verloren hatten, 1,4-mal höher als wenn der Vater gestorben war. Das in diesem Zusammenhang interessantere Ergebnis aber war das extrem hohe Sterberisiko der Kinder, die erstes und einziges Kind waren und ihren Vater verloren hatten. Ihr Sterberisiko lag signifikant über

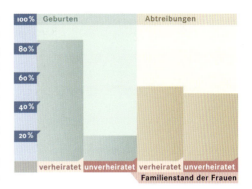

In Deutschland wurden 1996 nur 17% aller Kinder von **unverheirateten Frauen** geboren, doch wurden 48% aller Abtreibungen von ihnen vorgenommen.

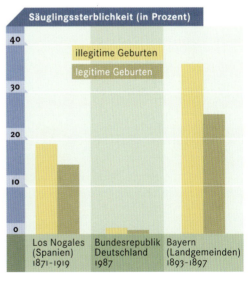

Das **Sterberisiko unehelich geborener Kinder** (in Prozent der im ersten Lebensjahr gestorbenen Lebendgeborenen) liegt in der europäischen Sozialgeschichte bis heute wesentlich über dem der ehelichen Kinder.

dem der Kinder höherer Geburtsränge, also solchen mit Geschwistern. Überlebte hingegen der Vater, war kein signifikanter Einfluss des Geburtsrangs auf die Sterblichkeit der Halbwaisen zu finden. Aus der historisch-demographischen Literatur ist bekannt, dass Witwen eine wesentlich bessere Aussicht hatten, wieder zu heiraten, wenn sie kinderlos waren. Auch in dieser ostfriesischen Stichprobe fand sich ein Zusammenhang zwischen dem Tod des einzigen Säuglings einer Witwe und ihrer Wiederverheiratungswahrscheinlichkeit. Indem die Witwen ihr erstes und einziges Kind »aufgaben«, folgten sie letztlich einer Anpassungsstrategie. Die Beendigung des Investments in dieses Kind erhöhte ihre Chancen wieder zu heiraten und damit auf zukünftige Kinder.

Die Bedeutung verwandtschaftlicher Beziehungen

Nach der Funktionslogik des »egoistischen Gens« muss eine ganz wesentliche Rolle für Investmententscheidungen die genetische Verwandtschaft zu den Kindern spielen, denn das Prinzip der Verwandtenselektion begünstigt eine Gewichtung des elterlichen Investments entsprechend dem Verwandtschaftsgrad. Je geringer die genetische Verwandtschaft, desto geringer wird im Mittel die Bereitschaft zu altruistischer Unterstützung und Fürsorge gegenüber Kindern ausfallen, denn desto unwahrscheinlicher dient elterliches Fürsorgeverhalten der Vermehrung der eigenen Gene. Dieser Zusammenhang wird vor allem in sozialen Verhältnissen spürbar, in denen die sozialen Eltern nicht die biologischen sind, in Familien mit Adoptivkindern, Stiefkindern oder ungeklärten Vaterschaftsverhältnissen.

Abgesehen von eindeutig ausbeuterisch motivierten Adoptionen, in denen fremde Kinder zur Familienökonomie beitragen und so einen Nettonutzen für die Adoptiveltern erwirtschaften, werden von Liebe und Fürsorge getragene Adoptionen immer wieder als Argumente gegen die Nützlichkeit der evolutionsbiologischen Sichtweise bei der Analyse menschlichen Fortpflanzungsverhaltens vorgebracht. Schließlich widerspricht es jeder evolutionären Theorie des Sozialverhaltens, dass sich Menschen willentlich altruistisch gegenüber fremden Kindern verhalten. Bei genauerer Betrachtung beschränkt sich dieses erklärungsbedürftige Phänomen auf die westlichen Industrienationen, während die Adoptionssysteme traditioneller Gesellschaften recht gut mit der Wirkweise der Verwandtenselektion im Einklang stehen. Kinder werden hier vorrangig nach Maßgabe genetischer Verwandtschaft adoptiert, wobei nicht selten alle Beteiligten – die Adoptiveltern, die Adoptivkinder und die leiblichen Eltern – von diesem System profitieren.

Wesentlich problematischer ist es hingegen, die anonymen Fremdadoptionen in den Industriestaaten in eine biologische Theorie des Sozialverhaltens einzuordnen. Das menschliche Brutpflege-

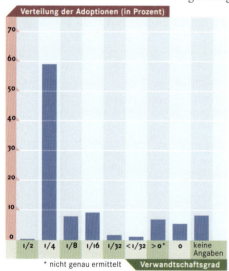

Adoptionen und die damit verbundene Bereitschaft zu altruistischer Unterstützung der Kinder richtet sich in Ländern und Kulturen außerhalb der Industrienationen häufig nach dem Grad genetischer Verwandtschaft. Die Grafik zeigt die prozentuale Verteilung der **Adoptionen nach Verwandtschaftsgrad** für elf ozeanische Gesellschaften.

system motiviert offensichtlich dermaßen stark zu elterlichem Fürsorgeverhalten, dass es auch in Situationen seinen Ausdruck sucht, in denen es sich nicht entwickelt haben kann. Ein starker Pflegetrieb ist sicherlich im Mittel hochgradig angepasst. Auch wenn er sich heute gelegentlich quasi am »falschen Objekt« festmacht, fördert er doch im Regelfall die persönliche Fortpflanzung. Sicherlich erklären sich auch einige Phänomene der Schoßtierhaltung psychologisch aus einem »umgeleiteten«, weil zunächst nicht befriedigten Fürsorgebedürfnis. Wie dem auch sei – Adoptiveltern sind ihrerseits meist selbst kinderlos. Genau genommen gehen sie keine biologischen Kosten ein, weil bei Sterilität die Annahme eines fremden Kindes nicht mit einer Einbuße persönlichen Reproduktionspotentials einhergeht. Wirklich fatal für eine evolutionäre Theorie des menschlichen Sozialverhaltens wäre es hingegen, wenn Menschen regelmäßig und ohne irgendeinen persönlichen Nutzen daraus zu erzielen, fremde Kinder auf Kosten eigener großzögen. Das wäre in der Tat eine Form von genetischem Altruismus, für den die Verhaltensforschung bisher aber noch kein überzeugendes Beispiel geliefert hat.

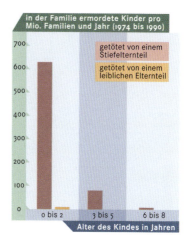

Eine Studie über **familiäre Tötungsdelikte an Kindern** in Kanada ergab, dass das Risiko für Stiefkinder, von einem Stiefelternteil getötet zu werden, erheblich höher ist, als das Risiko für biologische Kinder, von einem leiblichen Elternteil umgebracht zu werden.

Anders als bei Adoptionen steht bei Stiefverhältnissen nicht der Wunsch nach einem Kind im Vordergrund, sondern der Wunsch nach einem Partner beziehungsweise einer Partnerin. Kinder aus früheren Beziehungen müssen damit rechnen, vom Stiefvater oder der Stiefmutter lediglich in Kauf genommen worden zu sein und letztlich von ihnen ungeliebt zu bleiben. Der ultimate Grund hierfür ist leicht einsichtig, sind doch menschliche Familien primär auf die persönliche Fortpflanzung angelegte kooperative Systeme, in denen sich die im Laufe der Evolution entwickelten Interessen der Beteiligten treffen. Im Regelfall teilen deshalb Eheleute die Sorge um das Wohlbefinden ihrer gemeinsamen Kinder, denn diese vereinigen die Fitnesserwartungen beider Elternteile auf sich. Gemeinsame Kinder werden daher eher zur Harmonisierung einer Beziehung beitragen als zu deren Bruch.

Bei Stiefkindern bündeln sich jedoch tiefgründige, in der Reproduktionsstrategie begründete Konflikte. Durch die natürliche Selektion konnte sich kein Motivationssystem bilden, das uns – gleichsam »von Natur aus« – bei genetischer Verwandtschaft gegenüber allen Kindern gleich verhalten lässt, weil das ihrem genzentrierten Prinzip zuwiderlaufen würde. Resultat ist ein mehr oder weniger latentes Konfliktpotential gerade in Stieffamilien, dessen Beherrschung und Kontrolle bekanntlich nicht immer gelingt. Die alltägliche Ausdrucksform dieses Widerspruchs lässt sich auf eine einfache Formel bringen: Der biologische Elter will mehr in seine Kinder aus erster Ehe investiert wissen, als der Stiefelter freiwillig zu leisten bereit ist.

Unschuldige Opfer der strukturell widersprüchlichen Reproduktionsinteressen in Stieffamilien sind vor allem aber die Stiefkinder selbst. Was die Volksweisheit lehrt, ist inzwischen empirisch untermauert. Dabei sind es traditionelle, historische wie moderne Gesell-

*Unsere Katz hat Junge,
sieben an der Zahl,
sechs davon sind Hunde.
Das ist ein Skandal.
Doch der Kater spricht:
Die ernähr ich nicht!
Diese zu ernähren,
ist nicht meine Pflicht.*
deutsche Volksweisheit

Die volksweisheitliche »stiefmütterliche Behandlung«, wie sie Hänsel und Gretel im gleichnamigen Märchen der Brüder Grimm erfahren, findet durch Studien zum Sozialverhalten in Stieffamilien ihre Begründung: Je geringer die genetische Verwandtschaft ist, desto eingeschränkter ist die Unterstützung und Fürsorge durch die Stiefeltern. »Die Kinder im Hexenhaus« ist eine Lithographie nach einer Zeichnung von Ludwig Emil Grimm (um 1840; Kassel, Brüder Grimm-Museum).

schaften, in denen Stiefkinder durch Ausbeutung und Misshandlung überdurchschnittlich gefährdet sind. Das Risiko für Stiefkinder, von einem ihrer Stiefeltern getötet zu werden, ist um ein Vielfaches höher als das Risiko für biologische Kinder, von ihren leiblichen Eltern umgebracht zu werden. Dabei ist tödliche Gewalt zweifellos die spektakuläre Spitze eines sonst eher in Privatsphären verborgenen Eisbergs an alltäglicher Aggression und Gleichgültigkeit, dessen Hintergrund lautet: Verringerung der Fürsorge in nichtverwandte Kinder. Auch ungeklärte Vaterschaftsverhältnisse wirken sich auf menschliche Familien destabilisierend aus. So bilden überall auf der Welt – in traditionellen wie in modernen Gesellschaften – männliche Monopolisierungsansprüche in Verbindung mit Mutmaßungen über weibliche Untreue das bei weitem häufigste Motiv für innereheliche Gewalt gegen Frauen.

Sexuelle Freizügigkeit – geringes Investment

Es gibt einige wenige Völker, die eine bemerkenswerte sexuelle Freizügigkeit ausleben. Die in Südindien lebenden Nayar gehören beispielsweise dazu, von denen die ersten westlichen Ethnographen zu berichten wussten, dass die Frauen gewöhnlich zwischen drei und zwölf Liebhaber gleichzeitig haben. Zwangsläufige Folge der sexuellen Promiskuität sind weitgehend ungeklärte Vaterschaftsverhältnisse. Nach der bisherigen Argumentation wäre deshalb für die Nayar ein überaus spannungsgeladenes Verhältnis zwischen den Geschlechtern zu erwarten, gekennzeichnet durch einen ständigen Konflikt zwischen männlichen Machtansprüchen und weiblichen Autonomieansprüchen. Das scheint aber nicht der Fall zu sein, was im Wesentlichen sicherlich an der Verweigerung der Vaterrolle durch die Männer liegt. Sie investieren nichts in die Kinder ihrer Frau, und lösen damit den ultimat angelegten Konflikt zwischen Vaterschaftsunsicherheit und Investmentbereitschaft auf eine ungewöhnlich radikale Art und Weise. Stattdessen vererben sie ihre materiellen Güter und gegebenenfalls ihren sozialen Rang an die Kinder ihrer Schwestern. Dass dieses Verhalten im Durchschnitt die reproduktive Fitness steigert, verdeutlicht das Modell des Verwandtschaftsgrades von Richard Alexander.

Unter Bedingungen sexueller Freizügigkeit findet man in den weltweit verbreiteten matrilinealen (mutterrechtlichen) Gesellschaften das so genannte Avunkulat vor, jene institutionalisierte Einrichtung, dass der Bruder der Mutter für deren Kinder einen Großteil an Verantwortung und Verpflichtungen übernimmt. Nebenbei:

Auch die deutsche Sprache unterscheidet nicht zufällig zwischen dem »Oheim«, dem Mutterbruder, zu dem ein besonderes Vertrauensverhältnis besteht, und dem »Onkel«. Schon Tacitus wusste von den Germanen zu berichten: »Sororum filiis idem apud avunculum qui apud patrem honor« (Die Söhne der Schwestern sind dem Oheim ebenso teuer wie ihrem Vater).

Der amerikanische Anthropologe Mark Flinn teilte 288 Völker in fünf Gruppen unterschiedlich hoher Vaterschaftswahrscheinlichkeit ein und ordnete sie anschließend nach der Art des jeweils vorherrschenden Ressourcentransfers zwischen den Generationen. Er unterschied zwischen eher agnatischen Gesellschaften, in denen das materielle Erbe in durch männliche Blutsverwandtschaft definierten Bahnen verläuft, von den eher uterinen Gesellschaften, in denen über die weibliche Verwandschaft vererbt wird. Das Ergebnis steht in vollem Einklang mit soziobiologischen Erwartungen für den Zusammenhang von männlicher Investmentbereitschaft und Vaterschaftswahrscheinlichkeit: Je niedriger diese im Durchschnitt ist, desto spärlicher fließen die Erbschaften über männliche Linien und

---

DAS MODELL DES VERWANDSCHAFTSGRADES VON RICHARD ALEXANDER

Die Grafik stellt den Prozentsatz der durch Abstammung gemeinsamen Gene (den Verwandtschaftsgrad) in Abhängigkeit von der Vaterschaftswahrscheinlichkeit dar. Der Verwandtschaftsgrad r zwischen Müttern und ihren leiblichen Kindern beträgt 0,5. Dieser Wert ist selbstverständlich völlig unbeeinflusst von der Vaterschaftswahrscheinlichkeit. Für »Väter« kann der Verwandtschaftsgrad aber bis auf 0 sinken, wenn keine Vaterschaft vorliegt.

Die genetische Verwandtschaft zwischen Geschwistern beträgt durchschnittlich 0,5 im Falle der Vollgeschwisterschaft und 0,25 im Falle der Halbgeschwisterschaft. Männer sind also mit ihren Schwestern immer zu einem gewissen Prozentsatz verwandt, da sie sicher sein können, zumindest dieselbe Mutter zu haben. Folglich sind sie auch mit den Kindern ihrer Schwestern zwischen 0,125 und 0,25 verwandt – und das in jedem Fall! Für Männer ist die Verwandtschaft zu den Brüdern zwar gleich groß wie zu den Schwestern, doch kann die Verwandtschaft mit den Kindern ihrer Brüder von 0,25 auch hier wieder auf 0 absinken, wenn die Brüder nicht die leiblichen Väter ihrer Kinder sind. Wenn also die Vaterschaftswahrscheinlichkeit unter einen bestimmten Schwellenwert sinkt, kann es günstiger für einen Mann sein, in die Kinder seiner Schwester (selbstverständlich nicht in die seiner Brüder) zu investieren, als in seine eigenen.

In diesem Modell lässt sich erkennen, dass unter einer durchschnittlichen Vaterschaftswahrscheinlichkeit von rund 30 Prozent ein Mann in seinem genetischen Eigeninteresse eher in die Kinder seiner Schwester als in die seiner Frau investieren sollte. Diese Vorhersage wird tatsächlich häufig beobachtet, wenn Promiskuität verbreitet ist.

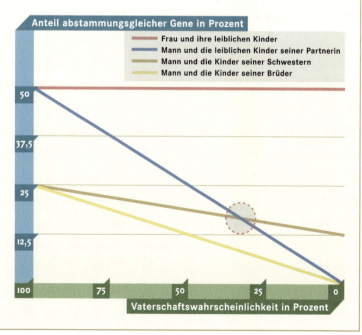

In »A Rake's Progress« schildert der englische Maler William Hogarth mit gesellschaftskritischem Unterton Szenen aus dem zeitgenössischen **Lebenslauf eines Wüstlings.** Das dritte Blatt der Serie ist die Darstellung einer Orgie, in der der betrunkene Rakewell sein Geld in der Gesellschaft von Huren verliert (1735; London, Sir John Soane's Museum).

desto bedeutsamer werden die Kinder der Schwestern in den Erbfolgen (Avunkulat). Je geringer also die Aussichten auf direkte Fitnessmaximierung sind, desto vorrangiger werden Optionen des indirekten Investments genutzt.

Vitalität als begrenzender Faktor

Es ist leicht nachvollziehbar, dass ein starker Selektionsdruck gegen eine Investmentstrategie wirken muss, die Eltern dazu motiviert, gleich viel in die Aufzucht aller ihrer Nachkommen zu stecken, unabhängig davon, wie lebensfähig diese in der arteigenen Lebensumwelt eigentlich sind. Der Selektionsdruck ist offensichtlich dermaßen hoch, dass ein nach Lebenstauglichkeit differenzierendes Investment meist schon sehr früh in der Schwangerschaft zum Tragen kommt und dann häufig zur Beendigung des Elternaufwands führt. Schätzungen gehen davon aus, dass über 50 Prozent aller menschlichen Schwangerschaften spontan abgehen. Die frühzeitige Beendigung des Elterninvestments wäre demnach in der Reproduktionsbiologie der Menschen die Regel und nicht die Ausnahme.

Diese Tatsache beruht auf einem »Filtermechanismus«, der Frauen davor bewahrt, hohe Investmentkosten einzugehen, weil das heranwachsende Kind, zum Beispiel wegen genetischer Schäden, nicht bis zur Geschlechtsreife überlebensfähig wäre und deshalb keine Aussicht auf eigene Fortpflanzung besitzt. Anstatt wegen 40 Wochen Schwangerschaft und zwei bis drei Jahre Stillens (was historisch wohl die Regel gewesen sein dürfte) insgesamt rund drei bis vier Jahre fruchtbare Lebenszeit in die Entwicklung einer befruchteten Eizelle ohne eigene Fortpflanzungsaussichten zu investieren, ermöglicht eine frühe Fehlgeburt die rasche Wiederaufnahme des Eisprungs und minimiert so die Kosten der mütterlichen Fehlinvestition. Evolutionstheoretisch ist es durchaus stimmig, wenn Gynäkologen feststellen, dass es umso früher zu spontanen Fehlgeburten kommt, je schwerwiegender die Fehler im Entwicklungsprogramm der befruchteten Eizelle sind und je früher der mütterliche Organismus das erkennen kann.

Daher ist ein nach der Gesundheit der Kinder sich ausrichtendes unterschiedliches Investment der Eltern eher ein physiologisches als ein Verhaltensphänomen. Wenn dennoch Kinder behindert zur Welt kommen, zeigt sich auch im Verhaltensbereich ein diskriminierendes elterliches Investment: Behinderte sind einer überdurchschnittlichen Gefahr ausgesetzt, von ihren Eltern vernachlässigt, misshandelt oder gar umgebracht zu werden. In den USA ist ein solches Risiko für Kinder mit angeborenen Fehlbildungen, etwa einer offenen Wirbelsäule, Kiefer-Gaumen-Spalte und Down-Syndrom, rund doppelt so hoch wie für körperlich unauffällige Kinder. Andere Studien weisen teilweise noch deutlich höhere Risiken aus.

Die Psychologin Janet Mann beobachtete das unterschiedliche Fürsorgeverhalten von US-Amerikanerinnen, die früh geborene, untergewichtige Zwillinge zur Welt gebracht hatten, um der Frage nachzugehen, welches Zwillingskind mehr mütterliche Aufmerksamkeit und Zuwendung erfährt. Es könnte etwa jenes sein, welches am meisten schreit und Bedürftigkeit signalisiert, weil es die mütterlichen Pflegeinstinkte am besten wecken kann oder welches durch ein babyhaft-freundliches Verhalten der Mutter am meisten Freude bereitet und sie narzisstisch belohnt. Es könnte aber auch dasjenige sein, welches die meisten Entwicklungsdefizite aufweist, weil die Mütter motiviert sind, besondere Handicaps zu kompensieren, oder welches am gesündesten erscheint. Wenngleich an einer zwangsläufig geringen Stichprobe erhoben, sind Janet Manns Daten in ihrem Trend eindeutig: In allen fünf untersuchten Familien genoss der jeweils gesündere Zwilling, unabhängig von seinem Verhalten, eine mütterliche Bevorzugung. Dies deutet auf einen psychischen Mechanismus im menschlichen Brutpflegesystem, der die Lebens- und Fortpflanzungsfähigkeit der eigenen Kinder prüft und danach das elterliche Engagement abmisst. Drohen Investitionen in Kinder mit verminderten Lebens- und Fortpflanzungschancen mehr elterliches Reproduktionspotential zu binden als sie an Fitnessgewinn einbringen, sind Eltern eher bereit, ihr Investment zu beenden, als bei Kindern mit guter physischer Verfassung, die ein viel versprechender Hoffnungsträger sind, ihr eigenes Erbgut weitergeben zu können. Mütter von frühgeborenen oder behinderten Kindern müssen deshalb in besonderem Maße psychische Arbeit leisten, um ihre Rolle anzunehmen.

Diese beiden Zwillinge saugen einträchtig an den Brüsten ihrer Mutter, die ihnen ihre ganze Kraft und Aufmerksamkeit geben kann.

Söhne oder Töchter? Wen lieben Eltern mehr?

Von einigen interessanten Ausnahmen abgesehen, investieren die Arten etwa gleich viel in die Zeugung und Aufzucht von Männchen und Weibchen, was sich in einem annähernd ausgeglichenen Geschlechterverhältnis niederschlägt. Eine die Sexualproportion verschiebende »Mutation« hätte auf Dauer keine Chance, in der Evolution Bestand zu haben, weil angesichts zweigeschlechtlicher Fortpflanzung der durchschnittliche Reproduktionserfolg von Männchen und Weibchen gleich hoch sein muss.

Das fishersche Prinzip der Geschlechterproportionen

Man kann sich das in einem Gedankenexperiment leicht vergegenwärtigen: Angenommen, aufgrund einer zufälligen Laune der Natur würden Männchen und Weibchen im Verhältnis von 1:10 geboren. Wenn das eine Männchen sich mit allen zehn Weibchen fortpflanzt, ist sein Reproduktionserfolg zehnmal größer als der jedes einzelnen Weibchens. Wären Männchen und Weibchen in der »Herstellung« gleich teuer, könnten Mütter ihren Reproduktionserfolg verzehnfachen, wenn sie anstatt eine Tochter zu produzieren, einen Sohn großzögen. Eine Tochter brächte ja für sie nur einen Enkel, ein Sohn hingegen zehn. Ein starker Selektionsdruck würde dafür sorgen, dass sich der Anteil der Söhne produzierenden Mütter in der Population ausbreitete, bis schließlich die Sexualproportion wieder das 1:1-Verhältnis angenommen hätte.

Diese Einsicht geht auf den Populationsgenetiker Ronald Fisher zurück. Jede Abweichung von dem ausbalancierten Mengenverhältnis der beiden genetischen Lebensstrategien »männlich« und »weiblich« würde von der natürlichen Selektion korrigiert. Genau genommen macht das von Fisher gefundene Prinzip jedoch eine präzisere Vorhersage als die einer ausgeglichenen Geschlechterrelation. Korrekt formuliert lautet es: Diejenige Sexualproportion ist in der Evolution stabil, bei der der Fitnessertrag pro Einheit Investment in Söhne beziehungsweise Töchter gleich hoch ist. Man beachte, dass damit die Frage der geschlechtstypischen Kosten-Nutzen-Bilanz in den Vordergrund rückt. Das 1:1-Verhältnis ist – wenngleich häufig beobachtet – letztlich nur ein Spezialfall des fisherschen Prinzips und gilt nur bei gleich hohen Investmentkosten für Söhne und Töchter.

Angenommen bei einer Art ist es doppelt so teuer einen Sohn aufzuziehen wie eine Tochter, dann müsste der männliche Reproduktionserfolg im Durchschnitt doppelt so groß sein wie der weibliche, damit sich ein Sohn lohnt. Das erfordert ein effektives Geschlechterverhältnis von 1:2, was aber wiederum bedeutet, dass das Gesamtinvestment in beide Geschlechter gleich groß ist. Der doppelt so hohe Preis wird durch die halbe Produktionsmenge kompensiert, sodass der Gesamtaufwand für beide Geschlechter auch unter den 1:2-Bedingungen gleich hoch ist. Nach Robert Trivers lässt sich das so ausdrücken: Wenn das Produkt aus den Investmentkosten zur Zeugung und Aufzucht eines Männchens und der Zahl der Männnchen gleich groß ist wie die Investmentkosten für die Zeugung und Aufzucht eines Weibchens multipliziert mit der Zahl der Weibchen, dann ist der Gesamtaufwand in beide Geschlechter gleich. Solch ein ausbalancierter Zustand wird von der natürlichen Selektion gefördert und äußert sich in der häufig zu beobachtenden Geschlechterparität. Beispielsweise weisen neugeborene Schwarze Klammeraffen ein Verhältnis von 37,5 Männchen zu 100 Weibchen auf. Gemäß des fisherschen Prinzips kann allein aufgrund dieses Befunds vorhergesagt werden, dass das seltenere Geschlecht mehr Investment erfordert. Tatsächlich werden männliche Nachkommen 36 Monate gestillt, weibliche hingegen nur 29. Auch werden männliche Nachkommen nach der Geburt signifikant länger von ihren Müttern getragen. Männliche Nachkommen sind also in der Aufzucht teurer, und entsprechend seltener wird in sie investiert.

Die relativen Kosten für Söhne und Töchter werden unter anderem auch durch eine geschlechtstypische Säuglings- und Kindersterblichkeit beeinflusst. Wenn regelmäßig mehr männliche als weibliche Nachkommen vor ihrem Erwachsenwerden sterben (wie bei Menschen), ist der durchschnittliche Aufwand für jeden geborenen Sohn geringer als für jede geborene Tochter. Andererseits ist jeder erfolgreich großgezogene Sohn teurer geworden als jede erfolgreich großgezogene Tochter, weil ja der Aufwand für die vorzeitig gestorbenen Nachkommen mitbilanziert werden muss. Beobachtet man zu irgendeinem Zeitpunkt während der Elterninvestmentphase eine zu einem Geschlecht hin verschobene Sexualproportion, kann nach dem fisherschen Prinzip eine Übersterblichkeit dieses Geschlechts bis zum Ende des Elterninvestments prognostiziert werden. So erklärt sich evolutionsbiologisch der für alle menschlichen Gesellschaften typische Jungenüberschuss bei den Geborenen von rund 106 Jungen auf 100 Mädchen und die erhöhte Jungensterblichkeit im ersten Lebensjahr.

Die elterliche Investmentstrategie

Fishers Prognose eines ausgeglichenen Investments in beide Geschlechter gilt allerdings nur für Betrachtungen auf Populationsebene. Innerhalb einer Population kann es für einzelne Individuen durchaus vorteilhaft sein, auf Kosten des einen vermehrt in das andere Geschlecht zu investieren, weil das unterschiedliche Reproduktionspotential der beiden Geschlechter je nach Lebenssituation unterschiedlich effektiv genutzt werden kann. Die Biologen Robert Trivers und Dan Willard veröffentlichen 1973 hierzu eine grundlegende Hypothese, die auf folgender Überlegung beruht: Wegen der Wirkweise der sexuellen Selektion ist die Varianz im Reproduktionserfolg bei demjenigen Geschlecht größer, das weniger in jeden einzelnen Nachkommen investiert, in der Regel also bei Männchen. Das gilt nicht nur für viele Tierarten, sondern auch für Menschen. Je größer aber die Varianz, desto günstiger wirken sich gute und desto

In vielen Ländern, so auch in China, werden Jungen gegenüber Mädchen bevorzugt. Mädchen gelten als »teuer«, da eine kostspielige Aussteuer bezahlt werden muss, und die Geburt eines Mädchen ist generell mit einem geringeren sozialen Prestige verbunden. Die Bevorzugung von Jungen geht so weit, dass weibliche Feten häufiger abgetrieben oder Mädchen von ihren Eltern getötet werden.

nachteiliger wirken sich schlechte Lebens- und Reproduktionschancen auf die Fitness aus. Daher sollten Männer, das Geschlecht mit den höheren Unterschieden bei der Fortpflanzung, solange sie unter guten Bedingungen leben, ihren Reproduktionserfolg mehr steigern können als Frauen. Unter ungünstigen Bedingungen werden dagegen Frauen im Mittel einen höheren Reproduktionserfolg erzielen als Männer. Das Verhältnis des durchschnittlich zu erwartenden Reproduktionserfolgs von Frauen und Männern kehrt sich also mit verbesserten Lebensbedingungen um.

Daraus ergeben sich Konsequenzen für die Aufteilung des Elterninvestments. Wenn die Wahrscheinlichkeit, mit der die Nachkommengeneration aus den guten Lebensbedingungen der Eltern einen Fitnessvorteil gewinnen kann, hinreichend groß ist, sollten Eltern unter günstigen Lebensbedingungen in das Geschlecht mit der höheren Varianz, also in Jungen, investieren. Ihr Investment hätte dann den größtmöglichen Effekt. Für schlechter gestellte Eltern ist es dagegen Gewinn bringend, in das Geschlecht mit der geringeren Varianz, also in Mädchen, zu investieren. Damit umgehen sie das Risiko, in ein Individuum zu investieren, das höchstwahrscheinlich in seinem Reproduktionserfolg weit unterdurchschnittlich abschneiden wird, zum Beispiel weil es auf dem Heiratsmarkt gegen die Konkurrenten unterliegen wird. Der Kern der Trivers-Willard-Hypothese lautet demzufolge, dass sich das elterliche Investment bevorzugt auf jenes Geschlecht konzentriert, das in einer gegebenen ökologischen Situation wahrscheinlich die meisten Nachkommen haben wird.

Beispiele für die Trivers-Willard-Hypothese

Die Trivers-Willard-Hypothese erwies sich als äußerst fruchtbar für die daraufhin einsetzende empirische Forschung, und inzwischen sind aus dem Tierreich zahlreiche Fallbeispiele für die Gültigkeit ihrer Voraussagen bekannt geworden, etwa bei Rothirschen und Berberaffen, bei denen sozial hochrangige Weibchen signifikant mehr männliche Nachkommen gebären.

Die Miniatur der Mewar-Schule zeigt die Hochzeitsprozession eines Rama. In der präkolonialen indischen Gesellschaft wurden neugeborene Mädchen aus hochrangigen Kasten umgebracht, da für sie keine aufwärts orientierten Heiratsmöglichkeiten bestanden und so die hohen Mitgiftzahlungen bei der Eheschließung wegfielen. Bei Töchtern aus niederen Kasten lohnten sich hingegen diese Mitgiftzahlungen, da die Aussicht auf höherrangige Enkel gegeben war (1649; Illustration zum Ramayana, der Lebensgeschichte Ramas, 1. Jahrhundert nach Christus, Walmiki zugeschrieben).

Bei den Menschen sprechen ebenfalls einige Hinweise dafür, dass Frauen das Geschlecht ihrer Kinder nach Maßgabe der Lebensumstände – ganz im Sinn der Trivers-Willard-Hypothese – beeinflussen können. So gebären Frauen, die mit hochrangigen Männern verheiratet sind (zum Beispiel die mit Männern verheiratet sind, die im Who's Who verzeichnet sind) verblüffenderweise mehr Söhne. Der steuernde physiologische Mechanismus ist jedoch noch nicht identifiziert. Zwar gibt es zahlreiche Hinweise dafür, dass die Geschlechterrelation hormoneller Kontrolle unterliegt, jedoch gibt der genaue Mechanismus noch reichlich Rätsel auf.

Die erste Studie zum nachgeburtlich unterschiedlichen Elterninvestment bei Menschen, welche die spätere Forschung nachhaltig beeinflusste, stammt von der amerikanischen Anthropologin Mildred Dickemann und hat die soziologische Verteilung von Mädchenmorden in der präkolonialen nordindischen Gesellschaft zum Inhalt. Während hochrangige Kasten in Zeiten vor der englischen Kolonisation die überwiegende Zahl ihrer neugeborenen Mädchen umbrachten, taten das die Angehörigen der niederen Kasten nicht. Das Heiratssystem ist die Ursache für diesen Unterschied. Während niederrangige Töchter – wenngleich mit enormen Mitgiftzahlungen – »nach oben« verheiratet werden konnten, sich mit dem Aufziehen von Töchtern also viel versprechende Aussichten auf höherrangige Enkel verbanden, waren die Töchter aus »gutem Hause« mangels geeigneter aufwärts orientierter Heiratsoptionen zum Zölibat verdammt. Mildred Dickemann dehnte ihr Modell auf andere geschichtete Feudalgesellschaften wie das kaiserliche China oder das mittelalterliche Europa aus. Hier wurden hochrangige Töchter häufig in Klöster geschickt, um deren Reproduktionspotential zugunsten söhneorientierter Familieninteressen zu neutralisieren.

Der amerikanische Anthropologe James Boone untersuchte die Reproduktionsstrategien portugiesischer Elitefamilien des 15. und 16. Jahrhunderts. Danach sicherte sich der Hochadel seinen langfristigen sozialen wie auch den damit einhergehenden reproduktiven Erfolg durch die Patrilinearität: Landbesitz und Titel wurden traditionell nahezu ausschließlich an männliche Nachkommen vererbt. Ein sozialer Abstieg, etwa als Folge einer Besitzaufteilung, kam einem Untergang der Familie gleich und sollte unter allen Umständen vermieden werden. Statuserhalt war die beherrschende Lebensmaxime, um die sich die gesamte Familienpolitik drehte.

Der niedere Adel erlangte dagegen seinen Reproduktionserfolg über eine Hypergamie der Töchter. Er versuchte die Töchter in eine Hochadelsfamilie einheiraten zu lassen. Die Heiratschancen von Söhnen aus der oberen Sozialgruppe lagen über denen ihrer Schwes-

In den **niederrangigen portugiesischen Adelsfamilien** wurden die Söhne häufiger zum Militär geschickt – und damit ihr Sterberisiko erhöht – als in höherrangigen Familien, die darauf bedacht waren, ihren guten genetischen und sozialen Fortbestand zu sichern. Darstellungen der portugiesischen Soldaten und Seefahrer, die im 15. Jahrhundert auf der Suche nach einem Seeweg nach Indien das westafrikanische Königreich Benin erreichten, zeigen die bronzenen Palastplatten (16./17. Jahrhundert; Berlin, Museum für Völkerkunde).

Untersuchungen zu den Reproduktionsstrategien portugiesischer Elitefamilien ergaben, dass die Töchter häufig in Klöster geschickt wurden. So konnten die Kosten einer Mitgift eingespart und ausschließlich in die Söhne investiert werden. Die Aufnahme zeigt die **Kirche des Klosters Santa Maria da Vitória** aus der ersten Hälfte des 15. Jahrhunderts in Batalha in Portugal.

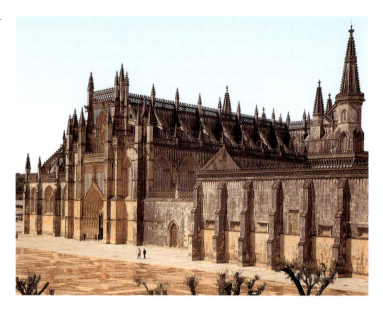

Ein etwa 15 Jahre altes **Mokodogo-Mädchen** trägt die traditionelle Kleidung und ist reich geschmückt.

tern und auch über denen der Söhne des niederen Adels. Die Heiratschancen der Töchter dagegen stiegen mit abnehmenden Adelsrang deutlich an. Erwartungsgemäß fand sich auch hier der Trend, in den weniger einflussreichen Familien eher in die Töchter und in den besser gestellten eher in die Söhne zu investieren. Das spiegelte sich in ihrem Schicksal als Erwachsene wider: Im Hochadel wurden signifikant mehr Töchter (etwa 40 Prozent im Vergleich zu weniger als 30 Prozent im niederen Adel) als Nonnen in Klöster geschickt und damit die hohen Kosten einer Mitgift umgangen. Niederrangige Familien waren viel eher bereit, erheblich mehr zu investieren, um ihre Töchter zu verheiraten. Unter den Söhnen war der Anteil derjenigen, die zum Militär geschickt wurden und infolgedessen bei Kriegszügen einem wesentlich höheren Sterberisiko ausgesetzt waren, für den oberen Adel vergleichsweise gering, und stieg nach unten hin an. Boone interpretiert dies als Ausdruck einer differenziellen Investmentstrategie der Elitefamilien, um ihren genetischen und sozialen Fortbestand zu sichern.

Ein Beispiel für ein den Lebensumständen entsprechendes geschlechtsorientiert differenzielles Elterninvestment in traditionellen Gesellschaften stammt vom amerikanischen Anthropologen Lee Cronk, der die Lebensweise der Mokodogo, eines kleinen Hirtenvolks in Kenia, untersuchte. Ihre Demographie ähnelt in vielen Merkmalen anderen traditionellen afrikanischen Gesellschaften, zeigt jedoch in einer Hinsicht eine auffällige Abweichung. Unter den jüngeren Kindern herrscht ein beachtlich hoher Mädchenüberschuss vor. 1986 befanden sich unter den bis zu vierjährigen Kindern 98 Mädchen, aber nur 66 Jungen, ein statistisch signifikanter Unterschied. Diese Abweichung konnte Cronk anhand seiner Daten auf eine stärker auf Mädchen hin ausgerichtete elterliche Fürsorge zurückführen. Die Bevorzugung drückte sich unter anderem darin aus, dass Mädchen weit häufiger zur medizinischen Behandlung in eine Missionsstation gebracht wurden als Jungen, was sowohl mit erheblichem zeitlichem als auch finanziellem Aufwand verbunden war.

Die Mokodogo sind im Vergleich zu den umliegenden Bevölkerungsgruppen arm. Da sie erst kürzlich ihr Wildbeuterdasein aufgegeben haben, ist ihre heutige soziale Anerkennung durch ihre Nachbargruppen relativ gering geblieben. Sie stehen damit am unteren Ende einer sozialen Hierarchieskala. Etwa ab 1900 begannen die Mokodogo, ihre Heiratskreise auf die benachbarten Stämme auszudehnen. Da Frauen eher die Möglichkeit haben, in Nachbarstämme einzuheiraten, besteht seither unter den Mokodogo selbst ein ständiger Bedarf an heiratsfähigen Frauen. Infolgedessen und wegen ihrer Armut bleiben viele der Mokodogo-Männer ledig, nicht zuletzt weil die Brautpreise für nicht den Mokodogo angehörige Frauen deutlich höher sind und für viele unbezahlbar bleiben. Mokodogo-Frauen erzielen deshalb im Durchschnitt einen höheren Reproduktionserfolg als Männer. Die durchschnittliche Anzahl überlebender, mindestens 15-jähriger Kinder liegt für Frauen mit circa vier statistisch signifikant höher als für Männer. Hier liegt sie im Mittel bei drei, und wir finden eine der Trivers-Willard-Hypothese entsprechende Schiefe im elterlichen Investment zugunsten der Töchter.

Stolz zeigt eine **Mokodogo-Frau** ihre kleine Tochter, auf die sie die mütterliche Fürsorge stärker ausrichten wird als auf die Söhne. Die Töchter dieses armen Hirtenvolkes in Kenia haben eher die Möglichkeit, in reichere Nachbarstämme einzuheiraten und damit den Reproduktionserfolg zu erhöhen und zu verbessern.

Aber selbst in modernen Industriegesellschaften sind Trivers-Willard-Effekte nachzuweisen. Die konstitutionsbedingte größere Sterblichkeitsrate männlicher Säuglinge nimmt in den USA mit der Stellung der Eltern in der Sozialhierarchie ab, was im Sinne der Trivers-Willard-Hypothese als ein vermehrtes Investment einkommensstarker Eltern in ihre Söhne interpretiert werden kann. Steven Gaulin und C. Robbins verglichen mütterliches Pflegeverhalten gegenüber männlichen und weiblichen Kleinkindern in den USA. Die Intensität der Fürsorge wurde daran gemessen, wie lange und wie häufig noch gestillt wurde, wenn bereits ein jüngerer Säugling anwesend war, sowie an der Länge des Zeitintervalls bis zur Geburt des folgenden Kindes. Je kürzer das Intervall, desto geringer die Investmentbereitschaft in das bereits vorhandene Kind. Indikatoren für die Qualität der Lebensbedingungen waren das Haushaltseinkommen (unter 10 000 $, beziehungsweise über 60 000 $ pro Jahr) und die Zusammensetzung des Haushaltes (An- oder Abwesenheit eines erwachsenen Mannes). Die Autoren konnten für beide Indikatoren der Lebensqualität unabhängige, statistisch signifikante Effekte nachweisen. Sowohl die Abwesenheit eines erwachsenen Mannes im Haushalt als auch ein Haushaltseinkommen von unter 10 000 $ hatten deutliche negative Auswirkungen auf das Investment in Söhne. In Haushalten mit niedrigem Einkommen wurden Söhne seltener als Töchter gestillt. Dort war das Geburtenintervall bis zum folgenden Kind nach Söhnen geringer. In Haushalten mit hohem Einkommen

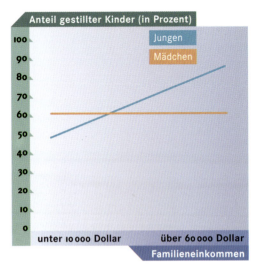

Aus den USA liegen Studien vor, die Unterschiede im **mütterlichen Investment** je nach Geschlecht der Kinder und abhängig vom Familieneinkommen belegen. So nimmt die Wahrscheinlichkeit, gestillt zu werden, bei einem Sohn mit Anstieg des Familieneinkommens zu, bei einer Tochter dagegen nicht.

verhielt es sich umgekehrt. Lebte kein erwachsener Mann im Haushalt, wurden Söhne weniger und kürzer gestillt und war das Geburtenintervall nach Söhnen kürzer. In Haushalten, in denen ein erwachsener Mann lebte, verhielt es sich wiederum umgekehrt.

Die Beispiele ließen sich mühelos durch weitere ergänzen. Insgesamt weisen sie darauf hin, dass die Trivers-Willard-Hypothese offenbar einen hohen Erklärungswert für eine gegebenenfalls unterschiedliche Behandlung von Söhnen und Töchtern hat: Unter sonst gleichen Bedingungen motiviert unser biologisch entwickeltes Brutpflegesystem zu vermehrtem Investment in Kinder mit jenem Geschlecht, das unter den jeweils gegebenen Lebensbedingungen die besseren Reproduktionsaussichten verspricht. Demnach bevorzugen Eltern »reproduktive Hoffnungsträger«.

Die Situation in der Krummhörn

Interessanterweise gibt es auch Befunde, die auf den ersten Blick gar nicht ins Bild passen wollen. In der ostfriesischen Krummhörn nordwestlich von Emden beispielsweise starben im 18. und 19. Jahrhundert in den Bauernfamilien relativ mehr Jungen als Mädchen, als aufgrund der anlagebedingten größeren Sterblichkeitsrate männlicher Säuglinge rein statistisch zu erwarten gewesen wäre. Dass die Krummhörner Bauern männliche Säuglinge im Schnitt schlechter versorgten als weibliche, wäre evolutionsbiologisch verständlich, denn die Daten belegen, dass die Möglichkeiten zur Fortpflanzung von Töchtern der großbäuerlichen Besitzelite weit besser waren als diejenigen der Söhne. Töchter hatten wesentlich höhere Heiratschancen als Söhne und waren nicht wie ihre Brüder durch Statuserwartungen daran gebunden, ihre eigene Familie in derselben Schicht zu gründen, der ihre elterliche Familie angehörte. Darüber hinaus wurden sie mit einem geringeren Erbe abgefunden als Söhne, waren also in rein ökonomischer Hinsicht billiger. Da die Krummhörn im Westen durch die Nordsee begrenzt und zum Landesinneren hin durch einen Geest- und Moorgürtel umgeben ist, war das fruchtbare Marschland recht bald bis an seine Grenzen kultiviert und in Besitzungen aufgeteilt worden. Es handelt sich ökologisch gesehen um ein gesättigtes Siedlungsgebiet. Die Zahl der Hofstellen blieb über Jahrhunderte praktisch unverändert, beziehungsweise sank sogar leicht ab.

Die Vererbung einer Hofstelle erfolgte in der Regel nach dem Jüngstenanerbenrecht, der Landbesitz ging ungeteilt an den jüngsten Sohn über. Die restlichen Geschwister wurden ausbezahlt. So konnte sehr häufig nur der den Betrieb erbende Sohn seinerseits ein Großbauerndasein führen. Das ganze soziökologische Szenario muss so zwangsläufig zu Konkurrenz unter den Großbauernsöhnen um Lebens- und Reproduktionschancen geführt haben. Tatsächlich nahmen ihre Heirats- und Fortpflanzungsmöglichkeiten mit der Anzahl der Geschwister gleichen Geschlechts rapide ab.

Man hat diese Situationen, die in durchaus vergleichbarer Form auch aus dem Tierreich bekannt sind, als so genannte »local resource competition«-Szenerie beschrieben. Viele Arten, vor allem unter Vögeln und Säugetieren (hier besonders unter Primaten), reagieren auf solche ökologisch beengten Bedingungen durch ein differenzielles Elterninvestment, um innerhalb der eigenen Nachkommenschaft eine Konkurrenzminimierung zu erreichen. Würden sich die Nachkommen einer Familie untereinander Konkurrenz machen (oder in Konkurrenz zu ihren Eltern treten), weil alle Beteiligten auf dieselben begrenzten Ressourcen angewiesen sind, würde das die elterliche Fitness drücken und deshalb das Aufziehen dieses Geschlechts verteuern. Nach Fishers Prinzip sollten jedoch die erhöhten Pro-Kopf-Kosten durch eine geringere Nachkommenzahl ausgeglichen werden. Die Krummhörner Marschbauern verhielten sich nach diesem Prinzip, indem sie die Anzahl der männlichen, Kapital verbrauchenden Erben begrenzten und so im Interesse einer Ressourcenkonzentration und einer Bündelung der Fortpflanzungschancen die Konkurrenz unter ihren Kindern entschärften.

Wenn es aber unter ökologisch gesättigten und demographisch stagnierenden Bedingungen wie in der Krummhörn darum gehen muss, die Anzahl möglicher Erben niedrig zu halten, um einen ökonomisch profitablen Hof zu erhalten, der der Verdrängungskonkurrenz standhält und so letztlich dem erfolgreichen Fortbestand der eigenen Linie dient, kann man erwarten, dass sich Reproduktionsstrategien herausbilden, die ihrem Wesen nach »konditional« sind, das heißt sehr sensibel auf die jeweils vorherrschende Lebenssituation reagieren, und in denen die Zahl der bereits in den Bauernfamilien lebenden Söhne und Töchter für die Eltern ein entscheidendes Kriterium für den Umfang ihres Investments in jedes weitere Kind ist. Genau das finden wir in der Krummhörn vor: Während die Überlebenschancen aller Landarbeitersöhne gleich gut (oder gleich schlecht) waren, stieg demgegenüber das Sterberisiko der Bauernsöhne mit der Anzahl ihrer Brüder kontinuierlich an. Mit drei oder mehr lebenden Brüdern erreichte ihr Sterberisiko fast das Doppelte der Landarbeitersöhne.

Das Investment der Bauern (nicht aber der Landarbeiter) in männlichen Nachwuchs unterlag einem »Gesetz abnehmender Skalenerträge« (»law of diminishing returns«): Mit jedem weiteren zusätzlich zum Erben überlebenden Sohn erhöhten sich zwar die »Reproduktionskosten« (allein schon wegen des zusätzlichen Erbteils), während der »Nutzen« jedes weiteren Kindes (gemessen in Einheiten reproduktiver Fitness) nicht im gleichen Maße anstieg. Eine verringerte Heiratswahrscheinlichkeit und eine erhöhte Emigrations-

Eine topographische Karte aus dem 19. Jahrhundert gibt die Lage der ostfriesischen Landschaft Krummhörn an (aus: Topographischer Atlas des Königreichs Hannover und Herzogthums Braunschweig, Maßstab 1:100000; Hannover, 1832–1847).

rate verminderten jedoch die Fitnesserwartungen, die Bauerneltern mit jedem weiteren Sohn verbinden konnten. Entsprechend nahm das reproduktive Interesse an diesen Kindern kontinuierlich ab.

Die Beispiele unterscheidender elterlicher Fürsorge sollten exemplarisch deutlich gemacht haben, dass je nach Situation, differenzierte Handlungsweisen von Menschen im Spannungsfeld evolvierter Lebens- und Reproduktionsinteressen einerseits und ökologisch-ökonomisch eingeengter Handlungsspielräume andererseits entstehen. Die Soziobiologie versucht beides zu betrachten und aufeinander zu beziehen; die Weise, wie der Genegoismus sich in den Merkmalen und verhaltenssteuernden Mechanismen der Individuen zeigt, sowie die flexiblen Lösungen, die an bestimmte Situationen angepasst sind. Auch Mutterliebe – obwohl sie psychologisch gesehen zweifellos altruistisch und selbstaufopfernd geschieht – ist genegoistisch und strategisch, also auf die situationsbedingt maximal mögliche Effizienz ausgerichtet. Sie dosiert Fürsorge und Aufmerksamkeit gemäß persönlicher Reproduktionsinteressen und funktioniert keineswegs nach einem verteilungsblinden Gießkannenprinzip. Der verhaltenssteuernde Apparat folgt dabei zwei Maximen: Nutzenmaximierung elterlicher Fürsorge durch Bevorzugung reproduktiver Hoffnungsträger bei gleichzeitiger Kostenminimierung durch Benachteiligung zu teurer Nachkommen.

So paradox es erscheinen mag: Elterliche Liebe und Fürsorge auf der einen und Kindesvernachlässigung, einschließlich Abtreibung oder Tötung, auf der anderen Seite sind Ausdruck derselben konditionalen Elternstrategie und dienen demselben genegoistischen Zweck. In beidem zeigt sich das biogenetische Prinzip Eigennutz. Die beteiligten Emotionen – Liebe, Sorge, Gleichgültigkeit, Hass – regulieren als Wirkmechanismen der Verhaltenssteuerung zwar ganz unmittelbar unsere sozialen Tendenzen, doch werden sie ihrerseits von den im Laufe der Evolution entwickelten Reproduktionsinteressen reguliert. Deshalb können sie menschliches Verhalten nur sehr eingeschränkt erklären. So ist Mutterliebe, oder ihr Mangel, eher Folge eines Interesses oder Desinteresses am Kind, weniger deren Ursache.

Untersuchungen zur **Sterblichkeitsrate männlicher Säuglinge** in der ostfriesischen Krummhörn zeigten, dass die Überlebenschancen der Landarbeitersöhne etwa gleich blieben, während das Sterberisiko der Bauernsöhne mit der Anzahl der Brüder zunahm. Die unterschiedliche elterliche Fürsorge findet ihre Erklärung darin, dass mit jedem zusätzlich als Erbe überlebenden Bauernsohn sich die Fitnesserwartungen verminderten.

Ausblick

Aus beidem, dem historischen und dem kausalen Aspekt der biologischen Evolution, legitimiert sich ein methodisch reflektierter Vergleich des Verhaltens zwischen Tieren und Menschen. Vor allem der historische Aspekt begründet das anthropologische Interesse an der Primatenforschung. Aber auch wegen des kausalen Aspekts des biologischen Evolutionsgeschehens ist der Vergleich zwischen Tieren und Menschen nicht nur gerechtfertigt, sondern in der biologischen Anthropologie und Verhaltensforschung absolut unverzichtbar. Wir lernen zunehmend, dass das genetisch eigensüchtige dar-

Die **Krummhörn** ist eine Marschlandschaft an der Nordseeküste Niedersachsens im westlichen Ostfriesland. Ihre Bewohner leben vorwiegend von der Grünlandwirtschaft.

winsche Prinzip auch uns Menschen konsequent zur Vermehrung der genetischen Programme eingerichtet hat. Auch unsere Psyche ist – ebenso wie die verhaltenssteuernden Instanzen der Tiere – biologisch angepasst, das heißt während ihrer stammesgeschichtlichen Entwicklung im Pleistozän auf maximale reproduktive Effizienz gezüchtet worden. Wenn wir die Funktion von Verhalten und Verhaltensunterschieden bei Tieren untersuchen, können wir – in Analogie – für die menschlichen Merkmale adaptive Szenarien ihrer evolutiven Entstehung entwerfen.

Unsere evolutionäre Vergangenheit bestimmt auf vielfältige Weise unsere Gegenwart. Deswegen sind durch die Evolutionstheorie geleitete Analysen des menschlichen Verhaltens so ungeheuer wichtig und Erkenntnis bringend. Sie können aber nur gelingen, wenn wir endgültig und konsequent unsere eitle Homozentrik überwinden, und in unseren Forschungsansätzen berücksichtigen, dass wir in unserer Lebensorganisation vielleicht anders, aber keinesfalls andersartig als Tiere funktionieren. Diese Sichtweise ist zugegebenermaßen für viele häufig eine Kröte, die zu schlucken Widerstände hervorruft und einen bitteren Nachgeschmack hinterlässt. Das hat nicht zuletzt auch einen psychischen Grund, da die Evolutionsbiologie die Möglichkeiten der handelnden Subjekte verringert. Nicht wir sind die allmächtigen Regisseure des Lebens und zugleich seine Hauptdarsteller, auch wenn unsere Egozentrik das suggeriert, sondern es sind die genetischen Programme, die die Regieanweisungen geben. Sie stecken die Rahmen ab und definieren die zentralen Tendenzen, in denen unser Leben verläuft. Diese narzisstische Kränkung, die in der Degradierung vom Helden der Geschichte zum instrumentalisierten Büttel der Gene liegt, müssen wir allerdings verkraften, wenn wir menschliches Verhalten wirklich verstehen wollen.

E. Voland

Das kopernikanische Prinzip – Folgerungen für unser Welt- und Menschenbild

Thema dieses Bandes ist der Mensch. Blättert man darin oder studiert auch nur das Inhaltsverzeichnis, so mag man staunen, was Wissenschaftler über den Menschen alles herausgefunden haben. Geburt und Tod, Körper und Geist, Wahrnehmen und Erkennen, Denken und Sprechen, Evolution und Verhalten: Viele der Fragen, die man über den Menschen stellen kann, werden hier beantwortet. Eine solche Zusammenschau liest sich wie ein Triumphzug.

Aber es gibt noch einen anderen Aspekt. Neues Wissen kann nicht nur Wissenslücken füllen: es kann auch vermeintliches Wissen korrigieren. Zu dem, was wir zu kennen glauben, gehören ja nicht nur Einzelheiten; dazu gehört auch ein Gesamtbild vom Menschen. Welchen Einfluss hat unser Wissen auf unser Menschenbild?

Unser Platz im Weltall

Vor uns liegt ein Text mit dem Titel »Unser Platz im Weltall«. Was erwarten wir von dem Text? Welchen Platz wird er uns zuschreiben? Auch wenn wir keine Einzelheiten kennen, wissen wir doch, dass die Antwort vor allem davon abhängt, wann er geschrieben wurde. Wie hätte ein Denker des Altertums den Aufbau des Universums und die Bedeutung des Menschen wohl eingeschätzt? Etwa so:

»Die Erde ist eine Scheibe, und wir Menschen wohnen ziemlich genau in deren Mitte. Mehr noch: Diese Erdscheibe ruht im Zentrum des gesamten Universums, in dem es somit ein Oben und Unten und vermutlich auch einen Rand gibt. Alle Himmelslichter kreisen um die Erde, Sonne und Fixsterne recht regelmäßig, einige – die Wandelsterne oder Planeten – eher unregelmäßig. Die Sterne sind leuchtende Punkte, vielleicht befestigt an einer Kristallkugel, vielleicht auch Löcher in einer sonst undurchsichtigen Kugelschale, die uns umgibt und vor dem Himmelsfeuer schützt. Die Himmelslichter sind natürlich für uns da: die Sonne, damit sie uns Licht und Wärme gibt, der Mond, damit wir auch bei Nacht etwas sehen, die Sterne, damit wir uns daran orientieren können. Wahrscheinlich ist der Mensch sogar der Grund für die Existenz des gesamten Universums. Die Stellungen der Planeten, richtig gedeutet, verkünden Charakter und Schicksal des Einzelnen, sogar ganzer Völker. Besondere Erscheinungen wie Kometen oder neue Sterne sind Warnzeichen, die göttliches Missfallen und nahendes Unheil anzeigen. Wenn wir brav sind, können wir die im Diesseits oder im Jenseits drohenden Strafen mildern. Es gibt eine Stufenleiter alles Geschaffenen, und der Mensch steht dabei auf einer der höchsten Stufen. Über dem Menschen gibt es nur noch Gott oder die Götter.«

Natürlich gibt es dabei noch mancherlei Varianten. Für die Chinesen ist China das »Reich der Mitte«; für die Ägypter bildet Ägypten den Mittelpunkt der Welt; und für die Griechen liegt der Nabel der Welt, der *Omphalos,* natürlich mitten in Griechenland, nämlich in Delphi.

Der Text, mit dem wir begonnen haben, stammt jedoch nicht aus der Antike, sondern ist – stark verändert – einem Buch aus dem Jahr 1971 von Patrick Moore über die Entwicklung des astronomischen Denkens entnommen. Das erste Kapitel steht zwar unter der Überschrift »Die überragende Bedeutung des Menschen« und erläutert das Weltbild der Antike. Die folgenden Kapitel schildern jedoch auch den Wandel unserer Anschauungen, und das letzte Kapitel heißt dann bezeichnenderweise »Die überragende Bedeutungslosigkeit des Menschen«.

Offenbar hat sich unser Weltbild seit der Antike erheblich geändert. Weltbild nennen wir das *Wissen,* das wir haben über die Welt, über den Menschen und über den Platz des Menschen in dieser Welt. Dieses Wissen wird meistens ergänzt durch *Wertungen,* also durch Urteile über Hoch und Niedrig, Gut und Schlecht, Nützlich und Schädlich. Deshalb beschränken sich auch *Änderungen* unseres Weltbildes nicht auf bloßen Erkenntnisfortschritt. Vielmehr erfolgt gelegentlich auch eine Neubewertung des Menschen und seiner Stellung in der Welt. Das markanteste Beispiel für eine solche Neubewertung ist verbunden mit dem Namen Kopernikus.

Das kopernikanische Prinzip

Nach Nikolaus Kopernikus ist nicht die Erde der Mittelpunkt der Welt, sondern die Sonne. Das ist zunächst einmal eine astronomische Behauptung. Sie entspricht dem Übergang vom geozentrischen zum heliozentrischen Weltbild. Dass dieser Übergang nicht nur astronomische Bedeutung hatte, ist oft genug betont worden. Nicht umsonst sprechen wir ja auch von einer kopernikanischen *Revolution* und meinen damit mehr als eine rein wissenschaftliche Neuerung. Nicht nur unser Weltbild, auch unser Menschen- und Gottesbild hat sich dadurch völlig verändert. So schreibt Goethe in seinen »Materialien zur Geschichte der Farbenlehre«: »Doch unter allen Entdeckungen und Überzeugungen möchte nichts eine größere Wirkung auf den menschlichen Geist hervorgebracht haben als die Lehre des Kopernikus. Kaum war die Welt als rund anerkannt und in sich selbst abgeschlossen, so sollte sie auf das ungeheure Vorrecht Verzicht tun, der Mittelpunkt des Weltalls zu sein. Vielleicht ist noch nie eine größere Forderung an die Menschheit geschehen; denn was ging nicht alles durch diese Anerkennung in Dunst und Rauch auf: ein zweites Paradies, eine Welt der Unschuld, Dichtkunst und Frömmigkeit, das Zeugnis der Sinne, die Überzeugung eines poetisch-religiösen Glaubens; kein Wunder, dass man dies alles nicht wollte fahren lassen, dass man sich auf alle Weise einer solchen Lehre entgegensetzte, die denjenigen, der sie annahm, zu einer bisher unbekannten, ja ungeahnten Denkfreiheit und Großheit der Gesinnung berechtigte und aufforderte.«

Während Goethe der Umstellung durch Kopernikus wenigstens noch einen positiven Aspekt abgewinnt, betont Friedrich Nietzsche ausschließlich die negative Seite, die Einsicht in die Bedeutungslosigkeit des Menschen: »Seit Kopernikus scheint der Mensch auf eine schiefe Ebene geraten – er rollt immer schneller nunmehr aus dem Mittelpunkt weg – wohin? ins Nichts? ins ›durchbohrende Gefühl seines Nichts‹?« (Nietzsche, Zur Genealogie der Moral, 1887) Hier klingt bereits an, dass es bei dem einen Schritt des Kopernikus nicht geblieben ist, sondern dass »seit Kopernikus« noch mehr solche Schritte erfolgt sind. Alle diese Schritte fallen unter ein Prinzip, das man *kopernikanisch* nennen könnte: *Erde und Mensch haben keine Sonderstellung.* Einige dieser »kopernikanischen Schritte« sind in Tabelle 1 zusammengestellt.

Wer hat die kopernikanische Revolution angezettelt?

Selbst wenn man das heliozentrische Weltbild auf seine astronomische Tragweite beschränkt, bleibt die Frage, wann die kopernikanische Revolution eigentlich stattgefunden hat. Schon 2000 Jahre vor Kopernikus zweifeln einige Pythagoreer an der bevorzugten Stellung unserer Erde und rücken das Zentralfeuer in den Mittelpunkt. Aristarchos von Samos, ein Zeitgenosse des Mathematikers Archimedes, lässt die Erde bereits um die Sonne kreisen. Doch keiner glaubt ihm; sein Buch über dieses Thema geht verloren. Hätte nicht Archimedes seine Theorie erwähnt, wäre sie wohl gänzlich in Vergessenheit geraten.

Auch dem Kopernikus glaubt kaum jemand. Die katholische Kirche verbietet ihren Gläubigen, sein Buch zu lesen (erst 1835 wird es vom Index genommen); und auch Martin Luther wendet sich gegen das heliozentrische System. Giordano Bruno, Galileo Galilei und Johannes Kepler kämpfen und leiden dafür; gerade das zeigt, wie heftig die Ablehnung immer noch ist. Die Revolution lässt also auf sich warten. Erst im 18. Jahrhundert führt der Erfolg der Newton'schen Mechanik und Gravitationstheorie zur allgemeinen Anerkennung der Heliozentrik. Neben dieser theoretischen Stützung durch eine in vieler Hinsicht äußerst erfolgreiche Theorie stammen die ersten empirischen Argumente zugunsten einer Bahnbewegung der Erde sogar erst von 1725 (Aberration des Fixsternlichts nach James Bradley) und 1838 (Fixsternparallaxe nach Friedrich Wilhelm Bessel). Kann von einer wissenschaftlichen Revolution erst dann gesprochen werden, wenn die zugehörige Theorie allgemein anerkannt ist, dann hat die kopernikanische Revolution erst lange *nach* Kopernikus stattgefunden. Kopernikus hat dafür nicht viel mehr als den Namen geliefert. Diese ernüchternde Feststellung ist offenbar im Einklang mit dem nullten Hauptsatz der Wissenschaftsgeschichte: »Ein Satz oder Effekt, der den Namen einer Person trägt, stammt von einer anderen.« Wenn wir überhaupt versuchen wollen, diese andere Person ausfindig zu machen, dann war wohl Kepler der eigentliche Revolutionär: Seine astronomischen Werke haben die Heliozentrik langsam, aber dauerhaft durchgesetzt.

Eine vierte Kränkung?

Sicher wäre es reizvoll, auch andere Stufen des kopernikanischen Prinzips daraufhin zu untersuchen, wer sie gebaut hat, wann das war und worin jede einzelne genau besteht. Das machen wir uns hier nicht zur Aufgabe. Eine andere interessante Frage richtet sich auf die *Wirkung* solcher Einsichten. Sigmund Freud, der Begründer der Psychoanalyse, meint 1917, die Menschheit habe durch die Wissenschaften mehrere *Kränkungen* erfahren. Er nennt drei solcher Kränkungen: die kosmologische durch Kopernikus, die biologische durch Darwin und die psychologische durch ihn selbst. Durch die Psychoanalyse seien starke Gefühle der Menschheit verletzt; ihre Eigenliebe, ihr Narzissmus, habe dadurch eine weitere, sogar die empfindlichste Kränkung erfahren.

Das Eigenlob, das Freud sich selbst zollt, wenn er sich mit Kopernikus und Darwin in eine Reihe stellt, soll hier nicht kommentiert werden. Ausdrücklich angesprochen sei jedoch eine wichtige Folgerung aus Freuds Reihung: Den Leser führt

Tabelle 1: Stufen des kopernikanischen Prinzips

Wissenschaftliche Entdeckungen	Forscher	etwa	(anthropologische) Folgerungen
Die Himmelskörper bestehen aus ähnlichen Stoffen wie die Erde.	Anaxagoras	450 v. Chr.	Die Erde hat rein stofflich keine Sonderstellung.
Die Erde ist keine Scheibe, sondern eine Kugel.	Aristoteles Eratosthenes	350 v. Chr. 250 v. Chr.	Wir wohnen nicht an einem ausgezeichneten Punkt der Erde.
Die Erde dreht sich um die Sonne.	Aristarchos Kopernikus Galilei, Kepler	260 v. Chr. 1543 1600	Die Erde ist ein gewöhnlicher Planet, nicht der Mittelpunkt der Welt.
Die Sonne zeigt dunkle, unregelmäßige, wandernde Flecken.	Scheiner, Galilei	1610	Die Sonne ist nicht makellos; sie gibt nicht nur reines, göttliches Licht.
Das Gravitationsgesetz gilt universell: für Sonne, Planeten, Monde, Sterne, Doppelsterne und ganze Galaxien, sogar für den Kosmos als Ganzes.	Newton Herschel Einstein	1687 1803 1917	Die Unterscheidung zwischen sublunarer und supralunarer Sphäre wird hinfällig.
Die Verteilung der chemischen Elemente ist überall etwa gleich.	Kirchhoff, Bunsen	1859	Auch chemisch genießen wir, unsere Erde, unser Sonnensystem keine Sonderstellung.
Die Sonne bewegt sich. Sie befindet sich auch nicht im Zentrum der Milchstraße.	Herschel Shapley	1783 1918	Also ist auch die Sonne nicht der Mittelpunkt der Welt.
Die Sonne ist ein Hauptreihenstern (genauer ein G2-Stern).	Hertzsprung, Russell	1913	Sie ist ein recht durchschnittlicher Stern.
Die Milchstraße rotiert und hat Spiralstruktur.	van de Hulst	1952	Unsere Milchstraße ist eine ganz gewöhnliche Galaxis.
Unser Galaxiensystem (die lokale Gruppe) hat rund 20 Mitglieder.	Hubble	1924	Unser heimischer Galaxienhaufen ist ganz gewöhnlich, sogar eher klein.
Die Galaxienflucht erscheint von allen Stellen des Universums aus gleich.	Hubble	1929	Auch unsere Milchstraße ist nicht der Mittelpunkt der Welt. (Die Welt hat weder Mittelpunkt noch Rand.)
Unsere Milchstraße bewegt sich gegenüber der Hintergrundstrahlung mit 600 km/s.	Smoot, Gorenstein, Muller	1977	Wir befinden uns in einer gewöhnlichen kosmischen Turbulenz.
Arten gehen durch Mutation und Selektion auseinander hervor; das gilt auch für den Menschen.	Darwin	1859 1871	Homo sapiens ist eine von vielen (miteinander verwandten) Arten.
Die stammesgeschichtliche Verwandtschaft zeigt sich ebenso im Verhalten.	Darwin Lorenz	1882 1938	Zwischen Mensch und Tier besteht auch eine ethologische Kontinuität.

sie ganz unauffällig zu der Überzeugung, wer sich gegen Freuds Theorie wehre, der tue das gar nicht aus sachlichen Gründen, sondern aus verletzter Eitelkeit. Ein Argument zugunsten der Psychoanalyse ist das nicht: Daraus, dass Kopernikus und Darwin zunächst abgelehnt wurden, obwohl sie Recht hatten, folgt natürlich nicht, dass auch Freud, wenn er abgelehnt wird, deshalb schon Recht haben müsse. Gibt es doch genügend Beispiele für neue Ideen, die sich nachträglich als falsch oder unbrauchbar erwiesen haben.

»Kränkung« ist bei Freud ein Fachausdruck, der mit »Krankmachen« zu tun hat. Doch sind wir auf diesen Ausdruck nicht angewiesen. So spricht Wilhelm Burkamp in seinem Buch »Wirklichkeit und Sinn« aus dem Jahr 1938 von »Demütigungen« des Menschen und von »kopernikanischen Wendungen«. Allerdings zählt er nicht drei, sondern vier solcher Demütigungen auf:

1) Das Ich erkennt sich selbst als ein Stück der Welt.
2) Die Erde – und mit ihr der Mensch – ist nicht der Mittelpunkt der Welt.
3) Die Menschheit ist in das Entwicklungssystem der Organismen eingegliedert.
4) Die menschliche Seele ist phylogenetisch entstanden; auch das Bewusstsein besitzt nicht die ihm zugeschriebene Unabhängigkeit von der physikalisch-biologischen Natur.

Die erste Demütigung kommt bei Freud gar nicht vor. Sie besteht in meiner Einsicht, dass auch ich ganz zur Welt gehöre und dass sich mein Erleben und Wirken nach denselben Gesetzen vollzieht, die auch sonst diese Welt beherrschen. Offenbar handelt es sich dabei um eine Einsicht, die – im Gegensatz zu den Einsichten von Kopernikus, Darwin oder Freud und lange vor aller Wissenschaft – schon jedes Kind im Laufe seiner Entwicklung gewinnt, gewinnen muss. Sie ist so elementar, dass wir ihr – anders als Burkamp – lieber die Nummer Null geben.

Offensichtlich entsprechen Burkamps zweite und dritte Demütigung der kosmologischen und der biologischen Kränkung nach Freud. Ob dagegen Burkamps vierte Demütigung nun auch deckungsgleich ist mit der dritten, nach Freud benannten und von ihm selbst beanspruchten Kränkung, ist schwerer auszumachen. Zwar ist auch bei Burkamp die Seele nicht Herr im eigenen Haus, aber doch aus anderen als Freuds tiefenpsychologischen, nämlich aus stammesgeschichtlichen oder phylogenetischen Gründen.

Dass wir nicht nur in Körperbau, Stoffwechsel und Neurophysiologie, sondern auch in unserem Verhalten aus dem Tierreich hervorgegangen und stammesgeschichtlich mit ihm eng verbunden sind, ist eine These, die vor allem die vergleichende Verhaltensforschung, insbesondere die Humanethologie, vielfach belegt hat. Wegweisend waren Charles Otis Whitman (ab 1898), Oskar Heinroth (ab 1910), Julian Huxley (ab 1914), Niko Tinbergen (ab 1933) und vor allem Konrad Lorenz (ab 1935). Es ist deshalb wohl angebracht, hier von einer ethologischen Kränkung zu sprechen.

Freilich könnte man diese Kränkung auch als Teil der Darwin'schen ansehen, ergibt sie sich doch schon aus einer konsequenten Anwendung der Evolutionstheorie. Ja, Darwin selbst weist sich durch sein Werk »Der Ausdruck der Gemütsbewegungen bei Menschen und Tieren« (1872) als früher Verhaltensforscher aus. Es bleibt uns überlassen, ob wir die Ethologie nur als Bestätigung und Bekräftigung der Darwin'schen oder als eigenständige Kränkung auffassen wollen. Im Folgenden werden wir sie – mit Burkamp – als eigenständig betrachten und bringen es damit immerhin auf vier Kränkungen.

Nun haben aber auch noch andere eine vierte Kränkung des Menschen ausgemacht. Kurioserweise handelt es sich dabei nicht immer um dieselbe Kränkung. Zählt man alle diese »vierten« Kränkungen zusammen, so kommt man leicht auf zehn Kränkungen. In Tabelle 2 sind sie zusammengestellt; im Folgenden werden sie kurz erläutert.

Erkenntnisfähigkeit und Sozialverhalten – ebenfalls Ergebnisse der Evolution

Die Evolutionsbiologie bleibt natürlich auch beim Verhalten nicht stehen. Schon früh richtet sich die Aufmerksamkeit der Ethologen auf die kognitiven Fähigkeiten von Tieren und Menschen, auf ein Gebiet also, das traditionell eher der Erkenntnistheorie und somit der Philosophie vorbehalten war. Dass sich einige Probleme der Erkenntnistheorie lösen lassen sollten, wenn man die biologischen, insbesondere die evolutionsbiologischen Grundlagen menschlichen Erkennens kennt und berücksichtigt, wird ebenfalls früh gesehen. So

Tabelle 2: **Kränkungen des Menschen**

Art der Kränkung	durch	etwa
0 Ich bin ein Stück der Welt.	eigene Erfahrung	in der Kindheit
1 kosmologisch	Kopernikus	1543
2 biologisch	Darwin	1859
3 psychologisch	Freud	1895
4 ethologisch	Heinroth	1910
5 epistemologisch	Lorenz	1941
6 soziobiologisch	Wilson	1975
7 Computermodell	Künstliche Intelligenz	1980
8 geochronologisch (zeitlich vor 2)	Lyell	1830
9 ökologisch		derzeit
10 neurobiologisch		21. Jahrhundert

schreibt Charles Darwin schon 1838 in sein Notizbuch M: »Platon sagt im *Phaidon,* unsere ›notwendigen Ideen‹ entstammten der Präexistenz der Seele, seien nicht von der Erfahrung abgeleitet, – lies Affen für Präexistenz.«

Der Gedanke einer evolutiven Passung unseres Erkenntnisapparates lag also seit Darwin in der Luft. Aber erst in unserem Jahrhundert hat Konrad Lorenz die Gesetze der Evolutionstheorie, die Befunde der von ihm mitbegründeten Verhaltensforschung und die Fragestellungen der Erkenntnistheorie zu einer Evolutionären Erkenntnistheorie verknüpft und dabei *beide* Seiten, die biologische wie die erkenntnistheoretische, angemessen berücksichtigt. Infolge der Kriegs- und Nachkriegswirren fanden seine Ideen jedoch wenig Resonanz, und erst seit etwa 1972 wird eine Evolutionäre Erkenntnistheorie auf breiterer Basis entwickelt und diskutiert.

Die Evolutionäre Erkenntnistheorie kann zum Beispiel die Frage beantworten, warum Anschaulichkeit kein Wahrheitskriterium für eine Theorie sein kann. Sie erklärt auch, warum wir Schwierigkeiten haben, unsere kognitive Nische, den Mesokosmos, zu überschreiten. In der Zeitung *Die Zeit* vom 6. Juni 1980 hat Dieter E. Zimmer die Evolutionäre Erkenntnistheorie eine weitere »kopernikanische Wende« genannt, in einem Sinne, der dem einer Kränkung oder Demütigung durchaus entspricht. Da es hier um unser Erkenntnisvermögen geht, könnte man von einer epistemologischen Kränkung sprechen. Freilich könnte man auch sie – wie die Verhaltensforschung – als eine konsequente Anwendung von Darwins Theorie ansehen und damit der biologischen Kränkung unterordnen.

Für die Soziobiologie gilt das erst recht. Diese junge Disziplin untersucht das Sozialverhalten von Tieren und Menschen. Sie nimmt die Theorie der natürlichen Auslese ernst und geht davon aus, dass genetisch gesteuertes Verhalten sich stammesgeschichtlich nur dann durchsetzen kann, wenn es der Generhaltung dient. Selbst dort, wo wir uns vermeintlich altruistisch und damit moralisch besonders hochwertig verhalten, sieht sie den Genegoismus am Werk. So folgt sie Edward Gibbons Grundsatz: »Man traue keinem erhabenen Motiv, wenn sich auch ein niedriges finden lässt!« Kein Wunder, dass die Soziobiologie vielen, etwa David Barash, als eine weitere Kränkung des Menschen erscheint, und Peter Koslowski meint sogar ausdrücklich, die soziobiologische sei »die vierte und letzte Kränkung«.

Es ist allerdings nicht einzusehen, warum ausgerechnet sie die letzte Kränkung sein soll. Kandidaten für Kränkungen sind ja sämtliche Eigenschaften, auf die wir irgendwie stolz sind. Im Laufe weiterer Forschung kann sich herausstellen, dass wir bestimmte vermeintliche Vorzüge entweder gar nicht oder aber nicht für uns allein haben. Tatsächlich ist von weiteren Kränkungen bereits die Rede.

Weitere Kränkungen

So nagt auch das Computermodell des Geistes an unserem Selbstbild. Maschinenmodelle des Menschen hat es zwar schon früher gegeben; sie waren jedoch eher programmatisch. Neu und kränkend ist die Tatsache, dass Maschinen nun wirklich Leistungen erbringen, die man früher als typisch menschliche, als geistige Leistungen angesehen hat und einer Maschine eben unter gar keinen Umständen zugetraut hätte. Dass 1997 ein Computer beziehungsweise das Schachprogramm *Deep Blue* sogar dem Schachweltmeister Garri Kasparow ebenbürtig war, ist nur ein aktuelles Beispiel aus dieser Aufsteigergeschichte. Künstliche Intelligenz ist zwar immer noch mehr Programm als Realität; aber dieses Programm ist eben sehr erfolgreich. Folgerichtig sieht Sherry Turkle auch darin eine Bedrohung für die Idee des »Selbst« und verweist in diesem Zusammenhang – wieder einmal – auf Kopernikus, Darwin und Freud.

Gegen diese Kränkung gibt es Abwehrstrategien. Eine besteht darin, gerade jene Leistungen als besonders menschlich anzusehen, die dem Computer am schwersten zu vermitteln sind. Das eigentliche *Humanum* ist dann das, was sich nicht »entschlüsseln« lässt, was nicht in Worte und erst recht nicht in Formeln, Algorithmen und Programme gefasst werden kann. Eine solche Strategie verfolgen etwa Joseph Weizenbaum, Hubert und Stuart Dreyfus, John Searle sowie Roger Penrose. Doch macht diese Strategie unser Selbstbild und damit uns anfällig gegenüber den Fortschritten der Technik. Wenn Wert und Stolz des Menschen darin liegen oder darauf gründen, dass der Mensch etwas kann, was sonst niemand, was insbesondere keine Maschine kann, dann sind Wert und Stolz immer wieder aufs Neue gefährdet.

Die kopernikanische Revolution war verknüpft mit einer ungeheuren *räumlichen* Erweiterung unserer Vorstellung von der Welt. Weniger bewusst ist uns, dass diese Vorstellung um 1800 durch die Geologie auch eine vergleichbare *zeitliche* Erweiterung erfahren hat, etwa durch James Hutton um 1780 und Charles Lyell ab 1830. Wie tröstlich war doch die Vorstellung einer jungen Erde, die gleich nach der Schöpfung dem Menschen überlassen war! Wie abgründig ist dagegen eine Welt, die Milliarden Jahre alt ist und in der es Menschen allenfalls seit Jahrmillionen gibt! Der Paläontologe Stephen Jay Gould sieht in dieser »Entdeckung der Tiefenzeit« nicht nur eine Verbindung zwischen Kopernikus und Darwin, sondern einen eigenständigen Schritt, mit dem die Geologie die Bedeutung des Menschen erneut einschränkt. Weil es dabei vor allem um Datierungen geht, sprechen wir hier von der geochronologischen Kränkung.

Eine weitere, sehr aktuelle Kränkung ist von Bruno Fritsch diagnostiziert worden: die ökologische. Sie besteht in der Einsicht, dass die Menschen in zahlreiche komplizierte Ökosysteme und damit letztlich in die gesamte Biosphäre eingebunden sind, dass wir von dieser Biosphäre entscheidend abhängen und doch unfähig sind, diese Systeme zu durchschauen, sodass wir sie zwar beeinflussen, aber weit davon entfernt sind, sie zu beherrschen. Bei dieser Kränkung ist besonders schwer zu sagen, wer sie uns zugefügt hat: Sie erstreckt sich über einen längeren Zeitraum, und sie ist bei weitem noch nicht abgeschlossen. Außerdem sind hier Theorie und Praxis besonders eng verbunden: Welche ökologischen Fehler wir machen, bekommen wir manchmal hautnah zu spüren.

Kann man eine Kränkung prognostizieren? Es sieht so aus, als würden uns die Fortschritte der Neurobiologie die nächste Kränkung zufügen. Vor allem könnte sich die Willensfreiheit, auf die wir uns so viel einbilden, als Illusion erweisen. Durch das Computermodell des Geistes ist diese Kränkung ja bereits vorbereitet. Doch ist es ein Unterschied, ob man die Willensfreiheit theoretisch verneint oder ob man sie empirisch widerlegt – falls so etwas überhaupt möglich ist. Die neurobiologische ist dann bereits die zehnte Kränkung.

Unterwegs zum Übermenschen?

Fortschritt ist leicht definierbar, etwa als Wandel zum Besseren, aber nur schwer feststellbar. Das liegt daran, dass wir uns nur schwer darauf einigen, was nun wirklich gut ist, und dass alles Gute auch Schlechtes mit sich bringt. Genau das konnten wir bei den großen wissenschaftlichen Fortschritten feststellen: Oft genug bedeuten sie Triumph und Kränkung zugleich. Und so geht es uns mit fast allen Erkenntnissen. Immer wieder fühlen wir uns in die Rolle des Zauberlehrlings gedrängt, dem sein Werkzeug entgleitet.

Unser Wissen hat natürlich nicht nur Einfluss auf unser Welt- und Menschenbild. Wer mehr *weiß*, kann auch mehr *machen;* und wer mehr *kann*, muss sich auch fragen (lassen), was er *darf*. Darf man alles erforschen? Soll man alles, was man weiß, auch öffentlich machen? Könnte das Wissen nicht missbraucht werden? Kann man alle Verantwortung auf jene abschieben, die das Wissen missbrauchen? Welche Gefahren bestehen, wenn wir das Erbgut des Menschen entschlüsseln? Wenn wir das menschliche Gehirn durchschauen? Dürfen wir unser Erbgut beeinflussen? Dürfen wir Gehirn und Psyche verändern? Können wir uns überhaupt auf erstrebenswerte Ziele einigen? Welches Gewicht haben die guten und schlechten Erfahrungen, die wir bereits gemacht haben, die bekannten Risiken, die unbekannten Gefahren?

Dass so viele Fragen offen bleiben, mag uns missfallen. Aber ist es nicht auch erfreulich, dass noch einiges zu tun ist? Der Stoff zum Nachdenken wird uns jedenfalls nicht so schnell ausgehen.
G. VOLLMER

Register

Gerade gesetzte Seitenzahlen bedeuten, dass der Begriff im erzählenden Haupttext enthalten ist. *Kursive* Seitenzahlen bedeuten: Dieser Begriff ist in den Bildunterschriften, Karten, Grafiken, Quellentexten oder kurzen Erläuterungstexten enthalten.

Abaelardus, Peter (1079–1142) 351
Aberration, chromatische 205, *300, 300 f.*
– sphärische 205, 299 f., *299*
Abort, siehe Fehlgeburt
Abruf 356, 359, 361 f., 365
Abszess 169
Abtreibung 660, 663, *663*, 678
Acetylcholin 122, 217
Acetyl-CoA 143, *143–145*
Acetylsalicylsäure 279
Achillessehne 114
ACTH, siehe adrenocorticotropes Hormon
Adaptation 219 f., 228, 230, 247, 398
Adenosintriphosphat, siehe ATP
ADH 157–159, *158 f., 163*
Adipositas, siehe Fettleibigkeit
Adler, Alfred (1870–1937) 404, *405*, 426, *426*
Administration 514, *514*
Adoleszenz 65
Adoption 664 f., *664*
Adorno, Theodor W. (1903–1969) 488
Adrenalin 71 f., 130, 172, 217
adrenocorticotropes Hormon 171, *281*
Aggression 448, *592*, 600–603, 612, 666
α-Helix 288
Aids 73, 74 f., 75, 187 f., *187–189.*, 191, 193, 369
Akkommodation 207, *296*, 298 f., *298*, 304
Akkulturation 69, *69*
Akne 64, *64*, 186
akrosomale Reaktion *31 f.*, 32
Aktin 111, *111*, 247
Aktin-Myosin-System 111, 167
Aktionspotential 215–217, *215 f.*, 220, 246, 248, 252, 258, 315 f., 351
Akupunktur 280
Albumin 143
Aldosteron 159, 161, *163*
Alexander, Richard Dale (*1929) 650 f., *666*
Alkohol 38, *39*, 143, 194 f., *195*, 423
Alkoholkrankheit 194 f.
Allergen 183
Allergie 55, 182–184, *182*
Alphabet, siehe Schrift
Altern 76, 81–85
Altruismus 15, 21, 604, 606, *610*, 611, 614
Alzheimer-Krankheit 80, 81, 369, *369*
Amboss 243, *243*
Aminosäuren 120, 122, *122*, 130, 134, 138, 142, *144 f.*, 145
– essentielle 122, 145
Ammoniumionen 156, *156*, 159
Amnesien *366*, 367 f., *368*
Amnion 37, 39

Amniozentese, siehe Fruchtwasseruntersuchung
Ampulle 261, *261*
Amygdala 357, *357*, 359, 458
Anabolismus 120, 145
Anämie, siehe Blutarmut
Anamorphose 227, *227*
anaphylaktischer Schock 183
Anaxagoras (um 500–428 v. Chr.) 19
Androgene 446, 618
androgenitales Syndrom *40*, 619
Andropause 80
Angepasstheit 437, 475, 558 f., *558*, 596, 631
Angiotensin II 161, *163*
Anionen 131
Anomaloskop 335
Anopie 335
Anpassung 439, 480, 554, *558*
Anpassungswert 557, 659
Antibiotika 75, *75*, 185, 188 f., 584
Antidiuretische Hormon, siehe ADH
Antigen 177, *178–180*, 179 f., 182 f., *182*, 189, 200
Antigen-Antikörper-Reaktion 179–181
Antikörper 177, *177 f.*, 179 f., *181 f.*, 183 f., 187, 189 f.
Antonymie 521 f.
Aorta 95, 162
Apoptose 187, 201
ARAS, siehe aufsteigendes retikuläres Aktivierungssystem
Arbitrarität 506 f., *507*
Archetypen 416, 426
Aristoteles (384–322 v. Chr.) 14, 20 f., 221, 349, 351–354, *352*, 357, 361, 370, 534, 585
Arnold, Magda Blondiau (*1903) 417
Arteriosklerose *69*, 125, 162
Arthrose 114
Artikulation *503*, 508, *508–513*, 510–512, 540, 569
– Artikulationsart *508*, 509–511
– Artikulationsdauer 512
– Artikulationsorgan 508 f.
– Artikulationsort *508*, 509–511, *510*
– Aspiration 511
– Aussprache 492, *509*, 512, 520
– Stimmhaftigkeit 509, *509*, 511
Ascorbinsäure, siehe auch Vitamin C 130, 131
Astigmatismus, siehe Stabsichtigkeit
Atheromen 126
Atherosklerose, siehe Arteriosklerose
Atmungskette 130, *144 f.*
ATP 132, 143, *143–145*
Attneave, Fred (1919–1991) 411
Aubert, Hermann (1826–1892) 263
Aubert-Phänomen 263

Audiometrie 237
Auflösungsvermögen, optische 207, 311
– räumliche 269
– visuelle 330
aufrechter Gang 15, 42, *42*, 103 f., 107, *107*, 154
aufsteigendes retikuläres Aktivierungssystem 350 f., *350 f.*, 418 f.
Augenbewegung 205–207, *206*, 266
Augenbrauen 460, 462–465
Ausbeutung 612, 666
Auslösemechanismus 428, 438 f., *438*, 475 f.
Austin, John Langshaw (1911–1960) 539 f., *540 f.*, 545
Australopithecus 42, 568, *568*
Ausubel, David Paul (*1918) 377
Autoimmunerkrankungen 184
Avitaminose 128
Avunkulat 666–668
Axon 211, 216, 246, 291, 313, 351, 353
Azidothymidin *189 f.*
AZT, siehe Azidothymidin

B

Baker, Robin (*1944) 642 f.
Bakterien 167, 174, 176, 178, 185 f., 188, 196, 445
Balken *348*
Ballaststoffe 126
Bänder 99, 120, 145
Bandscheiben 102 f., 105, 113
Bandura, Albert (*1925) 370, 373
Bárány, Robert (1876–1936) 266
Barorezeptoren 155, 162
Barton, Elaine York 607
Barwise, Jon 537
Basalganglien *355*, 358
Basalmembran 169, 173 f.
Basen 159, *159*
Basilarmembran 245, *246*, 250 f., 256
Bateman, Angus John (*1919) 624–626
Bauchfell 37
Bauchspeicheldrüse 95, 136, 141, *141*, 184
Baustoffwechsel 119 f., 125
β-Carotin 127, *129*, 217
Beaumont, J. Graham 347, 415
Bechterew-Krankheit 104
Becken 42, *42*, 107, *107*
Beckenboden 42
Beckengürtel 87, 100 f., 103, 105, 107
Beckenknochen 107
Bedeutung 350, 352 f., 387, 435, 507, 515, 517, 520–522, 534–536, *534*, 537, 539, *539 f.*, 545
Befruchtung 23, 32–34, *32*, 34
– künstliche 32, *34*
Behaviorismus *371*, 532, *533*, 584
Békésy, Georg von (1899–1972) 250, *251*, 274
Bellis, Mark 642 f.
β-Endorphin 113, *281*, 449
Benjamin, Walter (1892–1940) 479
Bense, Max (1910–1990) 475
Berberaffen *449*, 641, 672
Berger, Hans (1873–1941) 344
Bergson, Henri (1859–1941) 19 f.
Berlin, Brent (*1936) 523 f., *524*
Beschneidung 66

Bestfrequenz 248 f., *248*, 252
Betriebsstoffwechsel 119
Bevölkerungspyramide *78*
Bewegungssehen 221, 320
Bewusstsein 15, 209, 351–354, *354*, 368, 415–419, 423, 425, 435, 438, 457 f., 581, 588, 654
Bikomponentenprinzip 260, *260*
Bilateralsymmetrie 94–96
Binet, Alfred (1857–1911) 363, 391
Binet-Simon-Test *390*, 392
biologische Halbwertszeit 119
Biotin *129*, 131
Bit *356*
Bizepsmuskel 114
Blase 155, 158
Blastozyste 34, *34*
Blinddarm 177
blinder Fleck 205–207, *206*, 307, *310 f.*, 310
Blindsight 314 f.
Blumenbach, Johann Friedrich (1752–1840) 18
Blutarmut *36*
Blutdruck *36*, 69, 71, *71*, 154, *154*, 161–164, *163*, 457
Bluterkrankheit 166
Blutgerinnung 71, 128, 164–166, *165*
Bluthochdruck 69, *71*, 81
Blutkörperchen , rote 123, 130, 142, *165*, 167, *192*
– weiße *165*, 167, 177–179
Blutkreislauf 149, 162
Blutplasma 145, 162, 168, *195*
Blutplättchen, siehe Thrombozyten
Blutzuckerspiegel 124, 141
B-Lymphozyten 177, *178*, 179 f., *181 f.*, 183
Boesch, Christophe 587
Bogengänge 204, 257, 261 f., *261*, 265 f.
Bogengangorgane 257, 265
Bonobo 26, *26*, 58, 116 f., *563*, 566, 569, 570, 574, 610, *642*, 646
Boone, James 673 f.
Borgerhoff Mulder, Monique (*1953) 630, 649
Boster, James Shilts 634
Botenstoffe 214, 216, 220, 291
Botulismus 75, *196*
Bowman-Drüsen *287*
Bowman-Kapsel *156–158*, 160
Bräuche 479 f.
Bréal, Michel (1832–1915) 534
Brennwert 121 f., *123*, 124
Brentano, Franz (1838–1917) 415
Brenztraubensäure, siehe Pyruvat
Broadbent, Donald Eric (1926–1993) 361
Broca-Areal siehe Großhirnareal, Broca
Bruner, Jerome Seymour (*1915) 377
Brunswik, Egon (1903–1955) 352, *384*
Brust 62, 445
Brustbein 95, 100
Brustwirbel 103, *103*
Buchstabe *503*, 516 f., *516* siehe auch Schrift
Bühler, Charlotte (1893–1974) 427
–, Karl (1879–1963) 374, 473
Bulbus olfactorius, siehe Riechkolben
Buss, David (*1953) 638

C

Calciferol, siehe Vitamin D
Calciumionen 81, *81*, 111, *111*, 131, *132*, 159, 219 f.
Camera obscura 294, *294*, 300
cAMP *218*, 219, 288
Cannabis 194–196
Carbonat 131, 134
Cardano, Geronimo (1501–1576) 403
Carnap, Rudolf (1891–1970) *534*
Carus, Carl Gustav (1789–1869) 415
Catecholamine 72, 172
Cattell, James McKeen (1860–1944) 342, 415
Cellulase 116, 123
Cellulose 116, 123 f.
cGMP *218*, 219
Chagnon, Napoleon A. (*1934) 591–593
Chaining 379
Chemorezeptoren 155
Chemotherapie 131, *201*
Chloridionen 131, *132*, 134, 157, *159 f.*
Cholera 140, 186, *186*, 191
Cholesterin 125 f., *136*, 138 f., *145*
Cholezystokinin 136 f., *136*
Chomsky, Avram Noam (*1928) 508, *528*, 529, *530 f.*, 531–533, *533*, 536
Chorion *33*, 37
Chorionzottenbiopsie *36*
Chromosomen 33, *35 f.*, 82, *83*, 554
Chylomikronen 138, *138 f.*
Ciliarkörper 298
circadianer Rhythmus 55, 150, *150*
Claparède, Édouard (1873–1940) 385
Cobalamin, siehe Vitamin B_{12}
Cocteau, Jean (1889–1963) 435
Code 435, 449 f.
Coenzym *126*
Comenius, Johann Amos (1592–1670) 379
Conchen 286
Coping 379
Corioliskraft 266, *266*
Corticosteroide 130, *281*
corticotropinauslösendes Hormon 171
Corti-Organ 245 f., *245*, *247*, *250*
Cortisol 171 f., *184*, *184*
Cortison *172*, *184*
Cosmides, Leda (*1957) 613
CRH, siehe corticotropin-auslösendes Hormon
Cronk, Lee (*1961) 674 f.
Crook, John Hurrell 651 f.
Crossing-Over 335
Crutchfield, Richard S. (1912–1977) 382, 391, 421
Cupula 261, *261*, 265
cyclo-Adenosinmonophosphat, siehe cAMP
cyclo-Guanosinmonophosphat, siehe cGMP
Cytochrom *130*
Cytokine 182
Cytoskelett 247
cytotoxische T-Zellen 177, *180 f.*, 181 f.

D

Dalton, John (1766–1844) 331, 335 f.
Daly, Martin (*1944) 592
Darm 116, 128, 137, 141
Darmbein 107
Darmflora 128, *129*, 130 f., 185
Darwin, Charles (1809–1882) 14 f., 207, 349, 405, 451, *454*, 458, 463, 549, 553 f., 608, 623 f., *624 f.*, 682–685
Darwinismus 561
darwinsches Prinzip 611, 621, 658, 678
Dawkins, Richard (*1941) 21, 443
Deckmembran 245, *246 f.*
Dehydratation 140, 155
Deixis 539–541, 545
Deltamuskel 104
Demenz 367, 369, *369*
Demokrit (um 460–zwischen 380 und 370 v. Chr.) 352
Dendriten *211*, 216
Denken 15, 341, 348, 352 f., 382–391, *385–388*, 393 f., *393*, 396, 403, 409 f., 414, 417 f., 425, 440, 457 f., 489, 523, 590
Dentin 102
Depolarisation 148, *148*
Dermatome 96–98, *98*
Dermis, siehe Lederhaut
Descartes, René (1596–1650) 351, 352, 370, 591
Desoxyribonucleinsäure, siehe DNA
Dezidua *33*
Diabetes *36*, 40, 80 f., *136*
Dialekt 490, 492–494, *492–494*, 496, *496*, 498 f.
– Dialektgrenze 492
Dickdarm 140
Dickemann, Mildred 673
Diencephalon, siehe Zwischenhirn
Diglossie 494
Dioptrie *296*, 300
Diphtherie 186, *191*, 196
Disaccharide 123, *123 f.*
Diurese 155, 159
DNA 131, *143*, 187 f.
Domagk, Gerhard von (1895–1964) 75
Doppler-Effekt 234, *235*
Dottersack 37, 39
Down-Syndrom 35, 369, *395*, 669
Drehbeschleunigung 204, 261, 265
Dreischalenversuch 277 f., *277*
Drogen 67, 194–196, 423, *423–425*, 425
Drogenabhängigkeit 194
Druckpunkt 268
Dualismus 211, 349 f., *349*, 351
Du Bois-Reymond, Emil (1818–1896) *209 f.*
Duchenne, Guillaume (1806–1875) 456, *457*
Ductus cochlearis 245
Duftdrüsen 445 f., *445*
Dunbar, Robin Ian MacDonald (*1947) 564, 634
Duncker, Karl (1903–1940) 397, 401
Dünndarm 136–138, *138*, 141, *141*
Duodenum, siehe Zwölffingerdarm
Dürer, Albrecht (1471–1528) 300, 339
Durst 155, 159
Durstzentrum 155, 158
dynamisches Gleichgewicht 115, 118 f., 138

E

Ebbinghaus, Hermann (1859–1909) 415
Ebner-Eschenbach, Marie Freifrau von (1830–1916) 397
Ebola-Virus 190, 193
Eccles, Sir John Carew (1903–1997) 210, 348, 353, 415, 418
Eckzähne 116, 117
EEG 91, 344, 345, 351 f., 354, 387, 415, 419
Efferenzkopie 274
Ehe 25, 592, 630, 635, 639, 647–653
Ehebruch 637 f.
Ehrlich, Paul (1854–1915) 191
Eibläschen, siehe Follikel
Eibl-Eibesfeldt, Irenäus (*1928) 19, 21, 458, 458, 465
Eierstock 29, 32, 35, 62, 79, 79, 86
Eifersucht 25, 27, 592, 635, 637 f., 638
eigenmetrische Methode 224, 225, 277, 324
Eigenreflex 153
Eileiter 29–32, 34, 34, 643
Einstein, Albert (1879–1955) 392
Eipo 25, 28, 43, 65 f., 68 f., 71, 90, 466
Eisen 122, 130, 133, 135
Eisprung 23, 29, 29 f., 31–35, 79, 79 f., 148, 148 f., 446, 646 f., 669
Eiter 169, 179
Eiweiß, siehe Protein
Eizelle 23, 25, 29–33, 30, 32, 34, 79, 618, 623, 625, 662, 669
Ejakulation 30, 63
Ekelgesicht 461, 466, 466
EKG 344
Ekman, Paul (*1934) 460, 462, 465 f.
Ekphorie 356
Ekstase 417 f., 422, 422, 481, 482
Ektoderm 37, 37
elektrochemische Äquivalente 131, 134
Elektroencephalogramm, siehe EEG
Elektrokardiogramm, siehe EKG
Elektrolyte 131, 138, 140
Ellenbogen 104
Elsenhans, Theodor (1862–1918) 382 f.
Elterninvestment 626 f., 658, 658, 663, 668, 671–674
Embolie 128
Embryo 33 f., 35, 37 f., 39, 40, 95, 96, 97, 98, 102, 128, 308, 446, 618 f., 660
Embryoblast 33, 34, 37, 39
Emotionen 171, 382, 429, 431, 456–458, 465 f., 571
Empathie 562, 576, 578–581
Empfänger 387, 433–437, 434, 441–443, 473–475
Endhirn 358, 458
Endolymphe 242, 246, 247, 257, 261, 266
Enkodierung 356
Entelechie 349, 349, 352 f., 352
Entlehnung 519 f., 519–521
Entoderm 37, 37
Entzündung 167 f.
Enzym 159, 220
Epidermis, siehe Oberhaut
Erasmus von Rotterdam (1466–1536) 427
Erbkoordination 438
Erbsenbeine 100
Erythrozyten, siehe Blutkörperchen, rote

Esperanto 502
Ethanol 123, 195
Eustachi-Röhre 242
Eustress 171 f.
Euthanasie, siehe Sterbehilfe
Evolution 18, 24, 41, 44, 76, 81, 85 f., 186, 209, 209, 437, 442 f., 445, 454, 553, 555, 559, 562, 606, 611, 654
evolutionäre Erkenntnistheorie 209, 209, 437, 684
Evolutionsbiologie 52, 71, 86, 431, 591, 608, 679, 683
Evolutionstheorie 559, 589, 624, 654, 679, 683 f.
Extension 535 f., 535–537

F

Fachsprache 490 f.
FAD 144 f.
Fantasie 574, 578 f.
Farbenblindheit 230, 320, 330–332, 335 f.
Farbenkreis 322–324, 322
Farbenkugel 322, 324
Farbensehen 221, 320, 336–338
Farbtüchtigkeit 330–332
Farbmischung, additive 325 f., 326, 328, 330
– subtraktive 329, 330
Farbton 324
Fasten 141 f., 478
FDG-Methode 253, 287
Fechner, Gustav Theodor (1801–1887) 220, 223, 224 f., 342
Fechner'sches Gesetz 223 f., 225, 238
Fehlernährung 115, 123
Fehlgeburt 35, 38, 40, 669
Felsenbein 257, 257
Fenster, ovale 243, 245
– runde 243, 245, 245
Ferguson, Adam (1723–1816) 351 f.
Fettabbau 143, 145
Fette 119 f., 123, 124, 138, 142, 156
Fettleibigkeit 123, 125
Fettsäuren 125, 138, 138, 142 f., 145
– essentielle 125, 126
– gesättigte 125, 126
– ungesättigte 125, 126, 128
Fettsynthese 120, 143, 145
Fetus 39–41, 39 f., 174, 290, 663
Feynman, Richard (1918–1988) 289
Fibrin 167
Fibrinogen 165 f.
Fibrinolyse 167
Fibroblasten 82, 82, 165, 168
Fibronektin 165, 167
Fibrozyten 168
Filtration 157
Filtrationsdruck 161
Fisher, Sir Ronald (1890–1962) 670 f., 677
fishersches Prinzip 670 f.
Fitness 557, 558, 595, 611, 621, 648, 651–653, 669 f., 672, 677 f.
Fitnessmaximierung 557–559, 630, 651, 668
Flavinadenindinucleotid, siehe FAD
Fleckfieber 191
Fleming, Alexander von (1881–1955) 75
Flexion 503, 524–527, 525, 527
Flinn, Mark V. (*1954) 667
Flirt 469–471, 469

Flourens, Marie Jean Pierre (1794–1867) 343 f.
Fludd, Robert (1574–1637) 415
fluktuierende Asymmetrie 645, 645
Fluor 119, 119, 132
Follikel 29, 30, 79
follikelstimulierendes Hormon 30, 79, 79
Folsäure 129, 131
Formatio reticularis 350, 350 f.
Fourier, Jean-Baptiste de (1768–1830) 249
Fovea centralis, siehe Sehgrube
Frankl, Victor Emil (1905–1997) 405
Frege, Gottlob (1848–1925) 435, 532, 533, 535–537, 537, 539, 543
Fremdwort 519 f., 520
Frequenz 217, 234 f., 233–236, 237, 247–249, 256
Fresszellen 165, 169, 178 f., 179, 182, 183
Freud, Sigmund (1856–1939) 366, 383, 396, 404, 405, 416, 416, 419, 420, 425 f., 425 f., 428, 682–684
Friesen, Wallace V. (*1942) 460, 462
Frisch, Karl von (1886–1982) 549, 551
Fromm, Erich (1900–1980) 418, 425, 428
Fruchtbarkeit 41 f., 557, 594, 630, 645, 646, 656
Fruchtblase 37, 39
Fruchthöhle 33, 37, 39
Fruchtwasser 37, 39
Fruchtwasseruntersuchung 36
Fructose 123
Frühgeburt 197
FSH, siehe follikelstimulierendes Hormon
Fühler 146
Furchungsteilungen 34
Fuß 100, 105, 110, 110
Fußgewölbe 110
Fußsohlenband 110
Fußwurzel 110

G

Gall, Franz Joseph (1758–1828) 347
Gallenfarbstoffe 128, 136, 136
Gallensäuren 125, 127, 136, 138 f.
Gallensteine 136, 137
Gallup, Gordon Graham (*1941) 579
Galton, Francis Sir (1822–1911) 342, 391, 415
Ganglienzellen 308, 310, 313, 315
Gardner, Beatrix T. (*1933) 570
Gastricin 135
Gastrin 135, 136
Gastritis 185
Gaulin, Steven J. C. 634 f., 675
Gaumen 290, 508, 510, 669
– harter 510, 510, 512
– weicher 510, 510, 512 f.
– Gaumensegel 510, 510, 513
Gazzaniga, Michael Saunders (*1939) 348, 358
Gebärdensprache 474
Gebärmutter 23, 30, 33, 34–36, 36, 40, 49, 96, 290, 660
Gebärmutterhals 30
Gebärmutterhalskanal 30 f., 32
Gebärmutterschleimhaut 30, 34, 35, 662
Geburt 24, 41–51, 91, 196, 447, 480, 627 f., 635, 662 f., 662, 671, 675

Geburtshilfe 44–51
Geburtskanal 36, 41, 48
Geburtstrauma 51
Geburtsvorbereitung 43, 43
Gedächtnis, episodisches 357, 359, 366
– Kurzzeit 346, 359–361, 589
– Langzeit 359 f., 360, 362
– prozedurales 357, 366
– Ultrakurzzeit 346, 359–361
Gedächtnisinhalte 358–360, 364–367
Gedächtnisleistungen 346, 356, 357, 358, 366
Gedächtnisverlust 81, 357, 366, 368 f.
Gehirn 60, 110, 142, 148, 151 f., 170, 175, 197, 214, 295, 306, 340, 347, 355–358, 431, 437, 450, 458, 468
– Durchblutung 154
– Hemisphären 94, 346
Gehlen, Arnold (1904–1976) 18, 551
Gehörgang 242, 244
gelber Fleck, siehe Sehgrube
Gelbkörper 30, 35
Gelbsucht 136
Gelenke 99 f., 105–107
Gelenkflüssigkeit 99
Gemeinsprache 491
Gen 288, 333, 552, 555, 606
genetische Fitness 555–557, 555
Genotyp 552, 552
Genpool 554, 555
Gensonde 333, 333, 336
Geriatrie 81
Gesäßmuskel 105 f.
Geschlechtsmerkmale 62, 63, 619, 642
Geschlechtsrolle 619 f., 620
Geschlechtsunterschiede 616–618, 620, 623, 625 f., 633, 635, 638
Geschlechtsverkehr 26, 28, 31, 48, 54, 65, 75, 642, 643
Geschmacksknospen 286, 291
Gestagene 79, 81
Geste 385, 443, 448, 451 f., 465, 468, 470, 478
Gestik 451, 468, 486, 487
Gesundheit 68 f., 77
Gibbons 579 f., 641
Gleichgewichtsorgane 152, 219, 242, 257
Gliazellen 308
Glomerulus 287 f., 288
Glucocorticoide 171, 184, 184
Gluconeogenese 123, 142, 145, 144 f.
Glucose 123 f., 138, 141–143
Glycerin 125, 125, 138
Glykogen 120, 123 f., 124, 141, 143, 172
Glykolyse 144 f.
Glykoproteine 122, 130
Goethe, Johann Wolfgang von (1749–1832) 331, 331, 335 f., 338, 378, 384, 396, 409, 410, 427
Gombrich, Ernst Hans Josef (*1909) 475
Gonadotropine 79
Goodall, Jane (*1934) 597, 600
Gorilla 27, 104, 115–117, 116, 569, 579, 641, 642
Gourment, Rémy de (1858–1915) 405
G-Protein 218, 288
Grammatik 492, 495, 497, 503, 503, 518, 528–532, 530 f., 540
– generative Grammatik 529 f., 530 f., 532

– Universalgrammatik 508, 528, 532
– Valenzgrammatik 532 f.
Granulozyten 168, 168 f., 179
Greenberg, Joseph (*1915) 499 f.
Grice, Paul H. (1913–1988) 541 f., 546 f.
Grimm, Jacob (1785–1863) 358, 496 f.
–, Wilhelm (1786–1859) 358, 496
Grimms Gesetz 496
Grinsen 463
Grippe 187, 191, 191, 193
Groddeck, Georg Walther (1866–1934) 426
Grooming 448, 449, 564–566, 565–568, 568, 571
Großhirn 91, 95, 211, 319 f., 419, 458, 478
Großhirnareal Broca 254, 254
– motorisches 94, 347, 355
– sensorisches 347, 358
– Wernicke 94, 254, 255
– S1 272 f., 272
– S2 272
– V1 313, 313 f., 319, 321, 338
– V2 319, 321
– V3 319
– V4 319 f., 321, 330, 338
– V5 319, 321, 321
Großhirnrinde 252 f., 274, 283, 306, 313 f., 316 f., 340, 343, 345, 351, 357 f., 447, 564
– somatosensorische 271–273, 279, 283
– visuelle 306, 313, 317, 319
Grundumsatz 134, 142
Grundwelle 235, 236
Grüne Meerkatze 569, 586, 586 f.
Gruppengröße 564 f.
Gruppenkonflikt 598 f., 603
GTP 145
guanosinnucleotid-bindendes Protein, siehe G-Protein
Guanosintriphosphat, siehe GTP
Guilford, Joy Paul (1897–1987) 393, 393, 400 f.
Gurney, Edmond (1847–1888) 428

H

Haare 64, 173, 445
Haargefäße, siehe Kapillaren
Haarsinneszellen 259, 261 f.
Haarzellen 219, 245–247, 246–248, 257, 259, 291
– äußere 245, 247, 248, 250 f., 250
– innere 248, 250
Habermas, Jürgen (*1929) 546
Hadamard, Jacques Salomon (1865–1963) 382
Haeckel, Ernst (1834–1919) 15, 352, 408
Hall, Edward Twitchell (*1914) 472
Haller, Albrecht von (1708–1777) 351
Halswirbel 101, 103
Halswirbelsäule 105
Halteregeln 106, 152
Häm 110, 110, 130, 165
Hamburg-Wechsler-Intelligenztest 392, 393
Hamilton, Richard J. (*1952) 21
Hammer 100, 243, 243
Hämoglobin 110, 165
Händedruck 436, 436, 448, 483
Händeschütteln 436, 483

Händigkeit 94
Handwurzel 100
Harn 36, 155–161, 158, 290
Harnkanälchen 156, 158, 160
Harnkapsel 156, 160 f.
Harnsäure 156
Harnstoff 145, 156 f., 156
Harte Hirnhaut 96, 103
Haschisch 194, 195, 425 f., siehe auch Cannabis
Hausgeburt 48 f., 49–51
Haut 37, 149, 155, 164, 172–176, 174, 447, 453
Hautkrebs 176, 200, 201
Head-Zonen 98, 98
Hebamme 42–47, 42, 45 f.
Hegel, Georg Wilhelm Friedrich (1770–1831) 14, 374
Heidegger, Martin (1899–1976) 14, 407, 426
Heilpflanzen 70
Heisenberg, Werner (1901–1976) 352
Helicotrema 244 f., 245
Heliobacter pylori 185
Hellwag, Christoph Friedrich (1754–1835) 512
Helmholtz, Hermann von (1821–1894) 205, 207, 221, 235, 236, 249 f., 298, 324, 327
Henle-Schleife 157 f.
Hepatitis 75, 194
Herder, Johann Gottfried von (1744–1803) 19 f., 379, 551
Herodot (um 490–um 425 v. Chr.) 503
Heroin 194 f., 424 f.
Herz 112, 155, 158, 162–164, 162
Herzinfarkt 69, 69, 71, 80, 98, 126
Herzkranzgefäße 80
Herz-Kreislauf-Erkrankung 69, 71
Herz-Kreislauf-System 71, 112, 172
Herzmuskel 162
Herztod 91
Hinterhauptlappen 319, 343, 346, 347
Hippocampus 357
Hirnanhangdrüse, siehe Hypophyse
Hirnhautentzündung 96, 186
Hirnnerven 96, 97, 151, 456
Hirnstamm, siehe Stammhirn
Hirntod 91, 344
Histamin 167 f., 168, 182, 183
HI-Virus 75, 187 f., 187–190
Hjortsjö, Carl-Herman (*1914) 459–462, 460
Hobbes, Thomas (1588–1679) 20 f., 341, 483
Hochsprache 491 f., 494, 494
Hoden 23, 63, 79, 96, 618 f., 641
Hodensack 63
Hohlrücken 104
Holst, Erich von (1908–1962) 260
Hominiden 117, 154, 565, 568
Homo erectus 15 f.
– habilis 15 f., 568
– rudolfensis 568
– sapiens 15–17, 569
Homonymie 522, 522
Homöostase 140
Homosexualität 629
Hörknöchelchen 242, 243

Hormonkaskade 136, 138
Hörnerv 246, 248 f., 252, 256
Horney, Karen (1885–1952) 425
Hornhaut 172 f., 175, 299
Hüftgelenk 105–108, *108*
Humboldt, Wilhelm von (1767–1835) 507, 522
Hume, David (1711–1776) 341, *354*, 457
Hundsaffen *563*
Hunger 132, 141–145, *141*
Husserl, Edmund (1859–1938) 14, 436, *537*
Huxley, Thomas Henry (1825–1895) 14 f.
Hydratationswasser 131
hydrostatischer Druck 153
Hydroxylapatit 119
Hypercholesterinämie 125
Hypergamie 632
Hyperventilation 118
Hypervitaminose 127
Hypnose 280, 355, 417 f., 420 f., *421*
Hypophyse 30, 35, 79, *79*, 113, 152, 158 f., 171, *171 f.*
Hypothalamus 63, 113, 140 f., 146 f., 149, 152, 155, 158 f., 171 f., *171 f.*, 357
Hypovitaminose 130

I

ideologische Sprache 495
Idiolekt 490, 499
Imitationslernen 373
Immunantwort 177–182
Immunglobuline 180
Immunität 189
Immunsystem 165, 171, 176 f., *177*, 179, 182–184, 187, 189 f., 200 f., *201*, 446, 645
Impfung 75, 77
Implikatur 539, 541–543, *542*, 546, *546*
Imponierverhalten 112
Individualpsychologie 404, 426
Infektionskrankheiten 74, *78*, 185, 190 f., *191 f.*, 193 f.
Information 214, 357, 359, 429, 435 f., 439, 443, 451, 468
Initiationsritus 66 f., *66 f.*
Inkabeine 100
Innenohr 152, 241 f., *242*, 245, 246, 250 f., *257*
Inositoltriphosphat, siehe IP₃
Insulin 136
Intelligenz 391–394, 573–575, *576*
Intelligenzquotient 392, *392*, 394, *394*, 400
Intension 536 f., *536*
Interferon 178 f.
Intrinsic Factor 130, 135
Investment 630, 636, 658 f., 661–664, 666–672, 675
Investmentkosten 658, 668, 670 f.
Ionenkanal 215, 291
Ionenstrom 215
IP₃ *218*, 219
Iris 464
Ischiasnerv 95
Isoglosse 493
Isophone *238*, 239
isotonische Lösung 155
Istwert 147, *147*, 149, 158, 163, *350*

J

James, William (1842–1910) 359, 377, 382, 457
Jaspers, Karl (1883–1969) 426
Jenner, Edward (1749–1823) 189, *190*
Jod 117, *132*
Jodeln 450
Jones, William (1746–1794) 497
Joule 118
Julesz, Bela (*1928) 318
Julesz-Muster 318 f., *319*
Jung, Carl Gustav (1875–1961) 386, 416, *419*, 425, *426*, 429

K

Kahnemann, Daniel (*1934) *388*
Kaiserschnitt 45 f., 49, *49*
Kaliumionen 122, 131, *132*, 134, 159 f., 215, 246
kalorische Nystagmus 266
Kanal 434, *434*, 436, 468
Kant, Immanuel (1724–1804) 14, 18, 388, *458*
Kapazitation 31, *31 f.*
Kapillaren *157*, 161, 165, 167
Kapuzineraffen 574, 586
Kasus 524, 527
Katabolismus 120, 145
Kationen 131
Kay, Paul (*1934) 523 f., *524*
Kehlkopf 62, 508 f., *509 f.*, 569, *569*
Keimblatt 37
Keimscheibe 37
Keimschicht 173 f., 176
Kepler, Johannes (1571–1630) 301
Keratin 173
Kerckring-Falten 137, *137*
Kindchenschema 59, 429, 470, *470 f.*, 475
Kinderkrankheiten 75, 180
Kinderlähmung 187, *191*
Kindstötung 660, 663, 678
Kinocilium 257–260, *258*, 262
Kitzler, siehe Klitoris
Klages, Ludwig (1872–1956) 415
Kleinhirn 358
Klinikgeburt *48 f.*, 49–51
Klitoris 66, 173, 619, *646*
Knie 107 f.
Kniegelenk 105 f., 108 f., *109*
Kniehöcker 306, 315
Kniescheibe 100, 153
Kniesehnenreflex, siehe Patellarsehnenreflex
Knochen 80, *80 f.*, 99 f., *100*, 112
Knochenbruch 99
Knochenmark 177, *180*, 201
Knorpel 99
Kobalt *130*, 133
Koch, Robert (1843–1910) 74, *74*, 191
Koestler, Arthur (1905–1983) 18, 428
Kogan, Nathan 401
Kognition 388–391, 411, 414, 578 f., 613
Kognitionspsychologie 382, 390, 551
Kohlberg, Lawrence (1927–1987) 620
Kohlendioxid 119, *119*, 160, 165
Kohlenhydrat 119 f., *119*, 121, 122–124, *124*, *126*, 135–137, 143, 145

Köhler, Wolfgang (1887–1967) 370, 373, *373*, 572 f.
Kokain 194, *424 f.*
Kolik 137
Kollagen 99, 109, 120, *122*, 168 f.
Kollateralband 108 f., 109
Kommunikation 387 f., 431–437, *433 f.*, 447, 486, 489, 506, 547, 565, 566, *567*, 569 f., *571*
Komparator 147, 149
Kompetenz 529, *546*
Komplementsystem 178, 180
Komplexion 176
Konditionierung 370–372, *372*, 584–586
Konformationsänderung 214, 217
Konkurrenz, genetische 595, 604
– innerfamiliäre 621
– reproduktive 596, 634
– sexuelle 599, 623–626
– soziale 555, 594–596, 606, 614, 659
Konsonant 509, *509*, 511, *511*, 515
Konstanzleistung, Farben 229–231, *230 f.*, 336–338
– Formen 226–228
– Helligkeit 228 f., *228*
Konversationsmaximen 541 f., 546 f., *546*
Kooperation 441–443, 604–606, *605*, 610, 614, 651
Kooperationsprinzip 541 f., 546, *546*
Kopernikus, Nikolaus (1473–1543) 681–685
Kopfnicken 440, 451 f., 468
Kopfschütteln 440, 451–453
Körpertemperatur 146–149, *147–149*
Korrespondenzproblem 319
Korsakoff, Sergej S. (1854–1900) 367
Korsakoff-Syndrom 367 f.
Kracauer, Siegfried (1889–1966) 486, *486*
Krankheit 68 f., 71–75, 77, 85, 91
Kreatin 156
Kreativität 353, 400–402
Krebs 82, 120, 177, 195, 198, *198*, 200, 279
Krebserkrankungen *199*
Krech, David (1909–1977) 382, 391, 421
Kreolsprache *494 f.*, 495
Kreuzbänder 109
Kreuzbein *42*, 96, 100–103, 105, 107
Kripke, Saul Aaron (*1940) 536 f.
Krummhörn 594, 631–633, *632 f.*, 676–678, 677–679
Kübler-Ross, Elisabeth (*1926) 88
Kuhn, Thomas Samuel (1922–1996) 389, 397
Kultur 439, 476 f., *476*, 494, 504, 514, *514*, 522 f., *523 f.*, 591, 596, 615
!Kung San 481, *557 f.*
Kyber, Carl Manfred (1890–1933) *428*
Kybernetik 349, *349 f.*, 435

L

Labyrinth 241, 257
Lächeln 456, 462 f., *461–463*, 466, 470 f.
Lachen 436, *456*, 461, 463
Lactat 134, 160
Lactose 120, 123, *123 f.*
Lähmungen 103
Lämmli, Franz 20
Land, Edwin (1909–1991) 337, *338*

Landolt-Ringe 311, 311
Lange, Carl Georg (1834–1900) 457
Laplanche, Jean (*1924) 420
Lasswell, Harold D. (1902–1978) 434
laterale Hemmung 272
Lateralität 94
Laut 506–516, 508, 512, 525f.
– Lautverschiebung 496, 497
Lautbildung, siehe Artikulation
Laute 431, 441, 503, 509–513, 510–513
Lautheit 225, 238f., 239, 244
Lautstärke 238f., 239, 241, 512
Lavater, Johann Kaspar (1741–1801) 454f., 455
Lebenserwartung 76–78, 77
Lebensreproduktionserfolg 557f., 557, 608, 631f., 649, 652, 658, 663
Leber 95, 120, 123–125, 128, 138, 141, 143, 161, 172, 192, 195
Leberzirrhose 136, 195
Leboyer, Frédéric 46
Lederhaut 173–175, 174
Leeuwenhoek, Antony van (1632–1723) 74
Legasthenie 366, 380f., 381
Legionärskrankheit 193
Leibniz, Gottfried Wilhelm (1646–1716) 415, 491, 496f., 536
Leib-Seele-Problem 209f.
Lendenwirbel 101, 103f., 103
Lendenwirbelsäule 105
Leonardo da Vinci (1452–1519) 343
Leptin 141
Lernen 59f., 209, 252–254, 343, 353, 370–381, 376–381, 425, 439, 551, 582, 584–586, 590
Lernoptimierung 378
Lernpsychologie 372, 376–378, 585
Lerntheorien 370–374, 619f.
Lersch, Philipp (1898–1972) 464, 464
Lethmate, Jürgen (*1947) 582
Leukozyten, siehe Blutkörperchen, weiße
Levinson, Stephen C. (*1944) 540–542
Lewin, Kurt (1890–1947) 429
Lexikographie 517
Lexikologie 503, 517
Lexikon 517
– lexikalisch 517, 540, 542f.
LH, siehe luteinisierendes Hormon
Libido 31, 54, 82
Lichtenberg, Georg Christoph (1742–1799) 338, 454f.
Lichtquant 217, 218, 220, 328, 333
limbisches System 60, 171, 357, 357, 438, 444, 458
Lindsay, Peter H. 382
Linkshänder 59
Linearität 506, 507, 528
Linolensäure 125
Linolsäure 125
Lipasen 136
Lipide 125
Lipolyse 172
Lipoproteine 138, 139
Lippen 173, 268, 270, 451, 460, 462, 471, 472, 508, 510f., 510
Lochkamera 309
Locke, John (1632–1704) 341
Lorenz, Konrad (1903–1989) 18f., 21, 59, 209, 428, 437, 476, 549, 552, 599, 655, 683

Luchins, Abraham S. (*1914) 389
Luftdruck 233, 237
Lullus, Raimundus (1232–1316) 351
Lunge 53, 53, 160, 165, 198, 508
Lungenentzündung 75, 186
luteinisierendes Hormon 30, 79
Lyme-Krankheit 193
Lymphbahn 177
Lymphknoten 177, 178, 180, 180
Lymphorgane, primäre 177, 177
– sekundäre 177, 177
Lymphozyten 168, 177, 178, 201
Lysozym 178

M

Mach, Ernst (1838–1916) 14
Magen 135f., 141, 141
Magen-Darm-Trakt 37, 116, 130, 217
Magengeschwür 185
Magenkrebs 185
Magensaft 135, 135
Magenschleimhaut 185
Magnesiumionen 131, 132, 134
Magoun, Horace Winchell (1907–1991) 350
Mahlzähne 117
Makaken 104, 440, 440, 578, 580, 585f., 585
Makrophagen 168, 179
Malaria 192
Maltose 123f.
Mandeln 177
Mann, Janet 669
Marcuse, Herbert (1898–1979) 405
Mariotte, Edme de (1620–1684) 310
Markl, Hubert (*1938) 18, 591
Marx, Karl (1818–1883) 19
Masern 180, 187, 191, 191
Maslow, Abraham (1908–1970) 403, 422f., 427
Mastzellen 167, 178, 182f., 183
Maxwell, James Clerk (1831–1879) 328
May, Rollo (1909–1994) 428
McCullough, John Martin (*1940) 607
McGrew, William Clement (*1944) 584
Mead, George Herbert (1863–1931) 436
Mechanorezeptor 141, 271
Mednick, Sarnoff A. 401
Meili, Richard (1900–1991) 393
Meiose 335
Meißner-Tastkörperchen 269, 270, 275
Melanom 176, 200
Melatonin 83
Membran 125, 292, 351
Membrankanal 216, 219
Membranpotential 215f., 215, 220, 248, 252, 258
Membranproteine 214f., 288
Menarche 25, 61–63, 61, 66
Meningitis, siehe Hirnhautentzündung
Meniskus 108, 109
Menopause 79f., 86, 618, siehe auch Wechseljahre
Menschenaffen 58, 104, 115, 117, 453, 562, 563, 569–571, 573, 578, 581, 641
Menstruation 26, 30, 62, 79, 290, 446
Menstruationszyklus 29, 30, 34, 63, 148, 446, 642
Merkel-Tastscheibe 269f., 270, 275

Merkwelt 356
Mesmer, Franz Anton (1734–1815) 421
Mesoderm 37, 37
Mesokosmos 437, 589f.
Metabolismus, siehe Stoffwechsel
Metakognition 402–408, 404, 418
Metastasen 200, 200
Metzger, Wolfgang (1899–1979) 400
Mikrovilli 136f., 137, 246, 250, 291
Milchsäure, siehe Lactat
Milz 95, 177
Mimik 431, 443, 451, 453–469, 453, 456, 461, 486, 487, 488
Mineralcorticoid 159
Mitochondrien 83, 143, 143f., 145
Mittelhirn 458
Mittelohr 241–244, 242f.
Mittelstaedt, Horst (*1923) 260, 263
Mokodogo 674f., 674f.
Molaren, siehe Mahlzähne
Monismus 211, 349f., 349, 352
Monogamie 644, 647, 647, 650f., 650
Monoglyceride 138
Monosaccharide 123, 138
Monozyten 169
Moral 406, 549, 654f.
Moreno, Jacob Levy (1892–1974) 399
Morphin 194, 281
Morris, Charles William (1901–1979) 534, 539
Morula 34
Moruzzi, Giuseppe (*1910) 350
Moser, Ulrich (*1924) 416
Müller, Johannes (1801–1858) 458
multiple Sklerose 184
Mumps 180, 191, 191
Mundart, siehe Dialekt
Mundraum 508, 511f.
Mundwinkel 460, 462f.
Munsell, Albert Henry (1858–1918) 324, 325
Musik 480–482
Muskelfibrille 111
Muskelspindel 153, 269, 283
Muskelzelle 215
Muster 276, 350–353, 386f., 435, 435
Mutation 75, 88
Mutterkuchen 33, 34, 36, 37, 39, 50, 52
Muttermilch 123, 196
Muttermund 31, 46, 50
Myelinscheide 216
Myers, Frederic William Henry (1843–1901) 428
Myoglobin 110, 110
Myosin 111, 111f., 247
Myotome 96

N

Naaktgeboren, Kees 41
Nabelschnur 39, 44, 50, 52f., 52
Nachahmen 373, 439f., 584–586
Nachhallzeit 233
Nachricht 434, 434, 437, 443
Nachtblindheit 127
NAD 144f.
Nährstoffe 120
Narkose 280, 345
Nasenhöhle 286f., 286f.

Nasenraum 508, *510*, 513
Nasenscheidewand 286
Nasenschleimhaut *287f.*, 444
Naserümpfen *461*, 465 f.
Natriumionen 131, *132*, 134, 148, 157, 159 f., *159*, 215, 219, 246
Natrium-Kalium-Pumpe 134, 215, *218*, 253
natürliche Killerzellen 178, *178*
Naturvölker, siehe traditionelle Kulturen
Neandertaler 569, *569*
Nebennierenmark 130, 172
Nebennierenrinde 130, 159, 161, 171, 172, 184, 281
Necker, Louis (1786–1861) 303
Necker-Würfel 303
Nekrose 201
Neocortex 564, *564*, 568, *568*
Neoplasie 198
Neotenie 58
Nephron 156
Nepotismus 555, *555*, 608, *610*
Nervenfaser 215, *216*, 351, 456, siehe auch Axon
Nervenimpuls 110, 148, *175*, 215, siehe auch Aktionspotential
Nervenzelle 113, 148, 206, *211*, 215, *216*, 345, 350 f.
Nervus abducens 97
– accesorius 97
– facialis *97*, 456, 458
– glossopharyngeus *97*, 466
– hypoglossus 97
– oculomotoris 97
– olfactorius 97
– opticus, siehe Sehnerv
– statoacusticus 97
– trigeminus 97
– trochlearis 97
– vagus 95, *97*, 135, 136, 151, 159, 466
Netzhaut 95, 127, 205, *206*, 298 f., 306 f., *308f.*, 310–314, 464 f.
Neugeborene 41, 48, 106, 464
Neumann, John von (1903–1957) 442
Neuralrohr 39, 95, *96*
neuroaktive Peptide 281
Neurohormon 158
Neuromodulatoren 281
neuromodulatorische Peptide 217, 285
Neuron 351
Neurophilosophie 211
Neuropsychologie 347, 432
Neurotransmitter 122, 216, 279, 285, 395
Newton, Sir Isaac (1643–1727) 325–327, *326*
Niacinamid, siehe Nicotinsäure
Nicotinamid, siehe Nicotinsäure
Nicotinamid-adenin-dinucleotid, siehe NAD
Nicotinsäure *122*, *129*, 130
Niere *36f.*, 96, 155–162, *155*, 163, 198
Nierenröhrchen *157*, 160
Nietzsche, Friedrich Wilhelm (1844–1900) 14, 18 f., 347, 366, 389, 402, 416
Nikotin 38 f., 194, 196
Nonius-Sehschärfe *312*, 312, 314
Noradrenalin 122, 172, *217*
Norman, Donald Arthur (*1935) 382

Normfarbtafel 329, *330*
Normspektralwertfunktion 329, *329f.*
Nozizeption 279
Nozizeptoren 279 f.
Nucleinsäuren 123, 131, *333*

O

O-Beine 106
Oberarmknochen 104
Oberhaut 172 f., *174*, 176
Oberschenkelknochen 105–109, *107–109*
Oberschenkelmuskel 106, 109
Oberton 236, *240*
Oberwellen 235 f., *236*
Ödem *36*, 145, 168
Ogden, Charles Kay (1889–1957) 502
Ohm, Georg Simon (1789–1854) *236*, 249
Ohm'sches Gesetz *236*, 249
Ohr 241–247, *242*, 464
Olivenkerne, obere 252, 256
Onkogene 200
Opiate 281
Opium 280, *280*, 424
Opsin 333–335, *333*
Orang-Utan 15, 27, 569, 572, 574 f., *574f.*, 579, 641, *642*
Orgasmus *28*, 31, 644 f., *644*
Ortsprinzip 249–252
Osborn, Alex (1888–1966) 401
osmotischer Druck 131
Osteoporose 80 f., *80*, 198
Östrogene *30*, 62, *62*, 79–81, *79f.*, 83
Ostwald, Wilhelm (1853–1932) 323
otoakustische Emissionen 251 f.
Ovarium, siehe Eierstock
Ovulation, siehe Eisprung

P

Paarungserfolg 594, *645*
Paarungskonkurrenz 625
Pacini-Körperchen 269 f., *270*, 275
Packard, Vance Oakley (1914–1996) 428
Pantothensäure *129*, 130
Papillen 291, *291*
parallaktische Verschiebungen 304 f.
Parapsychologie 428
Parasiten 68, 183, 448, 555, 565, *565*, 581, 622
Parasympathikus 95, *97*, 151, 152, 159, 163 f., *217*
Parkinson-Krankheit *81*, 114
Pascal 161
Pascal, Blaise (1623–1662) 410
Pasteur, Louis (1822–1895) 191
Patellarsehnenreflex 153, 371, *371*
Paukentreppe 244–246, *245*
Pauli, Richard (1886–1951) 391
Pavian 564, 580
Pawlow, Iwan Petrowitsch (1849–1936) 354, 370–373, *370f.*, 429
Peano, Giuseppe (1858–1932) 502
Pedersen, Holger (1867–1953) 500
Peirce, Charles Sanders (1839–1914) 473 f.
Pelletier, Kenneth R. 416
Penicillin 75, 188, *189*
Penis 63, 96, 173
Pepsin 135, *141*

Pepsinogen 135, *135*
Peptide 122, 137
Performanz 529
Periduralanästhesie 45
Perilymphe *242*, 244, 246, *247*, 257
Perimeter 314, *314*
Peristaltik 123
perniziöse Anämie 130
Perrig, Walter J. (*1951) 418
Perry, John (*1943) 537
Pesso, Albert 416
Pest 186, 191, 193, *193f.*
Pestalozzi, Johann Heinrich (1746–1827) 410, *410*
PET 319–321, 344, *346*, 351, 354, *355*, 387, *388*, 433
Petersen, Peter (1884–1952) 378
Pfeifsprachen 449 f.
Pfortader 124
Phagozyten, siehe Fresszellen
Phagozytose 179
Phänotyp 552, *552*, 555
Phantomschmerz 283 f.
Pheromone 289 f., 444, 646
Phon 512, 514, *514*, siehe auch Laut
Phonem 512, 514, *514*
Phonetik 503, 508–510, *508*
– phonetisch 502
Phonologie 503, 508, *514*
Phosphat *81*, *122*, 131, *132*, 134, *159*
Phospholipide *138f.*
pH-Wert 135, 159–161, *159*, 174
Physiognomie 454, 456
Physiognomik 454 f., *455*
Piaget, Jean (1896–1980) *385*, 398, *398*
Pidginsprache 495
Pinozytose 138
Plasmodium *192*
Platon (428–347 v. Chr.) 14, 208 f., 351, 352, 409, *507*, 532, 534
Plazenta, siehe Mutterkuchen
Plotin (um 205–270) 14
Pocken 189 f., *190*, 193
Polyandrie 647, *647*, 651–653, *651*
Polygamie 647
Polygynie 594, 627, 634, *642*, 647–650, *647*
Polygynieschwellenmodell 648 f., *648*
Polysaccharide 123
Polysemie 521 f., *522*
POMC, siehe Proopiomelanocortin
Popper, Karl (1902–1994) 14, 20, 210, *353*, 437
Population 171, *552*, 554 f., 555, 606, 649, 671
Porphin 110
Porphyrin *130*, 145
Portmann, Adolf (1897–1982) 41
Positron-Emissions-Tomographie, siehe PET
Povinelli, Daniel (*1964) 580 f.
Pragmatik 503, *534*, 539–547
Pränatalmedizin 40
Präsupposition 539, 543–545, *544*
Premack, David (*1925) 570
Pribram, Karl H. (1919–1973) 416
Primärharn 156–161
Primaten 100, 115, 448, 562, 641, 646
Priming 357 f., 366, 458
Problemkäfig 372

Problemlösen 346, 353, 395, 397, 399 f., *399*, 573, 578, 589 f.
Produktivität 506–508, 536
Progesteron *30*, 35
Prohormone 281
Prolaktin 54, *55*
Promiskuität 642, 666, *667*
Promontorium 105
Proopiomelanocortin 281, *281*
Prostata 63
Protein 120, *121* f., 122, *126*, 131, *141*, 141 f., 145, 156, *156*, 159 f., 214, 217
Proteinat 131, 134
Prothrombin 166
Protokultur 440, *440*
Provitamin 127
pseudoisochromatische Tafel 331, *331 f.*
Psyche 65, 341, 354, 600, 613, 638, 679
Psychoanalyse 367, 384, 404, 416, 425 f., 682 f.
Psychobiologie 210
Psychoimmunologie 75
Psychokybernetik 349–352, 355, 418
Psycholinguistik 386, 539
Psychologie 210, 342 f., 349, 415–417, 425 f., 432
– analytische 386, 416, 425
Psychophysik 210, 220 f., *225*
Psychophysiologie 343, *345*, 349, 355, 419
Psychosomatik 426
Psychotherapie *51*, 354, 379, 399
Pubertät 61–65, *62 f.*, 618 f.
Pudendusanästhesie 45
Pupille 295, 306, 464
Pyrovat 134, 143, *144 f.*

Q

Querdisparität 317 f., *317 f.*

R

Rachenraum 508, *513*, 569
Rachitis 77, 128
Ramachandran, Vilayanur Subramanian (*1951) 283
Ranvier-Schnürring 216
rapid eye movement, siehe REM
Rayleigh, John William (1842–1919) 335
Reafferenzprinzip 274
Reaktionskaskade 217, *218*
Rechtshänder *94*
Reflex *91*, 151–153, 257, 264, 266, 370, *371*, 456
– bedingter 354, *370 f.*, 371
– orthostatischer 154
Reflexbogen 371
Regalski, Jeanne 635
Regelkreis 45, 146 f., *147*, 150, *350*, 386
Rein, Hermann (1898–1953) 450
Reissner-Membran *246*
Reiz 220–222, 247, 438, *438 f.*
Reizspezifität 222
Religion 88, 90, 405, 407 f., 476–478
REM 419, *419*
Renin 161, *163*
Replikation 555 f.
Reproduktion 554, 556, 593, 629, 633, 658, *658 f.*, 662, 677

Reproduktionserfolg 554 f., 573, 593 f., *593 f.*, 602, 625–628, 631, 633, *648*, 651, 661 f., 670–673, *675*
Reproduktionsinteressen 605, 653, 665, 678
Reproduktionspotential 661, 665, 669, 671, 673, 675 f.
Reproduktionswert 630 f.
Residuum 235
Resistenz 188
Resonanz 242, 250 f.
Resonanzprinzip 250 f.
Retention 356
Retinal 127, 217, 333
rezeptive Felder *269*, 270, 272 f., *275*, 275, 315–317, *316*, 319
Rezeptormolekül 217, *218*, 279, 285–288, *288 f.*
Rezeptorpotential 246, *246*
Reziprozität, siehe Wechselseitigkeit
Rhesusaffen 581
Rheuma 184, *184*
Rhodopsin *218*, 219–221, *220*, 288, *329*, 333–335
Riboflavin 130
Ribonucleinsäure, siehe RNA
Richards, Ivor Armstrong (1893–1979) 433
Riechhirn 287
Riechkolben 287
Riechschleimhaut 287, *287*, 465
Riechzellen 217, *285*, 286–288, *287 f.*
Rindenfelder *253*, *343*
Rinne-Test 244
Ritual *66*, *67*, 408, *440*, 448, 480, *481*
Ritualisierung 440 f., 452, 466
RNA 131, 187 f., *190*
Rogers, Carl Ransom (1902–1987) 401, 427
Rohracher, Hubert (1903–1972) 349
Rollhügel 105, 108
Rorschach, Hermann (1884–1922) 402, *402*
Röteln *38*, 40, 180, *191*, 458
Rousseau, Jean-Jacques (1712–1778) 21
Rückenmark 96–99, *99*, 103, 146, 151, 153, 170, 268, 271, 280 f., 283 f., *371*
Rückenmarknerven, siehe Spinalnerven
Rückkopplung 138, 171, *172*, 351, *434*, 435, 457
– negative 147
– positive 148
Rückresorption 157, *157*
Ruffini-Körperchen 269 f., *270*
Ruhepotential 215 f., *215*, *218*, 246, 285
Rundrücken 103, *104*
Runge, Philipp Otto (1777–1810) 323 f.
Russell, Bertrand (1872–1970) 14, 543

S

Saccharose 123, *123 f.*
Salzsäure 135, *135*
Sammelrohr 156–158, *158*
Sapir, Edward (1884–1939) 505, 523, *523*
Sapir-Whorf-Hypothese 523, *523*
Sarkomer 111, *111*
sarkoplasmatisches Reticulum *111*
Sartre, Jean-Paul (1905–1980) 405, 426
Satz 506–508, 528–536, *530–533*, 538, *538*
Sauerstoff 118, *165*
Sauerstoffbilanz 118

Saugglocke 48
Säure-Basenhaushalt 159 f.
Säuren 159 f., *159*
Saussure, Ferdinand de (1857–1913) 435, 521, *521*
Savage-Rumbaugh, E. Sue (*1946) 570
Sbrzesny, Heide (*1949) 617
Scala media 245
Schädel 100, 104
Schalldruck *233*, 237–239, *238 f.*, 255
Schalldruckpegel 238 f., *238*
Schallgeschwindigkeit *234*, 255
Schallintensität 238
Schallwellen 232–235, *233*, 242, 249 f.
Scham 27 f.
Schambein 42, 107
Schambeinfuge *42*, 106 f.
Scharlach 191, *191*
Scheide 30, *30*, 36, 54, 642
Scheidendammschnitt 48 f.
Scheidenmilieu 30, *30*
Scheiner, Christoph (1575–1650) 301
Scheitellappen 346, *347*
Scheler, Max (1874–1928) 19
Schiefbuckel 104
Schienbein 105, 108 f., *108*
Schiller, Friedrich von (1759–1805) 342, 351–353, *410*, 427, 456
Schimpanse 15, *26*, 27, *42*, *58*, 115, 117, 440, 448, 453, 562, *563*, 569–571, *571*, 573 f., *573*, 576–582, *578*, 584, 587, 587 f., 597–600, *597*, *600*, 605, 609, *609*, 611 f., 642, *642*, 646
Schlaf 345, 351, 417–420, *419*
Schläfenlappen *94*, 343, 346, *347*, 359
Schlaganfall 69, 71, *71*, 126
Schlegel, August Wilhelm (1767–1845) 526, *526*
Schleicher, August (1821–1868) 497
Schlüsselbein 114
Schlüsselreiz *429*, 471
Schmeckzellen 290
Schmerzen 45 f., *46*, 278–281
Schmerzpunkt 164 f., 268, *268*
Schnecke 241, *242*, 244 f., 251, 252, 257
Schneckengang 244 f., *245 f.*
Schneider, Max (1904–1979) 450
Schneidezähne 117
Schopenhauer, Arthur (1788–1860) 19, 378, 396, *458*
Schrift 473, 509, 514–516, *514–516*
Schriftsprache 494
Schulterblatt 104
Schultz-Hencke, Harald (1892–1953) 425
Schwangerschaft 23 f., 29–41, *78*, 128, 290, 446, 458, 557, 618, 627 f., 643 f., 656, 662, 668
Schwangerschaftsalter *36*
Schwangerschaftsdauer *35*, 36
Schwangerschaftsvorsorge *36*
Schwann-Zellen 216
Schweiß 147, 149, *149*, 155, 174 f., 286
Schweißdrüse 155, 169, 174 f., *174*
Schwellenreiz 220, 237
Schwerelosigkeit 262 f., *264*
Schwerkraft 99, 259, 262 f.
Searle, John Rogers (*1932) 540
Sebeok, Thomas Albert (*1920) 473
Second Messenger 288

Seele 210f., 341, 349, *349*, *351f.*, 352, *354*, 415, *415f.*, 426, 654, 683
Segmentierung 94, 96
Sehgrube 205–207, *206*, 307, 310–314, *311*
Sehnen 99, 120, 145
Sehnerv *97*, 306, 310, 450
Sehpurpur, siehe Rhodopsin
Sehschärfe *311f.*, 311f., 320
Seitenlinienorgan 257, *258*
Sekretin *135*, 136
Selbstbewusstheit 579
Selbstbewusstsein 15, 418, 422, 562, 581, 588
Selbsterkenntnis 579, 581
Selbstreflexion 418, 590
Selektion, natürliche 42, 88, 437, 553–556, 558, 581, 608, 613, 621, 623, 636, 638, 647, 658–660, *659*, 665, 670f.
– sexuelle 42, *558*, 623–626, *626*, 630, 640, 642, 671
Selektionsdruck 332, 559, 574, 613, 623–626, 641, 668, 670
Semantik 436, 503, 534–539, *534f.*, 538, 542
semantisches Dreieck 535, *535*
Semasiologie 534
Semiotik 433, 473, *534*, 539
Sender 387, 433–437, *434*, 441–443, 450, 468, 473f.
Seneca, Lucius Annaeus (um 4 v. Chr. bis 65 n. Chr.) 406, 427
Seneszenz 81–84
Sensibilisierung 183
Serotonin 165, *182*, 183, 217
Sesambeine 100
Sexualdimorphismus 626, *626*
Sexualität 24–29, *28*, 52, 405, *429*, 447, 471, 592, 622, 628, 643f.
Seyle, Hans (1907–1982) 170
Shannon, Claude Elwood (*1916) 411, 435
Shaping 400
Sidgwick, Henry (1838–1900) 428
Signal 214, 431, 433–436, 440f., 452, 462, 468–473, 486
Simon, Théodore (1873–1961) 391
Sinnesnervenzelle *267*, 267–271, *271*, 282
Sinnesorgane 37, 164, 170, 214, 221, *350*, 434, 436
Sinneszelle 205f., 214f., *438*
Sitzbein 107
Skelett 99f., *101*
Skinner, Burrhus Frederic (1904–1990) 370, *372*, 372
Skinner-Box, siehe Problemkäfig
Skorbut 130, *131*
Skotom 314
Sokrates (470–399 v. Chr.) 208, 409
Sollwert 147–149, *147*, 158, 161, *350*
Somatosensorik 267–270
Somatotropin 83
Sommer, Volker (*1954) 20, 561
Somnambulismus 421
Somnolenz 417, 421
Sozialdarwinismus *560f.*, 561
Sozialpsychologie 429, 432
Soziobiologie 21, 561, 608, 654f., 678, 684
Soziolekt 490
Soziolinguistik 539
Speichel *135*, 140

Spencer, Herbert (1820–1903) 561, *561*
Spermakonkurrenz 640–643
Spermien 23, 25, 29–32, *29*, *31f.*, *34*, 643
Sperry, Roger W. (1913–1994) 255, *348*
Spieltheorie 442
Spinalanästhesie 45, *45*
Spinalganglion 268, 271
Spinalnerven 96, 103
Spiralganglion 241, *244*
Split-Brain-Patienten 255, 346, *348*, 384
Sprache 15, 20, *94*, 254f., 346, 385–388, *387*, 394, 431, 435, 439f., *439*, 443, 449–451, 453, 467f., 473, 475f., 481, *487*, 489–547, *489–547*, 566–571, *568f.*, 573, 590
Sprachen, siehe Sprache
Spracherwerb 503–507, *503–506*, 578, 532, 571
Sprachfamilie 496–501, *496*, *498–501*
Sprachstamm *496*, 496, 499–501, *500*
Sprachtypologie 526–528, *526*, *528*
Sprechakt 539f., *540–544*, 544f.
– illokutionärer Akt 540
– lokutionärer Akt 539f.
– perlokutionärer Akt 540
Sprechhandlung, siehe Sprechakt
Sprunggelenk 105
Stäbchen 217, *220*, 231, *308*, 328, 330, 333
Stabsichtigkeit 299f., *299f.*
Stammeskulturen, siehe traditionelle Kulturen
Stammhirn *70*, *91*, 163f., *168*, 241, 252, 271, 279f., 306, 314f., *350*
Standardsprache 494f., *494*
Stanford-Revision-Test *390*, 392
Star, grauer 298
Stärke 122, 123f., *124*
Statokonien 259f., *259*, 265
Statolithenorgane, Sacculus 258–260, *259f.*, 265
– Utriculus 258–260, *259f.*
Statoorgane 257f., *257*, 260, 262–264
Steigbügel 100, *242f.*, 243, 245, 250
Steißbein 101–103
Stellglieder 45, 147, 149, 160, *350*
Stellgröße 147, *350*
Sterbehilfe 87f.
Sterben 87–91
Sterblichkeit 46, *49*, 77, 594, 631, 664, 671, 675f.
Stereocilien *247*, 258
Stereopsis *317f.*, 318–320
Stereovilli *245f.*, *247*, 257–259, 262
Stern, William Louis (1871–1938) 391f.
Steroidhormone 125
Stevens, Stanley Smith (1906–1973) *224*, 225
Stevens'sche Potenzfunktion 225
Stickoxid 274
Stillen 24, 54f., *54f.*, 662, 668
Stimmbänder 508f., *508f.*, 569
Stimme 512, *513*
Stimmritze *508*, 508, 510f., *510*
Stirnhirn 359
Stirnlappen *345*, 347
Stoffbilanz 118
Stoffwechsel 119, 145
Störgröße 146, *350*
Strawson, Peter Frederick (*1919) 543f.

Stress 35, 71–73, *72*, 113, 170–172, 280, 662f.
Stressoren 170f.
Stria vascularis 246
Stützapparat 99
Sulfat 131, 134, *159*
Sulfonamide 75
Symbol 388, 429, 474–476, *475*, 570
Sympathikus *151*, 152, 159, 163f., 172, 217
Synapse *211*, 216f., 257, 280, 287, 291, 345, *346*, 351
– erregende *216*
– hemmende *216*
Synapsenpotential 215f., *215*
synaptischer Spalt 216, *216*
Synonym 521
Syntax 503, 528–534, *533f.*, 569
Syphilis *191*, 193
Szondi, Leopold (1893–1986) 416

T

Talgdrüse *64*, 169, 174, *174*
Tanz 422, *478f.*, 480–482, 482
Tarski, Alfred (1901–1983) 535, 537f.
Telepathie 486
Telomere 82, *83*
Temperatursinneszellen 276
Terman, Lewis Madison (1877–1956) 392
Territorium 445, 598f., *648*, 650
Tesnière, Lucien (1893–1954) 533
Testosteron 62, 64, *79*, 619
Tetanus 113, 186, *191*
Tetens, Johannes Nikolaus (1736–1807) 341
Thalamus *345*, 350, *350*, *355*, 359, 458
T-Helferzellen 177, 180f., *180–182*, 187
Thiamin, siehe Vitamin B$_1$
Thomae, Hans (*1915) 355
Thorndike, Edward Lee (1874–1949) 372, *372*
Thornhill, Randy (*1944) 645
Thrombin 166f.
Thrombose 128, 167
Thrombozyten 165–168, *167*
Thrombus 166, *166*
Thymusdrüse 177, *180*, 184
Tiefenpsychologie 416, 425–429
Tinbergen, Nikolaas (1907–1988) 549, *551*, 683
T-Lymphozyten 177, *178*, 179–181, *180*, 183f.
Tocopherol, siehe Vitamin E
Tod 76, 88–91
Tollwut 190, 193
Tonhöhe 225, 235, *236*, 241, 249, 252, 449, 480
Tonus 110
Tooby, John (*1952) 613
Torrance, Ellis Paul (*1915) 401
total fetal monitoring 46
Toxine 196
traditionelle (traditionale) Kulturen/Gesellschaften *33*, 43–45, *54*, 69, 71f., *73*, *91*, 592, 630, 637, 648, 662, 664–666, 674, siehe auch Eipo, Kipsigi, !Kung San, Mokodogo, Mundurucu, Nayar, Trobriander, Xavante und Yanomami

Traditionsbildung 584–586
Träger 350–352, 354, 387, 435, *435*
Tragling 56, *56*, 58
Training 112, 120
Trance *360*, *420*, *481*
Transduktionsprozess 217, 219 f.
Trapezmuskel 104
Traum 416, 418–420, *419 f.*
Traumdeutung *419 f.*
trichromatische Theorie *207*, 325, 328 f., 334
Trier, Jost (1894–1970) 522
Triglyceride 125, *125*, *138 f.*, 138, 143
Triplexität 349–352, 354
Trisomie 21, 35, *40*, *395*
Trivarianzprinzip 327 f.
Trivers, Robert (*1943) 612, 624, 626 f., 670–672
Trivers-Willard-Hypothese 671–676
Trobriander *25*, *28*, *56*, *69*, 446, 462, 565
Trommelfell 241, *242 f.*, 243 f.
Trophoblast *34*, *37*, 39
Tropomyosin 111
Troponin 111
T-System 111
Tuberkulose 74, 186, 189
Tumor 131
T-Unterdrückerzellen 177, 180–182, *180*
Tversky, Amos (1937–1996) *388*
Typhus 191, *191*

U

Überlebenschancen *558*, 661, 677
Übersprungbewegungen 451, *452*
Uexküll, Jakob Johann von (1864–1944) *356*, *438*
Umgangssprache 494, *494*
Umkehrbrille 295, *295*
Unbewusste 383, 415–418, *419*, 425 f., *425 f.*, 429
Universalsprache 501 f.
Universalpragmatik *546*
Unterarmknochen 104
Unterhaut 174 f., *174*
Unterhautfettgewebe *37*, 62, 107
Urin, siehe Harn
Urvertrauen 57 f., 447
Uterus, siehe Gebärmutter

V

Vagina, siehe Scheide
Vaterschaft *629*, 635–639, *641*, 666
Vaterschaftswahrscheinlichkeit *636*, 651, 653, 667
Verkehrssprache 501
Verstopfung 123
Verwandtenselektion 555 f., *558*, 595 f., 605–608, 664
Vestibularapparat 241
Virchow, Rudolf (1821–1902) 74
Viren 75, 167, 176–178, 186, *186*, 189, 196
Visus 311
Vitalkapazität 112
Vitamin-Antagonist 131
Vitamin A₁ 83, 127, *129*, *333*
– B₁ 122, 128, *129*
– B₂ 122, *129*, 130

– B₆ 122, *129*, 130
– B₁₂ 122, *129*, 130, *130*, *133*, 135
– C 83, *122*, 130
– D 77, 81, *122*, 125, 128, *129*
– E 83, *122*, 128, *129*
– H *129*, 131
– K 128, *129*
Vitamine 121, 126 f., *129*
Vogel, Christian (1933–1994) 596, 604 f.
Vokabular, siehe Wort, Wortschatz
Vokal 509, *509*, 511 f., *511–513*, 515, 525 f.
Vollmer, Gerhard (*1943) 437
Voltaire (1694–1778) *415*
Vorhoftreppe 244–246, *245*

W

Waal, Frans de (*1948) 448, 576, 609
Wadenbein 109
Wahrheit 209, 378, 423, *458*, 479, 528, *535 f.*, 536–538, *538*
Wahrheitswert *535 f.*
Wahrnehmung 208, 225, 257, 267, 317, 339, 341, 353, 437 f., *439*, 449, 482
Wahrnehmungstäuschungen 263–265, 271–276, *276*, 278, 336
Wallach, Michael A. 401
Walsh, Roger N. (*1934) 428
Wanderwellen 250 f., *251*
Wärmehaushalt 146–150, 155
Wassergeburt 48
Wasserhaushalt 115, 124, 140, 145, 155
Watson, John Broadus (1878–1958) *348*, *415*, *533*
Watzlawick, Paul (*1921) 403
Weaver, Warren (1894–1978) 435
Weber, Ernst Heinrich (1795–1878) 223
–, Max (1864–1920) 479
Weber'sches Gesetz 223, *225*
Wechseljahre 79, siehe auch Menopause
Wechselseitigkeit 608–611, *608*
Wechsler, David (1896–1981) *392*
Wedekind, Claus (*1966) 639
Wehen 41, 45–47
Weinen 463 f., *463*
Weisgerber, Leo (1899–1985) *523*
Weltbildhypothese 522
Wenker, Georg (1852–1917) 493
Wenzl, Aloys (1887–1967) 391
Werkzeuggebrauch 15 f., 573, 581
Werkzeugherstellung 15, 562, 588
Wernicke-Areal, siehe Großhirnareal, Wernicke
Wertheimer, Max (1880–1943) 401
Wheatstone, Sir Charles (1802–1875) 317
Whorf, Benjamin Lee (1897–1941) 523, *523*
Wiener, Norbert (1894–1964) 435
Willard, Daniel Edward (*1934) 671 f.
Wilson, Edward Osborne (*1929) 21
–, Margo (*1945) 592
Windpocken *40*, *180*
Wippich, Werner (*1944) 418
Wirbel 100–103, *103*
Wirbelsäule *37*, 96, *99*, 100–106, *103 f.*, 113 f.

Wirkungsspezifität 222
Wirkwelt *356*
Wittgenstein, Ludwig Josef Johann (1889–1951) *212*, *535*, 538–540
Wolff, Christian Freiherr von (1679–1754) *415*
Wort 506–508, *507*, 512–515, 517–526, 534
– Wortart 517–519, *517*, *524 f.*
– Wortbildung 503, 517–519, 518–521, 526
– Wortfamilie 520 f.
– Wortfeld 522, *523*
– Wortschatz 492, 495, 505, 508, *517 f.*, 518–522, 543
– Wörterbuch 492, 517, *517 f.*
Wundheilung 164–169
Wundstarrkrampf, siehe Tetanus
Wundt, Wilhelm (1832–1920) 342, *415*, *416*
Wurmfortsatz 177
Wygotskij, Lew Semjonowitsch (1896–1934) 351

X

Xavante 628
X-Beine 107, *107*
X-Chromosom *35*, 332, 335, *335*, *554*, 619

Y

Yanomami *66*, 441, *553*, 591–593, *592 f.*, 610 f., 613 f.
Y-Chromosom *35*, *554*, 618, *619*
Young, Thomas (1773–1829) 329

Z

Zahnbein 102
Zähne 102, 117, 508, 510, *510*
Zahnschmelz 102, 117, *118*, 119
Zamenhof, Ludovic Lazarus (1859–1917) 502
Zäpfchen 508, 510, *510*
Zapfen 217, 229–231, *308*, 316, 328–330, *329*, 332–334, 336
Zehen 110
Zeichen 434–436, *434*, 451 f., 467, 473–475, *473*, 484 f., 515
Zeki, Semir 319, 338
Zelle 214
Zellkern 185
Zellmembran 83, 128, 148, 159, 182, 188, 214 f., *218*, 268, 334
Zentralnervensystem 95 f., 193, 217, 345, 350, 354, *357*, 413, 432
– Entwicklung *37*, 95, *96*
Zihl, Josef (*1949) 321
Zimbardo, Philip George (*1933) 383
Zitronensäurezyklus 143, *144 f.*
Z-Scheibe *111 f.*
Zugfestigkeit 99
Zunge 268, 270, 285 f., 290 f., 293, 508, 510–512, *510–513*
Zungenbein 510, 569, *569*
Zwerchfell 111
Zwillinge *32*, *33*, 621, *621*, 669, *669*
Zwischenhirn 95, 146, 152, 351, 458
Zwölffingerdarm 124, 135, *136*, 137, *141*, 185
Zygote 33, *34*, 618

Literaturhinweise

Was ist der Mensch?

Eibl-Eibesfeldt, Irenäus: *Der Mensch – das riskierte Wesen.* Taschenbuchausgabe München ²1993.
Der ganze Mensch. Aspekte einer pragmatischen Anthropologie, herausgegeben von Hans Rössner. München 1986.
Gemachte und gedachte Welten, herausgegeben von Wulf Schiefenhövel u. a. Stuttgart 1994.
Harris, Marvin: *Menschen.* Aus dem Amerikanischen. Taschenbuchausgabe München 1996.
Huxley, Thomas Henry: *Zeugnisse für die Stellung des Menschen in der Natur.* Aus dem Englischen. Stuttgart ²1970.
Koestler, Arthur: *Der Mensch, Irrläufer der Evolution.* Aus dem Englischen. Taschenbuchausgabe Frankfurt am Main 8.–9. Tsd. 1993.
Lämmli, Franz: *Homo Faber: Triumph, Schuld, Verhängnis?* Basel 1968.
Lorenz, Karl: *Die Rückseite des Spiegels.* Taschenbuchausgabe München u. a. 1997.
Markl, Hubert: *Evolution, Genetik und menschliches Verhalten.* München u. a. ²1988.
Popper, Karl R.: *Objektive Erkenntnis. Ein evolutionärer Entwurf.* Aus dem Englischen. Hamburg ³1995.
Vom Affen zum Halbgott, herausgegeben von Wulf Schiefenhövel u. a. Stuttgart 1994.
Was ist der Mensch …?, herausgegeben von Andreas Mäckler und Christiane Schäfers. Köln 1989.
Zwischen Natur und Kultur, herausgegeben von Wulf Schiefenhövel u. a. Stuttgart 1994.

Das menschliche Leben – zwischen Werden und Vergehen

Gould, Stephen Jay: *Zufall Mensch.* Aus dem Amerikanischen. Taschenbuchausgabe München 1994.

Sexualität und Schwangerschaft

Davies, Nigel: *Liebe, Lust und Leidenschaft. Kulturgeschichte der Sexualität.* Aus dem Englischen. Reinbek 1987.
Denzler, Georg: *Die verbotene Lust. 2000 Jahre christliche Sexualmoral.* Neuausgabe München u. a. 1.–8. Tsd. 1991.
Drews, Ulrich: *Taschenatlas der Embryologie.* Stuttgart 1993.
Fausto-Sterling, Anne: *Gefangene des Geschlechts?* Aus dem Amerikanischen. München u. a. 1988.
Frings, Matthias: *Liebesdinge.* Sonderausgabe Reinbek 1995.
Gould, James L. / Grant Gould, Carol: *Partnerwahl im Tierreich.* Aus dem Englischen. Heidelberg 1990.
Kockott, Götz: *Die Sexualität des Menschen.* München 1995.
Loewit, Kurt: *Die Sprache der Sexualität.* Taschenbuchausgabe Frankfurt am Main 1992.
Nilsson, Lennart / Hamberger, Lars: *Ein Kind entsteht.* Aus dem Schwedischen. München ¹¹1996.
Zimmer, Katharina / Jonas, Rainer: *Das Leben vor dem Leben.* München ⁵1996.

Geburt

Albrecht-Engel, Ines: *Wo bringe ich unser Kind zur Welt?* Reinbek 1996.
Kitzinger, Sheila: *Geburt ist Frauensache.* Aus dem Englischen. München 1993.
Kitzinger, Sheila: *Schwangerschaft und Geburt.* Aus dem Englischen. München ⁹1998.
Kuntner, Liselotte: *Die Gebärhaltung der Frau. Schwangerschaft und Geburt aus geschichtlicher, völkerkundlicher und medizinischer Sicht.* München ⁴1994.
Labouvie, Eva: *Andere Umstände. Eine Kulturgeschichte der Geburt.* Köln u. a. 1998.
Rituale der Geburt. Eine Kulturgeschichte, herausgegeben von Jürgen Schlumbohm u. a. München 1998.
Schwangerschaft, Geburt und Säuglingspflege, herausgegeben von Klemens Stehr und Norbert Lang. Aus dem Amerikanischen. Lizenzausgabe Weyarn 1997.

Frühe Kindheit und Pubertät

Barlow, Steve / Skidmore, Steve: *Die härtesten Jahre oder wie man die Pubertät überlebt.* Aus dem Englischen. Wien 1998.
Heidemann, Rudolf: *Erziehung in der Zeit der Pubertät. Pädagogische Grundfragen des Jugendalters.* Heidelberg ²1981.
Hellbrügge, Theodor / Döring, Gerhard: *Das Kind von 0–6.* Lizenzausgabe Augsburg 1997.
Lehrbuch Entwicklungspsychologie, herausgegeben von Heidi Keller. Bern u. a. 1998.
Mönks, Franz J. / Knoers, Alphons M. P.: *Lehrbuch der Entwicklungspsychologie.* Aus dem Niederländischen. München u. a. 1996.
Orvin, George H.: *So richtig in der Pubertät.* Aus dem Amerikanischen. Freiburg im Breisgau u. a. 1997.
Rogge, Jan-Uwe: *Pubertät.* Reinbek 1998.
Schneider, Sylvia: *Das Eltern-Fragebuch.* Wien 1994.
Wendt, Dirk: *Entwicklungspsychologie.* Stuttgart u. a. 1997.

Gesundheit und Krankheit

Brøndegaard, Vagn J.: *Ethnobotanik.* Berlin 1985.
Dahlke, Rüdiger: *Krankheit als Sprache der Seele.* Taschenbuchausgabe München 1997.
Gerhardt, Uta: *Gesellschaft und Gesundheit.* Frankfurt am Main 1991.
Peter, Kurt Friedrich: *Gesundheit und Krankheit aus ganzheitlicher Sicht.* St. Gallen 1993.
Pfleiderer, Beatrix, u. a.: *Ritual und Heilung.* Berlin ²1995.
Psychosomatische Medizin, Beiträge von Thure von Uexküll u. a. Herausgegeben von Rolf H. Adler u. a. München ⁵1996.
Weiss, Thomas: *Krank im Schlaraffenland. Wie wirkt Ernährung auf unsere Gesundheit?* München 1994.

Altern und Tod

Altern und Sterben, herausgegeben von Reinhard Schmitz-Scherzer. Bern 1992.
Bauer, Joachim: *Die Alzheimer-Krankheit.* Stuttgart 1994.

Biologie des Alterns. Ein Handbuch, herausgegeben von Dieter Platt. Berlin 1991.
Dobrick, Barbara: *Wenn die alten Eltern sterben.* Stuttgart ⁹1997. Nachdruck Stuttgart 1998.
Erben, Heinrich K.: *Leben heißt Sterben.* Taschenbuchausgabe Frankfurt am Main u. a. 1984.
Kanis, John A.: *Osteoporose.* Aus dem Englischen. Berlin u. a. 1995.
Lehr, Ursula: *Psychologie des Alterns.* Wiesbaden ⁸1996.
Maurer, Konrad, u. a.: *Alzheimer.* Berlin u. a. 1993.
Medina, John J.: *Die Uhr des Lebens. Wie und warum wir älter werden.* Aus dem Englischen. Basel u. a. 1998.
Minne, Helmut W. / Lauritzen, Christian: *Osteoporose.* Taschenbuchausgabe München 1995.
Panke-Kochinke, Birgit: *Die Wechseljahre der Frau. Aktualität und Geschichte (1772–1996).* Opladen 1998.
Prinzinger, Roland: *Das Geheimnis des Alterns.* Frankfurt am Main 1996.
Ricklefs, Robert E. / Finch, Caleb E.: *Altern.* Aus dem Englischen. Heidelberg u. a. 1996.
Simon, Wolfgang / Brax, Lena: *Wechseljahre.* Stuttgart 1997.
Walter, Jutta: *Wechseljahre – Chance oder Problem?* Stuttgart 1992.

Der menschliche Körper

Biologie des Menschen, begründet von Klaus D. Mörike. Bearbeitet von Eberhard Betz u. a. Wiesbaden ¹⁴1997.
Biologie des Menschen, herausgegeben von Volker Sommer. Heidelberg 1996.
Faller, Adolf: *Der Körper des Menschen.* Neu bearbeitet von Michael Schünke. Stuttgart u. a. ¹²1995.
Der Mensch, herausgegeben von Hermann Schreiber. Aus dem Englischen. Hamburg ⁴1992.
Physiologie des Menschen, herausgegeben von Robert F. Schmidt und Gerhard Thews. Berlin u. a. ²⁷1997.
Thews, Gerhard, u. a.: *Anatomie, Physiologie, Pathophysiologie des Menschen.* Stuttgart ⁵1999.

Gestalt, Statik und Bewegung

Biomechanik des menschlichen Bewegungsapparates, herausgegeben von Erich Schneider. Berlin u. a. 1997.
Feuerstake, Georg / Zell, Jürgen: *Sportverletzungen.* Ulm u. a. ²1997.
Körperwelten, herausgegeben von Gerhard Zweckbronner. Ausstellungskatalog Landesmuseum für Technik und Arbeit, Mannheim. Heidelberg ⁶1997.
Lexikon der Sportmedizin, herausgegeben von Wildor Hollmann. Heidelberg u. a. 1995.
Sobotta, Johannes: *Atlas der Anatomie des Menschen,* 2 Bde. München u. a. ²⁰1993.

Der Mensch, ein System im dynamischen Gleichgewicht

Biesalski, Hans Konrad: *Vitamine.* München 1997.
Roediger-Streubel, Stefanie: *Gesund durch Mineralstoffe und Spurenelemente.* München 1997.
Scholz, Heinz: *Mineralstoffe und Spurenelemente.* Neuausgabe Stuttgart 1996.
Stryer, Lubert: *Biochemie.* Aus dem Englischen. Heidelberg u. a. ⁴1996.

Organisation – Steuern und Regeln

Birkner, Berndt / Hoffmann, Georg: *Das Blut.* München u. a. 1991.
Faber, Hans von / Haid, Herbert: *Endokrinologie.* Stuttgart ⁴1995.
Glenk, Wilhelm / Neu, Sven: *Enzyme.* München ⁶1994.
Lehrbuch der Physiologie, herausgegeben von Rainer Klinke und Stefan Silbernagl. Stuttgart u. a. ²1996.
Müller, Werner A.: *Tier- und Humanphysiologie.* Berlin u. a. 1998.

Schutz und Abwehr

Anderson, Greg: *Diagnose Krebs. 50 erste Hilfen.* Aus dem Amerikanischen. Reinbek 8.–10. Tsd. 1998.
Asthma und Allergie, herausgegeben von Franz Petermann. Göttingen u. a. ²1997.
Bergdolt, Klaus: *Der Schwarze Tod in Europa. Die große Pest und das Ende des Mittelalters.* München ³1995.
Beyersdorff, Dietrich: *Ganzheitliche Krebsbehandlung.* Stuttgart 1997.
Cytokine und Interferone, Beiträge von Holger Kirchner u. a. Heidelberg 1993. Nachdruck Heidelberg 1994.
Davies, Robert / Ollier, Susan: *Allergien. Ursachen, Diagnose, Behandlung.* Aus dem Englischen. Heidelberg 1991.
Dossier: Seuchen, bearbeitet von Dieter Beste und Marion Kälke. Heidelberg 1997.
Dressler, Stephan / Wienold, Matthias: *AIDS-Taschenwörterbuch.* Berlin u. a. ⁴1998.
Eberhard-Metzger, Claudia / Ries, Renate: *Verkannt und heimtückisch. Die ungebrochene Macht der Seuchen.* Basel 1996.
Elbert, Thomas / Rockstroh, Brigitte: *Psychopharmakologie.* Göttingen u. a. ²1993.
Heintz, Klaus / Traute, Armin: *Aktiv gegen das Virus.* Berlin ³1998.
Herbst, Matthias: *Haut, Allergie und Umwelt.* Berlin u. a. 1998.
Higi, Markus: *Krebs-Lexikon.* München u. a. 1992.
Hofmann, Friedrich: *AIDS.* Landsberg am Lech ³1997.
Immunsystem, Beiträge von Georges Köhler u. a. Heidelberg ²1988.
Janeway, Charles A. / Travers, Paul: *Immunologie.* Aus dem Englischen. Heidelberg ²1997.
Karlen, Arno: *Die fliegenden Leichen von Kaffa. Eine Kulturgeschichte der Plagen und Seuchen.* Aus dem Englischen. Berlin 1996.
Katzung, Walter: *Drogen in Stichworten.* Landsberg am Lech 1994.
Kautzmann, Gabriele: *Krieg in unserem Körper. Wie das Immunsystem unser Leben schützt.* München 1998.
Krebs – Tumoren, Zellen, Gene, Beiträge von Volker Schirrmacher. Heidelberg ⁴1990.

Maushagen-Schnaas, Ellen / Waldmann, Werner: *Allergien. Ursachen, Vorbeugung, Behandlung.* Stuttgart 1996.
Molekularbiologie der Zelle, bearbeitet von Bruce Alberts u.a. Aus dem Englischen. Weinheim u.a. ³1995. Mit Diskette.
Montagnier, Luc: *Von Viren und Menschen. Forschung im Wettlauf mit der Aids-Epidemie.* Aus dem Französischen. Reinbek 1997.
Roitt, Ivan M.: *Leitfaden der Immunologie.* Aus dem Englischen. Berlin ⁴1993.
Ryan, Frank: *Virus X. Den neuen Killer-Viren auf der Spur.* Aus dem Amerikanischen. Frankfurt am Main 1997.
Thema Krebs, herausgegeben von Hilke Stamatiadis-Smidt u.a. Berlin u.a. ²1998.
Varmus, Harold / Weinberg, Robert A.: *Gene und Krebs.* Aus dem Englischen. Heidelberg u.a. 1994.
Voigt, Jürgen: *Tuberkulose. Geschichte einer Krankheit.* Köln 1994.
Winkle, Stefan: *Geißeln der Menschheit. Kulturgeschichte der Seuchen.* Düsseldorf u.a. 1997.

Wahrnehmen, Erkennen, Empfinden

Campenhausen, Christoph von: *Die Sinne des Menschen. Einführung in die Psychophysik der Wahrnehmung.* Stuttgart u.a. ²1993.
Guski, Rainer: *Wahrnehmen. Ein Lehrbuch.* Stuttgart u.a. 1996.
Physiologie der Sinne, Einführung von Hans-Peter Zenner u.a. Heidelberg u.a. 1994.
Sinne und Wahrnehmung. Wie wir unsere Welt begreifen, bearbeitet von Christiane Grefe u.a. Hamburg 1997.

Der Mensch und seine Wahrnehmungen

Churchland, Patricia Smith: *Neurophilosophy. Toward a unified science of the mind-brain.* Neudruck Cambridge, Mass., 1996.
Damasio, Antonio R.: *Descartes' Irrtum. Fühlen, Denken und das menschliche Gehirn.* Aus dem Englischen. Taschenbuchausgabe München ²1997.
Dennett, Daniel C.: *Philosophie des menschlichen Bewußtseins.* Aus dem Amerikanischen. Hamburg 1994.
DuBois-Reymond, Emil: *Über die Grenzen des Naturerkennens. Die sieben Welträtsel.* Leipzig 1916. Nachdruck Berlin 1967.
Eccles, John C.: *Die Evolution des Gehirns – die Erschaffung des Selbst.* Aus dem Englischen. München u.a. ³1994.
Das Ich und sein Gehirn, Beiträge von Karl Raimund Popper und John C. Eccles. Aus dem Englischen. Taschenbuchausgabe München u.a. ⁶1997.
Kebeck, Günther: *Wahrnehmung.* Weinheim u.a. ²1997.

Allgemeine Biologie der Wahrnehmung

Dusenbery, David B.: *Sensory ecology. How organisms acquire and respond to information.* New York 1992.
Eckert, Roger: *Tierphysiologie.* Aus dem Englischen. Stuttgart u.a. ²1993.
Elffers, Joost, u.a.: *Anamorphosen.* Aus dem Holländischen. Taschenbuchausgabe Köln 1981.
Fechner, Gustav Theodor: *Elemente der Psychophysik,* 2 Bde. Leipzig 1860. Nachdruck Amsterdam 1964.

Neuro- und Sinnesphysiologie, herausgegeben von Robert F. Schmidt. Berlin u.a. ³1998.
Neurowissenschaft. Vom Molekül zur Kognition, herausgegeben von Josef Dudel u.a. Berlin u.a. 1996.
Neurowissenschaften, herausgegeben von Eric R. Kandel u.a. Aus dem Englischen. Heidelberg u.a. 1996.
Shepherd, Gordon M.: *Neurobiologie.* Aus dem Englischen. Berlin u.a. 1993.

Hören

The cognitive neurosciences, herausgegeben von Michael S. Gazzaniga. Neudruck Cambridge, Mass., u.a. 1997.
Eska, Georg: *Schall & Klang.* Basel u.a. 1997.
Hellbrück, Jürgen: *Hören.* Göttingen u.a. 1993.
Helmholtz, Hermann von: *Die Lehre von den Tonempfindungen.* Braunschweig ⁶1913. Nachdruck Hildesheim u.a. 1983.
Jourdain, Robert: *Das wohltemperierte Gehirn. Wie Musik im Kopf entsteht und wirkt.* Aus dem Englischen. Heidelberg 1998.
Pierce, John R.: *Klang. Musik mit den Ohren der Physik.* Aus dem Amerikanischen. Sonderausgabe Heidelberg u.a. 1999.
Roederer, Juan G.: *Physikalische und psychoakustische Grundlagen der Musik.* Aus dem Englischen. Berlin u.a. ²1993.

Statoorgane und Bogengänge – Sinnesorgane ohne eigene Empfindung

Holst, Erich von: *Zur Verhaltensphysiologie bei Tieren und Menschen. Gesammelte Abhandlungen,* Bd. 2. München 1970.
Mach, Ernst: *Die Analyse der Empfindungen und das Verhältnis des Physischen zum Psychischen.* Jena ⁹1922. Nachdruck Darmstadt 1991.

Somatosensorik – Wahrnehmung durch Sinneszellen der Haut und des Körperinneren

Strian, Friedrich: *Schmerz.* München 1996.

Chemorezeption – Schmecken und Riechen

Agosta, William C.: *Dialog der Düfte. Chemische Kommunikation.* Aus dem Englischen. Heidelberg u.a. 1994.
Burdach, Konrad J.: *Geschmack und Geruch.* Bern u.a. 1988.
Corbin, Alain: *Pesthauch und Blütenduft. Eine Geschichte des Geruchs.* Aus dem Französischen. Berlin 19.–22. Tsd. 1996.
Hänig, David Pauli: *Zur Psychophysik des Geschmackssinnes.* Leipzig 1901.
Ohloff, Günther: *Riechstoffe und Geruchssinn.* Berlin u.a. 1990.
Plattig, Karl-Heinz: *Spürnasen und Feinschmecker. Die chemischen Sinne des Menschen.* Berlin u.a. 1995.
Das Riechen, bearbeitet von Uta Brandes. Göttingen 1995.
Vom Reiz der Sinne, herausgegeben von Alfred Maelicke. Weinheim u.a. 1990.

Sehen – die Umgebung wird im Auge abgebildet

Bruce, Vicki, u. a.: *Visual perception.* Hove ³1996.
Brunner-Traut, Emma: *Frühformen des Erkennens. Aspektive im alten Ägypten.* Darmstadt ³1996.
Grehn, Franz: *Augenheilkunde.* Berlin u. a. ²⁷1998.

Auge und Gehirn

Hubel, David H.: *Auge und Gehirn. Neurobiologie des Sehens.* Aus dem Amerikanischen. Heidelberg ²1990.
Maffei, Lamberto / Fiorentini, Adriana: *Das Bild im Kopf. Von der optischen Wahrnehmung zum Kunstwerk.* Aus dem Italienischen. Basel u. a. 1997.
Rock, Irvin: *Wahrnehmung. Vom visuellen Reiz zum Sehen und Erkennen.* Aus dem Amerikanischen. Neuausgabe Heidelberg u. a. 1998.
Wahrnehmung und visuelles System, Einführung von Manfred Ritter. Heidelberg ²1987.
Zeki, Semir: *A vision of the brain.* Korrigierter Neudruck Oxford u. a. 1995.

Farbensehen

Berlin, Brent / Kay, Paul: *Basic color terms. Their universality and evolution.* Taschenbuchausgabe Berkeley, Calif., 1991.
Cytowic, Richard E.: *Farben hören, Töne schmecken.* Aus dem Amerikanischen. Taschenbuchausgabe München 1996.
Goethe, Johann Wolfgang von: *Die Tafeln zur Farbenlehre und deren Erklärungen.* Neuausgabe Frankfurt am Main ⁵1998.
Newton, Isaac: *Optik oder Abhandlungen über Spiegelungen, Brechungen, Beugungen und Farben des Lichts,* übersetzt von William Abendroth, 3 Tle. in 2 Bdn. Leipzig 1898. Nachdruck Thun u. a. 1996 in 1 Bd.
Pawlik, Johannes: *Theorie der Farbe.* Köln ⁹1990.
Runge, Philipp Otto: *Die Farben-Kugel und andere Schriften zur Farbenlehre,* Nachwort von Julius Hebing. Stuttgart 1959.
Sacks, Oliver: *Die Insel der Farbenblinden.* Aus dem Amerikanischen. Neuausgabe Reinbek 1998.
Wittgenstein, Ludwig: *Bemerkungen über die Farben,* herausgegeben von Gertrude E. M. Anscombe. Aus dem Englischen. Frankfurt am Main 1979.

Lernen und Denken

Benesch, Hellmuth: *dtv-Atlas zur Psychologie,* 2 Bde. München ⁵1997.
Benesch, Hellmuth: *Enzyklopädisches Wörterbuch Klinische Psychologie und Psychotherapie.* Neuausgabe Weinheim 1995.
Bourne, Lyle E. / Ekstrand, Bruce R.: *Einführung in die Psychologie.* Aus dem Amerikanischen. Eschborn ²1997.
Grundlagen der Psychologie, herausgegeben von Hellmuth Benesch. Aus dem Amerikanischen. Neuausgabe Weinheim 1992.
Zimbardo, Philip G. / Gerrig, Richard J.: *Psychologie.* Aus dem Englischen. Berlin u. a. ⁷1999.

Psychophysiologische Grundlagen geistiger Prozesse

Benesch, Hellmuth: *Zwischen Leib und Seele. Grundlagen der Psychokybernetik.* Frankfurt am Main 1988.
Birbaumer, Niels / Schmidt, Robert F.: *Biologische Psychologie.* Berlin u. a. ³1996.
Eccles, John C.: *Gehirn und Seele. Erkenntnisse der Neurophysiologie.* Taschenbuchausgabe München u. a. ³1991.
Gehirn und Bewußtsein, Einführung von Wolf Singer. Heidelberg u. a. 1994.
Gehirn und Kognition, Einführung von Wolf Singer. Heidelberg 1992.
Gehirn und Nervensystem. Beiträge von Charles F. Stevens u. a. Heidelberg ⁹1988.

Gedächtnis

Das Gedächtnis. Probleme, Trends, Perspektiven, herausgegeben von Dietrich Dörner u. a. Göttingen u. a. 1995.
Krämer, Sabine / Walter, Klaus-Dieter: *Konzentration und Gedächtnis.* München ²1996.
Markowitsch, Hans J.: *Neuropsychologie des Gedächtnisses.* Göttingen u. a. 1992.
Vester, Frederic: *Denken, Lernen, Vergessen.* Neuausgabe München ²⁵1998.
Weiskrantz, Lawrence: *Consciousness lost and found. A neuropsychological exploration.* Neuausgabe Oxford 1998.

Lernen

Bower, Gordon H. / Hilgard, Ernest R.: *Theorien des Lernens,* 2 Bde. Aus dem Amerikanischen. Stuttgart ³⁻⁵1983–84.
Dahmer, Hella / Dahmer, Jürgen: *Effektives Lernen.* Stuttgart u. a. ⁴1998.
Gage, Nathaniel L. / Berliner, David C.: *Pädagogische Psychologie.* Aus dem Englischen. Weinheim ⁵1996.
Roth, Gerhard: *Das Gehirn und seine Wirklichkeit.* Taschenbuchausgabe Frankfurt am Main ²1998.

Denken

Calvin, William H.: *Wie das Gehirn denkt. Die Evolution der Intelligenz.* Aus dem Englischen. Heidelberg u. a. 1998.
Gould, James L. / Gould, Carol Grant: *Bewußtsein bei Tieren. Ursprünge von Denken, Lernen und Sprechen.* Aus dem Englischen. Heidelberg u. a. 1997.
Guilford, Joy P. / Hoepfner, Ralph: *Analyse der Intelligenz.* Aus dem Englischen. Weinheim u. a. 1976.
Guthke, Jürgen: *Intelligenz im Test.* Göttingen u. a. 1996.
Heidegger, Martin: *Zur Sache des Denkens.* Tübingen ³1988.
Heller, Kurt: *Intelligenz und Begabung.* München u. a. 1976.
Intelligenz und Bewußtsein. GEO-Wissen, Nr. 3/1992. Neudruck Hamburg 1994.
Kail, Robert / Pellegrino, James W.: *Menschliche Intelligenz.* Aus dem Englischen. Heidelberg ²1989.
Piaget, Jean: *Gesammelte Werke. Studienausgabe,* Bd. 2: *Der Aufbau der Wirklichkeit beim Kinde.* Aus dem Französischen. Stuttgart ²1998.

Wertheimer, Max: *Produktives Denken.* Aus dem Englischen. Frankfurt am Main ²1964.

Whorf, Benjamin Lee: *Sprache, Denken, Wirklichkeit.* Aus dem Amerikanischen. Reinbek 109.–110. Tsd. 1997.

Problemlösen

Benesch, Hellmuth: *›Und wenn ich wüßte, daß morgen die Welt unterginge...‹. Zur Psychologie der Weltanschauungen.* Weinheim 1984.

Goleman, Daniel, u.a.: *Kreativität entdecken.* Aus dem Englischen. Taschenbuchausgabe München 1999.

Hussy, Walter: *Denken und Problemlösen.* Stuttgart u.a. ²1998.

Schefe, Peter: *Künstliche Intelligenz – Überblick und Grundlagen.* Mannheim u.a. ²1991.

Searle, John R.: *Geist, Hirn und Wissenschaft. Die Reith lectures 1984.* Aus dem Englischen. Frankfurt am Main ³1992.

Vom Unbewussten zum Überbewussten

Bewußtsein, herausgegeben von Thomas Metzinger. Paderborn u.a. ³1996.

Clément, Catherine / Kakar, Sudhir: *Der Heilige und die Verrückte. Religiöse Ekstase und psychische Grenzerfahrung,* übersetzt von Linda Gränz und Barbara Hörmann. München 1993.

Elhardt, Siegfried: *Tiefenpsychologie. Eine Einführung.* Stuttgart ¹⁴1998.

Handbuch der Psychotherapie, herausgegeben von Raymond J. Corsini u.a., 2 Bde. Aus dem Englischen. Weinheim u.a. ⁴1994.

Jung, Carl Gustav: *Erinnerungen, Träume, Gedanken,* herausgegeben von Aniela Jaffé. Olten ⁸1992.

Mertens, Wolfgang: *Psychoanalyse.* München 1997.

Psychologie in der Wende, herausgegeben von Roger N. Walsh und Frances Vughan. Aus dem Amerikanischen. Reinbek 9.–11. Tsd. 1988.

Quitmann, Helmut: *Humanistische Psychologie.* Göttingen ³1996.

Rattner, Josef: *Klassiker der Psychoanalyse.* Weinheim ²1995.

Schmidbauer, Wolfgang / Scheidt, Jürgen vom: *Handbuch der Rauschdrogen.* Taschenbuchausgabe Frankfurt am Main 1998.

Thamm, Berndt Georg / Katzung, Walter: *Drogen – legal – illegal.* Hilden ²1994.

Traum und Gedächtnis, bearbeitet von Herbert Bareuther u.a. Münster 1995.

Traum und Träumen, herausgegeben von Therese Wagner-Simon u. Gaetano Benedetti. Göttingen u.a. 1984.

Kommunikation und Sprache

Hofstadter, Douglas R.: *Gödel, Escher, Bach.* Aus dem Amerikanischen. Taschenbuchausgabe München ⁵1996.

Lévi-Strauss, Claude: *Das wilde Denken.* Aus dem Französischen. Frankfurt am Main ⁹1994.

Mead, George Herbert: *Sozialpsychologie.* Aus dem Englischen. Neuwied u.a. 1969. Nachdruck Darmstadt 1976.

Über das Hören. Einem Phänomen auf der Spur, herausgegeben von Thomas Vogel. Tübingen ²1998.

Watzlawick, Paul: *Wie wirklich ist die Wirklichkeit? Wahn, Täuschung, Verstehen.* Zürich ²⁴1998.

Kommunikation: Eine Einführung

Argyle, Michael: *Soziale Interaktion,* herausgegeben von Carl F. Graumann. Aus dem Englischen. Köln ³1975.

Kommunikationstheorien, herausgegeben von Roland Burkart und Walter Hömberg. Wien ²1995.

Schaller, Klaus: *Pädagogik der Kommunikation.* St. Augustin 1987.

Nonverbale Kommunikation

Argyle, Michael: *Körpersprache & Kommunikation.* Aus dem Englischen. Paderborn ⁷1996.

Barthes, Roland: *Elemente der Semiologie.* Aus dem Französischen. Frankfurt am Main ²1988.

Darwin, Charles: *Der Ausdruck der Gemüthsbewegungen bei dem Menschen und den Thieren.* Aus dem Englischen. Stuttgart 1872. Nachdruck Nördlingen 1986.

Frey, Siegfried: *Die nonverbale Kommunikation.* Stuttgart 1984.

Hall, Edward T.: *The silent language.* New York u.a. 1959. Nachdruck New York u.a. 1990.

Hjortsjö, Carl-Herman: *Man's face and mimic language.* Aus dem Schwedischen. Lund 1970.

Lavater, Johann Caspar: *Physiognomische Fragmente zur Beförderung der Menschenkenntnis und Menschenliebe,* 4 Bde. Leipzig u.a. 1775–78. Nachdruck Zürich 1968–69.

Lersch, Philipp: *Gesicht und Seele.* München u.a. ⁷1971.

Der Mensch und seine Gefühle, herausgegeben von Venanz Schubert. St. Ottilien 1985.

Nöth, Winfried: *Handbuch der Semiotik.* Stuttgart 1985.

Schiefenhövel, Wulf: *Signale zwischen Menschen,* in: *Funkkolleg Der Mensch. Anthropologie heute,* herausgegeben von Wulf Schiefenhövel, Studienbrief 4. Tübingen 1992.

Sprache und Kognition, herausgegeben von Hans-Joachim Kornadt u.a. Heidelberg u.a. 1994.

Tramitz, Christiane: *... auf den ersten Blick. Über die ersten 30 Sekunden einer Begegnung von Mann und Frau.* Taschenbuchausgabe Düsseldorf u.a. 1992.

Zeichen

Bense, Max: *Semiotik.* Baden-Baden 1967.

Boeckmann, Klaus: *Unser Weltbild aus Zeichen.* Wien 1994.

Cassirer, Ernst: *Philosophie der symbolischen Formen,* 3 Tle. und Register-Bd. Darmstadt ⁹⁻¹⁰1994.

Müller, Michael / Sottong, Hermann: *Der symbolische Rausch und der Kode. Zeichenfunktionen und ihre Neutralisierung.* Tübingen 1993.

Zeichen über Zeichen, herausgegeben von Dieter Mersch. München 1998.

Die Vielfalt der Sprache

Eco, Umberto: *Die Suche nach der vollkommenen Sprache.* Aus dem Italienischen. Taschenbuchausgabe München 1997.

Geschichte der deutschen Sprache, herausgegeben von Wilhelm Schmidt. Bearbeitet von Helmut Langner. Stuttgart u. a. [7]1996.

König, Werner: *dtv-Atlas zur deutschen Sprache.* München [11]1996.

Lewandowski, Theodor: *Linguistisches Wörterbuch,* 3 Bde. Heidelberg u. a. [6]1994.

Löffler, Heinrich: *Germanistische Soziolinguistik.* Berlin [2]1994.

Lyons, John: *Einführung in die moderne Linguistik.* Aus dem Englischen. München [8]1995.

Lyons, John: *Die Sprache.* Aus dem Englischen. München [4]1992.

Mattheier, Klaus J.: *Pragmatik und Soziologie der Dialekte.* Heidelberg 1980.

Möhn, Dieter / Pelka, Roland: *Fachsprachen.* Tübingen 1984.

Ruhlen, Merritt: *A guide to the world's languages,* Bd. 1: *Classifications.* Neudruck Stanford, Calif., 1995.

Der Aufbau der Sprache

Austin, John Langshaw: *Zur Theorie der Sprechakte.* Aus dem Englischen. Neudruck Stuttgart 1994.

Chomsky, Noam: *Thesen zur Theorie der generativen Grammatik.* Aus dem Englischen. Weinheim [2]1995.

Crystal, David: *Die Cambridge-Enzyklopädie der Sprache.* Aus dem Englischen. Studienausgabe Frankfurt am Main u. a. 1995.

Duden, Grammatik der deutschen Gegenwartssprache, herausgegeben von der Dudenredaktion. Bearbeitet von Peter Eisenberg u. a. Mannheim u. a. [6]1998.

Einführung in die praktische Semantik, bearbeitet von Hans Jürgen Heringer u. a. Heidelberg 1977.

Frege, Gottlob: *Über Sinn und Bedeutung,* in: Frege, Gottlob: *Funktion, Begriff, Bedeutung. Fünf logische Studien,* herausgegeben von Günter Patzig. Göttingen [5]1980.

Freundlich, Rudolf: *Einführung in die Semantik.* Darmstadt [2]1988.

Funk-Kolleg Sprache, herausgegeben von Klaus Baumgärtner u. a., Bd. 1. Frankfurt am Main 131.–133. Tsd. 1987.

Keller, Rudi: *Zeichentheorie.* Tübingen u. a. 1995.

Kühn, Ingrid: *Lexikologie. Eine Einführung.* Tübingen 1994.

Kutschera, Franz von: *Sprachphilosophie.* München [2]1975. Nachdruck München 1993.

Levinson, Stephen C.: *Pragmatik.* Aus dem Englischen. Tübingen [2]1994.

Morris, Charles William: *Grundlagen der Zeichentheorie.* Aus dem Englischen. Taschenbuchausgabe Frankfurt am Main 1988.

Pelz, Heidrun: *Linguistik. Eine Einführung.* Hamburg [3]1998.

Saussure, Ferdinand de: *Grundfragen der allgemeinen Sprachwissenschaft,* herausgegeben von Charles Bally u. a. Aus dem Französischen. Berlin u. a. [2]1967. Nachdruck Berlin 1986.

Searle, John R.: *Sprechakte. Ein sprachphilosophischer Essay.* Aus dem Englischen. Neudruck Frankfurt am Main 1997.

Semantik, herausgegeben von Arnim von Stechow und Dieter Wunderlich. Berlin u. a. 1991.

Das Verhalten des Menschen

Barash, David P.: *Soziobiologie und Verhalten.* Aus dem Amerikanischen. Berlin u. a. 1980.

Eibl-Eibesfeldt, Irenäus: *Die Biologie des menschlichen Verhaltens.* München u. a. [4]1997.

Harris, Marvin: *Kulturanthropologie. Ein Lehrbuch.* Aus dem Englischen. Frankfurt am Main u. a. 1989.

Die Herausforderung der Evolutionsbiologie, herausgegeben von Heinrich Meier. München u. a. [3]1992.

Krebs, John R. / Davies, Nicholas B.: *Einführung in die Verhaltensökologie.* Aus dem Englischen. Berlin u. a. [3]1996.

McFarland, David: *Biologie des Verhaltens.* Aus dem Englischen. Weinheim 1989.

Öko-Ethologie, herausgegeben von John R. Krebs u. a. Aus dem Englischen. Berlin u. a. 1981.

Psychobiologie. Grundlagen des Verhaltens, herausgegeben von Klaus Immelmann u. a. Stuttgart u. a. 1988.

Menschliches Verhalten im Spannungsfeld von Natur und Kultur

Barash, David P.: *The hare and the tortoise. Culture, biology, and human nature.* New York 1986.

Dawkins, Richard: *Das egoistische Gen.* Aus dem Englischen. Neuausgabe Reinbek 11.–13. Tsd. 1998.

Heschl, Adolf: *Das intelligente Genom. Über die Entstehung des menschlichen Geistes durch Mutation und Selektion.* Berlin u. a. 1998.

Mayr, Ernst: *… und Darwin hat doch recht. Charles Darwin, seine Lehre und die moderne Evolutionsbiologie.* Aus dem Englischen. München u. a. [2]1995.

Natur und Geschichte, herausgegeben von Hubert Markl. München u. a. 1983.

Vogt, Markus: *Sozialdarwinismus.* Freiburg im Breisgau u. a. 1997.

Voland, Eckart: *Grundriß der Soziobiologie.* Stuttgart u. a. 1993.

Wilson, Edward O.: *Sociobiology.* Neuausgabe Cambridge, Mass., 1993.

Wuketits, Franz M.: *Die Entdeckung des Verhaltens. Eine Geschichte der Verhaltensforschung.* Darmstadt 1995.

Auf der Suche nach den Ursprüngen des typisch Menschlichen

Dawkins, Marian Stamp: *Die Entdeckung des tierischen Bewußtseins.* Aus dem Englischen. Taschenbuchausgabe Reinbek 1996.

Dunbar, Robin: *Klatsch und Tratsch. Wie der Mensch zur Sprache fand.* Aus dem Englischen. München 1998.

Meder, Angela: *Gorillas. Ökologie und Verhalten.* Berlin u. a. 1993.

Menschenaffen, Beiträge von Jane Goodall u. a. Aus dem Englischen. Berlin u. a. 1993.

Paul, Andreas: *Von Affen und Menschen.* Darmstadt 1998.

Peterson, Dale / Goodall, Jane: *Von Schimpansen und Menschen.* Aus dem Englischen. Reinbek 1994.

Savage-Rumbaugh, Sue / Lewin, Roger: *Kanzi, der sprechende Schimpanse. Was den tierischen vom menschlichen Verstand unterscheidet.* Aus dem Amerikanischen. Taschenbuchausgabe München 1998.

Sommer, Volker: *Die Affen.* Hamburg 1989.

Sommer, Volker / Ammann, Karl: *Die großen Menschenaffen.* München u. a. 1998.

Waal, Frans de: *Wilde Diplomaten. Versöhnung und Entspannungspolitik bei Affen und Menschen.* Aus dem Amerikanischen. München 1993.

Waal, Frans de / Lanting, Frans: *Bonobos. Die zärtlichen Menschenaffen.* Aus dem Amerikanischen. Basel u. a. 1998.

Geschichte und Gesellschaft, Kooperation und Konkurrenz

Die Biologie des Sozialverhaltens, Einführung von Dierk Franck. Heidelberg 1988.

Dahl, Edgar: *Im Anfang war der Egoismus. Den Ursprüngen menschlichen Verhaltens auf der Spur.* Düsseldorf u. a. 1991.

Ekman, Paul: *Weshalb Lügen kurze Beine haben. Über Täuschungen und deren Aufdeckung im privaten und öffentlichen Leben.* Aus dem Englischen. Berlin u. a. 1989.

Lindauer, Martin: *Auf den Spuren des Uneigennützigen. Nutzen und Risiko des Zusammenlebens in der Natur.* München u. a. 1991.

Lorenz, Konrad: *Das sogenannte Böse. Zur Naturgeschichte der Aggression.* München [20]1995.

Meyer, Peter: *Evolution und Gewalt.* Berlin u. a. 1981.

Mohr, Hans: *Natur und Moral.* Sonderausgabe Darmstadt 1995.

Sociobiology and conflict, herausgegeben von Johan van der Dennen u. a. London u. a. 1990.

Sommer, Volker: *Lob der Lüge. Täuschung und Selbstbetrug bei Tier und Mensch.* Taschenbuchausgabe München 1994.

Vogel, Christian: *Vom Töten zum Mord. Das wirkliche Böse in der Evolutionsgeschichte.* München 1989.

Waal, Frans de: *Der gute Affe. Der Ursprung von Recht und Unrecht bei Menschen und anderen Tieren.* Aus dem Amerikanischen. München u. a. 1997.

Wickler, Wolfgang: *Die Biologie der zehn Gebote. Warum die Natur für uns kein Vorbild ist.* Neuausgabe München u. a. 1991.

Wickler, Wolfgang / Seibt, Uta: *Das Prinzip Eigennutz. Zur Evolution sozialen Verhaltens.* Neuausgabe München u. a. 1991.

Wright, Robert: *Diesseits von Gut und Böse. Die biologischen Grundlagen unserer Ethik.* Aus dem Amerikanischen. München 1996.

Wuketits, Franz M.: *Verdammt zur Unmoral? Zur Naturgeschichte von Gut und Böse.* München 1993.

Geschlecht, Geschlechtlichkeit, Liebe, Sex und Ehe

Barash, David P. / Lipton, Judith Eve: *Making sense of sex. How genes and gender influence our relationships.* Washington, D. C., 1997.

Daly, Martin / Wilson, Margo: *Sex, evolution, and behavior.* Boston, Mass., [2]1983.

Darwin, Charles: *Die Abstammung des Menschen,* übersetzt von J. Viktor Carus. Lizenzausgabe Wiesbaden [2]1992.

Darwin, Charles: *Die Entstehung der Arten durch natürliche Zuchtwahl,* übersetzt von Carl W. Neumann. Neudruck Stuttgart 1998.

Fisher, Helen: *Anatomie der Liebe.* Aus dem Amerikanischen. Taschenbuchausgabe München [2]1996.

LeVay, Simon: *Keimzellen der Lust. Die Natur der menschlichen Sexualität.* Aus dem Englischen. Heidelberg u. a. 1994.

Sommer, Volker: *Wider die Natur? Homosexualität und Evolution.* München 1990.

Wickler, Wolfgang / Seibt, Uta: *Männlich–weiblich. Ein Naturgesetz und seine Folgen.* Heidelberg u. a. 1998.

Fortpflanzung zwischen Kindersegen und Kinderfluch, zwischen Manipulation und Opportunismus

Bischof, Norbert: *Das Rätsel Ödipus. Die biologischen Wurzeln des Urkonfliktes von Intimität und Autonomie.* München u. a. [4]1997.

Bohman, Michael: *Adoptivkinder und ihre Familien.* Aus dem Schwedischen. Göttingen 1980.

Fortpflanzung. Natur und Kultur im Wechselspiel, herausgegeben von Eckart Voland. Frankfurt am Main 1992.

Human reproductive behaviour. A Darwinian perspective, herausgegeben von Laura Betzig u. a. Cambridge u. a. 1988.

Trivers, Robert: *Social evolution.* London u. a. 1985.

Das kopernikanische Prinzip – Folgerungen für unser Welt- und Menschenbild

Barash, David: *Das Flüstern in uns. Menschliches Verhalten im Lichte der Soziologie.* Aus dem Amerikanischen. Frankfurt am Main 1981.

Burkamp, Wilhelm: *Wirklichkeit und Sinn,* 2 Bde. Berlin 1938.

Evolutionismus und Christentum, herausgegeben von Robert Spaemann u. a. Weinheim 1986.

Fritsch, Bruno: *Menschen – Umwelt – Wissen.* Stuttgart [4]1994.

Gould, Stephen Jay: *Die Entdeckung der Tiefenzeit. Zeitpfeil oder Zeitzyklus in der Geschichte unserer Erde.* Aus dem Englischen. Taschenbuchausgabe München 1992.

Moore, Patrick: *Unser Platz im Weltall.* Aus dem Englischen. Frankfurt am Main 1971.

Nietzsche, Friedrich: *Zur Genealogie der Moral. Eine Streitschrift.* Neudruck Stuttgart 1997.

Riedl, Rupert: *Biologie der Erkenntnis.* Taschenbuchausgabe München 1988.

Vollmer, Gerhard: *Evolutionäre Erkenntnistheorie.* Stuttgart [7]1998.

Bildquellenverzeichnis

Agence photographique de la Réunion des musées nationaux, Paris: 194
Archiv für Kunst und Geschichte, Berlin: 47, 49, 76f., 82, 86, 88, 142, 343, 347, 358, 379, 384, 396, 404, 408, 410, 476, 491, 495, 501f., 515, 519, 521, 547, 567, 602, 606f., 611, 615, 628, 641, 668, 672f.
ARDEA, London: 611, 625
Artothek, J. Hinrichs, Peißenberg: 27, 41, 420, 427, 542, 548, 638
Astrofoto Bildagentur, Leichlingen: 477
J. Baise, Gießen: 632f., 677
BAVARIA Bildagentur, Gauting: 32f., 85, 127, 210, 289, 398, 409, 425, 429, 465, 522, 618, 620, 657, 659
Beltz Psychologie Verlag Union, Weinheim: 381, 390
Bibliothèque Nationale, Paris: 342, 494
Bildarchiv Foto Marburg, Marburg: 445
Bildarchiv Preußischer Kulturbesitz, Berlin: 225, 352, 416, 507, 624, 647, 666
BONGARTS Sportfotografie, Hamburg: 383
Prof. Dr. G. Bräuer, Hartenholm: 562
The Bridgeman Art Library, London: 560
British Library, London: 383
Prof. Dr. Ch. v. Campenhausen, Institut f. Zoologie, Johannes-Gutenberg-Universität, Mainz: 323f.
B. Colman, New York: 582, 608
Corbis Bettmann Archive, London: 421
M. C. Eschers 'Relativität' (c) 1999 Cordon Art B.V., Baarn, Holland. All rights reserved: 304
Prof. L. Cronk, A&M University, Texas: 674f.
Deutsches Hygiene-Museum, Dresden: 92
Deutsches Institut für Filmkunde, Frankfurt am Main: 368, 643
Deutsches Medizinhistorisches Museum, Ingolstadt: 50
Deutsches Museum, München: 207, 294, 301, 317
Dr. F. de Waal, Atlanta, USA: 605, 609
dpa Bildarchiv, Frankfurt am Main und Stuttgart: 48, 54, 61, 66, 72f., 79, 84, 91, 94, 114, 125, 375, 378, 380, 422, 450, 459, 472, 478, 482f., 485f., 518, 546, 551f., 588, 595, 601, 603, 614, 650, 658, 662, 669
Dr. Jäger/Karly, München: 512
Editions Hologrammè, Paris: 414
Prof. Dr. I. Eibl-Eibesfeldt, Andechs: 441, 453, 458
epd-Film, Frankfurt am Main: 67
Ernst Reinhardt Verlag, München: 464
Eye of Science, Reutlingen: 178, 186
Gustav Fischer Verlag, Stuttgart: 602, 616
Photo- und Presseagentur FOCUS, Hamburg: 47, 68f., 73, 136, 169, 182, 185–187, 190, 192, 198, 200f., 250, 288, 346, 422, 480, 506, 553f., 556, 570f., 594, 619, 650
Dr. D. Furness, Keele University, Staffordshire: 247
Füssli Verlag, Zürich: 455
Galleria Nationale dell' Arte Antica, Rom: 227
Germanisches Nationalmuseum, Nürnberg: 193
S. Geske, Weimar: 520
Grant Heilman Photography, Litzit, USA: 604

Prof. Dr. med. F. Grehn, Würzburg: 307
Hamburger Kunsthalle: 419
Dr. Heinzmann/Karly, München: 35, 83
Prof. Dr. H. J. Heringer, Augsburg: 539
G. Herzog-Schröder, München: 66, 592f.
D. Heunemann, Starnberg: 481, 557f.
Prof. A. J. Hudspeth, The Rockefeller University, New York: 249
IFA-Bilderteam, Taufkirchen: 536
Institut für Mathematische Logik und Grundlagenforschung, Münster: 532, 537
Institute for Neural Computation, University of California, San Diego, P. Ekman, J. Hager/C.Methvin: 463
Interfoto Friedrich Rauch, München: 412, 426, 430, 439, 463, 471, 490, 495, 497, 541f., 550f., 579, 621, 640
Interfoto/Bridgeman Art Library, London: 637
Jürgens, Ost + Europa Photo, Berlin: 480
Institut für wissenschaftliche Fotografie, M. Kage, Weißenstein: 29, 37, 80, 118, 166, 245, 308, 340, 346
F. Karly, München: 82, 165
Th. L. Kelly, Santa Fe, New Mexico: 651
Keystone Pressedienst, Hamburg: 53, 57, 72, 97, 113, 412
H. Koelbl, Neuried/München: 631
Königshausen und Neumann, Würzburg: 510
Kunsthalle Bremen: 89
Helga Lade Fotoagentur, Frankfurt am Main: 161, 413, 421, 469, 617, 629, 646, 679
Lavendelfoto Pflanzenarchiv, Hamburg: 196
Prof. Dr. J. Lethmate, Ibbenbühren: 572, 578
Macimillian, London: 433
Bildagentur Mauritius, Mittenwald: 24, 28, 43, 48, 51f., 56–58, 62, 75, 85, 90, 120, 122, 146, 149, 153, 195–197, 210, 303, 359, 377, 381, 385, 395, 409, 429, 436, 465, 467, 469, 473, 487, 490, 503f., 522, 543, 551, 575, 584, 613, 617f., 653, 656f., 659, 671
Moos-Verlag, München: 415
Lennart Nilsson, EIN KIND ENTSTEHT/Mosaik Verlag, München: 38
J. Murray, London: 625
Musée d'art et d'histoire, Neuchâtel, Suisse: 342
Museum der Bildenden Künste, Leipzig: 22
National Gallery of Scotland, Edinburgh: 354
NATURE + SCIENCE, Vaduz: 70, 112, 131
Neanderthal Museum, Mettmann: 569
Prof. Dr. C. Niemitz, Berlin: 100, 145
L. Nilsson/Bonnier Alba AB, Stockholm: 202, 243, 292, 508
Tierbilder Okapia, Frankfurt am Main: 58, 136, 143, 156, 164, 167f., 173, 176, 179f., 183f., 189f., 200, 355, 372, 388, 444, 449, 475, 565, 573, 586, 597, 599f., 636, 645, 649
Olten Verlag: 423
Österreichische Akademie der Wissenschaften, Wien: 295
Österreichische Ludwig Wittgenstein Gesellschaft, Kirchberg: 538
Prof. J. Ozols, Asbach: 364
N. Pailhaugue, Alliat, Frankreich: 117
PD Dr. A. Paul, Göttingen: 449, 578, 585
K. Paysan, Stuttgart: 373
PIB, Kopenhagen u. München: 488
PICTURE PRESS Bild- und Textagentur, Hamburg: 55

N. Praslov: 42
Dr. Ludwig Reichert Verlag, Wiesbaden: 363
Reinhard Tierfoto, Heiligkreuzsteinach: 600
Rowohlt Verlag, Reinbek: 624
Sächsische Landesbibliothek, Staats- und Univ.-Bibliothek, Deutsche Fotothek, Dresden: 74
Save-Bildagentur, Augsburg: 26, 566, 646
Dr. F. Schaeffel, Tübingen: 297
Prof. Dr. W. Schiefenhövel, Humanethologie der MPG, Andechs: 43–45, 56, 65f., 90, 440, 446f., 449, 457, 462, 466, 471, 565
Dr. Ch. Schmidt, Frankfurt am Main: 613
Bildarchiv Schneiders, Lindau am Bodensee: 674
J. Schramme, Universität Mainz, Institut für Zoologie, Mainz: 305, 320, 331
Scottish National Portrait Gallery, Edinburgh: 561
Siemens, Erlangen und Mannheim: 36
Silvestris Verlag, Bildarchiv, Kastl: 627
Springer-Verlag, Heidelberg: 314
Staatliches Historisches Museum, Moskau: 479
M. Stack Associates, Key Largo, Florida: 624
Stiftung Weimarer Klassik/Herzogin Anna Amalia Bibliothek, Weimar: 520
B. Strackenbrock, Mannheim: 485
Süddeutscher Verlag Bilderdienst, München: 371

H. Tappe, Montreux: 528
Transglobe Agency, Hamburg: 553, 644
Ullstein Bilderdienst, Berlin: 425f.
UNICEF Deutschland, Köln: 661
Universität Bremen: 363
University Museum of National Antiquities, Oslo/Ove Holst: 596
Verlag Freies Geistesleben, Stuttgart: 322
Prof. Dr. Heinz Wässle, Frankfurt: 308
K. Wedekind, Kastanienbaum, Schweiz: 639
K. Wothe/LOOK, München: 574
K. Wothe, Naturfotos + -filme, München: 574
ZEFA - Zentrale Farbbild Agentur, Düsseldorf: 116, 120, 122, 176, 366f., 407, 452, 473
Prof. S. Zeki, University College, London: 321, 338
Prof. Dr. H. P. Zenner, Tübingen: 248

Weitere grafische Darstellungen, Karten und Zeichnungen
Bibliographisches Institut & F. A. Brockhaus AG, Mannheim

Reproduktionsgenehmigungen für Abbildungen künstlerischer Werke von Mitgliedern und Wahrnehmungsberechtigten wurde erteilt durch die Verwertungsgesellschaft BILD-KUNST/Bonn.